山东省高等学校省级精品课程（本科）教材

园林计算机辅助设计教程

第 2 版

邢黎峰　编著

机 械 工 业 出 版 社

按照完整的园林制图流程，讲授了透视、鸟瞰、轴测、立面、平面等效果图和平面施工图的绘制方法，介绍了 AutoCAD2007 中文版、3ds max 8.0 中文版、Photoshop 9.0 中文版等软件的使用方法，图文并茂、循序渐进地讲解了软件在园林制图中的操作示例。

对学习的难点，配套光盘中提供了计算机教学视频，包括：平面图绘制示例；三维效果图绘制示例；软件间的文件传递；ForestPro、SpeedTree、TreeProfessional、RPC 等 3ds max 8.0 插件的使用。

山东农业大学园林电脑设计师培训自 1999 年在全国展开，通过一个月的集训，使学员系统掌握计算机辅助设计技术，具备独立开展工作的能力。培训讲义经过六年的实际使用并做了多次完善和修改，本书第一版由主讲教师讲义整理而成，第二版补充了软件的新增功能、完善了体系结构、修正了发现的错误。适用于园林行业的设计人员自学电脑制图技术，在用于普通高校、职业技术学院园林专业在校学生教学时，可安排 40 ~ 60 学时的课堂讲授时间。

图书在版编目（CIP）数据

园林计算机辅助设计教程/邢黎峰编著. —2 版. —北京：机械工业出版社，2007.8（2017.1 重印）

ISBN 978 - 7 - 111 - 14851 - 7

Ⅰ.园… Ⅱ.邢 Ⅲ.园林设计：计算机辅助设计 - 教材 Ⅳ.TU986.2 - 39

中国版本图书馆 CIP 数据核字（2007）第 106907 号

机械工业出版社（北京市百万庄大街 22 号 邮政编码 100037）
责任编辑：赵 荣 版式设计：霍永明 责任校对：姚培新
封面设计：张 静 责任印制：常天培
北京京丰印刷厂印刷
2017 年 1 月第 2 版 · 第 15 次印刷
184mm × 260mm · 36 印张 · 843 千字
标准书号：ISBN 978 - 7 - 111 - 14851 - 7
ISBN 978 - 7 - 89492 - 212 - 0（光盘）
定价：56.00 元（含 1CD）

凡购本书，如有缺页、倒页、脱页，由本社发行部调换

电话服务	网络服务
服务咨询热线：010 - 88379833	机 工 官 网：www.cmpbook.com
读者购书热线：010 - 88379649	机 工 官 博：weibo.com/cmp1952
	教育服务网：www.cmpedu.com
封面无防伪标均为盗版	金 书 网：www.golden-book.com

序

和邢黎峰老师的相识是在网上，那时，我们几个 Autodesk 的认证教员办了一个很热闹的 AutoCAD 培训的 BBS，在那些热闹的话语里，邢老师的话直接坦率，给我印象很深。

后来我去了 Autodesk 公司工作，在主考认证教员时，终于见到了邢黎峰老师。那次参加考试的教员比较多，但邢老师的专业背景，讲课风格，以及他的软件应用能力都是相当突出的，所以，他不仅顺利地获得了 Autodesk 认证教员的资格，他所在的培训中心——山东农业大学 CAD 培训基地，也加入了 Autodesk 的授权培训中心（Autodesk Authorized Training Center，简称 ATC），并且到目前为止，还是唯一面向园林行业的 ATC。

正是通过邢老师，我才了解到 Autodesk 的软件不仅广泛地应用于建筑和机械行业，也被园林行业的用户所喜爱。山东农业大学 CAD 培训基地，致力于风景园林 CAD 技术的应用示范、人才教育、普及推广和理论研究工作，拥有风景园林、环境艺术、建筑、计算机、园艺、林学、绘画等专业人才 11 名，其中博士 1 名、硕士 8 名。邢老师本人也是硕士生导师，享受 2000 年度国务院政府特殊津贴。他们所做的园林电脑设计师培训，从 1999 年招生，多年的培训形成了一套完整的教学体系，摸索出大量 CAD 技术在园林行业上的应用经验。到目前为止，除了青海、西藏外，学员遍布大陆地区，学员主要是园林单位和企业的设计人员、大中专学校的专业教师，对计算机辅助设计技术在园林行业的应用普及起到了巨大的推动作用。

这本《园林计算机辅助设计教程》，如果借用当前的流行术语，应当属于原创作品。我也原创过，深知其中的辛苦和快乐。辛苦是章章节节、字字句句皆要劳神费脑，快乐是能将自己的应用经验与他人分享。这本书稿，依据 5 年的培训经验，按照教材的结构写成，比较系统地介绍了风景园林计算机辅助设计技术，真是厚积薄发。我一直认为，软件的应用，会与不会之间，就好像隔着一层窗户纸，一捅就破。但第一个捅破这窗户纸的人是要有十足的功力的。我很替这本书的读者高兴，如果他是新手，他们只要 5 个星期，甚至是 5 天，就可以学到前人 5 年的经验，而对于老的用户，则是心有灵犀一点通了。

最后要借本书解答读者感兴趣的问题：关于 Autodesk 公司，详情请见 http://www.autodesk.com.cn，关于 ATC，详情请见 http://www.autodesk.com.cn 或 http://www.adskclub.com/center/

Autodesk　大中华区

ATC Program Manager

张苏苹

2004 年 6 月 10 日北京

第2版前言

“我再也不写书了”，第1版交稿时我对赵荣说，她是本书的策划编辑。软件的升级太快了，在快写完3ds max部分时，新的版本6.0上市了，一想到要推倒重来就没了兴致，大概过了两个月才重新开始。3年里并没有引起洛阳纸贵，第1版有了1万多读者，QQ上时常冒出陌生的朋友，信箱里也常有同行的询问和建议，软件的版本仍在迅速地升级，本书也被一些大学选作教材，我主持的本科课程“园林计算机辅助设计”被列为山东省高等学校省级精品课程，这些因素都促使本书要与时俱进。在第2版中补充了软件的新增功能、修正了发现的错误，为了适应大学课堂的需要，完善了知识结构，梳理了编排体系，对存在的不足，衷心希望读者的反馈。

互联网址：http：//jpkc. sdau. edu. cn/lacad/
电子信箱：hsinglf@163. com
NSN：hsinglf@sina. com
QQ：331370060

第1版前言

五一节，坐在万仙楼前小憩，那是泰山东路攀登的山门，门前的古幡随风飘逸，上书“国泰民安”四个大字。看着熙熙攘攘的外乡游客，出神入化，六年的培训历历在目，自己仿佛就是游历在密西西比河上的马克·吐温，形形色色的学员就像一个缩影的社会，有在一线工作的设计师，有单位的领导，公司的老板和经理，也有我的同行——教师，有成功的喜悦分别的伤感，有被人肯定的得意，也有被人误解的委屈。

红四方面军与黄埔军校 那是1999年暑假，第一次面向全国招生培训，有个学员问我这是第几期，我想了一下说：第四期，中国工农红军从第四方面军创建，那我们就从第四期开始吧。就在那一期开始写讲稿，上午讲课，下午坐在机房里把讲过的内容整理成稿子印发给学员，辅导则是班长曹晟来做，他是我教过的最聪明的学员，在黄山园林处工作。每期学员结业都有送行酒会，大概是两年前的元旦，我们组织学员们聚会，每个人都要说出新年的愿望，我说希望在全国园林设计峰会上，高手们云集在一起，彼此询问：你是山东农大几期的？就像黄埔生们见面那样。

相识就是缘分 集训是高强度的，每天要学习10个小时左右，上午听课，下午教师辅导练习，晚上自由上机，学员们说梦里都是鼠标的“咔嗒—咔嗒—”声。入学后从鼠标键盘的操作学起，打印机旁学员们拿着第一次完成的电脑图纸，笑容可掬，我的内心也充满了喜悦。有一期开班第一天，我讲：十年修得同船渡，百年修得同桌坐，千年……在芸芸众生之中大家能够相识，是我们的缘分。一个月的学习大家成了朋友，去年春天，高丽邀请我和她的同窗好友到河南濮阳参加婚礼，分享她的幸福。而另一种极端的心理感受也来自河南人，去年冬季班，原订的招待所被学校的大型会议征用，两名河南学员说下午的火车出发，大概半夜到，我解释说要先住在附近的宾馆，几天后尽量安排回学校住，他说：尽管你是老师，我怎么觉得你是宾馆的托，当时火往上撞，竟然被河南人说成是骗子，特委屈！

零起点培训 有次培训的后期，学员打趣我说：老师肯定留了一招没教，我说：你说对了，其实我只教了你们一招，那是我认为最容易掌握，最有效的一招，尽管不能肯定它是最好的，但它绝不是最差的一招。俗话说“不怕千招会，就怕一招精”嘛。我们的教育思想是：从最基础学起，在最短的时间内，通过系统的训练，使学员具备独立工作的能力。美国Eagle Point大陆地区总代理王求是来讲座时说：我不敢相信一个月的培训能做出这么好的图纸，况且学员来时没摸过键盘鼠标。有些学员说：听说3D最难学了，我说：关键是要看谁来教你！我们的水平并不最高，但培训却是最用心的。学员水平的迅速提高也得益于自身的动力和热情，正所谓：乐业敬业。有个河北学员来前咨询我，说自己不喜欢，但家里开着园林公司需要，我说：你要有动力才能学得会，哪怕你只喜欢钱，否则你就不要来了。

著书立说 有个成都学员对我说：我缴全额学费，把培训的全套资料给我来自学，因工作脱不开身不能前来集训。许多类似的要求促使我萌生了写书的念头。2000 年前后，机械工业出版社的周国萍编辑找我，希望我把培训讲稿整理出版，她多次耐心的对我说服教育，我说哪天要出书一定先找你。去年计划将集训转向园林三维场景漫游动画，以电视短片的形式来表现设计方案，制图培训启动远程教学这种新的形式，除了制作多媒体教学录像外，需要编写一本教材。尽管先后有 5 家出版社约稿，我首选了机械工业出版社，双方的热情是合作的基础。非常感谢策划编辑赵荣在写作过程中对我的悉心指导，感谢她的鼓励和宽容。感谢 Autodesk 培训经理张苏苹为本书作序，我们 ATC 在她的领导下发展壮大。感谢多年来信任和支持我们的学员，大家的鼓励是我的原动力。最后要感谢我的家人，感谢妻子对我夜以继日泡在电脑上的容忍和对女儿的教育，感谢 9 岁女儿的理解，她正处在认知世界的阶段，而我已连续 5 个暑假没陪她过了。

我读的第一本计算机书是谭浩强的《Basic 语言程序设计》，那是我读硕士时的教材，深入浅出通俗易懂，后来买书总要首选谭浩强的版本。本书的写作是以他为楷模的，如果读起来仍然枯涩干瘪，那是我水平不够；如果有任何遗漏，那不是我的本意，有关本书的任何问题可发 Email 到我的信箱 hsinglf@ 163. com、hsinglf@ sina. com，或访问我们的网站，http：//jpkc. sdau. edu. cn/lacad/，也可在线找我 QQ 331370060，MSN hsinglf@ sina. com，我将耐心解答并在下一版中补充和修正。

山东泰安

目　录

第 2 篇　3ds max 部分(8.0 中文版)

第3篇 Photoshop 部分(CS2 中文版)

本书约定

1. 单击、双击　　表示鼠标的左键单击、双击操作
2. 右击　　表示鼠标的右键单击操作
3. 按住　　表示按下鼠标左键不要松开
4. 拖动　　表示按住鼠标左键并移动鼠标
5. 按下　　表示单击一个开关按钮，使其处于下陷状态
6. 输入、敲击　　表示键盘的输入和敲击操作
7. 按住　　表示将键盘上的某个键按下去不要松开
8. Ctrl + 单击　　表示按住 Ctrl 键后再单击，是一种组合操作
9. ⇨　　表示继续执行下一步操作
10. 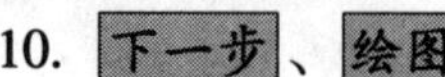

　　表示文字按钮或菜单中的一个项目
11. 　　表示提醒、注意
12. 　　表示要特别注意，不然可能导致严重后果
13. 　　表示操作示例
14. 　　表示相关的背景资料

第 1 篇

AutoCAD 部分（2007 中文版）

第 1 讲

1.1 AutoCAD2007 单机版安装步骤

1. 启动安装向导

将 AutoCAD2007 中文版软件 1 号光盘放入计算机的光盘驱动器，系统自动弹出如图 1-1-1 所示的安装界面，如果没有弹出可按如下步骤操作：🖱双击**我的电脑**⇨🖱右击光盘 ACAD2007chs-1，在弹出的快捷菜单中🖱单击“打开”⇨🖱双击文件 setup. exe。

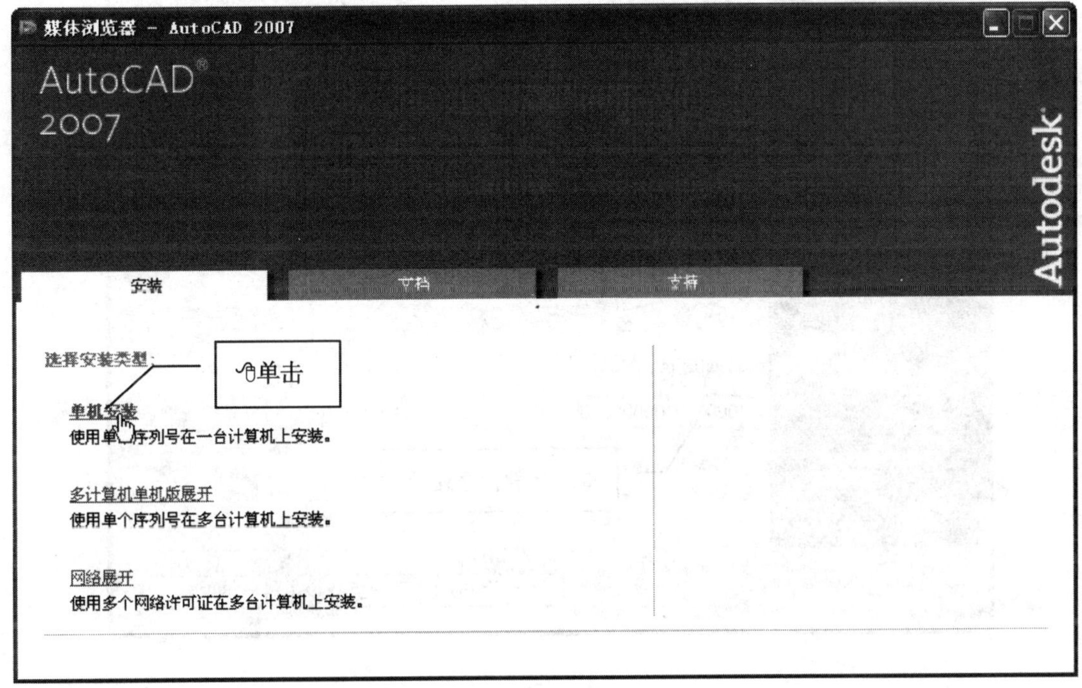

图 1-1-1

2. 安装过程

🖱单击“单机安装”⇨🖱单击“安装”或🖱单击“系统需求”查看安装 Auto-

CAD2007需要的硬件配置和Windows版本，单击《返回⇨弹出提示对话框，单击确定进入安装向导⇨单击下一步⇨单击“○我接受”，单击下一步⇨输入软件序列号 ***********，如果只是想试用30天可输入000 00000000，如图1-1-2所示，单击下一步⇨输入你的姓名、单位等用户信息，单击下一步⇨保持默认值“⊙典型”，单击下一步⇨单击√选“安装材质库”，单击下一步⇨单击下一步将其安装在默认路径C:\Program Files\AutoCAD 2007\，也可单击右侧的浏览改变安装路径⇨单击下一步⇨单击下一步，开始复制文件⇨弹出提示对话框，放入AutoCAD 2007的2号光盘，单击确定，继续复制文件，这个过程一般需要几分钟至几十分钟，持续时间长短与计算机的配置有关⇨单击完成⇨关闭自述窗口⇨关闭安装界面。

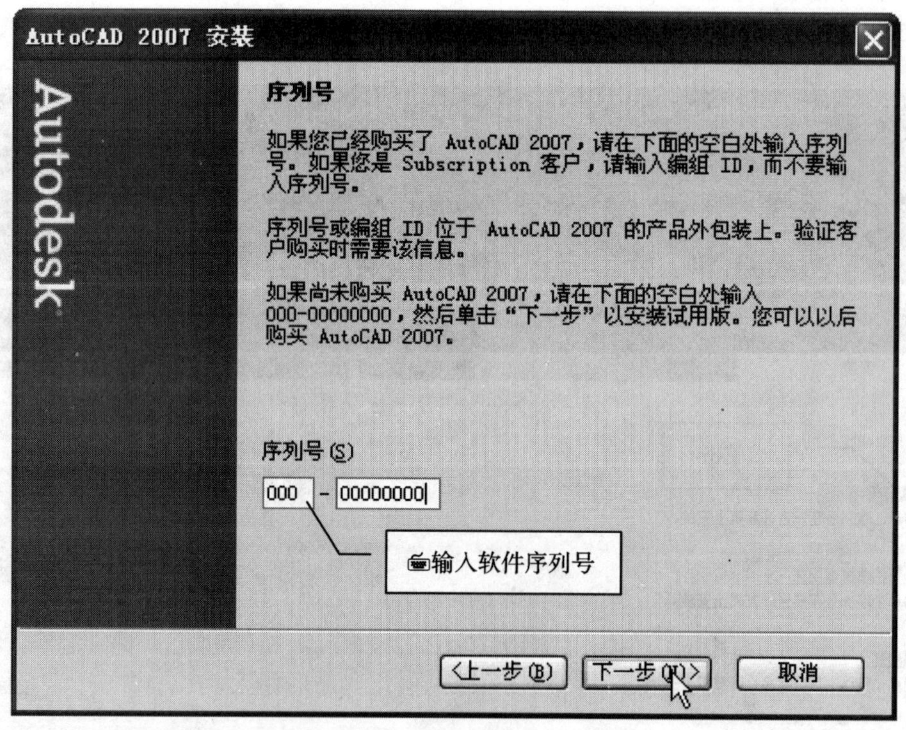

图 1-1-2

AutoCAD2007的材质库默认安装路径C:\Documents and Settings\All Users\Application Data\Autodesk\AutoCAD 2007\R17.0\chs\Textures\，可以在3ds max中作贴图使用。

3. 授权注册

双击桌面上的图标启动运行，如果这台机器曾安装过AutoCAD则系统提示“在计算机上检测到旧版本的许可证…”，单击确定，弹出对话框如图1-1-3所示⇨单击“○运行产品”，单击下一步可以试用30天，如果已经从Autodesk公司获得激活码要立即注册，可以单击“○激活产品”，单击下一步⇨单击“○输入激活码”，单击下一步⇨如图1-1-4所示，执行操作①②③⇨单击下一步⇨单击完成⇨关闭窗口。

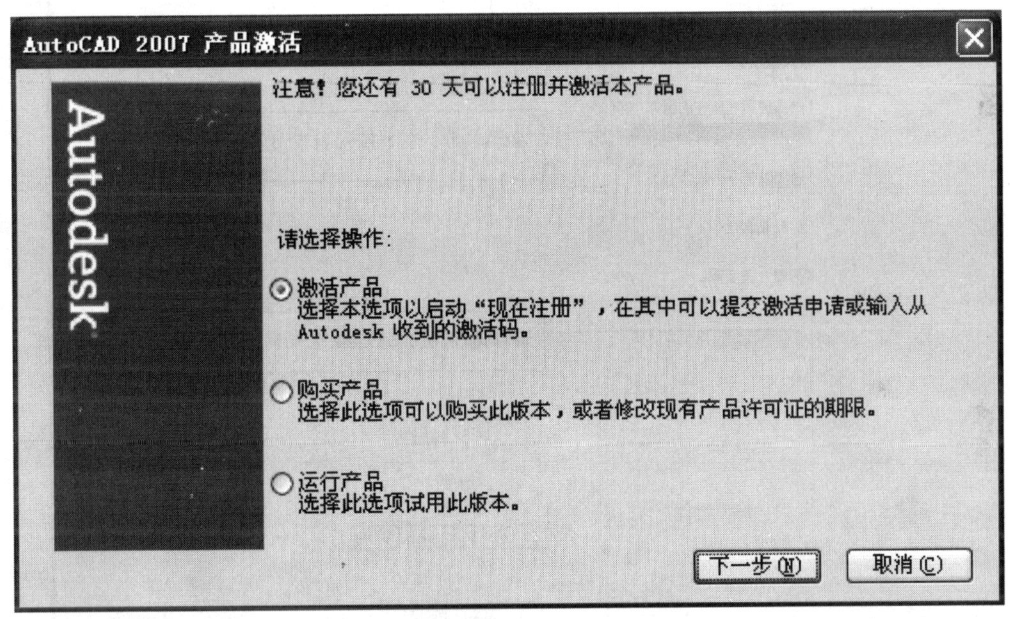

图　1-1-3

4. 安装服务包

服务包Service Pack是软件发布后的修补程序，用于修正软件使用过程中发现的缺陷(bug)，目前AutoCAD2007已有第二版服务包。双击文件AutoCAD2007sp2.exe，进入安装过程，弹出窗口如图1-1-5所示，等待服务包自动安装完毕，弹出窗口如图1-1-6所示⇨单击确定。

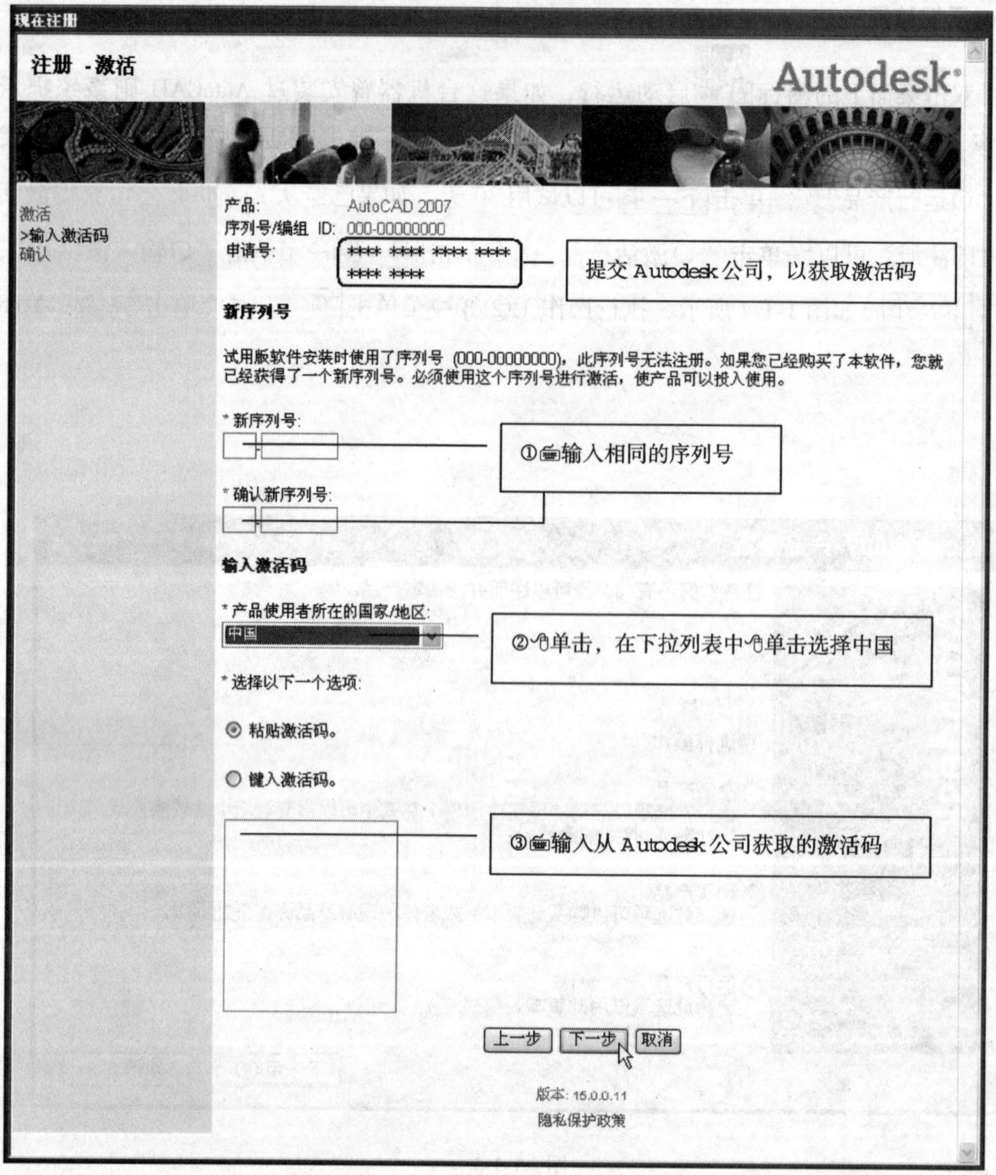
现在注册
注册 -激活
Autodesk
激活
>输入激活码
确认
产品: AutoCAD 2007
序列号/编组 ID: 000-00000000
申请号: **** **** **** **** **** ****
提交Autodesk公司，以获取激活码
新序列号
试用版软件安装时使用了序列号 (000-00000000)，此序列号无法注册。如果您已经购买了本软件，您就已经获得了一个新序列号。必须使用这个序列号进行激活，使产品可以投入使用。
* 新序列号:
①输入相同的序列号
* 确认新序列号:
输入激活码
* 产品使用者所在的国家/地区:
中国
②单击，在下拉列表中单击选择中国
* 选择以下一个选项:
粘贴激活码。
键入激活码。
③输入从Autodesk公司获取的激活码
上一步
下一步
取消
版本: 15.0.0.11
隐私保护政策

图 1-1-4

AutoCAD 2007
Windows 正在配置 AutoCAD 2007，请稍候。

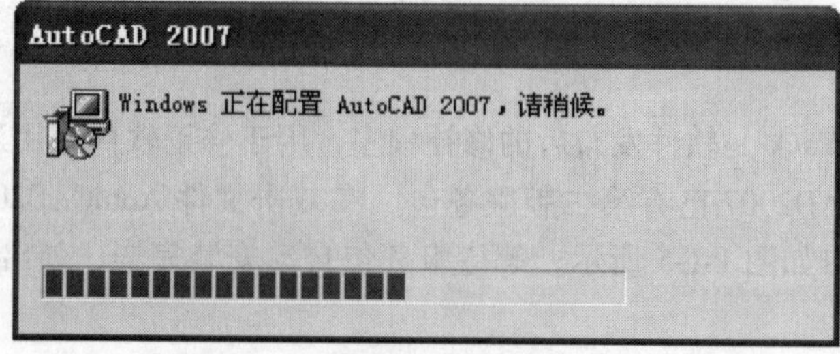

图 1-1-5

图　1-1-6

1.2　启动运行

双击桌面上的“AutoCAD2007”图标启动运行，或单击开始按钮⇨单击“所有程序”⇨单击“Autodesk”⇨单击“AutoCAD 2007”⇨单击“AutoCAD 2007”启动运行⇨弹出工作空间选择对话框，如图 1-1-7 所示操作①②，进入工作环境，如图 1-1-8 所示。

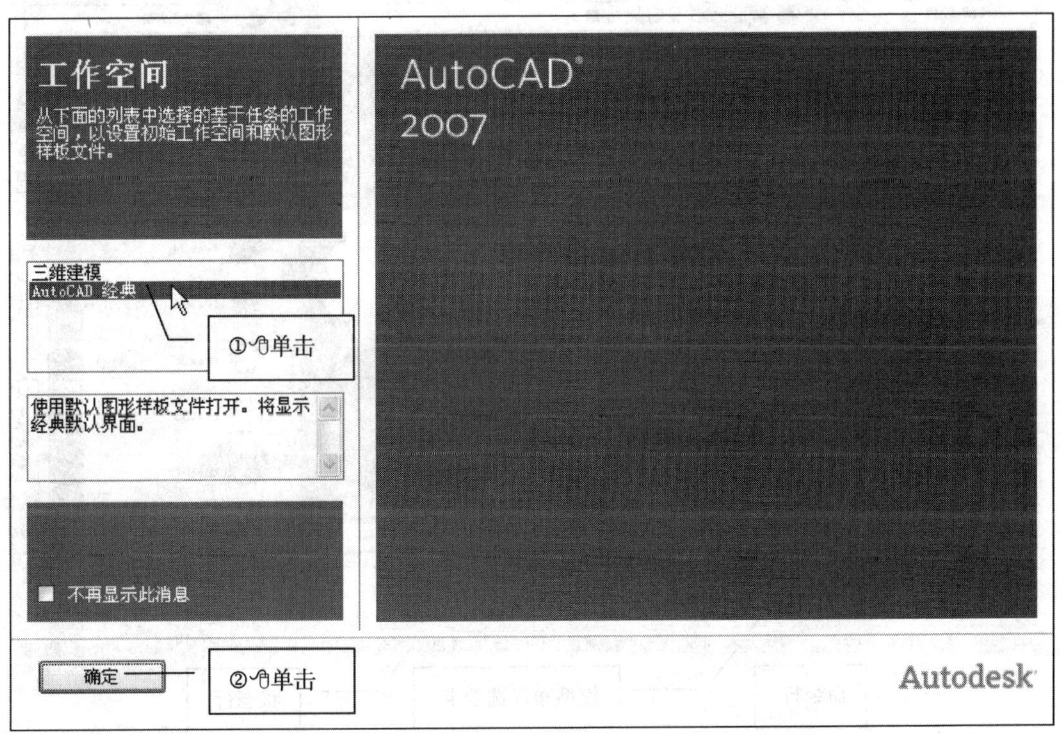

图　1-1-7

1.3 界面简介

1. 标题栏

如图 1-1-8 所示，与其他 Windows 软件一样，这一行列出了软件的名称、版本号、当前操作文件的名称。AutoCAD 2007-［Drawing1. dwg］表明这张图的文件名称为 drawing1. dwg。

2. 菜单栏

如图 1-1-8 所示，单击菜单栏中的一个项目可以显示下拉菜单，下拉菜单中还可以有次级的菜单，每个菜单项目对应一个 AutoCAD 命令，单击可以执行相应的操作。

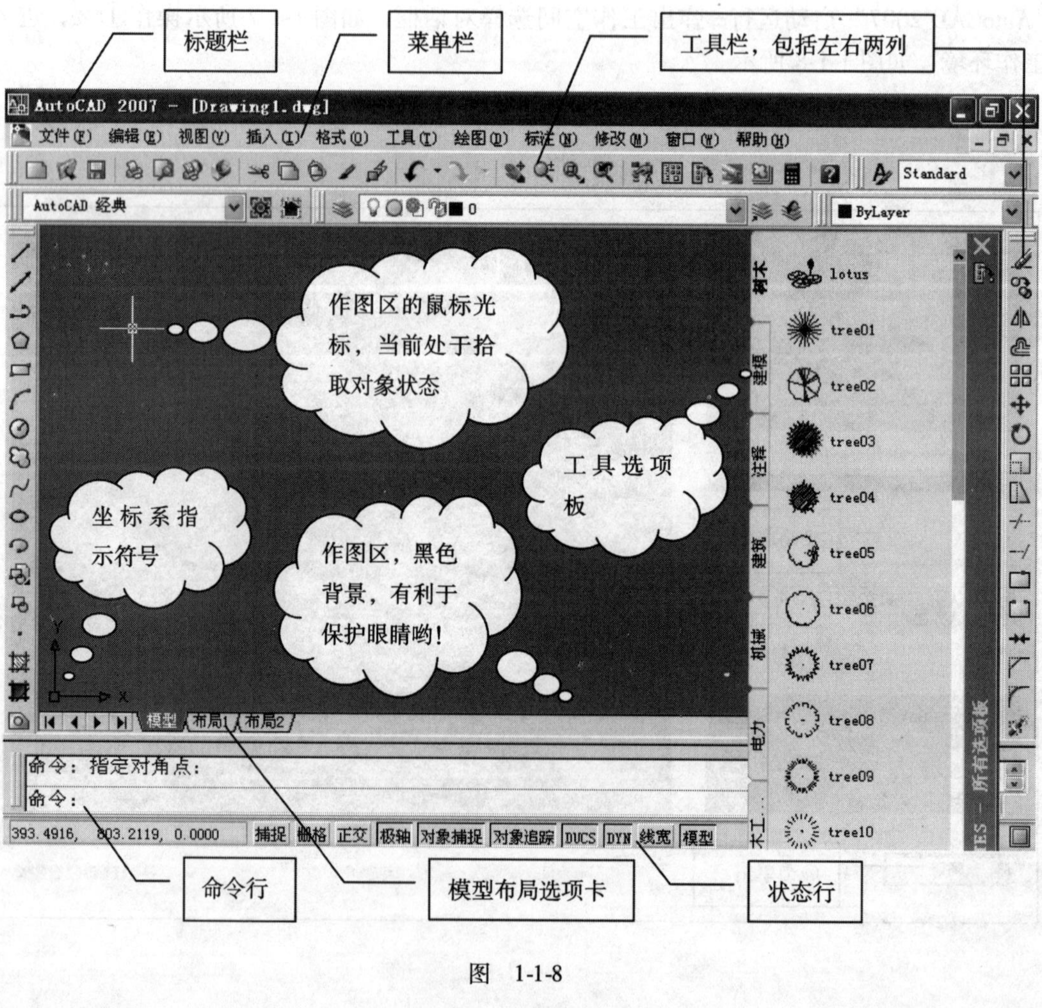

图 1-1-8

3. 工具栏

如图 1-1-8 所示，工具栏是分组排列着的许多图标按钮，每个图标对应一个 AutoCAD 命令，将鼠标指针放置于一个按钮上几秒种，其命令名称显示在鼠标指针右下方，命令的功能和这条命令的英语单词显示在状态栏左端，依据英文名称可以通过“帮助”学习命令的使用方法，单击图标按钮可以快速启动这条命令，默认开启的工具栏如图 1-1-9 所示。在任意一个工具栏上右击，弹出快捷菜单如图 1-1-9 所示，其中列有工具栏的名称，名称前有“√”的表示已经开启，单击一个工具栏的名称可以开启或关闭它。一般工具栏开启后是浮动在工作区中，如图 1-1-9 中的“文字”工具栏，在其蓝色标题带上按住鼠标左键拖动，可将其停泊在作图区的任何一个边框的位置，已停泊的工具栏上端或左端有一双线，将鼠标移至双线上则其名称显示在状态栏中，要改变它的停泊位置时，必须在这条双线上按住左键后拖动。

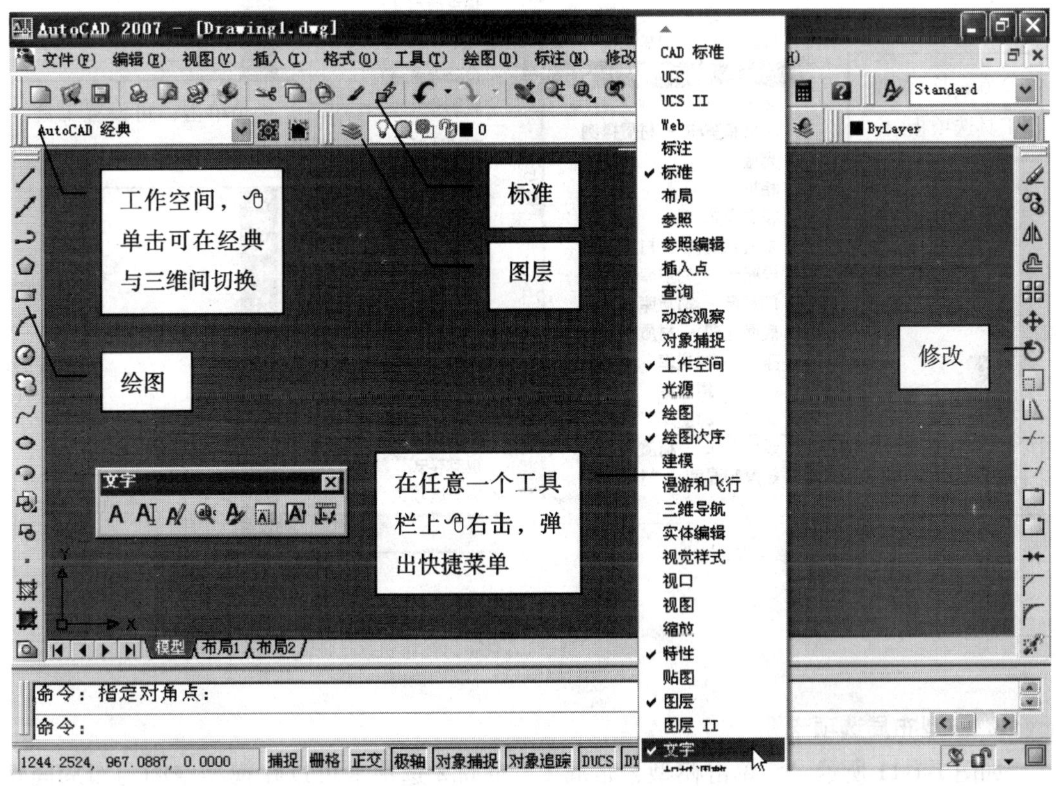

图　1-1-9

4. 作图区

如图 1-1-8 所示，屏幕中央的黑色区域，这是模型空间的默认底色，黑色不仅节能而且有利于操作人员的健康，所以一般并不更改。一张图纸上主要的线条、符号、文字、尺寸标注等都是绘制在这个区域。

5. 工具选项板

如图 1-1-8 所示，工具选项板是“工具选项板”窗口中选项卡形式的区域，提供组织、共享和放置块及填充图案的有效方法。工具选项板还可以包含由第三方开发人员提供的自定义工具。如图 1-1-10 所示操作，可以将其设置成透明或自动隐藏以减少对作图区的遮挡。单击主工具栏上的图标可以开启或关闭工具选项板。

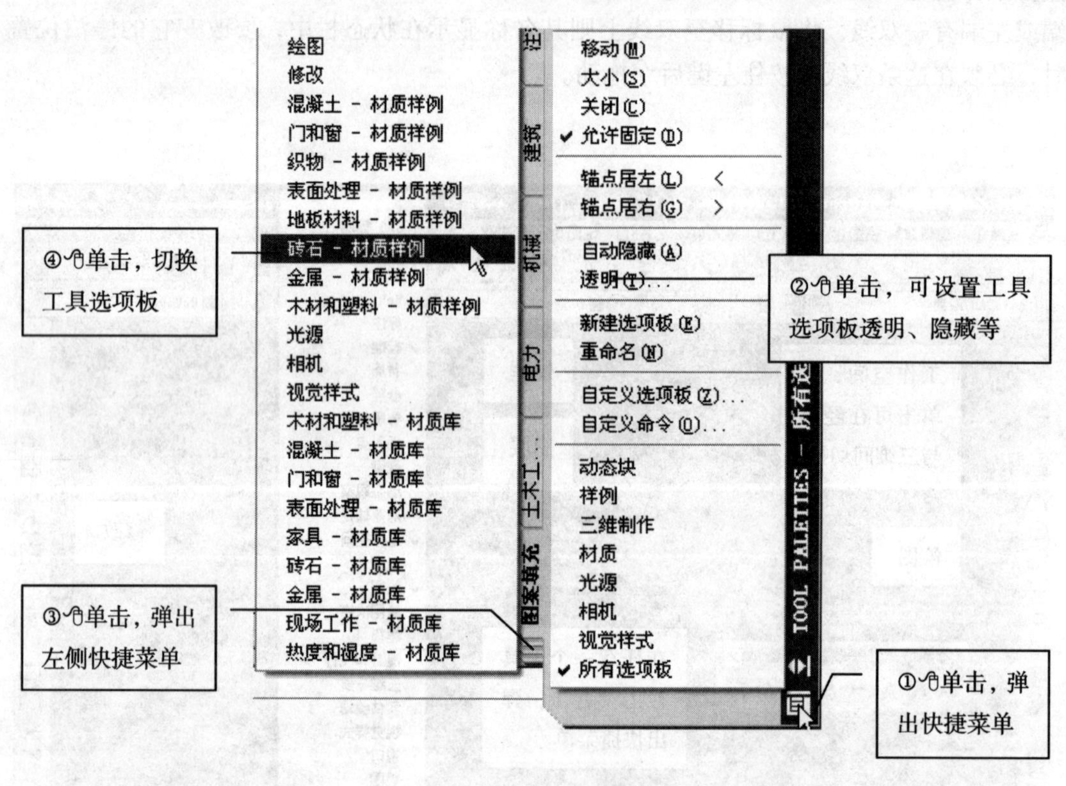

图 1-1-10

6. 模型布局选项卡

如图 1-1-11 所示，单击模型、布局 1、布局 2 选项卡可以在模型空间与布局间切换，模型空间就是设计师面对的设计场地，每一个布局都是其中的一张设计图纸，也称图纸空间，可以新建很多布局。

7. 命令行

如图 1-1-11 所示，人机对话的窗口，在其中显示命令、操作提示等信息，从键盘上输入的坐标数值直接显示在其中，不必先去单击定位光标位置。默认高度 2 行，可调整大小。⌨敲击键盘上的 F2 功能键可以开关对应的 AutoCAD 文本窗口，窗口中记录了命令行上显示过的历史信息。

8. 状态行

AutoCAD 窗口最底部一行，一般状态如图 1-1-11 所示，左端显示当前光标点的 x，y，z 三维坐标值，向右依次显示捕捉、栅格、正交等作图辅助工具的开关、设置按钮。右端 ▢ 是清除屏幕开关按钮，🖱单击，AutoCAD 窗口充满整个屏幕，工具栏、选项板等被关闭，屏幕洁净利于查看图纸，再次🖱单击还原，🖱单击右端第 2 个按钮 ▼，在弹出的状态行菜单中，🖱单击可开关状态行中显示的项目。

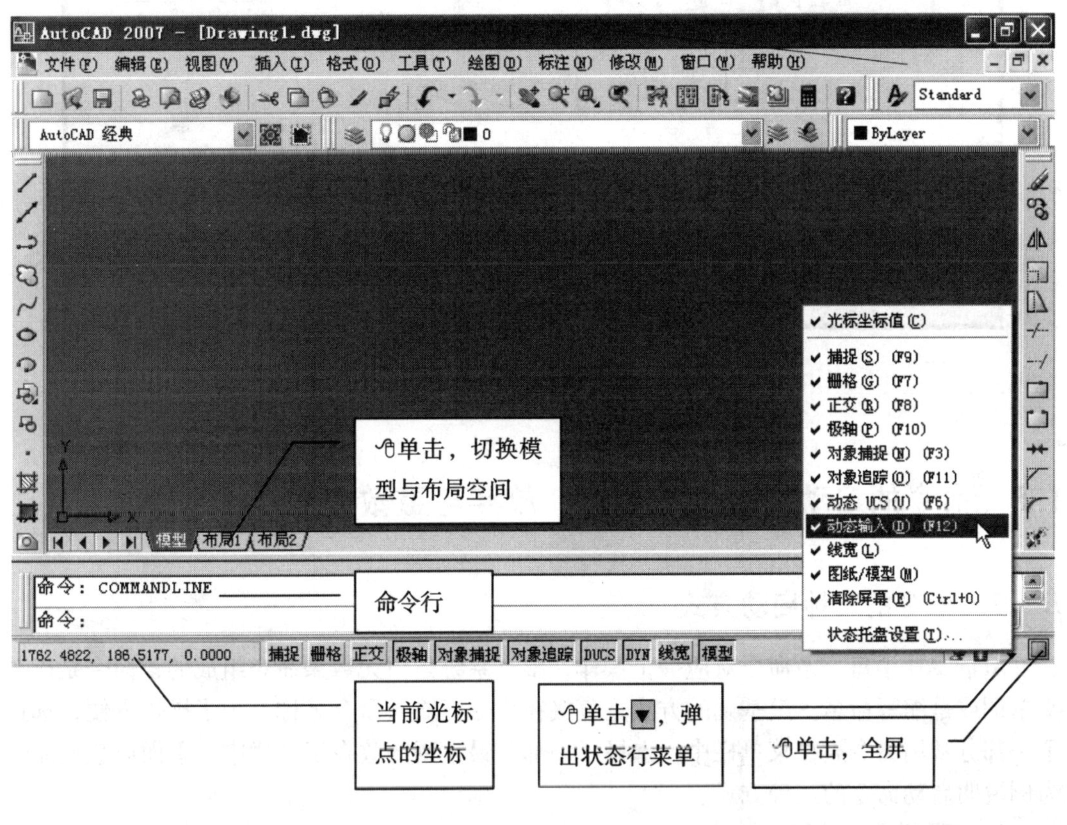

图　1-1-11

1.4　重置配置

在开始练习时经常把系统的配置搞乱了，下面的操作可将系统恢复到“初装”时的状态：🖱单击 工具 菜单⇨🖱单击 选项 ⇨如图 1-1-12 所示操作。

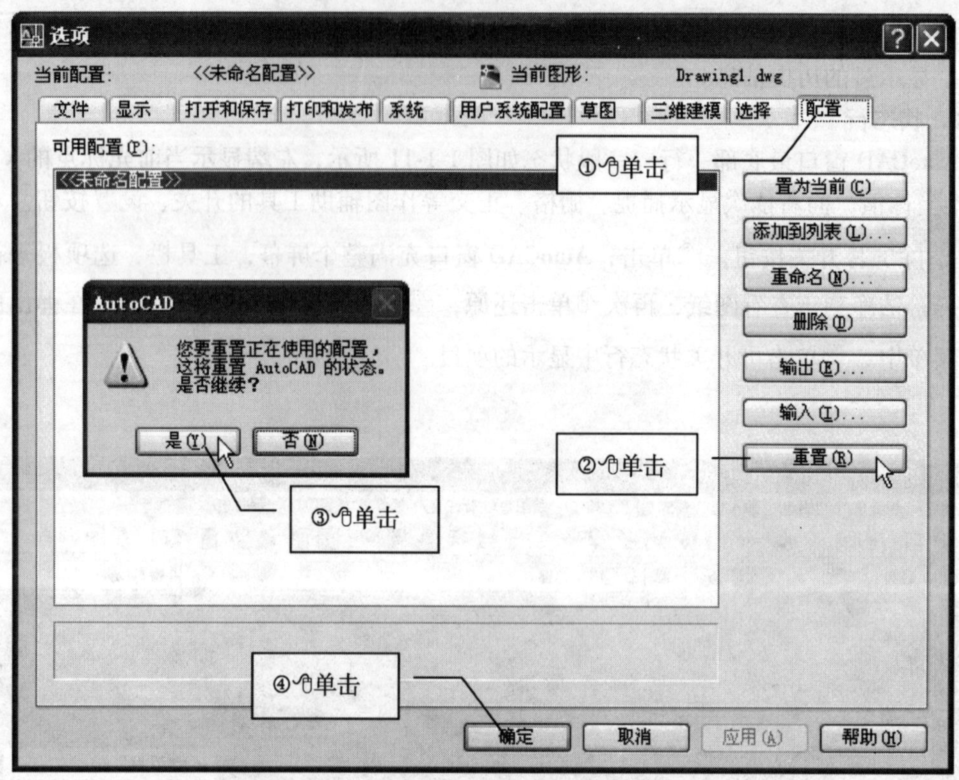

图 1-1-12

1.5 命令的启动、中止、重复、放弃与重做

1.5.1 命令的三种启动方式

AutoCAD 中每一条命令对应一个操作，整个系统是由无数条命令组成的，命令是以英文单词或是缩写命名。最基础的方法是直接在命令行输入命令名称，为了操作方便，选择了一部分常用命令放在菜单栏中，选择了一部分最常用的放在工具栏中，下面以直线命令为例说明启动命令的三种方式。

1. 工具栏命令按钮

如图 1-1-13 所示，单击“绘图”工具栏上的图标启动直线命令⇨在作图区中单击任意一点⇨移动鼠标后单击第二点⇨再次移动鼠标后单击第三点⇨敲击键盘上的回车键Enter结束。

2. 菜单

如图 1-1-14 所示操作启动直线命令。

图　1-1-13

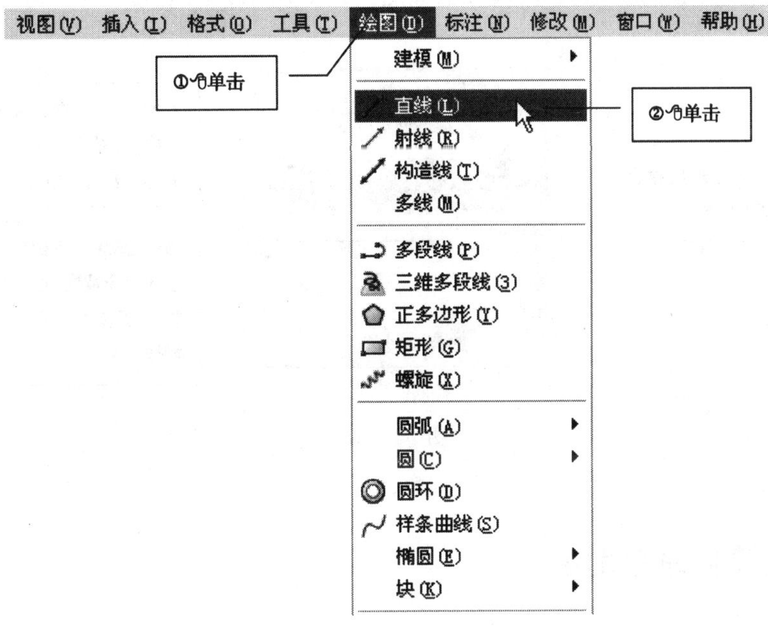

图　1-1-14

3. 命令行

从键盘上依次敲击 Line 或 L ⇨回车，启动直线命令。这时命令行如图 1-1-15 所示。AutoCAD 不识别命令字母的大小写，输入时大小写兼容。

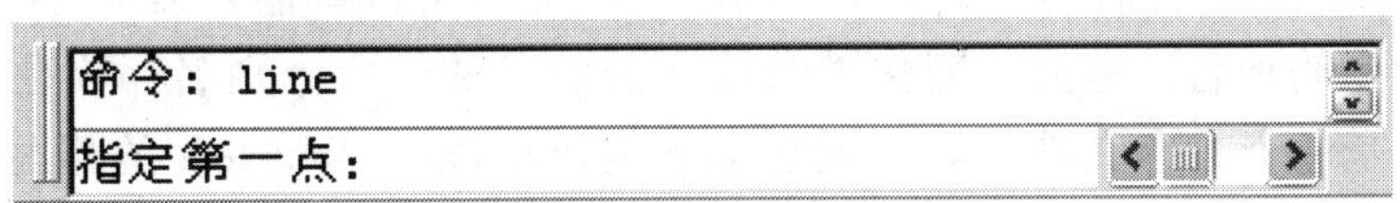

图　1-1-15

1.5.2 命令的取消与重复执行

1. 取消

在一个命令执行过程中，⌨敲击Esc键可取消命令继续执行。

2. 重复

在一个命令执行完成后，⌨回车、⌨敲击空格键，或🖱右击，在弹出的快捷菜单中🖱单击第一项“重复 ***”，可再次执行刚完成的命令。

1.5.3 命令的放弃 Undo/重做 Redo

命令按钮在标准工具栏上，操作方法如图 1-1-16 所示，两个命令都支持多步操作。

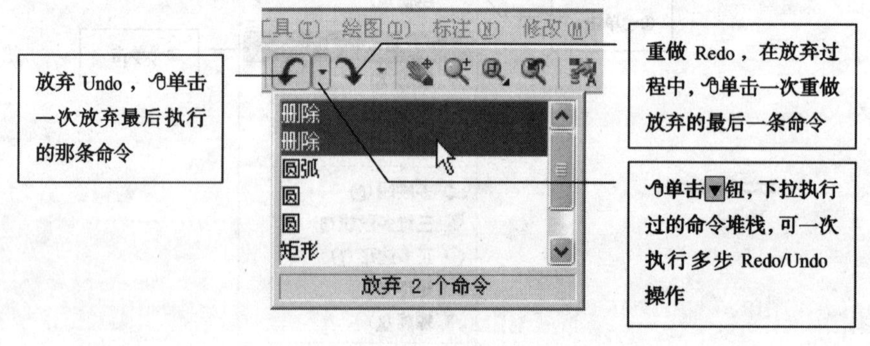

图 1-1-16

1.6 快捷键和命令别名

快捷键是指用于启动命令的键或键组合，也称加速键。例如，可以⌨按 CTRL + O 来打开文件，⌨按 CTRL + S 来保存文件，结果与从“文件”菜单中选择“打开”和“保存”相同。临时替代键是指用于打开或关闭某个绘图辅助工具的键，例如，F8 切换“正交”模式、F10 切换“极轴”模式。查看快捷键定义的方法：如图 1-1-17 所示操作①②③、如图 1-1-18 所示操作①，右侧列表显示所有快捷键定义。如图 1-1-18 所示操作②，将快捷键定义列表复制到剪切板中⇨在记事本中新建一个文本文件⇨粘贴，则获得快捷键定义列表。

在 1.5.1 命令的三种启动方式 3 中，启动直线命令可以⌨输入 Line 也可以⌨输入 L，L 就是 Line 命令的别名，是为了简化键盘输入而定义的。命令别名存放在程序参数文件 acad. pgp 中，是一个文本文件，其扩展名 pgp 是Program Parameters 的缩写，如图 1-1-17 所示操作①②④，打开文件 acad. pgp 如图 1-1-19 所示，可查看、修改、追加命令别名及其他程序参数。

编辑(E) 视图(V) 插入(I) 格式(O) 工具(T) 绘图(D) 标注(N) 修改(M) 窗口(W) 帮助(H)
工作空间
CAD 标准(S)
向导(Z)
草图设置(F)...
数字化仪(B)
自定义(C)
选项(N)...
界面(I)...
工具选项板(P)...
输入自定义设置...
输出自定义设置...
编辑程序参数 (acad.pgp)(P)
①单击
②单击
③单击
④单击

图　1-1-17

自定义用户界面
自定义
传输
所有 CUI 文件 中的自定义
所有自定义文件
ACAD
工作空间
三维建模
AutoCAD 经典 默认(当前)
工具栏
菜单
快捷菜单
键盘快捷键
快捷键
临时替代键
双击动作
鼠标按钮
LISP 文件
传统项
局部 CUI 文件
①单击
快捷方式
快捷键
类型(T): 加速键
状态(S): 全部
名称 主键 类型 源
CTRL+H CTRL+H 加速键 ACAD
CTRL+R CTRL+R 加速键 ACAD
dbConnect CTRL+6 加速键 ACAD
Visual Basic 编辑器 ALT+F11 加速键 ACAD
保存 CTRL+S 加速键 ACAD
标记集管理器 CTRL+7 加速键 ACAD
超链接... CTRL+K 加速键 ACAD
打开... CTRL+O 加速键 ACAD
②单击
复制到剪贴板
打印(P)
信息
基本
名称 保存
说明 保存当前图形: QSAVE
宏
宏 ^C^C_qsave
访问
键 CTRL+S
高级
元素 ID ID_Save
命令列表:
按类别(G): 所有命令
新建(N)
命令 源
.X ACAD
.XY ACAD
.XZ ACAD
.Y ACAD
0.000 ACAD
了解关于自定义的详细信息
确定(O) 取消(C) 应用(A) 帮助(H)

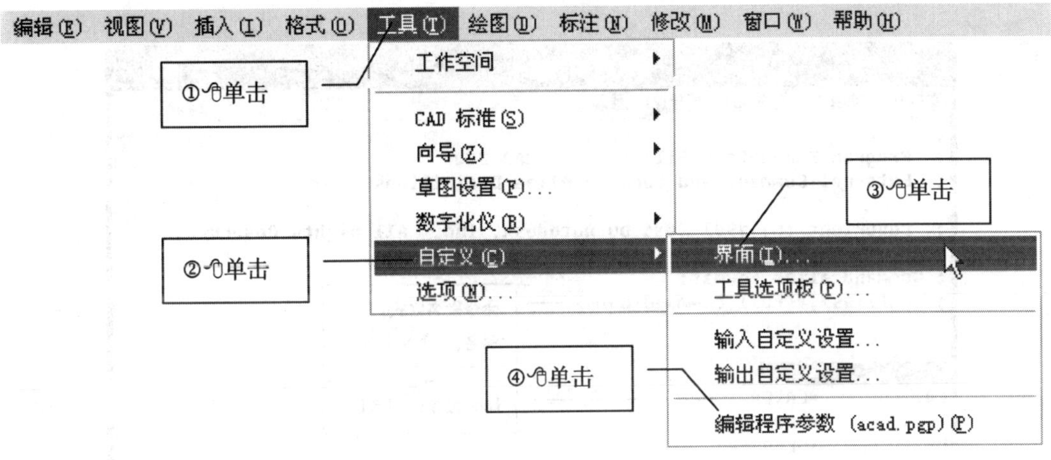

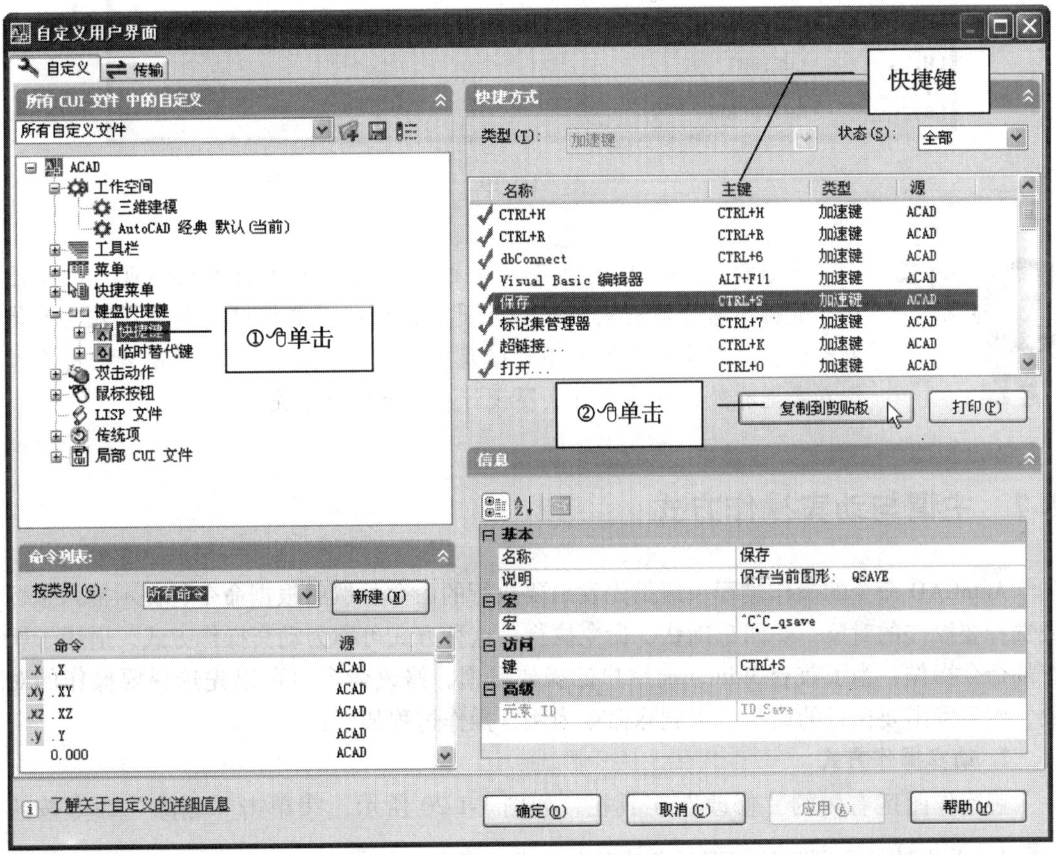

图　1-1-18

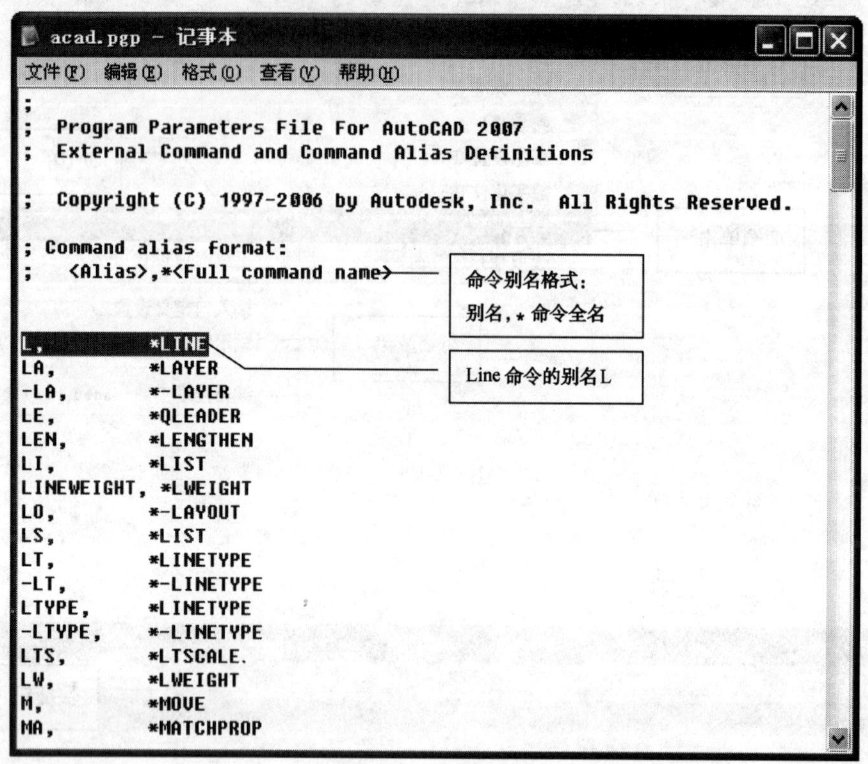

```
acad.pgp - 记事本
文件(F) 编辑(E) 格式(O) 查看(V) 帮助(H)
;
;  Program Parameters File For AutoCAD 2007
;  External Command and Command Alias Definitions

;  Copyright (C) 1997-2006 by Autodesk, Inc.  All Rights Reserved.

; Command alias format:
;   <Alias>,*<Full command name>

L,          *LINE
LA,         *LAYER
-LA,        *-LAYER
LE,         *QLEADER
LEN,        *LENGTHEN
LI,         *LIST
LINEWEIGHT, *LWEIGHT
LO,         *-LAYOUT
LS,         *LIST
LT,         *LINETYPE
-LT,        *-LINETYPE
LTYPE,      *LINETYPE
-LTYPE,     *-LINETYPE
LTS,        *LTSCALE
LW,         *LWEIGHT
M,          *MOVE
MA,         *MATCHPROP
```


图 1-1-19

开始学 AutoCAD 的新手总是很羡慕双手上下翻飞在键盘上的绘图员，觉得很潇洒而刻意去模仿，使用快捷键需要记忆和熟练，入门时使用鼠标操作很多情况下并不比键盘操作慢，试想一下如果是老的键盘操作方式更有效，软件为什么要设计成今天的样子呢?

1.7 主谓与动宾操作方式

AutoCAD 命令的操作过程一般是先发出要执行的命令，然后根据命令行提示输入坐标或选择要操作的对象，回车确认，命令执行，这种方式可称为动宾操作方式，适用于所有的命令操作；为了兼容 Windows 用户的操作习惯，修改命令也可以先选择要操作的对象，然后发出要执行的命令。以删除命令为例，操作过程如下：

1. 动宾操作方式

观察作图区右侧的“修改”工具栏，如图 1-1-20 所示，单击“删除”命令按钮 ⇨单击选择要删除的图形对象⇨右击或回车。

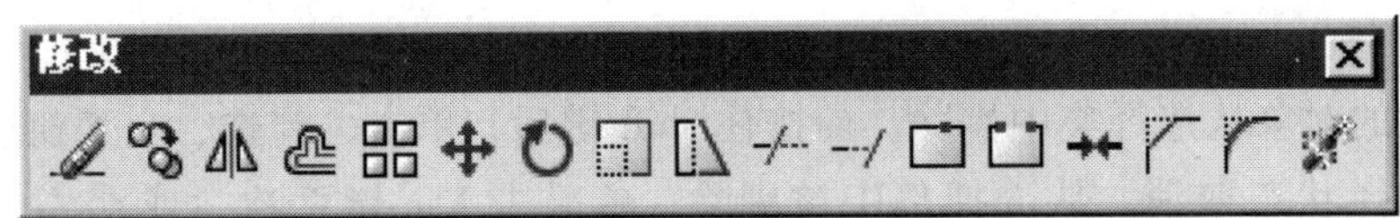

图　1-1-20

2. 主谓操作方式

单击选择要删除的图形对象⇨单击。

1.8　选择集的构造方法

选择集是指选中的一组图形对象，对这组对象要执行删除、移动、复制等操作。

1. 单击

单击一个图形对象，该对象以虚线显示，表示已被选中。

2. 窗选（Window）

如图 1-1-21 所示，在作图区左侧单击一点 A 或 D ⇨移动鼠标到右侧一点 C 或 B，这时在 AC 或 DB 两点间出现一个蓝色透明窗口，如图 1-1-21 虚线矩形围合区域，单击，可将完全包围在窗口中的图形对象选中，图 1-1-21 中小圆被选中。

3. 交叉窗选（Crossing Window）

如图 1-1-21 所示，在作图区右侧单击一点 B/C ⇨移动鼠标到左侧一点 D/A，这时在两点间出现一个绿色透明窗口，如图 1-1-21 虚线矩形围合区域，单击，可将窗口穿越或包围的图形对象选中，图 1-1-21 中所有图形对象被选中。

4. 栏选（Fence）

仅适用于动宾操作方式，并且在操作过程中一般没有栏选提示，如删除图 1-1-22 中部分图形对象：单击按钮⇨输入 F，右击或回车，命令行提示“第一栏选点：”⇨在作图区中单击一点 A ⇨移动鼠标后单击第二点 B，在两点间显示一条虚线⇨单击第三点 C ⇨右击，单击确认，栏选结束，这时虚线穿过的对象均被选中⇨右击，图中的直线都被删除。

5. 全选

动宾操作方式

要选择图形中的所有对象，可在命令行提示“选择对象：”时，输入 all ⇨右击或回车。如删除所有对象的操作：单击⇨输入 ALL，右击⇨右击。

主谓操作方式

快捷键 Ctrl + a，即按住 Ctrl 键后，敲击字母键 a。如删除所有对象的操作：Ctrl + a ⇨单击。

6. 反选择

把选中的对象从选择集中剔除。⌨按住 shift 键后，单击、窗选、交叉窗选，则被选中的对象选择状态取消，从选择集中被剔除；⌨敲击 Esc 键两次，或🖱右击⇨🖱单击 全部不选 可放弃已选择的所有对象。

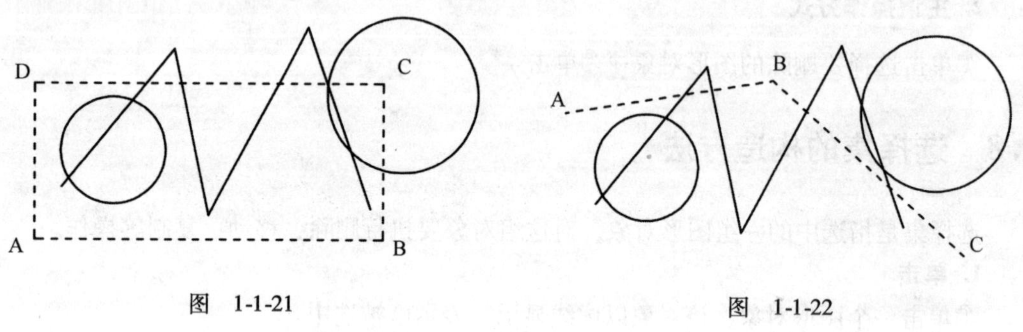

图 1-1-21　　图 1-1-22

1.9 图形文件操作

1.9.1 保存图形文件

1. 第一次存盘

🖱单击标准工具栏上的保存按钮，弹出窗口如图 1-1-23 所示，🖱单击 文件 菜单⇨在下拉菜单中🖱单击 保存 也会出现同一窗口。如图 1-1-23 所示操作①②③④⑦，将当前图形存储在“D：\ 书插图”文件夹中，文件命名为 abc. dwg。

2. 作图过程中存盘

🖱单击，将当前图形以原来的文件名存储在原来的磁盘和文件夹里。

3. 改名存盘

🖱单击 文件 菜单⇨🖱单击 另存为 参照图 1-1-23 所示操作①②③④⑦，在步骤④输入另一个文件名称，如：def，则当前图形存储为 def. dwg 文件，原有的 abc. dwg 不变。

存盘时如果弹出提示对话框，如图 1-1-24 所示，说明这个文件被多次打开，在第二次打开同一文件时系统会弹出警告提示，如图 1-1-25 所示。只有第一次打开的那个窗口能以原文件名称存盘，其后打开的窗口只能改名存盘，可按照改名存盘的方法将其存为另一个文件。打开了一个具有只读属性的文件，存盘时也会有相同的提示。

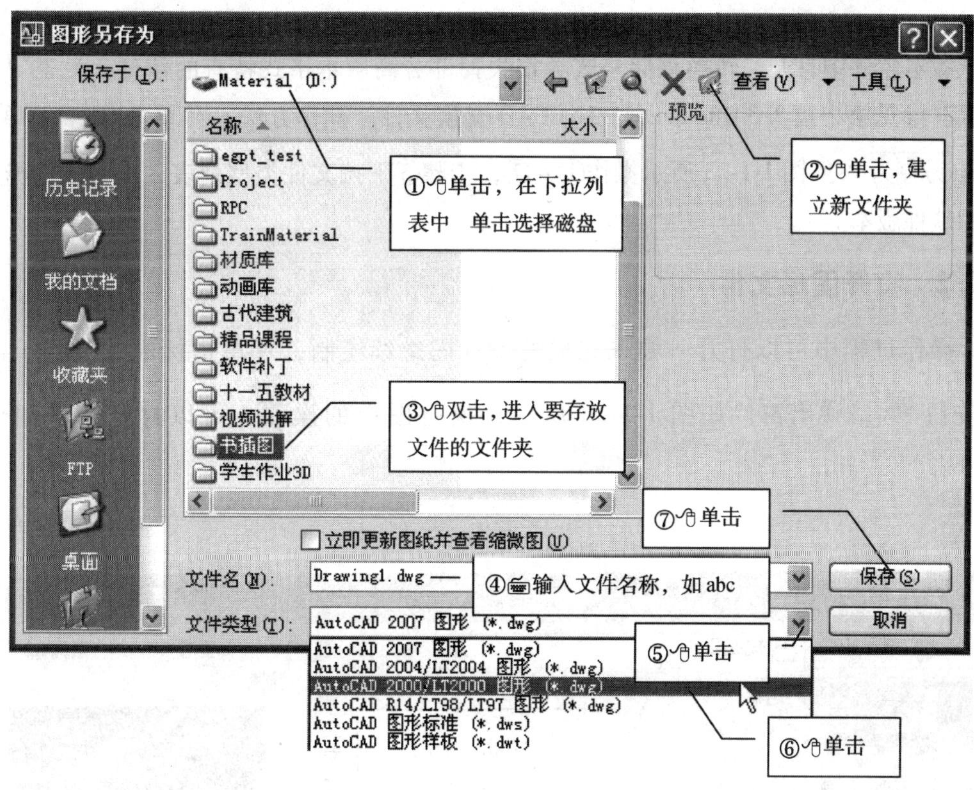

图　1-1-23

图　1-1-24

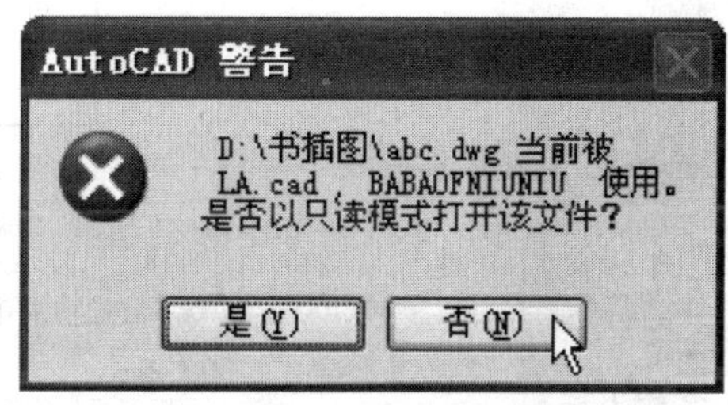

图　1-1-25

存盘时一定要输入自定的文件名称，不要采用默认的文件名称 drawing1.dwg、drawing2.dwg、drawing3.dwg …，AutoCAD 每次启动都会建立一个新文件 drawing1.dwg，新建文件时又会以 drawing2.dwg、drawing3.dwg … 来命名，空白的新文件极易将原有的同名设计图覆盖掉。

4. 存储为低版本文件格式

在 AutoCAD2007 中可以将文件存储为 2004、2000、R14 等低版本的文件格式，可以在低版本软件中打开，转换存储格式会损失掉部分高版本格式特有的信息，关于“向下兼容”参见第 2 篇 3. 3 3ds max 与 AutoCAD 交换文件。操作方法：单击文件菜单⇨单击另存为参照图 1-1-23 所示操作①～⑦，步骤⑤下拉文件类型列表，步骤⑥选择要存储的软件版本。

1.9.2 打开图形文件

操作过程中可以打开一幅未完成的设计图继续绘制，单击标准工具栏上的打开按钮，弹出窗口如图 1-1-26 所示，执行图中的操作，可以打开相应图形文件。

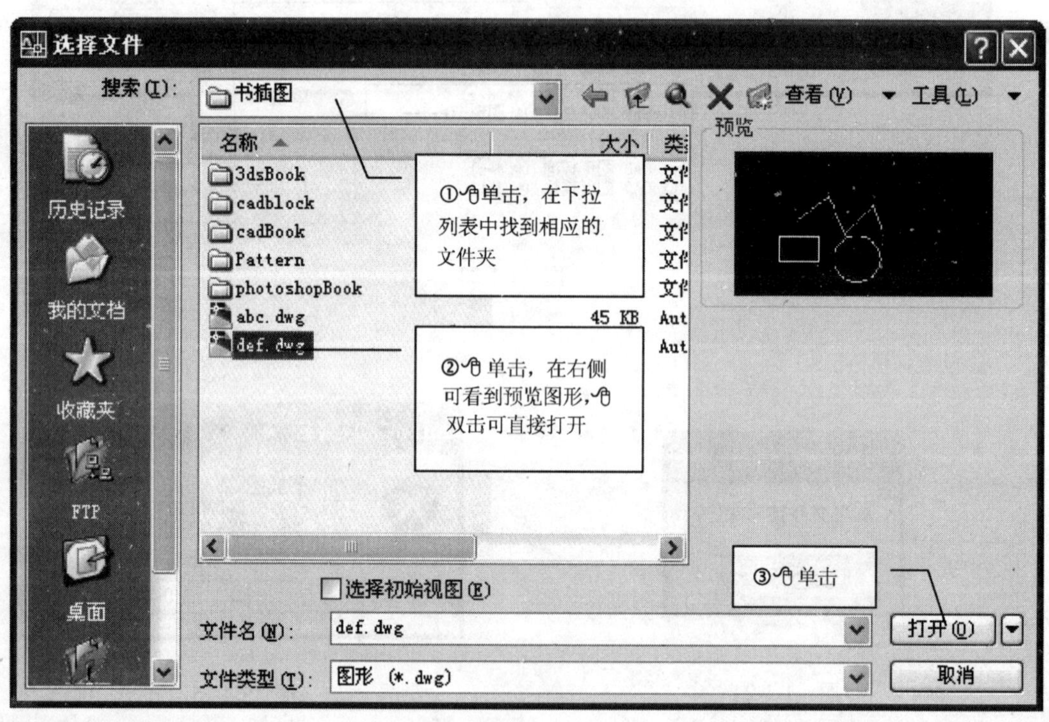

图 1-1-26

1.9.3 新建图形文件

AutoCAD 启动后自动建立一幅新图 drawing1. dwg，操作过程中可能需要新建第二个文件来同时绘制另一幅设计图，单击标准工具栏上的新建按钮，弹出“选择样板”对话框，如图 1-1-27 所示，默认的样板文件为 acadiso. dwt，执行操作②，新建一个符合国际标准的空文件 drawing2. dwg。

图　1-1-27

图 1-1-27 左侧列表中 ISO A0、ISO A1、ISO A2 …是 A0、A1、A2 …幅面的国际标准图纸设置模板；Gb _ a0、Gb _ a1、Gb _ a2 …是国家标准 A0、A1、A2 …幅面图纸的标准设置模板。Gb 模板是参照我国机械制图标准设置的，与园林行业参照的建筑制图标准有一定差距，不能直接使用。

1.9.4　多文档操作

AutoCAD 具有多文档操作特性，可以同时打开多个图形文件，每个打开的文件其图形占用独立的窗口。如图 1-1-28 所示，单击菜单栏上的窗口下拉菜单展开，观察下拉菜单底部的文件名称，前面打√的文件对应当前图形窗口，单击√选其中的一个文件名称，可将其窗口置为当前窗口，从而在多个文件间切换。

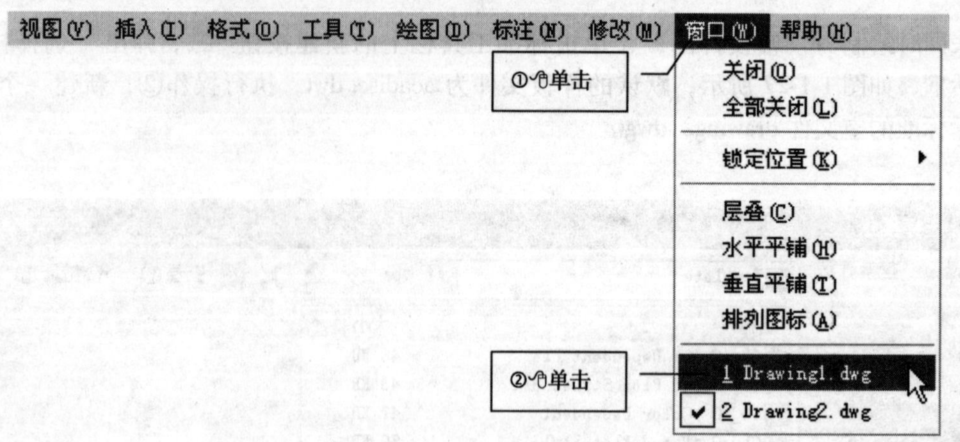

图 1-1-28

1.10 退出 AutoCAD

（1）单击屏幕右上角的关闭按钮，如果有未存盘的图形文件，系统弹出提示框，如图 1-1-29 所示⇨单击 是 将其存盘，逐一存储文件后窗口关闭，系统退出。

（2）单击 文件 菜单⇨单击 退出，是退出系统的另一种方法。

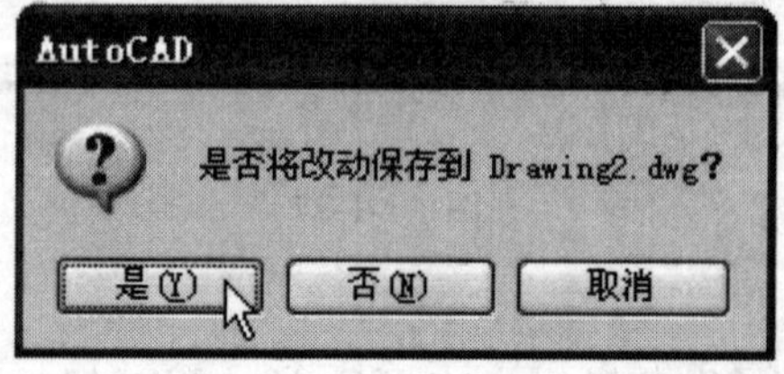

图 1-1-29

退出系统时往往已经工作了很长时间，一定要仔细观察弹出的提示对话框，将图形文件逐一存盘，为了安全也可参照 1.9.1 保存图形文件中的方法将图形文件先存盘，然后再退出系统。

第 2 讲

2.1 坐标系与点坐标的输入

2.1.1 世界坐标系 WCS

如图 1-2-1 所示，建立一幅新图时屏幕的左下角为原点，其 X，Y，Z 三个方向上的坐标值为（0，0，0）；X 轴在屏幕的左右方向上，向右为正值（方向东），向左为负值（方向西）；Y 轴在屏幕的上下方向上，向上为正值（方向北），向下为负值（方向南）；Z 轴垂直于屏幕表面，向外为正方向（海拔高正值），向里为负方向（海拔高负值）。为了将屏幕上的世界坐标系与我们生活的真实三维空间的方向对应起来，你可以想象把面前的显示器抱在怀里，让它的屏幕朝上，然后你面朝北方站着。

世界坐标系中的角度方向。正东方向为 0°，以此为起始方向，逆时针旋转为正值，顺时针为负值。

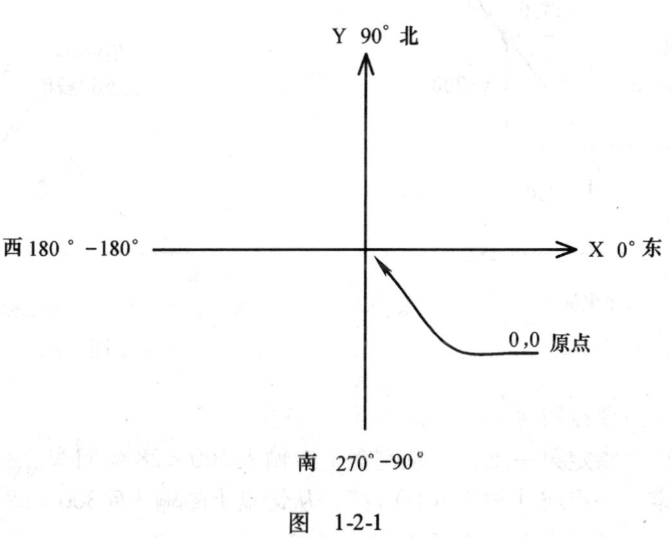

图 1-2-1

2.1.2 点坐标的输入

点坐标可以采用直角坐标和极坐标两种输入方式，每种方式又有绝对坐标与相对坐标之分。在输入点坐标的过程中，直角坐标与极坐标、绝对坐标与相对坐标可以任意混用，系统自动识别输入格式。

1. 直角坐标输入方式

输入一个点相对于原点（屏幕左下角 0，0 点）的 X，Y 坐标，如：300，200。

2. 极坐标输入方式

输入一个点相对于原点的斜向距离和角度，如：500 <28。

3. 绝对坐标与相对坐标

上面 1、2 中的两种坐标输入方式，每个点的坐标都是以坐标系原点（0，0）为起点计算的，称为绝对坐标。如果计算一个点的坐标时以前面刚输入的一个点为起点，则称为相对坐标，相对坐标输入时要在坐标前面加“@”。如果只输入一个@，后面的数值置空，则点坐标与前面刚输入的一点重合。

例 1-2-1 分别采用直角坐标、极坐标二种输入方式，绘制如图 1-2-2、图 1-2-3 实线所示的直线段，图中虚线是为标明坐标而绘制的辅助线。

（1）直角坐标输入方式（如图 1-2-2 所示）。

①单击直线命令按钮。

②命令行提示“指定第一点：”，从键盘上输入 300，200 回车。

③提示“指定下一点或［放弃（U）]：”，从键盘上输入@ 150，200 回车。

（2）极坐标输入方式（如图 1-2-3 所示）。

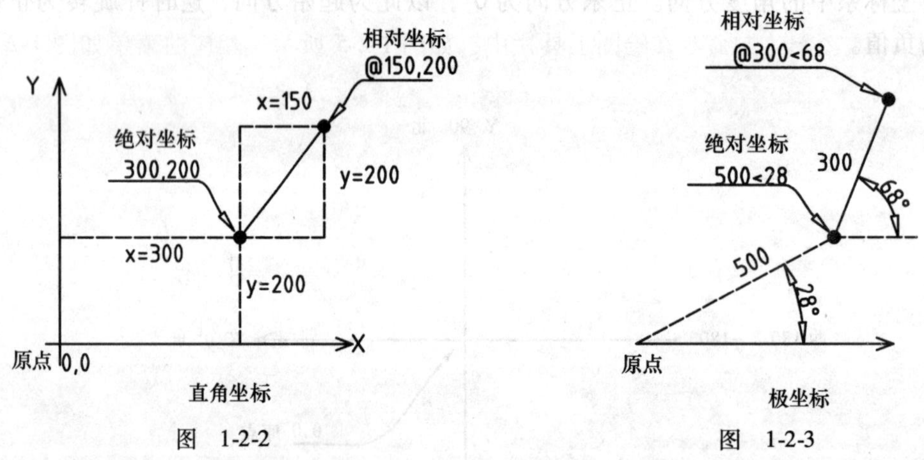

图 1-2-2　　图 1-2-3

①单击直线命令按钮。

②命令行提示“指定第一点：”，从键盘上输入 500 <28 回车。

③提示“指定下一点或［放弃（U）]：”，从键盘上输入@ 300 <68 回车。

在坐标输入前要关闭中文输入法，坐标值、逗号等命令参数只识别半角英文字符，全角中文字符被视为非法字符，不能执行，比较一下“,,,,”与，，，，”看上去是否相同。@读作“埃特”，是英文 at，即“在”的意思，输入时先按住 Shift 键，然后再敲击 @ 2 键，“<”是英文的小于号，输入时先按住 Shift 键，然后再敲击 < , 键。

例 1-2-2　以点（100，100）为左下角点，向其右上方绘制一个 100×50 的矩形方框，如图 1-2-4 所示。以直线命令沿 A-B-C-D 四点顺序绘制的步骤如下：

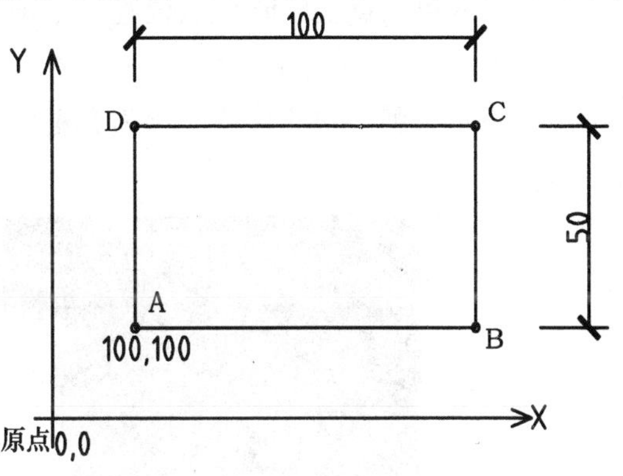

图　1-2-4

①单击直线图标按钮。

以下 5 步全部键盘输入操作：

②100，100 回车（A 点的绝对直角坐标）。

③@100，0 回车（B 点相对于 A 点的直角坐标）。

④@0，50 回车（C 点相对于 B 点的直角坐标）。

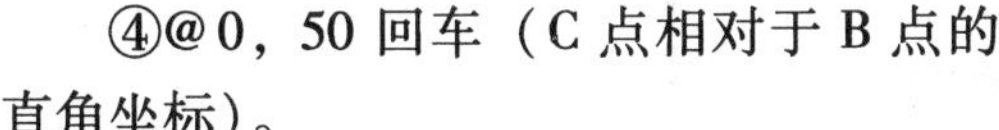

⑤@100<180 回车（D 点相对于 C 点的极坐标）。

⑥@50<−90 回车（A 点相对于 D 点的极坐标）。

2.2　基本图形绘制命令

常用的基本图形绘制命令在绘图工具栏中，如图 1-2-5 所示，相应的菜单如图 1-2-10 所示。

图　1-2-5

2.2.1　直线 Line

1. 命令功能

绘制两个坐标点间的直线段，持续输入点则可以创建一系列连续的线段，每条线段是独立的图形对象，可以单独编辑而不影响其他线段。

2. 启动方法

绘图工具栏：

绘图菜单：直线(L)

命令行：Line

3. 操作步骤

①启动命令，方法参见 1.5.1 命令的三种启动方式。

②输入起点坐标或在 A 点位置单击。

③⌨输入第二点坐标或 B 点位置🖱单击。

④⌨输入第三点坐标或 C 点位置🖱单击。

……

⑤🖱右击，弹出快捷菜单（称为右键菜单），如图 1-2-6 所示，🖱单击其中的 确认 完成命令。

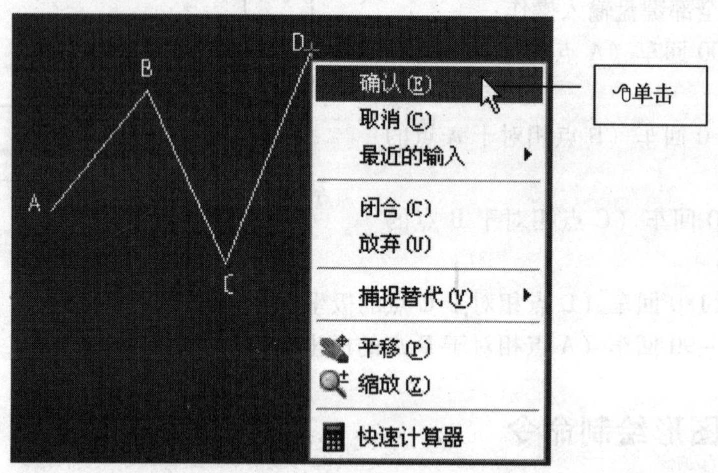

图 1-2-6

🖱右键菜单释义：

如图 1-2-6 所示，🖱单击其中的 确认(E) 完成命令；🖱单击 取消（C） 取消命令执行；🖱单击 闭合（C） 则最末一点自动与起点相连形成闭合图形，命令结束；🖱单击 放弃（U） 从当前点退回到上一点，命令继续执行，点坐标输入错误时常用。与“确认、取消、闭合、放弃”四种操作对应的键盘操作是“⌨回车、⌨ESC、⌨C 回车、⌨U 回车”。

2.2.2 构造线 Xline

1. 命令功能

绘制向两个方向无限延伸的直线，用作其他对象的参照。

2. 启动方法

🖱绘图工具栏：

🖱绘图菜单：构造线(T)

⌨命令行：Xline

3. 操作步骤

启动命令，方法参见 1.5.1 命令的三种启动方式，命令行如图 1-2-7 所示，如果直接在作图区中右击，弹出快捷菜单如图1-2-8所示。

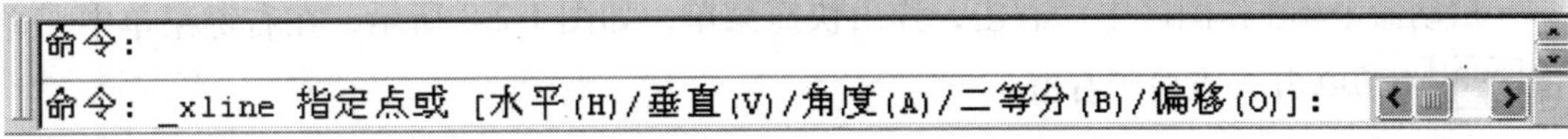

图　1-2-7

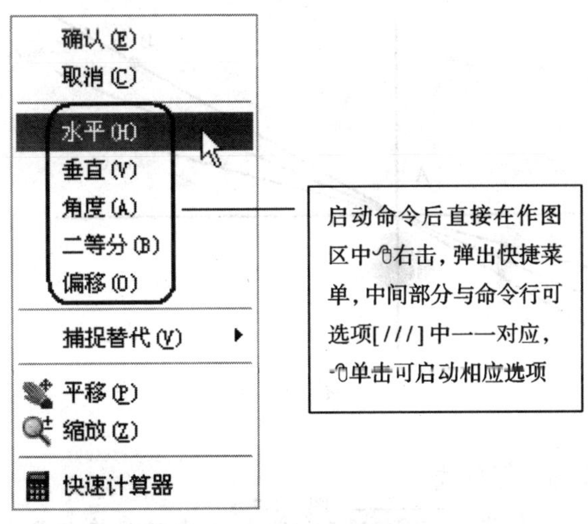

图　1-2-8

命令行提示与右键菜单释义：

Xline　是当前命令的名称

指定点　是默认选项，可以直接输入一个点的坐标或单击指定一个点。

[水平(H)/垂直(V)/…]　是可选项，每两个可选项间用“/”隔开，输入(　)中的字母，回车，可启动这个选项，如：H回车，启动“水平”选项；如图1-2-8所示的快捷菜单，单击水平启动“水平”选项。

例1-2-3　绘制如图1-2-9所示的构造线，图中A、B、C指示的是3个点的大概位置，绘图时自定。

(1) 绘制分别经过AB、AC的2条构造线。

①启动命令，方法参见1.5.1命令的三种启动方式。

②单击A点或输入该点坐标。

③单击B点或输入该点坐标。

④单击C点或输入该点坐标。

……

⑤右击，命令结束。

（2）绘制图中水平线。

启动命令⇨在作图区中🖱右击，弹出快捷菜单，如图 1-2-8 所示，在右键菜单中🖱单击 水平 ⇨🖱单击 A 点⇨🖱右击。

（3）绘制垂直线。

启动命令⇨🖱右击，🖱单击 垂直 ⇨🖱单击 A 点⇨🖱右击。

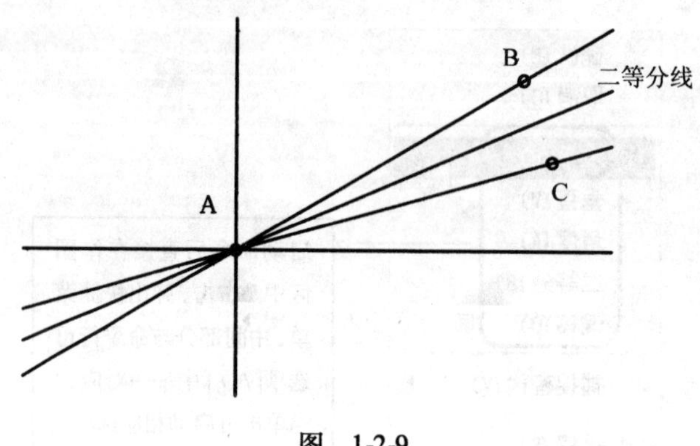

图 1-2-9

（4）绘制角 BAC 的二等分线。

启动命令⇨🖱右击，🖱单击 二等分 ⇨🖱单击 A 点⇨🖱单击 B 点⇨🖱单击 C 点⇨🖱右击。

2.2.3 圆弧 Arc

1. 命令功能

可以使用多种方法创建圆弧，除默认的三点弧外，其他方法都是从起点到端点逆时针绘制圆弧。

2. 启动方法

🖱绘图工具栏：

🖱绘图菜单：如图 1-2-10 所示

⌨命令行：Arc

3. 操作步骤

圆弧有多种绘制方法，图 1-2-10 所示菜单中给出了明确的组合。第一种是三点弧，顺序给出起点、第二点、终点绘制出相应的圆弧，这也是命令按钮的默认方法。

绘制图 1-2-11 中圆弧的步骤：

①🖱单击 启动命令。

②🖱单击 A 点或⌨输入该点坐标。

③🖱单击 B 点或⌨输入该点坐标。

④🖱单击 C 点或⌨输入该点坐标。

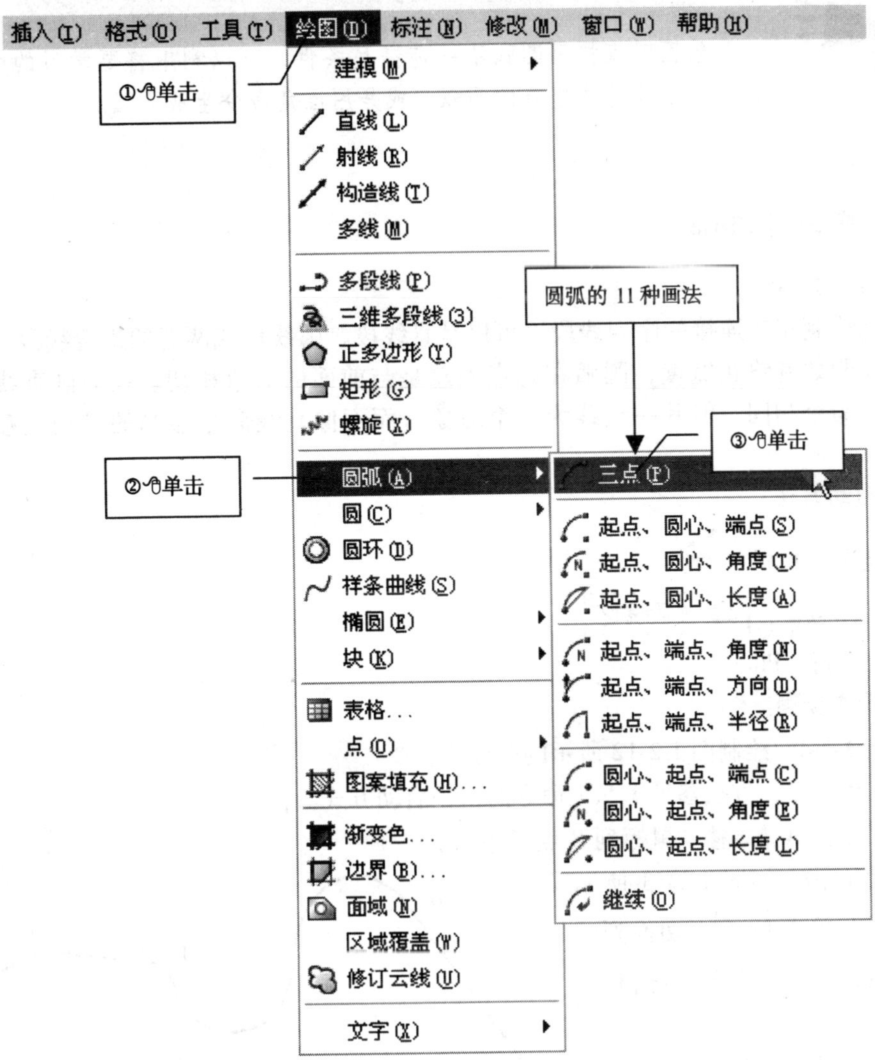

插入(I)
格式(O)
工具(T)
绘图(D)
标注(N)
修改(M)
窗口(W)
帮助(H)
①单击
建模(M)
直线(L)
射线(R)
构造线(T)
多线(M)
多段线(P)
三维多段线(3)
正多边形(Y)
矩形(G)
螺旋(X)
圆弧的 11 种画法
③单击
②单击
圆弧(A)
三点(P)
圆(C)
圆环(D)
样条曲线(S)
椭圆(E)
块(K)
表格...
点(O)
图案填充(H)...
渐变色...
边界(B)...
面域(N)
区域覆盖(W)
修订云线(U)
文字(X)
起点、圆心、端点(S)
起点、圆心、角度(T)
起点、圆心、长度(A)
起点、端点、角度(N)
起点、端点、方向(D)
起点、端点、半径(R)
圆心、起点、端点(C)
圆心、起点、角度(E)
圆心、起点、长度(L)
继续(O)

图　1-2-10

A
B
C
A
B
C
C
B
A

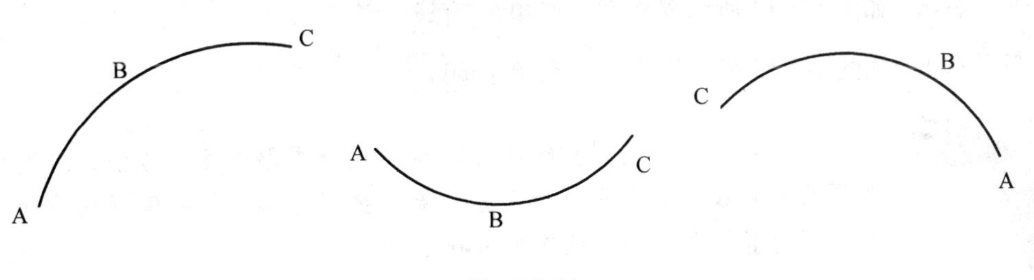

图　1-2-11

绘图时直接画圆弧不一定满足条件，可以利用将要学习的命令，先画圆然后修剪成需要的圆弧，或是用圆角命令生成圆弧。

2.2.4 多段线 Pline

1. 命令功能

一笔绘制相互连接的序列线段，可以是直线段、弧线段或两者的组合线段，每一段均可定义起始和终止宽度，圆弧在起点处总是与前面的对象相切。在只画直线时看上去与直线命令相同，但其一组线为一个对象，而不像直线命令绘制的是相互独立的线段。

2. 启动方法

绘图工具栏：

绘图菜单：多段线(P)

命令行：Pline

3. 操作步骤

例 1-2-4 绘制图 1-2-12 所示的多段线。

①启动命令，方法参见 1.5.1 命令的三种启动方式。

②单击 A 点⇨移动鼠标到 B 点单击。

③右击⇨如图 1-2-13 所示操作①，单击 圆弧，切换到画圆弧状态⇨到 C 点单击⇨到 D 点单击。

④右击⇨如图 1-2-13 所示操作②，单击 直线，切换到画直线状态⇨到 E 点单击。

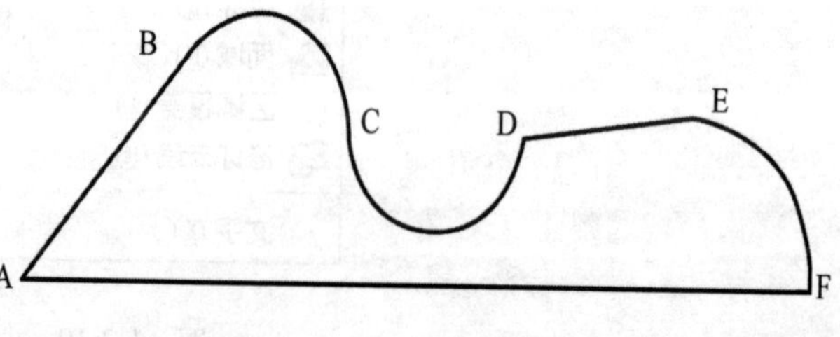

图 1-2-12

⑤右击⇨如图 1-2-13 所示操作①，单击 圆弧 ⇨到 F 点单击。

⑥右击⇨如图 1-2-13 所示操作②，单击 直线。

⑦右击⇨如图 1-2-13 所示操作③，单击 闭合。

多段线并不是绘制直线段与弧线段组合图形的唯一方法，难度太大的图形用直线、圆弧两个命令分别绘制更容易些，但一笔画成的闭合多段线对计算面积和图案填充更有利。

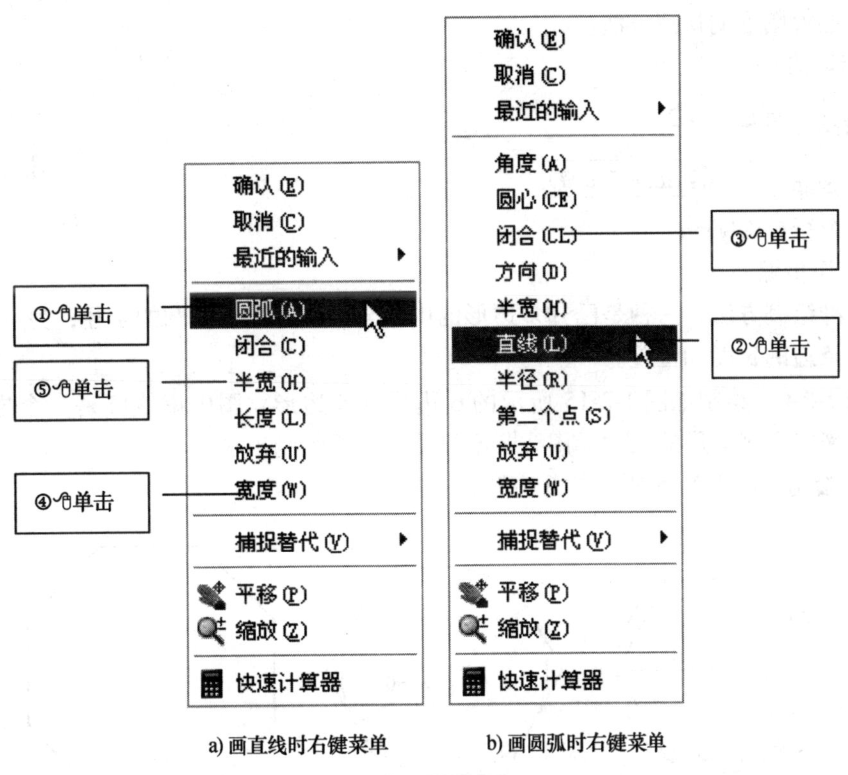

a) 画直线时右键菜单　　b) 画圆弧时右键菜单

图　1-2-13

例 1-2-5　绘制图 1-2-14 所示的箭头。

①启动命令，方法参见 1.5.1 命令的三种启动方式。

②单击 A 点。

③右击⇨如图 1-2-13 所示操作④，单击 宽度 ⇨输入 10 回车回车。

④移动鼠标到 B 点单击。

⑤右击⇨如图 1-2-13 所示操作⑤，单击 半宽 ⇨输入 15 回车 0 回车。

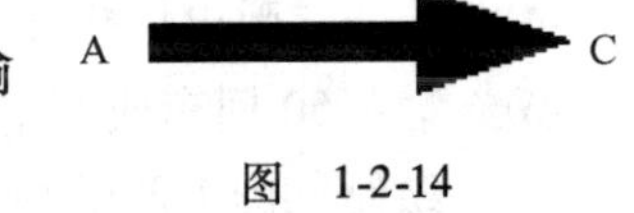

图　1-2-14

⑥到 C 点单击。

绘制箭头时 ABC 三点应尽量沿一条直线走，夹角超过一定值后不满足形成条件，绘制的箭头形状怪异。输入的线宽要视当前图形所使用的单位而定，相对于屏幕范围线宽值过大或过小时都看不到箭头。

2.2.5　正多边形 Polygon

1. 命令功能

绘制的正多边形是具有 3～1024 条等长边的闭合多段线，是绘制等边三角形、六边形、八边形等图形的快捷方法。

2. 启动方法

绘图工具栏：

绘图菜单：正多边形(Y)

命令行：Polygon

3. 操作步骤

有两种绘制方法，一种是已知多边形的中心与内接圆或外切圆的半径；另一种是已知多边形一条边的长度和位置。

例 1-2-6 绘制如图 1-2-15 所示的 6 边形和 8 边形。图中虚线圆是一个虚拟的圆，其半径用来定义多边形的尺寸，虚线圆不显示，也不绘制出来。

（1）绘制如图 1-2-15 所示的 6 边形。

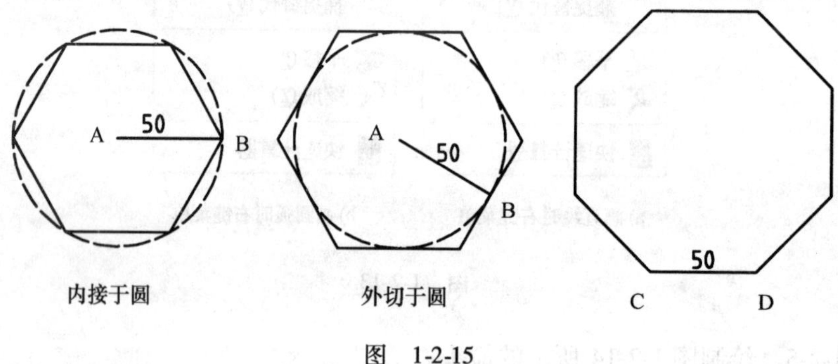

图 1-2-15

①启动命令。

②输入 6 回车（6 条边）。

③单击 A 点或输入中心点坐标。

④右击，弹出快捷菜单，如图 1-2-16 所示操作①，选择内接于圆或外切于圆。

⑤输入 50 回车或单击 B 点。

（2）绘制如图 1-2-15 所示的 8 边形。

①启动命令。

②输入 8 回车（8 条边）。

③右击，弹出快捷菜单，如图 1-2-16 所示操作②，选择边。

④单击 C 点或输入该点坐标。

⑤单击 D 点或输入该点坐标。

2. 2. 6 矩形 Rectangle

1. 命令功能

给出矩形的两个对角点的坐标，绘制矩形，可以绘制圆角和倒角矩形。

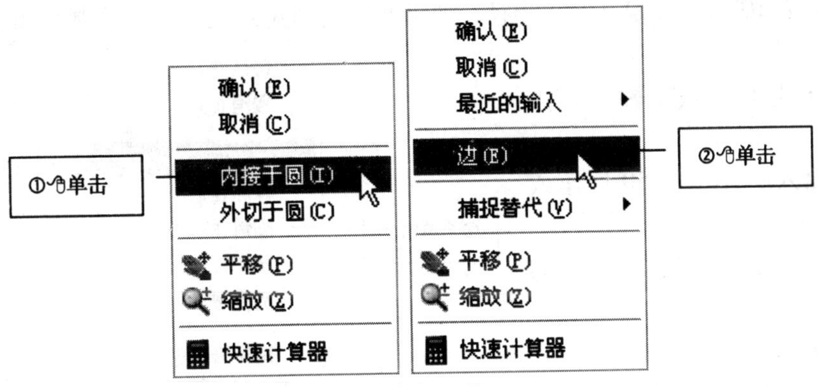

图　1-2-16

2. 启动方法

绘图工具栏：

绘图菜单：矩形(G)

命令行：Rectang 或 Rectangle

3. 操作步骤

例 1-2-7　绘制如图 1-2-17 所示的矩形。

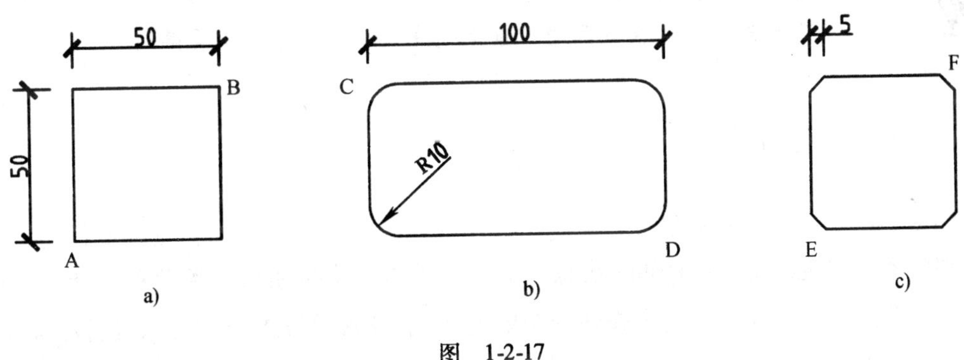

图　1-2-17

(1) 绘制如图 1-2-17a 所示的矩形。

①启动命令。

②单击 A 点或输入该点坐标。

③输入@50，50 回车或单击 B 点（@50，50 是 B 点相对与 A 点的直角坐标）。

(2) 绘制如图 1-2-17b 所示的矩形。

①启动命令。

②右击，弹出快捷菜单，如图 1-2-18 所示操作①，单击圆角。

③输入 10 回车（定义圆角半径，如果要取消圆角定义，恢复绘制直角，可在这一步输入 0 回车）。

④单击 C 点或输入该点坐标。

⑤输入@100，－50 回车或单击 D 点。

（3）绘制如图 1-2-17c 所示的矩形。

①启动命令。

②右击，单击 倒角 。

③输入 5 回车 5 回车（定义第一倒角距离和第二倒角距离，两个距离可以不相等，输入 0 回车 0 回车，可取消倒角定义，恢复原来的直角）。

④单击 E 点或输入该点坐标。

⑤输入@50，50 回车或单击 F 点。

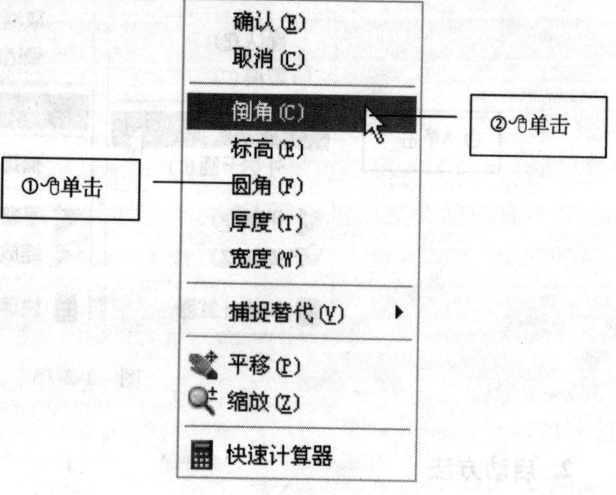

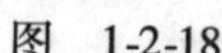
图 1-2-18

圆角和倒角有时画不出来，可能是圆角半径或倒角距离相对于边长来讲数值过大或过小。过大不符合绘制条件，绘制出直角矩形；过小命令会忠实执行但却看不出来，可以想象在排球场地的角上有 5mm 的圆角或倒角，你站在裁判的位置上也许要拿望远镜才能看得到。

2.3 辅助绘图工具

如图 1-2-19 所示，是限制或锁定光标移动的一组工具，可以简化点的坐标输入，提高作图效率。按钮组在屏幕底部的状态行上，单击一个按钮可开关此项功能，按钮下陷时表示功能打开生效；右击按钮⇨单击 设置 进入设置窗口，可以进行相关设置，单击 工具 菜单⇨单击 草图设置 ，也可进入设置窗口。在键盘上直接输入点的坐标值时优先于辅助绘图工具。

捕捉 栅格 正交 极轴 对象捕捉 对象追踪 DUCS DYN 线宽 模型

图 1-2-19

2.3.1 栅格和捕捉

如图 1-2-19 所示，单击 栅格 按钮，可看到绘图区中出现的网格，就像作图时打上去的坐标格网的交叉点，如图 1-2-20 所示，如果栅格的间距相对于作图区中的场地尺寸过小，由于栅格太密而不能显示。单击捕捉按钮，移动鼠标时会发现光标一跳一跳的，只能停留在栅格点上。右击捕捉按钮⇨单击设置，如图 1-2-21 操作可设置捕捉间距为 100，同样的方法可设置栅格间距。这对工具的主要作用是绘制草图时帮助定位，抄绘已有的手工图纸时作用不大。

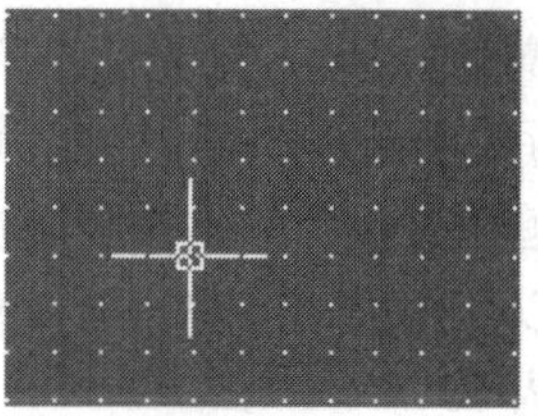
图 1-2-20

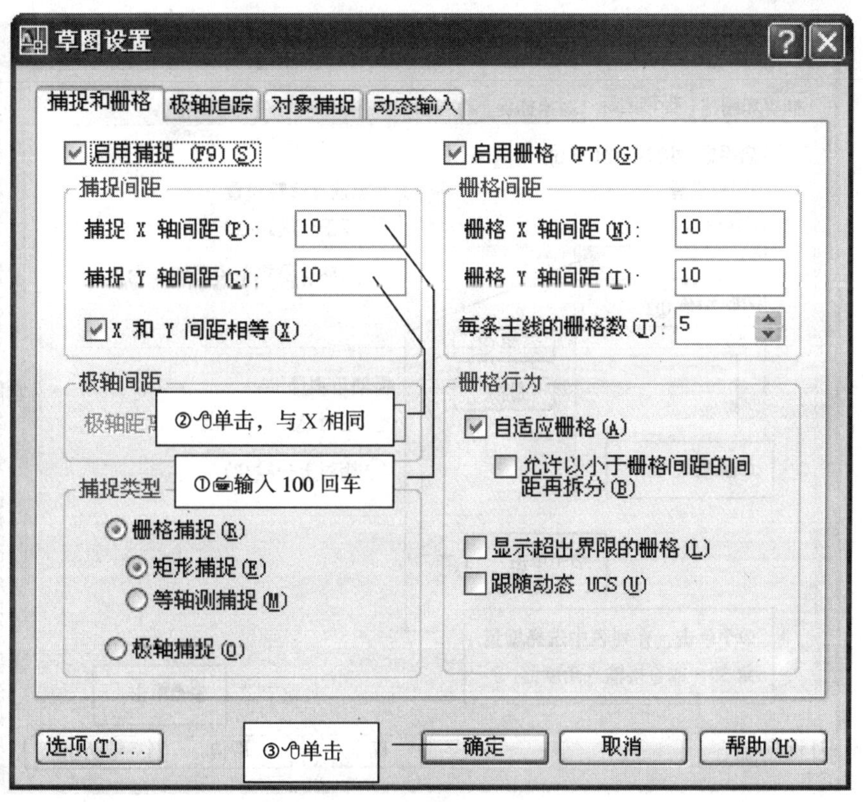

图 1-2-21

2.3.2 正交与极轴追踪

打开正交后光标只能沿水平或垂直方向移动，如果在直线命令下用单击鼠标取点则画出的线“横平竖直”。极轴是正交的扩展，正交与极轴不可能同时打开，打开正交则极轴自动关闭。极轴与正交的主要区别有两点：

（1）方向不仅仅限定在 X、Y 轴上，即 0、90、180、270 四个角度上，而是可以在任意角度增量上。

（2）极轴是非限制性的，光标在其他的角度方向上也可以单击取点。

极轴追踪的设置方法：

如图 1-2-19 所示，右击 极轴 打开设置窗口，如图 1-2-22 所示，执行操作①，设置增量角 30°，则光标停留在 0、30、60…等 30 的倍数角度上时，出现虚线对齐路径与提示，如图 1-2-23 所示，可直接输入该方向上的距离以准确定位点坐标。正交追踪与极轴追踪类似，只是被限制在 x，y 轴方向上。附加角与增量角不同，附加角仅这一个角度可以使用极轴追踪，而其倍数角并无作用，如图 1-2-22 所示，执行操作②③，设置附加角为 68°。

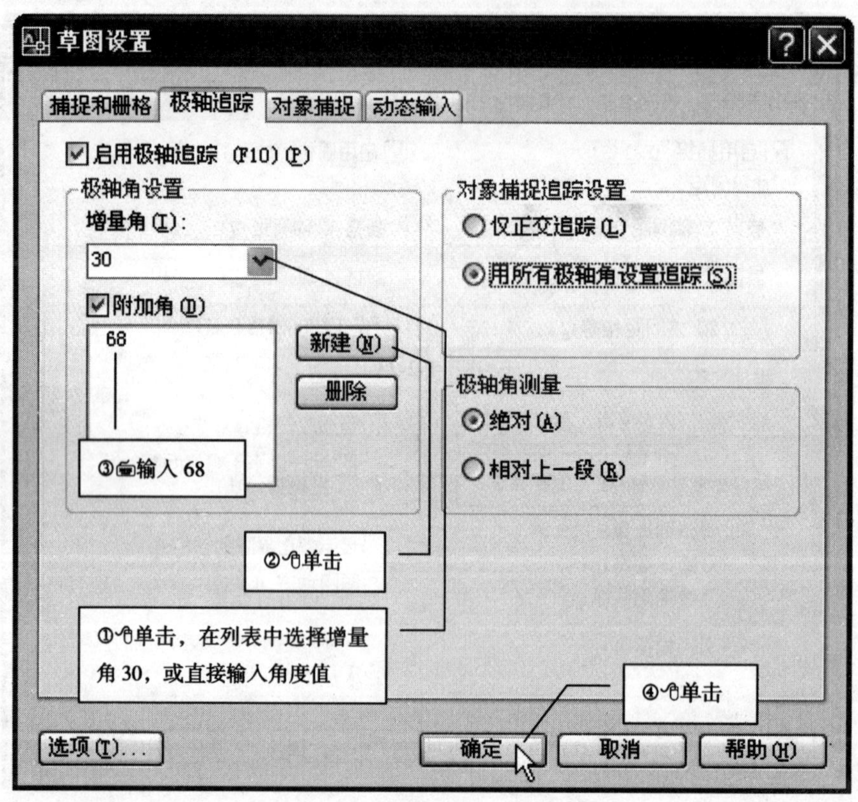

图 1-2-22

例 1-2-8 使用极轴追踪，增量角 30°，绘制一个边长 100 的菱形，如图 1-2-23 所示。

①如图 1-2-19 所示，按下 极轴 按钮使其处于打开状态，右击 极轴 打开设置窗口，如图 1-2-22 所示，执行操作①④，设置增量角为 30°。

②单击，启动多段线命令。

③单击 A 点，移动光标到 B 点，以 A 点为轴弧形摆动，出现极轴追踪提示和虚线对齐路径，如图 1-2-23 所示，输入 100 回车。

④移动到 C 点，出现极轴追踪提示，输入 100 回车。

⑤移动到 D 点，出现极轴追踪提示，⌨输入 100 回车。

⑥🖱右击，🖱单击 闭合 。

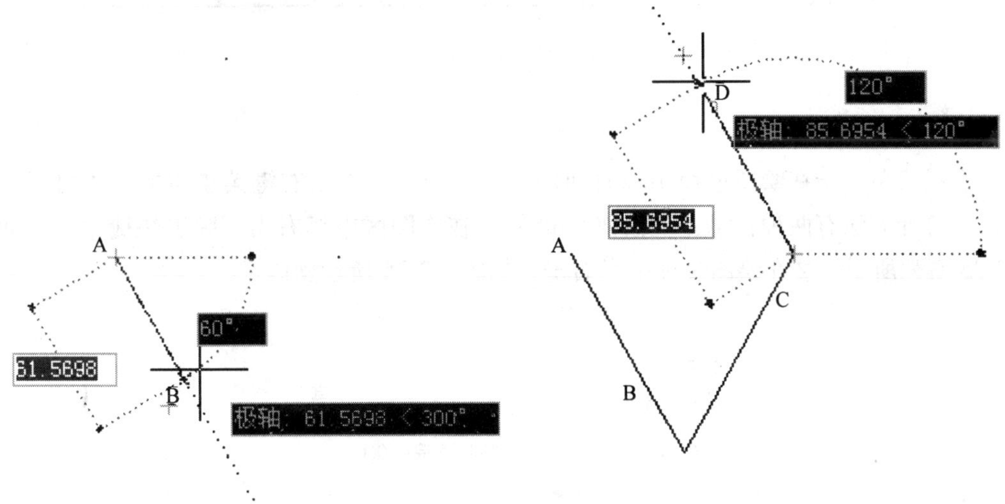

图　1-2-23

例 1-2-9　用多段线使用正交追踪，绘制例 1-2-2 中图 1-2-4 的矩形。

①如图 1-2-19 所示，🖱按下 正交 按钮使其处于打开状态。

②🖱单击 ⮐，启动多段线命令。

③⌨输入 100，100 回车（A 点的绝对直角坐标）。

④🖱移动鼠标指向 B 点方向，指示正交追踪的路径⇨⌨输入 100 回车。

⑤🖱移动鼠标指向 C 点方向⇨⌨输入 50 回车。

⑥🖱移动鼠标指向 D 点方向⇨⌨输入 100 回车。

⑦🖱右击，🖱单击 闭合 。

2.3.3　对象捕捉

在命令行提示输入点坐标时，获取已有图形对象的特征点坐标，以取代坐标的计算和手工输入。

1. 捕捉的种类和启动方法

捕捉分为临时捕捉和持续捕捉，临时捕捉调用一次只捕捉获取一个点就失效，持续捕捉可反复捕捉设置的特征点。启动方法有三种，工具栏、右键快捷菜单启动临时捕捉，状态行按钮启动持续捕捉。

（1）工具栏

在任意一个工具栏上🖱右击，🖱单击√选“对象捕捉”可以开启对象捕捉工具栏，如图 1-2-24 所示，单击一次命令按钮可以使用捕捉一次。

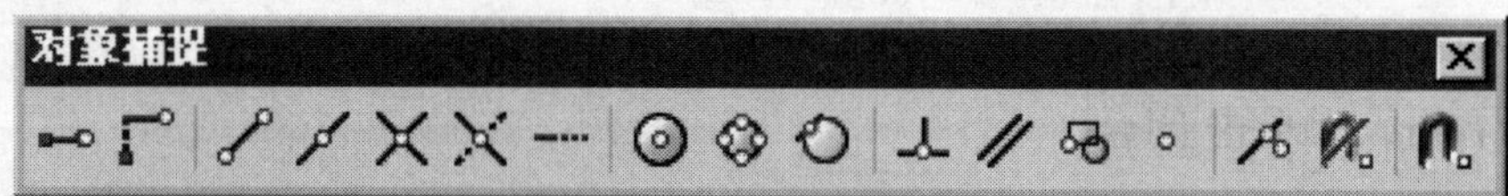

图 1-2-24

（2）右键快捷菜单

右键菜单用于在绘图过程中临时使用一次捕捉，单击右键菜单中的一项可以捕捉一次。打开方法有两种：①先按住 Shift 键，在作图区中右击，弹出快捷菜单，如图 1-2-25 右列所示；②在绘图过程中右击，如图 1-2-25 所示操作。

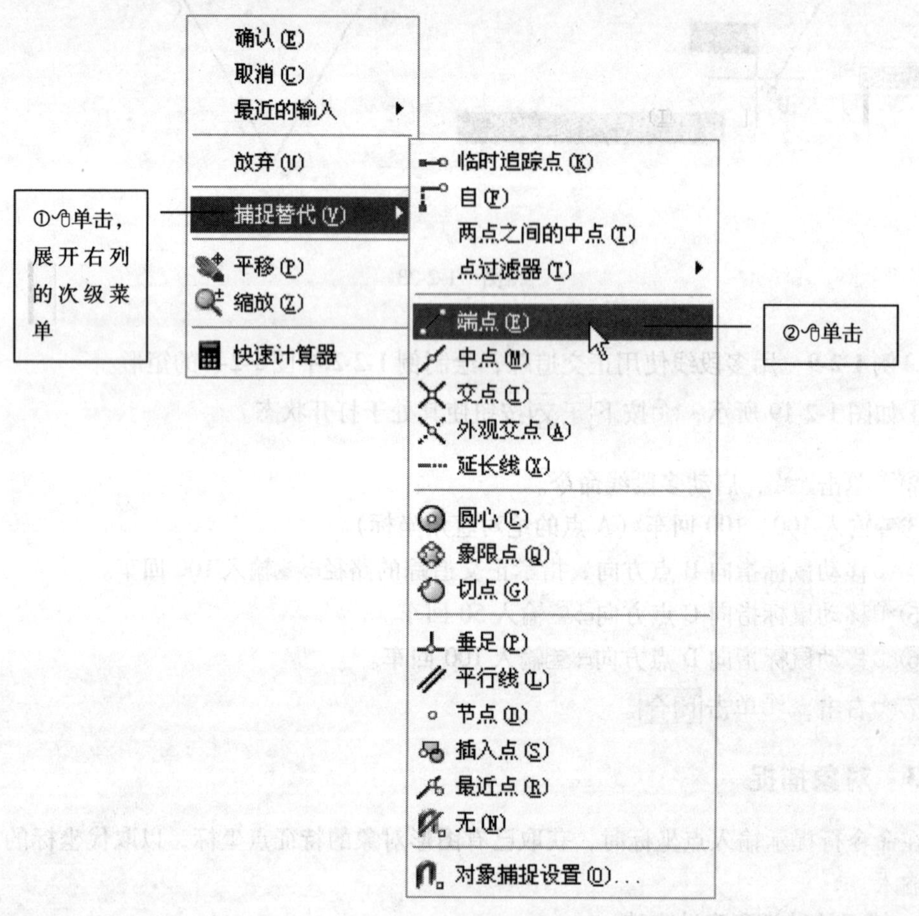

图 1-2-25

（3）状态行按钮

如图 1-2-19 所示，按下 对象捕捉 将其打开，右击 对象捕捉 ⇨单击 设置 打开设置窗口，如图 1-2-26 所示，窗口中分左右 2 栏列出了可供捕捉的对象特征点，每一栏中有 3 列信息，左列“标记”是移动光标捕捉到特征点时对象上出现的图形指示符号，中列是核选框，单击√选可打开此类特征点捕捉，右列是特征点的名称。

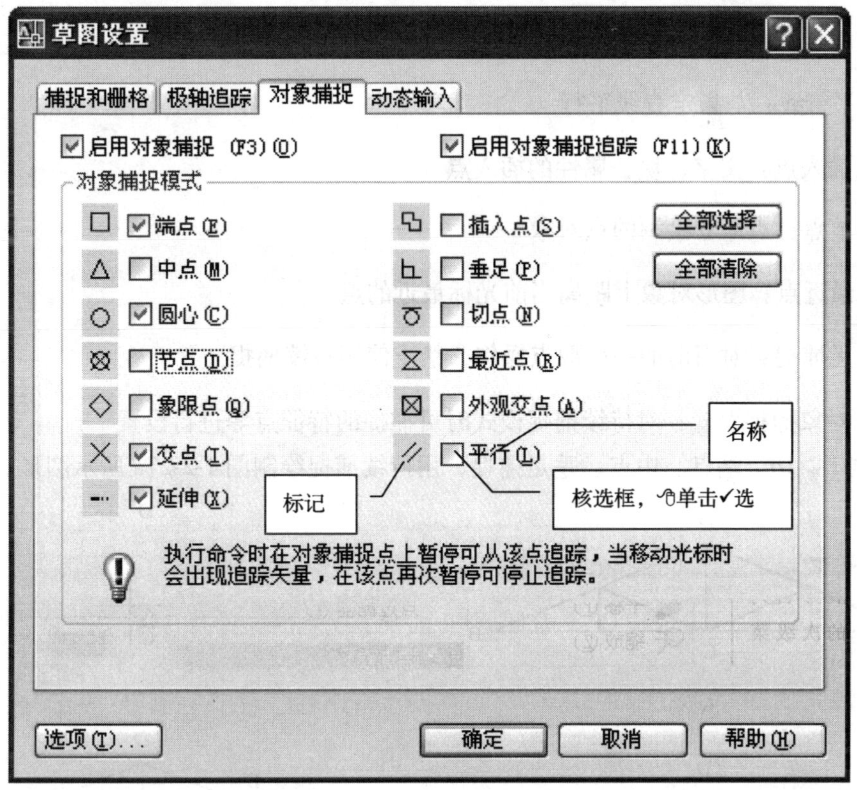

图　1-2-26

2. 可捕捉的对象特征点

临时追踪点

捕捉自：获取一个点，已知该点与捕捉点的相对坐标

端点：直线、弧等图形对象的端点

中点：图形对象的中点

交点：两个对象相交的点

外观交点：对象延长线交点

延伸线：直线、弧延伸线上的点

圆心：圆、圆弧、椭圆、椭圆弧的圆心

象限点：以圆心为原点画直角坐标系，圆/圆弧/椭圆/椭圆弧上与 XY 轴的交点

切点：圆、圆弧、椭圆、椭圆弧、样条曲线上与对象相切的点

垂足：垂直于对象的点

平行线：与指定直线平行

插入点：文字、块、属性的插入点

节点：点命令绘制的点对象

最近点：图形对象上距离当前光标最近的点

无捕捉：对当前的一次取点操作，禁止使用持续捕捉

对象捕捉设置：对持续捕捉模式时可捕捉的特征点等进行设置

例 1-2-10 端点、中点、垂足捕捉，用持续捕捉绘制图 1-2-27a 所示图形。

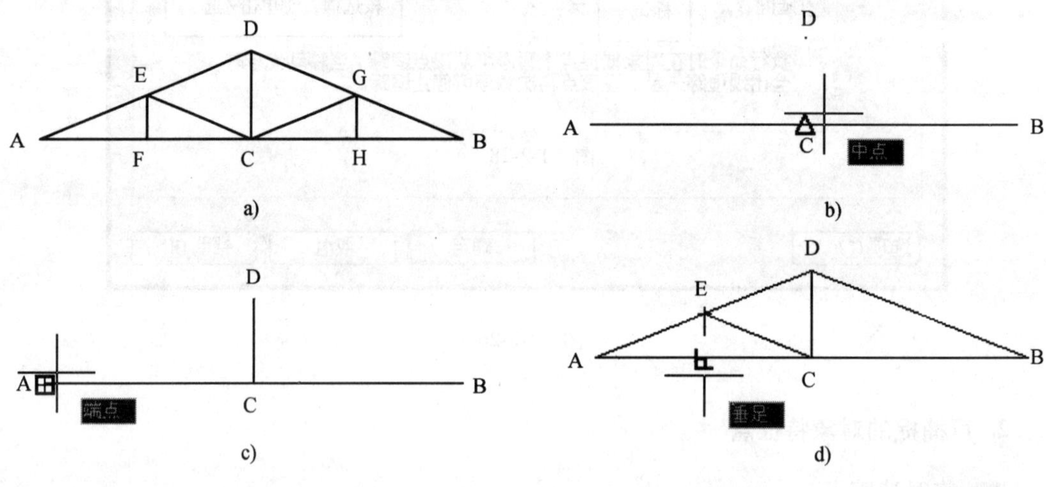

图 1-2-27

①右击 对象捕捉 ⇨单击 设置 ⇨单击√选端点、中点、垂足⇨单击 确定 完成设置⇨按下 对象捕捉 将其打开。

②按下 正交 将其打开。

③启动直线命令⇨单击 A 点，移动光标到 B 点，单击或输入 100 回车⇨回车，结束直线命令。

④启动直线命令⇨移动光标到 C 点，出现中点捕捉标记和名称提示，如图 1-2-27b 所示，单击⇨移动光标到 D 点，单击或输入 20 回车⇨右击，单击 确认 ，结束直线命令。

⑤单击 正交 将其关闭（对象捕捉时正交并不起作用，但拉出的橡筋线不正常）。

⑥启动直线命令⇨移动光标到 A 点，出现端点捕捉标记和名称提示，如图 1-2-27c 所

示，单击⇨移动光标到 D 点，捕捉端点，单击⇨移动光标到 B 点，捕捉端点，单击⇨结束直线命令。

⑦启动直线命令⇨捕捉 C 点，单击⇨移动光标到 E 点，捕捉中点，单击⇨移动光标到 F 点，出现垂足捕捉标记和名称提示，如图 1-2-27d 所示，单击⇨结束直线命令。

⑧启动直线命令⇨捕捉 C 点，单击⇨捕捉中点 G，单击⇨捕捉垂足 H，单击⇨结束直线命令。

例 1-2-11 象限点、垂足、圆心、切点，绘制图 1-2-28 所示的直线段，图 1-2-28a 是原图，图 1-2-28b、图 1-2-28c 是完成图。

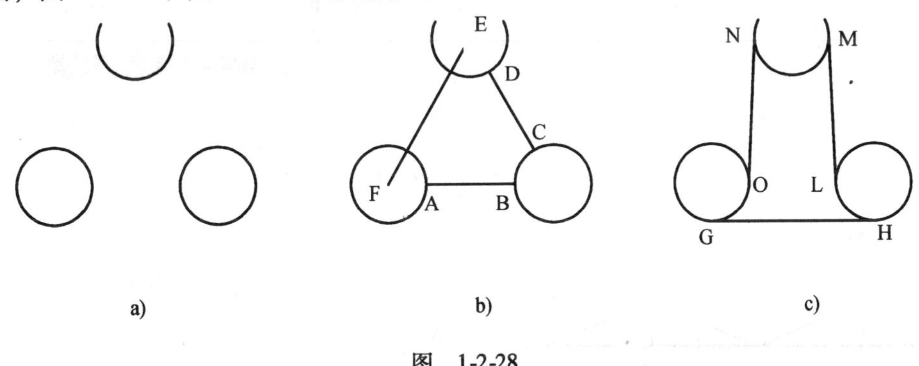

图 1-2-28

①按下对象捕捉将其打开。

②设置捕捉象限点：右击对象捕捉⇨单击设置⇨单击√选象限点⇨单击确定完成设置。

③启动直线命令⇨捕捉象限点 A，单击⇨捕捉象限点 B，单击⇨回车，结束直线命令。

④设置捕捉垂足⇨直线命令⇨捕捉垂足 C 点，单击⇨捕捉垂足 D 点，单击⇨右击，单击确定，结束直线命令。

⑤设置捕捉圆心⇨直线命令⇨捕捉圆心 E 点，单击⇨捕捉圆心 F 点，单击⇨结束直线命令。

⑥设置捕捉切点⇨直线命令⇨捕捉切点 G，单击⇨捕捉切点 H，单击⇨结束直线命令。

⑦直线命令⇨捕捉切点 L，单击⇨捕捉切点 M，单击⇨结束直线命令。

⑧直线命令⇨捕捉切点 N，单击⇨捕捉切点 O，单击⇨结束直线命令。

捕捉并不限制于示例中使用直线命令时才有效，在命令执行过程中只要提示输入点坐标时都可以使用，将要学习的编辑等命令也可以捕捉取点。鼠标靠近特征点时出现捕捉标记，单击才能完成捕捉。

圆与圆弧具有相似的特征点和相同的捕捉方法。光标靠近圆与圆弧时系统难以判断是要捕捉圆心、象限点、垂足、切点等特征点中的哪一个，设置时一般只√选其中之一，以免引起歧义。

例 1-2-12　临时追踪点、捕捉自，绘制图 1-2-29a 所示的圆，圆半径为 10，圆心距矩形左下角点 A 的距离如图中标注，矩形为原有图形，圆心定位可使用临时追踪点、捕捉自两种方法。

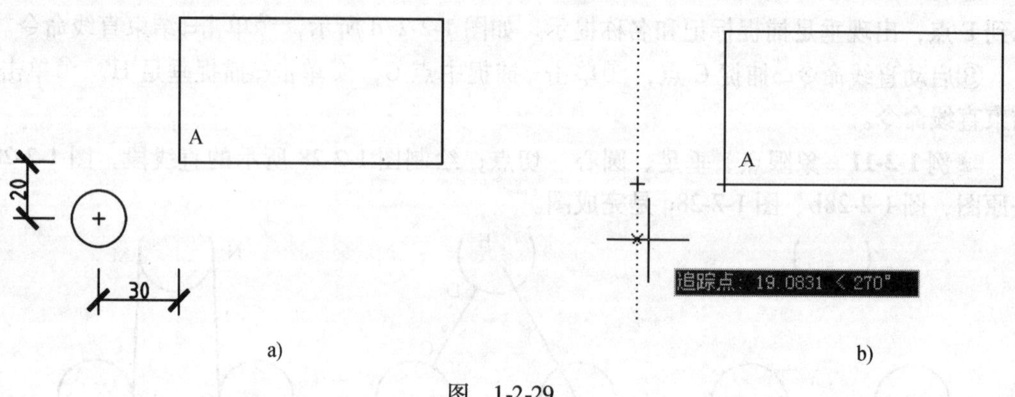

图　1-2-29

（1）使用临时追踪点定位圆心

①右击 对象捕捉 ⇨单击 设置 ⇨单击√选端点、延伸⇨单击 确定，完成设置⇨按下 对象捕捉 将其打开。

②启动圆命令⇨单击，如图 1-2-24 所示⇨如图 1-2-29b 所示捕捉 A 点（不要单击），在捕捉点上停靠几秒，会显示出一个“+”，向左移动光标引出一条虚线路径，输入 30 回车，这个点上会显示出一个“+”⇨沿该点向下移动光标引出一条虚线路径，输入 20 回车完成圆心定位⇨输入 10 回车。

（2）使用捕捉自定位圆心

①右击 对象捕捉 ⇨单击 设置 ⇨单击√选端点⇨单击 确定，完成设置⇨按下 对象捕捉 将其打开。

②启动圆命令⇨单击⇨捕捉 A 点，单击⇨输入@ －30，－20（相对于 A 点的相对直角坐标）回车⇨输入 10 回车。

2.3.4　对象追踪

对象追踪与极轴追踪类似，是捕捉一个点后，沿一条对齐路径前进给定长度定位一个点，或是由两条对齐路径的交点确定一个点坐标的方法。对齐路径是捕捉对象端点后沿端点延伸方向引出，或是捕捉对象特征点后沿正交或极轴方向引出的指示方向的虚线。使用对象追踪需要打开对象捕捉功能，对象追踪可以与极轴追踪、正交追踪配合使用。

例 1-2-13　绘制图 1-2-30 虚线所示的多段线，周围实线图形为已有图形。其中 H 点是弧 AB 的圆心，I 点是沿 B 点弧线延长 50 的点，J 点是矩形底边中点向下距离 30 的点，K 点是矩形右下角 D 向下方路径与圆心 E 向左方路径的交点，KL 是 FG 的平行线，长度 100。练习时实际输入数值应根据屏幕范围表示的尺寸适当调整。

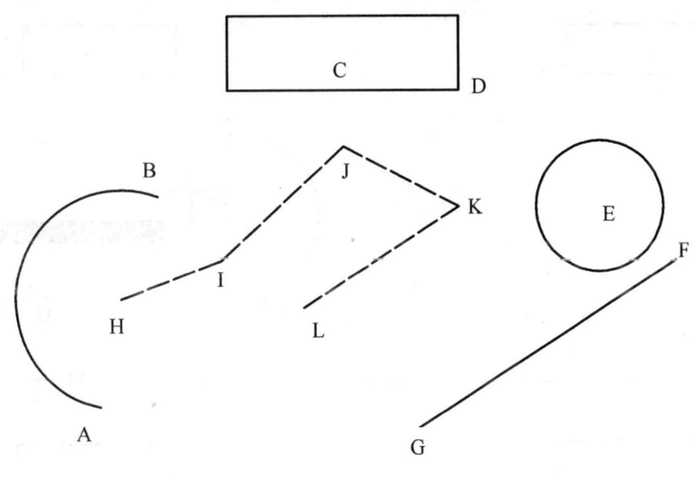

图 1-2-30

①对象捕捉、追踪设置:√选端点、中点、圆心、交点、延伸、平行6种特征点,打开对象捕捉,按下对象追踪。

②启动多段线命令⇨捕捉圆心H点,如图1-2-31a所示,单击⇨捕捉B点,在B点上停靠几秒,会显示出一个"+"表示可以引出对象追踪路径⇨沿AB弧线方向移动鼠标,引出延长路径虚线和提示,如图1-2-31b所示⇨输入50回车。

③捕捉中点C,停靠几秒,等显示"+"⇨向下移动光标出现由C点引出的极轴路径虚线和提示,如图1-2-31c所示⇨输入30回车。

④捕捉端点D,停靠几秒,等显示"+"⇨捕捉圆心E,停靠几秒,等显示"+",沿路径虚线向左移动光标,接近与D点向下路径交点时两条路径虚线同时出现,如图1-2-31d所示⇨单击。

⑤移动光标到直线段FG上,等出现平行捕捉标记,如图1-2-31e所示,向左上方移动光标到与FG达到平行时显示平行追踪路径虚线和提示,这时FG上的平行捕捉标记会再次出现,如图1-2-31f所示⇨输入100回车。

在捕捉点上停靠几秒,会显示出一个"+",表示要追踪这个点;移开光标并返回,再次捕捉该点后停靠几秒,"+"消失,表示取消这个点的追踪。这是一种开/关操作。

2.3.5 动态输入

动态输入是AutoCAD2007提供的一种新的工作方式,启用动态输入,将在光标附近显示命令行的提示信息,该信息会随着光标移动而动态更新,这有利于用户专注于绘图区域。就目前的功能,动态输入还不能取代命令行。

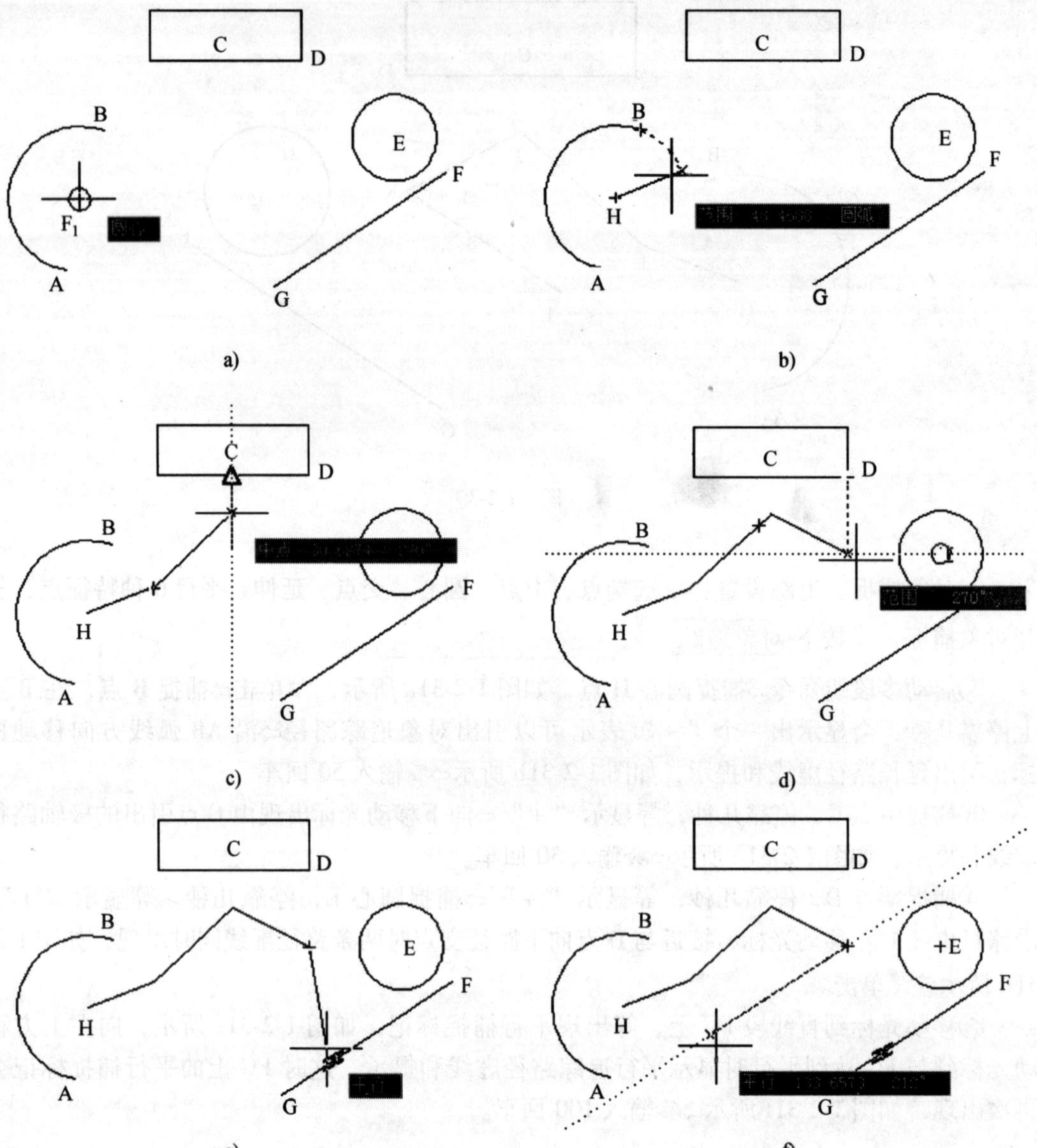

a)　　b)

c)　　d)

e)　　f)

图　1-2-31

1. 动态输入的开关和设置

单击状态栏上的DYN可打开或关闭动态输入。右击DYN，单击设置，可设置启用动态输入时所显示的内容，如图1-2-32所示操作①。

2. 动态输入的三个组件

（1）指针输入

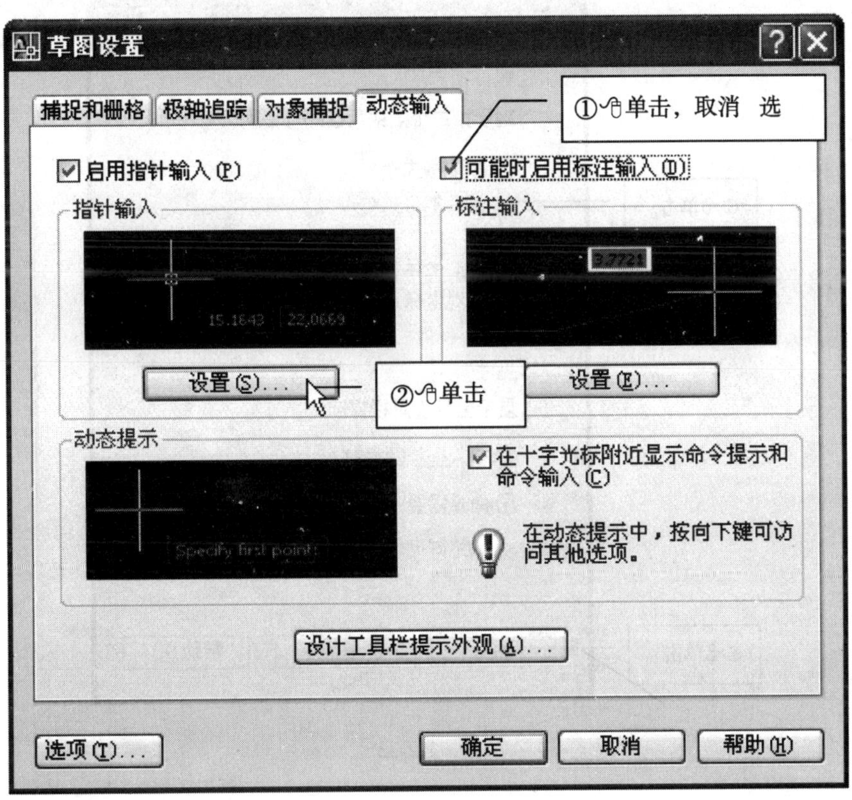

图 1-2-32

当启用指针输入且有命令在执行时，将在光标附近显示当前光标位置的坐标。可以在提示工具栏中输入第一点的坐标值，输入 X 坐标后敲击 TAB 键，再输入 Y 坐标。第二个点和后续点的默认设置为输入相对极坐标，不需要输入@符号，如果需要使用绝对坐标，可先输入#，如果需要使用直角坐标，右击 DYN，单击 设置，如图 1-2-32、1-2-33 所示操作。

（2）标注输入

启用标注输入后，当命令提示输入第二点时，工具栏提示将显示距离和角度值。标注输入可用于弧、圆、椭圆、直线和多段线绘图命令，也可用于夹点编辑时修改点坐标。

（3）动态提示

启用动态提示后，命令行的提示会显示在光标附近的工具栏提示中。用户可以在工具栏提示（而不是在命令行）中输入。按 ⇩ 下箭头键可以查看和选择选项。

例 1-2-14 分别采用指针输入、标注输入二种方式，绘制如图 1-2-2、图 1-2-3 实线所示的直线段，图中虚线是为标明坐标而绘制的辅助线。

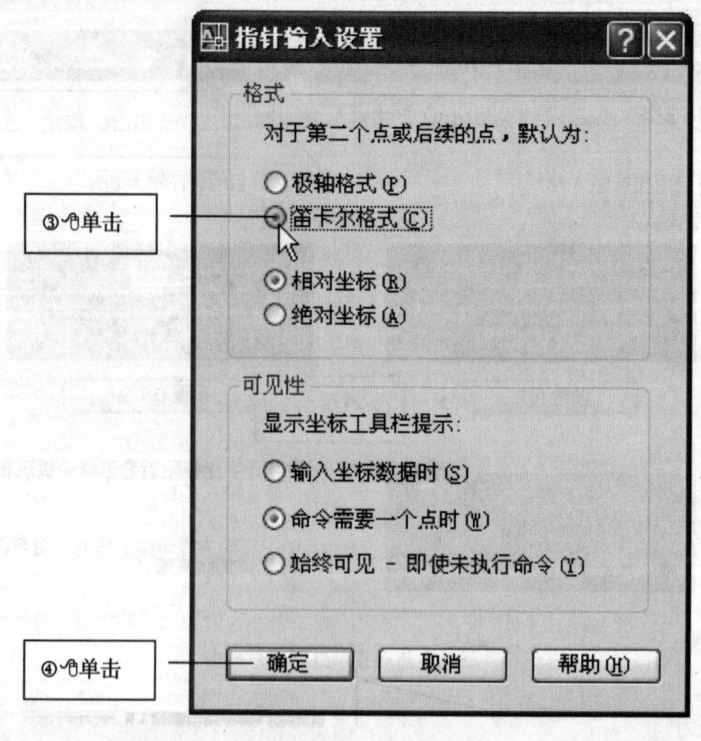

图 1-2-33

（1）指针输入

①设置第二点及后续点使用直角坐标，右击DYN，单击设置，如图1-2-32、图1-2-33所示操作，按下DYN，打开动态输入。

②单击直线命令按钮。

③光标附近的工具栏提示“指定第一点:”，如图1-2-34所示操作①②，指定第一点坐标。

④光标附近的工具栏提示“指定下一点或”，如图1-2-34所示操作③④，指定第二点坐标，右击，单击确定，结束直线命令。执行③后橡筋线并非指向相对坐标X为150的点，而是指向绝对坐标X为150的点（这可能是软件的一个漏洞），但执行④后绘制的直线段并没有异常，如图1-2-34所示。

（2）标注输入

①启用标注输入，右击DYN，单击设置，参照图1-2-32所示操作①单击√选，启用标注输入，按下DYN，打开动态输入。

②单击直线命令按钮。

③命令行提示“指定第一点:”，从键盘上输入500<28回车。

④光标附近的工具栏提示“指定下一点或”，如图1-2-35所示，输入300，敲击TAB键输入68回车，右击，单击确定，结束直线命令。

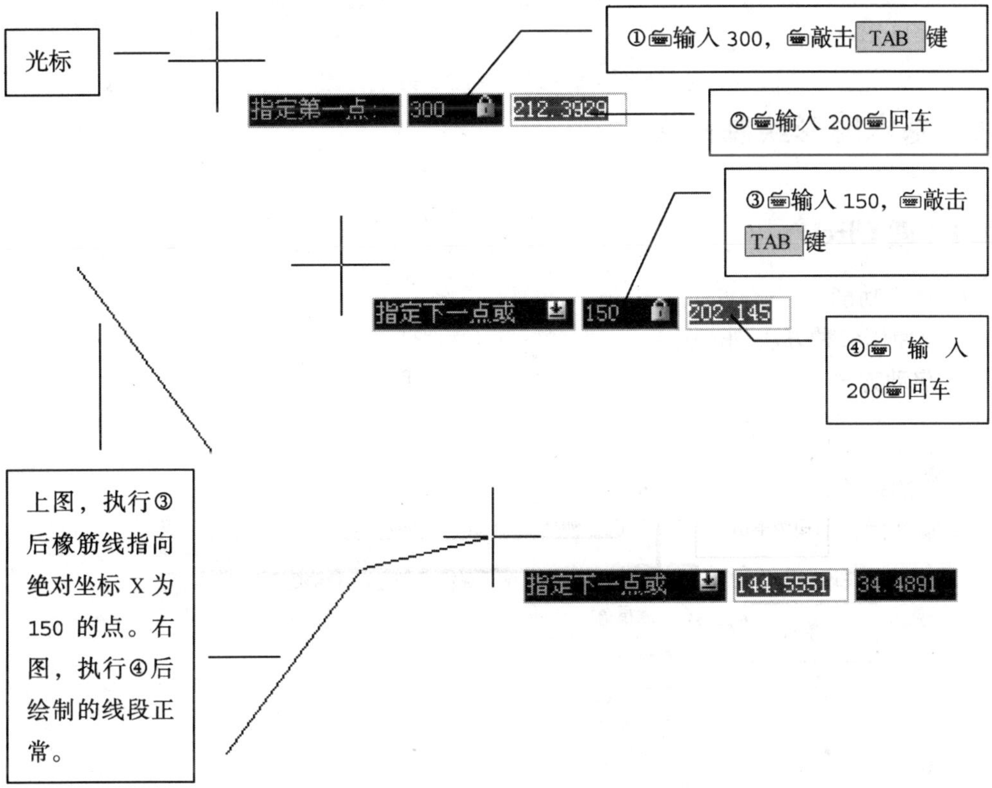

光标

指定第一点：300 212.3929

①输入300，敲击TAB键

②输入200回车

③输入150，敲击TAB键

指定下一点或 150 202.145

④输入200回车

上图，执行③后橡筋线指向绝对坐标X为150的点。右图，执行④后绘制的线段正常。

指定下一点或 144.5551 34.4891

图　1-2-34

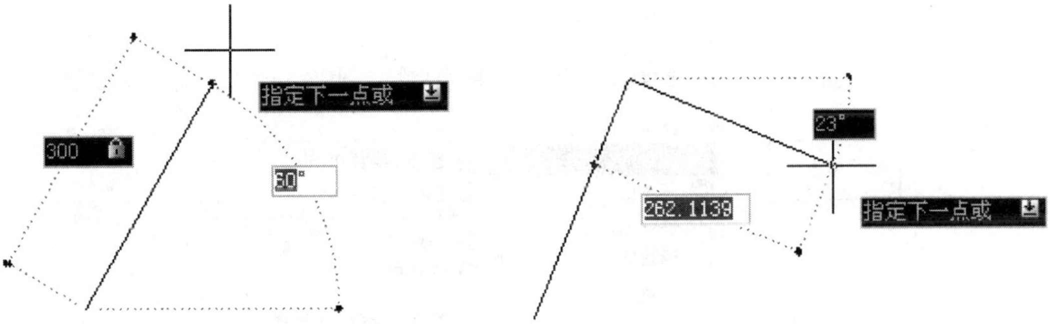

300 指定下一点或 60°

23° 262.1138 指定下一点或

图　1-2-35

辅助绘图工具不是制图必需的，完全可以用画辅助线等手工作图的方法替代，开始学习时经常忘了使用这些工具是正常的。

第3讲

3.1 基本图形绘制命令

3.1.1 圆 Circle

1. 命令功能

可以使用多种方法创建圆。

2. 启动方法

绘图工具栏：

绘图菜单：如图 1-3-1 所示

命令行：Circle

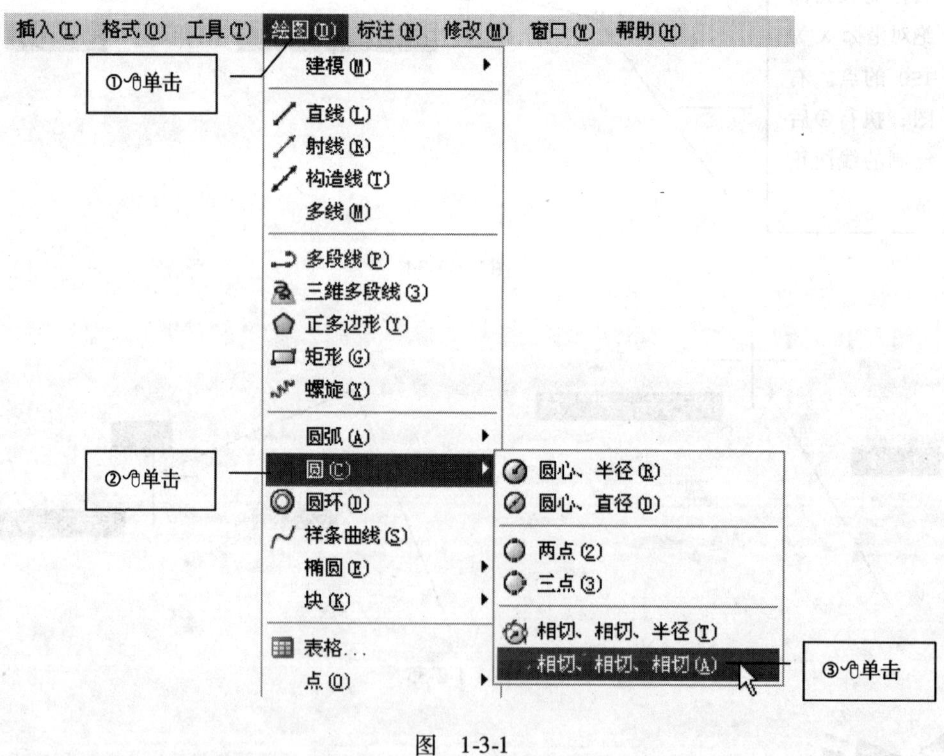

图 1-3-1

3. 操作步骤

圆有 6 种绘制方法，菜单中给出了明确的组合，如图 1-3-1 所示。第一种圆心、半径是命令按钮的默认方法，其他方法可直接使用绘图菜单。

例 1-3-1　绘制如图 1-3-2 中所示的圆，虚线是预先绘制的直线。

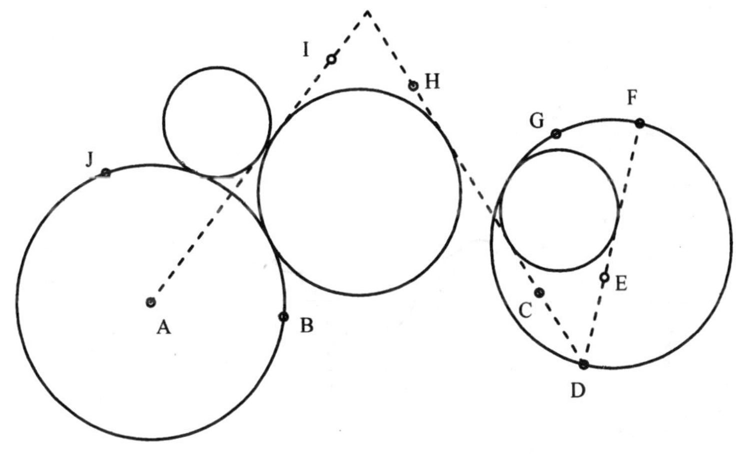

图　1-3-2

①按下 对象捕捉 将其打开⇨右击 对象捕捉 ⇨单击 设置 ⇨单击✓选端点、切点⇨单击 确定 完成设置。

②单击 ⇨捕捉 A 点，单击⇨输入 50 回车。

③如图 1-3-1 所示，单击 绘图 菜单⇨单击 圆 ⇨单击 相切、相切、半径 ⇨捕捉 J 点，单击⇨捕捉 I 点，单击⇨输入 20 回车。

④如图 1-3-1 所示操作①②③，单击 相切、相切、相切 ⇨捕捉 B 点，单击⇨捕捉 I 点，单击⇨捕捉 H 点，单击。

⑤如图 1-3-1 所示操作①②，单击 两点（2）⇨捕捉 D 点，单击⇨捕捉 F 点，单击。

⑥如图 1-3-1 所示操作①②③⇨捕捉 C 点，单击⇨捕捉 E 点，单击⇨捕捉 G 点，单击。

按钮启动命令时，命令行提示“指定圆的圆心或［三点（3P）/两点（2P）/相切、相切、半径（T）］”，不同的选项分支对应菜单中的多种画圆方法，用菜单启动命令意义更为明确，其中“相切、相切、相切”是只在菜单中才有的组合，两点画圆时的两点必然是直径的两个端点。

3.1.2　修订云线 Revcloud

1. 命令功能

用于创建由连续圆弧组成的多段线以构成云线形对象，如图 1-3-3 所示。可以直接绘制修订云线，也可以将圆、椭圆、闭合多段线或闭合样条曲线等闭合对象转换为修订云线。修订云线本是用于设计师在检查图纸时圈阅图形用的，园林上常用来绘制树丛和灌木丛。

2. 启动方法

绘图工具栏：

绘图菜单：修订云线(U)

命令行：Revcloud

图　1-3-3

3. 操作步骤

（1）定义最小弧长和最大弧长

启动修订云线命令⇨在作图区域中右击，弹出快捷菜单，如图 1-3-4 所示操作①⇨输入 20 回车⇨输入 60 回车。

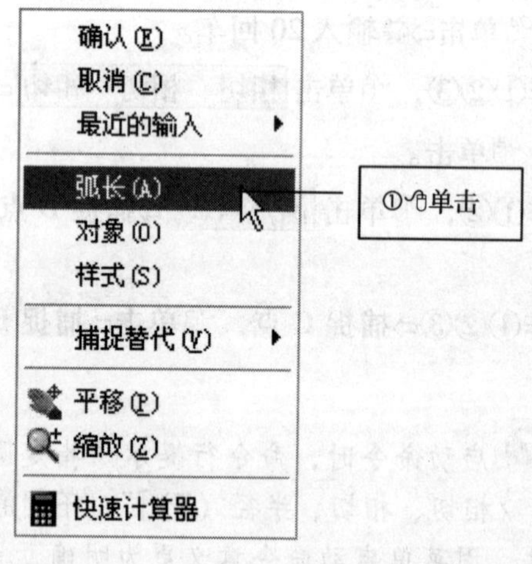

图 1-3-4

（2）绘制修订云线

在作图区域中单击一点作为起点，沿树丛外缘线移动光标绘出修订云线，光标再次靠近起点时自动闭合，命令结束。练习过程中如找不到起点了可敲击 Esc 键中止。

(3) 外凸转换为内凹

在作图区域中右击，单击重复修订云线⇨单击对象⇨单击要转换的云线，也可单击已绘制的闭合多段线或样条曲线先将其转为外凸云线⇨右击，单击是。

由其他闭合图形对象转换来的云线，弧长变化较小，其外缘线不够生动。外凸云线转换为内凹也存在同样的问题。

3.1.3 样条曲线 Spline

1. 命令功能

AutoCAD 使用一种称为非均匀有理 B 样条曲线（NURBS）的样条曲线类型。NURBS 曲线在控制点之间产生一条光滑的曲线。样条曲线可用于创建形状不规则的曲线，例如绿地、水面、游步道等。

2. 启动方法

绘图工具栏：

绘图菜单：样条曲线(S)

命令行：Spline

例 1-3-2 绘制开放样条曲线 ABCD，如图 1-3-5a 所示。

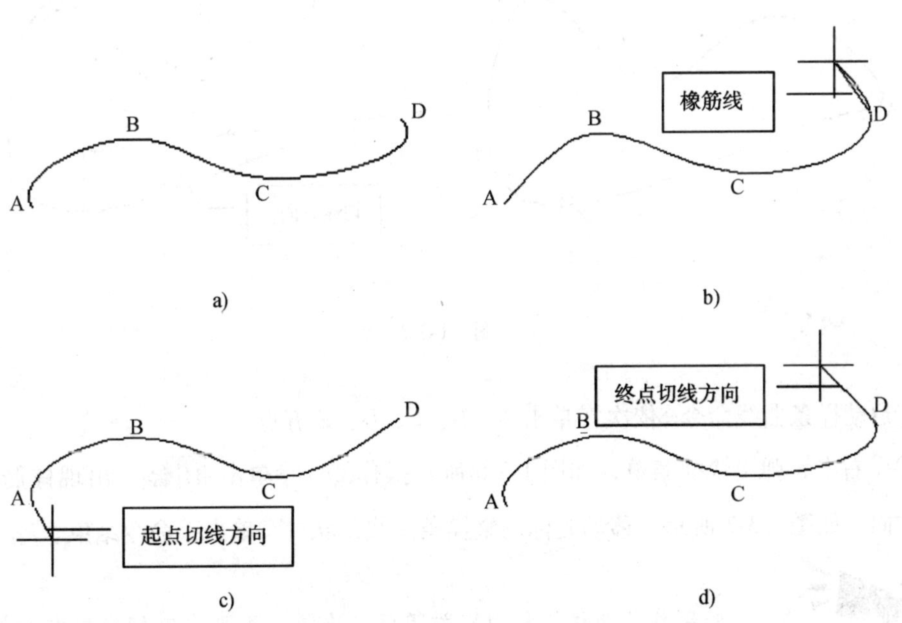

图 1-3-5

①启动样条曲线命令⇨依次🖱单击 A、B、C、D 四点，在此过程中会有一条橡筋曲线出现，指示样条的形状。

②如图 1-3-5b 所示，要结束时，🖱右击，弹出快捷菜单，如图 1-3-6 所示操作①，🖱单击 确认 。

③可命令并没结束，而是在A点引出一条橡筋线指示起点的切线方向，如图 1-3-5c 所示，移动光标此橡筋线绕 A 点旋转，样条曲线的形状也稍有变化，等样条曲线形状合适时，🖱单击，确定起点的切线方向。

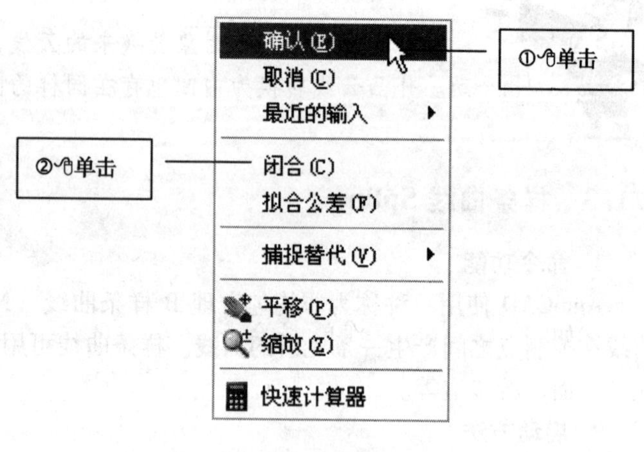

图 1-3-6

④命令还没结束，而是在 D 点又引出一条橡筋线指示终点的切线方向，如图 1-3-5d 所示，移动光标此橡筋线绕 D 点旋转，样条曲线的形状也稍有变化，等样条曲线形状合适时，🖱单击，确定终点的切线方向。命令终于结束了☺。

例 1-3-3 绘制闭合样条曲线 ABCDE，如图 1-3-7 所示。

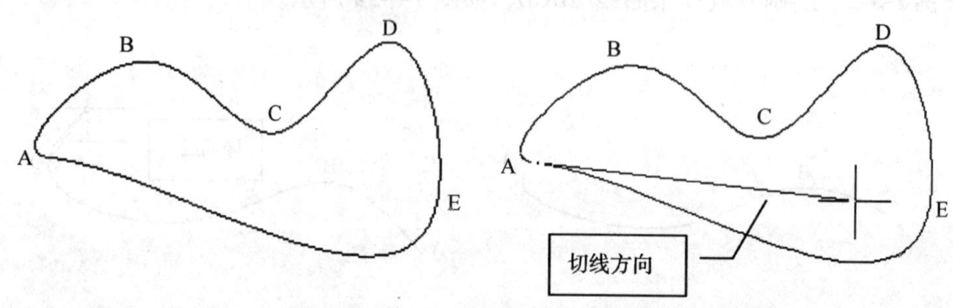

图 1-3-7

①启动样条曲线命令⇨依次🖱单击 A、B、C、D、E 五点。

②🖱右击，弹出快捷菜单，如图 1-3-6 所示操作②⇨🖱单击 闭合 ，出现橡筋线指示切线方向，如图 1-3-7 所示，移动光标调整样条曲线形状⇨🖱单击，命令结束。

绘制样条曲线过程中应关闭极轴追踪，否则在定切线方向时橡筋线经常不显示。

3.1.4 椭圆和椭圆弧 Ellipse

1. 命令功能

绘制精确椭圆和椭圆弧。

2. 启动方法

绘图工具栏：椭圆，椭圆弧

绘图菜单：椭圆（E）

命令行：Ellipse

例 1-3-4 绘制椭圆，如图 1-3-8 所示。

①单击⇨单击 A 点⇨单击 B 点⇨输入 20 回车。

②如图 1-3-1 所示，单击绘图菜单⇨单击椭圆⇨单击中心点。

③顺序单击 C、D、E 三点。

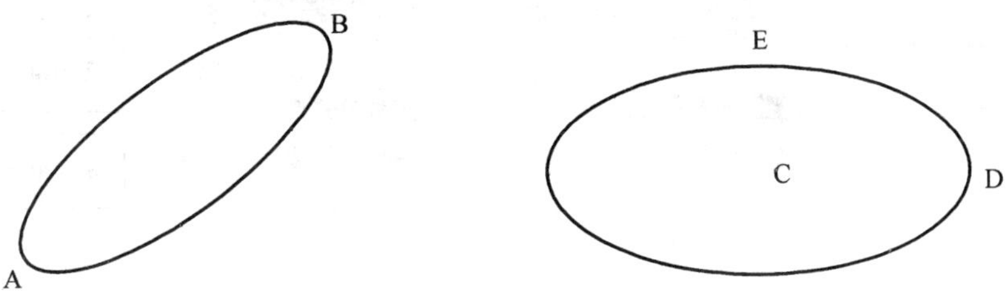

图 1-3-8

例 1-3-4 绘制椭圆弧，如图 1-3-9 所示。

①单击⇨顺序单击 A、B、C 三点。

②移动光标，将橡筋线引到 D 点，单击，确定椭圆弧起始角度。

③移动光标，将橡筋线引到 E 点，单击，确定椭圆弧终止角度。

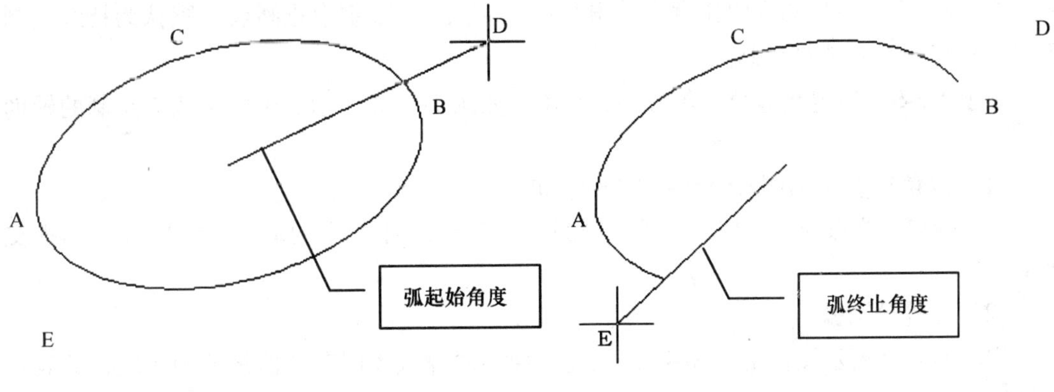

图 1-3-9

3.1.5 点 Point、定数等分 divide、定距等分 measure

1. 命令功能

点命令用来绘制多个或单个点对象，点的样式和大小可以设置。定数等分和定距等分是在一个线对象的长度等分点上放置点对象或图块。

2. 启动方法

绘图工具栏：

绘图菜单：如图 1-3-10 所示

命令行：Point

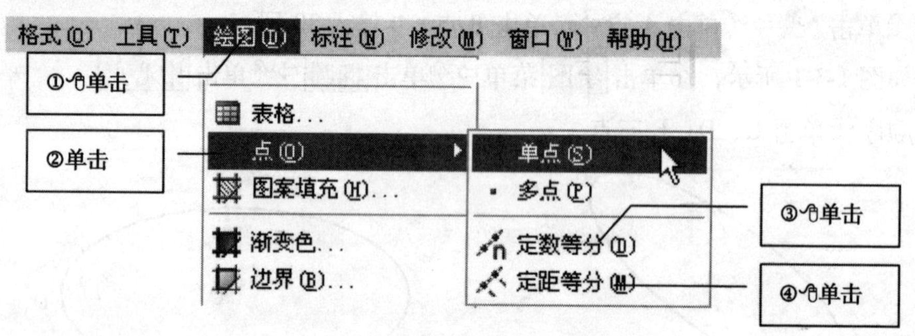

图 1-3-10

3. 操作步骤

(1) 设置点样式

单击格式菜单⇨单击点样式，弹出点样式窗口，如图 1-3-11 所示操作。

(2) 画点

单击 ⇨在作图区中任意单击几点⇨敲击Esc键中止画点（默认为持续绘制多点，只有 ESC 键能结束画点）。

例 1-3-5 用定数等分三等分角∠BAC，如图 1-3-12 所示。图中虚线为绘制的辅助线。

(1) 以角顶点 A 为圆心绘制一个圆弧 CB

打开端点、交点捕捉，使用菜单绘制圆心、起点、端点弧，捕捉端点 A、C、捕捉交点 B。

(2) 三等分圆弧

如图 1-3-10 所示操作①②③⇨单击选中弧⇨输入 3 回车（曲线分为 3 段，共放置 2 个点）。

(3) 绘制角等分线

例 1-3-6 用定距等分沿样条曲线间距 50 放置定位点，如图 1-3-13 所示。练习时要依据样条曲线的长度调整间距数值。

如图 1-3-10 所示操作①②④⇨单击选中样条曲线（以中点为界，选中时单击的点距哪一端的距离近，就从那一端开始量测间距）⇨输入 50 回车。

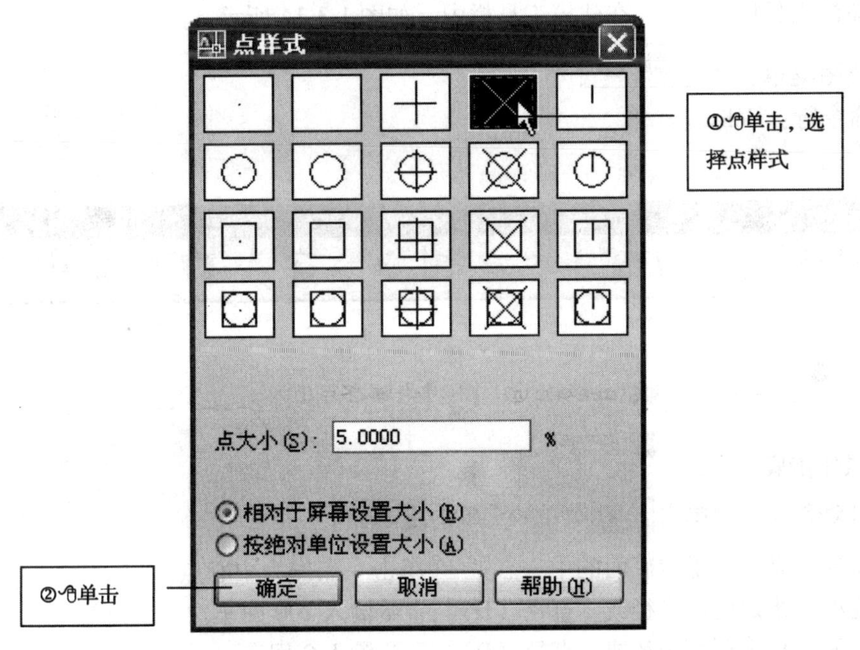

图 1-3-11

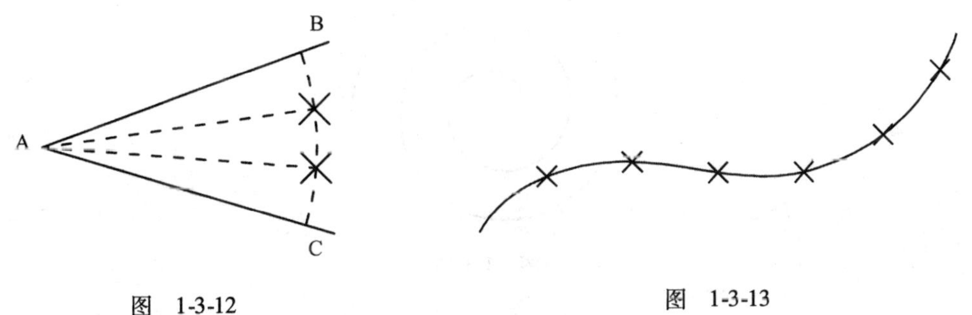

图 1-3-12

图 1-3-13

定数等分、定距等分常用于沿园路等弯曲对象，放置坐凳、果皮箱、树木栽植点等定位点，距离是按照曲线长度计算的，被等分对象并没有任何变化。命令执行过程中有一个选项，是以一个图块（如树木的符号）代替点放置上去，相关内容参见 4.2.4 沿曲线插入内部块。

3.1.6 螺旋 Helix

1. 命令功能

创建三维螺旋线，在高度为0时退化为二维螺旋线。

2. 启动方法

建模工具栏：，在建模工具栏中，如图1-3-14所示

绘图菜单：螺旋(X)

命令行：Helix

图 1-3-14

3. 操作步骤

①启动命令。单击绘图菜单⇨单击螺旋。

②命令行提示“指定底面的中心点:”单击一点作为中心点。

③提示“指定底面半径或［直径（D)］:”输入200回车。

④提示“指定顶面半径或［直径（D)］:”输入0回车。

⑤提示“指定螺旋高度或［轴端点(A)/圈数(T)/圈高(H)/扭曲(W)］”输入0回车。绘制的螺旋线如图1-3-15所示。

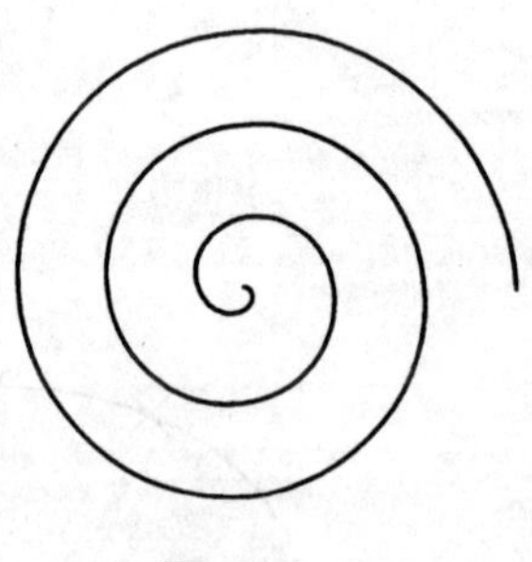

图 1-3-15

3.2 视图的缩放和平移

视图是观察设计场地的窗口，设计师面对的设计场地很大，而屏幕上能够显示的视图范围是有限的，经常要放大图形中的局部做细部设计、查看细节，或者将视图移动到场地的其他部分，查看局部特写后，又经常需要将图形缩小以观察总体布局。

3.2.1　滚轮鼠标操作

滑轮鼠标上的两个按钮之间有一个小滑轮，滑轮可以转动或按下，可以使用滑轮在图形中进行缩放和平移，而无需使用任何 AutoCAD 命令。滑轮鼠标操作与 AutoCAD 命令的对应关系如下：

（1）实时平移

在一点按住滑轮并拖动鼠标，到另一点松开，就像在绘图桌上用手推图纸一样。

（2）实时缩放

以当前光标位置为中心，向前转动滑轮放大，向后转动滑轮缩小。

（3）范围缩放

双击滑轮，缩放以显示图形范围并使所有对象最大显示（充满屏幕）。

3.2.2　工具栏和菜单

视图控制命令按钮组在标准工具栏上，单击启动运行，其中第三个图标右下角有个小三角标志，说明是一组，如图 1-3-16 操作可启动内藏的命令。单击 视图 菜单⇨ 缩放 、 平移 也可对视图操作。

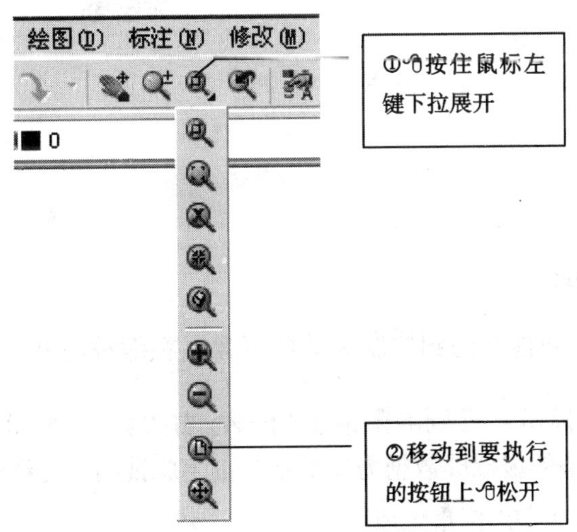

图　1-3-16

视图控制命令的功能和操作如下：

实时平移，移动视图的位置。按住鼠标左键拖动，到位置后松开。

实时缩放，按住鼠标左键，向上拖动放大，向下拖动缩小。

窗口缩放，单击矩形区域的一个角点，移动光标到另一个角点，单击，矩形区域将充满作图区。

全部缩放，显示用户定义的图形界限和图形范围，有图形的区域都显示出来。

缩放上一个，单击回到前一个视图。

在视图控制命令的执行过程中，如果从一个命令切换为另一个命令，可在作图区域右击，弹出快捷菜单，如图 1-3-17 所示，单击其中的项目可在命令间切换，而不必重新启动另一个命令。

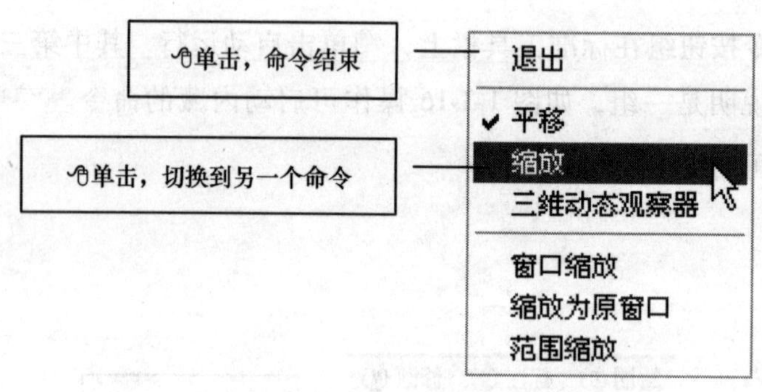

图 1-3-17

3.2.3 重生成 Regen

连续对视图操作，可能会遇到控制失效的现象，在缩放时状态栏上提示“已无法进一步缩放”，在平移时提示“已到界限最上/下/左/右边界”，光标显示为，说明 AutoCAD 为显示准备的虚拟屏数据需要更新，重生成视图后可继续操作。操作方法：

单击 视图 菜单⇨单击 重生成。

视图缩放、平移就像坐着飞机观察设计场地，图形对象的位置、尺寸并不改变，只是由于观察位置、距离不同，观察者的视觉效果不同，看上去变大、变小了。

3.2.4　鸟瞰视图 Dsviewer

鸟瞰视图是一个独立的小窗口，可以快速平移和缩放视口中显示的图形。鸟瞰视图窗口内的粗线矩形是视图框，视图框内的区域充满显示在当前视口中，缩放和平移视图框将实时更新视口中显示的图形区域。

1. 打开鸟瞰视图窗口

单击视图菜单⇨单击鸟瞰视图，如图 1-3-18 所示，鸟瞰视图窗口显示在屏幕右下角，绘制大型图纸的过程中窗口可以保持打开状态，以利于快速缩放和平移视图。

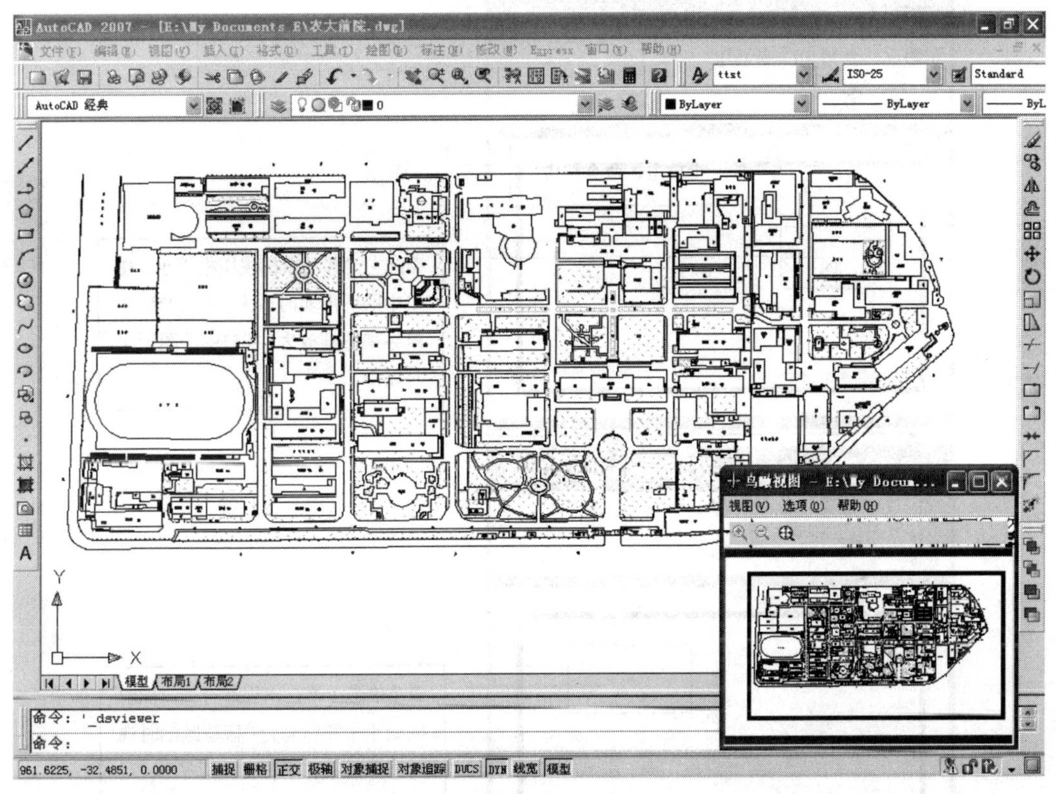

图　1-3-18

2. 视图框的操作

视图框有缩放、平移两种状态，单击可在两种状态间切换，单击出现 × 符号表示处于平移状态，再次单击出现→符号表示处于缩放状态，如图 1-3-19 所示，执行操作①②③可完成一次完整的视图框操作。

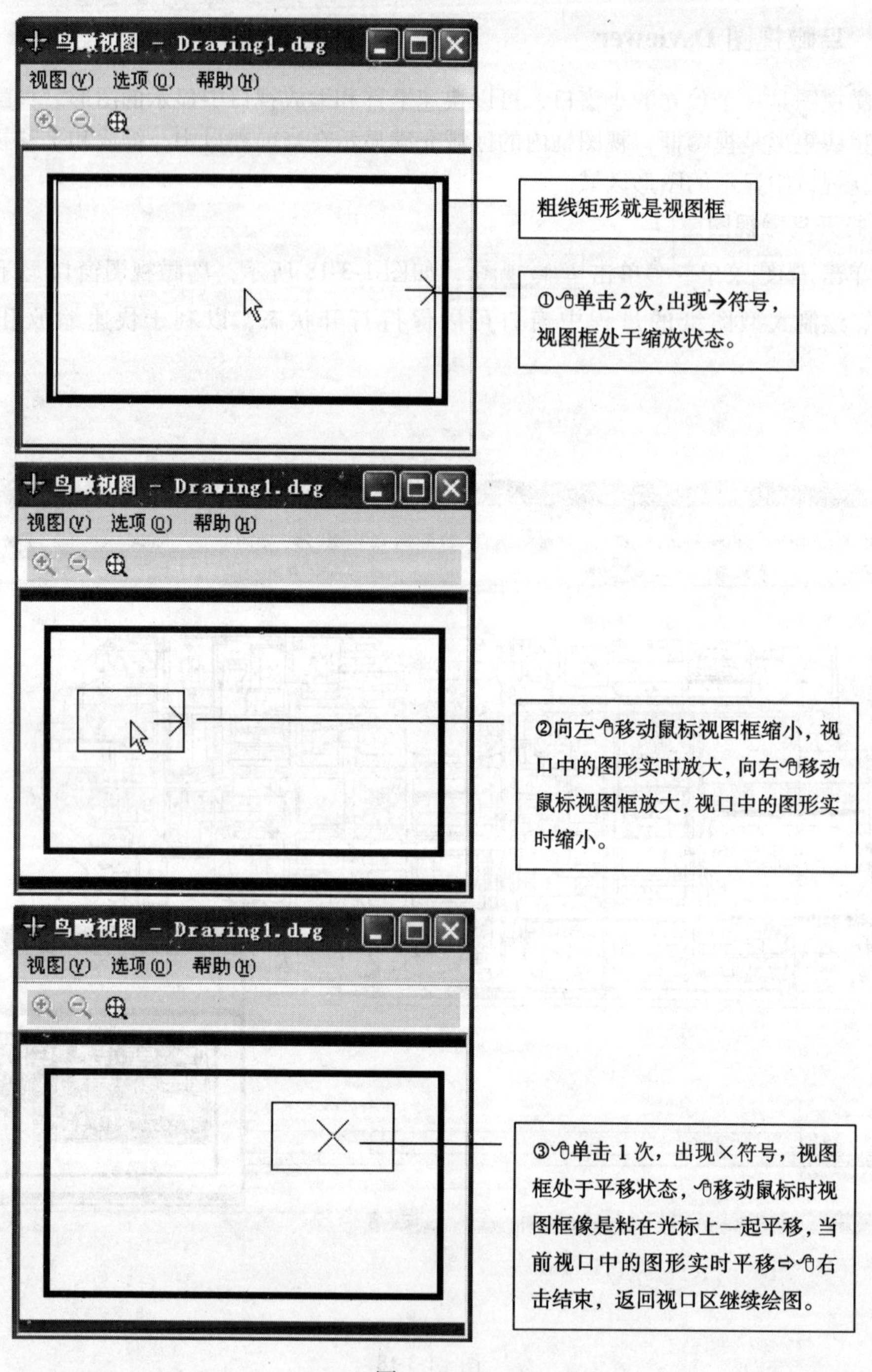

图 1-3-19

3.3 图形修改

图形修改是对现有图形对象的编辑操作，可以编辑对象、查看对象特性。工具栏如图

1-3-20 所示，默认停泊位置在作图区右侧，修改菜单如图 1-3-21 所示。

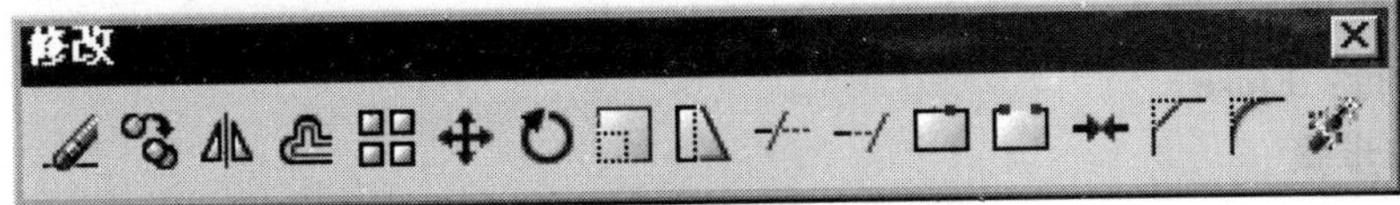

图　1-3-20

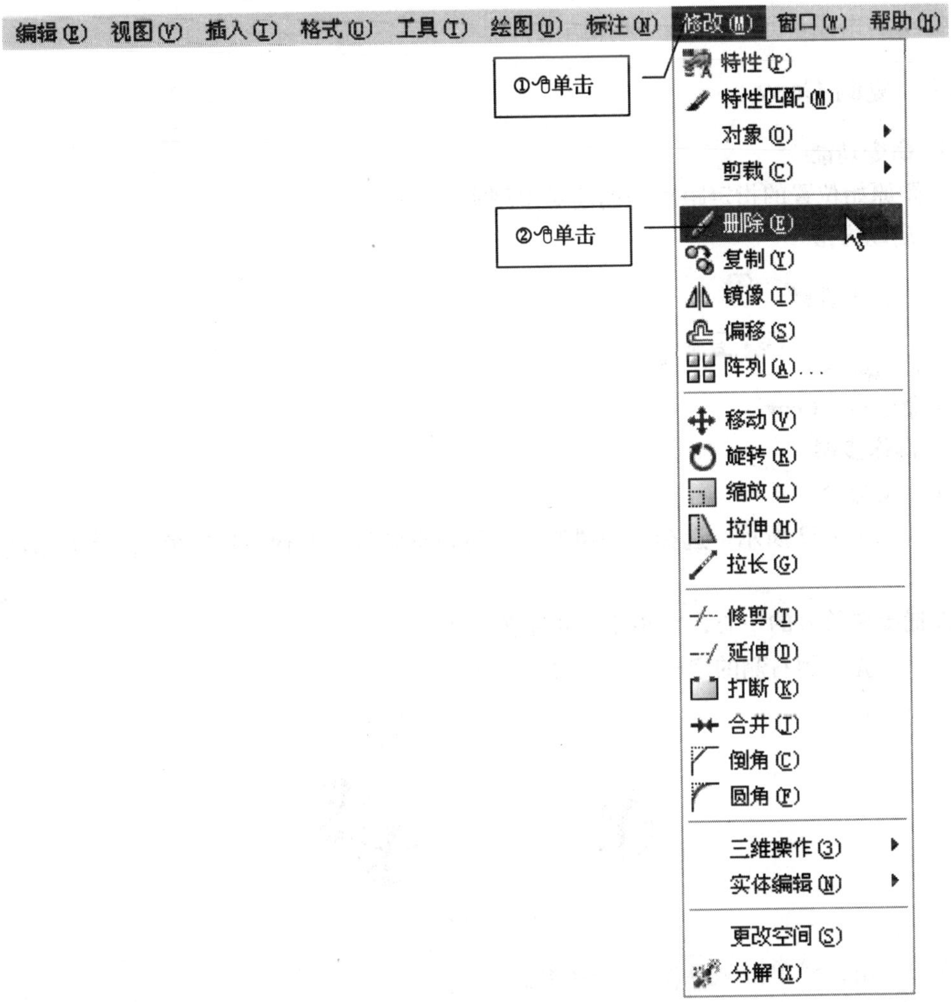

编辑(E)　视图(V)　插入(I)　格式(O)　工具(T)　绘图(D)　标注(N)　修改(M)　窗口(W)　帮助(H)

①单击

②单击

特性(P)
特性匹配(M)
对象(O)
剪裁(C)
删除(E)
复制(Y)
镜像(I)
偏移(S)
阵列(A)...
移动(V)
旋转(R)
缩放(L)
拉伸(H)
拉长(G)
修剪(T)
延伸(D)
打断(K)
合并(J)
倒角(C)
圆角(F)
三维操作(3)
实体编辑(N)
更改空间(S)
分解(X)

图　1-3-21

3.3.1　删除 Erase

1. 命令功能

从图形中删除对象。

2. 启动方法

修改工具栏：

修改菜单：删除(E)

命令行：Erase

3. 操作步骤

①启动命令。

②选择图形对象。

③右击或回车（确认选择结束）。

3.3.2 复制 Copy

1. 命令功能

在距原始位置的指定距离处创建对象副本。

2. 启动方法

修改工具栏：

修改菜单：复制(Y)

命令行：Copy

3. 操作步骤

①启动命令。

②如图 1-3-22 所示，选择左侧树符号（可以继续选择其他图形对象），右击结束选择。

③捕捉树符号的中心，单击，指定为基点。

④移动光标到右侧的定植点，依次单击。

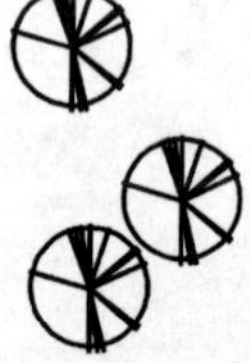

图 1-3-22

⑤右击，单击确认，命令结束。

基点是复制、移动等命令中的坐标参考点，可以是图形对象自身的特征点，也可以是离对象很远的点，树木符号中心要与定植点对齐，所以捕捉其中心为基点更易于操作。

3.3.3 镜像 Mirror

1. 命令功能

创建图形对象的镜像图形，对称的对象可以绘制出半个，再镜像创建出另一半，而不必绘制整个对象。

2. 启动方法

修改工具栏：

修改菜单：镜像(I)

命令行：Mirror

3. 操作步骤

①启动命令。

②如图1-3-23所示，选择左侧花台⇨右击结束选择。

③捕捉台阶的中点，单击。

④打开正交⇨向下移动光标引出镜像线⇨单击。

⑤提示“要删除源对象吗？[是(Y)/否(N)]〈N〉:”右击,弹出快捷菜单，如图1-3-24所示，单击否。

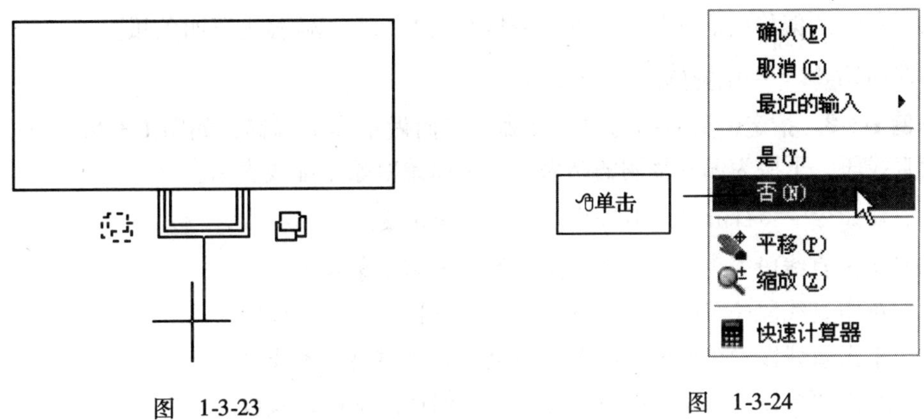

图　1-3-23　　　　图　1-3-24

图1-3-24的快捷菜单中，由上而下几个项目的含义是：

确认，以默认选项结束命令，此命令默认值为否。

取消，取消命令，中止操作。

是，删除原图形对象，即直接将左侧花台镜像到右侧。

否，不删除原图形对象，即左侧花台保留，右侧再复制一个。

平移、缩放是指在此命令执行过程中可平移、缩放视图，镜像命令并不中止。这种可以插入执行的命令称为透明命令，只有少数命令可以透明使用，并且同一命令也不是总能插入到其他命令中透明执行。

3.3.4　偏移 Offset

1. 命令功能

创建与选定图形对象形状平行的新对象，如：同心圆、平行线和平行曲线。

2. 启动方法

修改工具栏：

修改菜单：偏移(S)

命令行：Offset

3. 操作步骤

偏移时可以指定偏移距离做等距偏移，也可以指定偏移后的对象通过哪一点而做不等距偏移。

例 1-3-7 指定偏移距离做等距偏移。如图 1-3-25 所示，上层为原始圆弧，下层为偏移复制的结果，其中原始对象用虚线表示。

①启动命令⇨输入 10 回车（偏移距离）。

②单击圆弧⇨单击圆弧右下方一点，偏移出第一条弧。

③单击刚偏移出的圆弧⇨单击圆弧右下方一点，偏移出第二条弧。

④单击原始圆弧⇨单击圆弧左上方一点，偏移出第三条弧。

⑤单击刚偏移出的圆弧⇨单击圆弧左上方一点，偏移出第四条弧。

⑥右击，单击 确认 ，命令结束。

例 1-3-8 指定偏移后的对象通过哪一点而做不等距偏移，如图 1-3-26 所示，上层为原始直线段，下层为偏移复制的结果，其中原始对象用虚线表示。

①启动命令⇨右击，弹出快捷菜单，单击 通过 。

②单击直线段⇨单击下方一点，偏移出第一条线段。

③单击直线段⇨单击线段下方一点，偏移出第二条线段。

④单击直线段⇨单击线段上方一点，偏移出第三条线段。

⑤单击直线段⇨单击线段上方一点，偏移出第四条线段。

⑥右击，单击 确认 ，命令结束。

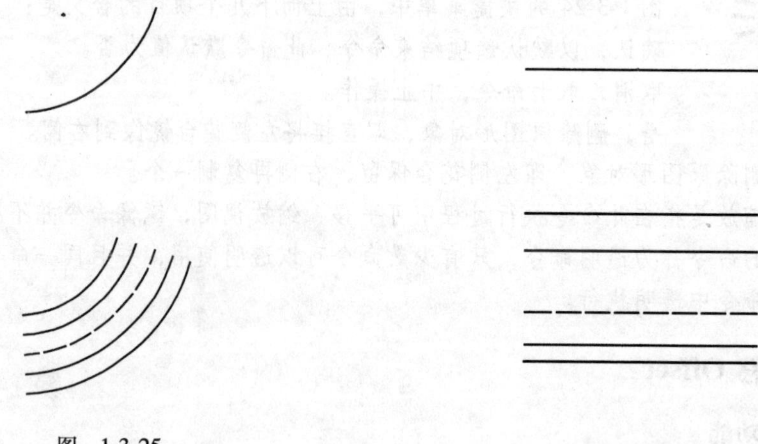

图 1-3-25

图 1-3-26

多段线和样条曲线在偏移距离大于可调整的距离时将自动进行修剪，如图 1-3-27 所示，虚线为原始样条曲线，向内侧偏移时自动修剪，分成两个闭合样条线，向外侧偏移时由于不能同时满足平行于原始对象和自身光滑两个条件，发生断裂。

3.3.5　阵列 Array

1. 命令功能

复制图形对象并将其排列成矩形或环形阵。

2. 启动方法

修改工具栏：

修改菜单：阵列(A)...

命令行：Array

图　1-3-27

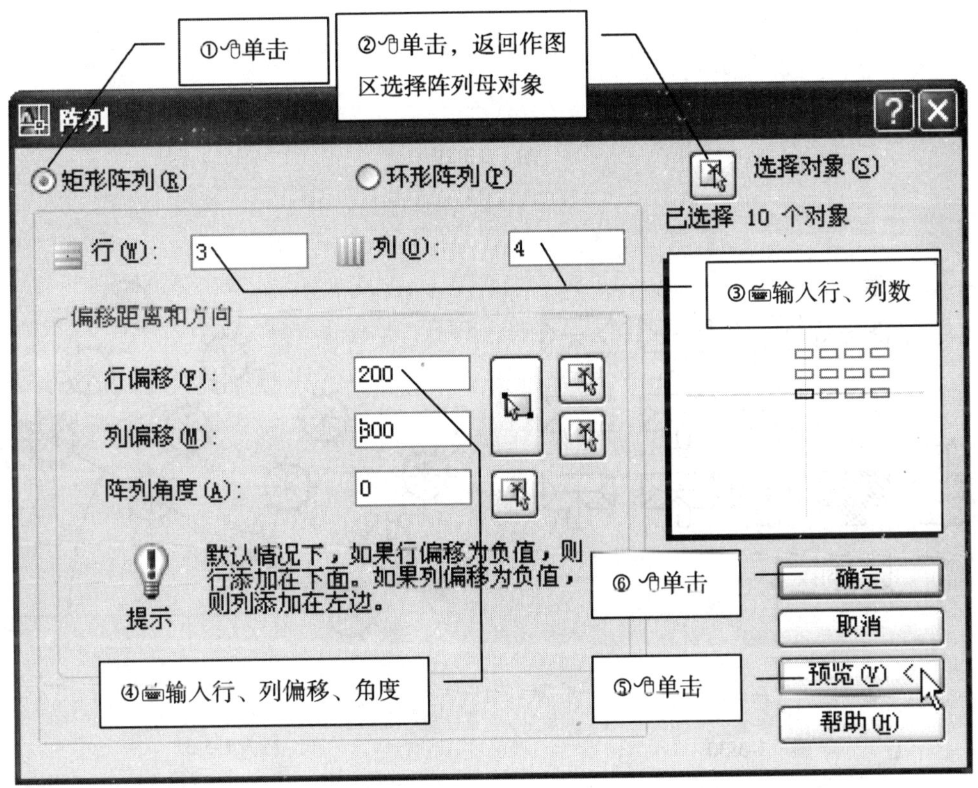

图　1-3-28

3. 操作步骤

（1）矩形阵列

启动阵列命令⇨如图 1-3-28 所示操作，其中步骤③行、列数其中一个输入 1 时做单列或单行阵列，步骤④行、列偏移输入负值，则向左下方阵列，阵列角度不为 0 则会产生旋转。步骤⑤窗口隐藏，预览阵列效果，弹出提示对话框，如图 1-3-29 所示，单击 接受 命令完成，单击 修改 可返回到阵列窗口中调整参数。

图 1-3-30 中，西南角那栋房屋是原始对象，阵列参数设置见图 1-3-28 所示。图 1-3-31 中的树阵，步骤④阵列角度为 30°，阵列时逆时针方向旋转 30°。

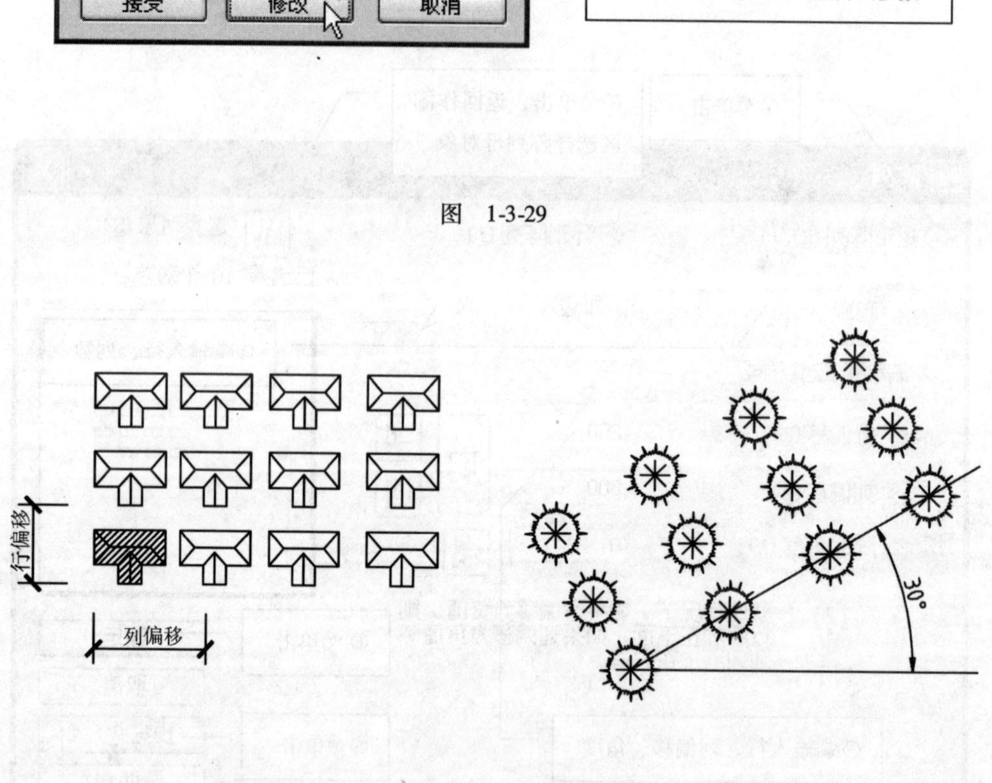

图 1-3-29

图 1-3-30

图 1-3-31

（2）环形阵列

启动阵列命令⇨如图 1-3-32 所示操作，其中执行第③步后，窗口隐藏，在作图区中捕捉单击阵列中心点，一般在阵列时有一个参照圆，取其圆心即可。执行步骤⑤窗口隐藏，预览阵列效果，弹出提示对话框，如图 1-3-29 所示，单击 接受 命令完成，单击 修改 可返回到阵列窗口中调整参数。图 1-3-33a 所示的阵列参数设置如图 1-3-32 所示。

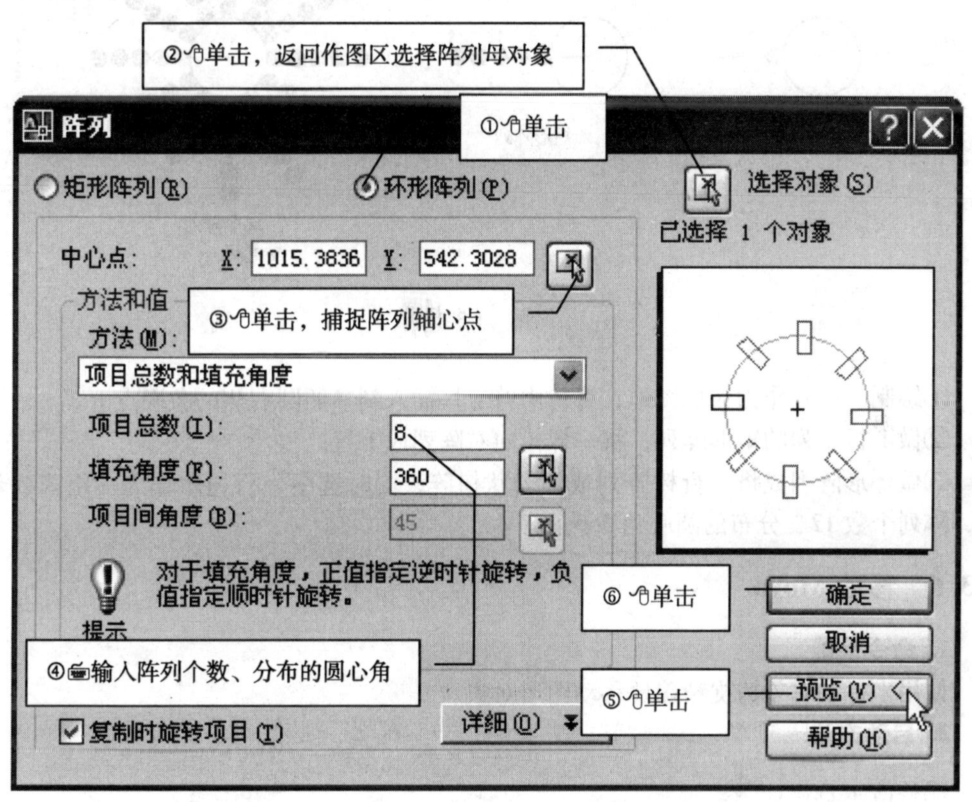

图　1-3-32

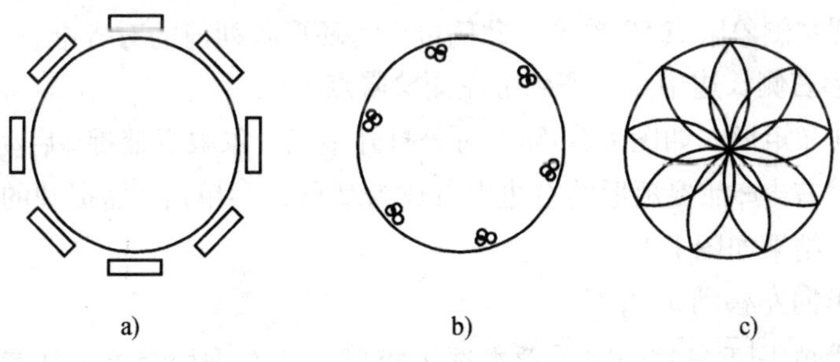

图　1-3-33

例 1-3-9 使用阵列命令，完成如图 1-3-34 所示的辐射状树阵。

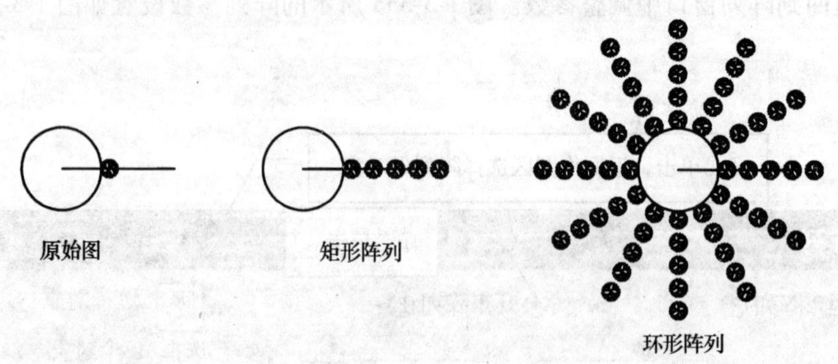

图 1-3-34

①绘制一个圆作为参照图形，将树木符号块插入到参照圆右侧的象限点上。

②做 1 行 5 列的矩形阵列，将一棵树向右阵列成 1 行。

③做环形阵列成将一行树阵列成辐射状树阵，同时选中一行树木作为一组阵列母对象，阵列个数 12、分布的圆心角 360。

3.3.6 移动 Move

1. 命令功能

使用坐标和对象捕捉精确地移动图形对象。

2. 启动方法

修改工具栏：

修改菜单：移动(V)

命令行：Move

3. 操作步骤

例 1-3-10 如图 1-3-35 所示，图 a 为原始图形，图 c 为完成图。将矩形中心与圆心对齐，并距离圆左侧象限点 50 单位，此例可作为环形阵列前的对齐准备。

（1）将矩形右侧长边中点对齐到圆左侧象限点

绘制一个圆和矩形，如图 1-3-35a 所示⇨打开中点、象限点捕捉⇨启动移动命令⇨单击选中矩形，右击⇨捕捉矩形的右边中点作为基点，单击⇨捕捉圆的左侧象限点为目标点，单击，结果如图 1-3-35b 所示。

（2）将矩形向左移动 50 单位。

右击，单击 重复移动 ⇨单击选中矩形，右击⇨单击任意点为基点⇨输入@50 <180 回车，将矩形左移 50 单位，如图 1-3-35c 所示。也可用极轴或正交追踪将方向指向左，输入 50 回车。

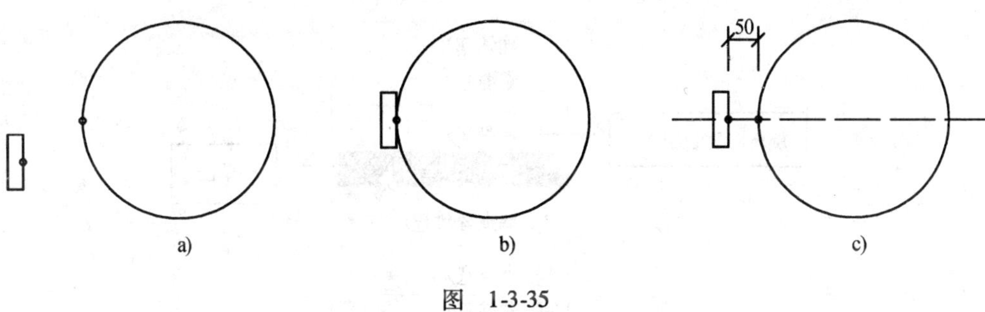

图 1-3-35

3.3.7 旋转 Rotate

1. 命令功能

绕指定基点旋转图形对象。

2. 启动方法

修改工具栏：

修改菜单：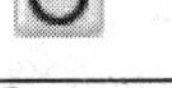

命令行：Rotate

例 1-3-11 如图 1-3-36 所示，给定旋转角度旋转对象或参照图形对象旋转对象，图 1-3-36a 为原始图形，图 1-3-36b 是将房屋以 A 点为轴顺时针旋转 15°，图 1-3-36c 是将房屋以 A 点为轴参照斜线 AC 方向旋转至与斜线 AC 对齐。

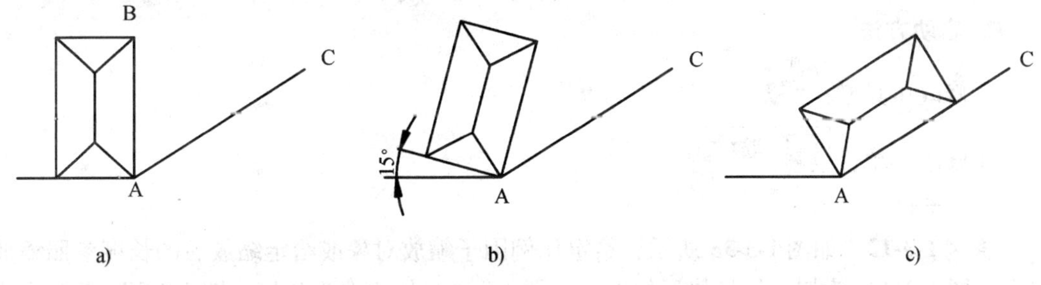

图 1-3-36

(1) 给定旋转角度旋转对象（图 1-3-36a ⇨图 1-3-36b）。

①启动命令，窗口选择房屋，右击。

②捕捉 A 点为基点，单击。

③输入 -15 回车。

(2) 参照图形对象旋转对象（图 1-3-36a ⇨图 1-3-36c）。

①启动命令，选择房屋，右击。

②捕捉 A 点为基点，单击。

③右击，弹出快捷菜单，如图 1-3-37 所示，单击 参照 。

④顺序捕捉单击 A、B、C 三点。

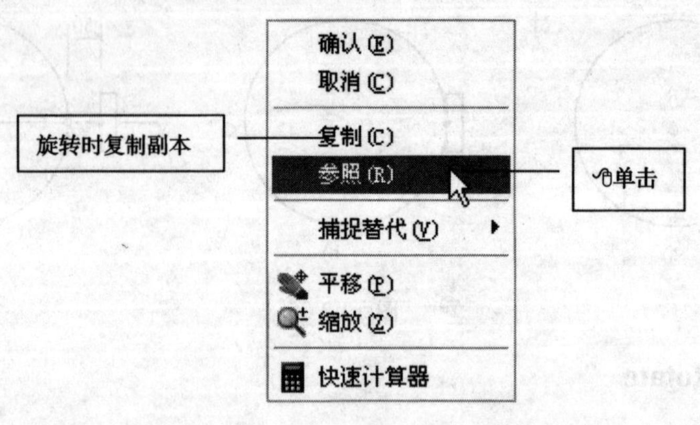

图 1-3-37

参照旋转可以用于矢量化底图的倾斜校正。工作中一般在扫描底图后，用图像处理软件Phtoshop来做，参见Phtoshop部分5.2.3倾斜校正。

3.3.8 缩放 Scale

1. 命令功能

在X、Y、Z三个轴向上等比例放大或缩小图形对象。

2. 启动方法

修改工具栏：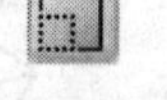

修改菜单：

命令行：Scale

例1-3-12 如图1-3-38所示，给定比例因子缩放对象或给定缩放后的长度参照缩放对象，图1-3-38a为树木符号块原始大小，图1-3-38b是放大为2倍，图1-3-38c是缩小为0.5倍，图1-3-38d是将其直径准确缩放为8000。

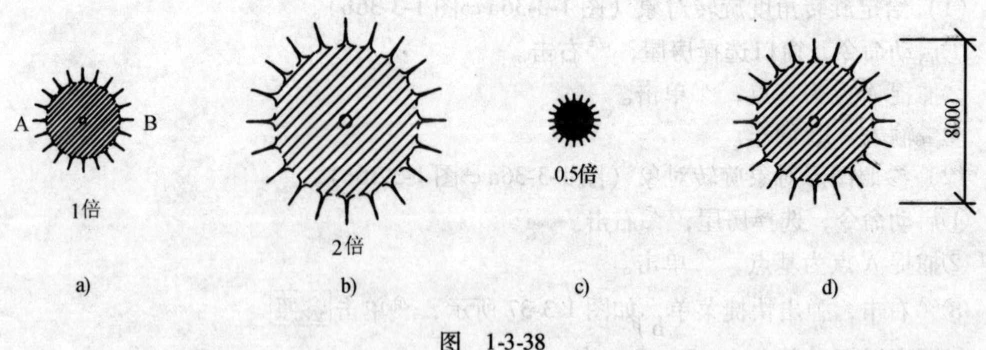

图 1-3-38

(1) 给定比例因子缩放对象

①启动命令，选择缩放对象，右击。

②捕捉树符号圆心，单击（指定为基点）。

③输入2回车，结果如图1-3-38b，或输入0.5回车，结果如图1-3-38c。

(2) 给定缩放后的长度参照缩放对象

①启动命令，选择缩放对象，右击。

②捕捉树符号圆心，单击（指定为基点）。

③右击，弹出快捷菜单，如图1-3-37所示，单击 参照 。

④捕捉树符号左端点A，单击⇨捕捉右端点B，单击⇨输入8000回车，结果如图1-3-38d。

缩放后的对象真实尺寸发生变化，与3.2视图缩放与平移中视图缩放的结果是完全不同的，视图缩放只是对象看上去大一点与小一点，尺寸并没有发生变化。

3.3.9 拉伸 Stretch

1. 命令功能

拉伸与选择窗口相交的圆弧、椭圆弧、直线、多段线线段、二维实体、射线和样条曲线。移动窗口内的端点，而不改变窗口外的端点。

2. 启动方法

修改工具栏：

修改菜单： 拉伸(H)

命令行：Stretch

3. 操作步骤

如图1-3-39所示，图1-3-39a是原图，图1-3-39d是结果。

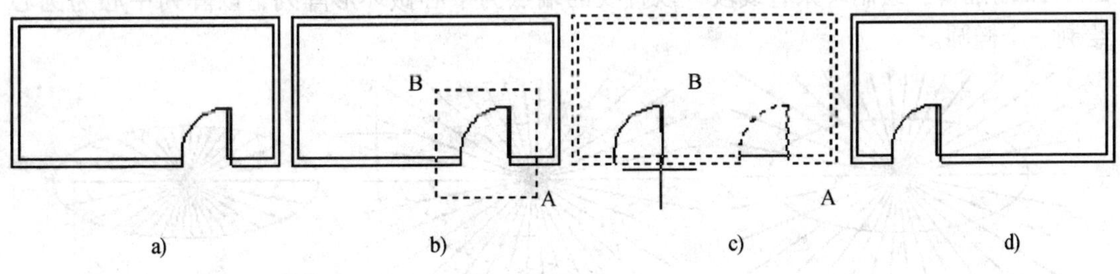

图 1-3-39

①启动命令。

②提示“以交叉窗口或交叉多边形选择要拉伸的对象…”单击A点，单击B点，出现交叉窗选指示，如图b所示，虚线矩形范围内为绿色透明板。

③打开正交⇨在门附近单击一点作为基点⇨向左移动鼠标，如图 c 所示，到合适位置单击，或准确输入位移，如：@4000 <180 回车，结果如图 d 所示。

拉伸命令要求以交叉窗选方式选择对象，窗口完全包围的图形对象，如上例中的门，命令执行后尺寸不变，只是移动位置，而没有完全包围的对象，如左右两侧的墙体，在命令执行过程中自动伸缩。

3.3.10 修剪 Trim

1. 命令功能

以图形对象为剪切边，修剪圆弧、圆、椭圆弧、直线、多段线、样条曲线、射线、构造线等图形对象。

2. 启动方法

修改工具栏：

修改菜单：修剪(T)

命令行：Trim

例 1-3-13 如图 1-3-40 所示，以所有对象为剪切边互相修剪，图 1-3-40a 为原始图，图 1-3-40b 为修剪结果。

①启动命令。

②选择全部图形对象作为剪切边，右击。

③逐个单击对象上要剪掉的部分。

④右击，单击 确认。

a) b)

图 1-3-40

例 1-3-14 如图 1-3-41 所示，使用栏选，以椭圆作为剪切边剪掉椭圆外的图形。图 1-3-41a 的准备：绘制一条直线段，以直线的端点为中心做环形阵列，以阵列中心为圆心绘制一个椭圆。

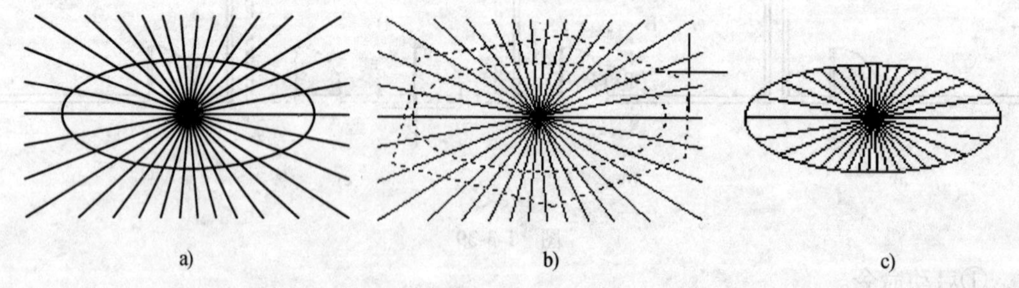

a) b) c)

图 1-3-41

①启动命令⇨单击椭圆作为剪切边，右击。

②右击，弹出快捷菜单，如图 1-3-42 所示操作，或输入 F 回车⇨在椭圆外围，

单击一系列点，一根虚线穿越所有要剪掉的部分，如图 1-3-41b 所示，右击，结束栏选。

③右击，单击确认，结果如图 1-3-41c 所示。

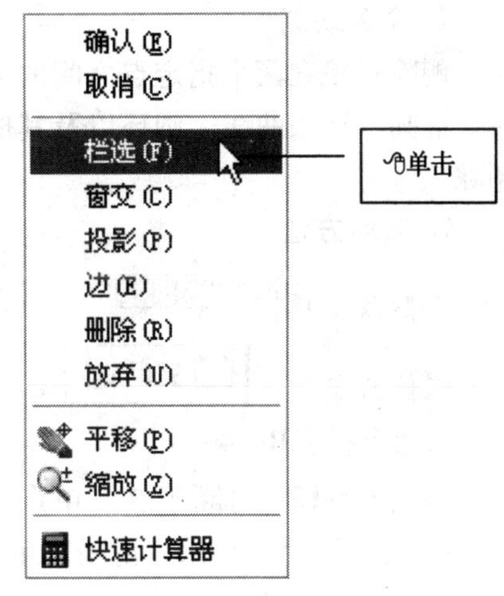

图　1-3-42

3.3.11　延伸 Extend

1. 命令功能

将图形对象延伸到对象定义的边界边。可被延伸的对象包括：圆弧、椭圆弧、直线、多段线、射线。

2. 启动方法

修改工具栏：

修改菜单：延伸(D)

命令行：Extend

3. 操作步骤

如图 1-3-43 所示，图 a 为原始图形，图 b 为延伸结果，虚线圆弧部分并不存在。

①启动命令。

②单击样条曲线作为延伸边界，右击。

③单击直线右端点 A ⇨单击圆弧右端点 B。

④单击圆弧右端点 C 时并不发生延伸，命令行上提示：“对象未与边相交”，观察图 b 中的虚线圆弧，可以看出这条圆弧延伸方向上与样条线没有交点。

⑤右击，单击确认（E）。

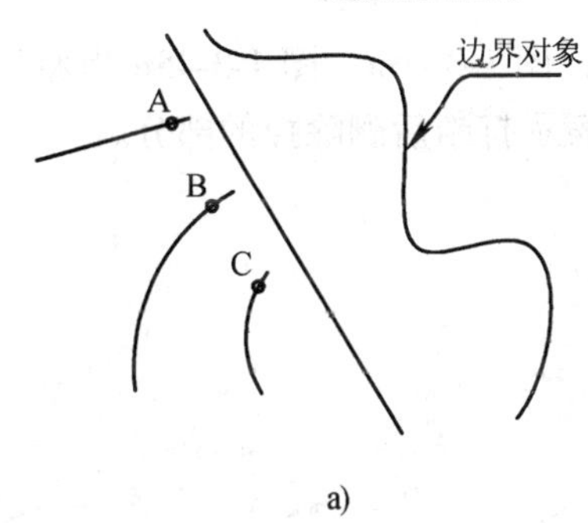

a)

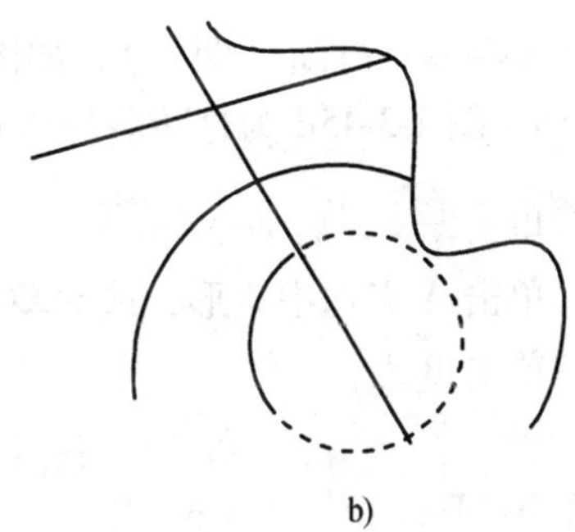

b)

图　1-3-43

样条曲线是不能够延伸的，其数学模型决定只能在样条线内部找到最平滑的一条线而不能向外延伸。在绘图中可将样条曲线绘制的长一些，然后修剪掉多余部分。

3.3.12 打断 Break

1. 命令功能

删除对象在两个指定点之间的部分或将对象在一个点上断开。直线、圆弧、圆、多段线、椭圆、样条曲线、圆环以及其他几种对象类型都可以拆分为两个对象或将其中的一端删除。

2. 启动方法

修改工具栏：

修改菜单：打断(K)

命令行：Break

例 1-3-15 打断于点（单点打断），如图 1-3-44 所示，图 1-3-44a 为原始图形，图 1-3-14b 为打断后的结果，虚线表示断开的位置。

①单击，启动命令。

②单击选中直线段，或单击选中样条线。

③单击 A 点，对象被打断。单击其中一端，打断的一段被选中，显示成虚线。

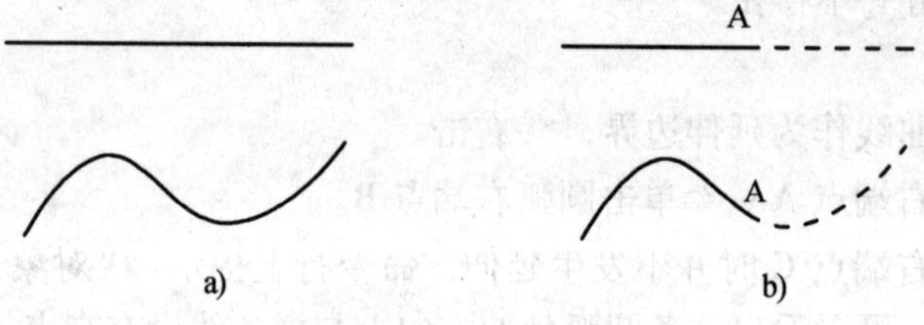

图 1-3-44

例 1-3-16 打断（两点），如图 1-3-45 所示，图 1-3-45a、图 1-3-45c 为原始图形，图 1-3-45b、图 1-3-45d 为打断后的结果，虚线圆弧表示打断后删除掉的部分。

①单击，启动命令。

②单击 A 点选中矩形，或单击 A 点选中圆。

③单击 B 点。

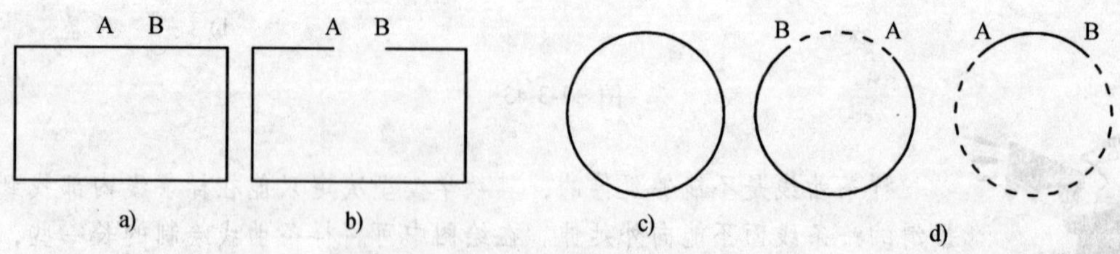

图 1-3-45

圆不能被单点打断，在两点打断时是删除第1点逆时针旋转到第2点间的圆弧。

3.3.13　合并 Join

1. 命令功能

将相似的对象合并为一个对象，要合并的对象必须位于相同的平面上且具有相似的特性，有诸多的条件限制，如：要合并的直线对象必须共线，即位于同一条无限长的直线上，圆弧、椭圆弧对象必须位于同一个假想的圆或椭圆上，它们之间可以有间隙；样条曲线、螺旋对象之间不能有间隙，端点坐标必须重合，多段线、直线、圆弧合并为多段线时必须先选择多段线，端点坐标必须重合。

2. 启动方法

修改工具栏：

修改菜单：合并(J)

命令行：Join

3. 操作步骤

如图1-3-46所示，上图为原始图形，两条样条曲线A、B，样条曲线B的线型为虚线（线型参见4.1.1创建新图层及设置图层特性），下图为合并后的样条曲线，A+B是先A后B，B+A是先B后A。

①单击，启动命令。

②分别单击样条曲线A、B。结果合并为一条样条曲线，合并后的样条曲线继承单击的第一条曲线的特性。

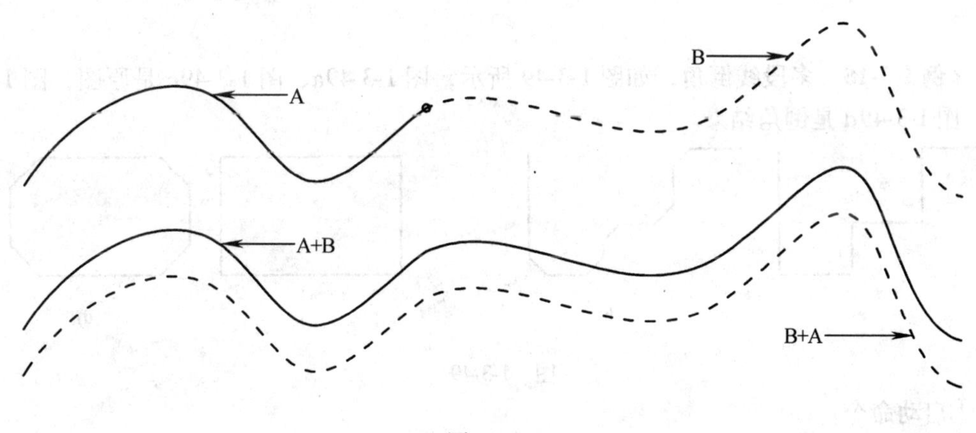

图　1-3-46

3.3.14 倒角 Chamfer

1. 命令功能

在两条非平行线之间创建直线倒角，可以为直线、多段线、构造线和射线加倒角。对整条多段线进行倒角时，每个交点都被倒角。

2. 启动方法

修改工具栏：

修改菜单：倒角(C)

命令行：Chamfer

3. 操作步骤

例 1-3-17 如图 1-3-47、图 1-3-48 所示，图 1-3-47a、图 1-3-48a 是原图，图 1-3-47b、图 1-3-48b 是倒角结果。

①启动命令。

②右击，如图 1-3-50 所示①，单击 距离 ⇨输入 100 回车 200 回车（图 1-3-47）所示），或输入 0 回车 0 回车（图 1-3-48 所示，倒角距离为 0，将两条线延伸到交点上）。

③单击直线 A，单击直线 B。

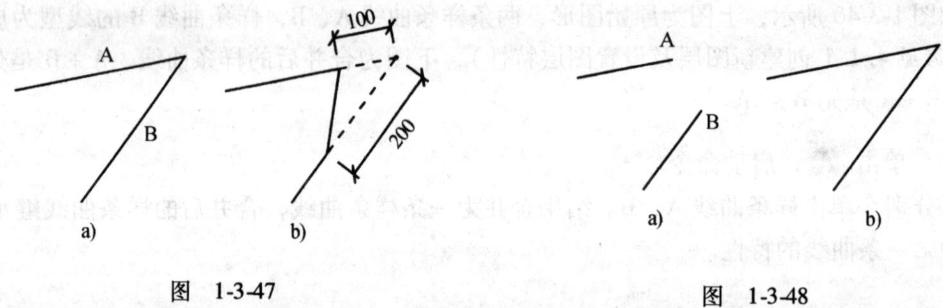

图 1-3-47　　图 1-3-48

例 1-3-18 多段线倒角，如图 1-3-49 所示，图 1-3-49a、图 1-3-49c 是原图，图 1-3-49b、图 1-3-49d 是倒角结果。

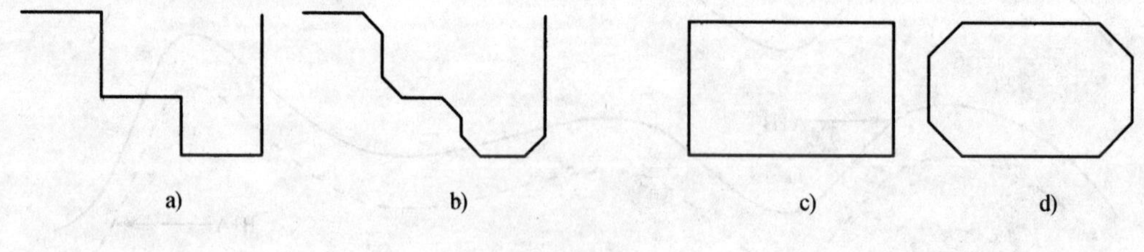

图 1-3-49

①启动命令。

②右击，如图 1-3-50 所示①，单击 距离 ⇨输入 50 回车 50 回车。

③右击，如图1-3-50所示②，单击 多段线 。

④单击一条多段线对象，一次倒好这条多段线上全部的角。

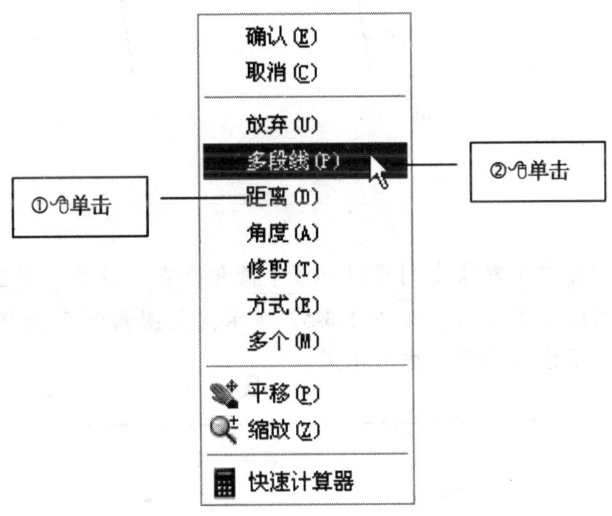

图 1-3-50

倒角和圆角有时做不出来，可能是圆角半径或倒角距离相对于边长来讲数值过大或过小。过大不满足命令条件，过小命令会忠实执行但却看不出来。

3.3.15 圆角 Fillet

1. 命令功能

使用一段指定半径的圆弧为两段圆弧、圆、椭圆弧、直线、多段线、射线、样条曲线或构造线加圆角，圆角圆弧与原始对象相切。

2. 启动方法

修改工具栏：

修改菜单： 圆角(F)

命令行：Fillet

例1-3-19 圆角圆弧与原始对象相切，以圆角半径为准修剪或延长原始对象。如图1-3-51所示，图1-3-51a、1-3-51b为原始图形，图1-3-51c、图1-3-51d为圆角结果。圆角距离为0时，将两条线延伸到交点上，如图1-3-51d所示。

①启动命令。

②右击，弹出快捷菜单，如图1-3-55所示③，单击 半径 ⇨输入50回车（结果如图1-3-51c），或输入0回车（结果如图1-3-51d）。

③单击直线A，单击直线B。

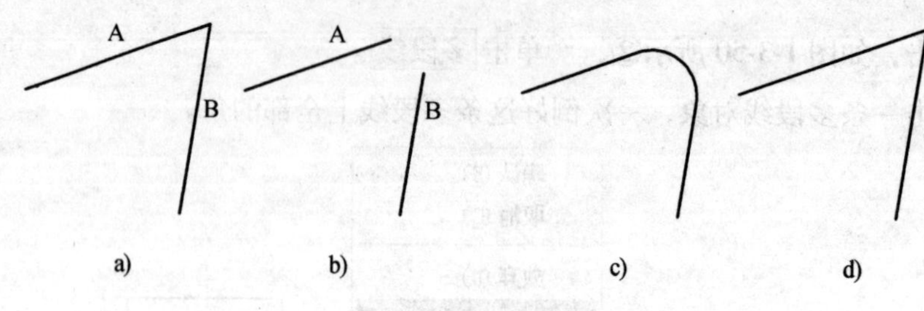

图 1-3-51

在两个对象之间可以有多个圆角存在，圆角总是选择端点最靠近选中点的位置生成，如图 1-3-52 所示，上图指示了选择对象的单击位置，下图是圆角生成的结果。

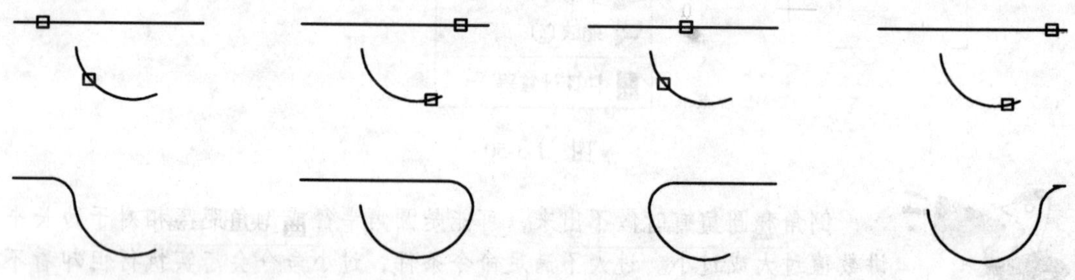

图 1-3-52

例 1-3-20 平行线间圆角，不需定义半径，平行线间距就是圆角的直径，圆角时以单击选择的第一条线端点为准，延长或修剪另一条线，如图 1-3-53 所示。

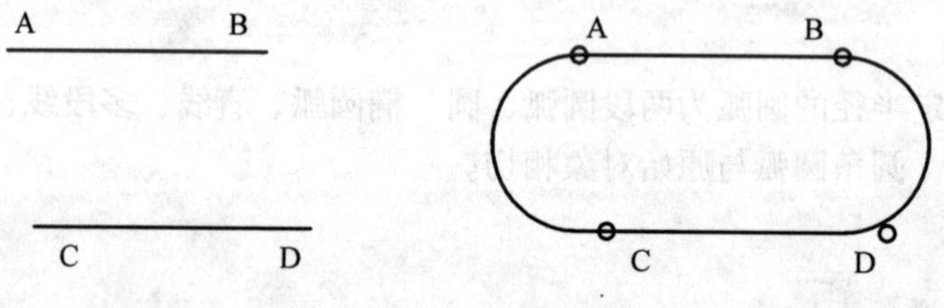

图 1-3-53

①启动命令。

②单击 A 点⇨单击 C 点。

③右击，在快捷菜单中，单击 重复圆角 。

④单击 B 点⇨单击 D 点。

例 1-3-21 多段线，一次倒好所有圆角，如图 1-3-54 所示，图 1-3-54a 为原始图形，图 1-3-54b 为圆角结果。

①启动命令。

②右击，弹出快捷菜单如图 1-3-55 所示，单击 半径 ⇨输入 20 回车。

③右击，在快捷菜单中，单击 多段线 。

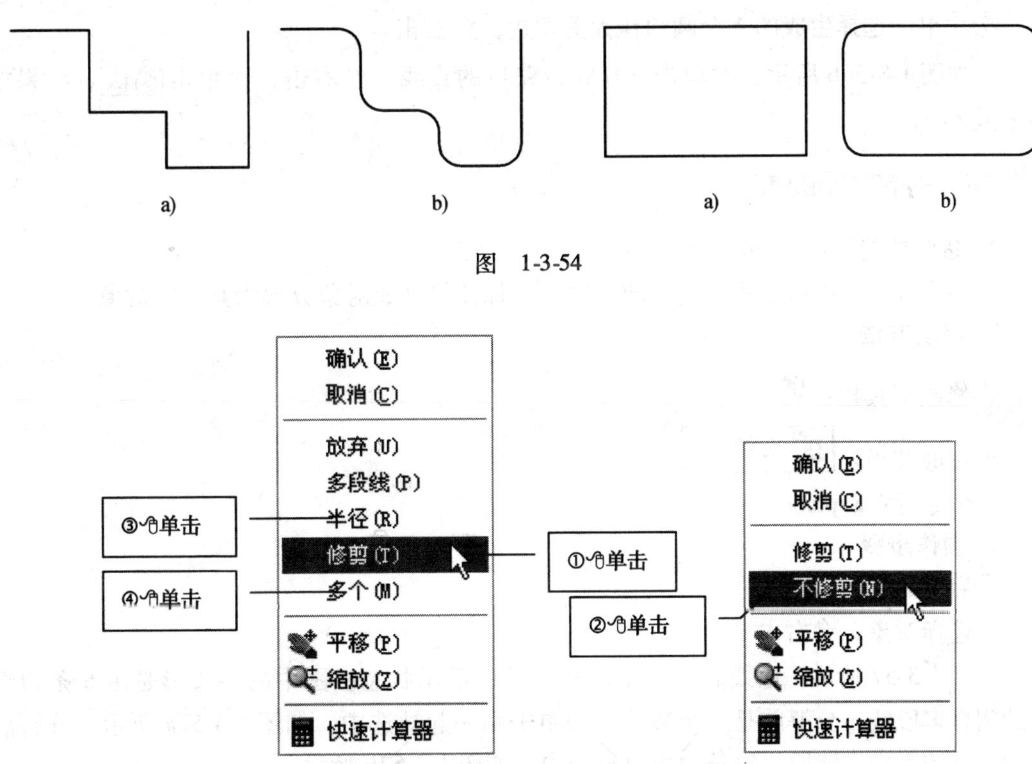

图　1-3-54

图　1-3-55

④单击一条多段线对象。

例 1-3-22　绘制十字路口，如图 1-3-56 所示，先绘制十字路口图形如图 1-3-56a 所示，将圆角设置为不修剪、多个，做圆角结果如图 1-3-56b 所示，以 4 个圆角圆弧为剪切边修剪穿越路口的线条，结果如图 1-3-56c 所示。

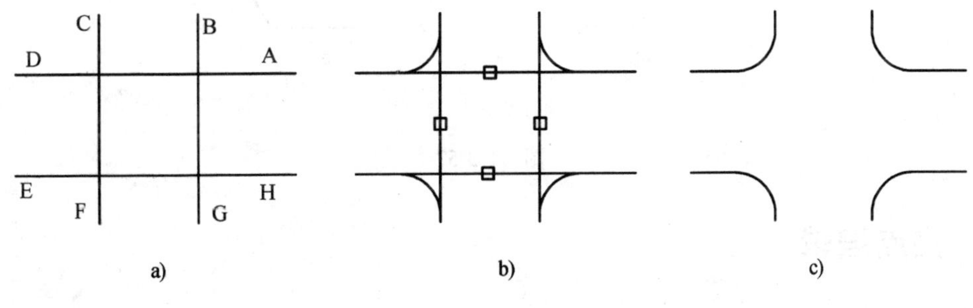

图　1-3-56

①先绘制十字路口，如图 1-3-56a 所示，启动圆角命令。

②右击，弹出快捷菜单如图 1-3-55 所示，执行操作①②，将圆角设置为不修剪。

③右击，弹出快捷菜单如图 1-3-55 所示，执行操作③，输入圆角半径，回车。

④右击，弹出快捷菜单如图 1-3-55 所示，执行操作④，设置要连续做多个圆角。

⑤顺序单击点 A、B、C、D、E、F、G、H，圆角结果如图 1-3-56b 所示。

⑥启动修剪命令。

⑦单击选择生成的4个圆角作为剪切边，右击。

⑧如图1-3-56b所示，单击选择穿越路口的直线，右击，单击 确认 ，结果如图1-3-56c所示。

3.3.16 分解 Explode

1. 命令功能

将多段线、多边形、矩形、图块、文字、标注等合成对象分解为其部件对象。

2. 启动方法

修改工具栏：

修改菜单：分解(X)

命令行：Explode

3. 操作步骤

①启动命令。

②选择对象，右击

如图1-3-57所示，虚线表示单击选中后的显示状态。图中的多边形是由6条边组成的闭合多段线，分解前是一个整体，单击则一起被选中，如图1-3-57a所示，分解后成为独立的6条直线段，每条边可单独选中，如图1-3-57b所示。

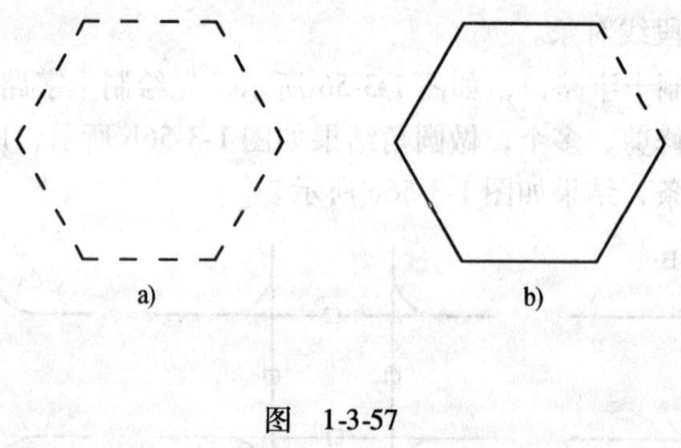

图 1-3-57

3.4 夹点编辑

单击选中图形对象时，对象关键点上出现一些实心的小方框，这就是夹点。可以拖动这些夹点快速拉伸、移动、旋转、缩放或镜像对象。

例1-3-23 调整样条曲线的形状，如图1-3-58所示。

①单击样条曲线。

②单击要调整位置的夹点，这个夹点变成红色，称为热点。

③移动光标，样条曲线的形状随之变化，到合适形状时单击。

④重复②③可调整多个点的位置。

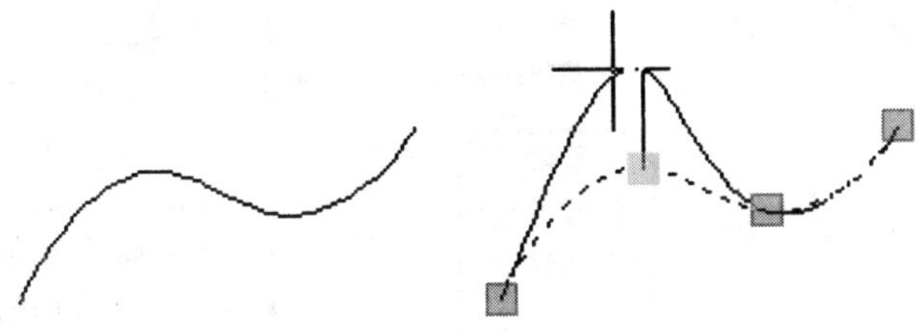

图 1-3-58

例 1-3-24 联接两个对象的端点，如图 1-3-59 所示，两个对象仍然是独立的，只是坐标点重合在一起，常用于填充边界端点联接。

①选中弧和样条线，夹点出现。

②单击弧的右夹点 B，使其变红⇨移动光标到样条线的左端点 A ⇨单击。

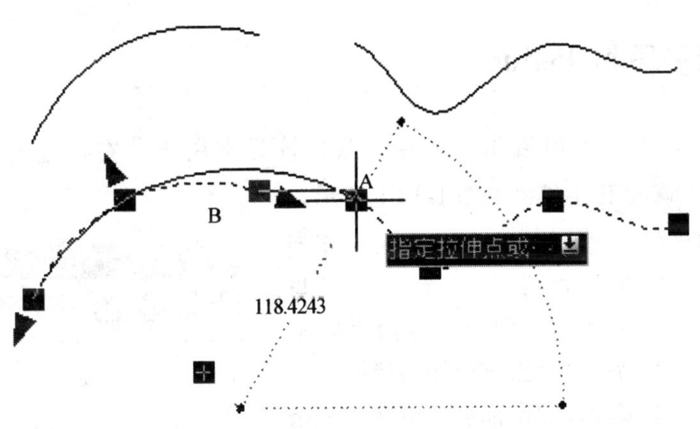

图 1-3-59

两个点在靠近到一定程度时，系统会自动识别将其重合在一起，这步操作中对象捕捉不是必需打开的，但要关闭影响光标定位的正交、极轴。

例 1-3-25 快速执行修改操作，包括：移动、镜像、旋转、缩放、拉伸。

①单击一个对象。

②单击一个夹点，它变成红色⇨右击，弹出快捷菜单，如图 1-3-60 所示。

③单击 移动 ⇨移动光标到目标点⇨单击。

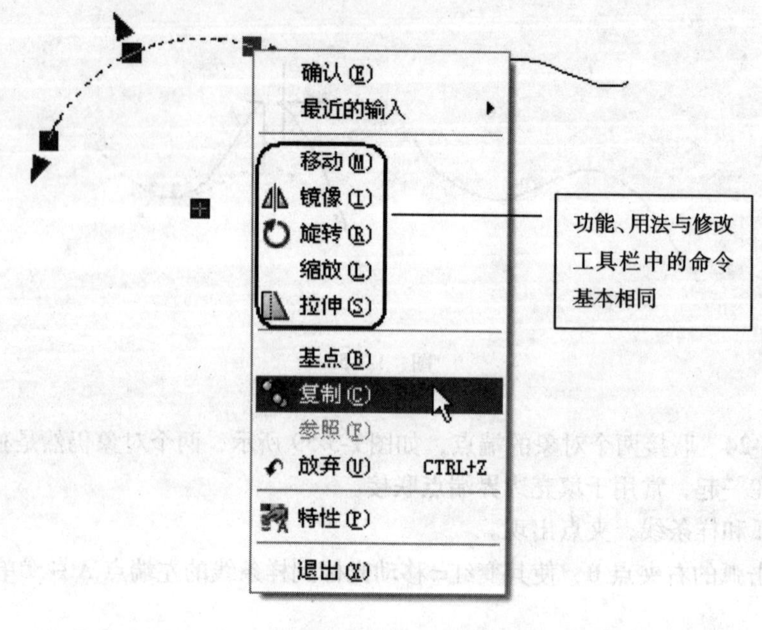

图 1-3-60

3.5 编辑多段线 Pedit

多段线可以进行多项编辑，合并、拟合较为常用。右击任意工具栏⇨单击修改Ⅱ，打开修改Ⅱ工具栏如图 1-3-61 所示。

合并是将坐标首尾相连但相互独立的一系列直线、弧、多段线合并成为一个对象，与 3.3.13 合并命令功能类似，但比合并命令要早得多。合并后可作为一个对象进行偏移等操作。

图 1-3-61

拟合是沿一条多段线的坐标点，拟合出一条平滑的弧线，这条弧线穿越多段线的坐标点，是由一系列圆弧组成。

例 1-3-26 将如图 1-3-62a 所示相互独立的一组线段，合并成一条多段线，如图 1-3-62b 所示，再拟合出一条平滑弧线，如图 1-3-62c 所示。

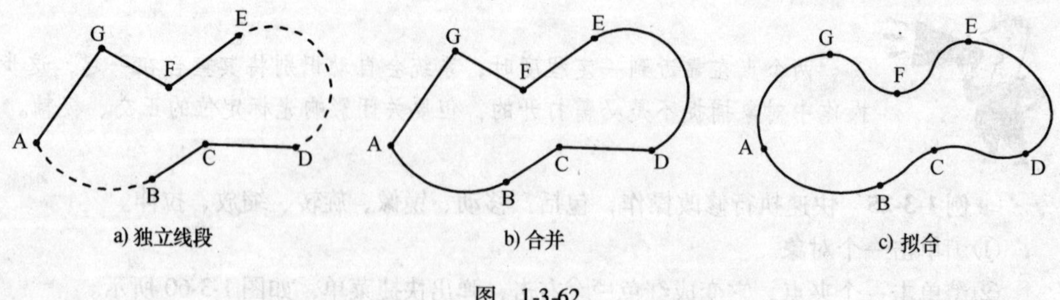

图 1-3-62

①单击⇨单击一个图形对象，如果这个对象不是多段线，则命令行提示：

选定的对象不是多段线是否将其转换为多段线？⇨右击，将其转换成多段线。

②右击，弹出快捷菜单，如图 1-3-63 所示，图 1-3-63a 是打开动态输入时的快捷菜单，图 1-3-63b 是未打开动态输入时的快捷菜单⇨单击 合并 ⇨选择要合并的图形对象⇨右击，结果如图 1-3-62b 所示。

③右击⇨在快捷菜单中，单击 拟合 ⇨右击，结果如图 1-3-62c 所示。

④右击⇨单击 确认 。

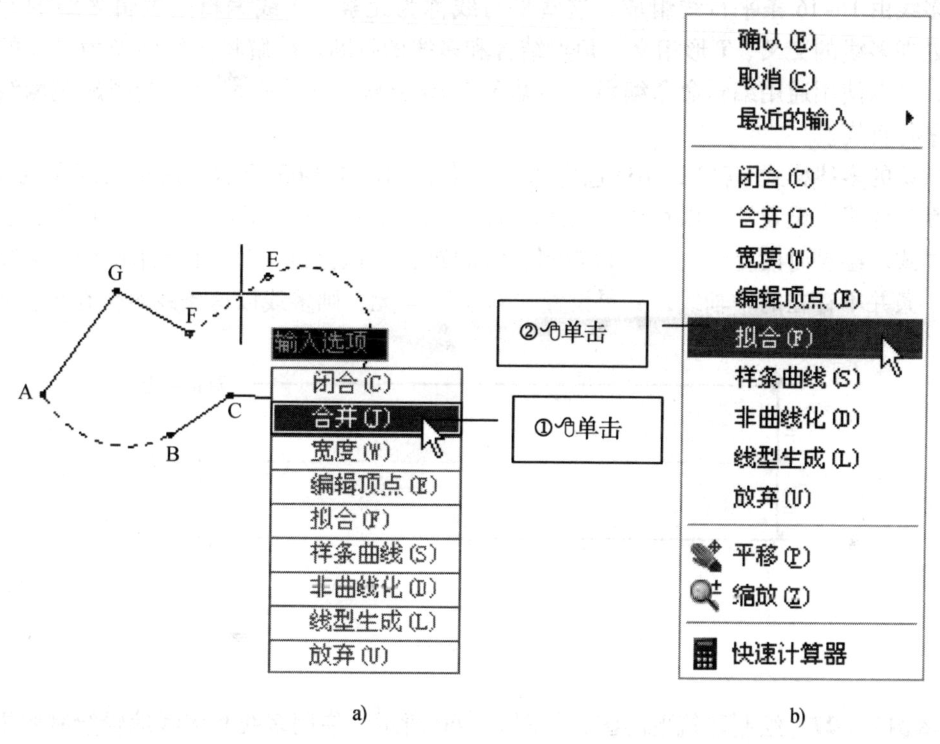

图　1-3-63

3.6　系统变量

AutoCAD 将操作环境和一些命令的设置参数存储在系统变量中。每个系统变量都有一定的类型：整数、实数、点、开关或字符串。可以直接在命令行输入系统变量名检查任意系统变量的值或修改可写系统变量的值，系统变量的值设定后，在下次修改前不会改变。

3.3.3 镜像中，如果镜像对象中包含有文字，镜像后的文字是否可读受系统变量 Mirrtext 控制，修改 Mirrtext 值的步骤如下：在命令行输入 mirrtext 回车⇨输入 0 回车，或输入 1 回车。0 表示否，即不镜像文字，1 表示是，即镜像文字，如图 1-3-64 所示。

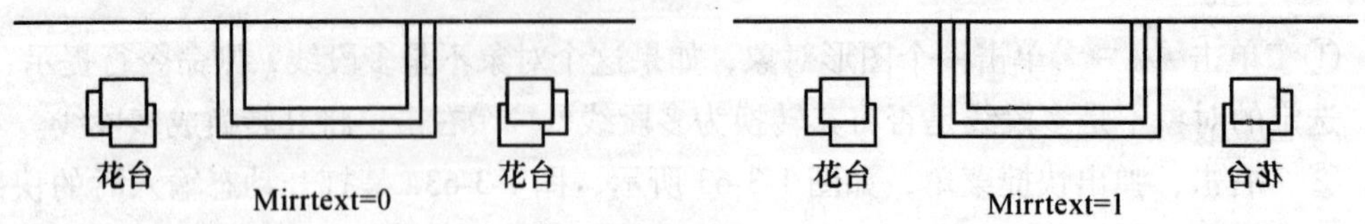

图 1-3-64

3.7 多线 Mline 与多线编辑 Mledit

多线由 1～16 条平行线组成，这些平行线称为元素。多线编辑是编辑多线的专门工具，处理多线的交叉、T 形相交、角点结合和多线的打断。分解将多线转换为独立的直线对象，可以使用通用编辑命令编辑，参见 3.3.16 分解。多线一般用于绘制建筑墙线、道路等平行直线。

默认的多线样式 STANDARD 包含两个元素，如图 1-3-65 所示，两条线间距为 1，可修改默认样式，设置端口以直线、内凹圆弧、外凸圆弧封闭，增加更多的平行线，也可以新建样式。绘制时设置“比例”以控制多线间距，默认比例 = 20，即线间距 = 1 × 20，虚线是一条并不存在的中轴线，如果设置“对正” = 无，则多线以这条线对位在坐标点上。

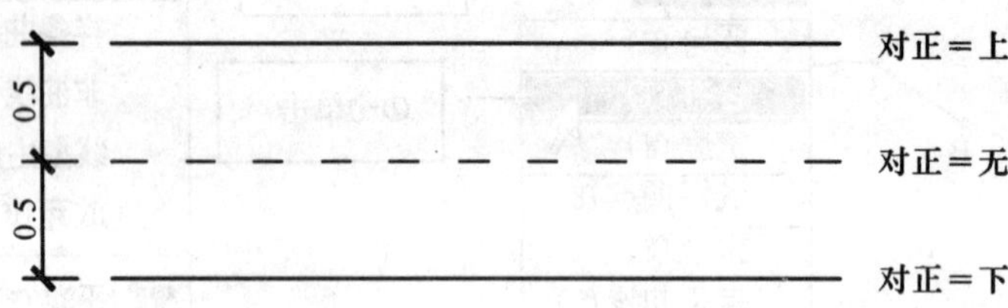

图 1-3-65

例 1-3-27 绘制建筑平面图，如图 1-3-66 所示，使用多线和多线编辑绘制图中的墙体，假设墙体厚度 240mm、120mm 两种规格。

（1）绘制墙体轴线

在作图区左侧绘制一条垂线作为建筑最左侧墙体的轴线，长度略长于建筑的进深，即南北厚度 10200，在作图区底部绘制一条水平线作为建筑最南端墙体的轴线，长度略长于建筑的东西宽度 8100。绘制两条轴线后可能看不到轴线的另一个端点，这是由于作图区默认的显示范围较小，可使用全部缩放将其完全显示在作图区中，如图 1-3-16 所示操作①②，结果如图 1-3-71a 所示。按照墙体间距，如图 1-3-66 所示，偏移复制所有墙体轴线，方法参见 3.3.4 偏移，结果如图 1-3-71b 所示。偏移复制墙体轴线定位门、窗在墙体上的位置，要随时打断、删除定位线的过长部分，以区分门、窗定位线与墙体轴线，结果如图 1-3-71c 所示。

（2）定义多线样式

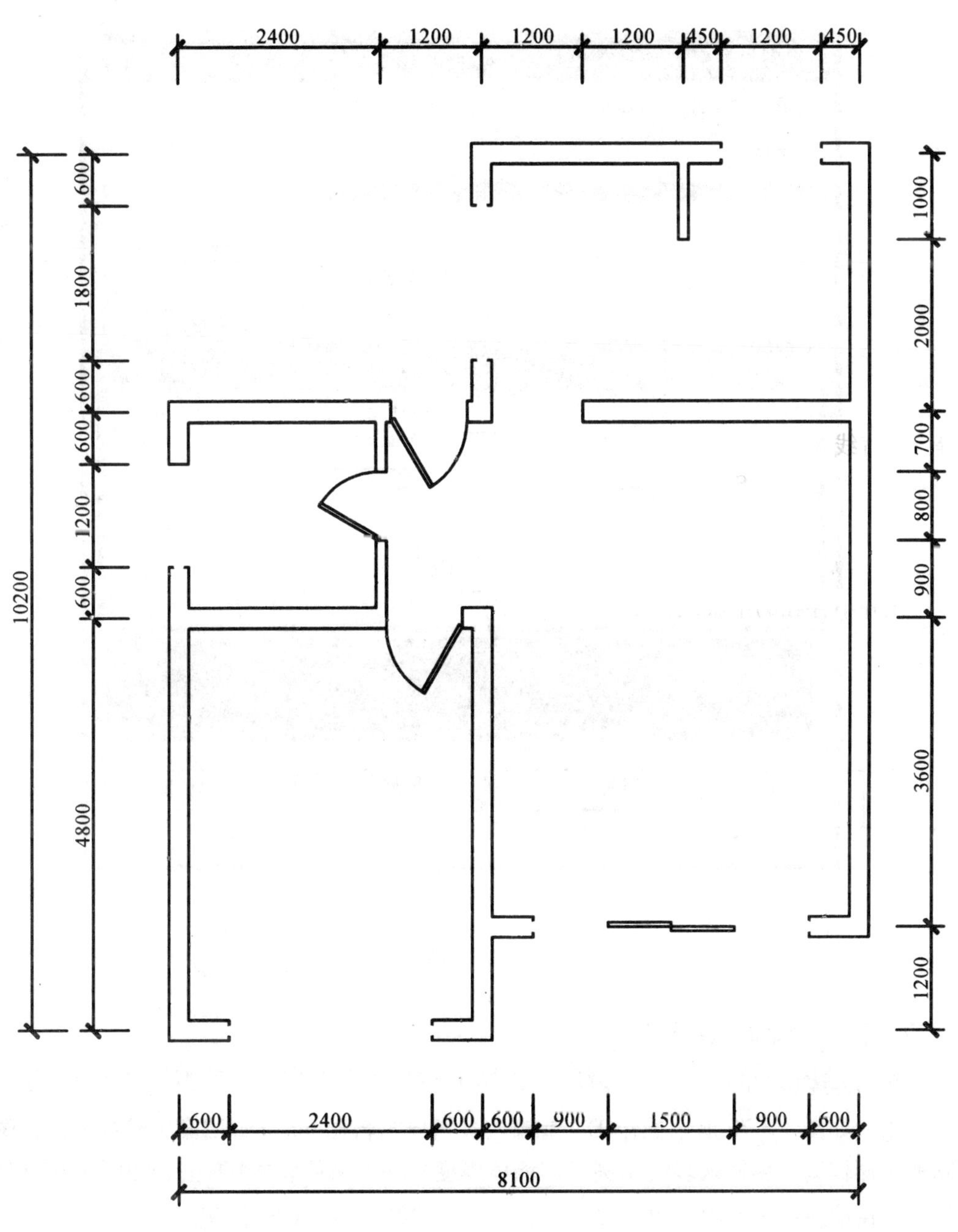

图　1-3-66

单击格式菜单⇨单击多线样式⇨如图 1-3-67、图 1-3-68 所示操作，新建一个多线样式，名称输入汉字、拼音、英文均可，如：墙/qiang/wall，并设置端口以直线封闭。

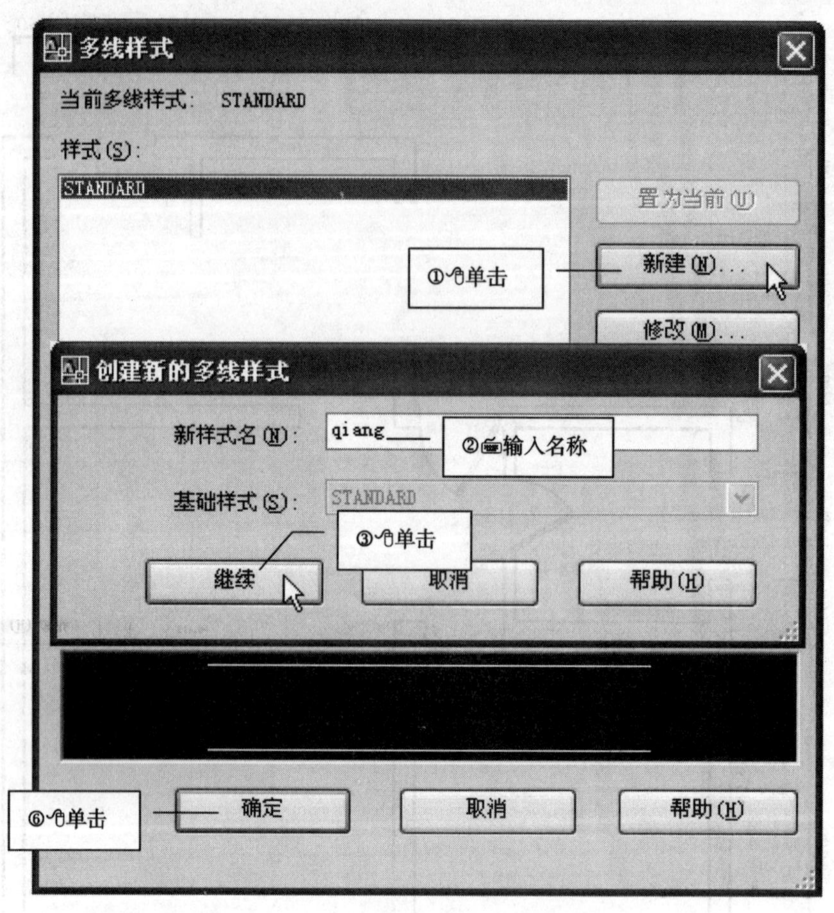

图 1-3-67

（3）启动多线命令设置参数

单击绘图菜单，单击多线，如图1-3-69所示操作，启动多线命令⇨在绘图区中右击，如图1-3-70所示操作①，输入多线样式名称 qiang 回车⇨右击，如图1-3-70所示操作②，输入多线比例（即墙体厚度）240 回车⇨右击，如图1-3-70所示操作③，在动态提示框中单击无或右击在快捷菜单中单击无。

（4）绘制墙线

如图1-3-72所示，捕捉并单击墙体轴线的交点 A、C、D 绘制第1段墙线，位于建筑平面图的左下角⇨回车或敲击空格键重复执行多线命令，捕捉并单击点 B、E 绘制第2段墙线⇨重复执行多线命令，参照步骤（3）设置多线比例 120，将要绘制的墙体厚度设置为 120，捕捉并单击点 E、F 绘制第3段墙线，同样的方法绘制剩余的墙线，结果如图1-3-71d 所示，关闭轴线图层，结果如图1-3-71e 所示。

新建多线样式: QIANG
说明(P):
封口
起点
端点
直线(L):
外弧(O):
内弧(R):
角度(N):
90.00
90.00
图元(E)
偏移
颜色
线型
0.5 BYLAYER ByLayer
-0.5 BYLAYER ByLayer
④单击✓选
添加(A)
删除(D)
填充
填充颜色(F):
无
偏移(S):
0.000
颜色(C):
ByLayer
线型:
线型(Y)...
显示连接(J):
⑤单击
确定
取消
帮助(H)

图 1-3-68

格式(O) 工具(T) 绘图(D) 标注(N) 修改(M) 窗口(W) 帮助(H)
①单击
建模(M)
直线(L)
射线(R)
构造线(T)
②单击
多线(M)
多段线(P)
三维多段线(3)
正多边形(Y)
矩形(G)
螺旋(X)
圆弧(A)
圆(C)

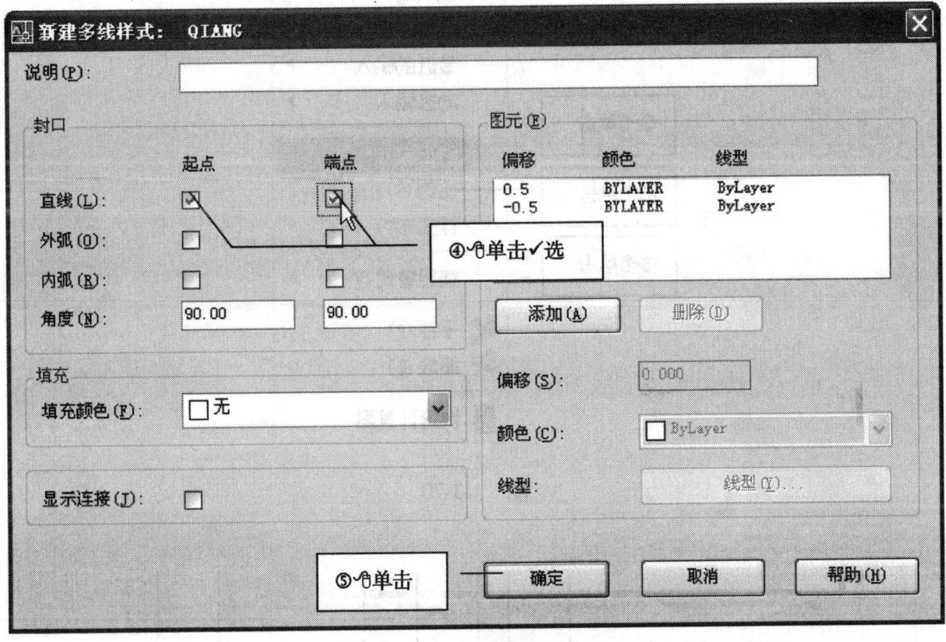

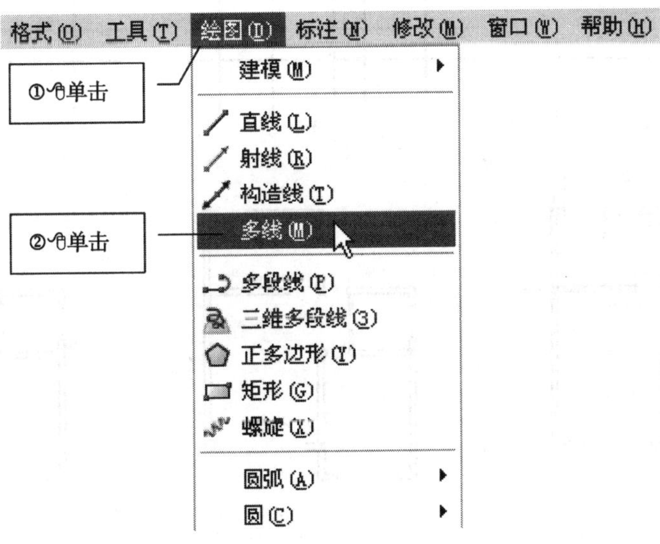

图 1-3-69

确认(E)
取消(C)
最近的输入
动态输入
对正(J)
比例(S)
样式(ST)
捕捉替代(V)
平移(P)
缩放(Z)
快速计算器
③单击
②单击
①单击

图 1-3-70

a)
b)
c)
d)
e)
f)

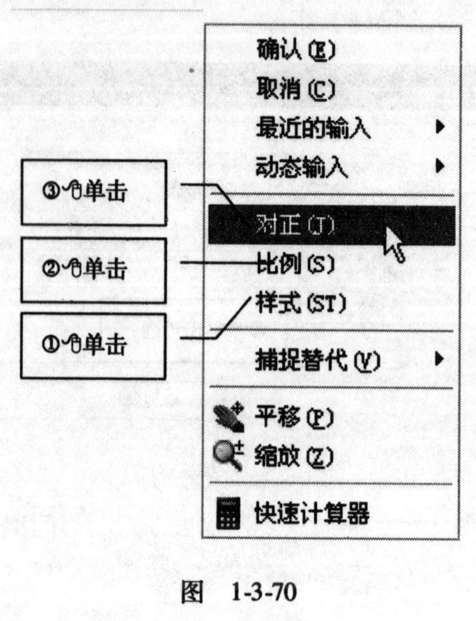

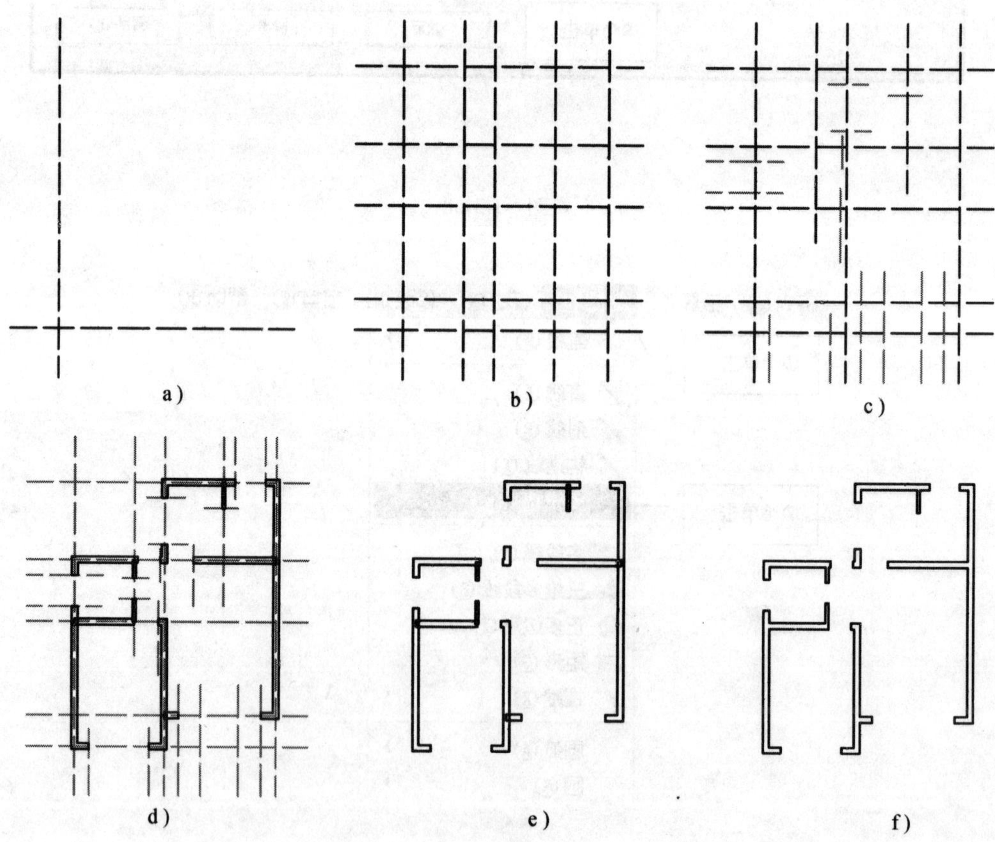

图 1-3-71

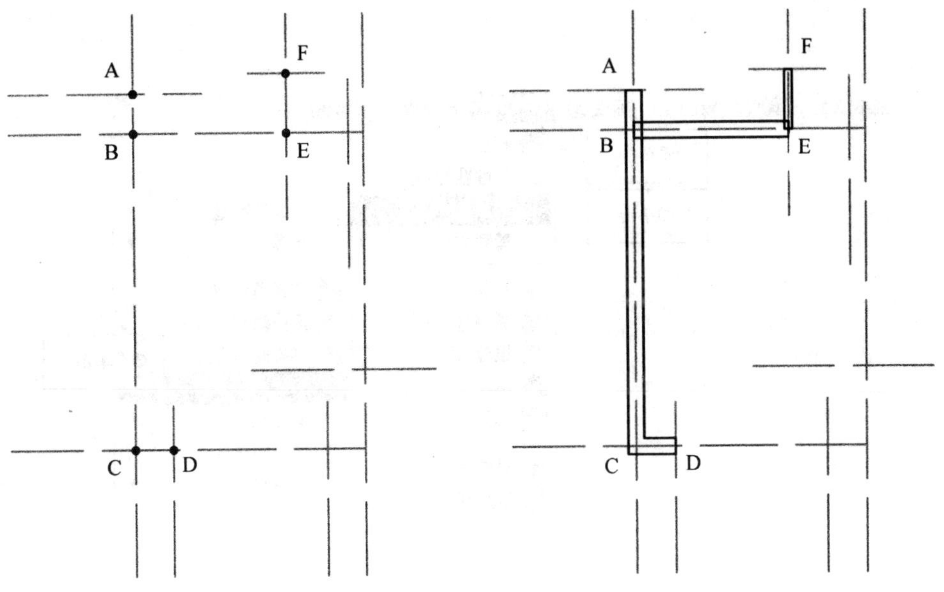

图　1-3-72

(5) 多线编辑墙线交点

启动多线编辑命令，如图 1-3-74 所示操作，弹出多线编辑工具对话框⇨如图 1-3-75 所示操作①。如图 1-3-73a 所示，顺序单击点 A、B 拾取多线，合并第 1 个 T 形交点，顺序单击点 C、D 拾取多线，合并第 2 个 T 形交点，结果如图 1-3-73b 所示，同样方法拾取剩余的 T 形交点，右击，单击 确认 ⇨回车或敲击空格键重复执行多线编辑命令，如图 1-3-75 所示操作②，如图 1-3-73a 所示，单击点 E、F 拾取多线，合并第 1 个角交点，结果如图 1-3-73b 所示，同样方法拾取剩余的角交点，右击，单击 确认 ，结果如图 1-3-71f 所示。

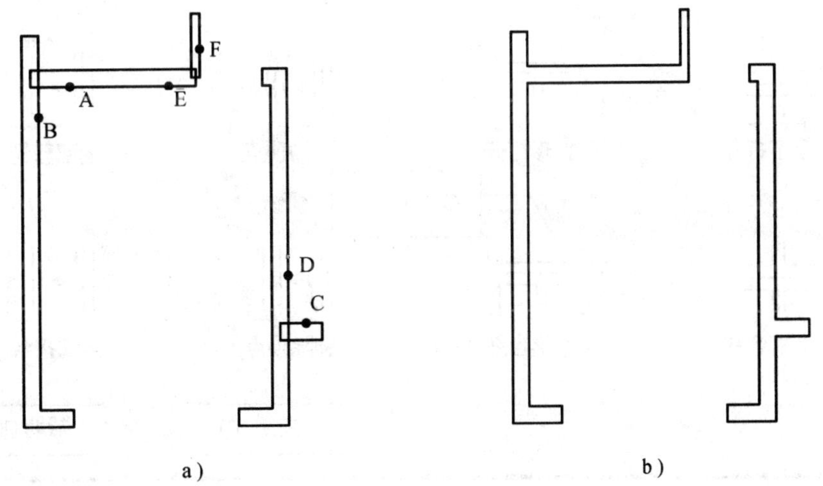

图　1-3-73

格式(O) 工具(T) 绘图(D) 标注(N) 修改(M) 窗口(W) 帮助(H)
①单击
②单击
③单击
特性(P)
特性匹配(M)
对象(O)
剪裁(C)
删除(E)
复制(Y)
镜像(I)
偏移(S)
阵列(A)...
移动(V)
旋转(R)
外部参照(E)
图像(I)
图案填充(H)...
多段线(P)
样条曲线(S)
多线(M)...
属性(A)
块说明(B)...
文字(T)

图 1-3-74

多线编辑工具
要使用工具，请单击图标。必须在选定工具之后执行对象选择。
多线编辑工具
②单击
①单击
十字闭合
T 形闭合
角点结合
单个剪切
十字打开
T 形打开
添加顶点
全部剪切
十字合并
T 形合并
删除顶点
全部接合
关闭(C)
帮助(H)

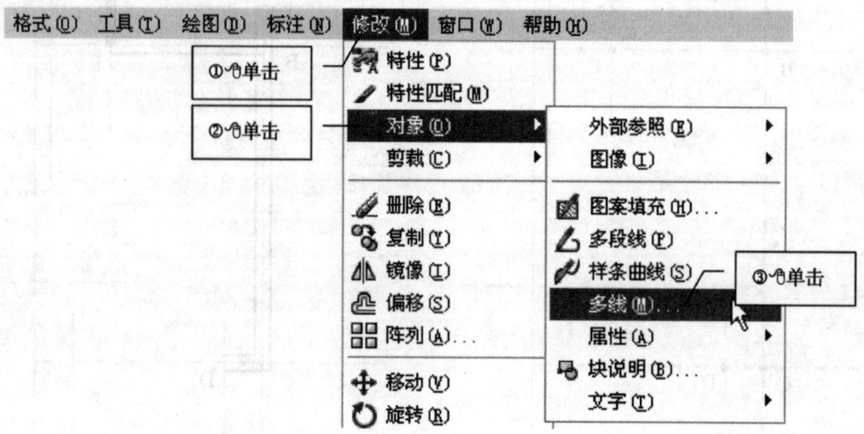

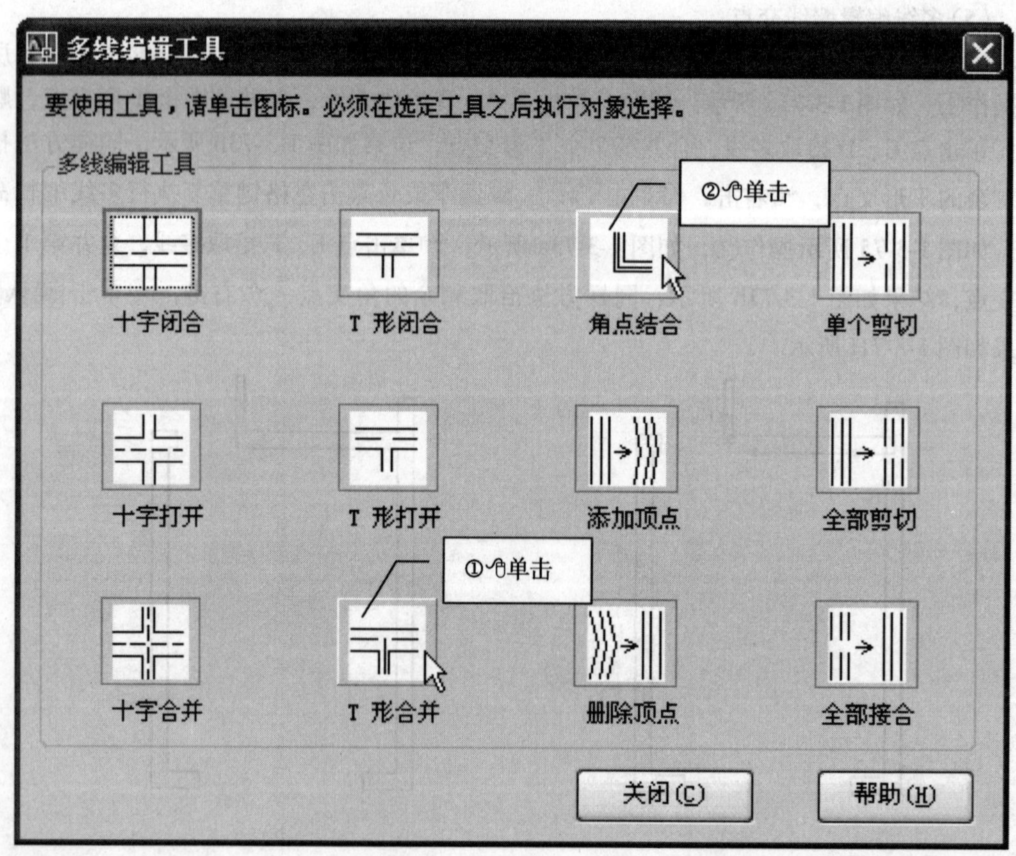

图 1-3-75

绘制多线时一条多线自身不要相交（玩过贪吃蛇游戏吗？规则类似），在多线编辑时多线的自交点结果难以预料。多线编辑时 T 形交点要注意拾取顺序，要先拾取 T 字的竖笔画 | ？再拾取横笔画—。

在早期版本的 AutoCAD 中，多线是个常用命令，在绘图工具栏中，大概从 2004 版开始工具栏中取消了这个命令，这是由于 Autodesk 推出了建筑设计类三维 CAD 软件 Revit，建筑设计的工作流程转换为构思、建立、推敲、修改三维模型，然后生成输出平面、立面、剖面套图，很少直接使用 AutoCAD 绘制建筑平面图了。

第4讲

4.1 图层

图层就像是透明且重叠的描图纸,使用它可以很好地组织不同类型的图形信息,具有相同属性的对象将其绘制在同一图层上，如图1-4-1所示的规划平面图可以分为水体、道路、建筑、种植等图层。绘制一幅新的设计图时，要新建一个文件，开始只有一个名为0的特殊图层，默认情况下，图层0将被指定使用7号颜色（白色或黑色，由背景色决定）、Continuous线型、“默认”打印线宽（0.01in或0.25mm）以及Normal打印样式，图层0不能被删除或重命名。图层具有开关、冻结、锁定、颜色、线型、线宽、打印等属性可以控制，起到如下作用。

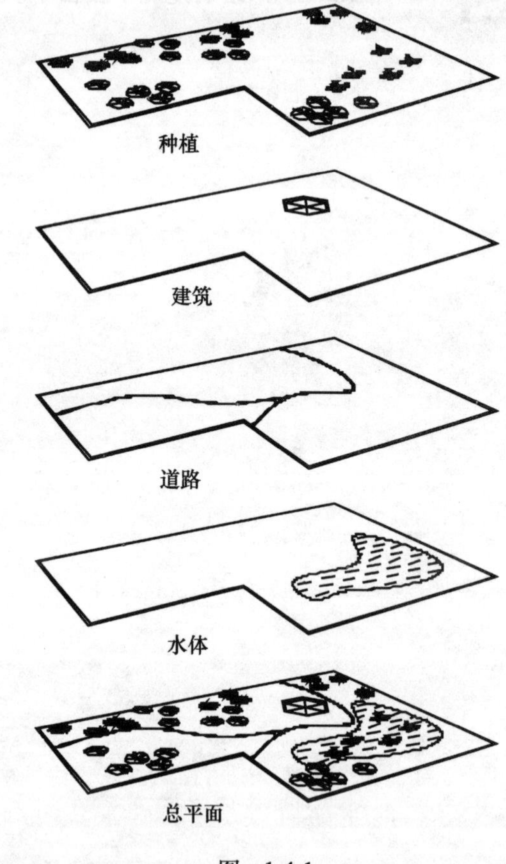

图 1-4-1

（1）图层上的对象是否在任何视口中都可见。

（2）图层上的对象是否可以修改。

（3）为图层上的所有对象指定何种颜色。

（4）为图层上的所有对象指定何种默认线型和打印线宽。

（5）是否打印对象以及如何打印对象。

图层工具栏如图1-4-2所示，位于标准工具栏下面。

4.1.1 创建新图层及设置图层特性

创建新图层及设置图层特性的步骤如下：

①单击，弹出图层特性管理器窗口，如图1-4-3所示。

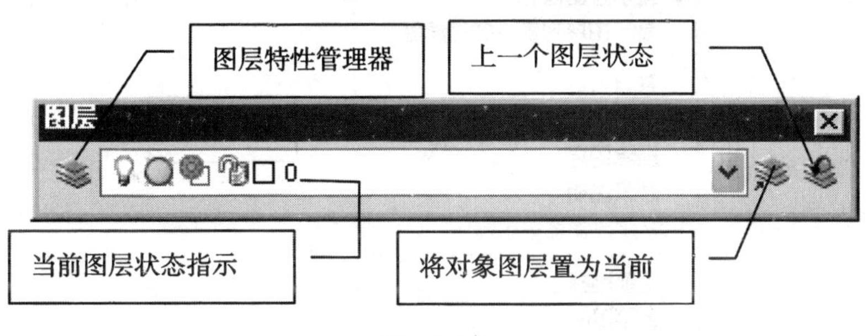

图　1-4-2

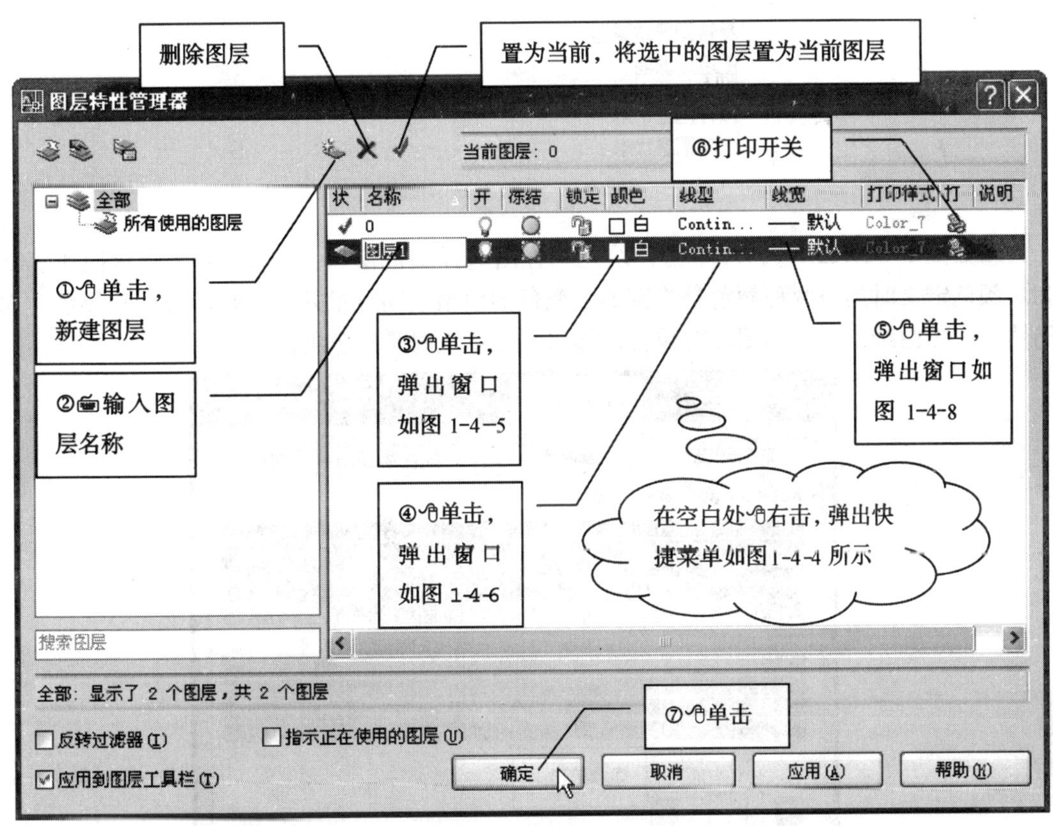

图　1-4-3

②如图1-4-3所示①，单击，或在窗口空白处右击，弹出快捷菜单，如图1-4-4所示操作，参照当前选中的图层建立一个新图层，属性与当前选中的图层相同，默认名称“图层1”。

③如图1-4-3所示②，输入图层名称，汉字、拼音、英文均可，如：道路/daolu/road、建筑/jianzhu/building、水体/shuiti/water等。

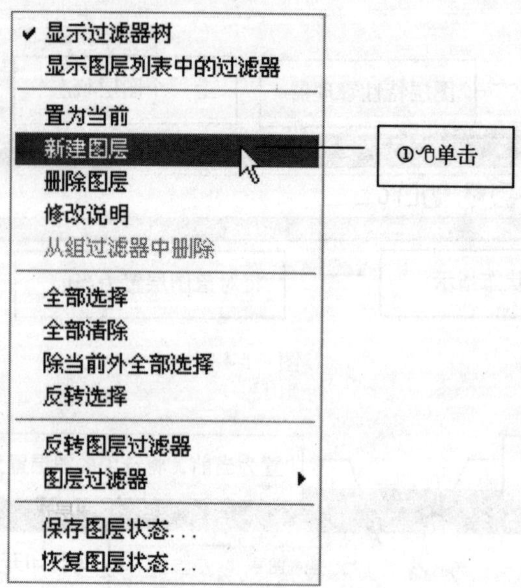

图 1-4-4

④如图 1-4-3 所示③，单击色块□，弹出选择颜色窗口，如图 1-4-5 所示操作①②③。颜色定义时黑白两种颜色是颠倒的，黑色的模型空间背景并不会打印成一片黑色，而仍然是一张白纸，白色的图形对象打印输出到图纸上时是黑色的。

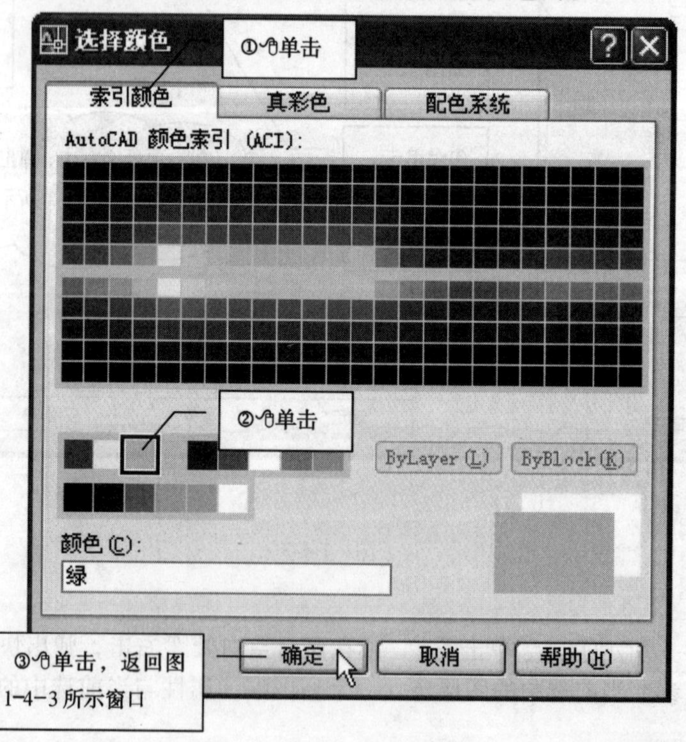

图 1-4-5

⑤如图1-4-3所示④，单击 Continuous 弹出选择线型窗口如图1-4-6所示，当前文件里只有一种默认线型，实线 Solid line ⇨单击加载，弹出加载或重载线型窗口，如图1-4-7所示操作，选择要加载的线型并返回到选择线型窗口⇨在线型列表中为当前图层选择一种线型。

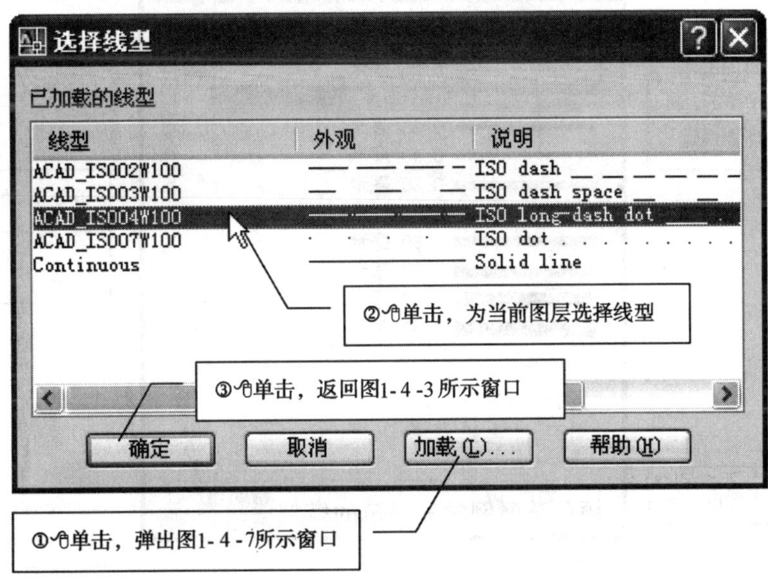

图　1-4-6

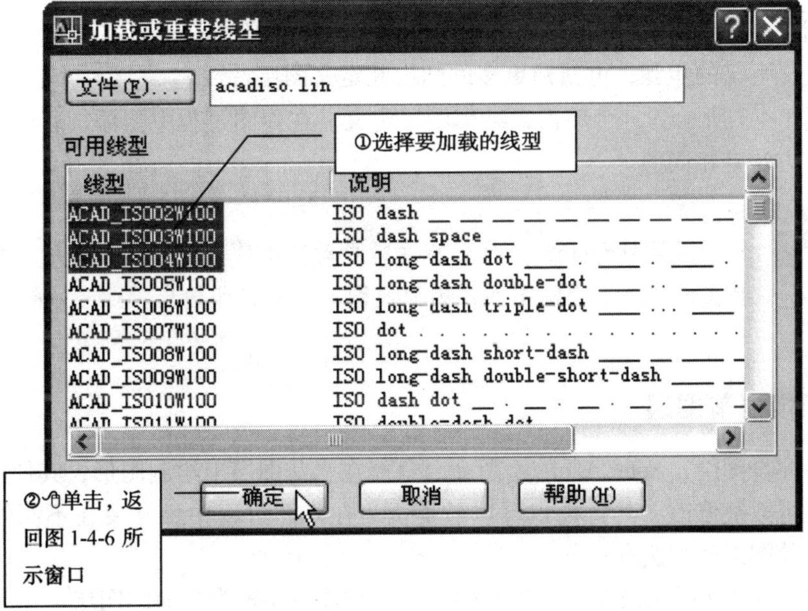

图　1-4-7

⑥如图 1-4-3 所示⑤，单击——默认，弹出线宽窗口，如图 1-4-8 所示操作。一般的图层使用默认打印线宽 0.25mm 即可，常用的线宽有 0.35mm、0.5mm、0.7mm、1.0mm、1.4mm、2mm。

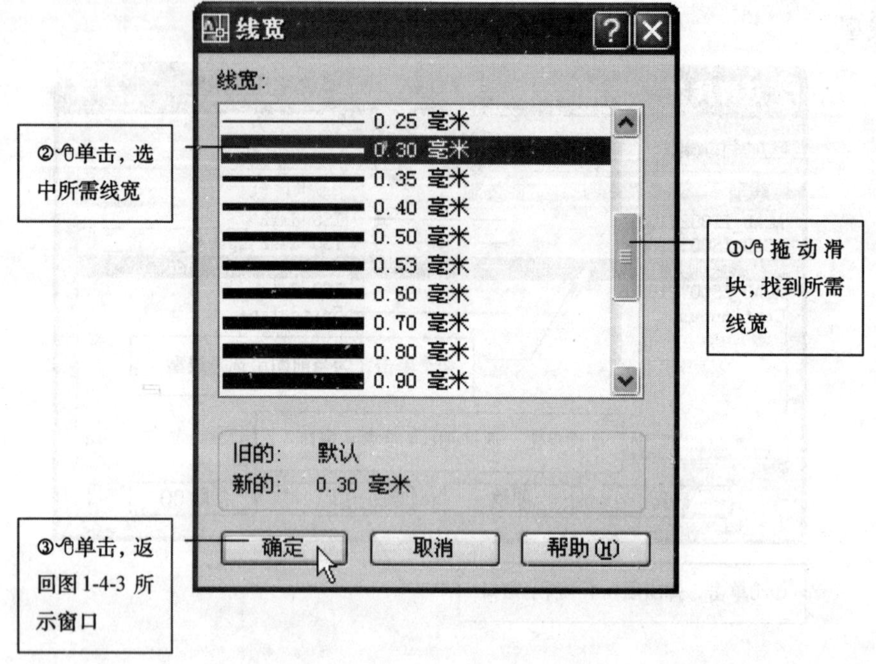

图 1-4-8

⑦如图 1-4-3 所示⑥，对不需要打印输出的图层，单击，也可在打印前设置。

⑧重复②～⑦的步骤，可新建更多的图层并定义图层特性。

⑨如图 1-4-3 所示⑦，单击，结束图层定义。在作图过程中要添加新的图层或更改图层特性，方法是相同的。

图层 Defpoints 是尺寸标注时自动产生的，是系统自身的工作图层，不要在该图层上绘制图形，因为此图层不能打印输出。

4.1.2 切换当前图层

无论有多少图层，AutoCAD 的绘图命令只能在当前图层上绘制图形，其他图层上已有的图形对象可以被修改，其特征点可以被捕捉。在作图过程中经常要在不同的图层上绘图，切换当前图层的方法有三种：

（1）如图 1-4-9 所示操作①下拉图层列表，②选择要置为当前的图层。

（2）如图 1-4-9 所示操作③⇨单击选择一个图形对象，则该对象所在的图层被置为当前层。

(3) 如图1-4-9所示操作④，回到上一个当前图层状态，如：当前图层从0层切换到建筑图层后，执行本步操作，当前图层又切换回到0层。

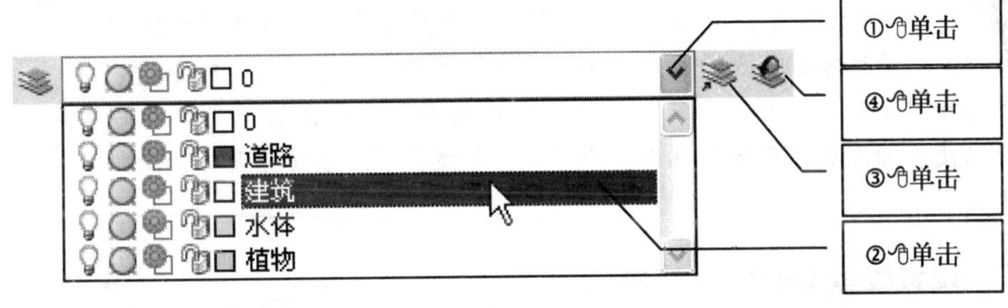

图 1-4-9

4.1.3 在图层间搬运图形对象

如果在绘制图形对象时忘了切换当前图层，或是要将属于不同图层的对象搬到一个目标图层，操作方法如下：

①选择被搬运的图形对象。

②参照4.1.2的步骤，如图1-4-9所示操作①②。

③在作图区中右击⇨单击全部不选，或敲击Esc键两次，将图形对象全部释放。

4.1.4 更改图层设置

图层的开关、冻结、锁定特性可在图层特性管理器窗口中更改，如图1-4-3所示，也可在图层工具栏上下拉图层列表快速更改，如图1-4-10所示操作，①下拉图层列表，②单击特性图标，开关一种特性，与是图层的两种状态，从左至右分别是：开/关、解冻/冻结、解冻/冻结视口、解锁/锁定，单击可在两种状态间切换，如图1-4-10所示，当前的图层设置是：道路关/建筑冻结/水体锁定，其他是默认设置，没有更改，③单击选择一个图层作为当前图层，退出。单击一次可恢复到前一个图层设置，可多步操作。

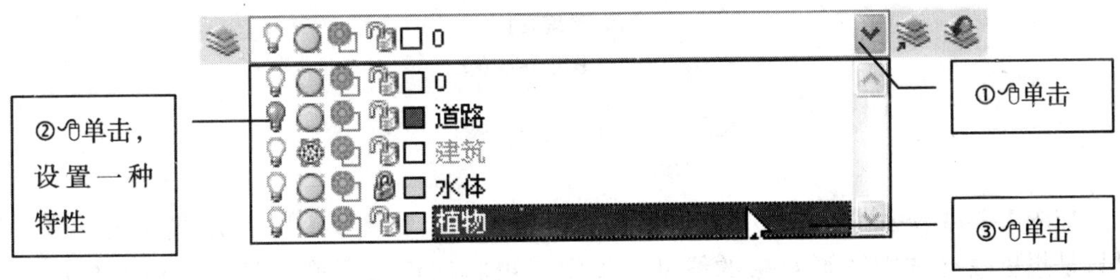

图 1-4-10

关闭或冻结图层使该图层上的图形不可见，可以降低视觉上的复杂程度并提高显示性能。如果需要频繁地切换图层的可见性，请关闭而不要冻结该图层，当再次打开图层时，图层上的对象将自动重新显示。关闭图层上的图形仍然能够用 ALL 选中和删除。冻结图层上的图形在缩放、平移等视图操作时不参与运算，冻结和解冻图层比打开和关闭图层需要更多的时间。在布局中，可以使一些图层仅在某些视口中不可见。锁定图层，以防止意外选定和修改该图层上的对象。

4.1.5 设置线型 Linetype 比例

有时会发现，在图层特性中已设置为使用不连续的线型，如：ACAD _ ISO02W100 等，但在这个图层上绘制的对象仍然显示为实线，这是由于在线型定义中划线与空移是有固定数值的，如一个线型定义中可能描述：划线 1 个长度，间断 1 个长度……循环，如果屏幕作图区从左到右当前显示的长度是 100，这时图形对象上 1 个长度的间断是可以看出来的，而如果当前显示的长度是 10000，图形对象看上去就像是用实线绘制的。可以通过增大线型的比例因子解决，如设置为 100，则这时的线型就是：划线 1 × 100 个长度，间断 1 × 100 个长度……循环，100 个长度的间断可以识别了，这时对象就显示为虚线。

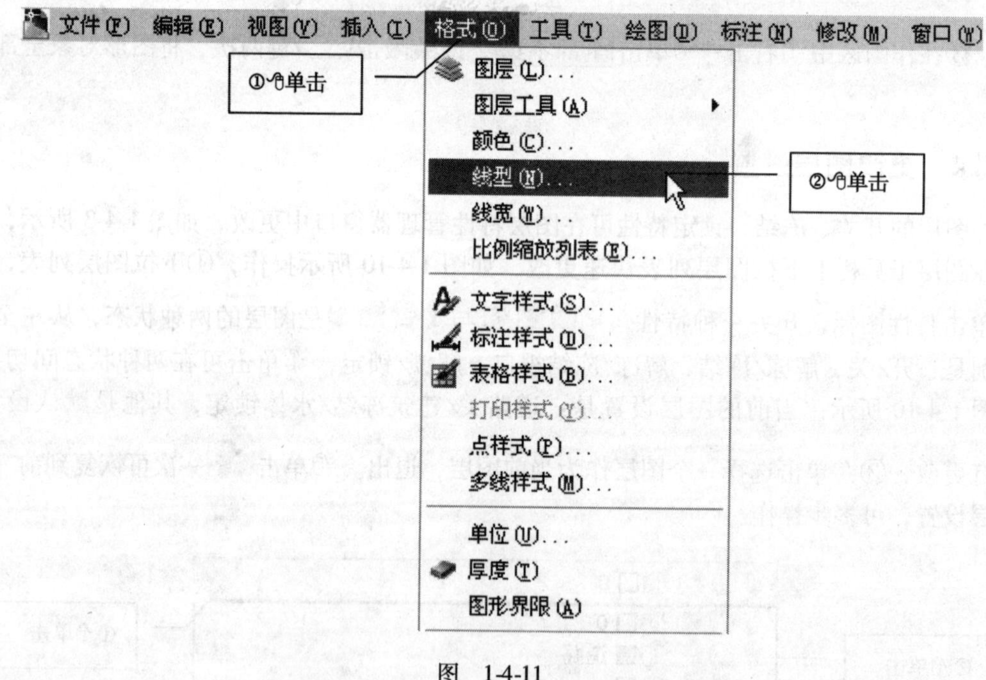

图 1-4-11

如图 1-4-11 所示操作①②，打开线型管理器窗口，如图 1-4-12 所示操作①②③，如果只是想更改已选中图形对象的线型，步骤③可将比例因子输入到“当前对象缩放比例”。

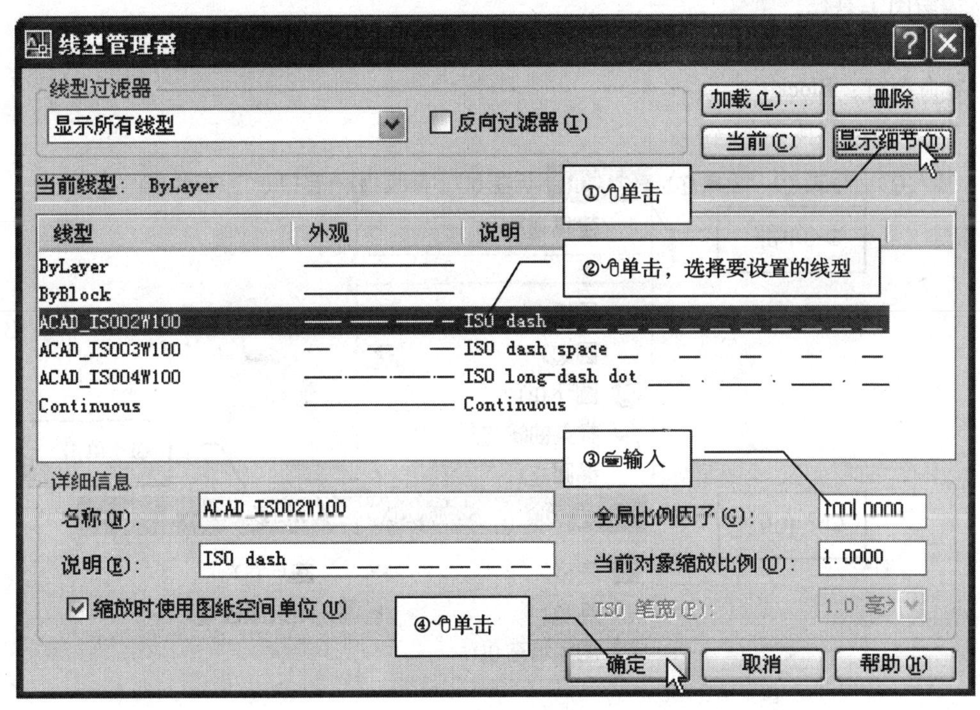

图　1-4-12

4.2　图块

在制图过程中，如果一组图形对象要重复使用多次，一般将其定义为图块。定义图块一方面使用方便，另一方面也减少图形文件的大小。图块定义信息保存在图形文件的块存储区，将文件存盘则创建的图块会随文件保存下来。保存在当前文件中的块称为内部块，存储在其他文件中的块称外部块。图块是可以多层嵌套的，即一个图块中可以包含次一级的图块，分解命令可以将其逐层打开。图块的组织方式可分为两种：一是每个图块建立一个独立的文件，这个文件就是一个图块而不需要再做图块定义，二是同类图块只创建一个图形文件，需要定义新的图块时将其打开，创建后保存文件即可，如将树木、置石、图例等分类创建在3个文件中，对于新版的AutoCAD来讲第二种方式更为方便。

4.2.1　创建块Block

1. 命令功能

将一组图形对象定义为一个图块。

2. 启动方法

绘图工具栏：

绘图菜单：如图 1-4-13 所示

命令行：Block

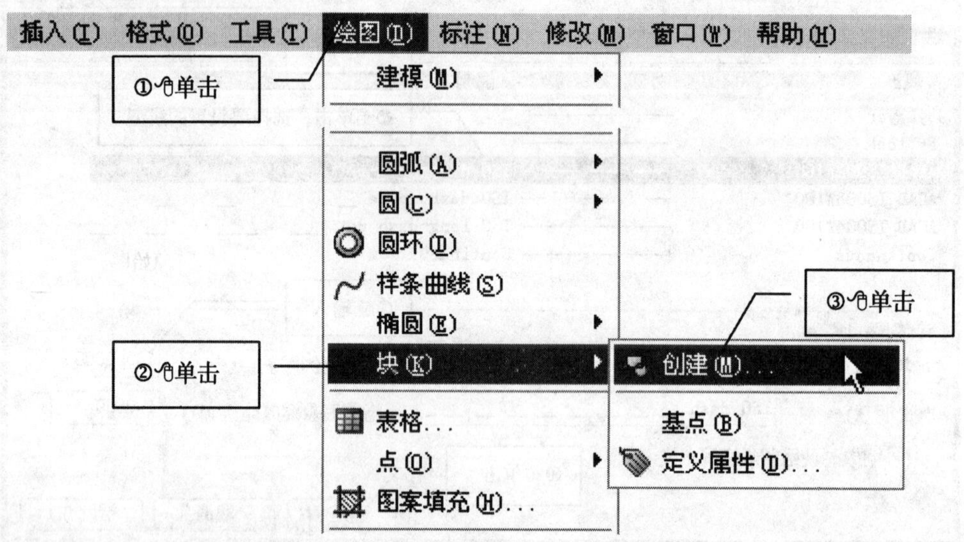

图 1-4-13

例 1-4-1 创建如图 1-4-14a 所示的树木符号块。单击定义好的图块，它会作为一个图形被整体选中，基点是唯一的特征点，如图 1-4-14c 所示。单击原始图形对象，只能选中一个图形，如图 1-4-14b 所示。

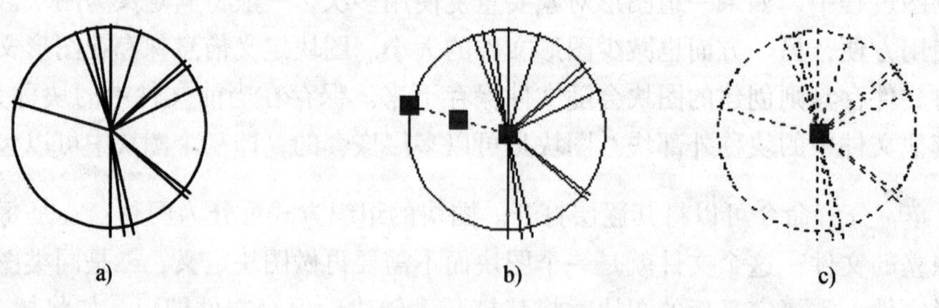

图 1-4-14

①把 0 层置为当前图层。

②绘制好组成树木符号的原始图形对象，如图 1-4-14a，一个圆和 14 条直线段。

③启动创建块命令，弹出块定义窗口，如图 1-4-15 所示操作。

④重复②③可定义更多的图块。

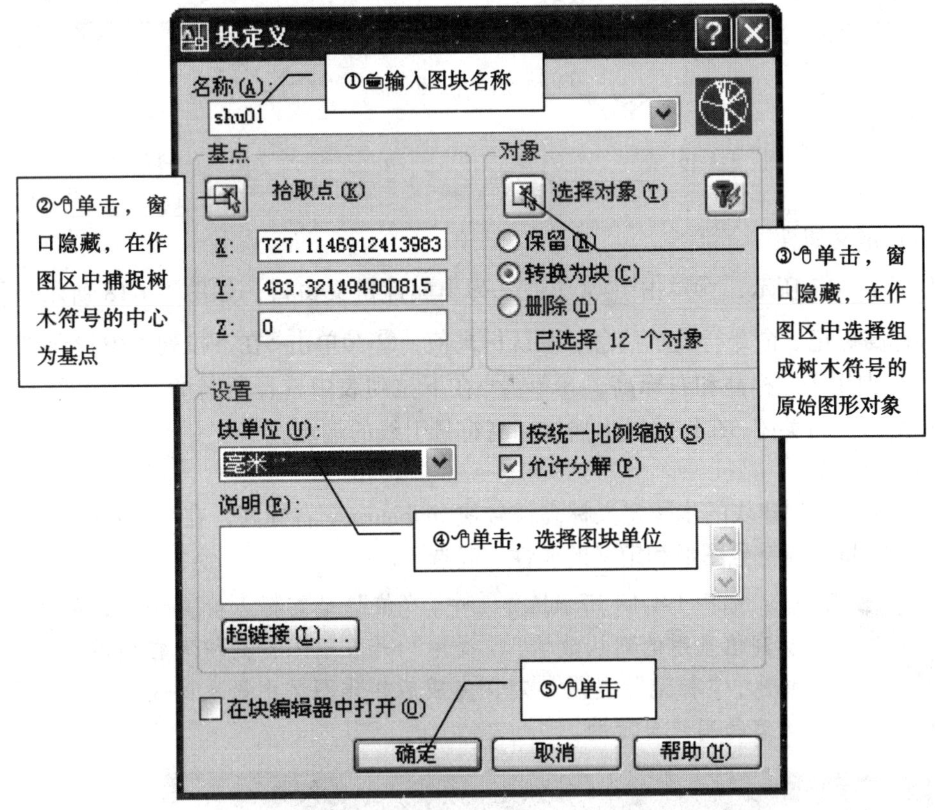

图　1-4-15

树木符号块定义时基点一定要在那组原始对象的中心点上，插入树木符号时基点与定植点坐标对位。在 0 层上创建的图块，颜色、线型和线宽等特性是“透明”的，在其他图层上被引用时，会入乡随俗地使用该图层的特性，否则要分解后搬到 0 层上重新定义。

4.2.2　创建带属性 Attdef 的块

属性是将数据附着到块上的标签或标记。首先创建描述属性特征的属性定义，在定义块时将它一起选中。然后，只要插入此块，AutoCAD 就会使用指定的文字提示用户输入属性。每次插入块时，可以为属性指定不同的值。

例 1-4-2　创建标高符号块，如图 1-4-16 所示。

（1）把 0 层置为当前图层

（2）绘制标高符号的原始图形对象

如图 1-4-17 所示，先绘制一个半径为 3 的参照圆⇨启动多段线命令⇨顺序捕捉右象限点、下象限点、左象限点，绘制标高符号图形。

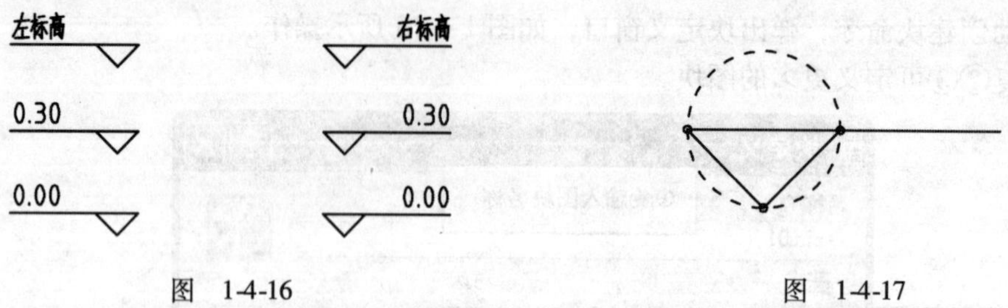

图 1-4-16　　　　图 1-4-17

(3) 定义属性

如图 1-4-13 所示，单击定义属性⇨弹出属性定义窗口，如图 1-4-18 所示操作，①输入标高标记、命令行提示信息、默认标高值，②单击⇨在下拉列表中找到“左”或“右”，分别用于左标高和右标高，③单击⇨在下拉列表中选择所需的文字样式⇨单击，④单击，窗口关闭⇨在作图区中捕捉标高符号引线的端点。

(4) 创建块

参照 4. 2. 1 创建块的步骤定义标高符号块 youbiaogao/右标高，在图 1-4-15 所示步骤③选择对象时将标高符号图形和定义的属性一起选中。

如图 1-4-18 所示操作①中，“值”是在插入标高块时，如果不输入标高值采用的默认数值，“提示”是在插入标高块时在提示行中显示的信息，“标记”是属性定义完成后在作图区中显示的属性符号，这三项内容是用户自定的。

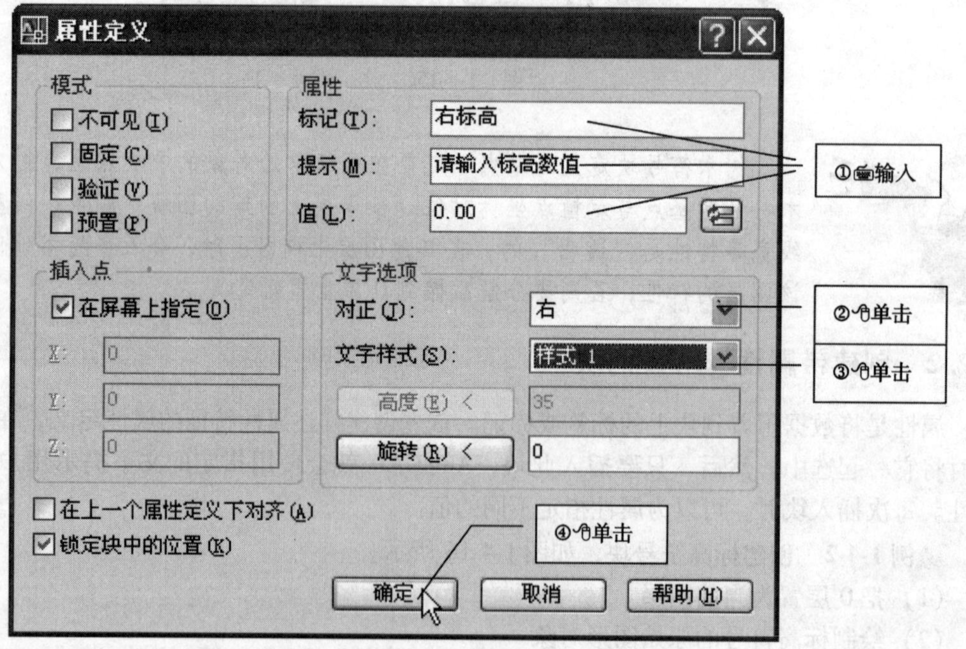

图 1-4-18

4.2.3 插入块 Insert

1. 命令功能

插入当前文件中的内部图块，或将一个图形文件作为图块插入到当前文件。

2. 启动方法

绘图工具栏：

插入菜单：块(B)...

命令行：Insert

3. 操作步骤

①单击启动命令，弹出插入对话框。

②如图 1-4-19 所示操作，步骤③输入比例因子是为了将标高符号放大到现地尺寸，相关内容参见 5.4.4 设置视口比例。

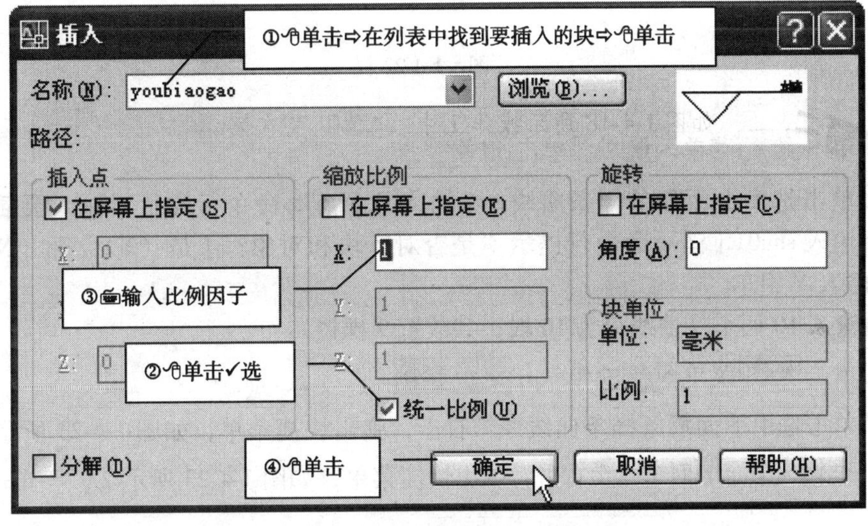

图 1-4-19

③在作图区中可以看到图块“粘”在光标上，捕捉或移动光标到要插入块的位置，单击。

④如果插入带有属性的块，则命令行上提示输入属性值，如 4.2.2 中定义的标高符号块在插入时的提示如图 1-4-20 所示（提示信息和默认值是用户在图 1-4-18 步骤①中输入的），输入 0.30 回车，结果如图 1-4-21 所示。

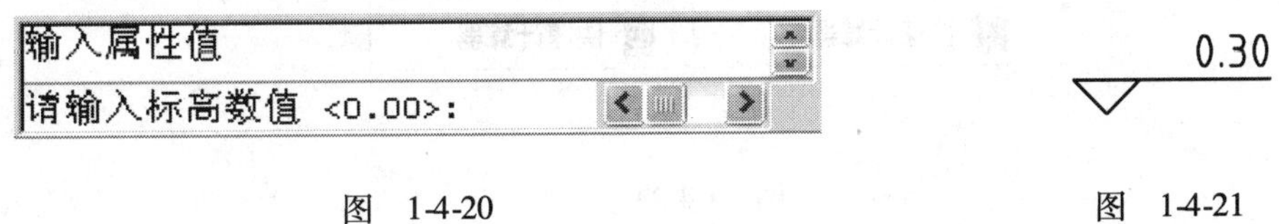

图 1-4-20　　图 1-4-21

4.2.4 定数等分和定距等分沿曲线插入内部块

定数等分和定距等分在命令执行过程中有一个选项，可以插入图块，参见3.1.5。

例1-4-3 如图1-4-22所示，沿上面一条曲线定数等分插入树木符号，沿下面一条曲线用定距等分。

图 1-4-22

①单击 绘图 菜单⇨ 点 ⇨单击 定数等分 。

②单击选中上面那条样条曲线⇨输入B回车⇨命令行提示“输入要插入的块名:”，输入shu01回车⇨命令行提示“是否对齐块和对象？［是（Y）/否（N）］<Y>”，输入Y回车。

③输入10回车（曲线分为10段，共放置9棵树）。

④单击 绘图 菜单⇨ 点 ⇨单击 定距等分 。

⑤单击选中下面那条样条曲线⇨右击，弹出快捷菜单，如图1-4-23所示①，单击 块 ⇨输入shu01回车⇨右击，弹出快捷菜单，如图1-4-23所示②，单击 是 。

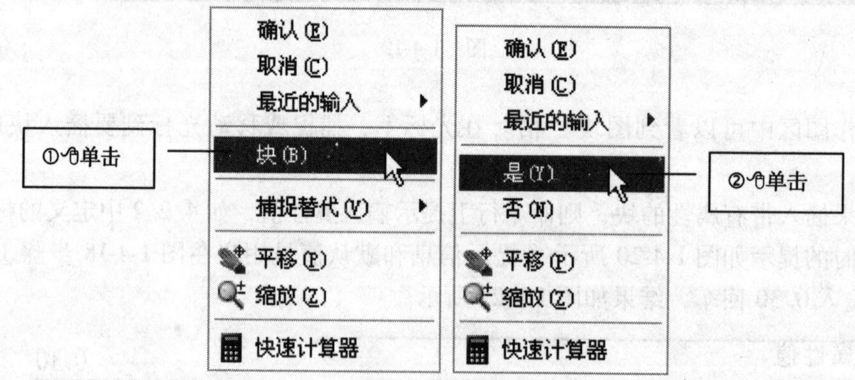

图 1-4-23

⑥输入 150 回车。曲线上每隔 150 放置一棵树，共 4 棵，线段长度要根据曲线的总长度适当调整。

例 1-4-4 如图 1-4-24 所示，摆放步石或廊架的横杆。

①绘制左侧的矩形，以长边中点为基点将其定义成块。

②定数等分或定距等分样条曲线插入矩形块。

图 1-4-24

有时会出现矩形块的长边方向沿样条曲线摆放，而不是垂直摆放的情形，看上去象多米诺骨牌一样，可以重画一个横向的矩形（长边左右放置），也以长边中点为基点定义成块再插入。

4.2.5 用设计中心 Adcenter 插入外部块

设计中心是 AutoCAD 向用户提供的资源管理器，操作与 Windows 的资源管理器相似。通过设计中心可以访问其他 AutoCAD 图形文件的图块、标注样式、文字样式、图层定义等内容，可以将源图形中的内容直接拖动到当前图形中而不需要重新定义，可以为填充图案定义文件、图块定义图形文件建立工具选项板以利于操作。源文件可以位于用户的计算机上、网络位置或网站上。

插入步骤：

①将要插入的图层设置成当前图层，单击标准工具栏上的打开设计中心。

②如图 1-4-25 所示操作，树木符号块插入到当前文件中成为内部块。

③参照 3.3.8 缩放中例 1-3-12 的步骤，将树木符号块参照缩放到所需尺寸。

④分解树木符号块，重新定义成新的图块。

⑤用块插入、定数等分、定距等分等插入内部块，或直接复制、阵列。

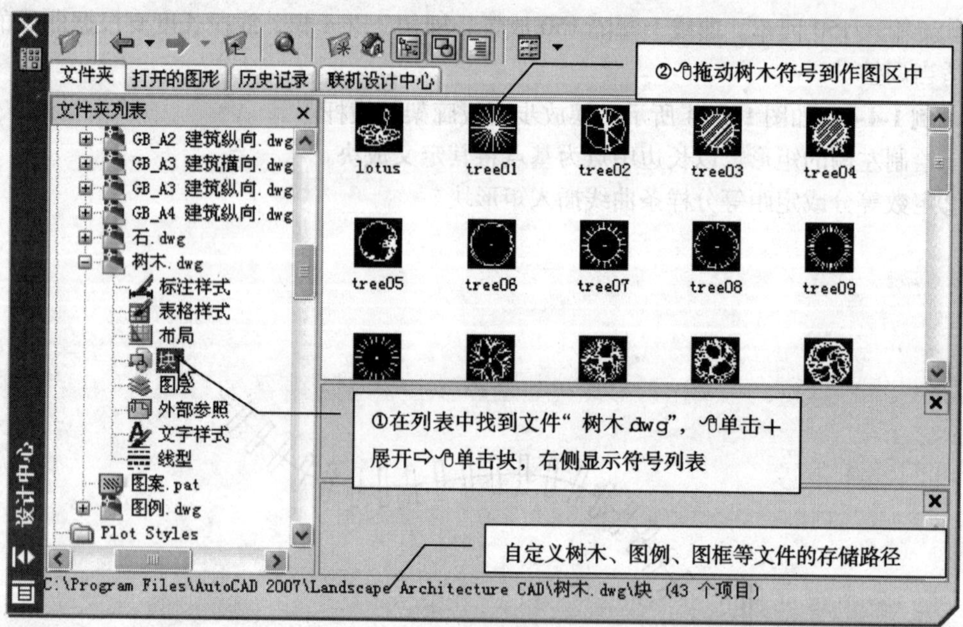

图 1-4-25

如果在步骤②中拖动插入的符号块过大或过小，可单击 格式 菜单⇨单击 单位 打开图形单位窗口，如图1-4-26所示操作，设置适当的插入比例，这与树木符号块定义时的冠径尺寸有关。

图形单位

长度
类型(T)：小数
精度(P)：0.0000

角度
类型(Y)：十进制度数
精度(N)：0
顺时针(C)

插入比例
用于缩放插入内容的单位：米

单击，在下拉列表中单击米或厘米

输出样例
1.5, 2.0039, 0
3<45, 0

确定　取消　方向(D)...　帮助(H)

图 1-4-26

4.2.6　用工具选项板 ToolPalettes 插入块

(1) 创建符号块工具选项板

在设计中心中找到文件“树木.dwg”，如图 1-4-27 所示操作。

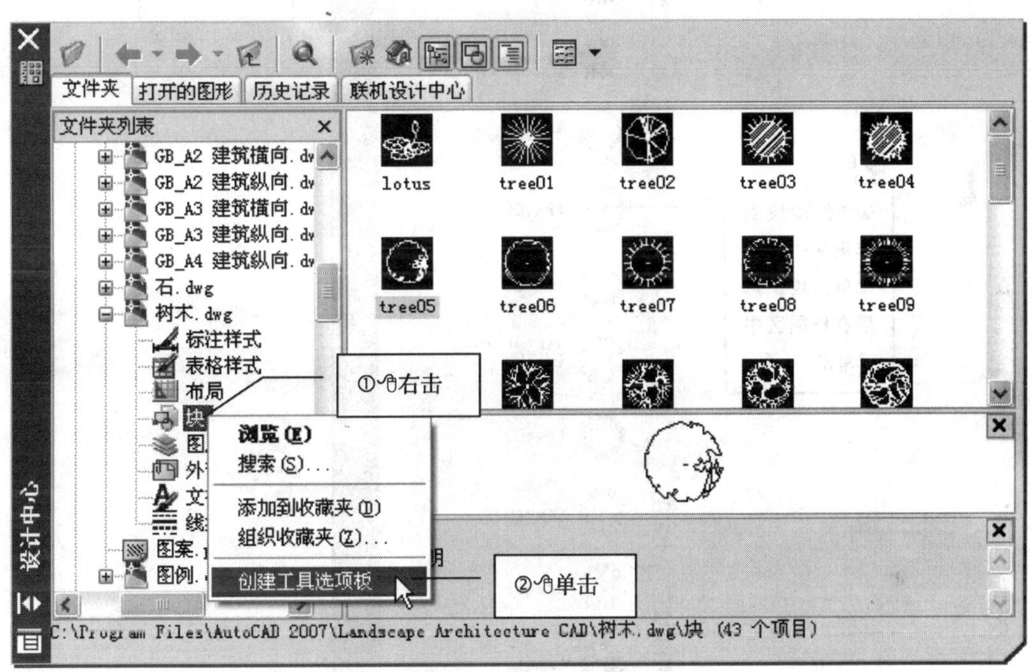

图　1-4-27

(2) 插入块

单击标准工具栏上的，打开工具选项板，看到新增了一组“树木”，如图 1-4-28 所示操作。

用工具选项板插入图块时也会出现过大或过小的现象，解决的方法与设计中心一致，即：单击格式菜单⇨单击单位打开“图形单位”窗口，如图 1-4-26 所示操作。

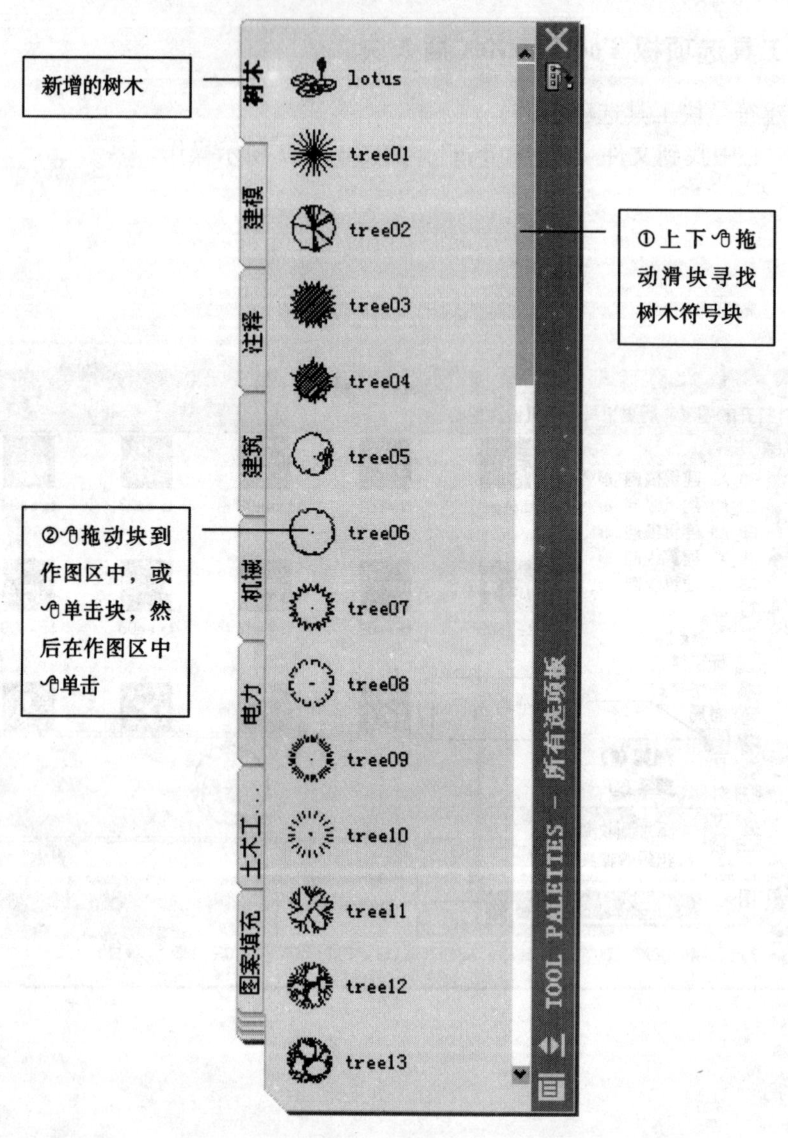

图 1-4-28

4.2.7 快速选择 Qselect 与苗木数量统计

在设计平面图上不同的树种一般以不同的图形符号来表示，要统计其中一个树种的苗木多少可以数一数设计图中这种符号的数量。如果树种的图形符号定义成图块，并分别命名，如：tree01、tree02、…，假设图块 tree02 表示雪松，要统计雪松的用苗量，可利用快速选择命令统计图块 tree02 的数量。

①选择要统计区域的所有图形对象，如果是全图统计则不必做这一步。

②如图 1-4-29 所示，单击 工具 菜单⇨单击 快速选择，弹出快速选择窗口。

③如图 1-4-30 所示操作①②③，并设置其他相关参数。

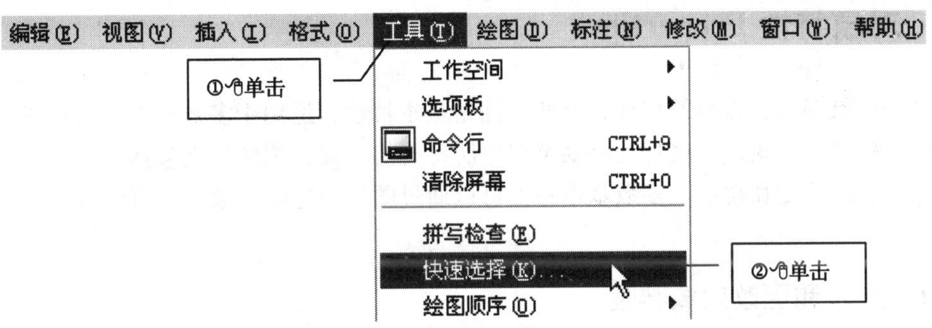

图　1-4-29

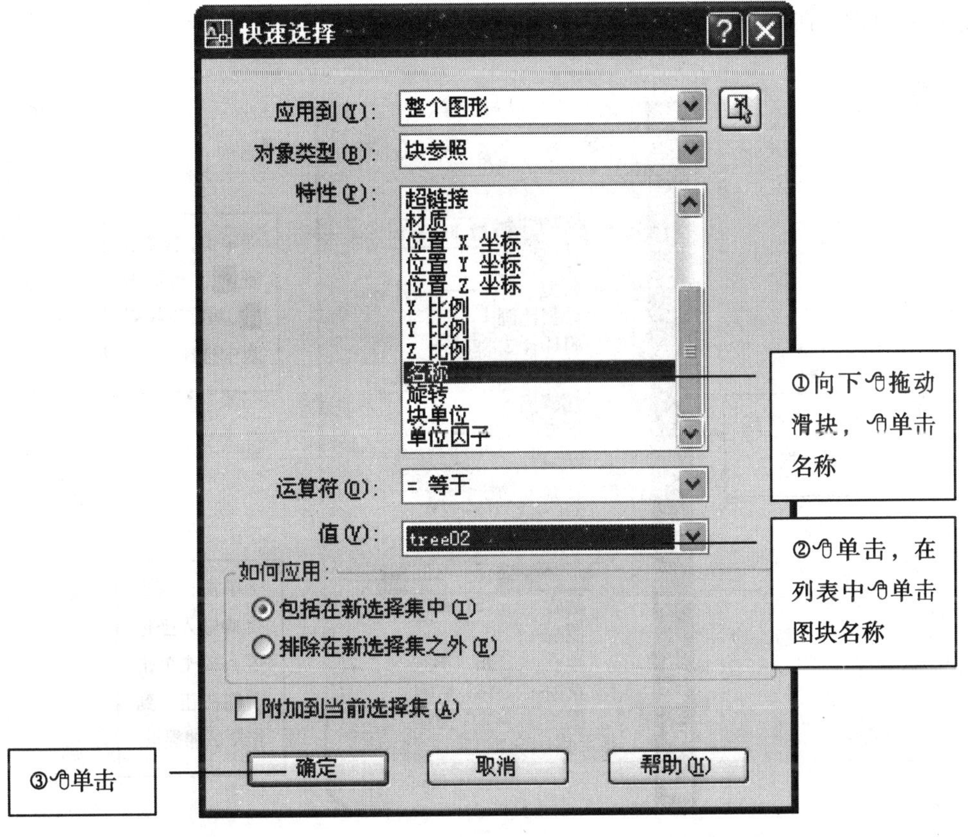

图　1-4-30

④命令行提示“已选定 68 个项目。”，统计结果为雪松 68 株。

⑤重复上述操作可统计其他树种的用苗量。

4.3 对象特性 Properties

每个对象都具有自身的特性，有些特性是基本特性，适用于多数对象，如：图层、颜色、线型和打印样式，有些特性是某类对象所特有的，如：圆的特性包括半径和面积，直线的特性包括长度和角度。多数基本特性可以通过图层指定给对象，也可以直接指定给对象。

4.3.1 显示和更改对象特性

操作步骤：

①单击标准工具栏上的对象特性钮，弹出特性选项板。

②在作图区中，单击选中一个圆，特性选项板如图 1-4-31 所示。选中不同的对象时显示的内容有所变化，如果同时选中多个对象则只显示它们的共性部分。

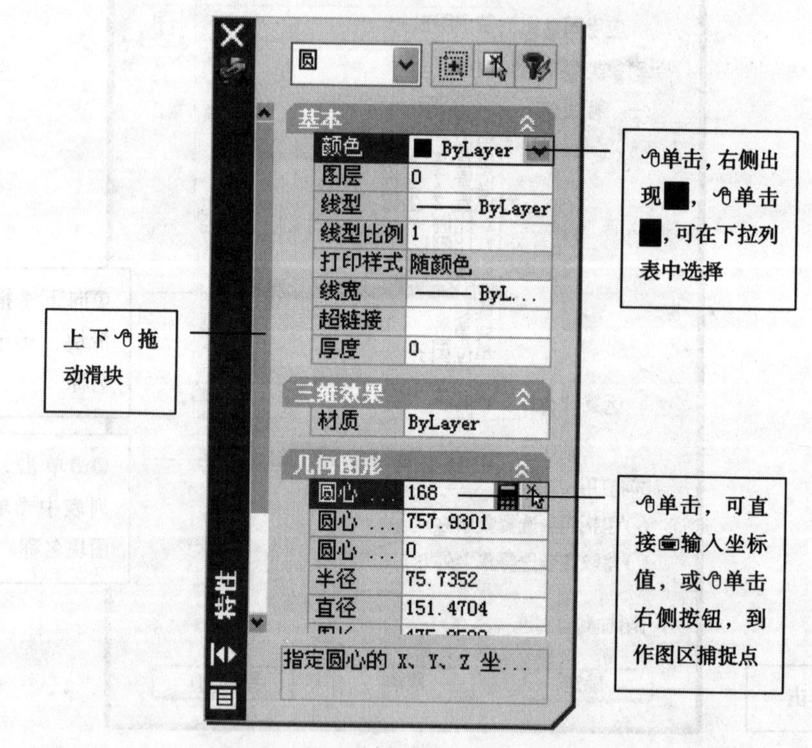

图 1-4-31

③对象的许多特性都是可以更改的，如图 1-4-31 所示，不同的项目更改方式不同，颜色、图层、线型等可在下拉列表中选择，线型比例、坐标等则可直接输入数值更改。

察看或更改完一个对象的特性后，一定要取消选择，否则在选中另一个图形对象后，由于同时选中多个对象，特性选项板中只显示共性部分。

4.3.2　特性匹配

将一个源对象的某些或所有特性复制给目标对象，可以复制的特性类型包括图层、颜色、线型、线型比例、线宽、打印样式等，默认情况下，所有可应用的特性都自动地从选定的第一个对象复制到其他对象。如果不希望复制特定的特性，请使用“设置”选项禁止复制该特性。

操作步骤：

①单击标准工具栏上的。

②单击选中源对象。

③如果不想复制某项特性，右击⇨单击设置，弹出特性设置对话框如图 1-4-32 所示，单击☑取消✓选⇨单击确定。

④选择目标对象，右击，单击确认。

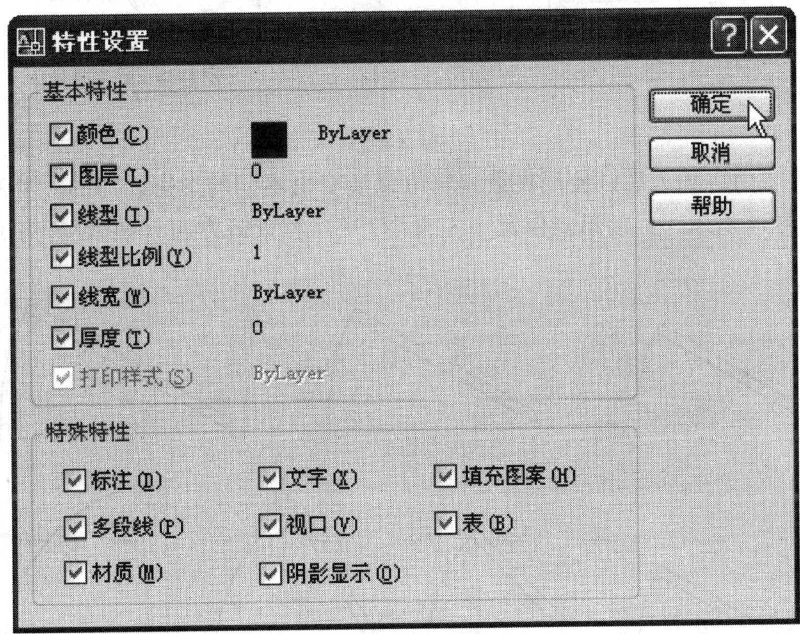

图　1-4-32

4.4 动态块

已创建的图块可使用块编辑器向其中添加参数和动作，使其成为动态块，参数预定义了动态块中图形的位置、距离和角度等可能发生的变化，动作定义了已插入的动态块在夹点操作下，块中图形如何表现出参数预定义的变化，动作要与参数和块中的几何图形相关联。

如图 1-4-33 所示，AutoCAD 提供的动态块“门”中包含的参数和动作，图中看似尺寸标注的是参数，⚡符号是动作，其他符号是动态块显示的操作夹点。

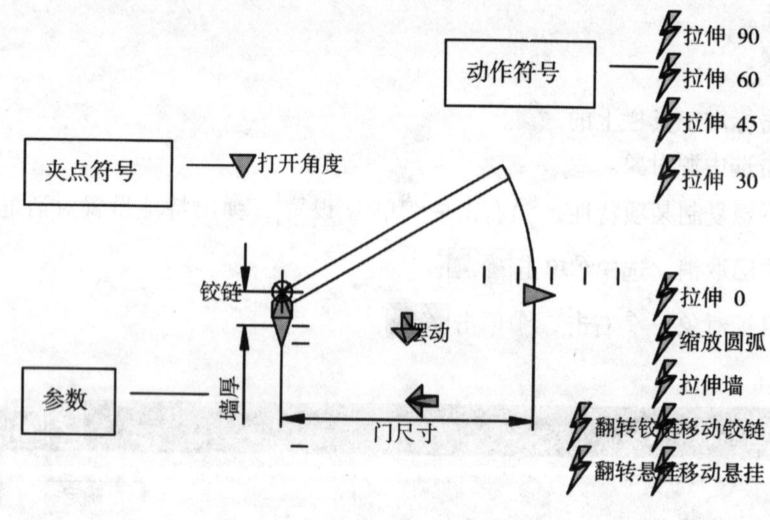

图 1-4-33

动态块“门”插入后，使用夹点编辑可以演变出不同的形态，门的尺寸和打开角度变化如图 1-4-34 所示，门的悬挂位置（左开/右开）和铰链方向（里开/外开）变化如图 1-4-35 所示。

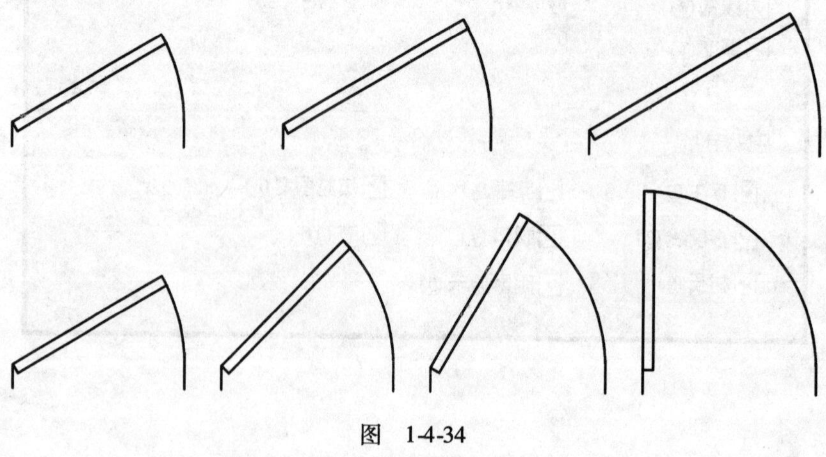

图 1-4-34

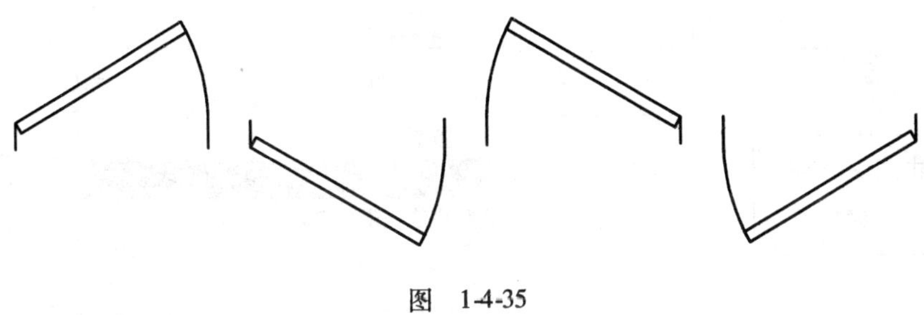

图　1-4-35

4.4.1　创建动态图块

动态图块的创建过程主要有绘制图形、定义图块、添加参数、添加动作等几个环节，下面以一个实例演示创建过程。

例 1-4-5　创建动态块“窗”，如图 1-4-36 所示。

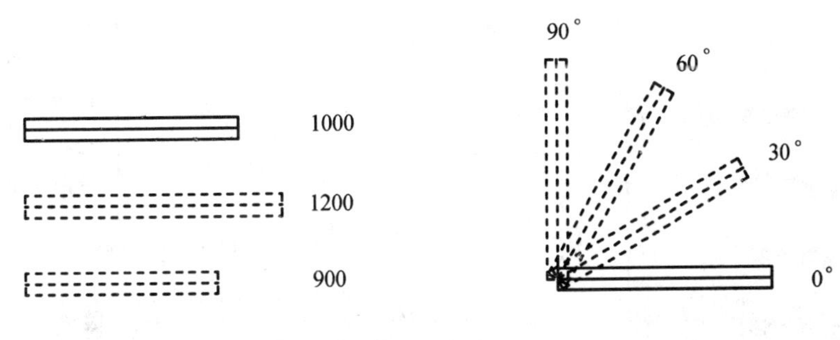

图　1-4-36

（1）规划块的动态内容

窗的长度可拉伸为 900、1000、1200、…，以适应不同规格需要，角度可旋转为：0°、30°、45°、60°、90°等，以适应不同的墙体方向，如图 1-4-36 所示。

（2）绘制几何图形、定义图块

如图 1-4-37 所示，绘制 1000 × 100 的矩形，捕捉短边中点绘制一直线，定义为图块窗/chuang/window，块基点捕捉左侧短边中点。

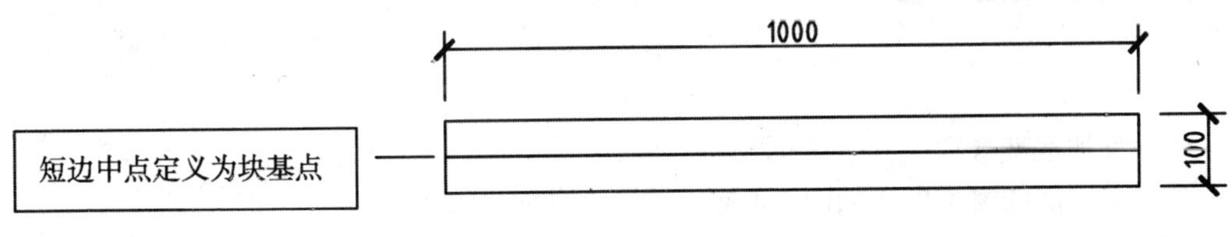

图　1-4-37

（3）启动块编辑器

如图 1-4-38 所示操作，块编辑器覆盖整个绘图区，如图 1-4-39 所示。

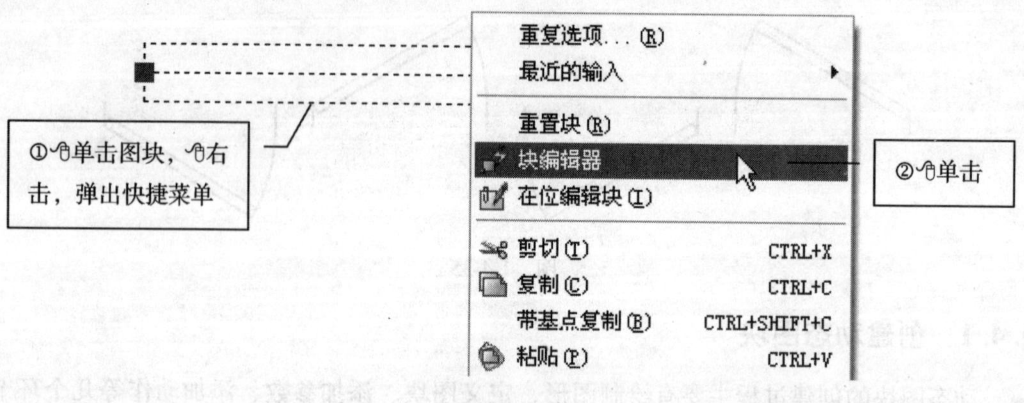

图 1-4-38

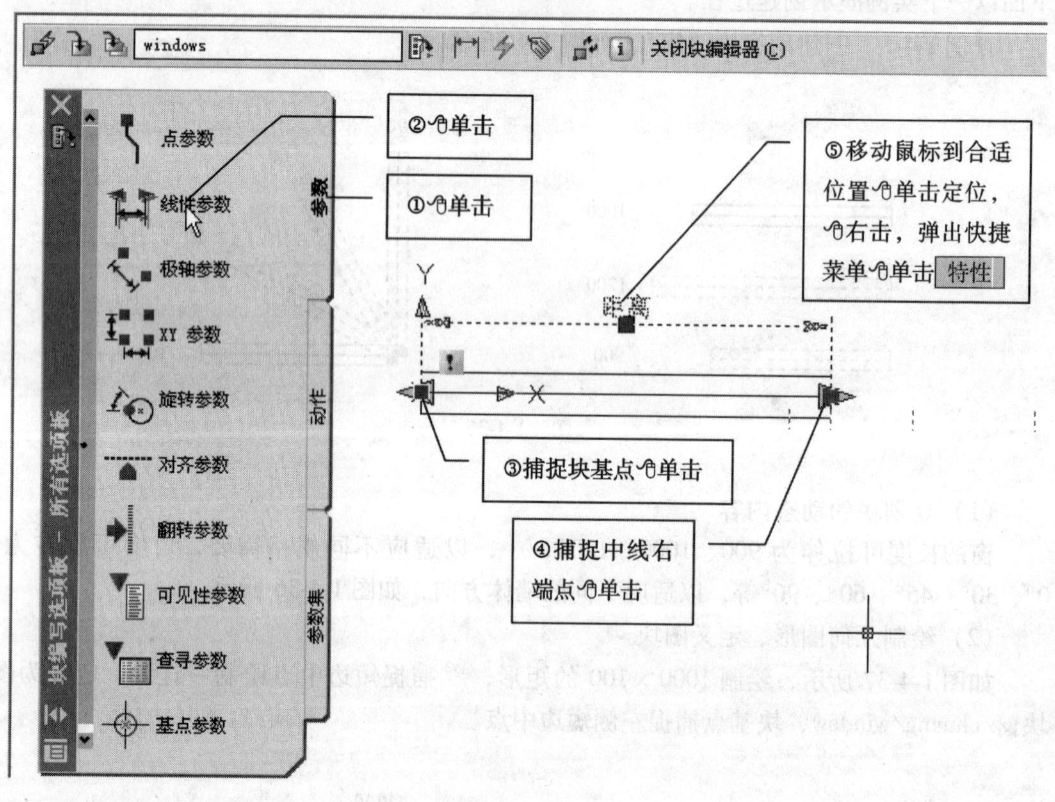

图 1-4-39

（4）添加线性参数

预定义可能的窗长度，如图 1-4-39 ~ 图 1-4-41 所示操作。

（5）添加拉抻动作

动作类型与参数类型间有特定的匹配关系，添加的动作要与存在的参数关联，并且要指定该动作作用于哪些图形。如图 1-4-42 所示操作，添加一个拉伸动作与已添加的窗长度线性参数关联。

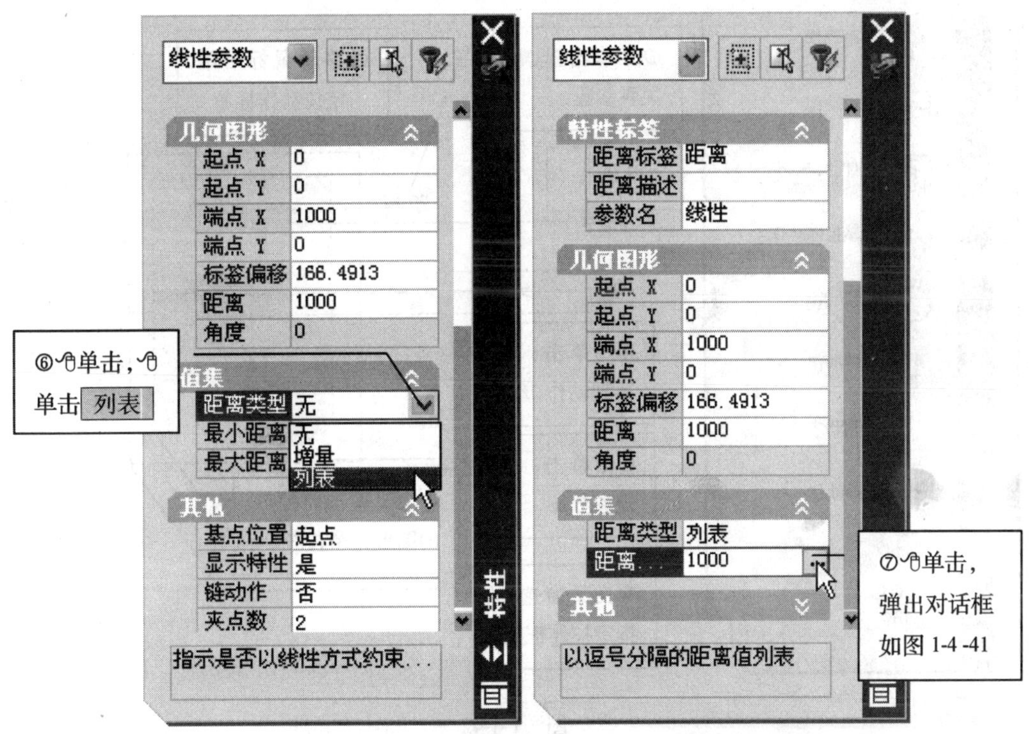

图 1-4-40

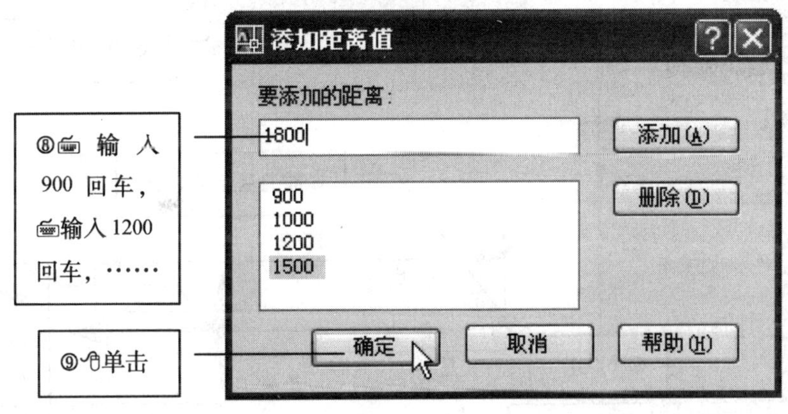

图 1-4-41

(6) 添加旋转参数集

参数集是匹配好的成对的关联参数和动作，是替代添加参数后再添加动作的另一种方法，相当于把步骤(4)(5)并作一步来做。如图 1-4-43 所示操作①~④添加旋转参数集，如图 1-4-43 所示操作⑤、图 1-4-44、图 1-4-45 所示操作，设置旋转参数的角度值列表，如图 1-4-43 所示操作⑥⑦指定旋转动作关联的图形对象，如图 1-4-43 所示操作保存动态块的参数和动作设置。

移动动作
缩放动作
拉伸动作
极轴拉伸动作
旋转动作
翻转动作
阵列动作
查寻动作
块编写选项板 - 所有选项板
参数
动作
参数集
③单击选择关联参数
②单击
①单击，切换到动作
④单击，指定参数点
⑤交叉窗选，指定拉伸框架
⑥交叉窗选要拉伸的图形，右击
⑦移动鼠标单击定位动作标签
距离
指定对角点:
拉伸

图 1-4-42

windows
关闭块编辑器(C)
⑧单击，单击 是
极轴拉伸配对
XY 移动
XY 移动配对
XY 移动方格集
XY 拉伸方格集
XY 阵列方格集
旋转集
翻转集
可见性集
查寻集
块编写选项板 - 所有选项板
参数
参数集
③捕捉基点单击
距离
④单击 2 次，指定参数半径、默认旋转角度
⑥双击
旋转1
角度
②单击
⑤单击
①单击，切换到参数集
⑦窗选要旋转的图形对象，右击
指定对角点:
拉伸

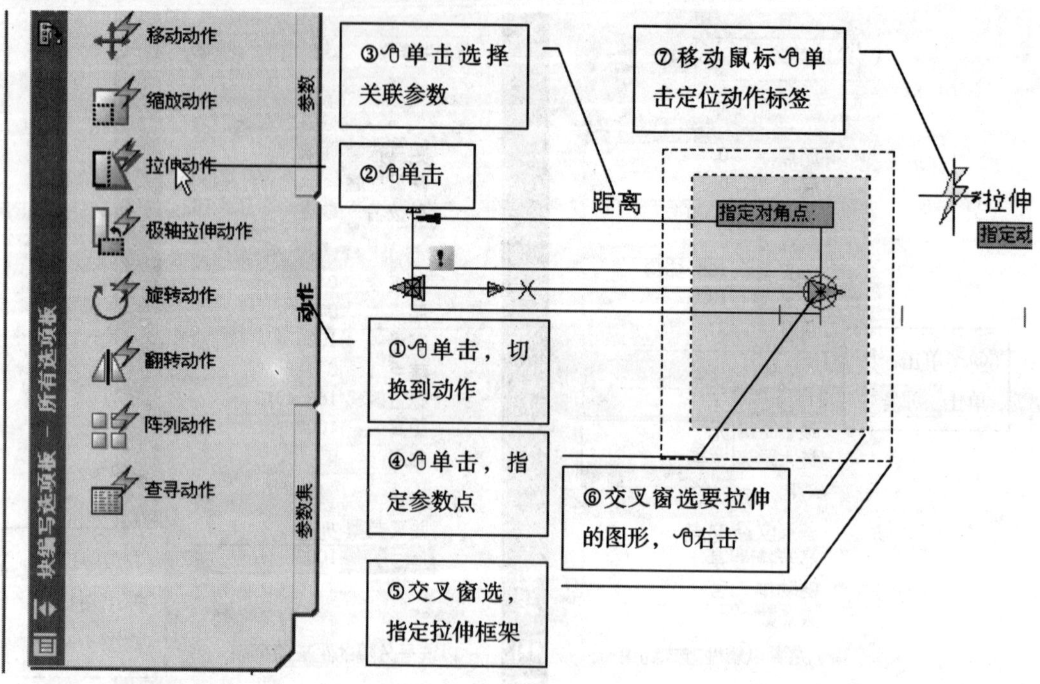

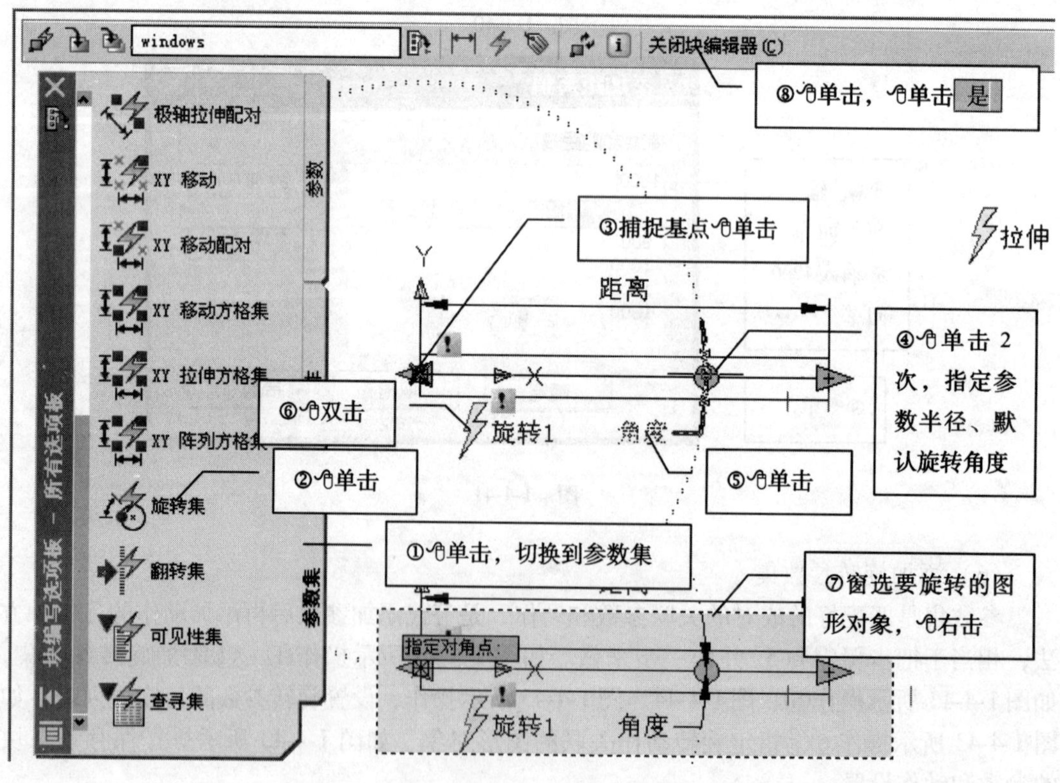

图 1-4-43

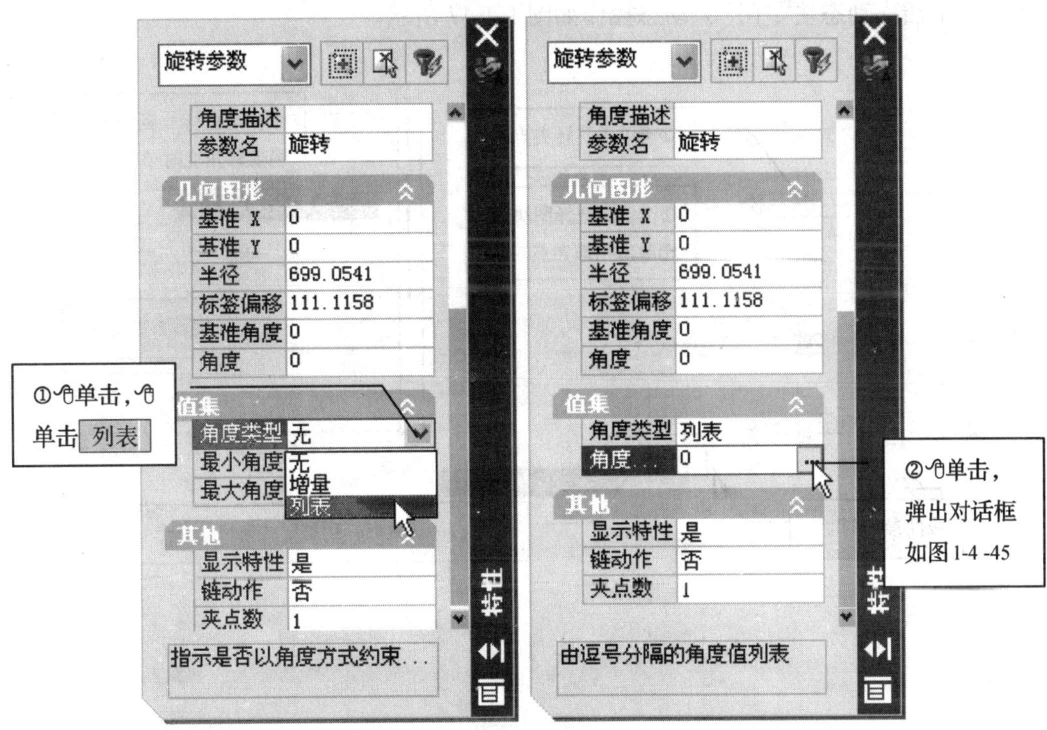

图　1-4-44

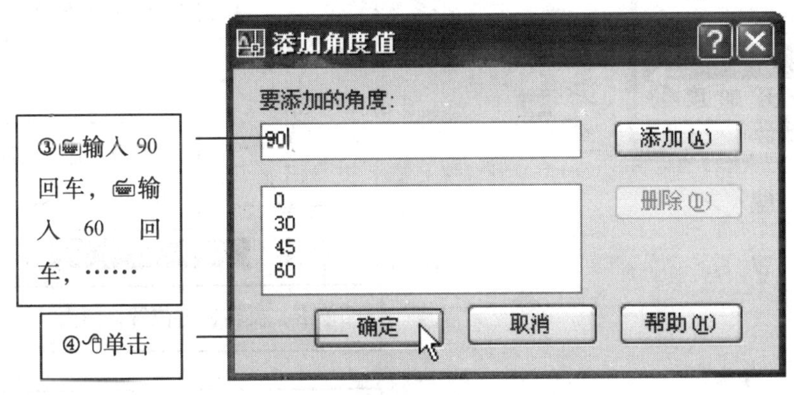

图　1-4-45

(7) 动态块的测试

插入动态块，测试使用，如有问题返回修改。

4.4.2　使用动态图块

动态图块的插入方法与普通图块相同，参见 4.2.3、4.2.5、4.2.6，工具选项板中分类提供了许多动态块。操作练习可以在例 1-3-27 已经绘制好墙线的建筑平面图上继续，如图 1-3-66 所示。插入自定义动态块“窗”，动态操作如图 1-4-46 所示，从工具选项板

“建筑”中插入动态块“门”，动态操作如图 1-4-47 所示。

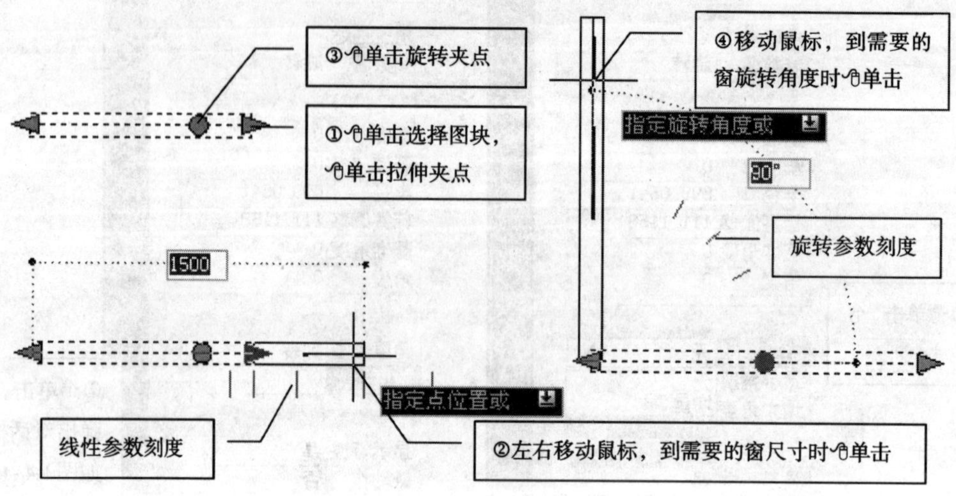

图 1-4-46

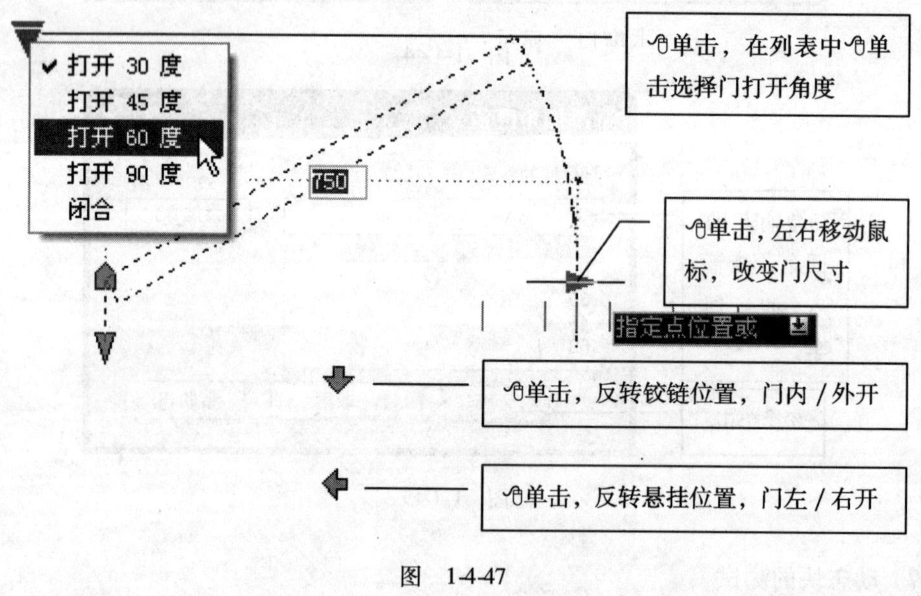

图 1-4-47

4.5 查询

查询是获取图形距离、围合面积等信息的一组工具，工具栏如图 1-4-48 所示，由左向右依次是：距离、面积、面域/质量特性、列表、定位点。

图 1-4-48

4.5.1 测量距离

例 1-4-6 如图 1-4-49 所示，测量 A、B 两点间的距离。

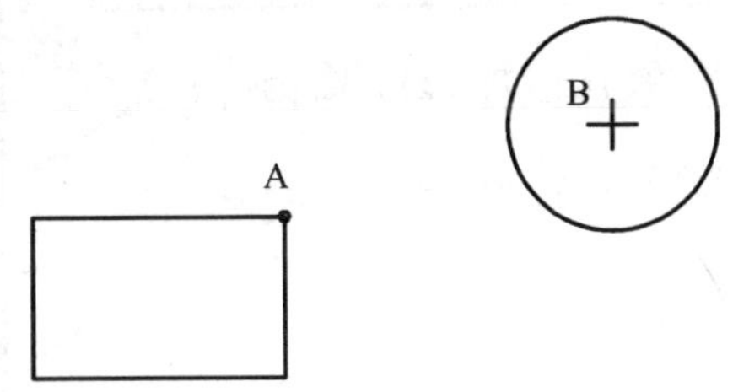

图 1-4-49

①单击⇨捕捉 A 点，单击⇨捕捉 B 点，单击。

②敲击 F2 键调出文本窗口，显示：
命令：'_ dist 指定第一点：指定第二点：
距离 =434. 7354，XY 平面中的倾角 =15，与 XY 平面的夹角 =0
X 增量 =420. 0670，Y 增量 =111. 9758，Z 增量 =0. 0000

③再次敲击 F2 键关闭文本窗口。

4.5.2 测量面积

例 1-4-7 如图 1-4-50 所示，测量阴影线部分的面积。

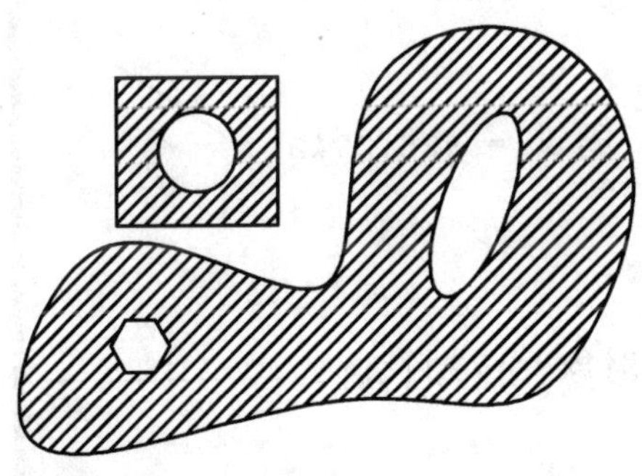

图 1-4-50

思路：先将外轮廓线矩形和闭合样条曲线围合的面积相加，然后减去内部三个图形圆、六边形、椭圆围合的面积。

操作步骤如图 1-4-51 所示①～⑧，图的左侧是操作过程中命令行上显示的内容，操作中对应的右键菜单如图 1-4-52 所示。命令完成后，敲击 F2 键调出文本窗口察看命令的执行过程及每一步的面积测量结果，再次敲击 F2 键关闭文本窗口。

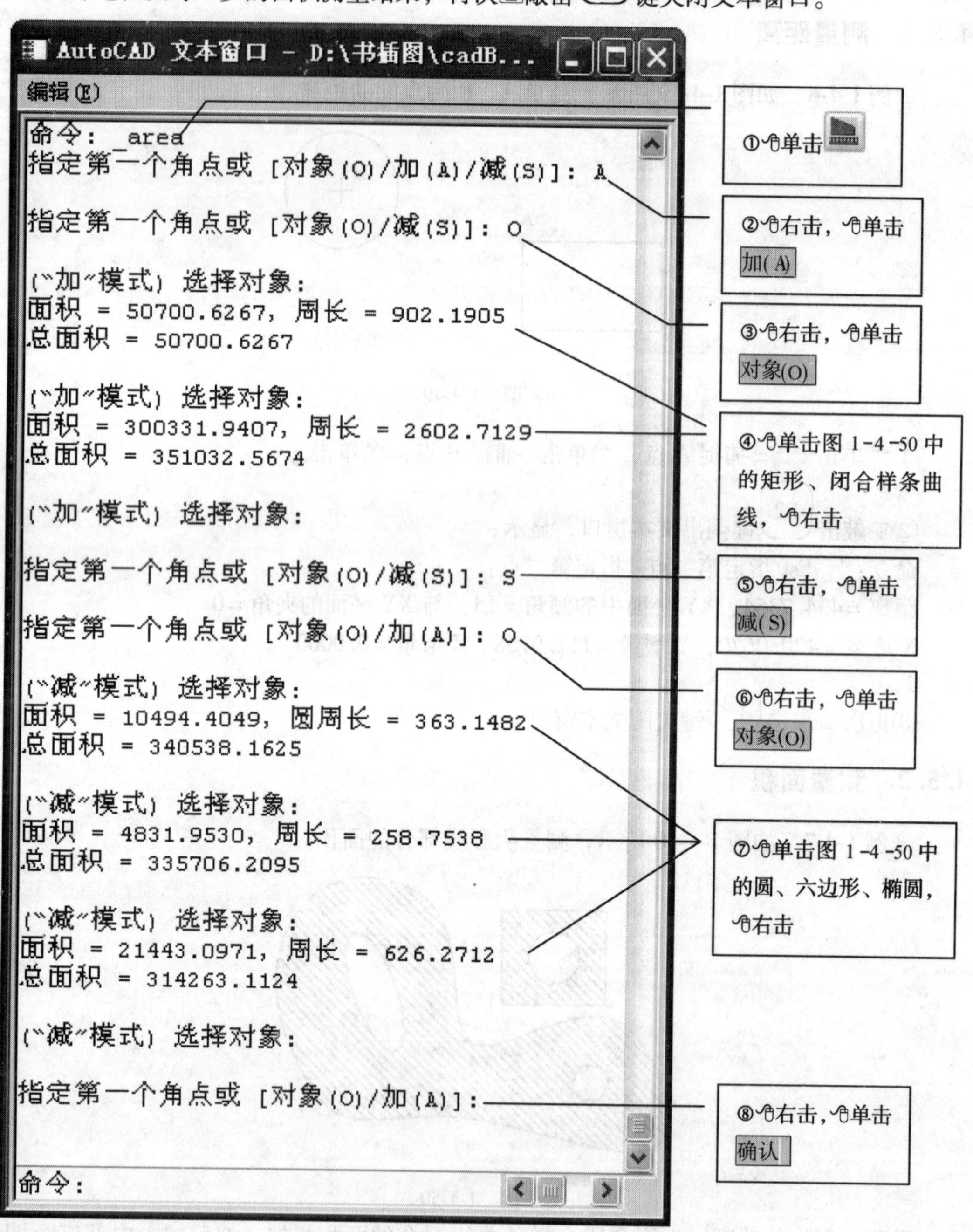

图 1-4-51

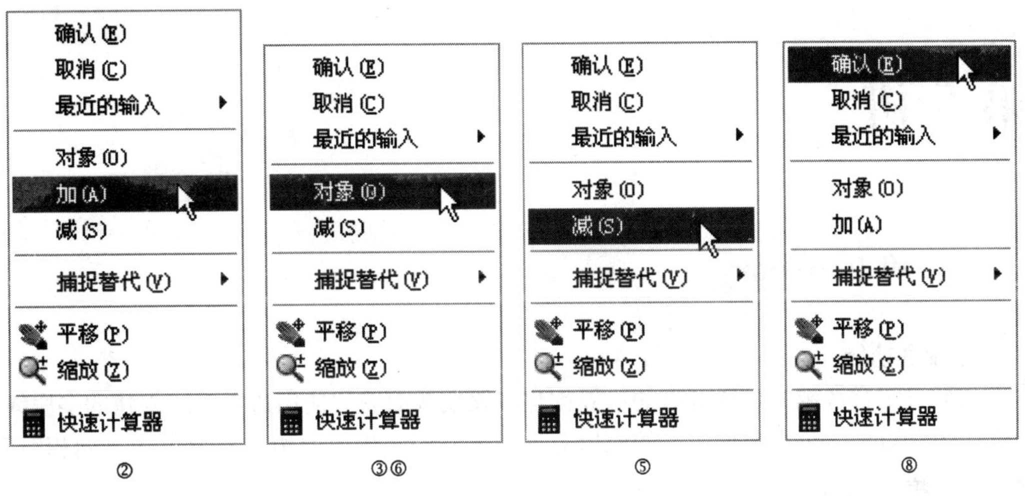

图　1-4-52

4.5.3　其他命令的功能

面域/质量特性，计算面域或实体的质量特性，如一块钢板的质心、惯性矩、旋转半径等。

列表，显示选定对象的数据库信息，显示对象类型、图层、坐标位置等。操作步骤：选择要察看的图形对象⇨单击。

定位点，列出指定点的坐标值。操作步骤：单击⇨捕捉点，单击。

第 5 讲

5.1 边界 Boundary

1. 命令功能

从形成闭合区域的重叠对象的边界创建多段线或面域。使用边界方式创建的多段线是独立的闭合对象，与用来创建它的原始边界对象不同。生成的边界对象可用于面积测算，也可用于图案填充。

2. 启动方法

绘图菜单：边界(B)...

命令行：Boundary

例 1-5-1 绘制水池壁，如图 1-5-1c 所示。绘制思路：绘制矩形和四角的圆，如图 1-5-1a 所示，在 5 个图形对象围合区域内创建边界多段线，如图 1-5-1b 所示，偏移边界多段线成双线，如图 1-5-1c 所示。

创建边界多段线的操作方法：启动边界命令，弹出边界创建窗口，如图 1-5-2 所示操作。单击矩形，创建的边界对象优先被选中，呈虚线显示，如图 1-5-1e 所示，选中原始边界对象将其删除，如图 1-5-1f 所示。

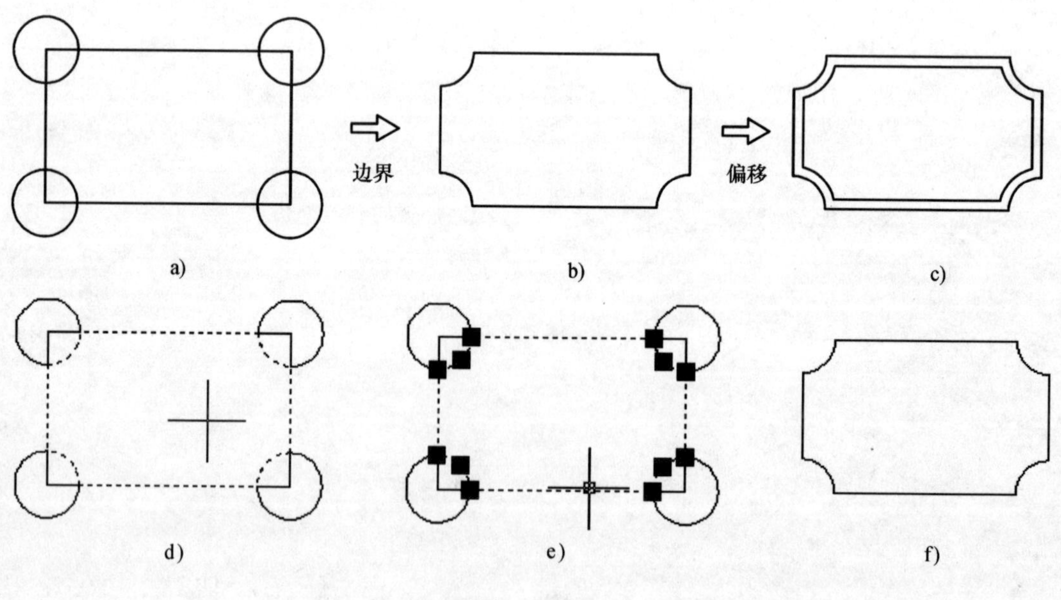

图 1-5-1

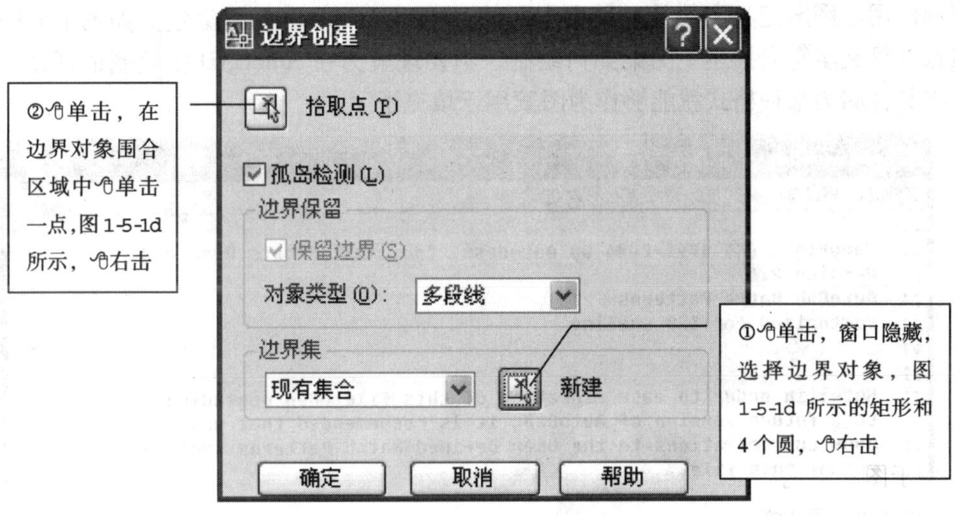

图　1-5-2

有时边界并不满足创建多段线的条件，如图1-5-3所示，在围合区域中单击拾取点后，弹出警告对话框，如图1-5-4所示，单击是可创建面域。边界多段线是围合一个闭合区域的线框，而面域是一个没有厚度的板子。生成的面域也可用于面积测算和图案填充，但不能做偏移等修改操作。

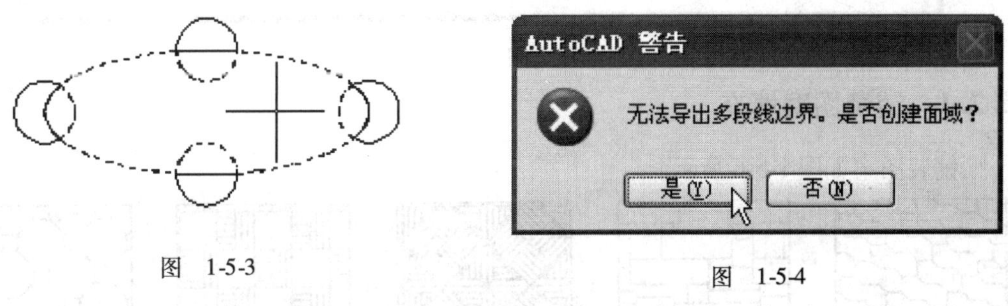

图　1-5-3

图　1-5-4

5.2　图案填充 Bhatch

使用选定的图案或实体颜色填充区域。图案用来区分地块的类型或用来表现组成对象的材质。还可以使用渐变填充方法填充区域，渐变填充在一种颜色的不同灰度之间或两种颜色之间使用过渡，从而在图形中模拟光在对象上的反射效果。在某些图形中，用户可能希望擦除对象在现有对象上生成一个空白区域，用于添加注释或详细的屏蔽信息。

AutoCAD的图案定义在acadiso. pat文件中，用户的自定义图案文件可以直接复制到C：\ Program Files \ AutoCAD 2007 \ Support文件夹中使用，也可以追加到acadiso. pat文件尾部使用。图案定义文件是一种文本文件，AutoCAD 2007 的图案定义如图 1-5-5 所示，是以数字等文本符号描述了图案如何绘制。不要理解为在 AutoCAD 中绘制的任意一组图形，将其存储为某种格式就能够作为图案用于填充了。

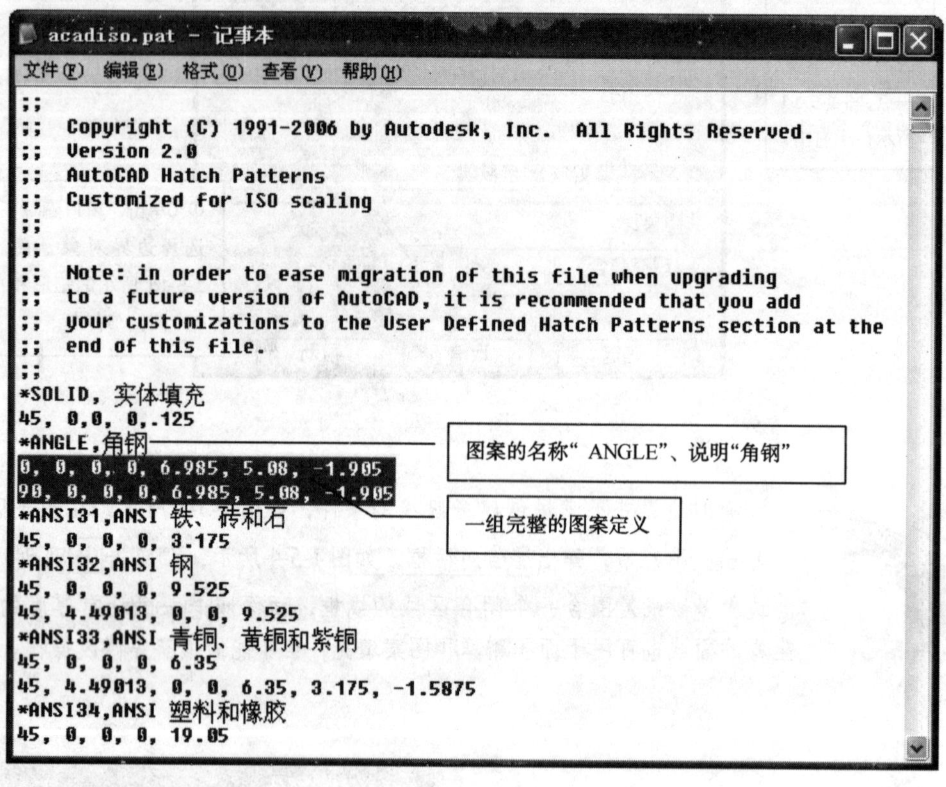
acadiso.pat - 记事本

文件(F) 编辑(E) 格式(O) 查看(V) 帮助(H)

```
;;
;;  Copyright (C) 1991-2006 by Autodesk, Inc.  All Rights Reserved.
;;  Version 2.0
;;  AutoCAD Hatch Patterns
;;  Customized for ISO scaling
;;
;;
;;  Note: in order to ease migration of this file when upgrading
;;  to a future version of AutoCAD, it is recommended that you add
;;  your customizations to the User Defined Hatch Patterns section at the
;;  end of this file.
;;
*SOLID, 实体填充
45, 0,0, 0,.125
*ANGLE,角钢
0, 0, 0, 0, 6.985, 5.08, -1.905
90, 0, 0, 0, 6.985, 5.08, -1.905
*ANSI31,ANSI 铁、砖和石
45, 0, 0, 0, 3.175
*ANSI32,ANSI 钢
45, 0, 0, 0, 9.525
45, 4.49013, 0, 0, 9.525
*ANSI33,ANSI 青铜、黄铜和紫铜
45, 0, 0, 0, 6.35
45, 4.49013, 0, 0, 6.35, 3.175, -1.5875
*ANSI34,ANSI 塑料和橡胶
45, 0, 0, 0, 19.05
```


图 1-5-5

5.2.1 铺装图案填充

铺装图案如图 1-5-6 所示。

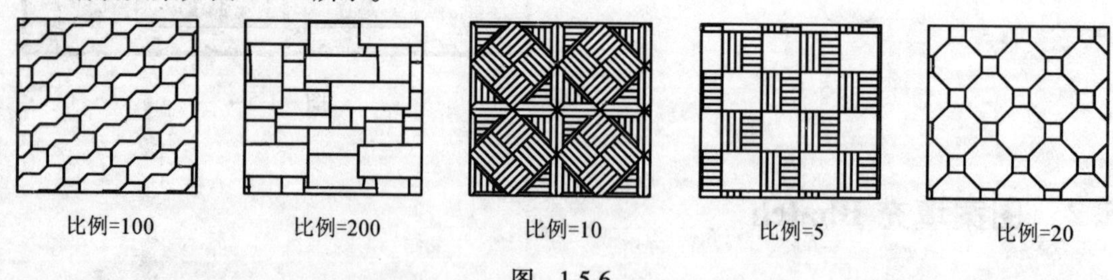

图 1-5-6

1. 切换图层、启动图案填充

将放置填充图案的图层置为当前图层，单击绘图工具栏上的，弹出“图案填充和渐变色”窗口。如图 1-5-7 ~ 图 1-5-10 所示。

2. 确定填充边界的两种方法

第 1 种，拾取点，适用于多个图形对象围合的填充边界。单击拾取点，如图 1-

5-7 所示操作①⇨在作图区中单击边界内一点，出现找到的填充边界虚线，如果没看到虚线，命令行上显示“正在分析所选数据…”，说明边界太复杂，可简化边界或另外描绘一个闭合多段线作为边界，如果出现如图 1-5-11 所示的对话框，说明看上去闭合的边界有缝隙，可以如图 1-5-12 所示操作，设置一个允许间隙值，小于此值的间隙能够填充，或是仔细检查所有可能有间隙的接口，修改为闭合。

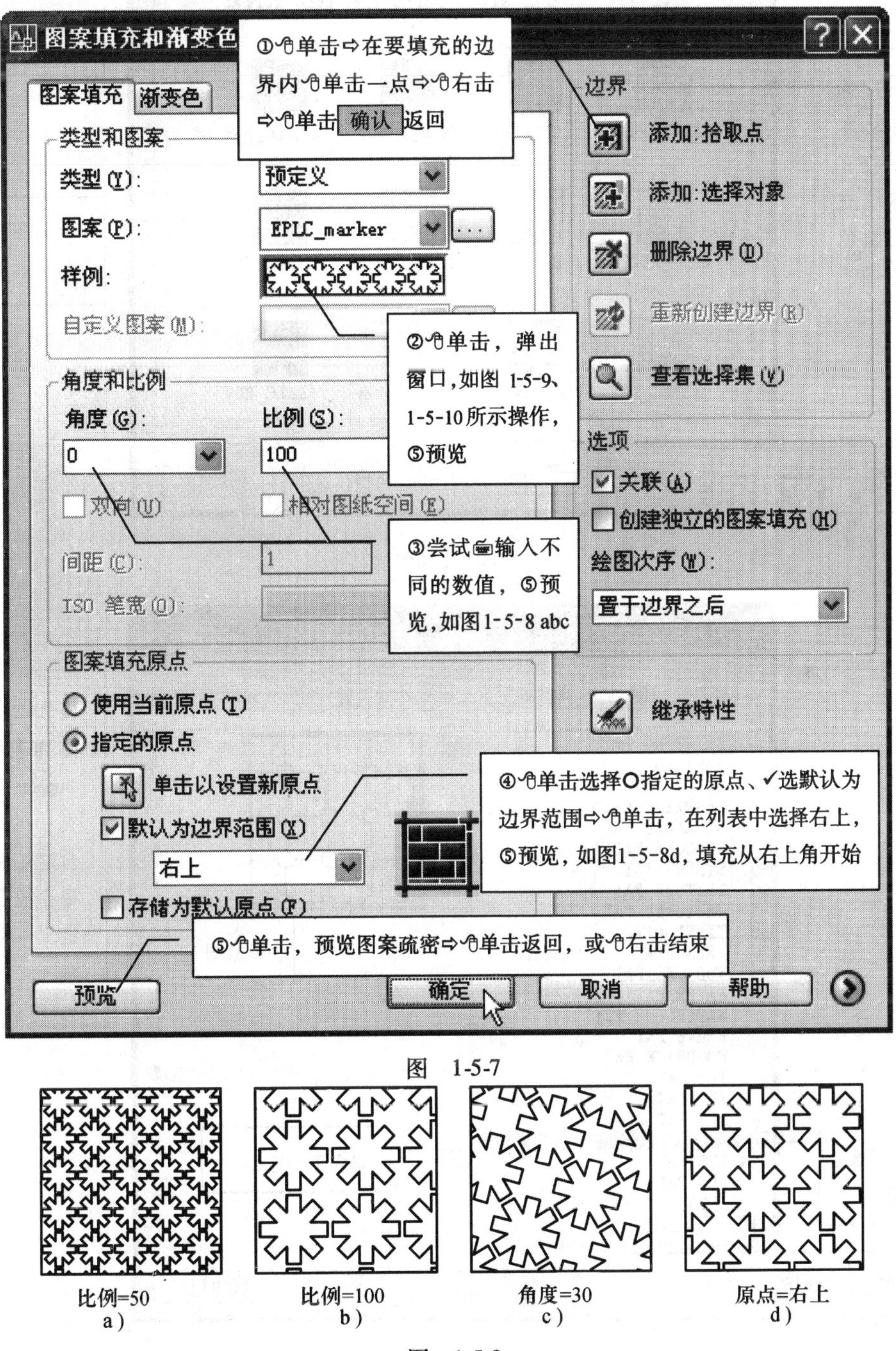

图　1-5-7

a)　b)　c)　d)

图　1-5-8

填充图案选项板
ANSI
ISO
其他预定义
自定义
...EPLC_fis
...EPLC_fle
...EPLC_fle
EPLC_formal
EPLC_gc
...EPLC_HAR
EPLC_hbone
...EPLC_her
EPLC_HEX2
...EPLC_hex
...EPLC_hex
...EPLC_HRG
...EPLC_I-S
EPLC_LUMBER
EPLC_marker
...EPLC_REV
确定
取消
帮助(H)
①单击，预览区显示文件 acadiso pat 中预定义的图案
②向下拖动
③单击，选中图案。左上角 SOLID 实体填充是用颜色充满区域
④单击，返回图 1-5-7 窗口中

图 1-5-9

填充图案选项板
ANSI
ISO
其他预定义
自定义
SKIRTING.PAT
soil.pat
SOIL1.PAT
SPANTILE.PAT
SQSHNGLE.PAT
STAGGER.PAT
STONES.PAT
TEXTURE.PAT
TEXTURED.PAT
TILE1.PAT
TREAD.PAT
VBRICKS.PAT
WATER.PAT
WATERLINE.PAT
WEAVE.PAT
WOODFACE.PAT
YL1.PAT
YL2.PAT
YL3.PAT
YL4.PAT
YL5.PAT
YL6.PAT
ZERO.PAT
预览图
确定
取消
帮助(H)
①单击，左侧列表显示 support 文件夹中的用户自定义图案，每个文件只定义一种图案
②向下拖动
③单击，选中图案
④单击，返回图 1-5-7 窗口中

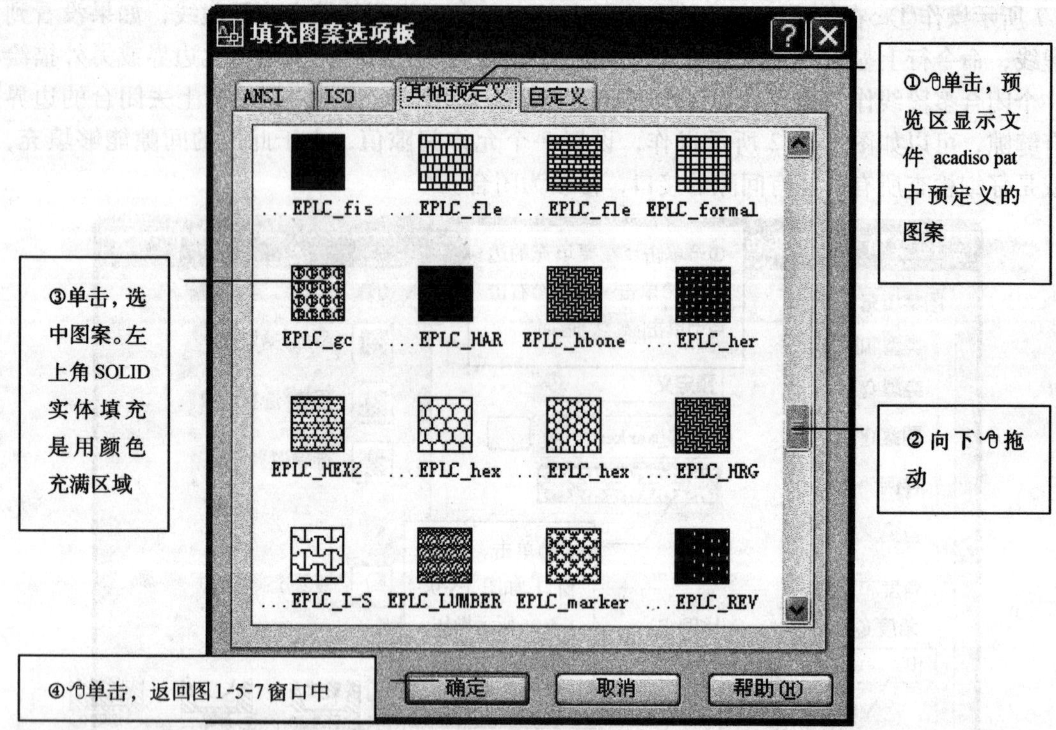

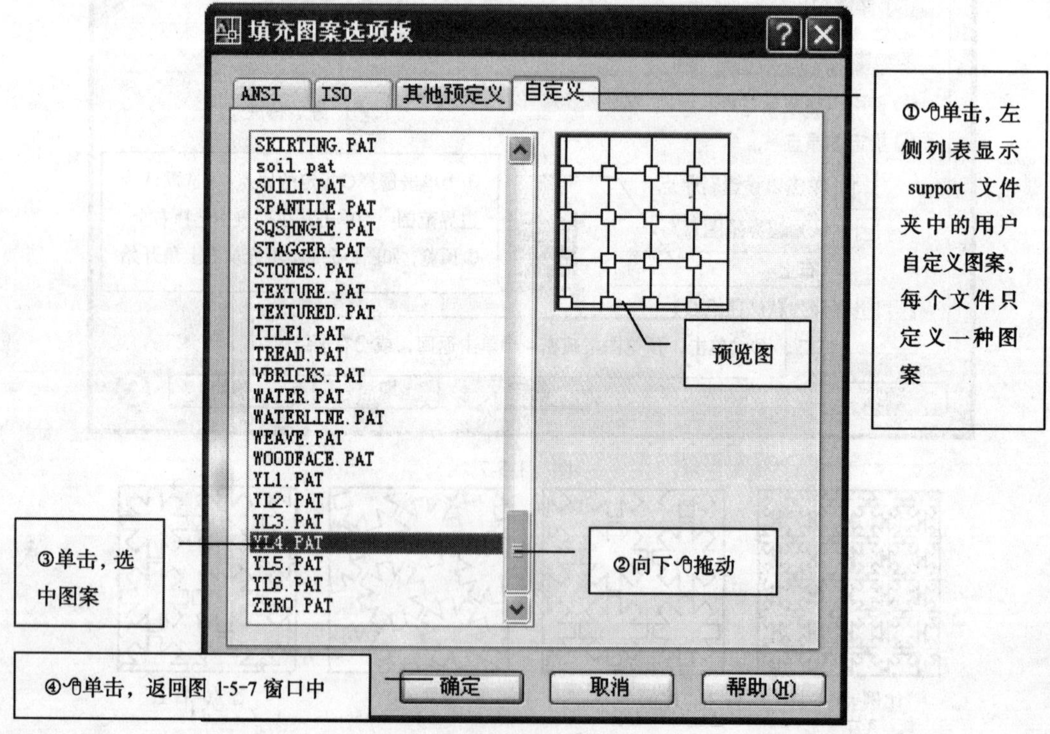

图 1-5-10

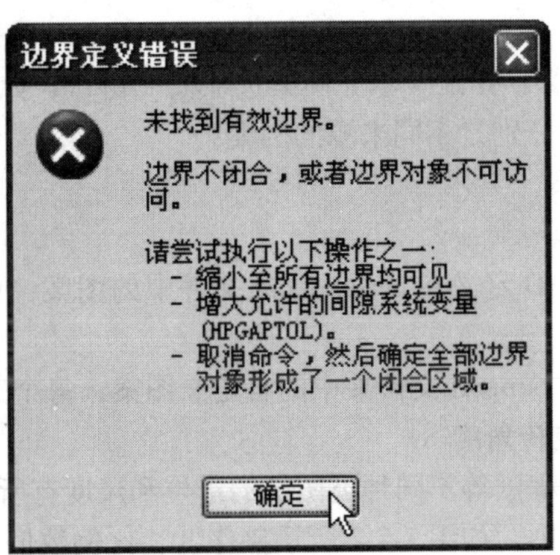

图　1-5-11

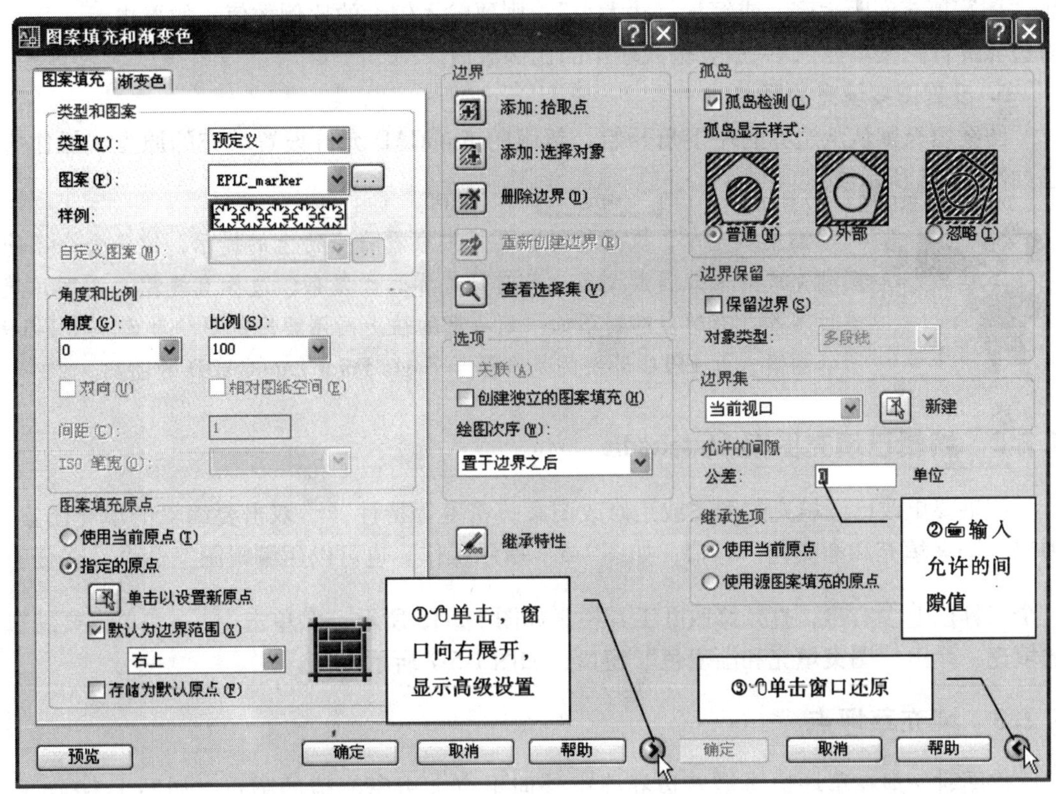

图　1-5-12

第 2 种，选择对象，适用于自身闭合的填充边界，如：闭合多段线、样条曲线、多边形、圆等图形作为填充边界。单击选择对象，如图 1-5-7 所示⇨在作图区中单击边界对象，右击，单击确认。

3. 选择填充图案

如图 1-5-7 所示操作②，弹出“填充图案选项板”窗口，如图 1-5-9、图 1-5-10 所示，从左至右有 4 个选项卡，分别是不同来源的图案：

ANSI 是美国标准图案。

ISO 是国际标准图案。

其他预定义是 AutoCAD 定义在 acadiso. pat 文件中的图案，可以用记事本等文本编辑器打开追加自定义图案。

自定义是用户复制到 Support 文件夹中的自定义图案，每个文件仅定义一种图案。

4. 调整缩放比例和旋转角度

规划图、设计图、工程图等不同种类图纸的单位和尺度有所不同，一般要多次调整缩放比例才能使图案疏密适中。如图 1-5-7 所示操作③，比例数值越大图案越稀疏，比例数值越小图案越密集，如果在预览时可以看到边界虚线，但并没有出现填充图案，命令行提示“图案填充间距太密，或短划尺寸太小”，则要输入较大的比例数值，如果提示“无法对边界进行图案填充”，一般要输入较小的比例数值。

5. 设置图案填充的原点

图案填充默认从边界的左下角开始，新版的 AutoCAD 允许设置填充的原点，操作方法如图 1-5-7 所示④。

图案填充命令执行过程中要仔细察看命令行上的提示，这条命令不能顺利完成的未知因素太多，可能是边界过于复杂、边界有缝隙、图案过疏或过密等。有时会感到不如一笔一笔的往上画图案来的更快些☺。图 1-5-9 所示图案，以 EPLC 开头的是来源于 Eagle Point LandCADD 的图案。

5.2.2 编辑已填充图案 Hatchedit

如果要更改已经填充的图案或是修改图案疏密度等特性，双击要编辑的填充图案，弹出“图案填充和渐变色”窗口，如图 1-5-7 所示操作。也可以用编辑图案命令，在任意一个工具栏上右击，打开修改Ⅱ工具栏，如图 1-5-13 所示，单击 ⇨ 单击要编辑的填充，弹出“图案填充和渐变色”窗口，如图 1-5-7 所示操作。

5.2.3 填充草坪点

作图时一般在草坪边缘沿着边界线由外向里点上由密变疏的圆点，如图 1-5-14b 所示。在草坪边界线内侧添加两条辅助边界线，沿边界线向里构成两个带状的区域，以不同的比例分别填充这两个区域可以模拟由密变疏的草坪点，然后将两条辅助边界线搬运到一个设置为不打印的辅助图层上。

①先绘制一条闭合的样条线或多段线作为草坪边界线，向内侧偏移复制两条辅助边界线，如果发生断裂可直接绘制辅助边界线，结果如图 1-5-14a 所示。

图 1-5-13

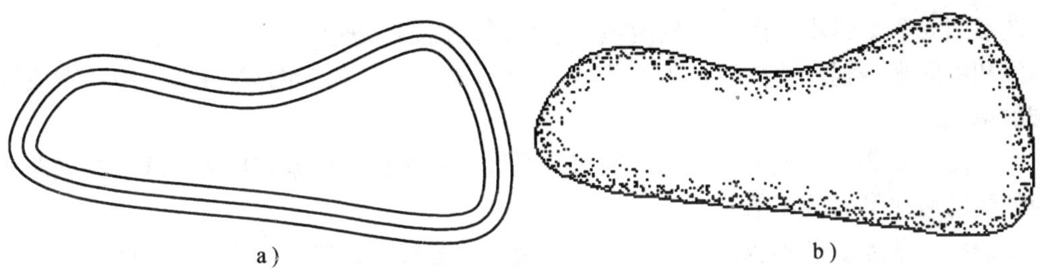

图　1-5-14

②单击，弹出“图案填充和渐变色”窗口，如图 1-5-15 所示。

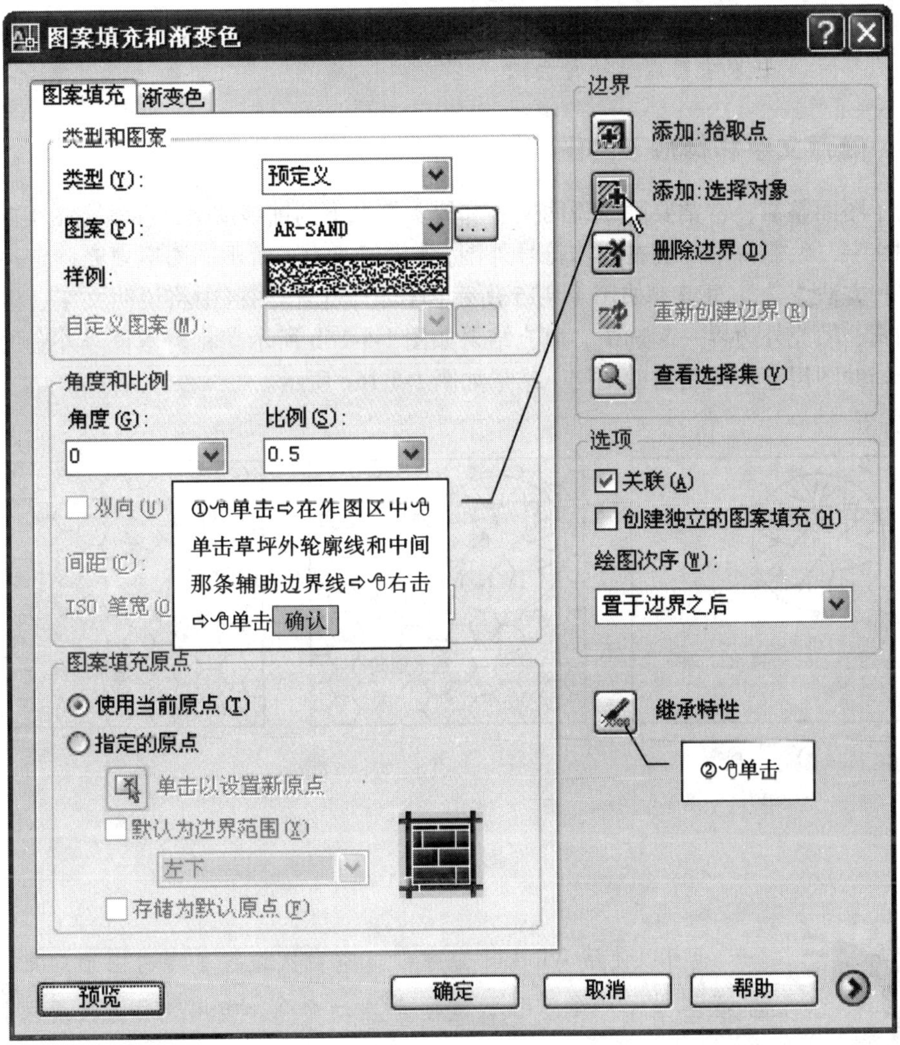

图　1-5-15

③参照5.2.1的步骤操作，确定填充边界时采用第二种方法—选择对象，选择草坪外轮廓线和中间那条辅助边界线，如图1-5-15所示操作①，选择图案AR-SAND，完成外侧区域的填充。

④重复步骤③，填充内侧区域，确定填充边界时选择那两条辅助边界线，将填充比例设为外侧区域比例值的2倍。

⑤选择两条辅助边界线，将其搬运到一个辅助图层上，参见4.1.3在图层间搬运图形对象，关闭辅助图层，结果如图1-5-14b所示，打印输出前可将辅助图层设置为不打印。

调节填充图层的打印线宽可改变草坪点打印的大小。不要直接用点命令绘制草坪点，因其在打印输出时非常细小，并且不能控制其大小。如果要打点的区域特别复杂，填充边界很难确定，也可以先画一个小圆，在圆内填充草坪点，然后多次复制填充的草坪点，可以想象将铅笔捆成一束去打点是不是会快一些☺。

5.2.4 隐藏文字和树冠下的图案

为了图面整洁，常常要隐藏说明文字和树木符号下的铺装图案。在填充图案前先书写好说明文字，绘制一个圆套在树木符号外围，如图1-5-16a所示。图案填充确定边界时采用第二种方法，选择对象，如图1-5-15所示操作①，在作图区中将说明文字、树木符号外套的圆、填充外边界一起选中，填充结果如图1-5-16b所示。将树木符号外套的圆搬运到一个辅助图层上，关闭辅助图层，结果如图1-5-16c所示。

a)

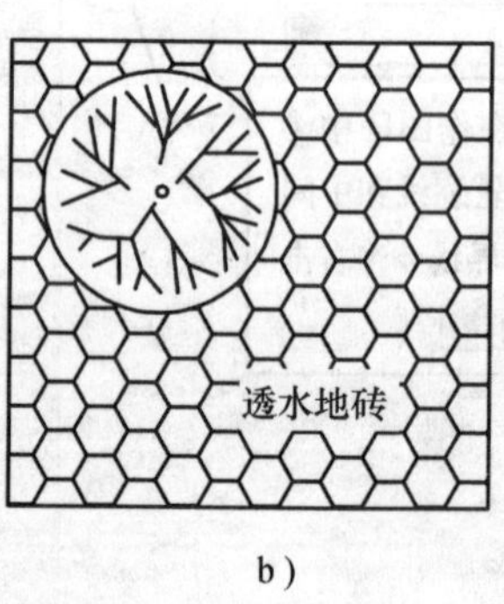

b)

c)

图 1-5-16

也可以使用Wipeout命令创建空白区域覆盖现有图形对象，单击 绘图 菜单⇨单击 区域覆盖 启动命令。但用这种方法要求打印时做相应设置。

5.2.5 用继承特性填充

如果在填充一个边界时所采用的图案、疏密程度等与已经有的填充相同，可用继承特性的方法填充。如图 1-5-17a 是已经有的图案填充，1-5-17c 是继承特性填充结果。

①启动图案填充命令。

②如图 1-5-15 所示操作②，单击继承特性⇨窗口隐藏，在作图区中单击已经有的填充图案，如图 1-5-17a 所示。

③单击要填充的闭合图形边界，或右击，弹出快捷菜单，如图 1-5-18 所示操作，单击拾取内部点，在要填充的边界区域中，单击，边界呈虚线显示，如图 1-5-17b 所示⇨右击，单击确认，返回图 1-5-15 所示窗口。

④单击确定。

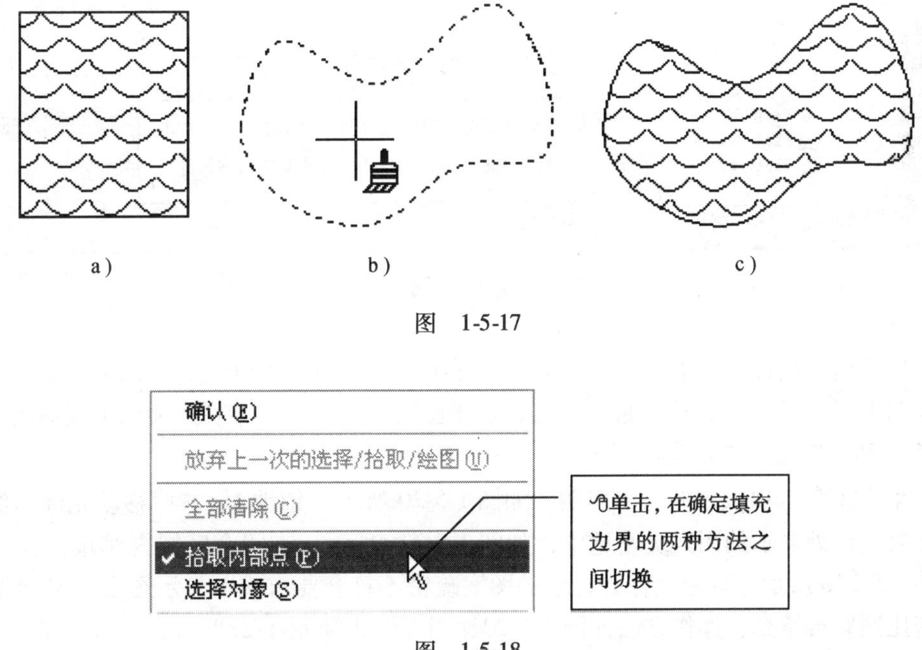

图 1-5-17

图 1-5-18

5.2.6 创建填充图案工具选项板

图案填充是默认的工具选项板之一，其中的图案定义分别取自文件 acadiso. pat 和 acad. pat，这两个文件中分别是 AutoCAD 的国际制和英制预定义图案。创建工具选项板时图案可以取自整合在一起的自定义图案文件，也可以取自追加在 acadiso. pat 文件尾部的自定义图案。

例 1-5-2 创建自定义图案工具选项板，利用工具选项板完成如图 1-5-22b 所示的图案填充。

（1）创建自定义图案选项板

🖱单击打开设计中心，如图 1-5-19 所示操作，创建的工具选项板如图 1-5-20 所示。

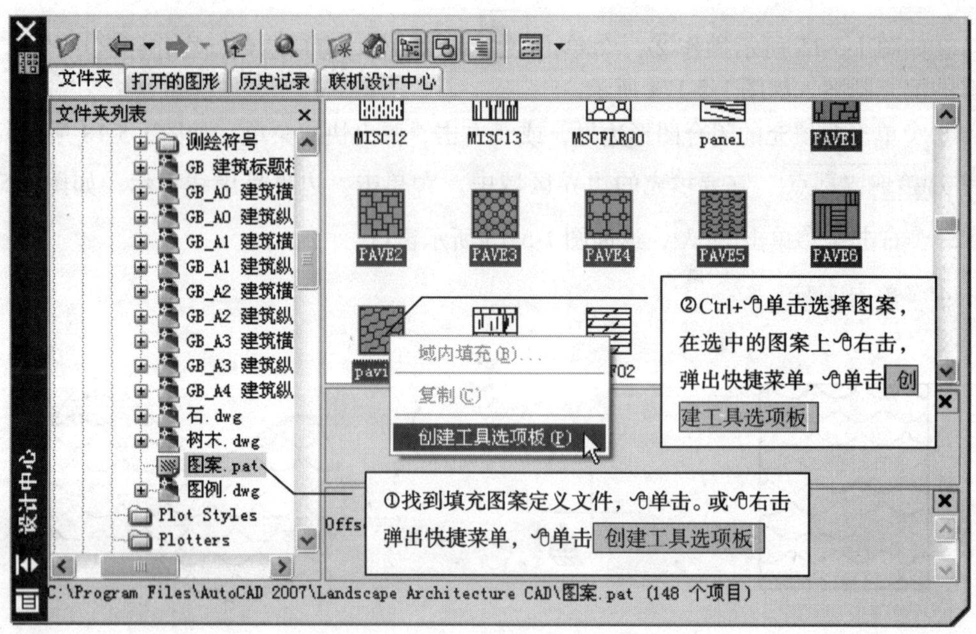

图　1-5-19

如果要向选项板中添加图案，在设计中心中，如图 1-5-19 所示，🖱拖动右侧的图案预览到图 1-5-20 所示工具选项板上即可，如果图案定义时尺度差别过大则不能顺利添加。

（2）利用图案工具选项板填充

🖱单击工具选项板中的一个图案，如图 1-5-20 所示“铺地 1”⇨🖱移动光标到作图区中，如果光标处显示的图案疏密适中，如图 1-5-22a 所示，在闭合区域内🖱单击，填充结果如图 1-5-22b 所示。如果光标处显示的图案疏密不符合要求或不显示图案，可调整图案的疏密比例后再填充，操作方法如图 1-5-20、图 1-5-21 所示①②③。

5.2.7　渐变色填充 Gradient

渐变色填充是使用渐变色填充封闭区域或闭合对象，是实体图案填充，能够体现出光照在平面上而产生的过渡颜色效果，如图 1-5-23 所示。可以在二维图形中表示实体，如建筑物的顶面。在规划图中使用渐变色填充一个区域，在视觉上更为生动。

渐变色填充的操作方法：

🖱单击绘图工具栏上的，如图 1-5-24、图 1-5-25 所示操作。渐变色填充是实体图案填充，与图案填充许多操作都是相同的。

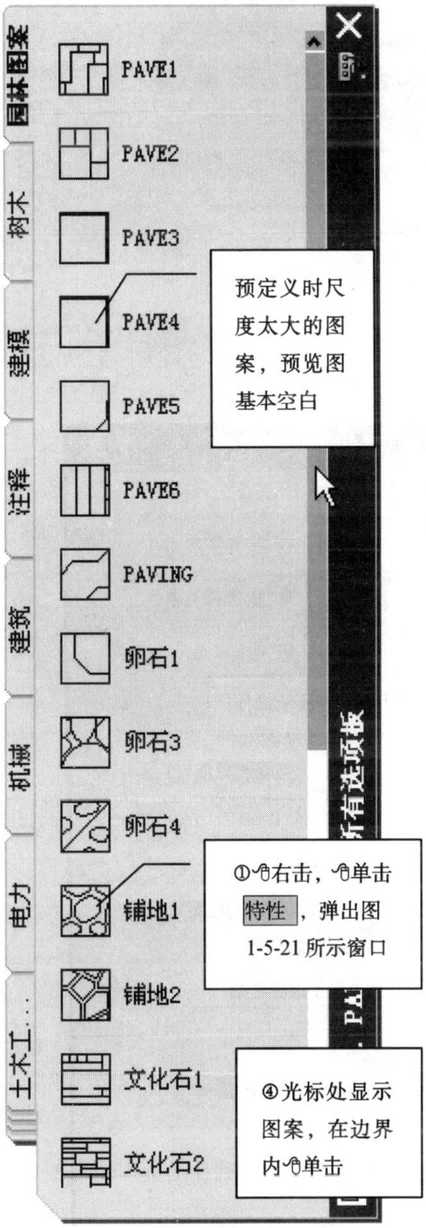

园林图案　树木　建模　注释　建筑　机械　电力　土木工...

PAVE1　PAVE2　PAVE3　PAVE4　PAVE5　PAVE6　PAVING　卵石1　卵石3　卵石4　铺地1　铺地2　文化石1　文化石2

预定义时尺度太大的图案，预览图基本空白

①右击，单击 特性 ，弹出图 1-5-21 所示窗口

④光标处显示图案，在边界内单击

图　1-5-20

工具特性

图像：　名称(N)：铺地1　说明(D)：

图案	
工具类型	图案填充
类型	预定义
图案名	铺地1
角度	0
比例	100
辅助比例	无
间距	1
ISO 笔宽	1.00 mm
双向	否

基本

指定填充的图案比例

确定　取消　帮助

②输入比例数值

③单击

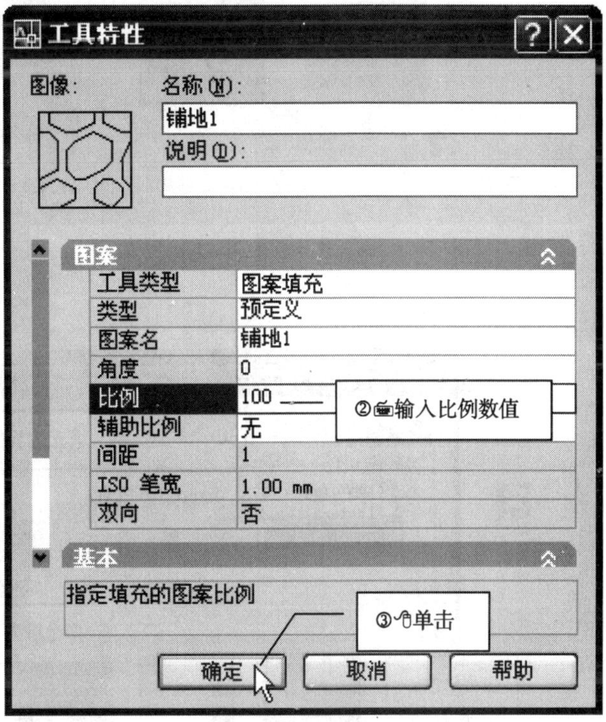

图　1-5-21

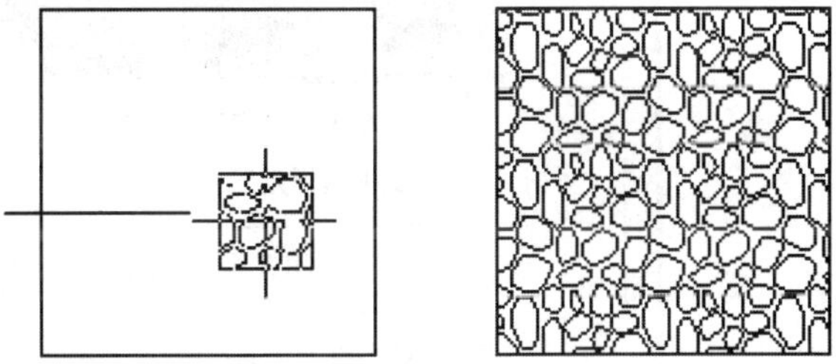

a)　b)

图　1-5-22

图 1-5-23

图案填充和渐变色
图案填充
渐变色
①单击，定义填充边界
颜色(C)
单色(O)
双色(T)
着色
渐浅
②单击，如图 1-5-25 所示操作
③单击，选择渐变类型
边界
添加:拾取点
添加:选择对象
删除边界(D)
查看选择集(V)
选项
关联(A)
创建独立的图案填充(H)
绘图次序(W):
置于边界之后
继承特性
④单击，在下拉列表中选择角度
方向
居中(C)
角度(L):
30
⑤单击
⑥单击
预览
确定
取消
帮助

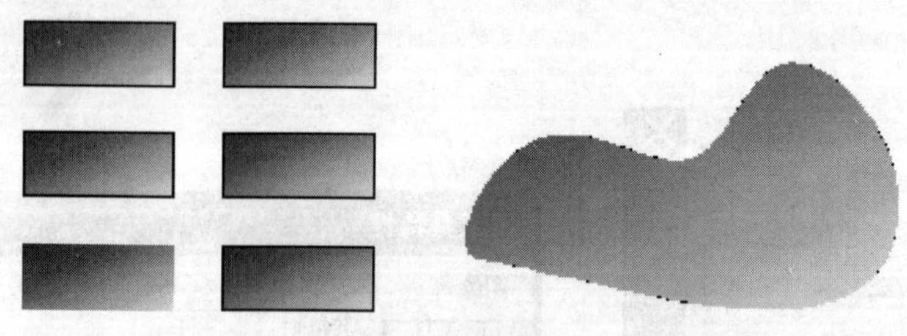

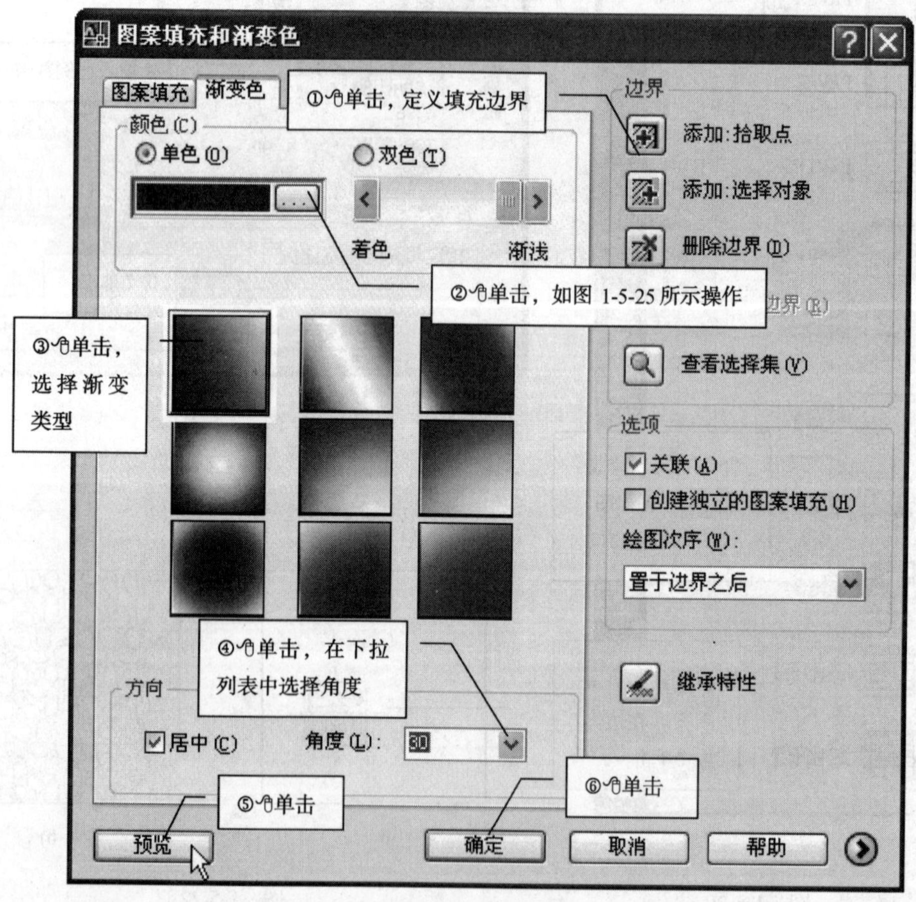

图 1-5-24

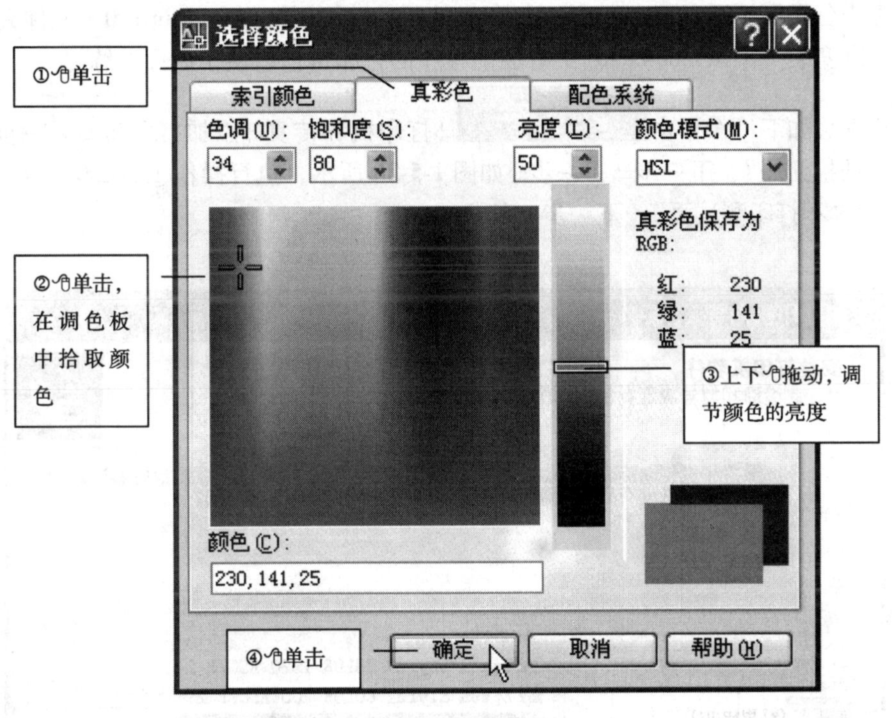

图 1-5-25

5.3 安装打印机和绘图仪驱动程序

AutoCAD将打印输出设备分为三类：

1. 系统打印机

AutoCAD将打印任务交给Windows，由Windows系统控制完成打印。包括常见的打印机和HP系列的绘图仪，这类设备的驱动程序由Windows或是设备制造商提供，系统打印机可以为Windows系统中的其他软件提供服务。

2. 非系统打印机

由AutoCAD直接控制完成打印任务，包括CalComp、Océ等非HP系列的绘图仪，这类设备仅供AutoCAD使用，由HDI（Heidi®设备接口）非系统驱动程序支持。

3. 文件打印机

由AutoCAD直接控制将图形输出为PostScript、光栅或DWF文件，常用的文件格式有EPS、JPEG、BMP、TGA、TIF。

5.3.1 安装系统打印机驱动

多数打印机都提供了驱动程序自动安装光盘，在安装向导的引导下可顺利完成安装。如果是从打印机厂商的网站上下载的打印驱动，需要解压缩后在Windows XP中手动安装，

如：从惠普公司网站下载 HP100 Plus 打印机的驱动，解压缩到 C：\ hp100 + 文件夹等待安装。也可以安装一个 Windows XP 中有驱动程序的打印机，以便于后面的练习。

安装方法如下：单击 开始 ⇨打印机和传真⇨添加打印机⇨下一步⇨取消√选“自动检测…”，下一步⇨下一步⇨如图 1-5-26 所示，执行操作①或②③⇨下一步（4 次）⇨选择“不打印测试页”，下一步⇨完成。

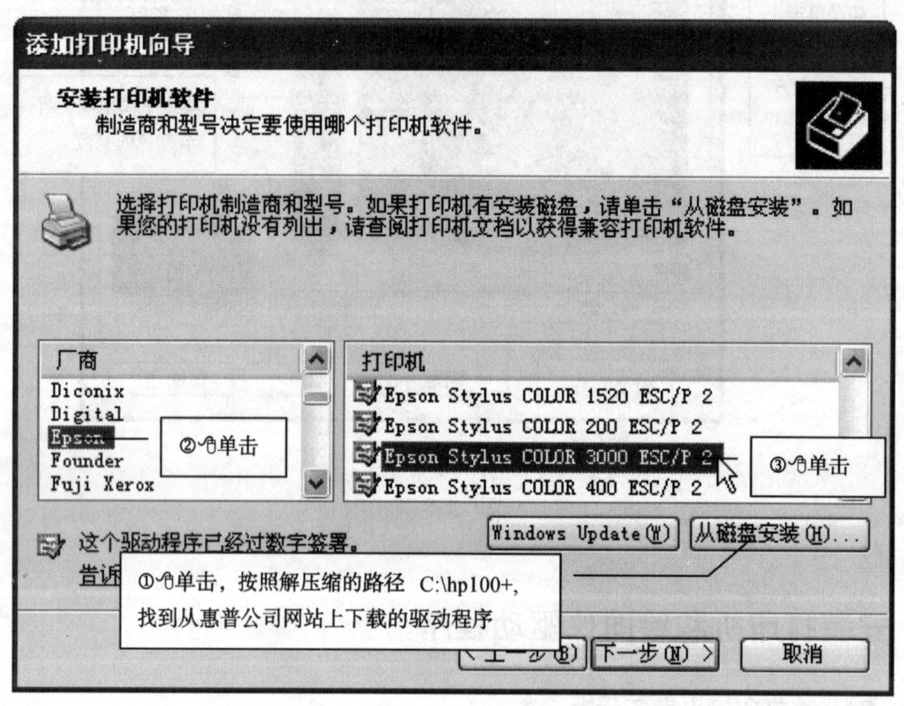

图 1-5-26

5.3.2 安装非系统打印机驱动

惠普 HP 系列绘图仪可以作为系统打印机安装，也可以作为非系统打印机安装，对较新的型号 Autodesk 公司并没有提供相应的 HDI（Heidi）非系统驱动程序，只能作为系统打印机安装和使用。

在 AutoCAD 中，单击 文件 菜单⇨单击 绘图仪管理器 ⇨双击“添加绘图仪向导”⇨单击 下一步 ，如图 1-5-27、图 1-5-28 所示操作⇨单击 下一步 ，弹出对话框如图 1-5-29 所示，大意是：建议你在 Windows 中安装最新的系统打印机驱动程序，以获得最佳的速度和质量⇨单击 继续 ⇨单击 下一步 （3 次）⇨单击 完成 。

添加绘图仪 - 开始
开始
网络绘图仪
系统打印机
绘图仪型号
选择驱动程序
输入 PCP 或 PC2
端口
绘图仪名称
完成
Autodesk
要配置新绘图仪，请选择下列选项之一：
①单击
我的电脑(M)
所有的设置都由 Autodesk Heidi 绘图仪驱动程序配置，并且由此计算机管理。
网络绘图仪服务器(E)
所有的设置都由 Autodesk Heidi 绘图仪驱动程序配置，并且由绘图仪服务器管理。
系统打印机(S)
使用已配置的 Windows 系统打印机驱动程序，并对 AutoCAD 2007 使用与其他 Windows 应用程序不同的默认值。
②单击
<上一步(B)
下一步(N)>
取消

图 1-5-27

添加绘图仪 - 绘图仪型号
开始
网络绘图仪
系统打印机
绘图仪型号
选择驱动程序
输入 PCP 或 PC2
端口
绘图仪名称
完成
选择绘图仪生产商和型号。如果该绘图仪未列出，请参考绘图仪文档以配置兼容绘图仪。
可选，如果有包含 HDI 驱动程序的安装盘，请选择"从磁盘安装"。将显示"浏览 HIF 文件"对话框，以定位并安装附着到 HDI 驱动程序的 HIF 文件。
生产商(M)
AutoCAD DXB 文件
Autodesk ePlot (PDF)
Autodesk 电子打印 (DWF)
CalComp
HP
Oce
型号(O)
DesignJet 750C C3196A
DesignJet 750C Plus C4708B
DesignJet 750C Plus C4709B
DesignJet 755CM C3198A
DesignJet 755CM C3198B
③单击
④单击
此型号的供应商为 HPGL/2 - 由 Autodesk 提供
从磁盘安装(H)...
⑤单击
<上一步(B)
下一步(N)>
取消

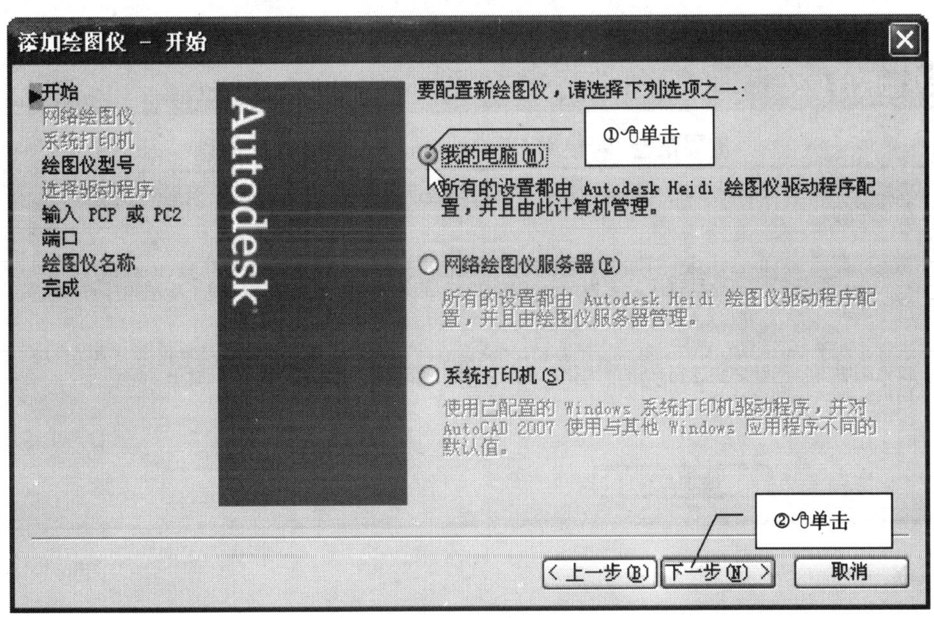

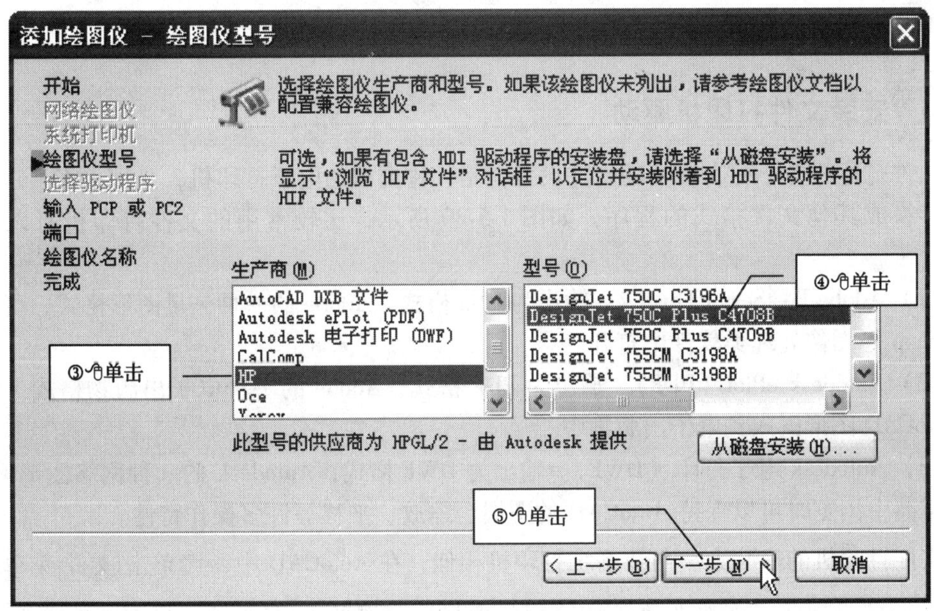

图 1-5-28

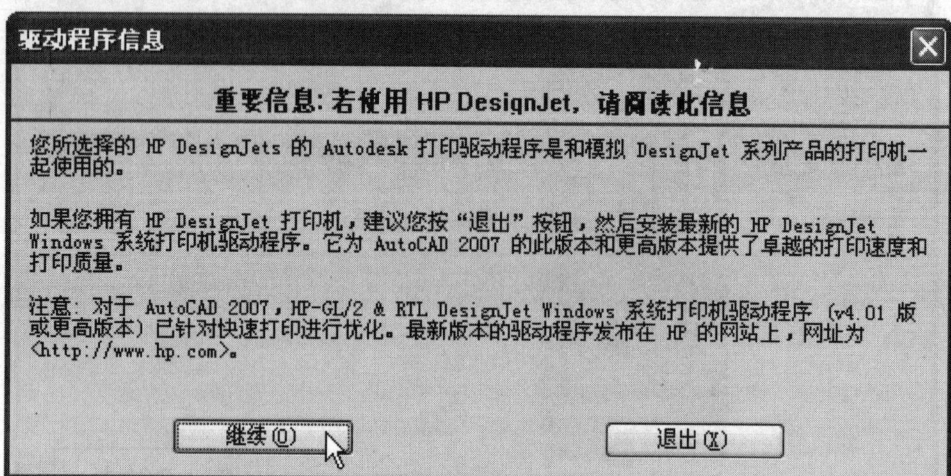

图 1-5-29

作为非系统打印机安装的惠普 HP 系列绘图仪只能在 AutoCAD 中使用，如果要用于其他的 Windows 程序，必须参照 5.3.1 的方法作为系统打印机安装。

5.3.3 安装文件打印机驱动

文件打印机并不存在现实的硬件设备，是一种虚拟的电子打印机，是用来将 AutoCAD 图形转换成其他文件格式的程序，如图 1-5-30 所示，比较常用的文件打印机有以下几种：

（1）Adobe PostScript Level 2。输出为 EPS 格式，Adobe 的一种矢量图形格式，可以在 Photoshop 等图像处理类软件中打开。

（2）Autodesk ePlot（PDF）。输出为 PDF 格式，Adobe 的一种电子出版物格式，可以将 AutoCAD 图形嵌入到电子出版物中。

（3）Autodesk 电子打印（DWF）。输出为 DWF 格式，Autodesk 的一种网络图形格式，在浏览器中浏览时可以保持 AutoCAD 的图层、缩放、平移等许多操作特性。

文件打印机的安装方法与非系统打印机相似，在 AutoCAD 中，单击 文件 菜单⇨单击 绘图仪管理器 ⇨双击“添加绘图仪向导”⇨单击 下一步 ⇨如图 1-5-27 所示操作，单击⊙我的电脑，单击 下一步 ⇨如图 1-5-30 所示操作⇨单击 下一步 ⇨如图 1-5-31 所示操作⇨单击 下一步 （2 次）⇨单击 完成 。

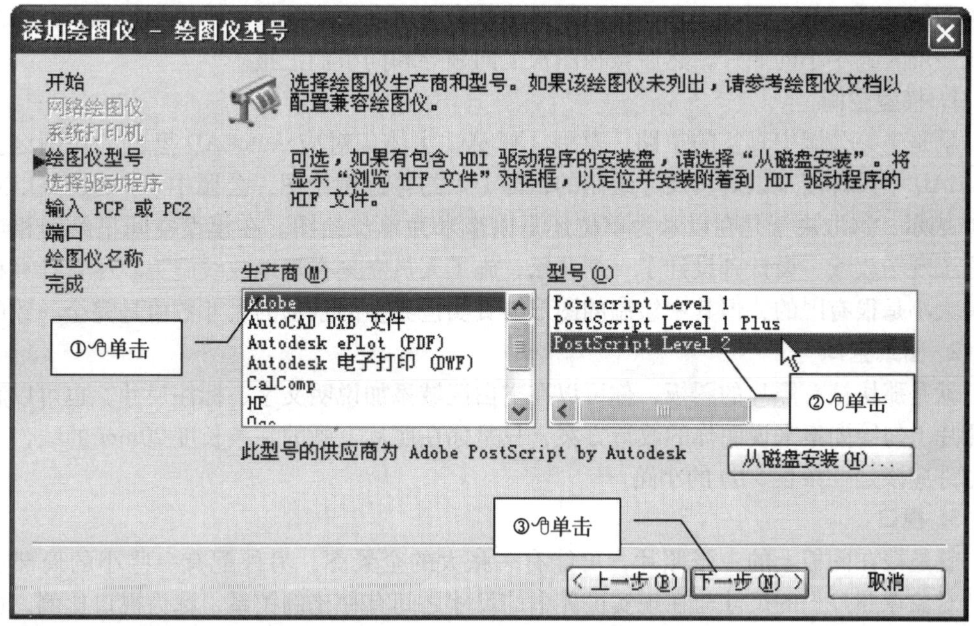

图　1-5-30

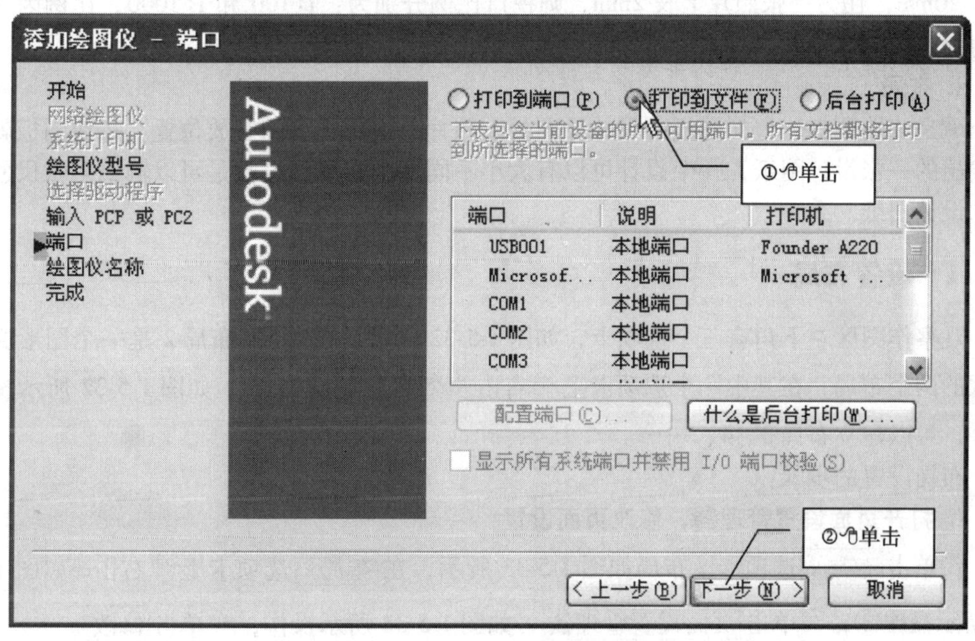

图　1-5-31

5.4　模型空间与图纸空间、视口、布局

到目前为止在 AutoCAD 中一直工作在模型空间里，下面举一个例子来说明模型空间、图纸空间、视口与布局的含义。你去美国考察城市规划和园林设计，参观纽约中央公园，

为了回国后更好的介绍给大家，可以想象你乘坐飞机在空中观察并不停的拍照，回来后冲印成一堆大大小小的照片，然后裱在图板上向领导和同事们汇报。

1. 模型空间

就是中央公园中真实的道路、草坪、树丛、水体，对应 AutoCAD 黑色的作图区。在 AutoCAD 中设计图是以真实尺寸绘制的，即 1:1 的等比例绘图，公园中 6m 的道路以 6 或 6000 表示，这取决于是在以米为单位还是以毫米为单位绘图。在模型空间里绘图相当于在施工现场放线，设计师设计了一个花坛，施工人员立刻在现地放线施工。尽管计算机的屏幕大小是很有限的，但其中绘制的图形与真实世界中的景物的尺寸数值是完全一致的。

2. 图纸空间

就是那块裱有照片的图板，你可以在空白区域添加说明文字、标注尺寸，也可以直接在照片上勾绘图案来说明你的改造方案，只是你在照片上画的一条长度 20mm 的线，在现地也许应该是一条长 50m 的小路。

3. 视口

就是裱在图板上的一张照片，可能有一张大的全景图，另外配有一些小的局部放大图。对象在照片上的尺寸与在现实世界中的尺寸之间有种比例关系，称为视口比例，比例的倒数称为比例因子，每张照片的视口比例可以不同，如：一条石凳长 2m，在一张照片上长 20mm，在另一张照片上长 2mm，则视口比例分别为：1:100 和 1:1000，比例因子分别为 100 和 1000。

4. 布局

就是一块图板，包括图板的尺寸及图板上照片、说明文字的摆放位置。每块图板就是要输出的一张设计图纸，一个设计可以有大小不同多个布局，也就是可以输出多张尺寸不同的设计图纸。

5.4.1 设置布局

观察作图区左下角有三个选项卡，如图 1-5-32 所示，布局 1、布局 2 是一个图形文件默认的两个布局，在其中一个选项卡上 🖱右击⇨🖱单击 新建布局，如图 1-5-32 所示操作①②，可以建立布局 3、4、……。

布局设置的步骤：

1. 打开页面设置管理器，修改页面设置

🖱单击 布局 1 选项卡，布局如图 1-5-33 所示，在 布局 1 选项卡上 🖱右击⇨如图 1-5-32 所示操作③，🖱单击 页面设置管理器，如图 1-5-34 所示操作，🖱单击 修改。

2. 选择绘图仪或打印机，设置布局参数

如图 1-5-35 所示操作①~⑤，步骤③选择图纸的幅面。步骤⑤选择打印样式表，🖱单击 acad. ctb 用彩色打印机按图层特性的定义输出彩色图；🖱单击 Grayscale 将彩色抖动成灰度，用黑白打印机输出黑—白—灰组成的灰度图，线条的深浅区分不同的彩色图层；🖱单击 monochrome. ctb 用彩色打印机打印纯黑色线条图，这种黑白的线条图是施工图复印、晒图所必需的。

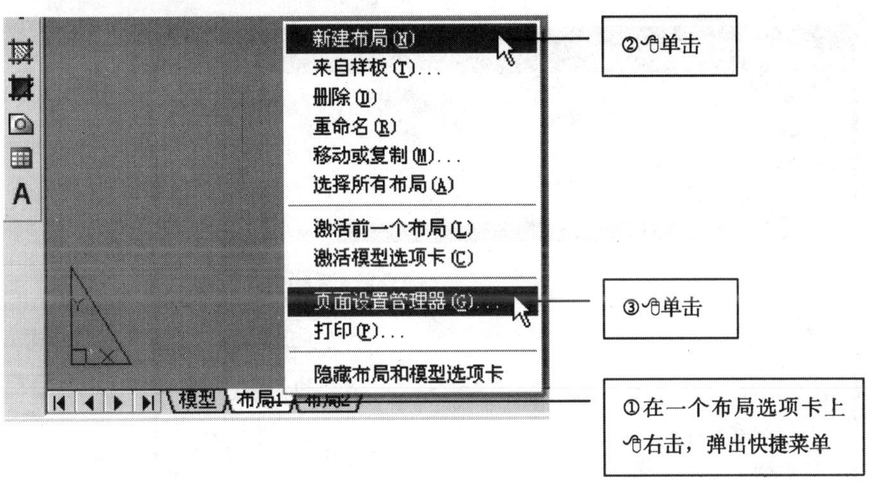

图　1-5-32

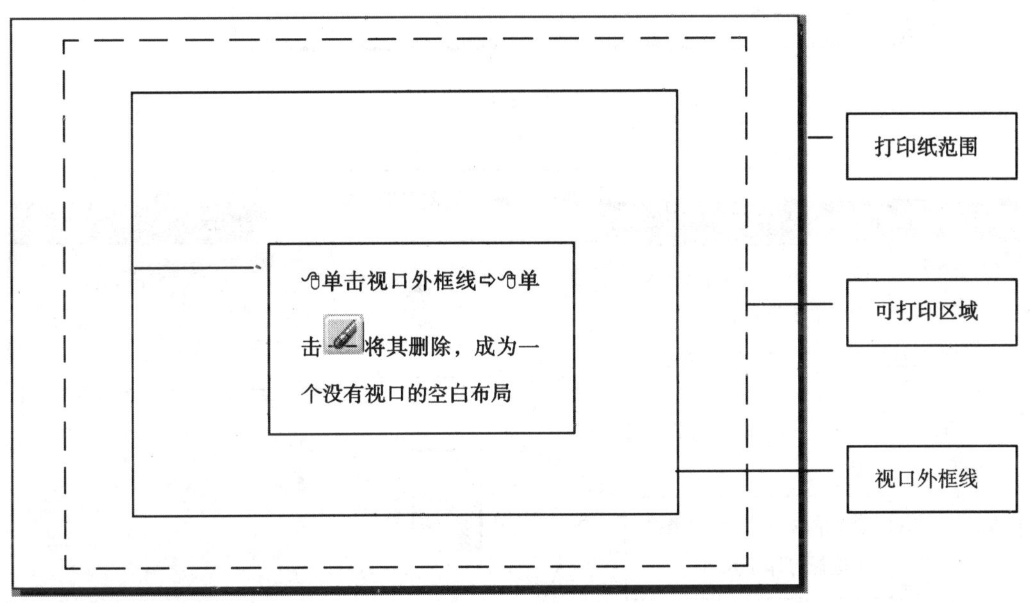

图　1-5-33

3. 修改标准图纸的可打印区域

图纸的可打印区域是与绘图仪、打印机有关的参数，每种设备都可能有所不同，一般以打印区域距打印纸边缘的距离来定义，多数情况下不符合制图国家标准，需要重新设置。

①如图 1-5-35 所示操作⑥，打开窗口如图 1-5-36 所示。

②如图 1-5-36 所示操作①②③，步骤②选择第一种图幅，弹出自定义图纸窗口如图 1-5-37 所示，根据不同的图幅输入符合国家标准的纸边距，如图 1-5-38、图 1-5-39 所示⇨单击下一步⇨单击下一步⇨单击完成。

页面设置管理器
当前布局:
布局1
了解页面设置管理器
页面设置(P)
当前页面设置:
<无>
布局1
布局2
置为当前(S)
新建(N)...
修改(M)...
输入(I)...
单击
选定页面设置的详细信息
设备名:
无
绘图仪:
无
打印大小:
210.00 x 297.00 毫米(横向)
创建新布局时显示
关闭(C)
帮助(H)

图 1-5-34

页面设置 - 布局1
⑤单击，选择打印样式表
①单击，在下拉列表中单击选择打印机
页面设置
名称:
打印样式表（笔指定）(G)
monochrome.ctb
显示打印样式(T)
打印机/绘图仪
名称(M):
HP Designjet 100Plus
特性(R)
⑥单击
着色视口选项
绘图仪:
HP Designjet 100Plus - 优化的驱动程序 - ...
297 MM
420 MM
着色打印(D)
按显示
位置:
LPT1:
质量(Q)
常规
说明:
DPI
150
②单击,在列表中单击选择打印纸尺寸
图纸尺寸(Z)
ISO A3
打印选项
打印对象线宽
按样式打印(E)
最后打印图纸空间
隐藏图纸空间对象(J)
打印区域
打印范围(W):
布局
③单击，单击 1:1
打印比例
布满图纸(I)
比例(S):
1:1
1
毫米
单位(U)
缩放线宽(L)
图形方向
纵向(A)
横向(N)
反向打印(-)
打印偏移（原点设置在可打印区域）
X:
0.00
毫米
居中打印(C)
Y:
0.00
毫米
④单击选择图形输出方向
预览(P)...
确定
取消
帮助(H)

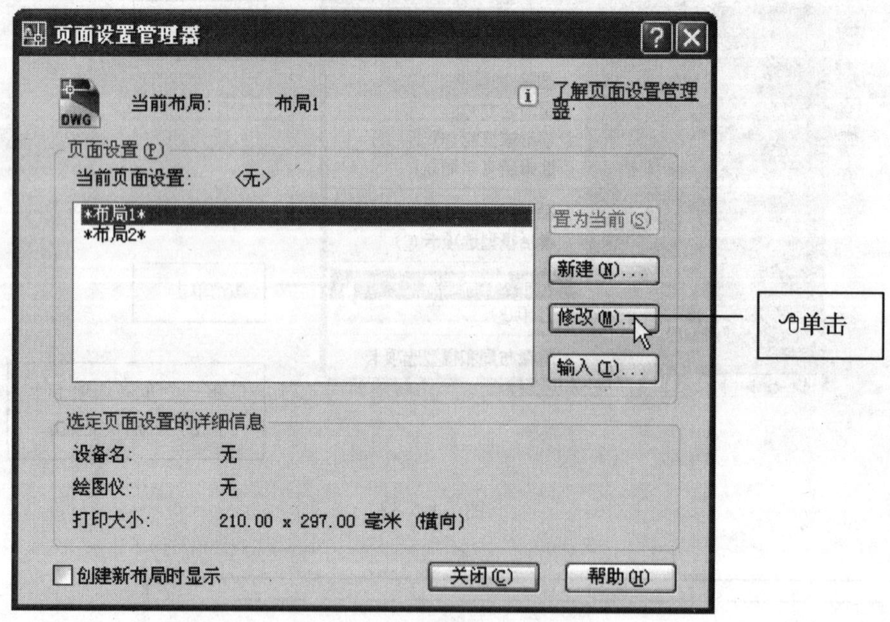

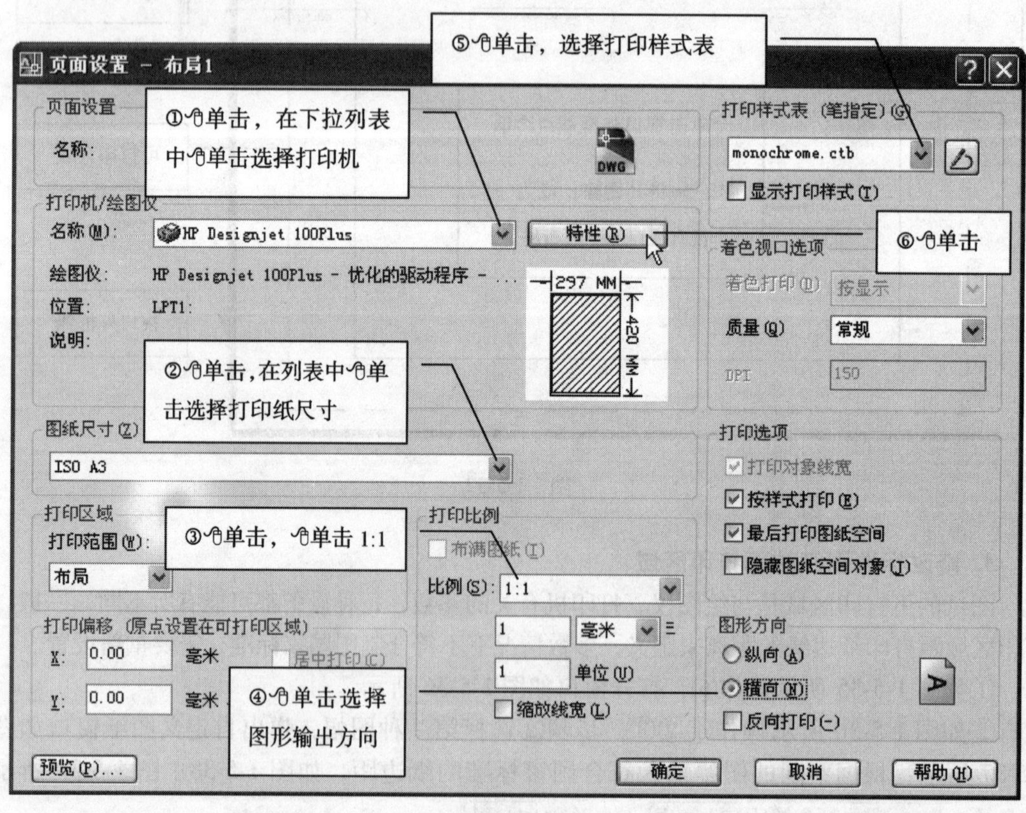

图 1-5-35

绘图仪配置编辑器 - HP Designjet 100Plus
基本
端口
设备和文档设置
HP Designjet 100Plus
介质
源和大小 <大小: ISO A3 >
介质目标 <默认>
图形
自定义特性
用户定义图纸尺寸与校准
自定义图纸尺寸
修改标准图纸尺寸 (可打印区域)
过滤图纸尺寸
绘图仪校准
①单击
修改标准图纸尺寸 (Z)
ISO A2
ISO A3
ISO A4
②单击
修改(M)...
③单击
宽: 296.9mm 高: 419.9mm
LR: 5.0mm, 5.0mm 可打印: 286.9mm x 402.9mm
输入(I)...
另存为(S)...
默认(D)
确定
取消
帮助(H)

图　1-5-36

自定义图纸尺寸 - 可打印区域
开始
介质边界
可打印区域
图纸尺寸名
文件名
完成
Autodesk
"预览"控件表明当前选定图纸尺寸上的可打印区域。要修改非打印区域，请调整页面的"上"、"下"、"左"和"右"边界。
注意: 大多数驱动程序根据与图纸边界的指定距离来计算可打印区域。某些驱动程序 (如 Postscript 驱动程序) 从图纸的实际边界开始计算可打印区域。请确认绘图仪能以指定的实际尺寸打印。
上(T): 5
下(O): 11
左(L): 4
右(R): 5
预览
< 上一步(B)
下一步(N) >
取消

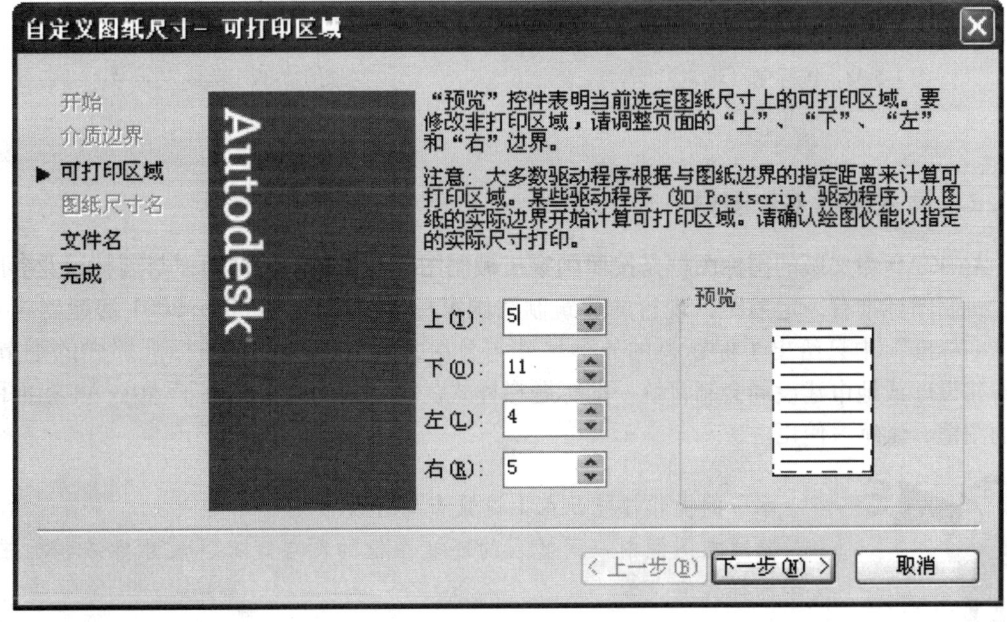

图　1-5-37

③如图 1-5-36 所示操作①②③，步骤②选择第二种图幅，重复上述步骤设置第二种图幅的纸边距，依次设置所有常用图幅的纸边距。

④如图 1-5-36 所示，单击**确定**，弹出窗口如图 1-5-40 所示，在输入框中单击，移动光标到尾部，输入一个易于识别的名称，如在打印机名称尾部加缀 GB，用户对标准图纸可打印区域的设置将保存在配置文件 HP Designjet 100Plus GB. pc3 中，以后在选择打印机时，如图 1-5-35 所示操作①，在下拉列表中选择 HP Designjet 100Plus GB. pc3 就可以直接使用设置过的这种打印机标准图纸的可打印区域了。

⑤如图 1-5-35 所示，单击**确定**，如图 1-5-34 所示，单击**关闭**，布局 1 设置结束，结果如图 1-5-41 所示。

观察图 1-5-37 中“上下左右”右侧显示的数字，一般是打印区域距打印纸边缘的距离，如果数值 >1 说明纸边距可能以毫米计算，如果数值 <1 则说明纸边距可能以英寸计算，图 1-5-38 中纸边距源于 GB/T 50001 房屋建筑制图统一标准，图 1-5-39 中是对应的英寸近似值，毫米与英寸的换算关系：毫米 ×0. 03937007874016 = 英寸。

	原始边距	≥A2 幅面	A3、A4 幅面
上(T):	5	25	25
下(O):	11	10	5
左(L):	4	10	5
右(R):	5	10	5

图 1-5-38　国际制（毫米）

	原始边距	≥A2 幅面	A3、A4 幅面
上(T):	0.12	0.98	0.98
下(O):	0.13	0.39	0.19
左(L):	0.13	0.39	0.19
右(R):	0.12	0.39	0.19

图 1-5-39　英制（英寸）

5. 4. 2　插入国标 GB 图框

AutoCAD 中文版的国标图框是按照国家机械制图标准设计的，标题栏与园林行业参照的建筑制图标准有一定差距，现行的建筑制图国家标准“GB/T 50001—2001 房屋建筑制图统一标准”中只给出了标题栏的外框尺寸与分区，没有像机械制图标准那样的细节，各省建设厅或地市建设局会制订统一的标题栏样式。我们的网站上提供了 A0 ~ A4 幅面图纸的图框，供练习使用。

本节的操作接续 5. 4. 1 设置布局进行。

隐藏在图框中一同插入的还有图框的图层定义、尺寸标注和标注文字的样式定义。

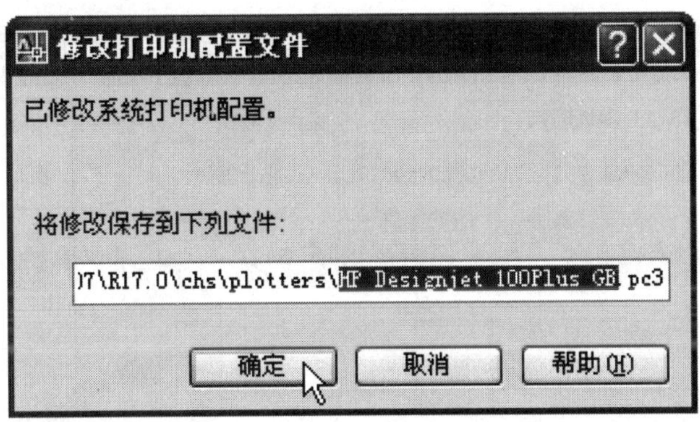

图　1-5-40

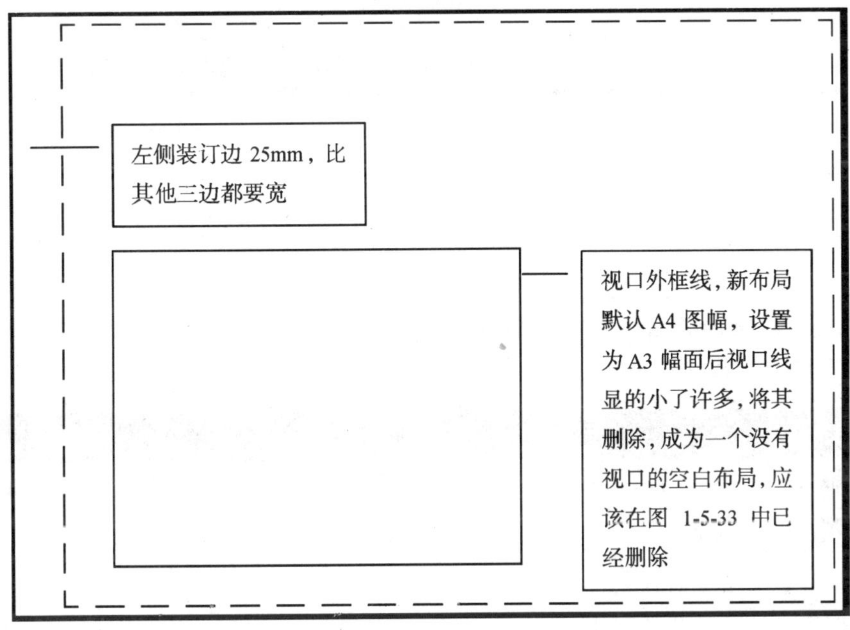

图　1-5-41

4. 插入国标图框

单击绘图工具栏上的插入块按钮，如图 1-5-42、图 1-5-43、图 1-5-44 所示，执行操作①～⑧，将图框文件作为一个图块插入到当前图形中。

5. 修改标题栏中填写的信息

双击标题栏中的红色文字，弹出窗口如图 1-5-45 所示⇨重复执行操作①②，修改所有信息⇨单击确定结束修改。

如果要修改设计单位名称等相对稳定的内容，可直接打开图框文件，如：GB _ A3 建筑横向 . dwg，用编辑属性命令（在修改Ⅱ工具栏上，参见 5. 2. 2 图 1-5-13 所示）修改属性的初始值。

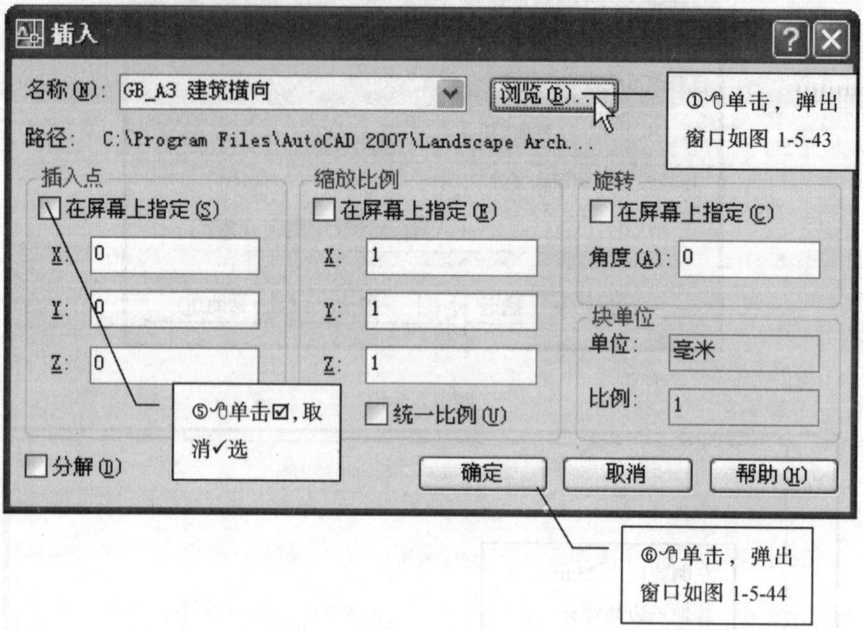

插入

名称(N): GB_A3 建筑横向 浏览(B)...

路径: C:\Program Files\AutoCAD 2007\Landscape Arch...

插入点 在屏幕上指定(S) X: 0 Y: 0 Z: 0

缩放比例 在屏幕上指定(E) X: 1 Y: 1 Z: 1 统一比例(U)

旋转 在屏幕上指定(C) 角度(A): 0

块单位 单位: 毫米 比例: 1

分解(D) 确定 取消 帮助(H)

①单击，弹出窗口如图 1-5-43

⑤单击☑，取消✓选

⑥单击，弹出窗口如图 1-5-44

图 1-5-42

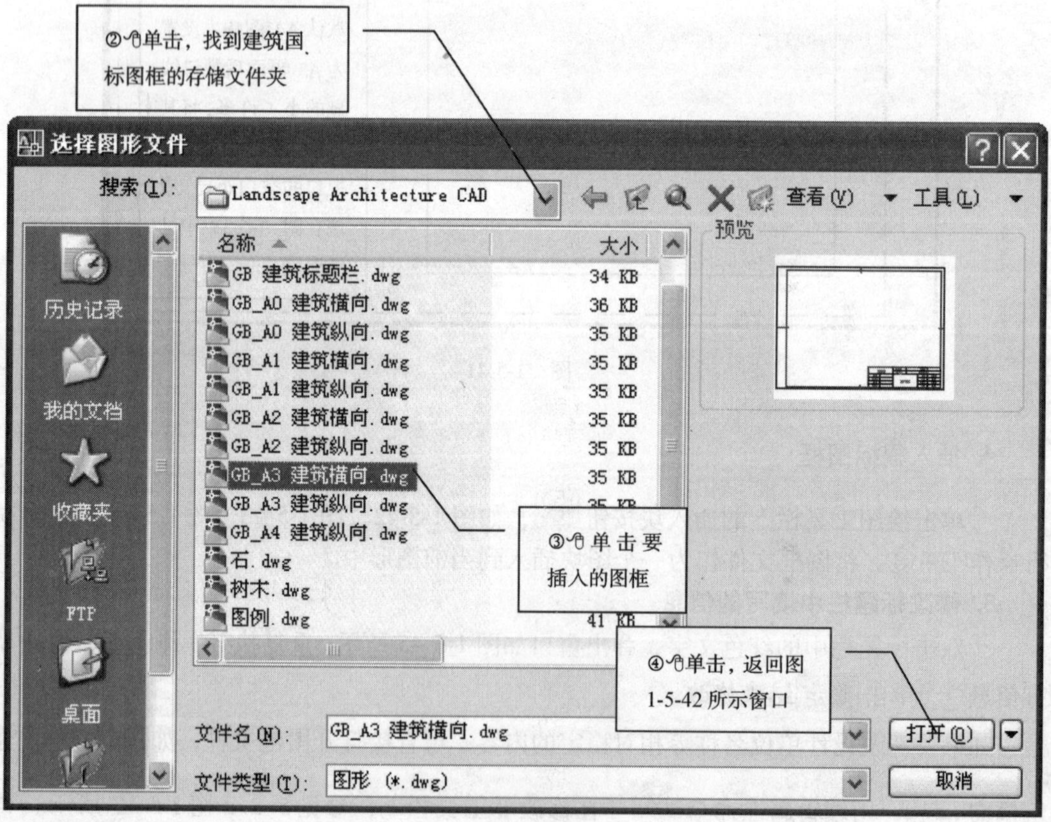

②单击，找到建筑国标图框的存储文件夹

选择图形文件

搜索(I): Landscape Architecture CAD 查看(V) 工具(L)

历史记录 我的文档 收藏夹 FTP 桌面

名称	大小
GB 建筑标题栏.dwg	34 KB
GB_A0 建筑横向.dwg	36 KB
GB_A0 建筑纵向.dwg	35 KB
GB_A1 建筑横向.dwg	35 KB
GB_A1 建筑纵向.dwg	35 KB
GB_A2 建筑横向.dwg	35 KB
GB_A2 建筑纵向.dwg	35 KB
GB_A3 建筑横向.dwg	35 KB
GB_A3 建筑纵向.dwg	35 KB
GB_A4 建筑纵向.dwg	
石.dwg	
树木.dwg	
图例.dwg	41 KB

预览

文件名(N): GB_A3 建筑横向.dwg 打开(O)

文件类型(T): 图形 (*.dwg) 取消

③单击要插入的图框

④单击，返回图 1-5-42 所示窗口

图 1-5-43

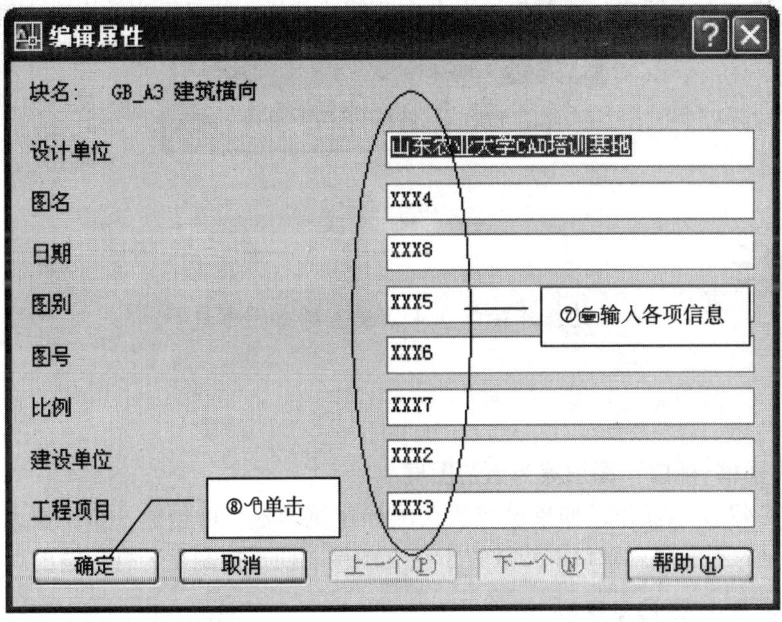

图　1-5-44

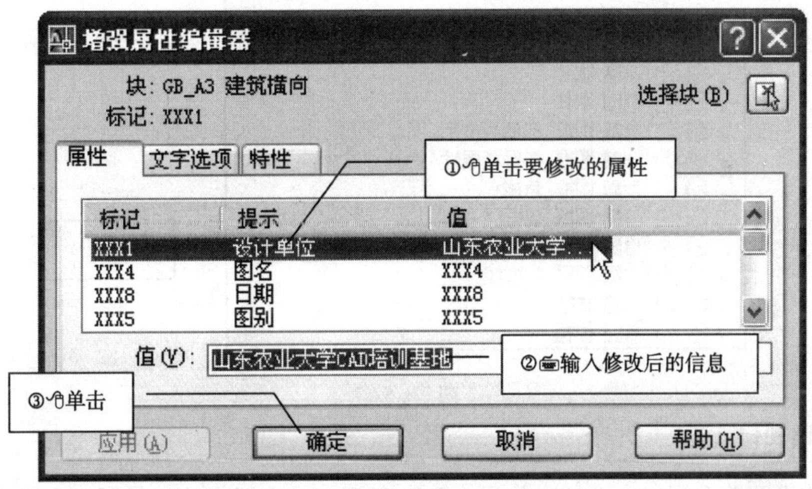

图　1-5-45

图框内框线的左下角在图框图形文件中位于坐标原点，插入到布局时对位在可打印区域的左下角点，如图1-5-41所示虚线的左下角点，可用移动命令在布局中调整图框的位置，但不允许用缩放Scale命令改变图框的尺寸。

5.4.3　创建多视口布局

视口工具栏如图1-5-46所示，右击任意工具栏，单击 视口 打开，将其浮动在作图区中或停泊在上下两边，不要停泊在左右两侧，那样不能显示当前视口比例。

图 1-5-46

本节的操作接续 5.4.2 插入国标图框进行。

6. 将“图框_视口”图层置为当前图层

如图 1-5-47 所示操作，如果没有插入国标建筑图框，可创建一个图层，将其命名为“视口”并设为当前层。视口框线放置于独立图层，便于控制是否打印输出。

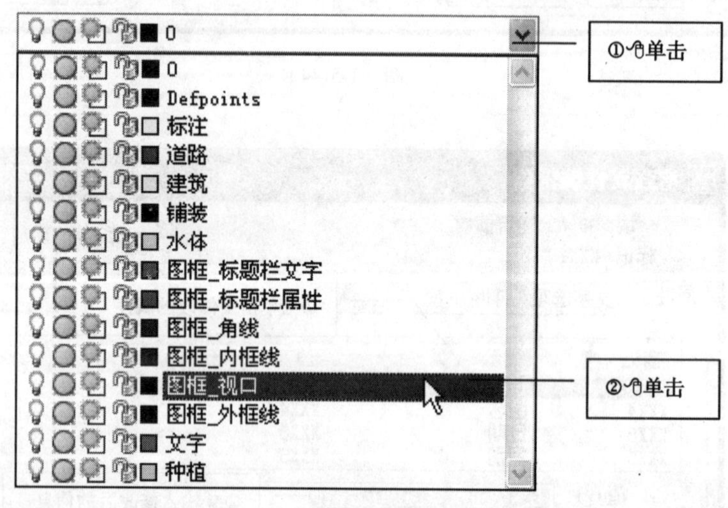

图 1-5-47

7. 创建视口

单击单个视口命令钮，如图 1-5-48 所示，在布局中执行①②两步操作，创建左侧矩形视口。在布局右侧绘制圆、样条曲线、修订云线等闭合图形对象⇨单击将对象转换为视口命令钮，单击圆⇨单击，单击闭合样条曲线，将两个图形对象转换为视口框线。如果用云线做视口线，打印输出时速度异常的慢。如果图幅较小，一个布局只需要一个视口，如图 1-5-49 所示，单击多边形视口命令钮⇨顺序捕捉并单击点 A、B、C、D、E、F ⇨右击⇨单击闭合，可创建一个与图框内框线重合的多边形视口。

②单击
①单击
山东农业大学
建设单位
XXX2
工程项目
XXX3
XXX4

图　1-5-48

F
E
C
D
A
B
CAD培训基地
XXX2
XXX3
XXX4

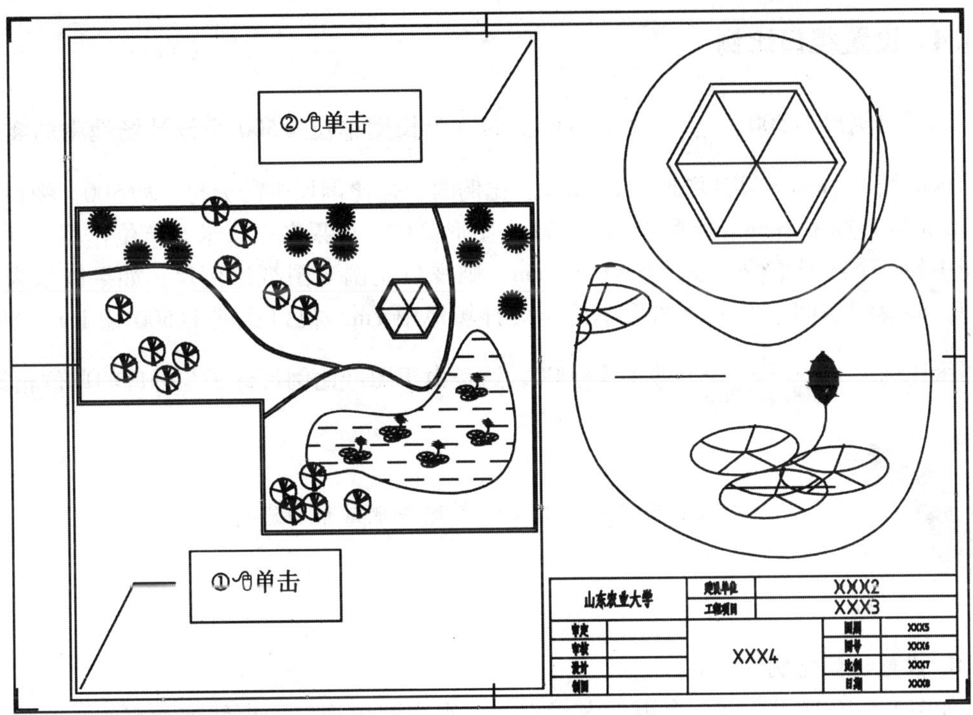

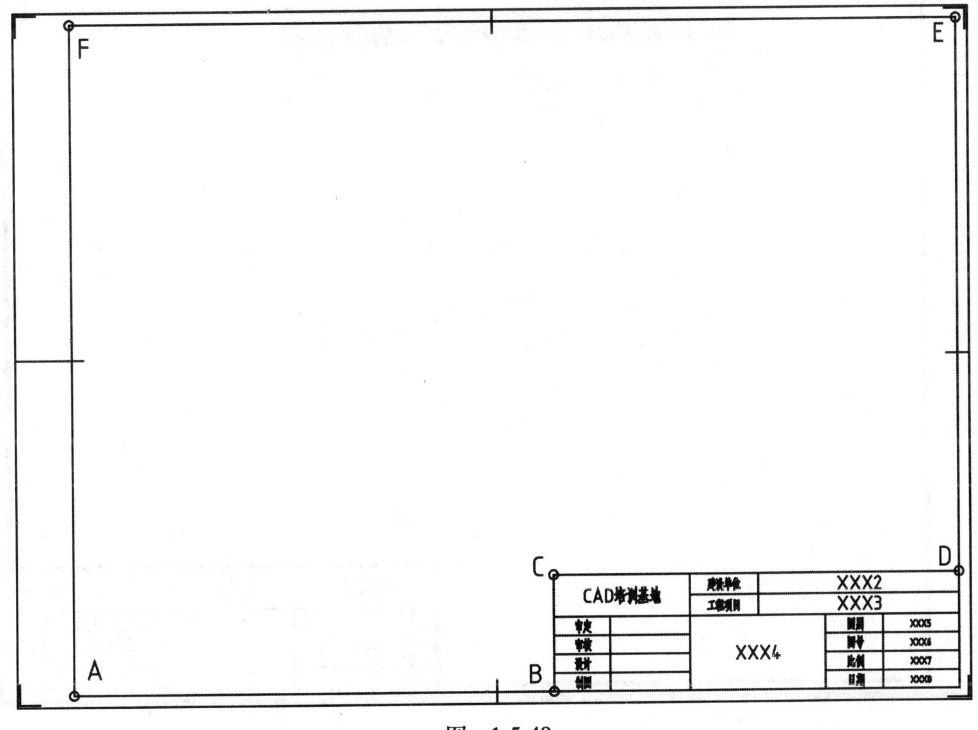

图　1-5-49

5.4.4　设置视口比例

图纸比例尺 1:500，$\frac{1}{500}$，是指图纸上的一个长度单位 = 500 个设计场地中的实际单位，即图纸上 1mm = 设计场地中 500mm。比例因子是比例尺中的分母，即 500。视口比例 1:500 是指布局中 1mm = 模型空间中 500 个图形单位。如果在以毫米为单位作图，即模型空间中的一个图形单位 = 设计场地中 1mm，则视口比例 = 图纸比例尺；如果以米为单位作图，即模型空间中的一个图形单位 = 设计场地中 1m，视口比例 1:500 是 1mm:500m，而图纸比例尺 = $\frac{1}{500 \times 1000}$，即 1:500000，这是由于图纸比例尺分子与分母的单位相等。

本节的操作接续 5.4.3 创建多视口布局进行。

8. 设置视口比例

如图 1-5-50 所示，在一个视口内双击，观察到该视口的框线变为粗线，视口激活成为当前视口，并且进入“浮动模型空间”⇨参照 3.2 视图的缩放和平移的方法，将图形

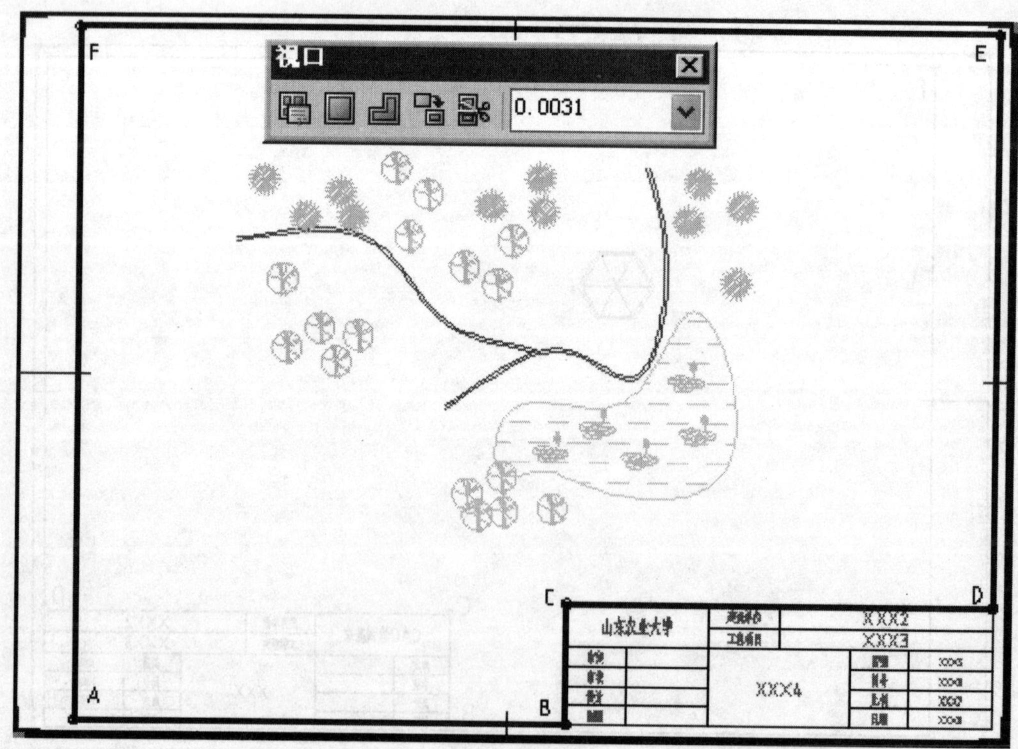

图　1-5-50

缩放到合适大小，观察视口工具栏右侧数值，如图 1-5-50 所示 0.0031，这就是当前视口的比例，输入 1∶400 或 0.0025，此时的视口比例为 1∶400 =0.0025，若以毫米为单位绘图，则视口比例 1∶400 就是图纸上的要标注的比例尺；若以米为单位绘图，则图纸上要标注的比例尺为$\frac{1}{400\times1000}=1/400000=1:400000$。

9. 锁定视口比例

在视口框线外双击，可将视口还原，即从浮动模型空间回到图纸空间，这时视口框线变回到细线。单击视口框线将其选中⇨右击，弹出快捷菜单⇨显示锁定⇨单击是，可将该视口的比例锁定，防止意外的修改，同样的步骤可将锁定的视口打开。

浮动模型空间是在激活视口中模拟的模型空间，可在视口中“飞回”模型空间，进行图形绘制、修改等操作。

将比例调整为多大合适呢？要考虑两个因素：图形周围要留出一定的空白，用于放置尺寸标注、说明文字、苗木表等对象；比例尺可参照 GB/T 50001—2001 房屋建筑制图统一标准，1∶10、1∶20、1∶50 × 10^n、1∶150 为常用的比例尺，1∶3、1∶4、1∶6、1∶15、1∶25、1∶30、1∶40、1∶60、1∶80、1∶250、1∶300、1∶400、1∶600 为可用比例尺。

第 6 讲

6.1 文字

一张图纸上一般需要书写三种字体的文字，图的标题一般直接使用 Windows 的 True Type 字库，不需要先定义文字样式，而图样与说明中的文字要使用符合国家制图标准的高 3 宽 2 的长仿宋字，这种字库由 AutoCAD 专门提供与普通印刷字体不同，汉字高度一般取 3.5mm、5mm、7mm、10mm、14mm、20mm，字母和数字应不小于 2.5mm，观察一下可以发现字高均为 5 和 7 的倍数，在使用时要分别标注、文字说明两种用途单独定义两种文字样式。右击任意工具栏⇨单击 文字，可以打开文字工具栏，如图 1-6-1 所示。

图 1-6-1

AutoCAD 提供的国标字体的中文字库与英文及数字字库是分离的，由三个文件组成：

gbenor. shx　英文及数字正体

gbeitc. shx　英文及数字斜体

gbcbig. shx　汉字库

由于早期版本不能使用 Windows 的 True Type 中文字库，历史上曾出现过多种美术字库用来书写图纸标题，如：标宋、魏碑、行楷等。

6.1.1 标注用文字样式的定义

1. 启动文字样式命令

单击，或单击 格式 菜单⇨单击 文字样式。

2. 定义标注用文字样式

如图 1-6-2 所示操作，单击 关闭 退出。

要特别注意，高度值一定要保持为 0，因标注用文字的字高是在标注样式定义中设置的，此处一定要为 0。插入国标建筑图框时已隐藏插入了标注样式及相应的标注文字样式，也可利用设计中心将其他图形文件中定义过的文字样式拖动到当前图形中来。

6.1.2 说明用文字样式的定义

说明用文字样式一定要与标注中使用的文字样式分开定义，不能借用。字体也是长仿

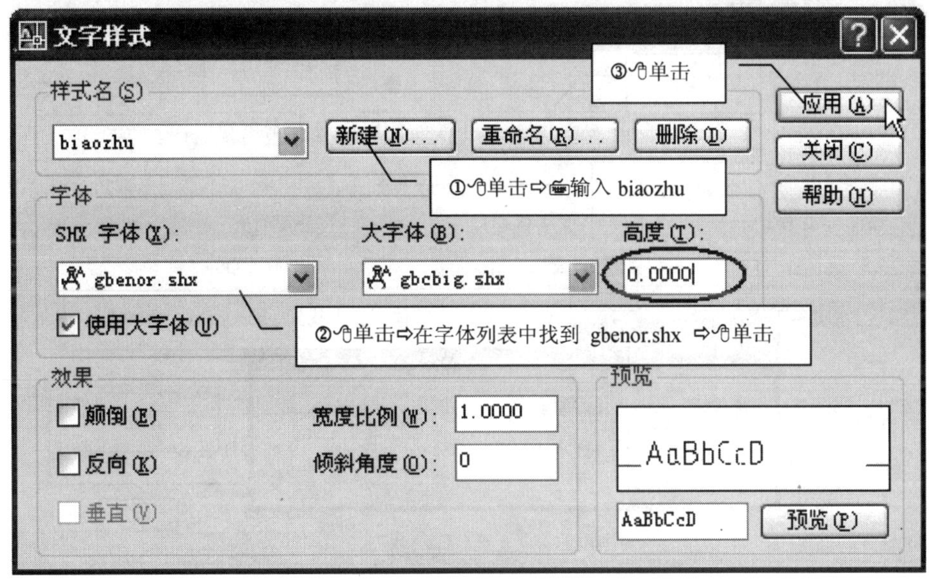

图　1-6-2

宋字，区别是文字的高度值不为 0。如果直接在布局中的图纸空间书写文字，文字高度值与图纸上要求的打印高度相等。如果在模型空间中书写文字，就像设计场地中的文字模纹，如图 1-6-3 所示，而设计图纸就像在空中拍的一张照片，照片上的文字与大地上的文字之间存在着一定比例关系，这就是视口比例。在模型空间中书写文字，高度值的计算方法如下：

字高 = 图纸上印出时的要求高度 × 视口的比例因子

如要求图纸上输出的义字高度 5mm，视口比例 1∶400，则要输入的字高 = 5 × 400 - 2000。

图 1-6-3　（引自薛聪贤《景观植物造园应用实例》）

说明用文字样式的定义方法如下：

单击 ⇨如图 1-6-4 所示操作⇨单击关闭退出。

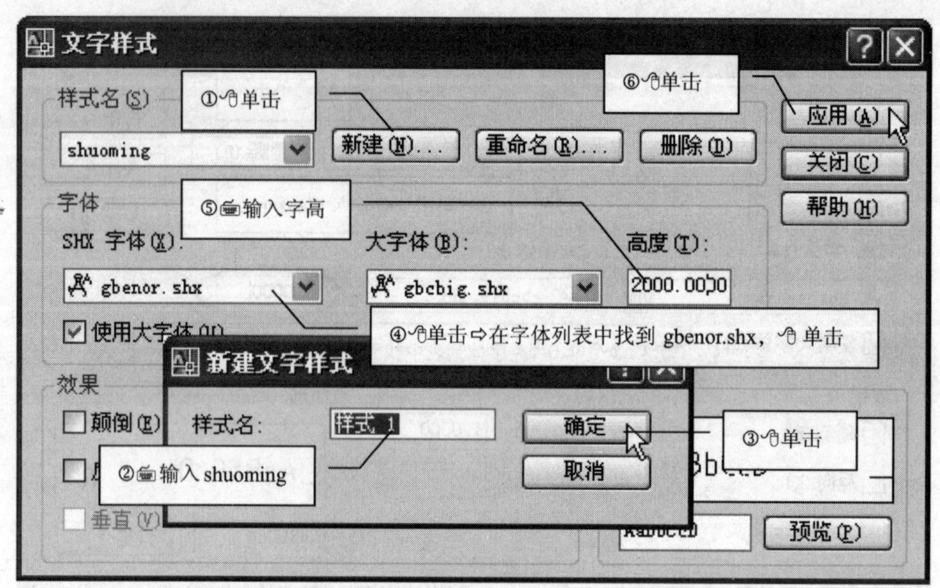

图 1-6-4

6.1.3 多行文字 Mtext 与单行文字 Dtext

书写文字有两个命令，多行文字 A 和单行文字 AI，工具栏如图 1-6-1 所示。单行文字命令的功能较弱，已很少在绘图中使用。多行文字的操作方法：

单击 A 启动命令⇨在作图区中要书写文字区域的一个角点，单击⇨移动鼠标到对角点，出现一个矩形框指示了文字的书写区域，如图 1-6-5 所示，单击，弹出文字格式工具栏和文字编辑窗口，如图 1-6-6 所示，文字编辑窗口的大小是由文字高度值与当前屏幕显示区域的尺寸关系决定的。

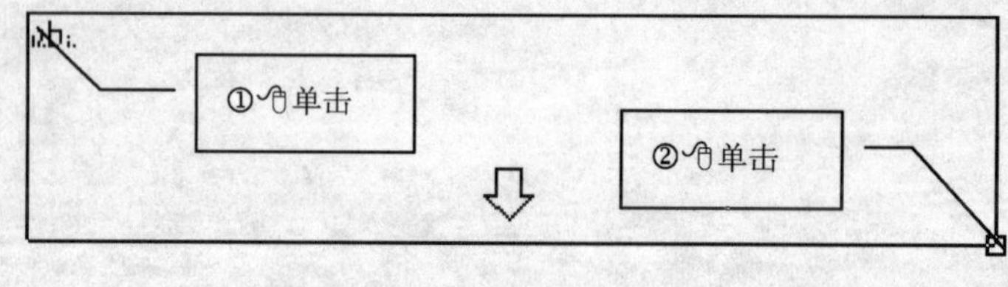

图 1-6-5

6.1.4 图标题与空心字

书写图标题一般直接使用 Windows TrueType 中文字体，不需要预先定义文字样式。操作方法如下：

①启动多行文字命令，划定书写区域，参见 6.1.3 多行文字。

②选择字体。如图 1-6-6 所示操作①，在字体列表中处于顶部的中文字体是躺倒的，

名称前面带有@符号，处于底部的中文字体才是要选择的标题字体。

③输入文字高度值，如图 1-6-6 所示操作②。

④输入标题文字。如图 1-6-6 所示操作③，如果文字自动换行则说明相对于划定的区域文字太大，可拖动选中已输入的文字，如图 1-6-6 所示操作②，输入一个较小的文字高度值，标题字的高度不是很严格，大小与图面协调即可。如图 1-6-6 所示操作④，多行文字命令结束。

⑤空心字。如果希望打印出的标题是空心字，如图 1-6-7 所示，可更改系统变量 Textfill 的值，Textfill 控制着 Windows 的 True Type 字体打印时是否填充，默认值为 1 表示填充，相关内容参见 3.6 系统变量。

系统变量 Textfill 的设置方法：在键盘上输入 Textfill 回车⇨输入 0 回车。

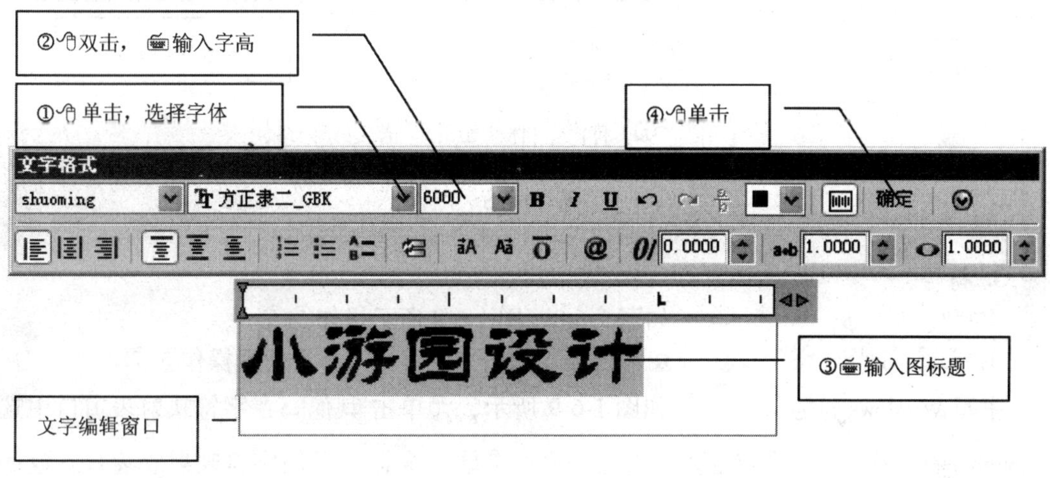

图　1-6-6

Textfill控制着True Type字体是否填充，只有打印或打印预览时才空心.

图　1-6-7

6.1.5　说明文字

1. 汉字、英文字母、数字

书写设计说明等文字，如图 1-6-8 所示操作①②。

2. 分式、上下标

输入 1/2 ⇨拖动选中 1/2，如图 1-6-8 所示操作③⇨单击堆叠，如图 1-6-8

所示操作④，1/2 将写成$\frac{1}{2}$。如果⌨输入1^2，则1为上标2为下标，写上下标时可以只写其中的一个。

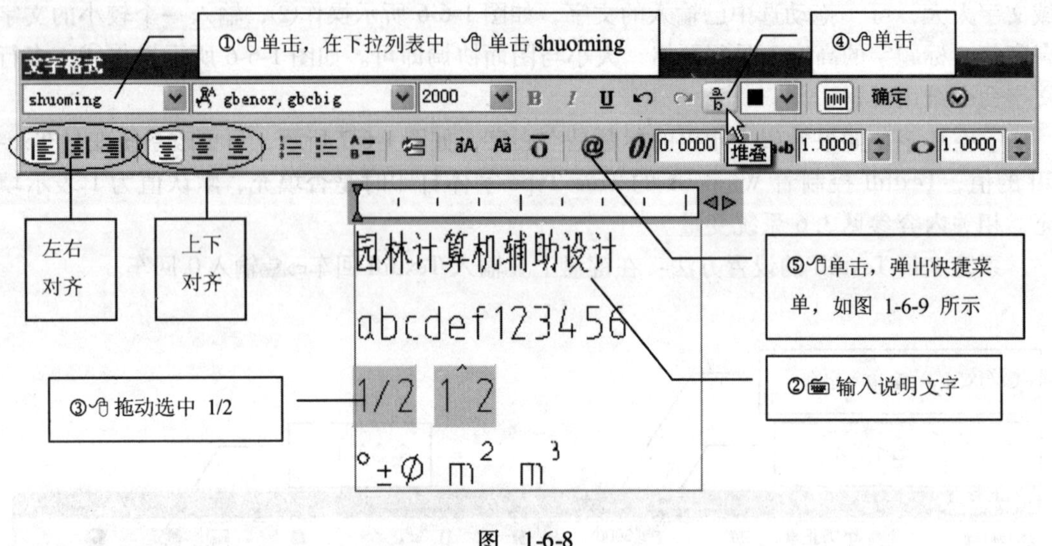

图 1-6-8

3. 符号

书写°、±、ϕ　　　　如图1-6-8、图1-6-9 所示操作⑤⑥。

书写 m^2、m^3　　　　⌨输入m，如图1-6-8、图1-6-9 所示操作⑤⑦。

书写 Windows 符号　　　　如图 1-6-9 所示，单击 其他 ⇨在字符映射表窗口中选择 symbol 符号库⇨逐个双击要插入的符号⇨单击 复制 ⇨关闭字符映射表窗口，返回到文字编辑窗口后，单击⇨右击⇨单击 粘贴 。Windows 符号的字体是 True Type 字体，不受字体样式定义的控制。

4. 从文本文件中输入文字

如果设计说明等大段的文字已经有文本文件，可以将其存储为 txt、rtf 两种格式的文件输入到当前图形中来，这两种文件分别是 Windows 记事本和写字板默认的存储格式。

操作方法：单击选项钮，如图1-6-8 所示文字格式工具栏右端，或在文字编辑窗口中右击，弹出快捷菜单⇨单击 输入文字 ⇨找到要输入的文本文件，单击 打开 。

如图1-6-8 所示，单击 确定 ，多行文字命令结束，结果如图1-6-10 所示。

6.1.6　编辑文字 Ddedit

如果要编辑修改已经书写好的文字，可双击写好的文字，或单击，如图1-6-1 所示⇨单击写好的文字，重新进入文字编辑窗口，像新输入的文字那样编辑修改。

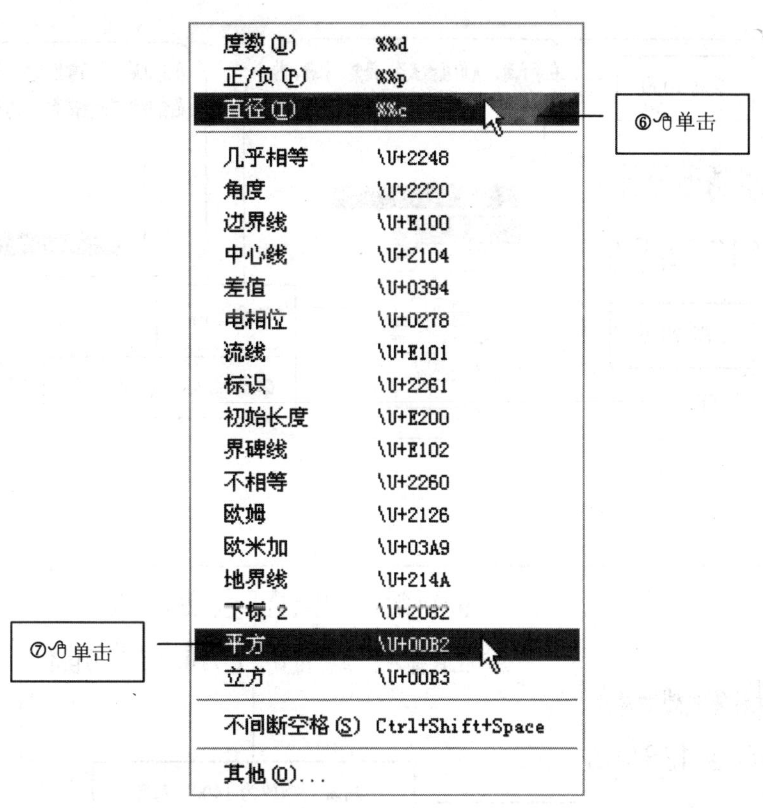

图　1-6-9

6.1.7　缩放文字 Scaletext

选择已经写好的文字将其缩放成统一的高度，可以一次缩放多处具有不同字高的文字。

操作方法：

(1) 启动命令，选择缩放文字

单击 ⇨如图 1-6-11a 所示，选择 2 段文字，右击。

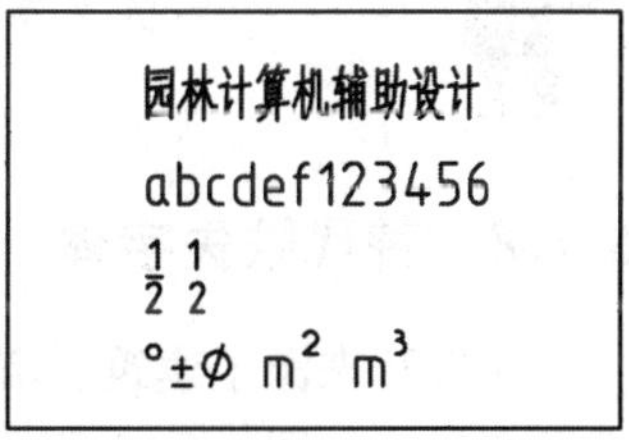

(2) 指定缩放基点

回车，或在动态输入提示框中单击 现有，如图 1-6-11 所示操作①，指定每段文字以自身现有的基点作为缩放基点。

园林计算机辅助设计
abcdef123456
$\frac{1}{2}$ 1/2
°±Φ m² m³

图　1-6-10

(3) 输入新字高

输入 1400 回车，如图 1-6-11 所示操作②，结果如图 1-6-11c 所示。

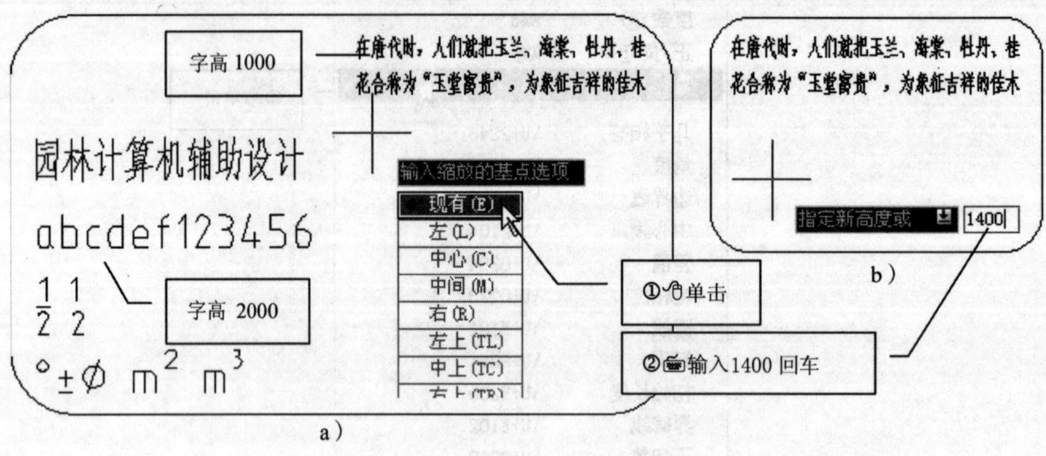

a）　　b）

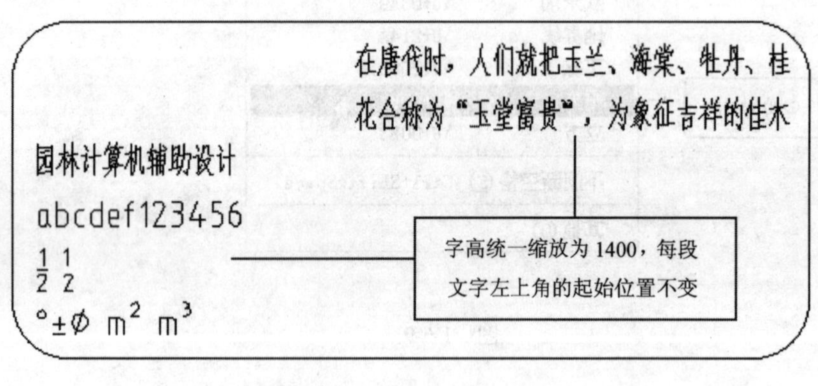

c）

图　1-6-11

修改文字样式定义中的字高，只对将要书写的文字有效，已经书写的文字不会自动刷新，缩放文字是比较快捷的方法。

6.1.8　替代缺失字体

在打开来源于建筑、市政、土地管理等机构的 AutoCAD Dwg 图形文件时，经常弹出提示窗口，如图 1-6-12 所示，这说明当前安装的 AutoCAD 系统中没有图形文件中使用的字体库，为了保持中文信息的可读性，如图 1-6-12 所示操作①②，以中文字库 gbcbig. shx 替代缺失字体，由于部分基于 AutoCAD 的二次开发软件有自定义的符号库，这种替代仍然有可能缺失特殊符号，根本的解决方法是复制原绘图软件的所有 . shx 字体库文件到文件夹 C：\ Program Files \ AutoCAD 2007 \ Fonts 中，这是 AutoCAD2007 字体库安装的默认路径。

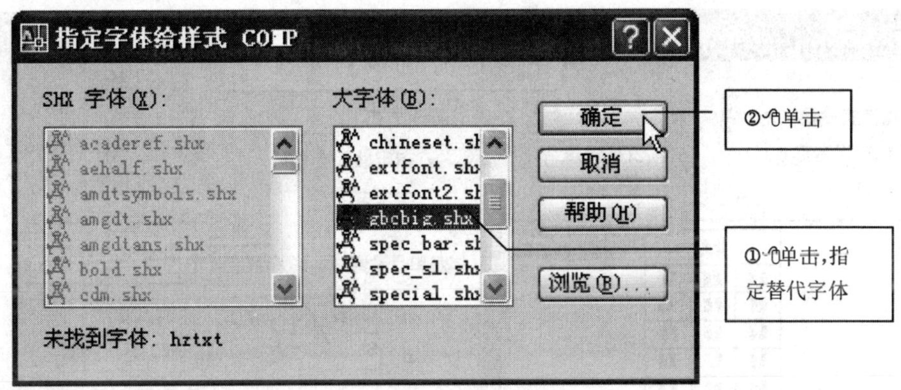

图　1-6-12

6.2　表格 Table

表格是在行和列中包含数据的对象，创建表格对象时，首先创建一个空表格，然后在表格的单元格中添加内容。表格是一个整体对象，隶属于一个图层，分解命令可以将其分解为次一级的组成对象，但分解后不能再使用表格编辑对其修改。

例 1-6-1　创建、编辑苗木表，如图 1-6-13 所示。

苗 木 表				
编号	图例	树种名称	规格	数量
1				
…				

图　1-6-13

（1）启动表格命令

单击绘图工具栏上的表格钮 或单击绘图菜单⇨单击 表格...，启动表格命令，弹出窗口如图 1-6-14 所示。

（2）设置表格的行、列数目

如图 1-6-14 所示操作①②，根据苗木表的需要输入 5 列，行数与树种数目相等，本例假设只有 3 个树种，输入 3 行。

（3）修改表格样式

如图 1-6-14 所示操作③，弹出窗口如图 1-6-15，如图 1-6-15 所示操作①，弹出窗口如图 1-6-16，在这个窗口中将表格默认使用的文字样式 Standard 更改为已经定义的文字样式 shuoming，也可以不更改文字样式而反过来定义 Standard 文字样式以满足需要，更改时单击数据选项卡⇨如图 1-6-16 所示操作③，更改表格中数据项的文字样式，再单击

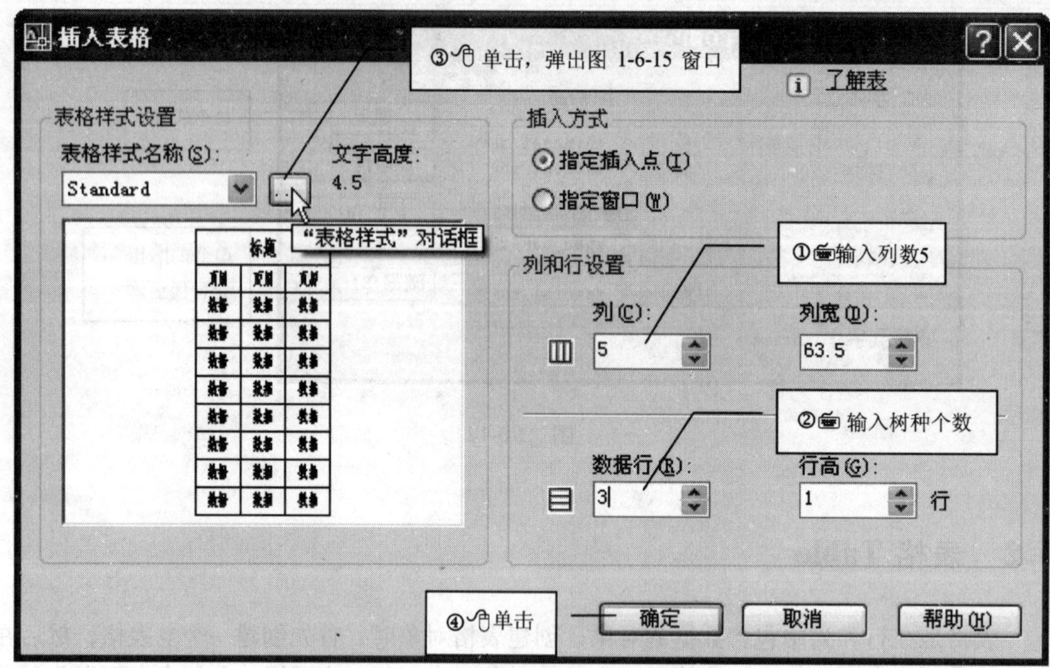

图 1-6-14

列标题选项卡⇨如图 1-6-16 所示操作③更改列标题的文字样式，再更改标题的文字样式。如图 1-6-14 所示操作④结束插入表格操作，此时的表格形态如图 1-6-17 所示。

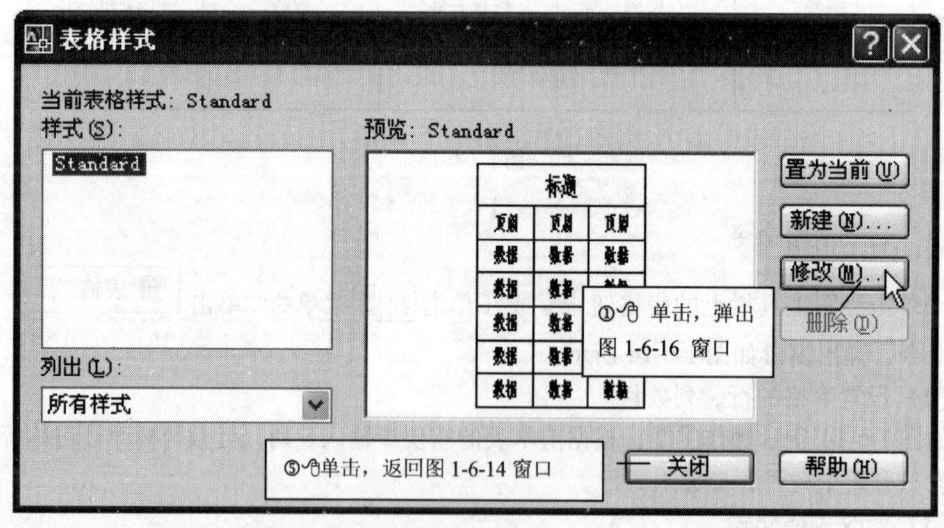

图 1-6-15

（4）调整表格尺寸

使用夹点编辑是调整表格尺寸的快捷方法，表格中 4 个角点作为夹点时的功能如图 1-

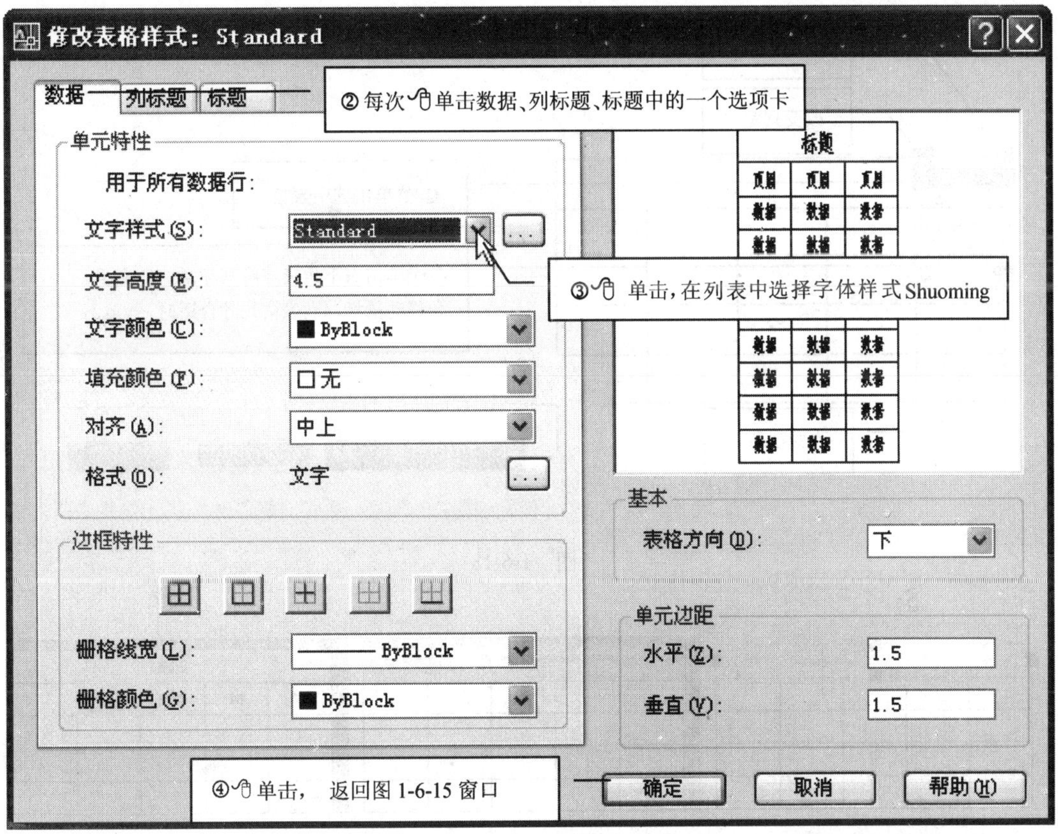

修改表格样式：Standard

②每次单击数据、列标题、标题中的一个选项卡

③单击，在列表中选择字体样式Shuoming

④单击，　返回图 1-6-15 窗口

图　1-6-16

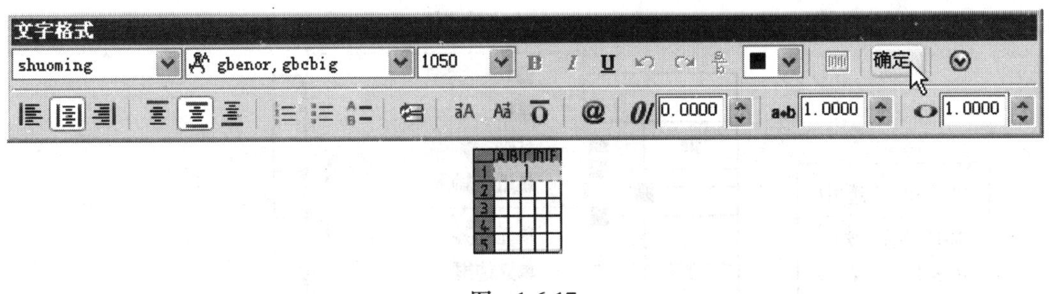

图　1-6-17

6-18 所示，操作方法相同。如图 1-6-18 所示操作①②，反复几次可将表格调整到满意的尺寸。

（5）填写表格文字

如图 1-6-19a 所示，在一个单元格中单击将其选中，如图 1-6-19b 所示，在此单元格中输入文字内容，使用键盘上的方向键，将光标移动到其他单元格填写内容，如图 1-6-19c 所示。

（6）插入树木符号块

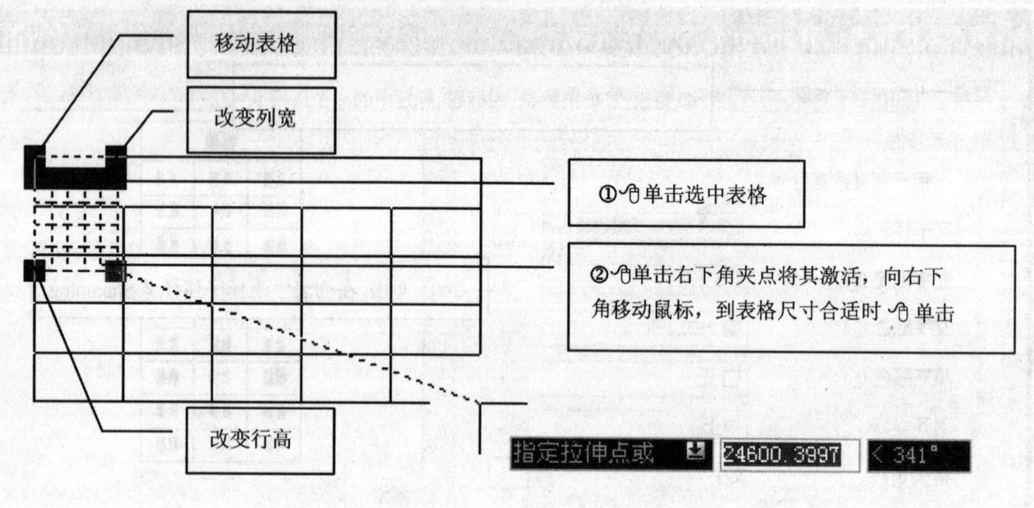

图 1-6-18

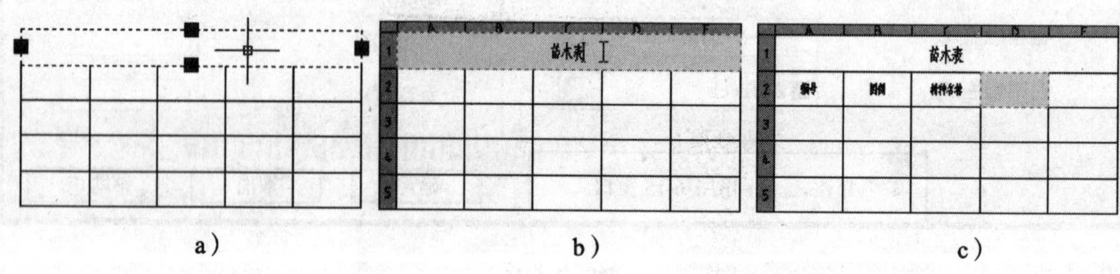

a） b） c）

图 1-6-19

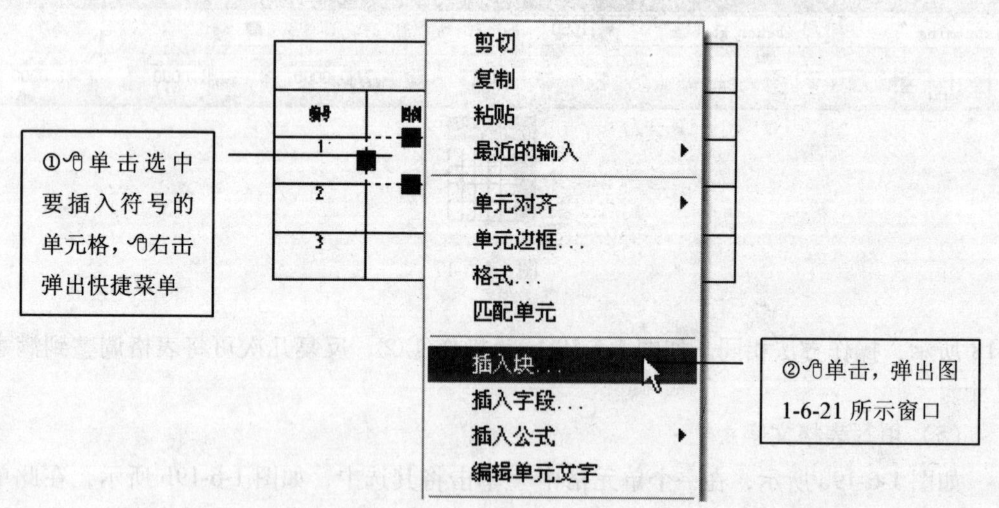

图 1-6-20

在作图时已将树木符号定义为图块，在表格中可以方便的插入已定义的图块，如图 1-6-20、图 1-6-21 所示操作①～⑥，可插入一个树木符号块，使用键盘上的方向键⇧⇦⇨⇩，将光标移动到其他单元格，重复操作可插入更多的树木符号块。

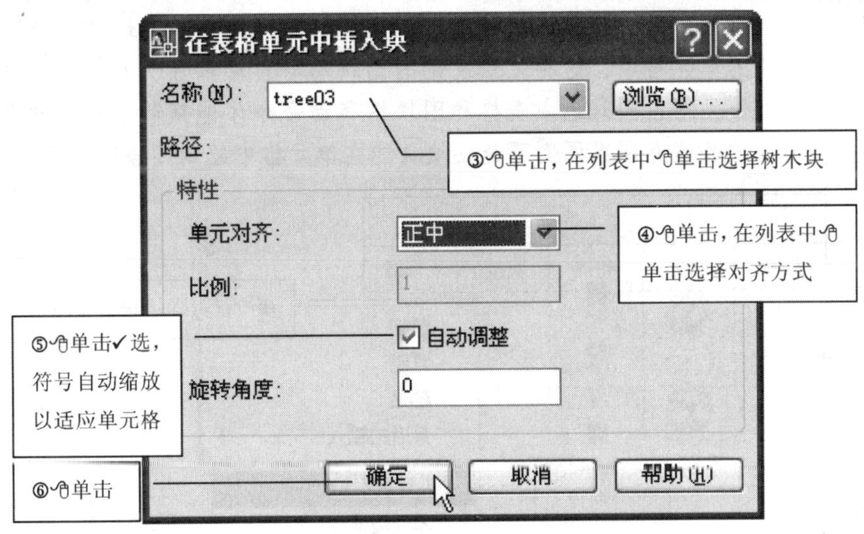

图　1-6-21

（7）单元格对齐

如图 1-6-22a 所示，表格中书写的文字等内容默认对齐方式不能满足要求，采用交叉窗选选中调整对齐的表格区域，如图 1-6-22b 所示操作①②，如图 1-6-23 所示操作③④⑤将选中区域单元格的内容上下左右居中对齐，结果如图 1-6-22c 所示。

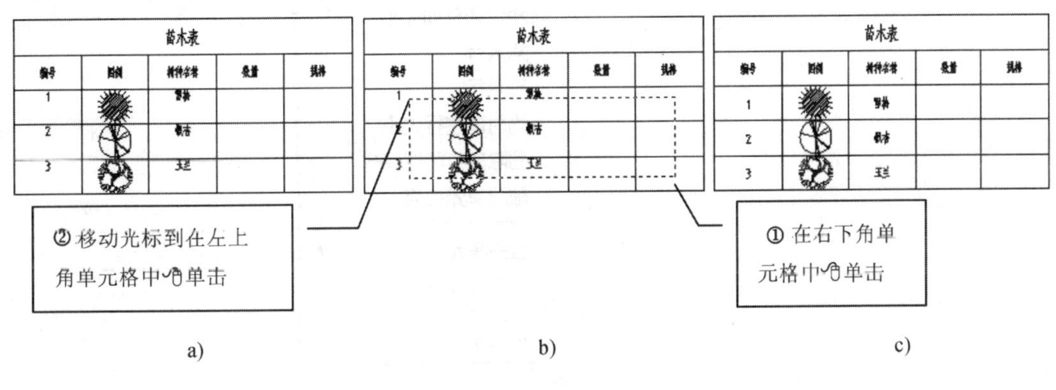

图　1-6-22

（8）插入删除行列

开始插入的表格也许行数、列数并不符合要求，可随时插入或删除行列，操作方法：🖱单击选中一个单元格，🖱右击弹出快捷菜单如图 1-6-23 所示，在菜单中🖱单击相应的项目即可。

表格中的树木符号块默认设置继承块的特性，在图层0上定义的图块插入时特性是透明的，直接继承表格所在图层的特性，由于与图样中所插入的图层不同，所以表格中的图块与图样中的图块颜色等特性不一致，为了保持一致可以直接从图样中复制图块“叠放”在表格的单元格中，这种方法复制的图块不会自动缩放大小、不能自动对齐单元格、同时选中表格和图块用移动命令才能跟随表格一起移动。模纹等填充图案图例不是图块只能在单元格中绘制闭合图形再填充。

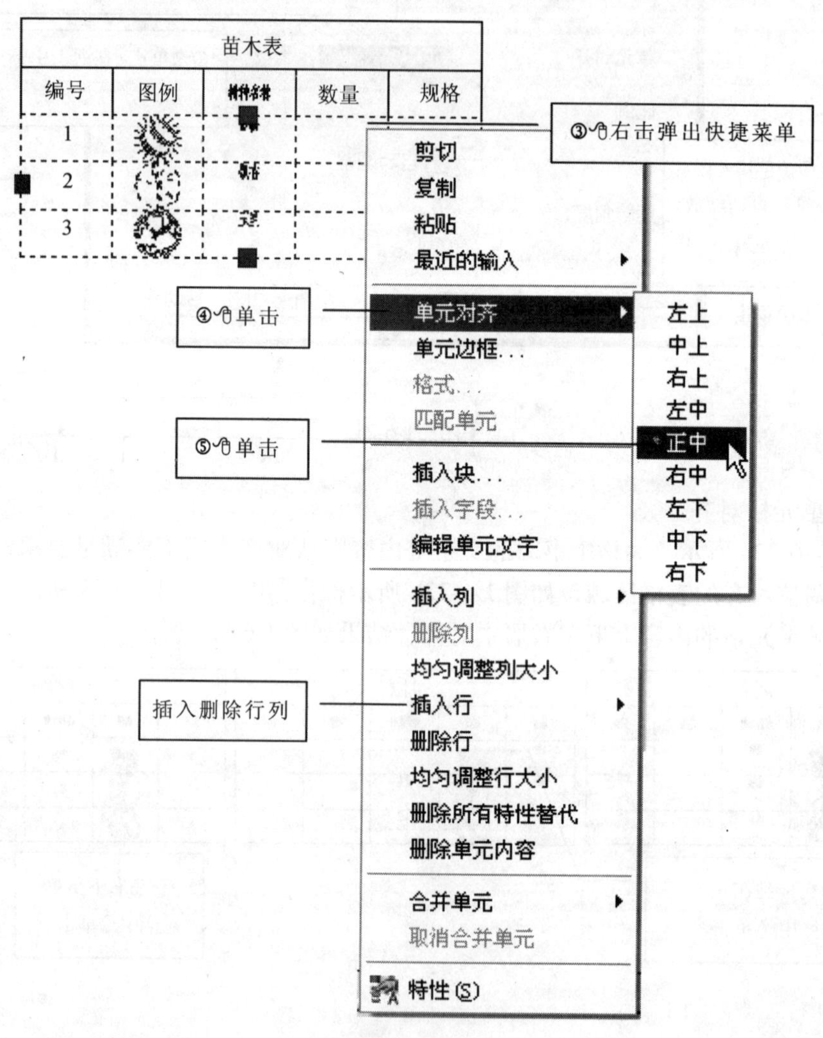

图 1-6-23

6.3 标注

标注是向图形中添加测量注释的过程。用户可以为各种对象沿各个方向创建标注。标注可在模型空间中进行，也可以在布局中进行。若有多个布局，在模型空间标注效率更高，模型空间的标注会出现在每个视口中，分图层放置标注，并在当前视口中冻结某个标注图层，则当前视口中不显示该图层中的标注。右击任意工具栏⇨单击标注，可以打开标注工具栏，如图 1-6-24 所示。

图　1-6-24

1. 标注类型

AutoCAD 提供了五种基本的标注类型：线性、径向（半径和直径）、角度、坐标、弧长。线性标注可以是水平、垂直、对齐、旋转、基线或连续标注。图 1-6-25 中列出了几种简单的示例。

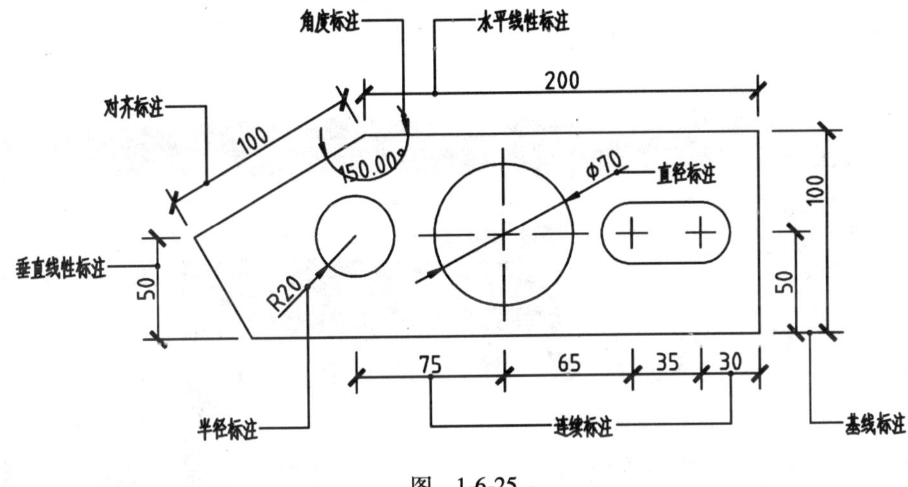

图　1-6-25

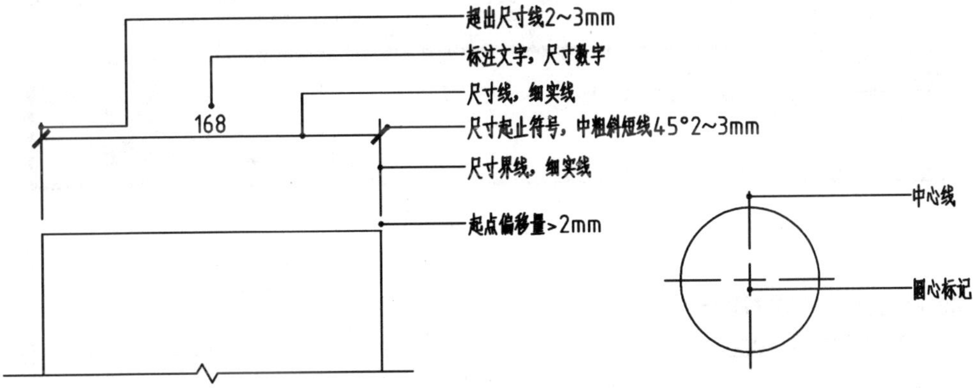

图　1-6-26

2. 标注部件

一个标注由标注文字、尺寸线、箭头和尺寸界线等元素组成，如图 1-6-26 所示，是一个整体，分解命令可将其分解成元素对象。

标注文字是用于指示测量值的字符串，还可以包含前缀、后缀和公差。

尺寸线用于指示标注的方向和范围，角度标注的尺寸线是一段圆弧。

箭头，也称为尺寸起止符号，显示在尺寸线的两端。可以为箭头或标记指定不同的尺寸和形状。

尺寸界线，也称为投影线，从部件延伸到尺寸线。

中心标记是标记圆或圆弧中心的小十字。

中心线是标记圆或圆弧中心的虚线。

6.3.1 定义标注样式 Dimstyle

1. 启动标注样式命令

单击，标注工具栏右端的标注样式命令钮，如图 1-6-24 所示，或单击格式菜单⇨单击标注样式，弹出窗口如图 1-6-27 所示。

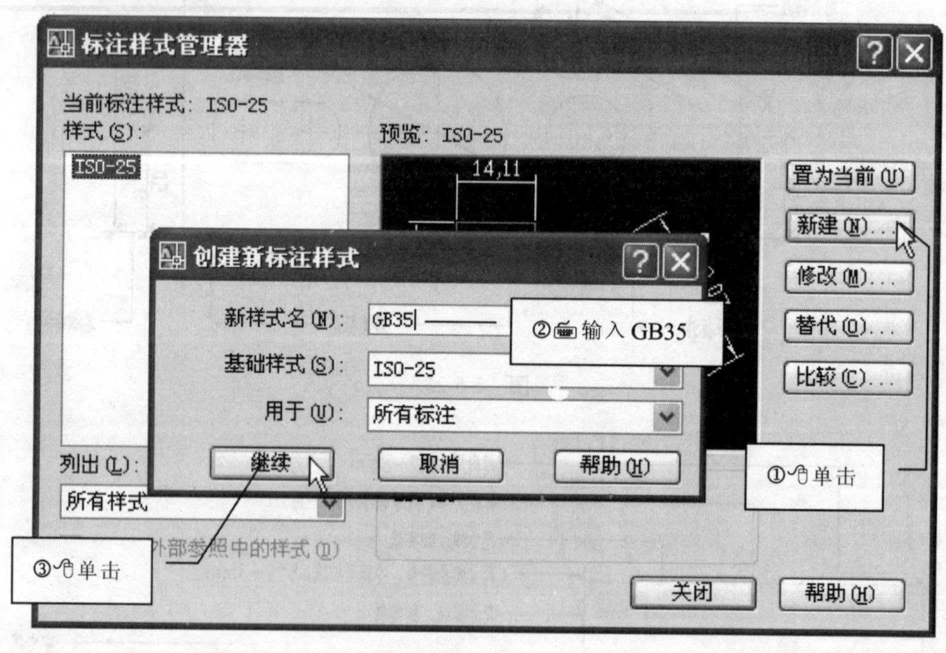

图 1-6-27

2. 新建标注样式 GB35

新建符合 GB/T 50001 的标注样式，分别将文字高度为 3.5mm 和 5mm 的标注样式命名为 GB35 和 GB5，操作如图 1-6-27 所示。

新建标注样式：GB35
①单击
②输入
③输入
④✓选
⑤输入
直线
符号和箭头
文字
调整
主单位
换算单位
公差
尺寸线
颜色(C)：
ByBlock
线型(L)：
线宽(G)：
超出标记(N)：
基线间距(A)：
7
隐藏：
尺寸线 1(M)
尺寸线 2(D)
尺寸界线
颜色(R)：
尺寸界线 1(I)：
尺寸界线 2(T)：
线宽(W)：
隐藏：
尺寸界线 1(1)
尺寸界线 2(2)
超出尺寸线(X)：
2.5
起点偏移量(F)：
2.5
固定长度的尺寸界线(O)
长度(E)：
7
确定
取消
帮助(H)

图　1-6-28

修改标注样式：GB35
①单击
②输入
③输入
④单击
直线
符号和箭头
文字
调整
主单位
换算单位
公差
箭头
第一项(T)：
实心闭合
第二个(D)：
实心闭合
引线(L)：
实心闭合
箭头大小(I)：
2.5
圆心标记
无(N)
标记(M)
直线(E)
大小(S)：
2.5
弧长符号
标注文字的前缀(P)
标注文字的上方(A)
无(O)
半径标注折弯
折弯角度(J)：
45
确定
取消
帮助(H)

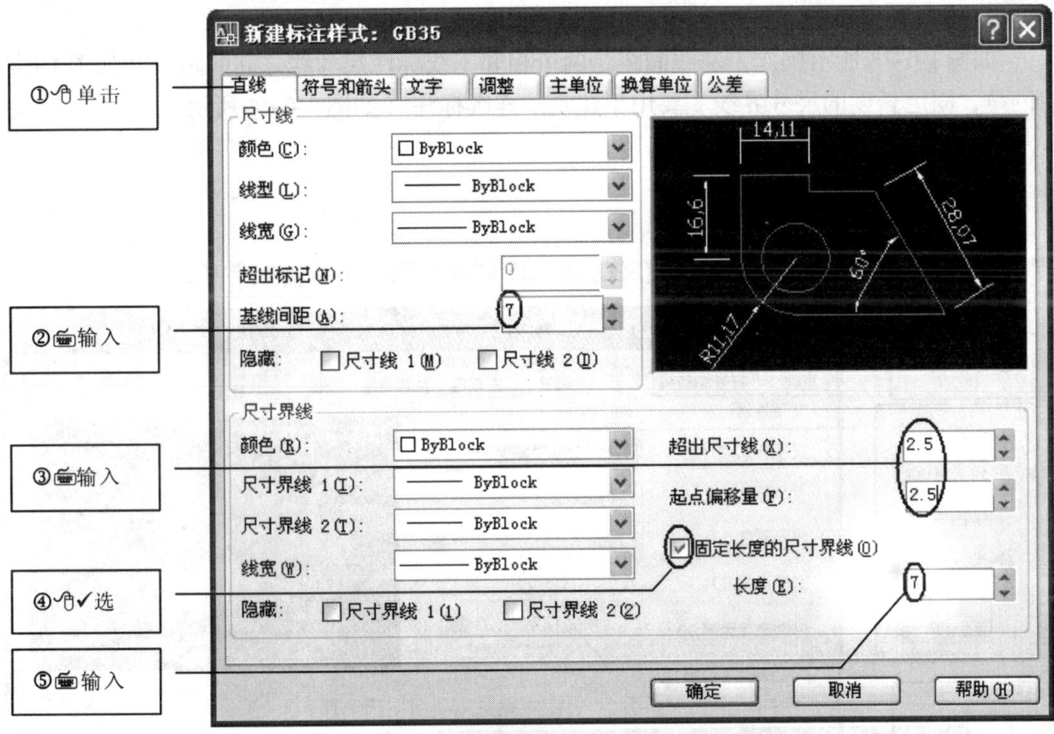

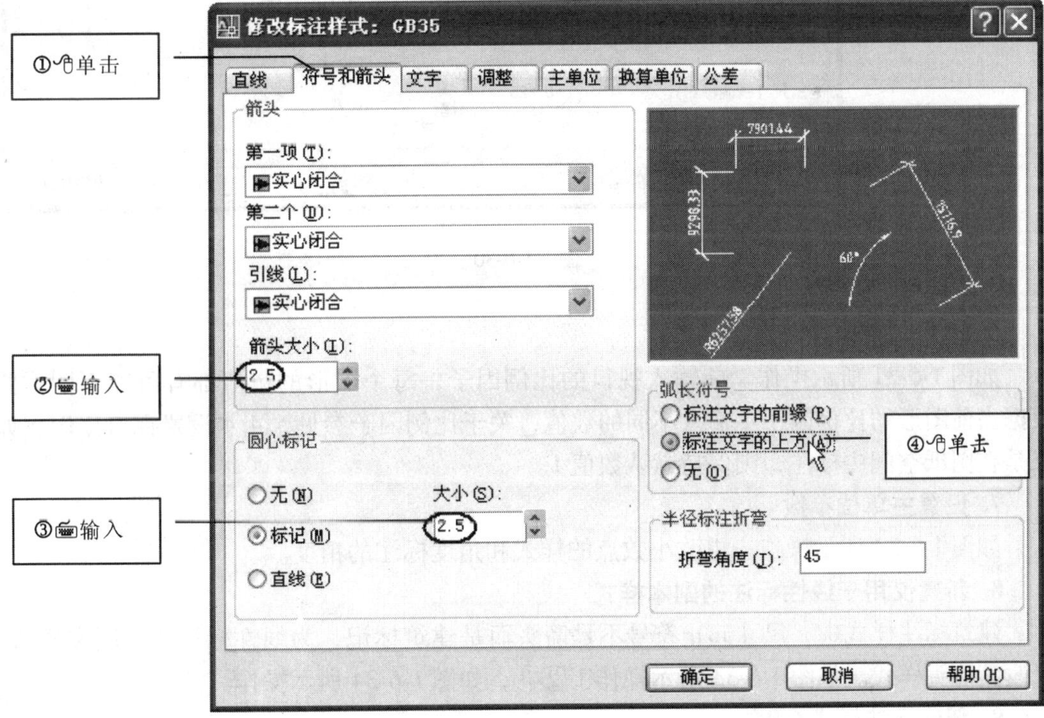

图　1-6-29

3. 设置直线参数

如图 1-6-28 所示操作，基线间距是两个相邻基线标注尺寸线之间的距离（如图 1-6-47 所示），固定长度的尺寸界线主要用于建筑的连续标注（如图 1-6-44 所示）。

4. 设置符号和箭头参数

如图 1-6-29 所示操作。

5. 设置文字参数

如图 1-6-30 所示操作，如果定义的是 GB5 则在步骤③中输入字高 5。

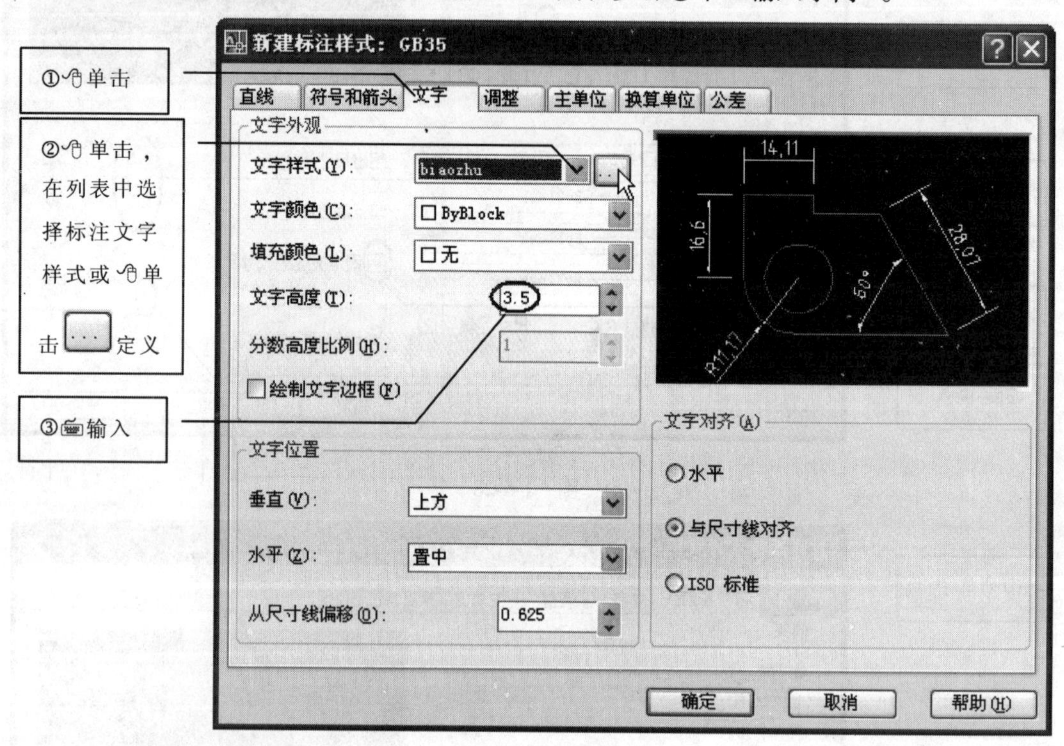

图 1-6-30

6. 设置调整参数

如图 1-6-31 所示操作，输入视口的比例因子，每个图形的数值都有可能不同，要根据当前图形的比例因子输入不同的数值，关于比例因子参见 5.4.4 设置视口比例。如果是在图纸空间中标注，则保持默认数值 1。

7. 设置主单位参数

如图 1-6-32 所示操作，更改小数点的样式和角度标注的精度。

8. 新建仅用于线性标注的副本样式

建筑标注样式中，尺寸起止符号不是箭头而是建筑标记，为线性标注建立副本样式，更改其箭头样式。如图 1-6-33 所示操作①②③，如图 1-6-34 所示操作。

9. 新建标注样式 GB5

重复步骤 2，如图 1-6-27 所示，在左侧标注样式列表中单击 GB35 作为基础样式，如图 1-6-27 所示操作①②③，步骤②中⌨输入标注样式名称 GB5，则复制 GB35 的参数新建样式 GB5。重复步骤 5，如图 1-6-30 所示操作，在步骤③中⌨输入字高 5。重复步骤 8 建立线性标注副本样式，更改箭头样式。

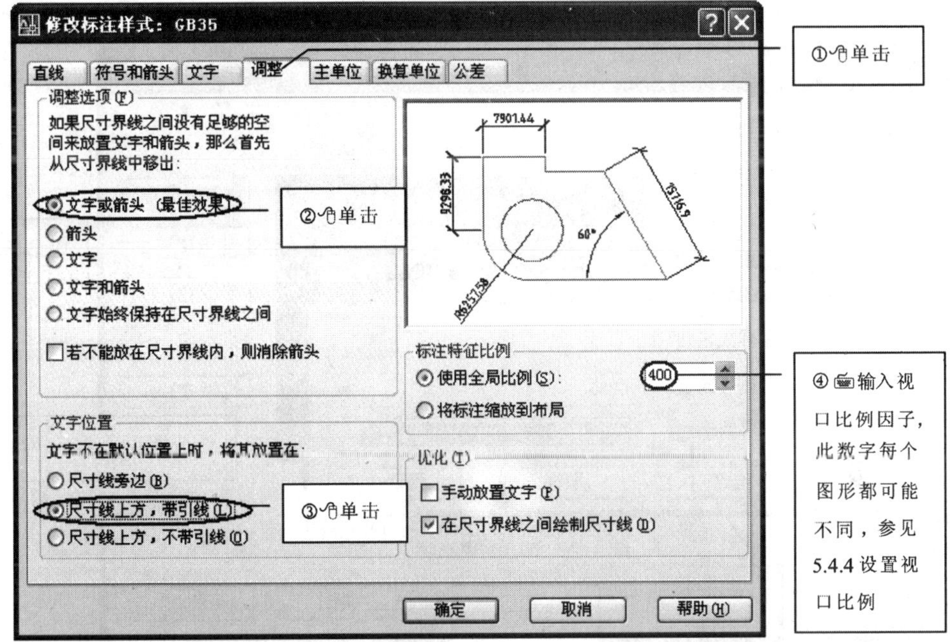

图　1-6-31

图　1-6-32

10. 结束样式定义

如图 1-6-33 所示操作④，结束样式定义。

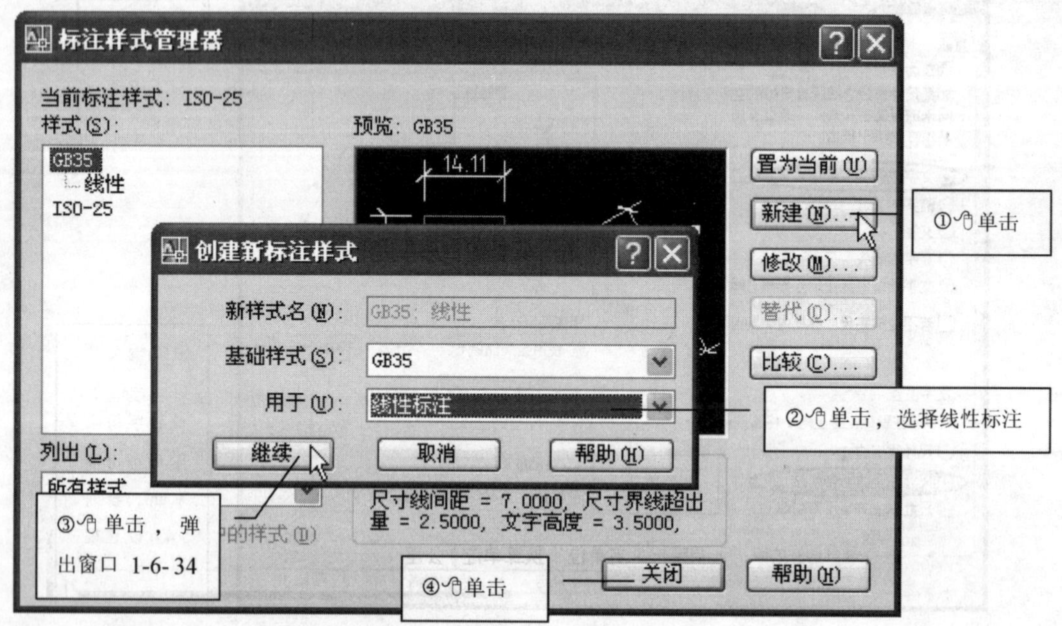

图 1-6-33

标注文字的高度 = 文字高度 × 全局比例，如图 1-6-30、图 1-6-31 所示，3.5×400，文字样式定义中标注文字的高度为 0。

插入国标建筑图框时已隐藏插入了标注样式及相关的标注文字样式，如果没有插入 GB 建筑图框，可在设计中心打开国标建筑图框文件，拖动标注样式 GB35 或 GB5 到当前图形中来，默认路径 C：\ Program Files \ AutoCAD 2007 \ Landscape Architecture。

6.3.2 创建标注

在标注尺寸前要做二项准备工作，一是进入模型空间，二是选择标注样式。单击作图区左下角的模型选项卡，进入模型空间。如图 1-6-35 所示，单击标注工具栏右侧的 ISO－25 ⇨在下拉列表中单击选择将采用的标注样式，如：GB35、GB5 等。

1. 线性标注 Dimlinear

标注 2 个坐标点的水平或垂直距离，默认的方式是分别捕捉 2 个标注点，如果要标注的是一个图形对象的 2 个端点，也可以切换到对象方式，选择这个对象。

①单击命令按钮⇨如图 1-6-36 所示，捕捉 A 点单击⇨捕捉 C 点单击⇨向下移动鼠标到合适位置后，单击。

②右击⇨单击 重复线性标注 ⇨右击⇨单击线段 CD ⇨向右移动鼠标到合适位置后，单击。

2. 对齐标注 Dimaligned

标注 2 个坐标点的直线距离，默认的方式是分别捕捉 2 个标注点，如果要标注的是一个图形对象的 2 个端点，也可以切换到对象方式，选择这个对象。

①单击命令按钮⇨如图 1-6-37 所示，捕捉 A 点单击⇨捕捉 C 点单击⇨向左下方移动鼠标到合适位置后，单击。

②右击⇨单击 重复对齐标注 ⇨右击⇨单击线段 CD ⇨向右下方移动鼠标到合适位置后，单击。

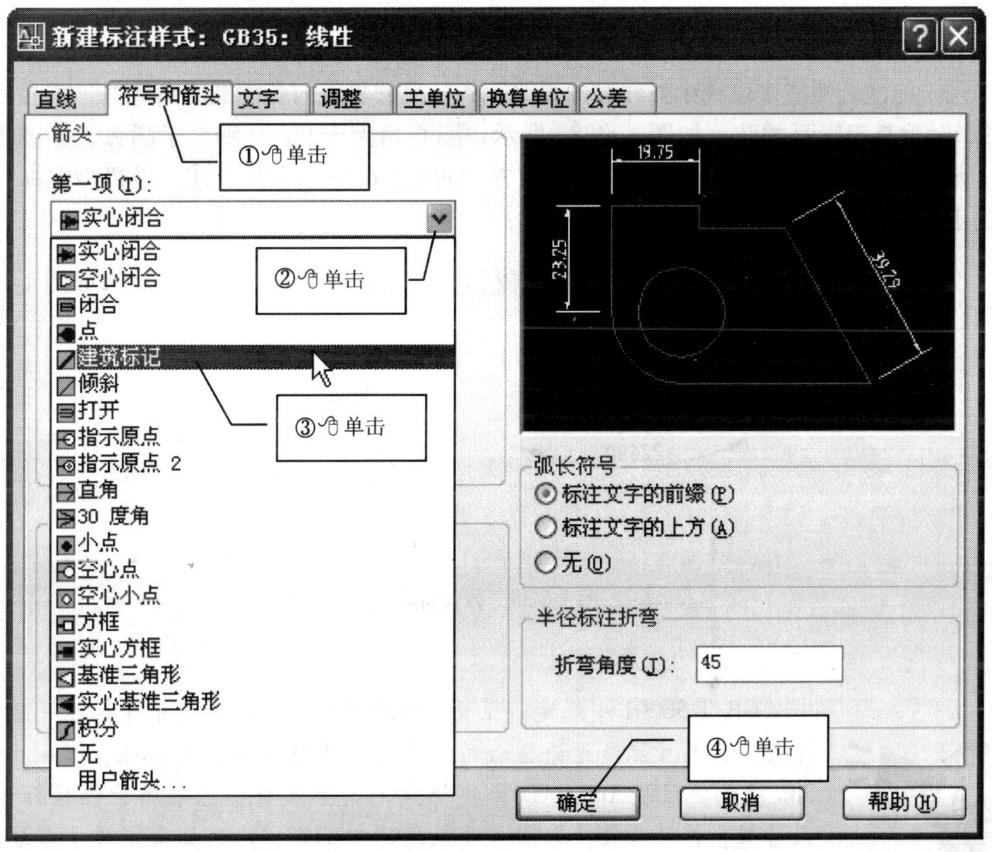

图　1-6-34

图 1-6-35

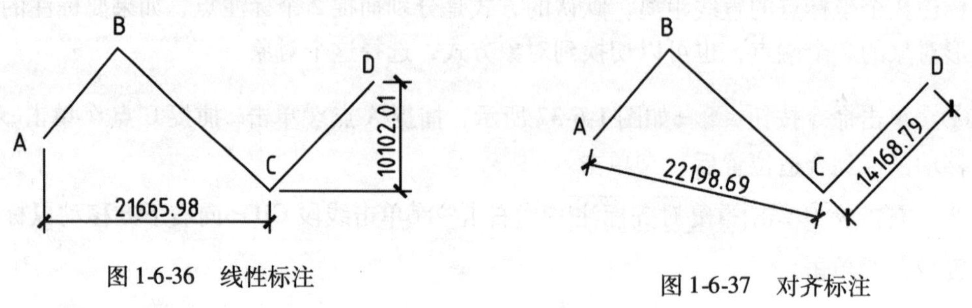

图 1-6-36　线性标注

图 1-6-37　对齐标注

3. 弧长标注 Dimarc

用于标注圆弧或多段线中弧线段的弧线距离。尺寸界线与弧的圆心角有关，圆心角小于 90°时垂直于圆弧的弦，如图 1-6-38a 所示，圆心角大于 90°时垂直于圆弧，如图 1-6-38b 所示。圆弧符号⌒默认在标注文字的前方，如图 1-6-29 所示操作④，设置为在标注文字的上方，如图 1-6-38 所示。

单击命令按钮⇨单击弧⇨移动鼠标到合适位置后，单击，结果如图 1-6-38 所示。

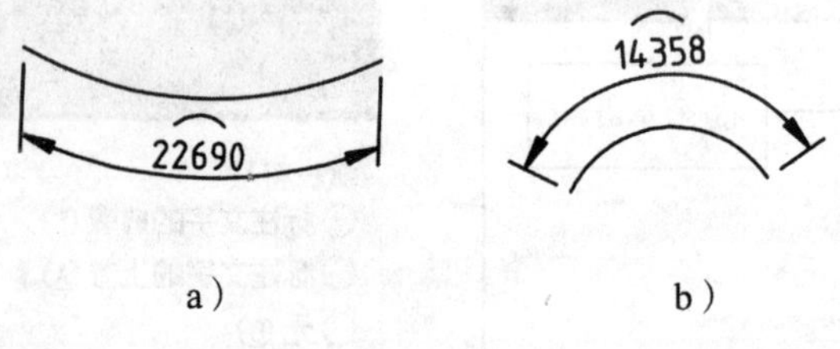

a）　　b）

图 1-6-38　弧长标注

GB/T 50001 中规定：弧长标注的尺寸起止符号与角度标注一致采用箭头，尺寸界线无论圆心角大小都要垂直于该圆弧的弦，如图 1-6-38a 所示。而在 AutoCAD 标注样式定义中弧长标注隶属于线性标注，尺寸起止符号与线性标注一致采用建筑标记，所以如果图样中需要标注弧长，还要专门为弧长标注定义一个独立的标注样式，起止符号采用箭头。

4. 坐标点标注 Dimordinate

标注点的 X 坐标或 Y 坐标。

①如图 1-6-39 所示，标注 A 点的 X 坐标。单击命令按钮⇨捕捉 A 点单击⇨向上移动鼠标到合适位置后（系统以 45°线为界线，>45°则标 X 坐标，<45°则标 Y 坐标），单击。

②标注 B 点的 Y 坐标。打开正交，使用直线坐标引线，单击命令按钮⇨捕捉 B 点单击⇨向右移动鼠标到合适位置后，单击。

15928.27
B
62021.97
A

图 1-6-39　坐标标注

5. 半径标注 Dimradius、直径标注 Dimdiameter

标注圆、圆弧的半径或直径，半径标注尺寸前缀字母为 R，直径标注尺寸前缀符号为ϕ。

单击命令按钮⇨单击圆或圆弧⇨移动鼠标到合适位置，单击。标注在圆内放不开时，则自动置于圆外，结果如图 1-6-40 所示。

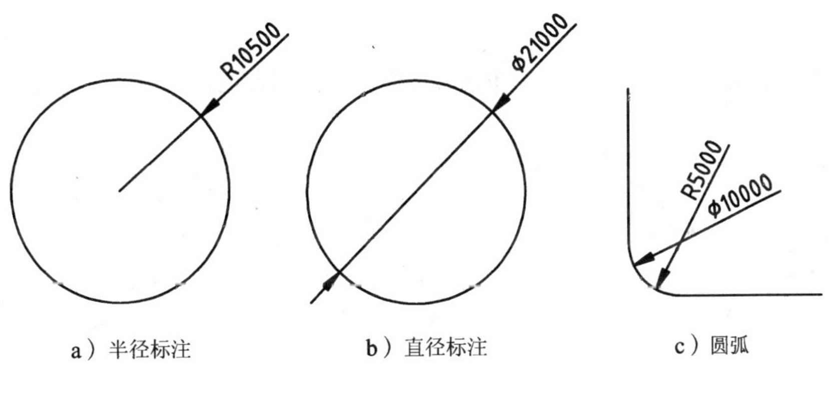

a）半径标注　　b）直径标注　　c）圆弧

图　1-6-40

6. 折弯半径标注 Dimjogged

折弯半径标注也称为缩略的半径标注，当圆弧或圆的中心位于布局外并且无法显示其实际位置时，折弯半径标注可以在更方便的位置指定标注的原点，称为中心位置替代。

①创建标注。单击命令按钮⇨单击圆或圆弧⇨移动鼠标到合适的标注原点，单击⇨以标注原点为轴心弧向移动鼠标，到折弯大小合适时单击，结果如图 1-6-41a 所示。

②夹点编辑移动标注文字。观察图 1-6-41a 可以发现，标注文字默认与折弯中心对齐，与折弯符号有一定重叠，影响了标注尺寸的识别。如图 1-6-41b 所示操作，将标注尺寸移动到合适位置，结果如图 1-6-41c 所示。

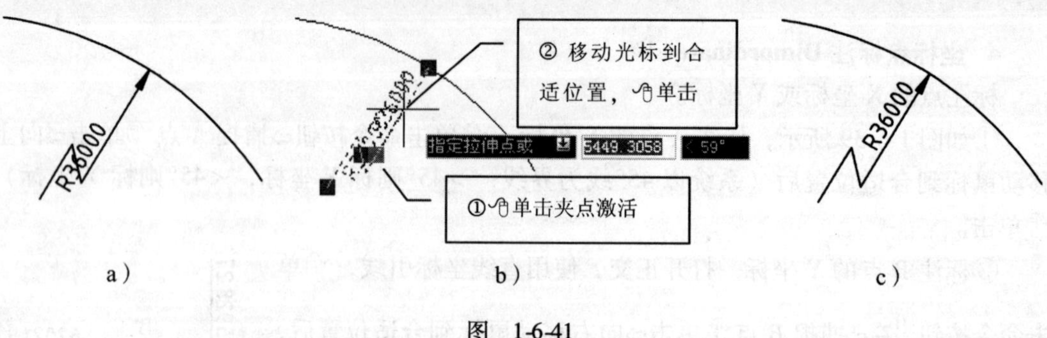

图 1-6-41

7. 角度标注 Dimangular

标注角或圆弧的角度，如图 1-6-42 所示。

①三点夹角。单击命令按钮⇨右击⇨捕捉点 B、A、C，单击⇨向右移动鼠标到合适位置后（位置不同可标注角或其补角和对顶角），单击。

②两直线夹角。单击⇨单击线段 AB ⇨单击线段 BC ⇨移动鼠标到合适位置后，单击。

③弧的圆心角。单击⇨单击弧⇨移动鼠标到合适位置后，单击。

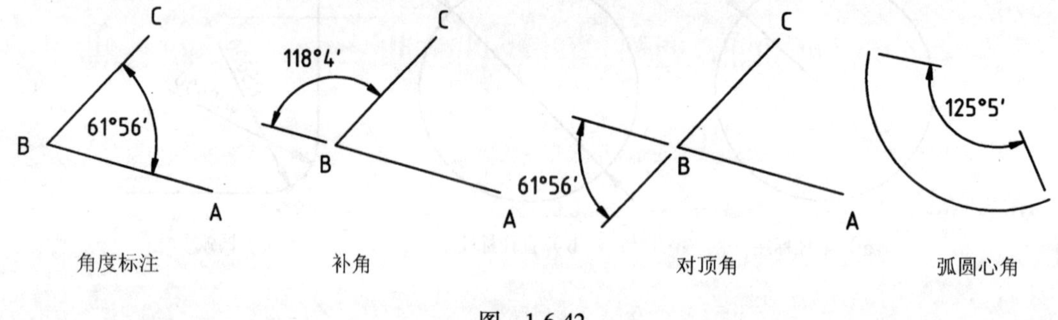

图 1-6-42

8. 快速标注 Qdim

快速创建或编辑一系列标注，可创建的标注类型如图 1-6-43 所示。

单击命令按钮⇨窗选或交叉窗选要标注的对象⇨右击，弹出快捷菜单，如图 1-6-43 所示操作①，单击 连续 ⇨移动鼠标到合适位置，单击，结果如图 1-6-44 所示。

9. 基线标注 Dimbaseline

基线标注是自同一基线处测量的一系列标注，在创建基线标注之前，必须先创建一个线性标注、对齐标注或角度标注。

①在左端创建一个线性标注，如图 1-6-45 所示。

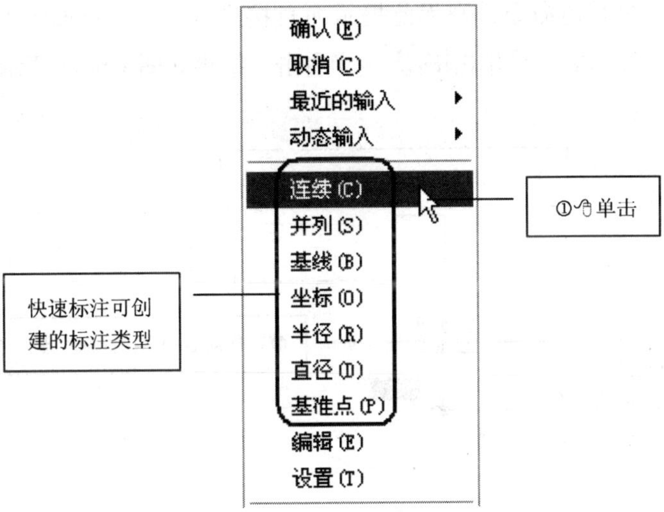

确认(E)
取消(C)
最近的输入 ▸
动态输入 ▸
连续(C)
并列(S)
基线(B)
坐标(O)
半径(R)
直径(D)
基准点(P)
编辑(E)
设置(T)

①单击

快速标注可创建的标注类型

图 1-6-43

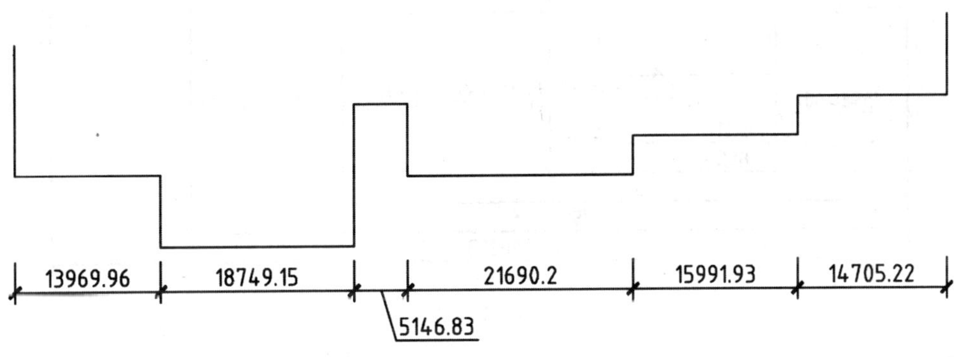

图1-6-44 快速标注—连续标注

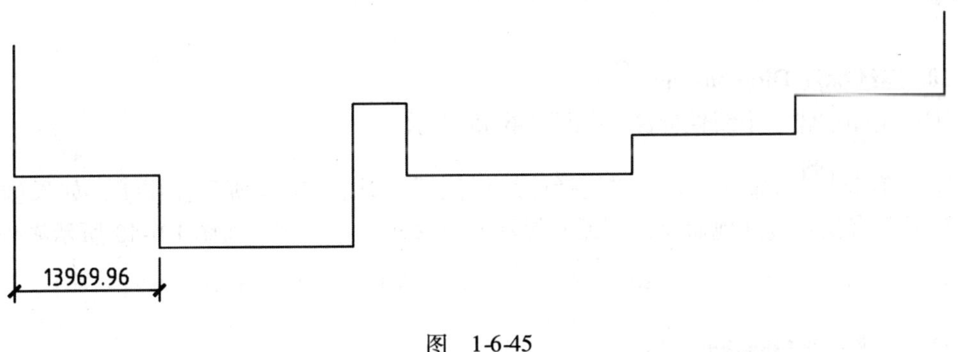

图 1-6-45

②单击 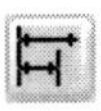 ⇨命令行提示“选择基准标注:”如图1-6-46所示操作①，如果创建线

性标注后没有执行过其他命令，则无此提示而直接进入下一步⇨如图 1-6-46 所示操作②⇨🖱右击，在快捷菜单中，🖱单击 确认 ⇨🖱右击，结果如图 1-6-47 所示。

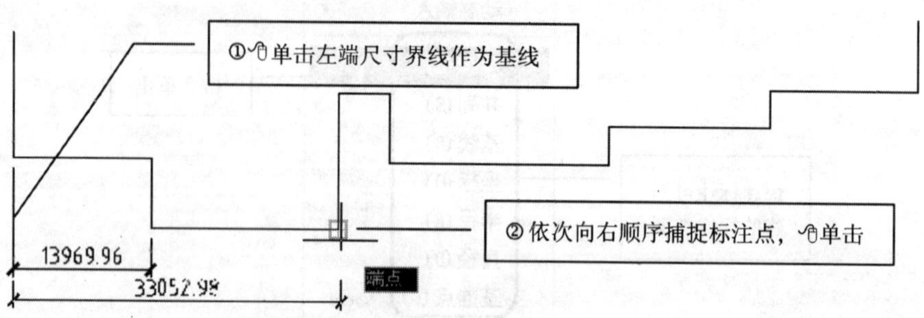

图 1-6-46

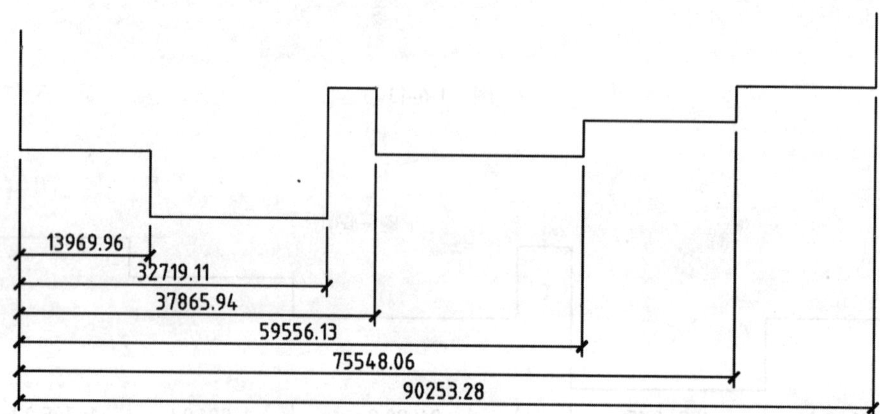

图 1-6-47

基线间距，即基线标注中相邻两个标注尺寸线之间的距离，在标注样式定义时可以设置，如图 1-6-28 所示操作②，GB/T50001 中规定：平行排列的尺寸线间距应为 7～10mm。

10. 连续标注 Dimcontinue

①在左端创建一个线性标注，如图 1-6-45 所示。

②🖱单击 ⇨命令行提示“选择连续标注：”如图 1-6-48 所示操作①，如果创建线性标注后没有执行过其他命令，则无此提示而直接进入下一步⇨如图 1-6-48 所示操作②⇨🖱右击，在快捷菜单中，🖱单击 确认 ⇨🖱右击，结果如图 1-6-44 所示。

11. 快速引线 Qleader

快速创建引线和引线注释，如图 1-6-50 所示。

①🖱单击命令按钮⇨🖱右击，弹出快捷菜单，🖱单击 设置 ，如图 1-6-49 所示操作。

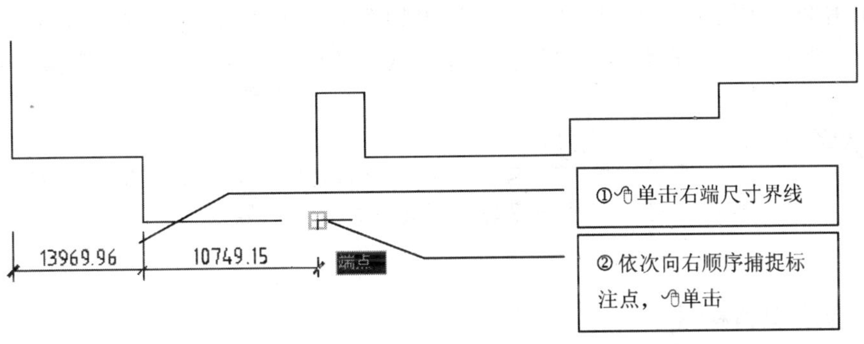

图　1-6-48

②如图 1-6-50 所示，顺序单击点 A、B、C ⇨右击（3 次），弹出多行文本窗口，参照 6.1.5 说明文字的步骤书写注释。

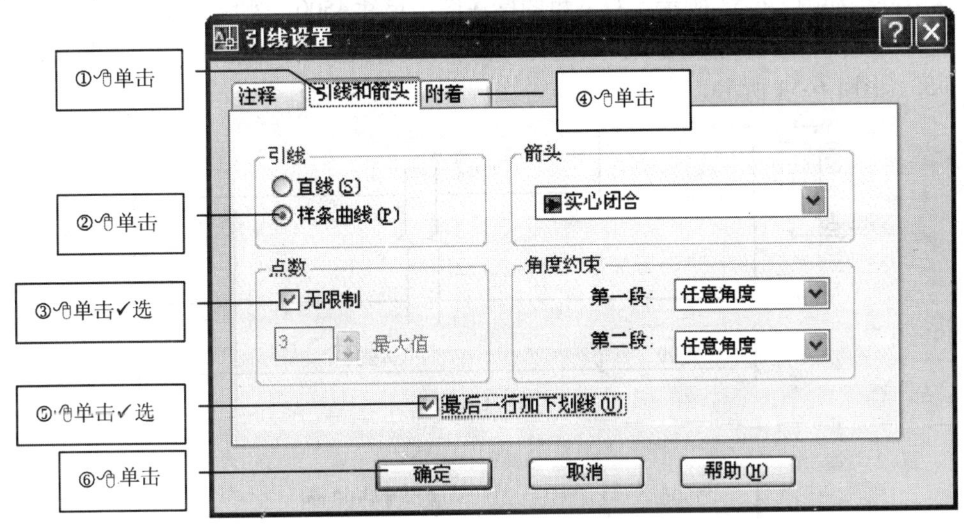

图　1-6-49

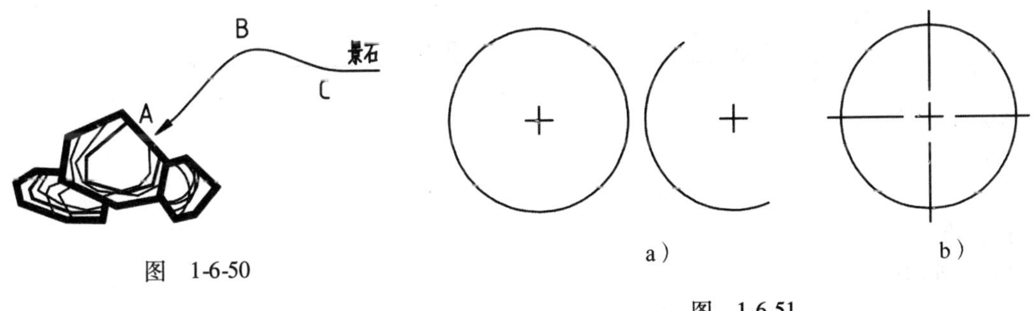

图　1-6-50

图　1-6-51

12. 圆心标记 Dimcenter

创建圆、圆弧的圆心标记或中心线。

单击命令按钮⇨单击圆或圆弧，结果如图 1-6-51 所示。图 1-6-51b 中是在标注样式定义中，将圆心标记的类型由“标记”更改成“直线”后的结果，如图 1-6-29 所示。

形位公差 表示特征的形状、轮廓、方向、位置和跳动的允许偏差，是制造业中零件加工允许的误差上限。

6.3.3 修改现有标注

创建的标注有时需要做部分修改，如修改标注尺寸、更改标注样式等。

1. 编辑标注 Dimedit

标注尺寸是 AutoCAD 自动量测的图上尺寸，在图样中有折断线时图上尺寸与实际设计尺寸不符，如图 1-6-52 所示，右下角的标注图上尺寸 4500，实际尺寸 34500，由于图样过长且形状相同，绘制时采用了折断简化画法，修改标注尺寸才能标注实际设计尺寸，如图 1-6-53、图 1-6-54 所示。

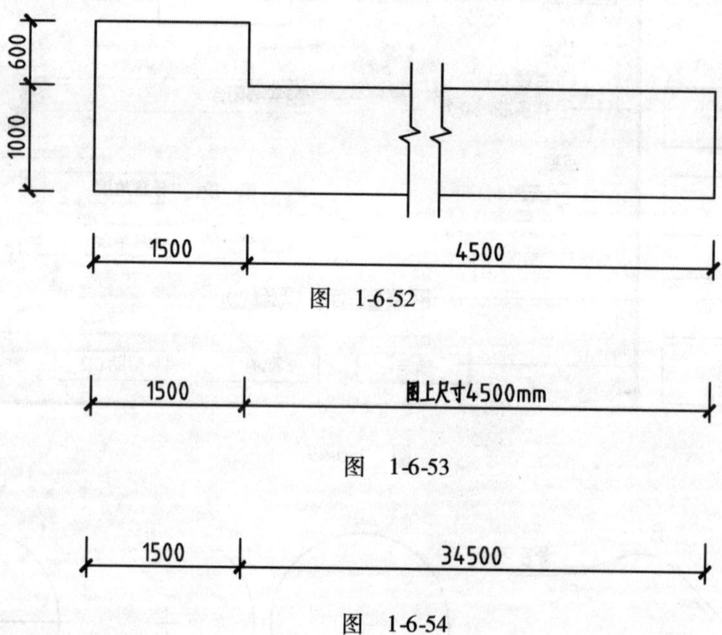

图 1-6-52

图 1-6-53

图 1-6-54

操作方法：

（1）新建标注

单击 ，如图 1-6-55a 所示操作，如果没有打开动态输入，可右击，在快捷菜单中单击 新建，弹出多行文本编辑器，文字编辑区如图 1-6-55b 所示，这个 0 代表自动量测的标注尺寸。

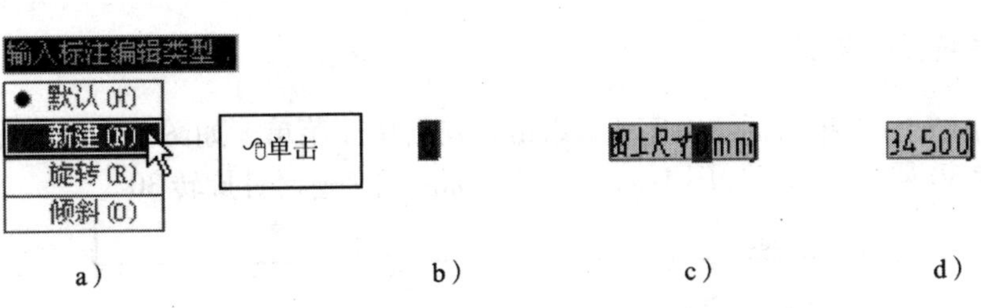

图　1-6-55

（2）保持标注尺寸默认值只添加前缀和后缀

保持 0 不变，用方向键⇦移动光标至左侧，输入标注尺寸前缀字符，用方向键⇨移动光标至右侧，输入标注尺寸后缀字符，文字编辑区如图 1-6-55c 所示。

（3）更改新的标注尺寸

如果不添加前后缀字符，而是更改标注尺寸，则不做步骤（2）。敲击 Delete 键，删除默认值 0，输入新标注尺寸 34500，文字编辑区如图 1-6-55d 所示。

（4）选择要修改的标注

单击文字格式工具栏中的 确定，如图 1-6-6 所示操作④，结束标注尺寸输入，单击选择要修改的标注，如图 1-6-52 右下角的标注 4500，右击，结果如图 1-6-53、图 1-6-54 所示。

2. 编辑标注文字 Dimtedit

（1）移动标注文字

单击 ⇨单击标注文字，这时标注文字粘在光标上，移动光标到合适位置，单击，标注文字移动到新的位置，或右击，弹出快捷菜单如图 1-6-56 所示，在快捷菜单中单击 左、右、中心，标注文字分别对齐到尺寸线的左、右、中心位置，如果单击 默认，则标注文字复位到标注样式中定义的默认位置。

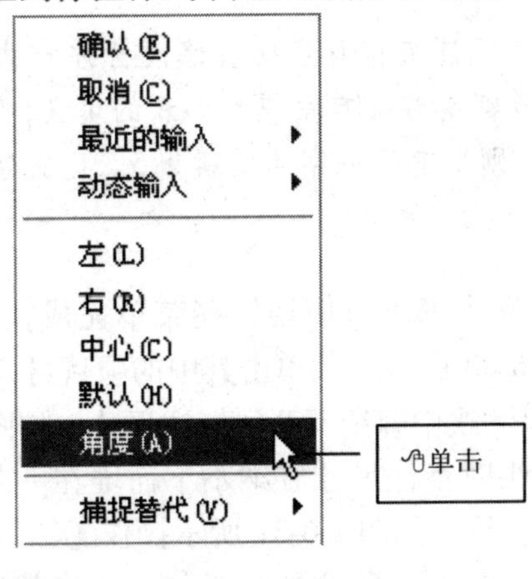

图　1-6-56

（2）旋转标注文字

单击 ⇨单击标注文字⇨右击，弹出快捷菜单，如图 1-6-56 所示操作⇨输入旋转角度 30 回车，结果如图 1-6-57 所示，标注文字逆时针旋转 30°。

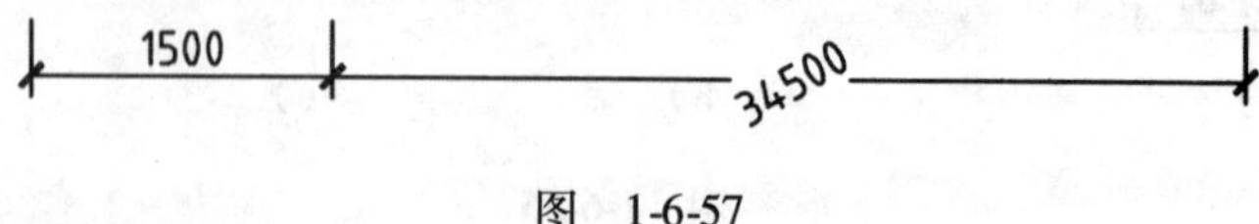

图 1-6-57

3. 标注更新

将已有的标注从当前样式更新为一种新的标注样式。如：采用 GB35 创建了许多标注，发现这种标注并不符合要求，而要将已经创建的标注更新为 GB5，可以使用标注更新来完成。

（1）将标注样式切换为新的样式

如图 1-6-58 所示操作，将当前标注样式从 GB35 切换为 GB5。

（2）标注更新

单击标注更新命令钮 ⇨选择现有标注中需要更新的标注⇨右击，结果如图 1-6-59 所示。

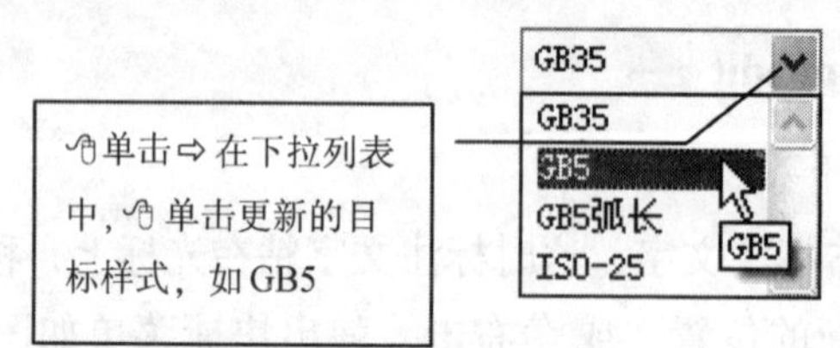

图 1-6-58

不使用标注更新而直接去修改标注样式定义参数，使用该标注样式创建的现有标注会自动更新为新的定义，如将 GB35 样式的文字高度修改为 5，则现有标注字高更新为 5。比文字样式定义要智能化一些。

4. 快捷菜单操作

对现有标注的许多修改操作都可以使用快捷菜单完成，单击选择一个现在标注，右击弹出快捷菜单如图 1-6-60 所示，单击其中的项目可以完成许多修改操作。

例 1-6-2 移动标注尺寸线中容纳不开的标注尺寸，如图 1-6-61 所示。

创建的标注，在间距过小时标注尺寸容纳不下而堆在一起难以分辨，如图 1-6-61 所示。在标注样式定义中适当设置，如图 1-6-31 所示操作①②③，一般可以解决这一问题。如果需要手工移动标注尺寸，如图 1-6-60 所示操作，可将其移动到合适位置，结果如图 1-6-44 所示。

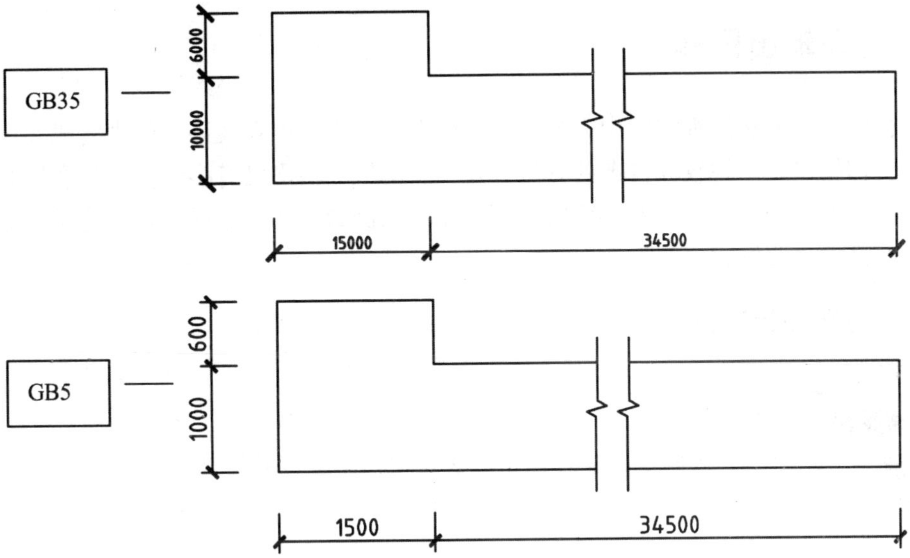

GB35
6000
10000
15000
34500
GB5
600
1000
1500
34500

图　1-6-59

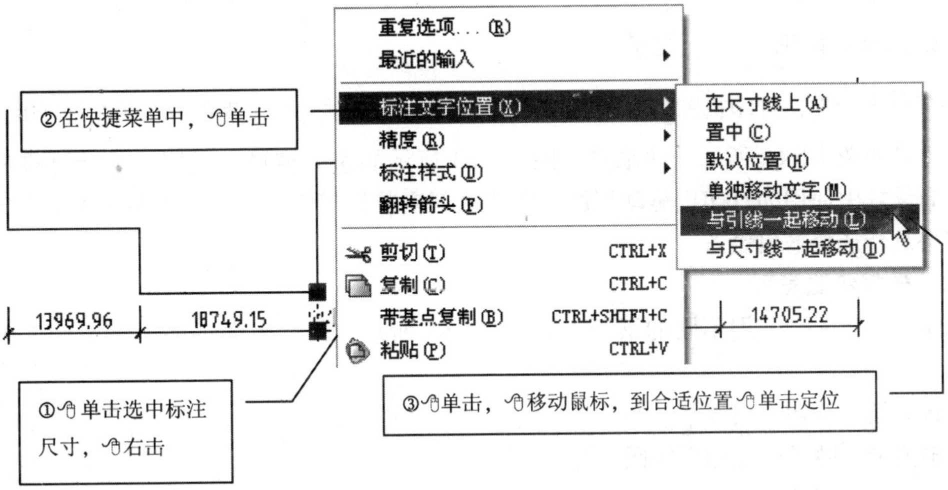

重复选项... (R)
最近的输入
标注文字位置 (X)
精度 (R)
标注样式 (D)
翻转箭头 (F)
剪切 (T) CTRL+X
复制 (C) CTRL+C
带基点复制 (B) CTRL+SHIFT+C
粘贴 (P) CTRL+V
在尺寸线上 (A)
置中 (C)
默认位置 (H)
单独移动文字 (M)
与引线一起移动 (L)
与尺寸线一起移动 (D)
②在快捷菜单中，单击
①单击选中标注尺寸，右击
③单击，移动鼠标，到合适位置单击定位
13969.96
18749.15
14705.22

图　1-6-60

标注尺寸
容纳不开
13969.96
18749.15
5146.83
21690.2
15991.93
14705.22

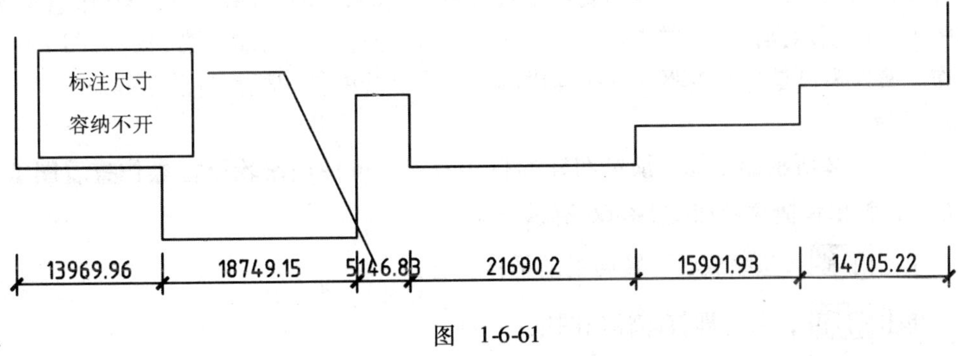

图　1-6-61

6.4 打印输出图样

图样输出一般在图纸空间中完成，即打印布局，也可以在模型空间中完成。在模型空间直接打印输出是一种较为古老的方法，在一张图纸上输出具有多种比例的图样时，不如使用多视口布局输出方便，要先缩放以不同输出比例的图样，图样中相关的尺寸标注、说明文字的高度也要做相应调整。

6.4.1 打印输出布局

这部分内容的操作应该接续5.4.4设置视口比例。

1. 切换进入布局

单击作图区左下角的布局选项卡，进入布局1、布局2等相应布局。

2. 选择打印机

单击，打印机图标在标准工具栏上，或单击文件菜单⇨单击打印，弹出打印窗口如图1-6-62所示，如果弹出图1-6-63所示的警告窗口，说明当前计算机没有安装布局设置中使用的打印机驱动程序，需要重新安装打印机驱动，或参照5.4.1设置布局的方法重新选择输出设备。

3. 选择纸张类型

输出图样时会采用不同的纸张，如图1-6-65所示，列表中的纸张类型适用于不同的目的。

普通纸　样稿

描图纸　晒图、复印用底图

涂料纸　彩色图纸

光泽纸　裱图板，采用背胶光泽纸或涂料纸然后覆膜

可以在Windows中打印设备的属性中选择纸张类型，如果要在AutoCAD中直接设置，可如图1-6-62所示操作①、图1-6-64所示操作，打开打印机的属性窗口，如图1-6-65所示操作。属性窗口是打印机驱动程序提供的，每个品牌的打印机都有所不同。

4. 预览

如图1-6-62所示操作②，预览图样的打印效果，可使用滚轮鼠标操作查看图纸细部⇨右击，弹出快捷菜单如图1-6-66所示。

单击平移，从缩放状态转向视图平移状态；

单击打印，可立即打印输出图纸；

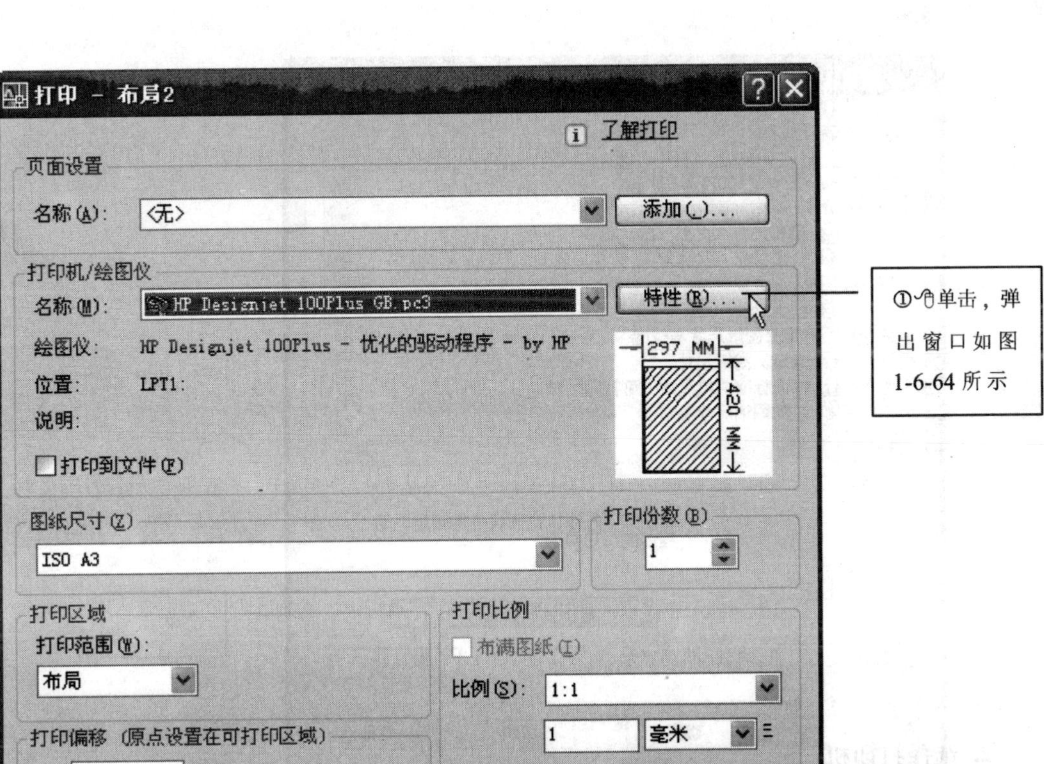

图 1-6-62

图 1-6-63

单击 退出 ，返回到图 1-6-62 窗口，更改设置后再预览、打印。

5. 打印

如图 1-6-62 所示操作③，打印输出当前布局，结果如图 1-6-67 所示。图中的外图框线和角标是为了指示图纸的尺寸，内图框线以外的线条不会打印出来。

绘图仪配置编辑器 - HP Designjet 100Plus G...
基本
端口
设备和文档设置
HP Designjet 100Plus GB.pc3
介质
源和大小 <大小: ISO A3 >
介质目标 <默认>
图形
自定义特性
用户定义图纸尺寸与校准
自定义图纸尺寸
修改标准图纸尺寸 (可打印区域)
过滤图纸尺寸
访问自定义对话框
单击如下按钮以访问设备的特定驱动程序的用户界面。
自定义特性(C)...
输入(I)...
另存为(S)...
默认(D)
确定
取消
帮助(H)
单击

图 1-6-64

HP Designjet 100Plus 属性
纸张/质量
完成
效果
颜色
服务
打印任务快速设置(Q)
默认打印设置
保存(V)
删除(L)
纸张选项
尺寸是(Z): 297 x 420 毫米
ISO A3
自定义纸张尺寸(P)
来源是(S):
自动选择
类型是(T):
普通纸张
普通纸张
半透明纸
薄层本色描图纸
羊皮纸
涂料纸
投影胶片
相纸
光泽纸
双面小册子纸
其它
重磅涂料纸
打印质量(R)
正常
优化用于
图形/文本(W)
图像(I)
帮助(H)
确定
取消
单击，在列表中单击选择纸张类型

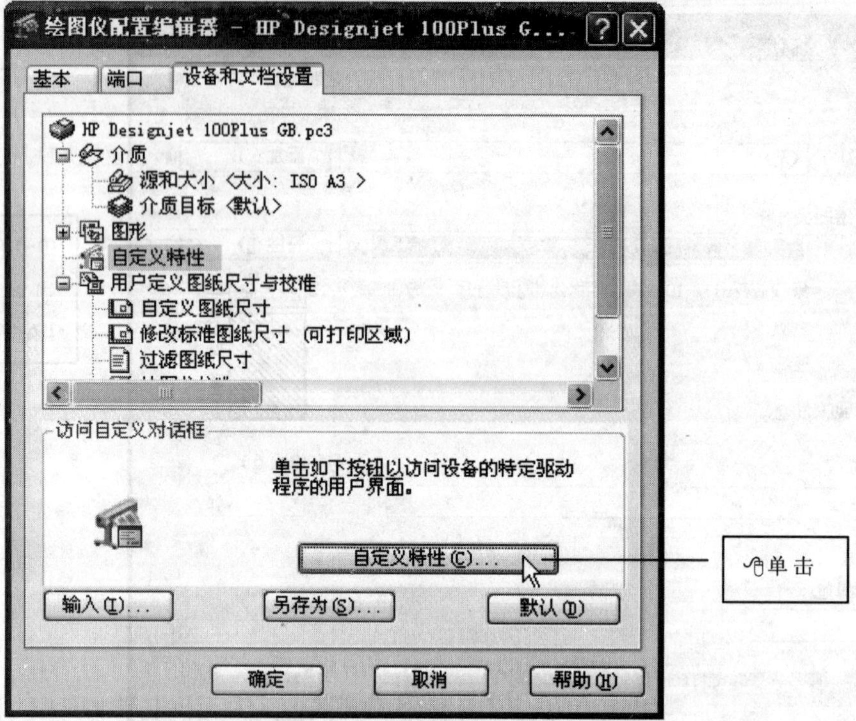

图 1-6-65

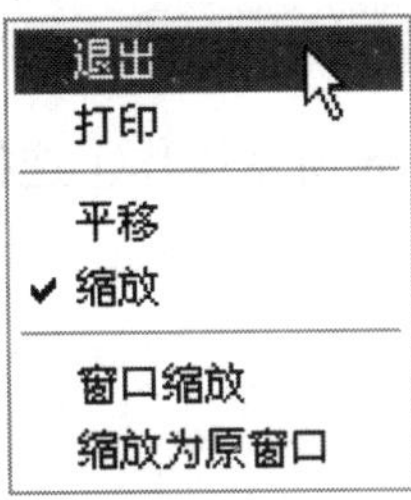

图　1-6-66

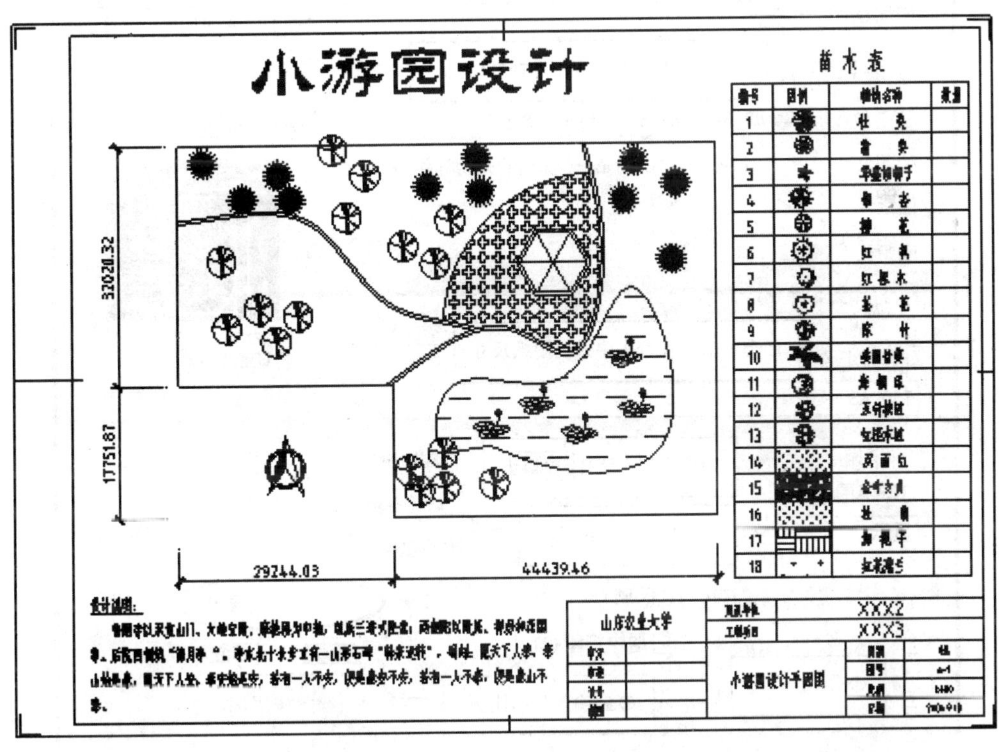

图　1-6-67

6.4.2　在模型空间打印输出图样

1. 切换进入模型空间

单击作图区左下角的模型选项卡，进入模型空间。

2. 将输出图样充满作图区

缩放、平移视图，将要输出的图样尽量充满作图区。

3. 选择打印设备

单击打印图标，如图 1-6-68 所示操作①选择打印机或绘图仪。

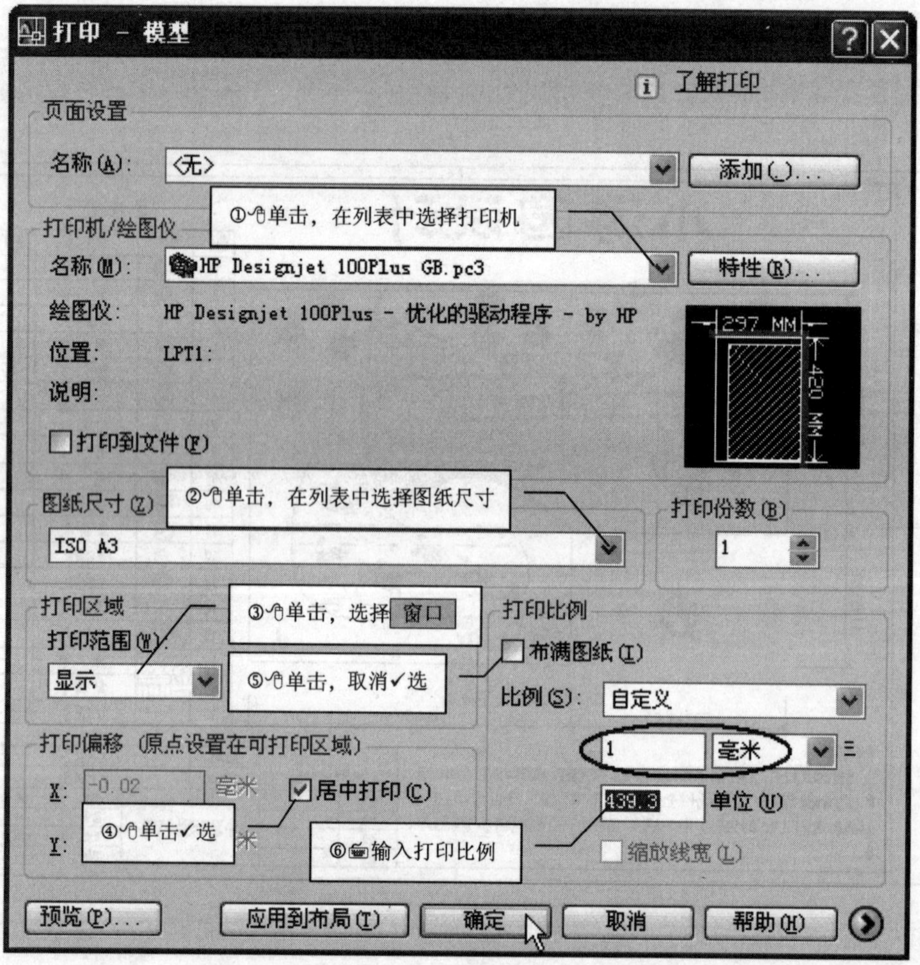

打印 - 模型
了解打印
页面设置
名称(A): <无>
添加(.)...
①单击，在列表中选择打印机
打印机/绘图仪
名称(M): HP Designjet 100Plus GB.pc3
特性(R)...
绘图仪: HP Designjet 100Plus - 优化的驱动程序 - by HP
297 MM
420 MM
位置: LPT1:
说明:
打印到文件(F)
②单击，在列表中选择图纸尺寸
图纸尺寸(Z)
ISO A3
打印份数(B)
1
打印区域
打印范围(W):
显示
③单击，选择 窗口
⑤单击，取消✓选
打印比例
布满图纸(I)
比例(S): 自定义
1 毫米 =
439.3 单位(U)
缩放线宽(L)
打印偏移（原点设置在可打印区域）
X: -0.02 毫米
Y:
居中打印(C)
④单击✓选
⑥输入打印比例
预览(P)...
应用到布局(T)
确定
取消
帮助(H)

图 1-6-68

4. 选择图纸幅面

如图 1-6-68 所示操作②，选择输出的图纸尺寸。

5. 确定打印区域

如图 1-6-68 所示操作③，打印窗口暂时关闭，在作图区中窗口选择要输出的图样区域，自动返回打印窗口。如果已在步骤 2 中将要输出的图样充满作图区，则以显示范围作为输出区域而不必做此步操作。

6. 确定打印偏移

打印偏移是指输出图样范围的左下角点打印在图纸上的起始点，如图 1-6-68 所示操作④，图样在图纸范围内居中打印，也可以设置图纸的左边和下边距。

7. 设置打印比例

打印比例是指输出到图纸上的长度与作图区中图样的长度之间的比例关系，如图 1-6-68 所示操作⑤，图中显示：

1 毫米 =439. 3 单位

是指输出到图纸上的 1mm = 作图区中 439. 3 个图形单位，这种比例关系是 AutoCAD 根据图样尺寸与图纸幅面自动测算的。一般将此数值增大到一个最近的可用比例尺，如 439. 3→500，如图 1-6-68 所示操作⑥，⌨输入 500。如果当前图形是以毫米为单位绘制，则输出的图纸上应标注比例尺 1∶500，如果当前图形是以米为单位绘图，则图纸上应标注比例尺 1∶500000。

8. 预览、打印

如图 1-6-68 所示，🖰单击 预览 预览图样输出效果，🖰单击 确定 打印。

图框是如何在模型空间打印的呢？设计院一般在印刷厂将国标图框预先印制在空白的打印纸上，也可以将标准图框插入当前图形，在模型空间按比例缩放后套在图样外围一起输出。

6.5　向 Photoshop 输出平面图

AutoCAD 通过文件打印机将图形输出为 PostScript 或光栅文件，如：EPS、JPEG、BMP、TGA、TIF 等，在 Photoshop 中可以打开这些文件，进一步处理成平面效果图。EPS 格式是两个软件间兼容的一种矢量格式，精度高，是 AutoCAD 向 Photoshop 传递文件的首选格式。

输出方法：

①参照 4. 1. 1 创建新图层及设置图层特性，如图 1-4-3 所示操作⑥，将不需要输出的图层设置为不打印。

②按照 5. 3. 3 安装文件打印机驱动的方法，安装 PostScript Level 2 文件打印机。

③参照 5. 4 模型空间与图纸空间的方法设置布局，如：布局 1，🖰单击 布局 1 选项卡切换为当前布局。

④🖰单击 [图标]，如图 1-6-69、图 1-6-70 所示操作。

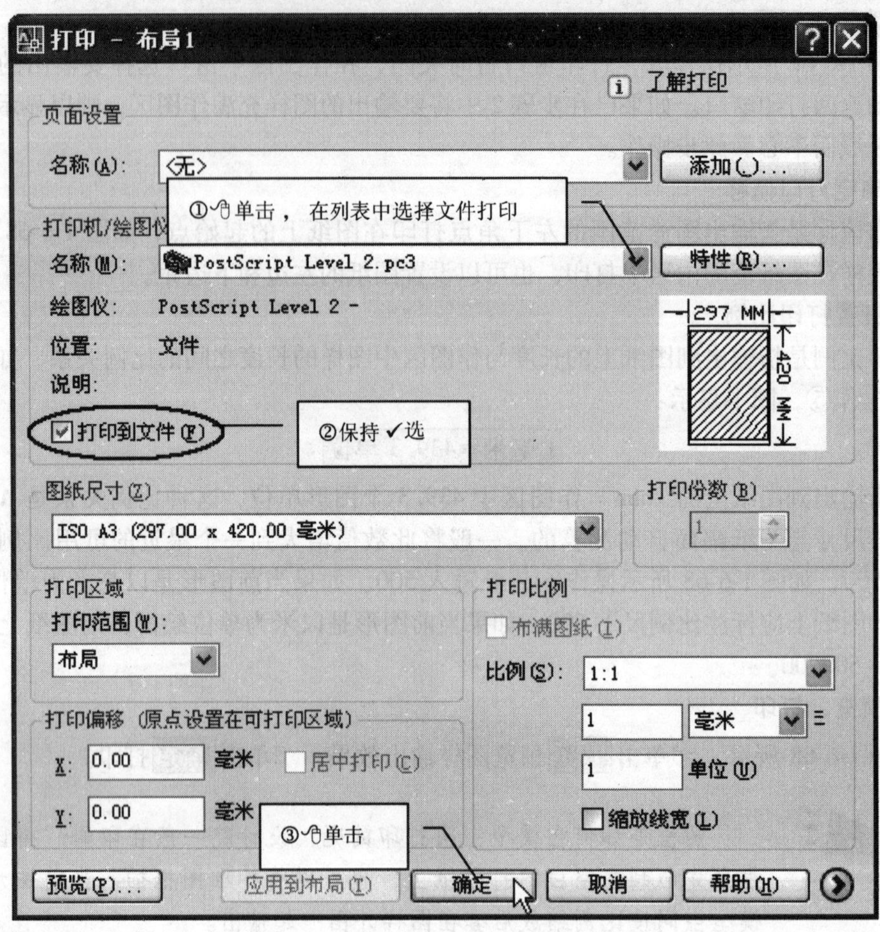

打印 - 布局1
了解打印
页面设置
名称(A): <无>
添加(.)...
①单击，在列表中选择文件打印
打印机/绘图仪
名称(M): PostScript Level 2.pc3
特性(R)...
绘图仪: PostScript Level 2 -
位置: 文件
说明:
297 MM
420 MM
打印到文件(F)
②保持✓选
图纸尺寸(Z)
ISO A3 (297.00 x 420.00 毫米)
打印份数(B)
1
打印区域
打印范围(W):
布局
打印比例
布满图纸(I)
比例(S): 1:1
1
毫米
1
单位(U)
缩放线宽(L)
打印偏移 (原点设置在可打印区域)
X: 0.00 毫米
居中打印(C)
Y: 0.00 毫米
③单击
预览(P)...
应用到布局(T)
确定
取消
帮助(H)

浏览打印文件
④选择存储路径
保存于(I): cadBook
查看(V)
工具(L)
名称
大小
类型
修改日期
6_3-布局2.EPS
259 KB
封装的 PostScript
2003-7-17 15:50
6_4-布局1.EPS
259 KB
封装的 PostScript
2003-7-17 16:30
历史记录
我的文档
桌面
⑥单击
文件名(N): 6_3-布局1.EPS
⑤输入文件名称
保存(S)
文件类型(T): 封装 PS (*.eps)
取消

图 1-6-69

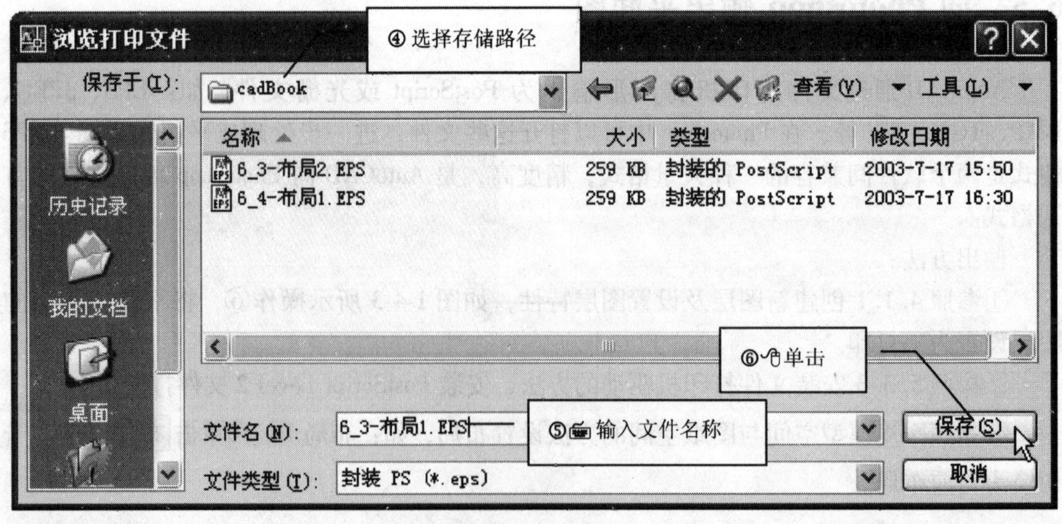

图 1-6-70

6.6　文件修复和清理

1. 文件修复 Recover

在作图过程中图形文件被意外关闭，内部数据库部分损坏，再次打开时可能报错，这时可以尝试用文件修复将其打开。在损坏的磁盘上读不出来的文件是无法修复的。

如图 1-6-71 所示操作①②③⇨在窗口中单击选择要修复的文件⇨单击打开。

2. 文件清理 Purge

一张设计图在绘制完成后可能存在部分冗余信息，如：虽然已经定义但没有使用的图块、图层、文字样式、标注样式等，这些多余的信息存贮在当前文件中没有大的影响，只是占用一定的存贮空间。

①如图 1-6-71 所示操作①②④，弹出清理对话框，如图 1-6-72 所示。

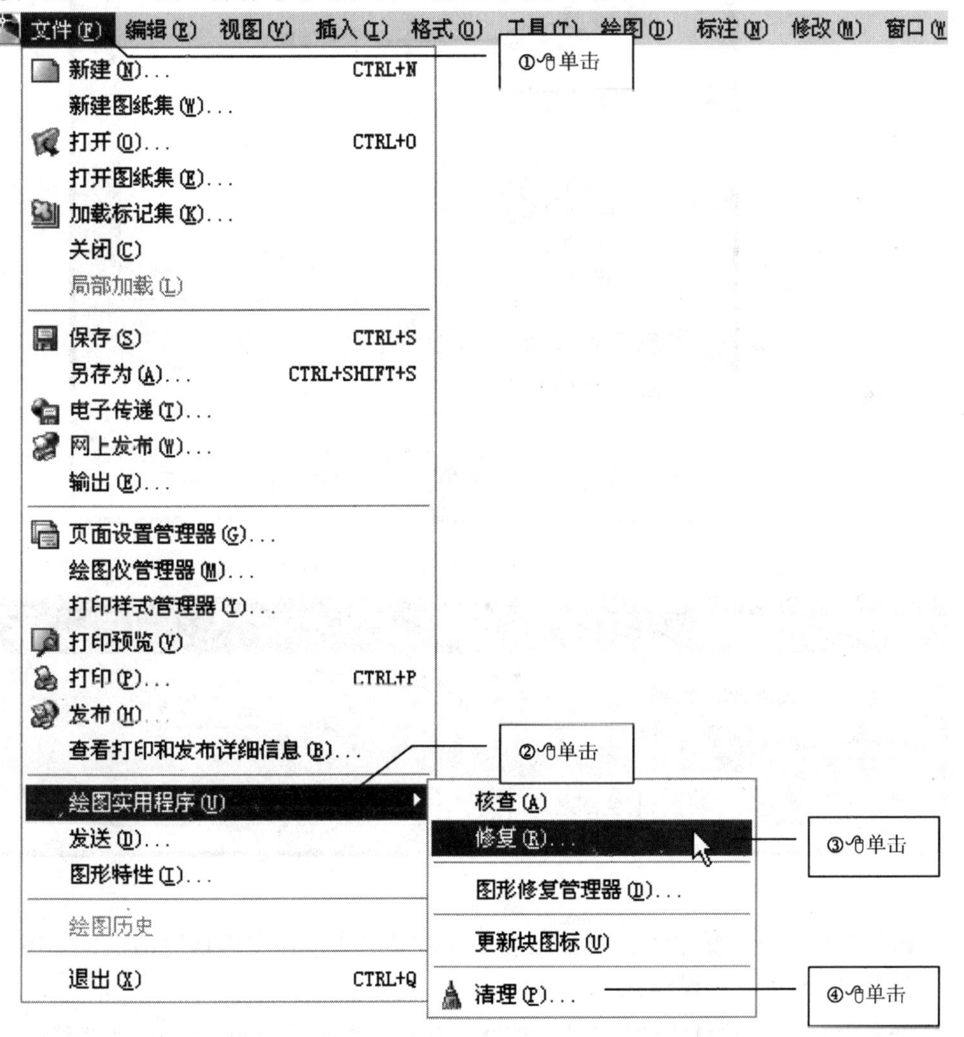

图　1-6-71

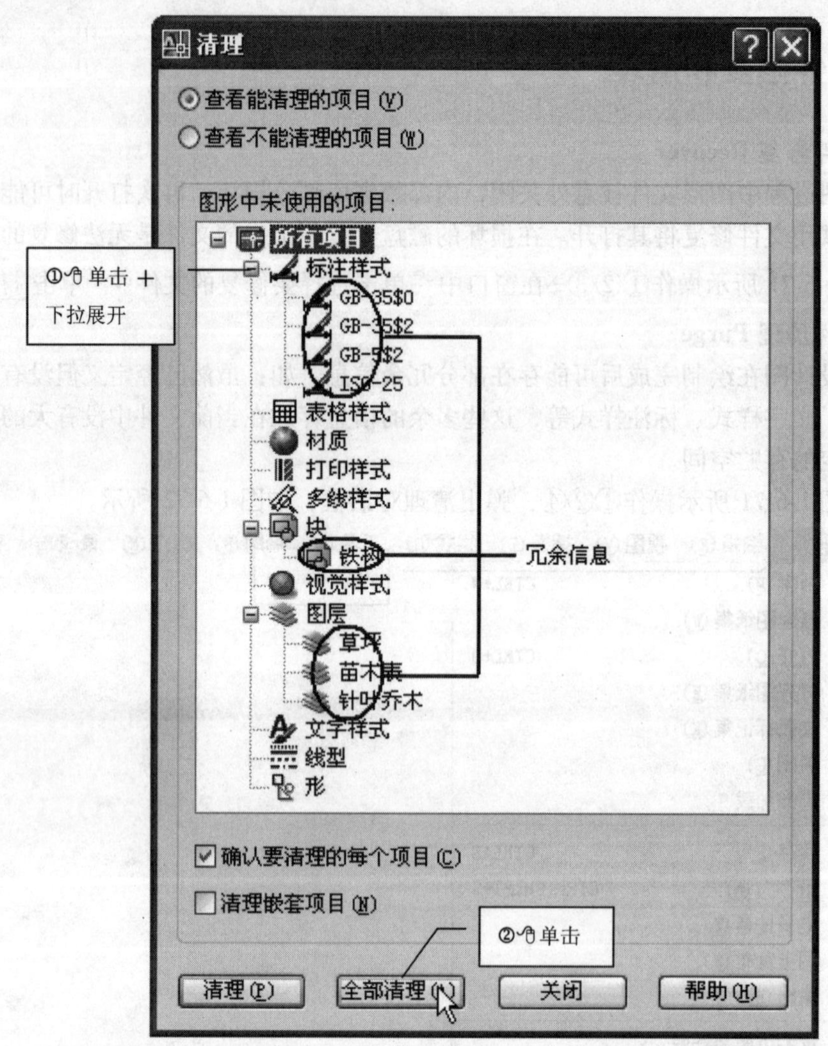

图 1-6-72

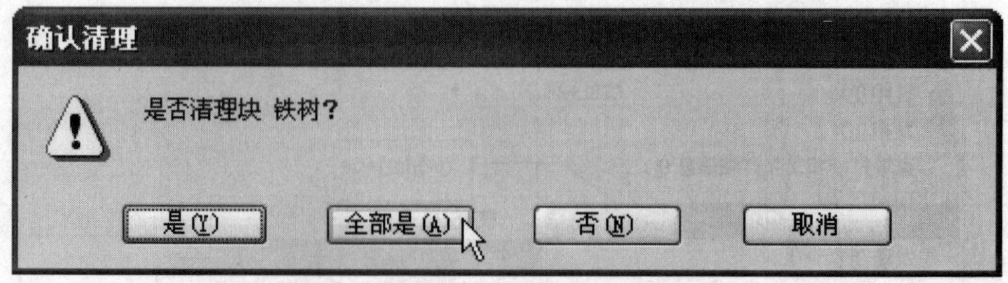

图 1-6-73

②如图 1-6-72 所示操作①，查看冗余信息，操作②，弹出确认对话框，如图 1-6-73 所示，在图中可选的几种操作：

单击是　　确认清理当前提示的冗余对象，系统提示确认下一个要清理的对象；

单击全部是　一次确认清理全部冗余对象；

单击否　不清理当前提示对象，系统提示确认下一个要清理的对象；

单击取消　中止清理命令。

6.7　自动保存与备份文件

1. 自动保存

在作图过程中每隔一段时间 AutoCAD 会将当前图形自动保存为一个临时文件，以 *.sv$ 命名，如：6_4_1_1_5841.sv$，这种临时文件在图形文件正常关闭后被自动删除，而在意外断电等情况下会保存下来，可使用 Windows 的搜索功能找到这个文件，将文件名更改为 *.dwg 后在 AutoCAD 中打开。

自动保存间隔系统默认设置为 10min，单击工具菜单⇨单击选项，如图 1-6-74 所示操作，可设置间隔时间。

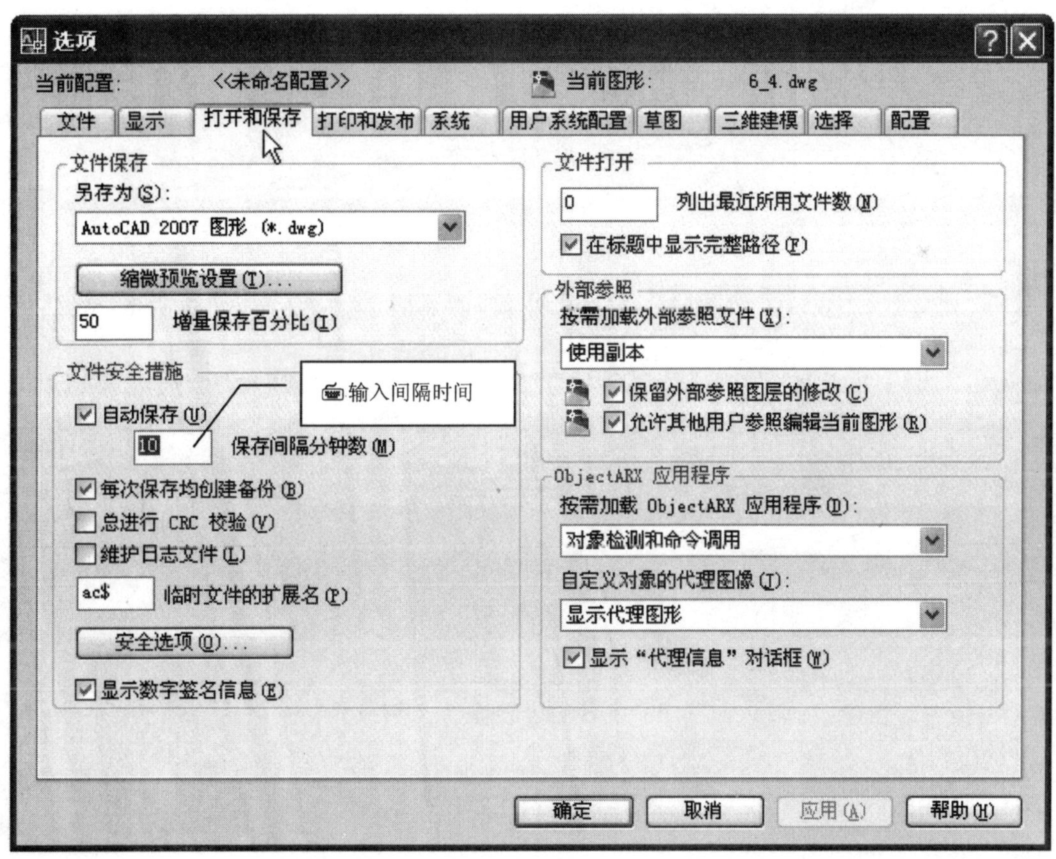

图　1-6-74

2. 备份文件

在 AutoCAD 中新建或打开一个图形文件，在每次存盘操作时 AutoCAD 先将存盘前的图形状态存储为一个备份文件 *. bak，这个文件与当前图形文件存储在同一路径，主文件名相同，而扩展名为 bak（backup 的缩写），这个备份文件不会被自动删除，如果图形文件意外损坏，可将备份文件的扩展名更改为 dwg，在 AutoCAD 中打开。

自动保存和备份是为减少意外损失而设置的功能，不要有依赖心理，要养成在绘图过程中经常存盘的良好习惯，避免意外损失。

第 7 讲

7.1 图样的矢量化方法

在做设计时甲方一般会提供场地的现状图，图 1-7-1 是设计师经常要面对的图样，首先要做的工作就是将它输入计算机并转换成一个 AutoCAD 文件，这种转换称为矢量化（Raster to Vector）。矢量化的方法大概有以下几种：

（1）量取图样的点坐标手工矢量化。

（2）将图样扫描成图像衬底描红。

（3）使用专用软件自动矢量化。

（4）使用数字化仪矢量化。

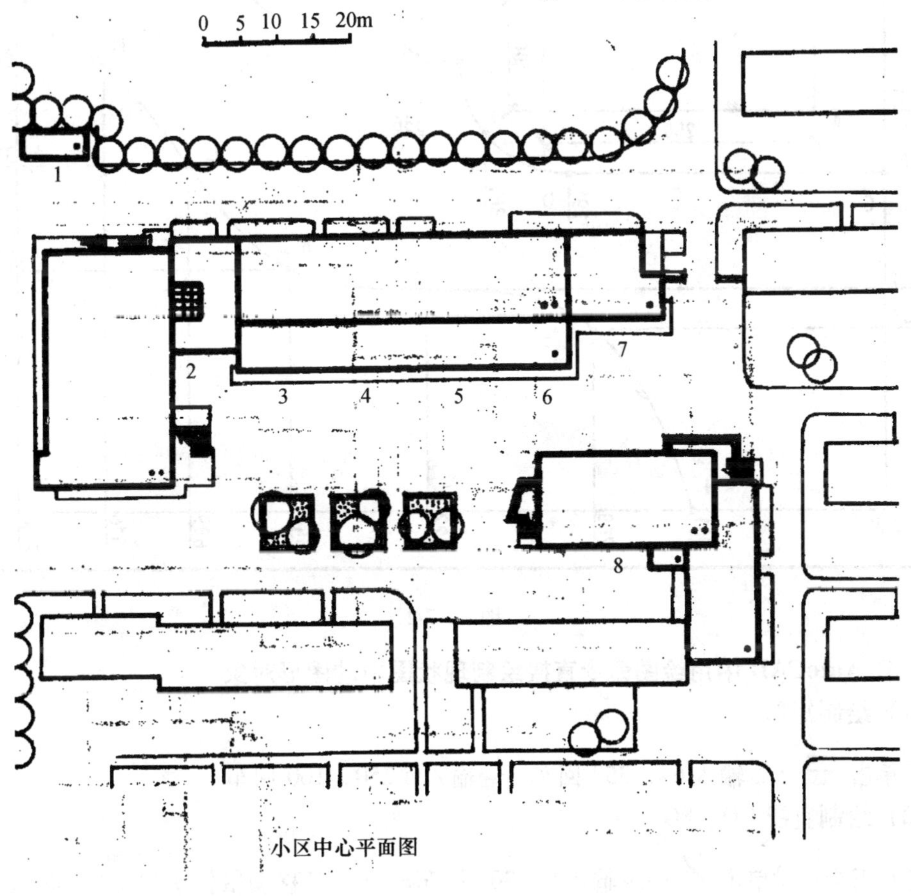

图 1-7-1 （引自李德华《城市规划原理》）

7.1.1 量取图样的点坐标手工矢量化

对于地形地物较少的现状图，可以逐个量取点的坐标，在 AutoCAD 中使用绘图命令直接绘制底图上的图形对象，手工完成矢量化过程。

手工矢量化的工作程序：

1. 确定坐标系的原点和 XY 轴

一般以现状图样的左下角为原点，内框线为坐标轴，也可以手工绘制坐标轴。

2. 量取、标注图样的点坐标

要量取的是在绘图命令中需要输入的点的坐标，可直接用绘图尺量取毫米值，不必使用比例尺换算，结果如图 1-7-2 所示，虚线是指示坐标的辅助线，工作中可直接将坐标注记在点附近，如图 1-7-2 所示 I 点，注记为 269，163。

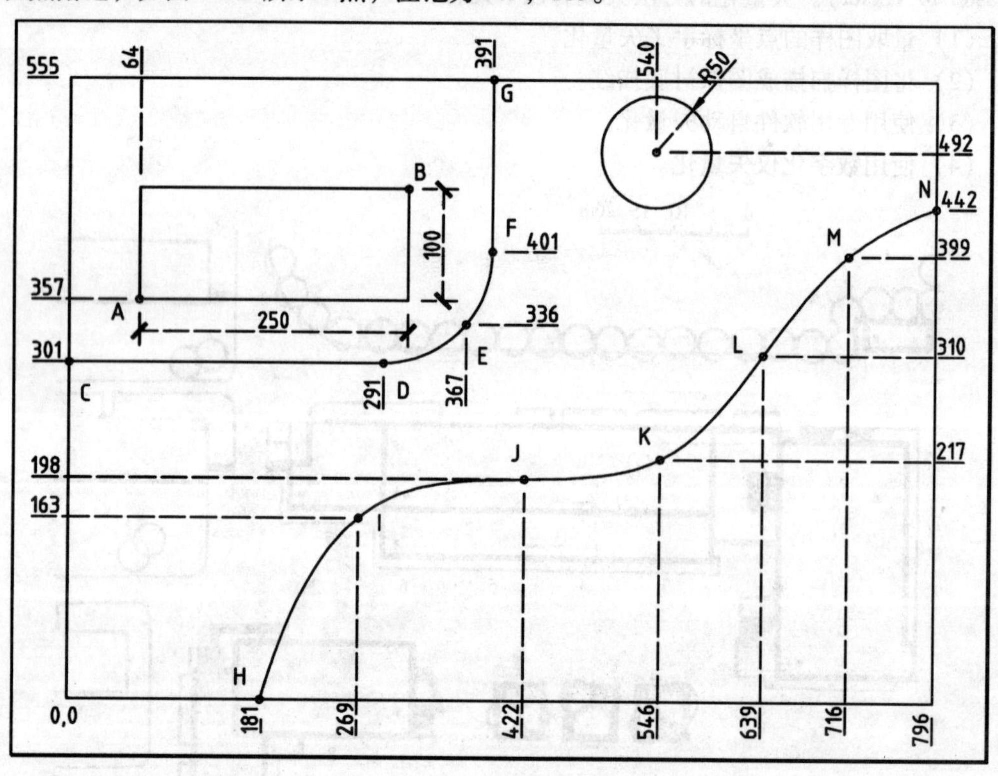

图 1-7-2

3. 在 AutoCAD 中用绘图命令直接绘制现状图中的图形对象

（1）绘制矩形

单击 ⇨输入 64，357 回车⇨输入@250，100 回车。

（2）绘制直线 CD、FG

打开正交⇨单击 ⇨输入 0，301 回车⇨向右移动鼠标引出方向⇨输入 291 回车⇨右击，单击 重复直线 ⇨输入 391，401 回车⇨输入 391，555 回车。

(3) 绘制弧 DEF

单击⇨捕捉D点，单击⇨输入367，336回车⇨捕捉F点，单击。如果要求弧与两直线相切，可单击弧DEF⇨单击，查看弧的半径值为100⇨单击⇨右击，单击半径⇨输入100回车⇨单击直线CD⇨单击直线FG。

(4) 绘制圆

单击⇨输入540，492回车⇨输入50回车。

(5) 绘制样条线

单击⇨输入181，0回车⇨依次输入I、J、K、L、M点坐标回车⇨输入796，442回车⇨右击，单击确认⇨移动鼠标引出H点切线方向，单击⇨移动鼠标引出N点切线方向，单击⇨单击绘制的样条曲线，用夹点编辑调整形状。

4. 将绘制的图形缩放到实际尺寸

由于量取对象坐标时直接读取毫米值，所以当前图形是设计场地的缩影，为了在模型空间中以实际尺寸进行设计，可使用缩放命令将矢量化的底图放大。参照缩放必须已知场地中两个明显地物点的实际距离，两个对角点有利于校正图纸在纵横两个方向上的变形，假设已知A、B两点距离为30m，要以毫米为单位绘图，校正后的新长度为30,000单位，参照缩放的操作步骤如下：

①单击。(启动缩放命令)
②输入ALL回车。(选择所有对象)
③回车。(确认对象选择已结束)
④输入0，0回车。(确定缩放基点为坐标原点)
⑤右击，单击参照。(启用参照方式缩放)
⑥捕捉A点，单击⇨捕捉B点，单击。(指定两个参照点)
⑦输入30000回车。(校正后的新长度)
⑧单击全部缩放，缩放图样适合作图区大小，或单击视图菜单⇨缩放⇨单击全部。(视图控制操作，并不影响真实尺寸)

7.1.2　描红扫描的图像

将图纸用扫描仪扫描成图像，存贮为JPG、TGA、TIF等格式文件，在AutoCAD中将其插入，衬在作图区中，像用描图纸蒙墨线图那样在上面描绘一遍，完成矢量化。

描红扫描图样的工作程序：

1. 插入扫描的图像文件

①右击任意工具栏⇨单击插入点，打开工具栏如图1-7-3所示。

②单击，如图1-7-4、图1-7-5所示操作，将图像插入到0图层。

2. 缩放图像适合作图区大小

插入的图像可能很小也可能很大，单击全部缩放，缩放图样适合作图区大小，或单击视图菜单⇨缩放⇨单击全部。

图 1-7-3

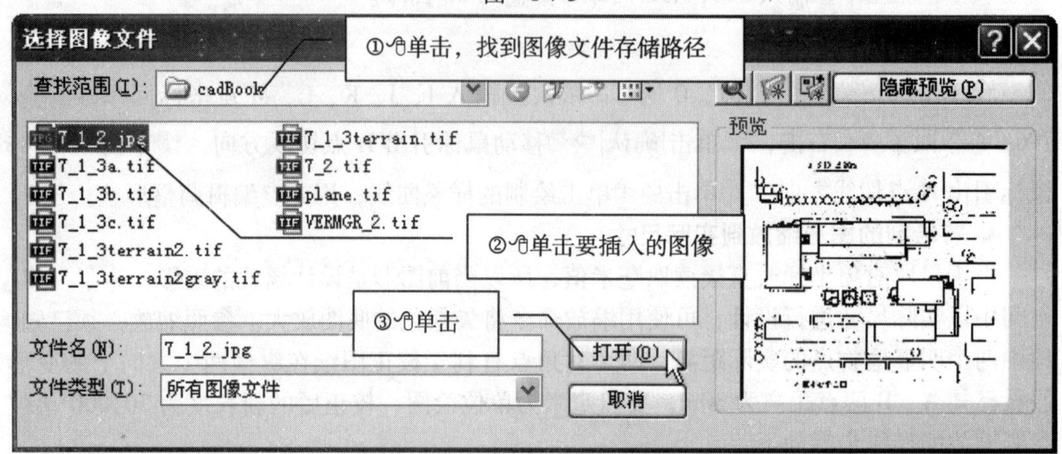

图 1-7-4

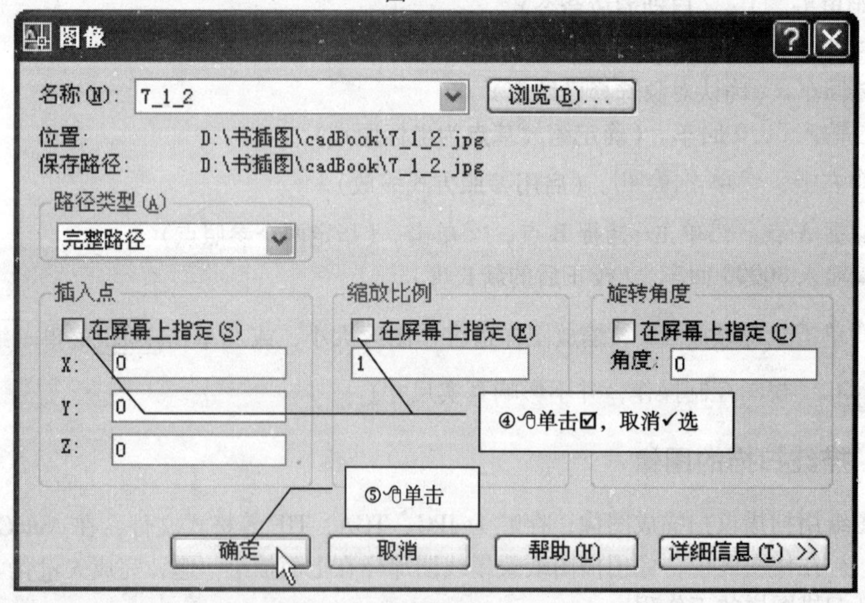

图 1-7-5

3. 分层描绘图样

创建道路、建筑、水体等图层，分图层用绘图命令描绘不同类型的图样，方法与7.1.1中步骤3相似，区别在于不输入图样的点坐标，而是直接在衬底的图样上单击取点绘制图形。

描图过程中，已经描绘的图形有时会突然不见了，这是被衬底图像覆盖了。单击显示顺序，在修改II工具栏上⇨单击图像边缘将其选中⇨右击两次，弹出快捷菜单，如图1-7-6所示操作，将图像置于底层。

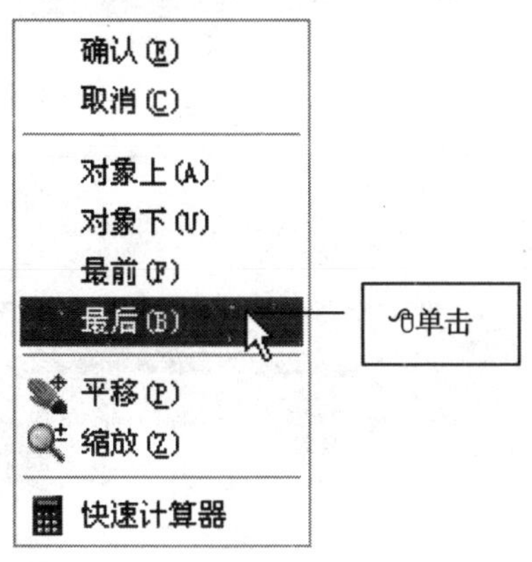

图　1-7-6

4. 将描绘的图形缩放到实际尺寸

关闭0图层，参照7.1.1中步骤4的方法，将描绘的图形对象缩放到实际尺寸。

当前图形中只记录了附着图像的存储路径，图像并不存储在当前图形文件中。如果图样复杂工作时间较长，需要携带到另一台计算机上继续描绘，可将图像文件复制到那台计算机的同一路径，如果与当前计算机的存储位置不同，则需要重新附加图像。

7.1.3　矢量化软件VPstudio的使用

矢量化软件是将像素图像转换成矢量图形的一类软件，一般具有图像净化、光栅编辑和矢量化三项功能，在GIS和CAD领域应用广泛。常见的矢量化软件有：Softelec公司的VPHybridCAD，包括：VPstudio、VPraster、VPmax、VPlite；Able公司的R2V；Rasterex公司的RxAutoImage；Ravtek公司的Crucible；GTX公司的GTXRaster；日立公司的ImageSeries；IDEAL公司的I/Vector等，另外一些GIS软件也内置有矢量化模块。

德国Softelec公司的VPstudio被认为是此类软件中功能最强的，互联网址http：//www.Softelec.com/，操作方式与AutoCAD极为相似，目前的最高版本是V9，如图1-7-7所示。国内由北京清软电子技术公司代理，互联网址http：//www.th-system.com/。

使用专用软件矢量化的工作程序：

1. 扫描

在VPstudio中用其支持的大幅面工程扫描仪扫描图纸并存储为TIFF位图文件，由于工程扫描仪价格昂贵，尽管用于办公的一般扫描仪精度较低，但小型设计单位常用它在Photoshop等图像处理软件中扫描图纸，方法参见Photoshop部分第5讲扫描仪的使用。对于幅面过大的图纸可分幅扫描或先行缩印后再扫描，分幅扫描要有一定的重叠部分用于图像拼接。

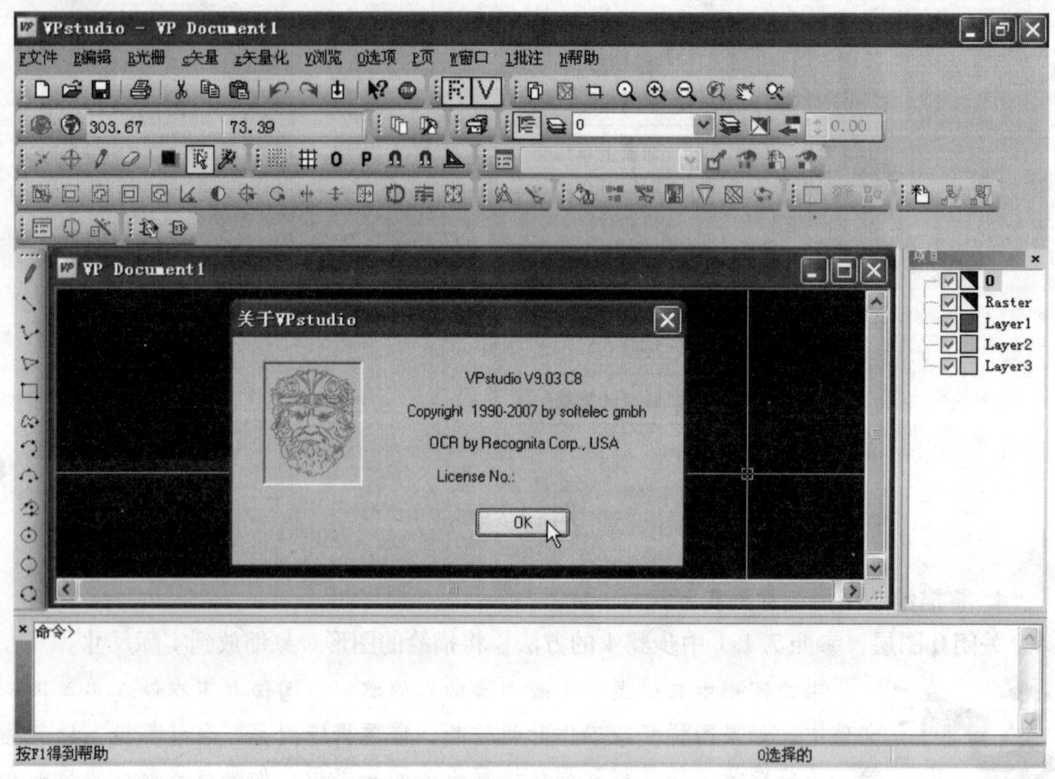

图 1-7-7

2. 合并图幅

将分幅扫描的图样在VPstudio中拼接成整张图纸。

（1）打开第一个图像

单击[文件]菜单⇨单击[打开]弹出窗口如图1-7-8所示⇨在磁盘上找到文件7_1_3a. tif，双击。

（2）合并入第二个图像

单击[光栅]菜单，单击[合并]，如图1-7-9所示操作①②，弹出窗口如图1-7-8所示⇨双击文件7_1_3b. tif⇨如图1-7-10所示操作①②⇨如图1-7-11所示，移动光标[回]到A点，单击，A点附近放大显示⇨移动十字光标对准A点，单击，视图显示恢复⇨移动光标[回]到B点，单击，B点附近放大显示⇨移动十字光标对准B点，单击⇨同样的方法，将C点对位到D点上⇨如图1-7-12所示，单击[确定]，结果如图1-7-13所示。

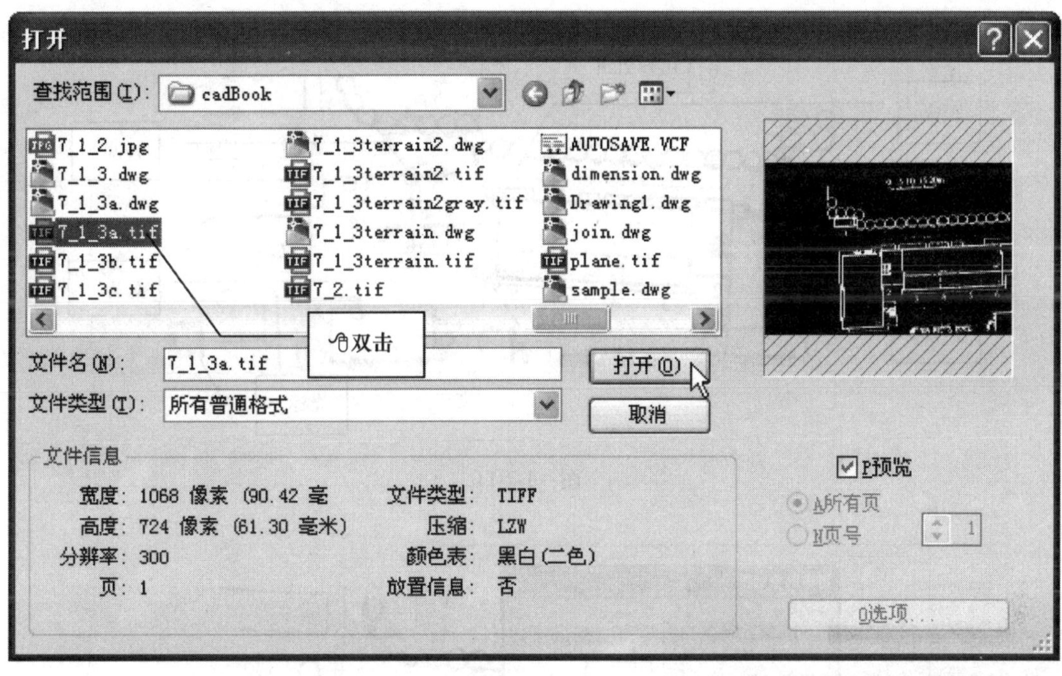

图　1-7-8

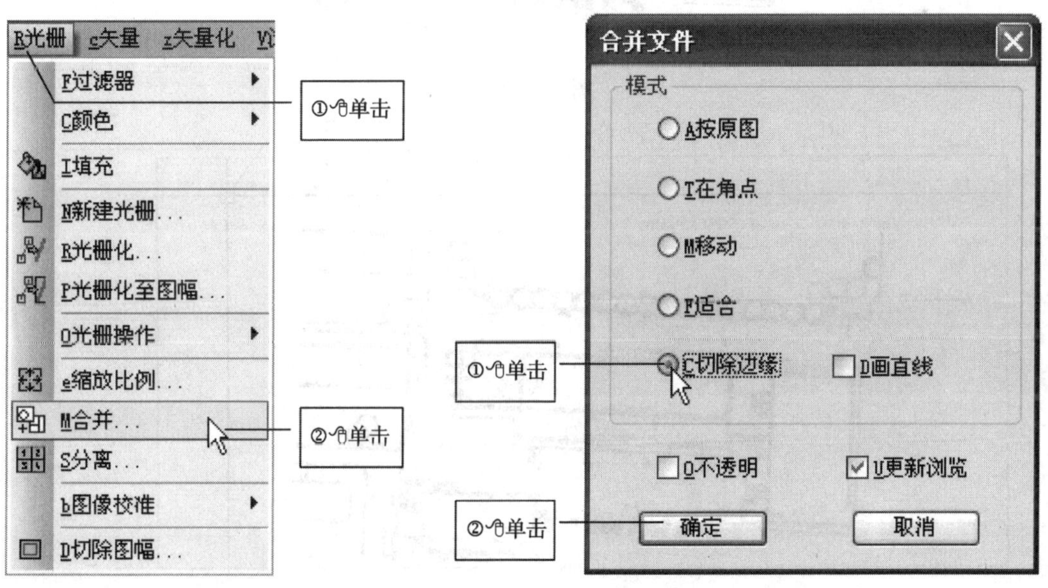

图　1-7-9　　　　　　　　　　图　1-7-10

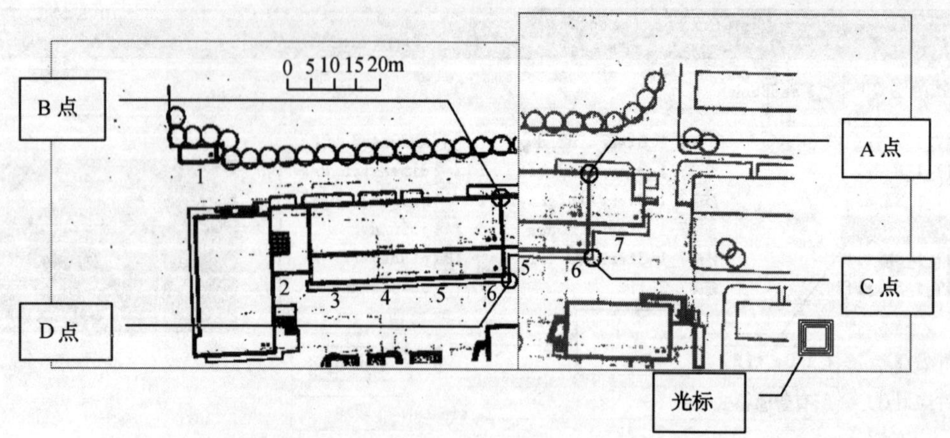

图 1-7-11

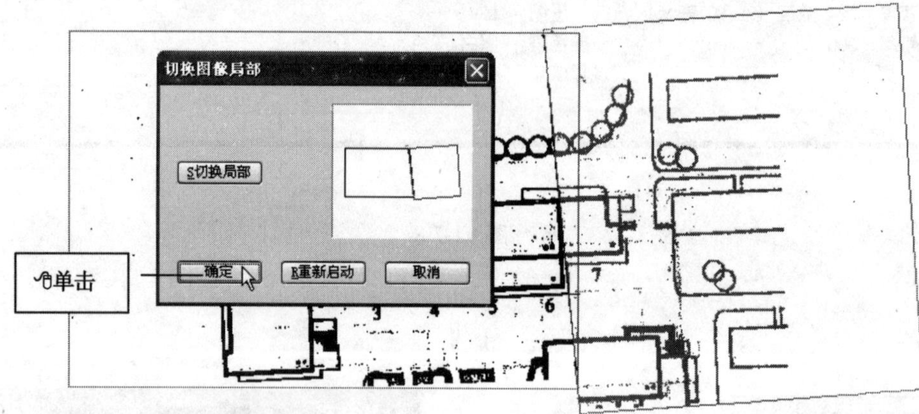

图 1-7-12

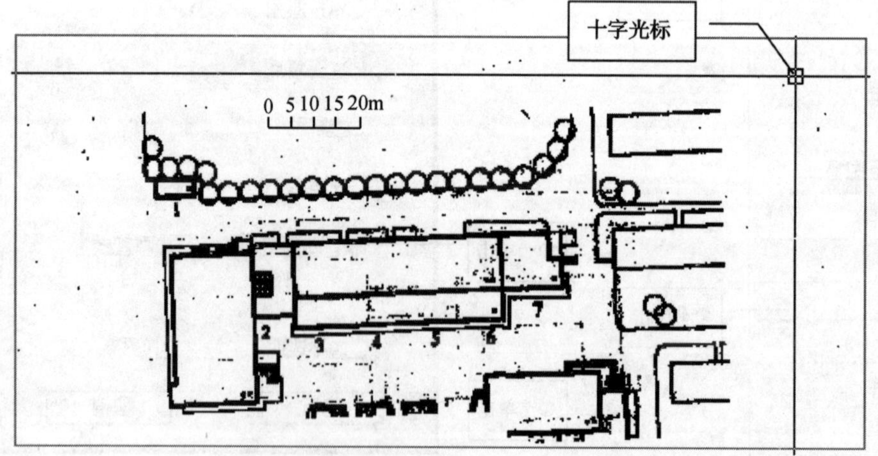

图 1-7-13

(3) 合并入剩余的图幅

参照步骤 (2) 将图像7_1_3c. tif合并到图的下方。如果扫描时分幅过多，可输出部分合并后的结果，再重新打开图像文件继续合并。单击 文件 菜单⇨单击 输出 。

3. 图像校准

对于精度要求不高的图纸可跳过此步骤，直接做步骤4。

依据参考点坐标，校准图像的变形，可以从5个多项式或者精确变换功能中选择一个来满足图像校准变换的要求。默认设置可以让软件在输入了参考点之后选择精度尽可能高的变换功能，参考点应该均匀地分布在图形上，个数不少于规定的最小数目。

5种校准变换多项式及所需参考点的最少个数如图1-7-14所示。

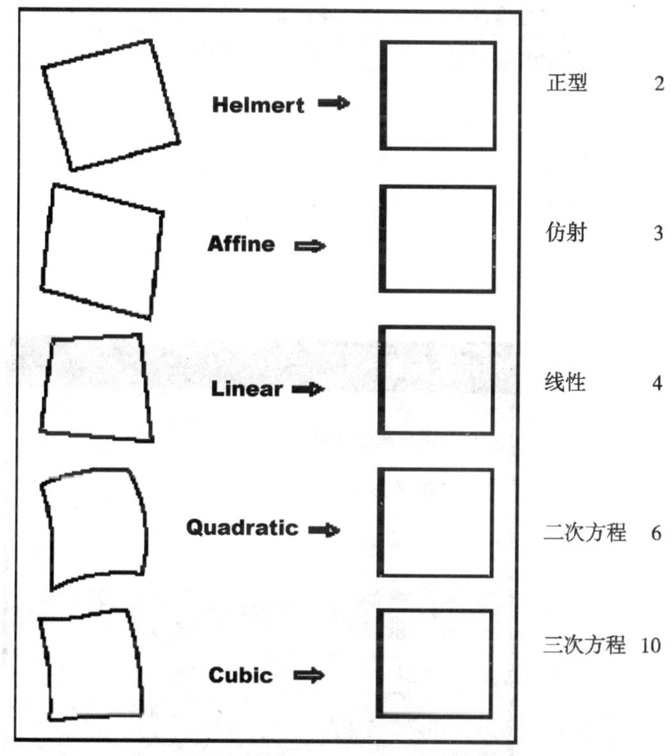

图　1-7-14

①启动多点图像校准，如图1-7-15所示操作。

②设置用户坐标系，如图1-7-16所示操作。

③设置校准参数，如图1-7-17所示操作。

④指定参考点并输入坐标校正值

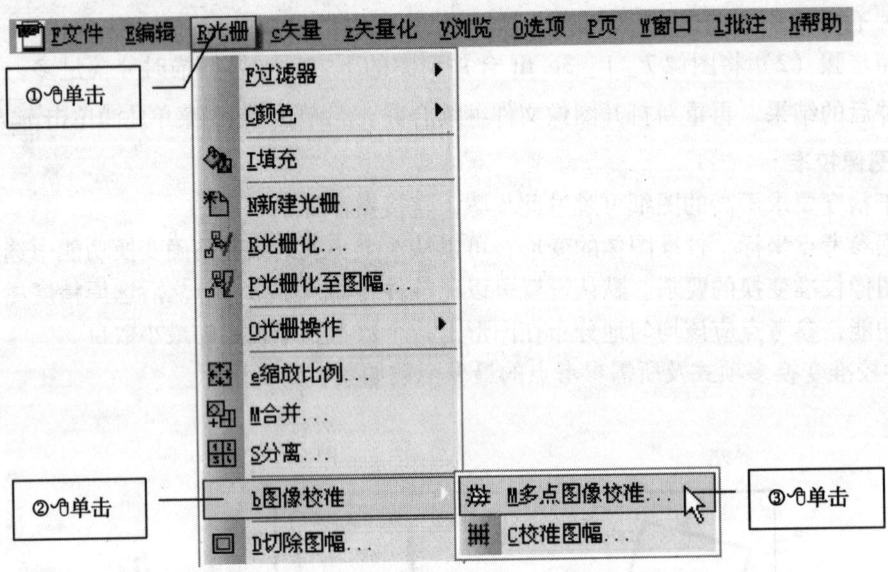

图 1-7-15

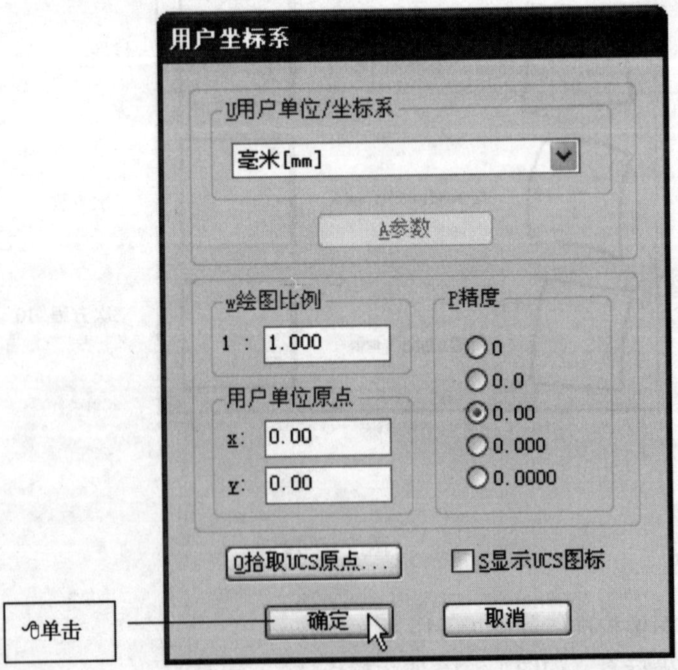

用户坐标系
U用户单位/坐标系
毫米[mm]
A参数
w绘图比例
1 : 1.000
P精度
0
0.0
0.00
0.000
0.0000
用户单位原点
x: 0.00
y: 0.00
O拾取UCS原点...
S显示UCS图标
单击
确定
取消

图 1-7-16

图像校准设置
计算模式
P多项式
T三角形 (精确的)
参考点
M手工(编辑目标点)
n手工(从矢量图中拾取)
U通过矢量交点
r从文件中输入...
G从栅格
x:
4.00
D不同的栅格
y:
4.00
A栅格角度:
0.00
K保留栅格角度
选项
S设置用户坐标系...
Z自动缩放
1:1
e指定输入窗口
确定
取消
①单击
②单击

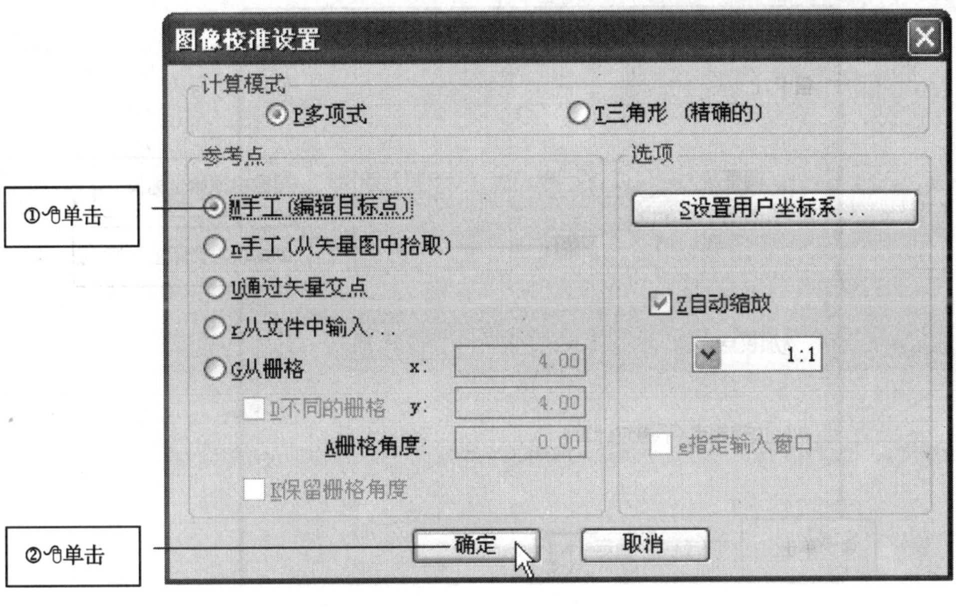

图　1-7-17

如图 1-7-18 所示操作①⇨如图 1-7-20 所示，移动光标回到 A 点，单击，A 点附近放大显示⇨移动十字光标对准 A 点，单击，弹出编辑点对话框，如图 1-7-19 所示操作。采用同样的方法，依次指定参考点 B、C、D、E……并输入坐标校正值⇨如图 1-7-18 所示操作②，单击 确定 2 次，图像校准。

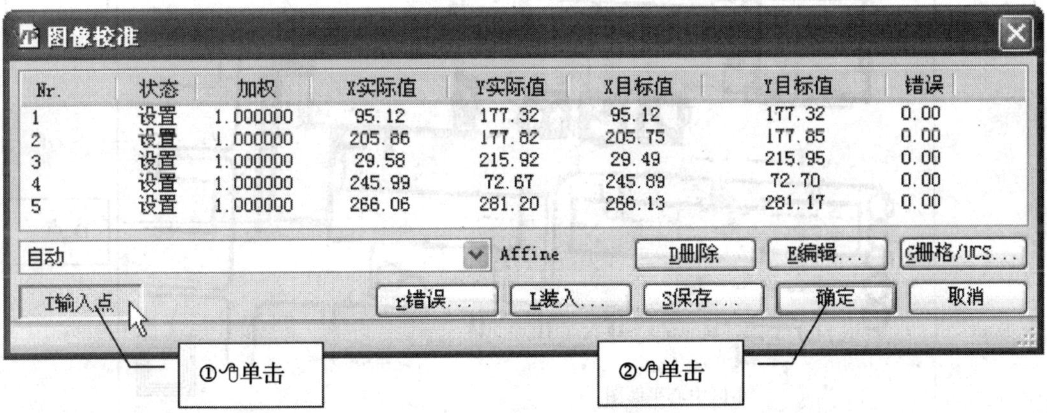

图像校准
Nr.
状态
加权
X实际值
Y实际值
X目标值
Y目标值
错误
1 设置 1.000000 95.12 177.32 95.12 177.32 0.00
2 设置 1.000000 205.86 177.82 205.75 177.85 0.00
3 设置 1.000000 29.58 215.92 29.49 215.95 0.00
4 设置 1.000000 245.99 72.67 245.89 72.70 0.00
5 设置 1.000000 266.06 281.20 266.13 281.17 0.00
自动
Affine
D删除
E编辑...
G栅格/UCS...
I输入点
r错误...
L装入...
S保存...
确定
取消
①单击
②单击

图　1-7-18

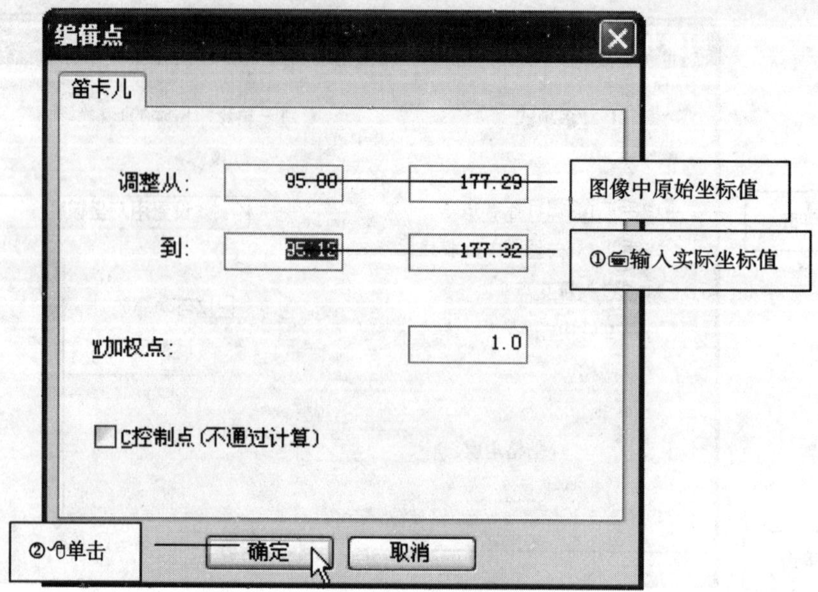

编辑点
笛卡儿
调整从:
95.00
177.29
图像中原始坐标值
到:
177.32
①输入实际坐标值
W加权点:
1.0
C控制点(不通过计算)
②单击
确定
取消

0 5 10 15 20m
E 点
C 点
A 点
B 点
D 点
小区中心平面图 1

图 1-7-19

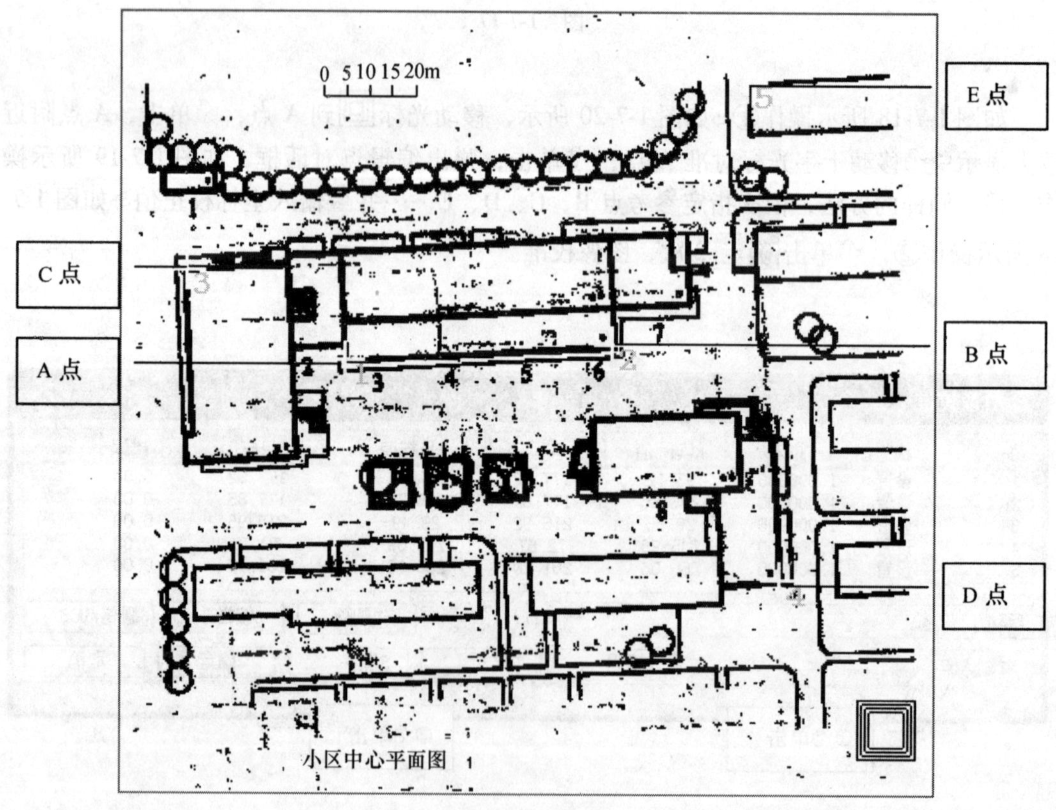

图 1-7-20

如果图 1-7-18 所示窗口遮挡图像，可将其🖱拖动至作图区边缘。

4. 倾斜校正

选取图形中处于同一水平线或垂直线上的两个点，一般可选取大型建筑的角点或直线道路的端点，如图 1-7-20 中的 A、B 两点。

如图 1-7-21 所示操作①②③⇨如图 1-7-20 所示，移动光标▣到 A 点，🖱单击，A 点附近放大显示⇨移动十字光标对准 A 点，🖱单击，视图显示恢复⇨移动光标▣到 B 点，🖱单击，B 点附近放大显示⇨移动十字光标对准 B 点，🖱单击。

5. 自动净化

如图 1-7-21 所示操作①②④。也可用 去斑点 命令自定义斑点大小，然后去除斑点。经倾斜校正、自动净化处理后，结果如图 1-7-22 所示。

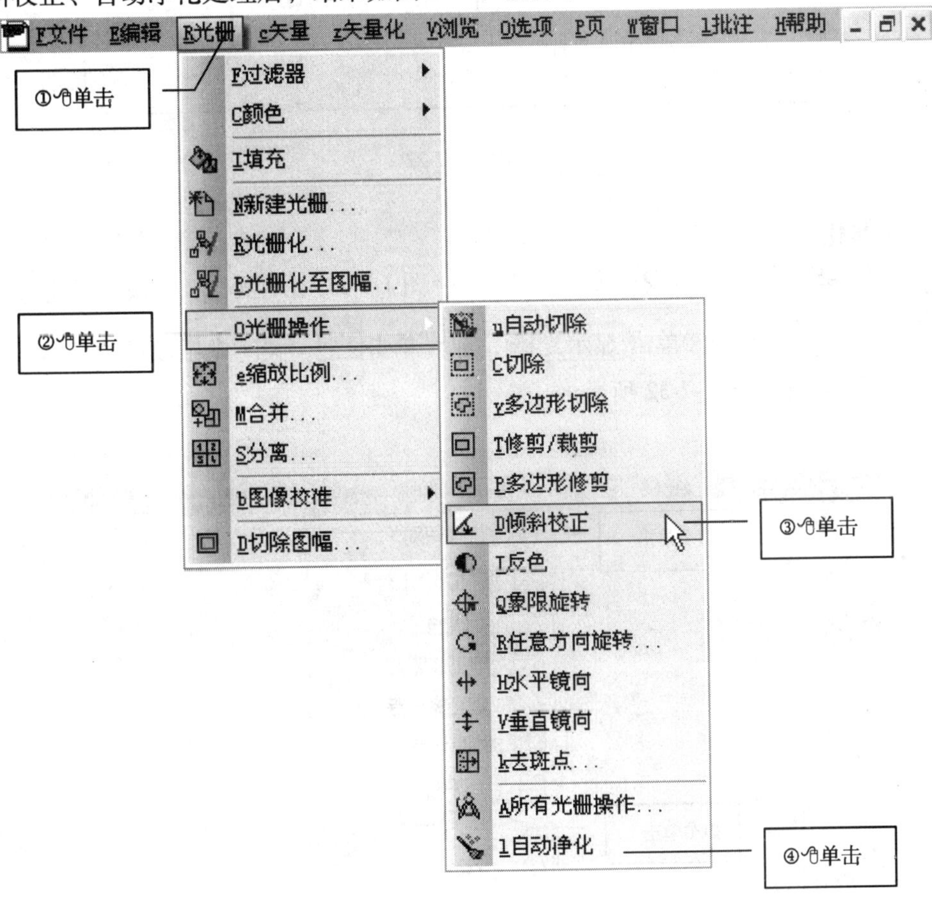

图 1-7-21

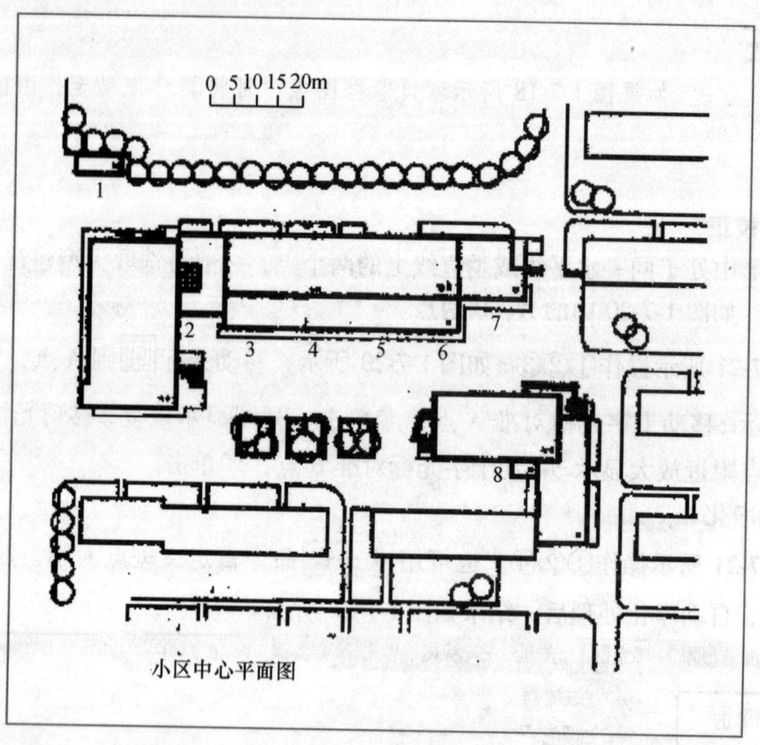

图 1-7-22

6. 矢量化

如图 1-7-23 所示操作①②，如图 1-7-24 ~ 图 1-7-31 所示操作，完成矢量化过程。

单击[浏览]菜单⇨单击[显示光栅]，或单击，关闭光栅图像的显示，只显示矢量化图形，结果如图 1-7-32 所示。

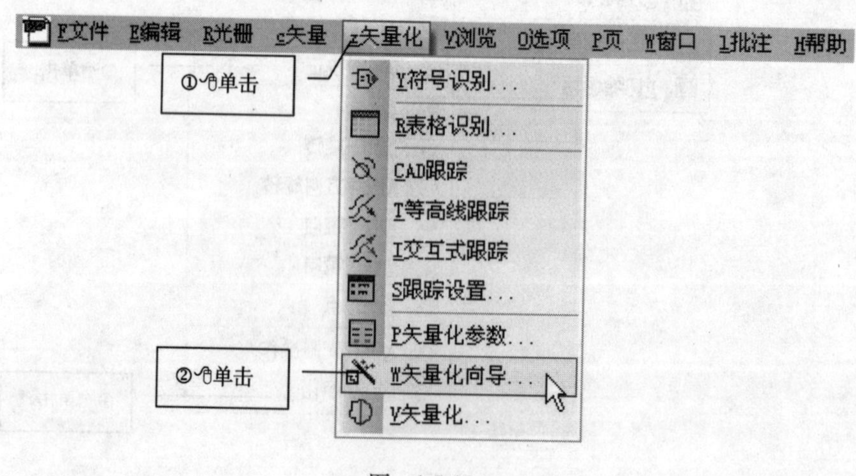

图 1-7-23

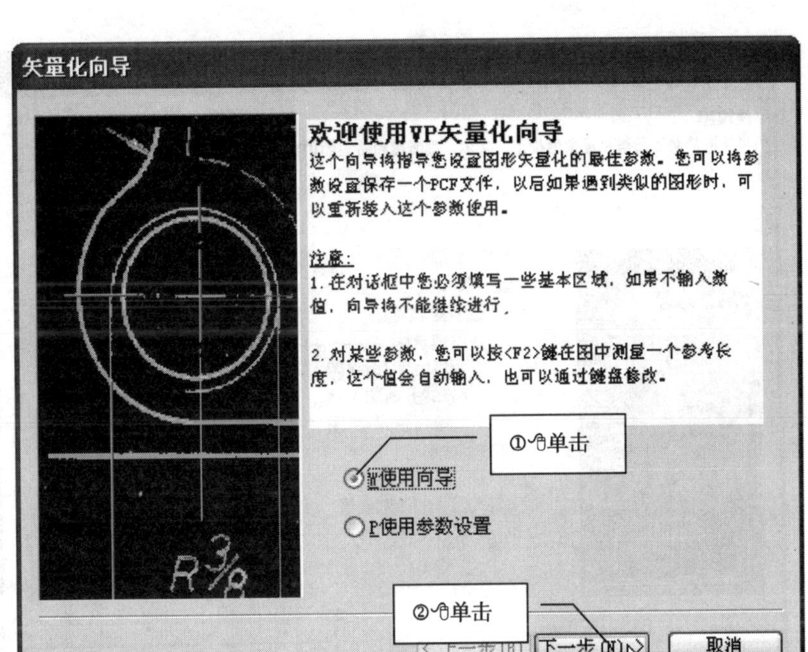
矢量化向导
欢迎使用VP矢量化向导
这个向导将指导您设置图形矢量化的最佳参数。您可以将参数设置保存一个PCF文件，以后如果遇到类似的图形时，可以重新装入这个参数使用。
注意:
1.在对话框中您必须填写一些基本区域，如果不输入数值，向导将不能继续进行。
2.对某些参数，您可以按<F2>键在图中测量一个参考长度，这个值会自动输入，也可以通过键盘修改。
①单击
W使用向导
P使用参数设置
②单击
< 上一步(B)
下一步(N) >
取消

图　1-7-24

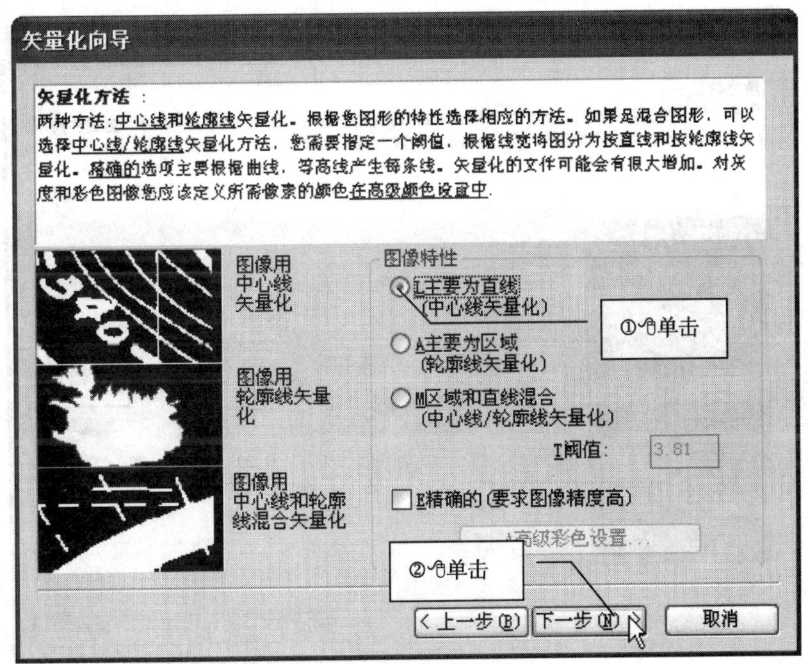
矢量化向导
矢量化方法：
两种方法:中心线和轮廓线矢量化。根据您图形的特性选择相应的方法。如果是混合图形，可以选择中心线/轮廓线矢量化方法，您需要指定一个阈值，根据线宽将图分为按直线和按轮廓线矢量化。精确的选项主要根据曲线，等高线产生每条线。矢量化的文件可能会有很大增加。对灰度和彩色图像您应该定义所需像素的颜色在高级颜色设置中.
图像用中心线矢量化
图像用轮廓线矢量化
图像用中心线和轮廓线混合矢量化
图像特性
L主要为直线(中心线矢量化)
①单击
A主要为区域(轮廓线矢量化)
M区域和直线混合(中心线/轮廓线矢量化)
T阈值: 3.81
E精确的(要求图像精度高)
A高级彩色设置...
②单击
< 上一步(B)
下一步(N) >
取消

图　1-7-25

矢量化向导
建筑图
向导将帮助您正确设置角度校正，文本，剖面线和箭头的识别参数。
Kitchen/
Dining
F=13.60m2
C创建新的参数设置
图形基本类型
A建筑图
单击
M机械图/电气图
GIS图, 地图
C地籍图, 测绘图
L装入已有的参数设置
装入:
C:\Program Files\VPstudio
< 上一步(B)
下一步(N) >
取消

图 1-7-26

矢量化向导
角度校正:
您可以在图中找到(除了0°和90°外)三个经常出现的参考角(如30°,60°,45°)。直线在角度偏离范围内将自动调整到参考角(建议角度偏离为:1°到5°)
矢量化
无角度校正
A角度校正
D偏离角度:
3.00
输入
参考角度:
矢量化
用角度
校正
0; 90; 0.00 ; 0.00 ; 0.00 度
< 上一步(B)
下一步(N) >
取消

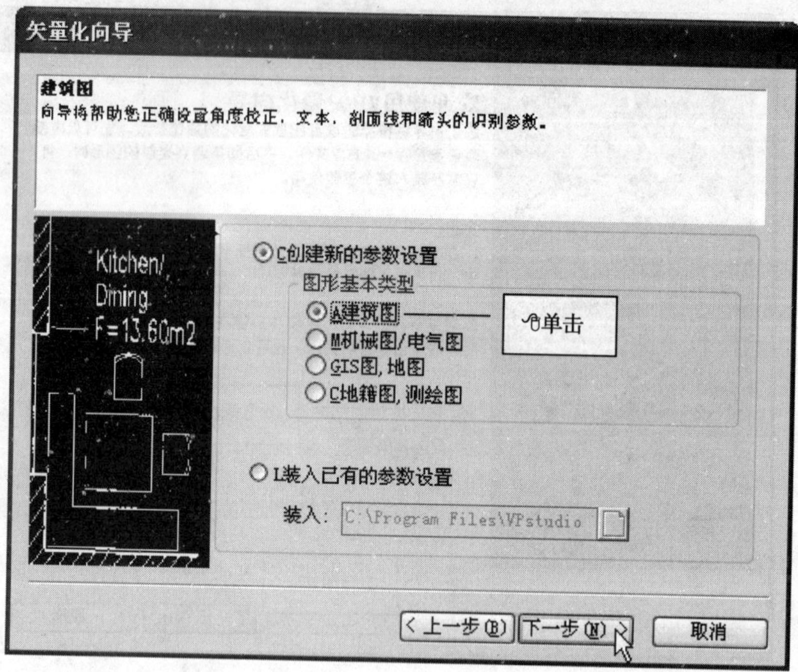

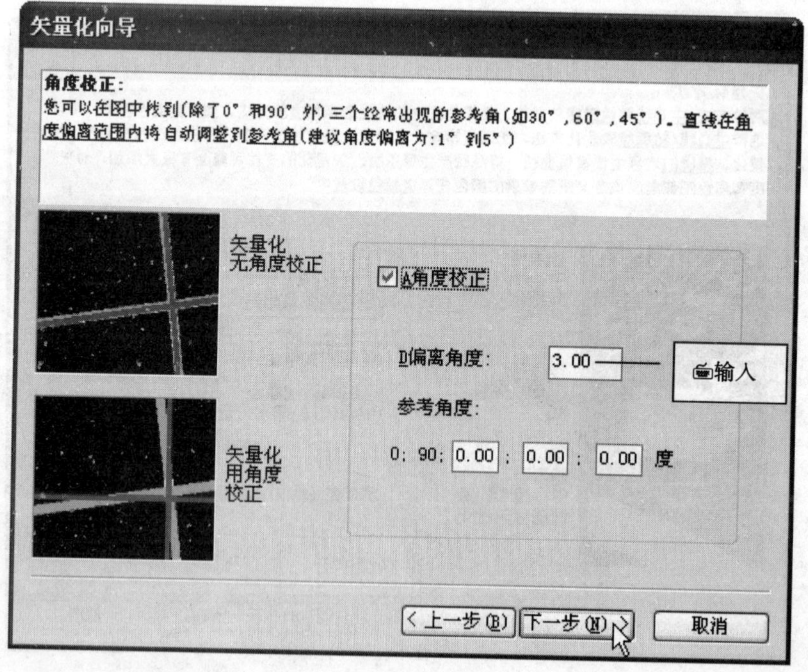

图 1-7-27

矢量化向导
文本识别参数
可以选择ASCII格式(OCR)和线格式(矢量分离并组合为块)。对于OCR识别，需指定文本的方向。文本方向相对减少可以提高识别质量。识别的文本将转换到选择的层上(如文本层)。
为了加快文本识别的过程，选择的文本高度最好比最高的文本小一些，然后手工转换数量较少的大文本。
单击☑取消✓选
线格式
ASCII格式使用OCR
T文本识别
L用线格式
A用ASCII格式(OCR)
H只有水平方向
V水平和垂直方向
M任意方向
M最大文本高:
0.00
按[F2]
Y层:
文本
<上一步(B)
下一步(N)>
取消

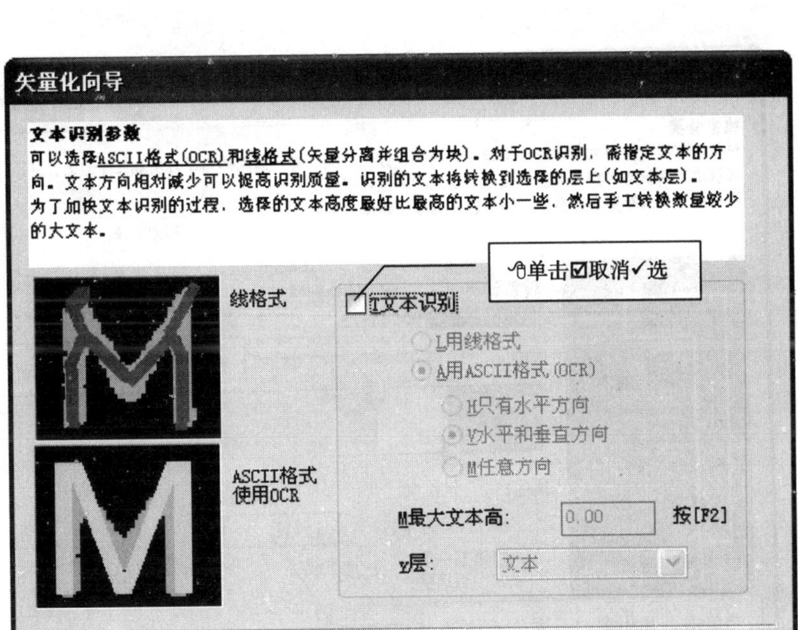

图　1-7-28

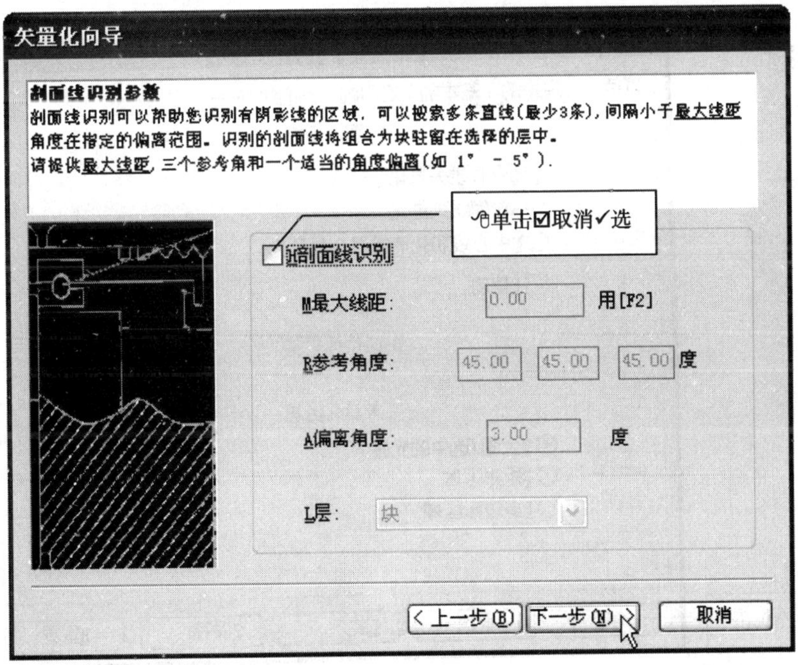

矢量化向导
剖面线识别参数
剖面线识别可以帮助您识别有阴影线的区域，可以搜索多条直线(最少3条)，间隔小于最大线距角度在指定的偏离范围。识别的剖面线将组合为块驻留在选择的层中。
请提供最大线距，三个参考角和一个适当的角度偏离(如1°－5°)。
单击☑取消✓选
H剖面线识别
M最大线距:
0.00
用[F2]
R参考角度:
45.00
45.00
45.00
度
A偏离角度:
3.00
度
L层:
块
<上一步(B)
下一步(N)>
取消

图　1-7-29

矢量化向导
线宽分类：
您可以将线宽分为三类（细，中粗线，粗），直线，圆，弧，椭圆将自动转换到三个层上，还可以定义目标层名和分类的阈值。对指定的阈值可以预览。
可以按要求对非实心的直线，圆，弧，椭圆创建下一层。
细线
转换到层：
L1
中间线
转换到层：
L2
粗线
转换到层：
L3
阈值：
线宽滑块，左右拖动
阈值1：
0.50
阈值2：
0.90
P预览...
创建下一层：
用后缀：
D虚线
-D
C圆
-C
A弧
-A
单击，弹出窗口，左右拖动线宽滑块，预览图形分层结果
<上一步(B)
下一步(N)>
取消

图 1-7-30

无标题
方法
通用的
基本的
高级的
剖面线/符号
层
图像设置
L中心线矢量化
A轮廓线矢量化
M中心线和轮廓线混合矢量化
T阈值：
3.81
E精确
C高级彩色设置...
矢量化区域
W全图(选中的光栅)
R矩形区域
P多边形区域
单击
确定
取消
L装入...
S保存...
R重置

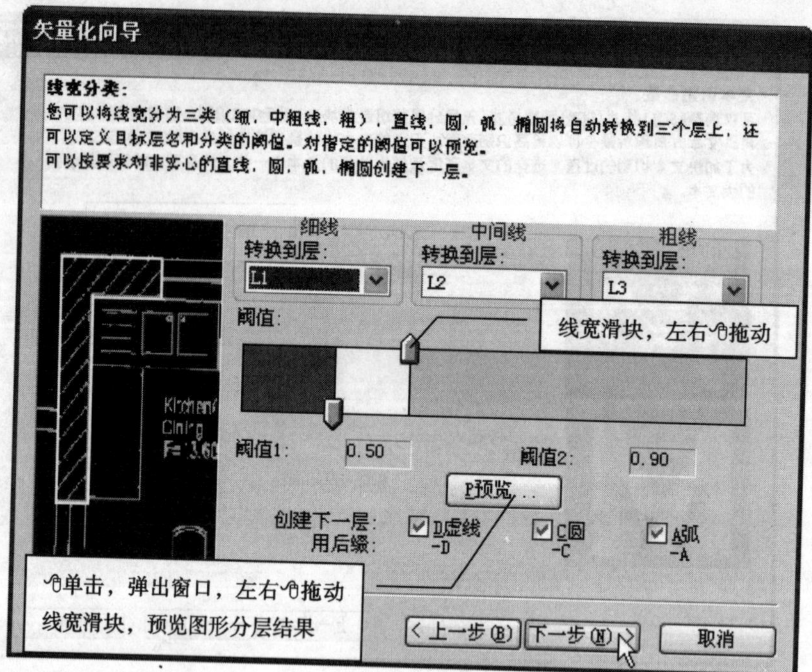

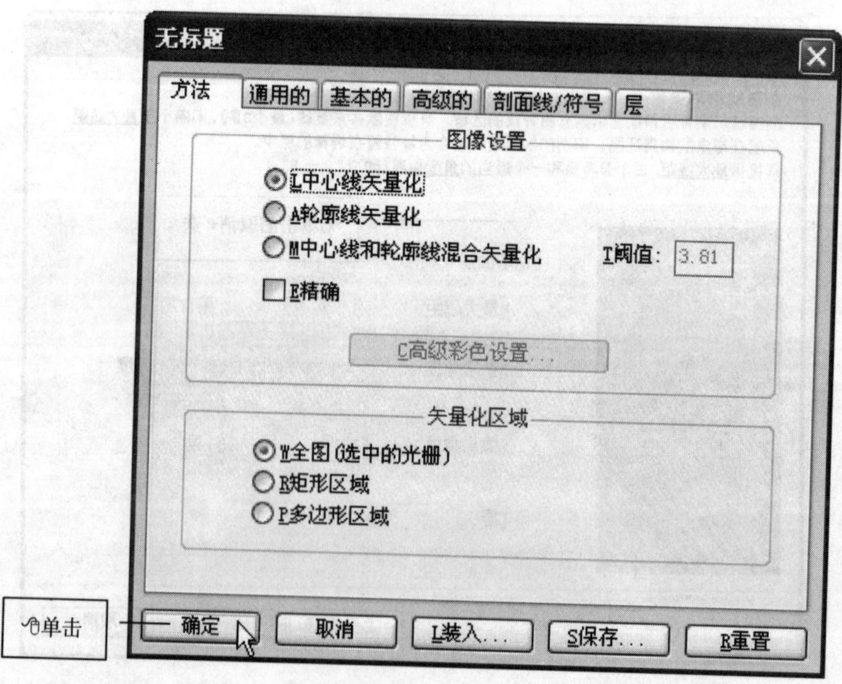

图 1-7-31

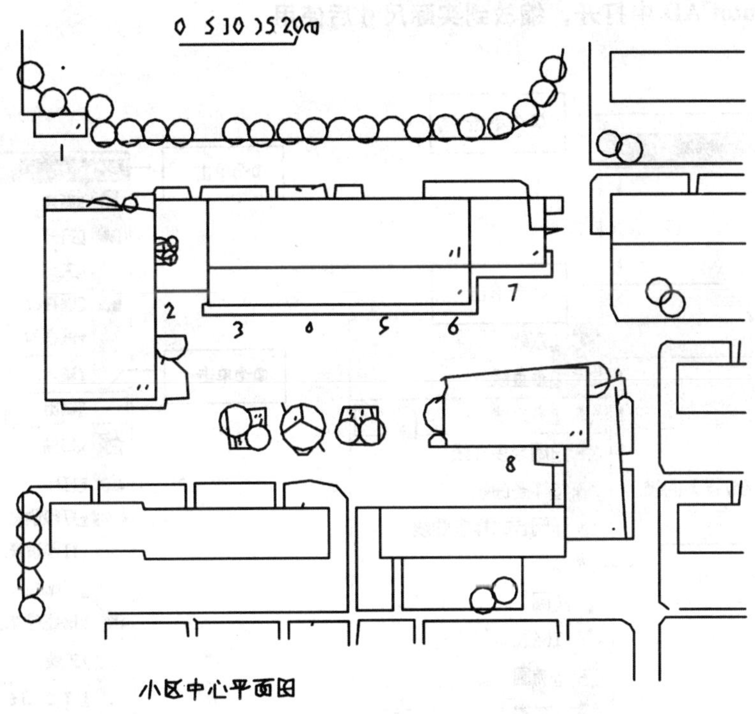

图　1-7-32

7. 矢量图形的后期处理

修补矢量化出现的图形错误，多数错误可到 AutoCAD 中做进一步修补，在 VPstudio 中组合矢量化造成的断线更为方便。VPstudio 的操作与 AutoCAD 非常相似，可以按照在 AutoCAD 中养成的操作习惯来操作这个软件，低版本软件中视图的缩放、平移不支持滑轮鼠标操作，而是与 AutoCAD 视图控制命令操作相同。

（1）工具栏操作

在任何一个工具栏上右击，单击 组合到 打开工具栏，如图 1-7-33 所示。组合为弧的操作步骤：选择要组合在一起的几段弧⇨单击命令按钮，弧组合在一起。

图　1-7-33

（2）菜单操作

组合为弧的操作步骤：启动命令，如图 1-7-34 所示操作⇨选择要组合在一起的几段弧⇨右击，单击 确认，弧组合在一起⇨右击，单击 取消，中止命令继续重复执行。

8. 输出矢量图形

如图 1-7-35 ~ 图 1-7-37 所示操作，将矢量化结果输出为 AutoCAD 文件 7 _ 2. dwg。

9. 在 AutoCAD 中打开，缩放到实际尺寸后使用

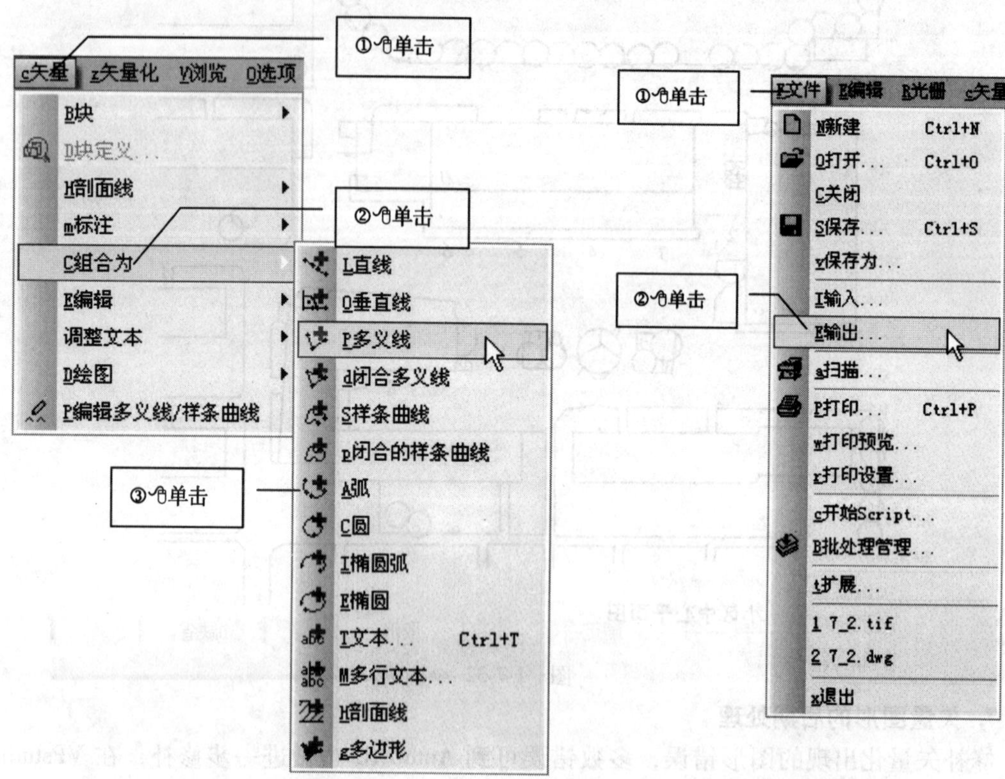

图 1-7-34　　　　图 1-7-35

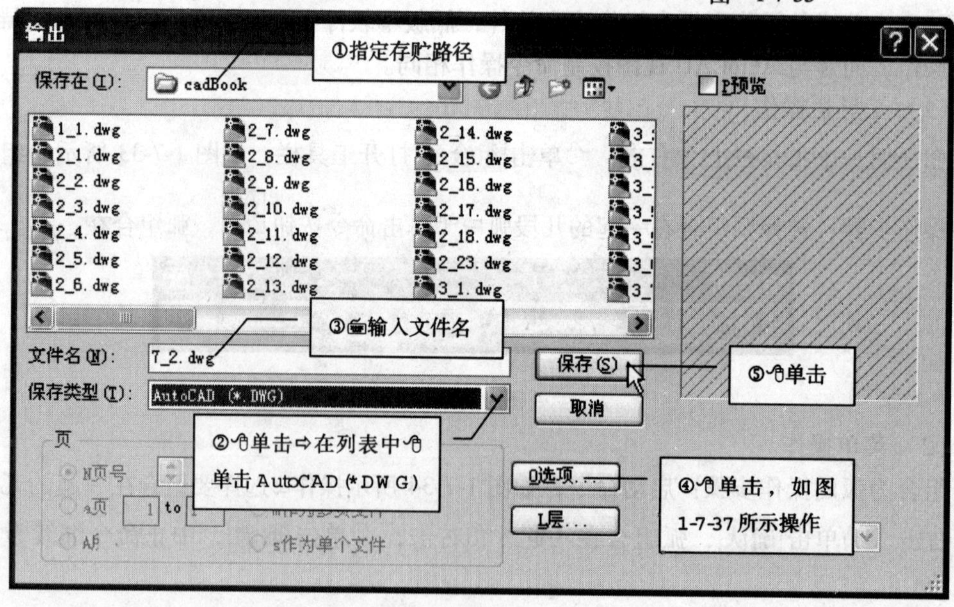

图 1-7-36

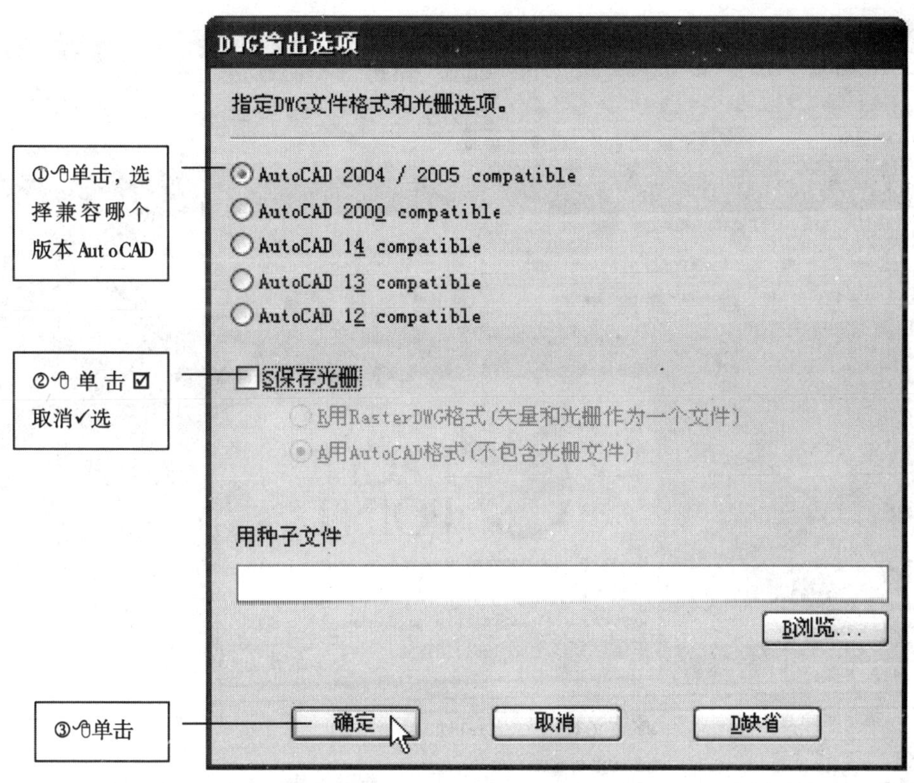

图　1-7-37

7.2　园林规划设计软件 Eagle Point LANDCADD

LANDCADD 由美国 Eagle Point Software 公司出品，是园林行业权威的规划设计专业软件，EGPT 成立于 1983 年，互联网址 http://www. eaglepoint. com/，以开发工程界集成软件为主，LANDCADD 是该公司的旗帜产品之一，以其强大的专业性，系统性、功能性和完整性著称，为全球 100 多个国家所采用，目前该软件已发行包括简体中文版在内的 8 种文字版本，国内由中国建筑科学研究院代理，电子信箱 qiushi. wang. cabr@ tom. com，正版用户主要是大型的规划设计院，北京 2008 奥运场馆景观规划设计亦采用此软件。

LANDCADD 由数据采集、数据传送、结点定位、测量修正、表面建模、场地分析、场地规划、场地设计、基础平面、景观设计、喷灌设计、详图绘制、数量提取、植物数据库、快速渲染、视觉模拟等功能模块所组成，各模块相对独立，相辅相成，为园林专业不同需求的设计人员提供了完整的解决方案。

Eagle Point 目前的最高版本是 2007，可以在 AutoCAD、Autodesk Map、MicroStation、BricsCad 等多个 CAD 平台上工作，在 AutoCAD2007 平台上的用户界面，如图 1-7-38 所示。其表面建模模块以数字模型为内核，输入多种格式高程数据生成精确地形模型，输出不规则三角网（TIN）、等高线和网格地形模型，如图 1-7-39、图 1-7-40、图 1-7-41 所示，原有的等高线也可以输入用于构建地形模型。

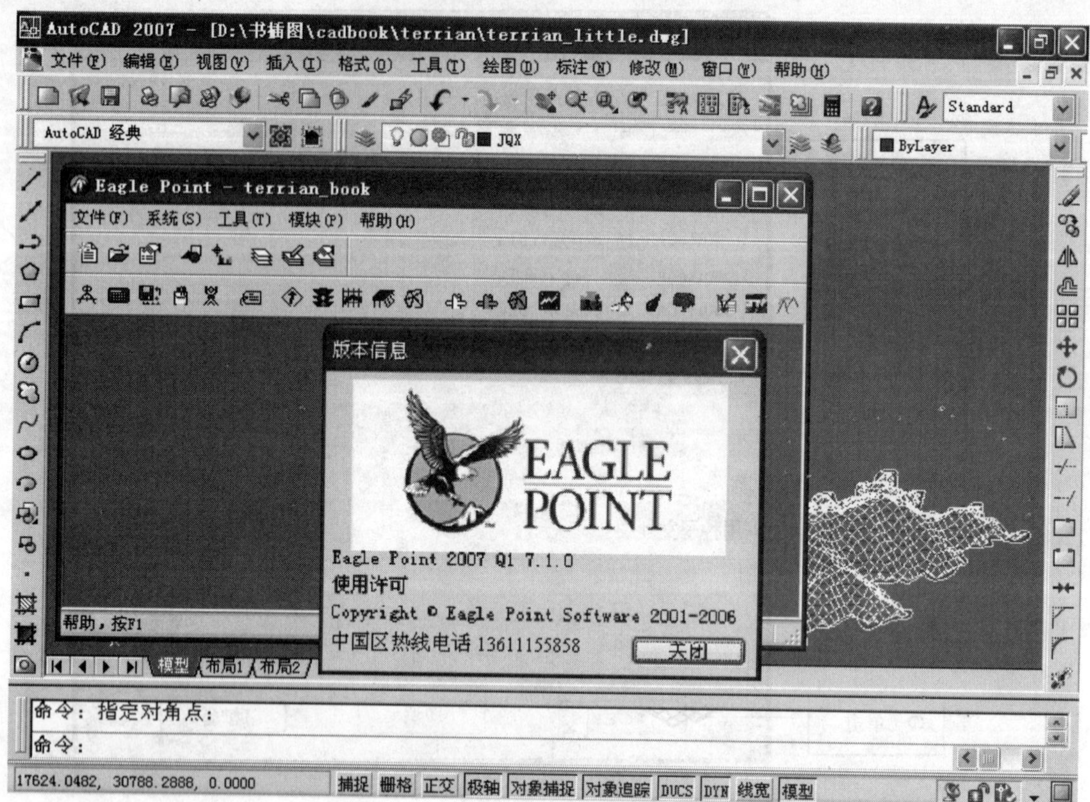

图 1-7-38

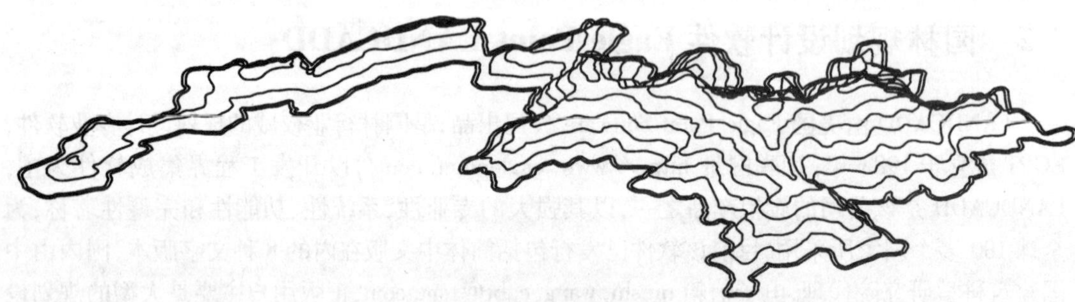

图 1-7-39 高等线地形模型

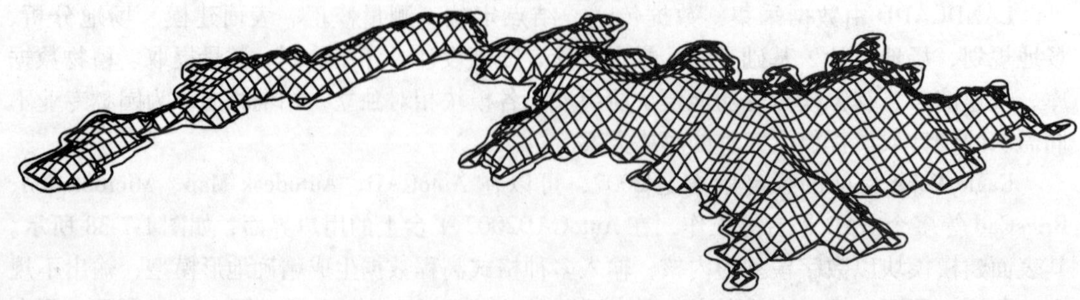

图 1-7-40 网格地形模型

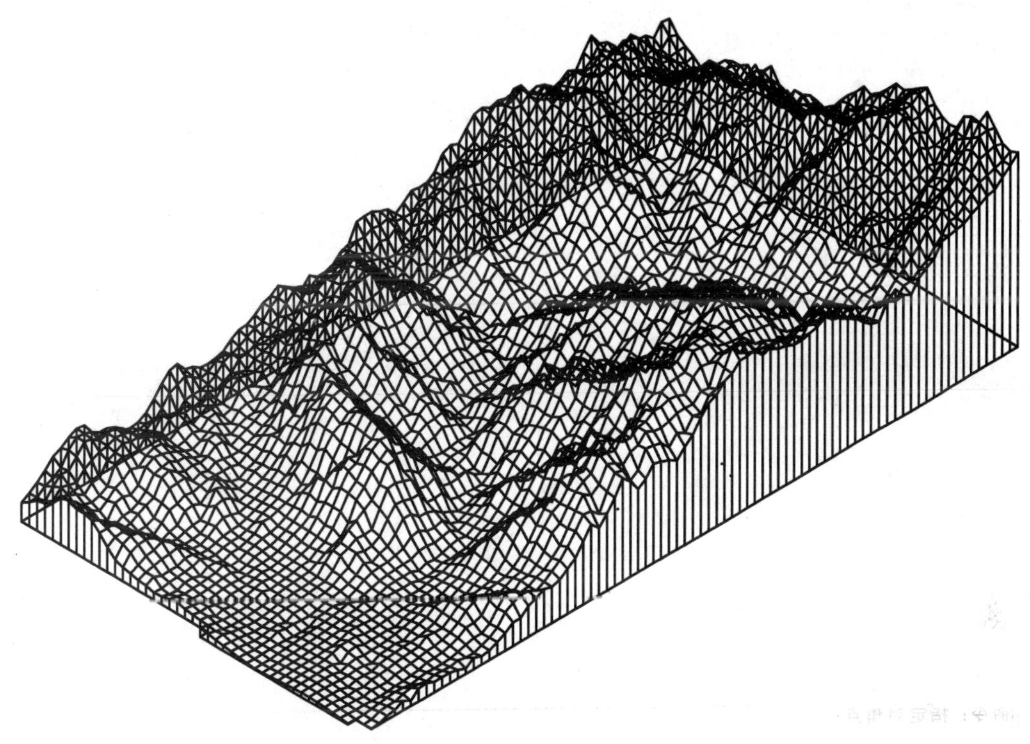

图 1-7-41　电子沙盘

7.3　绘制平面图的工作流程

按照一张图纸绘制的先后顺序，一般包括以下几个环节：

(1) 矢量化现状图。

(2) 将矢量化的底图放大到实际尺寸。

(3) 创建多个图层，分层绘制设计的图形对象。

(4) 创建布局，试算视口比例尺，获取比例因子。

(5) 在模型空间中标准尺寸，书写说明文字。

(6) 打印预览，输出图样。

第 2 篇

3ds max 部分（8.0 中文版）

第 1 讲

1.1　3ds max 8.0 单机版安装步骤

1. 安装

将 3ds Max 8.0 软件光盘放入计算机的 DVD 光盘驱动器，系统自动弹出安装界面，如图 2-1-1 所示，如果没有弹出可按如下步骤操作：双击**我的电脑**⇨右击光盘 Autodesk 3ds Max 8 DVD SC，在弹出的快捷菜单中，单击 打开 ⇨双击文件 launch. exe 会进入安装界面。如图 2-1-1 所示，①单击，查看安装 3ds Max 8 的系统需求⇨②单击 安装，进入安装向导⇨单击 下一步 ⇨单击 ○我接受许可协议，单击 下一步 ⇨弹出图 2-1-

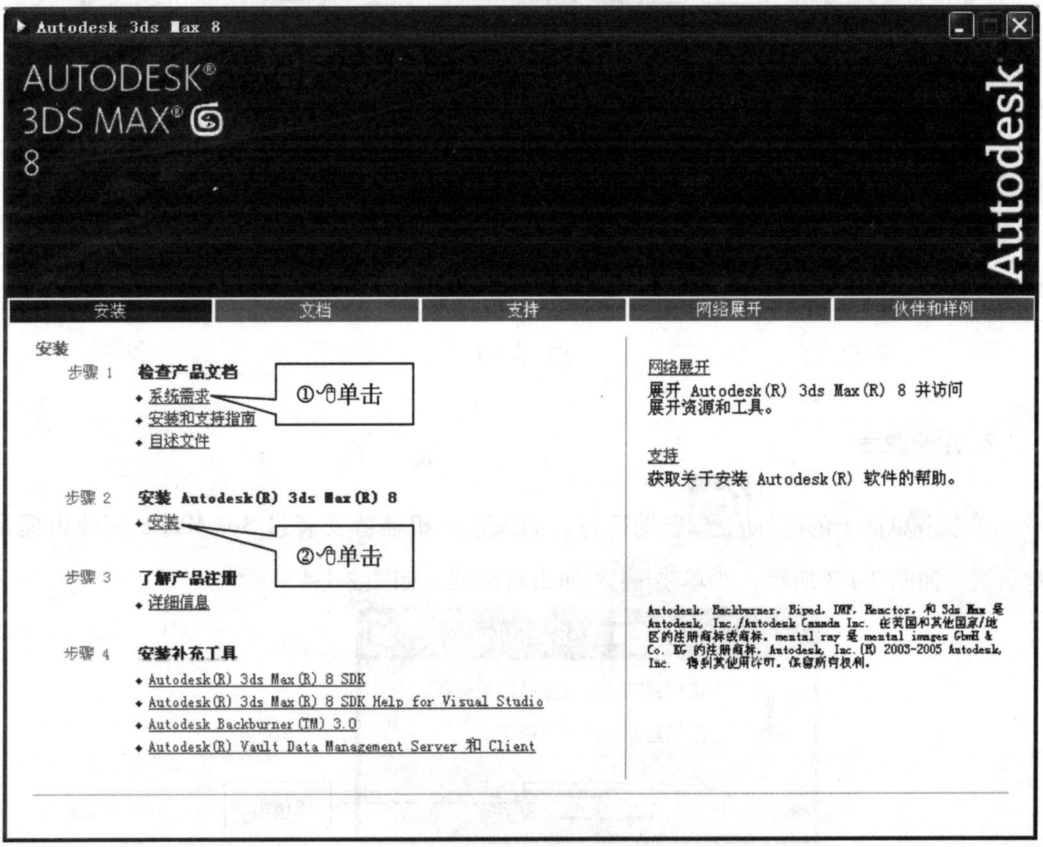

图　2-1-1

2 所示的对话框，③⌨输入你的姓名、单位等用户信息⇨④⌨输入软件序列号，如果只是想试用 30 天可保持默认值 000 00000000 ⇨⑤🖱单击 下一步 ⇨🖱单击 下一步 两次，等待安装 3ds Max 8 主程序模块和选择的其他组件⇨安装完成后，🖱单击 退出 结束安装。

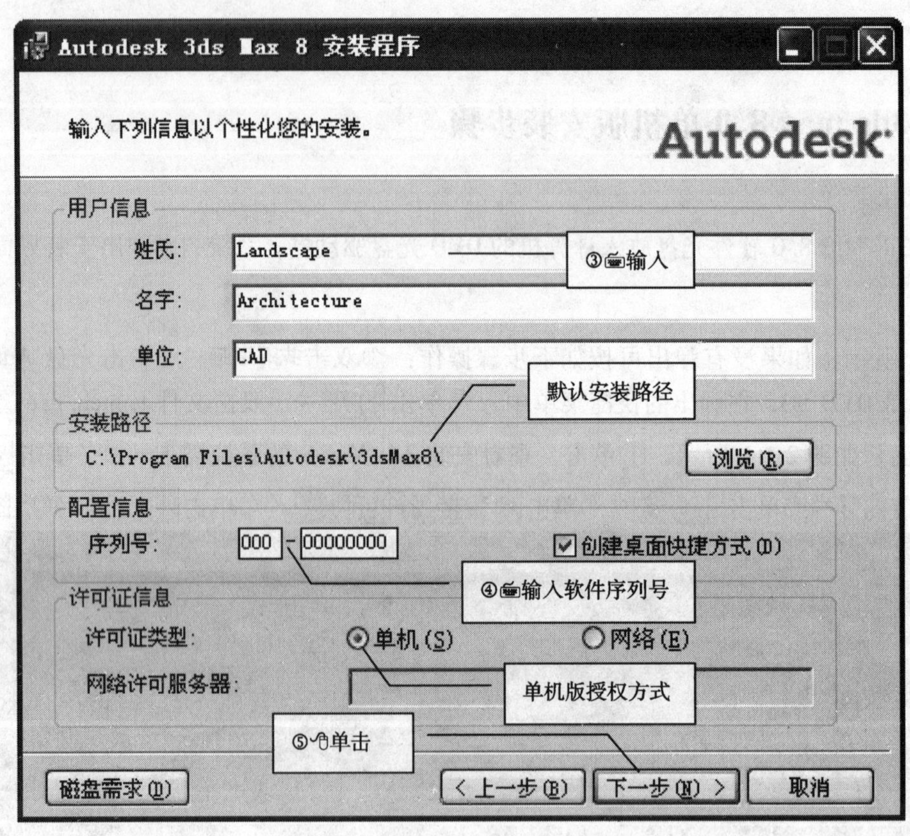

图 2-1-2

2. 注册激活

🖱双击桌面上的图标启动运行，如果这台机器曾安装过 3ds Max 8 则弹出提示对话框，如图 2-1-3 所示，🖱单击 确定 弹出对话框，如图 2-1-4 所示。

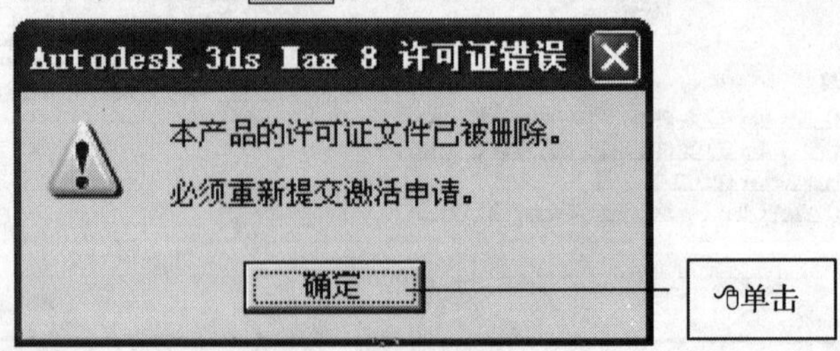

图 2-1-3

Autodesk 3ds Max 8 产品激活
注意！您还有 30 天可以注册并激活本产品。
请选择操作：
激活产品
选择本选项以启动“现在注册”，在其中可以提交激活申请或输入从 Autodesk 收到的激活码。
运行产品
选择此选项试用此版本。
②单击
①单击
③单击
下一步(N)
取消(C)

图　2-1-4

Register Today
注册 - 激活
Autodesk
激活
>输入激活码
确认
产品：
Autodesk 3ds Max 8
序列号/编组 ID：
申请号：
要向Autodesk公司提交的授权申请号，以获得激活码
输入激活码
* 产品使用者所在的国家/地区：
中国
④单击，在下拉列表中找到中国，单击
* 输入激活码：
⑤输入从 Autodesk 公司获得的激活码
⑥单击
上一步
下一步
取消
版本：14.0.0.26
保密政策

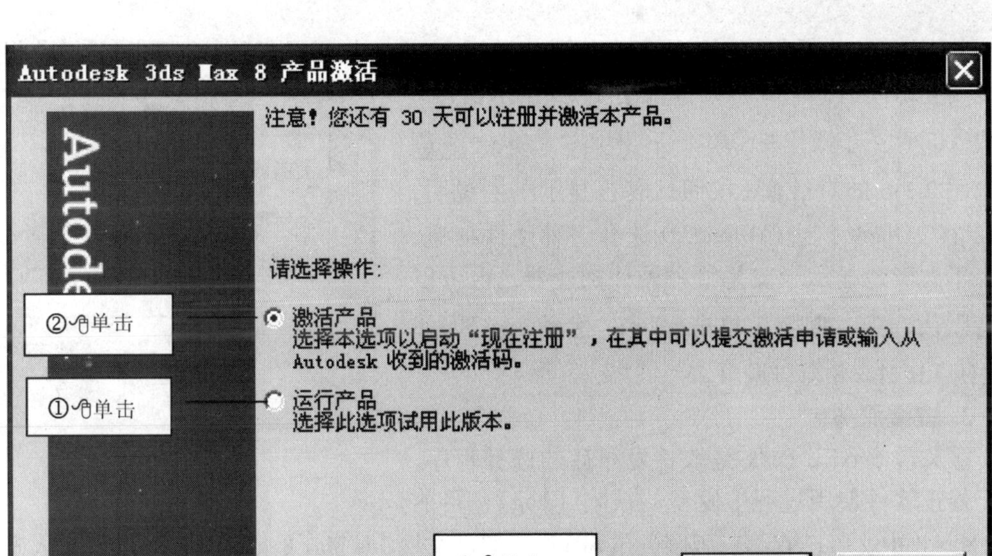

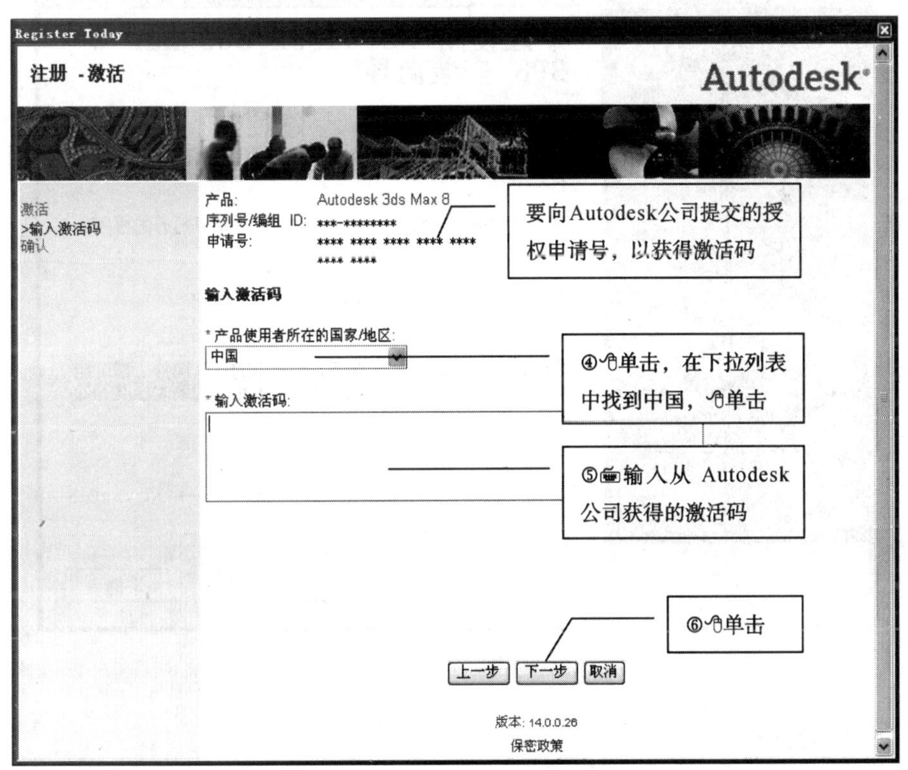

图　2-1-5

如图 2-1-4 中操作：①③可以在注册前试用 30 天；如果已经从 Autodesk 公司获得激活码要立即注册，②③可以进入图 2-1-5 所示窗口⇨完成④⑤⑥三步操作⇨单击下一步⇨单击完成弹出图 2-1-6 的对话框⇨按照计算机显示卡的说明，单击○OpenGL 或○Direct3D 选择一种硬件加速，如果不太清楚显示卡支持哪种硬件加速器，也可以保持默认选项，直接单击确定，启动 3ds Max 8⇨关闭 3ds Max 8 窗口退出。

图 2-1-6

3. 安装服务包

服务包 Service Pack 是软件发布后的修补程序，用于修正软件使用过程中发现的缺陷（bug），目前 3ds Max 8 中文版已有第三版服务包 SP3。双击文件 3ds Max 8 _ SP3 _ sc. msp，进入安装向导，如图 2-1-7 所示⇨单击下一步，自动搜寻 3ds Max 8 所在的磁盘路径并安装⇨单击完成结束。

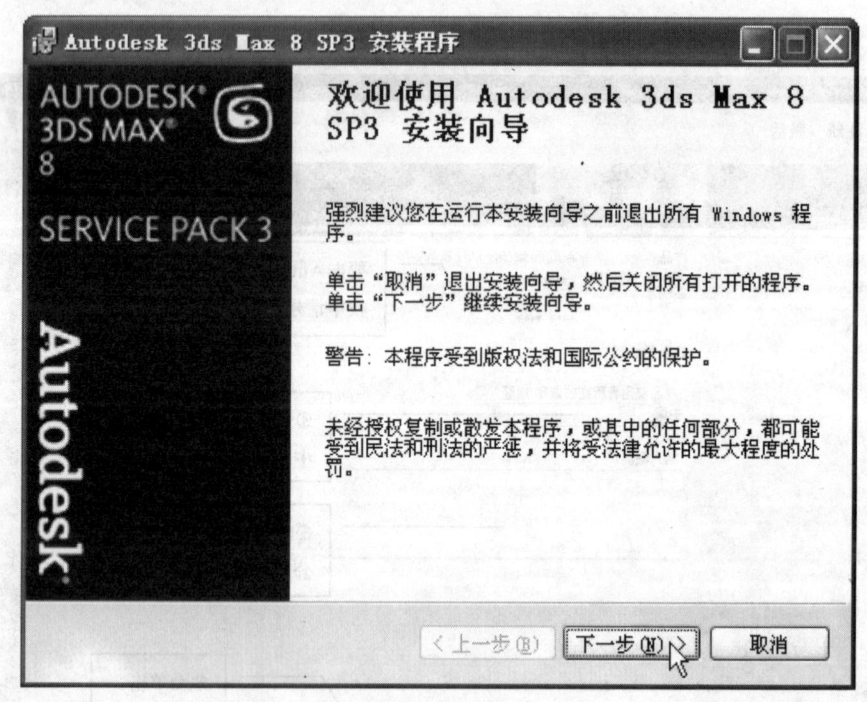

图 2-1-7

1.2 启动运行

双击桌面上的 Autodesk 3ds Max 8 图标启动运行，或单击开始按钮⇨所有程序⇨Autodesk⇨Autodesk 3ds Max 8⇨单击3ds Max 8启动运行。

1.3　界面简介

界面如图 2-1-8 所示。

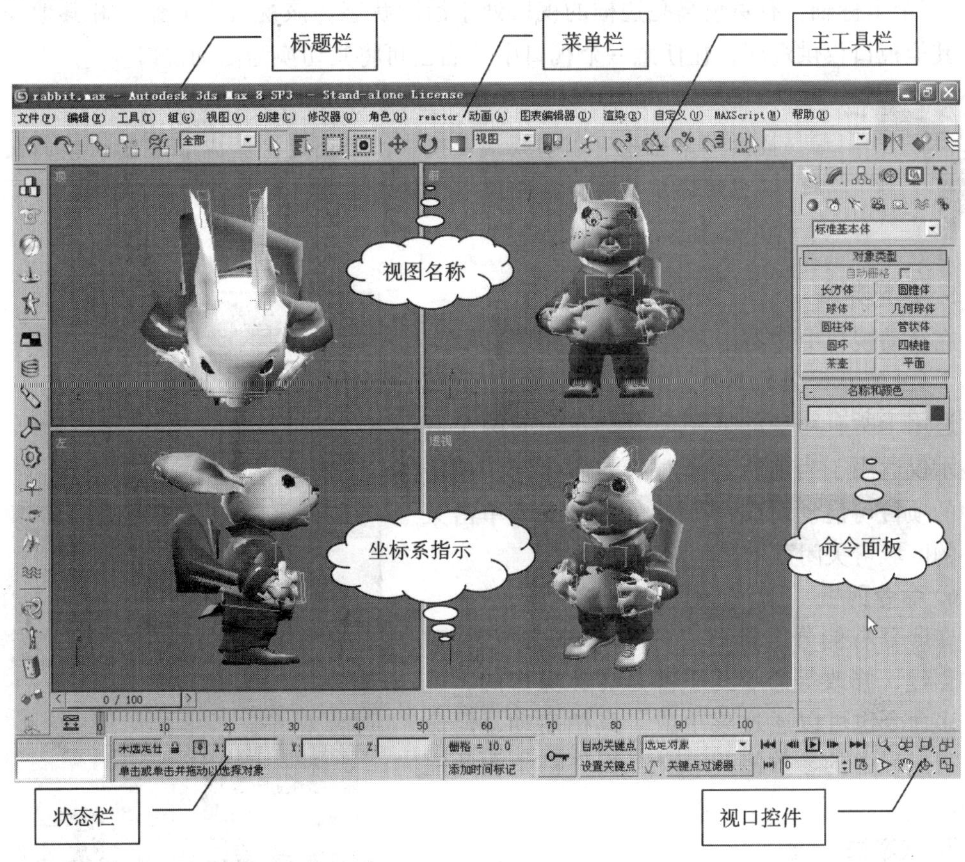

图　2-1-8

1. 标题栏

与其他 Windows 软件一样，这一行列出了当前操作文件的名称、软件的名称、版本号，rabbit. max-Autodesk 3ds Max 8 SP3 表明当前场景的文件名称为 rabbit. max、软件的名称 Autodesk 3ds Max、版本号 8、已安装了 Service Pack 3 服务包。

2. 菜单栏

单击菜单栏中的一个项目可以显示下拉菜单，下拉菜单中还可以有次级的菜单，每个菜单项目对应一个 3ds Max 命令，单击可以执行相应的操作。

3. 工具栏

工具栏是分组排列着的许多图标按钮，每个图标对应一个 3ds Max 命令，将鼠标指针放置于一个按钮上几秒种，其命令名称显示在鼠标指针右下角，命令的功能显示在屏幕底部的状态栏左端，单击图标按钮可以快速启动这条命令，默认开启的只有主工具栏

Main Toolbars。

4. 视口区

视口是观察场景的窗口，具有不同的方向、角度和视野，屏幕中央的灰色区域默认显示顶视 Top、前视 Front、左视 Left 三个正交视图和透视图 Perspective 四个视口，每个视口的左上角显示视口标签，左下角显示世界坐标系三轴架，红、绿、蓝三色分别对应 X、Y、Z 三个坐标轴。有黄色高亮边框的视口处于活动状态，该视口中的命令和其他操作生效，其他视口仅供观察，在任意一个视口中右击可将其切换为活动视口。

虽然单击也可以切换活动视口，但还是要养成右击切换的良好习惯，以免切换活动视口时无意中释放已选择的对象。

5. 四元菜单

在活动视口中右击，会弹出一个快捷菜单，如图 2-1-9 所示，分为四个区域，右侧的两个区域显示适用于所有对象的通用命令，左侧的两个区域显示仅适用于当前所选择对象的命令。单击其中的项目可启动对应命令，右击或单击菜单外的区域可关闭菜单。

图 2-1-9

6. 命令面板

在屏幕右侧分组排列着的 3ds max 命令，对象的创建、修改等命令几乎都是在此操作的，虽然许多命令也可以通过菜单或工具栏启动，但命令执行过程中的参数修改等交互操作都是在此完成的。

7. 状态栏

3ds max 屏幕左下角区域，显示当前命令的功能提示和光标的 x，y，z 三维坐标值。

8. 视口控件

对视口进行缩放、平移、最大化、最小化等操作的一组工具，图 2-1-8 中显示的是透视图视口控件，正交视图和摄影机视图的视口控件会有所不同。

1.4 热键映射 HotKey Map

在 3ds Max 8 中，单击 帮助 Help 菜单⇨单击 热键映射 HotKey Map 可打开快捷键定义窗口，如图 2-1-10 所示，在窗口右下角有个键盘示意图，鼠标指向键盘中的一组键时，将显示这组键的快捷键定义，单击可锁定在这组键上。窗口内容的显示需要 Adobe Flash Player 支持。

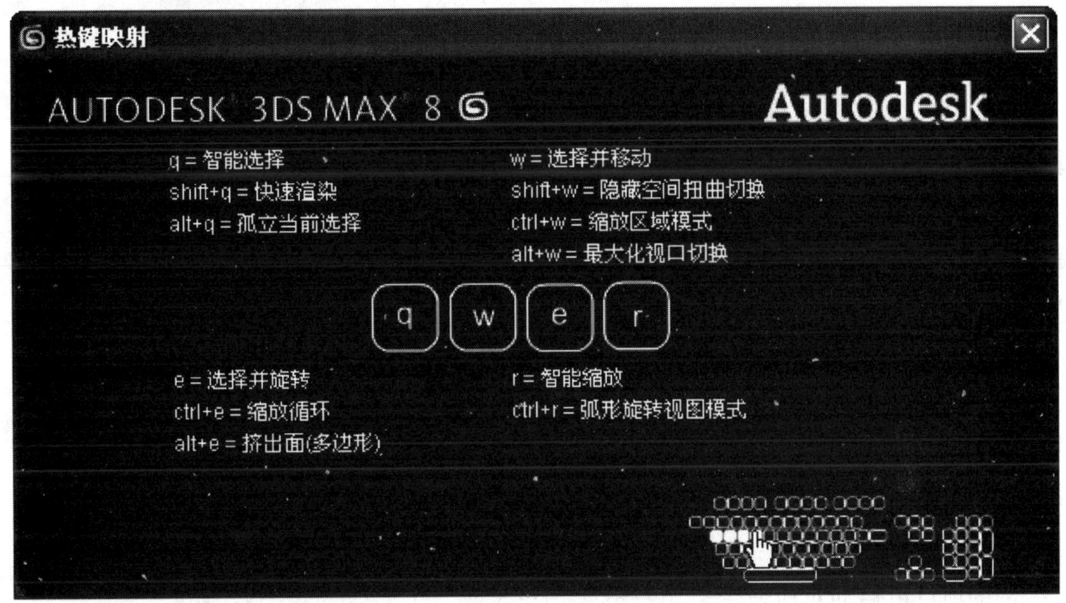

图　2-1-10

图 2-1-10 的快捷键定义窗口中，显示了 q、w、e、r 四个键的快捷键定义，其中 q 键的定义如下：

q = 智能选择 smart select，表示在 3ds Max 8 中敲击 q 键，可顺序切换选择窗口的形状。

shift + q = 快速渲染 quick render，表示按住 Shift 键再敲击 q 键，进入快速渲染。

alt + q = 孤立当前选择 isolate selection，表示按住 Alt 键再敲击 q 键，孤立当前选择的对象。

1.5　单位设置

3ds max 中可以设置系统单位 System Unit、显示单位 Display Unit 和照明单位 Lighting Units。系统单位是软件运行的内部尺度，默认设置是 1 系统单位 = 1 英寸，系统单位的设置与行业习惯和场景范围有关，如建筑建模一般以毫米为单位，城市规划则可采用米为单位，因场景范围的上限是 16777215 个系统单位，如图 2-1-13 所示，在场景范围较大时必须采用较大的系统单位。显示单位是在人机交互界面中显示数值的单位，默认设置是通用单位 Generic Units，而 1 通用单位 = 1 系统单位，所以在系统单位设置为毫米时，显示数值的单位也是毫米，可以保持默认设置使显示单位与系统单位一致。

设置系统单位的方法如图 2-1-11、图 2-1-12、图 2-1-13 所示。

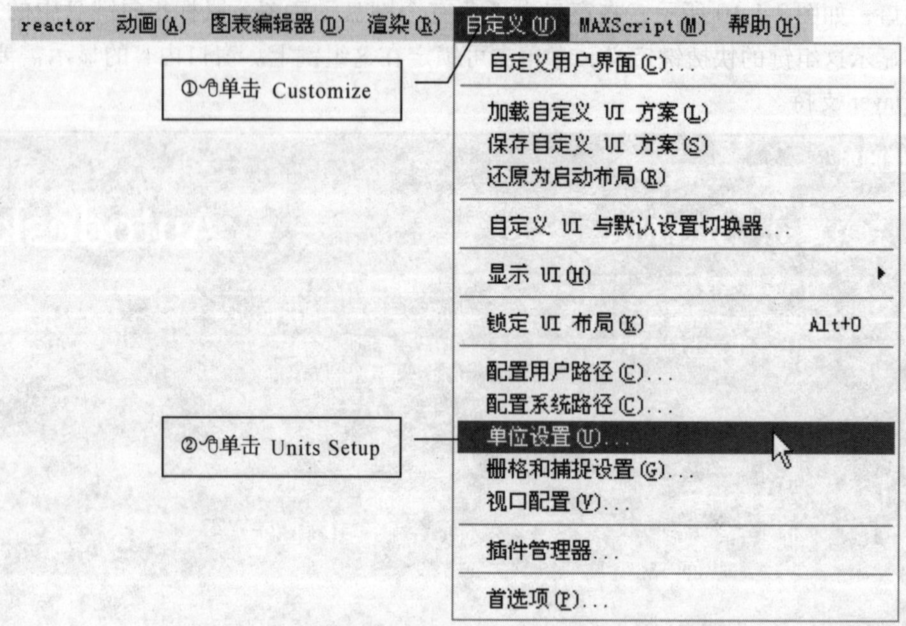

reactor 动画(A) 图表编辑器(D) 渲染(R) 自定义(U) MAXScript(M) 帮助(H)
①单击 Customize
自定义用户界面(C)...
加载自定义 UI 方案(L)
保存自定义 UI 方案(S)
还原为启动布局(R)
自定义 UI 与默认设置切换器...
显示 UI(H)
锁定 UI 布局(K) Alt+0
配置用户路径(C)...
配置系统路径(C)...
②单击 Units Setup
单位设置(U)...
栅格和捕捉设置(G)...
视口配置(V)...
插件管理器...
首选项(P)...

单位设置
系统单位设置
①单击
System Unit，
弹出对话框如
图2-1-13所示
显示单位比例
公制
米
美国标准
英尺/小数英寸
1/8
默认单位: 英尺 英寸
自定义
FL
= 660.0
英尺
通用单位
照明单位
International
④单击
确定
取消

图 2-1-11

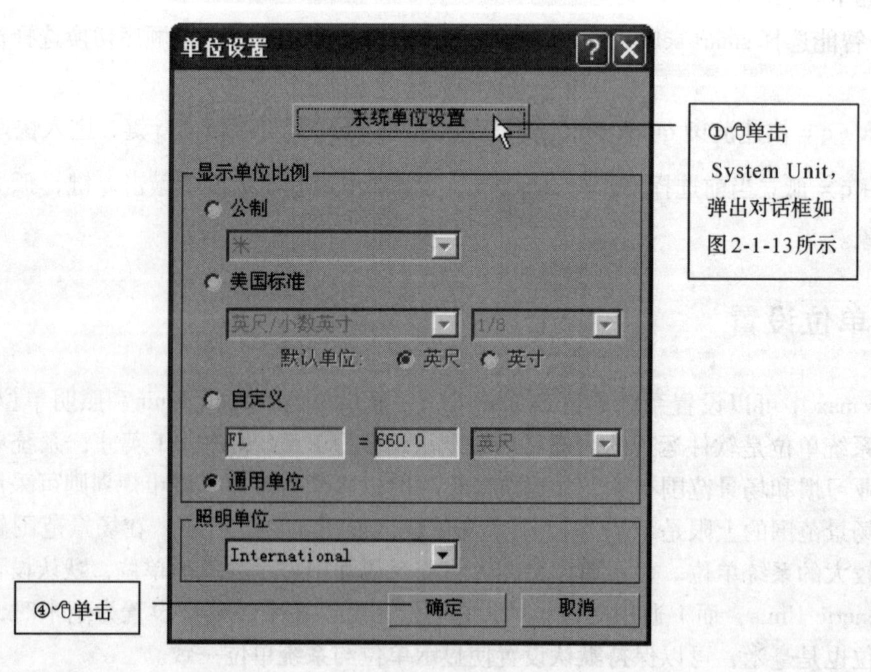

图 2-1-12

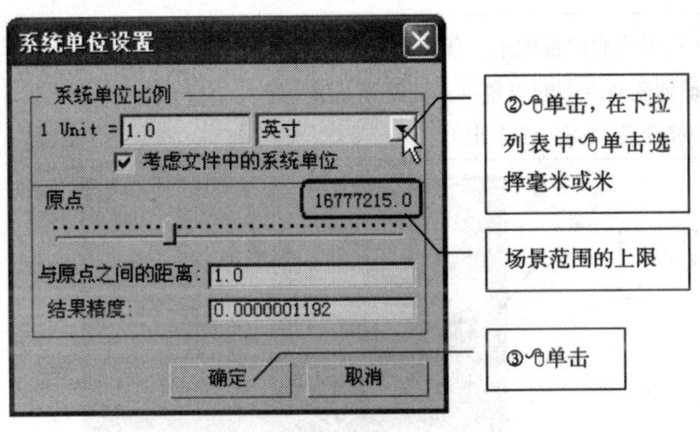

图　2-1-13

1.6　长方体的创建与参数修改

1. 创建

如图2-1-14、图2-1-15中的步骤操作。如果命令面板状态如图2-1-14，则①②③可以不做，⑥⑦⑧也可以到参数修改中去做。

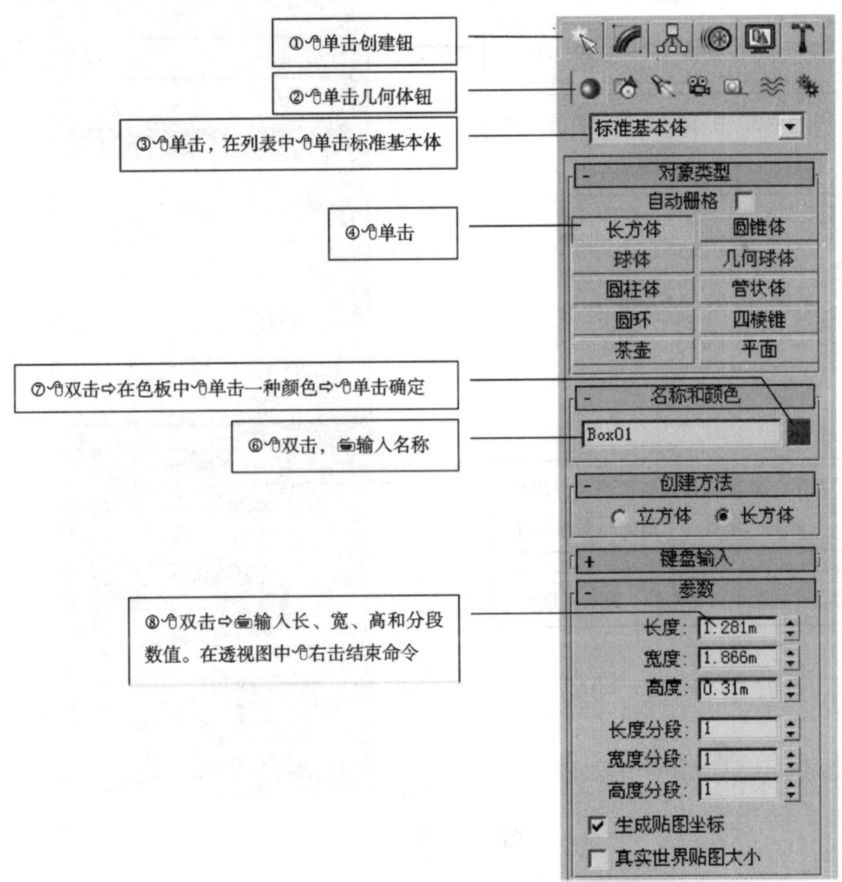

图　2-1-14

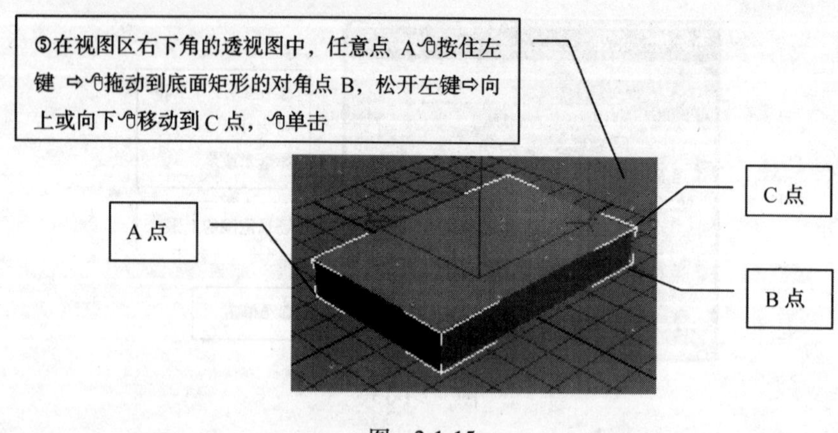

图 2-1-15

2. 修改参数

①单击选中要修改参数的长方体，②～⑥按照图 2-1-16 的步骤操作。

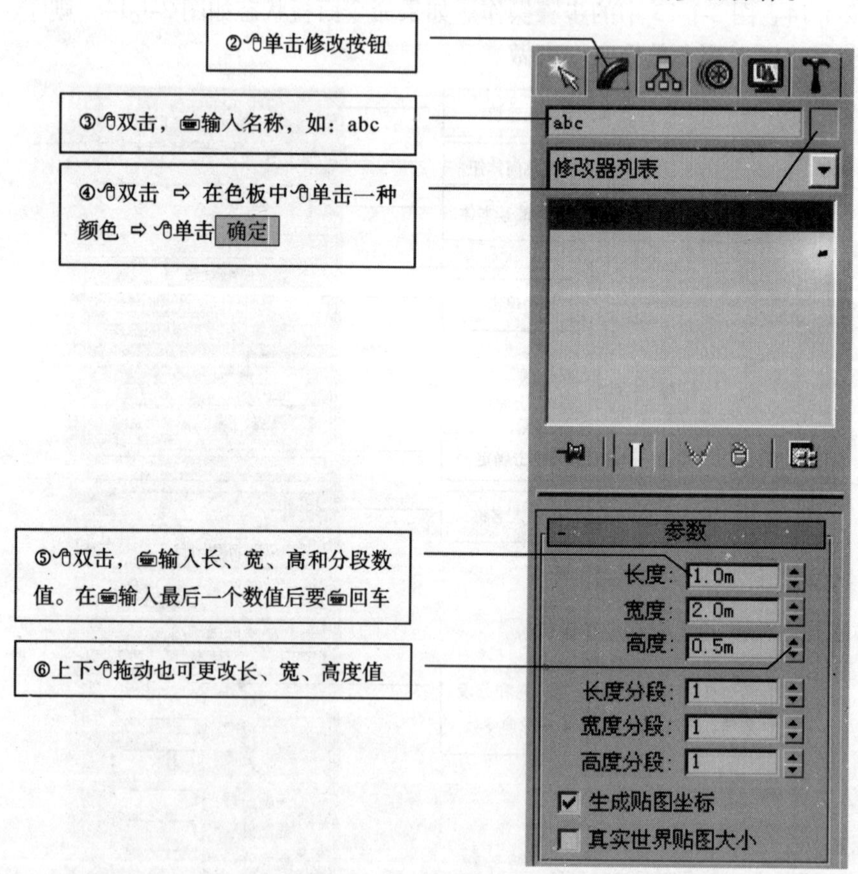

图 2-1-16

已经创建的几何体随时可以参照上述步骤修改其参数。

1.7　创建圆柱体及转换活动视口

1. 启动圆柱体命令

如图 2-1-17 所示，执行操作①～④，如果命令面板状态如图 2-1-17，则①②③可以不做。

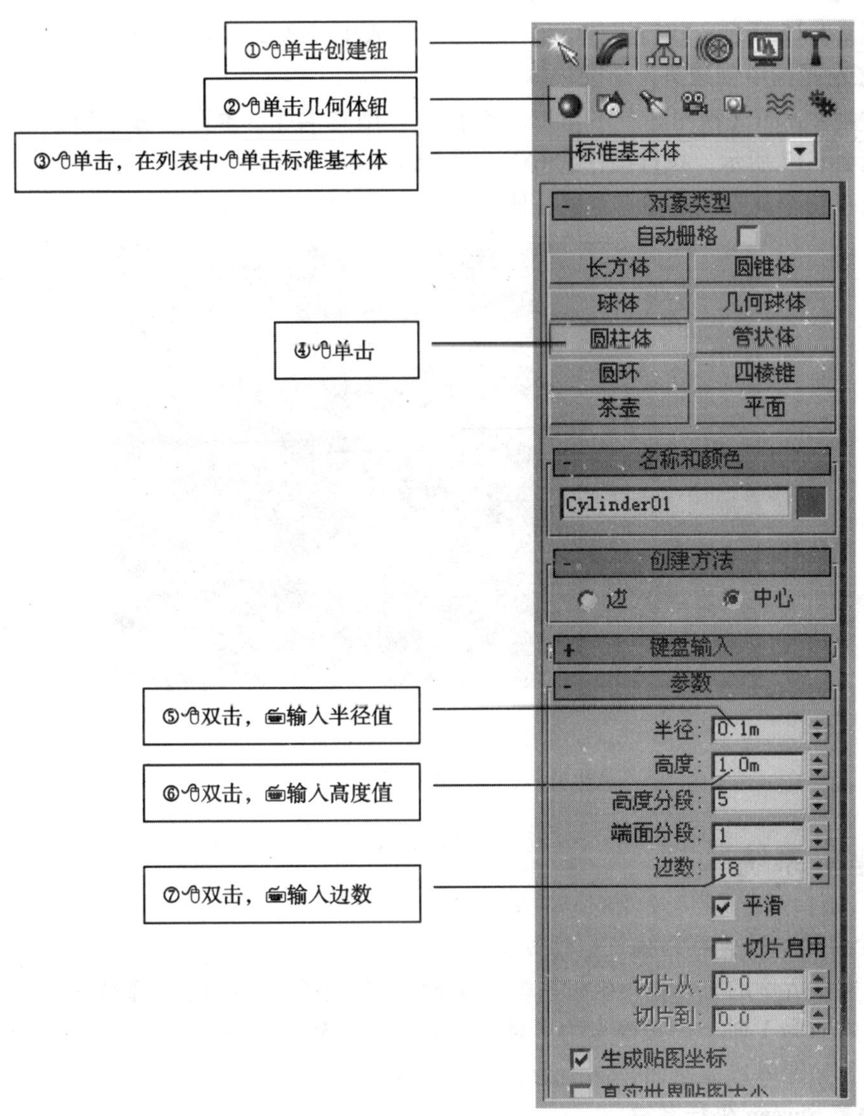

图　2-1-17

2. 在顶视图中创建第 1 个圆柱体

在顶视图 Top（视图区左上角那一个视口）中右击，将其切换为活动视口⇨在视口中央一点按住左键⇨向外拖动出底面圆半径⇨松开左键，向上移动鼠标给出高度，单击（因为还要继续创建下一个圆柱体，请不要右击结束命令）⇨如图 2-1-17 所示，执行操作⑤⑥⑦，其中第⑦步的边数是指圆柱体截面是一个正多边形，多边形边数越多圆柱体越光滑，但占用的系统资源也越多。

3. 在前视图中创建第 2 个圆柱体

在前视图 Front（视图区右上角那一个视口）中右击⇨参照步骤 2 创建第 2 个圆柱体，如图 2-1-17 所示，执行操作⑤⑥⑦，分别输入半径 0. 2、高度 1. 5。

4. 在左视图中创建第 3 个圆柱体

在左视图 Left（视图区左下角那一个视口）中右击⇨参照步骤 2 创建第 3 个圆柱体，如图 2-1-17 所示，执行操作⑤⑥⑦，分别输入半径 0. 3、高度 2。

在透视图中观察创建的三个圆柱体的空间关系，如图 2-1-18 所示。

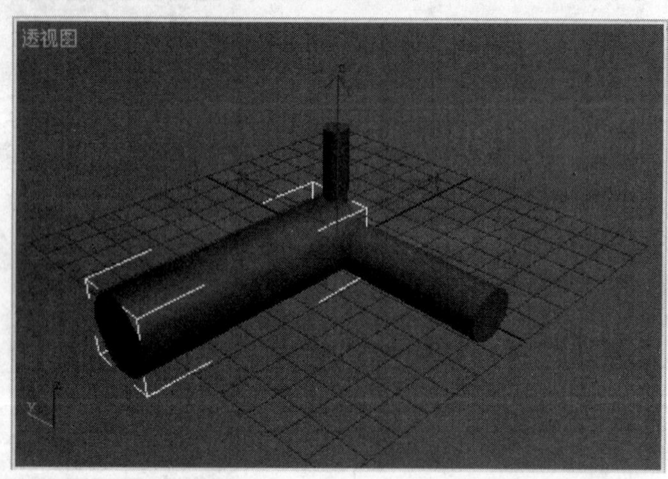

图 2-1-18

1. 8 坐标系统

1. 世界 World 坐标系统

是现实世界中的三维直角坐标系统，如图 2-1-19 中右下角的坐标系统。东西方向为 X 轴、南北方向为 Y 轴、海拔高度为 Z 轴，东方向为 X 轴的正方向、北方向为 Y 轴的正方向、地面（应是基准海平面）向上为 Z 轴的正方向。

2. 屏幕 Screen 坐标系统

对应计算机屏幕的一种坐标系统，屏幕为 XY 平面，向右为 X 轴正方向、向上为 Y 轴正方向、垂直屏幕平面向外为 Z 轴正方向。

3. 视图 View 坐标系统

在 3ds max 视图区采用的坐标系统，如图 2-1-19，在顶视图 Top、前视图 Front、左视图 Left 三个正交视图中采用屏幕坐标系统，在透视图 Perspective 中采用世界坐标系统。观察一下三个正交视图中屏幕坐标系与世界坐标系的关系。

4. 局部 Local 坐标系统

创建的每个对象都有自身的局部坐标系统，单击选中一个对象，会显示出一个与世界坐标系统方向一致的坐标标志，但原点在对象本身的某个特征点上，这就是局部坐标系统。

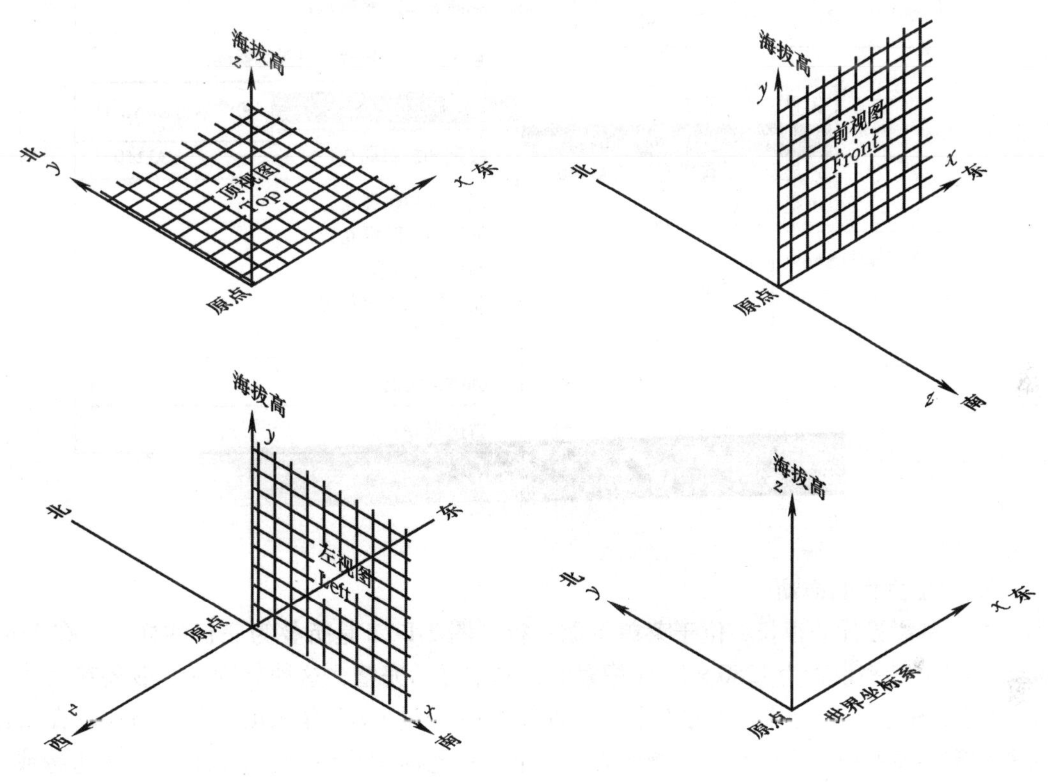

图　2-1-19

1.9　界面操作

1. 界面恢复

开始练习时经常出现主工具栏、命令面板等找不到了，可用两种方法恢复：如图 2-1-20 所示操作①②，单击 是 ；如图 2-1-20 所示操作①③，在弹出的窗口中，双击文件 DefaultUI. ui。

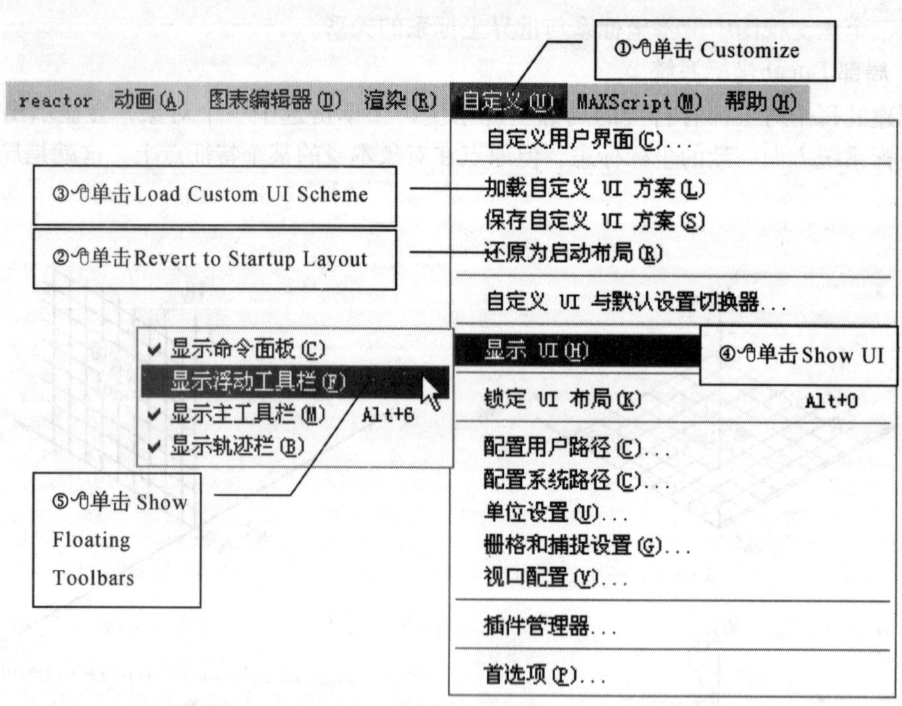

图 2-1-20

2. 主工具栏的拖动

主工具栏设计的很长，位于菜单下面一行，图 2-1-21 是折叠为三行的样子，在 Windows 屏幕分辨率设置为 1280×1024 像素时，基本显示完整，这种分辨率一般要在尺寸大于 19 寸的显示器上使用，17 寸的显示器多数采用 1024×768 像素的屏幕分辨率，在工作过程中需要左右拖动主工具栏。操作方法如下：将光标移动到主工具栏的上下边缘或

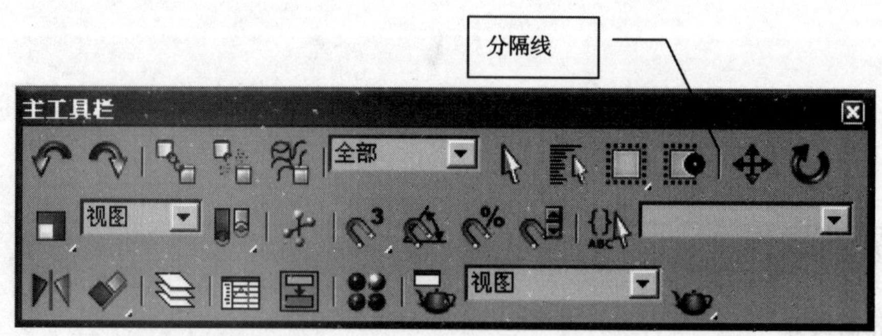

图 2-1-21

分隔线上，光标从箭头形状变成手形，按住左键左右拖动可移动工具栏的位置，显示出在屏幕上没有显示出来的部分。

3. 命令面板的拖动

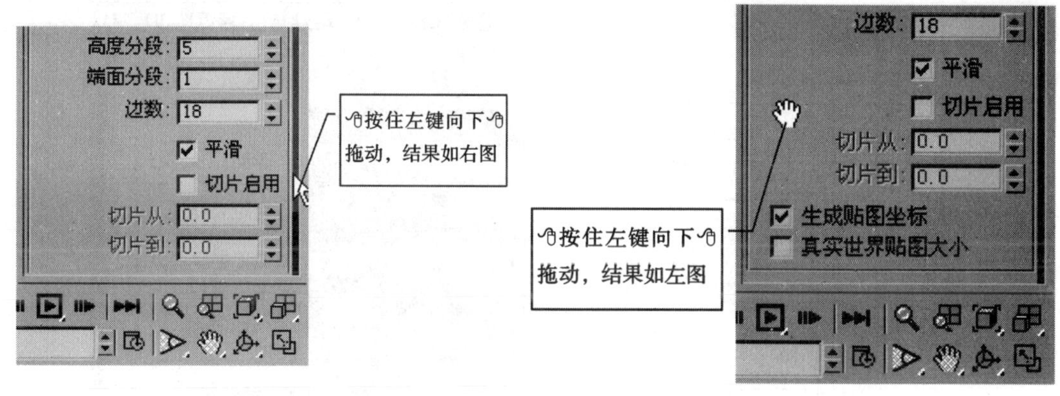

图　2-1-22　　　　图　2-1-23

屏幕右侧的命令面板，在内容较多时也显示不全，可以上下拖动以显示隐藏的内容。

方法一：单击命令面板中的圆柱 cylinder按钮，如图 2-1-22，观察命令面板的右下角边缘有一条约 2mm 宽的暗线，上半部分为浅色下半部分为深色，这条线是上下拖动命令面板的滚动条，作用与 Windows 窗口的滚动条相似。在上半部分按住左键向下拖动，则命令面板向上移动，浅色线在下部时，按住左键向上拖动，则命令面板向下移动。

方法二：将光标移动到命令面板的空白区域，光标变成手形，按住左键上下拖动即可，如图 2-1-23。

第二种方法经常在无意中单击选中命令面板中的单选钮⊙○和核选框☑☐从而改变默认的参数设置，请谨慎使用。

4. 浮动工具栏

一次显示全部浮动工具栏。如图 2-1-20 所示操作①④⑤。显示图层 Layers、附加 Extras、轴约束 Axis Constraints 工具栏等浮动工具栏，如图 2-1-24 所示。

选择显示一个浮动工具栏。如图 2-1-25 所示操作，这种方法同样适用于命令面板与主工具栏的显示和关闭。

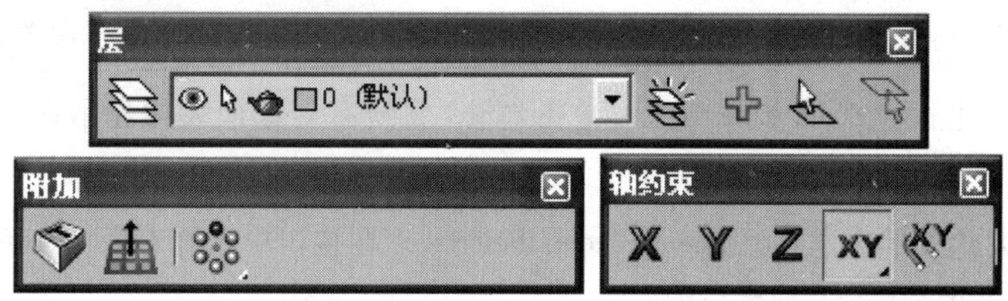

图　2-1-24

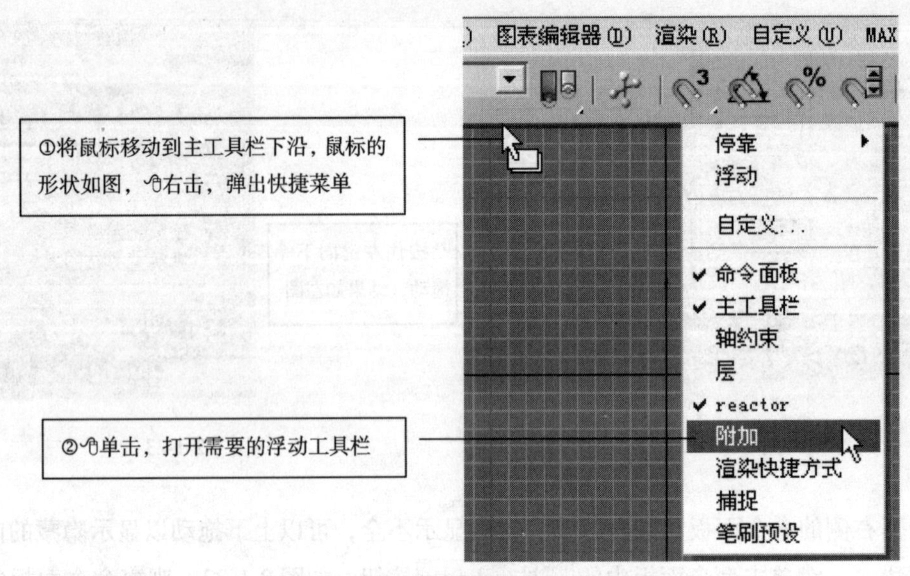

图 2-1-25

1.10 视口控件

在屏幕的右下角区域是一组操作视图的工具，称为视口控件。活动视口是正交视图、透视图、摄影机视图时，会智能化显示不同的视口控件，如图 2-1-26 所示。在视口控件的右下角有◢的表示同一位置有一组控件，在这个控件上按住左健可将这组控件展开⇨移动鼠标到某个控件上松开，这个命令即可执行。

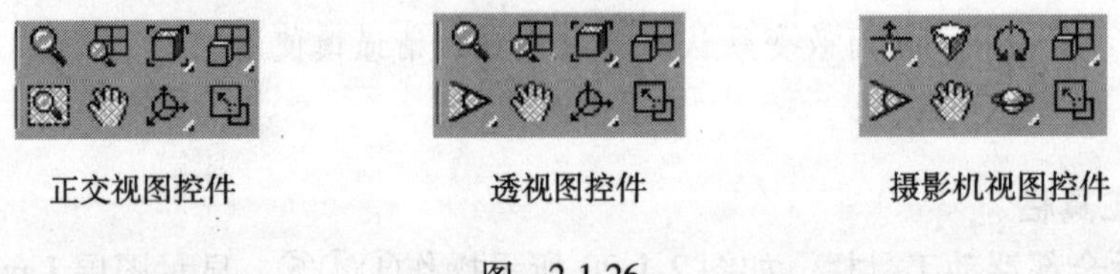

图 2-1-26

缩放 Zoom：单击控件钮⇨在视口中按住鼠标左键⇨上下拖动到合适大小后松开⇨右击，命令结束。

缩放所有视图 Zoom All：与缩放命令操作相同，可同时缩放所有视图。

最大化显示 Zoom Extents：单击，将所有对象最大化显示在当前视口中，看到一幅全景图。

最大化显示选定对象 Zoom Extents Selected：在视口中选择对象⇨单击，将选定对象最大化显示在当前视口中。

所有视图最大化显示 Zoom Extents All：单击，将全部对象最大化显示在所有视图中。

所有视图最大化显示选定对象 Zoom Extents All Selected：在视口中选择对象⇨单击，在所有视口中最大化显示选定的对象。

缩放区域 Region Zoom：单击⇨在视口中要放大区域的一个角点按住左键⇨拖动鼠标到其对角点，松开，框选的区域充满整个视口⇨重复这一过程可继续放大⇨右击，命令结束。

平移视图 Pan：单击⇨在视口中一点按住左健⇨拖动鼠标到合适位置后松开，视口中显示的内容随拖动方向平移⇨重复这一过程可继续平移⇨右击，命令结束。

弧形旋转 Arc Rotate：在设计场地外的一个球面上旋转移动观察点，就像绕着沙盘模型观察场景，如图2-1-27。单击⇨在透视图中右击将其激活，视口中出现轨迹球显示为黄色圆圈，四个象限点上显示控制柄×，如图2-1-28所示⇨在左右两个控制柄×上按住左健，左右拖动鼠标，观察点在纬线圆弧上左右旋转移动⇨在上下两个控制柄×上按住左健，上下拖动鼠标，观察点在经线圆弧上上下旋转移动。

不在控制柄×上拖动鼠标可任意旋转移动观察点，但方向难以控制。由于不能恢复到原始视点，请谨慎使用。命令操作过程中由于作为参照物的显示器不动，错觉上感到是沙盘模型被操纵着旋转，事实上是你在拖着显示器绕着固定的三维场景旋转移动观察点。

图2-1-27 （引自南京房典网）

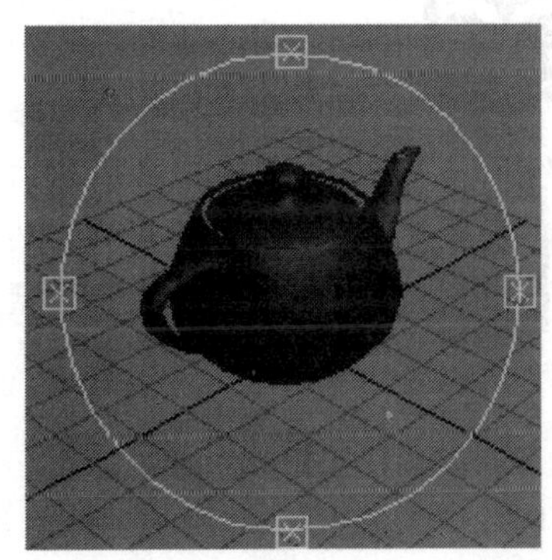

图 2-1-28

最大化视口切换 Min/Max Toggle：单击，活动视口切换为全屏显示，充满整个屏幕⇨再次单击，恢复为四视图显示。

视野 Field of View：固定观察者的位置和观察的目标点，改变视野的大小FOV，看到的场景范围大小变化，与推拉变焦镜头相似，如图2-1-29所示。在透视图中右击⇨单击

⇨在视口中一点🖰按住左健，上下🖰拖动鼠标，视野大小变化⇨🖰右击，命令结束。

🖰智能鼠标操作。如果使用“微软智能鼠标”，缩放和平移不需要启用视口控件。在活动视口中🖰滚动鼠标滚轮即可进行缩放，缩放中心就是当前光标位置。🖰按住滚轮，🖰拖动鼠标可平移视口，在创建对象等命令执行过程中🖰按住滚轮会中止命令，可用快捷键操作，⌨敲击I键，以当前鼠标位置为中心平移视口，这与AutoCAD中透明执行的视图控制命令不同，一开始可能很不习惯。

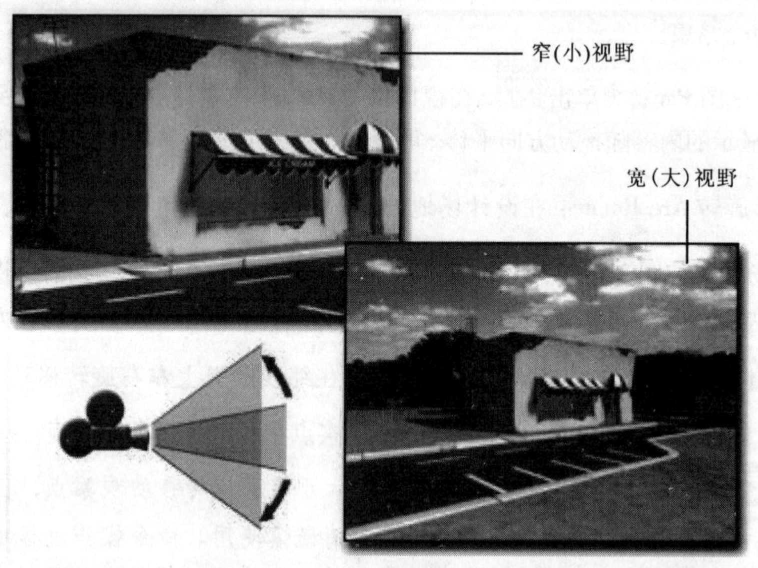

图 2-1-29

3ds max 中命令划分为模式 Modal 与无模式 Modeless 两类。无模式是非独占命令状态或对话框，命令启动后只要不关闭就可反复使用，在这个命令执行过程中可以执行其他的操作和命令，如“材质编辑器”对话框。模式是能够影响所有操作的命令状态或对话框，在执行其它任何操作之前，必须中止命令或关闭此对话框。

1.11 恢复系统首选项

3ds max 将运行参数存储在初始化文件 3dsmax. ini 中，进入磁盘路径 C：\ Program Files \ Autodesk \ 3dsMax8，删除这个文件可将 3ds max 的运行参数恢复为初装时的默认值，系统的首选项被修改后可用此方法恢复。

操作步骤：在 Windows 桌面上🖰双击我的电脑⇨🖰双击本地磁盘（C）⇨🖰双

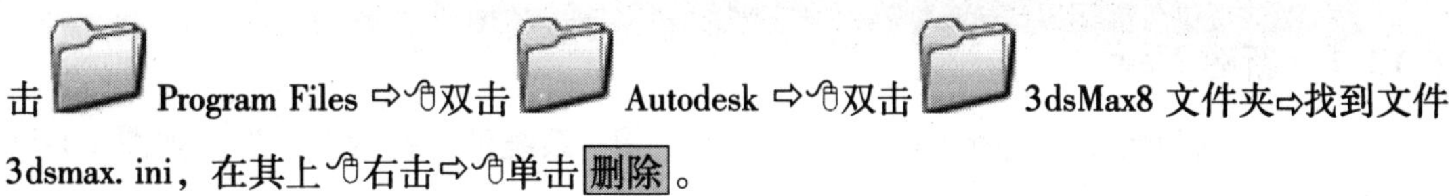
击 Program Files ⇨双击 Autodesk ⇨双击 3dsMax8 文件夹⇨找到文件 3dsmax. ini，在其上右击⇨单击删除。

1.12 场景 Scene 与文件操作

在 3ds max 中的一个设计场地称为场景 Scene，场景中一般包括创建的三维物体、二维图形、摄影机、灯光、材质定义等内容，场景以文件的形式存储在磁盘上，每个场景存储为一个独立的文件。3ds max 在打开或新建另一个场景时，当前场景关闭。文件菜单如图 2-1-30 所示。

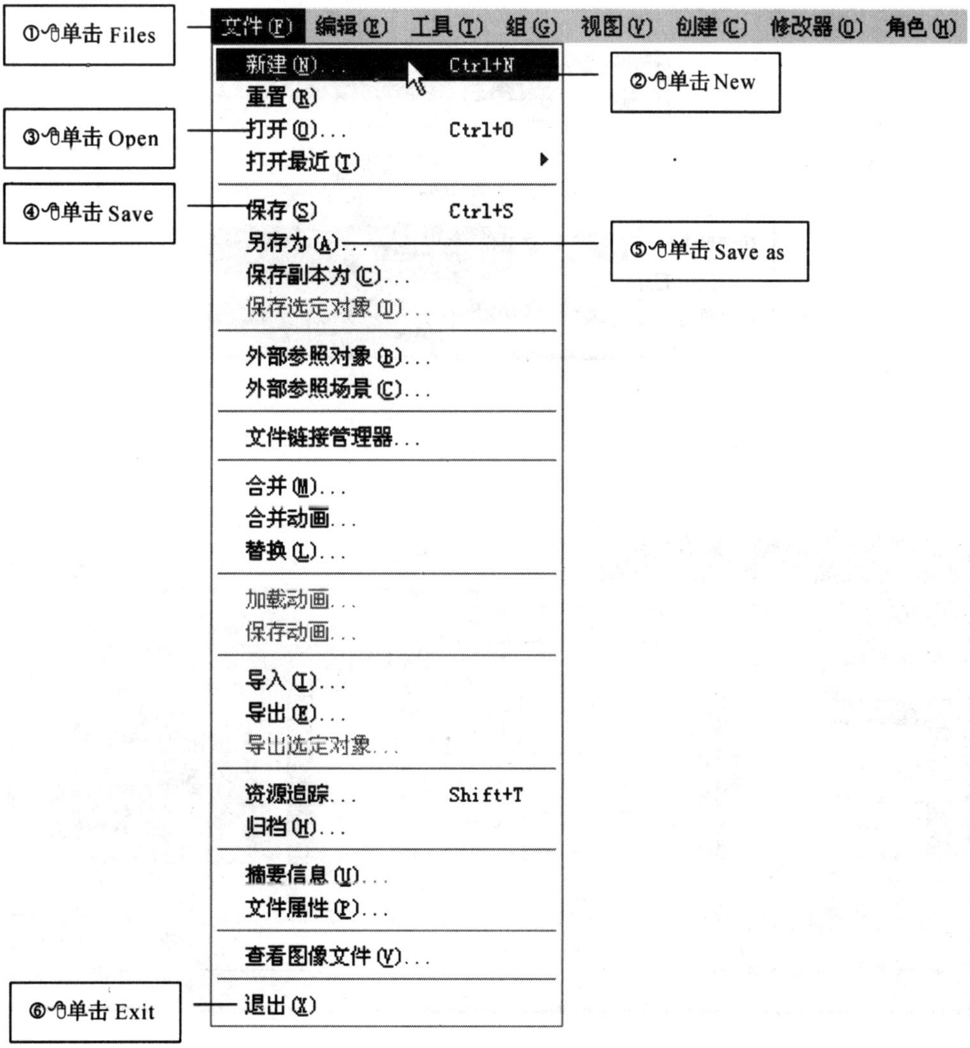

①单击 Files
文件(F) 编辑(E) 工具(T) 组(G) 视图(V) 创建(C) 修改器(O) 角色(H)
新建(N)... Ctrl+N
②单击 New
重置(R)
③单击 Open
打开(O)... Ctrl+O
打开最近(T)
④单击 Save
保存(S) Ctrl+S
⑤单击 Save as
另存为(A)...
保存副本为(C)...
保存选定对象(D)...
外部参照对象(B)...
外部参照场景(C)...
文件链接管理器...
合并(M)...
合并动画...
替换(L)...
加载动画...
保存动画...
导入(I)...
导出(E)...
导出选定对象...
资源追踪... Shift+T
归档(H)...
摘要信息(U)...
文件属性(P)...
查看图像文件(V)...
⑥单击 Exit
退出(X)

图 2-1-30

1.12.1 新建 New

建立一个新的场景。如图 2-1-30 所示操作①②，系统弹出提示对话框，如图 2-1-31 所示操作。

1.12.2 打开场景文件

当前场景设计过程中，如果要打开另一个未完成的场景文件继续工作，如图 2-1-30 所示操作①③，弹出打开文件窗口，如图 2-1-32 所示操作，可以打开相应场景文件。如果当前场景没有存盘，系统弹出提示对话框，单击 是，参照 1.12.3 的步骤保存当前场景，单击 否 放弃修改。

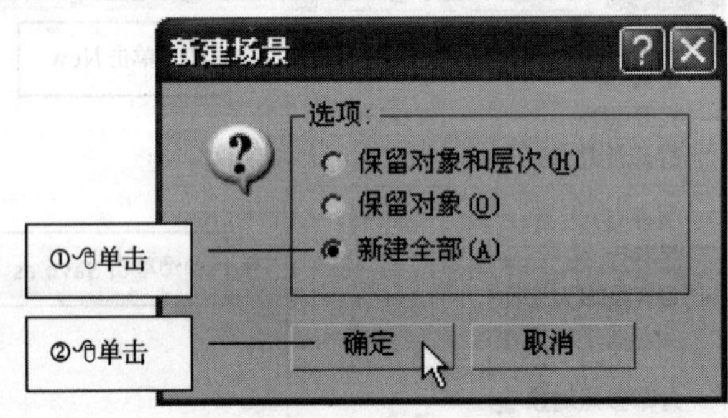

图 2-1-31

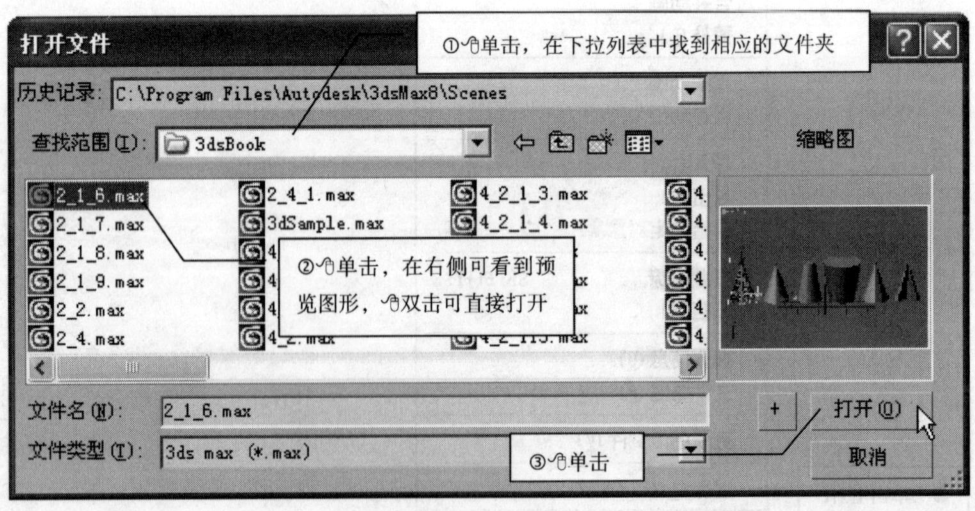

图 2-1-32

1.12.3　保存 Save 场景文件

1. 第一次存盘

单击文件 Files菜单⇨单击保存 Save，如图 2-1-30 所示操作①④，弹出图 2-1-33 所示窗口⇨执行图中的①～④步操作，可将当前场景存储在 D：\ 3dScenes 文件夹下面，文件命名为 abc. max。

2. 设计过程中存盘

单击文件 Files菜单⇨单击保存 Save，如图 2-1-30 所示操作①④，将当前场景以原来的文件名存储在原来的磁盘和文件夹里。

3. 改名存盘

单击文件 Files菜单⇨单击另存为 Save as，如图 2-1-30 所示操作①⑤⇨如图 2-1-33 所示操作⑤，文件自动在原文件名尾部追加序号 01、02、……命名，存储为 abc01. max、abc02. max、……。这种存盘方法可以在设计过程中存储一个场景的序列文件。

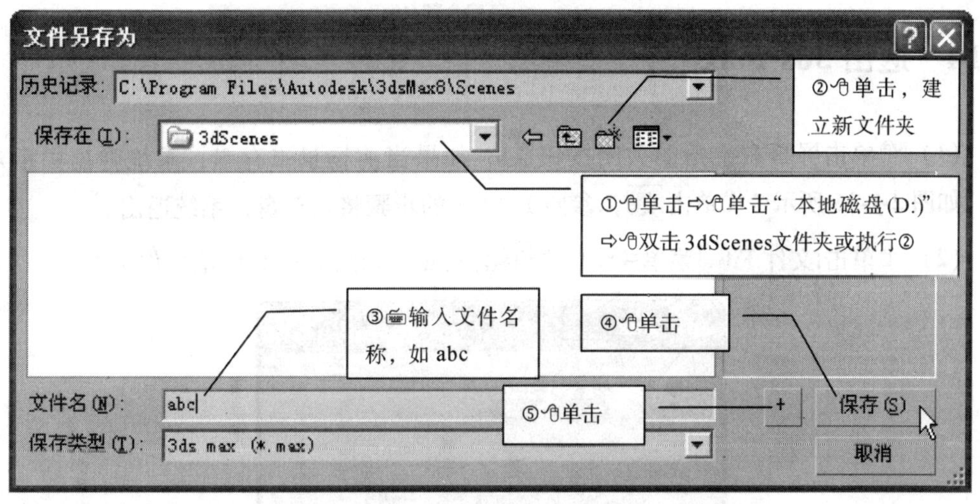

图　2-1-33

1.13　暂存 Hold/取回 Fetch 场景

在设计过程中，对将要做的一系列操作没有把握时，可暂存当前场景，如果操作的结果与预想的不同，可立即用取回命令将场景恢复到暂存时的状态。

（1）暂存 Hold，如图 2-1-34 所示操作①②。

（2）取回 Fetch，如图 2-1-34 所示操作①③。

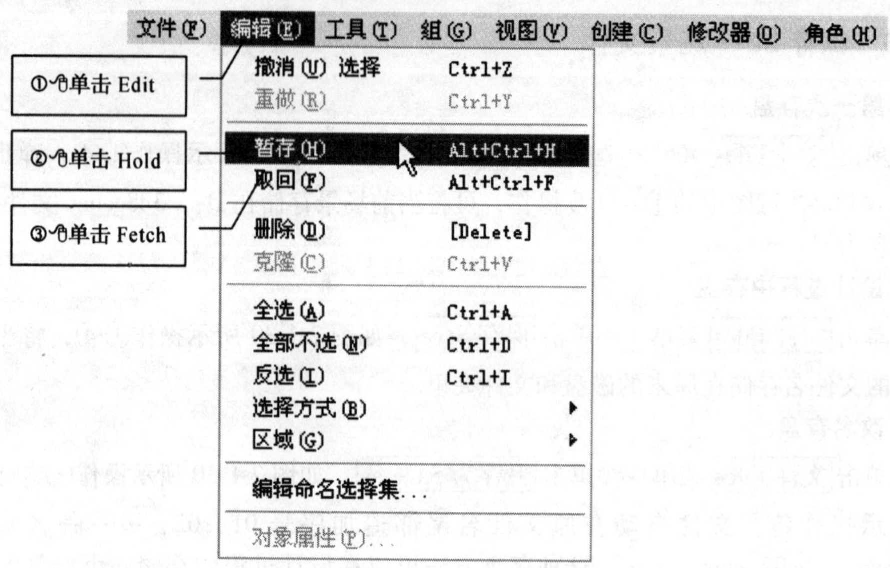

图 2-1-34

1.14 退出 3ds max

（1）单击屏幕右上角的关闭按钮，如果当前场景未存盘，系统弹出提示对话框，如图 2-1-35 所示⇨单击是，参照 1.12.3 的步骤将其存盘，系统退出。

（2）单击文件 Files 菜单⇨单击退出 Exit，如图 2-1-30 所示操作①⑥。

图 2-1-35

第 2 讲

2.1 创建标准基本体

标准基本体包括长方体、球体、圆柱体等对象，如图 2-2-1 所示。对于新建的场景，右侧命令面板的状态如图 2-2-2 所示，创建标准基本体是默认的状态，不需要预备操作。如果命令面板的状态有所不同，可先执行图中的 3 步操作。

图 2-2-1

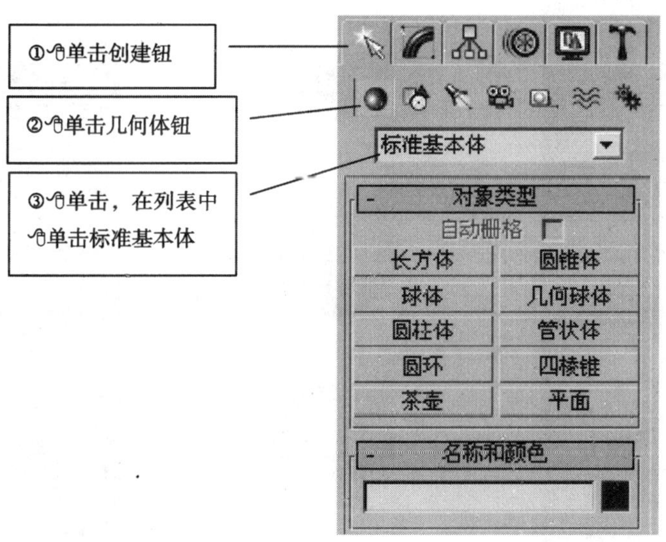

图 2-2-2

创建基本体的一般操作规律是：在活动视口中，按住鼠标左键⇨拖动鼠标⇨松开鼠标左键⇨移动鼠标⇨单击⇨移动鼠标⇨单击⇨⇨⇨重复这一过程可创建第二个基本体，右击，命令结束。

1. 长方体 Box

创建步骤参见 1.6 长方体的创建与参数修改。

2. 球体 Sphere

操作步骤：如图 2-2-3 所示，在命令面板中🖰单击 球体 Sphere ⇨在视口中一点🖰按住鼠标左键，确定球心点⇨向外🖰拖动出球体半径⇨🖰松开鼠标左键，以默认参数创建了一个球体，进一步设置不同的平滑、半球、切片等参数，可演变成不同形态，如图 2-2-4 所示 ⇨🖰右击，命令结束。

3. 圆柱体 Cylinder

操作步骤：如图 2-2-5 所示，在命令面板中🖰单击 圆柱体 Cylinder ⇨在视口中一点🖰按住鼠标左键，确定圆柱体底面圆圆心点⇨向外🖰拖动出底面圆半径⇨🖰松开鼠标左键⇨向上或向下🖰移动鼠标，指定圆柱体高度⇨🖰单击，以默认参数创建了一个圆柱体，进一步设置不同的平滑、切片等参数，可演变成不同形态，如图 2-2-6 所示⇨🖰右击，命令结束。

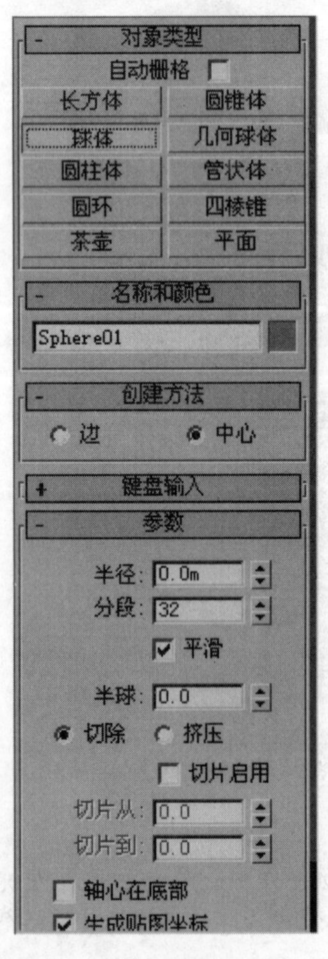

图 2-2-3

图 2-2-4

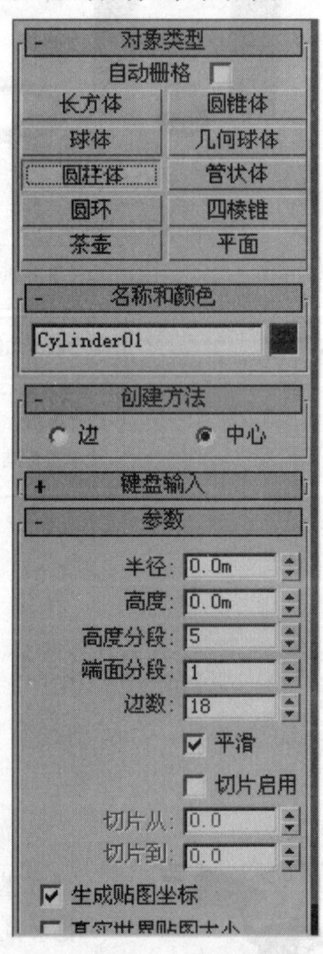

图 2-2-5

4. 圆环 Torus

操作步骤：如图 2-2-7 所示，在命令面板中单击圆环 Torus⇨在视口中一点按住鼠标左键，确定圆环中心点⇨向外拖动出圆环半径⇨松开鼠标左键⇨向外或向里移动鼠标，指定圆环的截面半径⇨单击，以默认参数创建了一个圆环，进一步设置不同的平滑、切片等参数，可演变成不同形态，如图 2-2-8 所示⇨右击，命令结束。

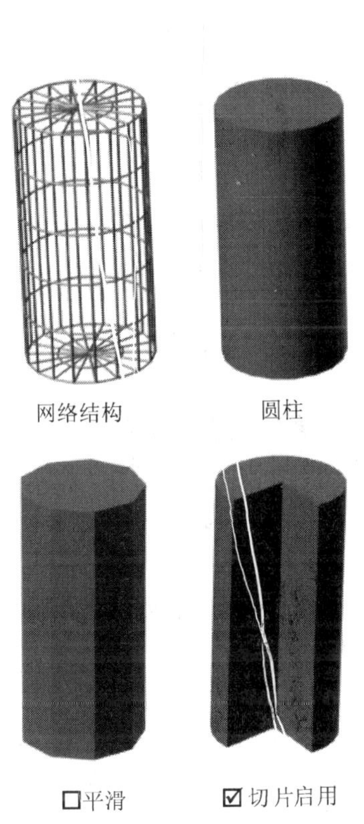

图　2-2-6

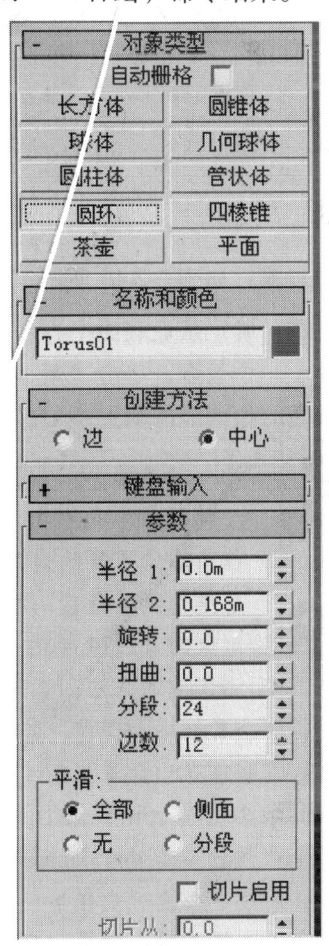

图　2-2-7

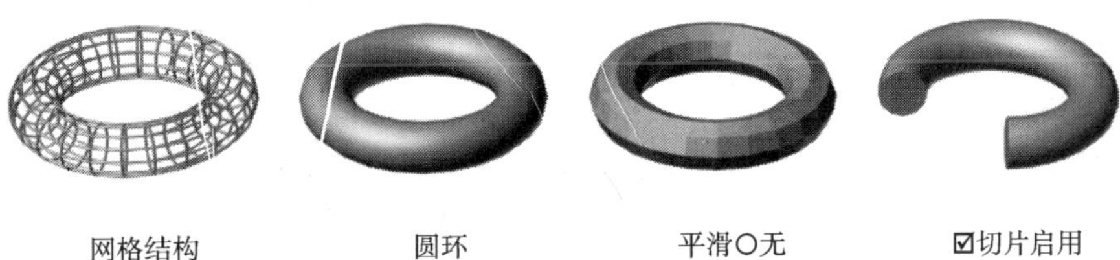

图　2-2-8

5. 茶壶 Teapot

如图 2-2-9 所示。

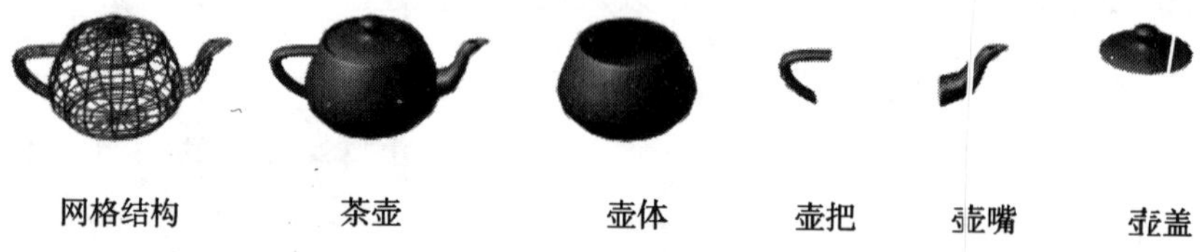

图 2-2-9

操作步骤：如图 2-2-10 所示，在命令面板中单击 茶壶 Teapot ⇨在视口中一点按住鼠标左键，确定茶壶底面中心点⇨向外拖动出茶壶体半径⇨松开鼠标左键。以默认参数创建了一个茶壶，单击“茶壶部件”中的：☑壶体、☑壶把、☑壶嘴、☑壶盖，取消✓选，则茶壶的相应部件消失⇨右击，命令结束。

茶壶简史。几乎所有进入计算机图形学领域的人都知道，这其中有一个神秘并特殊的物体——“茶壶”，茶壶总是在计算机图形学家的研究中作为非常重要的对象，好比宇航学家想试验某种载人飞船或者太空环境时总是想到黑猩猩一样。最早的计算机茶壶模型是由 Martin Newell 在 1975 年制作的。1974 年的一天，他的妻子正在冲茶，他抱怨没有特有趣的模型来测试他的算法，妻子建议他创建茶具的模型，于是他开始用铅笔在纸上绘制茶壶、茶杯、茶杯碟和调羹，后来他在实验室里把数据输入到计算机中构造三维模型。那把真实的茶壶现存于计算机历史博物馆，http://www.computerhistory.org/。在 1980 年的 SigGraph 年会上 Martin Newell 说起了许多关于茶壶在 3d 图像学中的事情，并说了那句名言“那个该死的茶壶 that damned teapot”。

为什么茶壶这么流行？在早期的计算机图形学中，没有像今天这么多的 3d 模型或者其他的数字化图像资料，如果你想处理贴图坐标或者光线跟踪，就必须启用更多的系统资源。为了试验更多的场景，人们使用非常具有代表性的物体来做这些测试。这种模型必须是能易辨认的、有复杂的拓扑结构、能在自身某处投下阴影、表面有突起和凹陷的物体，茶壶理所当然的成了最好的东西。在 1987 年的 SigGraph 大会上 Jim Blinn 发表了一个著名的光线跟踪图像——六个理想固体 The sixth platonic solid，这个图像中有 6 个物体，其中包含 5 个虚拟的实心体——四面体、立方体、八面体、十二面体、二十面体，另外 1 个物体就是茶壶。这个图像使得很多人对茶壶的兴趣更加浓厚。实际上那个真实茶壶大约比计算机模型高 30%，Jim Blinn 为了在他的显示器中使用这个模型，在 Z 轴坐标上使用了 1.3∶1 的比例压缩了这个模型，这样图像会更加宽阔，于是这个压缩了的茶壶也成为了最后的标准模型。(A Brief History of The Utah Teapot. by Steve Baker)

6. 圆锥体 Cone

操作步骤：如图 2-2-11 所示，在命令面板中🖱单击 圆锥体 Cone ⇨在视口中一点🖱按住鼠标左键，确定圆锥体底面圆圆心⇨向外🖱拖动出底面圆半径⇨🖱松开鼠标左键⇨向上或向下🖱移动鼠标，指定圆锥体高度⇨🖱单击⇨向上或向下🖱移动鼠标，指定圆锥体顶面圆半径⇨🖱单击，以默认参数创建了一个圆锥体，进一步设置不同的平滑、切片等参数，可演变成不同形态，如图 2-2-12 所示⇨🖱右击，命令结束。

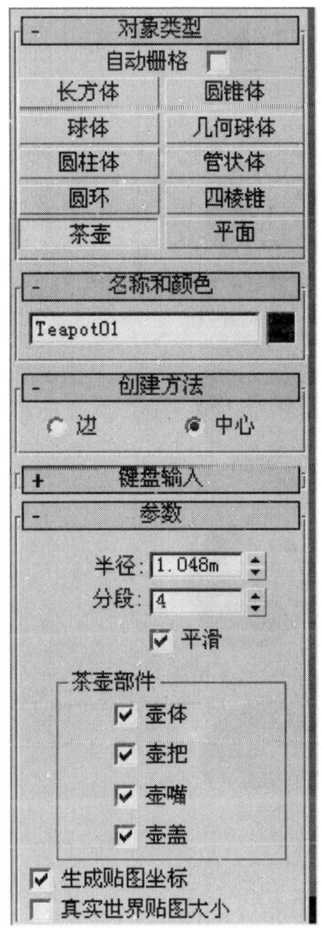

图　2-2-10

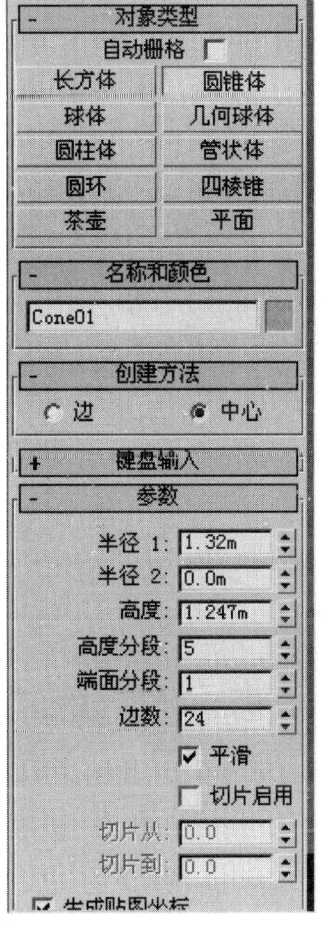

图　2-2-11

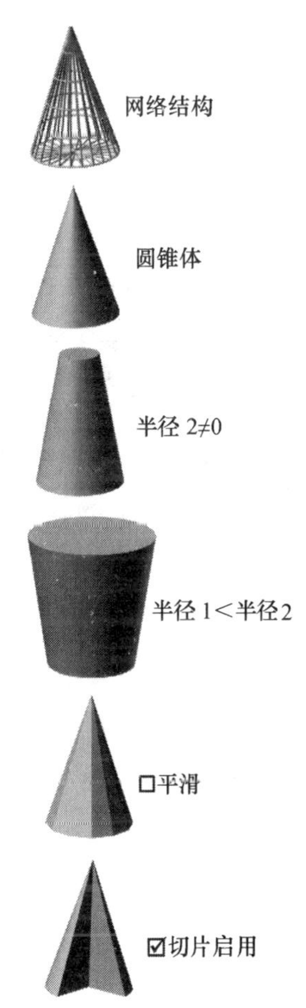

图　2-2-12

7. 几何球体 Geosphere

操作步骤：如图 2-2-13 所示，在命令面板中单击 几何球体 Geosphere ⇨在视口中一点按住鼠标左键，确定球心点⇨向外拖动出球体半径⇨松开鼠标左键，以默认参数创建了一个几何球体，进一步设置不同的平滑等参数，可演变成不同形态，如图 2-2-14 所示⇨右击，命令结束。

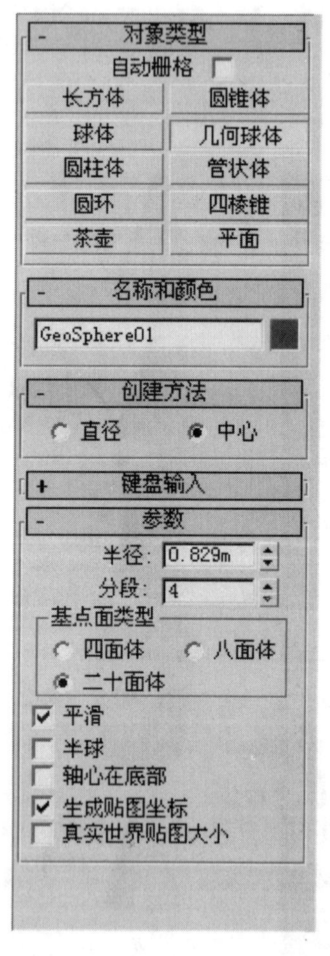

图 2-2-13

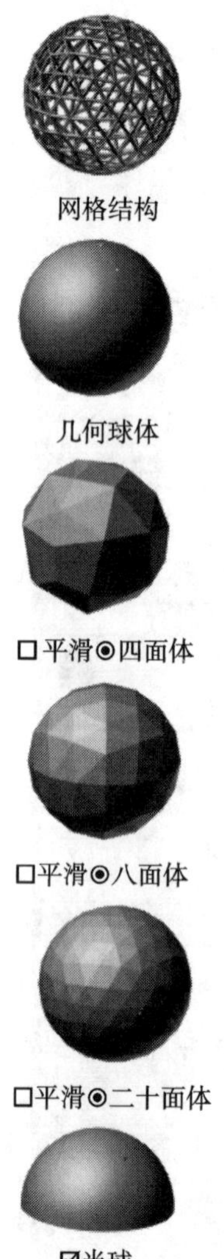

图 2-2-14

球体与几何球体的网格结构有所不同，球体的网格结构像地球的经纬线，而几何球体的网格结构是三角面网状结构。网格结构不同可以演变的形态不同，如果创建完整的球体模型，在外观上没有什么区别。

8. 管状体 Tube

操作步骤：如图 2-2-15 所示，在命令面板中单击管状体 Tube⇨在视口中一点按住鼠标左键，确定管状体底面圆圆心点⇨向外拖动出管状体半径⇨松开鼠标左键⇨向外或向里移动鼠标，指定管状体壁厚⇨单击⇨向上或向下移动鼠标，指定管状体高度⇨单击，以默认参数创建了一个管状体，进一步设置不同的平滑、切片等参数，可演变成不同形态，如图 2-2-16 所示⇨右击，命令结束。

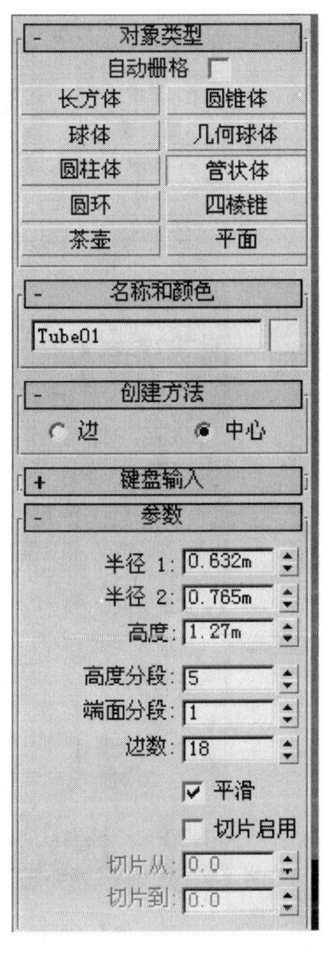

图　2-2-15

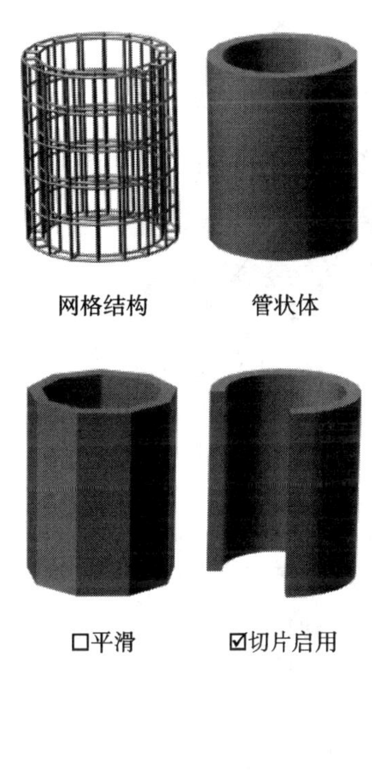

图　2-2-16

9. 四棱锥 Pyramid

操作步骤：如图 2-2-17 所示，在命令面板中单击四棱锥 Pyramid⇨在视口中一点按住鼠标左键，确定四棱锥底面的一个角点⇨向对角点拖动出底面⇨松开鼠标左键⇨向上或向下移动鼠标，指定四棱锥高度⇨单击，以默认参数创建了一个四棱锥，进一步可以设置不同的分段等参数，如图 2-2-18 所示⇨右击，命令结束。

10. 平面 Plane

操作步骤：如图 2-2-19 所示，在命令面板中单击 平面 Plane ⇨在视口中一点按住鼠标左键，确定平面的一个角点⇨拖动到对角点⇨松开鼠标左键，以默认参数创建了一个平面，进一步可以设置不同的分段等参数，如图 2-2-20 所示⇨右击，命令结束。

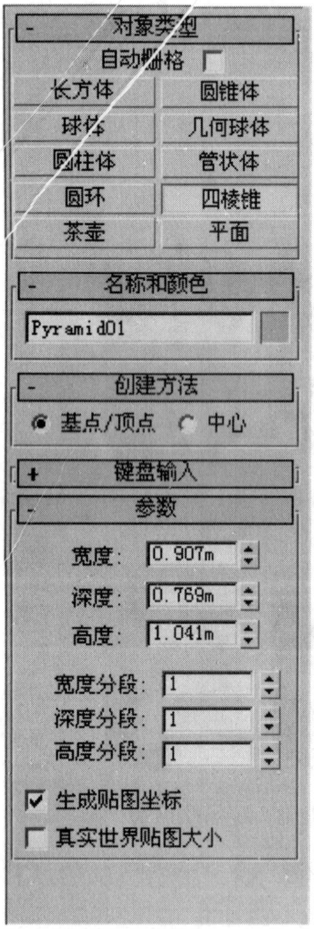

对象类型
自动栅格
长方体
圆锥体
球体
几何球体
圆柱体
管状体
圆环
四棱锥
茶壶
平面
名称和颜色
Pyramid01
创建方法
基点/顶点
中心
键盘输入
参数
宽度: 0.907m
深度: 0.769m
高度: 1.041m
宽度分段: 1
深度分段: 1
高度分段: 1
生成贴图坐标
真实世界贴图大小

图 2-2-17

四棱锥
网格结构
分段=2
分段=3
分段=1、2、3

图 2-2-18

对象类型
自动栅格
长方体
圆锥体
球体
几何球体
圆柱体
管状体
圆环
四棱锥
茶壶
平面
名称和颜色
Plane01
创建方法
矩形
正方形
键盘输入
参数
长度: 2.511m
宽度: 2.659m
长度分段: 4
宽度分段: 4
渲染倍增
缩放: 1.0
密度: 1.0
总面数: 32
生成贴图坐标
真实世界贴图大小

图 2-2-19

平面
网格结构

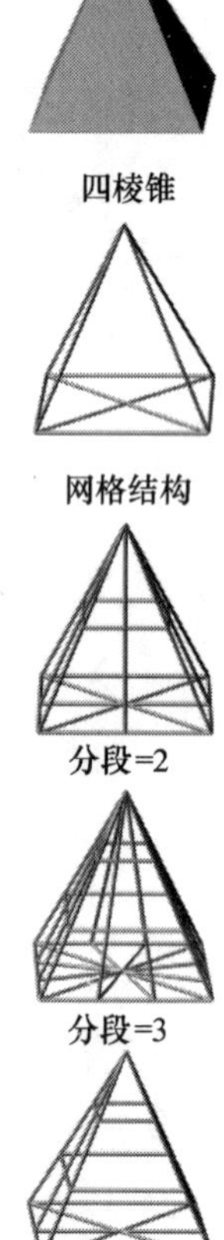

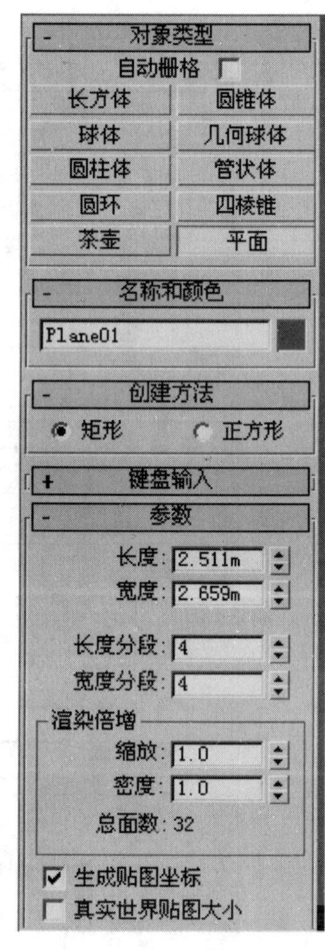

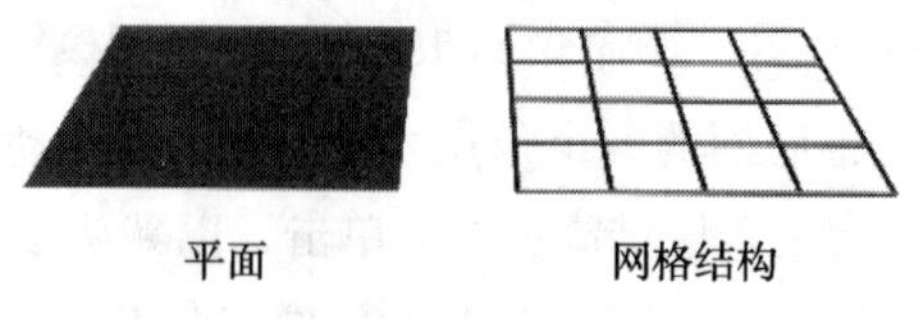

图 2-2-20

许多基本体都有“分段 Segments”这个参数，分段是基本体在某个方向上的细分程度，分段数值越大模型越圆滑。模型中的每个分段自身是“钢体”，不能够做弯曲 Bend、扭曲 Twist 等修改操作，而分段位置是柔韧的可以操作的。做弯曲、扭曲等修改前，增加分段可以获得更为圆滑的模型，但分段越多，模型面数越多，占用系统资源越多，渲染时间越长。

2.2　创建扩展基本体

扩展基本体包括：异面体 Hedra、切角长方体 ChamferBox、油罐 OilTank、纺锤 Spindle、球棱柱 Gengon、环形波 RingWave、软管 Hose、环形结 Torus Knot、切角圆柱体 ChamferCyl、胶囊 Capsule、L 型墙 L-Ext、C 型墙 C-Ext、棱柱 Prism 等对象，如图 2-2-21 所示。执行图 2-2-22 中的 3 步操作进入创建扩展基本体状态，命令面板显示如图 2-2-23。

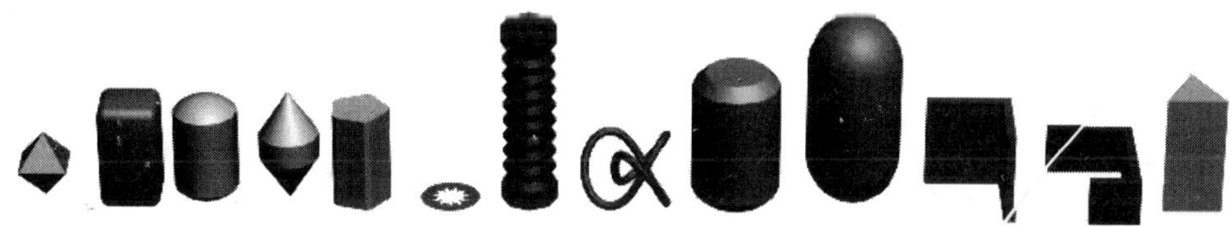

图　2-2-21

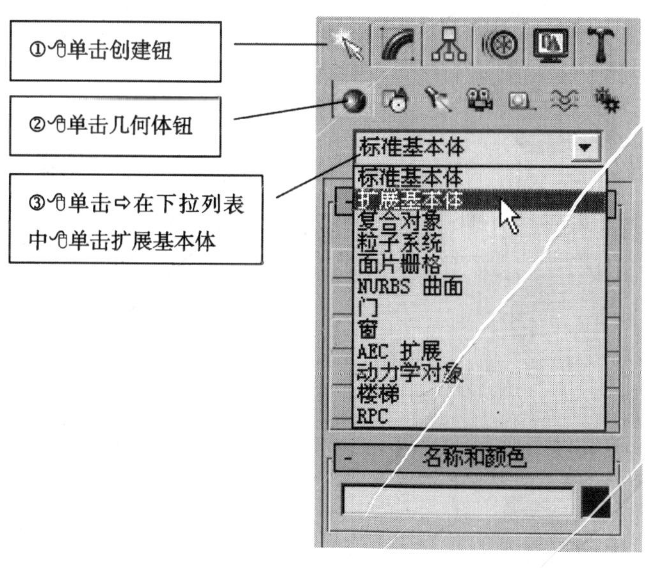

图　2-2-22

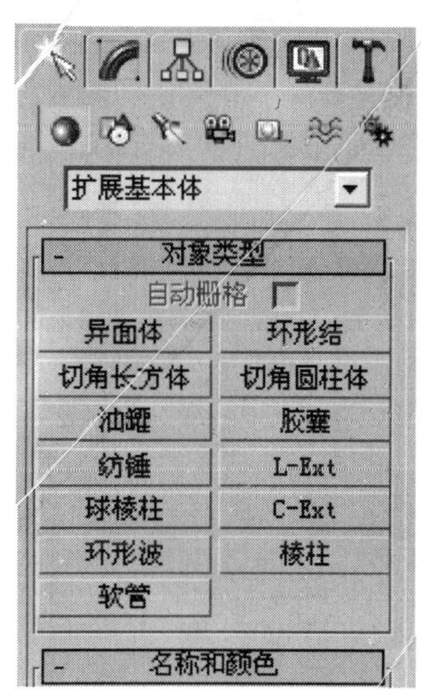

图　2-2-23

1. 异面体 Hedra

操作步骤：如图 2-2-24 所示，在命令面板中单击 异面体 Hedra ⇨在视口中一点按住鼠标左键，确定异面体中心点⇨向外🖱拖动出异面体大小⇨🖱松开鼠标左键，以默认参数创建了一个异面体，进一步设置不同的参数，可演变成不同形态，如图 2-2-25 所示⇨🖱右击，命令结束。

2. 切角长方体 ChamferBox

操作步骤：如图 2-2-26 所示，在命令面板中🖱单击 切角长方体 ChamferBox ⇨在视口中一点🖱按住鼠标左键，确定切角长方体底面的一个角点⇨🖱拖动到对角点，🖱松开左键⇨向上🖱移动鼠标指定长方体高度，🖱单击⇨向上🖱移动鼠标，至切角大小合适时🖱单击，以默认参数创建了一个切角长方体，进一步设置不同的平滑、圆角分段参数，可演变成不同形态，如图 2-2-27 所示⇨🖱右击，命令结束。

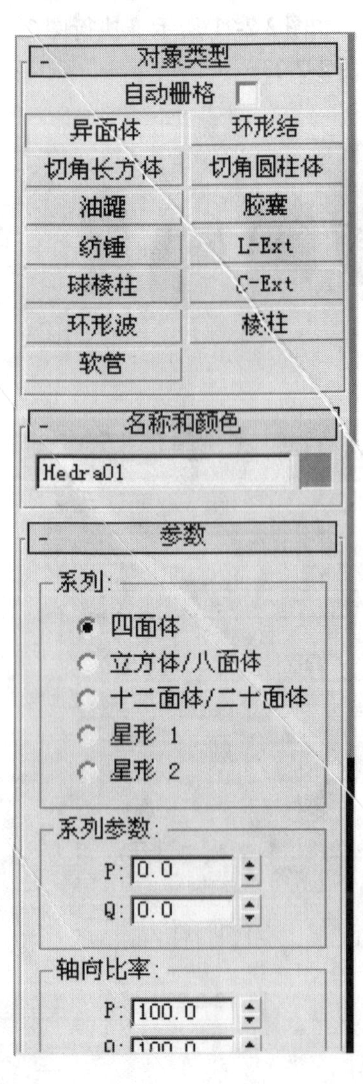

图 2-2-24

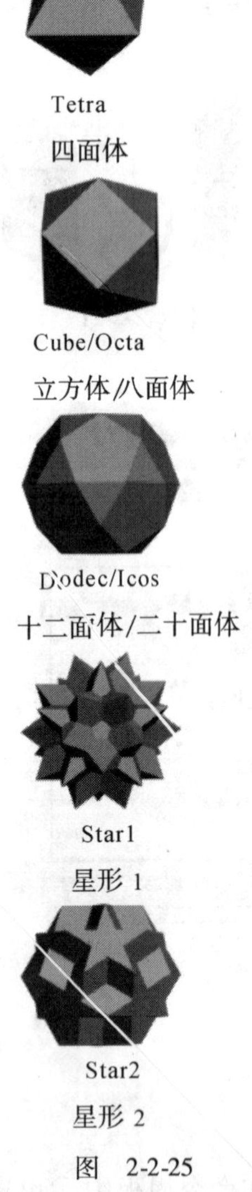

图 2-2-25

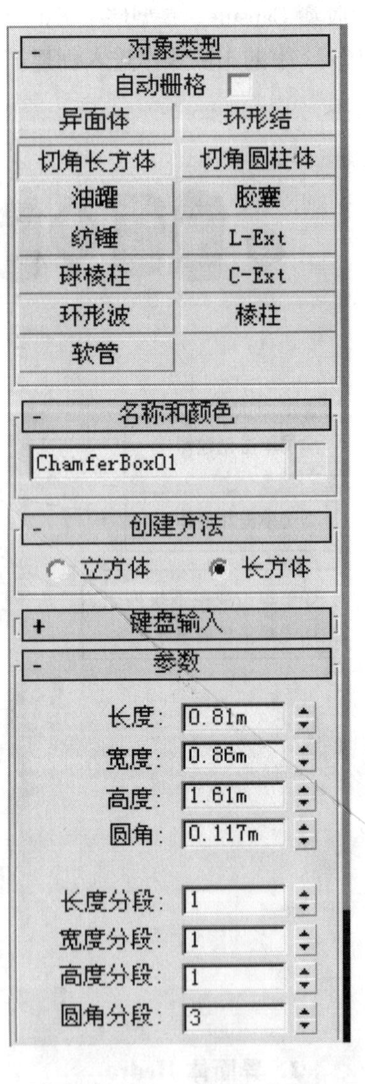

图 2-2-26

3. 油罐 OilTank

操作步骤：如图 2-2-28 所示，在命令面板中单击[油罐 OilTank]⇨在视口中一点按住鼠标左键，确定油罐的底面圆圆心⇨向外拖动出截面圆半径，松开左键⇨向上移动鼠标到合适高度，单击⇨向上移动鼠标到封口高度合适时，单击，以默认参数创建了一个油罐，进一步设置不同的平滑、切片启用、封口高度等参数，可演变成不同形态，如图 2-2-29 所示⇨右击，命令结束。

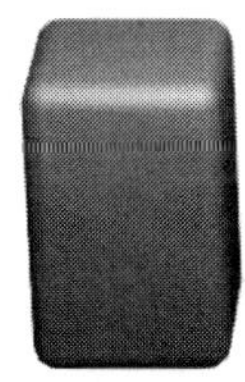

默认参数

圆角分段=1，□平滑

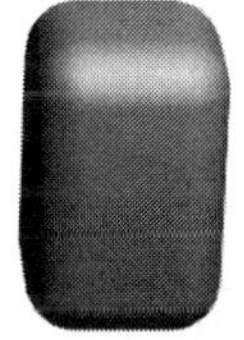

圆角分段=3，☑平滑

图　2-2-27

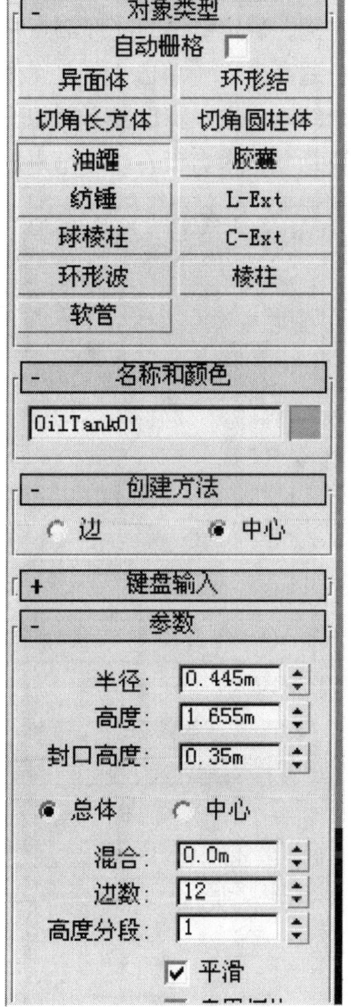

图　2-2-28

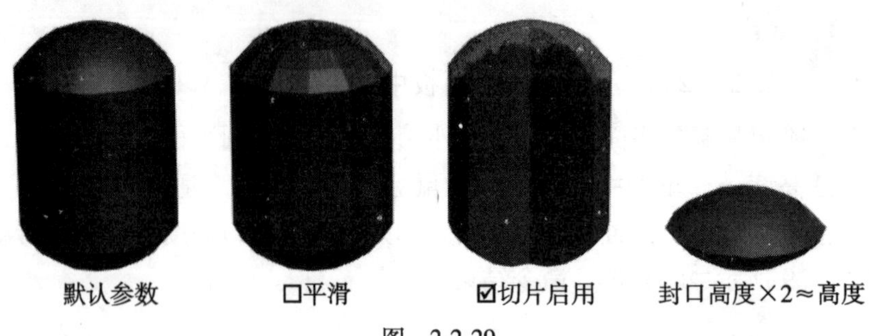

图 2-2-29

4. 纺锤 Spindle

操作步骤：如图 2-2-30 所示，在命令面板中🖱单击纺锤 Spindle⇨在视口中一点🖱按住鼠标左键，确定纺锤的底部端点⇨向外🖱拖动出截面圆半径，🖱松开左键⇨向上🖱移动鼠标到合适高度，🖱单击⇨向上🖱移动鼠标到封口高度合适时，🖱单击，以默认参数创建了一个纺锤，进一步设置不同的平滑、启用切片、混合等参数，可演变成不同形态，如图 2-2-31 所示⇨🖱右击，命令结束。

图 2-2-30

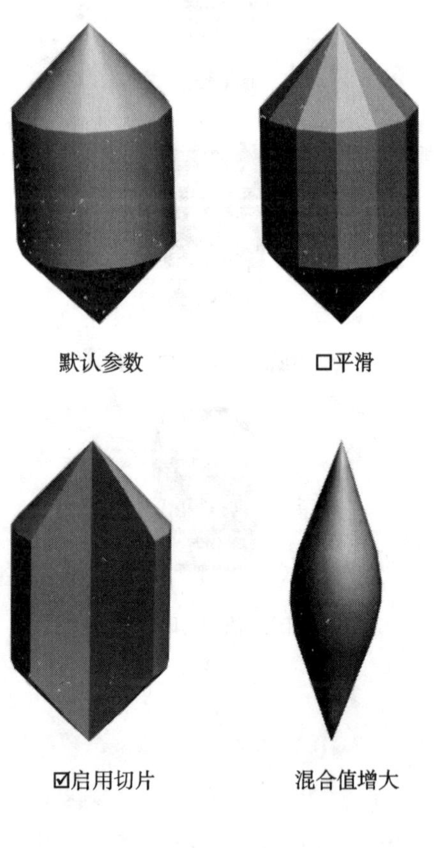

图 2-2-31

5. 球棱柱 Gengon

操作步骤：如图 2-2-32 所示，在命令面板中单击 球棱柱 Gengon ⇨在视口中一点按住鼠标左键，确定球棱柱的底面中心点⇨向外拖动出底面半径，松开左键⇨向上移动鼠标到合适高度，单击⇨向上移动鼠标到圆角大小合适时，单击，以默认参数创建了一个球棱柱，进一步设置不同的平滑、圆角分段、边数等参数，可演变成不同形态，如图 2-2-33 所示⇨右击，命令结束。

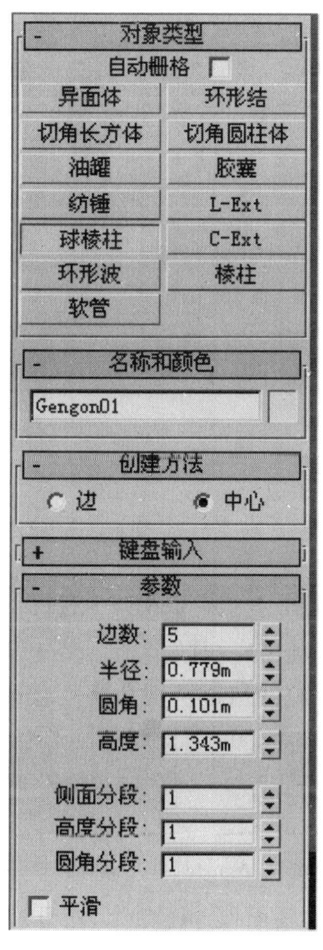

图　2-2-32

默认参数

□平滑，圆角分段=10

边数=4

边数=6

边数=8

图　2-2-33

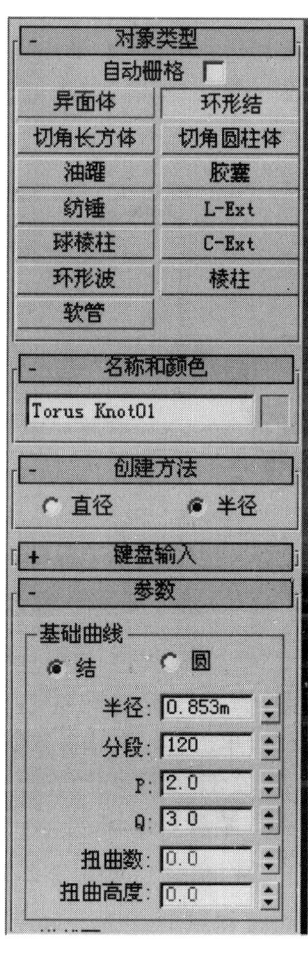

图　2-2-34

6. 环形结 Torus Knot

操作步骤：如图 2-2-34 所示，在命令面板中🖱单击 环形结 Torus Knot ⇨在视口中一点🖱按住鼠标左键，确定环形结的底面中心点⇨向外🖱拖动出半径，🖱松开左键⇨向里或向外🖱拖动出横截面大小，🖱单击，以默认参数创建了一个环形结，进一步设置不同的参数，可演变成不同形态，如图 2-2-35 所示⇨🖱右击，命令结束。

默认参数	◉结	◉结	◉圆	◉圆	◉圆
	P=10，Q=1	P=1，Q=10	扭曲数=10	块=6	扭曲=5
			扭曲高度=1	块高度=4	块=10

图 2-2-35

这个命令可控制的参数较多，模型的造型变化很大，可以创建许多有趣的模型，但施工的难度就太大了☺。

7. 切角圆柱体 ChamferCyl

操作步骤：如图 2-2-36 所示，在命令面板中🖱单击 切角圆柱体 ChamferCyl ⇨在视口中一点🖱按住鼠标左键，确定圆柱体的底面圆圆心⇨向外🖱拖动出底面圆半径，🖱松开左键⇨向上🖱移动鼠标至圆柱体高度合适时，🖱单击⇨向上🖱移动鼠标至切角高度合适时，🖱单击，以默认参数创建了一个胶囊，进一步设置不同的参数，可演变成不同形态，如图 2-2-37 所示⇨🖱右击，命令结束。

8. 胶囊 Capsule

操作步骤：如图 2-2-38 所示，在命令面板中🖱单击 胶囊 Capsule ⇨在视口中一点🖱按住鼠标左键，确定胶囊的底面圆圆心⇨向外🖱拖动出底面圆半径，🖱松开左键⇨向上🖱移动鼠标至胶囊高度合适时，🖱单击，以默认参数创建了一个胶囊，进一步设置不同的参数，可演变成不同形态，如图 2-2-39 所示⇨🖱右击，命令结束。

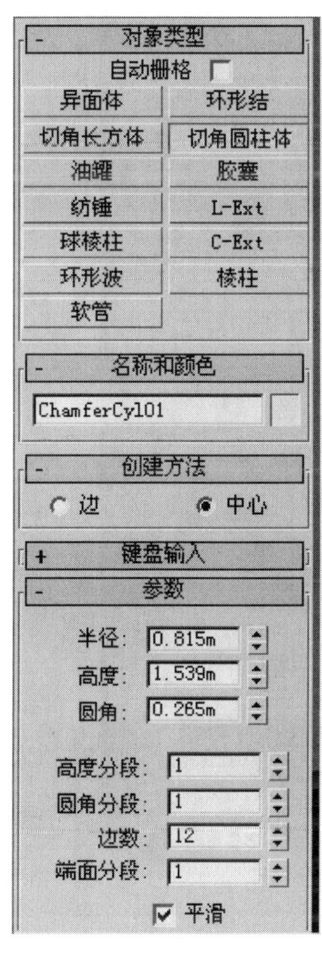

图 2-2-36

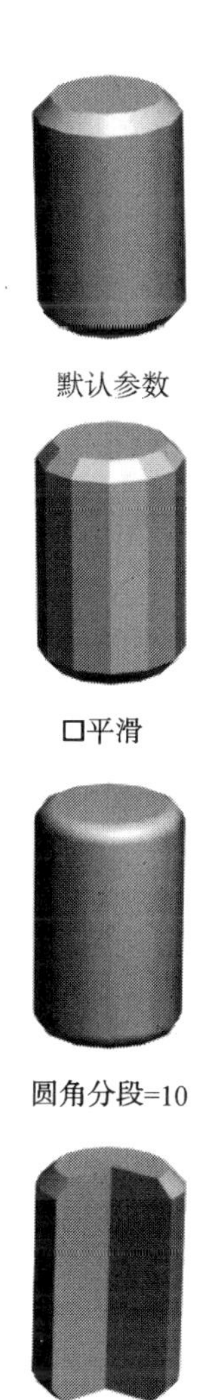

默认参数

□平滑

圆角分段=10

☑启用切片

图 2-2-37

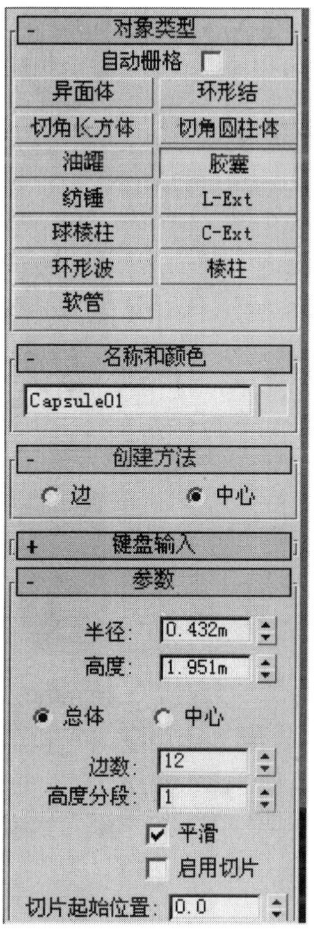

图 2-2-38

9. L 型墙 L-Ext

操作步骤：如图 2-2-40 所示，在命令面板中单击 L-Ext ⇨在视口中一点按住鼠标左键，确定 L 型墙的一个角点⇨拖动到对角点，松开左键⇨向上移动鼠标至墙体高度合适时，单击⇨向上或向下移动鼠标至墙体厚度合适时，单击，以默认参数创建了一个 L 型墙，进一步设置其参数，如图 2-2-41 所示⇨右击，命令结束。

默认参数

□平滑

☑启用切片

图 2-2-39

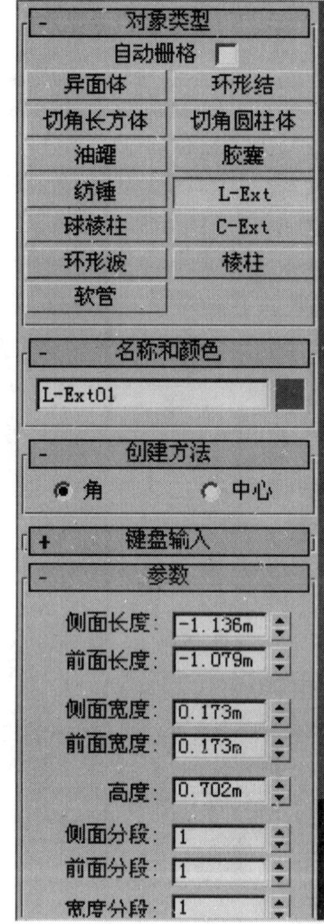

图 2-2-40

图 2-2-41

墙体的生成符合逆时针规则，墙体总是从第一点逆时针旋转到第二点，这与 AutoCAD 的规则类似。

2.3　对象的选择、锁定和删除

2.3.1　选择对象

选择对象的一组命令按钮在主工具栏上，如图 2-2-42 所示。

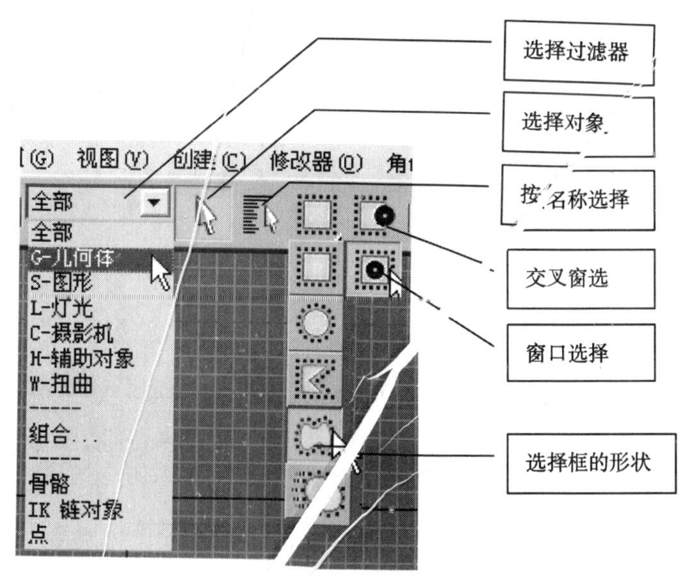

图　2-2-42

1. 选择过滤器

指定选择操作适用于哪些类型的对象，默认状态下对所有对象有效。操作：单击展开⇨在列表中单击一种对象类型，单击 组合 在弹出的窗口中可指定几类对象的组合。

2. 单击选择

单击钮，进入选择对象状态。单击一个对象可将其选择；按住 Ctrl 键后逐个单击对象，可选择多个对象；按住 Ctrl 键或 Alt 键后单击已选择对象，可将其从选择集中剔除出来（反选择）；在空白处单击可释放所有已选择对象。

启动进入 3ds max 后，你会发现按钮下陷处于激活状态，这是初始命令状态，在操作过程中如果想回到初始状态可单击钮。

3. 按名称选择

单击[icon]，弹出图2-2-43所示窗口，按图中所示操作可选择场景中的对象。

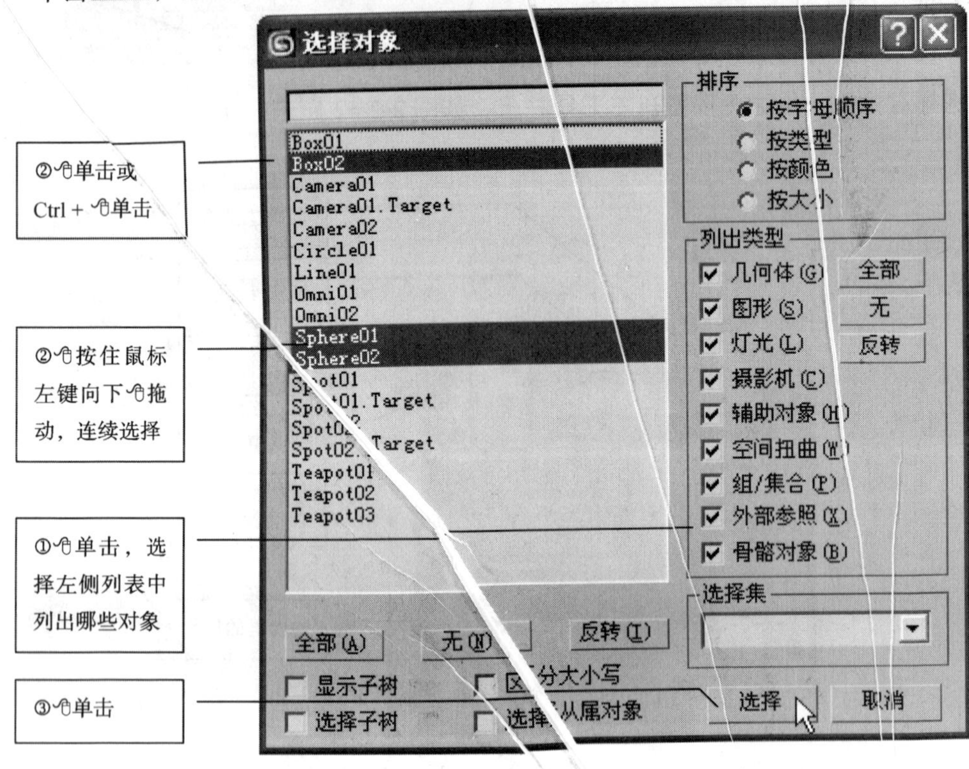

图 2-2-43

4. 窗选/交叉窗选

有交叉窗选与窗选两种方式，单击按钮可在两种方式间切换。默认处于交叉窗选方式。单击[icon]，按钮下陷成[icon]，切换为窗选方式。也可单击自定义 Customize菜单⇨单击首选项 Pereferences，如图2-2-44所示操作，设置为像AutoCAD那样按拖动方向区分交叉窗选与窗选两种方式。

选择操作：在视口中被选择对象区域的一个角点按住鼠标左键⇨拖动到区域对角点，这时可看到一个虚线框出现，松开鼠标。处于[icon]交叉窗选状态时，可选中虚线框包围和穿越的对象，处于[icon]窗选状态时，可选中虚线框完全包围的对象。

2.3.2 锁定已选择对象

在选择对象后，单击屏幕左下角状态栏上的[icon]，按钮下陷成[icon]，表示对象已被锁定，这时不能再选择其他对象，单击按钮弹起成，释放锁定对象。如果被操作的对象在要操作的视图中难以选择，可以在其他视图中选择后锁定，然后返回到操作视图中做进一步操作，以免在切换视图时意外释放已选择的对象。

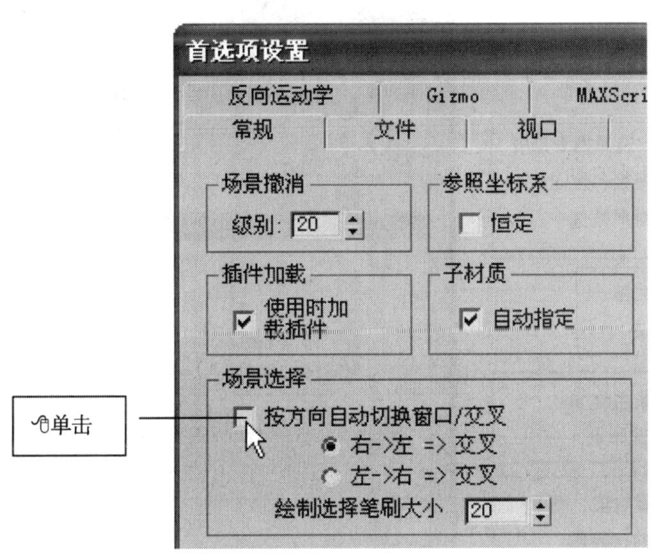

图　2-2-44

2.3.3　删除对象

选择对象后，单击 编辑 Edit 菜单⇨单击 删除 Delete 。或在选择对象后敲击键盘上的 Delete 键，则已选择的对象被删除。

2.4　命名选择集

命名选择集详见图 2-2-45。

命名的选择集只是记录了一个选择集由哪些对象组成，每个对象仍然是独立的，可以单独做任何的变换和修改，一个对象可以同时属于多个选择集。命名选择集操作时，在选择对象、输入选择集名称后一定要回车。

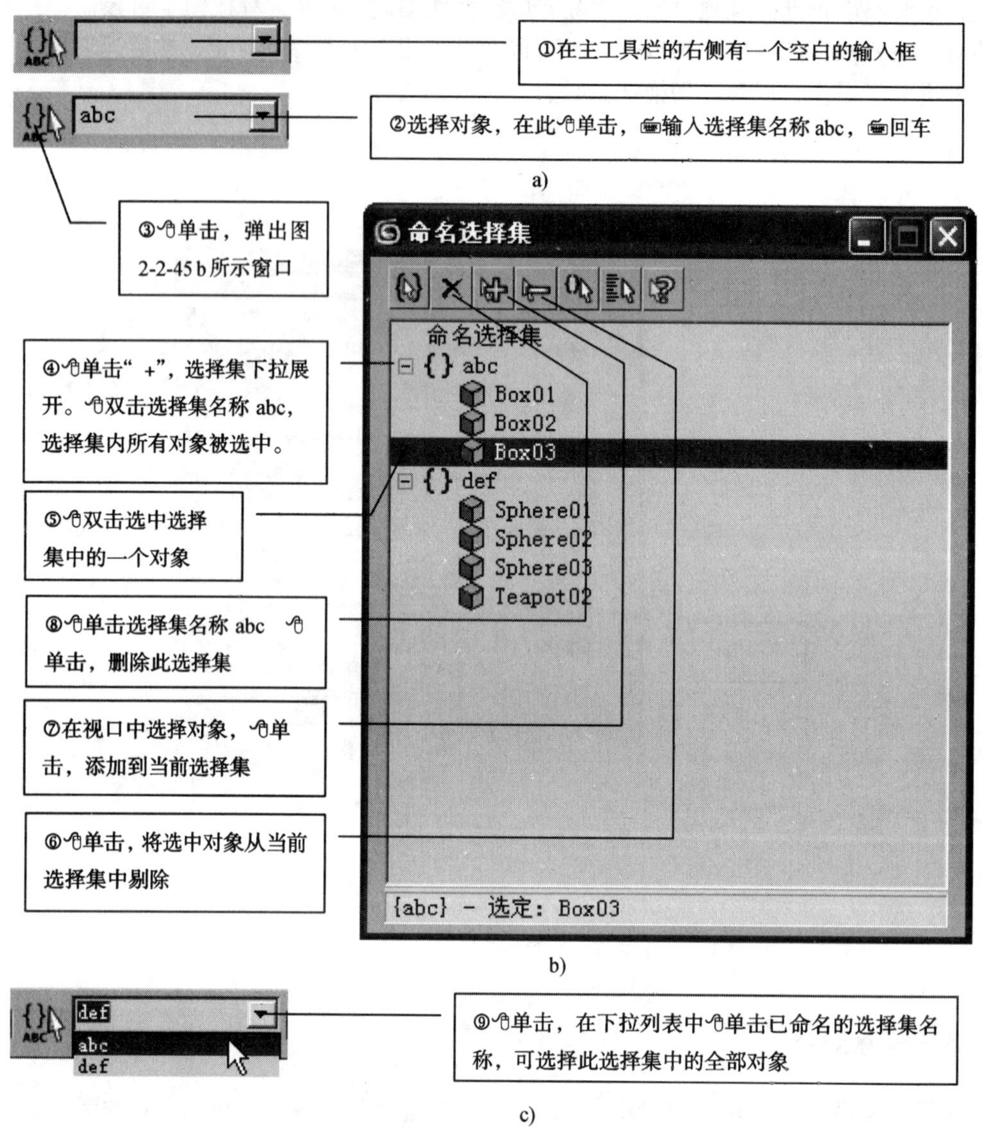

图 2-2-45

2.5 对象变换

变换是调整对象的位置、方向或比例。包括：移动 Select and Move、旋转 Select and Rotate、缩放 Select and Scale 三个基本变换命令和镜像 Mirror、阵列 Array、间隔工具 Spacing Tool、对齐 Align 等变换工具。基本变换命令和部分变换工具在主工具栏上，如图 2-2-46 所示。

图　2-2-46

2.5.1　参考坐标系和变换中心

1. 参考坐标系

参考坐标系确定变换使用的坐标系 X、Y、Z 三个轴的方向，使用的变换系统类型将影响所有的变换操作。如图 2-2-47 所示，命令位于主工具栏中间位置，执行①②两步操作，可指定世界坐标系为参考坐标系。列表中的拾取是指单击选择一个对象，将其局部坐标系统（参见 1.8 坐标系统中 4 局部坐标系统）作为参考坐标系。

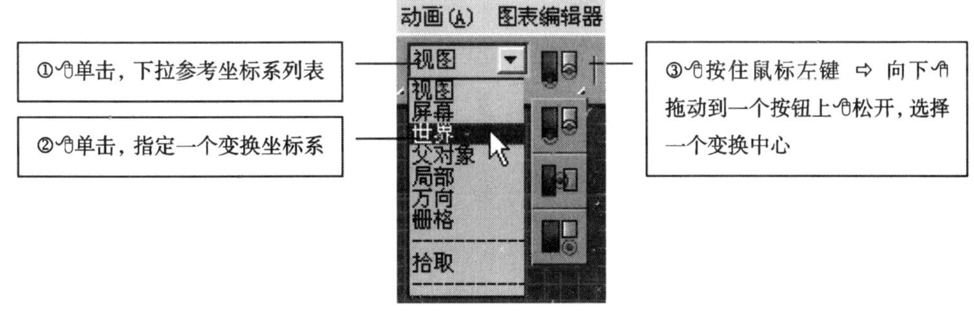

图　2-2-47

2. 变换中心

变换中心确定变换使用的坐标系的原点，影响缩放和旋转变换，但不影响位置变换。如图 2-2-47 执行操作③可选择一个变换中心。

使用轴点中心。以已选择对象的轴点作为变换中心，是选择单个对象的默认设置。

使用选择中心。以当前选择集的中心作为变换中心，是选择多个对象的默认设置。

使用变换坐标中心。以当前指定的变换坐标系原点作为变换中心。

参考坐标系和变换中心模式的设置基于逐个变换，因此操作过程中要先选择变换，然后再指定参考坐标系并选择中心模式。开始学习时，变换操作完成后要及时复位参考坐标系和变换中心，以免后续操作结果与预期的不同时感到困惑。

3. 轴点的移动

对象创建后轴点处于默认位置，如圆柱体的轴点在底面圆的圆心上。有时移动轴点更有利于要进行的变换操作。单击选择一个圆柱体，执行图 2-2-48 所示的操作①～④，可将圆柱体的轴点移动到其中心位置。也可利用点捕捉功能将轴点移动到顶点、中点等特征点上。

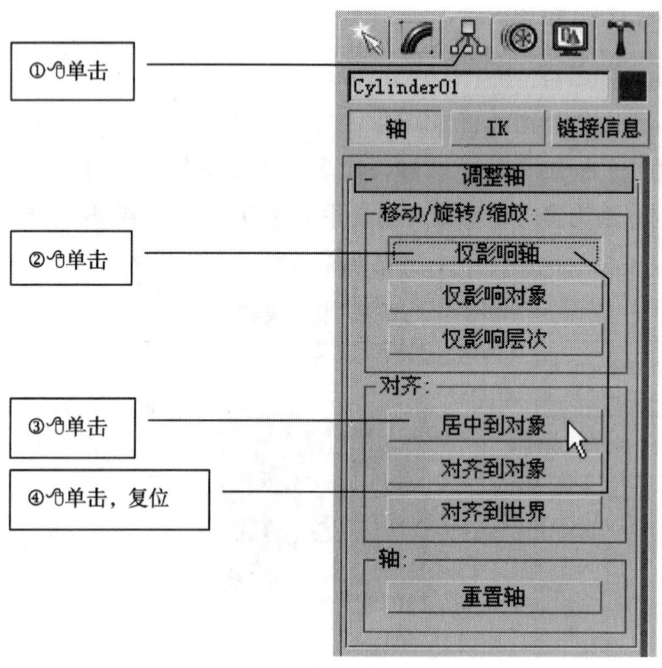

图 2-2-48

4. 轴约束

将变换约束在指定的单轴方向或双轴平面内，在变换模框 Gizmo 出现以后，由于模框操作更为方便，轴约束已很少使用，但在少数情况下仍会用到。操作方法如图 2-2-49 所示。轴约束工具栏是浮动工具栏，打开方法参见 1.9 界面操作中 4. 浮动工具栏。

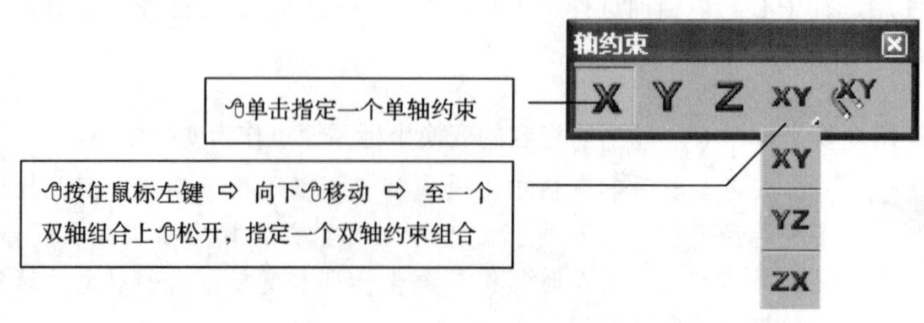

图 2-2-49

2.5.2　移动 Select and Move

1. 变换模框 Gizmo

单击 ⇨选择对象，对象上出现移动模框 Gizmo，在透视图中移动模框显示如图 2-2-50。模框的红 R、绿 G、蓝 B 三色分别对应 X、Y、Z 三个坐标轴。

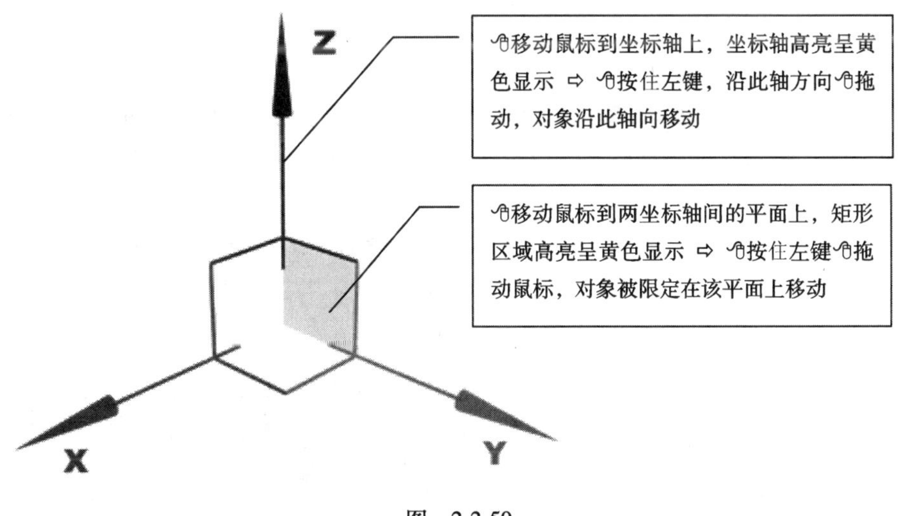

图　2-2-50

敲击 X 键可打开/关闭变换模框的显示，敲击 +、－键可放大/缩小模框的显示。在首选项设置窗口中，可设置移动、旋转、缩放模框的参数，单击 自定义 Customize 菜单⇨单击 首选项 Pcrcferences ⇨单击 Gizmo 打开设置对话框。

2. 变换输入

移动、旋转和缩放变换时可以输入变换的准确数值，对于可以显示变换模框或坐标系三轴架的所有对象，都可以使用。右击 按钮，弹出变换输入对话框，如图 2-2-51 所示。

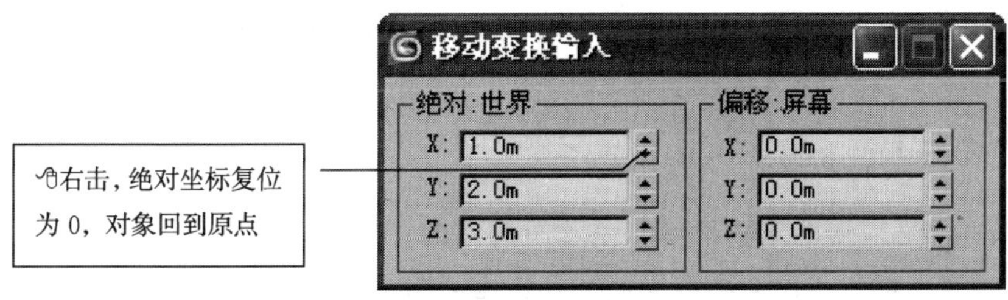

图　2-2-51

绝对坐标输入。选择对象⇨在左侧的输入框中双击⇨输入坐标数值后回车，如1回车，已选择对象的中心准确移动到世界坐标系 X=1 的位置上。如果希望对象回到坐标原点，可右击输入框右侧的数值微调钮。

相对坐标输入。选择对象⇨在右侧的输入框中双击⇨输入坐标数值后回车，如2回车，已选择对象从当前位置沿 X 轴正方向移动2个单位，这时对象的中心准确移动到世界坐标系 X=3 的位置上，左侧输入框中显示3，而右侧输入框中复位显示0。

3. 移动复制

选择对象⇨单击⇨按住 Shift 键，参照1. 变换模框，移动对象到合适位置⇨松开左键，弹出对话框如图 2-2-52 所示⇨执行操作①②③，将已选择对象沿移动方向等距复制5个。

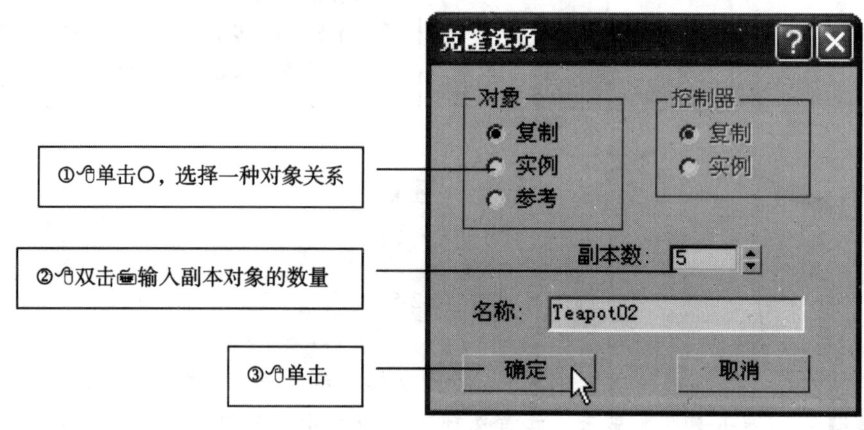

图 2-2-52

4. 复制的对象副本与原始对象的三种关系

（1）复制 Copy

复制的对象副本与原始对象参数相同，但与原始对象完全无关。

（2）实例 Instance

修改对象参数或施用修改器，原始对象与实例对象同步变化，相互影响。

（3）参考 Reference

对原始对象施用修改器时参考对象同步变化，而对参考对象施用修改器时原始对象没有变化。修改对象参数时两者仍是同步变化的。

2.5.3 旋转 Select and Rotate

旋转 Gizmo 是根据虚拟轨迹球的概念而构建的，如图 2-2-53 所示，可以围绕 X、Y、Z 轴或垂直于视口的轴自由旋转对象。围绕轨迹球的圆圈是轴控制柄，与对应的坐标轴垂直，红 R、绿 G、蓝 B 三色分别对应于 X、Y、Z 三个坐标轴。在轴控制柄的任意位置沿圆圈拖动鼠标，可以围绕该轴旋转对象。当围绕 X、Y 或 Z 轴旋转时，一个红色透明切片直观说明旋转方向和旋转角度，旋转大于360°后，该切片重叠且着色加深，旋转过程中还显示数字，以表示精确的旋转角度。

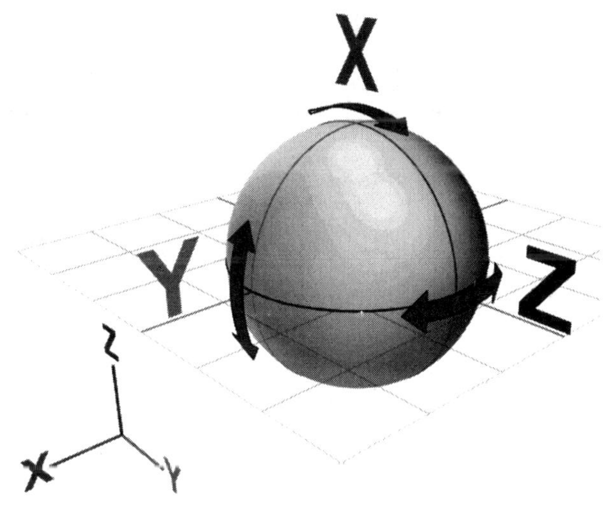

图　2-2-53

1. 变换模框 Gizmo

单击 ⇨选择对象，对象上出现旋转模框，在透视图中旋转模框显示如图 2-2-54。

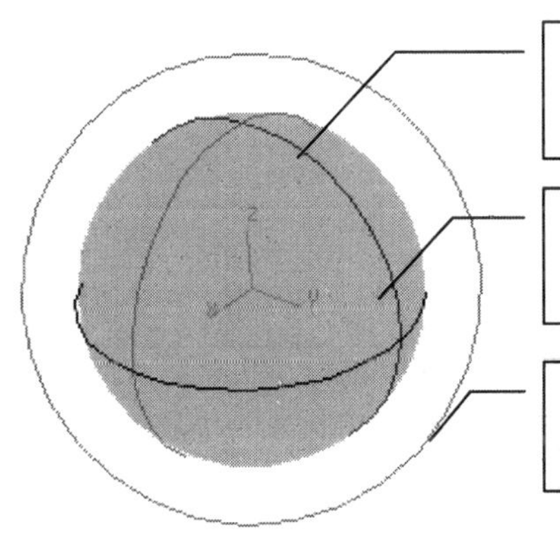

在红、绿、蓝三色圆上一点按住鼠标左键沿圆周拖动，可控制对象以 X、Y、Z 轴为轴旋转

在中间的圆形灰色区域按住鼠标左键拖动，可在任意方向上旋转对象

在外圈的灰色圆上按住鼠标左键沿该圆周拖动，可控制对象在垂直于视线的平面上旋转

图　2-2-54

2. 变换输入

右击 按钮，弹出变换输入对话框，如图 2-2-55 所示。

图 2-2-55

绝对角度输入。选择对象⇨在左侧的输入框中双击⇨输入旋转角度值后回车，如10回车，已选择对象在世界坐标系中绝对旋转10°。如果希望对象回到初始方向，可右击输入框右侧的数值微调钮。

相对角度输入。选择对象⇨在右侧的输入框中双击⇨输入旋转角度值后回车，如20回车，已选择对象从当前角度累加旋转20°，这时对象在世界坐标系中绝对旋转30°，左侧输入框中显示30，而右侧输入框中复位显示0。

3. 旋转复制

（1）设置角度捕捉

为了在旋转时准确控制角度，先设置角度捕捉。单击主工具栏上的角度捕捉锁定开关，按钮下陷成⇨在按钮上右击，弹出窗口，如图2-2-56所示⇨如图中操作，指定旋转时以45°增量角捕捉，即只能旋转45°、90°、135°等45°的倍数角。

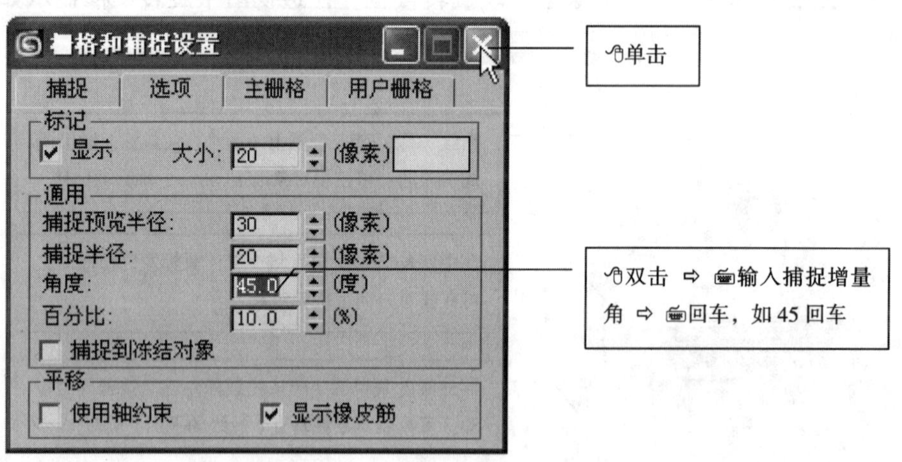

图 2-2-56

（2）在前视图中创建一个圆柱体，作为旋转原始对象。

（3）旋转复制

按住Shift键，在透视图中如图2-2-57操作，松开鼠标后弹出复制窗口，如图

2-2-52所示⇨⌨输入副本数 7，🖱单击 确定 则圆柱间隔 45°被复制 7 个，结果如图 2-2-57 所示。

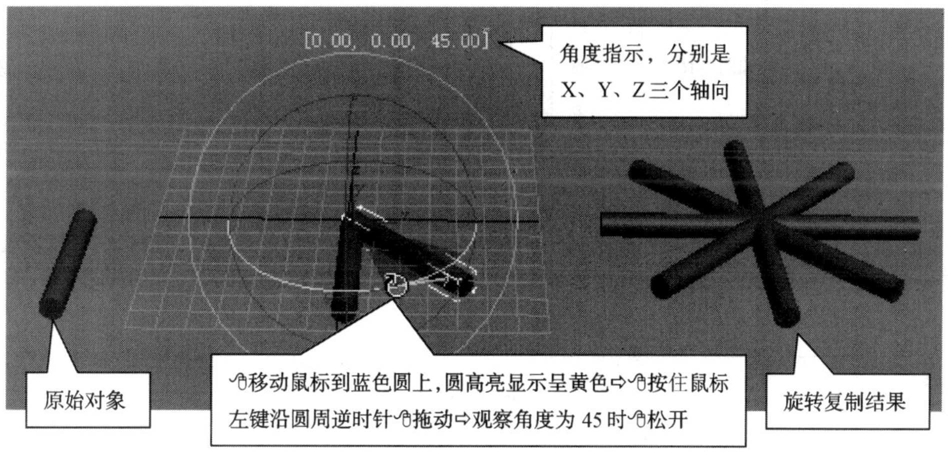

图　2-2-57

2. 5. 4　缩放 Select and Scale

1. 变换模框 Gizmo

🖱单击 ⇨ 选择对象，对象上显示出缩放模框，在透视图中如图 2-2-58 所示，操作方法：

①在一个轴上🖱按住左键，沿轴向🖱拖动，可在此轴向上缩放。

②将鼠标移到两个轴夹角的平面上，呈灰色显示区域，🖱按住左键🖱拖动，可在这两个轴向上等比缩放。

③在三个轴围合的中心区域🖱按住左键🖱拖动，可在三个轴向上等比缩放。

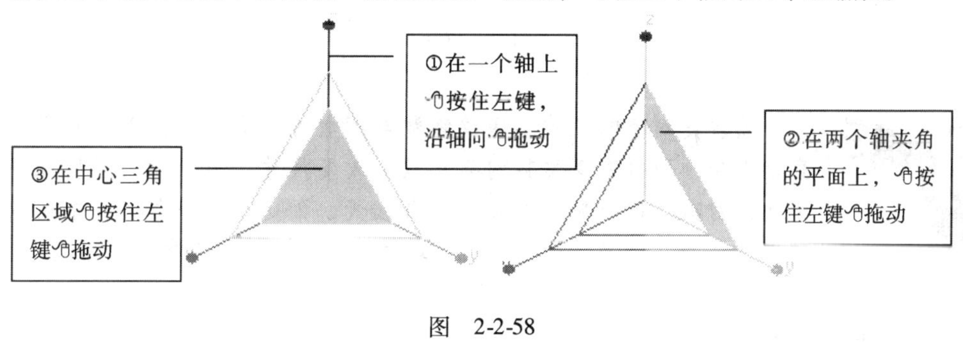

图　2-2-58

2. 变换输入

🖱右击 ，弹出变换输入对话框，操作方法如图 2-2-59 所示。⌨输入缩放百分数时不必输入%，其数值本身就是百分数，输入 100 表示保持原大小，>100 放大，<100 缩小。

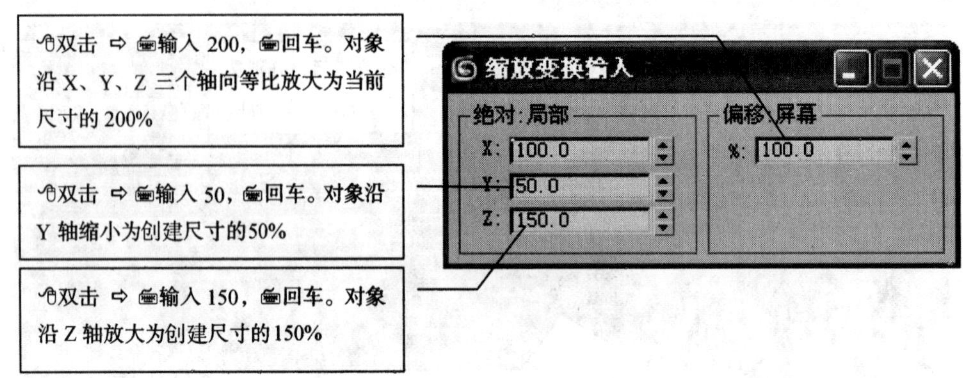

图 2-2-59

3. 缩放复制

与移动、旋转相似，在缩放操作时先按住 Shift 键，可以在缩放时复制新的对象。

4. 缩放工具栏

缩放在主工具栏上是一组命令按钮，在缩放模框出现后由于模框操作更为简便，使用的机会已比较少。操作方法：在按钮上按住左键，按钮组向下展开，如图 2-2-60 所示，向下移动到某个按钮上松开左键，命令执行。

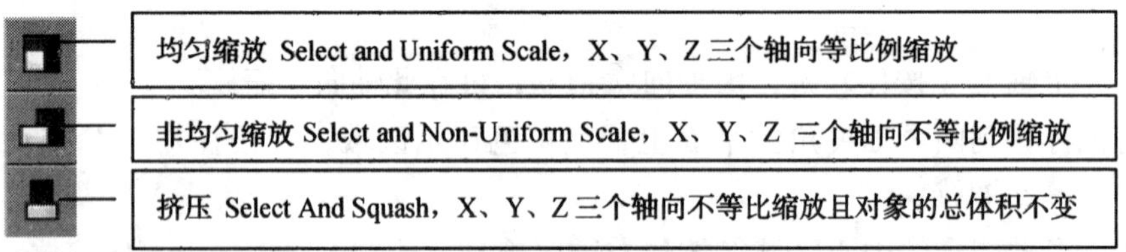

图 2-2-60

要改变对象的尺寸，修改参数与缩放哪个更好呢？单个对象一般可直接在命令面板中修改其创建参数来改变尺寸，但对于一组要保持相对比例的对象，逐个修改参数工作量太大，如：从另一个文件中插入的建筑单体—亭、廊等，要适应当前场景的尺寸，缩放是常用的手段。

2.5.5 镜像 Mirror

创建一个茶壶 ⇨ 单击主工具栏上的镜像按钮⇨如图 2-2-61 所示操作，单击确定，结果如图 2-2-62 所示。

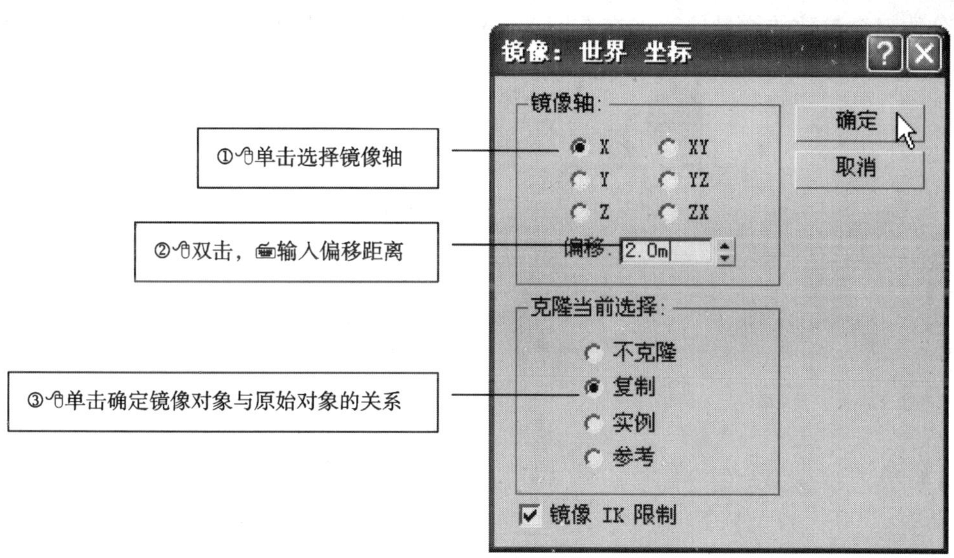

图　2-2-61

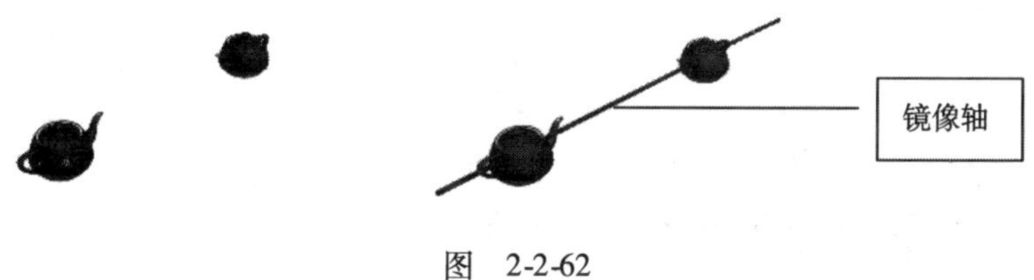

图　2-2-62

镜像轴是什么呢？可以这样来理解：你在吃冰糖葫芦，吃到只剩两个山楂了，穿山楂的竹签子就是镜像轴，而那两个山楂一个是原始对象，而另一个就是镜像对象了。

2.5.6　阵列 Array

1. 工具栏与对话框

阵列的命令按钮在附加 Extras 工具栏中，是一个浮动工具栏，参见 1.9 界面操作中 4. 浮动工具栏的方法打开附加工具栏，如图 2-2-63 所示。

创建或选择一个要阵列的对象⇨单击，弹出阵列对话框，如图 2-2-64 所示，使用这个对话框可以完成一维、二维、三维的矩形阵列和环形阵列，因此列出的参数较多。有三个主要的参数设置区域：

阵列变换。位于对话框上部区域，可以设置环形阵列的参数，对于矩形阵列则仅设置第一维阵列的参数。左侧 X、Y、Z 三列中设置阵列时每两个对象的间距、旋转角度、缩放百分数三个参数的增量值，如在右侧 X、Y、Z 三列中设置则要输入三个参数的总量。

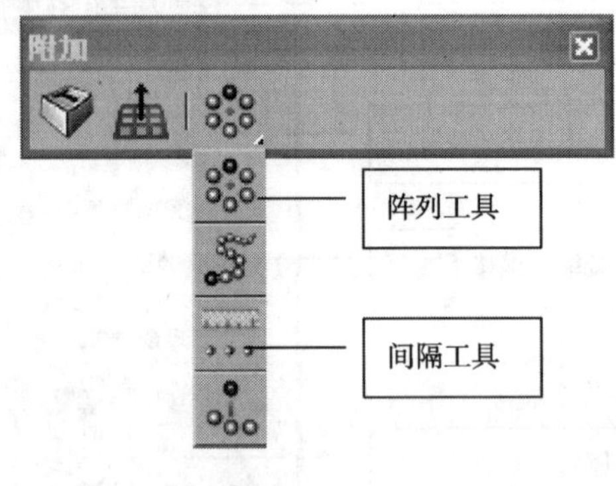

图 2-2-63

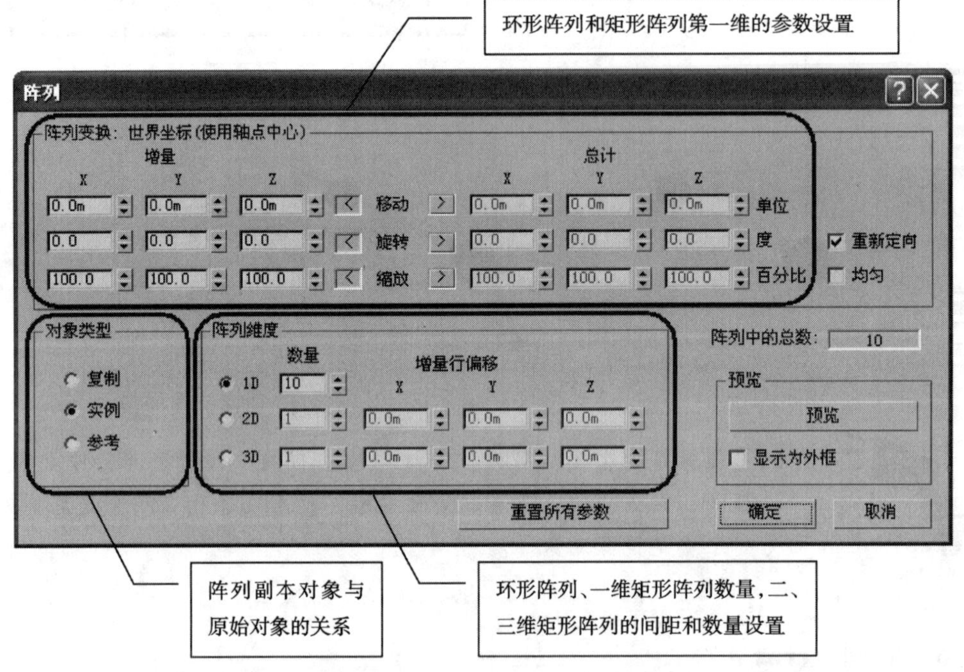

图 2-2-64

对象类型。位于对话框左下角区域，设置阵列的对象副本与原始对象的关系，与 2.5.2 移动中 4. 的释义相同。

阵列维度。位于对话框下部区域，设置环形阵列复制对象的数量，矩形阵列第一维对象的数量以及第二维、第三维的阵列间距和数量。

2. 矩形阵列

①选择要阵列的对象或创建一个新的对象作为原始对象⇨单击，弹出阵列对

话框，如图 2-2-65 所示操作。

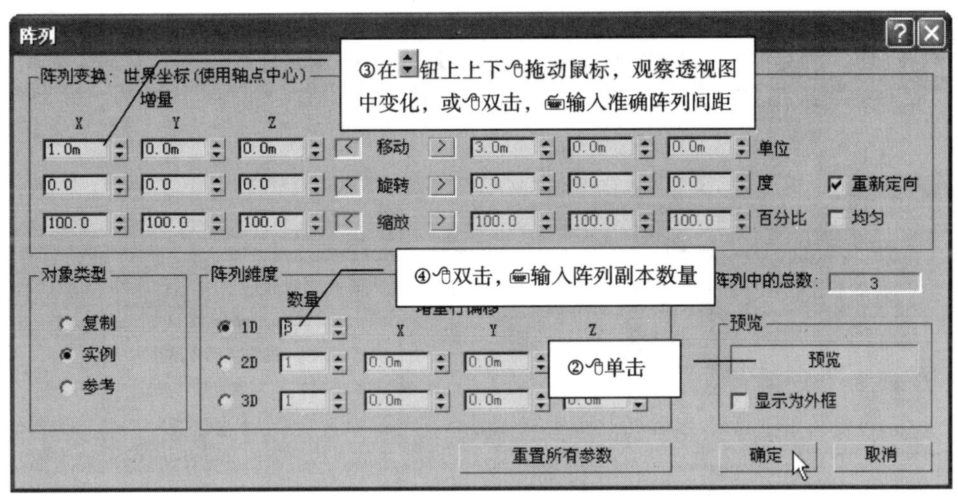

图　2-2-65

②单击预览打开预览状态，拖动阵列对话框到合适位置，在透视图中可观察到阵列的实时预览。

阵列第一维。如图 2-2-65 所示操作，执行③④输入阵列的间距和数量，步骤③中，如果第一维要沿其他轴向阵列，则将阵列间距输入到 X 列右侧的 Y 或 Z 列中。如果只做一维阵列，单击确定结束，结果如图 2-2-66 左图所示。

阵列第二维。如图 2-2-67 所示操作，执行⑤切换到第二维参数设置⇨执行⑥⑦输入阵列第二维的间距和数量，步骤⑦中，如果第二维要沿 Z 轴阵列，则将阵列间距输入到 Z 列中。如果只做二维阵列，单击确定结束，结果如图 2-2-66 中图所示。

图　2-2-66

阵列第三维。如图 2-2-68 所示操作，执行⑧切换到第三维参数设置⇨执行⑨⑩输入阵列第三维的间距和数量，单击确定结束，结果如图 2-2-66 右图所示。

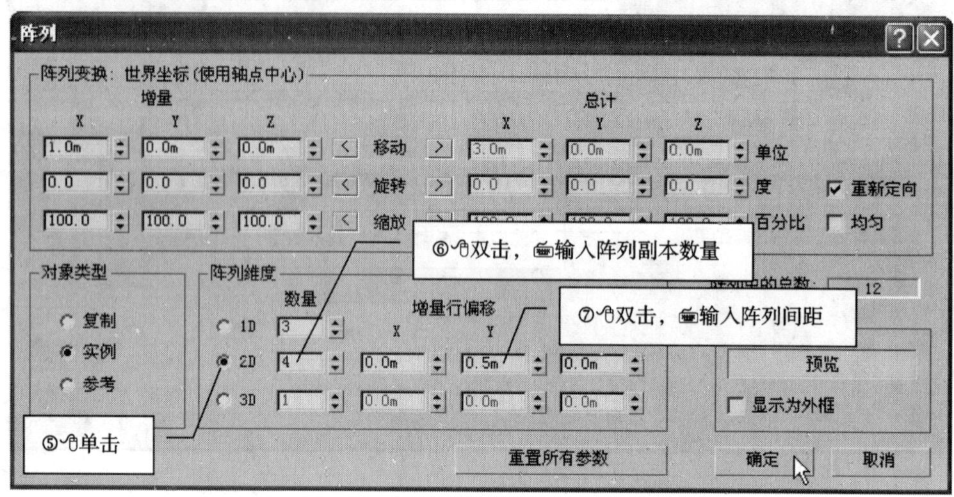

图 2-2-67

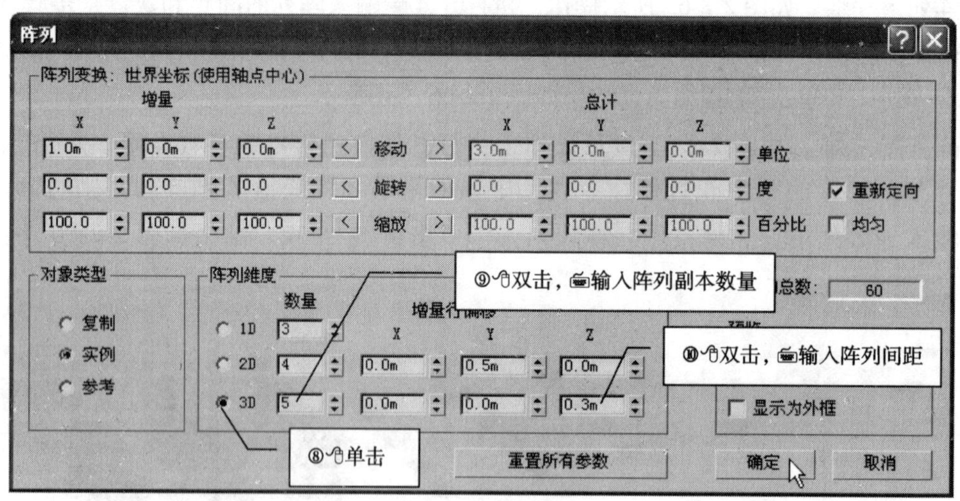

图 2-2-68

在第一维阵列时可以同时做旋转和不均匀缩放，如图 2-2-69 左上角区域的参数意义是：阵列的第一个副本对象与原始对象相比，以 X、Y、Z 三个轴分别旋转 30°、45°、60°，沿 Y、Z 三个轴向分别放大 150%、200%。第二个副本对象与第一个副本对象相比，将保持相同间隔值累加。

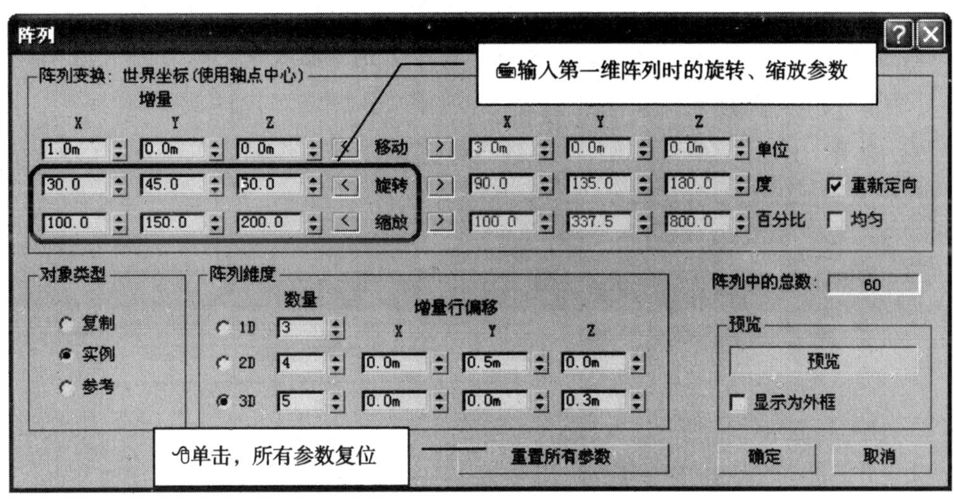

图　2-2-69

3. 环形阵列

①指定参考坐标系选择变换中心

操作方法参见 2.5.1，环形阵列时以哪个坐标系为参考、以哪一点为中心进行，得到的结果差别很大，如图 2-2-70 所示：

a）参考坐标系是茶壶的局部坐标系，阵列中心是茶壶自身轴点中心。

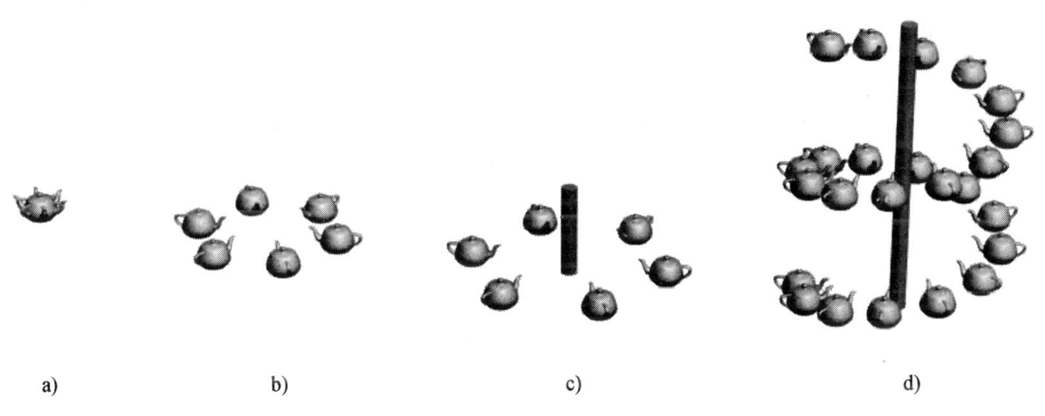

图　2-2-70

b）参考坐标系是世界坐标系，阵列中心是变换坐标中心，由于世界坐标系是当前变换坐标系，所以阵列中心就是世界坐标系原点。

c）参考坐标系是拾取的圆柱体局部坐标系，阵列中心是变换坐标中心，由于圆柱体局部坐标系是当前变换坐标系，所以阵列中心就是圆柱体自身轴点中心。

②选择要阵列的原始对象，如图 2-2-70 中的茶壶，也可以是多个对象⇨🖱单击[阵列按钮]，如图 2-2-71 所示，执行③④⑤操作，在④⑤两步中分别⌨输入 60、6，结果如图 2-2-70 中 a、b、c 所示⇨🖱单击 确定 结束。如果要在环形阵列时沿阵列轴移动副本对象，可如图 2-2-71 所示操作，执行③④⑤⑥操作，在④⑤⑥三步中分别⌨输入 30、24、0.5，结果如图 2-2-70 中 d 所示。

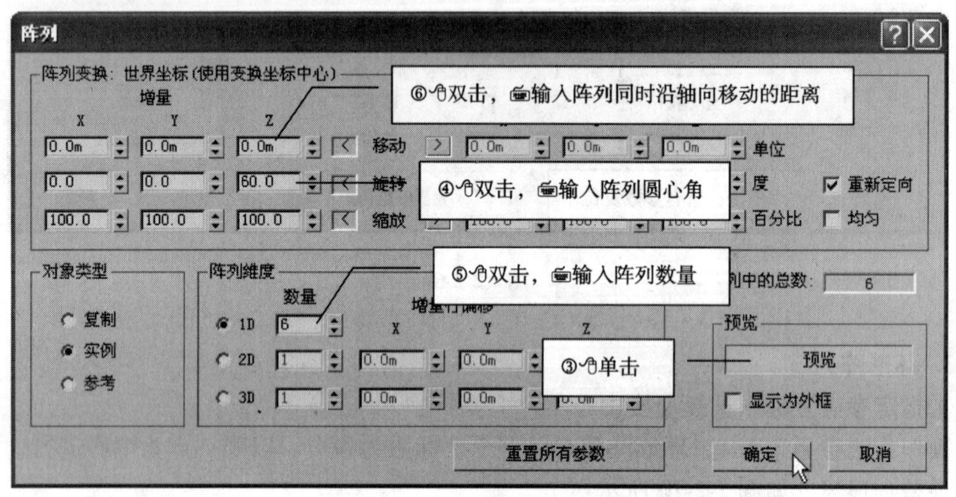

图 2-2-71

环形阵列与矩形阵列有所不同，只能在一维上做环形，但第二维可以做类似矩形阵列的移动复制，在图 2-2-71 中的阵列维度 2D 中分别输入数量 4、X 增量行偏移 4，结果如图 2-2-72。环形阵列前一般要将阵列原始对象与阵列轴心对齐，操作方法参见 2.5.8 对齐。

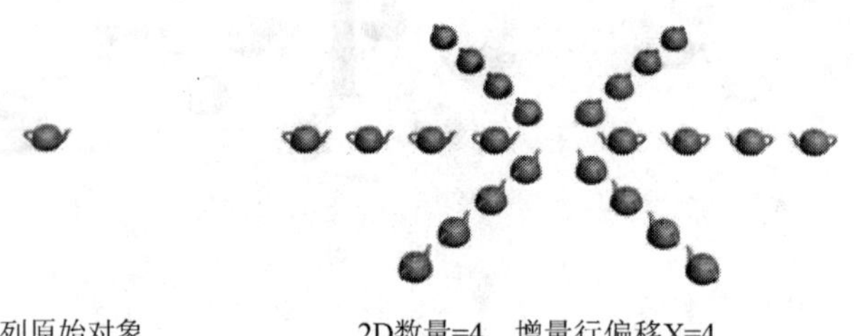

阵列原始对象　　2D数量=4、增量行偏移X=4

图 2-2-72

2.5.7 间隔工具 Spacing Tool

间隔工具与 AutoCAD 中定距等分和定数等分的功能类似，命令按钮与阵列在同一组，操作如图 2-2-73、图 2-2-74、图 2-2-75 所示。

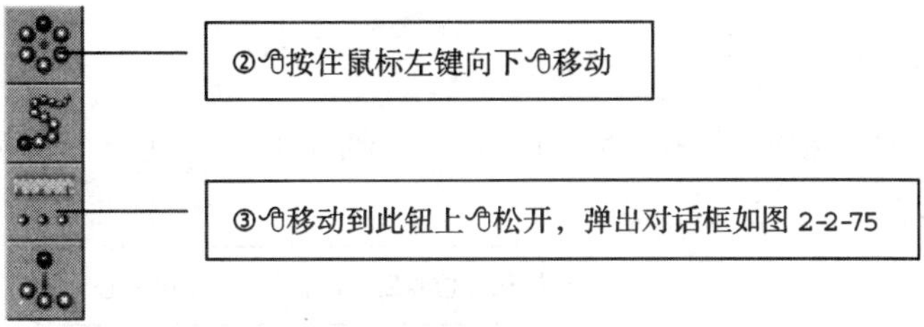

②按住鼠标左键向下移动

③移动到此钮上松开，弹出对话框如图 2-2-75

图　2-2-73

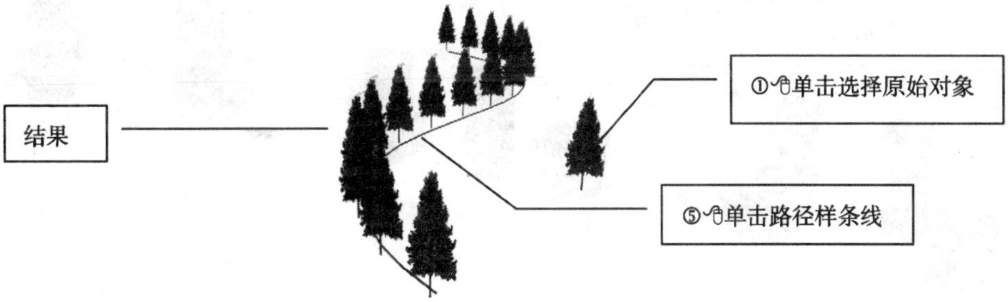

①单击选择原始对象

结果

⑤单击路径样条线

图　2-2-74

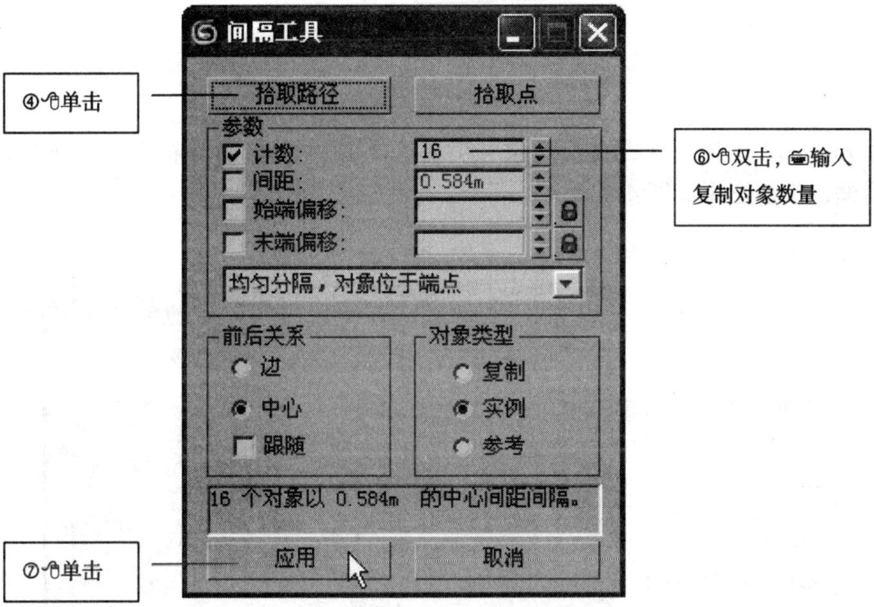

间隔工具

④单击

拾取路径　拾取点

参数

计数：16

间距：0.584m

始端偏移：

末端偏移：

均匀分隔，对象位于端点

前后关系：边　中心　跟随

对象类型：复制　实例　参考

16 个对象以 0.584m 的中心间距间隔。

应用　取消

⑥双击，输入复制对象数量

⑦单击

图　2-2-75

路径样条线是已经画好的，样条线的绘制方法参见 3.1.1 线 2. 样条线。原始对象也是提前创建的。

2.5.8 对齐 Align

将选择的一个或一组源对象在 X、Y、Z 三个轴向上对齐到一个目标对象，如图 2-2-76 所示。

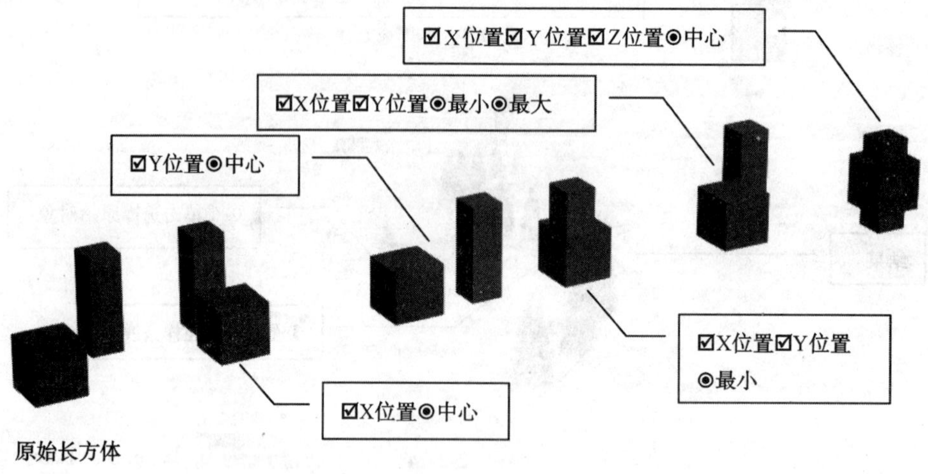

图 2-2-76

操作方法：①选择一个或一组对象⇨单击⇨单击目标对象，弹出图 2-2-77 所示对话框，按照图中②③④⑤操作。

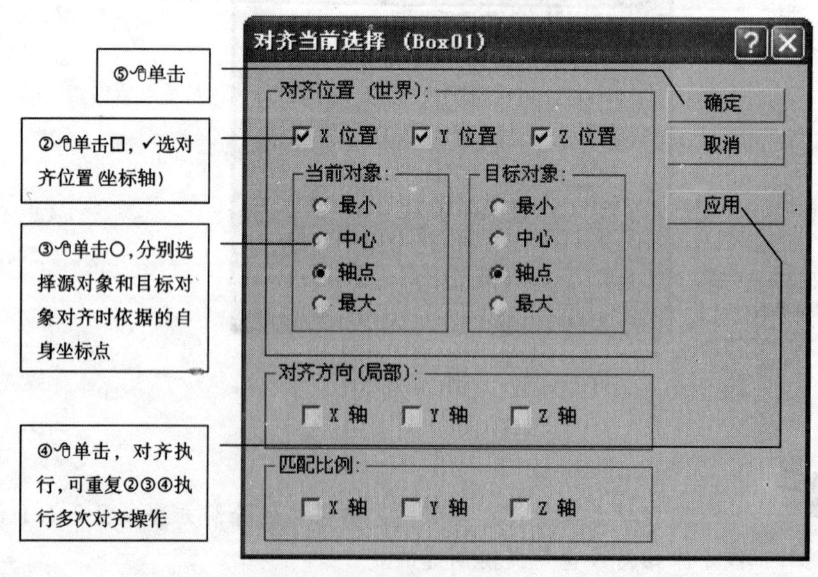

图 2-2-77

图 2-2-77 中，对齐方向（局部）用于对齐源对象与目标对象的局部坐标系，可在顶视图、前视图中分别创建一个圆锥，对齐试试。匹配比例用于当两个对象具有不同的缩放比例时，如一个对象均匀放大而另一个对象均匀缩小，匹配两个对象的缩放系数。

2.6　修改器与修改器堆栈

几何体创建后可以用修改器对其进一步修改，不同对象可使用的修改器不同，下面以一个长方体的修改为例演示修改器与修改器堆栈的使用。

2.6.1　锥化 Taper、扭曲 Twist、弯曲 Bend 修改器

1. 创建长方体

在透视图中创建一个长方体，创建方法参见 1.6 长方体的创建与参数修改。

2. 修改长方体参数

单击⇨在命令面板中将长度、宽度、高度分别修改为 0.3、0.3、1.0，为了显示扭曲、弯曲修改器的效果，将高度分段设置为 10，如图 2-2-78 所示。

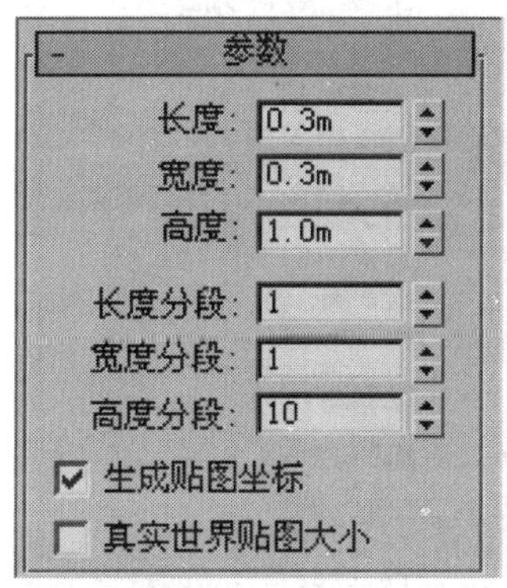

图　2-2-78

3. 锥化 Taper 修改器

如图 2-2-79 所示，执行操作①②③，如图 2-2-80 所示，执行操作④，观察透视图中长方体的形态变化，最终执行操作⑤，将数量、曲线设置为 -1，-1，长方体锥化后的形态如图 2-2-87 所示。

4. 扭曲 Twist 修改器

参照图 2-2-79 中操作，①单击修改器列表，下拉列表框⇨②向下拖动列表框右侧的滑块⇨③找到扭曲 Twist，单击，在命令面板中，如图 2-2-81 所示，执行操作④，观察透视图中长方体的形态变化，最终执行操作⑤，将角度设置为 360，长方体锥化、扭曲后的形态如图 2-2-82 所示。

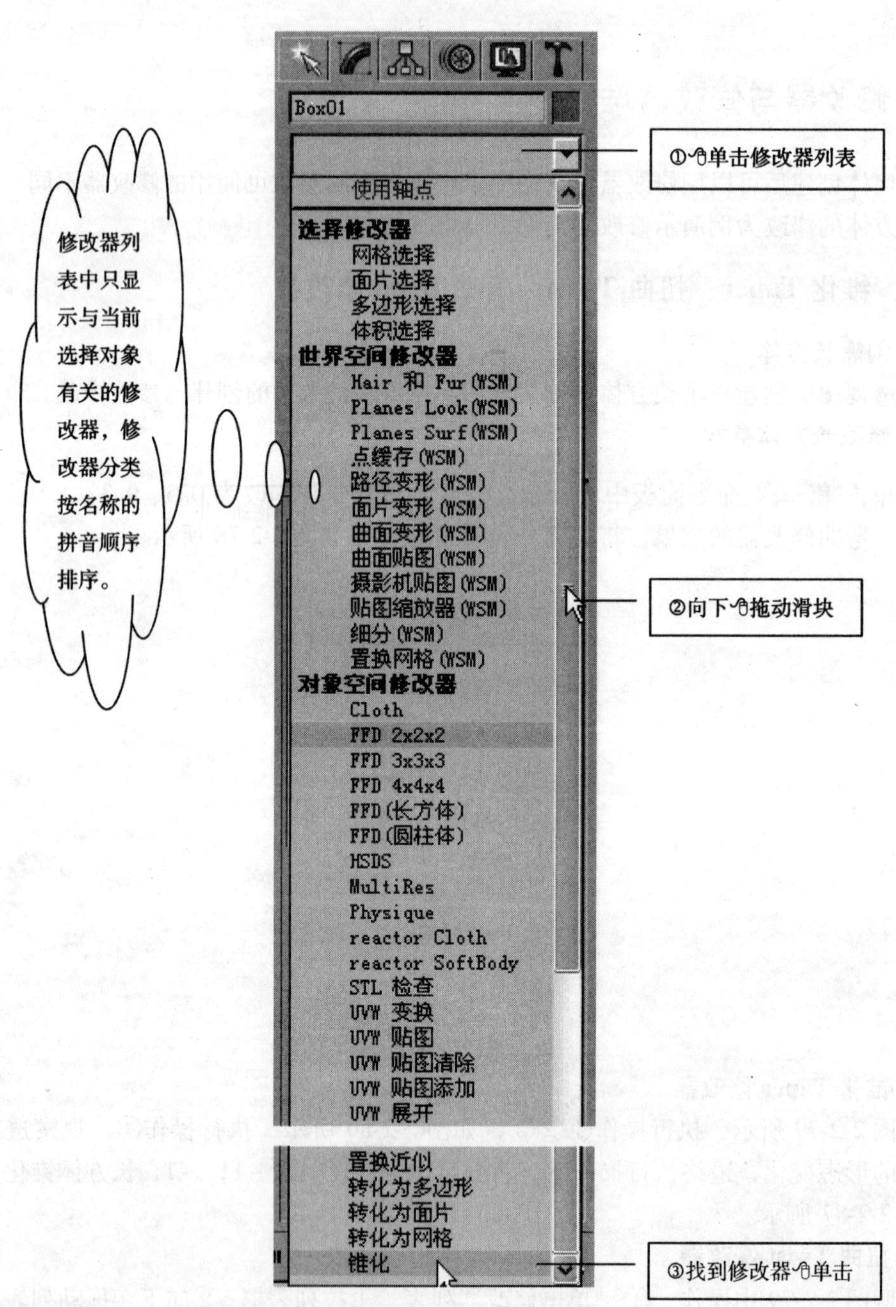

修改器列表中只显示与当前选择对象有关的修改器，修改器分类按名称的拼音顺序排序。
Box01
①单击修改器列表
使用轴点
选择修改器
网格选择
面片选择
多边形选择
体积选择
世界空间修改器
Hair 和 Fur(WSM)
Planes Look(WSM)
Planes Surf(WSM)
点缓存(WSM)
路径变形(WSM)
面片变形(WSM)
曲面变形(WSM)
曲面贴图(WSM)
摄影机贴图(WSM)
贴图缩放器(WSM)
细分(WSM)
置换网格(WSM)
②向下拖动滑块
对象空间修改器
Cloth
FFD 2x2x2
FFD 3x3x3
FFD 4x4x4
FFD(长方体)
FFD(圆柱体)
HSDS
MultiRes
Physique
reactor Cloth
reactor SoftBody
STL 检查
UVW 变换
UVW 贴图
UVW 贴图清除
UVW 贴图添加
UVW 展开
置换近似
转化为多边形
转化为面片
转化为网格
锥化
③找到修改器单击

图 2-2-79

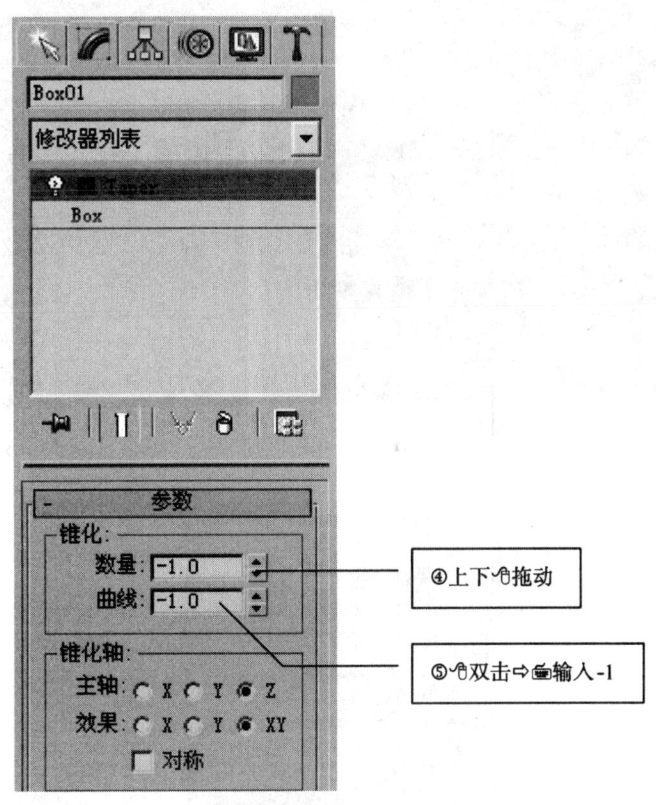

图　2-2-80

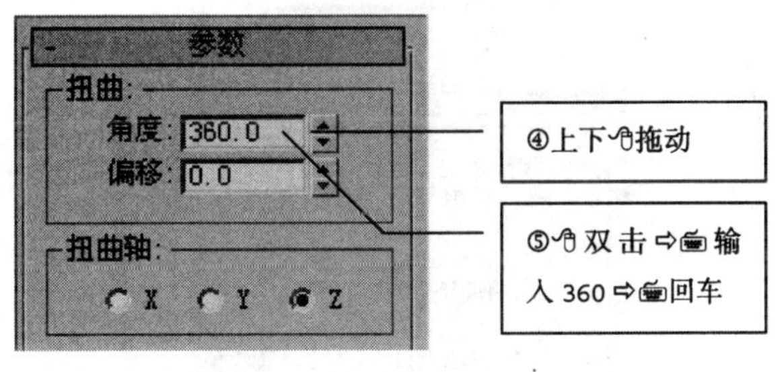

图　2-2-81

观察图 2-2-82 所示的结果，可能发现扭曲后的长方体棱上过渡不平滑，这是由于长方体高度分段太少造成的。如图 2-2-85 操作，⑥单击处于修改器堆栈底层的 Box 长方体，回到长方体的参数修改状态，⑦将高度分段修改为 100，结果如图 2-2-83 所示。

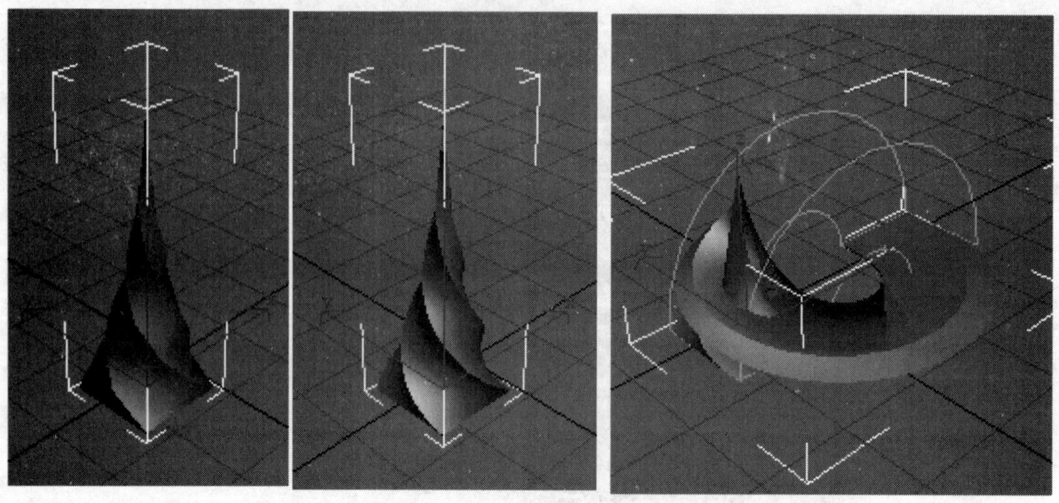

图 2-2-82　　图 2-2-83　　图 2-2-84

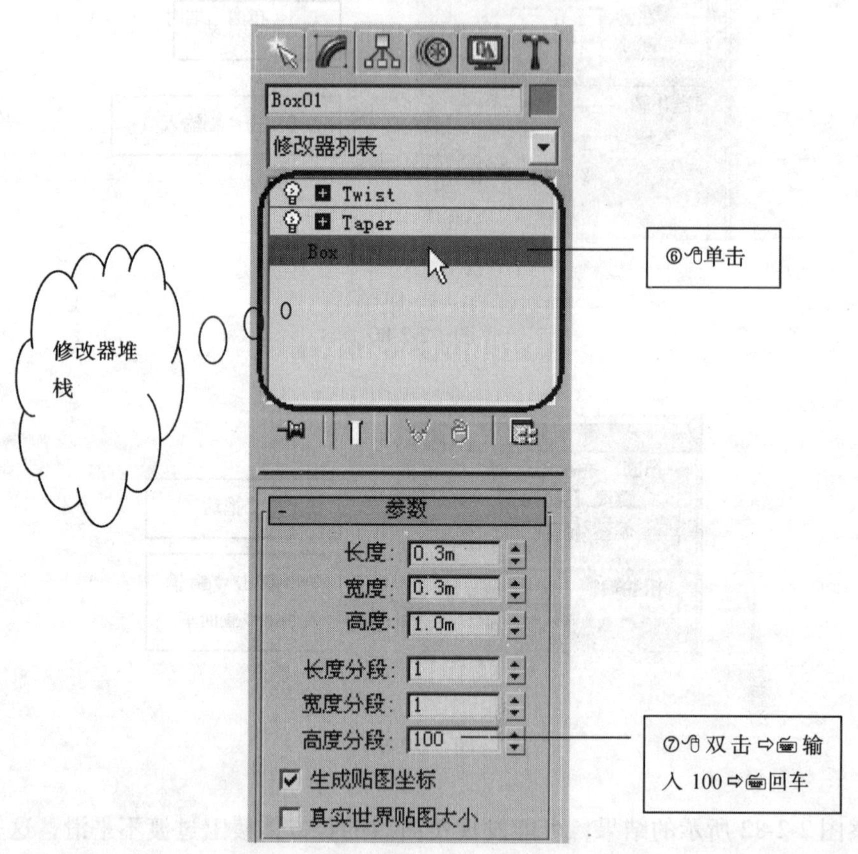

图 2-2-85

5. 弯曲 Bend 修改器

参照图 2-2-79 中操作，①单击修改器列表，下拉列表框⇨②向下拖动列表框右侧的滑块⇨③找到弯曲 Bend，单击⇨如图 2-2-86 所示，执行操作④，观察透视图中长方体的形态变化，它变得非常怪异，如图 2-2-84 所示，执行操作⑤，将角度设置为 180。如图 2-2-86 所示，修改器堆栈中由下而上的发生次序为：Bend 弯曲—Taper 锥化—Twist 扭曲，执行操作⑥将修改器发生的先后次序调整为：Taper 锥化—Twist 扭曲—Bend 弯曲，长方体锥化、钮曲、弯曲后的形态如图 2-2-87 所示。

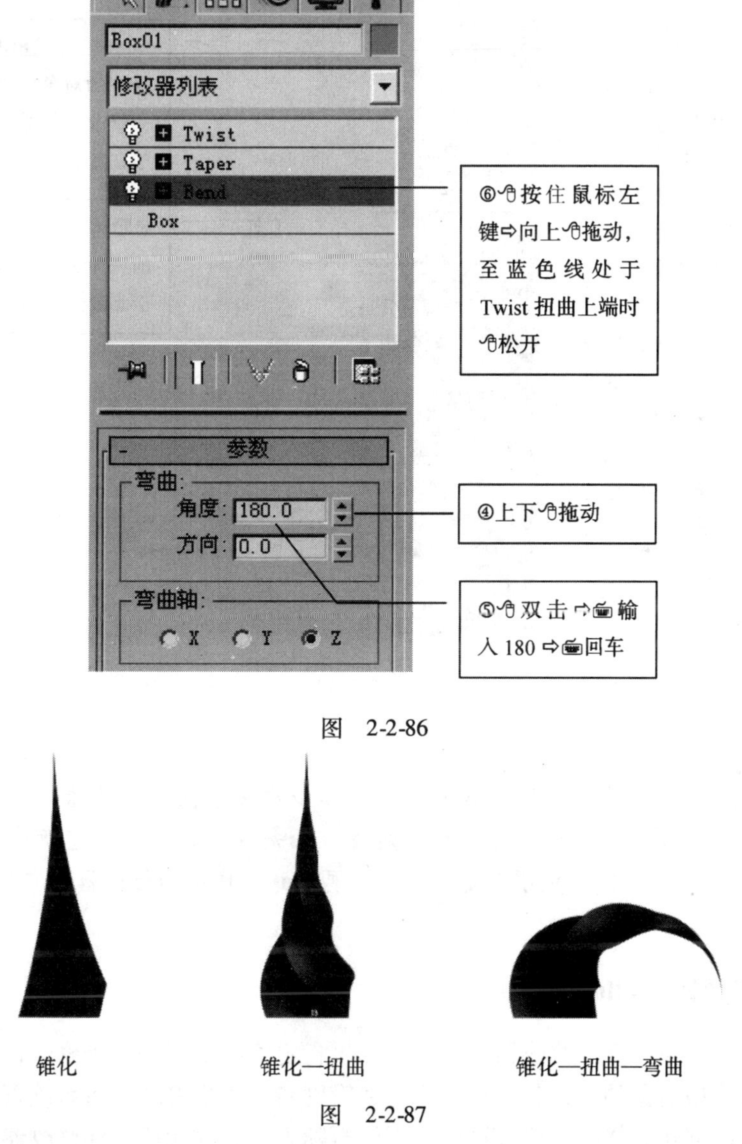

图　2-2-86

图　2-2-87

2.6.2　修改器堆栈 Modifier Stack

如图 2-2-88 所示，修改器堆栈中底层是原始几何体 Box，由下而上叠放了 Taper 锥化、

Twist 扭曲、Bend 弯曲三个修改器，修改器由下而上顺序发生作用，可上下拖动修改器改变发生次序。

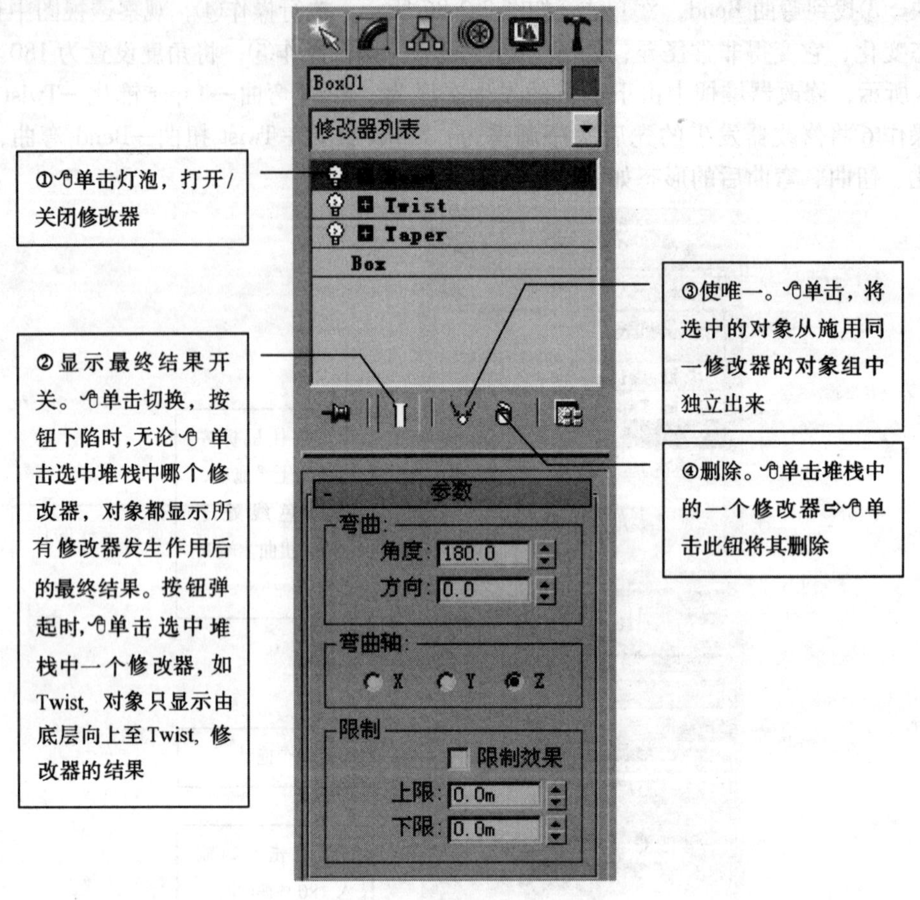

图　2-2-88

开始练习时经常无意中连续多次施用同一修改器，如果将修改器的参数调乱了难以复位到初始值，可先将其删除后再重新施用一次那个修改器，以避免不必要的重复。要注意堆栈中的修改器和它们的先后次序。

2.6.3　堆栈塌陷 Collapse

创建的模型对象经多个修改器修改后，如果肯定不需要再进一步修改，可塌陷修改器堆栈，塌陷将模型对象的最终状态转换为可编辑网格。塌陷将减少对系统资源的占用，但会失掉几何体的创建和修改器修改过程，不能再随意地更改几何体和修改器参数。

操作方法如图 2-2-89 所示，执行①弹出对话框，如图 2-2-90 所示，单击暂存/是，将修改器堆栈从底层塌陷至①中右击的修改器，其上的修改器仍然保留。执行②弹出对话框，如图 2-2-91 所示，单击 暂存/是，塌陷堆栈中全部修改器。如果塌陷结果与预期不同，可将其取回，方法参见 1.13 暂存/取回。

图　2-2-89

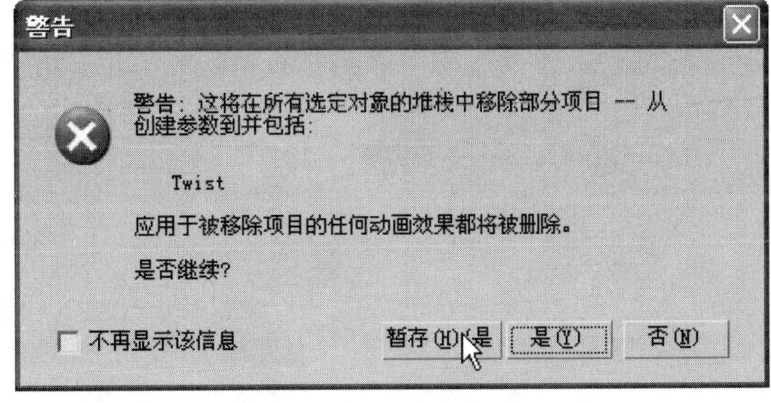

图　2-2-90

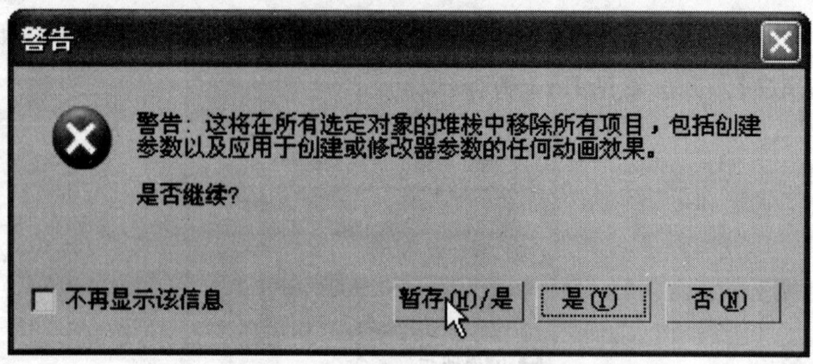
警告
警告：这将在所有选定对象的堆栈中移除所有项目，包括创建参数以及应用于创建或修改器参数的任何动画效果。
是否继续?
不再显示该信息
暂存(H)/是
是(Y)
否(N)

图 2-2-91

第 3 讲

3.1 创建图形

3ds max 中有三种类型的图形 Shapes，样条线 Splines、NURBS 曲线 NURBS Curves 和扩展样条线 Extended Splines。样条线一般用作三维建模的截面和放样路径，也可直接渲染成细网格或作为间隔工具等命令的辅助对象。创建样条线的预备操作如图 2-3-1 所示，图中列出了可以创建的对象类型。

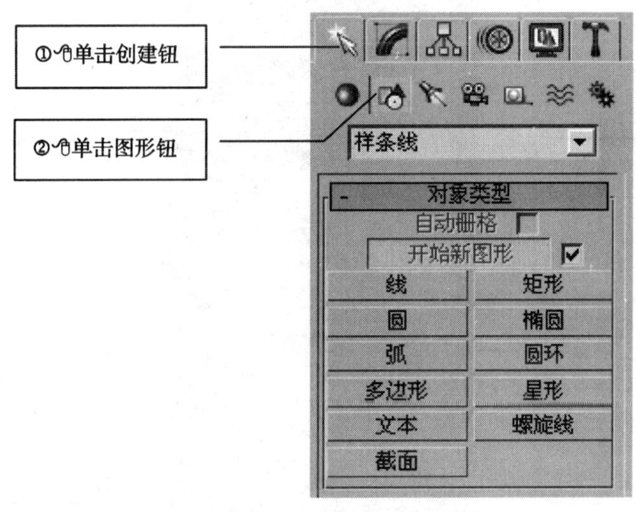

图 2-3-1

3.1.1 线 Line

1. 折线

单击 线 Line ，如图 2-3-2 所示操作①⇨在正交视图（顶、前、左视图）中顺序单击点 A、B、C、D，如图 2-3-3 所示⇨右击，折线绘制结束，用同样方法可继续绘制下一条折线⇨右击，命令结束。

2. 样条线

单击 线 Line ⇨如图 2-3-4 所示，在 A 点按住左键拖动到 B 点，松开⇨移动到 C 点，按住左键拖动到 D 点，松开 ⇨移动到 E 点，单击。如果不习惯这种操作方式，可采用如下操作方法：单击 线 Line ⇨执行图 2-3-2 所示②，将点的初始类型从角点更改为平滑 ⇨顺序单击点 A、C、E ⇨右击，在要绘制直线时要执行③将点的初始类型从平滑再切换为角点。

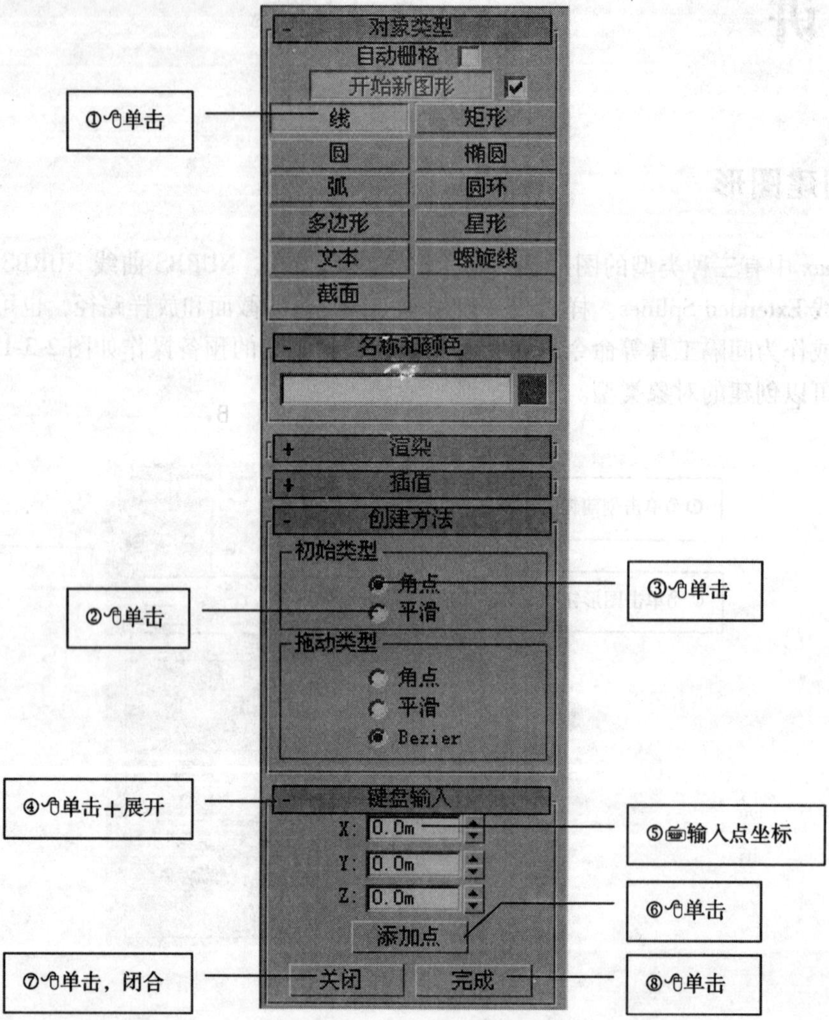

图 2-3-2

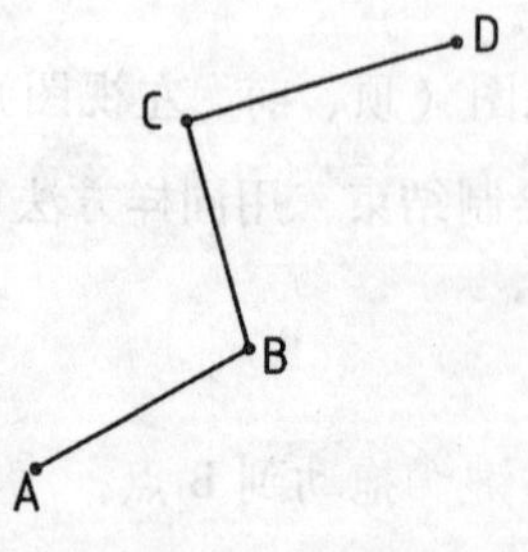

图 2-3-3 折线 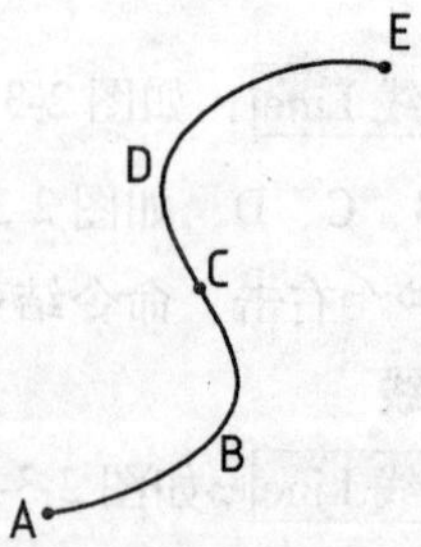　　　　图 2-3-4 样条线

3ds max 的线命令具有 AutoCAD 中直线、样条线两个命令的功能，默认设置是顺序单击各点创建直线，而逐点拖动则创建样条线，拖动是指示当前点至下一点间样条线的切线方向。如图 2-3-2 所示②③两步操作，可切换角点、平滑两种点初始类型，配合这种切换单击各点既可创建直线也可创建样条线。

3. 闭合线

单击[线 Line]⇨执行图 2-3-2 所示②⇨如图 2-3-5 所示，顺序单击点 A、B、C、D、E⇨移动光标到起始点 A，单击，弹出对话框如图 2-3-6 所示⇨单击[是]，样条线闭合。

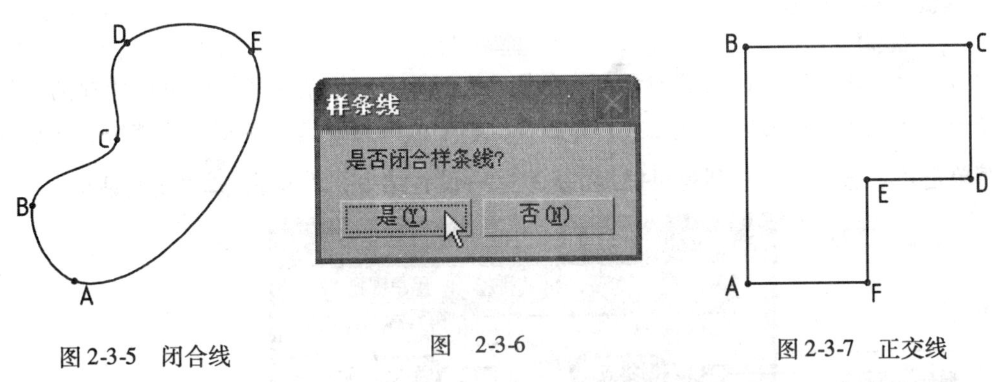

图 2-3-5　闭合线　　图　2-3-6　　图 2-3-7　正交线

4. 键盘输入点坐标画线

单击[线 Line]⇨如图 2-3-2 所示，执行操作④⑤⑥绘制第一点⇨重复执行⑤⑥继续绘制多个点⇨执行⑦样条线闭合，执行⑧命令结束。

5. 正交画线

单击[线 Line]⇨按住 Shift 键⇨顺序单击一系列点，则只能绘制“横平竖直”的正交线⇨右击结束，绘制的图形如图 2-3-7 所示。

在画线命令执行过程中，滚动鼠标滚轮可缩放视图，敲击 I 键可平移视图。

3.1.2　点捕捉

与 AutoCAD 的对象捕捉功能相似，只是可捕捉的点类型要少一些，按钮组在主工具栏中部，由左向右依次为：点捕捉、角度捕捉、百分比捕捉、微调器捕捉

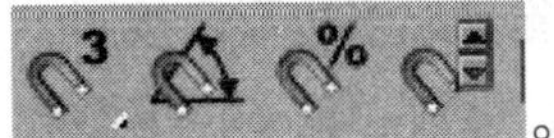

。点捕捉包括 2 维、2.5 维、3 维三种类型，如图 2-3-8 所示。

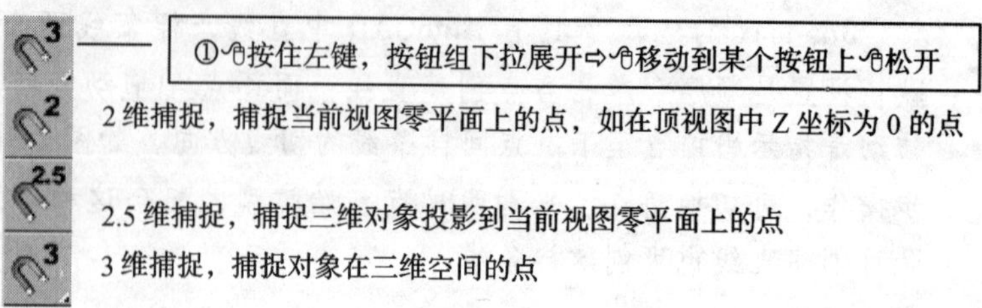

图 2-3-8

1. 捕捉开关与类型切换

捕捉命令按钮是开/关钮，单击打开，再次单击关闭。如图2-3-8所示操作①可在2维、2.5维、3维三种类型间切换。

2. 捕捉点类型设置

右击按钮⇨弹出设置对话框，如图2-3-9所示，分左右两栏列出可捕捉的点类型，每一栏的左侧一列为捕捉时显示的标志符号，中间一列是选择捕捉哪些类型点的核选框，单击可✓选，右侧一列是可捕捉的点类型⇨设置结束，单击关闭对话框。

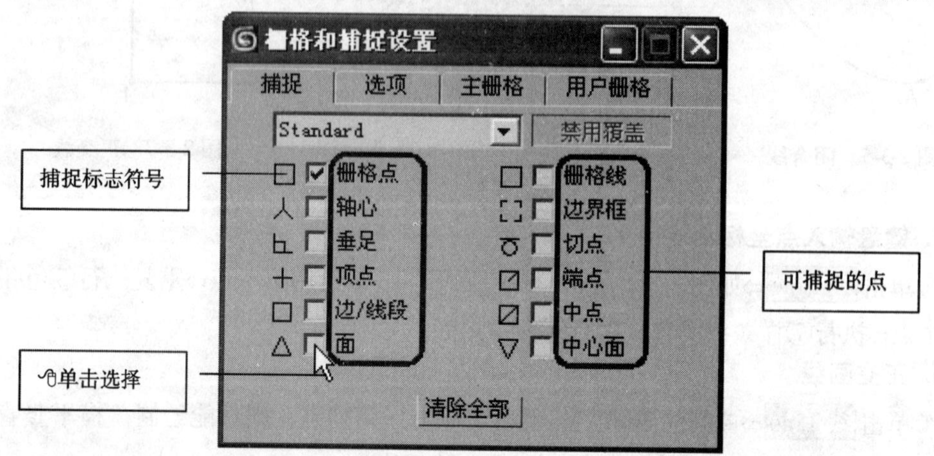

图 2-3-9

如图2-3-10所示，比较2.5维与3维捕捉的区别。操作方法：在透视图中创建一个四棱锥，打开3维捕捉，设置捕捉点类型为端点，如图2-3-9所示，启动线命令，顺序捕捉A、B、C三点绘制一条折线，然后切换为2.5维捕捉，分别在顶视图和左视图中，顺序捕捉A、B、C三点绘制折线，移动四棱锥与绘制的折线错位。

3.1.3 多边形 NGon

操作步骤：如图2-3-11所示，在命令面板中单击 多边形 NGon ⇨在正交视图（顶、前、左视图）中一点按住鼠标左键，确定多边形中心点⇨向外拖动出多边形内接圆半径⇨松开左键，以默认参数创建了一个多边形⇨设置不同的半径、边数、角半径等参数可演变成不同形态，如图 2-3-12 所示⇨🖱右击，命令结束。

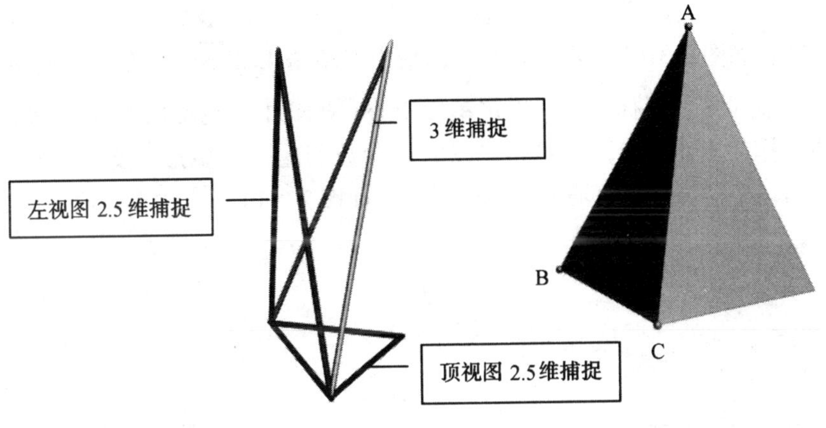

图　2-3-10

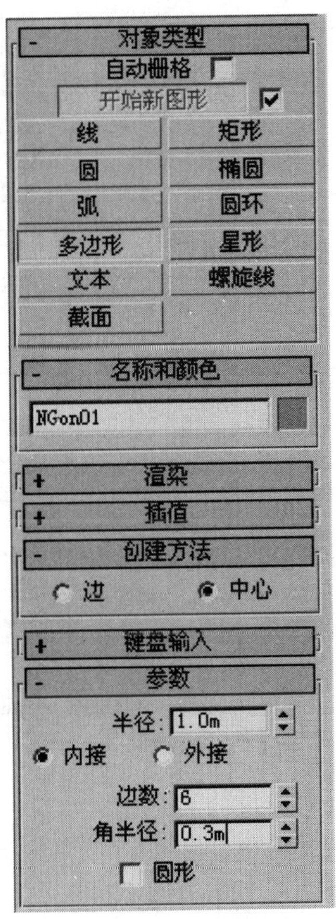

图　2-3-11

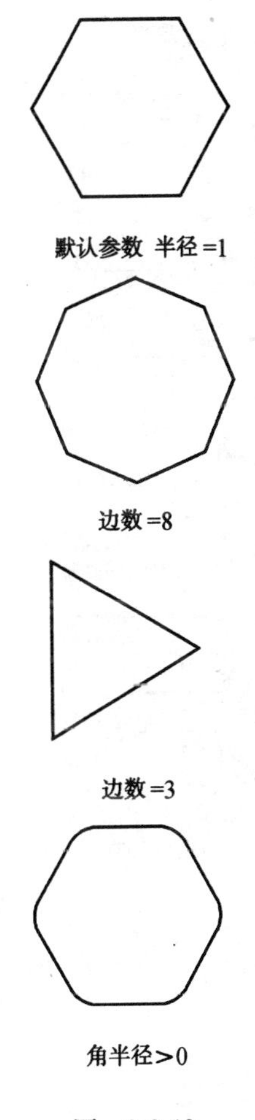

图　2-3-12

3.1.4 星形 Star

操作步骤：如图 2-3-13 所示，在命令面板中单击星形 Star⇨在正交视图（顶、前、左视图）中一点按住鼠标左键，确定星形中心点⇨向外拖动出半径 1 ⇨松开左键，向里或向外拖动出半径 2，单击，以默认参数创建一个星形⇨设置不同的半径、点数、扭曲、圆角半径等参数可演变成不同形态，如图 2-3-14 所示⇨右击，命令结束。

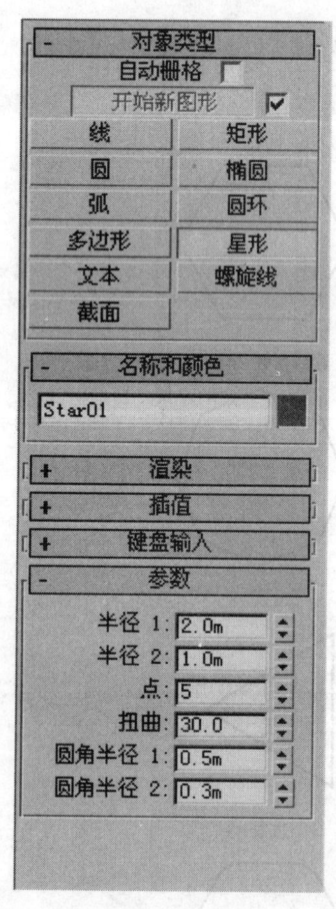

图 2-3-13

半径1=2、半径2=1

点=5

扭曲=30

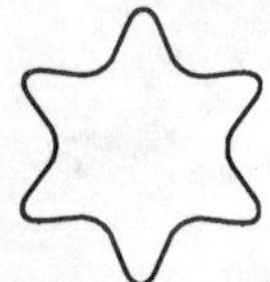

圆角半径1/2=0.5/0.3

点=20

图 2-3-14

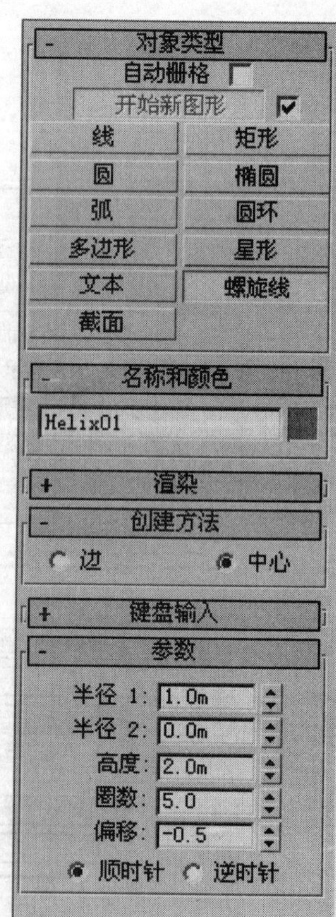

图 2-3-15

3.1.5 螺旋线 Helix

操作步骤：如图 2-3-15 所示，在命令面板中单击 螺旋线 Helix ⇨在透视图中一点按住鼠标左键，确定螺旋线中心点⇨向外拖动出半径 1 ⇨松开左键，向上移动到合适高度，单击⇨ 向下或向上移动，到半径 2 合适时单击⇨以默认参数创建一条螺旋线⇨在命令面板中设置不同的半径、高度、圈数、偏移等参数，可演变成不同形态，如图 2-3-16 所示⇨右击，命令结束。

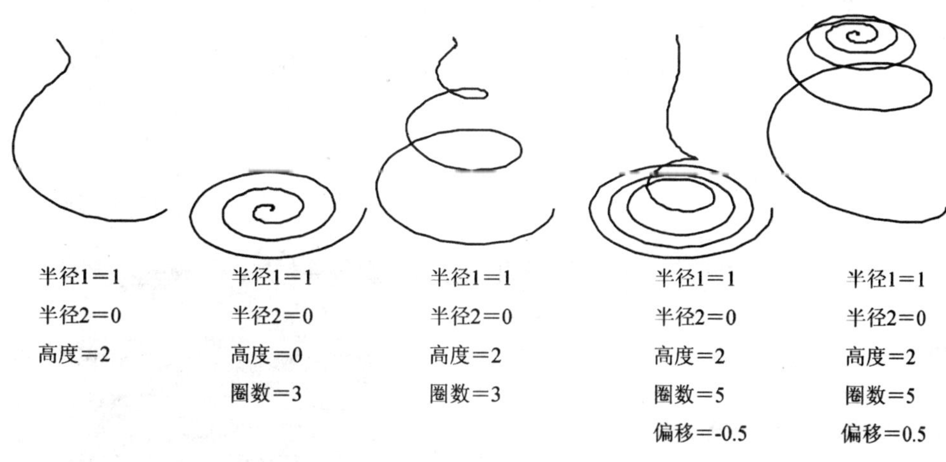

图 2-3-16

3.1.6 文本 Text

书写的文字主要用来做三维建模的截面图形，文字挤出后的三维模型可用来做地面上的模纹图案或建筑物上的大型广告牌等对象。

操作步骤如图 2-3-17 所示。步骤⑤在顶视图中单击，文字书写在地面上，单击的点是文字的底边中心位置⇨右击前视图，在前视图中单击可写入同样内容的另一段文字，只是这次是写在楼的南面墙上⇨右击切换到左视图，单击，可在楼的西山墙上写一段同样的文字⇨右击，命令结束，书写的文字如图 2-3-18 所示。对文字施用挤出 Extrude 修改器将其挤出成三维模型，如图 2-3-19 所示，方法参见 2.6.1 修改器、4.1.1 挤出。

每段文字的字体、大小等参数是一致的，如果要书写不同字体或大小的文字就要分别创建。有些字体的文字在做挤出建模时部分笔画挤不出来，可能与字体描述的数学模型有关。

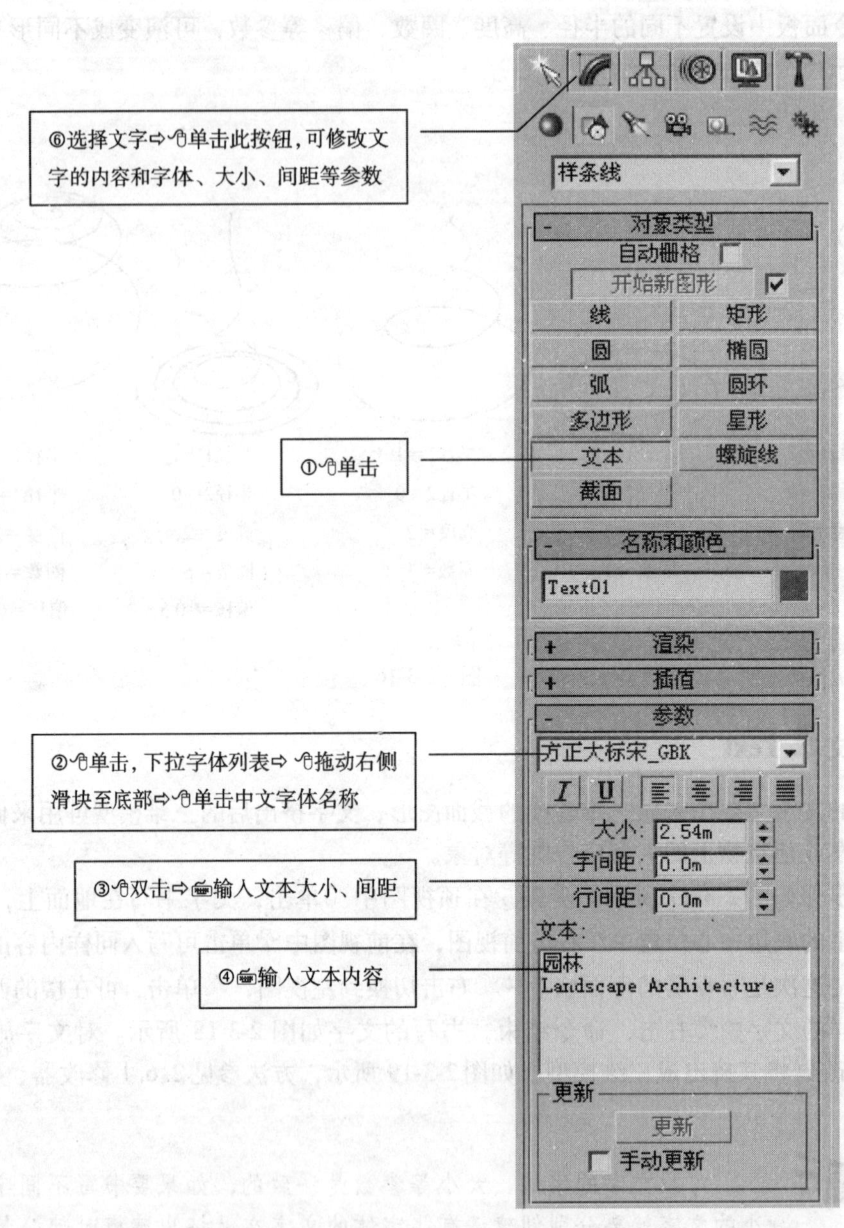

⑥选择文字⇨单击此按钮，可修改文字的内容和字体、大小、间距等参数
样条线
对象类型
自动栅格
开始新图形
线
矩形
圆
椭圆
弧
圆环
多边形
星形
文本
螺旋线
截面
①单击
名称和颜色
Text01
渲染
插值
参数
②单击，下拉字体列表⇨拖动右侧滑块至底部⇨单击中文字体名称
方正大标宋_GBK
大小: 2.54m
字间距: 0.0m
行间距: 0.0m
③双击⇨输入文本大小、间距
文本:
园林
Landscape Architecture
④输入文本内容
更新
更新
手动更新

图 2-3-17

图 2-3-18　在顶、前、左三个正交视图中书写的文本

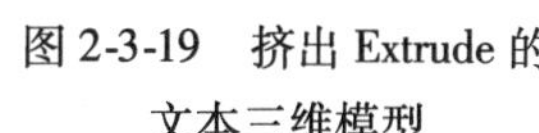

图 2-3-19　挤出 Extrude 的文本三维模型

3.2　二维图形对象的编辑

绘制的二维图形多数情况需要进一步的编辑才能适应要求，在 3ds max 中，图形对象可在不同的层级上进行编辑，每个层级上可进行的编辑也有所不同。

3.2.1　图形的子对象层级

样条线是由一系列的线段组成的，而线段是两个顶点间的连线，线段和顶点是样条线对象的子对象 Sub Object，顶点 Vertex ⇨线段 Segment ⇨样条线 Spline 是样条线对象的三个层级，如图 2-3-20 所示。

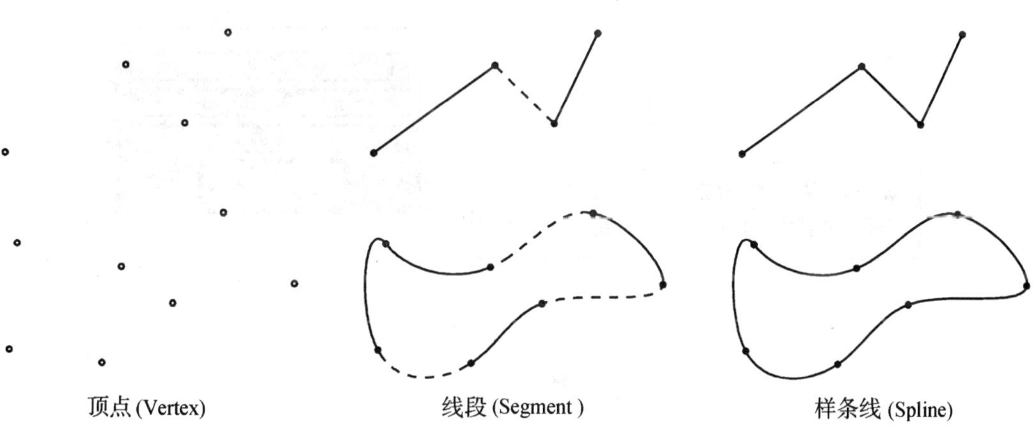

图　2-3-20

3.2.2 进入子对象层级的方法

线 Line 命令绘制的样条线，在修改状态可直接对顶点、线段、样条线等子对象层级进行编辑，其他命令绘制的图形可先施用编辑样条线 Edit Spline 修改器，然后进入子对象层级进行编辑，或者先转换为可编辑样条线（Editable Spline），再进入子对象层级进行编辑，但这种转换会失掉图形的原始创建参数，不利于对原始图形的参数化修改。

1. 线 Line 命令绘制的图形

①单击 线 Line ⇨绘制图形，或选择已经绘制的图形。

②~④如图 2-3-21 所示操作。

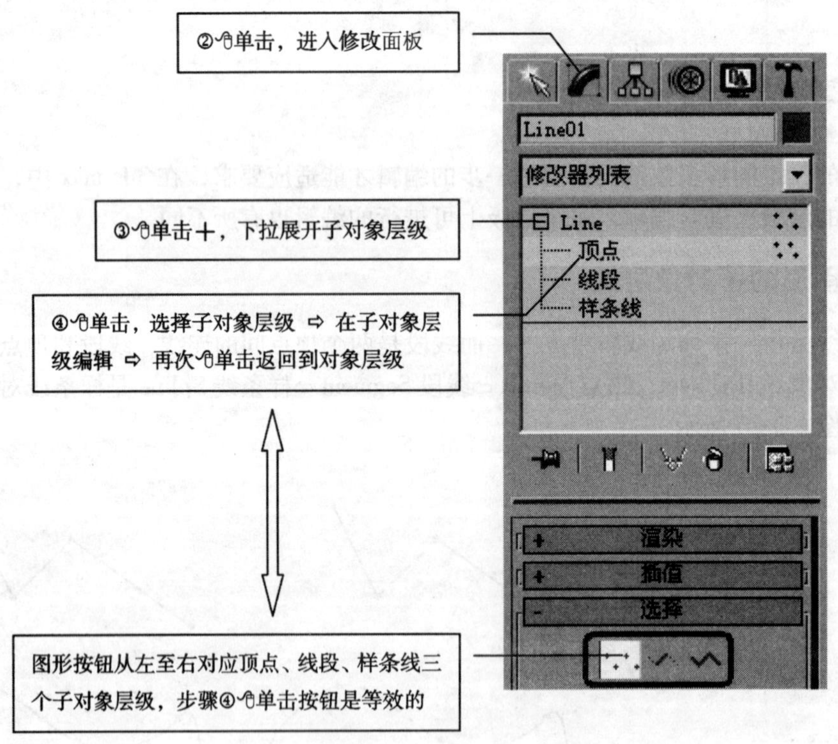

图 2-3-21

2. 编辑样条线 Edit Spline 修改器

①单击 矩形 Rectangle ⇨绘制矩形，或选择已经绘制的矩形。

②~⑤如图 2-3-22 所示操作。

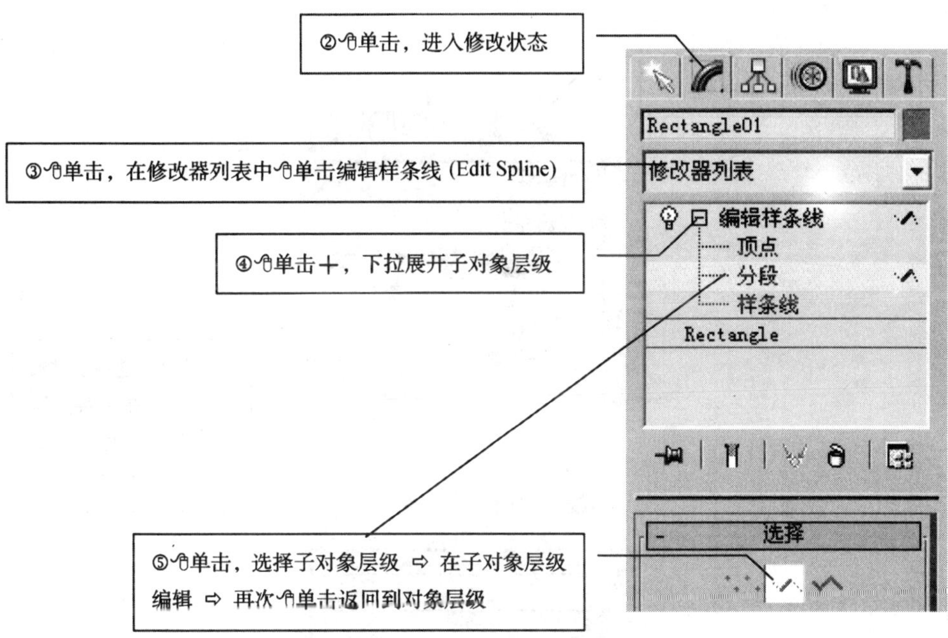

图　2-3-22

3. 可编辑样条线（Editable Spline）

①~④如图 2-3-23、图 2-3-24 所示操作。

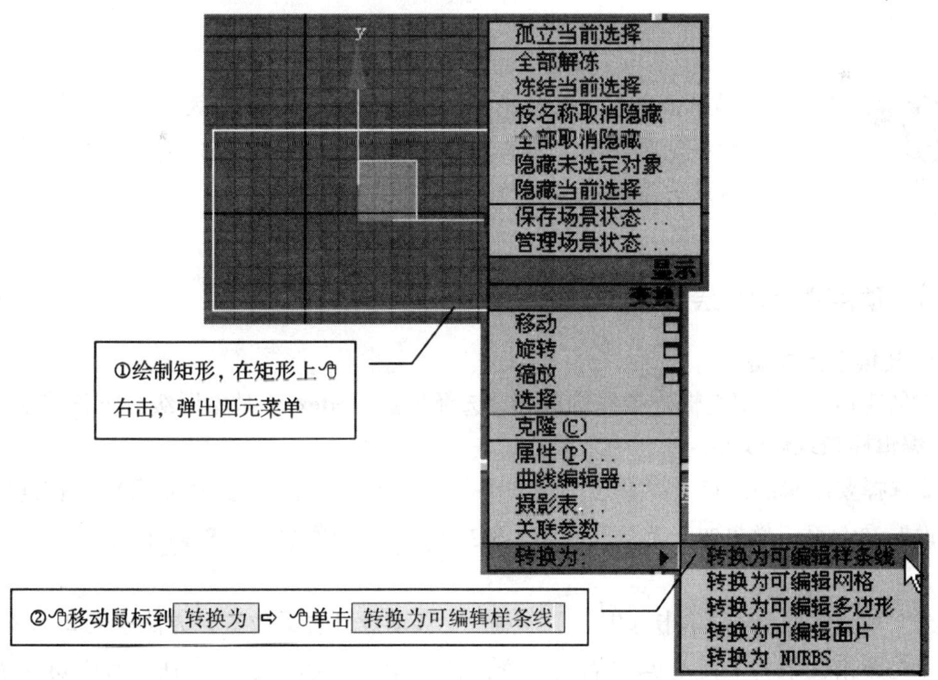

图　2-3-23

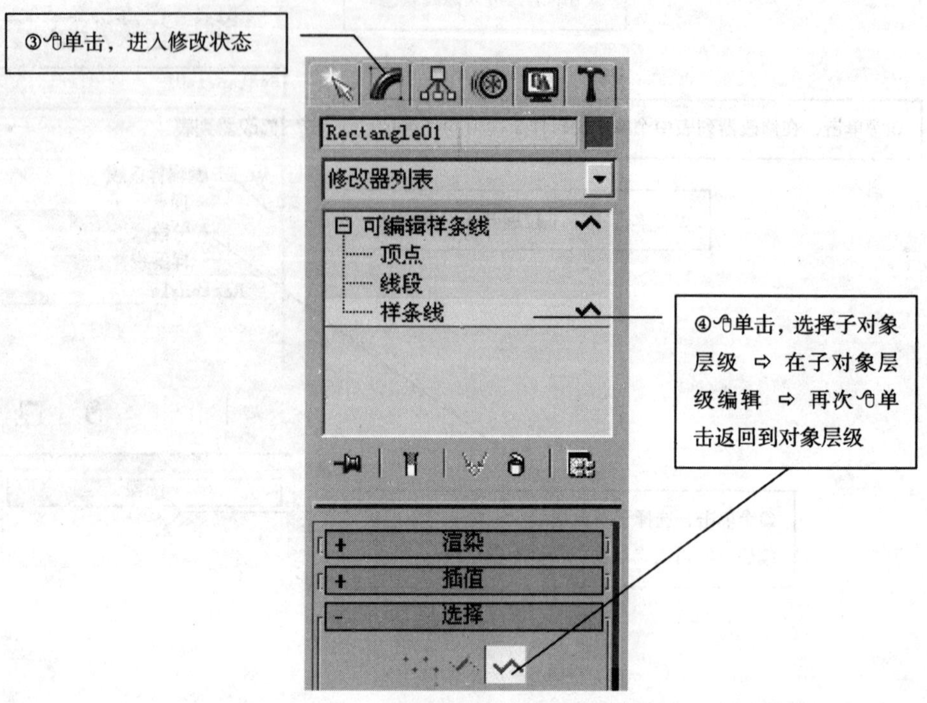

图 2-3-24

单击进入顶点、线段、样条线等子对象层级，进行编辑，在编辑结束后一定要再次单击相应的子对象层级复位，返回到对象层级，以保证后续的编辑操作顺利进行。

3.2.3 顶点 Vertex 层级的编辑

1. 转换顶点类型

①创建矩形⇨施用编辑样条线修改器⇨选择顶点 Vertex 子对象层级，方法参见 3.2.2 中 2. 编辑样条线修改器。

②选择要编辑的顶点（单击、ctrl + 单击、窗选等选择方法）⇨ 在选中的一个顶点上右击，弹出四元菜单，如图 2-3-25 所示⇨单击 平滑 Smooth 。

③单击 ⇨ 单击选中一个顶点⇨移动点到合适位置，方法参见 2.5.2 移动。

④单击选中另一顶点 ⇨右击，弹出四元菜单，如图 2-3-25 所示⇨单击 Bezier（贝塞尔、贝兹）⇨单击 ⇨在切线控制柄端点上按住鼠标左键拖动，到曲线形

状合适时松开。左右两侧切线控制柄会保持在同一直线上移动，绕顶点旋转会改变曲线转弯的走向，切线控制柄的长度控制着曲线转弯的半径大小。

⑤单击选中另一个顶点⇨右击，弹出四元菜单，如图 2-3-25 所示⇨单击 Bezier 角点 Bezier Corner，这种点两侧的切线控制柄是相互独立的，可单独操作。有时切线控制柄与坐标轴重合，操作会被约束在这个坐标轴上，如图 2-3-26 所示，可先向上拖动切线控制柄远离 Y 轴标志，然后将轴约束更改在 XY 平面上再做进一步操作，切换轴约束的方法参见 2. 5. 1 中 4. 轴约束。

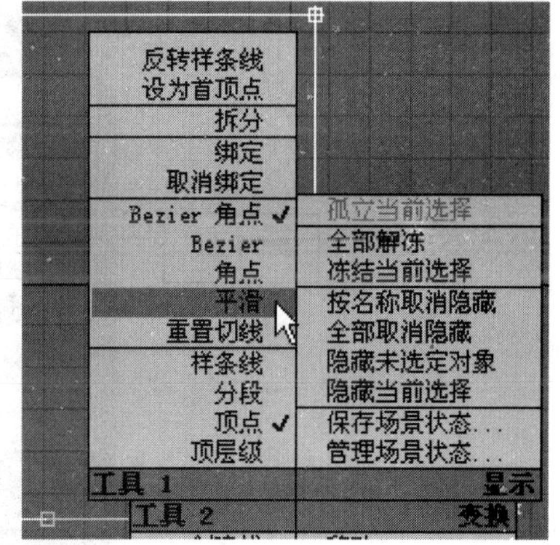

图　2-3-25

⑥单击顶点 Vertex 复位。

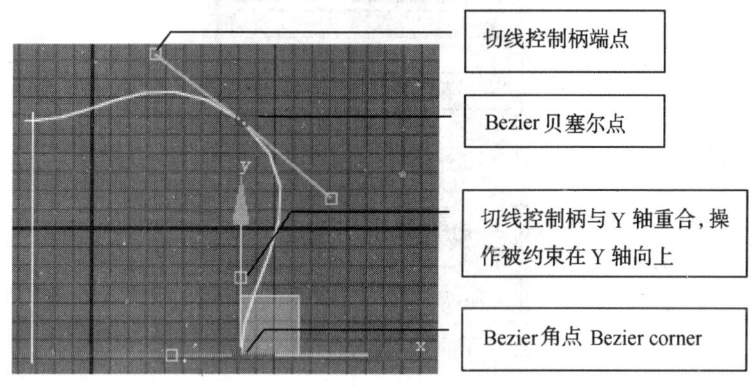

图　2-3-26

2. 圆角 Fillet

①绘制一条折线，方法参见 3. 1. 1 中 1. 折线。

②打开子对象层级，选择顶点(Vertex) 层级，方法参见 3. 2. 2 中 1. 线命令绘制的图形。

③选择需要圆角的顶点⇨上推命令面板，找到 圆角 Fillet，如图 2-3-27 所示，执行④、⑤、⑥三种操作之一。

⑤在当前激活视图中右击，圆角命令结束。

3. 焊接 Weld

参见 3. 2. 5 中 6. 焊接与自动焊接。

3. 2. 4　线段 Segment 层级的编辑

1. 等分 Divide

①创建矩形⇨编辑样条线修改器⇨选择分段 Segment 子对象层级，方法参见 3. 2. 2 中 2. 编辑样条线修改器。

Line01
修改器列表
Line
顶点
线段
样条线
②单击
渲染
插值
选择
软选择
几何体
新顶点类型
线性
Bezier
平滑
Bezier 角点
创建线
断开
附加
重定向
附加多个
横截面

端点自动焊接
自动焊接
阈值距离 0.152m
焊接 0.003m
连接 插入
设为首顶点 熔合
反转 循环
相交 0.003m
圆角 0.0m
切角 0.0m
轮廓 0.0m
④单击⇨移动鼠标到选中的顶点上，出现圆角符号时 ⇨按住鼠标左键，上下拖动，观察图形中圆角的大小变化，至圆角大小合适时松开
⑤输入圆角半径值回车，如：3 回车
⑥按住鼠标左键，上下拖动，观察左侧框中的数字变化及图形中圆角的大小变化，至圆角大小合适时松开

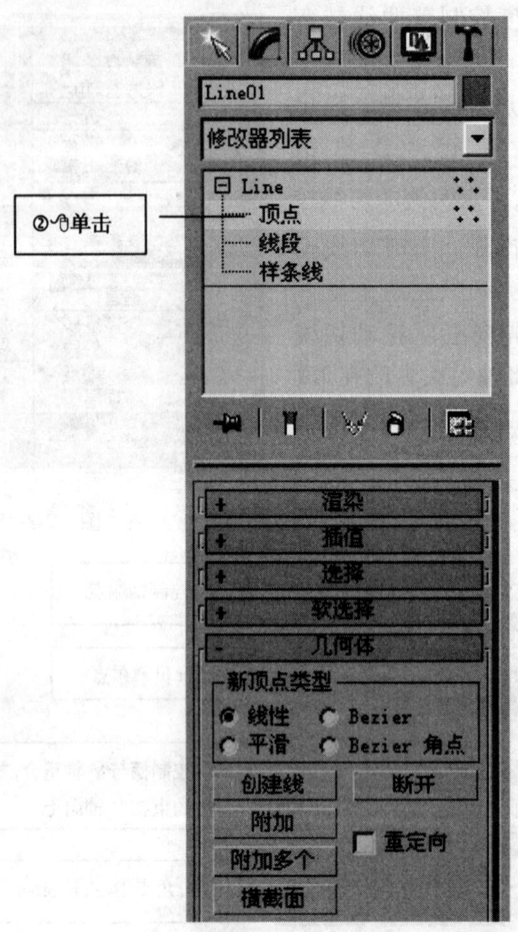

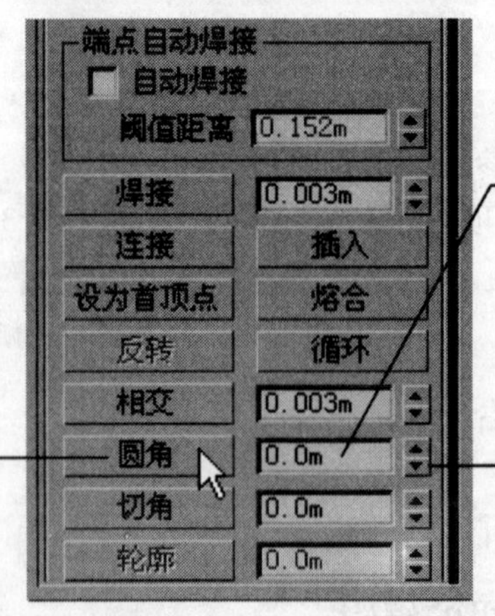

图 2-3-27

②单击选中一条边⇨上推命令面板，找到拆分 Divide。

③④如图 2-3-28 所示操作，这条边被等分为 4 段，增加 3 个顶点，如图 2-3-29 所示。

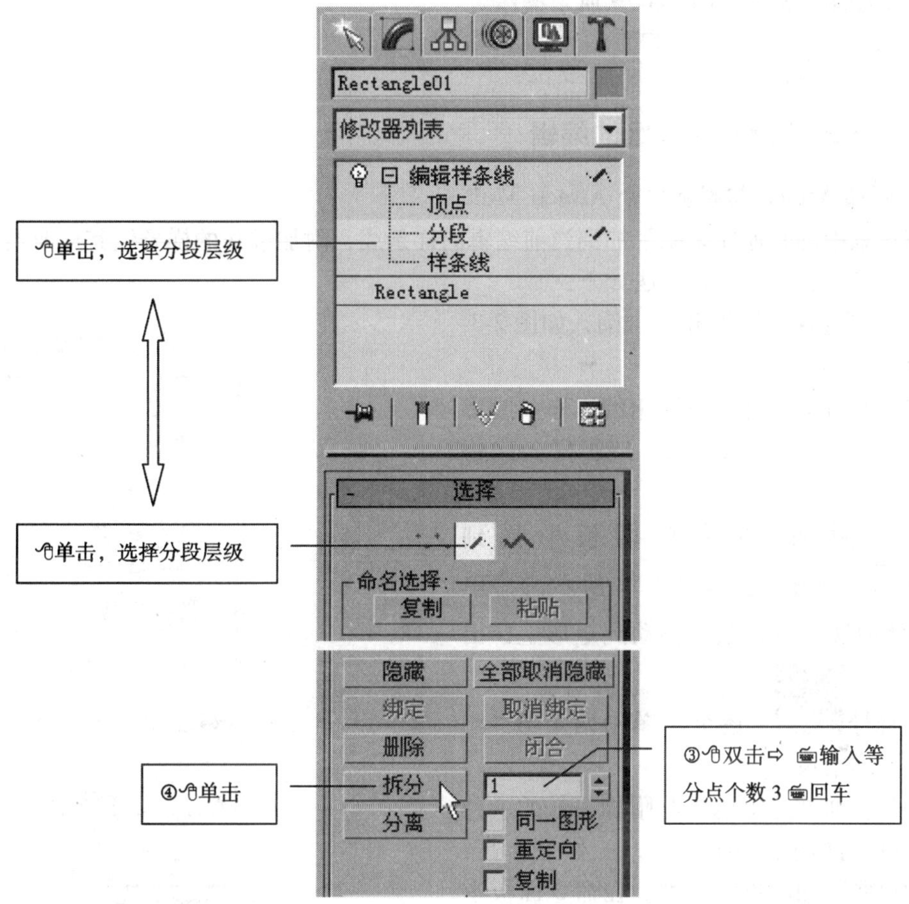

图 2-3-28

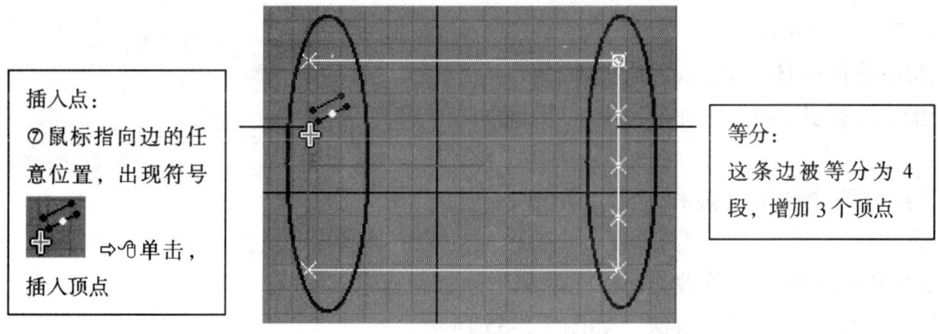

图 2-3-29

2. 插入点 Refine

此命令的功能是在线段的任意位置插入顶点。操作可延续 1. 等分的步骤进行。

⑤单击选择矩形的另一条边。

⑥⑦如图 2-3-30、图 2-3-29 所示操作。

⑧单击分段 Segment ，复位。

3.2.5 样条线 Spline 层级的编辑

1. 附加 Attach 与附加多个 Attach Mult.

将场景中的其他样条线附加到当前编辑的样条线，附加进来的样条线其修改器堆栈塌陷，创建参数丢失。操作方法如下：

（1）创建两个矩形和一个圆，如图 2-3-31 所示。

（2）单击选中圆⇨施用编辑样条线修改器，方法参见 3.2.2 中 2. 编辑样条线修改器。

（3）附加。在命令面板中找到 附加 Attach 按钮，如图 2-3-32 所示，单击⇨在活动视口中将鼠标移动到矩形上，出现附加符号 ，逐个单击两矩形⇨右击，附加结束。

（4）附加多个。这是与附加等效的一种操作，可一次附加多个对象，工作效率高，但要知道要附加对象的名称。在命令面板中找到 附加多个 Attach Mult. 按钮，如图 2-3-32 所示，单击⇨如图 2-3-33 所示，执行⑤、⑥操作，两个矩形一次附加进来。

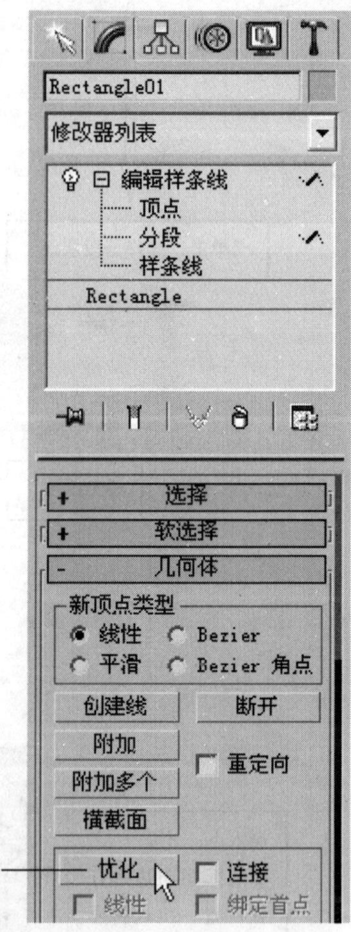

图 2-3-30

2. 布尔 Boolean

利用现有的闭合图形，通过并集、差集、相交运算获得新的闭合图形。步骤如下：

①绘制两个图形，圆和矩形，如图 2-3-34 所示。

②施用编辑样条线修改器⇨将两个图形附加在一起。

③进入样条线子对象层级，如图 2-3-35 所示。

④⑤⑥⑦操作，如图 2-3-35、图 2-3-36 所示。

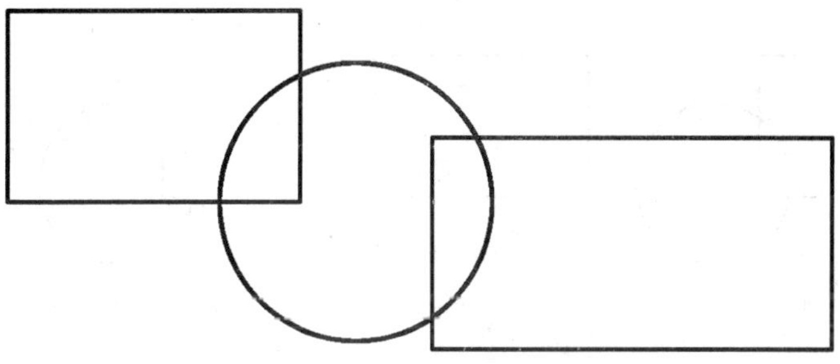

图 2-3-31

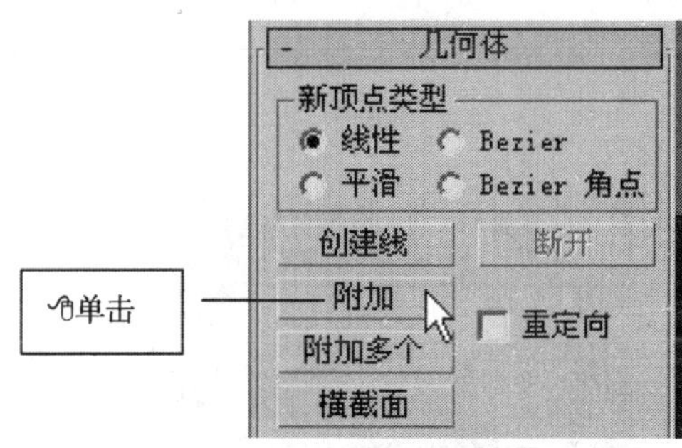

图 2-3-32

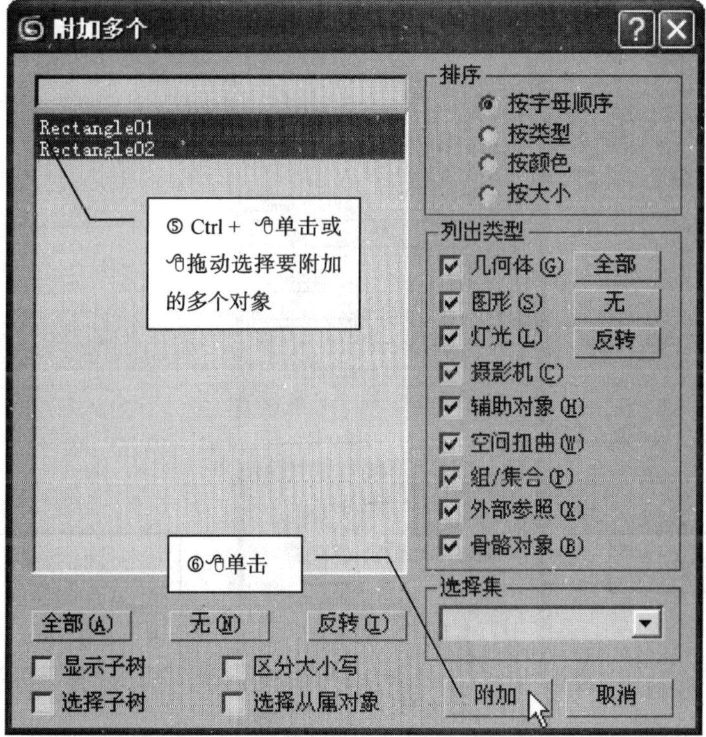

图 2-3-33

附加
并集 (Unios)
差集 (Subtraction)
相交
(Intersection)

图 2-3-34

Circle01
修改器列表
编辑样条线
顶点
分段
样条线
Circle
③⑨单击
选择
软选择
几何体
新顶点类型
线性
Bezier
平滑
Bezier 角点
轮廓
0.0m
中心
布尔
⑤单击
⑥单击，选择运算模式，从左向右依次为并集、差集、相交
镜像
复制
以轴为中心
修剪
延伸
无限边界

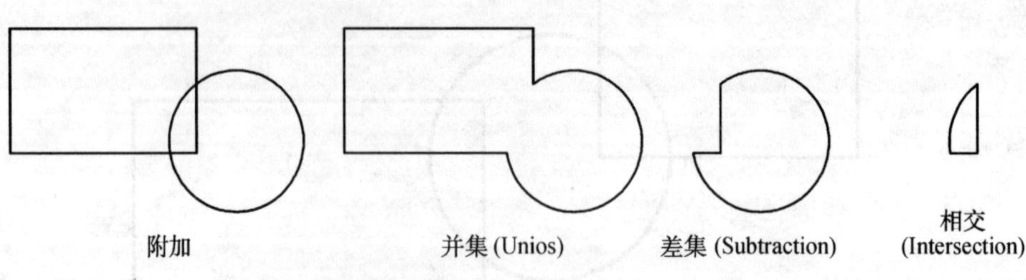

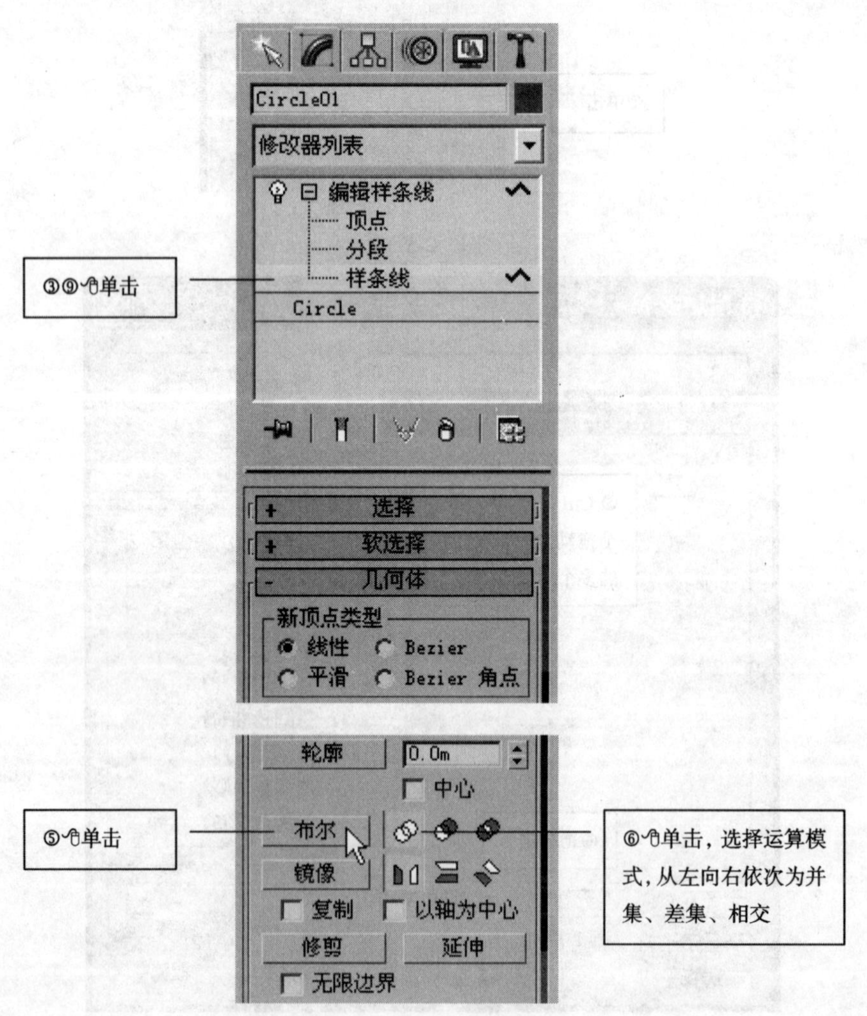

图 2-3-35

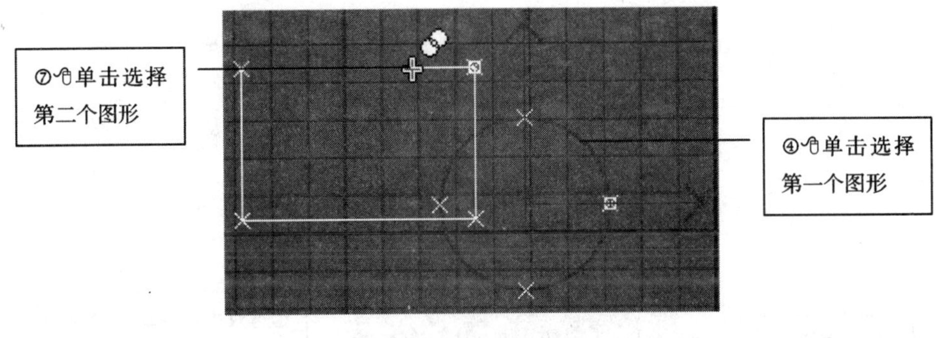

图　2-3-36

⑧在活动视口中右击，结束布尔命令。

⑨单击样条线 Spline 复位。

布尔获得的图形再次做布尔时，可能出现拒绝执行的情况，可先将其转换为可编辑样条线后再做，方法参见 3.2.2 中 3. 可编辑样条线。

3. 轮廓 Outline

轮廓如图 2-3-37 所示。

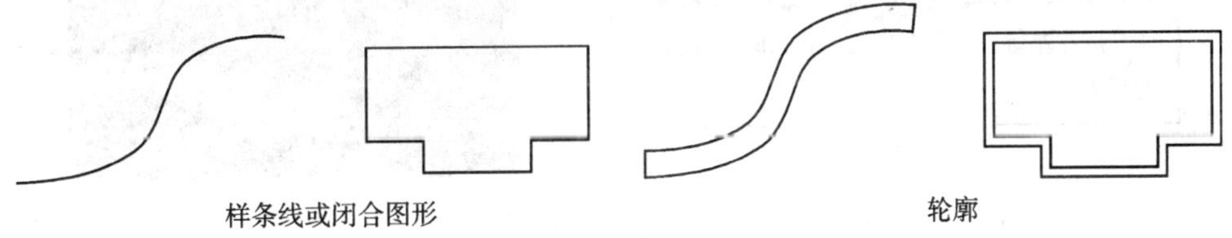

图　2-3-37

在图形的一侧平行复制出一个新的图形，与 AutoCAD 的偏移命令类似，但对于不闭合的样条线，轮廓复制后将两根样条线的两端以直线段连接闭合。

①单击样条线 Spline ，进入子对象层级。

②在视口中单击选中要轮廓的图形，如图 2-3-38、图 2-3-39 所示，执行③④、⑤、⑥三种操作之一。

⑦单击样条线 Spline 复位，返回对象层级。

4. 分离 Detach

轮廓复制出的样条线经常需要分离出来作为独立的图形对象使用，分离也可以将意外附加在一起的图形对象再次分开。分离的操作步骤如图 2-3-40、图 2-3-41、图 2-3-42 所示。

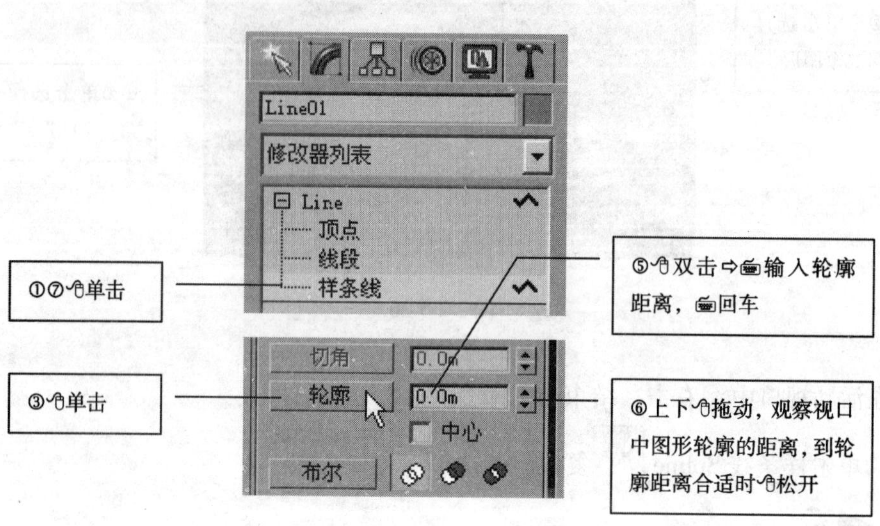

图 2-3-38

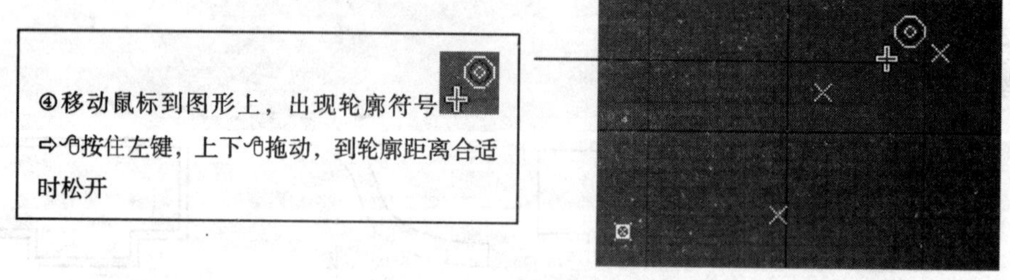

图 2-3-39

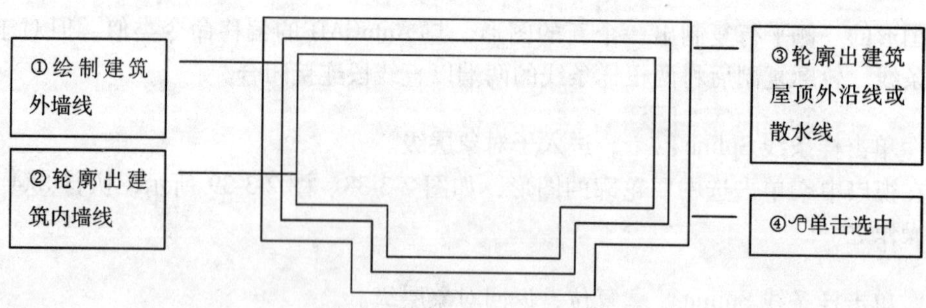

图 2-3-40

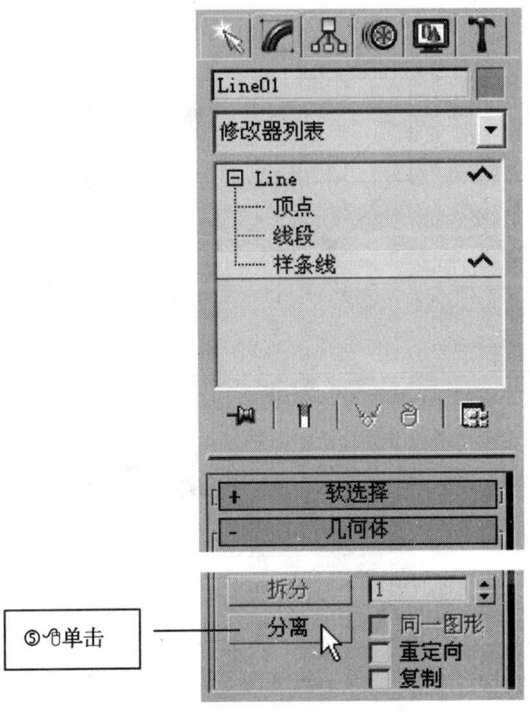

图　2-3-41

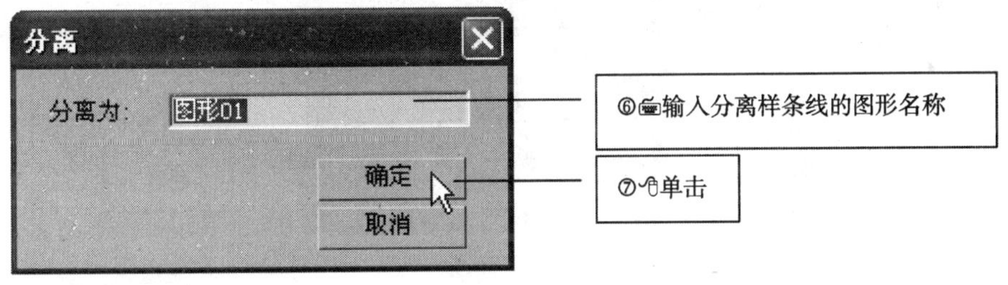

图　2-3-42

5. 修剪 Trim 与延伸 Extend

①绘制矩形、圆弧、样条线，将三个图形对象附加在一起，如图 2-3-43a 所示。

②单击样条线 Spline，进入子对象层级，如图 2-3-44 所示。

如图 2-3-44 执行操作③，如图 2-3-45 执行操作④，单击样条线另一端⇨右击，延伸结束，结果如图 2-3-43b。

如图 2-3-44 执行操作⑤，如图 2-3-45 执行操作⑥⇨右击，修剪结束，结果如图 2-3-43c。

⑦单击样条线 Spline 复位。

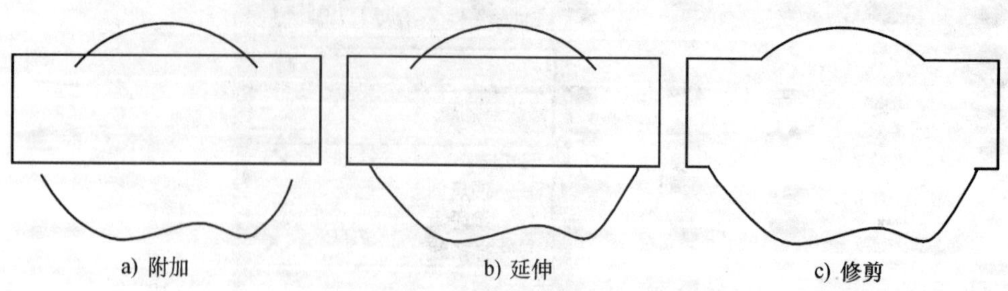

图 2-3-43

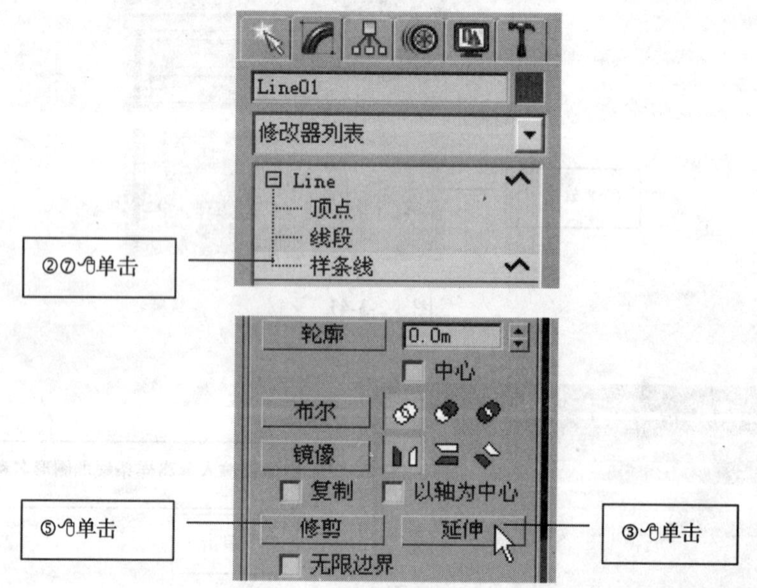

图 2-3-44

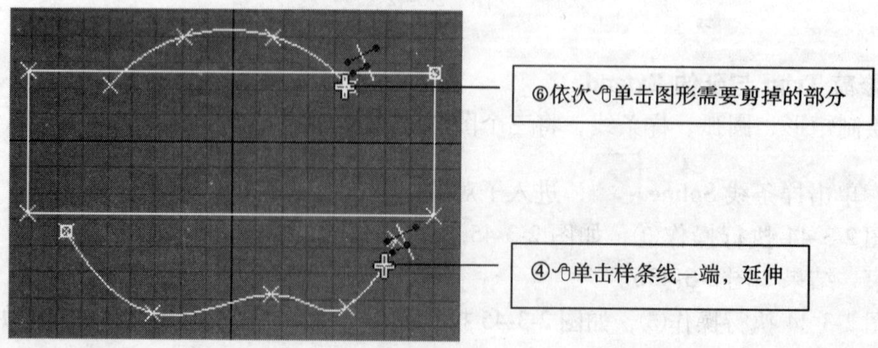

图 2-3-45

在 AutoCAD 中样条线是不能延伸的，3ds max 中的样条线虽然可以延伸，但延伸部分并没有延续样条线原有的趋势。

6. 焊接 Weld 与自动焊接 Automatic Welding

焊接操作以5. 修剪与延伸的结果图形为基础进行。

显示顶点编号，如图2-3-46所示①操作。观察视图中的图形对象会发现每条曲线的顶点编号都是独立的，如图2-3-47a所示，说明图形对象经过附加、延伸、修剪后，虽然端点的坐标重合在一起，但仍然是各自独立的，焊接端点可以使其成为一个图形对象，如图2-3-47b所示。作为三维建模的截面图形，端点焊接在一起是必需的。

焊接端点可以在样条线层级上通过自动焊接进行，也可以在顶点层级上通过焊接完成。

自动焊接。如图2-3-46、图2-3-48所示，执行②~⑤，间距小于阈值距离的所有端点都被焊接在一起。

焊接。如图2-3-46、图2-3-49所示，执行⑥~⑨将选择的端点成对焊接在一起⇨右击，焊接结束⇨单击顶点 Vertex 复位。

3.2.6 对象层级的编辑

在没有子对象层级处于活动状态时，编辑处于对象层级，不必进入子对象层级就可以进行的编辑，就是对象层级的编辑。这类编辑无论当前处于哪一层级都可以进行，但其功能还是针对某一子对象层级的，如3.2.4中2. 插入点 Refine、3.2.5中1. 附加与附加多个，都是对象层级的编辑。

1. 创建线 Create Line

有时会在编辑样条线过程中添加更多线条，添加的样条线在对象层级上隶属于正在编辑的样条线，不需要附加就是同一对象，但在样条线子对象层级是独立的。如图2-3-50所示，是创建多面坡屋顶的样条线编辑过程。

（1）绘制闭合的样条线作为屋顶外沿线。

（2）施用编辑样条线修改器⇨打开中点捕捉⇨如图2-3-51所示，单击 创建线 ⇨绘制屋脊线 ⇨右击，创建线命令结束。

（3）进入顶点子对象层级，移动屋脊线的左右两个端点。

（4）打开端点捕捉⇨单击 创建线 ⇨绘制屋顶坡面线⇨右击，创建线命令结束。

对图形对象的许多操作，如：移动、删除等，都可以在子对象层级上进行，并且操作方法完全相同。

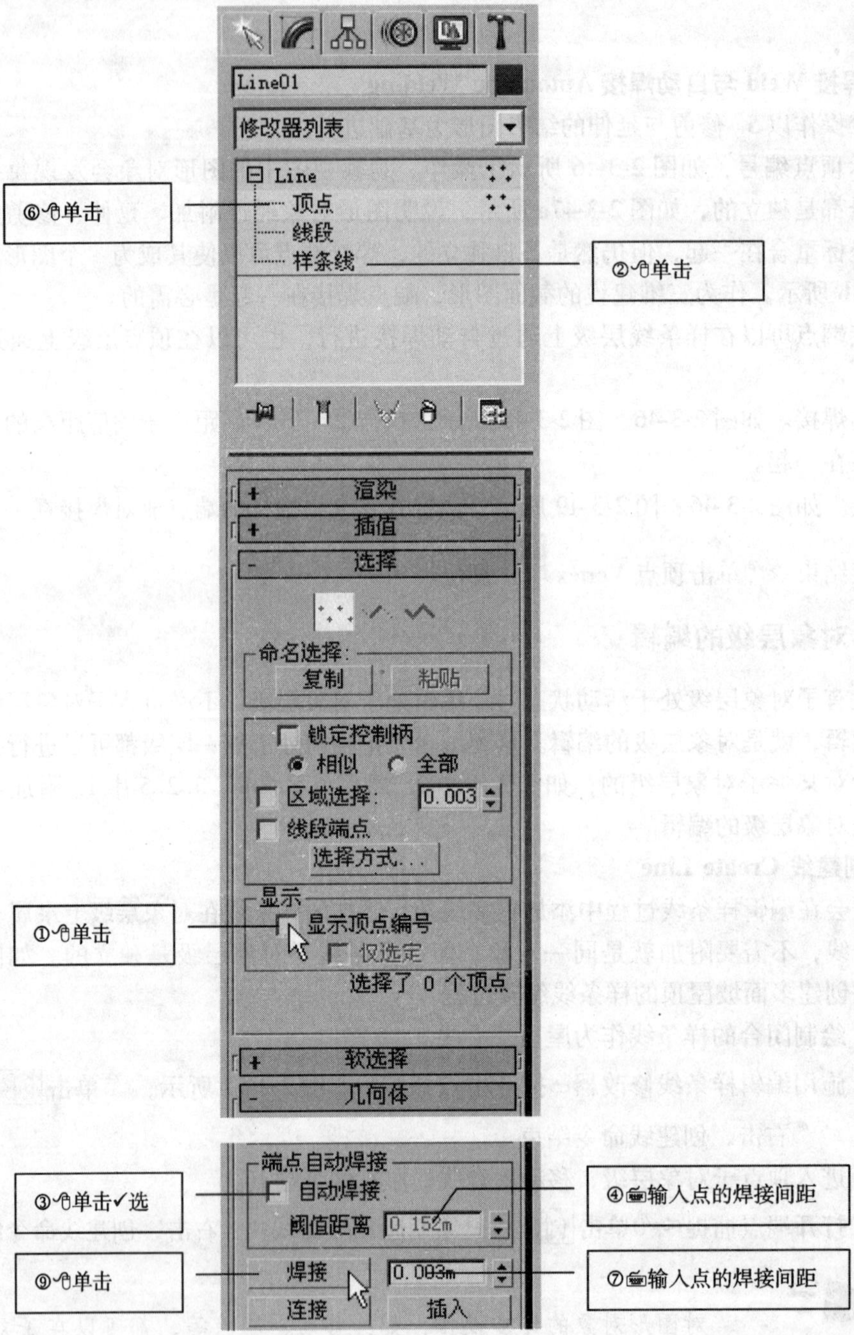
Line01
修改器列表
Line
顶点
线段
样条线
⑥单击
②单击
渲染
插值
选择
命名选择:
复制
粘贴
锁定控制柄
相似
全部
区域选择:
0.003
线段端点
选择方式...
显示
显示顶点编号
仅选定
选择了 0 个顶点
①单击
软选择
几何体
端点自动焊接
自动焊接
阈值距离
0.152m
③单击✓选
④输入点的焊接间距
焊接
0.083m
连接
插入
⑨单击
⑦输入点的焊接间距

图 2-3-46

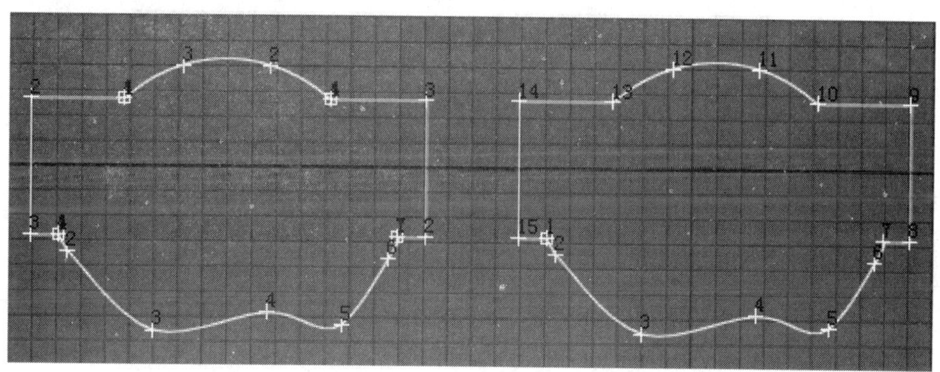

a) 焊接前顶点编号各自独立　　　b) 焊接后顶点编号连续统一

图　2-3-47

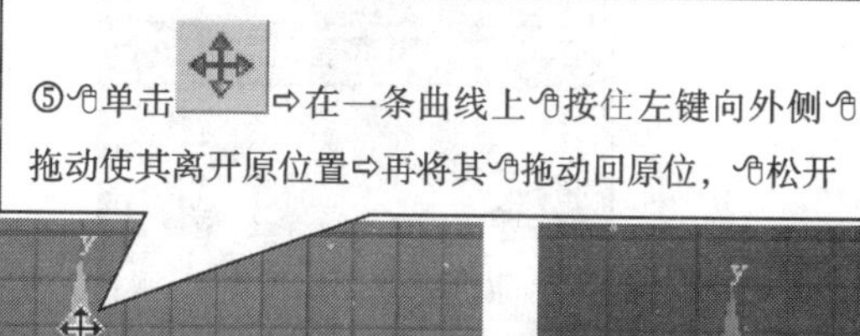

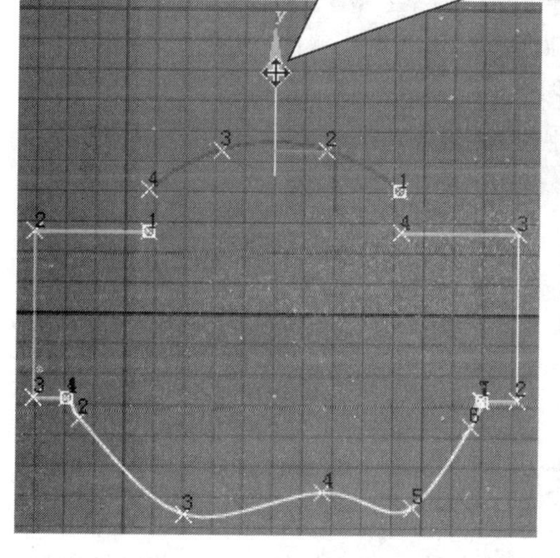

图　2-3-48

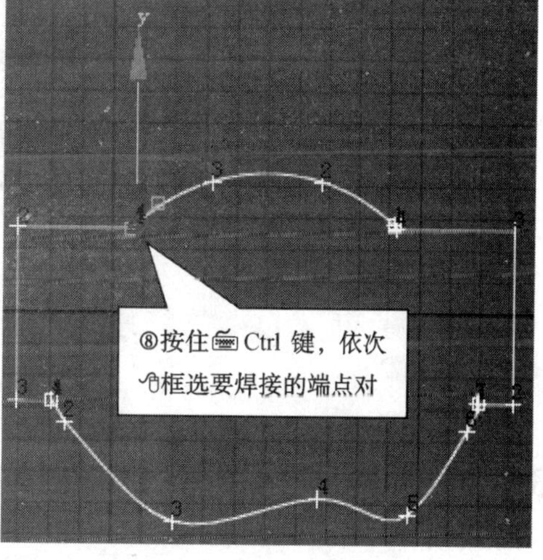

图　2-3-49

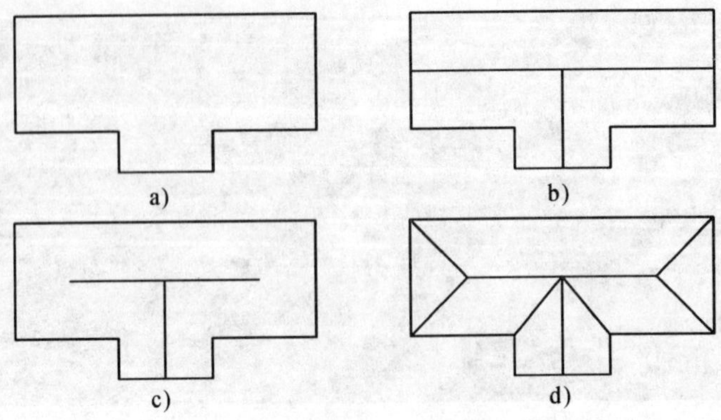

图 2-3-50

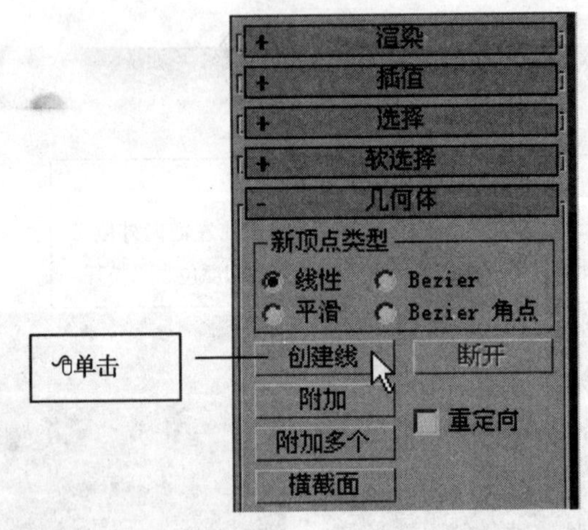

图 2-3-51

3.3 3ds max 与 AutoCAD 交换文件

3ds max 与 AutoCAD 都是 Autodesk 公司的软件产品，两个软件的文件兼容性很好，文件交换以 AutoCAD 的 DWG 格式进行。软件随着版本的升级其文件的存储格式会逐渐优化，这种优化是阶段性的，并非每一个新版都会优化。一般来讲，同一个软件产品，高版本软件总是能读取低版本软件存储的文件，而低版本软件不一定能读取高版本软件存储的文件，这就是所谓的“向下兼容”。3ds max 与 AutoCAD 两个软件间文件是否能够交叉读取，可依据两个软件版本推向市场的先后次序判断。3ds max8.0 比 AutoCAD2006 推出的晚，而比 AutoCAD2007 推出的早，所以能够直接读取 AutoCAD2006 存储的文件，却不能读取 AutoCAD2007 存储的文件，为了让 3ds max8.0 能够直接读取 AutoCAD2007 存储的文件，Autodesk 公司提供了免费升级模块 RealDWG2007，下载网址 http://www.discreet.com/。

3.3.1 AutoCAD 平面图的导入

AutoCAD2007 的 DWG 图形文件导入后，图形对象保持了原来的独立性、图层等属性。在 3ds max 中的操作步骤如下：

单击 文件 Files 菜单⇨单击 导入 Import ⇨如图 2-3-52、图 2-3-53、图 2-3-54 所示操作①~⑧。

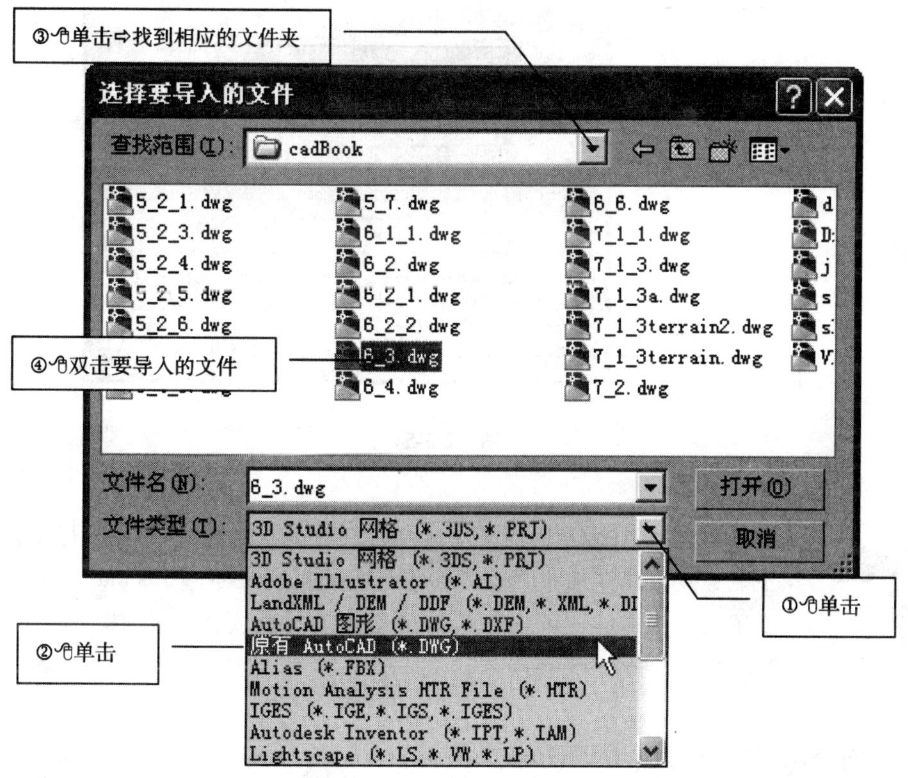

图 2-3-52

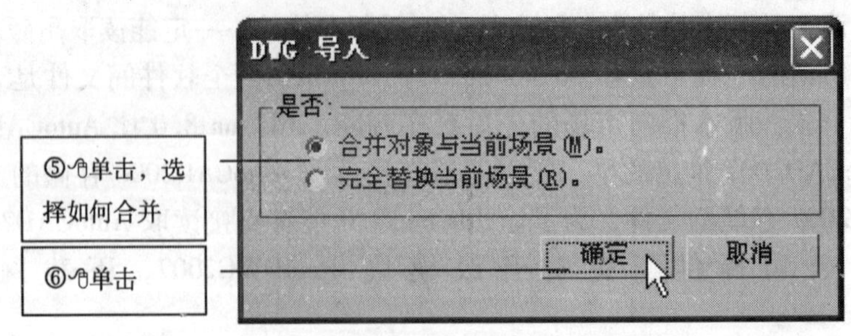

图 2-3-53

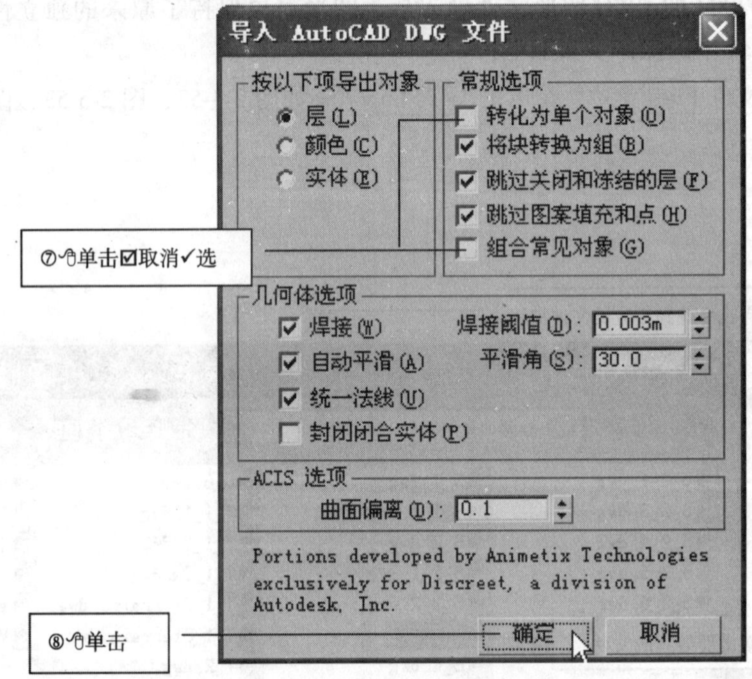

图 2-3-54

导入的 AutoCAD 图形有时在视口中过大或过小，缩放视图时图形却不能够放大或是缩小，这是由于导入的图形尺寸与 3ds max 当前的单位设置不匹配引起的，可以将导入的图形整体放大或缩小 10^n 倍，方法参见 2.5.4 缩放中 2. 变换输入。

3.3.2 向 AutoCAD 导出 DWG 格式文件

3ds max 场景中的图形对象，如在 3ds max 中创建的二维螺旋线、星形等图形，如图 2-3-55 所示，可以导出为 DWG 文件以供 AutoCAD 使用。

在 3ds max 中的导出步骤如下：

单击文件 Files 菜单⇨单击导出 Export⇨如图 2-3-56、图 2-3-57 所示，执行操作①～⑦，以默认参数导出为 AutoCAD2007 版本的 DWG 格式文件。如果使用的 AutoCAD 版本较低，可在操作⑥中选择低版本的 DWG 文件格式。

在 AutoCAD 中打开 DWG 文件后，默认视图为西南等轴测视图，在绘制平面图时可切换到俯视图，单击视图菜单⇨三维视图⇨单击俯视图。

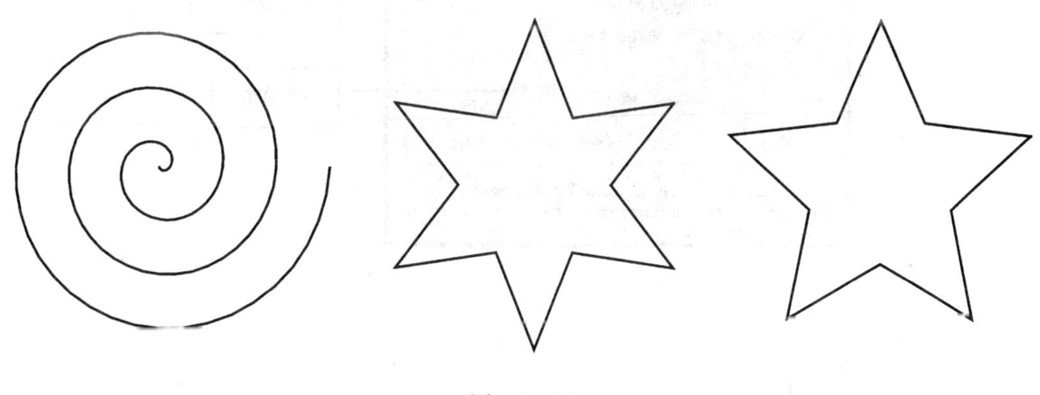

图　2-3-55

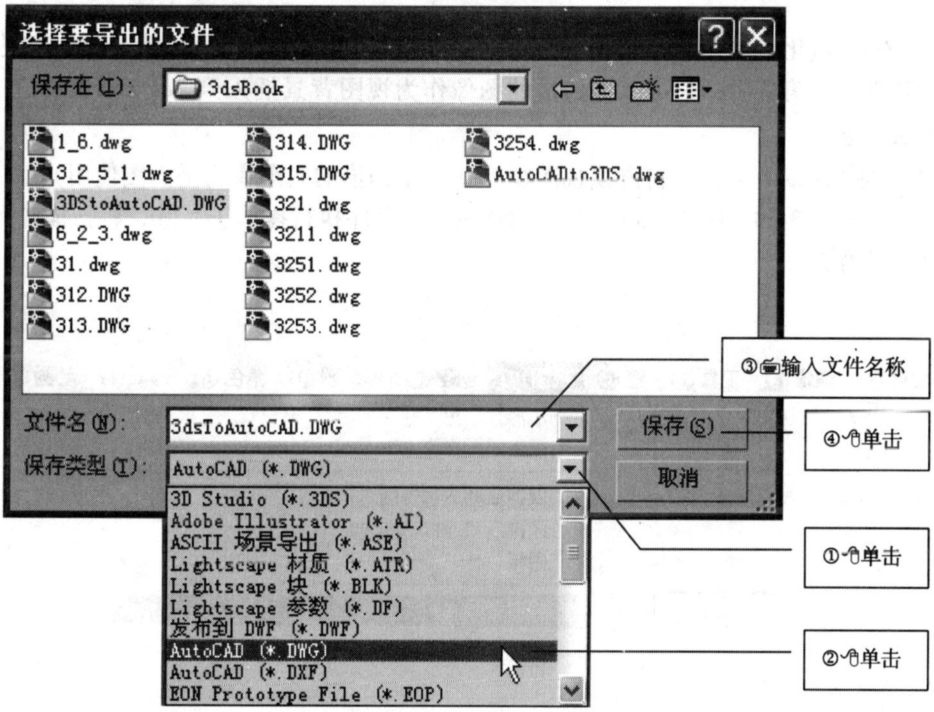

图　2-3-56

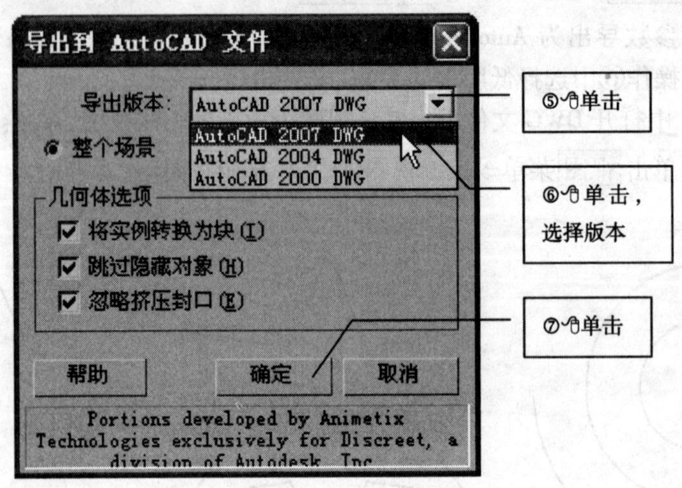

图 2-3-57

3.4 在3ds max中描绘扫描的底图

图样的矢量化一般用AutoCAD或是利用专用的软件来完成，如VPstudio，方法参见AutoCAD部分的第7讲，也可以将扫描的图像作为视图背景插入到3ds max中手工描绘。操作方法如下：

（1）在3ds max中，右击顶视图视口（假设扫描的底图作为平面图使用）。

（2）如图2-3-58、图2-3-59、图2-3-60所示，顺序执行操作①~⑧，将扫描底图显示为顶视口的背景。

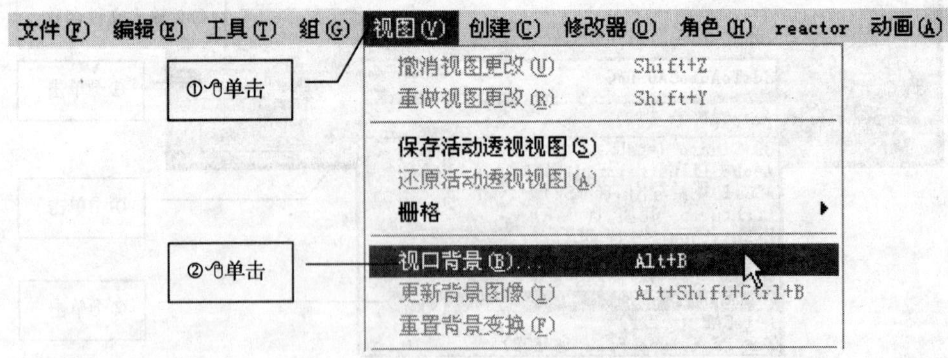

图 2-3-58

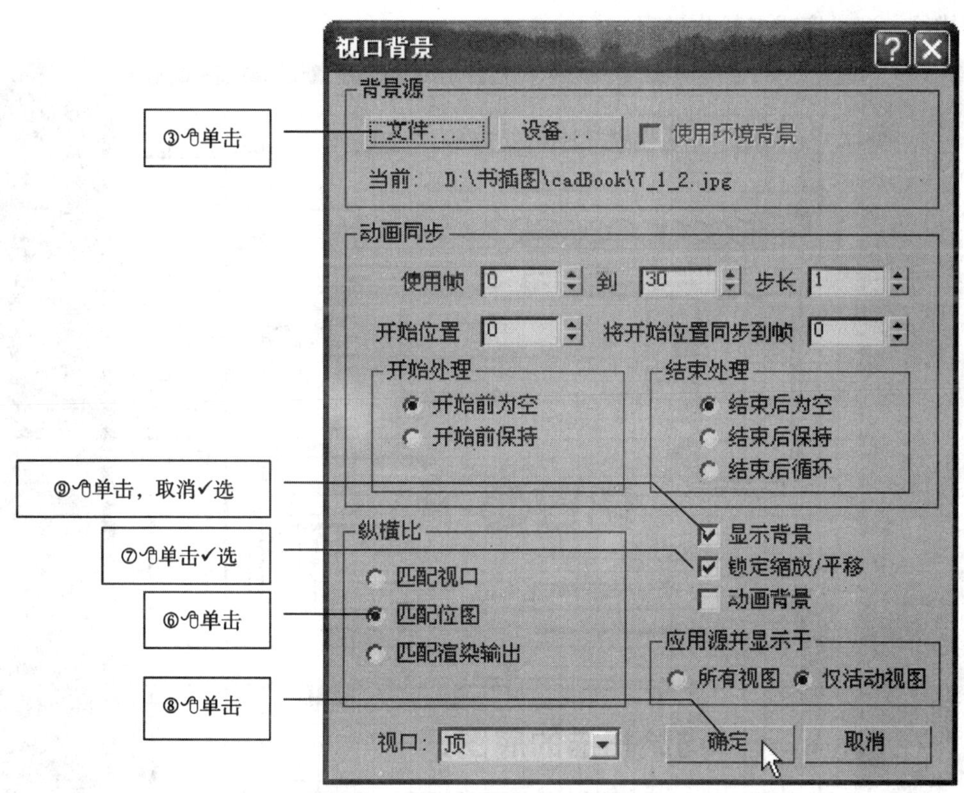

图 2-3-59

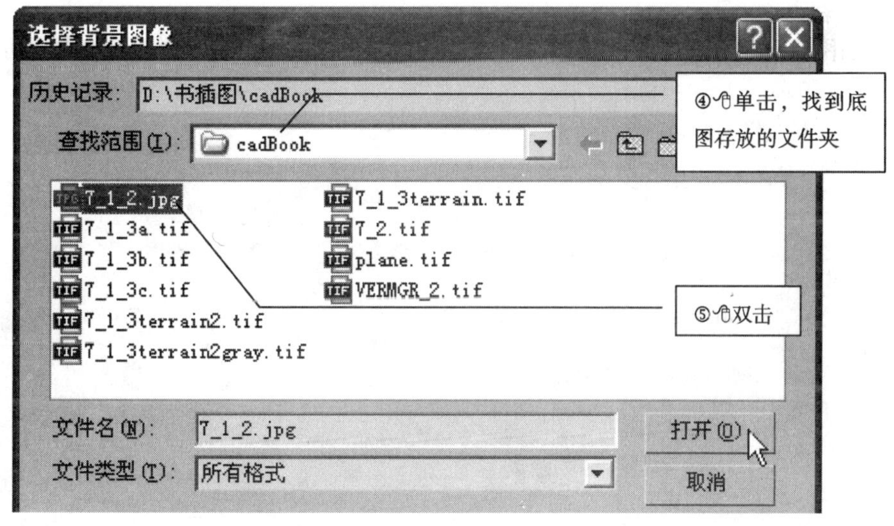

图 2-3-60

（3）最大化顶视口，将底图缩放到合适的大小，如图2-3-61所示，用样条线等二维图形描绘一遍，完成矢量化过程。

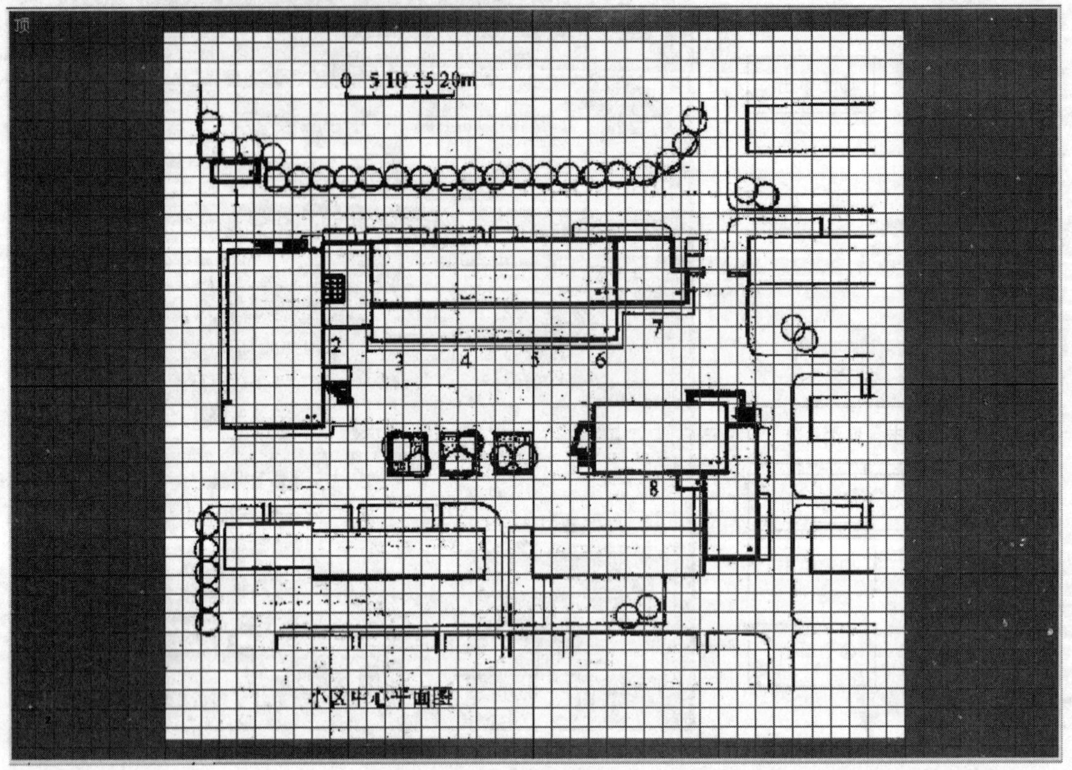

图 2-3-61

（4）如图 2-3-58、图 2-3-59 所示，顺序执行步骤①②⑨⑧，取消视口背景显示。

第 4 讲

网格 Mesh 模型是构建三维场景的建筑等三维模型建模采用的主要类型，创建方法有以下几种：

（1）标准基本体和扩展基本体等参数化几何体（参见第 2 讲）。

（2）修改器建模，由挤出、车削、倒角、倒角剖面、壳、晶格等修改器创建。

（3）复合对象建模，由布尔、放样、地形、图形合并等创建的复合对象。

（4）建筑对象，门、窗、楼梯、AEC 扩展（墙、围栏、植物）等参数化对象。

4.1 修改器建模

4.1.1 挤出 Extrude

挤出是以一个图形为横断面，给定高度创建三维模型的方法，是最常用的建模方法，对创建单一断面仅高度有所变化的三维物体非常有效，如图 2-4-1 所示。

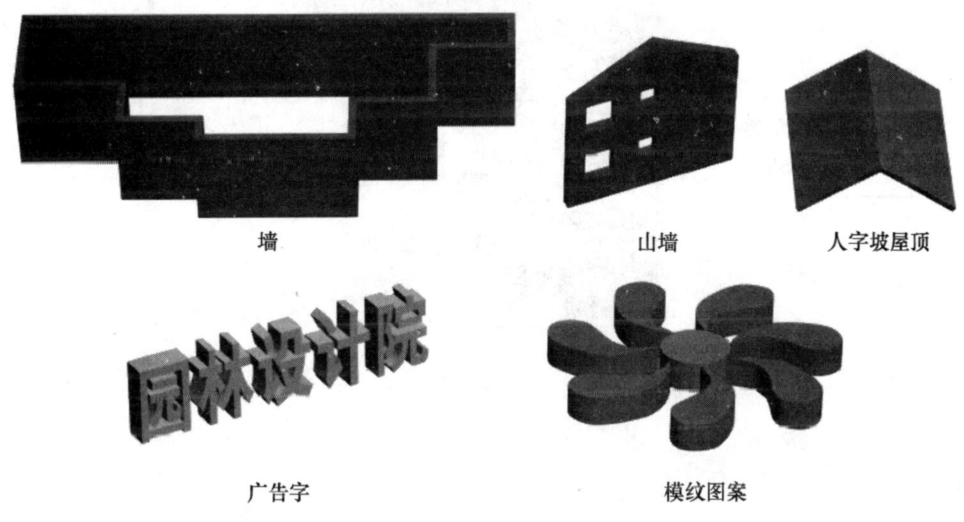

图 2-4-1

挤出建模的操作步骤如下：

（1）准备闭合的横断面图形

如：墙线、人字坡屋顶截面线、文字、模纹图案等。

（2）挤出

单击选择横断面图形，如图 2-4-2 所示，执行操作①②或①③完成挤出，如图 2-4-3、图 2-4-4 所示。

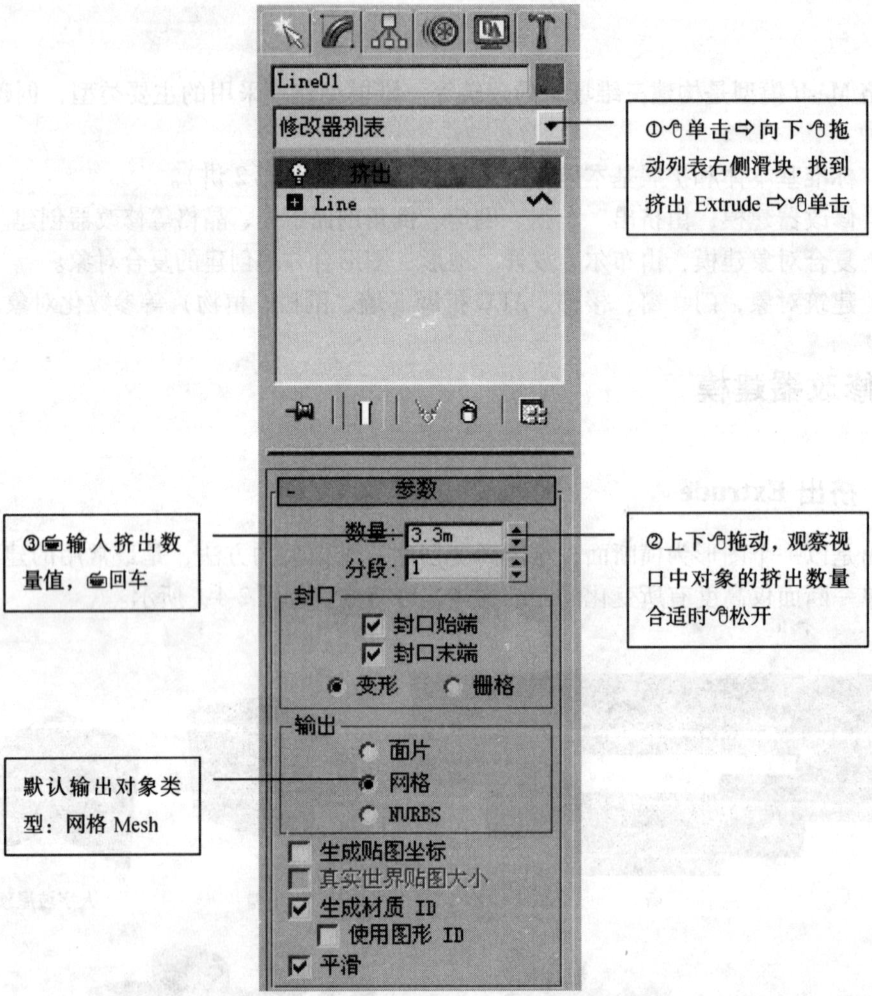

Line01

修改器列表

挤出

Line

①单击⇨向下拖动列表右侧滑块，找到挤出 Extrude ⇨单击

参数

数量: 3.3m

分段: 1

③输入挤出数量值，回车

②上下拖动，观察视口中对象的挤出数量合适时松开

封口

封口始端

封口末端

变形　栅格

输出

面片

网格

NURBS

默认输出对象类型：网格 Mesh

生成贴图坐标

真实世界贴图大小

生成材质 ID

使用图形 ID

平滑

图 2-4-2

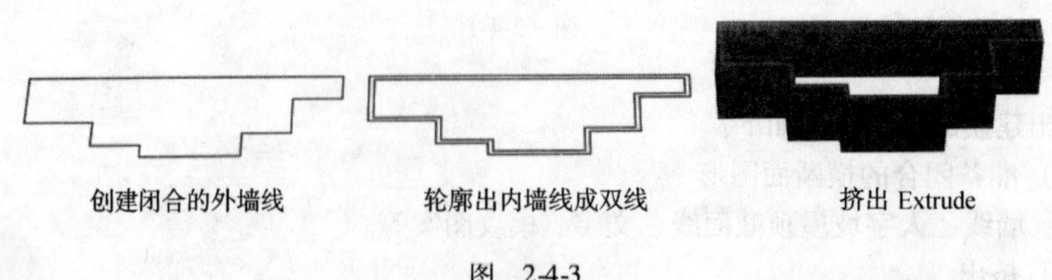

创建闭合的外墙线　　轮廓出内墙线成双线　　挤出 Extrude

图 2-4-3

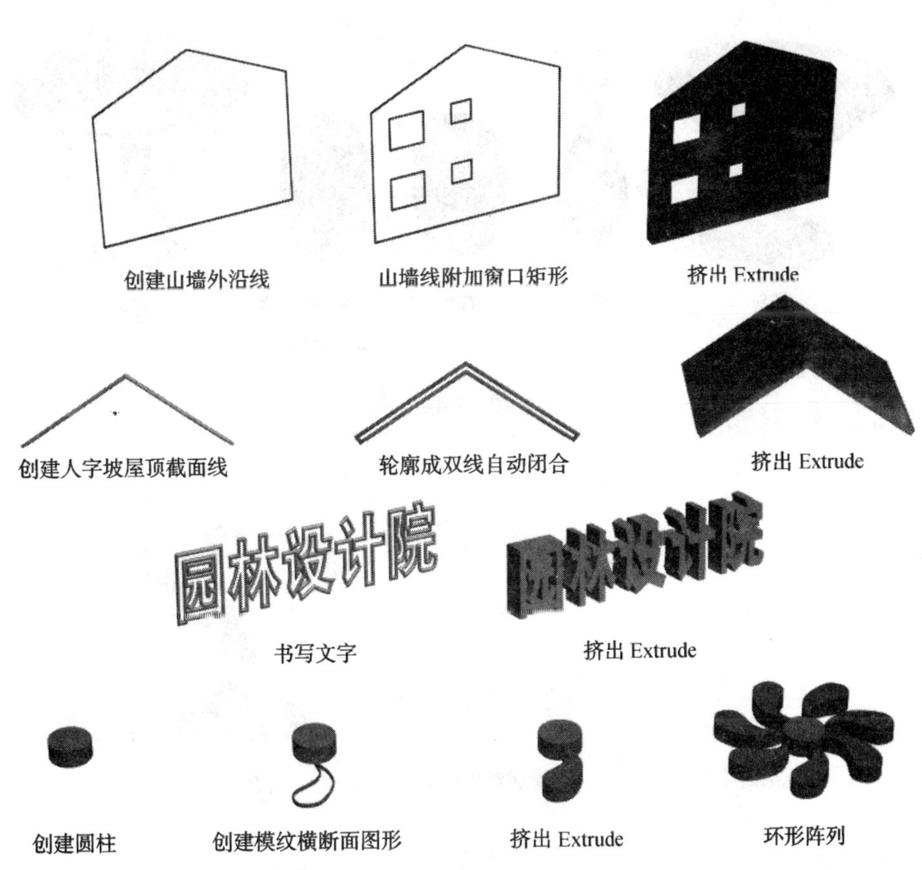

图　2-4-4

4.1.2　车削 Lathe

车削，是以一个图形为纵剖面，绕旋转轴旋转创建三维模型的方法，用于创建横断面为圆形而纵剖面形状变化的三维对象，如图 2-4-5 所示。闭合的纵剖面图形车削获得有壁的三维模型，如图 2-4-6 所示，花钵、花瓶等；开放的样条线作为纵剖面图形车削获得三维实体，如图 2-4-7 所示，石凳、石桌等。

车削建模的操作步骤如下：

（1）创建纵剖面图形

图 2-4-5 中的示例模型都是直立在地面上的，其纵剖面图形在前视图或左视图中创建比较有利，模型的空间姿态决定纵剖面图形的创建视图，在创建后也可以通过旋转等变换操作进行调整。如图 2-4-7 所示，创建剖面线时为了保证上下端点对齐可打开栅络点捕捉，方法参见 3. 1. 2 点捕捉。

（2）车削

单击选择纵剖面图形，如图 2-4-8 所示，执行步骤①②③。如果纵剖面图形为开放样条线可执行④，消除模型中心的皱折，如图 2-4-5 中的石凳。

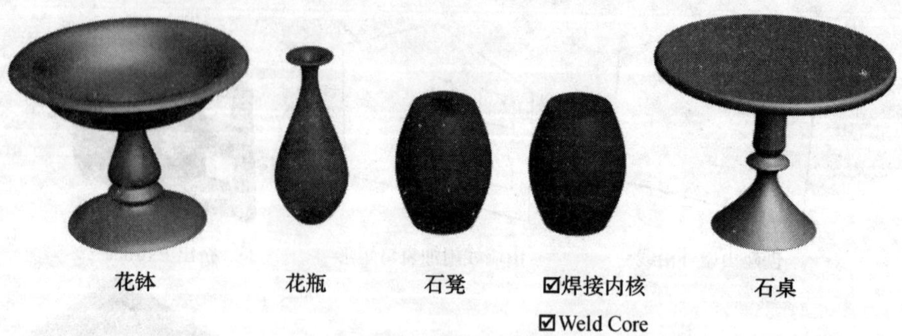

图 2-4-5

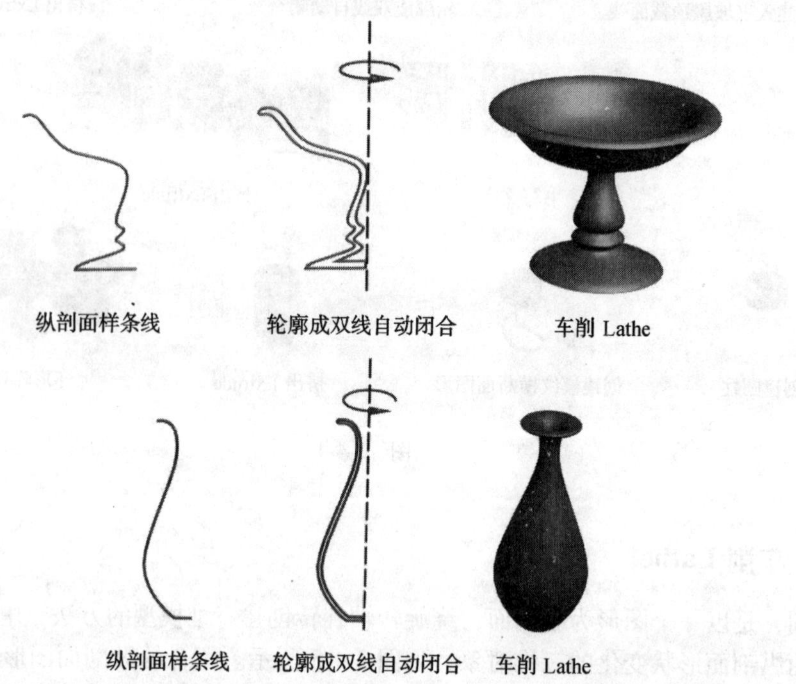

图 2-4-6

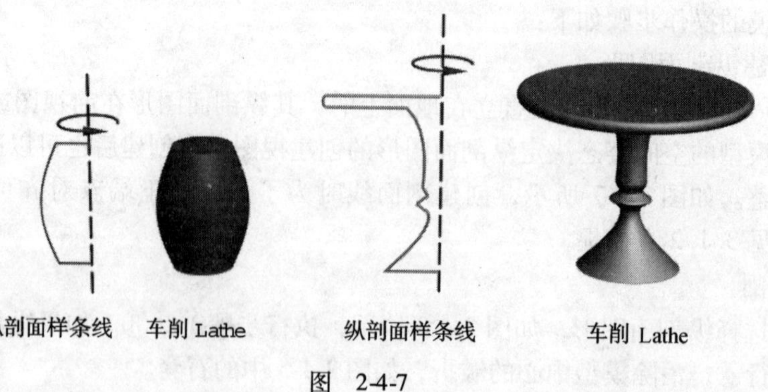

图 2-4-7

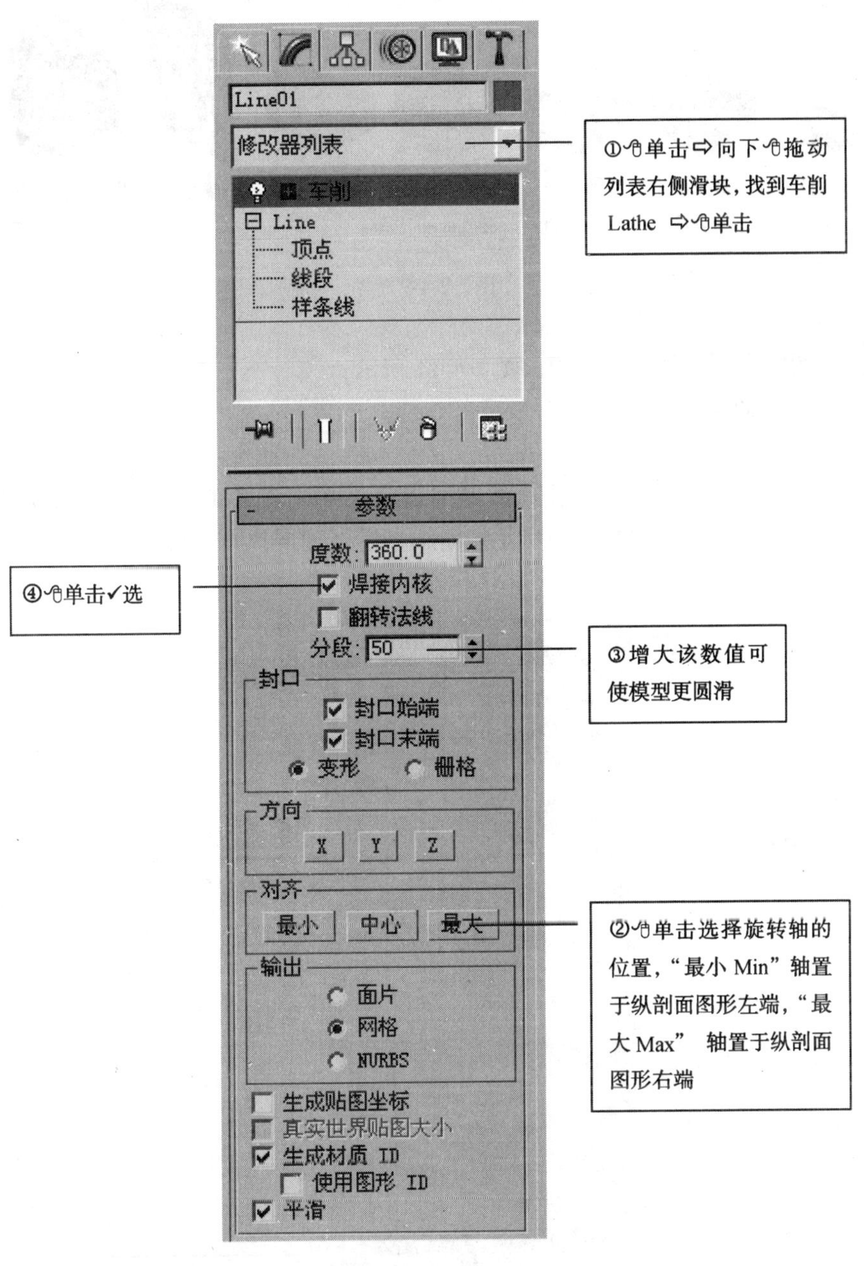

图　2-4-8

4.1.3　倒角 Bevel

倒角与挤出有些类似，但功能更强一些，相当于连续做三次挤出，每次都可调整横断面的大小，对横断面的变化可以做曲线平滑处理。一般用于窗格、栅栏和文字对象的建模，如图 2-4-9 所示。

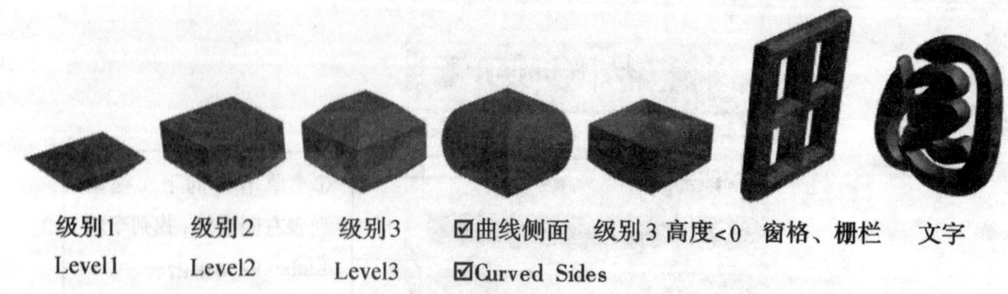

图 2-4-9

倒角建模的操作步骤如图 2-4-10、图 2-4-11 所示：

(1) 准备闭合的横断面图形。

(2) 倒角

单击选择横断面图形 ⇨ 单击修改器列表 ⇨ 单击倒角 Bevel ⇨如图 2-4-10 所示，执行操作①～⑤，如果要对横断面的变化做曲线平滑处理再执行步骤⑥⑦。

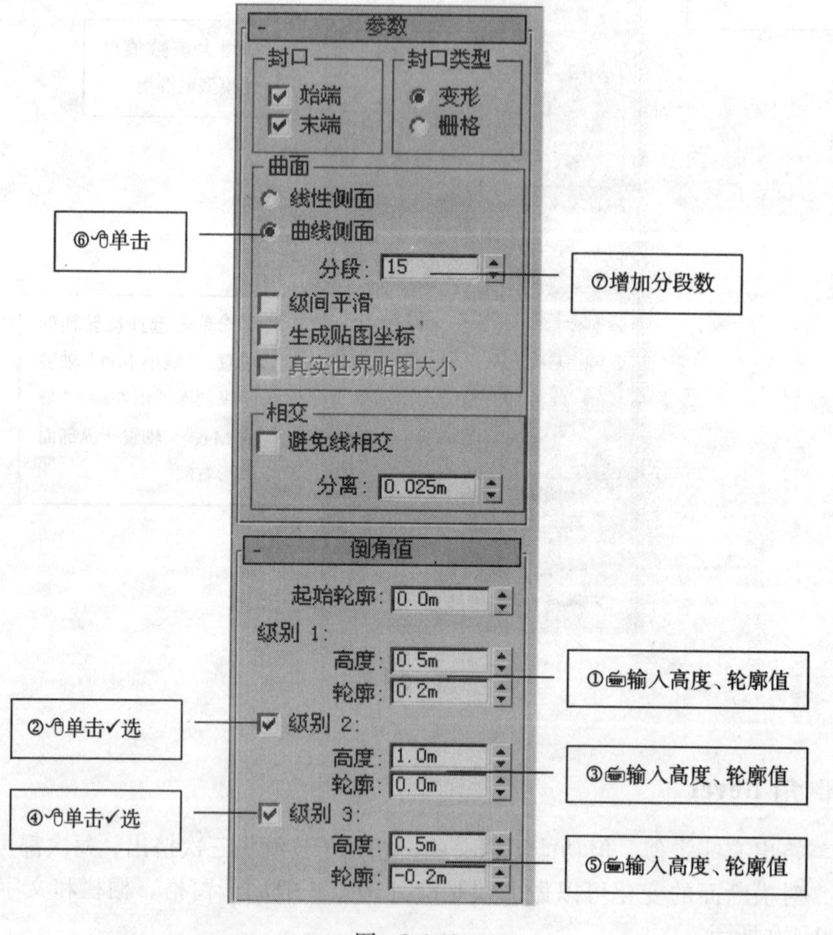

图 2-4-10

图 2-4-11

4.1.4 倒角剖面 Bevel Profile

倒角剖面是以一个剖面图形沿一个路径图形贯穿行进，构造模型的方法，如图 2-4-12 所示。操作步骤如下：

（1）准备路径图形和剖面图形

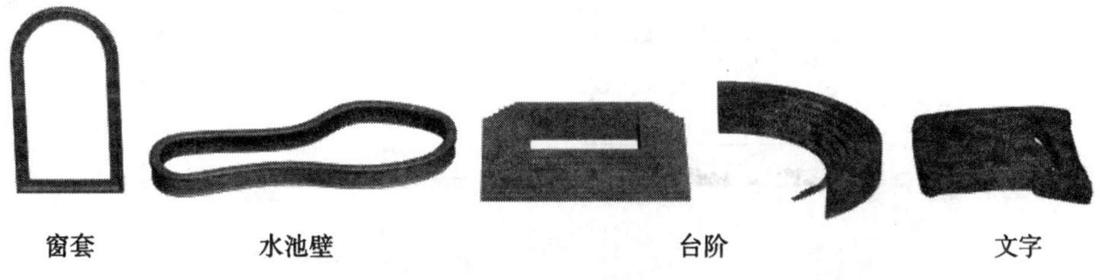

图 2-4-12

图 2-4-13、图 2-4-14、图 2-4-15 中剖面图形是多倍放大的。

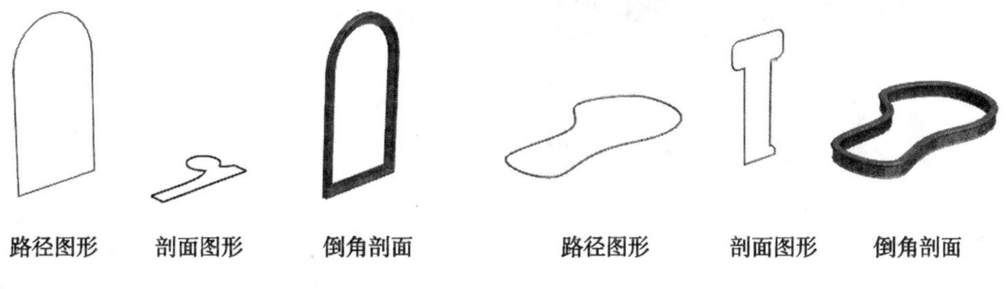

图 2-4-13

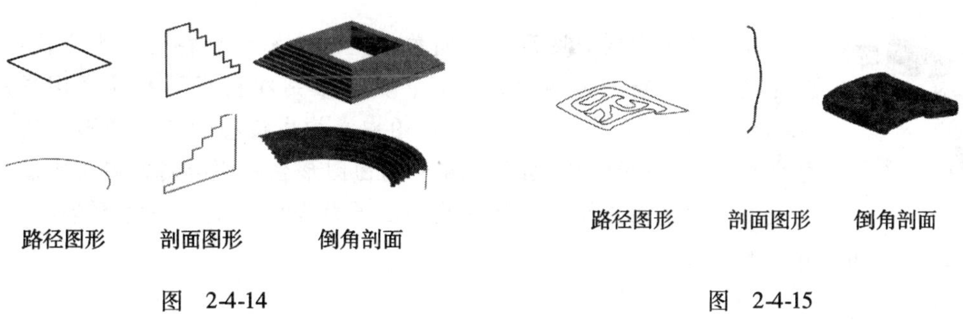

图 2-4-14 图 2-4-15

（2）倒角剖面

单击选择路径图形，如图 2-4-16 所示，执行操作①②。

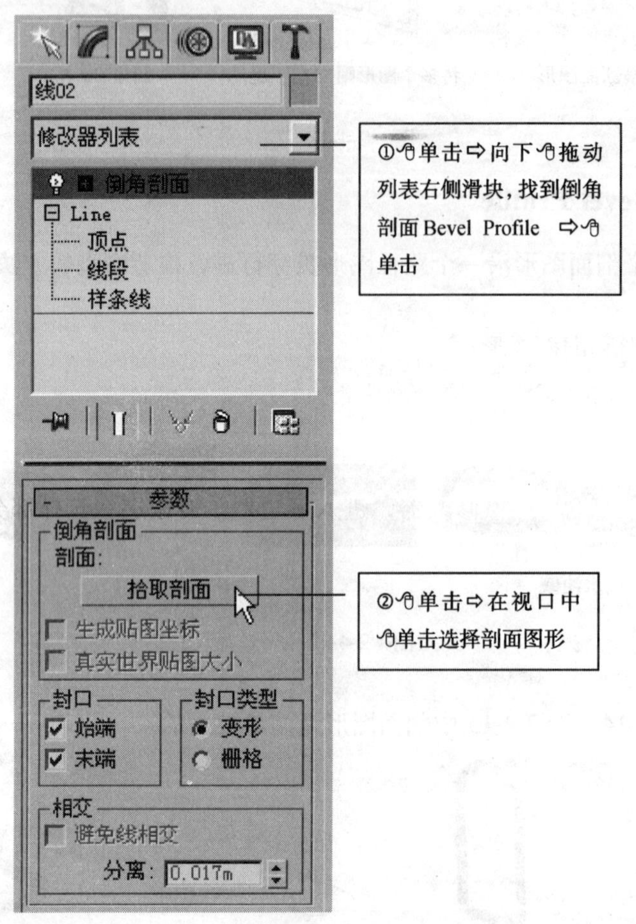

图 2-4-16

路径图形和剖面图形从空间关系上应分别绘制在两个正交视图中，如建筑南墙上窗子的窗套，路径、剖面分别在前视图和顶视图中，但 3ds max 中允许将其绘制在同一视图中。构成模型后剖面图形游离在模型之外，但不能删除。图 2-4-14 中剖面图形台阶的绘制方向决定着构成模型时台阶是在内侧还是外侧生成。开放路径构成的模型两端不封闭，可以用补洞 Cap Holes 修改器封闭。

4.1.5　壳 Shell

把网格对象的表面加厚成一个壳对象的修改器，如图 2-4-17 所示，与 CAD 类软件的抽壳命令相似。

图　2-4-17

壳修改器的操作方法如下：

创建一个几何球体 ⇨ 编辑网格修改器，进入多边形子对象层级选择部分多边形，删除 ⇨ 如图 2-4-18 所示，执行操作①②。

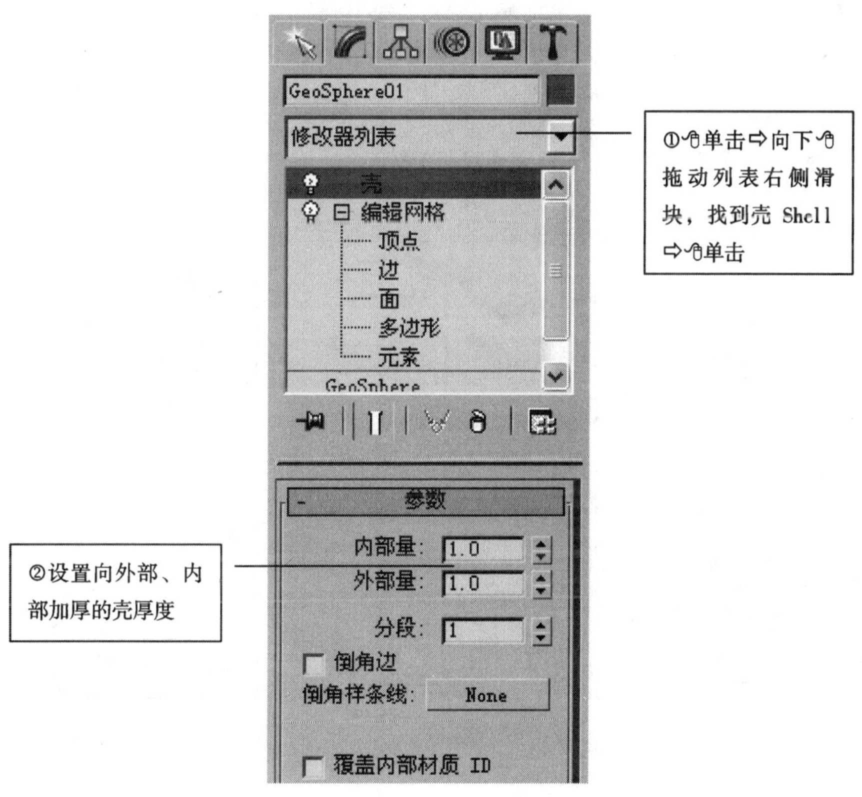

图　2-4-18

4.1.6 晶格 Lattice

将网格模型转化为网格骨架，如图 2-4-19 所示，将网格对象的线段或边转化为柱形结构，在顶点上产生可选的关节多面体。使用它可基于网格拓扑创建可渲染的几何体结构，或作为获得线框渲染效果的另一种方法。

图 2-4-19

晶格的操作方法如下：

单击选择创建的网格对象 ⇨ 单击修改器列表 ⇨ 单击晶格 lattice ⇨ 如图 2-4-20 所示，执行操作①～⑤。

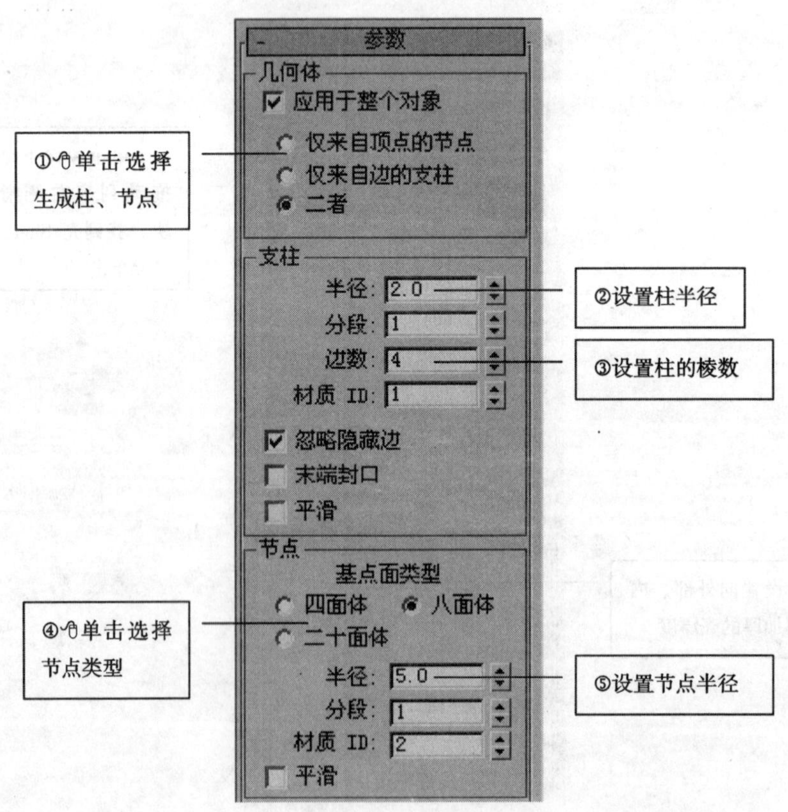

图 2-4-20

4.2　三维网络对象的编辑

创建的三维网格对象许多情况下需要进一步的修改才能使用，在网格对象的子对象层级修改是较为常用的方法。

4.2.1　三维网络的子对象层级

三维网格对象由五个层级组成，顶点 Vertex ⇨ 边 Edge ⇨ 面 Face ⇨ 多边形 Polygon ⇨ 元素 Element，如图 2-4-21 所示，在每个子对象层级上可以进行相应的编辑操作。

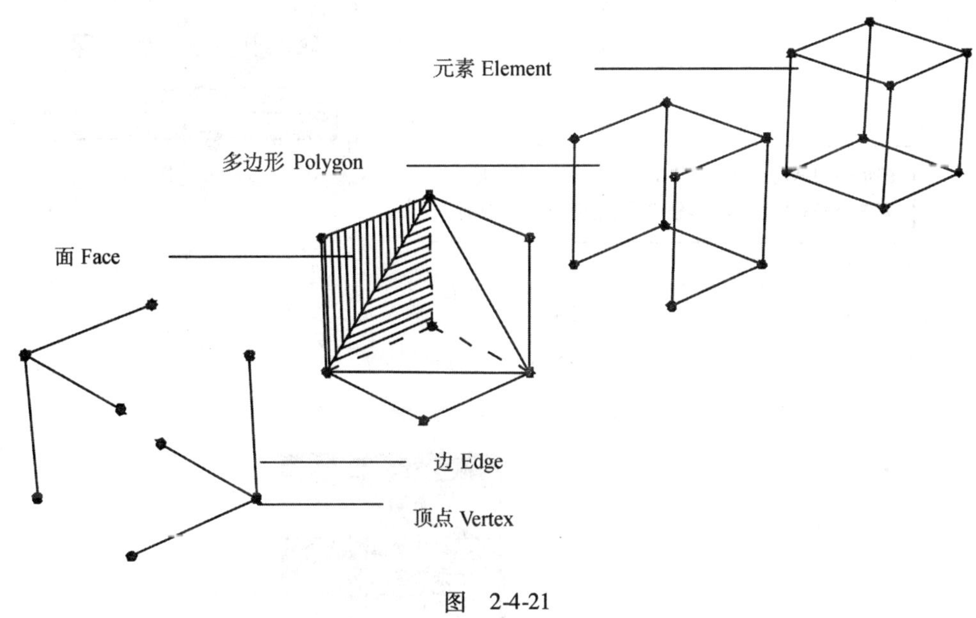

图　2-4-21

4.2.2　进入子对象层级的方法

进入三维网格对象的子对象层级有两种方法，一是使用编辑网格 Edit Mesh 修改器，二是将网格对象转换为可编辑网格 Editable Mesh。前者在修改器堆栈中保留模型的创建参数和修改过程，可随时回到其中的一步调整参数，后者则可以将对子对象层级的修改记录成动画。

1. 编辑网络 Edit Mesh 修改器

单击选择已经创建的三维网格对象，如图 2-4-22 所示操作①~④。

2. 可编辑网格 Editable Mesh

将网格对象转换为可编辑网格的操作如下：右击要转换的网格对象，弹出四元菜单，如图 2-4-23 所示操作。塌陷堆栈也导致网格对象转换为可编辑网格，参见 2.6.3 堆栈塌陷。

①单击，进入修改面板
②单击，在修改器列表中单击编辑网络 Edit Mesh
③单击＋，下拉展开子对象层级
④单击，选择子对象层级 ⇨ 在子对象层级编辑 ⇨ 再次单击返回到对象层级
图形按钮从左至右对应顶点、边、面、多边形、元素五个子对象层级，步骤④单击按钮是等效的
Line01
修改器列表
编辑网格
顶点
边
面
多边形
元素
挤出
Line
选择

图 2-4-22

孤立当前选择
全部解冻
冻结当前选择
按名称取消隐藏
全部取消隐藏
隐藏未选定对象
隐藏当前选择
保存场景状态...
管理场景状态...
显示
变换
移动
旋转
缩放
选择
克隆(C)
属性(P)...
曲线编辑器...
摄影表...
关联参数...
转换为:
转换为可编辑网格
转换为可编辑多边形
转换为可编辑面片
移动鼠标到 转换为 ⇨ 单击 转换为可编辑网格

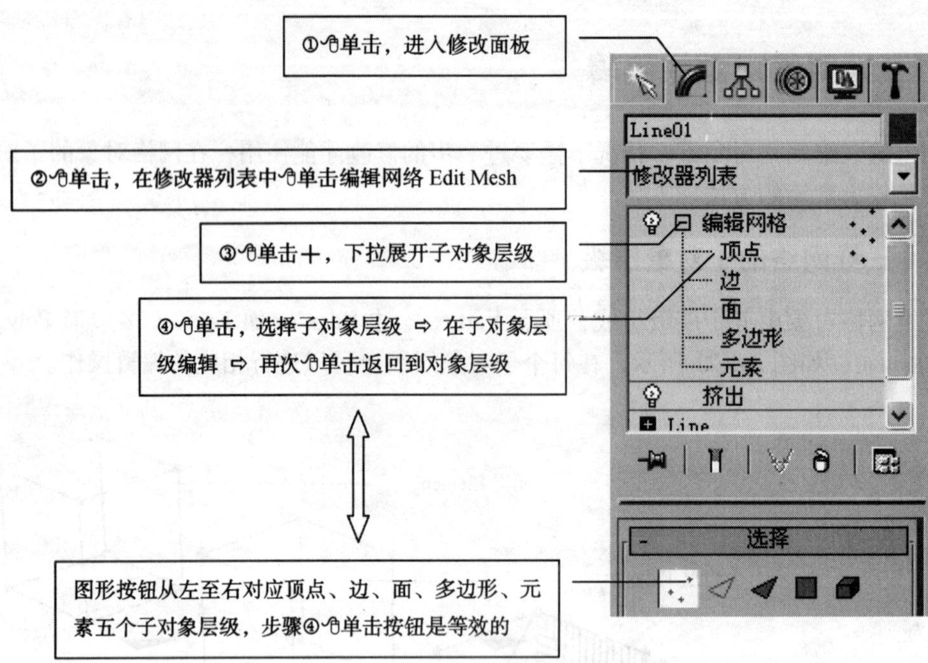

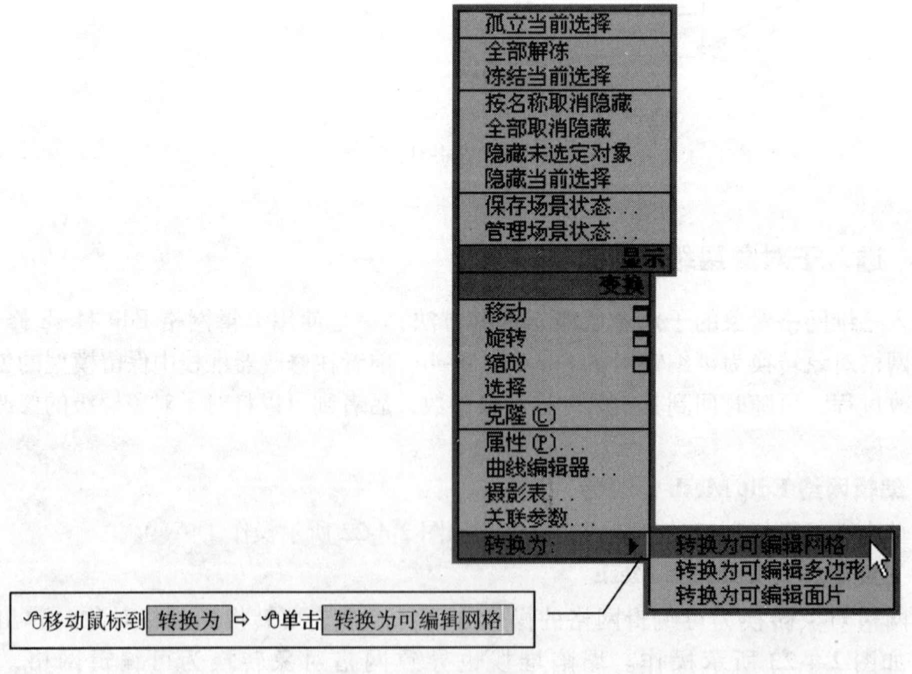

图 2-4-23

4.2.3　顶点 Vertex 层级的编辑

1. 移动顶点

操作方法如下：如图 2-4-24 所示，创建外墙线 ⇨ 编辑样条线修改器 ⇨ 在线段层级，屋脊位置插入顶点 ⇨ 轮廓复制出内墙线 ⇨ 挤出墙体高度 ⇨ 如图 2-4-22 所示，进入顶点层级 ⇨ 窗选要移动的顶点，由于有内外两根墙线，在一面墙的屋脊位置会有两个顶点 ⇨ 单击，沿 Z 轴向上移动顶点到合适高度，移动方法参见 2.5.2 移动。

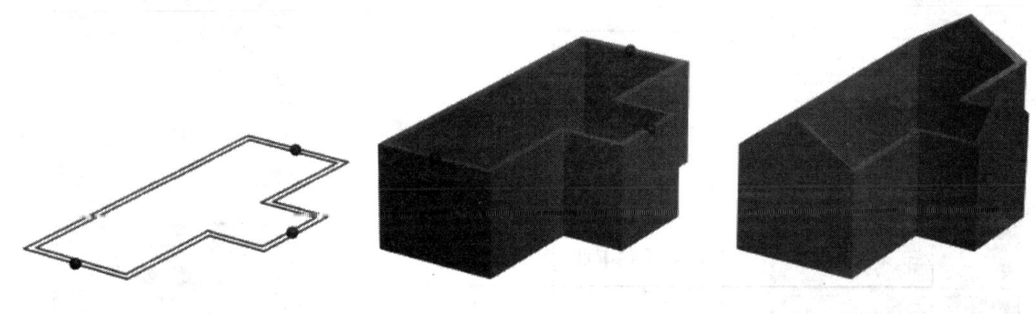

图　2-4-24

如果忘了在外墙线的屋脊位置插入顶点，可以在挤出墙体后从修改器堆栈中回到样条线的线段层级，等分山墙位置线段插入顶点，如图 2-4-25 所示，这时三维对象会突然消失，是由于在编辑二维图形时它默认不显示。如图 2-4-26 所示，移动顶点拉出山墙是在三维网格的顶点层级，如图 2-4-24、如图 2-4-27 所示。

2. 软选择 Soft Selection

在选择顶点前打开软选择，操作选择的顶点时这种操作可以向周围的顶点传递，传递的强度随距离的增加而衰减。

下面以亭子顶的建模过程说明软选择的操作步骤，如图 2-4-28 所示。

①在顶视图中创建直线作为亭脊线 ⇨ 环形阵列成 6 根，八角亭则为 8 根。

②打开端点捕捉，捕捉亭子中心点与相邻两根亭脊线的外端点，线命令创建闭合三角形 ⇨ 对于外缘内凹的亭子，进入线段子对象层级，将外缘线等分为二 ⇨ 进入顶点层级，向内移动等分点，将等分点转换为 Bezier 点，调整外缘线的弧度 ⇨进入线段子对象层级，将每条边等分为 10 段左右。

③向上挤出亭面的厚度。

④如图 2-4-22 所示，执行操作①～④，施用编辑网格修改器，进入顶点层级。

⑤如图 2-4-30 所示，执行操作①②③，打开软选择并设置相应参数。

⑥如图 2-4-29 所示，在顶视图中窗选亭面攒尖位置的端点。

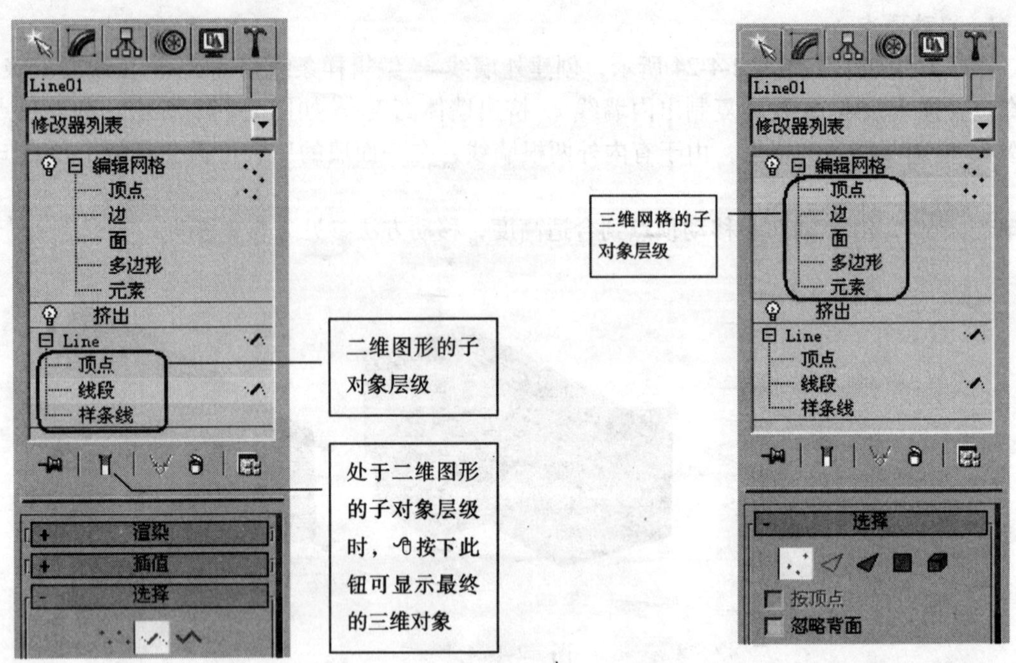

图 2-4-25　　　　　　　　　　图 2-4-26

图 2-4-27

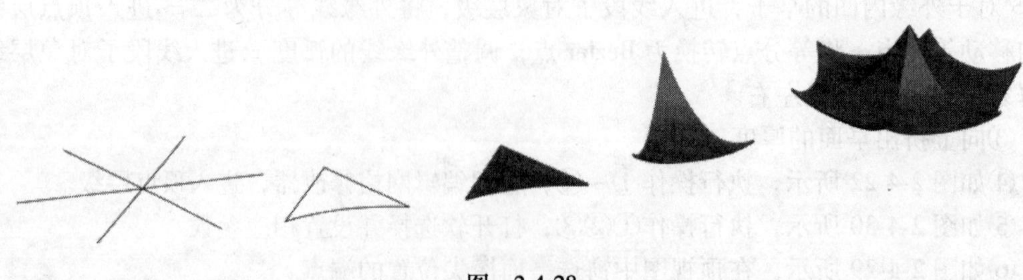

图 2-4-28

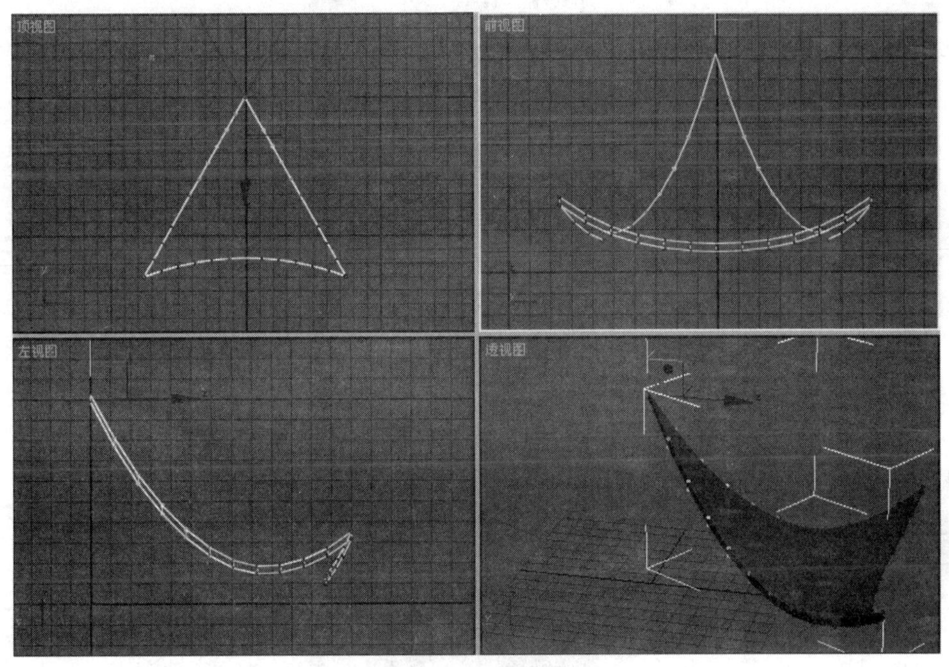

图　2-4-29

⑦如图 2-4-30 所示④操作，调整衰减大小，注意亭面中相邻顶点的颜色变化，直接选择的顶点为红色，软选择的顶点由近及远呈现红橙黄绿青蓝紫的彩色渐变，衰减数值越大软选择涉及的顶点越多，将软选择的顶点范围控制在亭脊线的一大半 ⇨单击，在前视图或透视图中，沿 Z 轴向上移动顶点到合适高度，移动方法参见 2.5.2 移动。

⑧按住 Ctrl 键，在顶视图中先后框选亭面两个亭角位置的端点，沿 Z 轴向上移动到合适高度，方法参见⑦。

⑨将一片亭面环形阵列成 6 片，组成完整的亭面。

比较快捷的操作思路是：绘制第一根亭脊线时，打开栅格点捕捉，捕捉世界坐标系原点沿 X 轴或 Y 轴绘制，以世界坐标系原点为轴心做环形阵列，选择南北方向或东西方向的一个亭面绘制三角形。

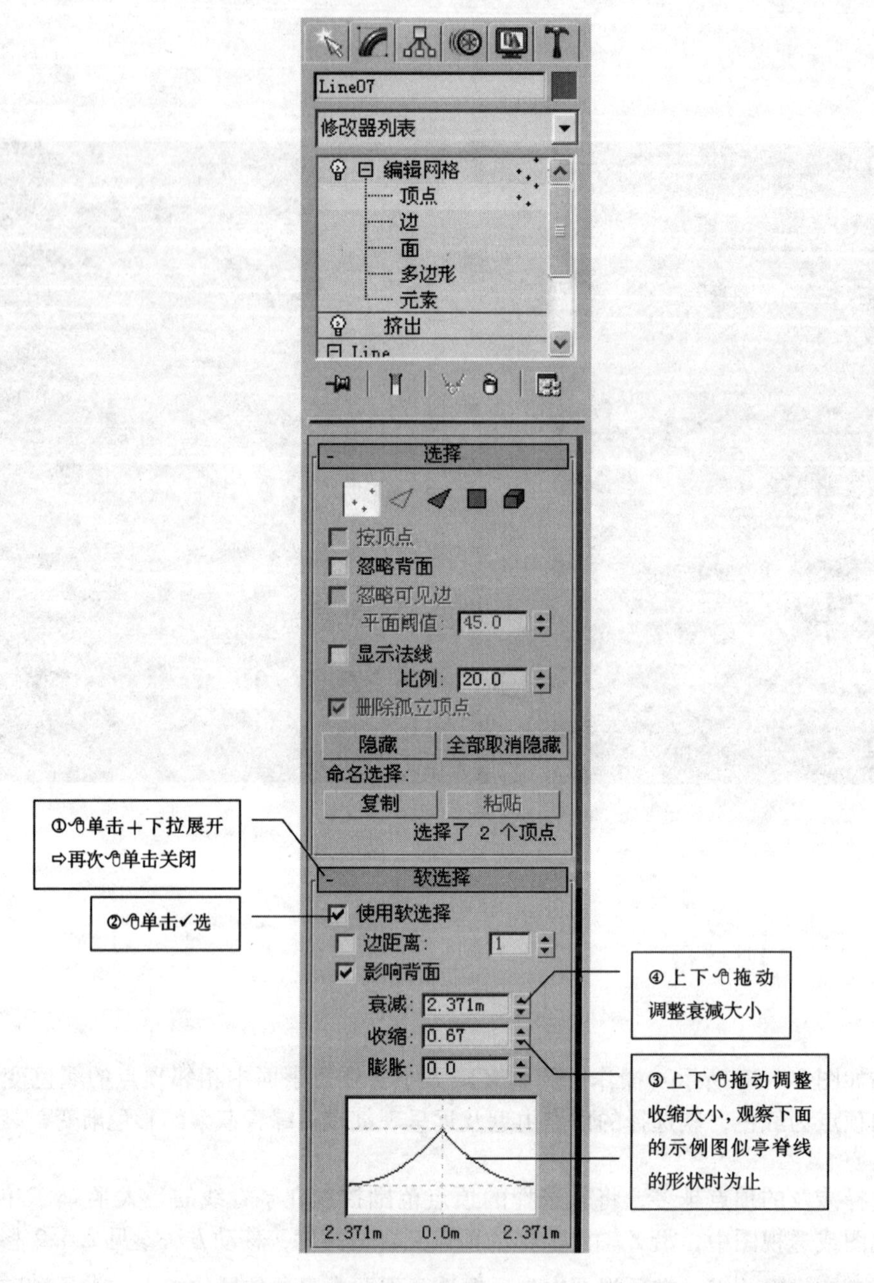

图 2-4-30

4.2.4 多边形 Polygon 层级的编辑

1. 观察默认材质 ID 号

在使用多维/子对象材质时，需要给网格对象表面的特定区域指定材质 ID 号，以确定材质 ID 与对象表面网格的匹配关系，网格对象在创建时一般已经指定了默认的材质 ID 号，在指定材质 ID 号前先要观察默认的材质 ID 号分配以及未分配的材质 ID 号。

操作方法如下：

①创建一个茶壶。

②施用编辑网格修改器，进入多边形层级，如图 2-4-22 所示，执行操作①～④。

③如图 2-4-31 所示，执行操作①②，输入材质 ID 号 1，网格对象表面呈红色显示的区域是默认分配了材质 ID = 1 的网格，重复这一步骤，递增输入材质 ID 号，直至网格对象表面没有红色区域显示，说明此 ID 号以上的 ID 号还没有分配。

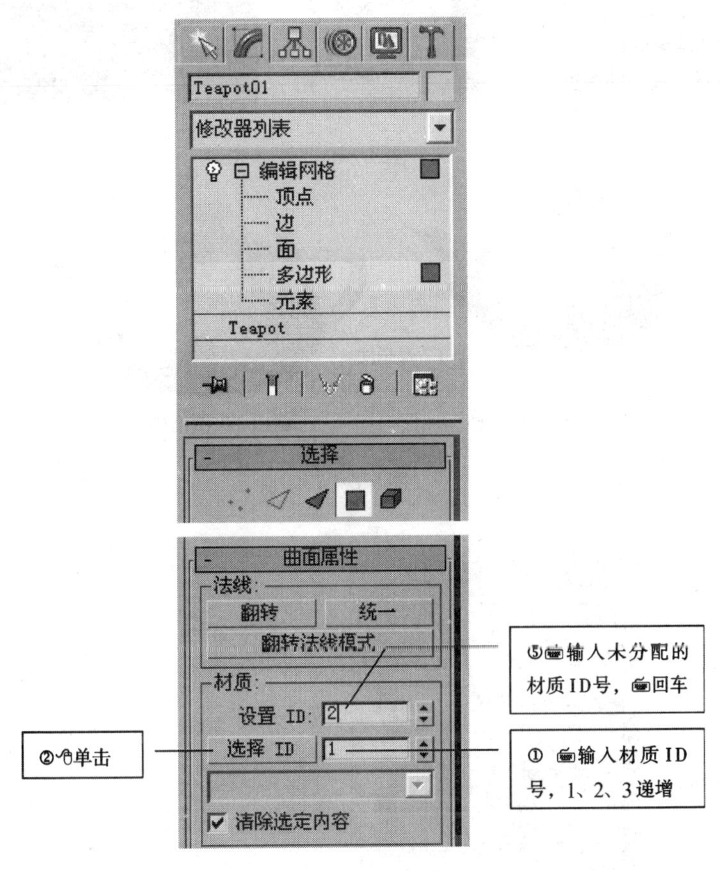

图　2-4-31

2. 指定材质 ID 号

延续前面的步骤操作，如图 2-4-32、图 2-4-31 所示，执行操作③④⑤，将选择的多边形指定为第一个没有使用的 ID 号，重复这一步骤可以选择其他多边形依次指定不同的材质 ID 号。

3. 面挤出 Face Extrude

如图 2-4-33 所示该操作没有太多的实际意义，目的是演示选择了哪些多边形。

延续前面的步骤操作，选择要挤出的多边形，如图 2-4-34 所示操作。使用独立的面挤出 Face Extrude 修改器，更易于调节。

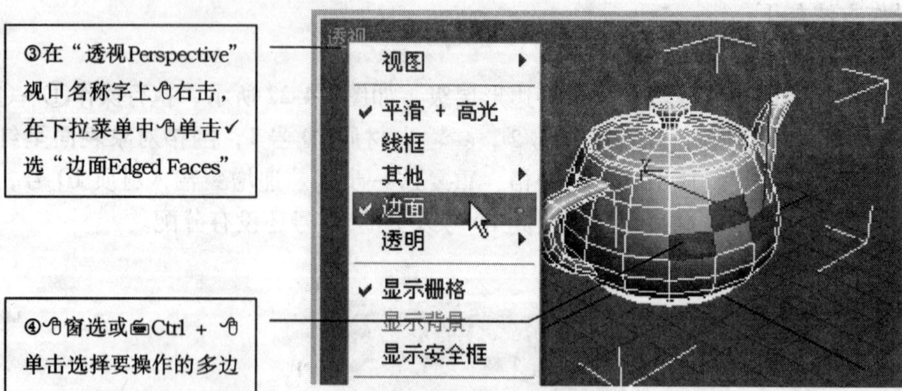

图 2-4-32

挤出 >0 网格外凸　　　　挤出< 0 网格内凹

图 2-4-33

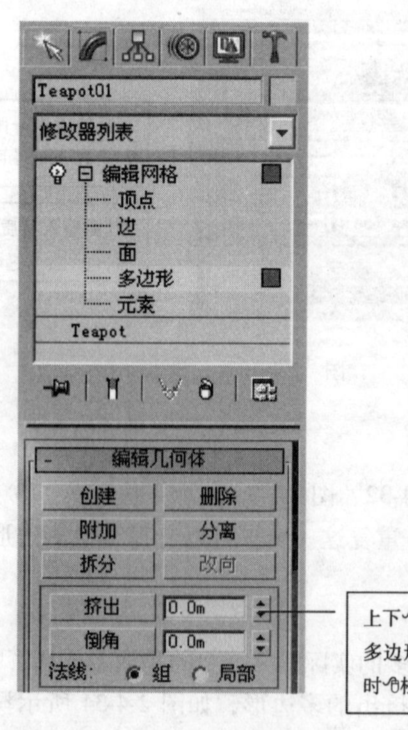

图 2-4-34

4.2.5 元素 Element 层级的编辑

多个网格对象可以附加在一起，已经附加的对象也可以再分离开，附加使对象失去原始创建参数，这种变化是不可逆的，即使再分离开也只能以可编辑网格对象存在，而不能恢复其创建参数和修改器堆栈。

1. 附加列表 Attach List

适用于一次附加多个网格物体，必须知道被附加对象的名称，否则易于将无关的网格对象附加进来。是对象层级的编辑命令，进入子对象层级后此命令的按钮自动变为[分离]。

操作方法如下：

如图2-4-35所示，单击左端长方体，如图2-4-36、图2-4-37所示，执行步骤①~④将多个长方体一次附加在一起。

未附加的独立对象

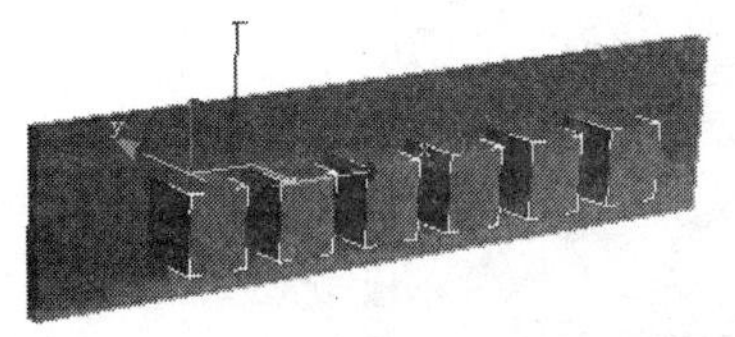

已附加的对象，单击其中一个全部选中

图 2-4-35

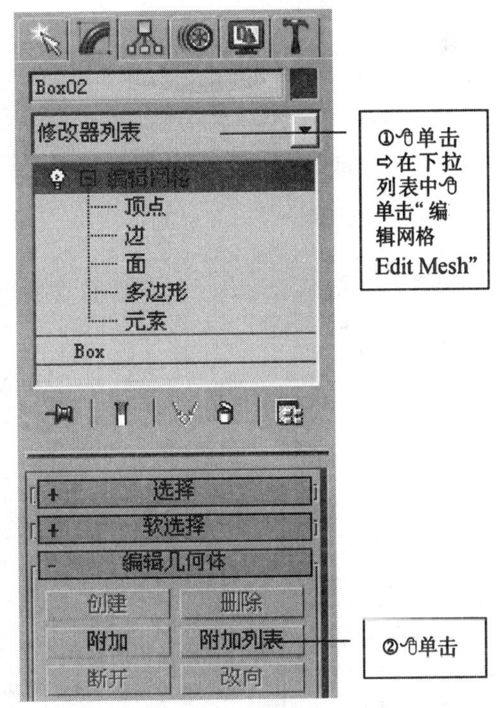

图 2-4-36

如图2-4-37所示，如果在左侧附加列表中没有出现要附加的对象，说明它们与当前选择的对象存在实例或关联关系，参见2.5.2中4. 复制的对象副本与原始对象的三种关系，如图2-4-38所示，执行操作⑤可将选定对象独立出来。下面的2. 附加也会存在同样问题，表现为要附加的对象不能被选择。

附加列表
Box01
Box03
Box04
Box05
Box06
Box07
③拖动选择要附加的长方体
④单击
排序
按字母顺序
按类型
按颜色
按大小
列出类型
几何体(G)
图形(S)
灯光(L)
摄影机(C)
辅助对象(H)
空间扭曲(W)
组/集合(P)
外部参照(X)
骨骼对象(B)
全部
无
反转
选择集
全部(A)
无(N)
反转(I)
显示子树
选择子树
区分大小写
选择从属对象
附加
取消

图 2-4-37

Box02
修改器列表
编辑网格
顶点
边
面
多边形
元素
Box
⑤此钮激活说明存在一组与选定对象是实例或关联关系的对象。单击此钮，可将选定对象独立出来
选择
软选择
编辑几何体
创建
删除
附加
附加列表
断开
改向

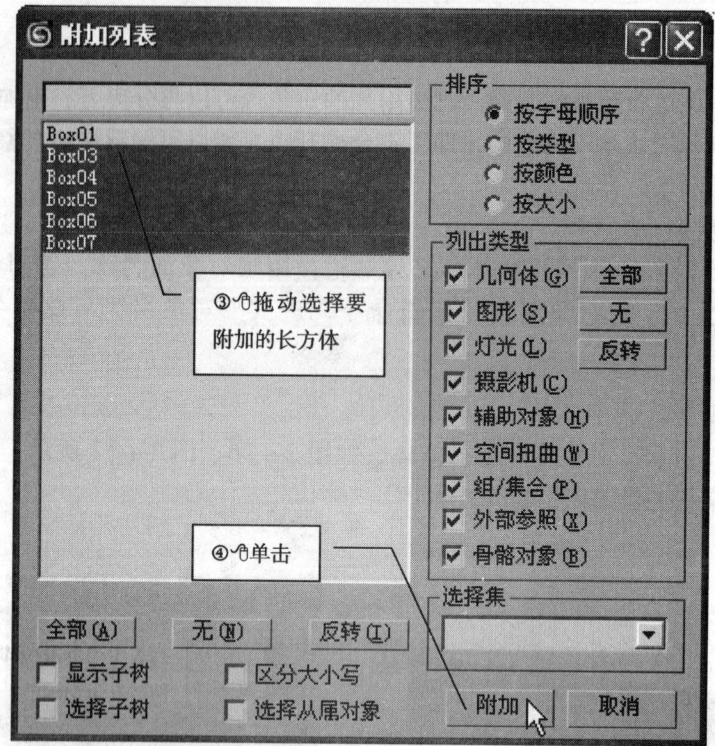

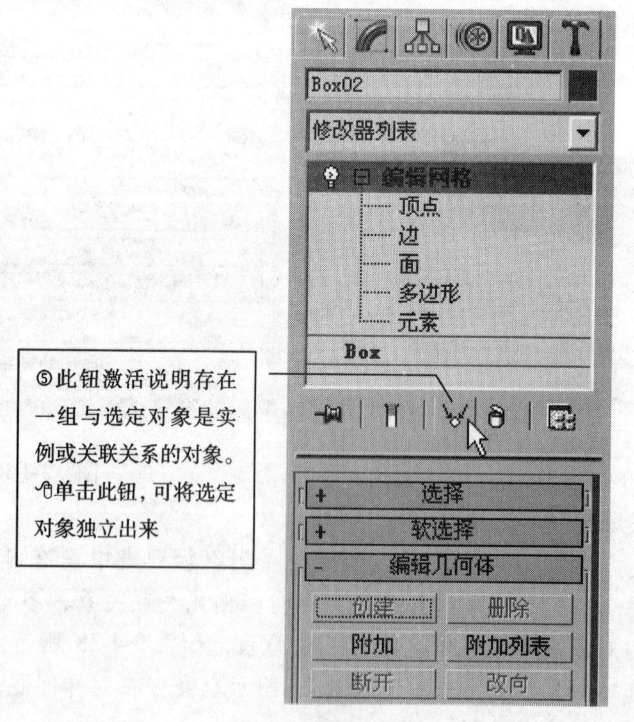

图 2-4-38

2. 附加 Attach

与附加列表等效的一种操作，适用于附加数量较少的网格对象。操作方法如下：

如图2-4-35所示，单击左端长方体⇨如图2-4-39所示，执行操作①②③⇨如图2-4-35所示，在视图中依次单击其余的5个长方体，将它们依次附加在一起⇨右击，附加结束。

3. 分离 Detach

有时发生误操作，把无关的对象附加进来，分离可以将选择的元素独立出来，是一种补救措施。操作方法如下：

选中要分离的网格对象⇨编辑网格修改器，进入元素层级⇨在视图中单击要分离出来的网格对象⇨如图2-4-39所示，执行操作④，弹出对话框⇨如图2-4-40所示，执行操作⑤⑥。

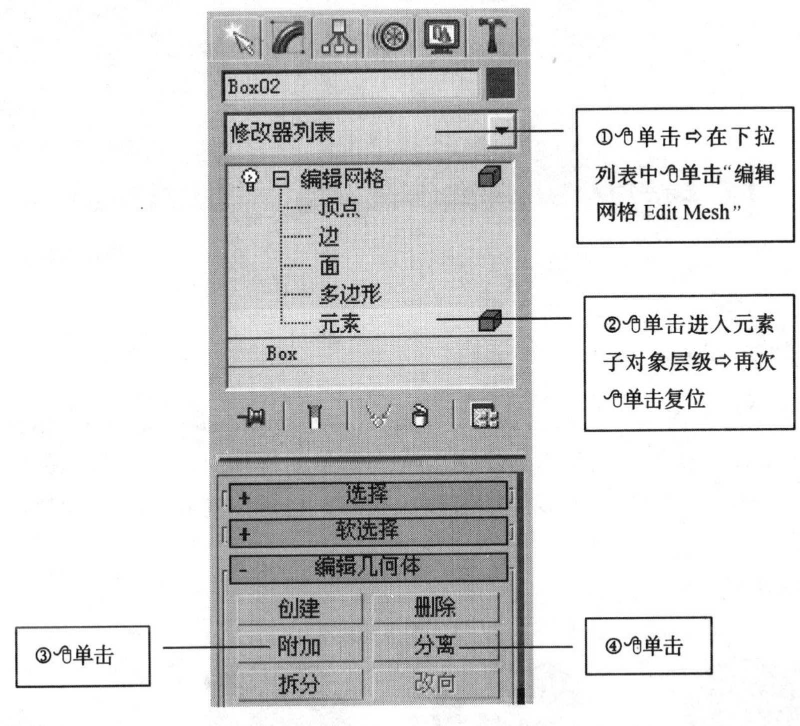

图 2-4-39

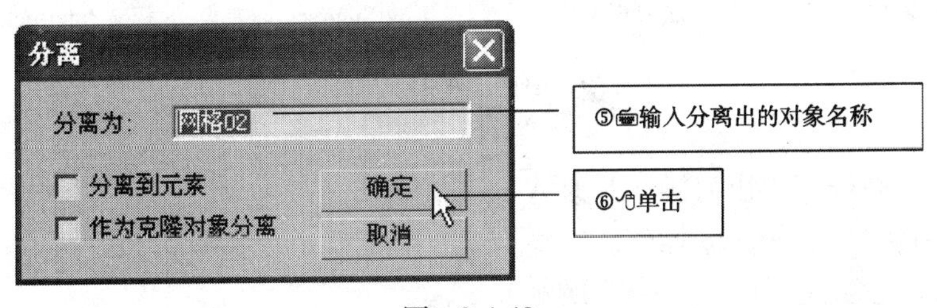

图 2-4-40

4.3 复合对象 Compound Objects 建模

将两个或多个对象组合成单个对象的一种建模方法，进入创建复合对象面板的操作如图 2-4-41 所示①②③，复合对象的种类如图 2-4-42 所示。

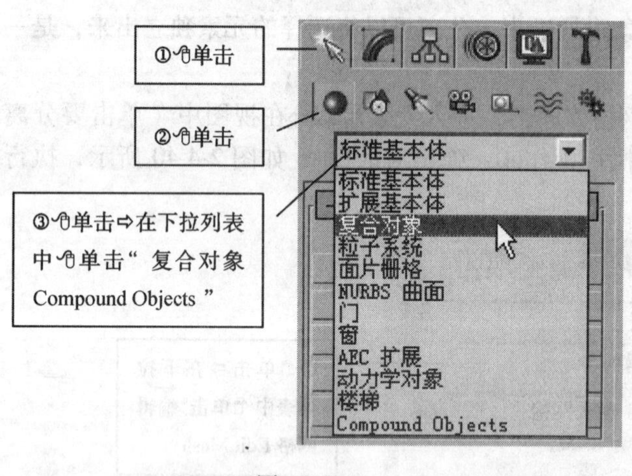

图 2-4-41　　图 2-4-42

4.3.1 布尔 Boolean

布尔是对两个几何体进行加（Union 并集）、减（Subtraction 差集）、相交（Intersection 交集）等运算，获得新几何体的建模方法。布尔的操作对象一次只能是两个几何体，如果是多个几何体参与运算，可以连续做多次布尔，也可以先将多个几何体附加在一起，然后再做布尔。

布尔的操作步骤如下：

①创建一个长方体和一个球体，如图 2-4-43 所示。

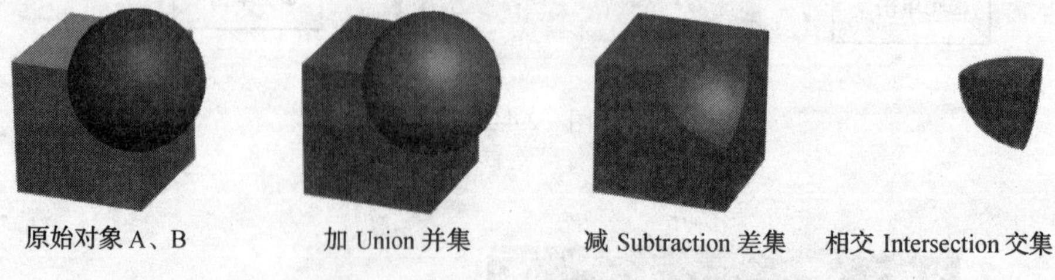

原始对象 A、B　加 Union 并集　减 Subtraction 差集　相交 Intersection 交集

图 2-4-43

②单击选择长方体作为操作对象 A。

③如图 2-4-44 所示①②③操作。

石鼓的布尔运算过程如图 2-4-45 所示。

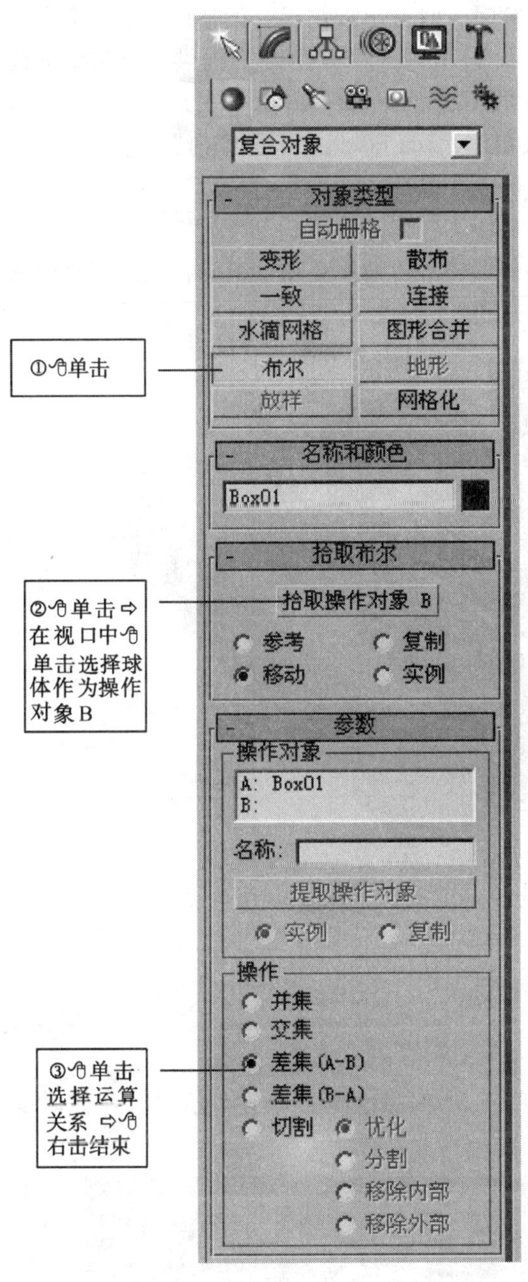

图　2-4-44

被减对象大石鼓
减对象小石鼓

大小石鼓对齐

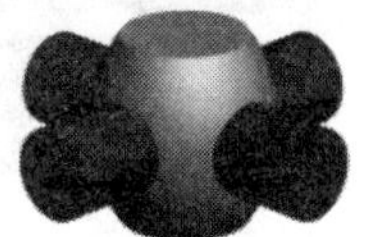

减对象圆柱

减掉圆柱

减掉小石鼓

图　2-4-45

4.3.2 超级布尔 ProBoolean

布尔在连续多次运算或是多个对象参与运算时，时常出现错误，调整操作次序会有一定的帮助，但不能从根本上解决问题。Autodesk 向 3ds max8.0 的用户提供了布尔增强模块 ProBooleans extension 以弥补其内置布尔模块的不足，ProBoolean 由第三方开发，独立版本 Poly Boolean 或 Power Boolean 习惯称为超级布尔，3ds max9.0 中已经内置了这一模块。超级布尔与 3ds max 原有布尔模块相比，有以下几个优点：

（1）功能强大

如图 2-4-46 所示，是要在一栋学生宿舍楼的墙体上打通 400 多个窗洞，注意观察楼的南墙，原有布尔模块出现错误，许多窗洞没有打通。

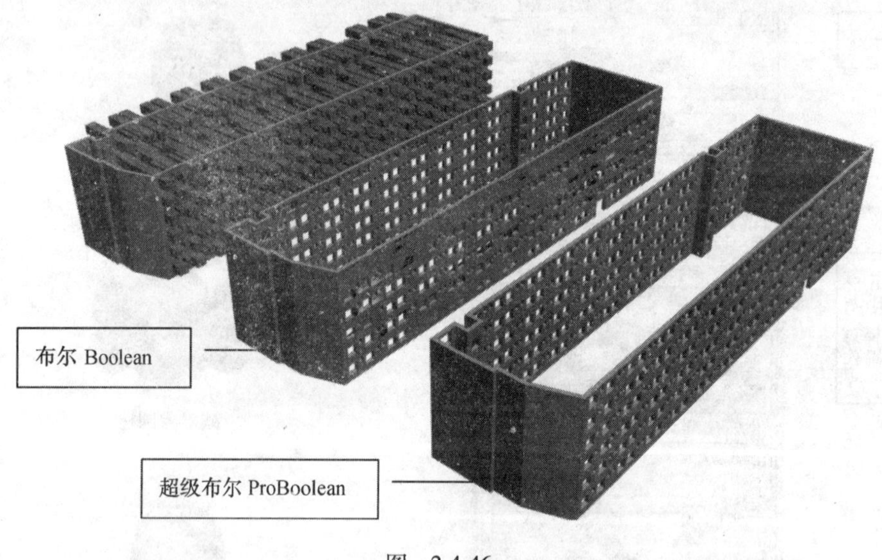

图 2-4-46

（2）算法优秀，运算时间短。

（3）操作方便，可连续拾取多个操作对象 B。

（4）模型结构简洁

图 2-4-47 所示，是操作完成后在前视口中看到的模型线框，原有布尔模块存在许多与结构无关的紊乱线框。

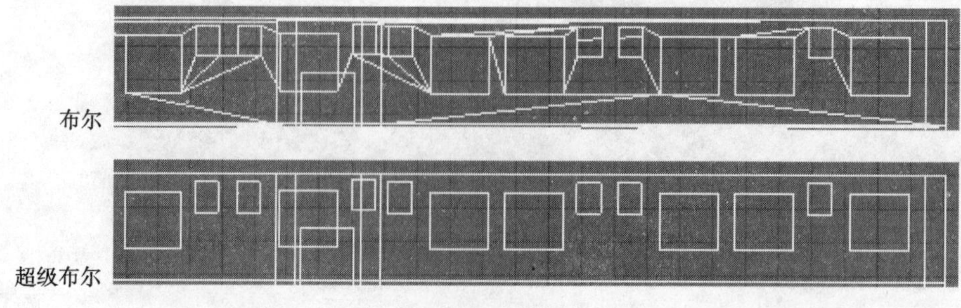

图 2-4-47

例 2-4-1　如图 2-4-48b 所示，在一段园墙上开门洞和景窗洞。

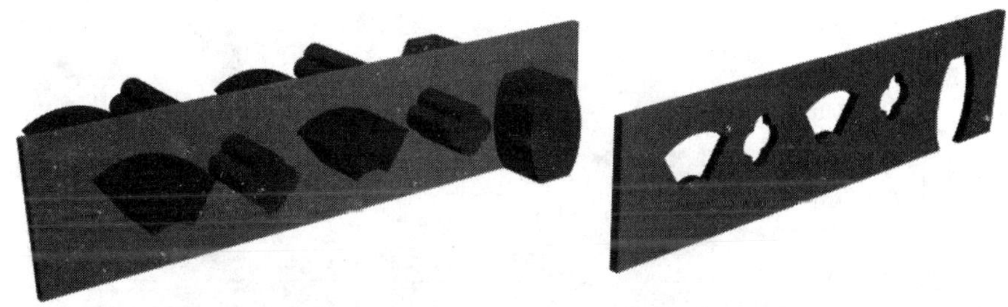

a）墙与打穿窗洞和门洞的柱子　　b）超级布尔 Subtraction 墙 - 柱子

图　2-4-48

1. 准备超级布尔的操作对象—几何体

①在顶视图中创建长方体作为景墙。

②在顶视图中创建长方体，将分段数设为 10 以上，沿 X 轴将其弯曲成扇形。

③在前视图中创建 5 个圆柱体，将其排列成海棠形状。

④在前视图创建园门的形状图形，挤出成柱体。

⑤在顶视图将上述柱体沿 Y 轴移动到墙体中间，将开窗的两组几何体复制一份，结果如图 2-4-48a、图 2-4-49 所示。

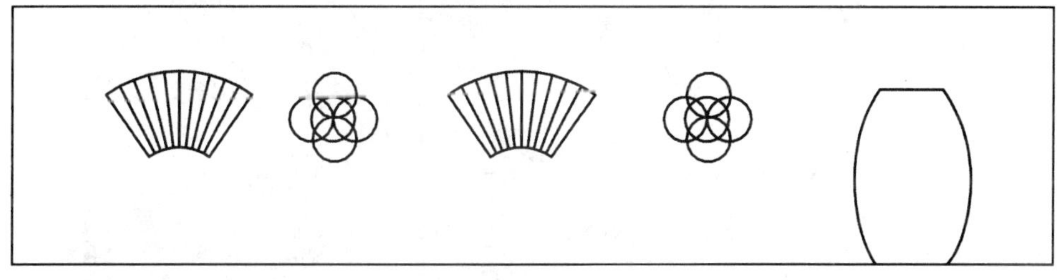

图　2-4-49

2. 超级布尔的操作方法

单击选中墙体作为操作对象 A ⇨如图 2-4-50 所示，执行操作①～⑤⇨ 在视口中依次单击开门洞、窗洞的几何体作为操作对象 B ⇨右击，超级布尔结束，结果如图 2-4-48b。

使用超级布尔获得的模型在没有安装这一模块的 3dsmax 中不能直接打开，可在原系统中将这一模型转换为可编辑网格，参见 4.2.2 中 2. 可编辑网格。

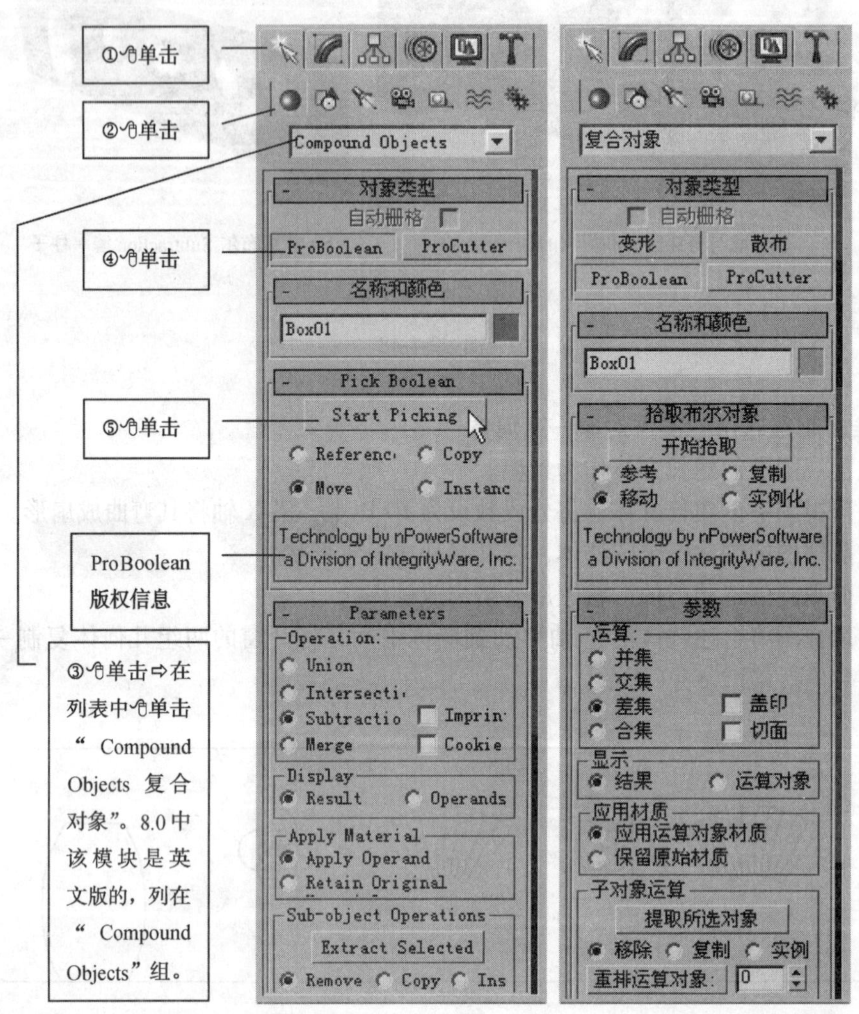

图 2-4-50

4.3.3 放样 Loft

放样是沿一条路径放置一系列截面图形来建立模型的一种方法，3ds 中常用古代造船时先定龙骨，再沿龙骨放置船体截面，然后在截面间钉上船板来说明放样的概念，龙骨就是路径，而船体截面就是放样的截面图形。放样路径可以是任意弯曲的三维样条线，但只能是一条曲线，在路径上可以放置多个截面图形。如果在同一位置有多个图形时要先其附加在一起作为截面图形，并且在路径不同位置上截面图形的样条线数目必须相等，如图 2-4-51 所示。

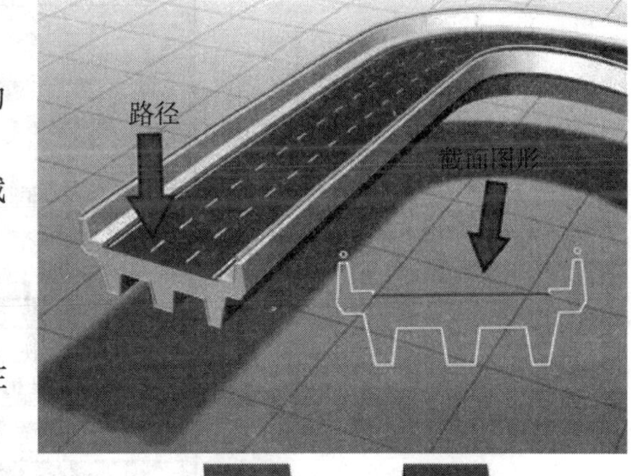

1. 放样的操作方法

如图 2-4-52 所示，放样对象建模的操作如下：

（1）在顶视图中创建方、圆两个截面图形，在前视图中创建路径线。

（2）单击选择路径线。

（3）放置第一个截面图形

如图 2-4-53 所示，执行操作①②⇨ 在视图中单击“方形”作为截面图形 1。

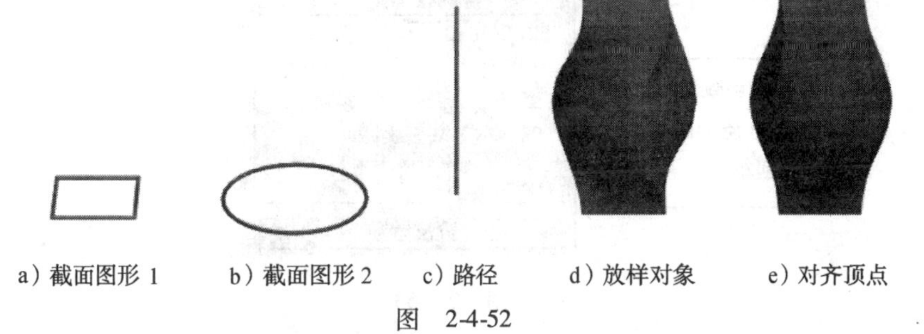

a）截面图形 1　　b）截面图形 2　　c）路径　　d）放样对象　　e）对齐顶点

图　2-4-52

（4）放置第二个截面图形

如图 2-4-53 所示，执行操作③输入 50 回车，将要放置截面图形的位置移动到路径的 50% 长度上 ⇨ 执行操作②⇨ 在视图中单击“圆”作为截面图形 2。

（5）放置第三个截面图形

如图 2-4-53 所示，执行操作③输入 100 回车，将要放置截面图形的位置移动到路径的末端顶点⇨执行操作②⇨在视图中单击“方形”作为截面图形 3。

放样对象构成后原始截面图形游离在外，由于放样对象中的截面图形与原始截面图形默认是实例关系，修改截面图形的参数会关联的改变已构成的放样对象尺寸。

2. 截面图形比较

观察放样对象，如图 2-4-52d 所示，可能发现在中间截面圆的位置有一定的扭曲，这是由于三个截面中圆与方形的起始顶点不对齐造成的，通过图形比较可将其对齐。

图形比较的操作方法如下：

①单击选择放样对象。

②如图 2-4-54 所示操作①～④，打开截面图形比较窗口。

对象类型
自动栅格
变形
散布
一致
连接
水滴网格
图形合并
布尔
地形
放样
网格化
①单击
名称和颜色
Line01
创建方法
获取路径
获取图形
②单击
移动
复制
实例
曲面参数
路径参数
路径:
0.0
捕捉:
10.0
启用
百分比
距离
路径步数
③双击⇨输入截面在路径中的位置⇨回车
蒙皮参数

图 2-4-53

①单击
Loft01
修改器列表
Loft
图形
路径
②单击＋下拉展开子对象层级
③单击
图形命令
路径级别:
0.0
比较
重置
删除
④单击

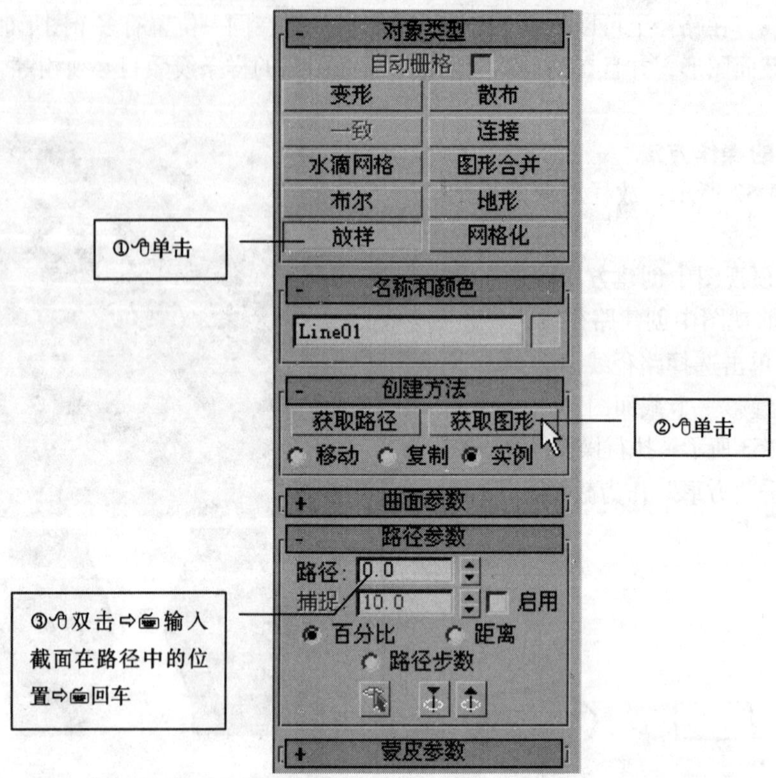

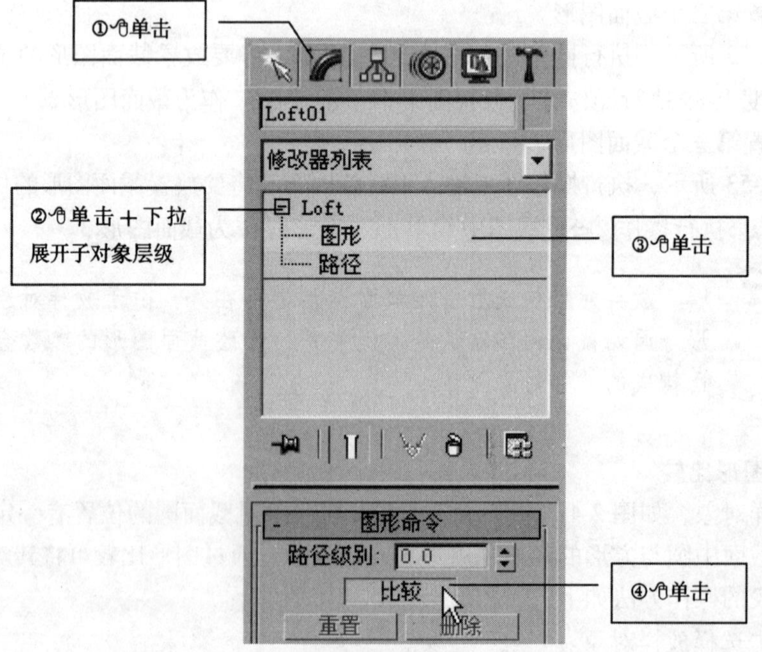

图 2-4-54

③如图 2-4-55 所示操作⑤。

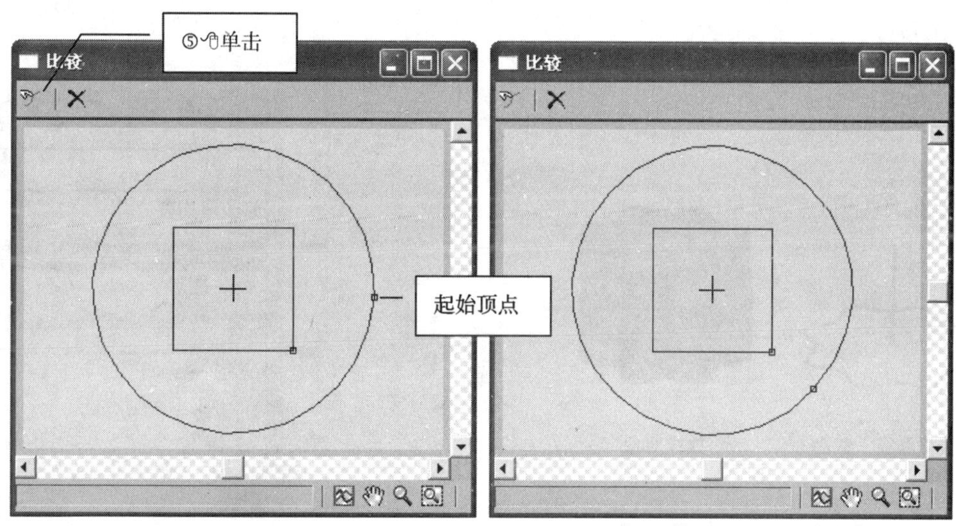

图　2-4-55

④如图 2-4-56 所示操作⑥，分别拾取截面圆和方形。

⑤单击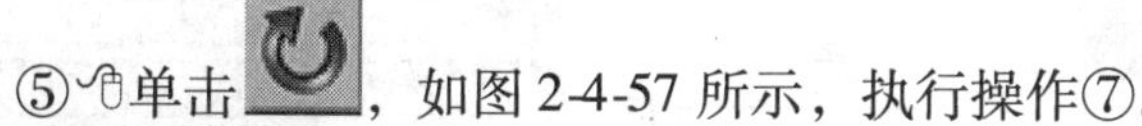，如图 2-4-57 所示，执行操作⑦。

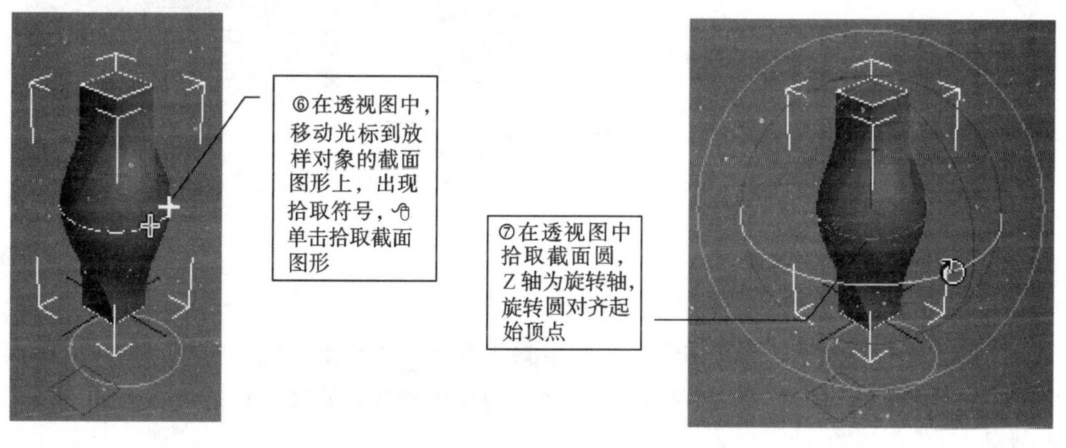

图　2-4-56　　　　图　2-4-57

⑥关闭比较窗口。

⑦如图 2-4-54 所示，执行操作③复位。

3. 放样对象的变形

已经构成的放样对象，可以对其进行变形操作。如图 2-4-58 所示，是一个古代建筑柱墩建模过程中的放样和变形。

缩放 Scale 变形的操作步骤：

①单击选中放样对象⇨如图2-4-59所示执行操作①②，弹出缩放变形窗口，如图2-4-60所示。

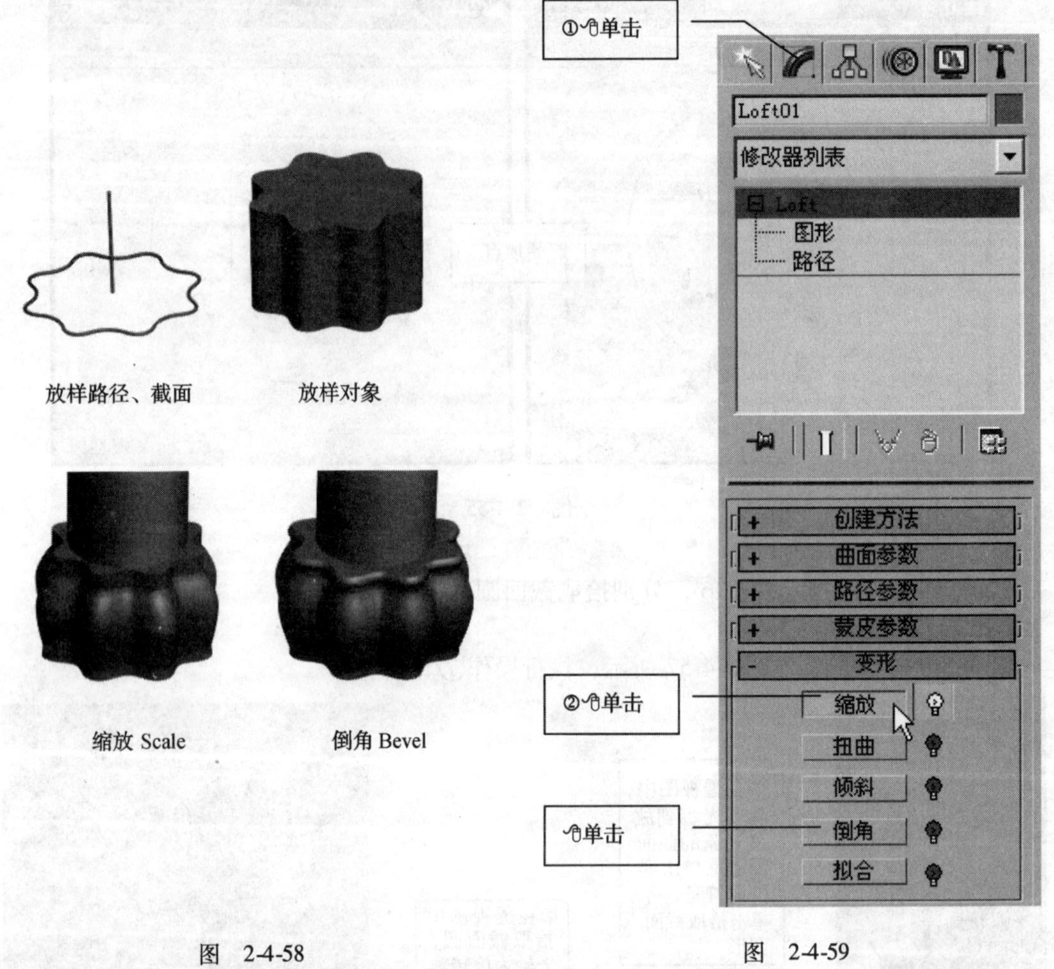

图 2-4-58

图 2-4-59

②如图2-4-60所示，单击③，按照步骤④在水平直线上要插入控制点的位置依次单击。这条直线可以理解为放样对象纵剖面的外轮廓线，要在变形的位置上插入多个控制点。

③单击⑤，逐个拖动插入的角点将其移动到合适的位置，在角点上右击，利用弹出的快捷菜单转换控制点的类型，做平滑处理。在移动和平滑点的过程中要观察透视图中放样对象的形状变化。

倒角 Bevel 变形与缩放变形的比较。

二者在功能上有些相似，操作方法也基本相同，缩放变形是调节放样对象的外轮廓线距中心轴线的距离，倒角则是调节外轮廓线自身的凹凸程度，缩放对放样对象的操作适应性更强。如图2-4-61所示，用倒角内凹到这种程度已经达极限，再增大倒角模型将畸变。

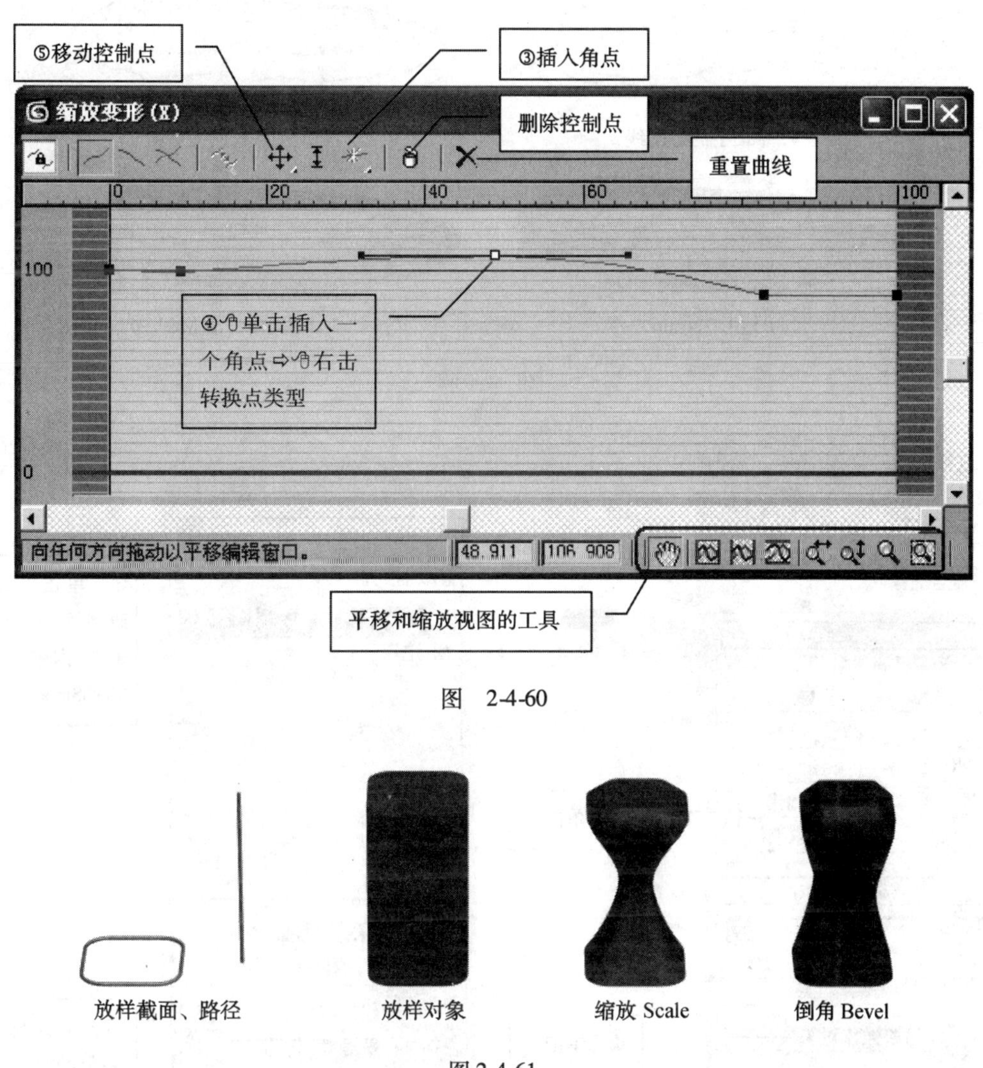

图 2-4-60

图 2-4-61

4.3.4 地形 Terrain

例 2-4-2 如图 2-4-62 所示，创建地形。

①输入 AutoCAD 中的等高线或直接在 3ds max 中描绘一组等高线，如图 2-4-62a 所示。

②在顶视图中选中高程相等的等高线，在前视图中向上移动到相应高程。重复这一过程，由外向里将等高线依次移动到位，如图 2-4-62b 所示。

③生成地形。选择属于同一地形的一组等高线，如图 2-4-63 所示，执行操作①，如果有漏选的等高线可执行②，然后在顶视图中单击要添加的等高线，如图 2-4-62c 所示。

④网格平滑。如图 2-4-64 所示执行操作③④平滑地形网格。

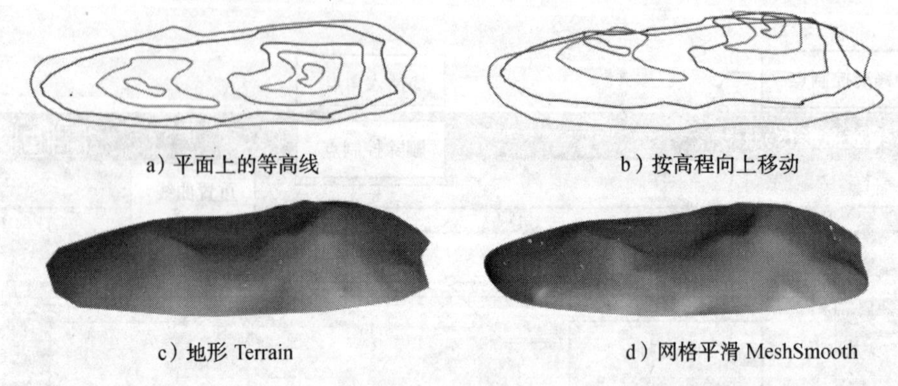

a）平面上的等高线　　b）按高程向上移动

c）地形 Terrain　　d）网格平滑 MeshSmooth

图　2-4-62

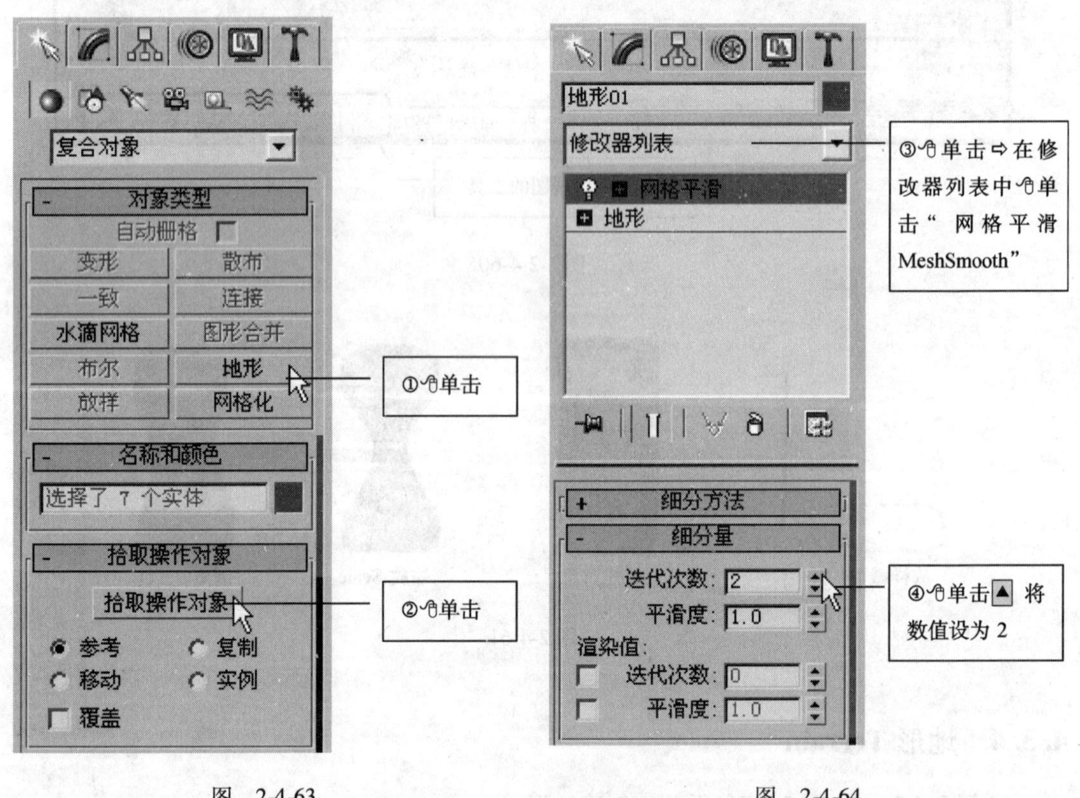

图　2-4-63　　图　2-4-64

4.3.5 图形合并 ShapeMerge

将平面图形合并（投影）到网格对象表面上，合并区域的多边形被选中，可以设置材质 ID、做面挤出等进一步处理。

如图 2-4-65 所示，在地形上创建两条下陷的小路，操作延续 4.3.4 进行。

操作方法如下：

①在顶视图中创建两条小路样条线，分别轮廓成双线。

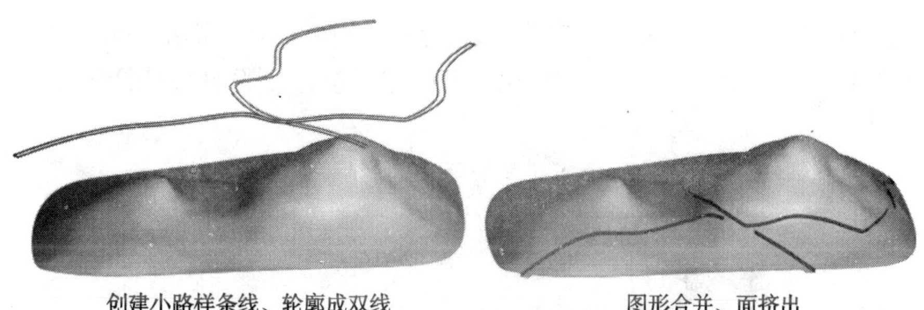

图　2-4-65

② 编辑菜单⇨暂存，经常会做错，可取回重做。

③单击选中地形网格对象⇨如图 2-4-66 所示，执行操作①②③⇨在顶视图中依次单击两条小路样条线⇨右击两次，图形合并结束。

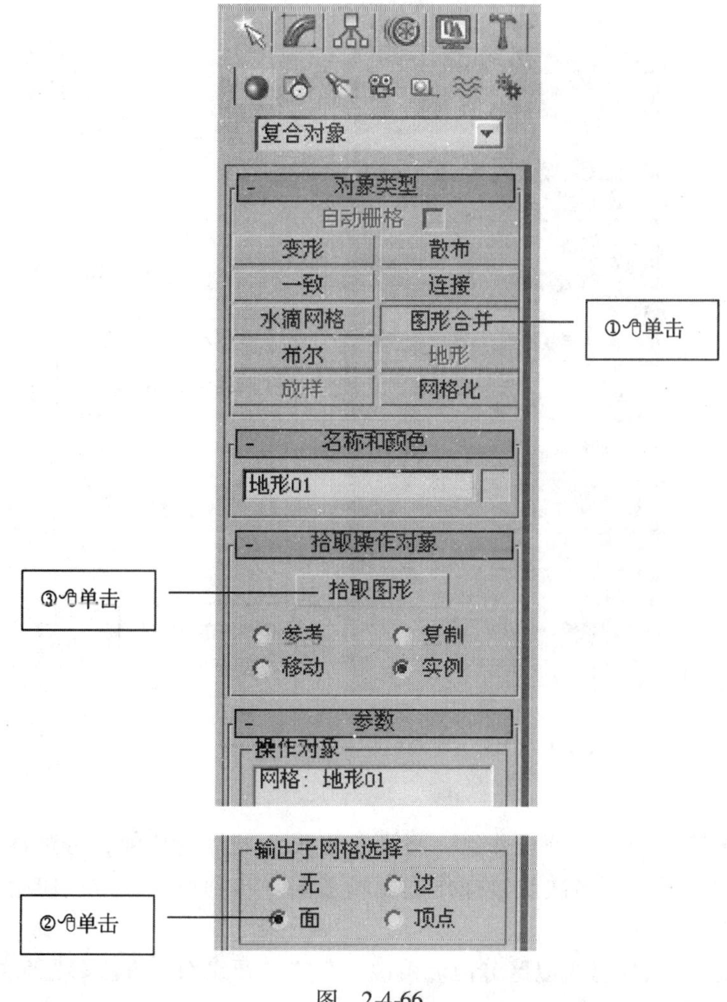

图　2-4-66

④编辑网格修改器 ⇨ 进入多边形子对象层级 ⇨ 如图 2-4-67 所示，执行操作①，给小路指定材质 ID 号为 2（地形网格默认使用了 ID 号 1，2 以上都可以使用）。

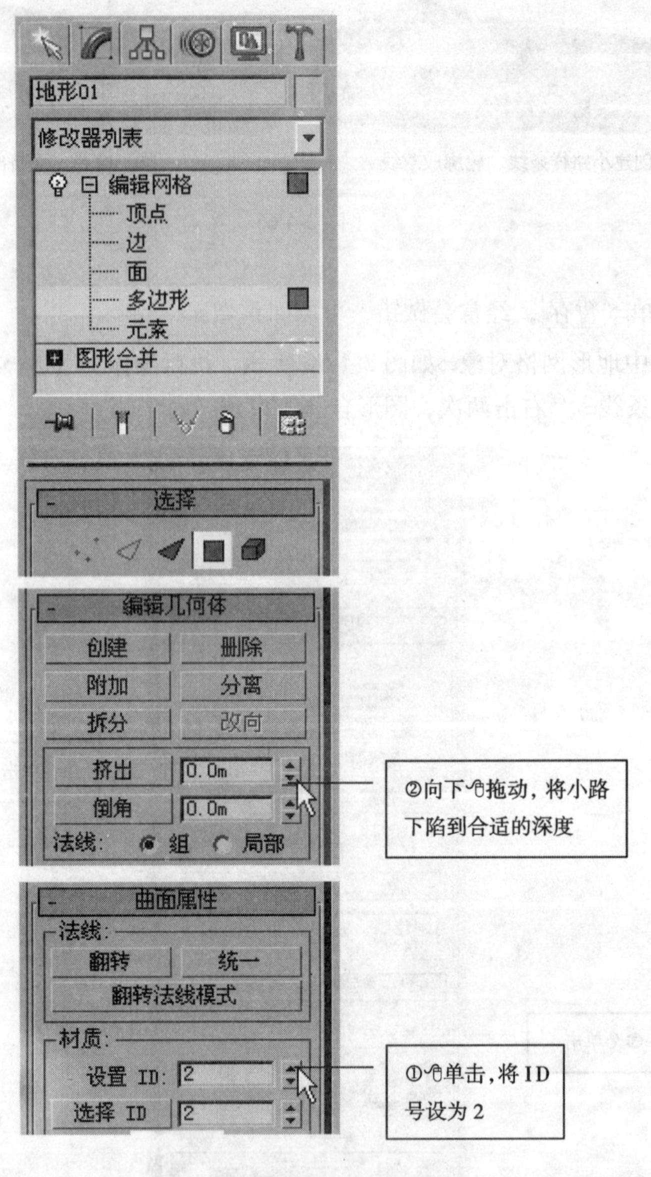

图 2-4-67

⑤如图 2-4-67 所示，执行操作②，将面挤出设为较小的负值，可观察地形网格上下陷的深度决定，为了避免多次反复操作造成畸形要一步到位，也可以使用单独的面挤出 Face Extrude 修改器。

⑥指定多维/子对象材质以区分山坡植被与小路沙石路面，方法参见 5.4.4 多维/子对象材质，结果如图 2-4-68 所示。

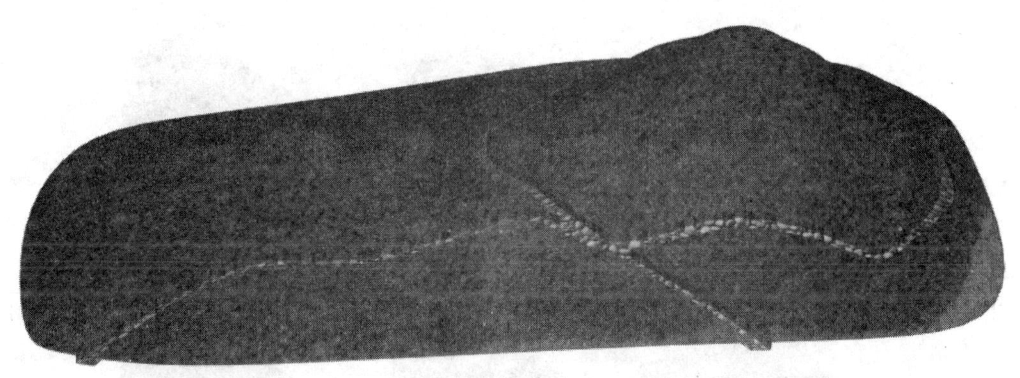

图　2-4-68

4.4　三维建模实例

例 2-4-3　创建 Town House 小别墅的三维模型，如图 2-4-69 所示。

图　2-4-69

建模过程如图 2-4-70 所示。

（1）创建外墙线，编辑样条线修改器，屋脊位置插入顶点，轮廓复制出内墙线。

（2）挤出墙体高度。

（3）编辑网格修改器，沿 Z 轴向上移动山墙顶点到合适的高度。

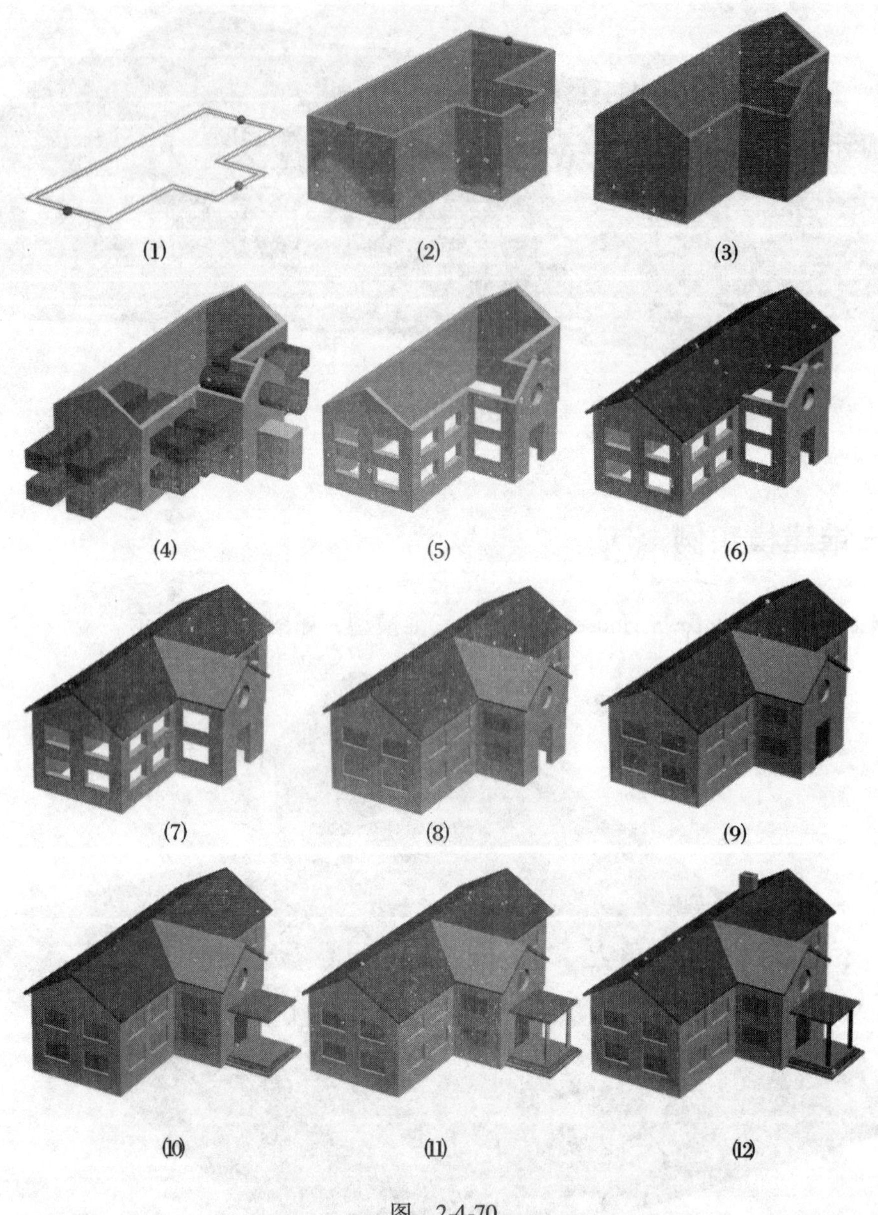

图 2-4-70

（4）创建开门洞和窗洞的柱体，在前视图中创建在前后两面墙上开洞的窗柱和门柱，在左视图中创建在左右两面墙上开洞的窗柱。

（5）在墙体上开门洞和窗洞，布尔或超级布尔从墙体上减去准备的门柱和窗柱。

（6）东西屋顶，在左视图中创建屋脊线，轮廓成双线，挤出屋顶坡面。

（7）南北屋顶，在前视图中创建屋脊线，轮廓成双线，挤出屋顶坡面。

（8）窗玻璃，在前视图中创建长方体作为南面墙上的窗玻璃，在左视图中创建长方体作为西面墙上的窗玻璃，玻璃一般比窗洞要大，多余部分嵌在墙体中。

(9) 门，在前视图中创建长方体作为门，要打开顶点捕捉，创建的门要与门洞一样大，以便于后面的贴图操作。

(10) 台阶、雨蓬，在顶视图创建依次增高的长方体作为台阶，创建的雨蓬在地面上，要将其沿 Z 轴向上移动到合适的高度。

(11) 门柱，在顶视图中创建圆柱作为门柱，在前视图中观察将其高度设置到合适数值。

(12) 烟囱，在顶视图中创建矩形作为外轮廓线，轮廓成双线，挤出高度。

4.5 建筑 AEC 对象

3ds max 提供了植物、门、窗、楼梯、围栏、墙等参数化建筑对象，使三维设计构思的实现更加轻松，如图 2-4-71、图 2-4-72 所示，创建方法见随书教学光盘。使用建筑对象与传统的建模方法相比有以下几个特点：

(1) 参数化建模，快捷轻松。

图 2-4-71

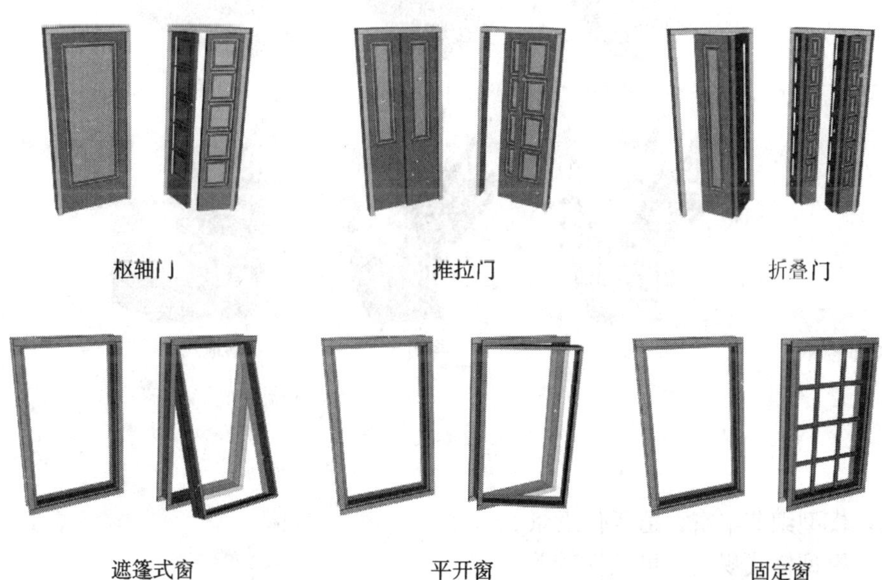

图 2-4-72

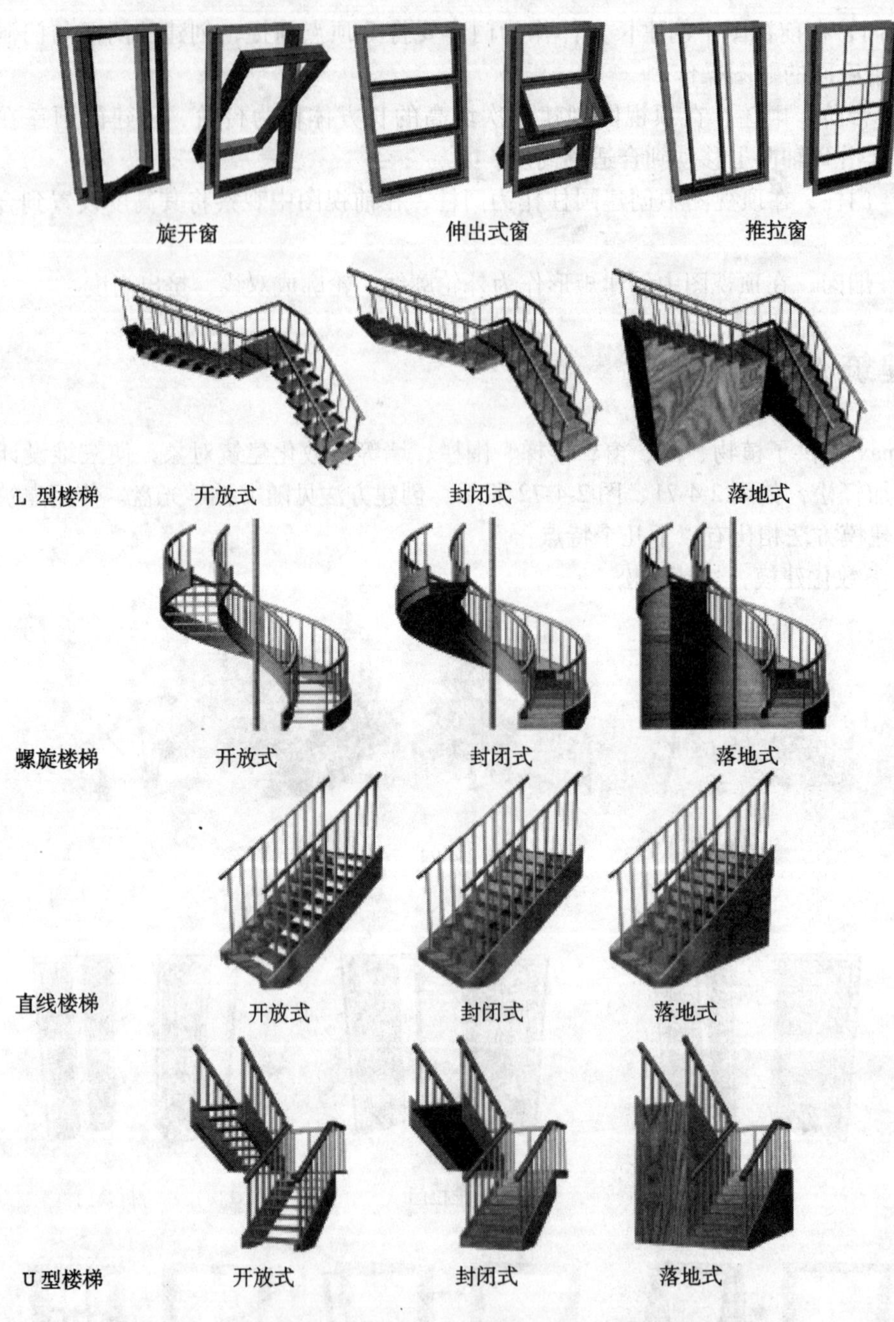

图 2-4-72（续）

（2）模型细节丰富，适于作近景。

（3）模型格式规范，可塑性较差。

（4）使用多维/子对象材质，材质 ID 已经分配。

（5）模型较为复杂，不适于大量使用，否则渲染时间过长或不能渲染。

第 5 讲

5.1 视图

设计图纸一般可以分为平面图、立面图、轴测图、透视图等，高视点的透视图也称为鸟瞰图。轴测图由于没有透视变形，看上去会有种怪怪的感觉，仅用于设计师之间交流。透视图是设计表现图最为常用的视图，也就是常说的三维效果图。在 3ds max 中，将不同的视图渲染存储为图像文件，进入 Photoshop 经后期处理成相应的图纸。3ds max 的视图与图纸的对应关系如下：

顶视图 Top	平面图
前视图 Front	前立面图
后视图 Back	后立面图
左视图 Left	左立面图
右视图 Right	右立面图
摄影机视图 Camera、透视图 Perspective	透视图、鸟瞰图
用户视图 User	轴测图

在 3ds max 视图区分布着 4 个视口，默认显示顶视图、前视图、左视图 3 个正交视图和透视图，这 4 个默认显示的视图是场景构建过程中最为常用的，在场景输出时则常用到摄影机视图。视图的显示位置并不是固定不变的，习惯上摄影机视图与透视图交替显示在右下角的视口中。如图 2-5-1 所示的操作，将右下角视口从透视图切换为摄影机 02 视图。

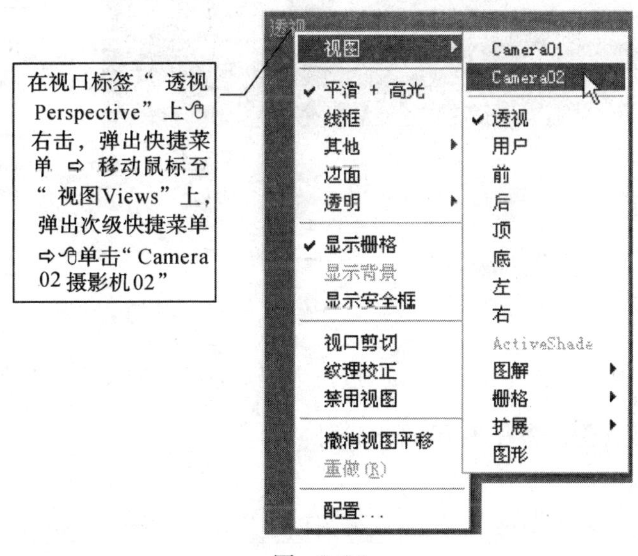

图 2-5-1

⌨敲击视图英文名称的首字母，可以在活动视口中快速切换显示另一个视图，3ds max 视图切换的快捷键定义：顶视图 t、前视图 f、左视图 l、透视图 p、用户视图 u、摄影机视图 c。如果⌨敲击了字母 d，视口名称后面显示“/禁用”，此时视口不再刷新，再次⌨敲击字母 d 可解除禁用。

5.2 透视图与摄影机视图

摄影机视图也是一种透视图，与默认的透视图相比，摄影机视图可以使用长焦镜头、广角镜头、摄影机校正等功能，可以达到更好的渲染效果。透视图一般用于场景构建过程中观察场景和快速渲染检查材质，而最终的产品级渲染是在摄影机视图中完成的。一个场景中可以放置多个摄影机，每个摄影机视图对应一幅要输出的图纸，渲染前可以在不同的摄影机视图间切换。可以想象你到一个旅游景点，会站在不同角度、距离，调整照相机使用不同的焦距、视野等拍摄多张照片留念。3ds max 的一个场景可以看作是一个旅游景点，每一个摄影机视图的渲染图就是你拍摄的一张照片。

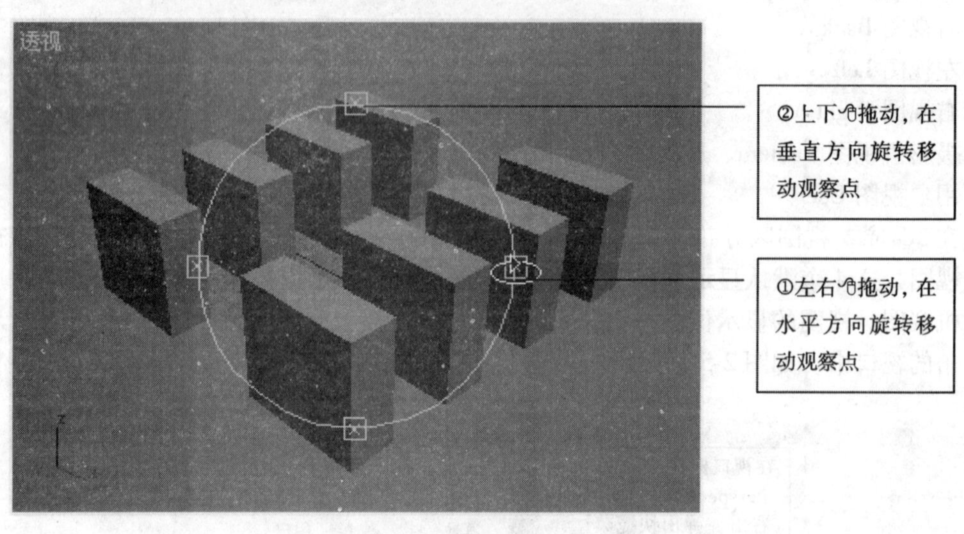

图 2-5-2

使用摄影机视图的操作方法如下：

1. 调整透视图

在透视图视口中🖰右击⇨🖰单击 按钮下陷成 ⇨如图 2-5-2 所示操作①②⇨ 平移视图⇨ 缩放视图。参见 1.10 视口控件。

2. 创建摄影机

🖰单击 视图 Views 菜单⇨🖰单击 从视图创建摄影机 Create Camera from Views ⇨系统

匹配当前视图的角度创建一个摄影机，并将透视图直接切换到该摄影机视图。

3. 调整镜头焦距或视野参数

创建的摄影机默认参数设置与人眼睛的观察效果相近，如果要制作夸张的视觉效果，可以调整摄影机镜头的焦距、视野等参数，如图 2-5-3 所示操作。

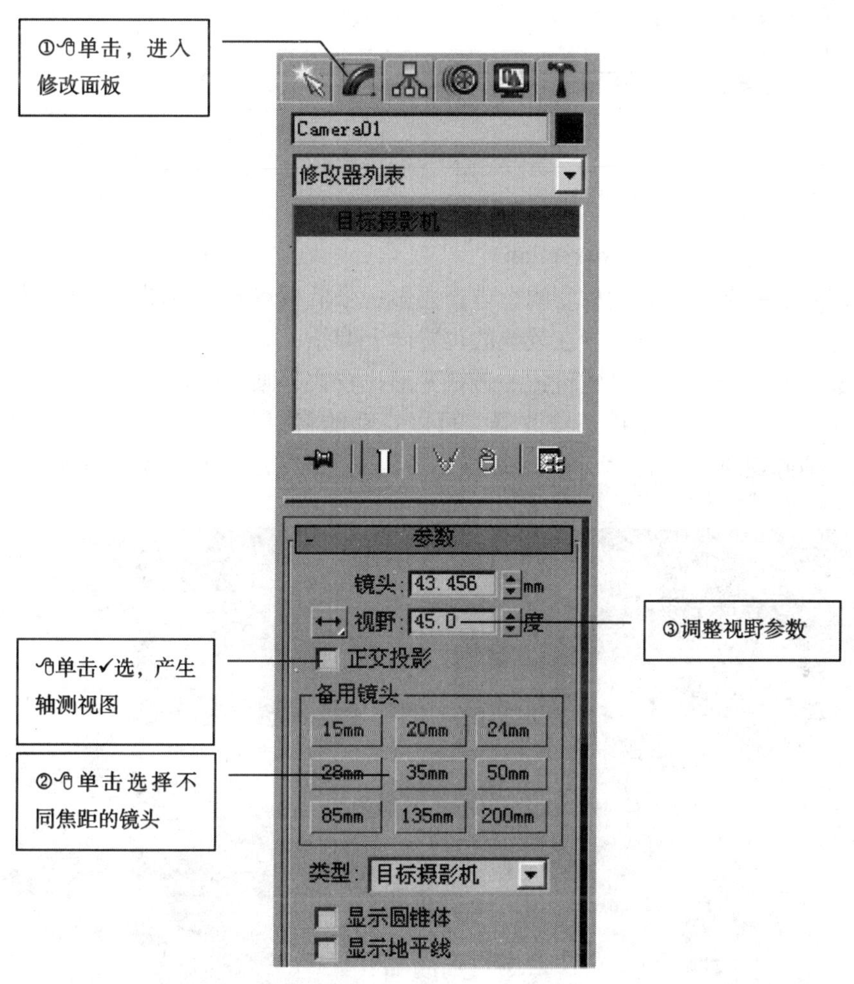

图　2-5-3

4. 移动摄影机

创建的摄影机是个目标摄影机，由摄影机和目标两个对象组成，可以同时或分别选择并移动，如图 2-5-4 所示。虽然是匹配已经调整好的透视图产生的摄影机，但也不一定符合要求，单击 ⇨单击选择摄影机、目标或者将他们同时选择⇨右击切换到顶视图、前视图、左视图等正交视图，移动摄影机、目标或者同时移动，观察右下角的摄影机视图到合适为止，移动操作参见 2. 5. 2 移动。

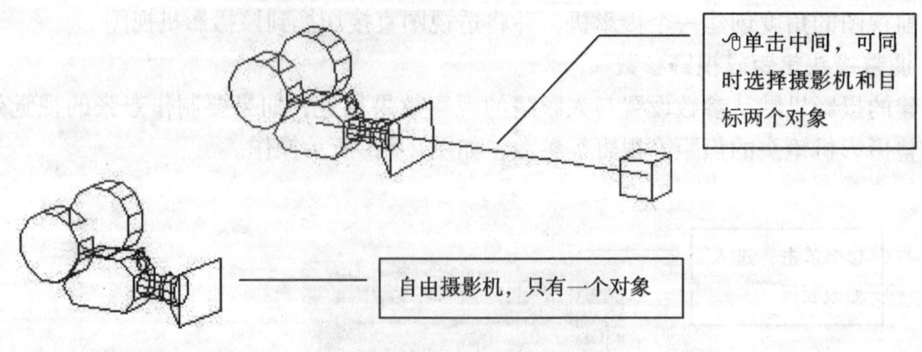

图 2-5-4

5. 摄影机校正 Camera Correction

假设场景是一条两侧高楼林立的街道，要做一张低视点的透视图，为了比较全面的表现两侧的建筑物，摄影机被放置在较低的位置向上仰拍，为了让街道看起来更为宽阔会使用广角镜头以扩大视野，这时建筑物的透视变形比较大，画面给人一种不稳定的感觉，如图 2-5-5a 所示，应用摄影机校正修改器，可以自动的将摄影机的焦平面调整为与地面垂直的位置，消除建筑物在高度（铅垂线）上产生的透视变形，如图 2-5-5b 所示。

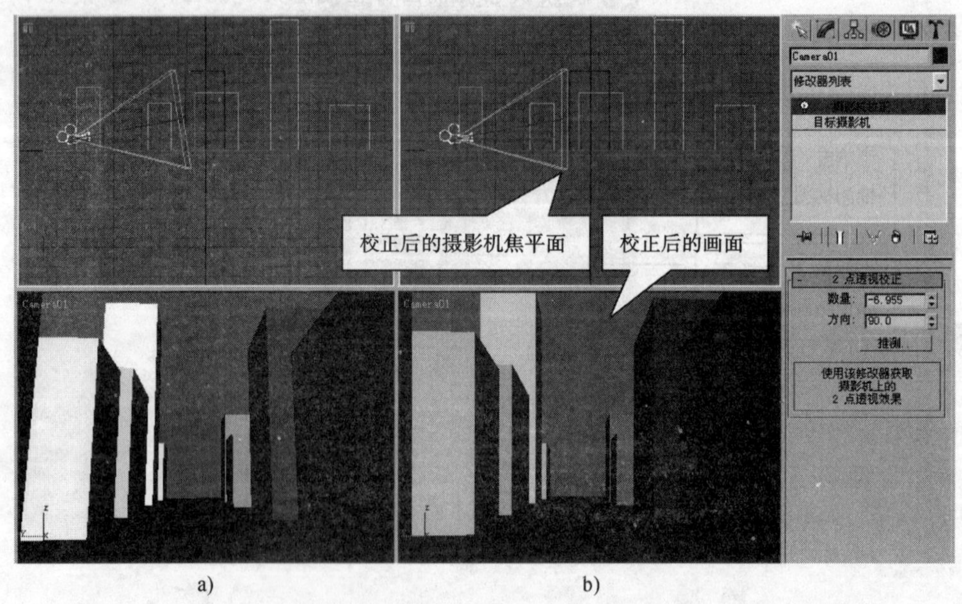

a)　　b)

图 2-5-5

应用摄影机校正修改器的操作方法：

🖱单击摄影机 ⇨ 🖱右击，弹出四元菜单，如图 2-5-6 所示操作。或 🖱单击 修改器 Modifiers 菜单⇨ 摄影机 Cameras ⇨ 🖱单击 摄影机校正 Camera Correction。

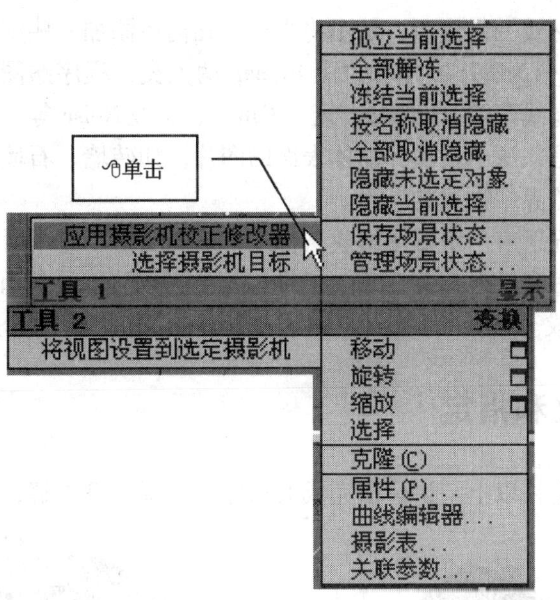

图　2-5-6

最终渲染时，不使用摄影机视图而直接渲染透视图，一般情况下也是可行的，但实际工作中却发现，在低档计算机上渲染的图像中经常丢失场景中的部分三维对象。

5.3　材质与贴图

1. 材质

材质是指物体表面的材料，是在一定光照条件下反映出来的颜色和质地。在模型建立以后要指定其表面材料的颜色、纹理、光泽、透明、反射等属性，在光的照射下，模型就像自然界中的物体一样具有了生命力，如图2-5-7所示。3ds max原有的材质类型就很多，后来又整合了lightscape的材质，称为建筑材质，这类材质与光度学灯光和光能传递一起使用时，能够渲染出最逼真的效果，常用于室内设计。随着mental ray渲染器的引入，3ds max又引入了部分mental ray材质。3ds max原有的材质中较为常用的类型有：

标准 Standard　　用于多数的物体表面，如墙面、屋面、玻璃等

光线跟踪 Raytrace　　用于反光的物体表面，如反光地面、玻璃幕墙等

混合 Blend　　是一种复合材质，用于表现草地中践踏出来的小路等

多维/子对象 Multi/Sub-Object　是一种复合材质，为一个对象的不同区域指定不同的材质，用于森林 Forest 插件创建的森林对象，以及墙、门、窗、楼梯等建筑对象。

2. 贴图

使用贴图通常是为了改善材质的外观和真实感。贴图可以模拟纹理、反射、折射以及

其他的一些效果，与材质一起使用，贴图将为对象几何体添加一些细节而不会增加它的复杂度。3ds max 中贴图分为程序贴图和位图 Bitmap 两大类，程序贴图是 3ds max 通过函数计算的一种贴图，如光线跟踪 Raytrace、衰减 Falloff、噪波 Noise 等，渲染速度快但细节和变化不够丰富。位图是来源于自然界物体表面的图片，如砖墙、石墙、瓦面、草坪、铺装等，可较好的再现自然界中物体的表面。

一个材质多数情况下由一组贴图组成，称之为贴图通道，每个通道表现材质的一个特性。如一个标准材质由漫反射颜色 Diffuse Color、不透明度 Opacity、凹凸 Bump、反射 Reflection 等贴图通道组成。

5.4 材质的定义和指定

材质的定义和指定将以上一讲建模完成的独体小别墅为例讲解，如图 2-5-7 所示。

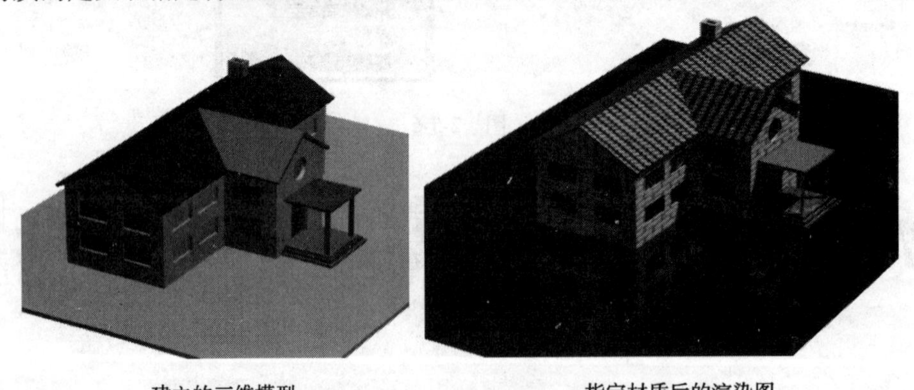

建立的三维模型　　　　指定材质后的渲染图

图 2-5-7

5.4.1 材质定义和指定的基本流程

材质的定义是在材质编辑器中完成的，单击在主工具栏右端，可打开或关闭材质编辑器 Material Editor 窗口，如图 2-5-8 所示，快捷键定义 M，即敲击英文首字母 M 也可打开或关闭材质编辑器窗口。材质定义和指定的基本流程如下：

（1）在材质编辑器中选择一个示例球。

（2）将其指定给场景中选择的对象，成为同步材质。

（3）输入材质名称，选择材质类型。

（4）选择明暗器 Shader，定义材质基本参数。

（5）定义明暗器基本参数，漫反射、不透明度、反射高光等。

（6）为贴图通道指定位图或程序贴图，并调整其参数。

（7）为已指定材质的对象指定贴图坐标，UVW 贴图修改器。

（8）快速渲染检查。

（9）保存材质，用于其他场景。

材质示例球
设置选项
材质/贴图导航器
默认材质名称
材质类型
明暗器类型
材质基本参数
明暗器基本参数
单击展开贴图通道
贴图通道
材质编辑器 - 01 - Default
材质(M) 导航(N) 选项(O) 工具(U)
01 - Default
Standard
明暗器基本参数
(B)Blinn
线框
双面
面贴图
面状
Blinn 基本参数
自发光
颜色
环境光:
漫反射:
高光反射:
不透明度:
反射高光
高光级别:
光泽度:
柔化:
扩展参数
超级采样
贴图
数量
贴图类型
环境光颜色
漫反射颜色
高光颜色
高光级别
光泽度
自发光
不透明度
过滤色
凹凸
反射
折射
置换
None
动力学属性
mental ray 连接

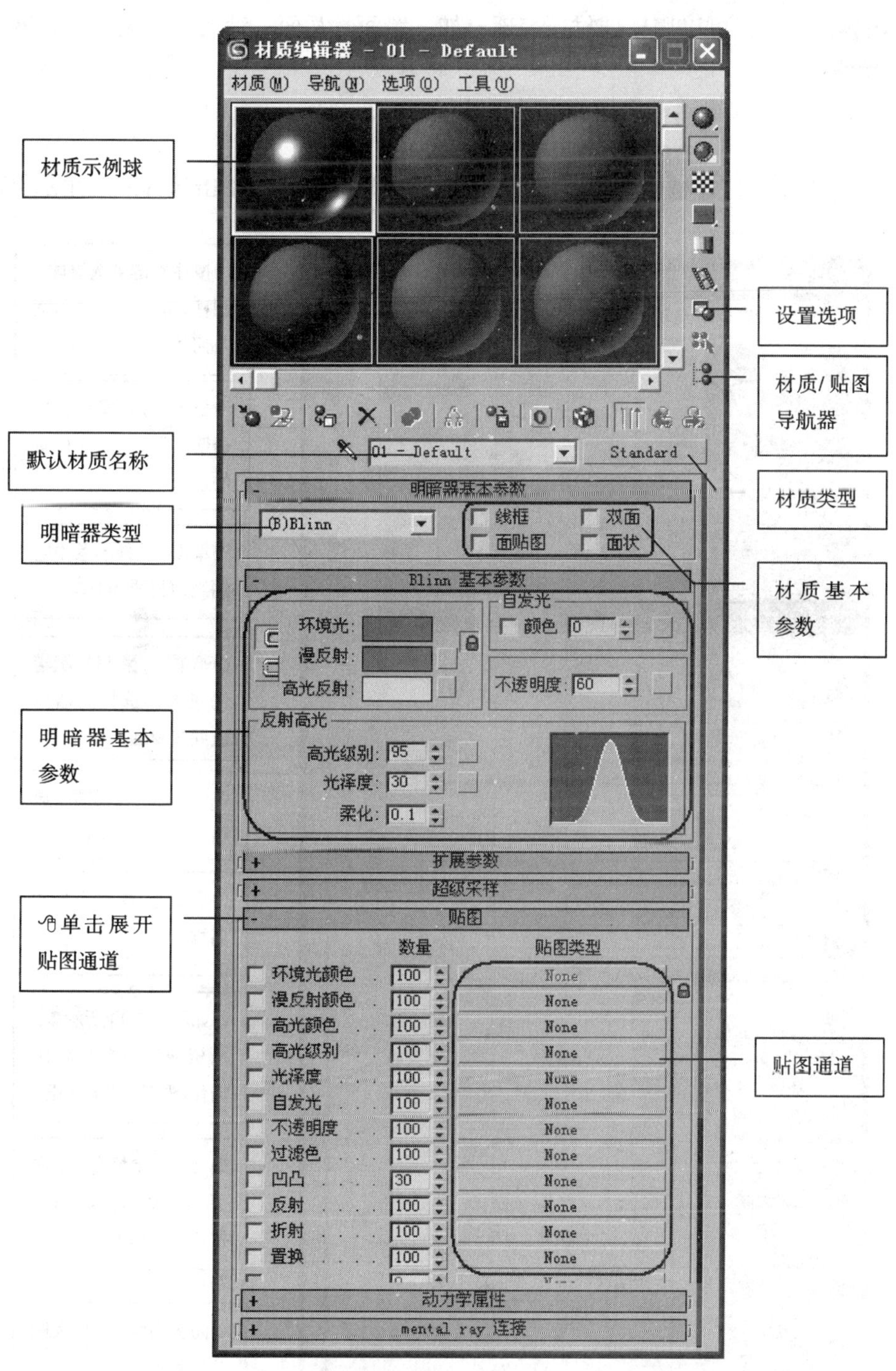

图 2-5-8

5.4.2　标准 Standard 材质

多数物体表面都可以用标准材质表现，如：墙面、瓦面、铺装、玻璃、不锈钢等。

1. 砖墙材质

（1）打开材质编辑器，选择一个示例球。

单击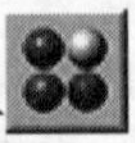，打开材质编辑器窗口，如图 2-5-9 所示，单击选择左上角示例球。

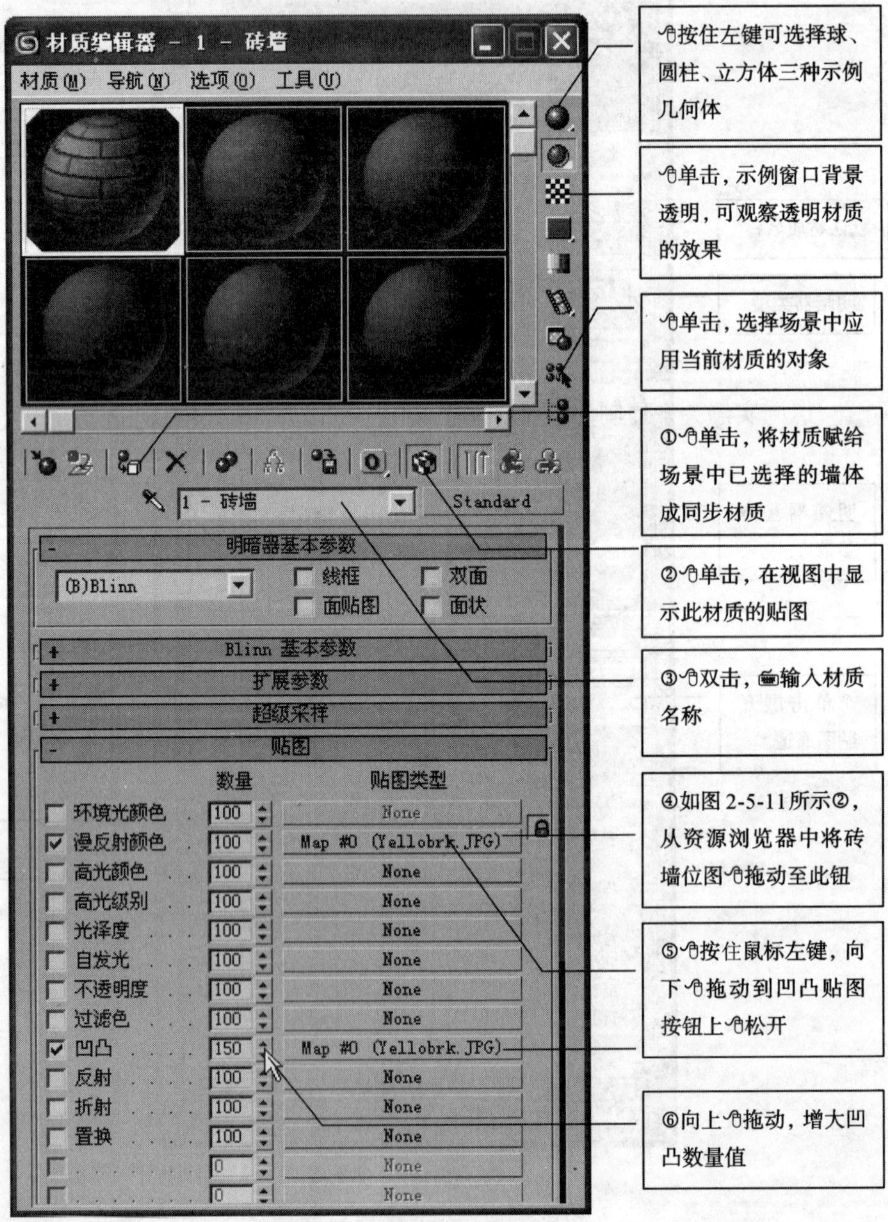
材质编辑器 - 1 - 砖墙
材质(M) 导航(N) 选项(O) 工具(U)
1 - 砖墙
Standard
明暗器基本参数
(B)Blinn
线框
双面
面贴图
面状
Blinn 基本参数
扩展参数
超级采样
贴图
数量
贴图类型
环境光颜色
漫反射颜色
高光颜色
高光级别
光泽度
自发光
不透明度
过滤色
凹凸
反射
折射
置换
Map #0 (Yellobrk.JPG)
150
None
按住左键可选择球、圆柱、立方体三种示例几何体
单击，示例窗口背景透明，可观察透明材质的效果
单击，选择场景中应用当前材质的对象
①单击，将材质赋给场景中已选择的墙体成同步材质
②单击，在视图中显示此材质的贴图
③双击，输入材质名称
④如图 2-5-11 所示②，从资源浏览器中将砖墙位图拖动至此钮
⑤按住鼠标左键，向下拖动到凹凸贴图按钮上松开
⑥向上拖动，增大凹凸数量值

图　2-5-9

(2) 在视口中选择墙体，将此材质指定给墙体成为同步材质。

如图 2-5-9 所示，执行操作①②。

(3) 输入材质名称，保持默认材质类型 Standard 标准。

如图 2-5-9 所示，执行操作③。

(4) 为贴图通道指定位图，并调整其参数。

如图 2-5-10 所示，执行操作①②，打开资源浏览器窗口，如图 2-5-11 所示。

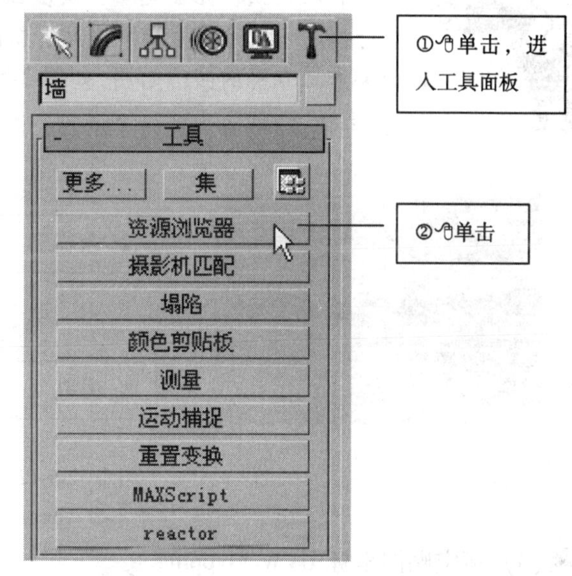

图 2-5-10

如图 2-5-11 所示，执行操作①，找到贴图存放的文件夹，3ds max8 默认的安装文件夹与前期版本不同，贴图存放的默认文件夹 C：\ Program Files \ Autodesk \ 3dsMax8 \ maps \ 。执行操作②将一张砖墙位图拖动到材质编辑器的漫反射颜色贴图通道上，如图 2-5-9 所示④。如图 2-5-9 所示，执行操作⑤⑥将漫反射贴图以实例关系复制为凹凸贴图。

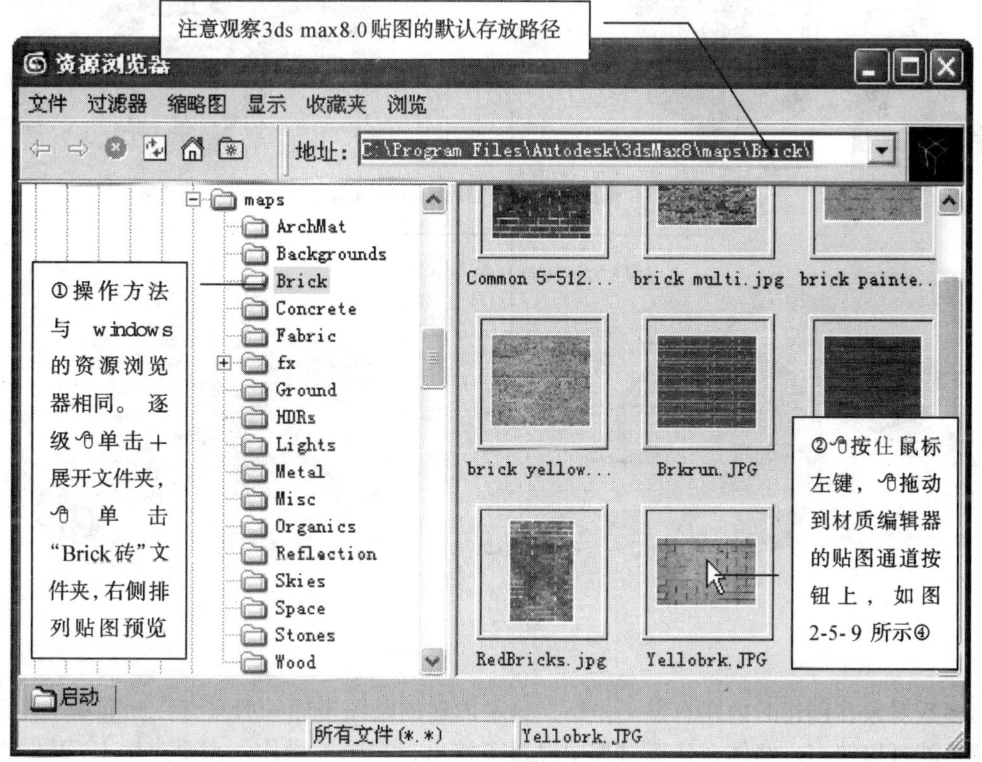

图 2-5-11

标准的凹凸贴图是一张灰度图,指示对象表面的凹凸程度,黑色凹陷白色凸出。一般可以直接把漫反射贴图复制为凹凸贴图使用,但白色灰缝的砖墙要加工专用的凹凸贴图,如图 2-5-12 所示。如果拖动时释放错了贴图通道,可拖动 None 到放错了位图的按钮上将其置空,如图 2-5-9 所示。

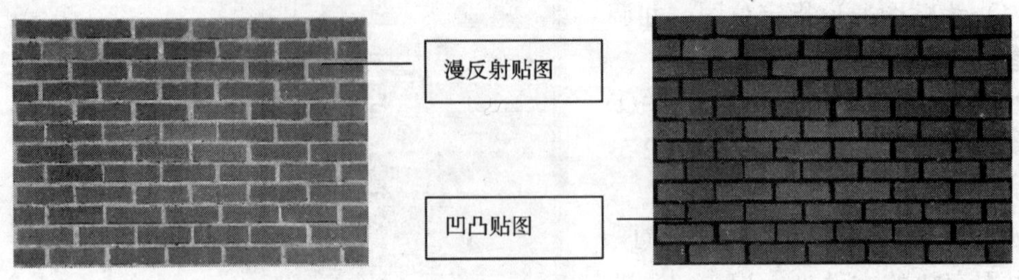

图 2-5-12

(5) 指定贴图坐标 UVW Mapping

贴图坐标指示材质如何包裹到三维模型的表面。可以把材质想象成一张印有图案的包装纸，而三维模型就是要包装的物品，常用的包裹方式如图 2-5-13 所示。

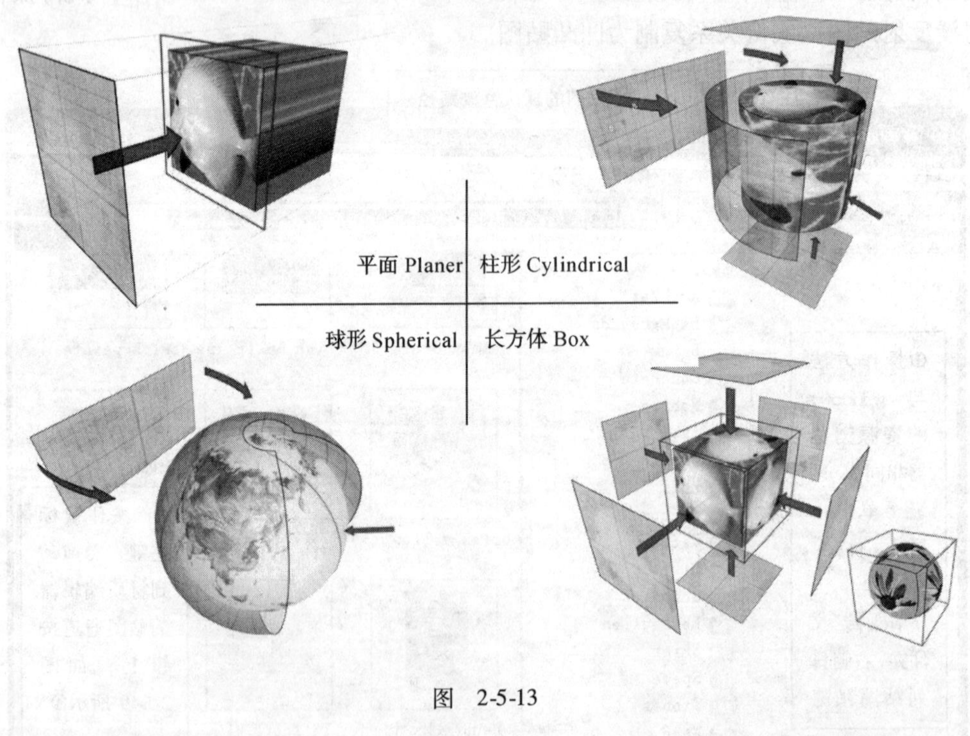

图 2-5-13

多数对象在创建时内建有贴图坐标，这种内建的贴图坐标一般只有在标准基本体上不作调整就可以使用，墙体在建模过程中经过了挤出、布尔等操作，需要应用 UVW 贴图修改器为其建立新的贴图坐标。

应用 UVW 贴图修改器的操作方法，如图 2-5-14 所示，执行操作①~④，平铺 Tile 是 UVW 贴图的另一个参数，决定了图案在对象表面的疏密程度，如图 2-5-15、图 2-5-16 所示。

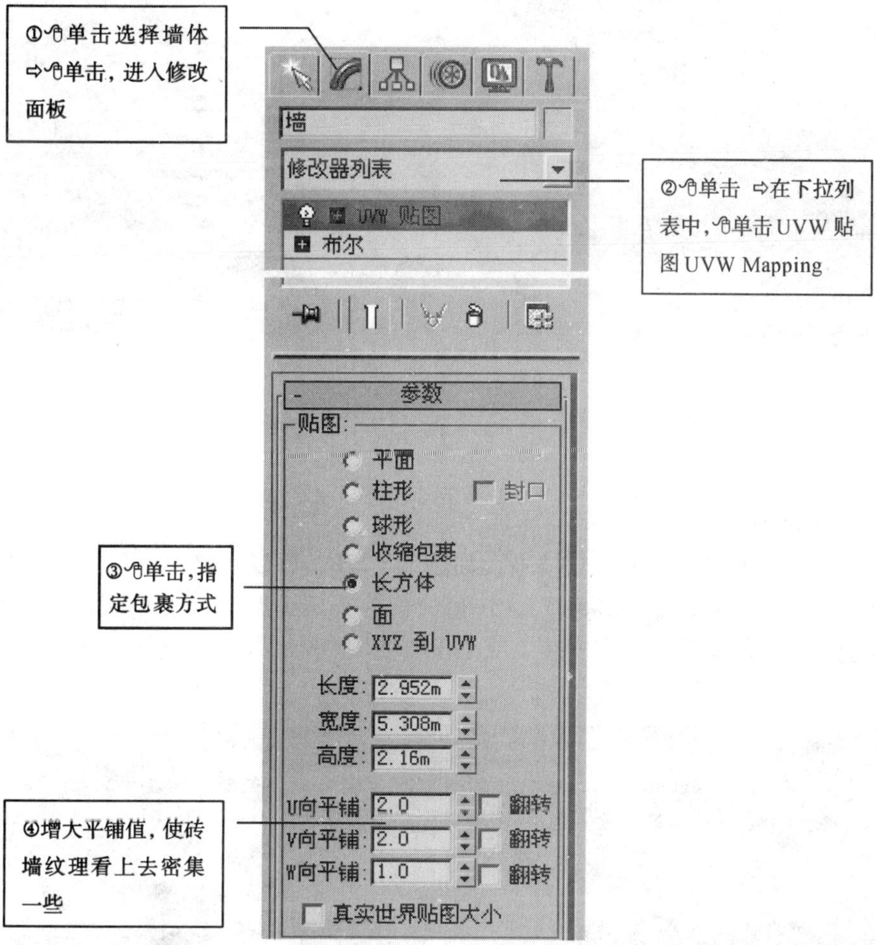
①单击选择墙体 ⇨单击，进入修改面板
墙
修改器列表
UVW 贴图
布尔
②单击 ⇨在下拉列表中，单击 UVW 贴图 UVW Mapping
参数
贴图:
平面
柱形
封口
球形
收缩包裹
长方体
面
XYZ 到 UVW
③单击，指定包裹方式
长度: 2.952m
宽度: 5.308m
高度: 2.16m
U向平铺: 2.0
翻转
V向平铺: 2.0
翻转
W向平铺: 1.0
翻转
④增大平铺值，使砖墙纹理看上去密集一些
真实世界贴图大小

图　2-5-14

W 向平铺=2
V 向平铺=2
U 向平铺=2

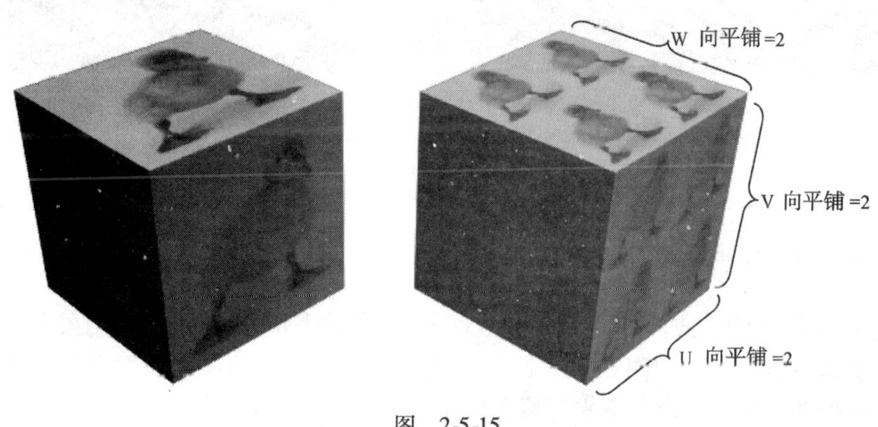

图　2-5-15

平铺Tile = 1

平铺Tile = 2

图 2-5-16

（6）快速渲染检查

观察透视图，如果看上去比较清晰，如图 2-5-17b，可以省略快速渲染检查步骤；如果难以观察材质的效果，如图 2-5-17a，快速渲染检查是必需的。这可能是由于计算机显示卡的性能不好、驱动程序没有安装、或是没有使用 OpenGL 或 Direct3D 图形加速。

a)

b)

图 2-5-17

快速渲染的操作步骤：

敲击功能键 F9，或向左拖动主工具栏 ⇨ 单击快速渲染钮 在主工具栏右端，弹出快速渲染窗口，如图 2-5-18 所示，窗口大小与渲染的尺寸设置有关。快速渲染窗口中的图像并不会自动保存下来，再次快速渲染时自动刷新。

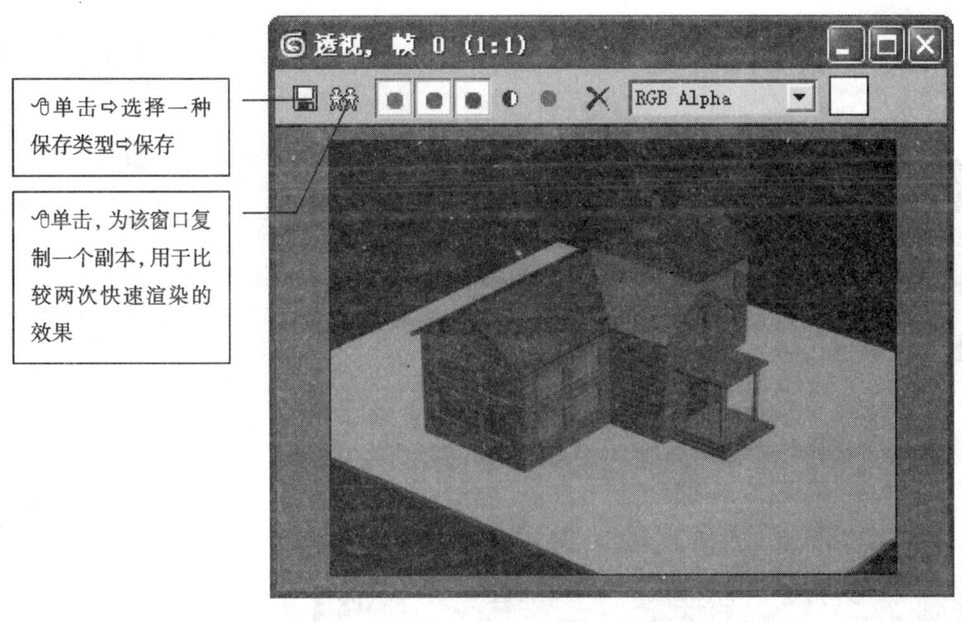

图　2-5-18

2. 屋面瓦材质

屋面瓦的材质定义和指定与砖墙材质极为相似，最大的区别在于贴图的包裹方式为平面，并且东西方向屋面与南北方向屋面的贴图对齐方向有所不同。

(1)、(2)、(3) 三个步骤参见 1. 砖墙材质的方法操作，步骤 (4) 介绍一种新的方法。

(1) 打开材质编辑器，选择另一个示例球。

(2) 在视口中选择东西方向屋面，将此材质指定给它成为同步材质。

(3) 输入材质名称，保持默认材质类型 Standard 标准。

(4) 为贴图通道指定位图，并调整其参数

如图 2-5-19、图 2-5-20、图 2-5-21 所示，执行操作①②③④，此时透视视口如图 2-5-22a 所示，材质编辑器如图 2-5-23 所示。

(5) 指定贴图坐标

单击选择东西方向的屋面⇨应用 UVW 贴图修改器，贴图以平面方式贴在屋面朝西的截面上，如图 2-5-22b 所示 ⇨ 如图 2-5-24 所示操作①，指定贴图方向对齐东西方向屋面自身坐标系的 X 轴，结果如图 2-5-22c 所示 ⇨ 如图 2-5-24 所示操作②，增大贴图的平铺数值，结果如图 2-5-22d 所示。

材质编辑器 - 2 - 瓦
材质(M) 导航(N) 选项(O) 工具(U)
2 - 瓦
Standard
明暗器基本参数
(B)Blinn
线框
双面
面贴图
面状
Blinn 基本参数
自发光
颜色
0
环境光:
漫反射:
高光反射:
不透明度:
100
①单击，直接进入漫反射贴图通道
M表示已经有贴图，拖动到M上可将其置空

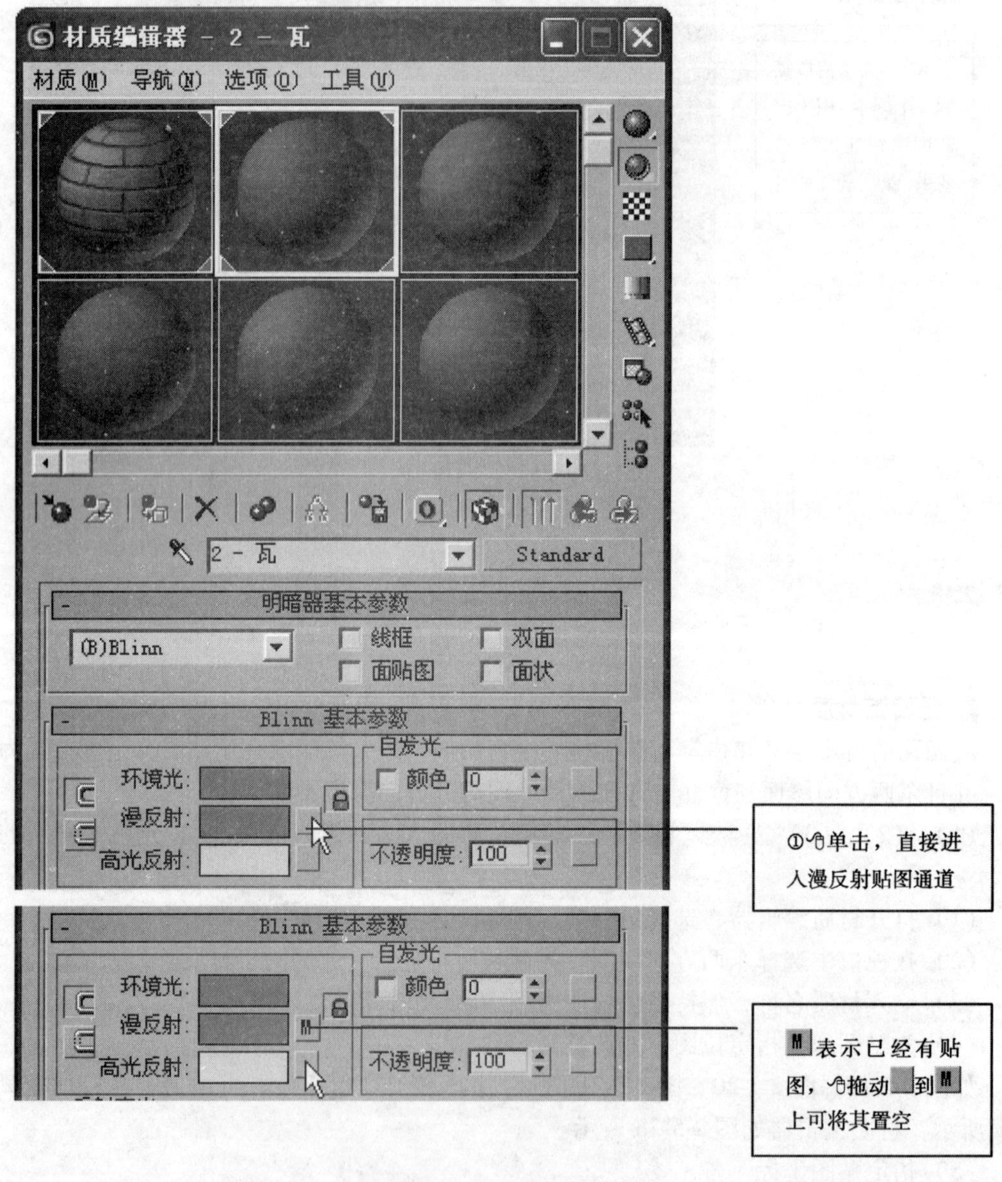

图 2-5-19

材质/贴图浏览器
位图
浏览自：
材质库
材质编辑器
活动示例窗
选定对象
场景
新建
显示
材质
贴图
不兼容
仅根
按对象
2D 贴图
3D 贴图
合成器
颜色修改器
其他
全部
combustion
Perlin 大理石
RGB 染色
RGB 相乘
凹痕
斑点
薄壁折射
波浪
大理石
顶点颜色
法线凹凸
反射/折射
光线跟踪
合成
灰泥
混合
渐变
渐变坡度
粒子年龄
粒子运动模糊
每像素摄影机贴图
木材
平面镜
平铺
波溅
棋盘格
输出
衰减
位图
细胞
行星
烟雾
噪波
遮罩
漩涡
②双击
确定
取消

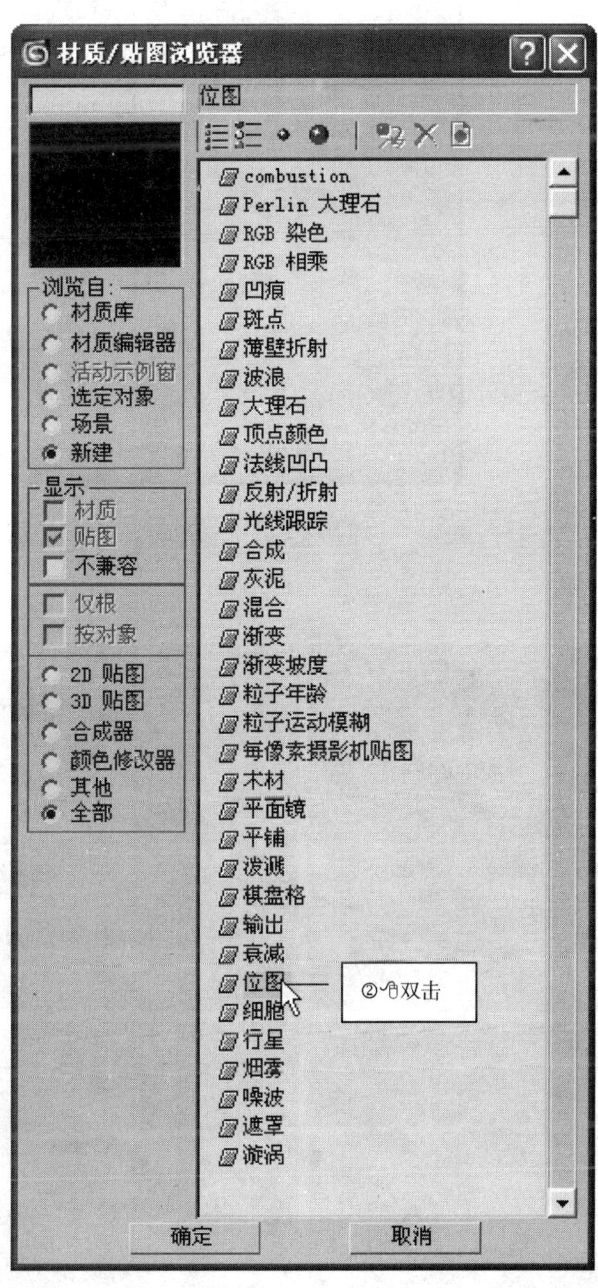

图　2-5-20

③单击，在磁盘上找到存放位图的文件夹
④单击预览位图，双击指定为贴图
请保持此核选框处于未✓选状态
选择位图图像文件
历史记录: D:\书插图\3dsBook
查找范围(I): 瓦
tile01.jpg
tile02.jpg
tile03.jpg
tile04.jpg
tile05.JPG
tile06.jpg
tile07.jpg
tile08.jpg
tile09.jpg
tile10.jpg
tile11.jpg
tile12.jpg
tile13.jpg
tile14.jpg
tile15.jpg
tile16.jpg
tile17.jpg
tile18.jpg
tile19.jpg
tile20.jpg
tile21.jpg
tile22.jpg
tile23.jpg
tile24.jpg
文件名(N): tile04.jpg
打开(O)
文件类型(T): 所有格式
取消
设备...
设置...
信息...
查看
Gamma
使用图像自身的 gamma
使用系统默认 gamma
覆盖
序列
预览
统计信息: 512x512, 24 位(RGB) - 单个图像
位置: D:\TrainMaterial\cd1\瓦\tile04.jpg

图 2-5-21

透视
a)
透视
b)
透视
c)
透视
d)

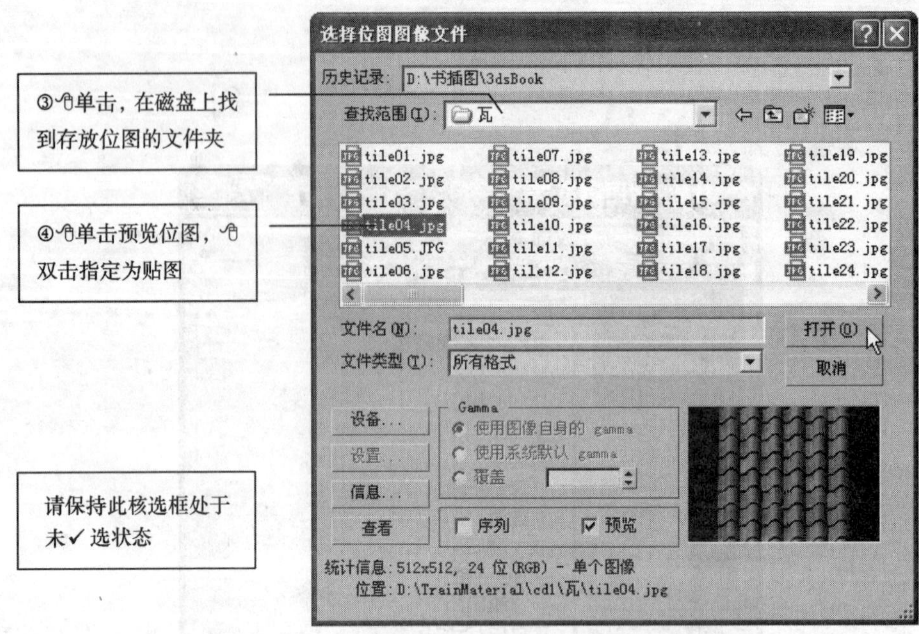

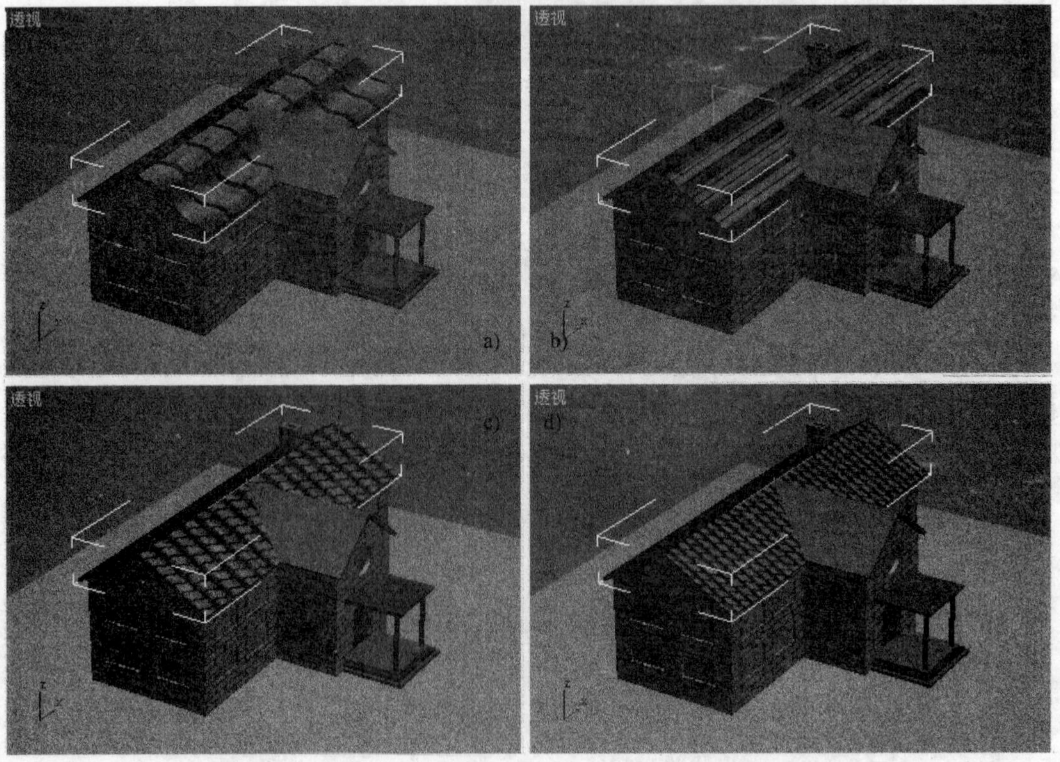

图 2-5-22

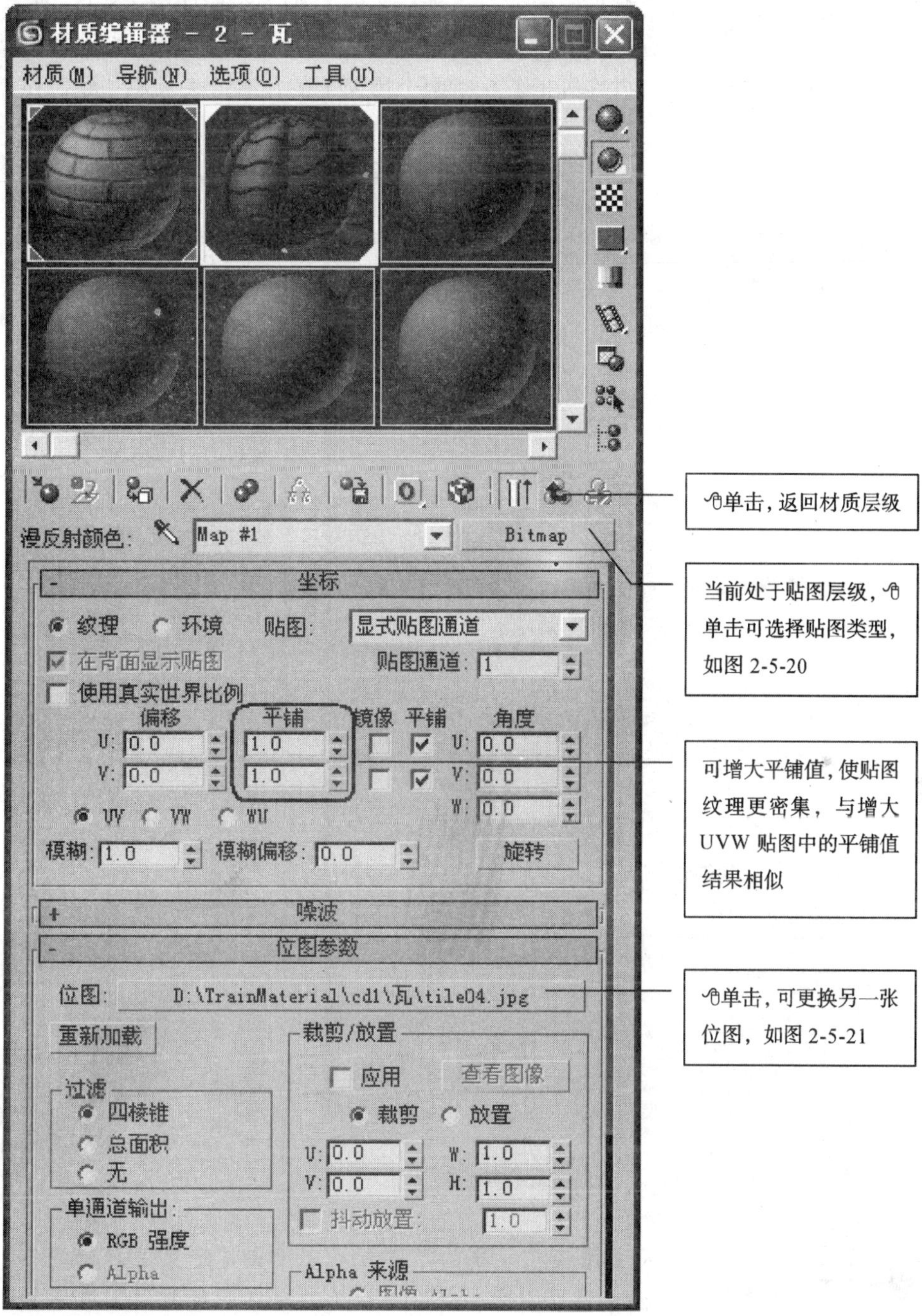
材质编辑器 - 2 - 瓦
材质(M)　导航(N)　选项(O)　工具(U)
漫反射颜色:　Map #1　Bitmap
坐标
纹理　环境　贴图:　显式贴图通道
在背面显示贴图　贴图通道: 1
使用真实世界比例
偏移　平铺　镜像　平铺　角度
U: 0.0　1.0　U: 0.0
V: 0.0　1.0　V: 0.0
W: 0.0
UV　VW　WU
模糊: 1.0　模糊偏移: 0.0　旋转
噪波
位图参数
位图: D:\TrainMaterial\cd1\瓦\tile04.jpg
重新加载
裁剪/放置
应用　查看图像
裁剪　放置
U: 0.0　W: 1.0
V: 0.0　H: 1.0
抖动放置: 1.0
过滤
四棱锥
总面积
无
单通道输出:
RGB 强度
Alpha
Alpha 来源
单击，返回材质层级
当前处于贴图层级，单击可选择贴图类型，如图 2-5-20
可增大平铺值，使贴图纹理更密集，与增大 UVW 贴图中的平铺值结果相似
单击，可更换另一张位图，如图 2-5-21

图　2-5-23

单击选择南北方向的屋面 ⇨ 将瓦材质指定给它，如图 2-5-25a 所示⇨ 应用 UVW 贴图修改器，贴图以平面方式贴在屋面朝南的截面上，如图 2-5-25b 所示 ⇨ 如图 2-5-24 所示操作①，指定贴图方向对齐南北方向屋面自身坐标系的 X 轴，结果如图 2-5-25c 所示 ⇨ 如图 2-5-24 所示操作②，增大贴图的平铺数值，由于两个屋面的尺寸并不相等，平铺数值与东西方向屋面不一定相等，也许等于 1.6 时两个屋面上的瓦看上去大小一致，结果如图 2-5-25d 所示。

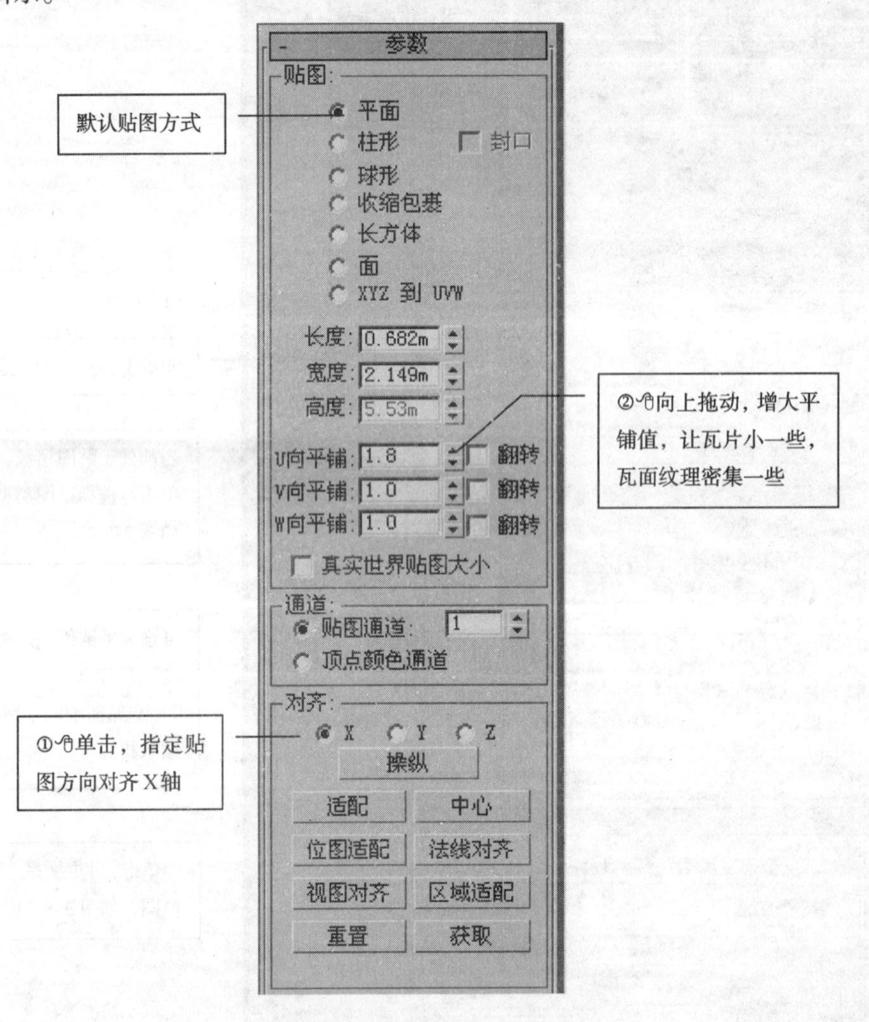

图 2-5-24

贴图的平铺数值在材质的贴图层级中设置是定义了材质的参数，如图 2-5-23 所示，场景中所有使用此材质的对象同步变化，适用于同类对象体量均一的场景。在 UVW 修改器中设置贴图的平铺值，如图 2-5-24 所示，仅对应用了此修改器的对象起作用，在场景中同类对象体量差距较大时，可分别应用 UVW 修改器并设置平铺值，以获得疏密均一的贴图纹理。

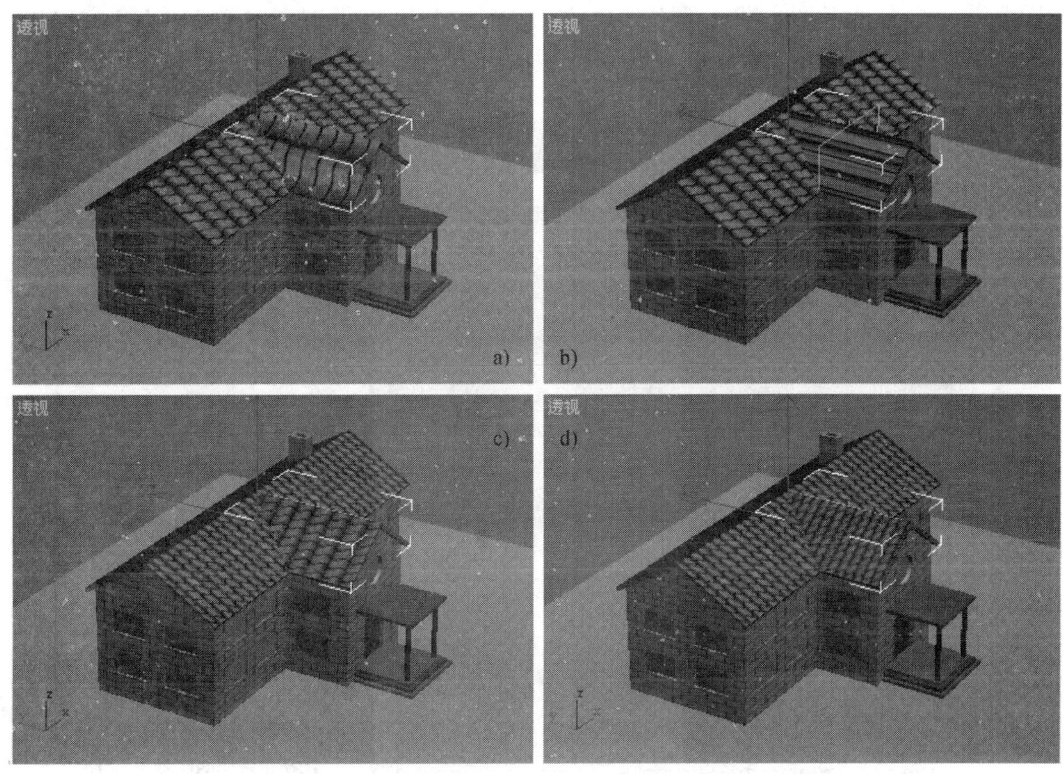

图　2-5-25

3. 窗玻璃材质

在晴天时窗玻璃会反射周围的树木、人物、建筑、天空等景物，表现这种反射可以采用下面两种方法，第二种方法渲染速度快，反射效果以假乱真，经常使用。

①将玻璃指定为光线跟踪材质，将树木、人物、建筑、天空等景物放置在周围，通过光线跟踪准确计算反射效果。

②玻璃使用标准材质，将包含有树木、人物、建筑、天空等景物的位图，如图 2-5-26 所示，定义为反射贴图或漫反射贴图。

图　2-5-26

窗玻璃材质的定义与指定方法：

(1)(2)(3)(4)四个步骤参见 1. 砖墙材质，玻璃贴图如图 2-5-26 所示，练习时可使用3ds max 自备的云图，默认的存放文件夹 C：\ Program Files \ Autodesk \ 3dsMax8 \ maps \ skies \ ，材质参数的调整如图 2-5-27 所示。

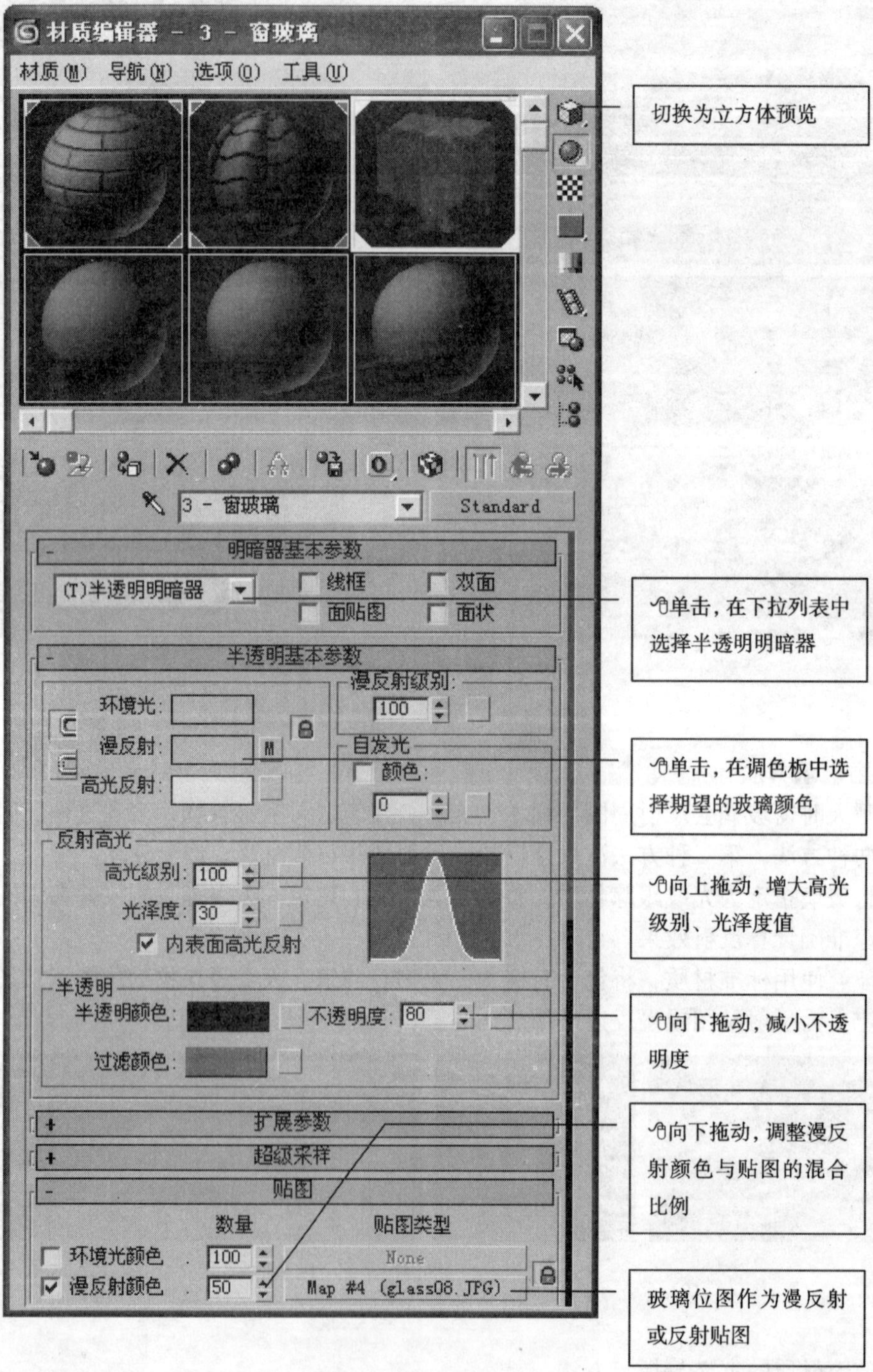
材质编辑器 - 3 - 窗玻璃
材质(M) 导航(N) 选项(O) 工具(U)
3 - 窗玻璃
Standard
明暗器基本参数
(T)半透明明暗器
线框
双面
面贴图
面状
半透明基本参数
环境光:
漫反射:
高光反射:
漫反射级别:
100
自发光
颜色:
0
反射高光
高光级别:
100
光泽度:
30
内表面高光反射
半透明
半透明颜色:
不透明度:
80
过滤颜色:
扩展参数
超级采样
贴图
数量
贴图类型
环境光颜色
100
None
漫反射颜色
50
Map #4 (glass08.JPG)
切换为立方体预览
单击，在下拉列表中选择半透明明暗器
单击，在调色板中选择期望的玻璃颜色
向上拖动，增大高光级别、光泽度值
向下拖动，减小不透明度
向下拖动，调整漫反射颜色与贴图的混合比例
玻璃位图作为漫反射或反射贴图

图 2-5-27

（5）指定贴图坐标，调整 Gizmo

贴图如果采用长方体包裹方式，南面窗与西面窗的玻璃反射的景物完全相同，可以采用平面包裹方式，进一步调整 Gizmo 的方向，使两面窗玻璃反射的景物呈一个连续序列。

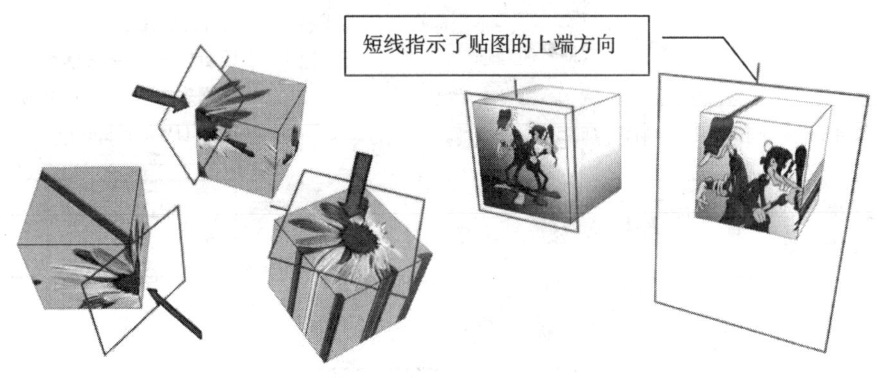

图　2-5-28

Gizmo 是 UVW 贴图修改器的子对象，可以把 Gizmo 想象成油画的画框，材质的贴图就是画布上的画，移动、旋转、缩放画框是在定义贴图映射到三维模型表面时的位置、方向和大小如图 2-5-28 所示。调整 Gizmo 的操作方法如下：

如图 2-5-29 所示，执行操作①②，结果如图 2-5-30b 所示，贴图从天而降铺在地面上；执行操作③，结果如图 2-5-30c 所示，贴图贴在南墙上；执行操作④⑤⑥⑦，结果如图 2-5-30d 所示，贴图以铅垂线为轴旋转至西南方向，垂直于当前视线。图 2-5-30a 是采用长方体包裹方式的结果。

4. 不锈钢柱材质

比较快捷的模拟不锈钢材质的方法是利用标准材质，采用金属明暗器 Metal Shader，增大高光级别和光泽度，加一张反射贴图，如图 2-5-31 所示。反射贴图的定义有两种方法：一是直接使用位图，如一张模糊的不锈钢金属位图，如图 2-5-32a 所示；二是定义为光线跟踪程序贴图，然后将模糊的不锈钢金属位图作为环境贴图，如图 2-5-32b 所示。两种方法定义的材质在示例窗中看不出区别，如图 2-5-31 所示，而在场景中方法一定义的材质不反射周围的景物，方法二定义的材质会准确的反射周围的景物。

不锈钢柱材质定义和指定的方法：

(1)(2)(3)三个步骤参见 1. 砖墙材质的方法操作。

（1）打开材质编辑器，选择另一个示例球。

（2）在视口中选择门口的一根柱子，将此材质指定给它成为同步材质。

（3）输入材质名称，保持默认材质类型 Standard。

（4）选择金属 Metal 明暗器，如图 2-5-33 所示操作①。

（5）定义金属明暗器基本参数，如图 2-5-33 所示操作②。

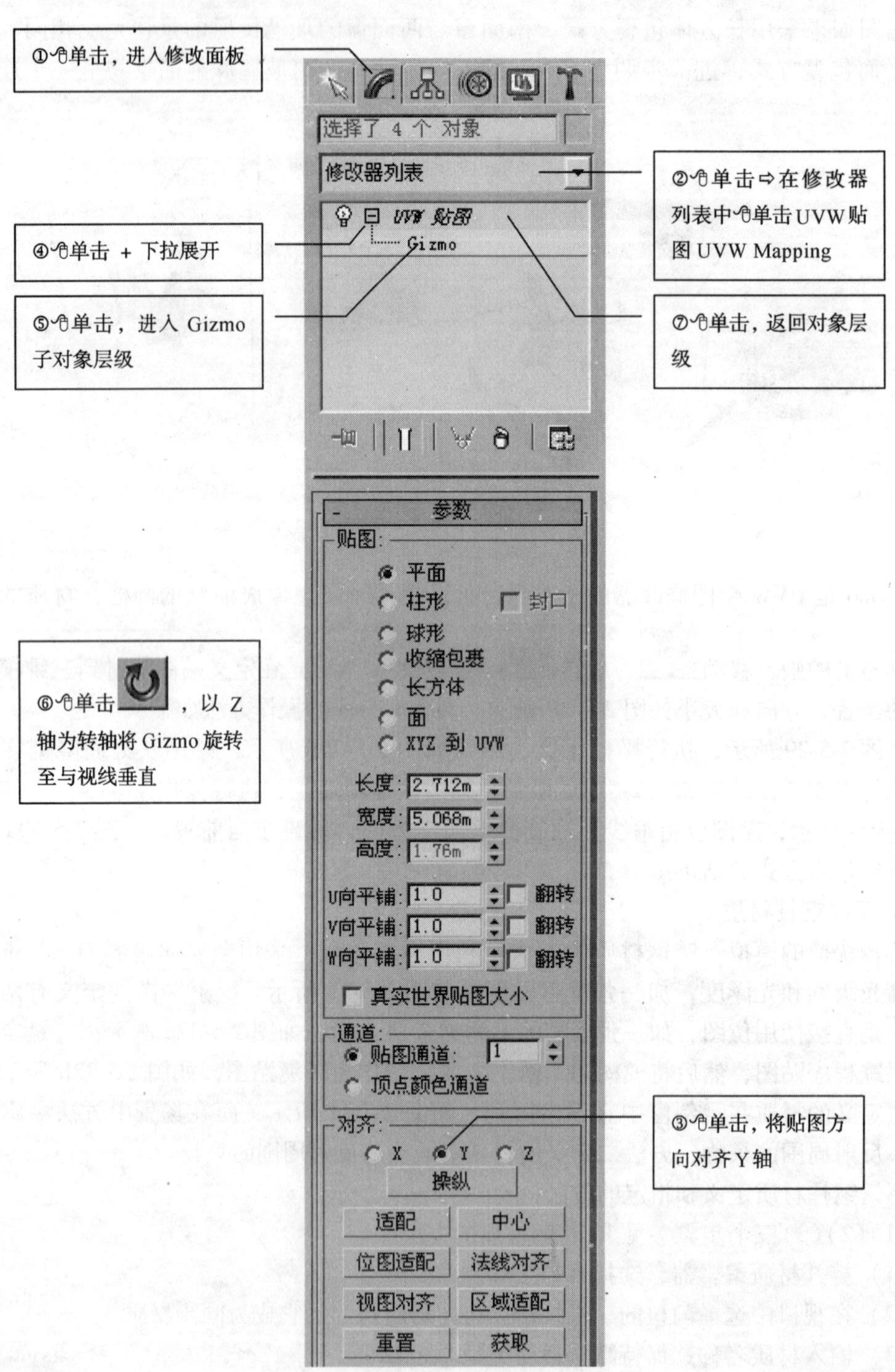

①单击，进入修改面板
选择了 4 个 对象
修改器列表
UVW 贴图
Gizmo
②单击⇨在修改器列表中单击UVW贴图 UVW Mapping
④单击 + 下拉展开
⑤单击，进入 Gizmo 子对象层级
⑦单击，返回对象层级
参数
贴图:
平面
柱形
封口
球形
收缩包裹
长方体
面
XYZ 到 UVW
⑥单击 ，以 Z 轴为转轴将 Gizmo 旋转至与视线垂直
长度: 2.712m
宽度: 5.068m
高度: 1.76m
U向平铺: 1.0 翻转
V向平铺: 1.0 翻转
W向平铺: 1.0 翻转
真实世界贴图大小
通道:
贴图通道: 1
顶点颜色通道
对齐:
X Y Z
③单击，将贴图方向对齐Y轴
操纵
适配
中心
位图适配
法线对齐
视图对齐
区域适配
重置
获取

图 2-5-29

图　2-5-30

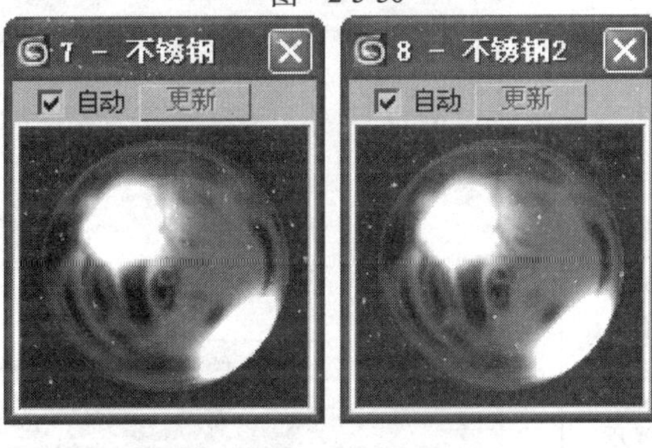

图　2-5-31

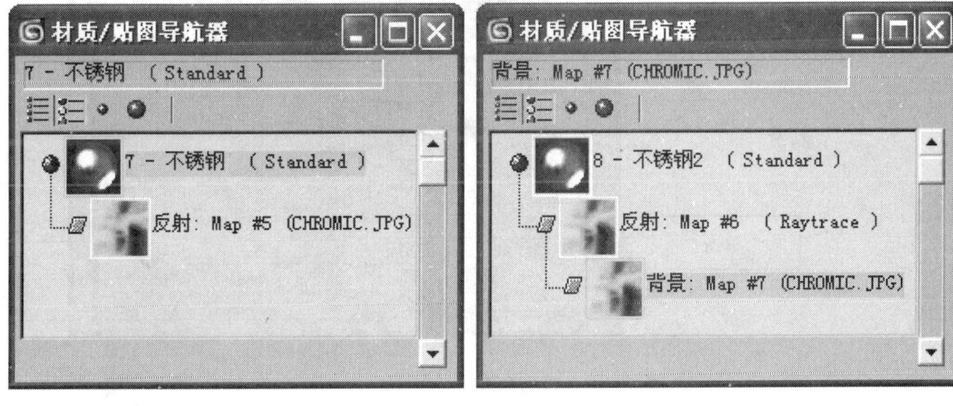

a)　　　　b)

图　2-5-32

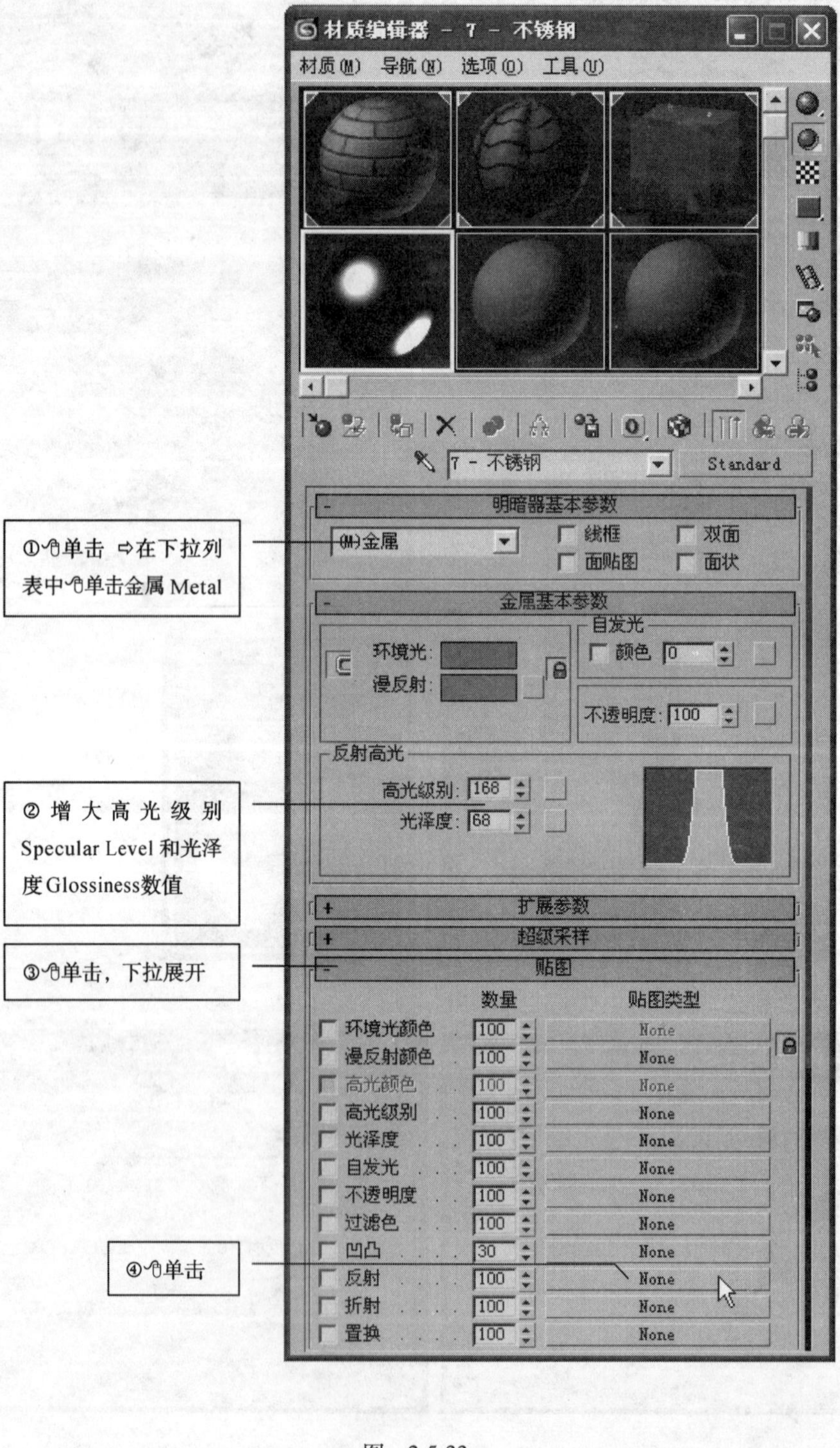
①单击 ⇨在下拉列表中单击金属 Metal
②增大高光级别 Specular Level 和光泽度 Glossiness数值
③单击，下拉展开
④单击
材质编辑器 - 7 - 不锈钢
材质(M) 导航(N) 选项(O) 工具(U)
7 - 不锈钢
Standard
明暗器基本参数
(M)金属
线框
双面
面贴图
面状
金属基本参数
自发光
环境光:
漫反射:
颜色
不透明度: 100
反射高光
高光级别: 168
光泽度: 68
扩展参数
超级采样
贴图
数量
贴图类型
环境光颜色
漫反射颜色
高光颜色
高光级别
光泽度
自发光
不透明度
过滤色
凹凸
反射
折射
置换
None

图 2-5-33

（6）指定反射贴图，并调整参数。定义反射贴图的两种方法：

方法一　直接使用一张模糊的不锈钢金属贴图作为反射贴图

如图 2-5-34 所示，执行操作①，如图 2-5-35 所示，执行操作①②③，如图 2-5-36 所示，执行操作①②。

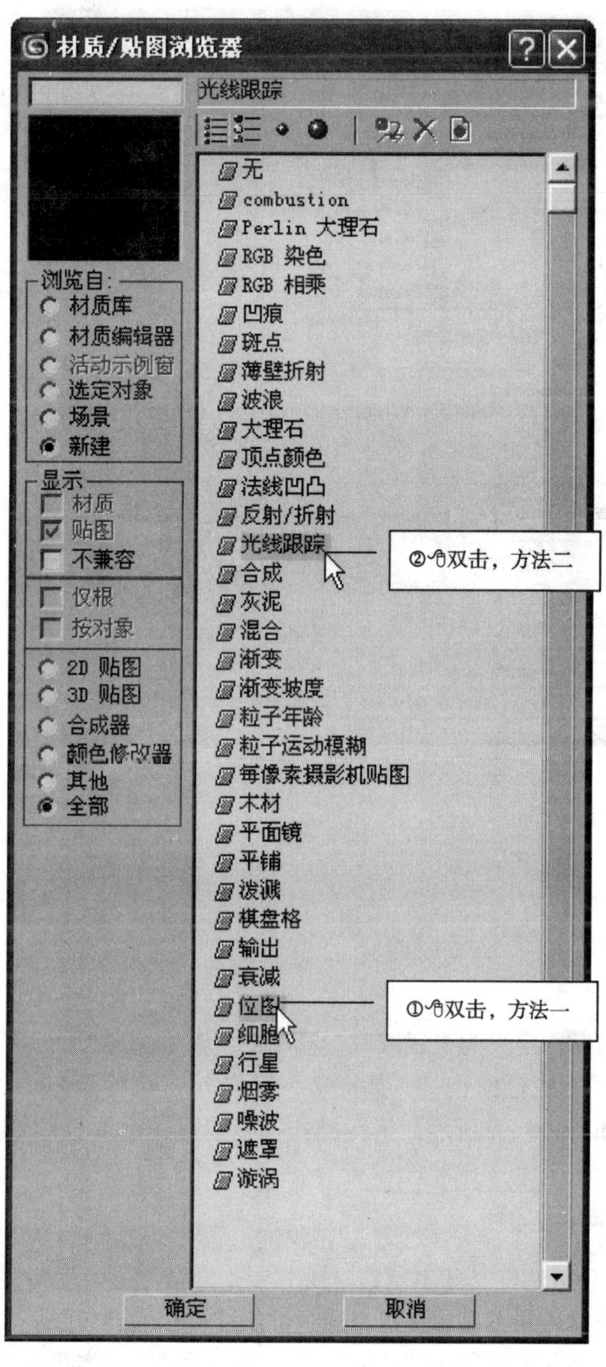

图　2-5-34

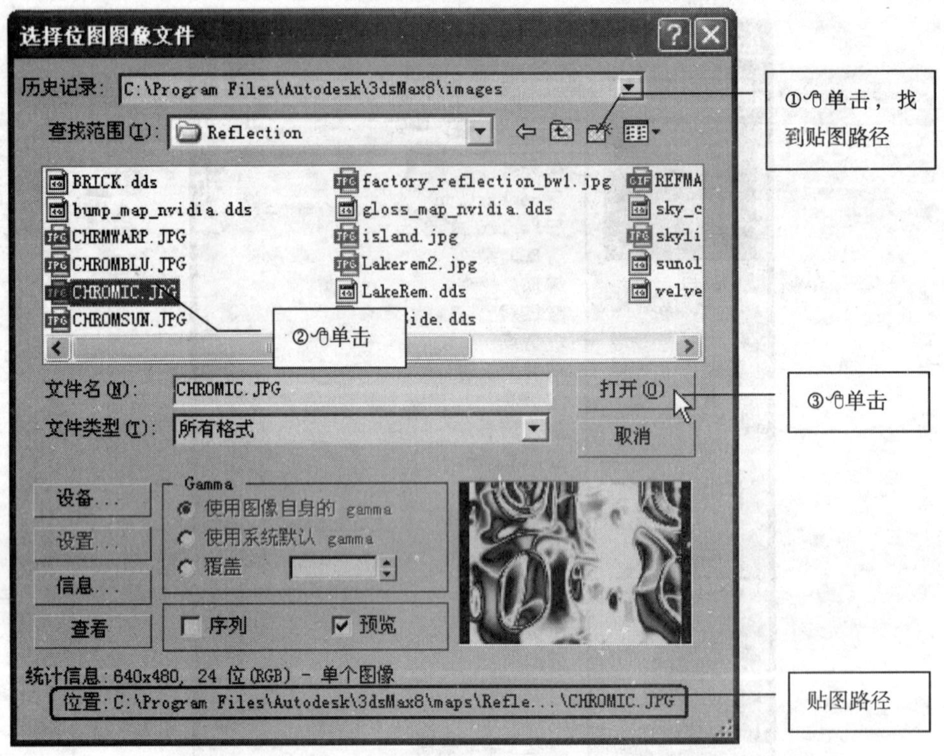

图 2-5-35

方法二　将反射贴图定义为光线跟踪，模糊的不锈钢金属位图作为环境贴图

如图 2-5-34 所示，执行操作②，如图 2-5-37 所示，执行操作①，如图 2-5-35 所示，执行操作①②③，如图 2-5-36 所示，执行操作①②，操作②要连续单击 2 次才能返回到材质层级。

（7）为门柱指定贴图坐标

将（6）中用两种方法定义的不锈钢材质分别指定给两根门柱，由于使用的是反射贴图，在透视图中材质并不显示，只有通过渲染才可以看到效果。

如果圆柱是用标准基本体创建的，内建的贴图坐标已经基本符合要求，如果圆柱是用圆挤出创建的则要进一步的调整贴图，可应用 UVW 贴图修改器，如图 2-5-38 所示操作。

材质编辑器 - 7 - 不锈钢
材质(M) 导航(N) 选项(O) 工具(U)
②单击，返回材质层级
反射:
Map #5
Bitmap
坐标
纹理 环境 贴图: 球形环境
在背面显示贴图 贴图通道: 1
使用真实世界比例
偏移 平铺 镜像 平铺 角度
U: 0.0 1.0 U: 0.0
V: 0.0 1.0 V: 0.0
W: 0.0
UV VW WU
模糊: 6.0 模糊偏移: 0.0 旋转
①调高模糊数值
噪波
位图参数
位图: Autodesk\3dsMax8\maps\Reflection\CHROMIC.JPG
重新加载
裁剪/放置
应用 查看图像
裁剪 放置
过滤
四棱锥
总面积
无
U: 0.0 W: 1.0
V: 0.0 H: 1.0
抖动放置: 1.0
单通道输出:
RGB 强度
Alpha
Alpha 来源
图像 Alpha
RGB 强度
无(不透明)
RGB 通道输出:
RGB
Alpha 作为灰度
预乘 Alpha
时间
输出

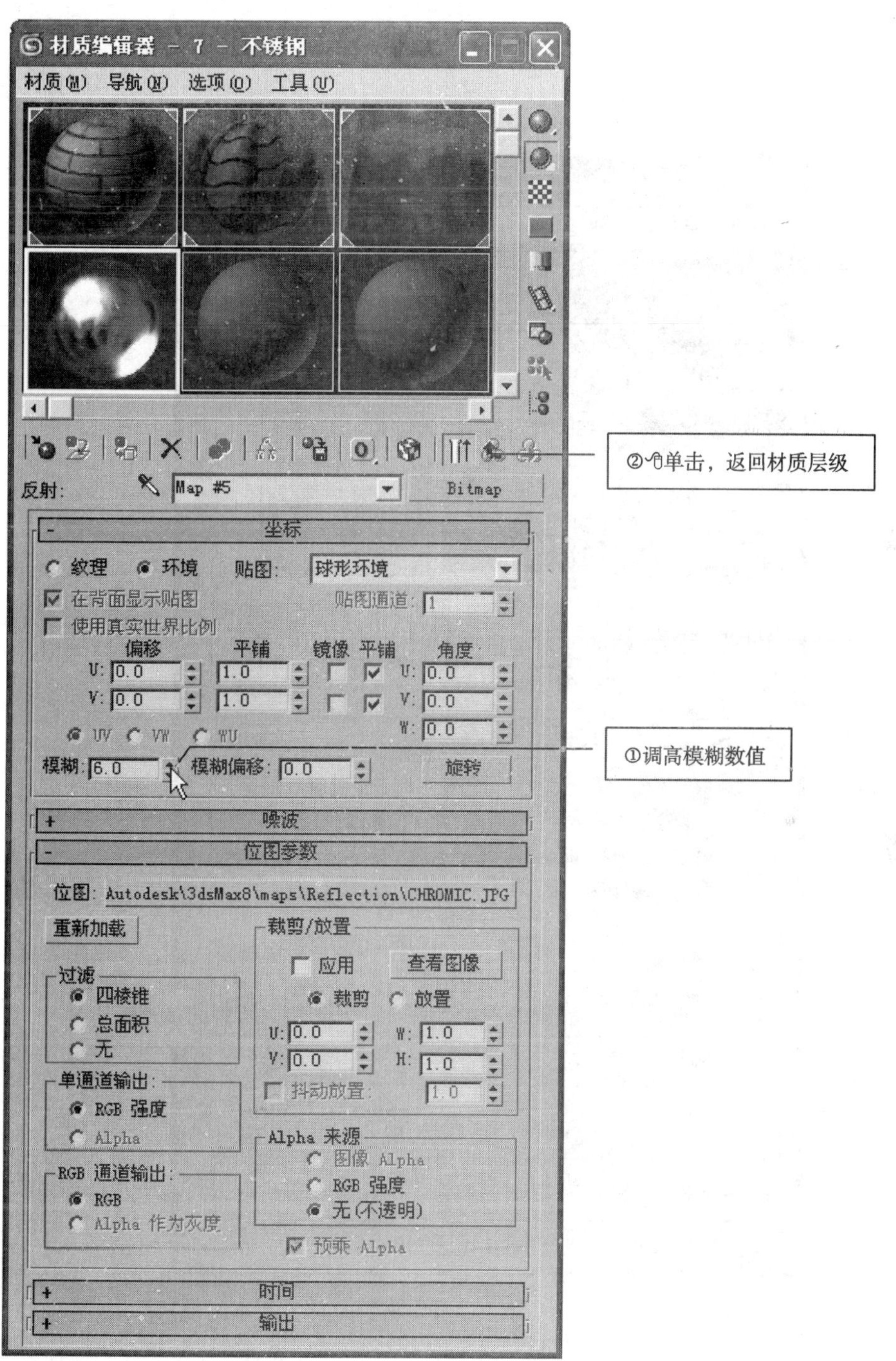

图 2-5-36

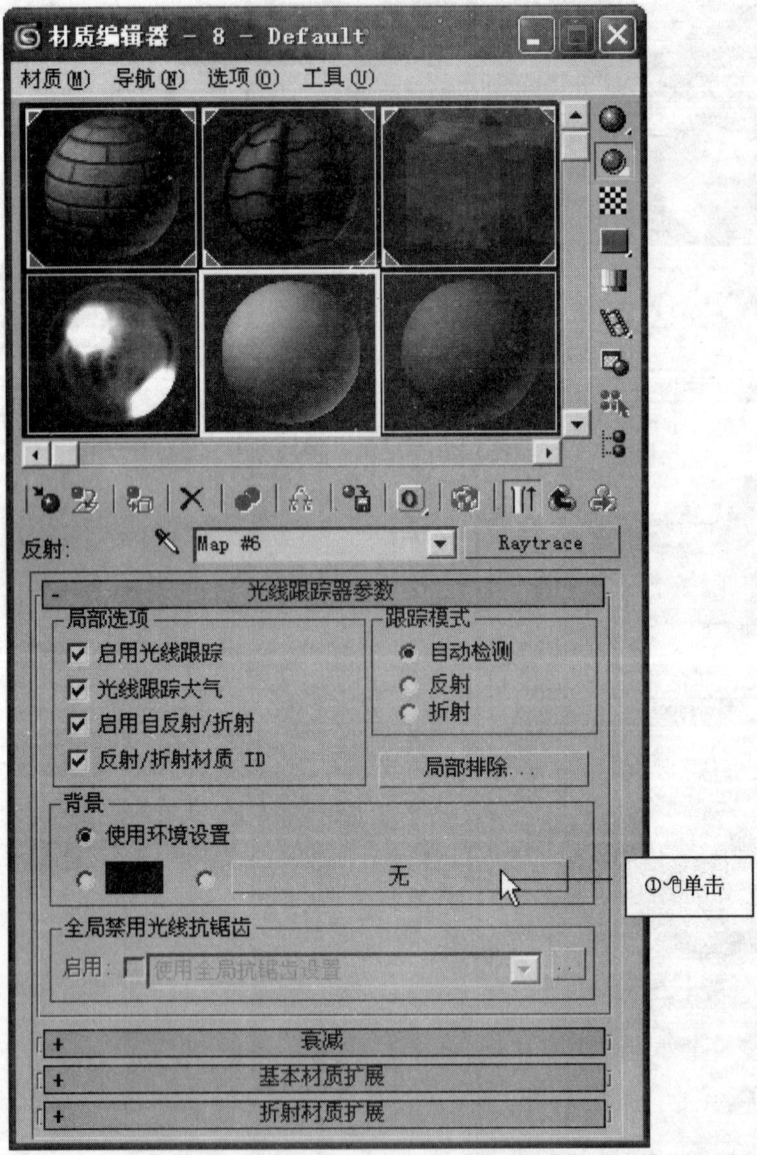
材质编辑器 - 8 - Default
材质(M) 导航(N) 选项(O) 工具(U)
反射:
Map #6
Raytrace
光线跟踪器参数
局部选项
启用光线跟踪
光线跟踪大气
启用自反射/折射
反射/折射材质 ID
跟踪模式
自动检测
反射
折射
局部排除...
背景
使用环境设置
无
①单击
全局禁用光线抗锯齿
启用:
使用全局抗锯齿设置
衰减
基本材质扩展
折射材质扩展

图 2-5-37

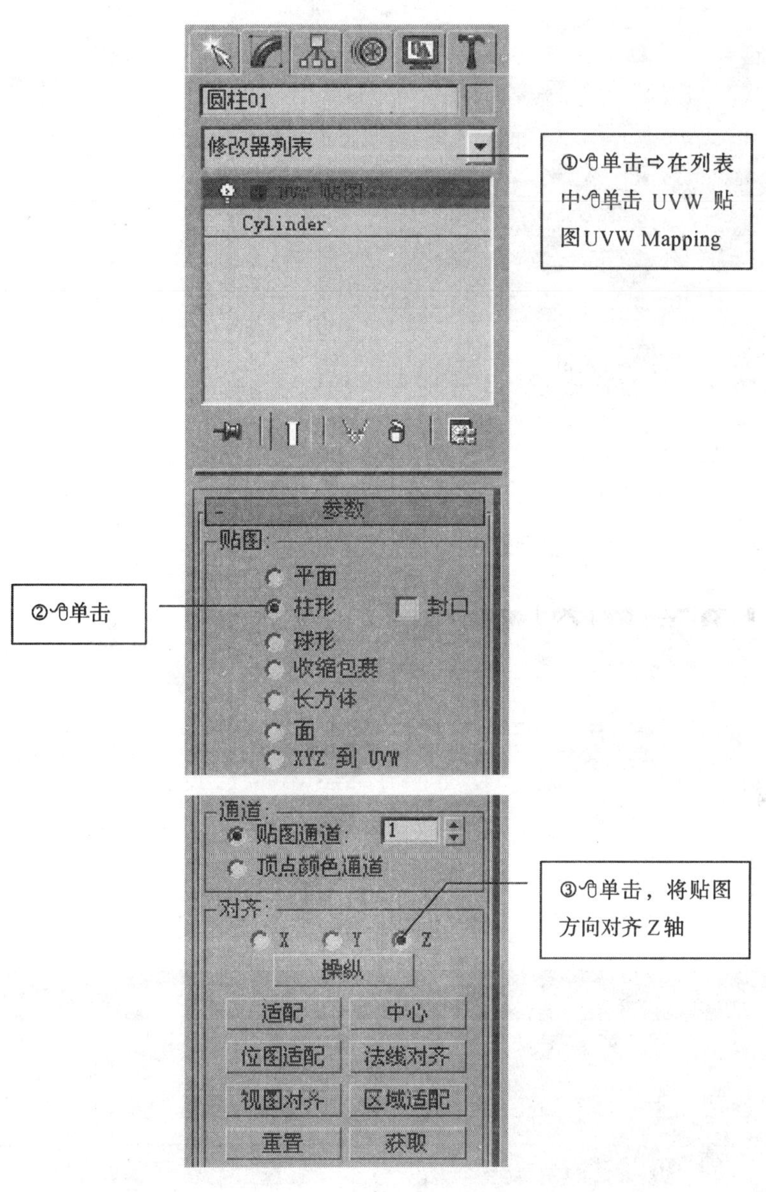

图 2-5-38

5. 单色材质

有些物体的表面是单色的并且比较平滑，如：粉刷过的墙壁、油漆过的栏杆等，这类对象的材质可以利用标准材质指定一种漫反射颜色，并不需要指定贴图。操作方法如图 2-5-39、图 2-5-40 所示。

材质编辑器 - 9 - 白粉墙
材质(M) 导航(N) 选项(O) 工具(U)
9 - 白粉墙
Standard
明暗器基本参数
(B)Blinn
线框
双面
面贴图
面状
Blinn 基本参数
自发光
环境光:
颜色
0
漫反射:
高光反射:
不透明度:
100
①单击漫反射右侧色块

图 2-5-39

颜色选择器：漫反射颜色
②单击，拾取颜色
色调
白度
黑度
红:
244
绿:
244
蓝:
244
色调:
0
饱和度:
0
亮度:
244
关闭
重置(R)
③上下拖动，调整亮度
④单击

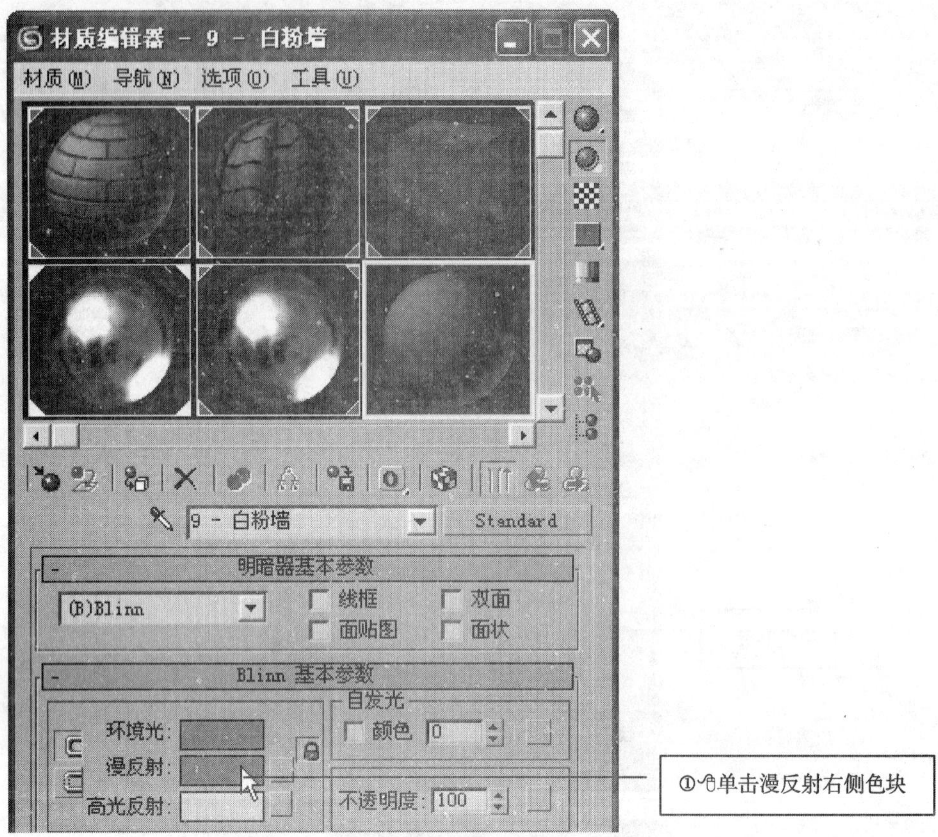

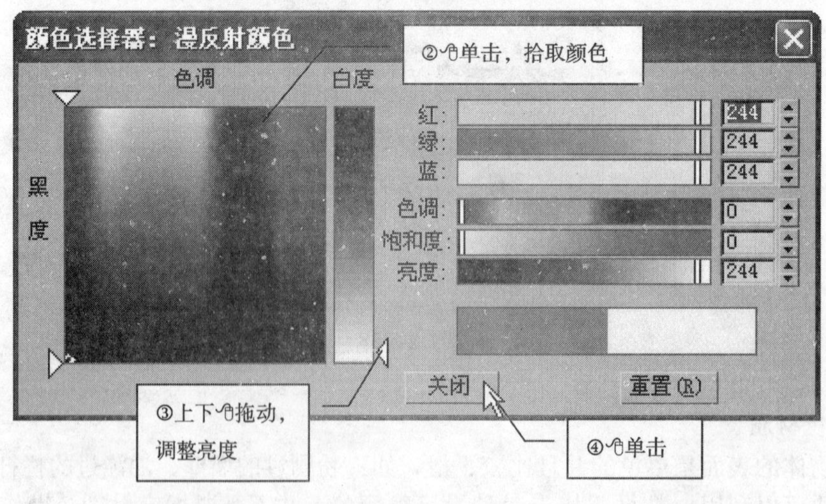

图 2-5-40

6. 噪波贴图

有些物体的表面是单色的但粗糙一些，在光的照射下会有一定的明暗变化，如：道路路面、喷浆的墙壁等，可以使用标准材质，以噪波贴图作为漫反射贴图。如图 2-5-41、图 2-5-42、图 2-5-43 所示操作。

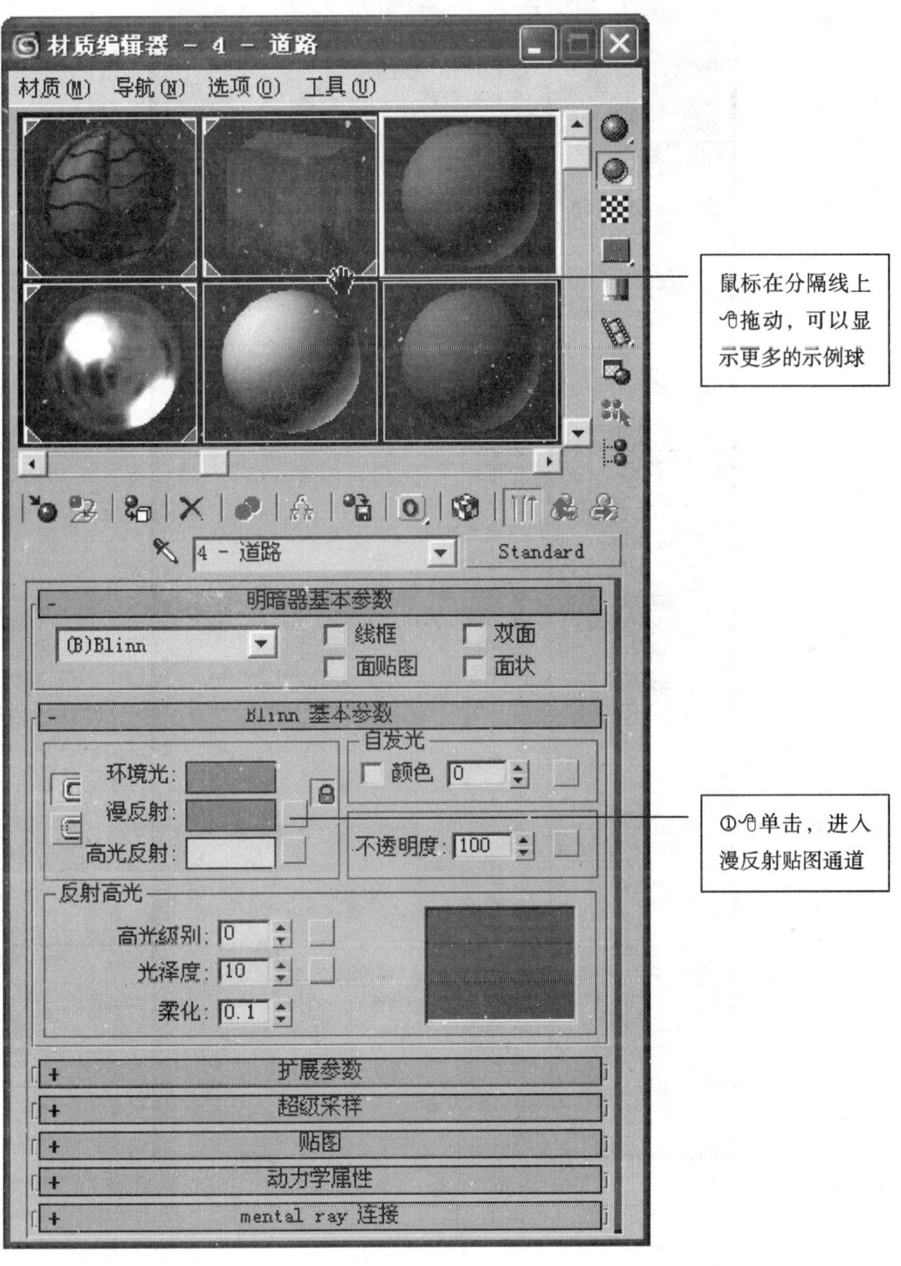

图　2-5-41

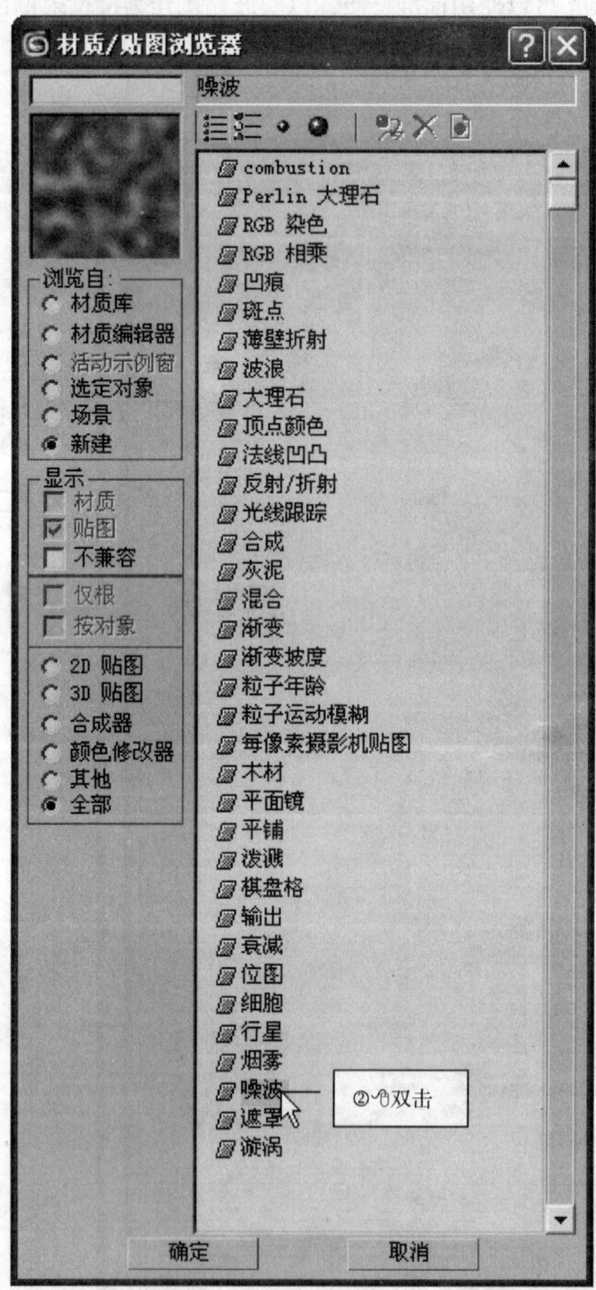

图 2-5-42

材质编辑器 - 4 - 道路
材质(M) 导航(N) 选项(O) 工具(U)
漫反射颜色:
Map #10
Noise
坐标
源:
对象 XYZ
贴图通道:
偏移
平铺
角度:
模糊:
模糊偏移:
噪波参数
噪波类型:
规则
分形
湍流
噪波阈值:
高:
级别:
大小:
低:
相位:
贴图
颜色 #1
颜色 #2
None
交换
输出
⑥单击，返回到材质层级
⑤上下拖动，观察示例球上图案的变化
③单击，选择第一种颜色
④单击，选择第二种颜色

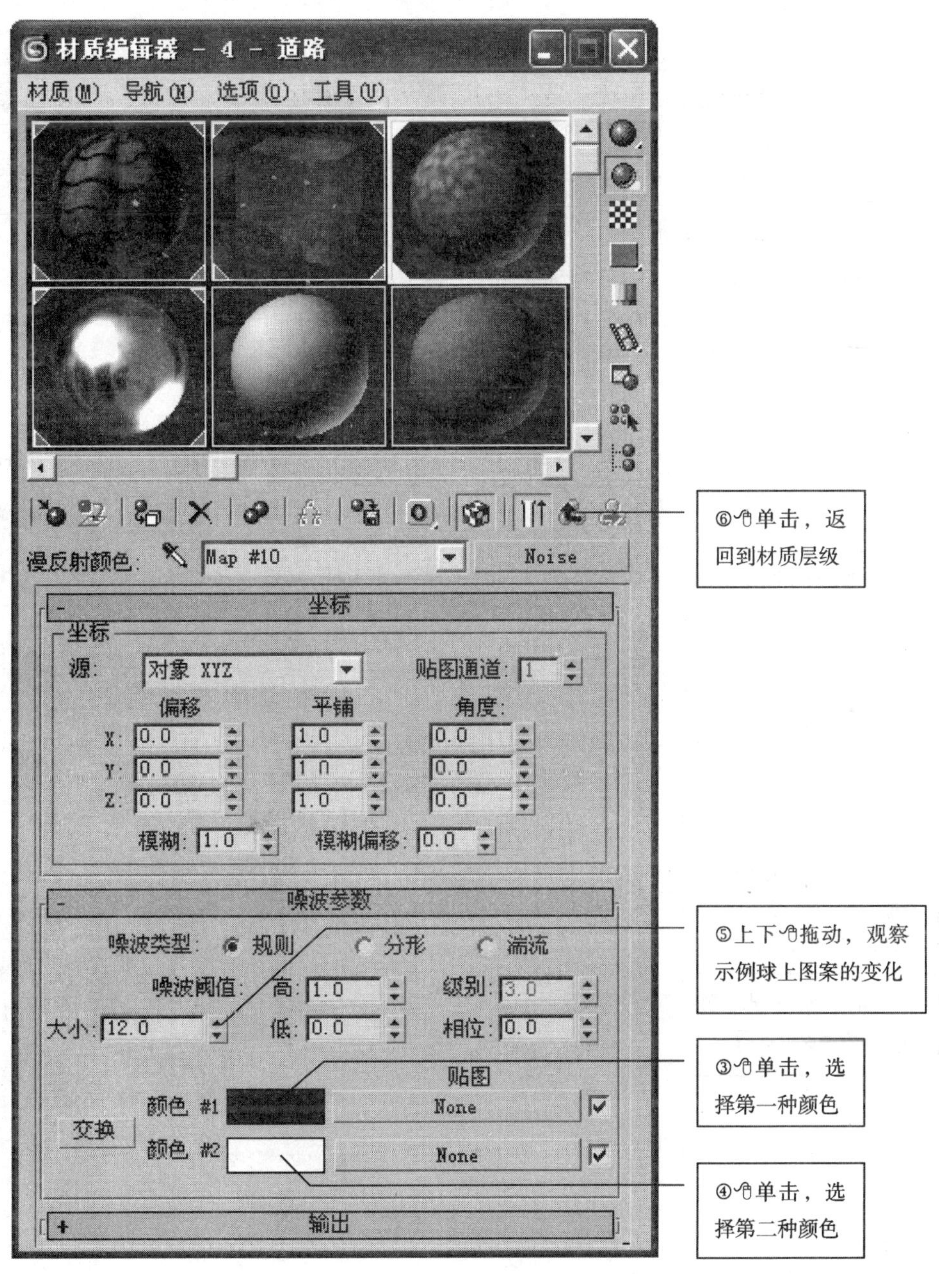

图　2-5-43

5.4.3 光线跟踪 Raytrace 材质

对于反光地面、水面等反光的物体表面，使用光线跟踪材质可以准确计算周围景物的倒影，表现反光效果。操作如图 2-5-44、图 2-5-45 所示。

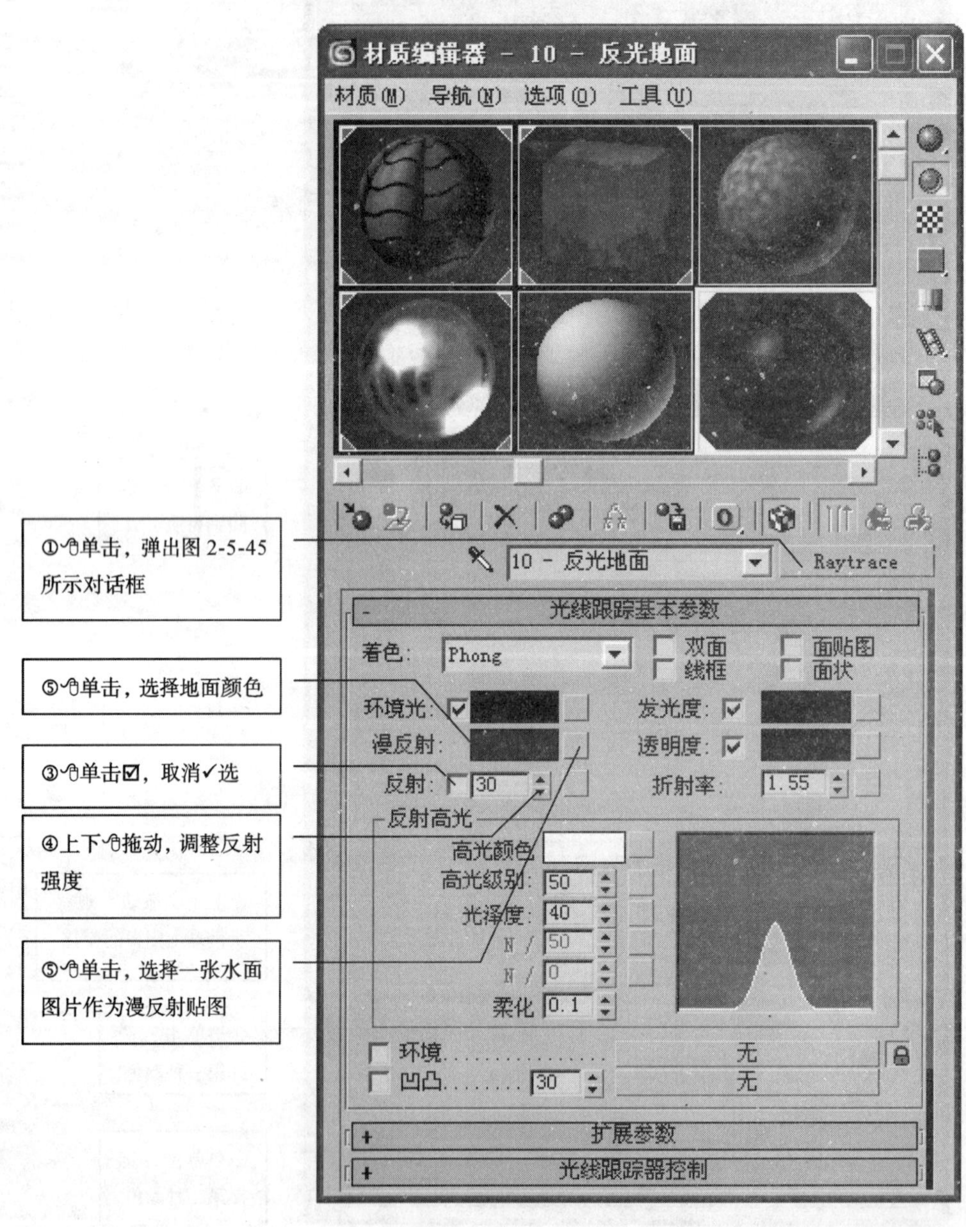

图 2-5-44

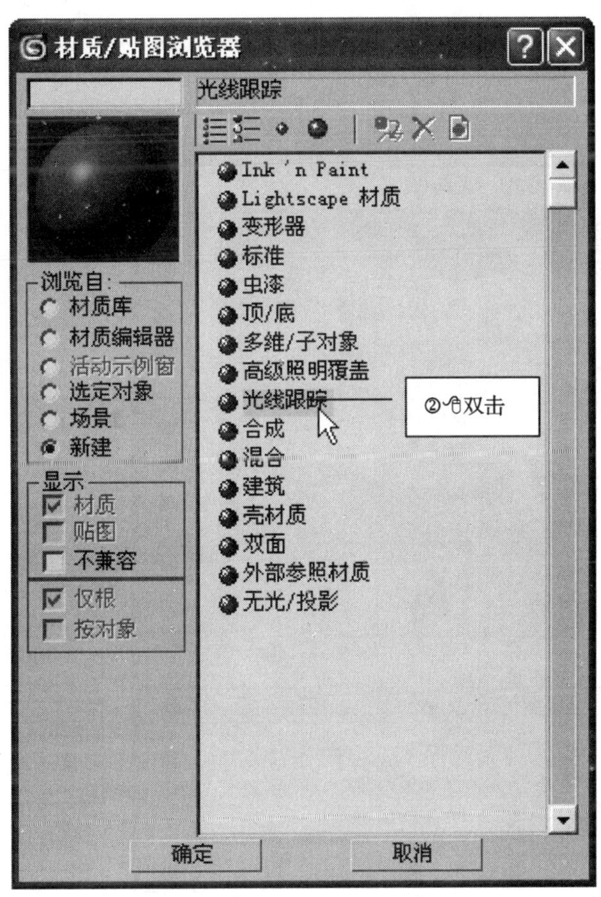

图　2-5-45

5.4.4　多维/子对象 Multi/Sub-Object 材质

多维/子对象材质是一种复合材质，是将多个子材质组合在一起，形成更高层级的材质，在对象层级上指定给一个对象，而这个对象又由若干个子对象组成，子材质与子对象通过材质 ID 号确定对应关系。常用于为一个对象的不同区域指定不同的材质，如森林 Forest 插件创建的森林对象，墙、门、窗、楼梯等建筑对象。

例 2-5-1　为 4.3.5 图形合并中的地形定义材质，如图 2-4-68 所示。地形的材质 ID 号分配是，山坡 = 1、小路 = 2

多维/子对象材质定义与指定的操作方法：

(1)(2)(3)三个步骤参见 5.4.2 标准材质 1. 砖墙材质的方法操作。

(1)　打开材质编辑器，选择一个示例球。

（2）在视口中选择地形，将此材质指定给它成为同步材质。

（3）输入材质名称，将材质类型设置为多维/子对象材质

如图 2-5-46 所示操作①，弹出对话框如图 2-5-45 所示，双击 多维/子对象 ，弹出对话框如图 2-5-47 所示，执行操作③④，如图 2-5-46 所示操作⑤，将默认的 10 个子材质减少到所需要的 2 个。

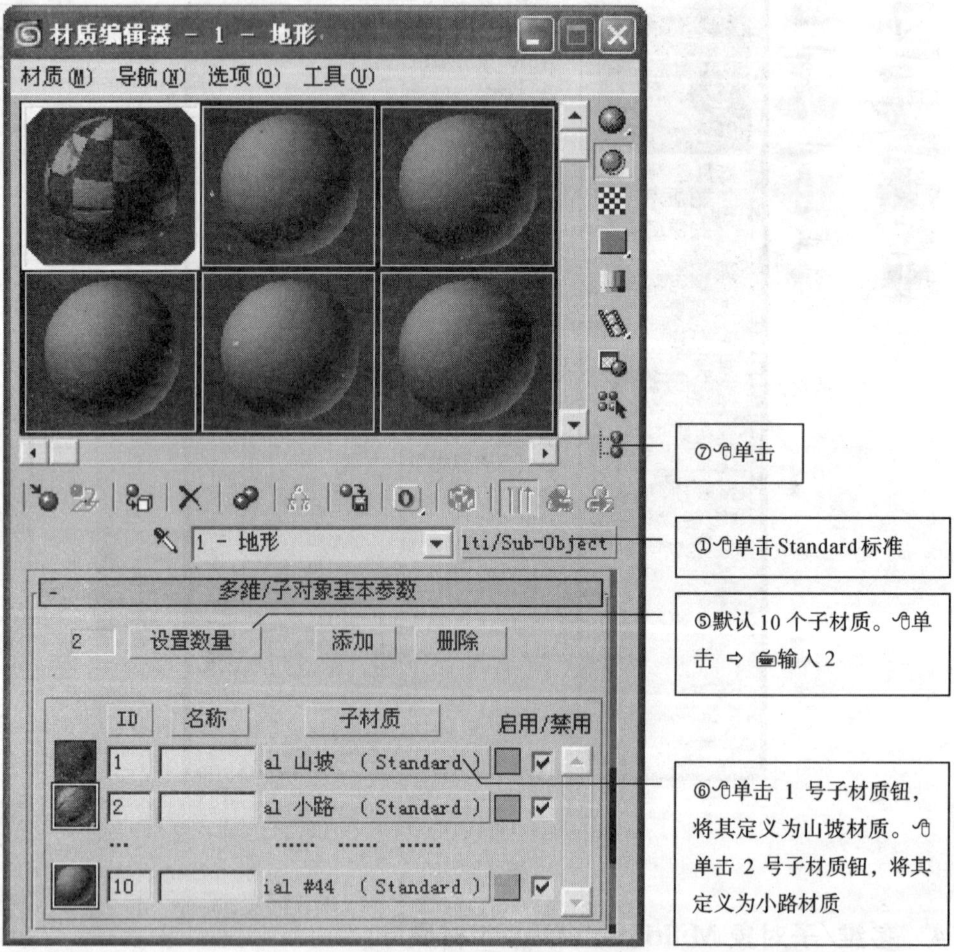

材质编辑器 - 1 - 地形
材质(M) 导航(N) 选项(O) 工具(U)
1 - 地形
lti/Sub-Object
多维/子对象基本参数
2
设置数量
添加
删除
ID
名称
子材质
启用/禁用
1
al 山坡 （Standard）
2
al 小路 （Standard）
10
ial #44 （Standard）
⑦单击
①单击Standard标准
⑤默认 10 个子材质。单击 ⇨ 输入 2
⑥单击 1 号子材质钮，将其定义为山坡材质。单击 2 号子材质钮，将其定义为小路材质

图 2-5-46

替换材质
丢弃旧材质?
将旧材质保存为子材质?
确定
取消
③单击
④单击

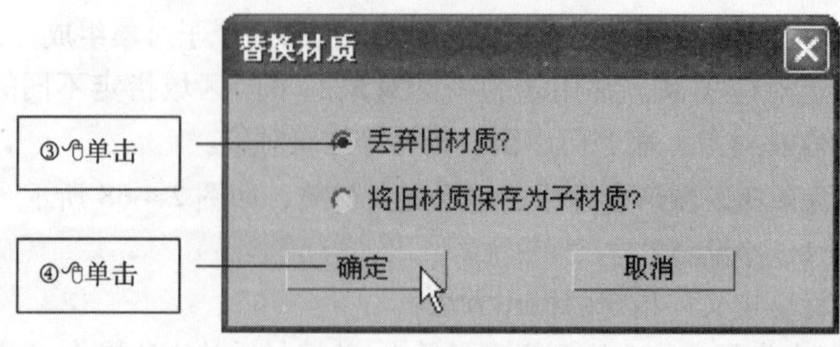

图 2-5-47

（4）分别定义子材质

如图2-5-46所示操作⑥进入子材质层级，参见5.4.2标准材质1. 砖墙材质的方法定义子材质，单击从子材质层级返回到材质层级。

（5）浏览材质/贴图的定义

如图2-5-46所示操作⑦，打开材质/贴图导航器，如图2-5-48所示，可以形象的观察材质—子材质—贴图的结构关系。草坪、铺装贴图使用了3ds max自备的材质库，默认的存放路径C:\Program Files\Autodesk\3dsMax8\maps\,Ground和ArchMat文件夹。

（6）选择地形，应用UVW贴图修改器。

（7）快速渲染检查，如图2-4-68所示。

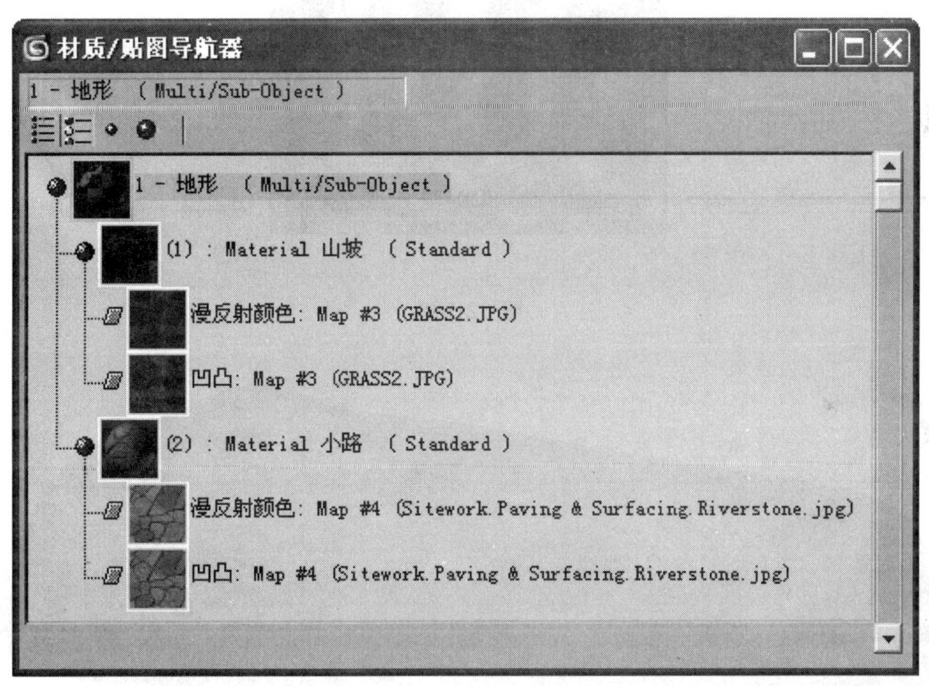

图　2-5-48

5.4.5　混合 Blend 材质

混合材质是一种复合材质，它可以在曲面的单个面上将两种材质混合，可以设置一个混合量使两种材质均匀的混合，也可以使用遮罩位图控制两个材质的混合区域，遮罩贴图是一张灰度图，如图2-5-49所示，作用原理与凹凸贴图类似，白色区域显示材质1，黑色区域显示材质2，中间灰色区域为过渡。

例2-5-2　为4.3.4地形中的地形定义混合材质，模拟山坡上自然践踏出来的小路，如图 2-5-50 所示。

混合材质定义与指定的方法参见 5. 4. 4 多维/子对象材质。

(1)(2)(3)三个步骤参见 5. 4. 2 标准材质 1. 砖墙材质的方法操作。

(1) 打开材质编辑器，选择一个示例球。

(2) 在视口中选择地形，将此材质指定给它成为同步材质。

(3) 输入材质名称，将材质类型设置为混合材质

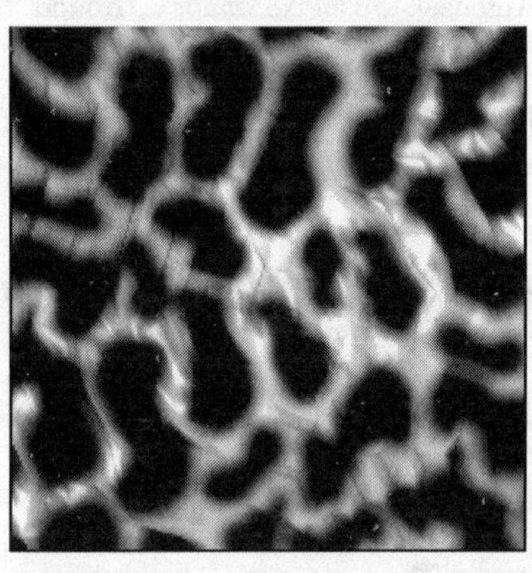

图 2-5-49

图 2-5-50

如图 2-5-51 所示操作①，弹出对话框如图 2-5-45 所示，双击混合，弹出对话框如图 2-5-47 所示，执行操作③④。

(4) 分别定义子材质

如图 2-5-51 所示操作⑤进入子材质层级，参见 5. 4. 2 标准材质 1. 砖墙材质的方法定义子材质，单击从子材质层级返回到材质层级。

材质编辑器 - 2 - 地形混合
材质(M)　导航(N)　选项(O)　工具(U)
2 - 地形混合
Blend
混合基本参数
材质 1: al 山坡 (Standard)　交互式
材质 2: al 小路 (Standard)　交互式
遮罩: Map #5 (CAUSTIC.GIF)　交互式
混合量: 0.0
混合曲线
使用曲线
转换区域:
上部: 0.75
下部: 0.25
mental ray 连接
⑦单击
①单击Standard 标准
⑤单击子材质 1 钮，将其定义为山坡材质。单击子材质 2 钮，将其定义为小路材质
⑥从资源浏览器中，如图 2-5-11 所示，拖动遮罩位图到此钮上

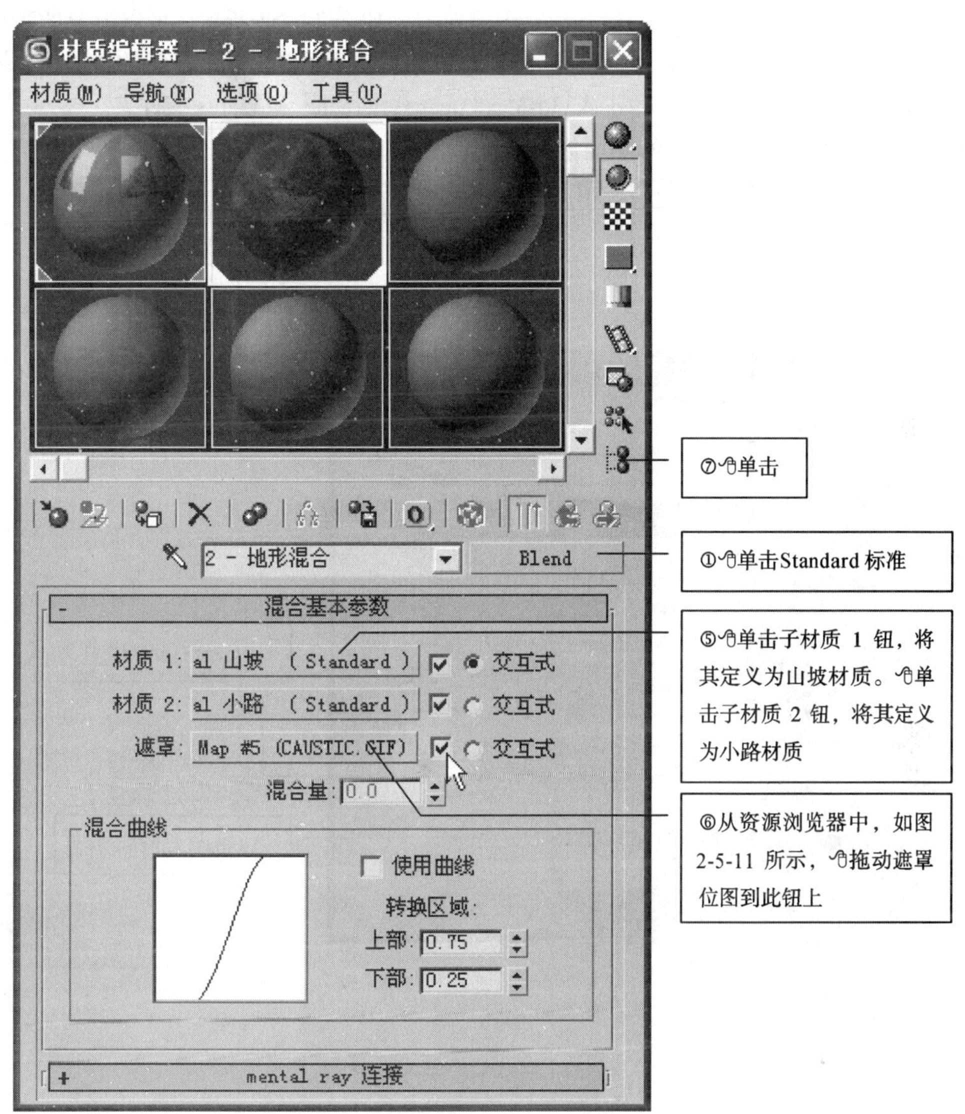

图　2-5-51

(5) 指定遮罩贴图

如图 2-5-51 所示操作⑥，从资源浏览器中，如图 2-5-11 所示，拖动遮罩位图到遮罩通道上。

(6) 浏览材质/贴图的定义

如图 2-5-51 所示操作⑦，打开材质/贴图导航器，如图 2-5-52 所示，可以形象的观察材质—子材质—贴图的结构关系。草坪、路面、遮罩贴图使用了 3ds max 自备的材质库，默认的存放路径 C:\Program Files\Autodesk\3dsMax8\maps\,Ground 和 Lights 文件夹。

(7) 选择地形，应用 UVW 贴图修改器。

(8) 快速渲染检查，如图 2-5-50 所示。

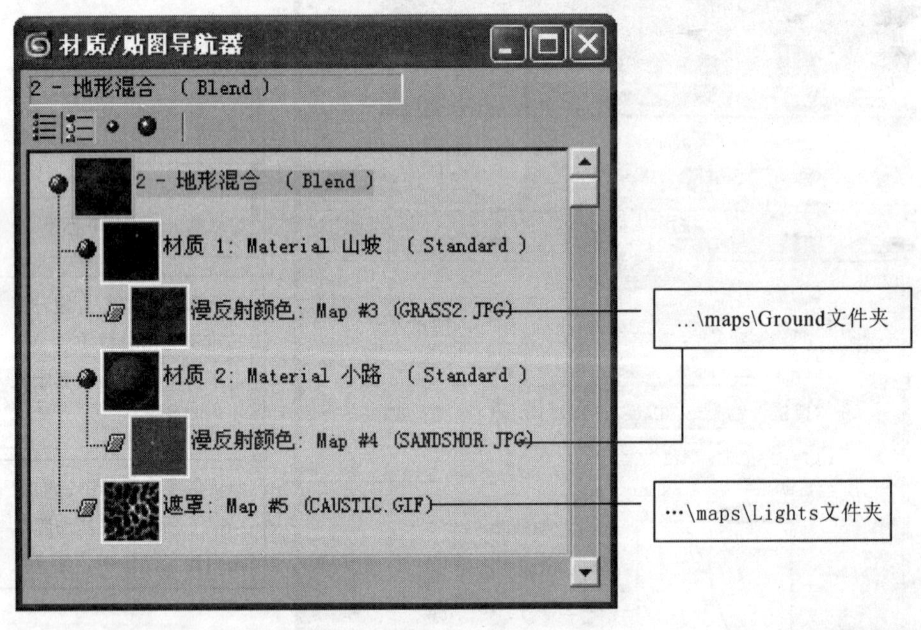

图 2-5-52

5.4.6 贴图裁剪

指定材质的贴图时，有时只是取图片的一个局部区域，如在一张风景图片中仅取一块草坪将其定义为草坪材质的漫反射贴图，操作方法参照 5.4.2 标准材质中 2. 屋瓦面材质 (1)(2)(3)(4)，如图 2-5-53、图 2-5-54 所示，执行操作①～④。

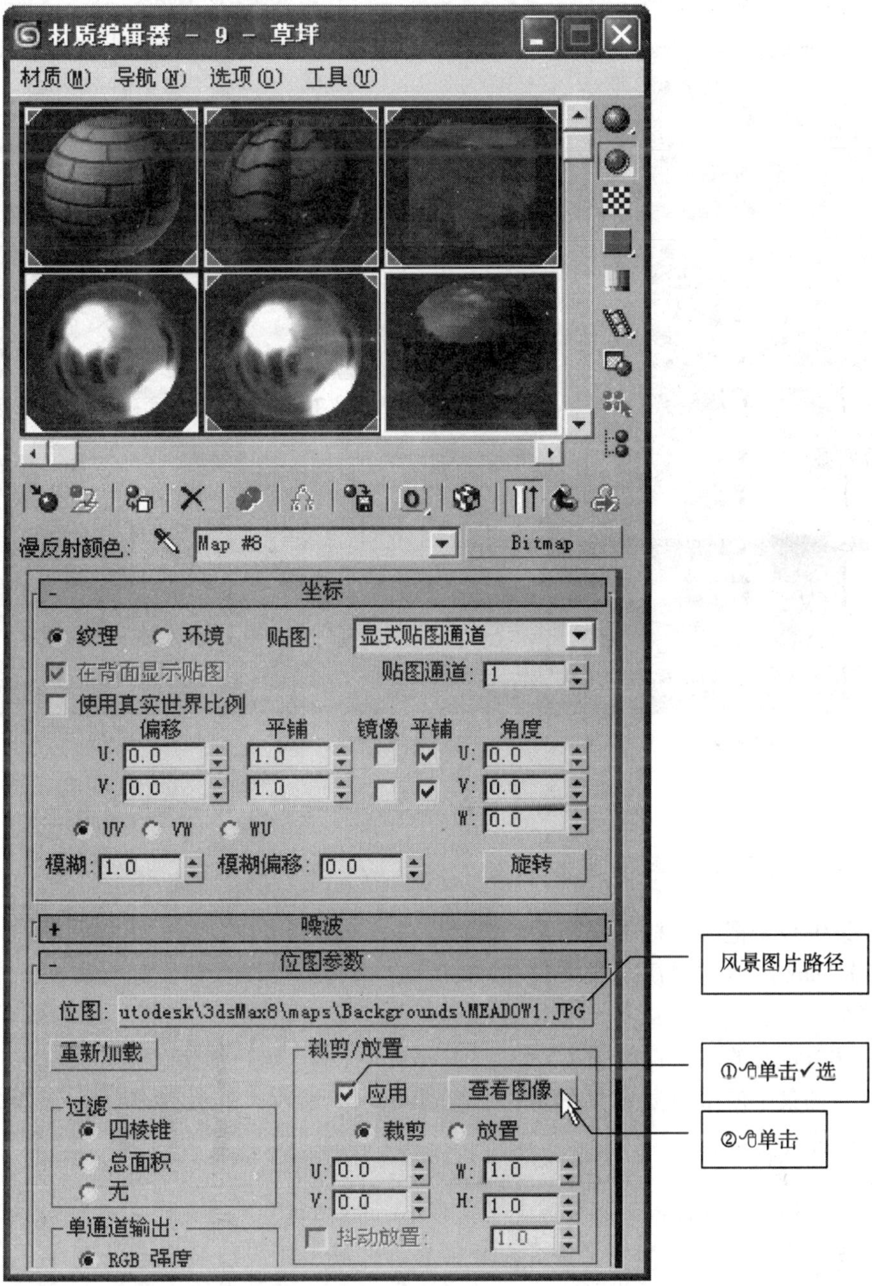
材质编辑器 - 9 - 草坪
材质(M) 导航(N) 选项(O) 工具(U)
漫反射颜色: Map #8 Bitmap
坐标
纹理 环境 贴图: 显式贴图通道
在背面显示贴图 贴图通道: 1
使用真实世界比例
偏移 平铺 镜像 平铺 角度
UV VW WU
模糊: 1.0 模糊偏移: 0.0 旋转
噪波
位图参数
位图: utodesk\3dsMax8\maps\Backgrounds\MEADOW1.JPG
重新加载
裁剪/放置
应用 查看图像
裁剪 放置
过滤
四棱锥
总面积
无
单通道输出:
RGB 强度
抖动放置:
风景图片路径
①单击✓选
②单击

图　2-5-53

图 2-5-54

5.4.7 保存材质定义用于其他场景

在场景中终于把一个材质调好了，如果想在另一个场景中使用，可将调好的材质定义保存到3ds max默认的材质定义文件3dsmax.mat中，也可以保存在独立的文件中，只是方法要繁杂一些。

保存材质定义的方法：如图2-5-55、图2-5-56所示，执行操作①②③。

在另一场景中使用材质定义的方法：如图2-5-55所示，执行操作④⑤，如图2-5-57所示，执行操作①~④。

3ds max的材质定义文件3dsmax.mat，只是记录了材质的参数、贴图的路径、贴图文件名称等信息，材质中使用的贴图并没有保存在这个文件中，还是存储在原始的磁盘位置，需要单独备份。3dsmax.mat默认存放在C:\Program Files\Autodesk\3dsMax8\matlibs\文件夹中，在重装软件或是要到另一台机器上使用自定义材质时，要复制这个文件。

材质编辑器 - 01 - 砖墙
材质(M) 导航(N) 选项(O) 工具(U)
④单击
⑤单击
①单击
放入库
01 - 砖墙
Standard
明暗器基本参数
(B)Blinn
线框
双面
面贴图
面状
Blinn 基本参数
自发光
颜色
环境光:
漫反射:
高光反射:
不透明度: 100
反射高光
高光级别: 0
光泽度: 10
柔化: 0.1

图 2-5-55

入库
名称: 砖墙01
确定
取消
②输入
材质名称
③单击

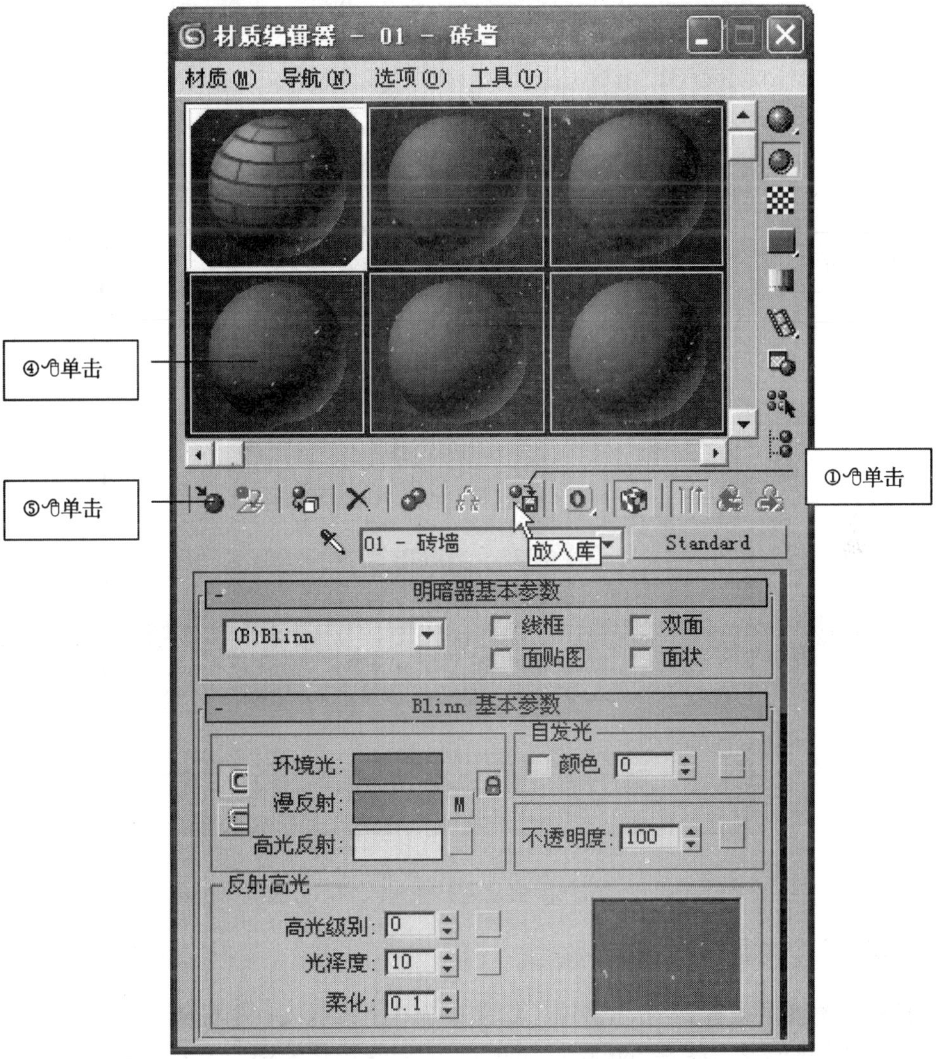

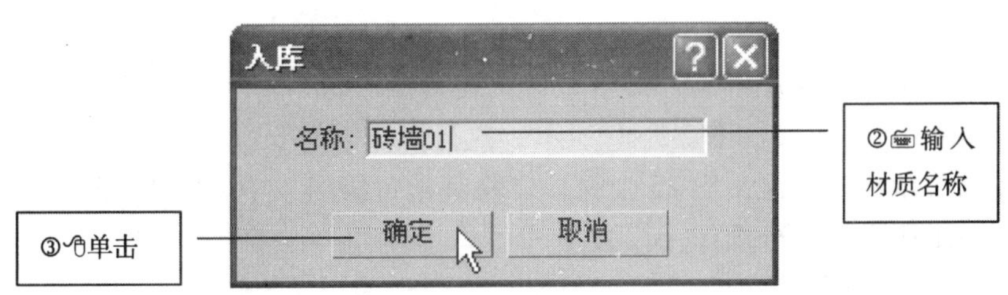

图 2-5-56

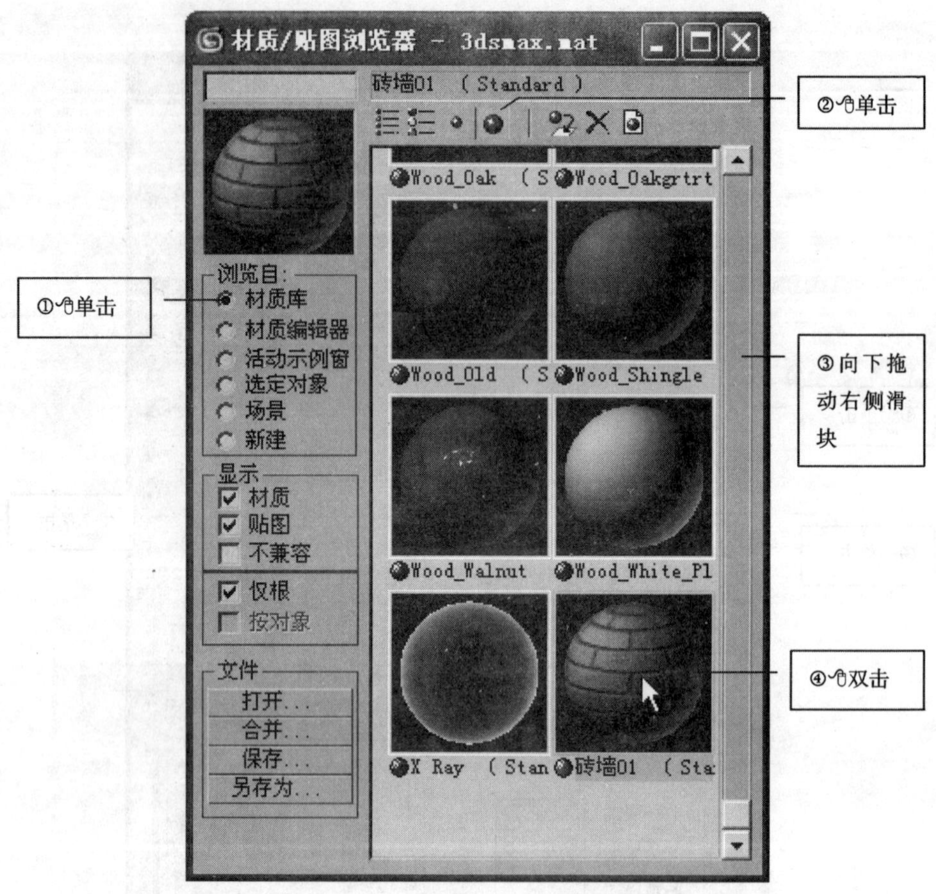

图 2-5-57

5.4.8 第 25 个材质如何定义

在材质编辑器中只有 24 个示例球，如果一个球上只能放一个材质，那第 25 个材质放在哪里呢？这是初学者经常有的疑问。可以把示例球比作绘图桌，一个材质就是 1 张图纸，设计室中放置了 24 张绘图桌，你可以在每张桌子上都铺上 1 张图纸来做设计，也可以只用 1 张绘图桌而让其他的 23 张空着，要绘制哪张图纸时就把它铺到你用的这张绘图桌上来。

第 25 个材质的定义方法如下：

（1）选择一个示例球，将其上材质从材质编辑器中删除。

如图 2-5-58、图 2-5-59、图 2-5-60 所示，执行操作①②③。

（2）在这个示例球上定义第 25 个材质，将其指定给场景中的对象成同步材质。

如图 2-5-61 所示，执行操作④⑤。

（3）将示例球上原来那个被删除的材质，取回到示例球上修改。

如图 2-5-61、图 2-5-62 所示，执行操作⑥⑦⑧⑨。

①单击一个已经有材质的示例球
②单击
材质编辑器 - 1 - 砖墙
材质(M) 导航(N) 选项(O) 工具(U)
重置贴图/材质为默认设置
Standard
明暗器基本参数
(B)Blinn
线框
双面
面贴图
面状
Blinn 基本参数
自发光
颜色
环境光:
漫反射:
高光反射:
不透明度:
100

图 2-5-58

③单击
重置材质/贴图参数
场景中使用了材质/贴图。 是否:
影响场景和编辑器示例窗中的材质/贴图?
仅影响编辑器示例窗中的材质/贴图?
确定
取消

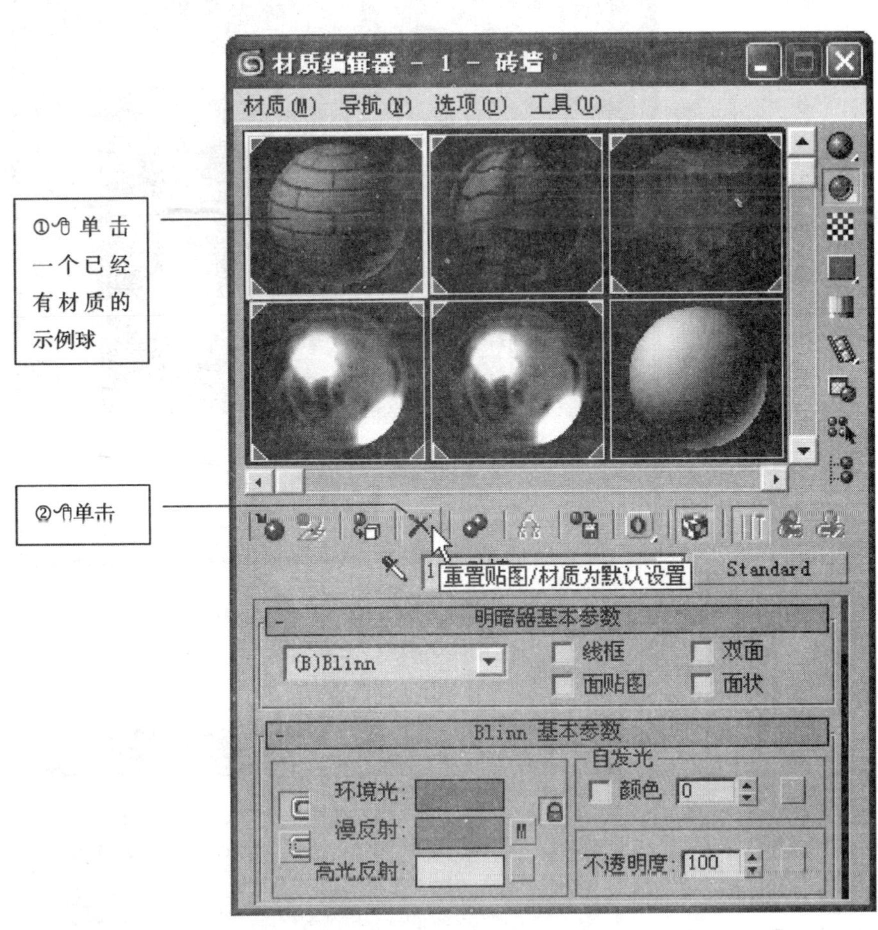

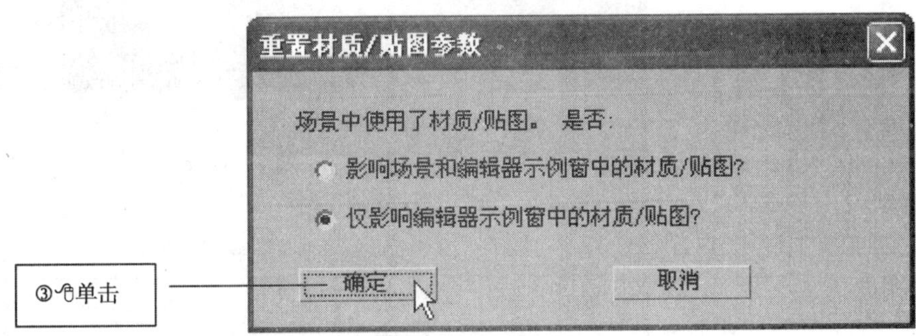

图 2-5-59

材质编辑器 - Material #0
材质(M) 导航(N) 选项(O) 工具(U)
删除材质后的
空示例球
Material #0
Standard

图 2-5-60

材质编辑器 - 25 - 反光水面
材质(M) 导航(N) 选项(O) 工具(U)
⑤定义第25个材质
④单击，将其指定给场景中的一个对象成同步材质
⑥单击
25 - 反光水面
Raytrace
光线跟踪基本参数
着色:
Phong
双面
线框
面贴图
面状

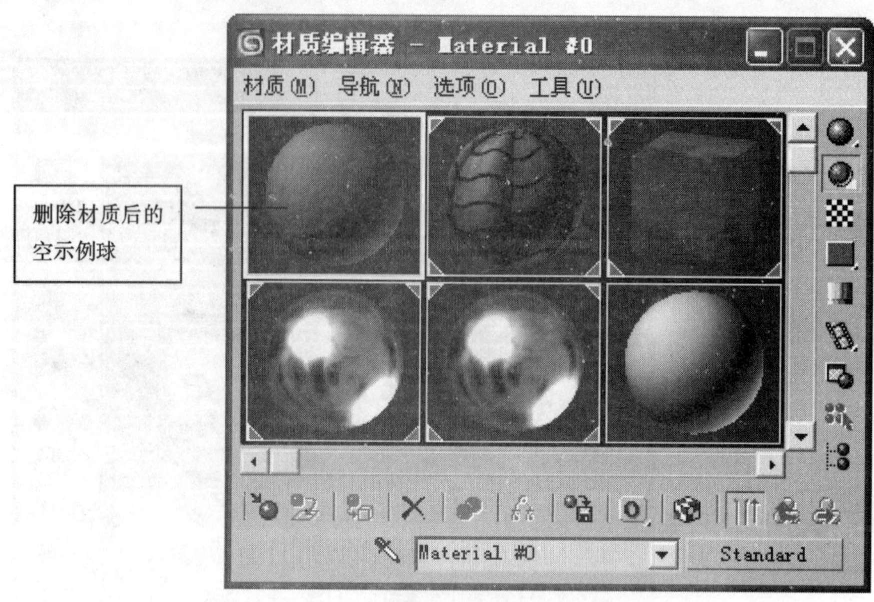

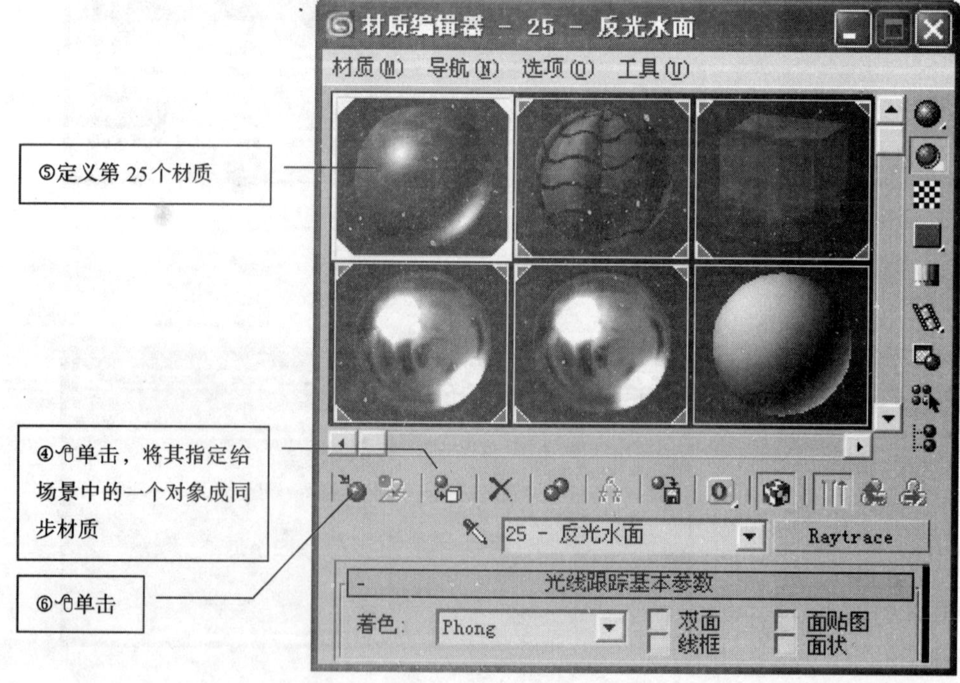

图 2-5-61

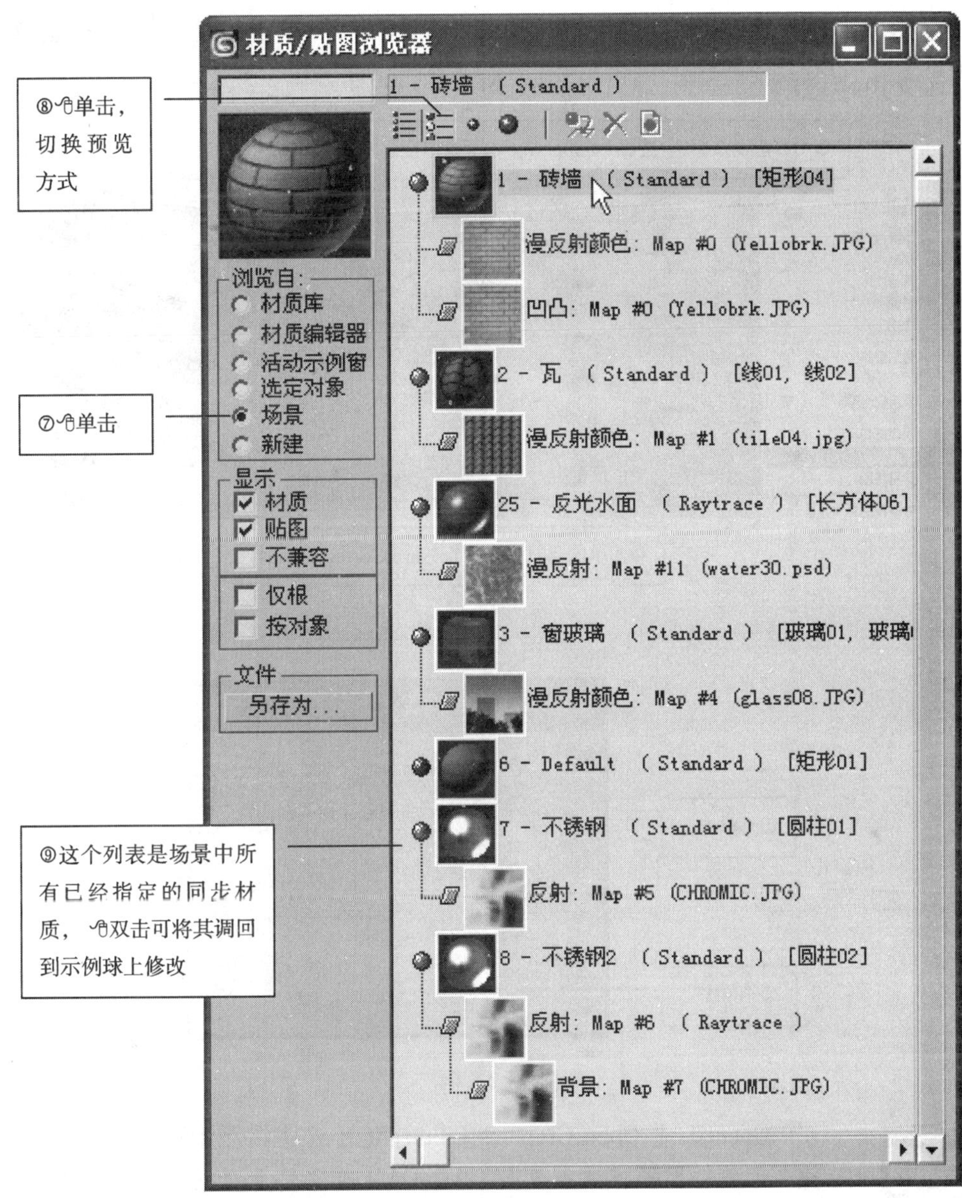

图　2-5-62

5.5　OpenGL、Direct3D 与纹理校正

观察透视图，可能发现材质虽然贴在对象的表面，但看起来表面好象有些皱折，如图 2-5-63a 所示，可以打开透视视图的纹理校正以修正显示错误，修正后如图 2-5-63b 所示。纹理校正是使用像素插值重画透视视口，这只适用于软件显示驱动程序，如果使用 OpenGL 或 Direct3D 显示驱动程序，则纹理校正自动处理。

OpenGL、Direct3D 图形加速在安装软件后第一次启动时可以选择，参见1. 1 3ds max 8. 0 单机版安装步骤中图 2-1- 6，也可在 3ds max 运行环境中，单击 自定义 菜单⇨ 首选项 ⇨ 视口 选项卡⇨ 选择驱动程序 ，弹出对话框，如图 2-5-64 所示操作。

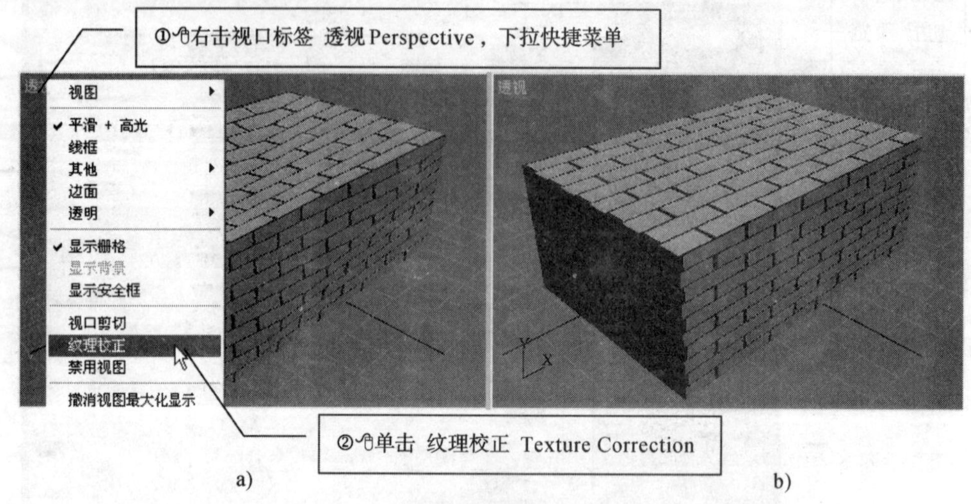

图 2-5-63

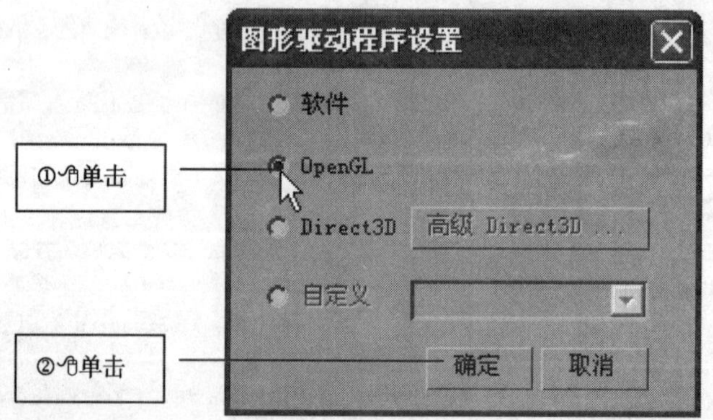

图 2-5-64

OpenGL 是 Open Graphics Library（开放性图形库）的缩写，OpenGL 独立于硬件和操作系统，是 CAD/CAM 专业图形处理、科学计算等高端应用领域的标准图形库，是该领域的工业标准。在低端的主要竞争对手是 Direct3D，Direct3D 是微软为了弥补 Windows 对图形管理的不足而发布的，目前在 3D 游戏领域具有权威地位。显卡提供 OpenGL、Direct3D 硬件加速是利用其运算单元 GPU 分担 CPU 与图形有关的运算工作，加速图形软件运行。

第 6 讲

6.1 光照系统

3ds max 提供了多种类型的光源，如：太阳光、天光、平行光、聚光灯、泛光灯等，来模拟自然界的光照，提供了光线跟踪和光能传递两种方法来计算光的传播和衰减。表现白天的效果图以太阳光 sunlight 作为主光源照亮场景并计算阴影，以天光 skylight 为辅助光源照亮环境，不使用光线跟踪和曝光控制就可以快速的模拟自然光照。如果要表现夜色可以使用聚光灯模拟射灯、泛光灯模拟点光源、天光模拟月光，添加体积光来表现灯的光芒。

场景中没有创建光源时系统会沿摄影机的方向投射一个顺光来照亮物体，这就是系统的默认光源，在创建光源后被自动关闭，如图 2-6-1 所示。太阳光作为主光源照亮场景，增大光束直径可使场景中的所有对象投射正确的阴影，但超过一定入射角的表面仍然非常暗，如图 2-6-2 所示。再加入天光来提高环境的整体亮度，给太阳光没有照射的阴暗面补光，如图 2-6-3 所示。

图 2-6-1　默认光源

图 2-6-2　加入太阳光

图 2-6-3　再加入天光

6.1.1　太阳光 Sunlight 与阴影

创建和调整太阳光的操作方法：

（1）设置太阳的时间、日期和地点

如图 2-6-4 所示操作①~⑤，如图 2-6-5 所示操作①②③，找一个与设计场地邻近的大城市以确定其地理位置。

①单击
②单击，进入系统面板
标准
对象类型
自动栅格
骨骼
环形阵列
太阳光
日光
Biped
③单击
名称和颜色
控制参数
方位
海拔高度
166
73
时间
时
分
秒
12
0
0
④调整日期和时间
月
日
年
6
21
2006
8
时区
夏令时
位置
获取位置...
⑤或单击
Beijing China
纬度:
39.9
经度:
-116.0
⑤直接输入设计地点的经纬度
地点
轨道缩放:
0.0m
北向:
0.0

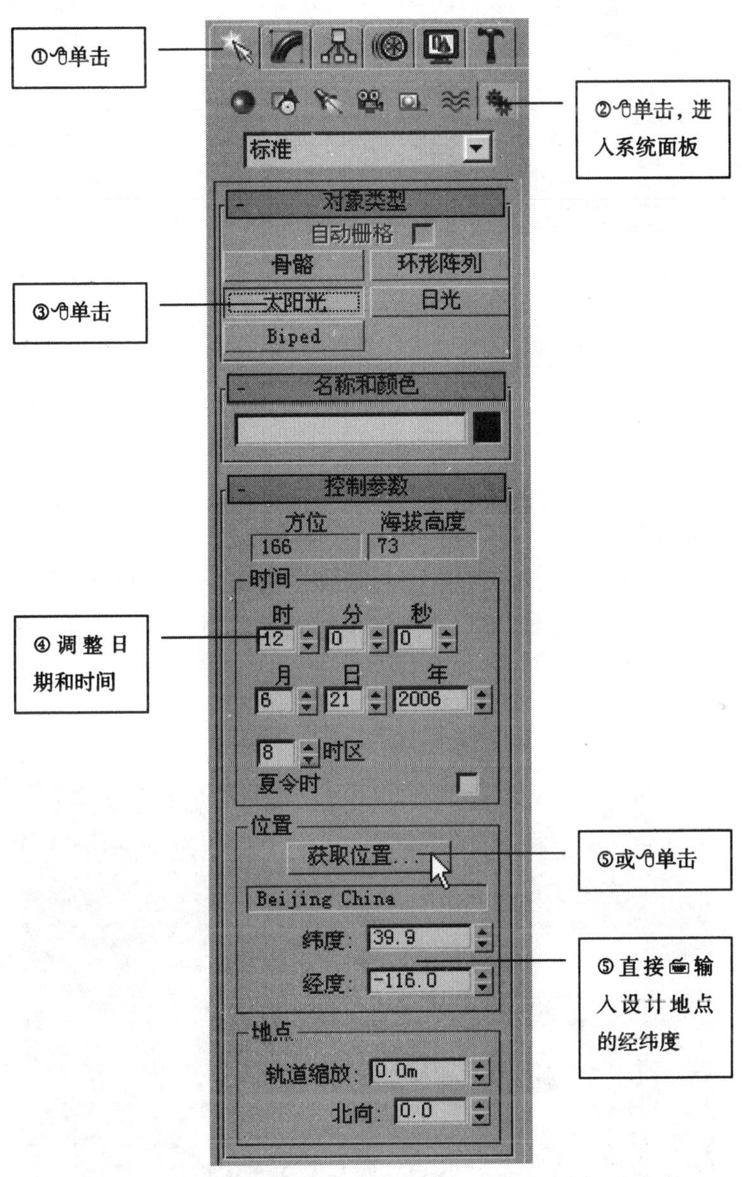

图　2-6-1

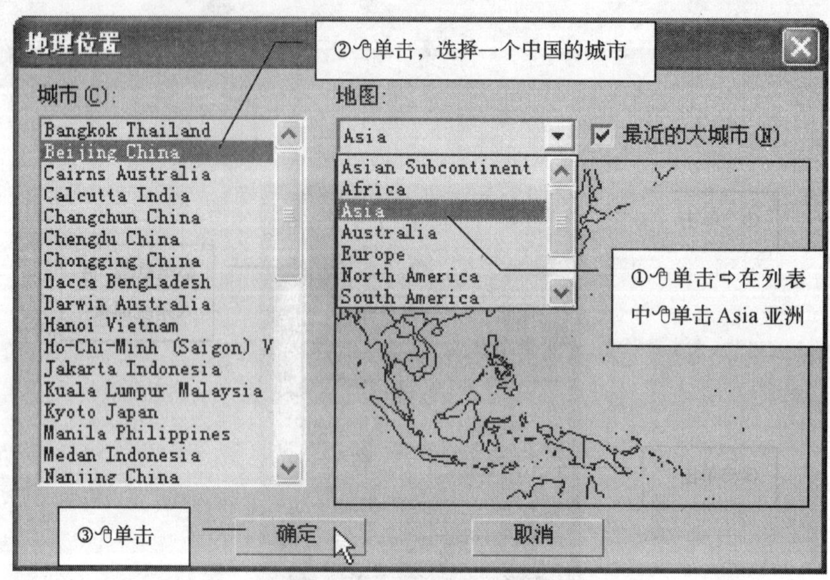

图 2-6-5

（2）定位指北针创建太阳

在顶视口中场景的中间位置按住左键⇨向外拖动，观察指北针符号大小适中时松开⇨上下移动鼠标，观察图 2-6-6 中太阳定位到合适高度时，单击⇨右击，命令结束。

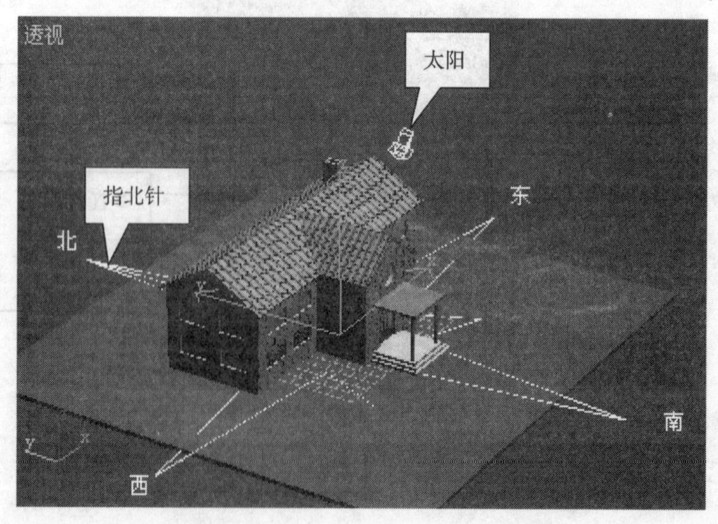

图 2-6-6

(3) 扩大太阳光光束直径，使场景中的所有对象投射阴影

如图2-6-7、图2-6-8所示操作①②③。

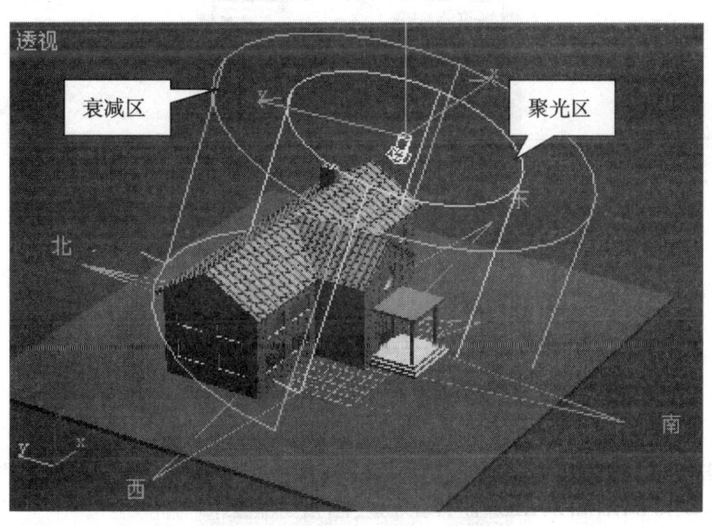

图 2-6-7

太阳与指北针绑在一起，移动、旋转指北针，太阳会随它一起变换。

如何理解泛光化Overshoot。想象走在黑夜里你用手电筒照亮前面的道路，在电筒的光束范围内道路会被照亮，路上的行人会投射阴影。打开泛光化，手电筒顿时变成了巨型探照灯，光束变的无限大，沿着要照射的方向所有的景物都会被照亮，但探照灯照射的对象却没有阴影。泛光化使太阳照亮所有对象，但不在光束范围内的对象没有阴影。

6.1.2 天光 Skylight

天光用来模拟天空的散射光，渲染时打开光线跟踪可获得最佳效果，可以为天空设置颜色或指定贴图，天空就像是场景上方的穹顶，是天光内建的半球模型，如图2-6-9所示。

如图2-6-10、图2-6-11所示创建并调节天光，无论把它放在什么位置，光芒总会普照大地，如图2-6-11所示。

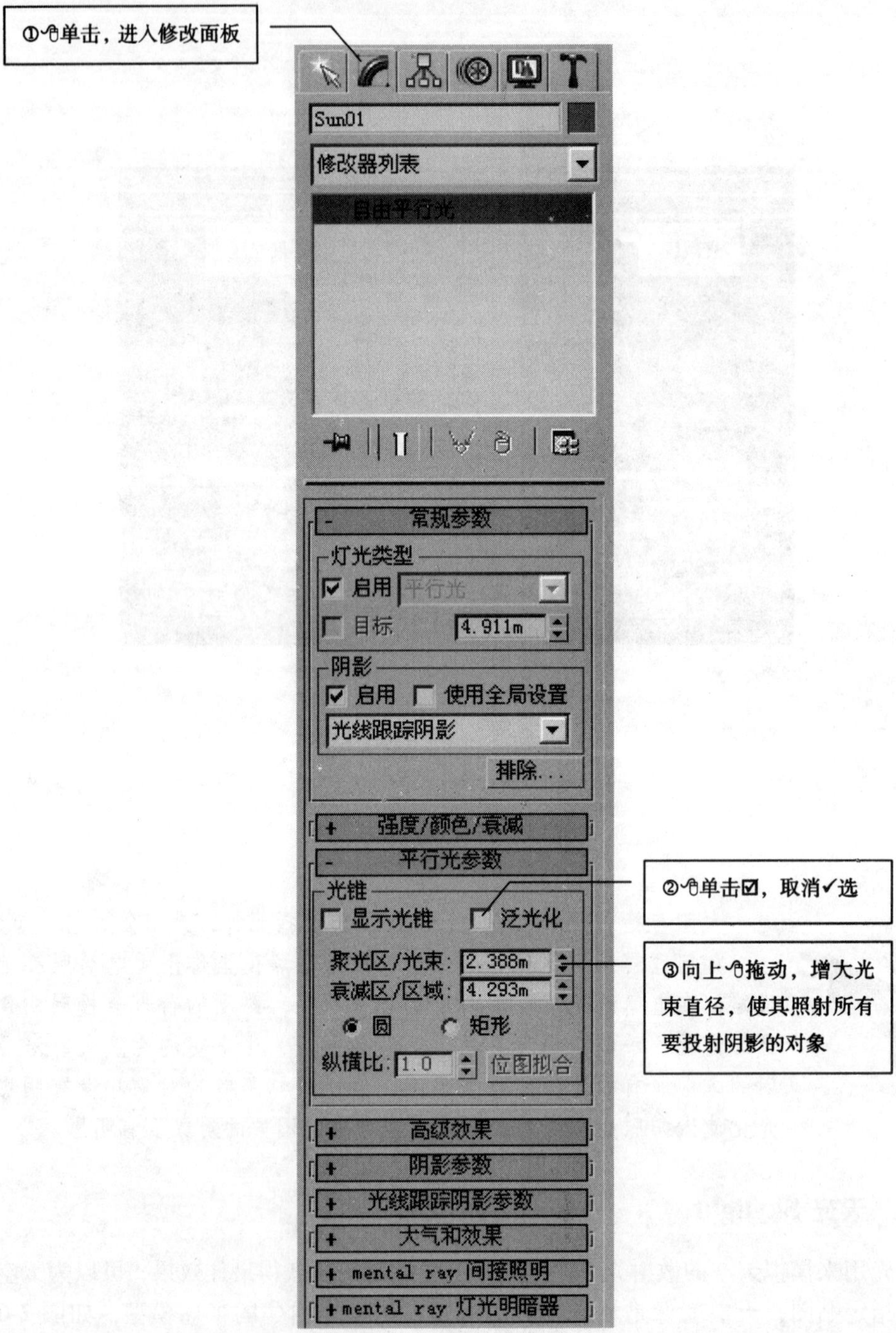

①单击，进入修改面板

Sun01

修改器列表

自由平行光

常规参数

灯光类型

启用 平行光

目标 4.911m

阴影

启用 使用全局设置

光线跟踪阴影

排除...

强度/颜色/衰减

平行光参数

光锥

显示光锥 泛光化

②单击☑，取消✓选

聚光区/光束: 2.388m

衰减区/区域: 4.293m

③向上拖动，增大光束直径，使其照射所有要投射阴影的对象

圆 矩形

纵横比: 1.0 位图拟合

高级效果

阴影参数

光线跟踪阴影参数

大气和效果

mental ray 间接照明

mental ray 灯光明暗器

图 2-6-8

图　2-6-9

①单击
②单击
标准
对象类型
自动栅格
目标聚光灯
自由聚光灯
目标平行光
自由平行光
泛光灯
天光
mr 区域泛光灯
mr 区域聚光灯
③单击⇨在顶视口中单击创建一个天光
名称和颜色
Sky01
天光参数
启用
倍增: 0.3
④向下拖动，调节至0.3左右，相当于全光照的30%左右⇨在顶视口中右击，命令结束
天空颜色
使用场景环境
天空颜色..
贴图:
100.0
None

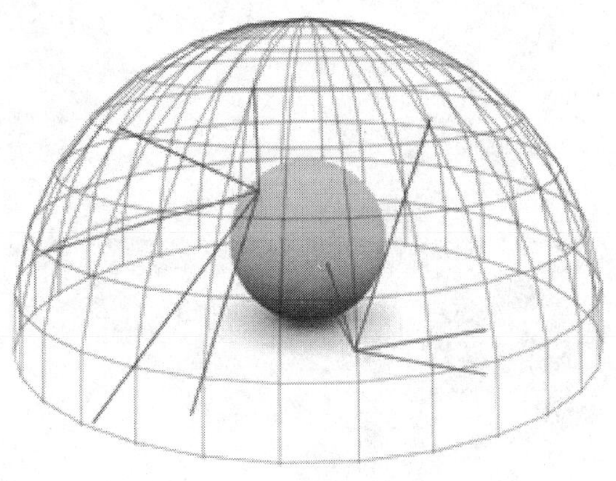

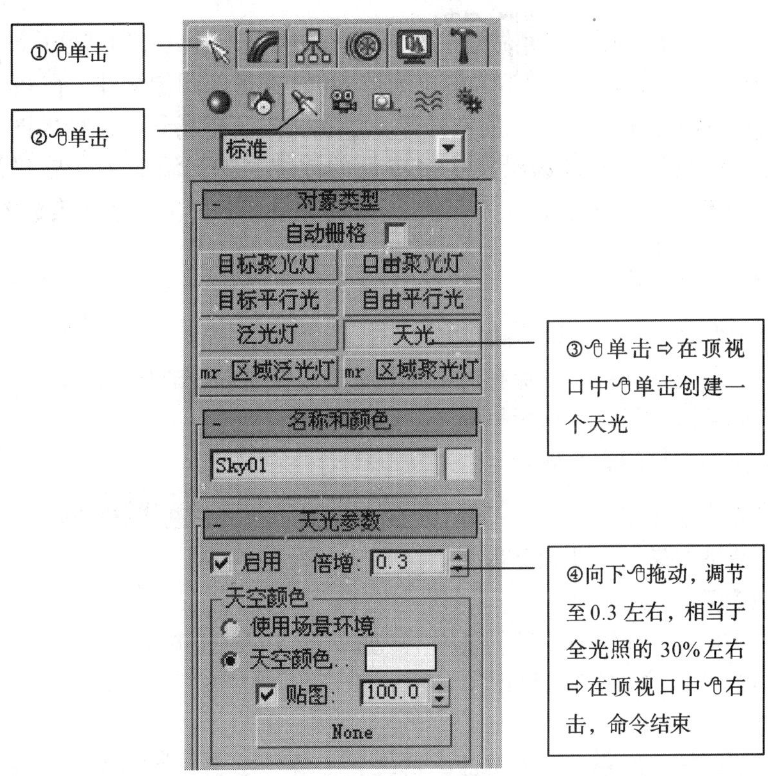

图　2-6-10

图 2-6-11

6.2 渲染输出为图像文件

在定义和指定材质过程中已经做过多次快速渲染检查，但渲染的结果并没有自动保存下来，在3ds max中将摄影机视口渲染输出为带Alpha通道的图像文件，在Photoshop中打开图像文件进行后期制作。3ds max的文件像一个真实的三维场景，渲染的图像文件可以看作是场景的一张照片，如果场景发生根本性的改变，如：添加了一栋建筑，需要在3ds max中打开场景文件建立建筑的三维模型、指定材质等，然后再次渲染成图像文件。

6.2.1 打印大小向导

使用打印大小向导渲染场景的操作方法：

(1) 保存当前场景文件，以免在渲染中死机难以恢复最后的状态。

(2) 切换到要渲染的一个摄影机视图。

(3) 启动渲染的打印大小向导。

单击 渲染 Rendering 菜单⇨单击 打印大小向导 Print Size Wizard 。

(4) 定义渲染图像的尺寸和分辨率。

如图 2-6-12 所示操作①②③。

(5) 设置 TIF 文件存储的路径、名称，✓选保存 Alpha 通道

如图 2-6-12、图 2-6-13 所示操作④～⑧。

(6) 渲染

如图 2-6-12 所示操作⑨。渲染可能会持续几十分钟至十几个小时，与场景的复杂程度、计算机 CPU 的运算速度等因素有关，图像在渲染窗口中逐行出现，一般计算机的硬盘灯闪烁说明仍在渲染。

打印大小向导
纸张大小
A2 - 594x420mm
纵向 横向
选择单位:
毫米 英寸
选择 DPI 值:
72 150 300 600
纸宽: 594.0
纸高: 420.0
DPI: 300
图像宽度: 7015
图像高度: 4960
未压缩文件大小: 101936 Kb
渲染
保存文件
文件...
D:\书插图\3dsBook\6_2_1.tif
保存 Alpha 通道
压缩文件
渲染场景对话框...
快速渲染
①单击 ⇨在列表中单击一种图纸尺寸
②单击选择图像的打印分辨率
③或直接输入图像的打印分辨率 150~300
④单击✓选二个项目
⑩单击，进入 6.2.2
⑨单击
⑤单击

图　2-6-12

⑥单击，选择存储位置
选择 TIFF 文件
保存在(I): 3dsBook
2.1.tif
2_1.tif
2_5_5.tif
2_5_5_1.tif
3_1_2.tif
4_3_3.tif
4_3_4.tif
4_3_32.tif
4_4.tif
4_41.tif
4_42.tif
4_43.tif
4_44.tif
4_45.tif
4_46.tif
4_47.tif
4_48.tif
4_49.tif
4_410.tif
4_411.tif
4_412.tif
4_413.tif
6_2_1.TIF
24.tif
⑦输入文件名称
文件名(N): 6_2_1
保存类型(T): TIFF File (*.tif)
保存(S)
取消
⑧单击

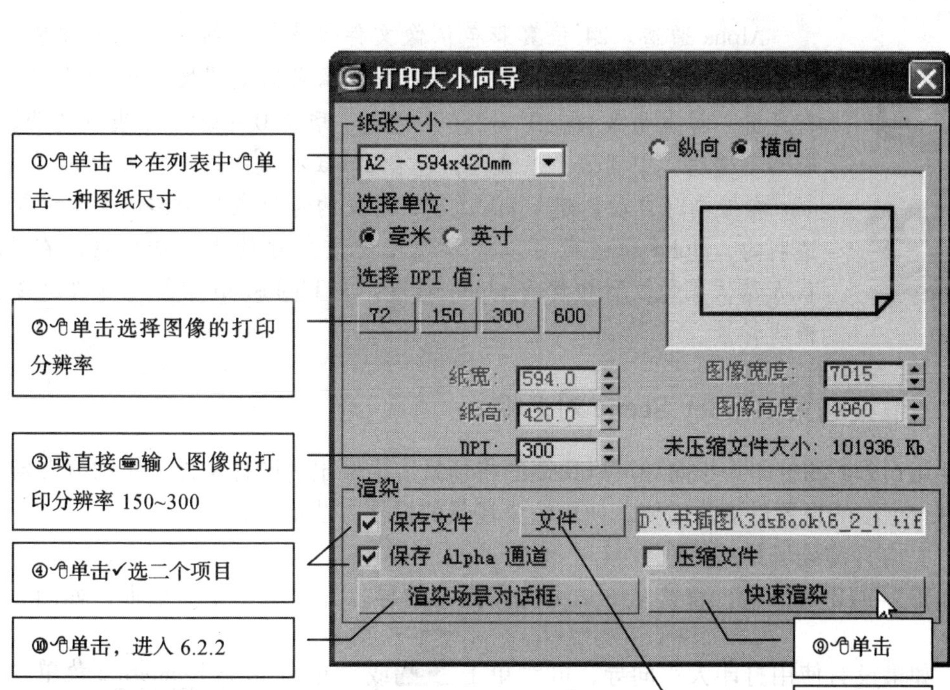

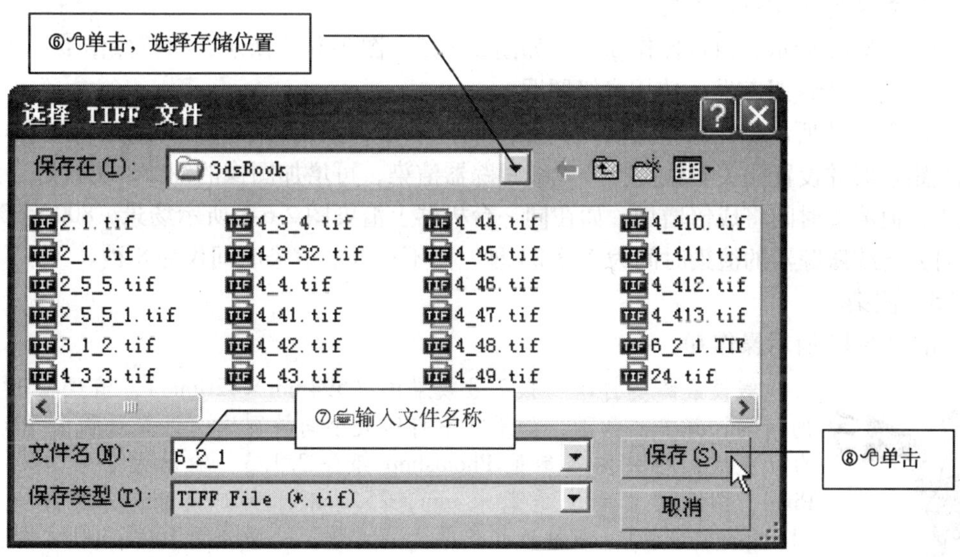

图　2-6-13

Alpha 通道。24 位真彩色图像文件包含红、绿、蓝 3 个颜色通道，可添加第 4 个通道 alpha，用于指定每个像素的透明度，alpha 与红、绿、蓝通道一样也是 8 位（$2^8=256$）通道，取值 0～255，0 表示透明，255 表示不透明，中间值为半透明，包含 alpha 通道的位图文件为 32 位。3ds max 在渲染时自动创建 alpha 通道，场景的背景在渲染图像中像素是完全透明的，alpha 通道也可以表示使用材质创建的中间透明度。在 TIFF、TGA 格式图像文件中保存 alpha 通道，在 Photoshop 中打开可快速镂空成透明背景。

6.2.2 渲染场景 Render Scene 对话框

使用 6.2.1 的打印大小向导可以快捷的将场景渲染输出为图像文件，使用渲染场景则可以进行更多的设置以满足需要。使用渲染场景的操作方法如下：

（1）打开渲染场景对话框

如图 2-6-12 操作⑩，直接从 6.2.1 打印大小向导打开渲染场景对话框，如图 2-6-14 所示。如果没有使用打印大小向导，可单击 或单击 渲染 Rendering 菜单⇨单击 渲染 Render 。

（2）设置渲染输出大小

如图 2-6-14 所示操作①②，一般输入粗略估算的像素值，如：3 号图 3200×2400 像素，2 号图 6400×4800 像素。也可以保持图像比率 4:3，直接输入长度或宽度值。

（3）渲染输出文件的设置

如图 2-6-14 所示，执行操作③④，如图 2-6-15、图 2-6-16 所示，执行操作①～⑦。

（4）打开光线跟踪器，使用高级照明

如图 2-6-14 所示操作⑤，切换到高级照明选项卡，如图 2-6-17 所示操作①②③，选择光线跟踪器并设置相关参数。打开光线跟踪器渲染，可增加图像的细节，更接近自然光照效果，但渲染时间将成倍增加，如在同一台机器上渲染图 2-6-3 所示场景，800×600 像素，打开光线跟踪器的渲染时间为 2 分 23 秒、而不打开的渲染时间仅为 8 秒。

（5）渲染

如图 2-6-14 所示操作⑥。

假设最终要打印一张 2 号效果图（594mm×420mm），渲染输出大小的精确计算方法如下，如果使用打印大小向导则这一计算过程由 3ds max 自动完成，相关内容参见 Photoshop 部分 2.1.3。输出大小单位是像素 Pixel，图纸尺寸单位是毫米 mm，25.3 毫米≈1 英寸，分辨率是 DPI（Dot per inches），即每英寸长度上的点数，一般介于 150～300 之间。

渲染输出大小 = 打印的图纸尺寸 × 渲染图像的分辨率

图像宽度 = 图纸宽度 594/25.3 × 分辨率 300 = 7015 像素

图像高度 = 图纸高度 420/25.3 × 分辨率 300 = 4960 像素

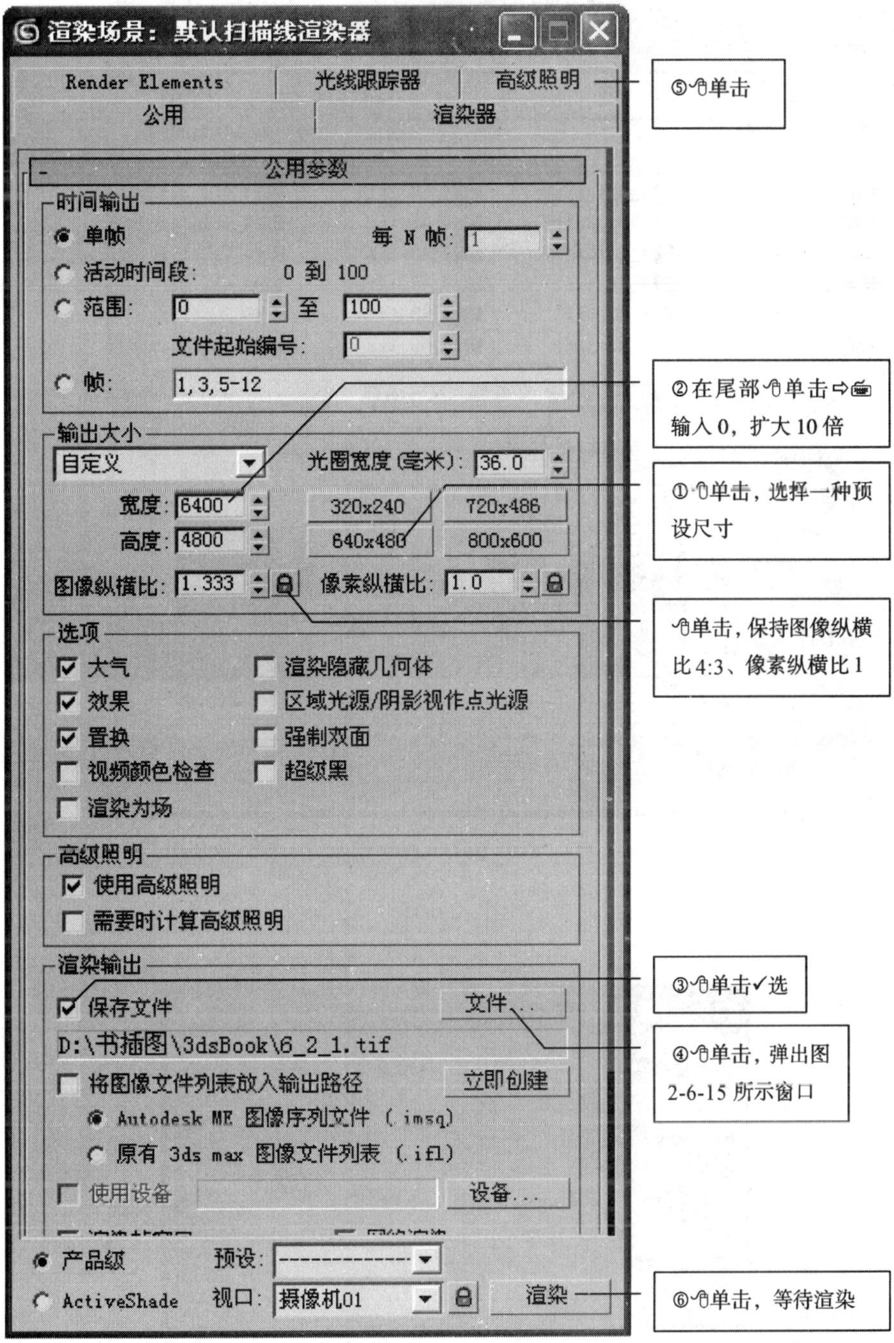
渲染场景：默认扫描线渲染器
Render Elements
光线跟踪器
高级照明
公用
渲染器
公用参数
时间输出
单帧
每 N 帧：1
活动时间段：
0 到 100
范围：0 至 100
文件起始编号：0
帧：1,3,5-12
输出大小
自定义
光圈宽度（毫米）：36.0
宽度：6400
高度：4800
320x240
720x486
640x480
800x600
图像纵横比：1.333
像素纵横比：1.0
选项
大气
渲染隐藏几何体
效果
区域光源/阴影视作点光源
置换
强制双面
视频颜色检查
超级黑
渲染为场
高级照明
使用高级照明
需要时计算高级照明
渲染输出
保存文件
文件...
D:\书插图\3dsBook\6_2_1.tif
将图像文件列表放入输出路径
立即创建
Autodesk ME 图像序列文件（.imsq）
原有 3ds max 图像文件列表（.ifl）
使用设备
设备...
产品级
预设：
ActiveShade
视口：
摄像机01
渲染
⑤单击
②在尾部单击⇨输入 0，扩大 10 倍
①单击，选择一种预设尺寸
单击，保持图像纵横比 4:3、像素纵横比 1
③单击✓选
④单击，弹出图 2-6-15 所示窗口
⑥单击，等待渲染

图　2-6-14

渲染输出文件
历史记录: D:\书插图\3dsBook
保存在(I): 3dsBook
①单击，选择存储文件夹
2.1.tif
2_1.tif
2_5_5.tif
2_5_5_1.tif
3_1_2.tif
4_3_3.tif
4_3_4.tif
4_3_32.tif
4_4.tif
4_41.tif
4_42.tif
4_43.tif
4_44.tif
4_45.tif
4_46.tif
4_47.tif
4_48.tif
4_49.tif
4_410.tif
4_411.tif
4_412.tif
4_413.tif
6_2_1.TIF
24.tif
③输入文件名称
文件名(N): 6_2_1.tif
保存(S)
⑦单击
保存类型(T): TIF 图像文件 (*.tif)
取消
OpenEXR Image File (*.exr)
PNG 图像文件 (*.png)
MOV QuickTime 文件 (*.mov)
SGI 图像文件格式 (*.rgb,*.sgi)
RLA 图像文件 (*.rla)
RPF 图像文件 (*.rpf)
Targa 图像文件 (*.tga,*.vda,*.icb,*.v
TIF 图像文件 (*.tif)
DDS 图像文件 (*.dds)
所有文件(*.*)
②单击⇨在列表中单击选择TIF或Targa
设备...
设置...
信息...
查看
④单击
统计信息: 7015x4960, 32 位(RGBA) - 单个图像
位置: D:\书插图\3dsBook\6_2_1.tif

图 2-6-15

TIF 图像控制
图像类型
8 位灰度
8 位彩色
16 位彩色
16 位 SGI LogL
32 位 SGI LogLUV
存储 Alpha 通道
压缩类型
无压缩
Packbits
每英寸点数 300.0
确定
取消
⑥单击
⑤单击，✓选

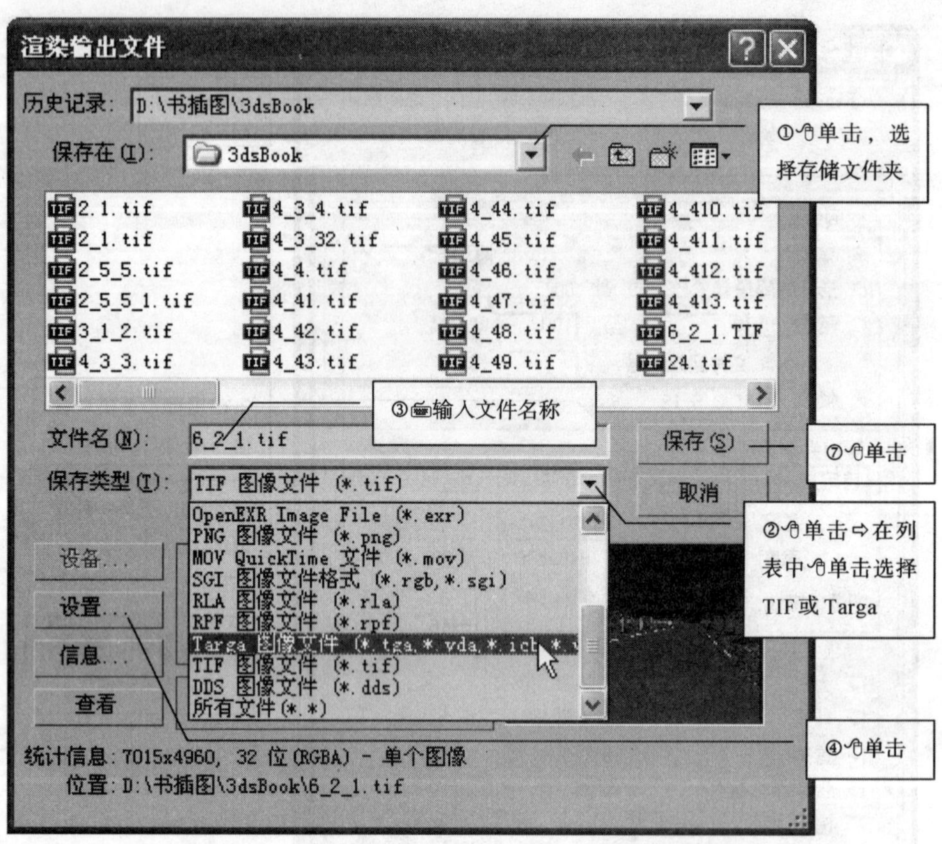

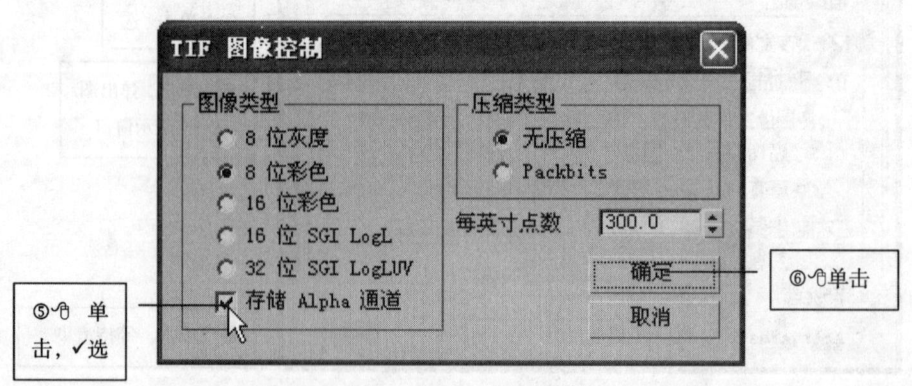

图 2-6-16

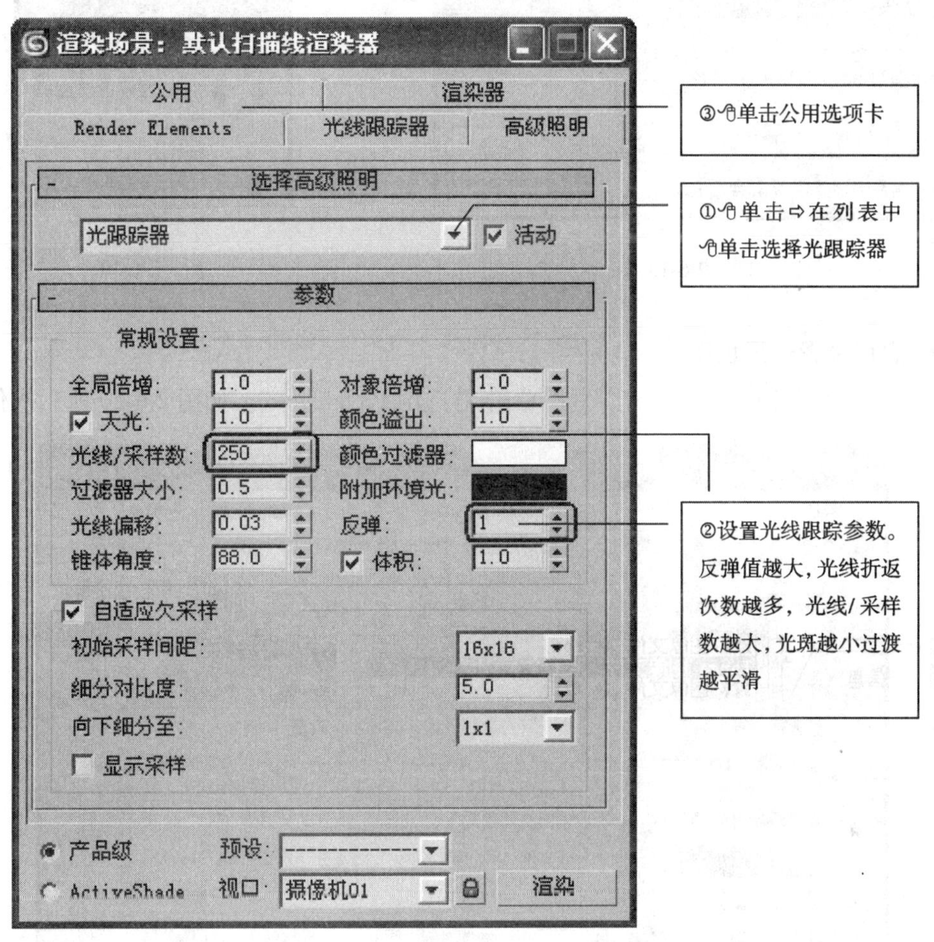

图　2-6-17

如图 2-6-15、图 2-6-16 所示如果选择输出 Targa 格式文件，默认保存 Alpha 通道，而选择输出 TIF 格式文件，则必须确认已✓选存储 Alpha 通道。如果渲染另一个视图，要更改文件名称。

在曾经渲染输出图像文件后，如果场景发生改变，修改过程中再次快速渲染检查材质定义，会弹出提示对话框，如图 2-6-18 所示，可如图 2-6-14 所示操作③取消✓选，再执行操作①，将渲染大小设置为较小尺寸，如：640×480，以节约快速渲染时间。

6.2.3　创建位图时出错 Error creating Bitmap 与大幅图样渲染

3ds max 渲染的最大图像尺寸是 32768×32768 像素，使用过程中会发现达到8000×6000 像素以上是比较困难的，渲染大幅面图样时经常弹出提示对话框而终止渲染，如图 2-6-19 所示，下面介绍两种渲染大幅图样的方法。

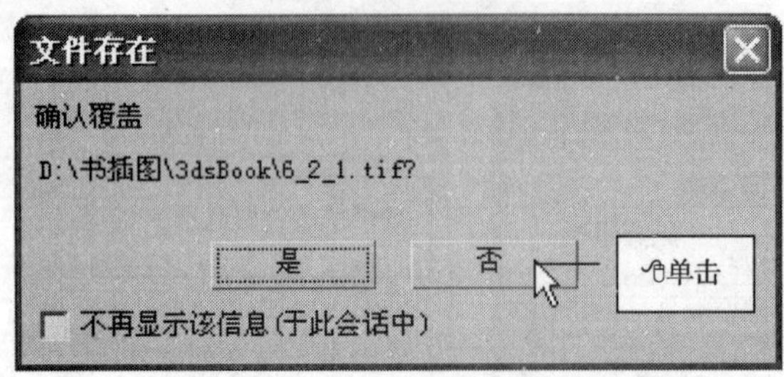

图 2-6-18

图 2-6-19

1. 启用位图分页程序

单击 自定义 Customize 菜单⇨单击 首选项 Preferences ，如图 2-6-20 所示操作。

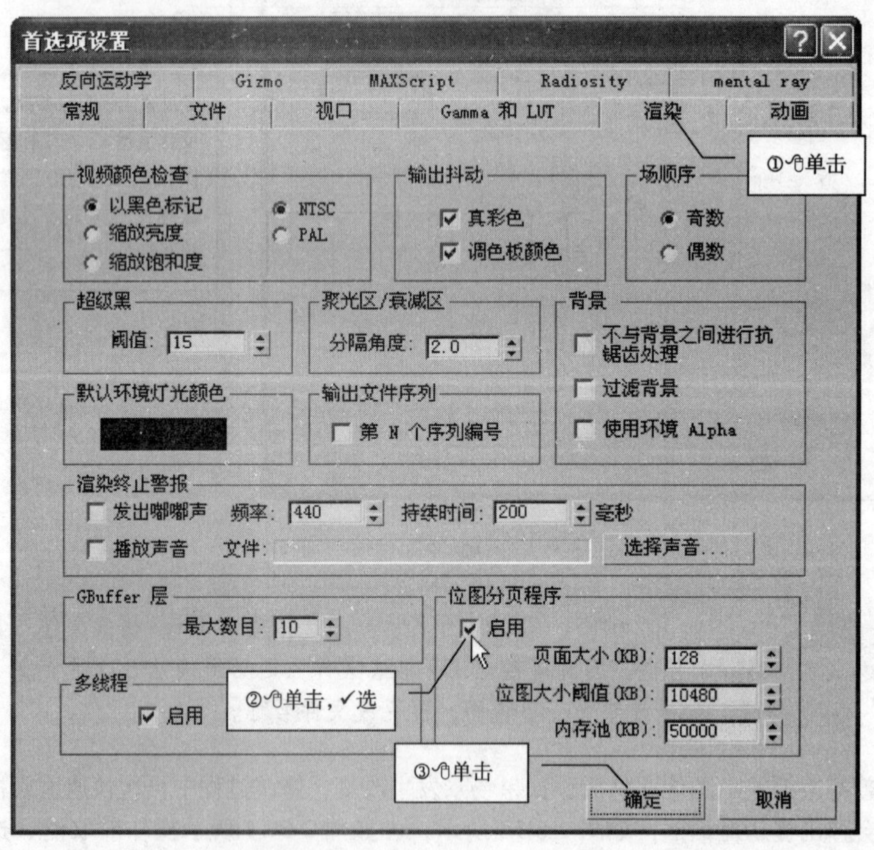

图 2-6-20

启用位图分页程序，可以在磁盘上创建一系列临时“页”文件，对于渲染高分辨率图像，或含有大量纹理、大纹理的场景非常有用。如在同一台机器上渲染图 2-6-3 所示场景，不启用位图分页程序可渲染到 11000×8250 像素，启用位图分页程序可渲染到 20000×15000 像素。

2. 放大 Blowup 渲染

放大 Blowup 可以将视口分为几个图幅分别渲染，然后在 Photoshop 中拼接。假设渲染尺寸 6400×4800 像素，将视口等分为四幅分别渲染，放大 Blowup 会将等分后的每 1/4 幅放大充满为整幅图像 6400×4800 来渲染，拼接后的图像可以达到(6400×2)×(4800×2)，即 12800×9600 像素。逐幅渲染时，可配合视口配置的放大区域指定分幅的大小和位置，要设置放大区域的左上角点坐标、区域宽度、区域高度。视口的左上角点为原点(0，0)，向右为 X 轴的正方向，向下为 Y 轴的正方向，以整幅图像 6400×4800 像素来计算坐标，而不是拼接后的尺寸 12800×9600。如图 2-6-21 所示，中央是场景的一个视口，周边的四个分幅标有放大区域设置时的起点坐标，区域宽度 3200、高度 2400 像素。

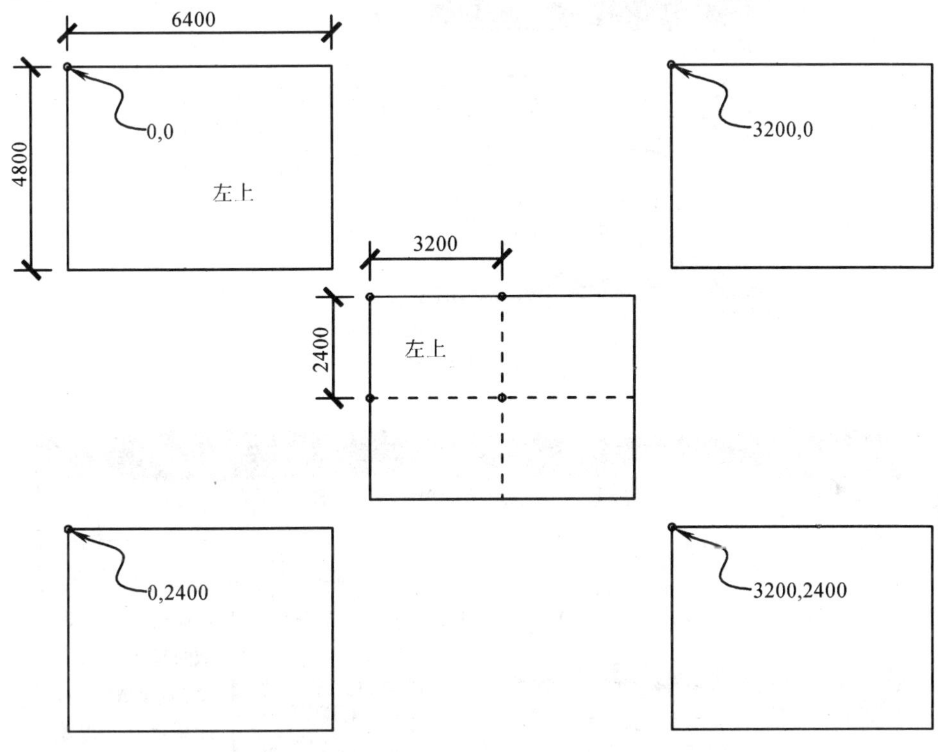

图　2-6-21

放大 Blowup 渲染的操作步骤如下：

(1) 将渲染类型从视图切换到放大

如图 2-6-22 所示操作。

(2) 设置渲染图像的大小、文件类型、文件名称

参见 6.2.2 渲染场景对话框中步骤(1)(2)(3)，⌨输入左上角区域的文件名称，如：左上。

(3) 更改系统的区域放大设置

单击 自定义 Customize 菜单⇨单击 视口配置 Viewport Configuration ⇨如图 2-6-23

所示，执行操作①②③，⌨输入左上角区域的起点坐标 X = 0，Y = 0，宽度 3200、高度 2400。

（4）渲染

参见 6.2.2 渲染场景对话框中步骤（5）⇨如图 2-6-24 所示，🖱单击 确定，等待渲染，结果存储为文件“左上.tif”。

（5）重复步骤(2)(3)(4)，将右上角分幅命名为“右上”，区域起点坐标 X = 3200，Y = 0，宽度和高度数值不变，渲染结果存储为文件“右上.tif”。

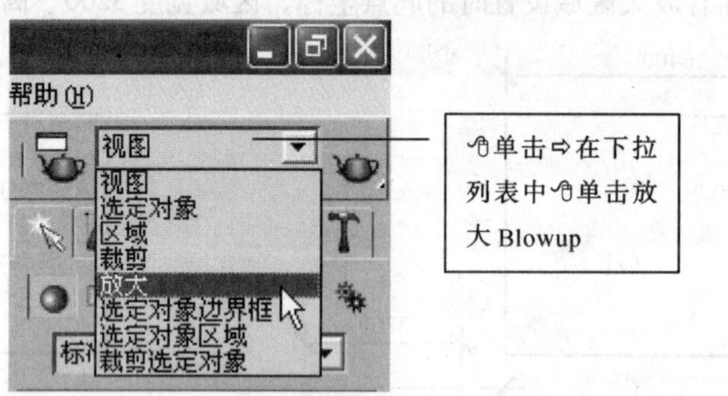

图 2-6-22

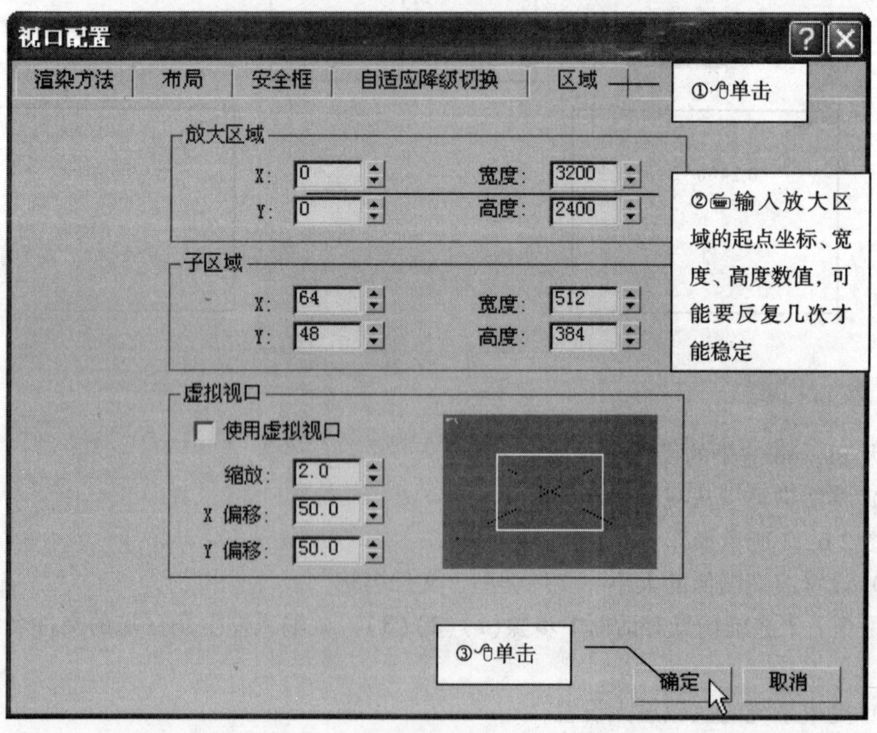

图 2-6-23

（6）重复步骤(2)(3)(4)，将右下角分幅命名为“右下”，区域起点坐标 X = 3200，Y = 2400，宽度和高度数值不变，渲染结果存储为文件“右下 . tif”。

（7）重复步骤(2)(3)(4)，将左下角分幅命名为“左下”，区域起点坐标 X = 0，Y = 2400，宽度和高度数值不变，渲染结果存储为文件“左下 . tif”。

（8）将渲染类型从放大切换回视图

如图 2-6-22 所示操作。

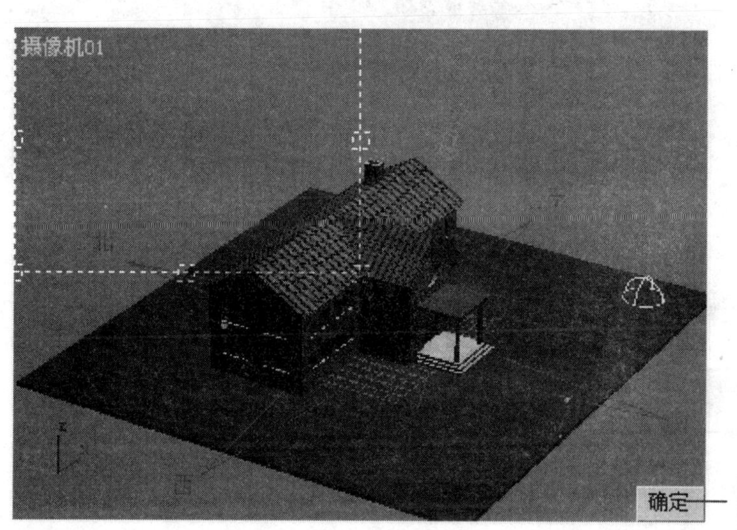

图　2-6-24

6.2.4　分层渲染

观察一个场景会发现，从视点开始由近及远的分布着许多景物，这构成了一幅图的景深，在 Photoshop 中后期制作时经常需要在它们之间插入植物、人物等，这就需要分层渲染。对于场景的一个视图要规划一下由近及远大致可以分割为几层，如图 2-6-25 所示，可以划分为铁艺栅栏、廊架、房子、地面四个层来渲染，渲染结果如图 2-6-26 所示。

分层可以在构建场景时做，将不同的景物分别放置在 3ds max 的不同图层上，在渲染某一图层前将其他图层关闭，3ds max 的图层管理与 AutoCAD 极为相似。分层渲染也可以在渲染前，将不属于这一层的对象隐藏，渲染完成后再将其打开，如渲染铁艺栅栏这一层的步骤：将铁艺栅栏全部选中⇨右击，弹出四元菜单，如图 2-6-27 所示操作①，隐藏未选定对象 Hide Unselected ⇨渲染视口⇨渲染完成后，在视口中右击，弹出四元菜单，如图 2-6-27 所示操作②，全部取消隐藏 Unhide All。图 2-6-28 为后期处理完成的效果。

图 2-6-25

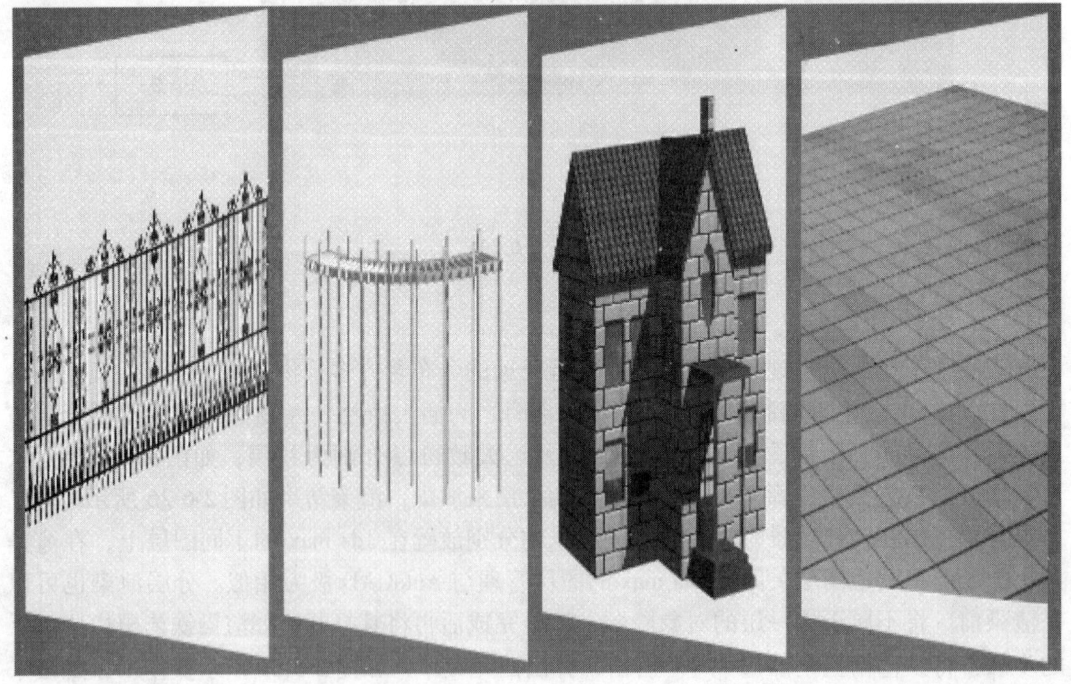

图 2-6-26

②单击 Unhide All
①单击 Hide Unselected
孤立当前选择
全部解冻
冻结当前选择
按名称取消隐藏
全部取消隐藏
隐藏未选定对象
隐藏当前选择
保存场景状态...
管理场景状态...
显示
变换
移动
旋转
缩放
选择
克隆(C)
属性(P)...
曲线编辑器...
摄影表...
关联参数...

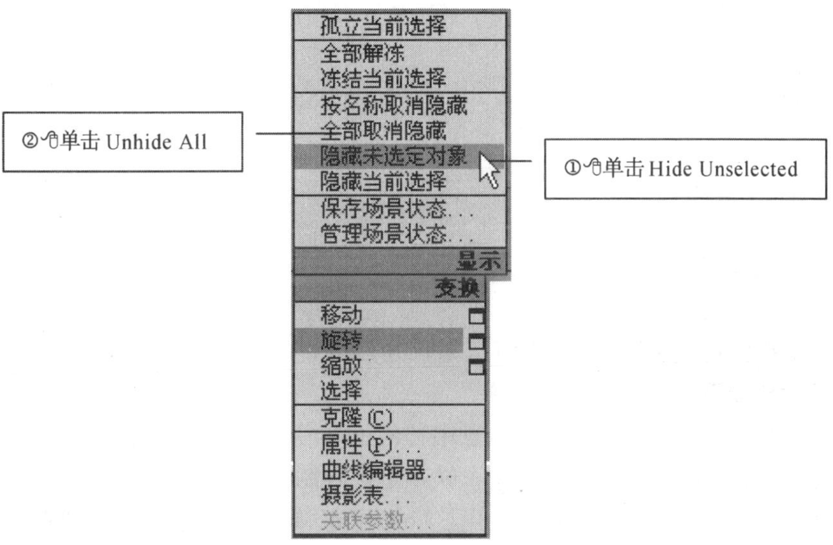

图 2-6-27

图 2-6-28

第 7 讲

7.1 树木和人物

在 3ds max 中使用树木和人物的方法大致分为两类：

1. 图像替代模型

将树木、人物的位图图像放置在场景中替代三维模型，在仰俯角度与拍摄时的角度差距不大时以假乱真，优点是渲染速度快，缺点是被限制在一定的角度范围内，由于照片多数在水平角度拍摄，鸟瞰视图中难以使用。ForestPro、RPC 插件采用此原理制作。

2. 仿真三维模型

根据树木和人物的自然形态，创建仿真三维模型然后在表面贴图。三维树木软件：EASYnat、Greenworks XfrogPlants、TreeProfessional、SpeedTree 等，优点是无论视角高低透视都是准确的，缺点是创建三维模型使用的面数惊人，渲染速度慢。三维人物软件：Poser 等，难以达到逼真的效果，正所谓“画鬼易、画人难”，人们对自身太熟悉了☺。

本讲的操作讲解见随书的多媒体教学光盘。

7.2 贴图法

这种方法是 3ds max 最传统的方法，不需要任何插件支持。创建一个薄长方体或平面，使用一对贴图定义一个标准材质，如图 2-7-1 所示，将其贴在长方体的表面，长方体的高度和宽度尺寸决定了树木的尺寸。

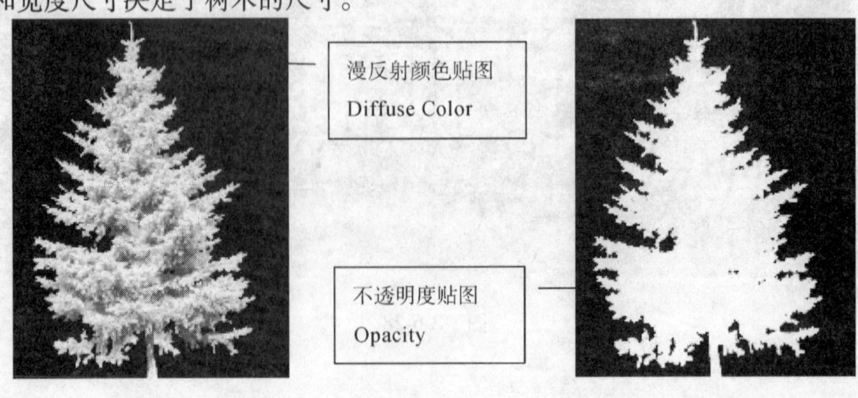

图 2-7-1

7.3　ForestPro 森林

Itoo Software 出品，互联网址 http:// www. itoosoft. com，如图 2-7-2 所示。

图　2-7-2

7.4　RPC 与 RPC Shadow 人物、树木、汽车

ArchVision 出品，互联网址 http://www. archvision. com/，如图 2-7-3 所示。

a)

b)

图　2-7-3

c)

图 2-7-3（续）

7.5 SpeedTree 三维树木

Interactive Data Visualization 出品，互联网址 http://www.speedtree.com/，如图 2-7-4 所示。

图 2-7-4

7.6 TreeProfessional 与 TreeStorm 三维树木

Onyx Computing 出品，互联网址 http://www.onyxtree.com/，如图 2-7-5 所示。

图 2-7-5

第 8 讲

8.1　3ds max 三维场景的设计过程

1. 构造地形

输入 AutoCAD 的平面图，或扫描平面图纸直接在 3ds max 中绘制场地中道路、水体、建筑等对象的轮廓线。先挤出一个矩形或直接以长方体做一个大的地板，如果场地中有几块高程不同的地坪，则应分别建立并调整到适当的高度，以台阶或斜坡等衔接起来。

2. 规划视图

在场景中以长方体等几何体代替建筑等三维对象推敲相互之间的关系，这时可创建光照系统和多个摄影机，观察摄影机视图中三维对象的远近，决定建模的细致程度和材质定义是使用颜色还是贴图，距离近的对象建模细致，材质使用真实贴图。

3. 单体建模

为每个建筑单体新建一个文件进行三维建模，如果定义材质，在命名时要注意文件间材质名称尽量自成体系，避免两个文件中定义不同的材质重名。

4. 总装场景

打开步骤 1 中建有地形的主文件，使用“文件合并”将单体模型逐一合并进来，在摄影机视图中观察整个场景，并对摄影机及光照系统做适当的调整。

5. 种植

栽植行状或要求透视准确的树木；模纹、草坪等可挤出成三维几何体，指定一种单色材质，在 Photoshop 中贴图；不必设置场景背景；假山、喷泉等对象一般在 Photoshop 中后期制作，可将基座、水池做好。

6. 渲染

渲染摄影机或正交视图，将结果输出为含有 alpha 通道的 TGA 或 TIF 文件，进入 Photoshop 后期制作。

8.2　文件操作

8.2.1　合并 Merge

文件合并是在一个场景文件处于打开状态时，将另一个场景合并到当前场景中来。将单体模型总装到场景主文件时经常使用。

文件合并的操作方法如下：

（1）合并

如图 2-8-1 所示操作①②⇨在弹出的窗口中，找到要合并的场景文件，🖱单击可以预览，🖱单击 打开 Open ，弹出对话框如图 2-8-2 所示。

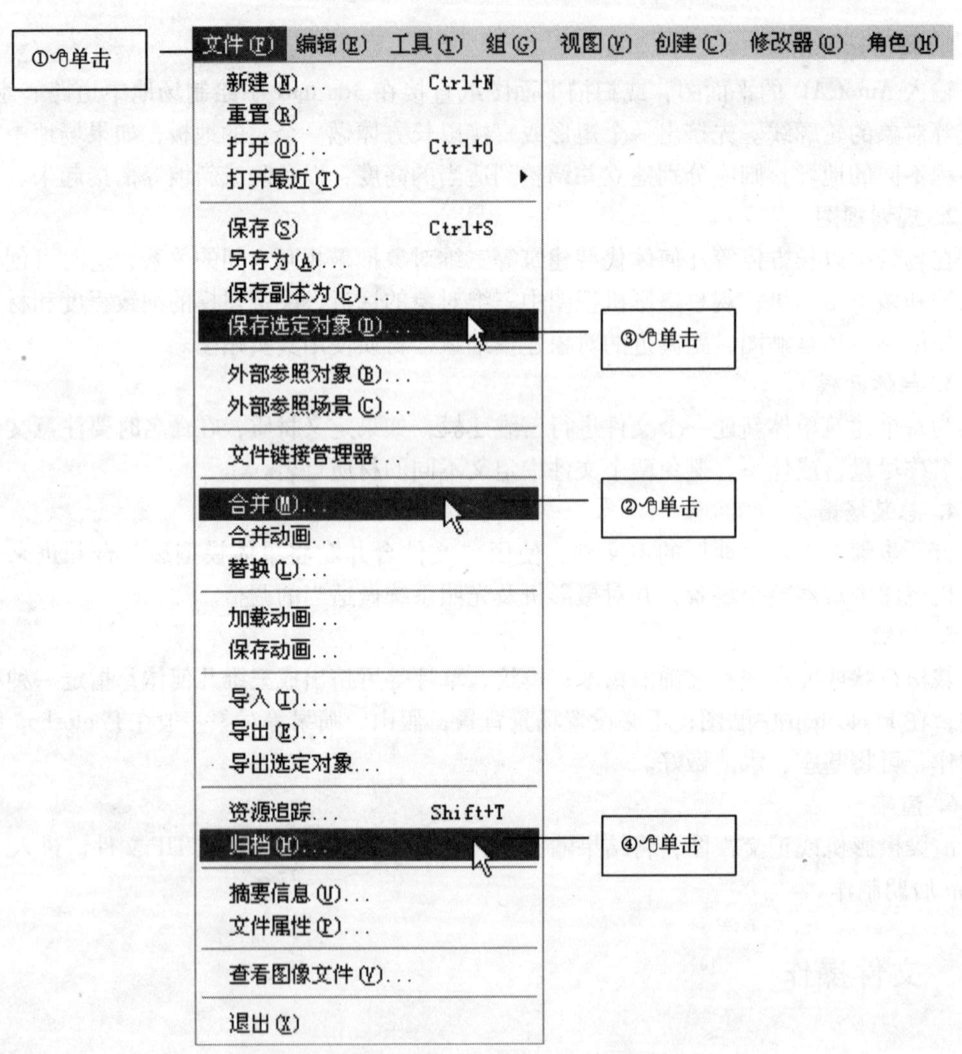

图 2-8-1

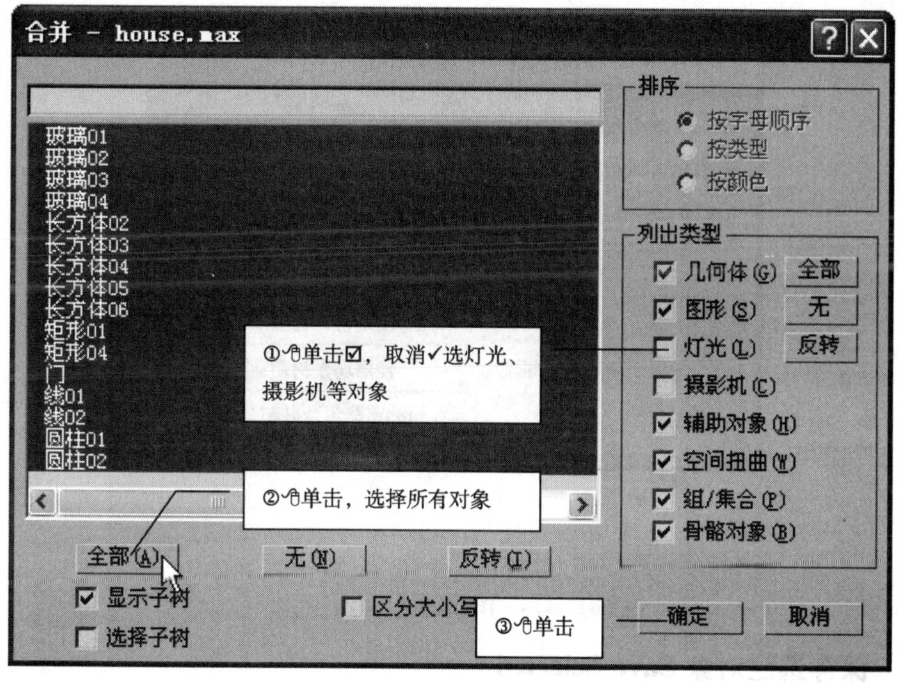

图　2-8-2

（2）选择要合并的对象

如图 2-8-2 所示操作①②③。

（3）自动重命名合并对象和材质

如果合并入的文件中有与当前场景同名的对象，弹出对话框如图 2-8-3 所示，执行操作④⑤。如果有与当前场景同名的材质，弹出对话框如图 2-8-4 所示，执行操作⑥⑦。合并入的材质不出现在材质编辑器中的示例球上，如果要调出修改，参见 5.4.8 第 25 个材质如何定义。

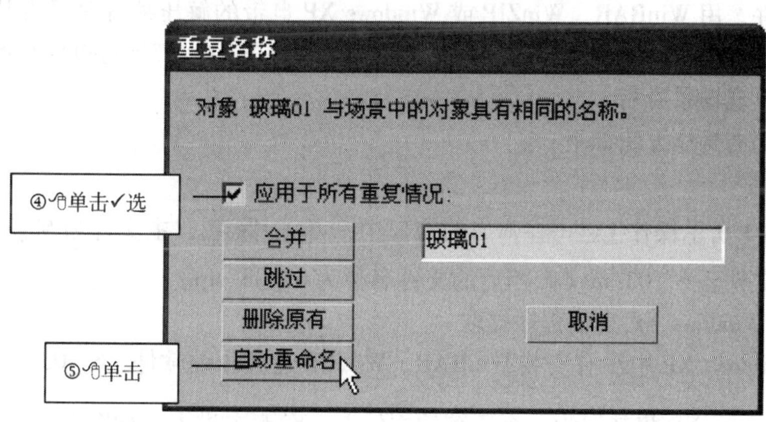

图　2-8-3

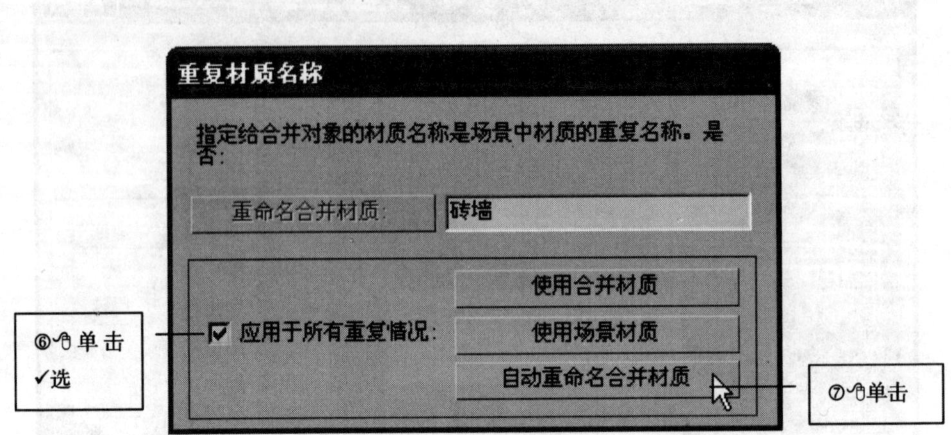

图 2-8-4

8.2.2 保存选定对象 Save Selected

将当前场景中的部分模型保存为独立的场景文件，便于将其合并入其他场景使用。操作方法：

选择要保存的模型⇨如图 2-8-1 所示操作①③⇨在弹出的窗口中，找到要保存的文件夹，输入文件名称，单击保存。

8.2.3 归档 Archive

材质定义中使用的贴图并不保存在 3ds max 的场景文件中，场景文件中只保存了贴图的文件名称和存储路径，归档将场景中使用的贴图文件、存储路径与场景文件一起存储为一个压缩文件，用 WinRAR、WinZIP 或 Windows XP 自带的解压缩程序可将其释放。在交流场景文件，或是将已完成项目的场景作为档案保存下来时，归档可以保存场景中使用的贴图，利于再现场景原貌。

场景归档的操作方法如下：

（1）归档

如图 2-8-1 所示操作①④⇨在弹出的窗口中单击保存，主文件名与场景文件同名，如当前场景文件名 6 _ 03. max 归档后的文件名称为 6 _ 03. zip。

（2）用 Windows XP 自备程序提取

如果 Windows XP 中没有安装 WinRAR、WinZIP 这类压缩软件，6 _ 03. zip 的图标显示为，Windows XP 将其视为一个压缩的文件夹，双击进入，如图 2-8-5 所示操作进入提取向导。

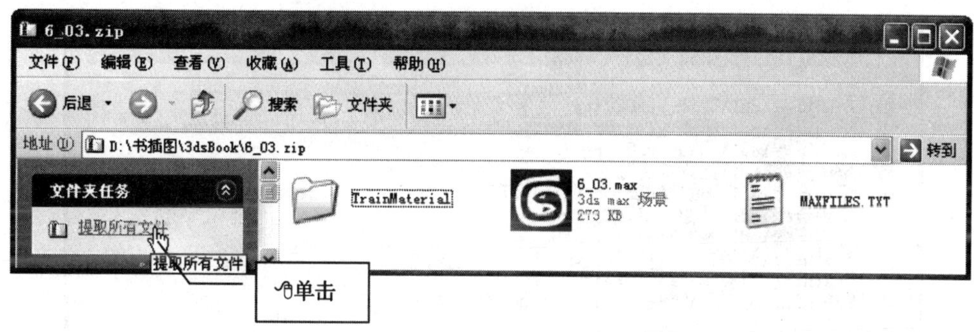

图　2-8-5

（3）用 WinRAR 解压缩

如果 Windows XP 中安装了 WinRAR，6 _ 03. zip 的图标显示为，双击打开，如图 2-8-6 所示操作将其解压到指定路径。

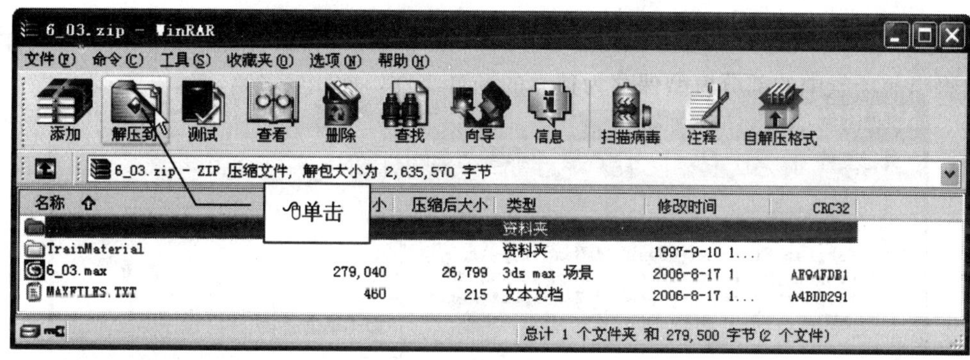

图　2-8-6

8.3　配置贴图路径

在打开一个场景文件时，如果弹出图 2-8-7 所示的对话框，说明场景中使用的贴图丢失或是改变了存储路径，可以将这些贴图文件复制到场景文件所在的文件夹，或是在 3ds max 中添加贴图文件的搜寻路径。

添加贴图文件搜寻路径的操作方法如下：

（1）打开配置用户定义对话框

单击 自定义 Customize 菜单⇨单击 配置用户路径 Configure User Paths 。

（2）添加外部文件搜寻路径

如图 2-8-8、图 2-8-9 所示操作①～⑥。

（3）退出 3ds max，再次启动后生效。

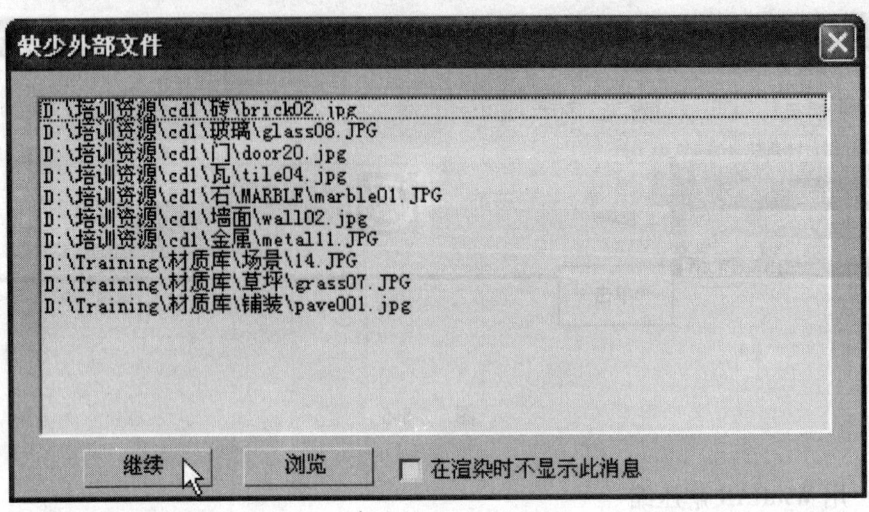

缺少外部文件
D:\培训资源\cd1\砖\brick02.jpg
D:\培训资源\cd1\玻璃\glass08.JPG
D:\培训资源\cd1\门\door20.jpg
D:\培训资源\cd1\瓦\tile04.jpg
D:\培训资源\cd1\石\MARBLE\marble01.JPG
D:\培训资源\cd1\墙面\wall02.jpg
D:\培训资源\cd1\金属\metal11.JPG
D:\Training\材质库\场景\14.JPG
D:\Training\材质库\草坪\grass07.JPG
D:\Training\材质库\铺装\pave001.jpg
继续
浏览
在渲染时不显示此消息

①单击
配置用户路径
外部文件
文件 I/O
外部参照
第三方插件
C:\Program Files\Autodesk\3dsMax8\maps
C:\Program Files\Autodesk\3dsMax8\maps\fx
C:\Program Files\Autodesk\3dsMax8\downloads
C:\Program Files\Autodesk\3dsMax8\photometric
修改(M)...
删除(D)
②单击
添加(A)...
上移(U)
下移(W)
⑥单击
另存为...
加载...
合并...
确定
取消

图 2-8-7

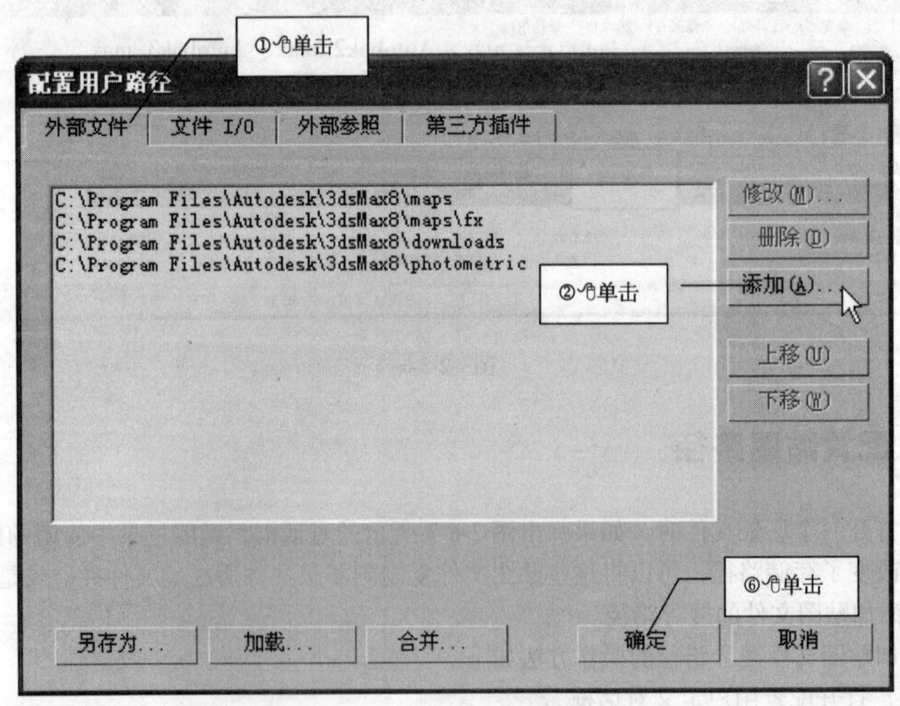

图 2-8-8

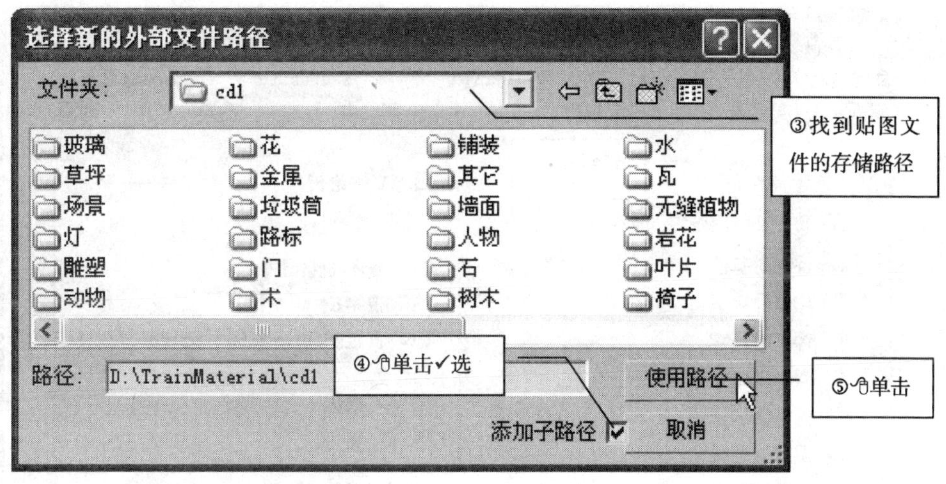

图 2-8-9

8.4 自动备份文件

3ds max 处于默认设置时，每间隔 5min 自动备份一次工作的场景将其存储为文件，备份文件循环使用 3 个文件名，Autobak1. max、Autobak2. max、Autobak3. max，查看文件的修改时间可以识别 3 个文件备份的先后次序，如图 2-8-10 所示。在遇到断电等意外情况没有存储场景时，可将自动备份文件复制到需要的文件夹，在 3ds max 中打开继续工作。

修改自动备份默认设置的方法:

单击 自定义 Customize 菜单⇨单击 首选项 Preferences ⇨如图 2-8-11 所示操作①②③。

3ds max 运行发生错误时，它会试图恢复和保存内存中的信息，存储为“文件名_ recover. max”，这个文件与自动备份文件存储路径相同，一般可用但并不总是能用。

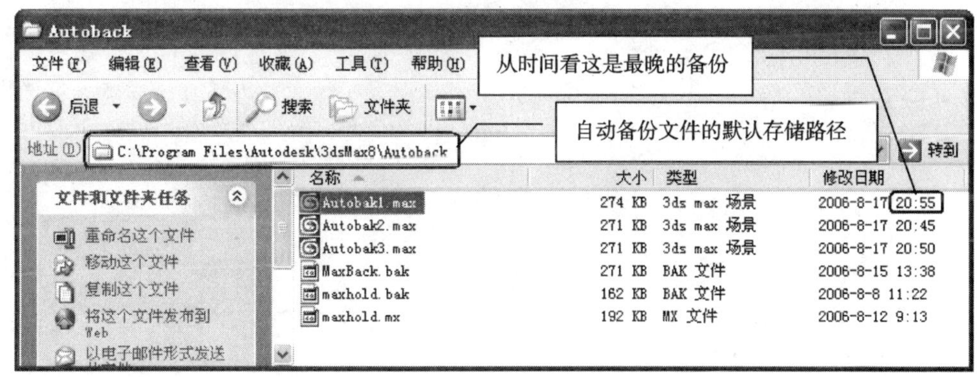

图 2-8-10

首选项设置
反向运动学
Gizmo
MAXScript
Radiosity
mental ray
常规
文件
视口
Gamma 和 LUT
渲染
动画
①单击
文件处理
转化文件路径为 UNC
保存时备份
增量保存
保存时压缩
保存视口缩略图
保存图解视图
保存文件属性
显示过时文件消息
更改时重新加载纹理
文件菜单中最近打开的文件:
9
日志文件维护
永不删除日志
仅维护
30
天
仅维护
256
KB
错误
警告
信息
调试
自动备份
默认✓选
启用
Autobak 文件数:
3
备份间隔(分钟):
5.0
自动备份文件名:
Autobak
导入选项
导入时最大化显示
②修改参数
归档系统
程序:
maxzip
③单击
确定
取消

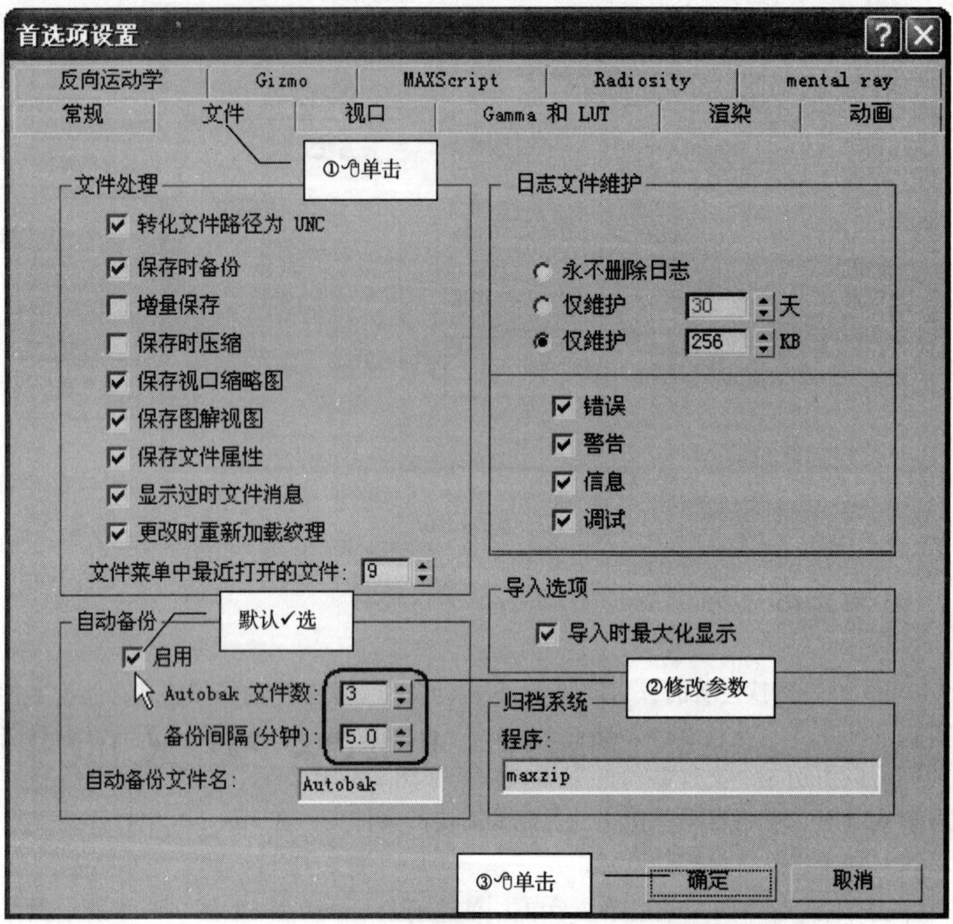

图 2-8-11

第 3 篇

Photoshop 部分（CS2 中文版）

第 1 讲

1.1 Photoshop 9.0 中文版安装步骤

1. 启动安装向导

将 Photoshop 9.0 中文版软件光盘放入计算机的光盘驱动器，系统自动弹出欢迎窗口，如果没有弹出可按如下步骤操作：单击双击“我的电脑”⇨右击光盘 Adobe ，在弹出的快捷菜单中单击打开⇨双击文件 Setup. exe。

2. 选择安装 Creative Suite 2

单击好⇨单击接受，弹出对话框，如图 3-1-1 所示操作。

图 3-1-1

3. 安装程序

单击下一步⇨单击接受，弹出对话框，如图3-1-2所示操作⇨单击下一步接受默认安装路径⇨如图3-1-3所示操作，选择仅安装Photoshop ⇨单击下一步⇨单击安装，等待安装。

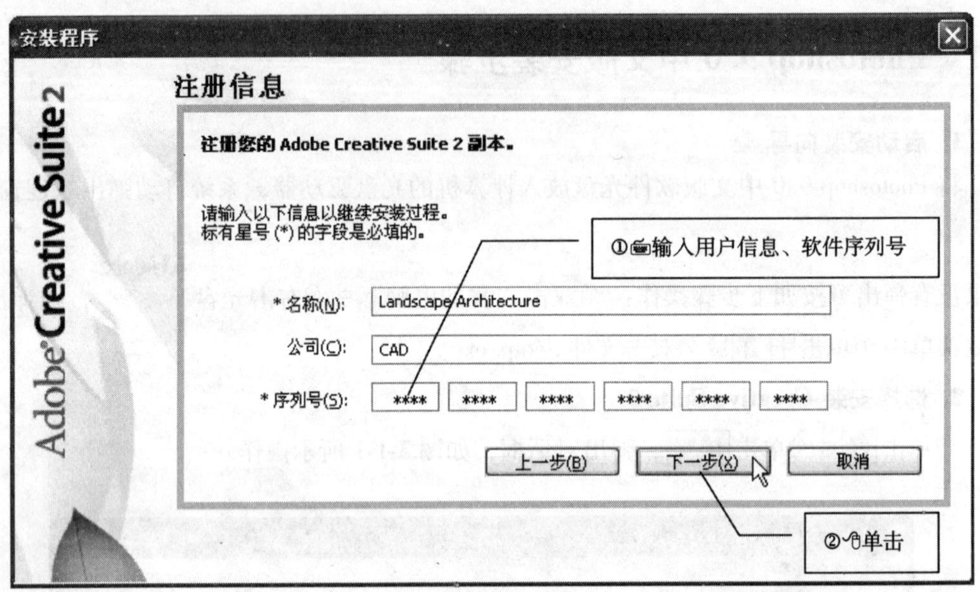

图 3-1-2

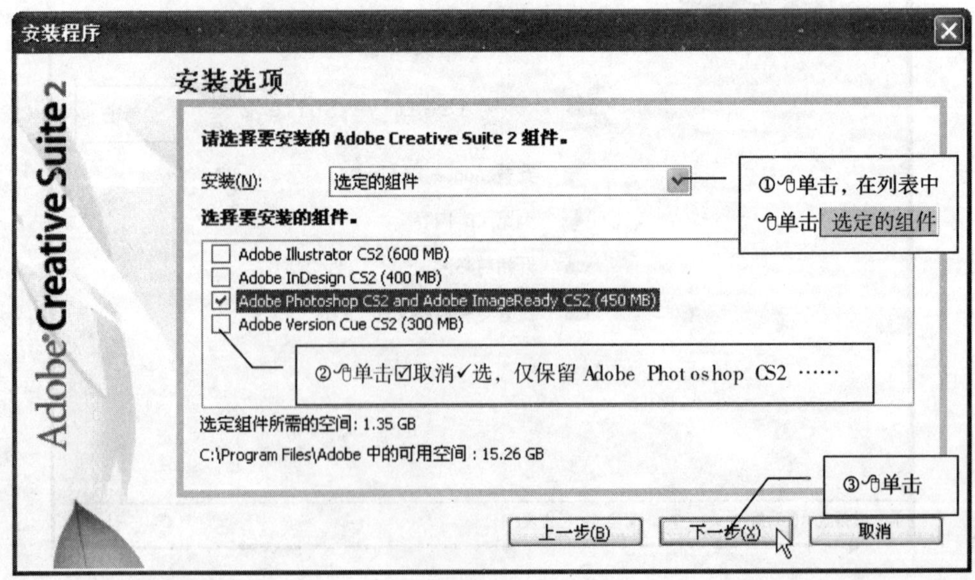

图 3-1-3

4. 激活

如图 3-1-4、图 3-1-5 所示操作⇨单击取消取消注册⇨单击完成，安装完成。

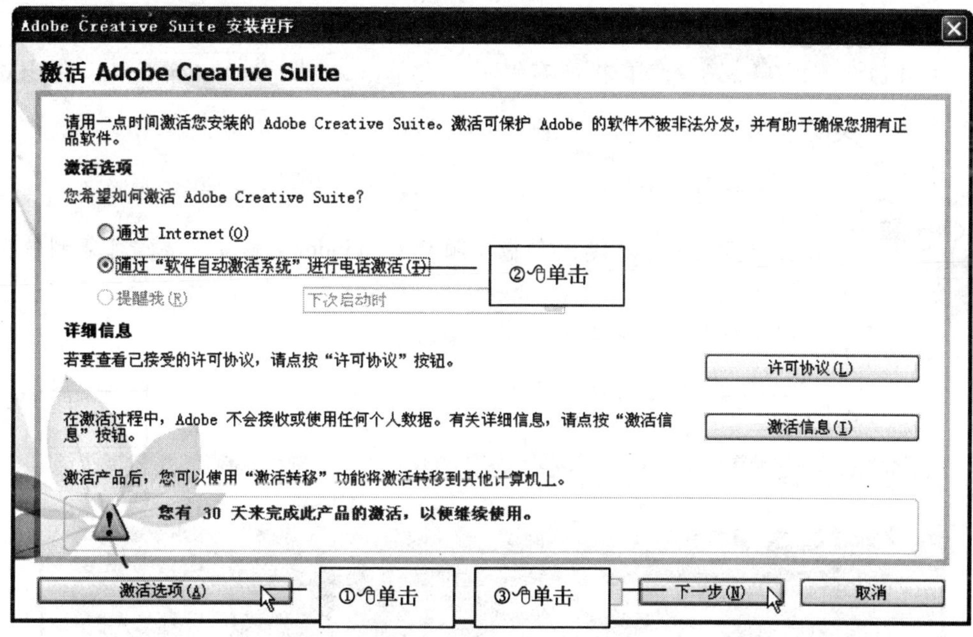

图 3-1-4

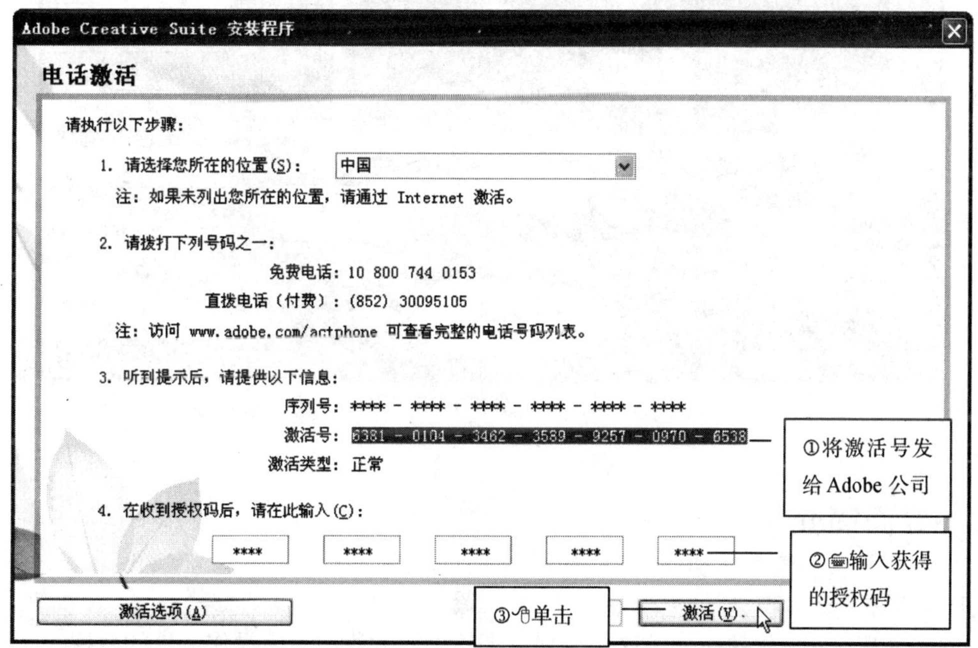

图 3-1-5

1.2 启动运行

单击 开始 ⇨单击 所有程序 ⇨单击 Adobe Photoshop CS2 ，弹出欢迎屏幕⇨单击 关闭 ，进入工作环境，如图 3-1-6 所示。

上述操作中，将鼠标指向 Adobe Photoshop CS2 时不单击，而是按住键盘上的 Ctrl 键，拖动项目到 Windows 桌面区域，可复制快捷方式到桌面上，双击图标启动。

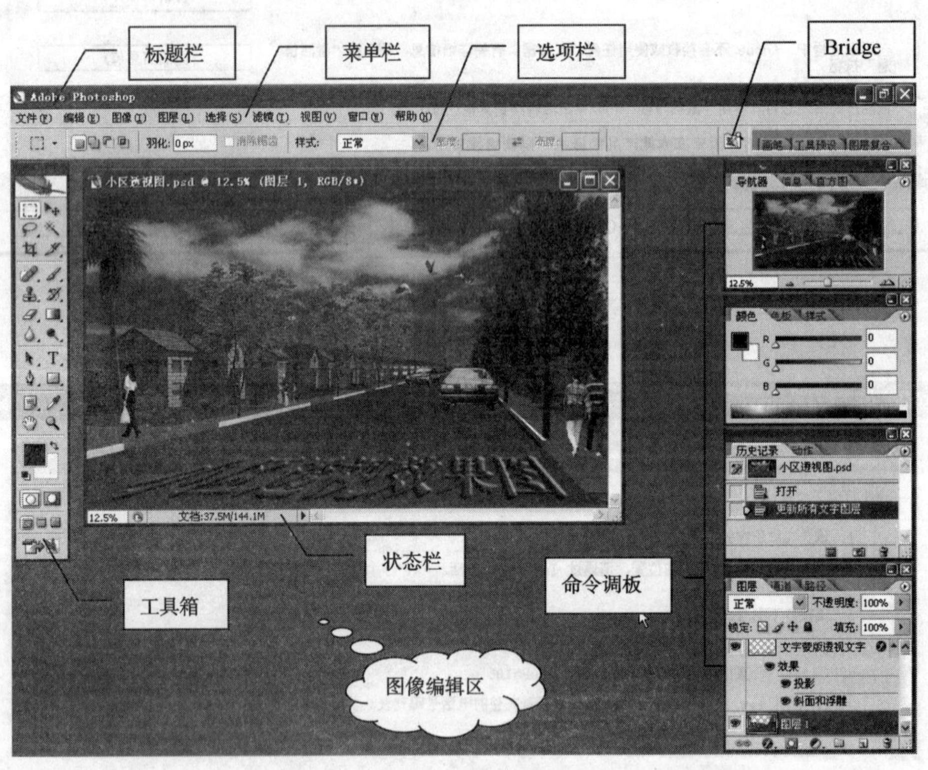

图 3-1-6

1.3 界面简介

1. 标题栏

与其他 Windows 软件一样，这一行列出了软件的名称、当前操作文件的名称。

2. 菜单栏

单击菜单栏中的一个项目可以显示下拉菜单，下拉菜单中还可以有次级的菜单，每个菜单项目对应一个 Photoshop 命令，单击可以执行相应的操作。

3. 工具箱

工具箱里分组排列着的许多图标按钮，每个图标对应一个 Photoshop 命令，将鼠标指针放置于一个按钮上几秒钟，其命令名称显示在鼠标指针右下方，单击图标按钮可以启动这条命令。右下角有◢的图标背后隐藏着一组命令，右击或按住左键几秒钟下拉展开列表，在列表中单击图标按钮可以启动对应的命令。与 3ds max 相同，总有一个命令处于激活状态。

4. 选项栏

显示当前激活命令的各种参数，列出的参数可以被修改。

5. 状态栏

在每个文档窗口的底部，显示当前图像的放大率和文件大小等信息。

6. 调板

Photoshop 的命令，以组的方式堆叠在几个窗口中。

7. 图像编辑区

处于窗口中部的大片灰色区域，放置新建的图像窗口或打开的图像文件。

图　3-1-7

8. Adobe Bridge

Adobe Creative Suite 2 是一个集成的软件包，包括 Photoshop、Illistrator（矢量绘图）、Indesign（排版）等印前软件。Bridge（桥）是这些软件共享的资源管理器，用来浏览和寻找所需资源，具有查看、搜索、排序、管理和处理图像文件等功能，与 Windows 资源管理器、AutoCAD 设计中心、3ds max 资源浏览器等操作类似，功能也基本相同。如图 3-1-6 所示，单击，弹出 Bridge 窗口如图 3-1-7 所示。

1.4 设置工作环境

1.4.1 颜色设置

如图 3-1-8 所示操作①②，打开颜色设置对话框，如图 3-1-9 所示操作。

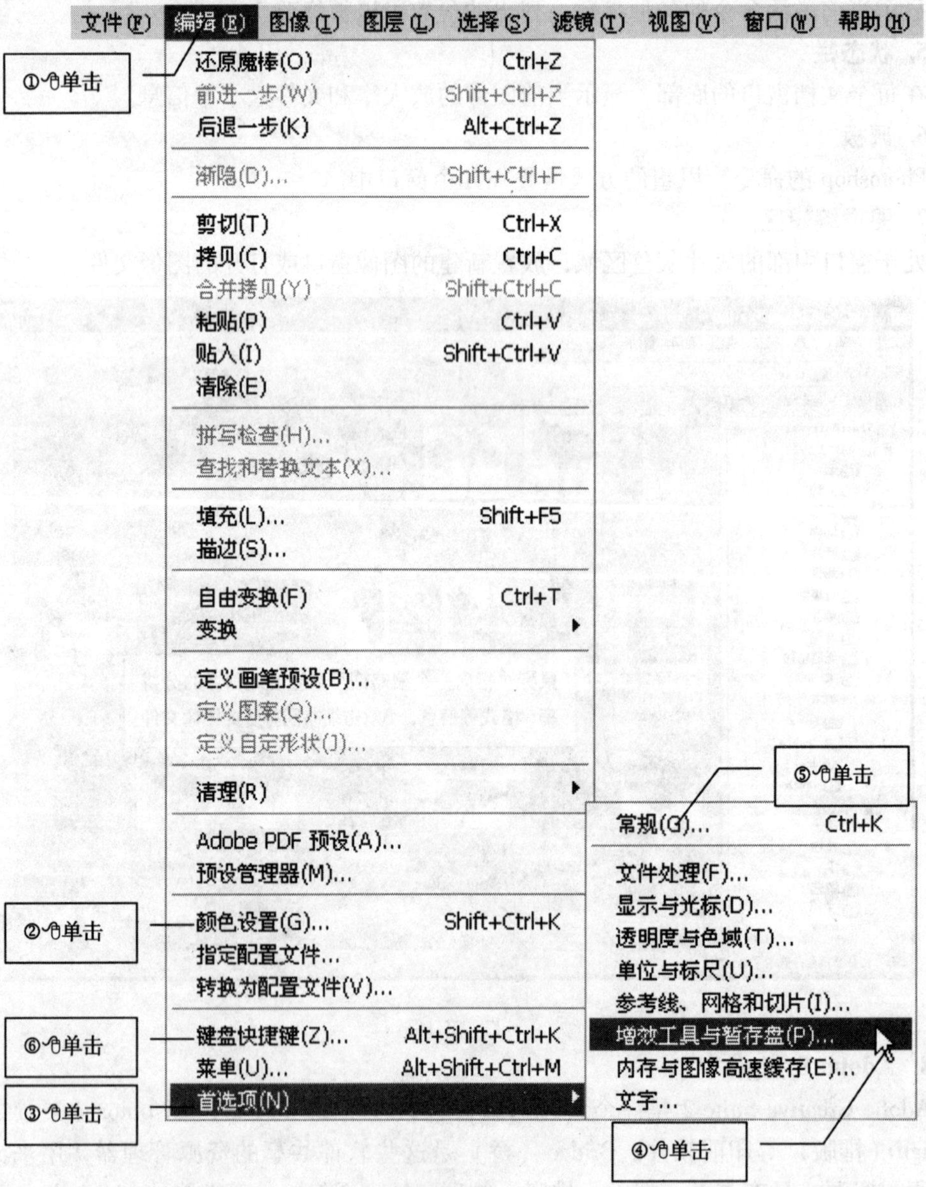

图 3-1-8

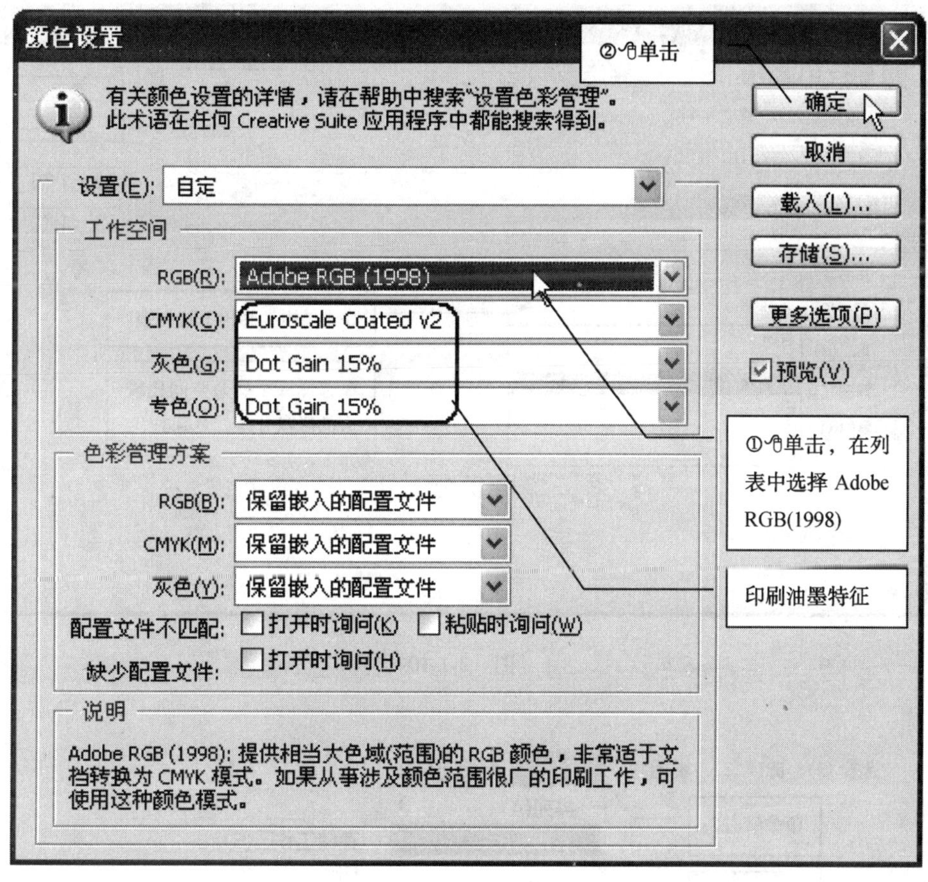

图 3-1-9

1.4.2 指定暂存盘

Photoshop 在处理图像时需要很大的暂存空间，会在硬盘上开辟空间作虚拟内存使用，Windows 在系统安装的分区上开辟虚拟内存，为了提高工作效率一般要将 Photoshop 的暂存盘与 Windows 分别设定在不同的分区上，对于多个小分区的磁盘可以设定两个以上的暂存盘。

如图 3-1-8 所示操作①③④，弹出首选项窗口，如图 3-1-10 所示操作。

1.4.3 设置工作界面

1. 复位调板位置

工具箱和命令调板可以被拖动到任意位置停泊，如图 3-1-11 所示操作，可恢复到初始位置。

2. 关闭存储调板位置

如图 3-1-8 所示操作①③⑤，如图 3-1-12 所示操作①④，关闭存储调板位置，这样每次启动 Photoshop 后调板都在默认位置。

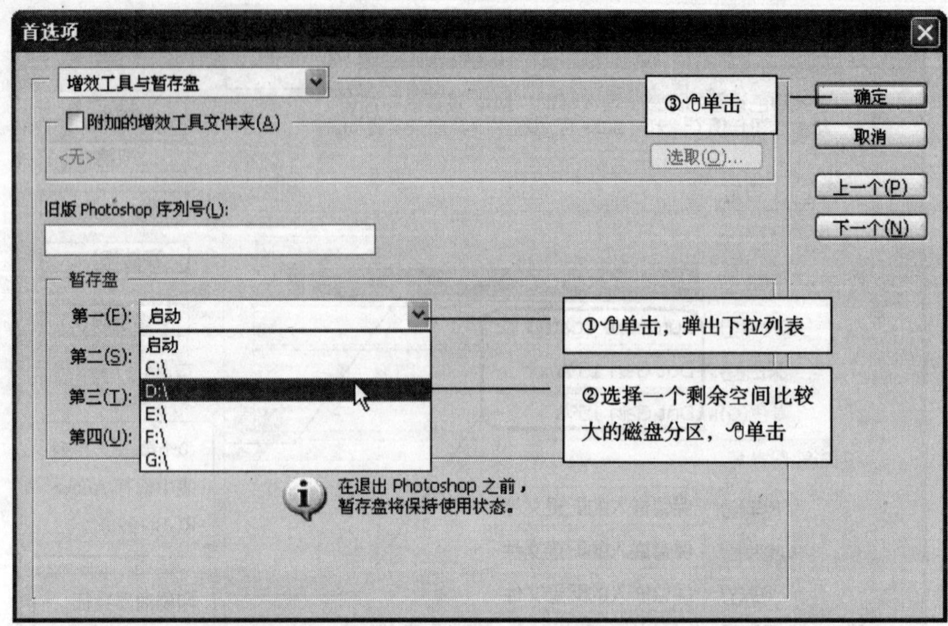

图 3-1-10

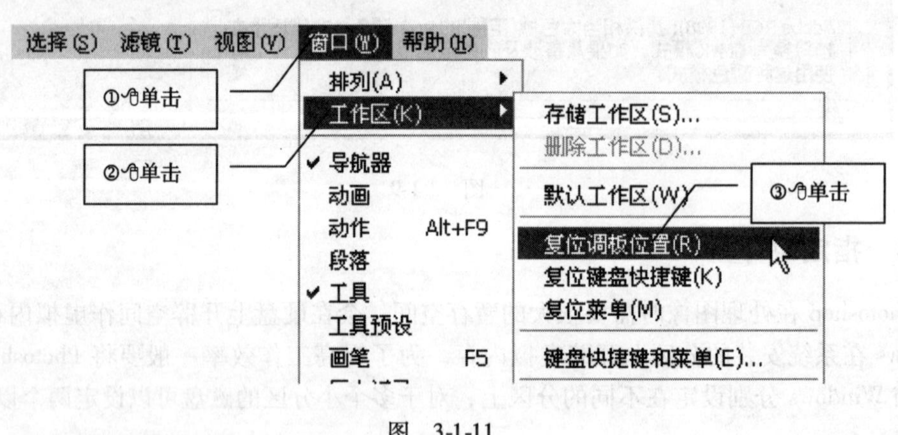

图 3-1-11

3. 开关工具箱和调板

⌨敲击 Tab 键可以同时开关工具箱和命令调板。

4. 开关调板

⌨按住 Shift 键后⌨敲击 Tab 键可以仅开关命令调板。

1.4.4 快捷键

如图 3-1-8 所示操作①⑥，弹出快捷键和菜单窗口，如图 3-1-13 所示，可查看全部快捷键定义，一般情况下不做更改。

首选项
常规
拾色器(C): Adobe
图像插值(I): 两次立方
用户界面字体大小(F): 中
更改将在下一次启动 Photoshop 时生效。
历史记录状态(Y): 20
②输入记录步数
选项
导出剪贴板(X)
显示工具提示(E)
缩放时调整窗口大小(Z)
自动更新打开的文档(A)
显示菜单颜色(R)
在粘贴/置入时调整图像大小
完成后用声音提示(E)
动态颜色滑块(D)
存储调板位置(V)
使用 Shift 键切换工具(U)
自动启动 Bridge(G)
用滚轮缩放
①单击，取消✓选
③单击✓选
历史记录(H)
将记录项目存储到: 元数据(M)
文本文件(I)
选取(O)...
两者兼有(H)
编辑记录项目(L): 仅限工作进程
复位所有警告对话框(W)
④单击
确定
取消
上一个(P)
下一个(N)

图 3-1-12

键盘快捷键和菜单
键盘快捷键
菜单
组(S): Photoshop 默认值
快捷键用于(H): 应用程序菜单
①单击，切换
应用程序菜单命令
快捷键
文件
编辑
图像
图层
选择
全部
取消选择
重新选择
反向
Ctrl+A
Ctrl+D
Shift+Ctrl+D
Shift+Ctrl+I
②单击，展开
键盘快捷键
④单击
确定
取消
接受
还原
使用默认值(D)
添加快捷键(A)
删除快捷键(E)
摘要(M)...
③单击，生成一个网页文件，便于查看全部快捷键定义列表
要编辑键盘快捷键:
1) 点按"新建组"按钮创建选中组的拷贝，或选择要修改的组。
2) 点按命令的"快捷键"列，然后按要指定的键盘快捷键。
3) 完成编辑后，请存储该组以存储所有更改。

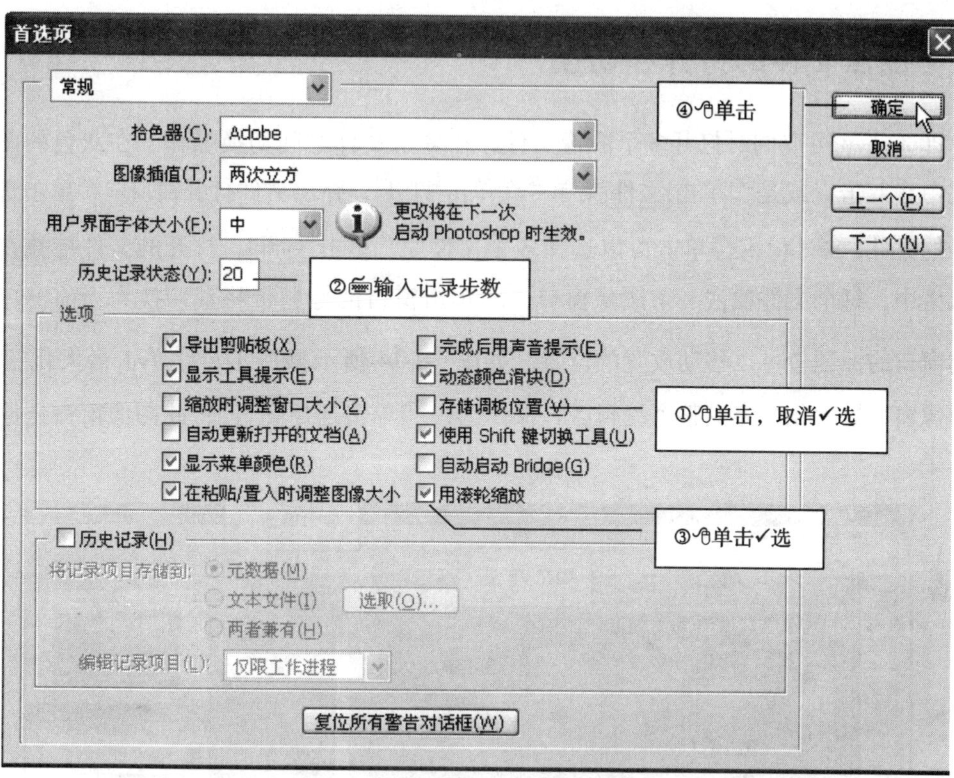

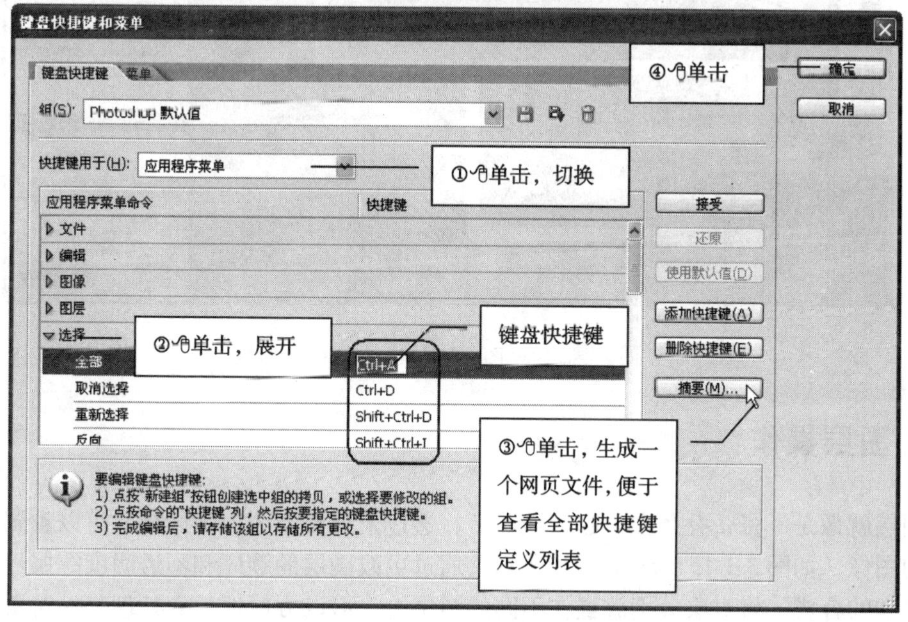

图 3-1-13

1.5 图像文件的打开和切换

Photoshop 可以同时打开多个图像文件，在多个文件之间切换操作。在灰色的图像编辑区中🖱双击，或是🖱单击 文件 菜单⇨🖱单击 打开 ，弹出文件打开窗口⇨🖱单击选择要打开的文件，⌨ Ctrl + 🖱单击可以选择多个文件⇨🖱单击 打开 ，打开的文件堆叠在图像编辑区中，每个文件独占一个图像窗口，🖱单击窗口的标题带将其切换为当前窗口，🖱拖动窗口的标题带可以移动放置的位置。如图 3-1-14 所示操作①，🖱单击最大化钮，此图像窗口最大化，充满整个编辑区；操作②，🖱单击还原钮，此图像窗口还原到原始大小。

图 3-1-14

1.6 图层操作

图层就像是一张张叠摞在一起的透明纸，透过上层没有图像的区域，可以看到下面图层上的图像，如图 3-1-15、图 3-1-16 所示，通过更改图层的顺序和不透明度等属性，可以改变图像的合成。将对象分别放置在不同的图层上，可以方便地独立处理某一对象而不影响其他对象。

如图 3-1-16 所示，是 Photoshop 的图层调板，其中列出了图像中的所有图层、图层组和图层效果。可以使用图层调板上的按钮完成许多任务，如，创建、隐藏、显示、复制和删除图层。可以访问图层调板菜单和图层菜单上的其他命令和选项。

图　3-1-15

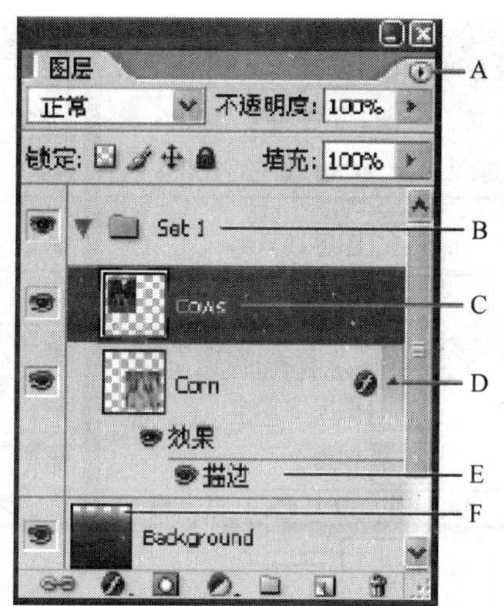

图　3-1-16

A—图层调板菜单　B—编组　C—图层　D—展开/折叠图层效果
E—图层效果　F—图层缩览图

1.6.1　当前图层、开关图层

1. 开关图层

如图 3-1-16 所示，在图层调板中单击左侧的图标，该图层关闭，在图像窗口中该图层上的图像不显示；在同一位置再次单击可将图层打开。

2. 当前图层

如图 3-1-17 所示操作①，选择一个图层作为当前图层，该图层名称栏背景呈蓝色。

对图像的操作，如：绘制、擦除等，默认作用于当前图层，不影响其他图层上的对象，如果存在选择区域，则仅作用于当前图层选择区域内的图像。

1.6.2 创建、复制和删除图层

1. 创建图层

如图 3-1-17 所示操作①，选择一个图层作为当前图层⇨操作②创建新图层，新建图层将置于当前图层上方⇨操作③双击新建图层默认名称，输入新名称，如“草坪”。

2. 删除图层

如图 3-1-17 所示操作①，选择一个图层作为当前图层⇨操作④，删除当前图层。

3. 复制图层

在一个图层上（如图 3-1-17 所示①的位置）按住左键⇨拖动到上（如图 3-1-17 所示②的位置），复制产生该图层的副本。

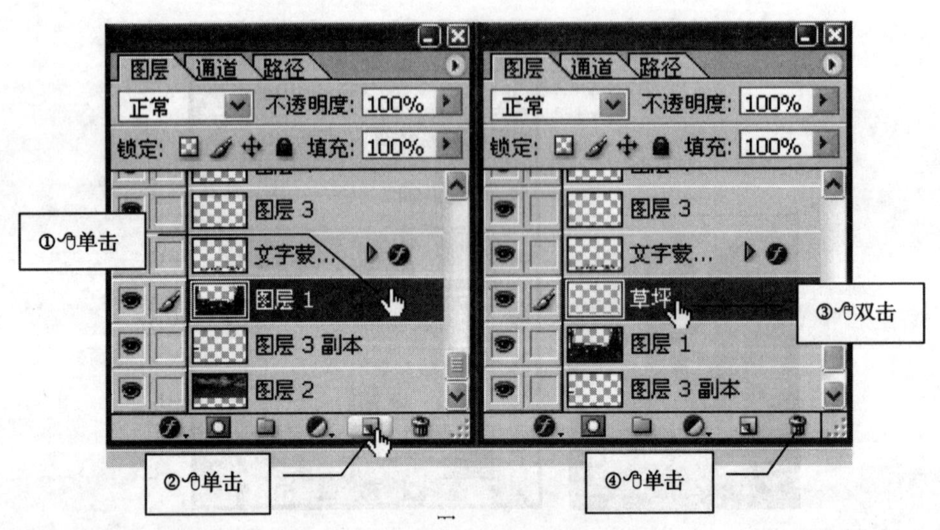

图 3-1-17

1.6.3 合并、链接图层

1. 合并图层

有时一个图层复制的副本过多，如将一棵树木复制成了一行，图层副本与源图层中的对象性质相同，将其合并在一起对操作也没有不利影响。操作方法如图 3-1-18 所示，步骤②中的快捷菜单与图层菜单基本一致。

2. 链接图层

有时一种处理想同时操作几个图层，如：移动、自由变换等，可将这些图层链接在一起，处理完成后再取消链接。操作方法如图 3-1-19、图 3-1-20 所示。

图层属性...
混合选项...
复制图层...
删除图层
编组到新建智能对象图层中
栅格化图层
启用图层蒙版
停用矢量蒙版
创建剪贴蒙版
链接图层
选择链接图层
选择相似图层
拷贝图层样式
粘贴图层样式
清除图层样式
向下合并
合并可见图层
拼合图像
②单击
100%
100%
图层 4 副本 2
图层 4 副本
图层 4
图层 1
①单击要合并图层的最上面一个图层，将其置为当前图层 ⇨右击，弹出快捷菜单
拼合图像是将所有图层合并成一个图层

图　3-1-18

图层
通道
路径
正常
不透明度: 100%
锁定:
填充: 100%
图层 4 副本 2
图层 4 副本
图层 4
图层 1
①单击一个图层⇨按住 Ctrl 键，单击选择要链接的其他图层
②单击，选择的图层链接在一起

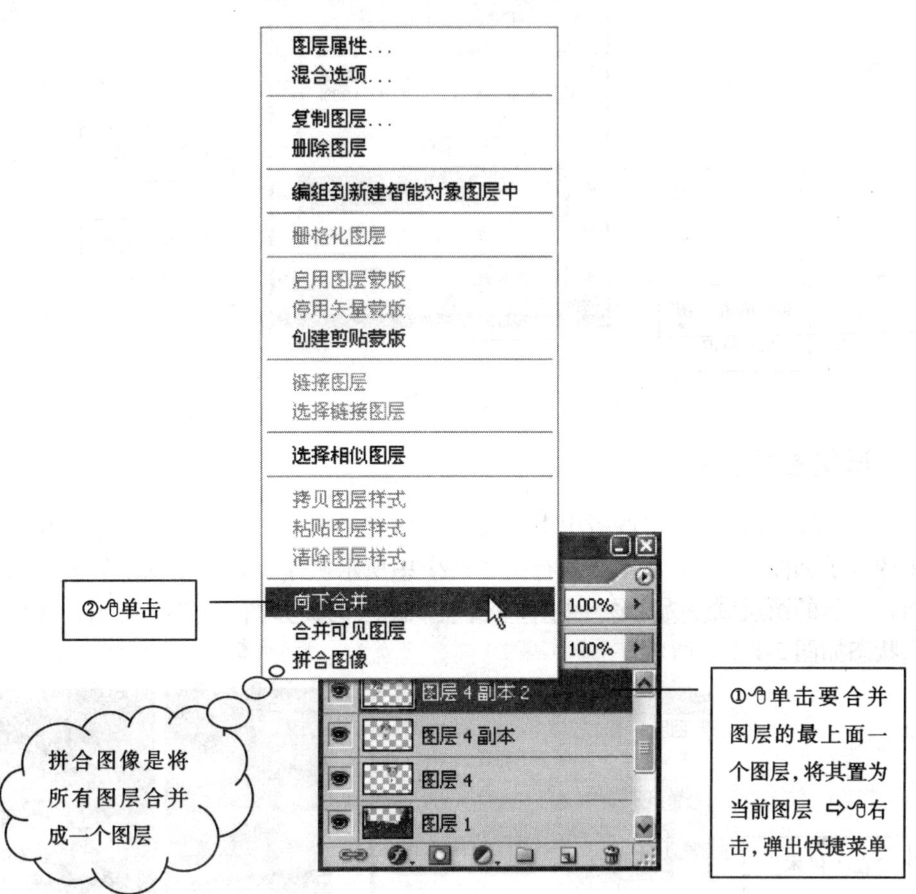

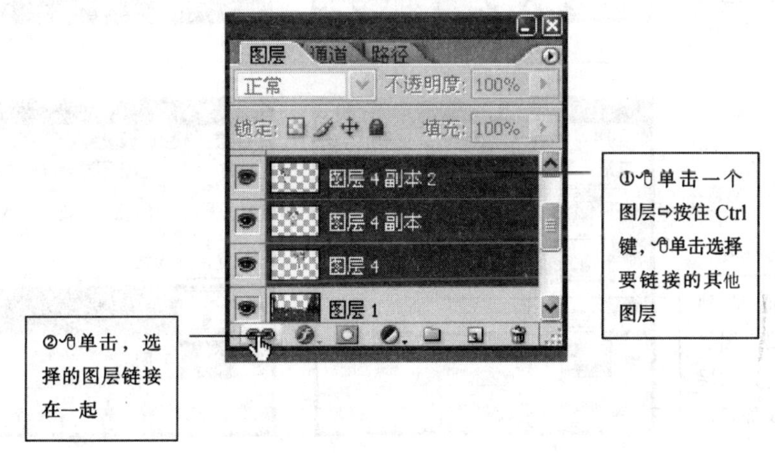

图　3-1-19

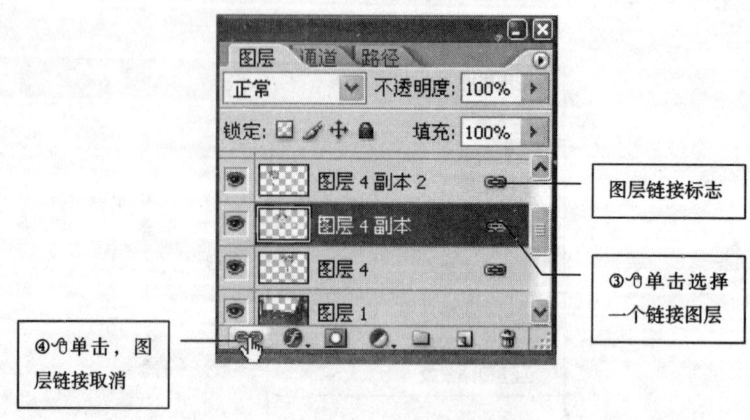

图 3-1-20

1.6.4 调整图层顺序

如图 3-1-21a 所示，图层调板中由上而下排列着树木—人物—云图三个图层，在图像窗口中的显示如图 3-1-21b 所示。执行图 3-1-21 中所示操作，将树木图层调整到人物图层的下面，当前的图层顺序为人物—树木—云图，图层调板如图 3-1-21e 所示，在图像窗口中显示状态如图 3-1-21c 所示。

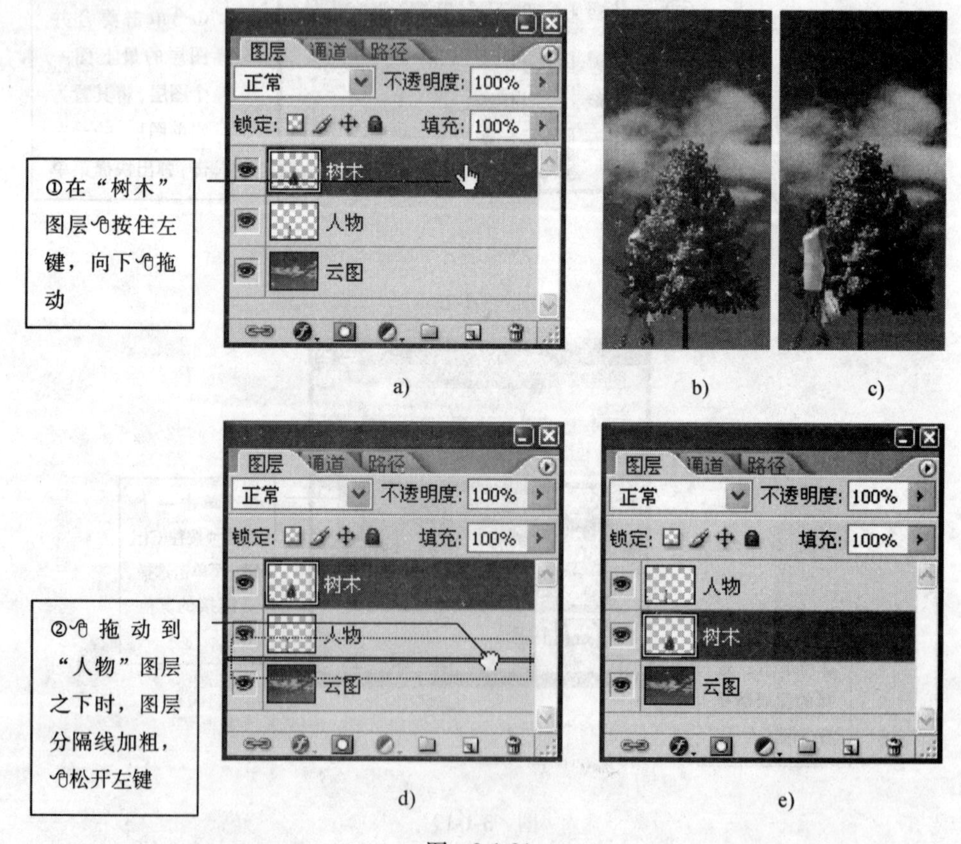

图 3-1-21

在 Photoshop 图层调板中由上而下排列的图层，在图像窗口中由近及远的摆放着，调板中处于上层的图层在图像中离我们更近，调板中图层的顺序决定了图像中对象的显示顺序，这与 AutoCAD、3dsmax 的图层有很大不同。

1.7　图像选区

处理图像时可以操作整个图层，也可以仅操作一个图层上被选择的图像区域，在有选择区域时选区优先，选择要处理的图像区域可使用选框、魔棒、套索、色彩范围、抽出滤镜等工具，也可以将闭合路径转换为选区。

1.7.1　选择工具

1. 矩形选框建立矩形或方形选区

单击⇨在选择区域的一个角点按住左键⇨拖动到对角点后松开。在创建新选区状态时，按住 Shift 键后，再拖动可选择正方形区域。如图 3-1-22 所示。

2. 椭圆选框建立椭圆或圆形选区

单击⇨按住 Alt 键（不按 Alt 键则是从一个角点拖动到对角点），在圆心位置按住左键⇨拖动到半径大小合适时松开；如果同时按住 Shift + Alt 键后，再拖动可选择圆形区域。

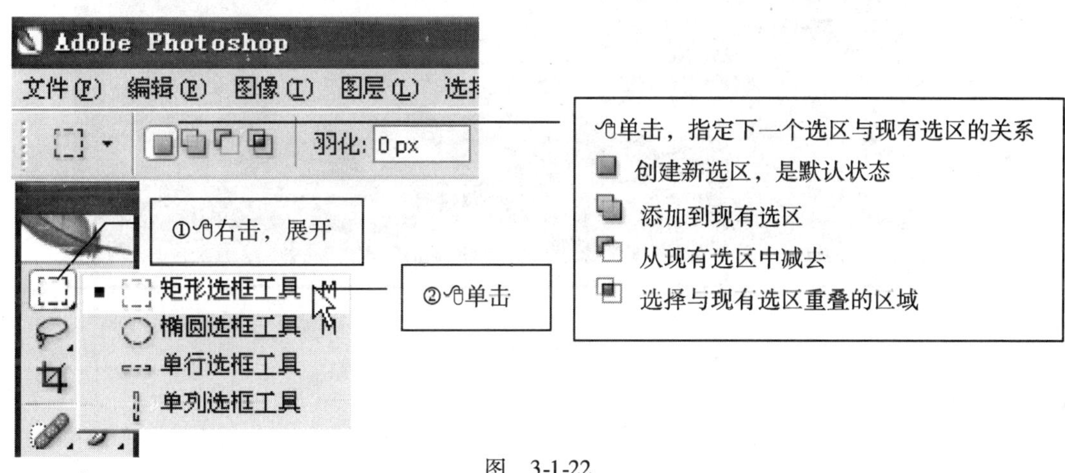

图　3-1-22

1.7.2　释放现有选区

1. 菜单

单击 选择 菜单⇨单击 取消选择。

2. 快捷键

Ctrl + D，⌨按住Ctrl后⌨敲击D键。

3. 工具箱

🖱单击[ ]或◯激活选择工具⇨在选项栏中🖱单击■，切换到新建选区状态⇨在现有选区中🖱单击一点，可释放选区。

1.7.3 魔棒工具

选择颜色一致的区域，容差决定了颜色的一致程度，数值范围在0～255之间，输入较小值可选择与拾取点像素非常相似的颜色，输入较大值以选择更宽的色彩范围。操作方法如图3-1-23所示。

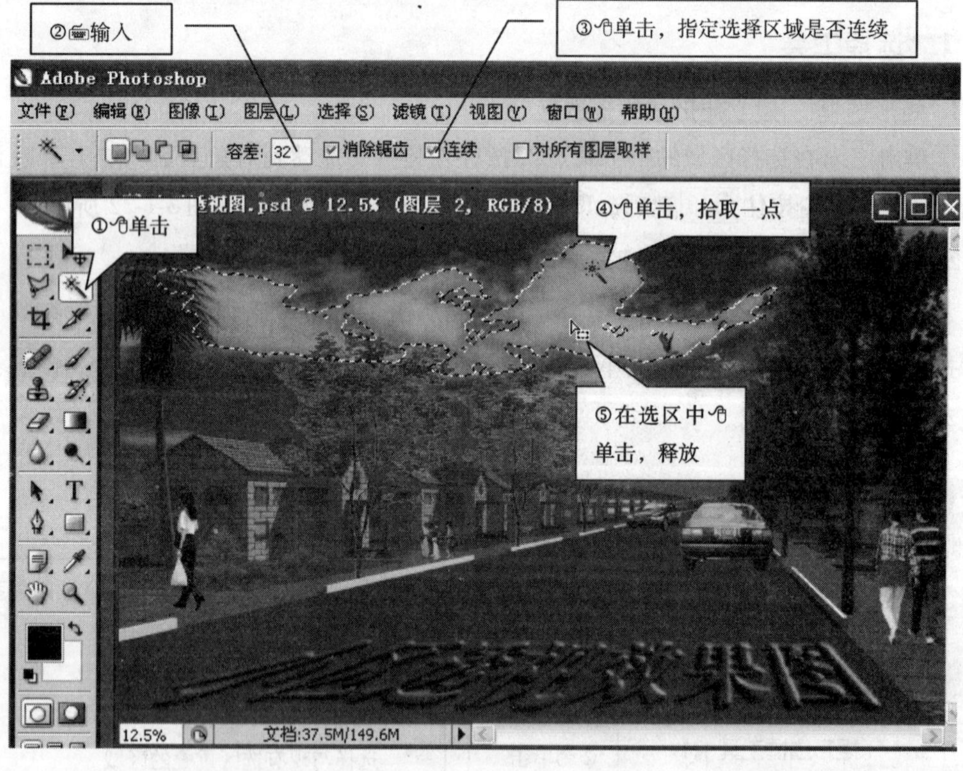

图 3-1-23

1.7.4 套索工具

1. 套索

选择手绘边缘围合的区域。操作方法：在起始点🖱按住左键⇨沿选区外缘🖱拖动⇨回到起点时🖱松开，自动闭合，如图3-1-24所示。

2. 多边形套索

选择多边形围合区域。操作方法：在起始点🖱单击⇨沿选区外缘顺序🖱单击⇨🖱单击起点闭合，如图 3-1-24 所示。

3. 磁性套索

适用于快速选择边缘与背景对比强烈的对象。操作方法：在起始点单击，设置第一个紧固点⇨沿选区外缘移动，自动搜索对比强烈的边缘并间隔地放置紧固点以固定前面的选框，如果选框没有与所需的边缘对齐，则单击一次手动添加一个紧固点⇨回到起点单击闭合。

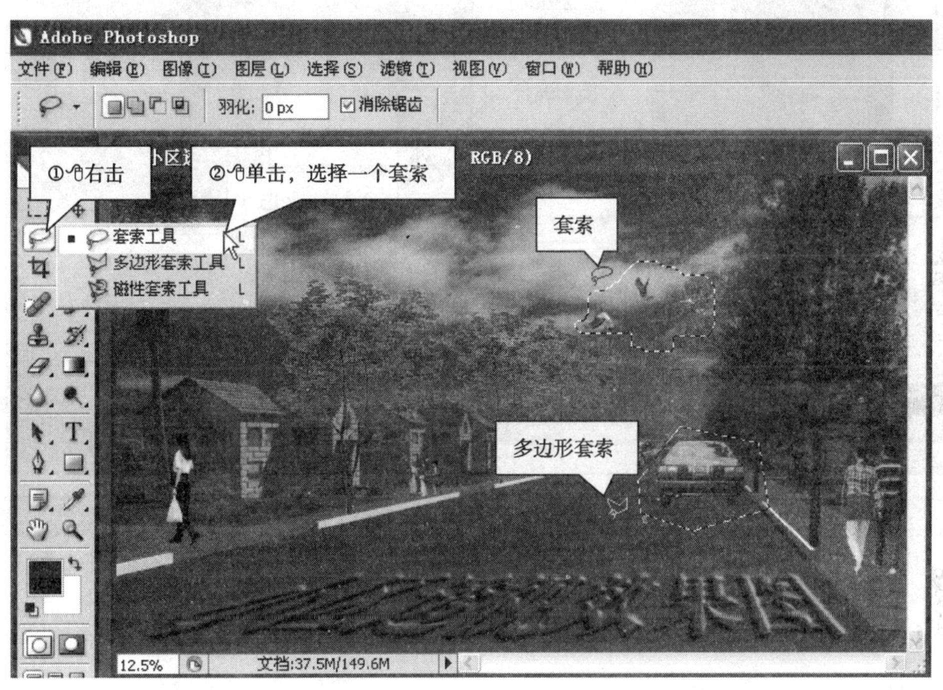

图　3-1-24

1.7.5　色彩范围

在现有选区或图像范围内选择与指定颜色相近的区域。操作方法如下：

（1）单击 选择 菜单⇨单击 色彩范围 ，弹出对话框，如图 3-1-25 所示。

（2）如图 3-1-25 所示操作①，单击拾取要选择的颜色。

（3）如图 3-1-25 所示操作②，拖动调节容差大小，数值越大选择的区域越大，观察黑白预览图中白色选择区域合适为止。

（4）如果要选择两种以上的颜色，如图 3-1-25 所示操作③，指定加入另一种颜色，如图 3-1-25 所示操作①，单击拾取要加入的颜色。

（5）如果要选择的是当前选择范围之外的区域，如图 3-1-25 所示操作④。

（6）如图 3-1-25 所示操作⑤。

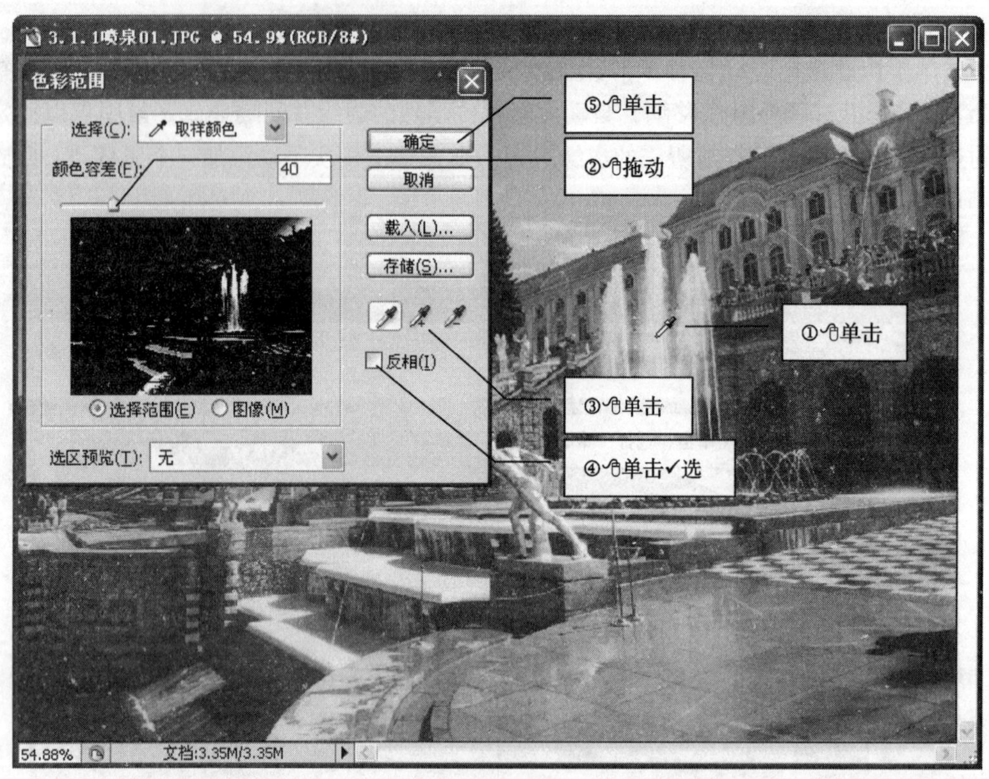

图 3-1-25

1.8 历史记录与快照

1. 历史记录

图像处理过程中 Photoshop 默认记录最后 20 步对图像的操作，可以随时返回到其中一步操作时图像的状态。如果希望记录更多的操作步数，如图 3-1-8 所示进行①、③、⑤操作，如图 3-1-12 所示进行②操作，⌨输入新的步数值可以改变系统的默认设置。记录的操作步数越多，占用的系统资源也越多。

2. 快照

如果要对图像尝试一系列处理而又不能确定结果是否满意，可以在需要暂存的状态创建快照，可随时返回到一个快照时的图像状态而不受历史记录步数的限制。

在历史记录调板中，历史记录和快照的操作如图 3-1-26 所示。

图像文件关闭后，历史记录和快照都会自动消失，再次打开图像时又是一个崭新的开始。

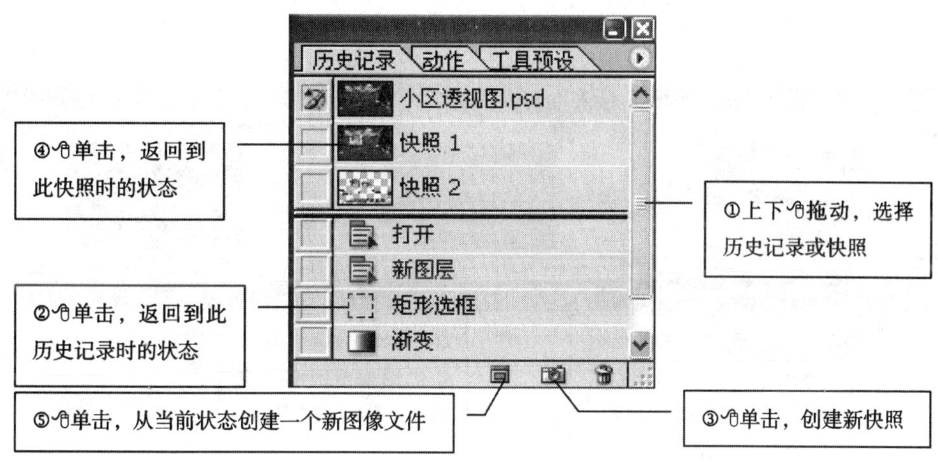

图　3-1-26

1.9　视图控制

在图像处理过程中，经常会放大、缩小、平移在工作区中显示的图像，利用导航器调板、缩放工具、抓手工具、视图菜单可以方便地完成需要的视图缩放和平移。

1.9.1　缩放工具和抓手工具

1. 缩放工具

单击⇨移动到图像中要放大的位置，光标显示为单击可放大图像；如果按住 Alt 键，图标显示为单击会缩小图像；拖动会快速地缩放图像显示。用鼠标滚轮缩放要经过设置打开才能使用，如图 3-1-8 所示执行①、③、⑤操作，如图 3-1-12 所示执行③、④操作。

2. 抓手工具

单击或按住空格键 Space⇨在图像中按住左键拖动，可平移图像，使不同的区域显示在图像窗口中，如图 3-1-27 所示。

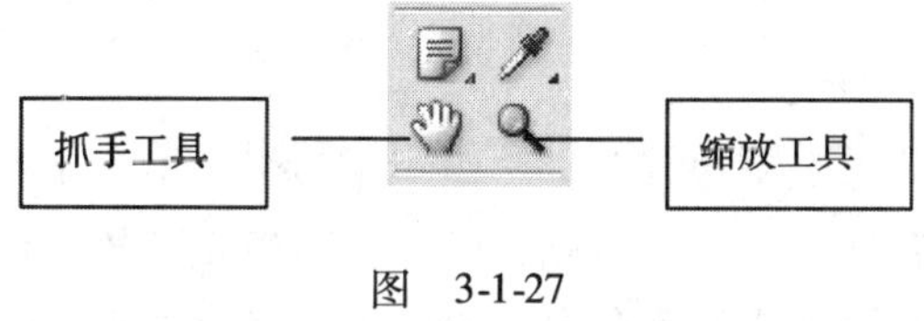

图　3-1-27

1.9.2　导航器

利用导航器调板可以方便地缩放、平移视图，功能与缩放、抓手工具相同，并且易于定位图像的编辑区域。操作如图 3-1-28 所示。

图 3-1-28

a)　　b)

图 3-1-29

1.9.3 视图菜单与右键菜单

1. 视图菜单

视图控制操作也可以使用菜单完成，单击 视图 菜单，下拉展开如图 3-1-31 所示，执行①、②操作，图像窗口在工作区中充分展开，图像充满整个窗口显示，执行①、③操作，图像以实际打印输出的尺寸显示在窗口中，可以目测输出后的尺寸。

2. 右键快捷菜单

单击或⇨移动光标到图像中右击，弹出快捷菜单，如图 3-1-30 所示，操作方法及效果与视图菜单相同。

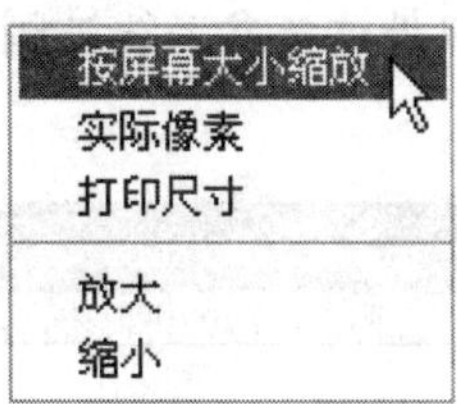

图 3-1-30

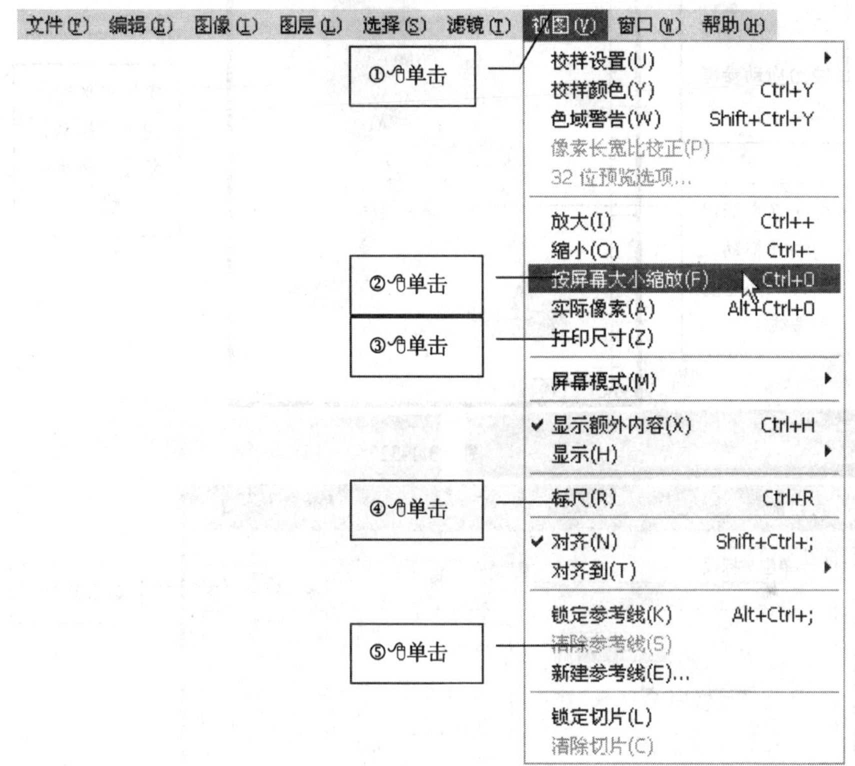

图 3-1-31

1.10 标尺与参考线

1. 标尺

如图 3-1-31 所示执行①、④操作，如图 3-1-32 所示，在图像窗口的上端和左侧分别显示水平、垂直标尺。标尺的默认单位是厘米，单击编辑菜单⇨单击首选项⇨单击单位与标尺⇨如图 3-1-33 所示操作可设置标尺使用的单位。

2. 参考线

如图 3-1-32 所示执行①、②操作，新建参考线，单击 ⇨拖动参考线，可移动它的位置⇨将其🖰拖动到图像窗口外这条参考线被删除。如图 3-1-31 所示执行①、⑤操作，可删除全部参考线。

图 3-1-32

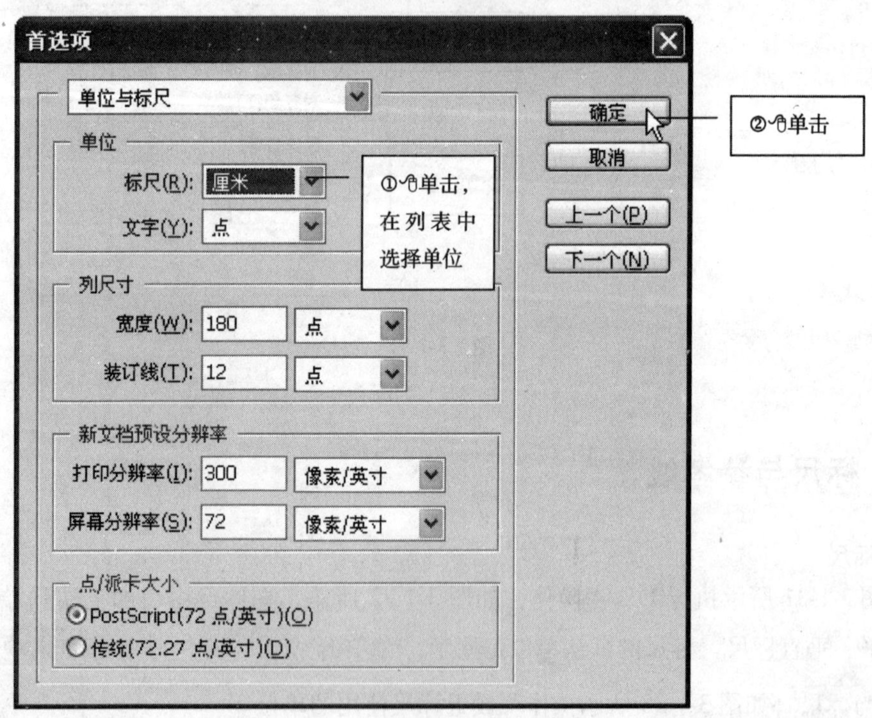

图 3-1-33

1.11　图像与图形

在计算机中看到的图主要分为位图图像和矢量图形两类。

1. 位图图像

位图图像或称为栅格图像，使用像素来表现一幅图。每个像素都有特定的位置和颜色值。例如，一幅位图图像中的自行车轮胎就是由该位置的像素拼合在一起组成的。在处理位图图像时，所编辑的是像素，而不是对象或形状。位图图像可以表现阴影和颜色的细微层次，是连续色调图像最常用的格式，如照片或数字绘画。位图图像与分辨率有关，它们包含有固定数量的像素，如果在屏幕上进行缩放或以低于创建时的分辨率来打印它们，将丢失其中的细节，并会呈现锯齿状，如图 3-1-34 所示。

图　3-1-34

2. 矢量图形

矢量图形由被称为矢量的数学模型定义的线条和曲线组成。矢量根据图像的几何特性描绘图像。例如，一幅矢量图形中的自行车轮胎是由一个圆的数学定义组成的，这个圆按某一半径绘制，放在特定的位置并填以特定的颜色。移动轮胎、调整其大小或更改其颜色时不会降低图形的品质。矢量图形与分辨率无关，可以将它们缩放到任意尺寸，按任意分辨率打印，而不会丢失细节或降低清晰度，如图 3-1-35 所示。

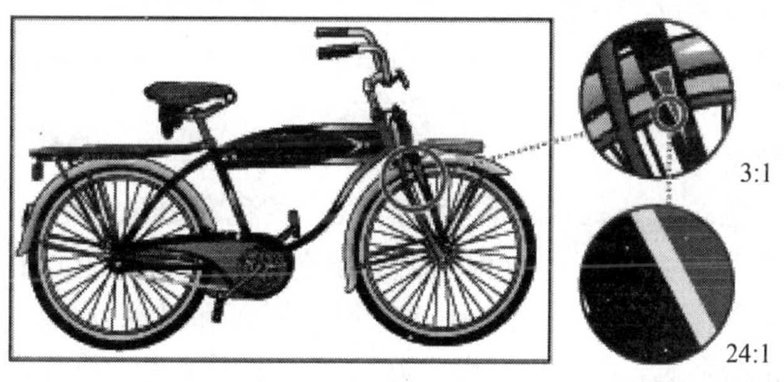

图　3-1-35

在 Photoshop 文件中既可以包含位图，又可以包含矢量数据。AutoCAD 中绘制的是矢量图形，位图图像只是附着到文件中。3dsmax 中二维形与三维网格物体都是矢量图形，而定义材质时大量使用位图图像，渲染结果也输出为位图图像。

1.12 色彩空间与颜色模型

没有哪种设备能够重现人眼看见的颜色范围，每种设备都工作在一定的色彩空间内，只能生成某一范围或色域的颜色。颜色模型确定各值之间的关系，色彩空间将这些值的绝对含义定义为颜色。某些颜色模型有固定的色彩空间，如：Lab 模型，因为它们与人感知颜色的方式直接相关，这些模型被视为与设备无关。其他一些颜色模型，如：RGB（红色、绿色、蓝色）、HSL、HSB（色相、饱和度、亮度）、CMYK（青色、洋红、黄色、黑色），等等，可能具有许多不同的色彩空间。由于这些模型因每个相关的色彩空间或设备而异，因此它们被视为与设备相关，如图 3-1-36 所示。

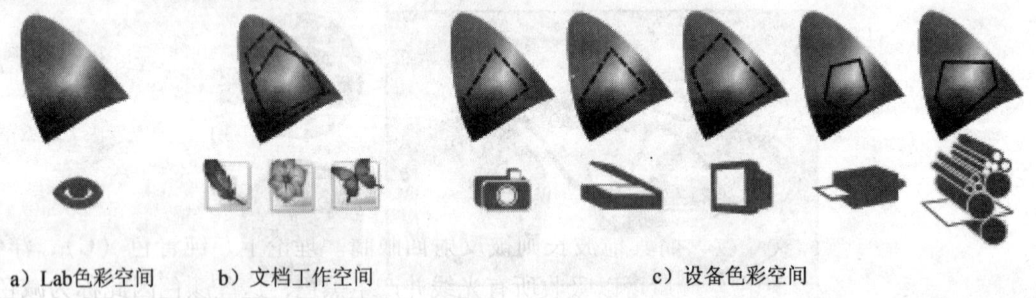

a）Lab色彩空间　b）文档工作空间　c）设备色彩空间

图 3-1-36

由于色彩空间不同，在不同设备之间传递文档时，颜色在外观上会发生改变。颜色变化有多种原因：不同的图像源（扫描仪和软件使用不同的色彩空间生成图片）；计算机显示器的品牌不同；软件应用程序定义颜色的方式不同；印刷介质的不同（新闻印刷纸与杂志质量的纸相比，重现的色域较小）和其他自然变化，如显示器或显示器寿命的制造差别。颜色模式决定用于显示和打印图像的颜色模型。Photoshop 的颜色模式以建立的用于描述和重现色彩的模型为基础。

1.12.1 RGB 颜色模式

绝大多数可见光谱可用红色、绿色和蓝色（RGB）三色光的不同比例和强度的混合来表示。在这三种颜色的重叠处产生青色、洋红、黄色和白色，如图 3-1-37 所示，由于 RGB 颜色合成可以产生白色，因此也称它们为加色。将所有颜色加在一起可产生白色，即所有可见光波长都传播回眼睛。加色用于光照、视频和显示器。例如：显示器通过红色、绿色和蓝色荧光粉发射光线产生颜色；在黑暗的电影院里，放映机将光投射在白色的幕布上，产生彩色的图像。

Photoshop 的 RGB 模式使用 RGB 模型，为彩色图像中每个像素的 RGB 分量指定一个介于 0（黑色）到 255（白色）之间的强度值。例如，亮红色可能 R 值为 246，G 值为 20，而 B 值为 50。当所有这 3 个分量的值相等时，结果是中性灰色。当所有分量的值均为255时，结果是纯白色；当该值为0时，结果是纯黑色。新建的 Photoshop 图像的默认模式为RGB，计算机显示器使用RGB模型显示颜色。这意味着使用非RGB颜色模式（如CMYK）时，Photoshop 将使用RGB模式显示屏幕上的颜色。

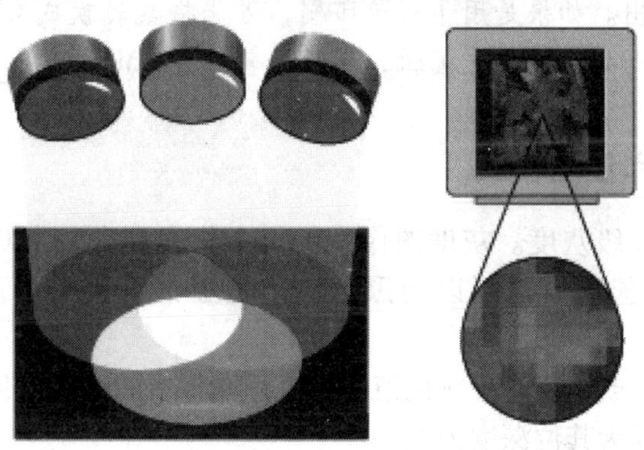

图　3-1-37

1.12.2　CMYK 颜色模式

CMYK模型以打印在纸上的油墨的光线吸收特性为基础。当白光照射到半透明油墨上时，某些可见光波长被吸收，而其他波长则被反射回眼睛。理论上，纯青色（C）、洋红（M）和黄色（Y）色素在合成后可以吸收所有光线并产生黑色，这些颜色因此称为减色。由于所有打印油墨都包含一些杂质，因此这三种油墨实际生成土灰色，必须与黑色（K）油墨合成才能生成真正的黑色（为避免与蓝色混淆，黑色用K而非B表示）。将这些油墨混合重现颜色的过程称为四色印刷。例如：在阳光灿烂的白天，将不同色彩的颜料涂抹在白色的画卷上，创作一幅自然山水画。减色（CMY）和加色（RGB）是互补色。每对减色产生一种加色，反之亦然，如图3-1-38所示。

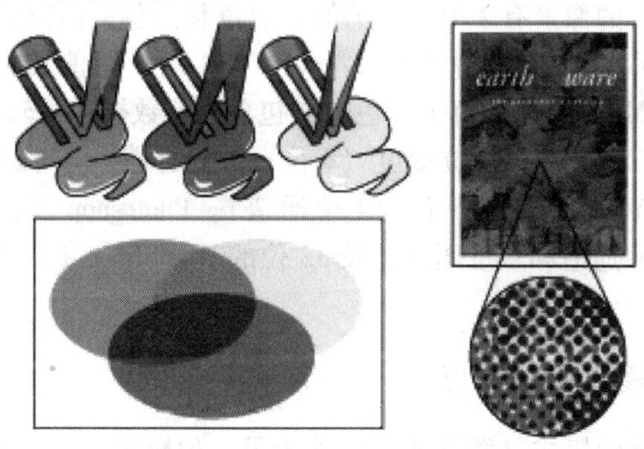

图　3-1-38

在 Photoshop 的 CMYK 模式中，为每个像素的每种印刷油墨指定一个百分率。为最亮（高光）颜色指定的印刷油墨颜色百分率较低，而为较暗（暗调）颜色指定的百分率较高。例如，亮红色可能包含2%青色、93%洋红、90%黄色和0%黑色。在CMYK图像中，当四种分量的值均为0%时，就会产生纯白色。

效果图制作过程中使用 RGB 模式，并且直接以 RGB 模式在绘图仪上输出。如果是用于彩色印刷，可先将其转换成 CMYK 模式，若由 RGB 图像开始，最好先编辑，然后再转换为 CMYK。

1.12.3 灰度模式和位图模式

灰度模式使用256级灰度。灰度图像中的每个像素都有一个0（黑色）到255（白色）之间的亮度值。灰度值也可以用黑色油墨覆盖的百分率来度量（0%等于白色，100%等于黑色）。

位图模式使用黑色或白色两种颜色值之一表示图像中的像素。位图模式下的图像被称为位映射一位图像，因为其位深度为1。

1.12.4 颜色通道和位深度

每个 Photoshop 图像都有一个或多个通道，每个通道中都存储了图像色素的信息。图像中的默认颜色通道数取决于图像的颜色模式。如一个 CMYK 图像至少有四个通道，分别存储青色、洋红、黄色和黑色信息。可将通道看成类似于印刷过程中的印版，即一个印版对应一个颜色通道。除默认颜色通道外，也可以将称为 Alpha 通道的额外通道添加到图像中，以便将选区作为蒙版存储和编辑，并且可以添加专色通道为印刷添加专色印版。一个图像最多可有56个通道。默认情况下，位图、灰度、双色调和索引颜色图像有一个通道；RGB 和 Lab 图像有三个通道；而 CMYK 图像有四个通道。除位图模式图像之外，可以在所有其他类型的图像中添加通道。

位深度也称为像素深度或颜色深度，它度量图像中的每个像素可以使用多少种颜色值。例如，位深度为1的像素有2个可能的值：黑色和白色，而位深度为8的像素有 $2^8=256$ 个可能的值，位深度为24的像素有 $2^{24}=1$，670万个可能的值。在大多数情况下，Lab、RGB、灰度和 CMYK 图像的每个颜色通道包含8位数据，可转换为：24位 Lab 位深度（8位×3个通道）、24位 RGB 位深度（8位×3个通道）、8位灰度位深度（8位×1个通道）和32位 CMYK 位深度（8位×4个通道）。Photoshop 虽然也可以处理16位的 Lab、RGB、CMYK、多通道和灰度图像，及32位的 RGB 和灰度图像，但许多处理仅适用于8位图像。

1.12.5 转换颜色模式和位深度

可以将图像从原来的模式（源模式）转换为另一种模式（目标模式）。当为图像选取另一种颜色模式时，就永久更改了图像中的颜色值。例如，将 RGB 图像转换为 CMYK 模式时，位于 CMYK 色域外的 RGB 颜色值将被调整到色域之内，这是一种近似调整，再将图像从 CMYK 转换回 RGB，一些图像数据可能已经丢失并且无法恢复。

转换图像颜色模式和位深度的操作方法如图 3-1-39 所示，在转换之前，最好执行下列操作：

(1) 尽可能在原图像模式下进行编辑

通常，大多数扫描仪或数字相机使用 RGB 图像模式。

(2) 在转换之前存储副本

务必存储包含所有图层的图像副本，以便在转换后编辑图像的原版本。

(3) 在转换之前拼合文件

当模式更改时，图层混合模式之间的颜色相互作用也将更改。

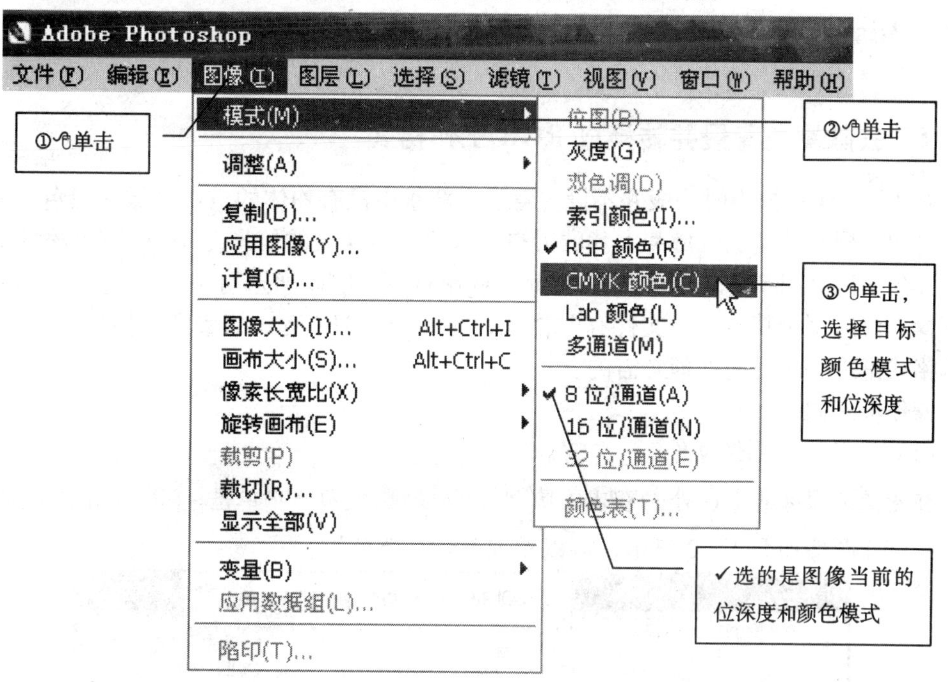

图　3-1-39

也许会发现经常用的一种图像处理不能作用于某个图像，可以查看图像的位深度和颜色模式，将其转换为 8 位、RGB 再试试。

第 2 讲

2.1 3ds max 渲染图的基本处理

2.1.1 去除黑色背景并转换成 RGB 工作格式

在 3ds max 中渲染时一般并不设置背景，场景中没有物体的空白区域呈黑色，如：树冠、廊架、栅栏的镂空区域和大片的天空，这些空白区域的信息在 TGA、TIF 格式的渲染图像文件中以 Alpha 通道保存，在 Photoshop 中打开 Alpha 通道可将其镂空。Photoshop 的许多操作仅适用于其自身的文件存贮格式，将 TGA、TIF 格式的渲染文件转换成 RGB 的工作格式是进一步后期处理必需的。

操作步骤如下：

(1) 打开渲染图像文件

在图像编辑区的空白处🖱双击，或🖱单击 文件 菜单⇨🖱单击 打开 ⇨如图 3-2-1 所示操作，打开图像如图 3-2-2 所示，可以看到背景是黑色的。

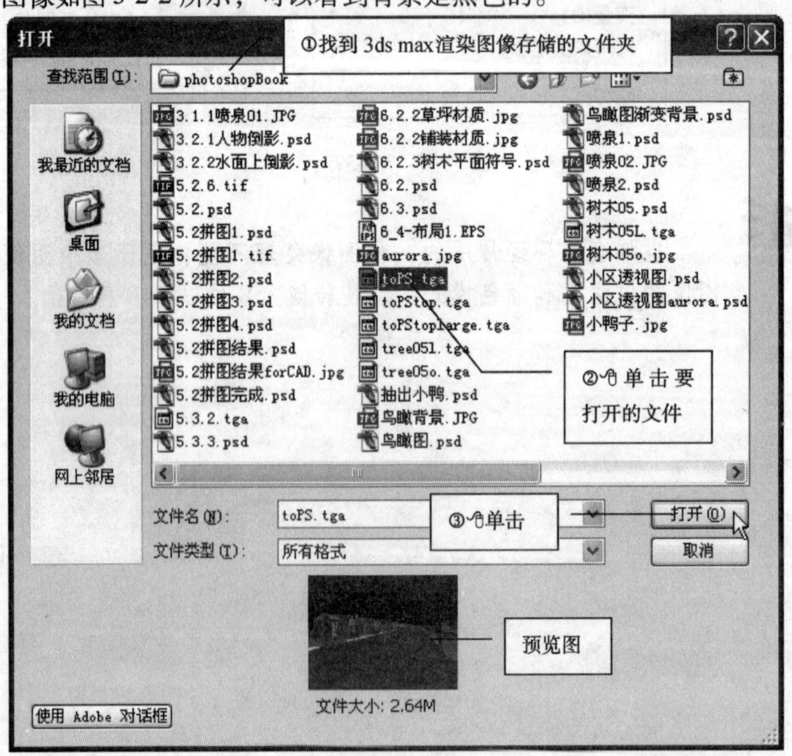

图 3-2-1

图　3-2-2

(2) 利用Alpha通道镂空图像黑背景

单击 选择 菜单⇨单击 载入选区，弹出图3-2-3所示对话框⇨单击 确定。

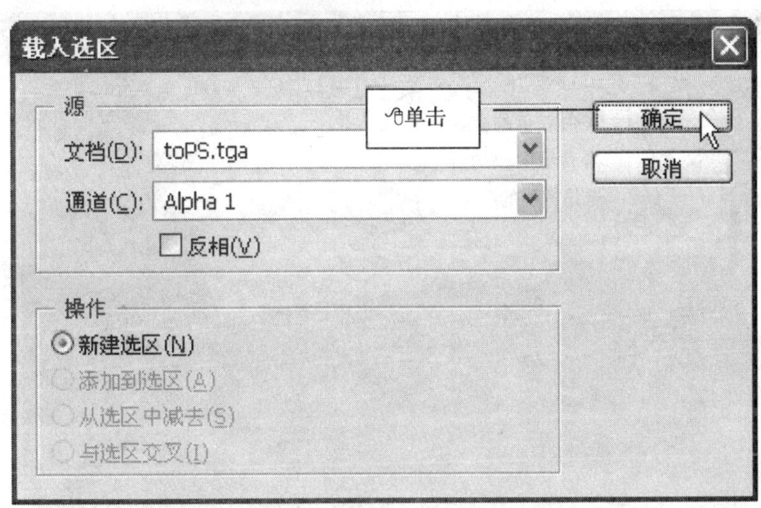

图　3-2-3

(3) 复制镂空的图像到剪切板

单击 编辑 菜单⇨单击 拷贝。

(4) 新建一个空图像文件

单击文件菜单⇨单击新建⇨如图 3-2-4 所示操作，将图像背景设置为透明。新建文件自动的与剪切板中的图像大小一致。

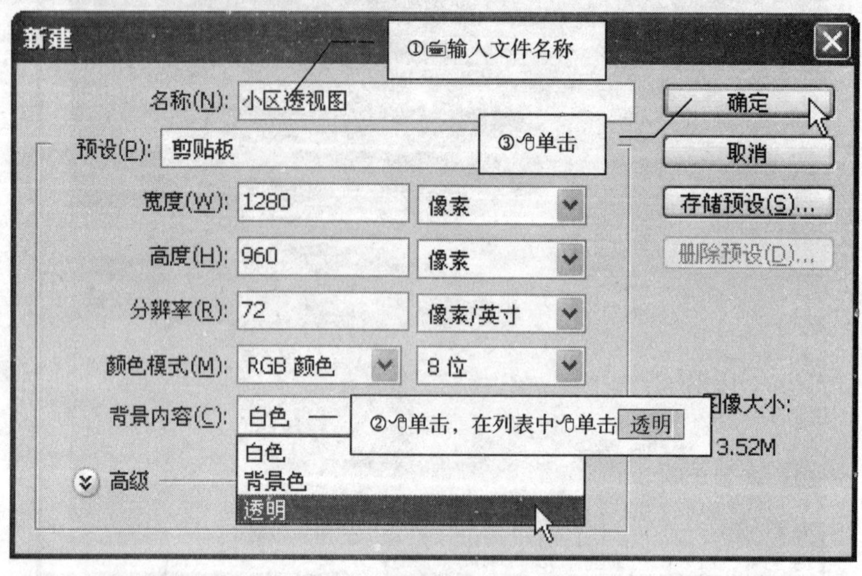

图 3-2-4

（5）粘贴剪切板中的图像

单击编辑菜单⇨单击粘贴，剪切板中的图像粘贴入空白图像窗口，如图 3-2-5 所示。这时只是一个处于 RGB 色彩模式的图像，在文件存贮前格式未定。

图 3-2-5

(6) 关闭原图像窗口减少占用系统资源

单击渲染图像窗口的 ，如图 3-2-2 所示，关闭原图像。

2.1.2　扩展画布并裁剪图像多余部分

从图 3-2-5 来看底部的马路面积很大，其中相当大的部分不是表达设计所必须的，可以裁剪掉。如果在 3ds max 中没有栽树，则画面顶部的天空可能不够高，画面让人感到压抑，可先将画布向上扩展，然后再裁剪。如图 3-2-5 所示的图像，宽: 高 = 4: 3，这是在 3ds max 中渲染的默认比例，如果要出横幅的图纸，裁剪时可以采用宽银幕视频比例，控制宽: 高 = 16: 9 左右，图面的视觉冲击力更强。

1. 关闭右侧调板

快捷键 Shift + Tab，按住 Shift 键再敲击 Tab 键。

2. 最大化图像窗口

单击 最大化钮，图像窗口最大化。

3. 向上扩展画布

单击 图像 菜单⇨单击 画布大小 ⇨如图 3-2-6 所示操作。

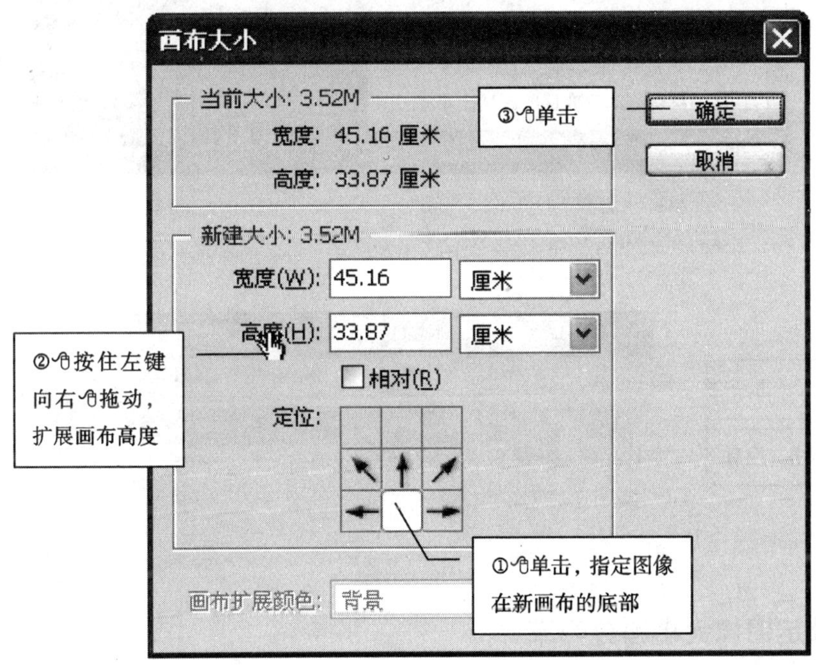

图　3-2-6

4. 裁剪图像多余部分

单击 ，裁剪工具按钮在屏幕左侧工具箱中⇨在图像中要保留区域的一个角点按住鼠标左键⇨拖动到对角点，位置合适时松开，出现蚂蚁线矩形框，如图 3-2-7 所示操作，调整保留区域大小⇨在保留区域中双击，或单击 ✔ 提交钮，如图 3-2-8 所示操作①，裁剪命令执行。

5. 打开右侧调板

快捷键 Shift + Tab。

6. 还原图像窗口到原始大小

单击屏幕右上角，如图 3-2-8 所示操作②。

图 3-2-7

图 3-2-8

2.1.3 设定图像大小和分辨率

1. 图像分辨率

图像中每单位长度上的像素数目（打印或显示），通常用像素/英寸（ppi）表示。

2. 显示器分辨率

显示器上每单位长度显示的像素或点的数量，通常以点/英寸（dpi）来表示。显示器分辨率取决于显示器的大小及其像素设置。大多数显示器的分辨率大约为 96dpi 或 72dpi。

3. 打印机分辨率

激光打印机打印在每英寸长度上的油墨点数（dpi）。多数桌面激光打印机的分辨率为 600dpi，而照排机的分辨率为 1200dpi 或更高。喷墨打印机产生的是极小的墨粒，而不是实际的点，大多数喷墨打印机的分辨率约为 300～720dpi。

图像的分辨率越高包含的像素越多，在给定的尺寸上表现的细节也就越丰富，但需要的磁盘存储空间也会增多，而且编辑和打印的速度会更慢。图像分辨率达到 72ppi 时在屏幕上已经很清晰，而要打印到图纸上则需要 150～300ppi。激光输出比喷墨打印要求的图像分辨率低，喷墨打印时使用照片纸比使用涂料纸要求的图像分辨率低，就是说如果采用激光或使用照片纸喷墨打印可以设定较低的图像分辨率作图。

常用的图纸尺寸如附录 A 所示，在小幅面的打印机上输出时一般会使用裁切好的标准图纸，A2、A3 较为常用，而大幅面的绘图仪使用滚筒纸，在输出时依据图像的尺寸自定义纸张尺寸。设定图像尺寸时参照相应幅面的图纸尺寸减去页边距 20mm 左右。

4. 设定图像分辨率和图像大小

假设分辨率 300ppi、输出 2 号图纸（400×570mm 左右）。单击 图像 菜单⇨单击 图像大小 ⇨弹出对话框，如图 3-2-9 所示操作⇨单击 视图 菜单⇨单击 按屏幕大小缩放，缩放图像和图像窗口充满编辑区。

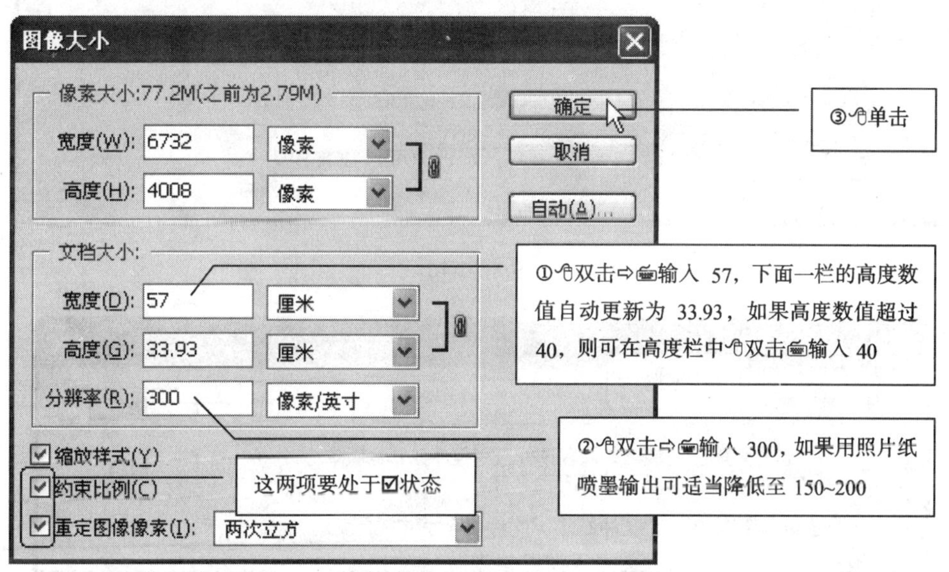

图　3-2-9

在进一步的后期处理前一定要规划好图纸的输出尺寸和分辨率，在此将其设定好。不然，急匆匆的做了半天，看起来很清晰的图像，输出到图纸上树木、花草、人物配景模糊一片，才想起忘了设定图像大小和分辨率。捶胸顿足，悔之晚已☺。

2.1.4 存储为 PSD 文件

PSD 格式是 Photoshop 专用的文件存储格式，可以完整保存 Photoshop 软件所需的图层等图像信息，在效果图的后期制作过程中保存成这种格式是必须的，在作图过程中可多次执行存储，减少意外断电等造成的损失。

单击 文件 菜单⇨单击 存储 ⇨弹出窗口，如图 3-2-10 所示操作⇨弹出对话框，如图 3-2-11 所示操作。

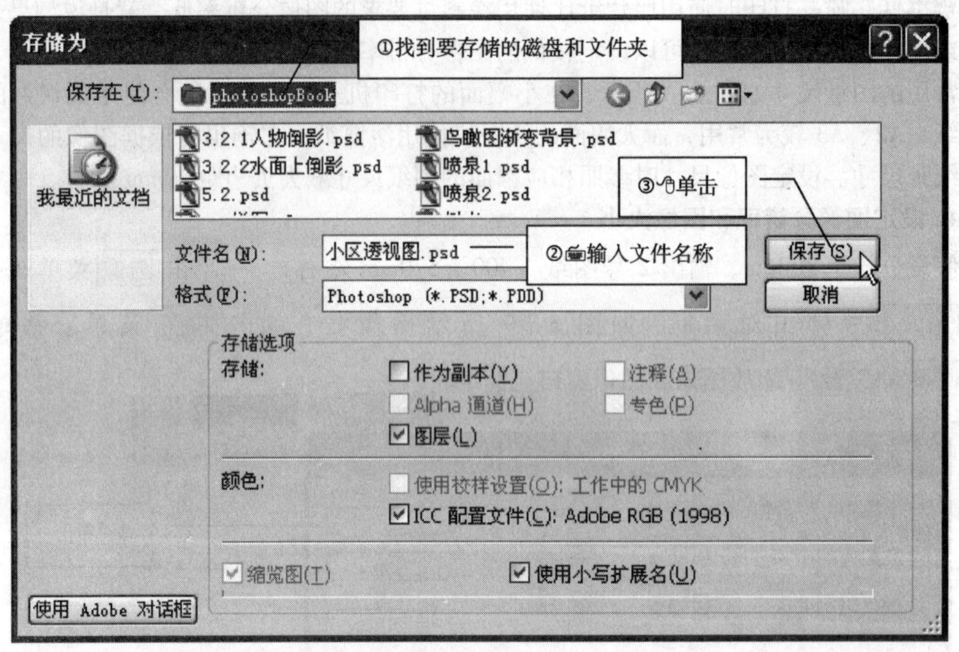

图 3-2-10

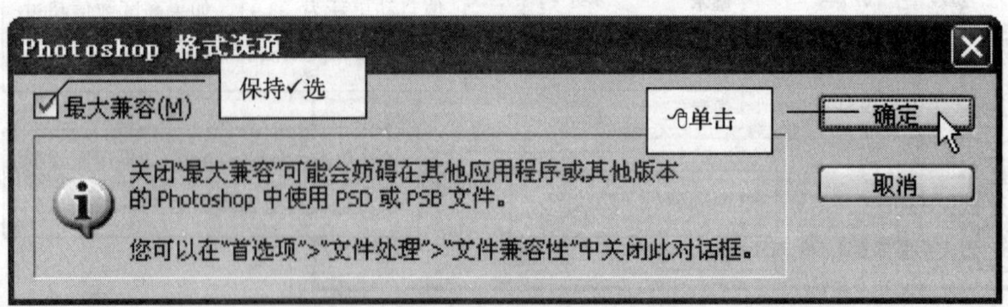

图 3-2-11

Photoshop 处理图像文件时需要的暂存空间很大，一幅 300ppi 的 2 号图存储为 PSD 格式的文件一般不会超过 100MB，但要在 Photoshop 中对其进行处理则需要 1 ~2GB 的磁盘空间支持。存储图像时，如果暂存空间不够，图像处理结果不能保存并有相应提示，指定多个暂存盘可得到缓解，参见 1.4.2 指定暂存盘。

2.2　背景云图与地平线

效果图背景镂空后要加入云图衬托，可以直接将一幅云图的图像叠加在效果图的后面，也可以利用 KPT 等滤镜制作云图（参见 4.2）。插入云图后会经常发现看不到地平线，效果图中的场景像是悬在空中，一般用远景的树丛等遮挡云图底部营造出一条地平线。也可以直接插入带有天空和地平线的场景图像，将地平线调整到合适高度。

操作方法如下：

1. 打开云图图像文件

使用 Adobe Bridge 打开：单击 ，Bridge 图标在屏幕右上角⇨如图 3-2-12 所示操作。或参见 2.1.1 中（1）打开渲染图像文件的方法打开。

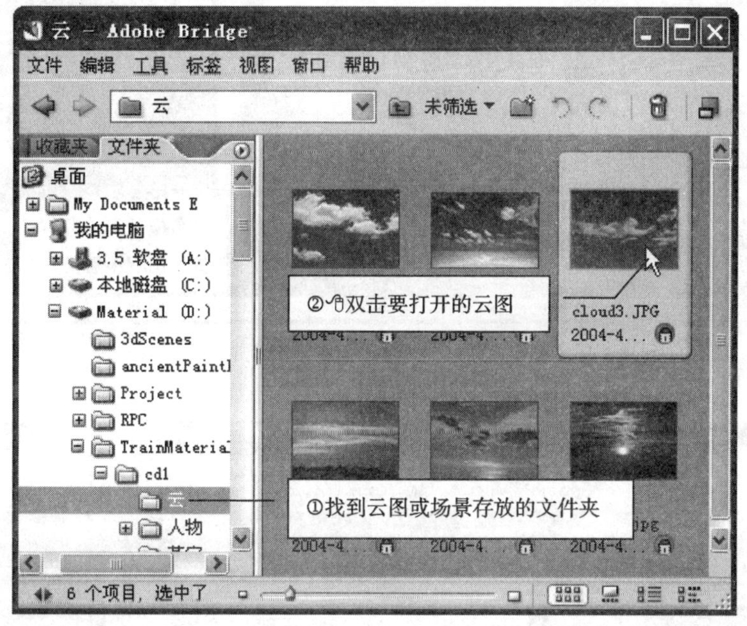

图　3-2-12

2. 插入到效果图中

如图 3-2-13 所示操作，将云图拖动到效果图窗口中。

3. 调整图层次序，将云图置于底层

云图拖入效果图后自动建立一个新图层，处于效果图原有图层之上，要在屏幕右下角的图层调板中将云图图层调整到底层，操作方法参见 1.6.4 调整图层顺序。

4. 调整云图的尺寸大小和位置

如图 3-2-14 所示操作①，单击 ⇨拖动云图到效果图窗口的一个角，如左上角⇨单击 编辑 菜单，单击 自由变换 ⇨如图 3-2-14 所示操作②，拖动手柄改变云图的大小，如果按住Shift键后再拖动，可以保持云图的长宽比例⇨如图3-2-14所示操作③，变换执行。

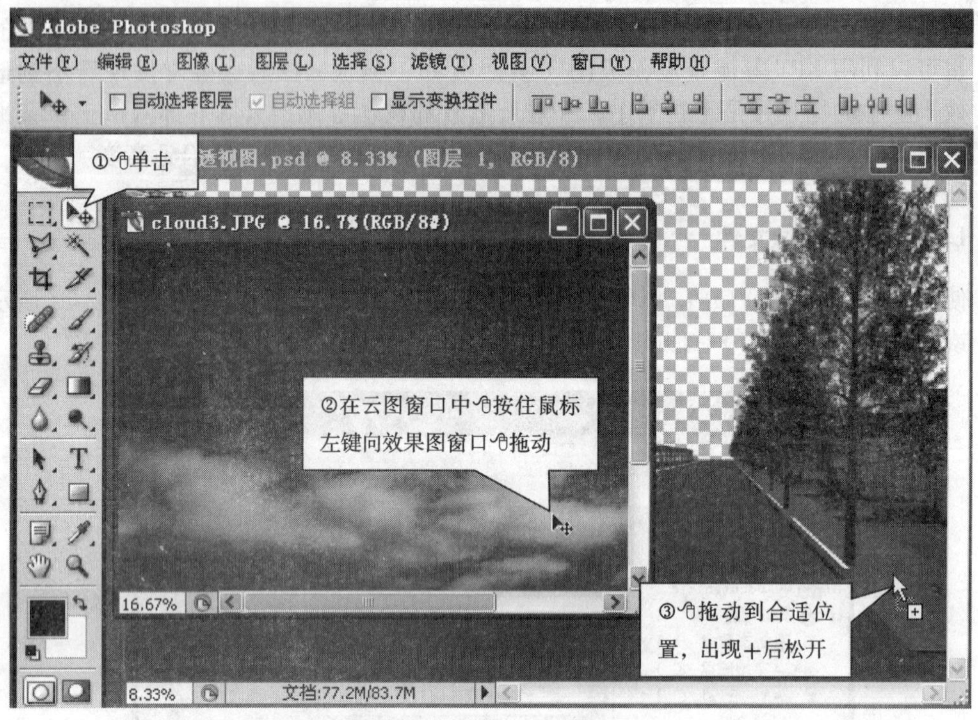

图 3-2-13

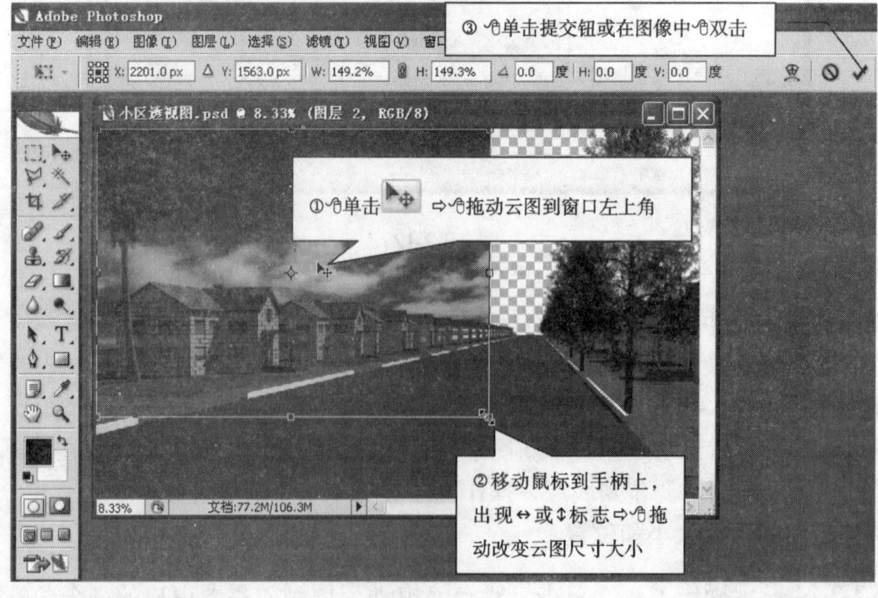

图 3-2-14

5. 营造地平线

向上移动云图到合适高度，用树丛等远景景物遮挡云图底部，在合适的高度营造出一条地平线，插入的树丛图层夹在原有的场景、云图两个图层中间，结果如图 3-2-15 所示。

图　3-2-15

2.3　添加树木和人物

效果图中多数的树木和人物等景物是在后期处理时加上去的，在 Photoshop 中处理这些对象色彩、尺寸、位置等易于控制，便于方案的修改，插入的对象由于没有经过 3ds max 渲染器再次计算，图像的清晰度也比较高。

2.3.1　添加树木

1. 打开树木图像文件

操作方法参见 2.2 或 2.1.1 步骤（1）。

2. 色彩范围选择素材背景，将其去除

专用的素材大概可以分为两种，如图 3-2-16a 是 PSD 存储格式背景透明的素材，可以直接拖动到效果图中使用；如图 3-2-16b 是其他格式的单色背景素材，要在选择时滤掉背景只选择树木图像，操作方法：单击选择菜单⇨单击色彩范围⇨如图 3-2-17、图 3-2-18 所示操作，在树木的边缘出现表示选择范围的蚂蚁线，如图 3-2-16b 所示。

a) 透明背景　　b) 单色背景

图 3-2-16

图 3-2-17

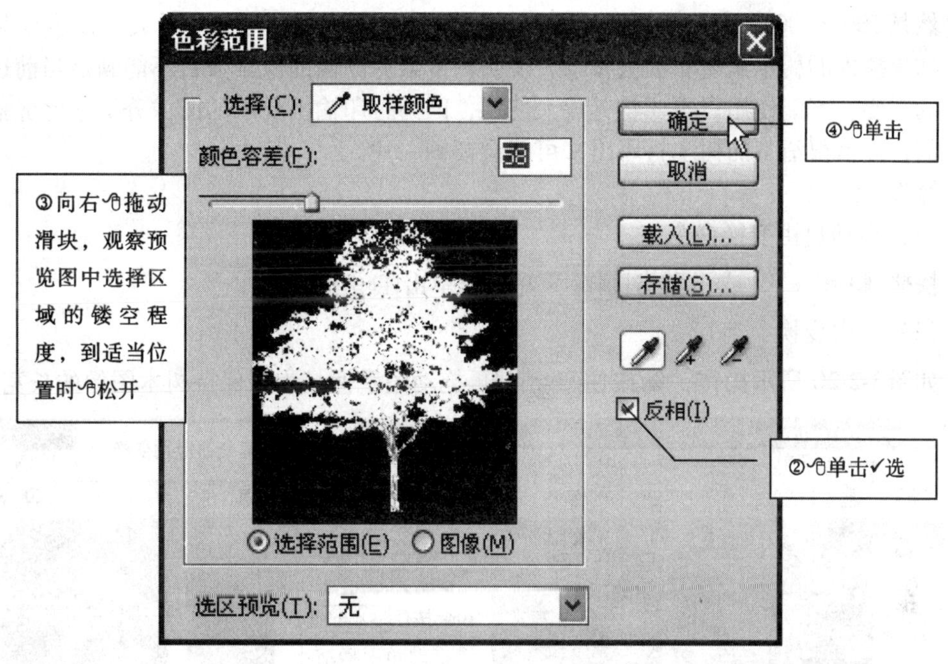

图　3-2-18

3. 添加到效果图中

如图 3-2-16 所示操作。对于透明背景的素材，如图 3-2-16a 所示，步骤②操作时可在树木的任意位置按住左键拖动到效果图窗口中。有时插入的树木在背景图层后面，所以看不到，可参照 1. 6. 4 调整图层顺序中的方法向上调整树木图层。

4. 调整色阶和对比度

有些树木素材看上去灰蒙蒙的，可能与拍摄的季节和天气有关，可使用自动色阶、自动对比度调整色彩，操作方法如图 3-2-19 所示。

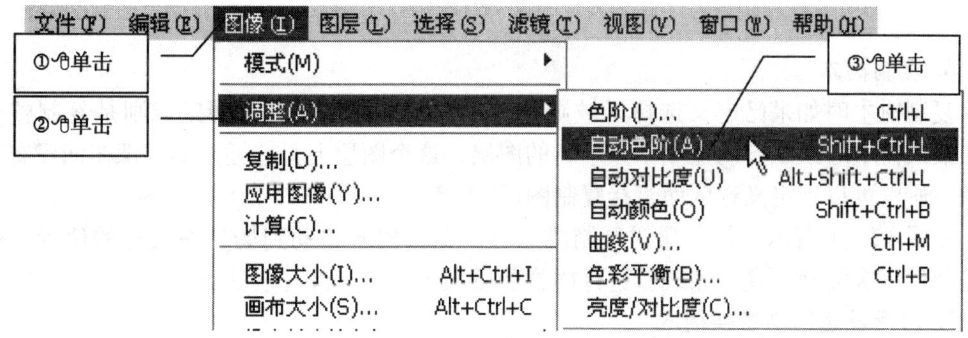

图　3-2-19

5. 缩小树木尺寸

将树木素材插入效果图后，看上去大小与原来有所不同，这种尺寸变化是由于两幅图像在叠加时是以像素数为基准的，如：500 × 500 像素的树木图像插入到效果图中，其大小仍然是 500×500 像素，树木素材图像与效果图的分辨率不同是显示大小发生变化的原因。如果插入的树木素材看上去很小，说明树木素材图像的像素数目不能满足当前这张效果图的需要，不能使用，不要将其放大使用，因为打印输出要求的图像分辨率比屏幕显示高几倍，显示很清楚的树木打印出来可能会模糊一片。

操作方法如下：

（1）启动自由变换命令

快捷键 Ctrl＋T，或单击编辑菜单⇨单击自由变换。

（2）自由变换

如图 3-2-20 所示操作，按住 Shift 键再拖动角手柄是为了保持树木图像的长宽比例。

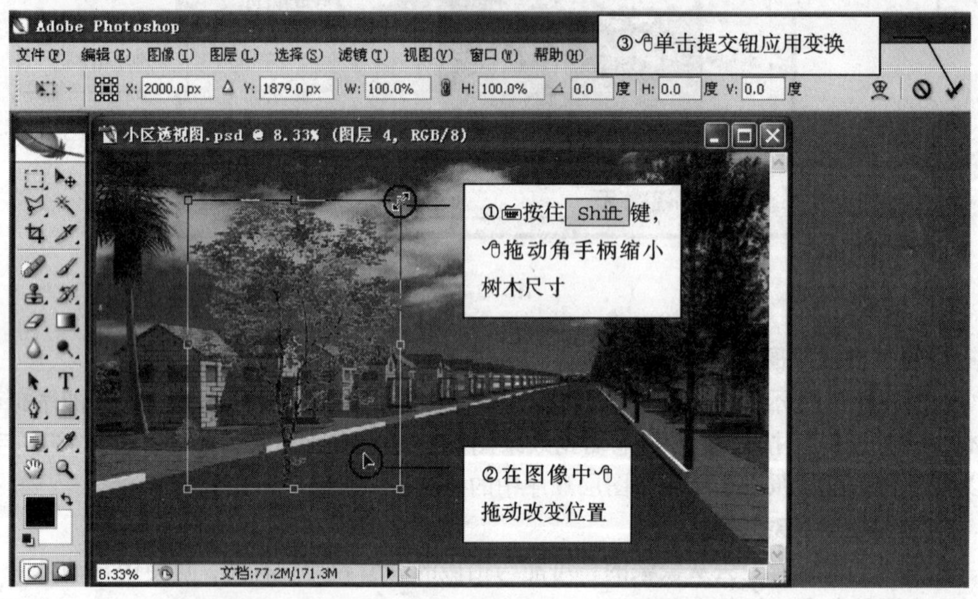

图 3-2-20

6. 复制树木

复制树木时如果已定义选择区域则是复制选区，如果没有选择区域则是复制整个图层，插入树木时系统自动建立了一个新的图层，这个图层上只有插入的一棵树而没有其他对象，所以可以不定义选区而直接复制图层。

如图 3-2-21 所示，将一棵树复制成一行，先将树木移动到场景中最远的位置，然后由远及近依次复制，复制完成后这行树木前后大小一致，没有透视感。

7. 由近及远缩小每棵树木

根据透视规律，行状的树木近大远小，可先绘制一条辅助透视线，然后沿透视线由近及远依次缩小每棵树木。

（1）绘制一条辅助透视线

如图 3-2-22 所示操作，绘制出一条辅助线作为透视线，绘制辅助线时系统自动创建一个新图层，透视调整结束后将该图层关闭，操作方法如图 3-2-23 所示。

小区透视图.psd @ 8.33% (图层 4, RGB/8)
②单击
①将要复制的树木
移动到最远处
③按住Alt键,
在要复制的树木
上按住左键
④拖动到目标
位置后松开
8.33%
文档:77.2M/211.4M

图 3-2-21

Adobe Photoshop
文件(F) 编辑(E) 图像(I) 图层(L) 选择(S) 滤镜(T) 视图(V) 窗口(W) 帮助(H)
粗细: 3 px
样式:
小区透视图.psd @ 8.33% (形状 1, RGB/8)
③在最近一
棵树冠顶部
按住左键
①右击
矩形工具 U
圆角矩形工具 U
椭圆工具 U
多边形工具 U
直线工具 U
自定形状工具 U
②单击
④拖动到灭
点,松开
8.33%
文档:77.2M/223.6M

图 3-2-22

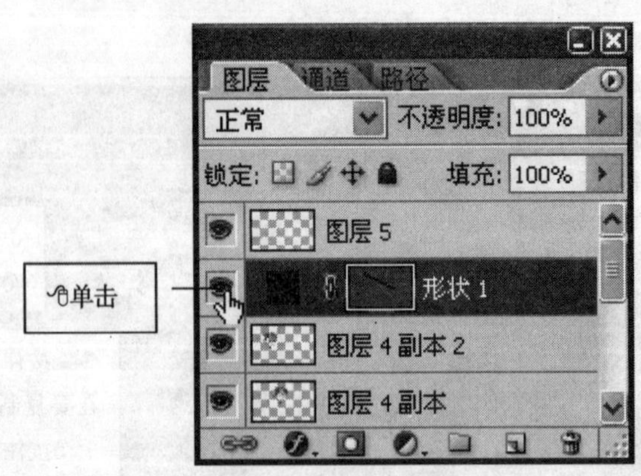

图 3-2-23

(2) 将第二棵树所在图层置为当前层

如图 3-2-24 所示操作，当前图层切换到第二棵树所在图层。弹出的图层名称列表中，从上到下排列的图层在图像中排列次序由近及远，如图 3-2-24 所示，图层 4 副本是第二棵树，图层 2 是背景云图，树木图层比云图图层距眼睛更近。

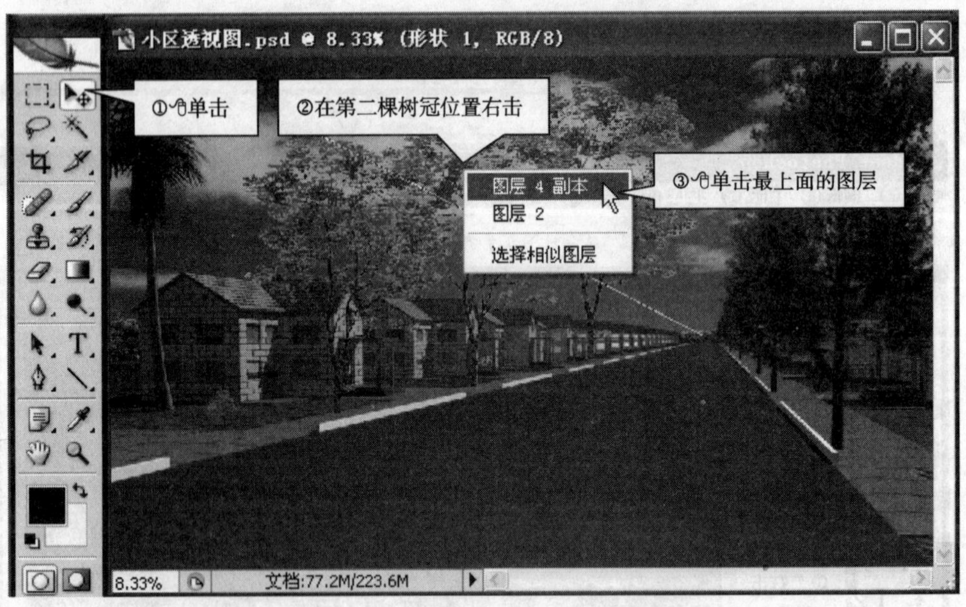

图 3-2-24

(3) 自由变换缩小树木到合适大小

方法参见步骤 5. 缩小树木尺寸。

(4) 由近及远依次缩小每棵树木

操作方法参照步骤 (2) (3)，结果如图 3-2-25 所示。

8. 合并树木图层

如果同一棵树复制过多，可将其图层合并，方法参见 1.6.3 合并链接图层。

图 3-2-25

2.3.2 添加人物

添加人物的工作流程与添加树木相同，区别在于去除素材背景时采用的方法。与树木素材相同，专用的人物素材分为透明背景和单色背景两种，透明背景的 PSD 格式素材直接拖动到效果图中使用，而单色背景素材要去除背景只选择人物图像。

1. 打开人物图像素材

参见 2.2 或 2.1.1 步骤（1）的方法，打开人物素材图像文件，如图 3-2-27 所示，这幅人物素材背景是蓝色的，中间的男孩背着蓝色的书包，用 2.3.1 中色彩范围选择背景的方法难以区分背景与书包的界限。

2. 魔棒工具选择背景

（1）启动魔棒工具，如图 3-2-26 所示操作①。

（2）选择图像背景区域，如图 3-2-27a 所示操作②，大片的背景被选中，但小孩两腿间的区域没有蚂蚁线，说明并未选中。

（3）设置选择区域添加到当前选区，如图 3-2-26 所示操作③④，从新选区状态切换为添加到选区，并减小颜色容差以选择颜色差异更小的区域。

（4）选择颜色添加到当前选区，如图 3-2-27b 所示操作⑤⑥，选择小孩两腿间的区域添加到已选择的背景区域，这时小孩的边缘及图像的边缘都有蚂蚁线，说明选择的是背景区域。

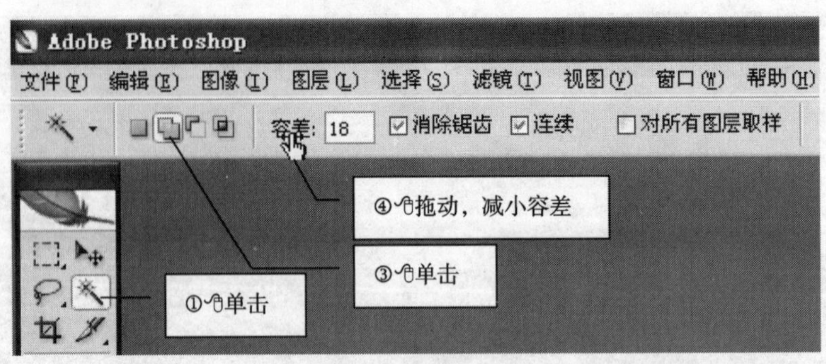

图 3-2-26

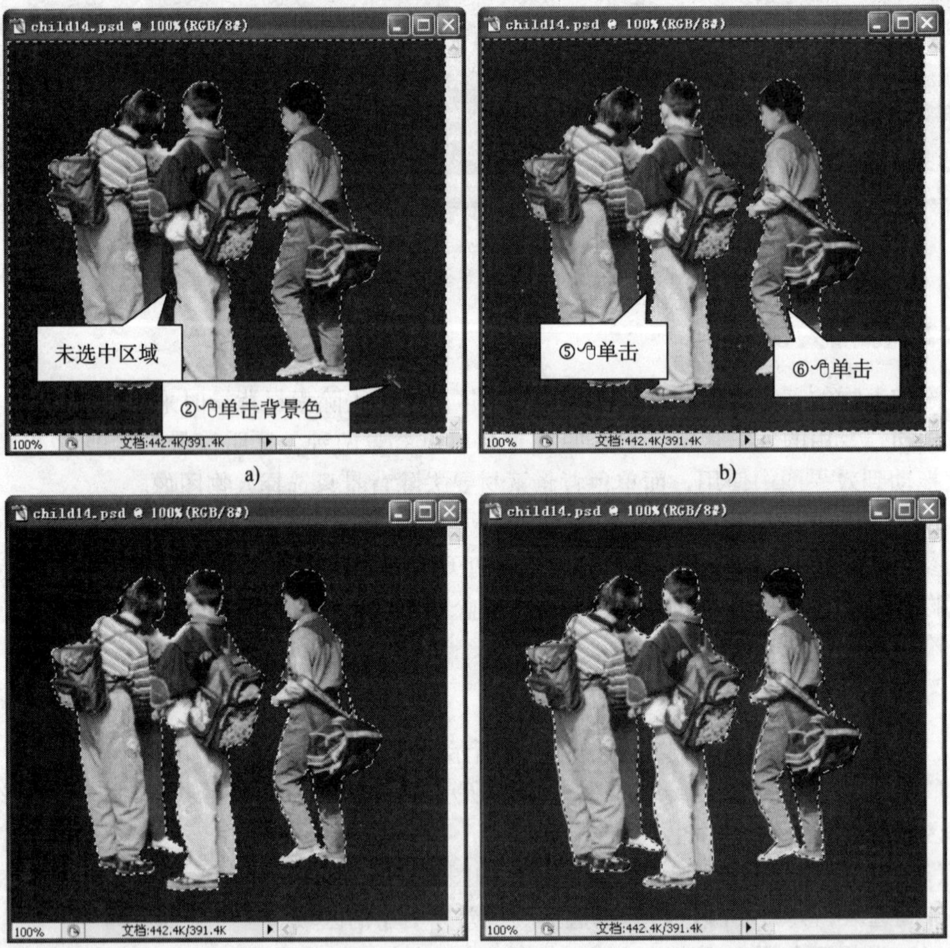

未选中区域

②单击背景色

a)

⑤单击

⑥单击

b)

c)

d)

图 3-2-27

（5）反向选择

如图 3-2-28 所示操作①②，图像中当前选择区域与未选择区域互换，如图 3-2-27c 所示，这时图像边缘的蚂蚁线消失，仅小孩边缘有蚂蚁线，说明当前选择的是小孩而不是背景。

（6）收缩选择区域

直接将人物拖入效果图中，多数情况下人物边缘会有一圈背景色描边，先收缩一下选区可消除这种现象。如图 3-2-28 所示操作①③④、如图 3-2-29 所示操作，结果如图 3-2-27d 所示，蚂蚁线出现在人物边缘内侧。

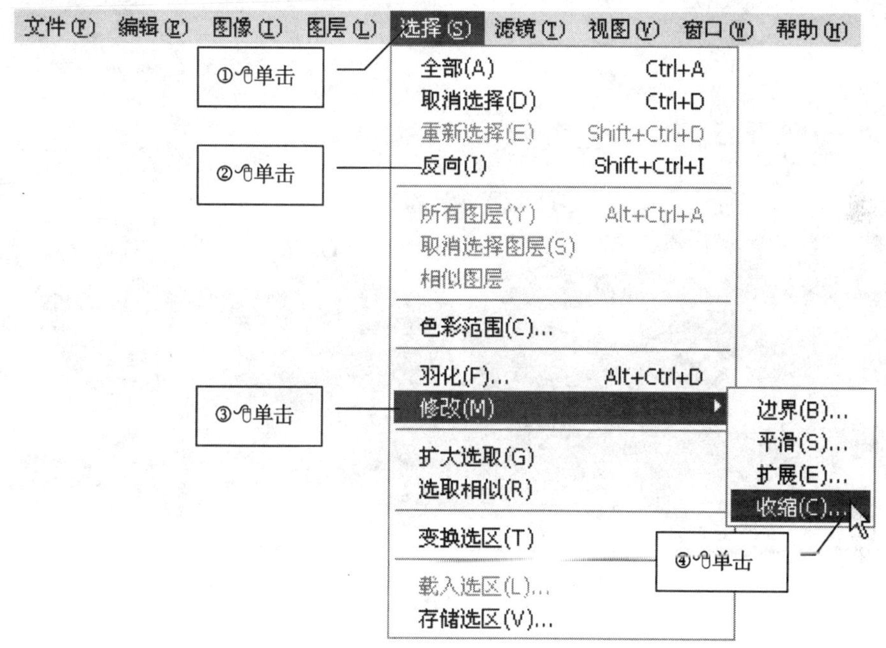

图　3-2-28

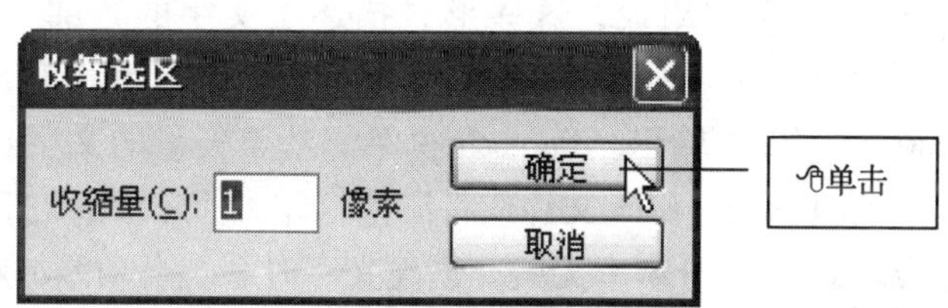

图　3-2-29

3. 插入效果图

在人物窗口中，蚂蚁线范围内按住左键拖动到效果图窗口中。

参照添加树木、人物的方法插入其他对象，结果如图 3-2-30 所示。

场景中的汽车可以象树木、人物一样在后期处理时添加，绘图过程中会发现找到一辆与场景透视匹配的汽车决不是件容易的事。将 RPC 汽车放置在 3ds max 三维场景中不必担心透视角度，但 RPC 库中汽车的型号却是有限的。

图 3-2-30

2.4 文字

文字由在数学上定义的形状组成，这些形状描述了文字的轮廓。PostScript 和 TrueType 是两种主要的文字类型，PostScript 文字要在 PostScript 打印机上输出，TrueType 文字可以在一般的 Windows 打印机上输出。Photoshop 保留基于矢量的文字轮廓，并在缩放文字、调整文字大小、存储 PDF 或 EPS 文件或将图像打印到 PostScript 打印机时使用它们。因此，生成的文字边缘明晰、与分辨率无关。创建文字时系统自动添加新的文字图层，栅格化可将其转换成一般的图像图层。

2.4.1 输入单行文字

可以在图像中的任何位置创建横排文字或直排文字（竖版），如图 3-2-31 所示，可以输入单行文字或段落文字，单行文字用于输入一个字或一行字符，段落文字用于输入一个或多个段落的文字并设置格式。

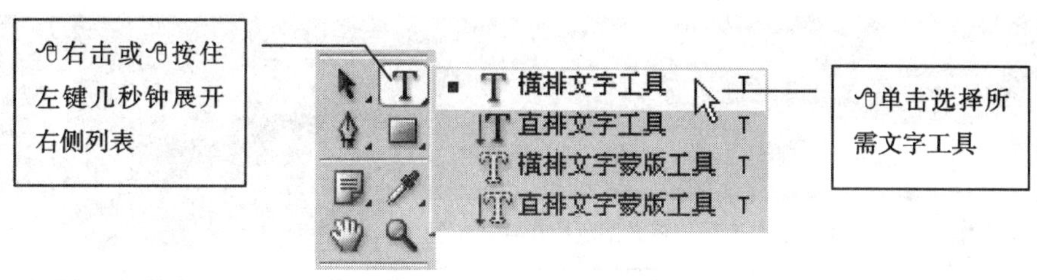

图　3-2-31

1. 启动横排文字工具，设置字体、大小和颜色

如图 3-2-32 所示操作。

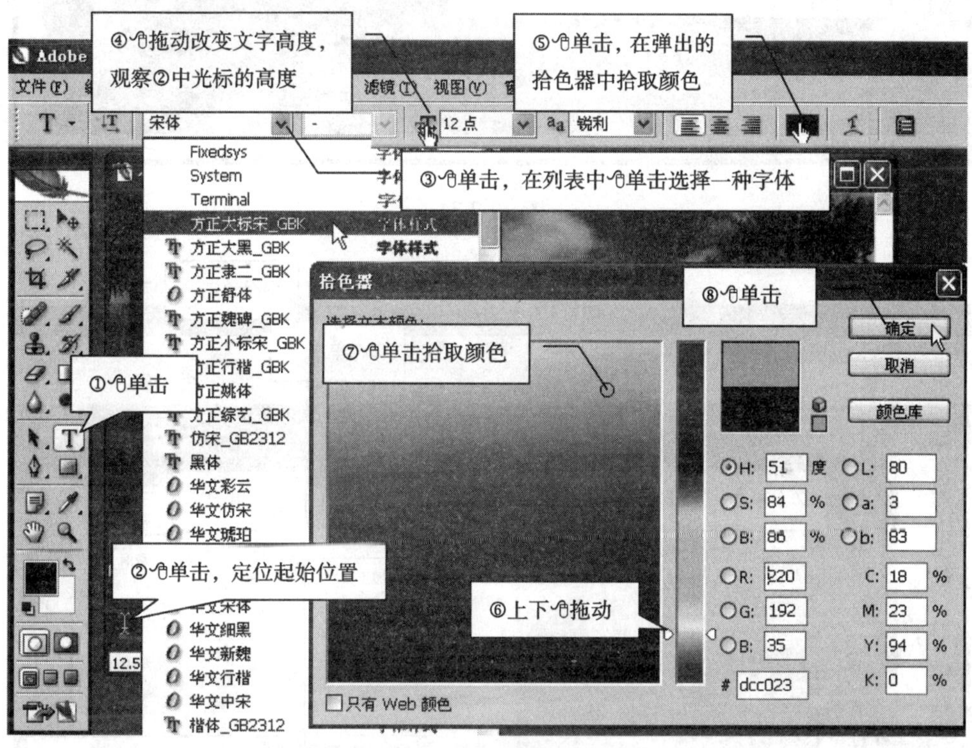

图　3-2-32

2. 输入文字

如图 3-2-33 所示操作。

3. 更改文字的字体、大小和颜色

选择要更改的文字，如图 3-2-34 所示操作⇨参照步骤 1 的方法，如图 3-2-32 所示操作③～⑧。

4. 变形文字

如图 3-2-35 所示操作①～④，效果图一般很少使用变形文字。

5. 结束文字输入

单击✔提交钮，如图 3-2-35 所示操作⑤，结束文字输入。

图　3-2-33

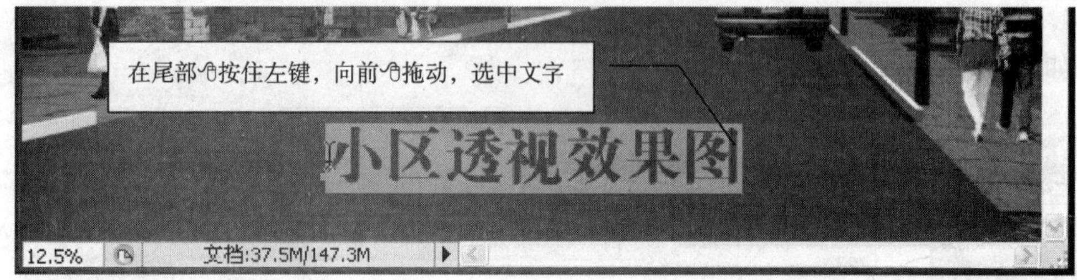

图　3-2-34

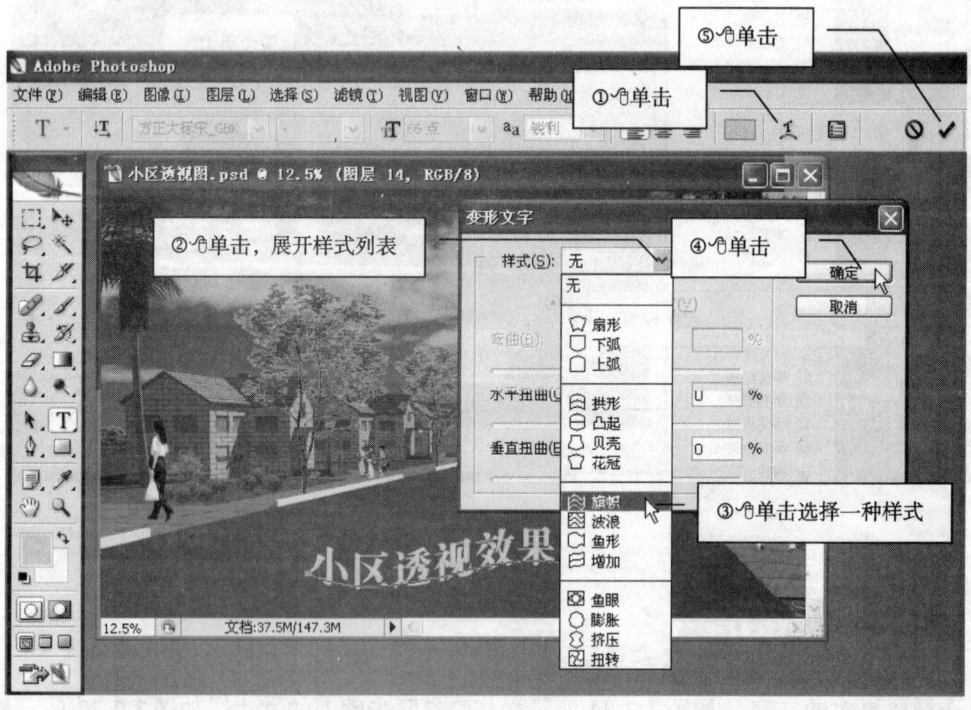

图　3-2-35

2.4.2　输入段落文字

段落文字的输入与单行文字大致相同，主要有两点区别，一是要划定文字输入区域，二是可以设置多行文字间如何对齐。

1. 启动文字工具 T

2. 划定文字输入区域

如图 3-2-36 所示操作①②，划定文字的输入区域，操作与 AutoCAD 极为相似，如图 3-2-36 所示操作③改变输入区域的大小和方向。

图　3-2-36

3. 设置段落文字的对齐方式

参照 2.4.1 的方法设置字体、大小和颜色，如图 3-2-36 所示操作④设置多行文字如何对齐。

4. 输入及相关设定参照 2.4.1。

2.4.3　修改已输入的文字

在进行了其他操作后，如果要对已输入的文字进行修改，可启动文字工具，单击 T 钮⇨在要修改的文字中单击⇨参照 2.4.1 的方法修改⇨单击✔应用修改，单击⊘则取消修改。

2.4.4　添加图层样式设置文字效果

为文字图层添加图层样式，是为文字添加效果的快捷方法，图层效果如图 3-2-37 列表所示，其中投影、斜面和浮雕较为常用。

1. 添加图层样式

单击文字图层将其置为当前图层⇨如图 3-2-37 所示操作①。

2. 设置投影样式的参数

如图 3-2-37 所示操作②，弹出图层样式窗口，如图 3-2-38 所示操作，步骤①中设定的光照方向要与效果图中一致。

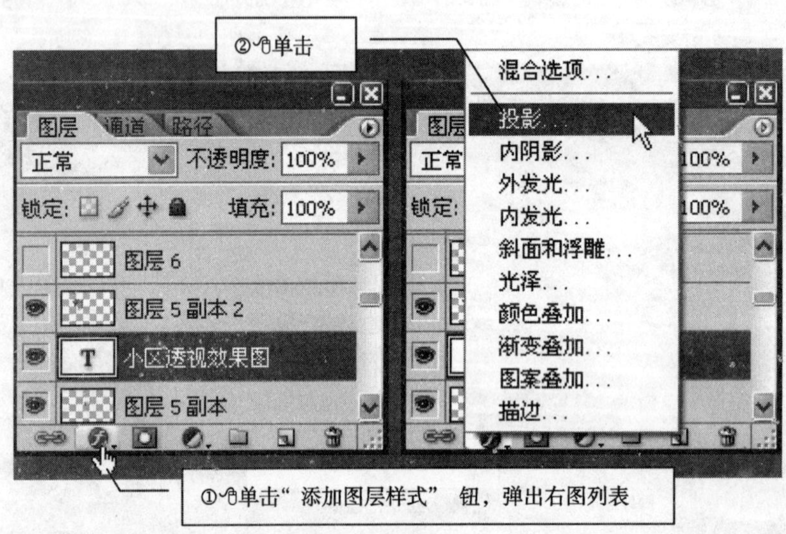

图 3-2-37

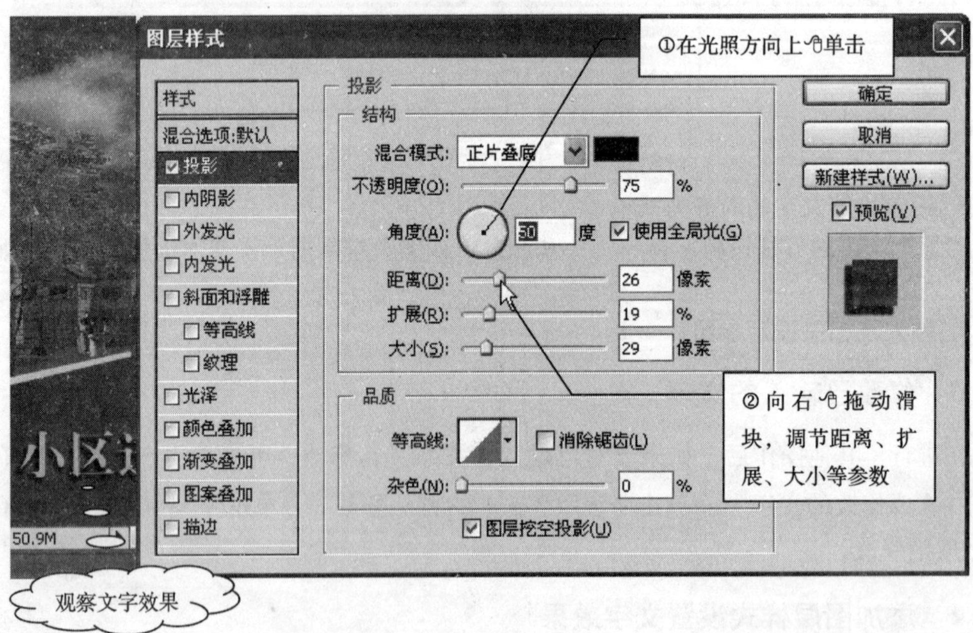

图 3-2-38

3. 设置斜面和浮雕样式参数

如图 3-2-39 所示操作，结果如图 3-2-40 所示。

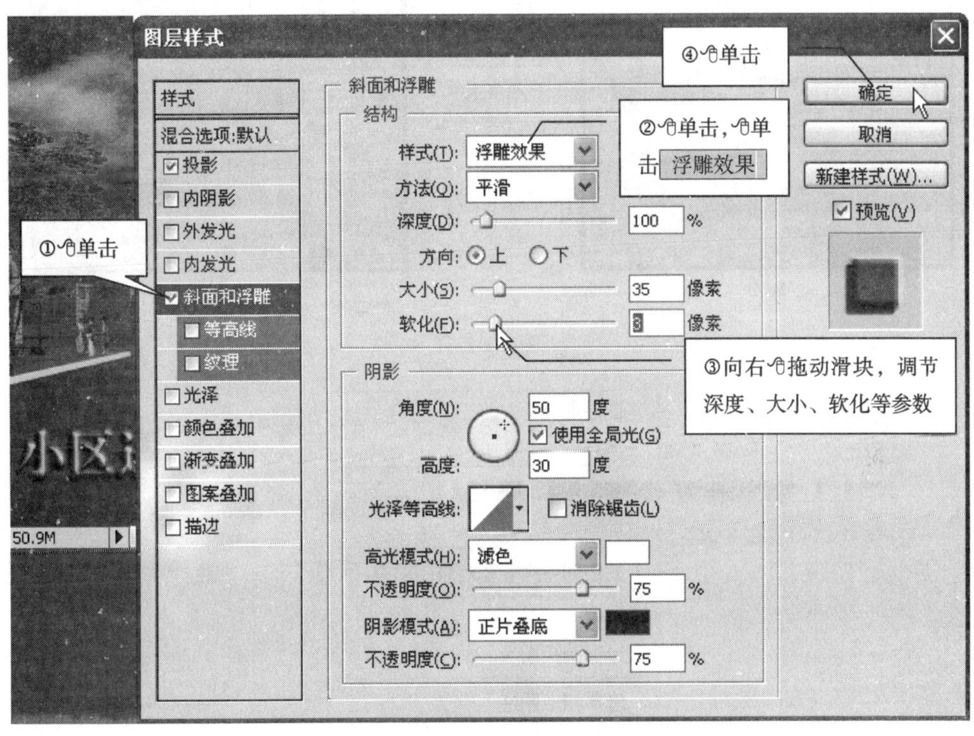

图　3-2-39

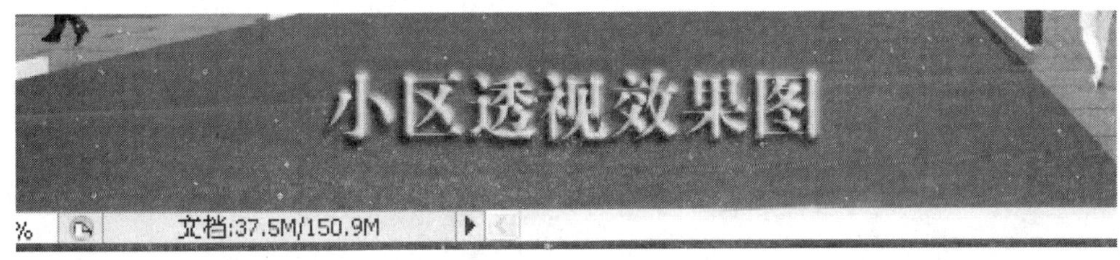

图　3-2-40

4. 图层调板

如图 3-2-41 所示，添加了样式的图层名称右侧有符号 ▼▲，双击 可打开样式窗口修改参数，单击▼▲可展开或折叠样式列表，在图层名称上右击，弹出快捷菜单，如图 3-2-42 所示操作①可清除图层样式，操作②③可在图层间复制效果。

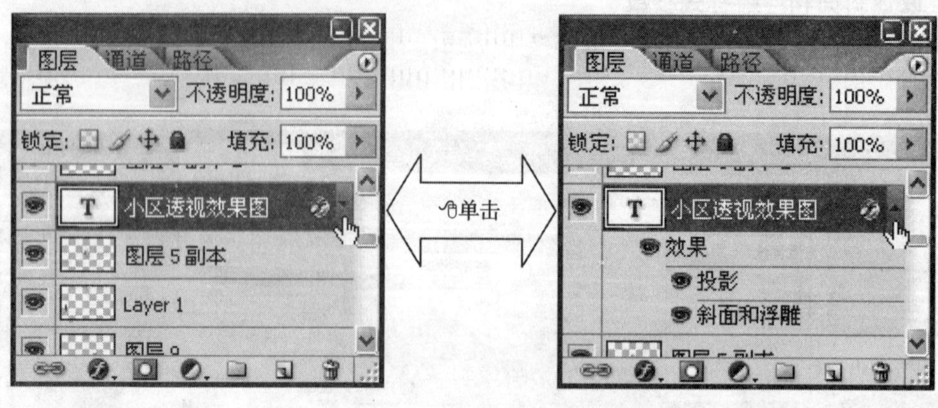

图 3-2-41

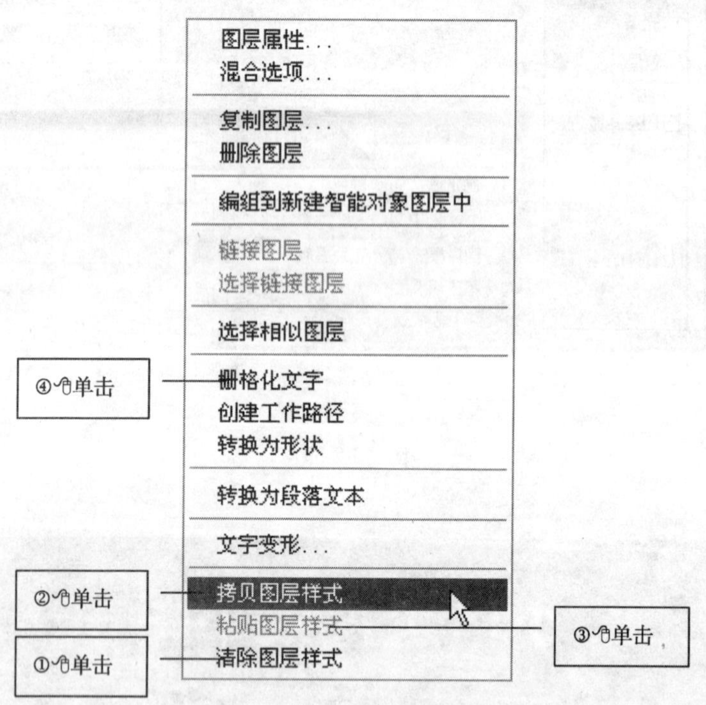

图 3-2-42

2.4.5 栅格化文字图层

文字图层是矢量图层，与像素图层不同，许多对像素图层的处理不能施用于文字图层。如图 3-2-42 所示操作④，可将文字图层栅格化为像素图层，栅格化后文字成了普通图像，不再具有文字图层的矢量特征，不能做编辑内容、更改字体等修改操作。

在使用橡皮擦工具时，有时会发现图标变为⊘，这说明在擦除一个文字图层，系统弹出提示对话框，如图 3-2-43 所示操作，中止擦除操作。

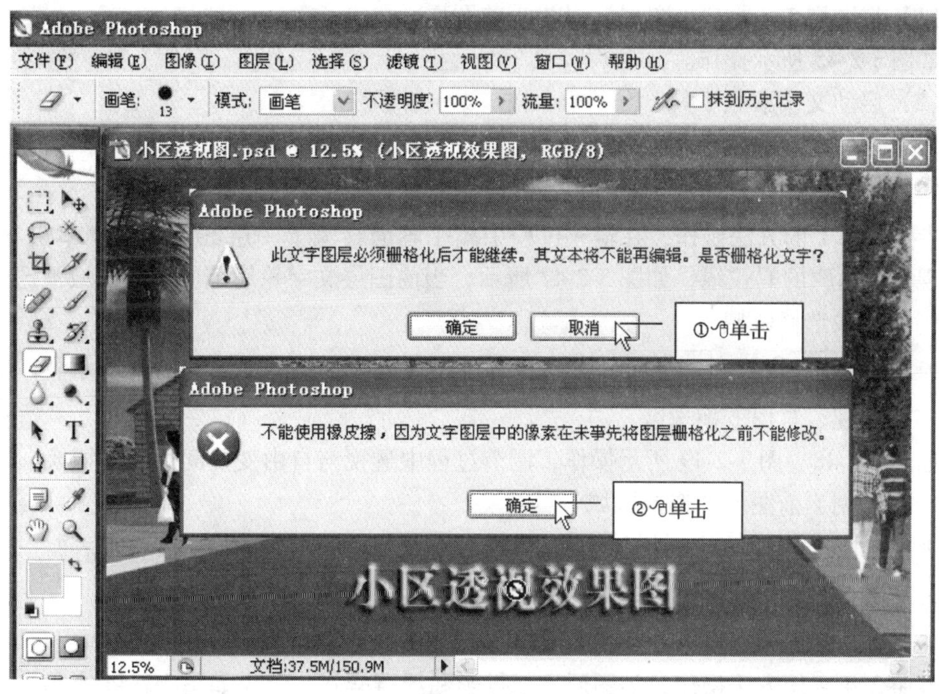

图　3-2-43

2.4.6　文字蒙板

使用横排文字蒙版工具或直排文字蒙版工具，创建一个文字轮廓的选区。文字选区出现在当前图层中，并可像任何其他选区一样被移动、拷贝、填充或描边。

例 3-2　创建凸版文字，如图 3-2-44 所示。使用了文字蒙板工具，添加了投影、斜面和浮雕图层样式。

图　3-2-44

(1) 将图层1（原渲染图层）设为当前图层

如图3-2-45所示操作。

(2) 启动文字蒙版工具

如图3-2-46所示操作。

(3) 输入文字

参照2.4.1的方法操作，在输入过程中整个画面会蒙上一层红色，在单击✔提交后出现文字轮廓的蚂蚁线，如图3-2-47所示，当前图层文字轮廓范围内的区域被选中。

(4) 变换选择区域

单击[选择]菜单⇨[变换选区]，选区周围出现操作手柄，如图3-2-48所示。

(5) 透视、自由变换选区

如图3-2-48、图3-2-49所示操作，调节过程中透视与自由变换间可随时切换。

(6) 复制当前图层的选择区域

单击[编辑]菜单⇨单击[拷贝]⇨单击[编辑]⇨单击[粘贴]，蚂蚁线消失，文字轮廓的选区内容在原位置被复制一份，由于与背景图像相同，所以看不到。

(7) 添加图层样式

参照2.4.4的方法操作，为图层添加投影和浮雕样式，结果如图3-2-44所示。

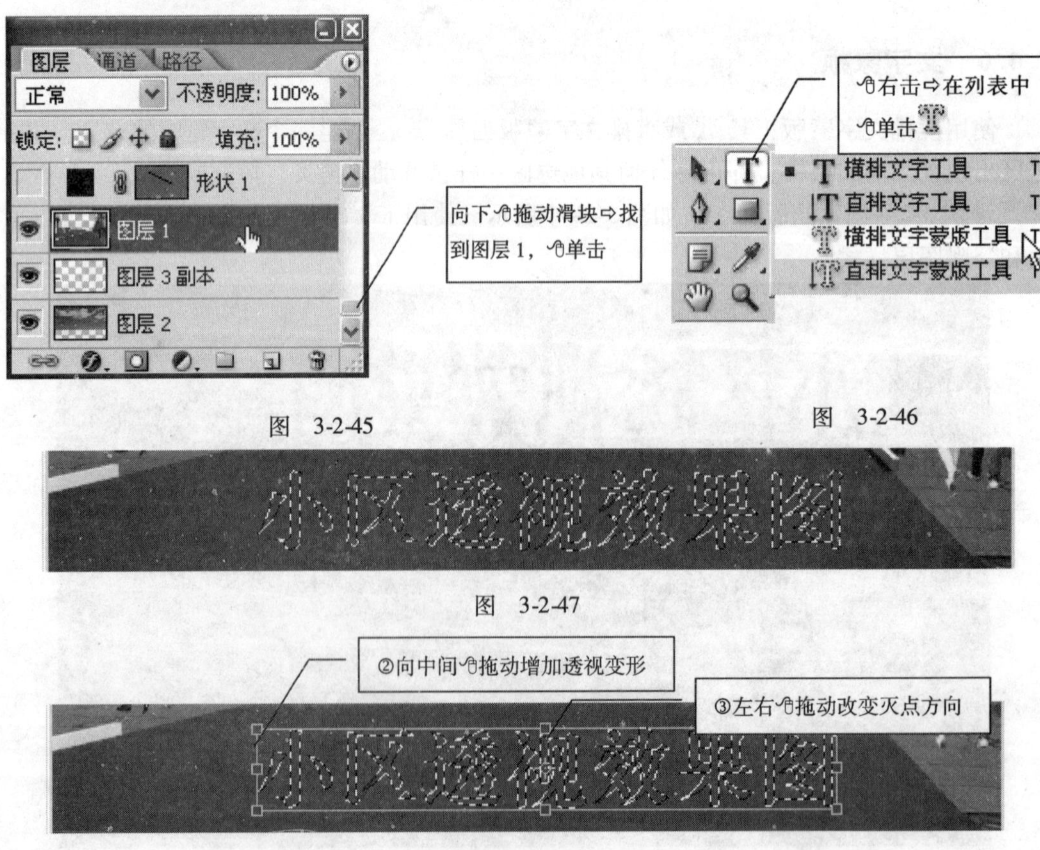

图 3-2-45

图 3-2-46

图 3-2-47

图 3-2-48

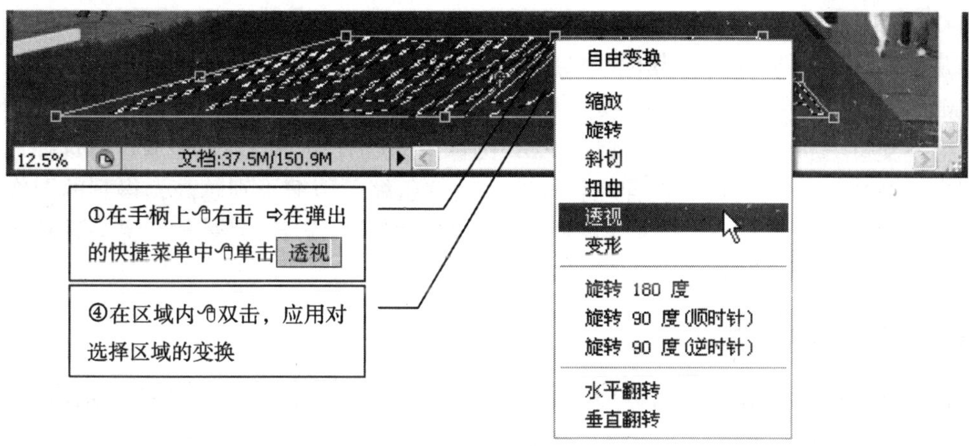

图 3-2-49

文字蒙版获得的选择区域只能操作一个图像图层，形成凸印效果，如果文字背景是多个图层，如图3-2-44所示，顶部文字背景涉及云图和树木两个图层，要先将两个图层合并后再行操作。

2.5 效果图存储的常用文件格式与存储设备

2.5.1 常用文件格式

在Photoshop中可以将图像存储为多种格式，其中PSD、TGA、TIFF、JPG较为常用。

1. PSD格式

是Photoshop的专用格式，是唯一一种支持所有Photoshop功能的格式。

2. TGA（Targa）格式

专门用于使用Trucvision视频卡的系统，并且通常受MS-DOS色彩应用程序的支持。Targa格式支持16位RGB图像（5位×3种颜色通道，加上一个未使用的位）、24位RGB图像（8位×3种颜色通道）和32位RGB图像（8位×3种颜色通道，加上一个8位Alpha通道）。Targa格式也支持无Alpha通道的索引颜色和灰度图像。当以这种格式存储RGB图像时，可以选取像素深度，并选择使用RLE编码来压缩图像。

3. TIFF标记图像文件格式

用于在应用程序和计算机平台之间交换文件。TIFF是一种灵活的位图图像格式，受几乎所有的绘画、图像编辑和页面排版应用程序的支持。而且，几乎所有的桌面扫描仪都可以产生TIFF图像。TIFF格式支持具有Alpha通道的CMYK、RGB、Lab、索引颜色和灰度图像以及无Alpha通道的位图模式图像。Photoshop可以在TIFF文件中存储图层；但是，如果在其他应用程序中打开此文件，则只有拼合图像是可见的。Photoshop也可以用TIFF格式存储注释、透明度和多分辨率金字塔数据。

4. JPG 联合图片专家组（JPEG）格式

是在 World Wide Web 及其他联机服务上常用的一种格式，用于显示超文本标记语言（HTML）文档中的照片和其他连续色调图像。JPEG 格式支持 CMYK、RGB 和灰度颜色模式，但不支持 Alpha 通道。JPEG 保留 RGB 图像中的所有颜色信息，但通过有选择地扔掉数据来压缩文件大小。JPEG 图像在打开时自动解压缩。压缩级别越高，得到的图像品质越低；压缩级别越低，得到的图像品质越高。在大多数情况下，“最佳”品质选项产生的结果与原图像几乎无分别。

2.5.2 图像压缩算法

许多文件格式使用压缩来减小位图图像的文件大小。无损方法在不删除图像细节或颜色信息的情况下压缩文件；有损方法删除细节。下面是常用的压缩方法：

1. RLE（行程长度编码）无损压缩

受某些常用的 Windows 文件格式支持。

2. LZW（Lemple-Zif-Welch）无损压缩

受 TIFF、PDF、GIF 和 PostScript 语言文件格式支持，对于包含大面积单色区域的图像最有用。

3. ZIP 无损压缩

受 PDF 和 TIFF 文件格式支持，与 LZW 一样，ZIP 对包含大面积单色区域的图像最有效。

4. JPEG（联合图片专家组）有损压缩

受 JPEG、TIFF、PDF 和 PostScript 语言文件格式支持。建议对连续色调图像（如照片）使用此压缩方法。若要指定图像品质，请从“品质”菜单中选取一个选项，或者拖移“品质”弹出式滑块，也可以在“品质”文本框中输入 0 ~ 12 之间的一个值。为了获得最好的打印效果，请选取最佳品质压缩。JPEG 文件只能在 Level2（或更高）PostScript 打印机上打印，并且不能分成单独的图版。

2.5.3 常用存储设备

1. 优盘

USB 接口，容量 128MB、256MB ~ 4GB，如图 3-2-50 所示。

2. 移动硬盘

多数为 USB 接口，也有少量为 1394 接口，容量 40GB、60GB、80GB ~ 400GB，如图 3-2-51 所示。

3. CD 刻录光盘

CD-R（一次性）、CD-RW（可擦写多次），容量 650MB、700MB。

4. DVD 刻录光盘

DVD 5 盘片的容量 4.7GB，因计算机中千进位采用 1024 而非 1000，所以实际容量大概 4.3GB。存在 DVD－R、DVD＋R 等多种标准，目前多数 DVD 刻录光驱已经兼容 DVD－R、DVD＋R 两种常用标准，DVD 刻录机已成为设计用 PC 的标配设备。

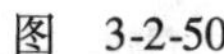
图 3-2-50

图 3-2-51

2.5.4 文件格式选择的依据

效果图存储采用哪种文件格式与存储目的、存储设备等因素有关。

1. PSD 格式

是作图过程中必须的存储格式，便于随时修改，如果本机上有打印机也可直接用于打印，为了节约打印时间，可在打印前合并所有可见图层。设计完成后，可将效果图以 PSD 格式刻录在 CD－R、DVD－R、DVD＋R 上作为资料保存。

2. TGA 格式

一般用于打印，如果本机上没有打印机，要将做好的图拿到其他的 PC 机上输出，可将效果图存储为 TGA 格式，用优盘或移动硬盘携带到另一台 PC 机上打印。

3. TIFF 格式

与 TGA 格式功能类似，也可用于到 MAC 机（苹果机）上打印输出，部分广告公司使用 MAC机做平面设计，可将效果图存储为 TIFF 格式，刻录在光盘上到 MAC 机上输出。

4. JPG 格式

一般用于网络传输，或是用优盘存储携带到另一台 PC 机上打印输出，多数情况下要用 WinRAR、WinZIP 等软件将文件压缩分卷后再传输或存储。

2.5.5 文件存储操作

1. 存储为 TGA 文件

单击 文件 菜单⇨单击 存储为 ⇨如图 3-2-52 所示操作①②③⑥、如图 3-2-53 所示操作。

2. 存储为 TIFF 文件

单击 文件 菜单⇨单击 存储为 ⇨如图 3-2-52 所示操作①②④⑥、如图 3-2-54 所示操作。

3. 存储为 JPG 文件

单击 文件 菜单⇨单击 存储为 ⇨如图 3-2-52 所示操作①②⑤⑥、如图 3-2-55 所示操作。

文件存储操作示例图像“小区透视图”，采用不同格式存储的文件大小：

PSD　98,454KB

TGA　38,420KB/RLE 压缩 29,566KB

TIFF　38,440KB/LZW 压缩 16,006KB

JPG　6,932KB 设置为最佳效果

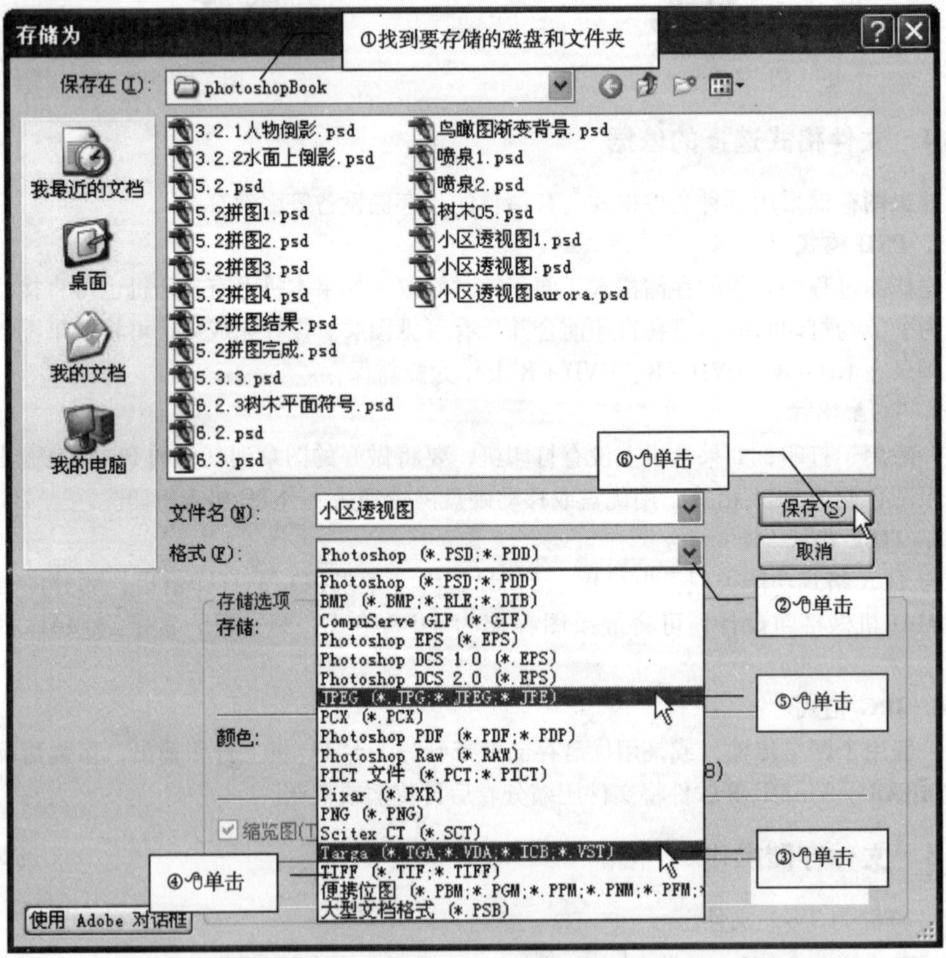

存储为

①找到要存储的磁盘和文件夹

保存在(I): photoshopBook

3.2.1人物倒影.psd
3.2.2水面上倒影.psd
5.2.psd
5.2拼图1.psd
5.2拼图2.psd
5.2拼图3.psd
5.2拼图4.psd
5.2拼图结果.psd
5.2拼图完成.psd
5.3.3.psd
6.2.3树木平面符号.psd
6.2.psd
6.3.psd
鸟瞰图渐变背景.psd
喷泉1.psd
喷泉2.psd
树木05.psd
小区透视图1.psd
小区透视图.psd
小区透视图aurora.psd

我最近的文档
桌面
我的文档
我的电脑

⑥单击

文件名(N): 小区透视图　保存(S)

格式(F): Photoshop (*.PSD;*.PDD)　取消

②单击

存储选项
存储:

Photoshop (*.PSD;*.PDD)
BMP (*.BMP;*.RLE;*.DIB)
CompuServe GIF (*.GIF)
Photoshop EPS (*.EPS)
Photoshop DCS 1.0 (*.EPS)
Photoshop DCS 2.0 (*.EPS)
JPEG (*.JPG;*.JPEG;*.JPE)
PCX (*.PCX)
Photoshop PDF (*.PDF;*.PDP)
Photoshop Raw (*.RAW)
PICT 文件 (*.PCT;*.PICT)
Pixar (*.PXR)
PNG (*.PNG)
Scitex CT (*.SCT)
Targa (*.TGA;*.VDA;*.ICB;*.VST)
TIFF (*.TIF;*.TIFF)
便携位图 (*.PBM;*.PGM;*.PPM;*.PNM;*.PFM;*
大型文档格式 (*.PSB)

⑤单击

颜色:

缩览图(T

③单击

④单击

使用 Adobe 对话框

图　3-2-52

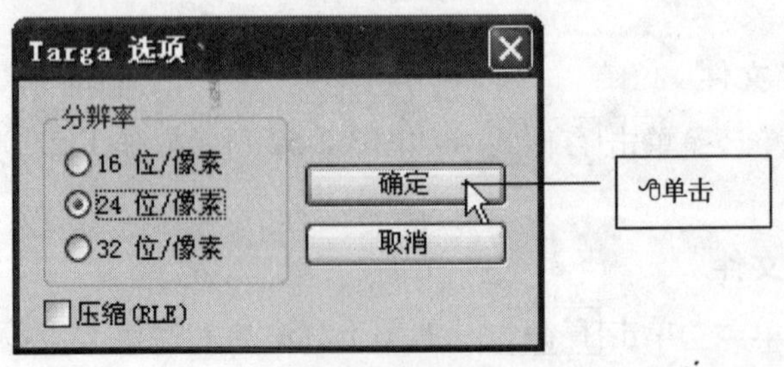

图　3-2-53

TIFF 选项
图像压缩
无(N)
LZW(L)
ZIP
JPEG(J)
品质(Q):
最大值
小文件
大文件
确定
取消
③单击
像素顺序
隔行 (RGBRGB)(V)
每通道 (RRGGBB)(H)
字节顺序
IBM PC(I)
Macintosh(M)
①单击选择用于PC机还是MAC机输出
存储图像金字塔(S)
存储透明度(T)
图层压缩
RLE(存储较快，文件较大)
ZIP(存储较慢，文件较小)
扔掉图层并存储拷贝
②单击

图　3-2-54

JPEG 选项
杂边(M):
无
确定
取消
②单击
预览(P)
图像选项
品质(Q):
12
最佳
小文件
大文件
①如果用于打印输出，拖动滑块至右端。文件越大图像品质越好，文件越小品质越差
格式选项
基线("标准")
基线已优化
连续
扫描:
3
大小
~6588.84K / 1164.1 秒 @
56.6Kbps

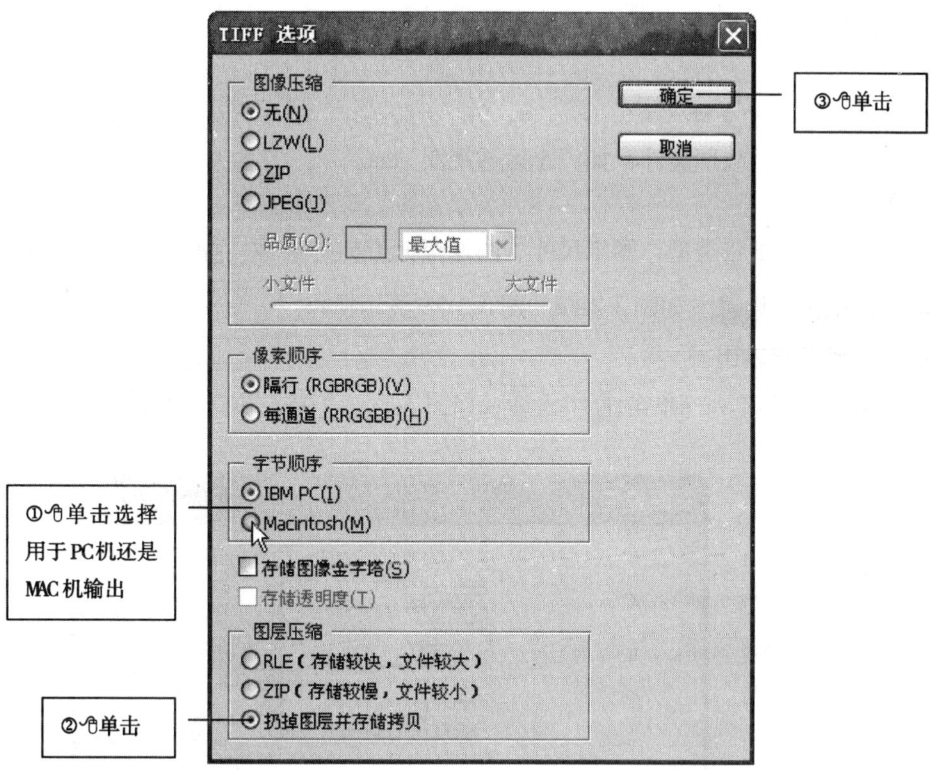

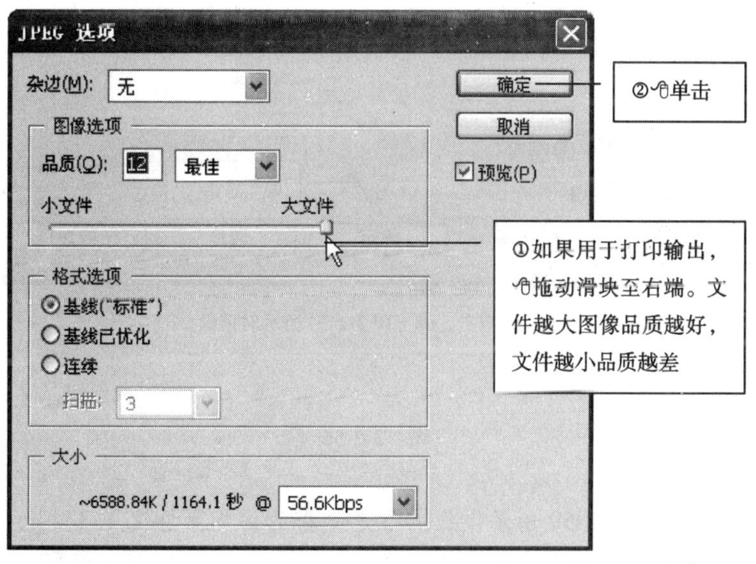

图　3-2-55

2.6 打印输出

1. 打开要输出的文件

打开要打印的效果图文件，如：小区透视图 . tga。

2. 页面设置

设置打印机、纸张类型，图纸尺寸、图像幅面方向等参数。操作方法：单击 文件 菜单⇨单击 页面设置 ⇨如图 3-2-56 ~ 图 3-2-58 所示操作。

3. 打印预览与输出

单击 文件 菜单⇨单击 打印预览 ⇨如图 3-2-59、图 3-2-60 所示操作。

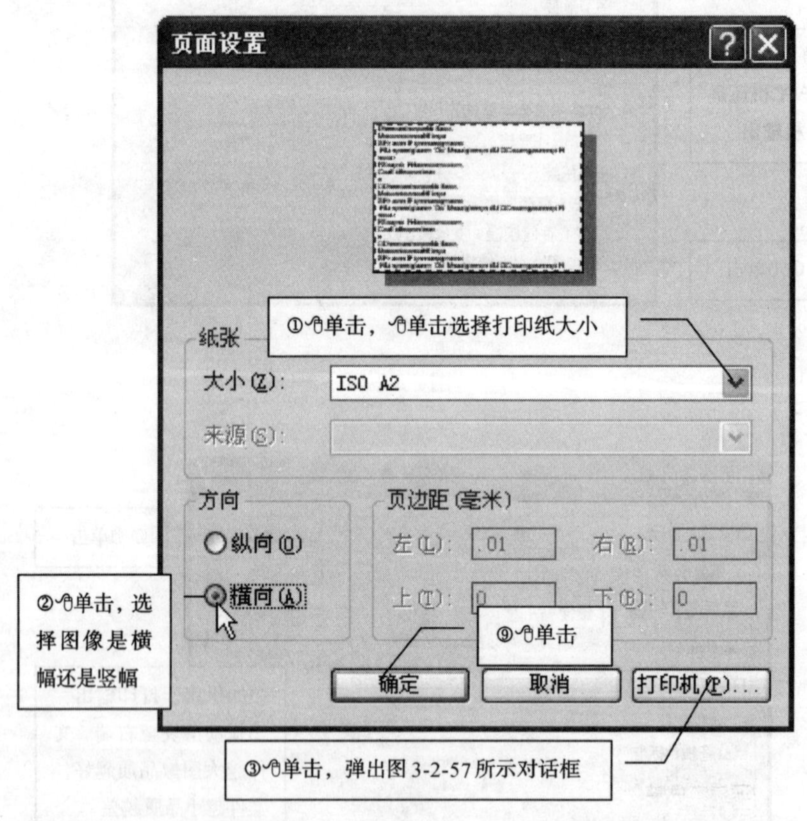

图 3-2-56

图 3-2-59 所示操作①不是必需的，如果在 2.1.3 中已正确设置了输出的幅面和分辨率，打印预览时图像与纸张应基本匹配，缩放以适合介质只是做细微的调整。

页面设置
打印机
④单击，在列表中单击选择打印机
名称(N):
HP Designjet 100Plus
属性(P)...
状态:
准备就绪
⑤单击，弹出图 3-2-58 所示窗口
类型:
HP Designjet 100Plus
位置:
LPT1:
备注:
网络(W)...
⑧单击，返回图 3-2-56
确定
取消

图　3-2-57

HP Designjet 100Plus 属性
纸张/质量
完成
效果
颜色
服务
打印任务快速设置(Q)
默认打印设置
保存(V)
删除(L)
纸张选项
尺寸是(Z):
420 x 594 毫米
ISO A2
此窗口随打印机
不同而有所变化
自定义纸张尺寸(P)
来源是(S):
自动选择
打印质量(R)
正常
类型是(T):
普通纸张
⑥单击 ⇨在列表中单击选择纸张类型
普通纸张
半透明纸
薄层本色描图纸
羊皮纸
涂料纸
投影胶片
相纸
光泽纸
双面小册子纸
其它
优化用于
图形/文本(W)
图像(I)
帮助(H)
⑦单击，返
回图 3-2-57
确定
取消

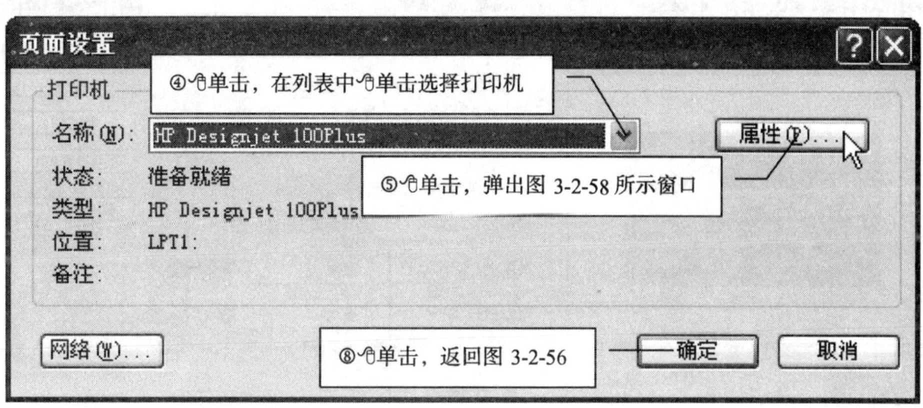

图　3-2-58

打印
②单击
打印(P)...
取消
完成(E)
页面设置(G)...
较少选项(O)
位置
顶(T): 8.75 厘米
左(L): 8.85 厘米
图像居中
缩放后的打印尺寸
缩放(S): 100%
缩放以适合介质(E)
高度(H): 23.503 厘米
宽度(W): 39.997 厘米
显示定界框(X)
打印选定区域(A)
图像在打印纸上的输出预览
①单击✓选，使图像大小匹配纸张尺寸
色彩管理
打印
文档(D) （配置文件: Adobe RGB (1998)）
校样(F) （配置文件: 不可用）
选项
颜色处理(N): 让打印机确定颜色
打印机配置文件: 工作中的 RGB - Adobe ...
渲染方法: 可感知
黑场补偿(B)
校样设置预设(S): 工作中的 CMYK
模拟纸张颜色(I)
模拟黑色油墨(K)

图 3-2-59

打印
打印机
名称(N): HP Designjet 100Plus
属性(P)...
状态: 准备就绪
类型: HP Designjet 100Plus
位置: LPT1:
备注:
打印到文件(L)
打印范围
全部(A)
页码范围(G) 从(F): 到(T):
选定范围(S)
份数
份数(C): 1
自动分页(O)
③单击
确定
取消

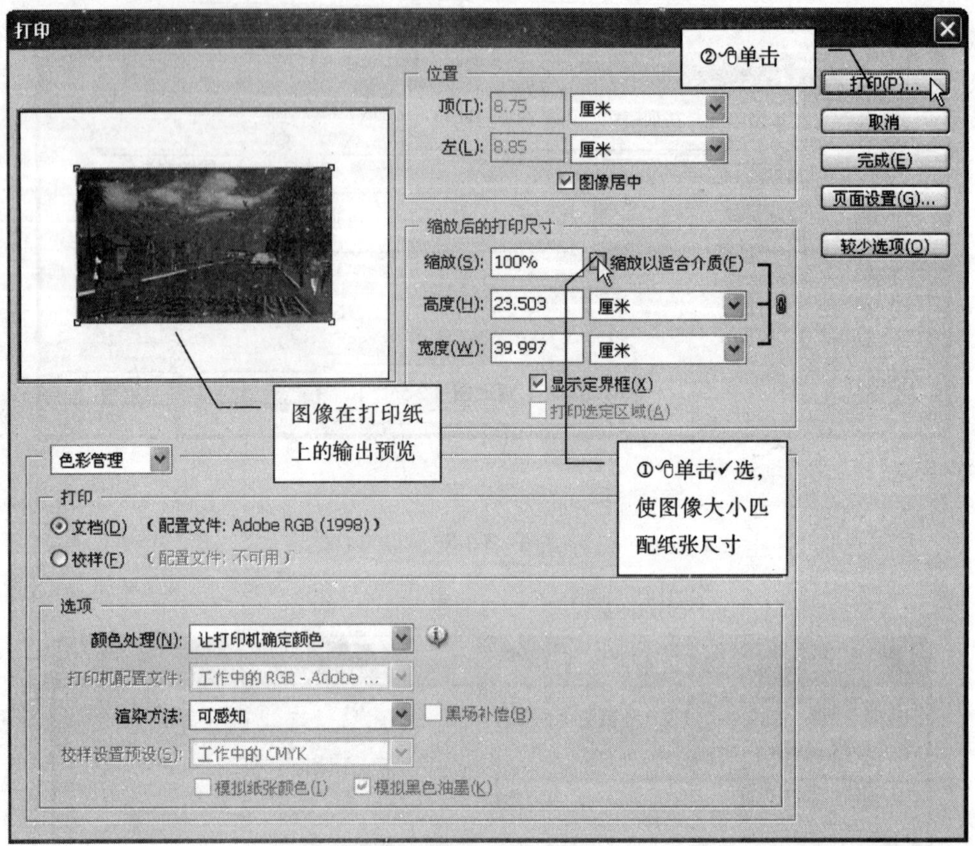

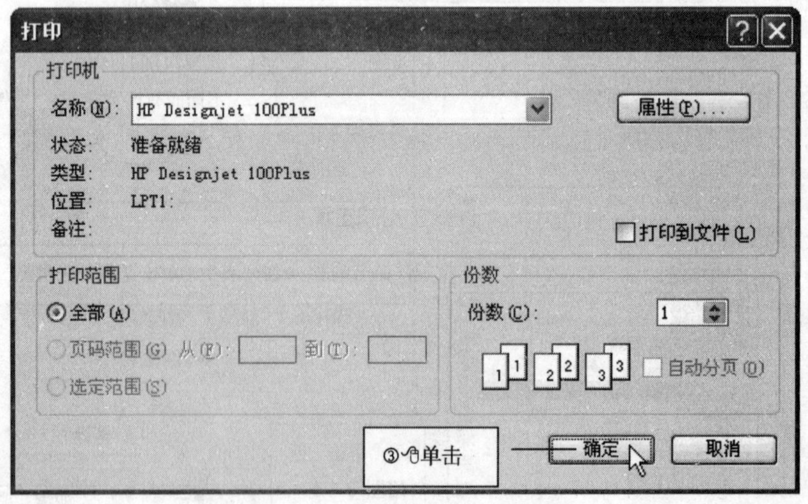

图 3-2-60

第 3 讲

3.1 喷泉

喷泉可以在绘制骨干轮廓后施用模糊滤镜模拟，这种方法对设计师绘画的感觉要求较高，工程人员不易掌握，而从真实素材图片中取喷泉后稍做加工更易于接受。

色彩范围选择喷泉的操作方法：

（1）打开喷泉素材文件

打开含有喷泉的图像素材，如：喷泉 01. jpg。

（2）色彩范围选择喷泉

单击 选择 菜单⇨单击 色彩范围 ⇨如图 3-3-1 所示操作。

（3）将选择的喷泉复制到剪切板中

单击 编辑 菜单⇨单击 拷贝 。

图 3-3-1

（4）新建一个空图像文件，粘贴剪切板中的图像参见2.1.1中步骤（4）、（5）。

（5）裁剪图像外围的冗余部分

参见2.1.2中步骤4，结果如图3-3-3a所示，图像应为透明背景，为了观察喷泉衬了黑色图层。

（6）擦除斑点清理图面

使用橡皮擦工具，如图3-3-2所示操作，选择橡皮擦并设置参数，如图3-3-3a所示操作，擦除喷泉周围的斑点和多余的图像，结果如图3-3-3b所示。

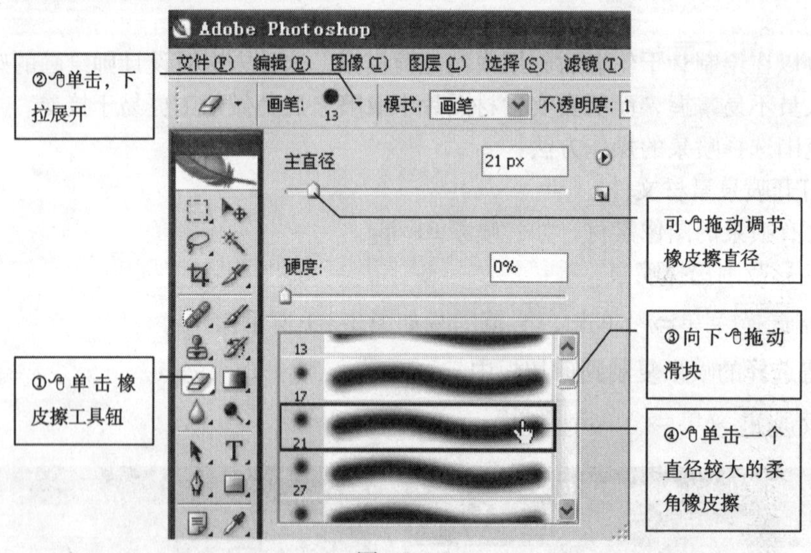

图　3-3-2

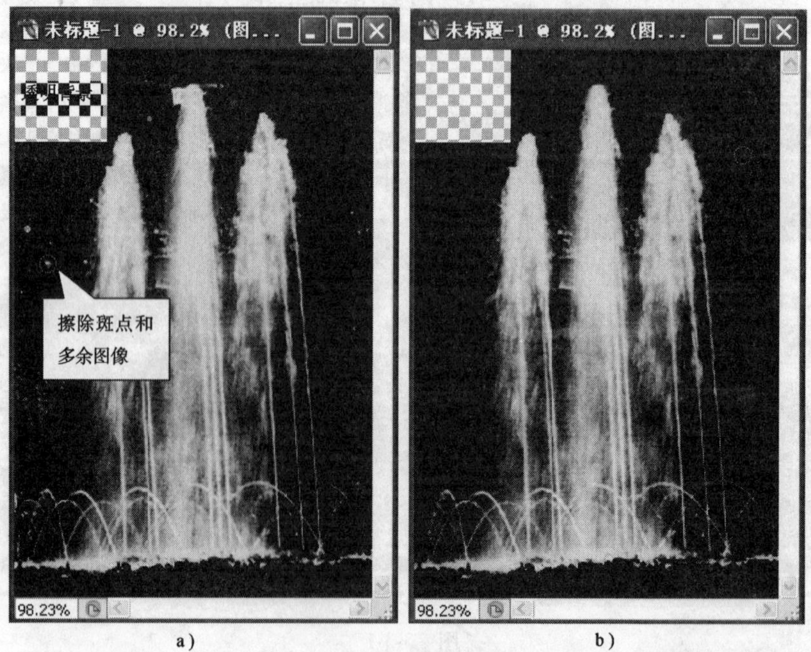

图　3-3-3

(7) 存储为 PSD 格式文件，放入素材库备用，存储方法参见 2.1.4。

3.2 倒影

在水面和大理石等反光材质的地面上经常可以观察到周围景物的倒影，这是由于这类材质表面有一定的镜面反射强度造成的。制作反光地面上的人物倒影一般是将人物复制一份，以脚为轴向下垂直翻转，然后降低翻转图层（影子）的不透明度，静水水面上倒影的制作方法相同，动水水面上的倒影还要施用波纹、模糊等滤镜。

3.2.1 反光地面上的人物倒影

(1) 打开文件

打开要制作人物倒影的图像文件，如：人物倒影.psd。

(2) 切换到要制作倒影的人物图层

如图 3-3-4 所示操作，单击移动工具⇨在人物身上右击，弹出图层列表⇨单击处于最上层的图层名称 Layer1，图层名称 Layer* 是英文版 Photoshop 的默认名称。

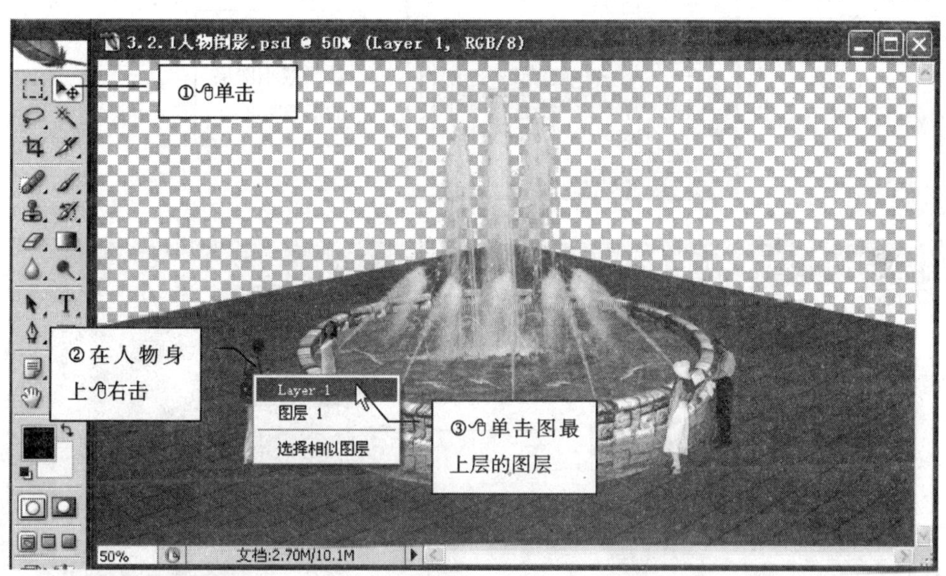

图 3-3-4

(3) 复制人物图层

单击 图层 菜单⇨单击 复制图层 或如图 3-3-5 所示操作。

(4) 垂直翻转复制图层

单击 编辑 菜单⇨ 变换 ⇨单击 垂直翻转 。

(5) 移动翻转后的图层

将人物倒影的脚跟移动到与人物脚跟相对应的位置。

(6) 降低倒影图层的不透明度

如图 3-3-6 所示操作。

重复步骤(2) ~ (6)，为每个人物制作倒影，结果如图 3-3-7 所示。注意脚的倒影处理，如图 3-3-7 所示右上角放大图，用橡皮擦擦除不正确的脚倒影，或选择后移动到正确位置。

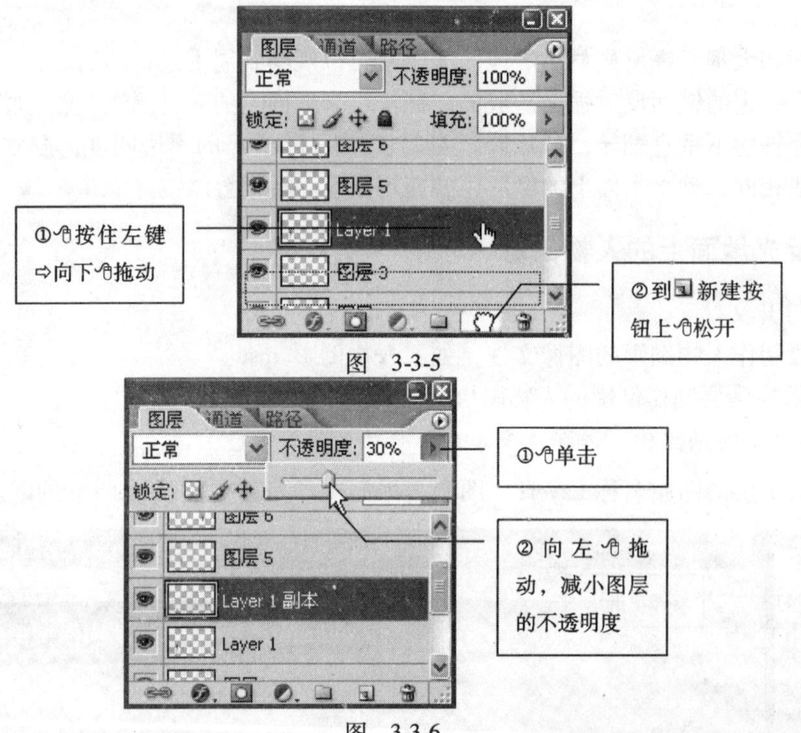

图 3-3-5

图 3-3-6

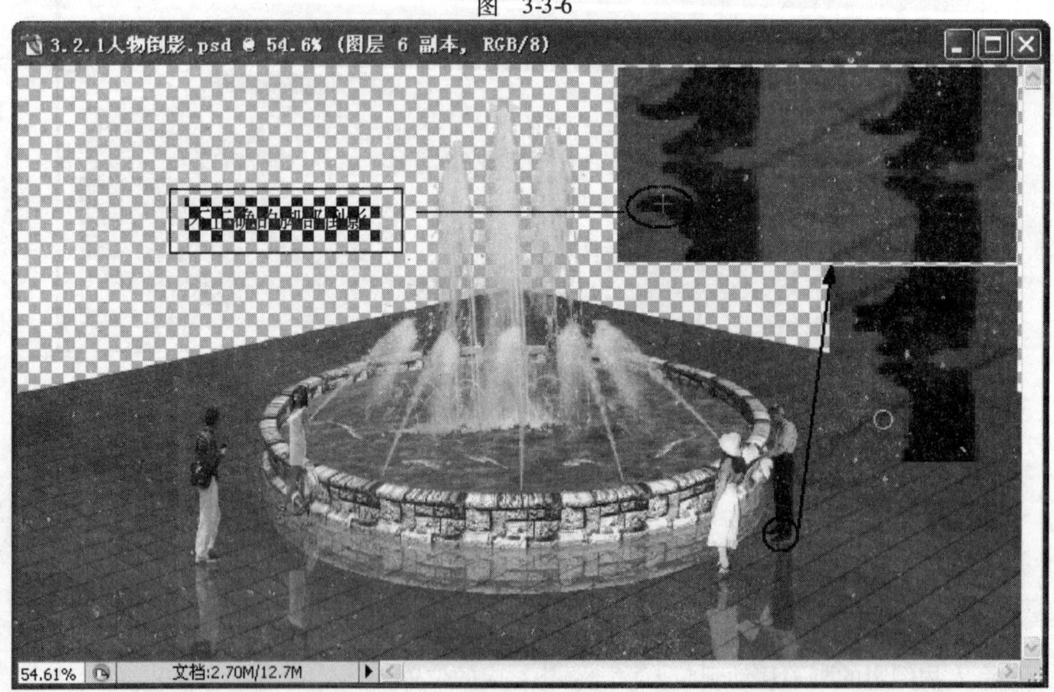

图 3-3-7

3.2.2　水面上的景物倒影

（1）复制树木和人物图层，垂直翻转复制的图层成倒影，方法参见 3.2.1，结果如图 3-3-8 所示。

（2）擦除达不到水面的人物腿部和树干基部

用橡皮擦工具擦除，结果如图 3-3-9 所示。观察自然界中水面上的倒影会发现：岸边的景物与水中倒影以岸边的水面边缘为分界线对称，受光线方向、观察角度等因素影响，倒影长度与真实景物的高度并不一定相等。如图 3-3-9 所示，驳岸的倒影大概相当于其真实高度的一半左右，可依此规律确定人物腿部和树干基部需要擦除的高度。

图 3-3-8　复制树木和人物图层、垂直翻转成倒影

图 3-3-9　擦除达不到水面的人物腿部和树干基部

（3）降低倒影图层的不透明度

可控制在 50% 左右，结果如图 3-3-10 所示。

（4）对树木倒影图层施用动感模糊滤镜

如图 3-3-12 所示操作①②③、如图 3-3-13 所示操作，结果如图 3-3-11 所示。一般水中的树木看上去有种被纵向拉伸的模糊感，将动感模糊方向调整为纵向。

（5）对人物倒影图层施用波纹扭曲滤镜

如图 3-3-12 所示操作①④⑤、如图 3-3-14 所示操作，结果如图 3-3-11 所示。

步骤（4）（5）对于平静的水面可以不做，对于水波较大的水面也可同时施用于人物和树木的倒影图层。

图 3-3-10　降低倒影图层的不透明度

图 3-3-11　动感模糊树木倒影、波纹扭曲人物倒影

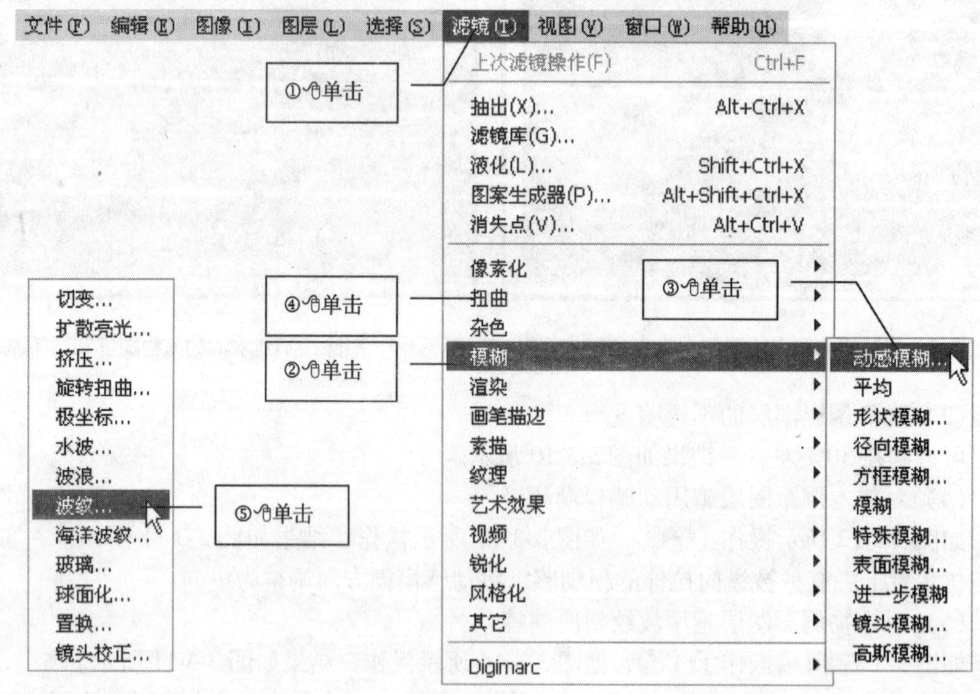

图　3-3-12

动感模糊
确定
取消
预览(P)
100%
角度(A): -90 度
距离(D): 10 像素
①单击，调整为纵向
②拖动，调节模糊距离

图　3-3-13

波纹
确定
取消
100%
数量(A) 166 %
大小(S) 中
①拖动，平移视图，预览的人物波纹
②拖动，调节波纹数量
③单击，单击选择波纹大小

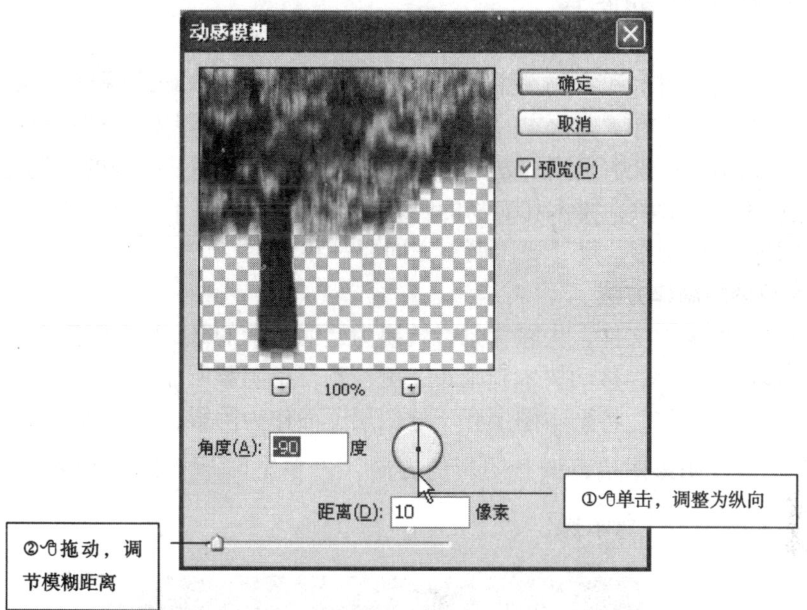

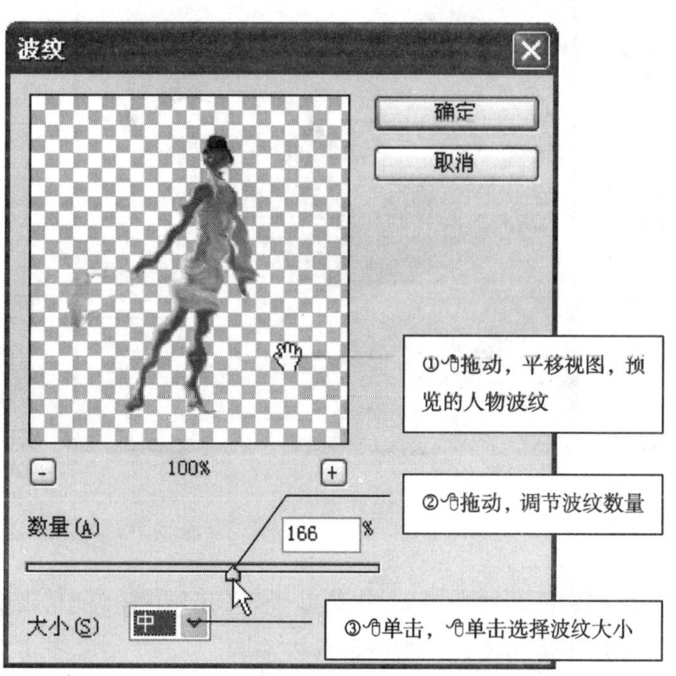

图　3-3-14

3.3 树木和人物的阴影

在直射的阳光下树木和人物多数情况会投射阴影，阴影的长短和密度随着时间、日期、地理位置等因素而有所变化。一幅效果图中，如果建筑等大体量的三维对象已投射有明显的阴影，指示了场景中光照的方向，树木和人物的阴影不是必需的，但有些场景中没有明显的建筑等三维对象，树木和人物的阴影也许就比较重要了。场景中树木、人物、建筑等三维对象投射的阴影，尺寸要协调、方向要一致。

1. 树木阴影的制作方法

（1）打开树木素材文件，去除背景，转换为透明背景的 RGB 工作格式。

（2）扩展画布大小，移动树木到画布一侧，预留出阴影所需空间。

（3）复制树木图层，将副本图层置于原图层下面作为阴影，如图 3-3-17 所示。

（4）扭曲变换阴影图层，调整阴影的方向，单击 编辑 菜单⇨单击 变换，⇨单击 扭曲，如图 3-3-15 所示操作。

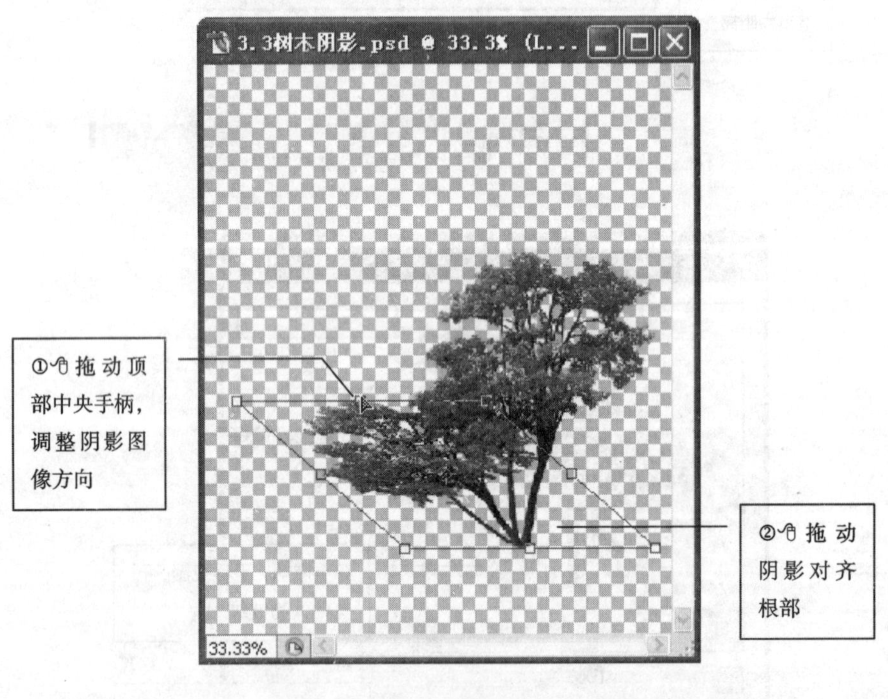

图 3-3-15

（5）去除阴影图层彩色，单击 图像 菜单⇨单击 调整 ⇨单击 去色。

（6）降低阴影图层不透明度，控制在 80% 左右。

（7）模糊阴影图层，单击 滤镜 菜单⇨单击 模糊 ⇨单击 高斯模糊，如图 3-3-18 所示操作，结果如图 3-3-16 所示。

3.3树木阴影.psd @ 33.3% (L...
33.33%
去除阴影图层彩色、降低不透明度、模糊图层

图　3-3-16

图层
通道
路径
正常
不透明度: 80%
锁定:
填充: 100%
Layer 1
Layer 1 副本
原图层
副本图层作为阴影,在原图层下面

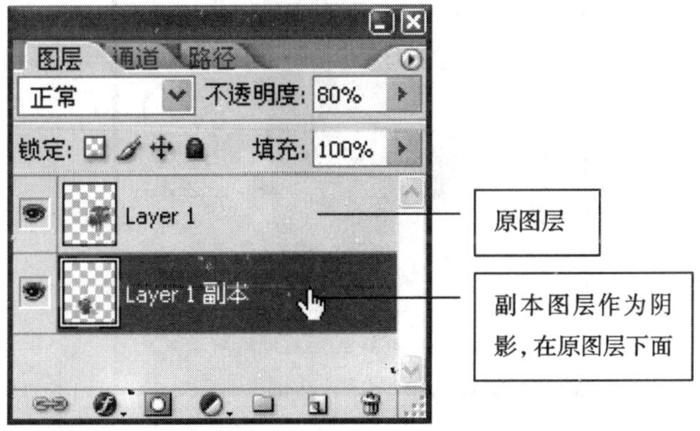

图　3-3-17

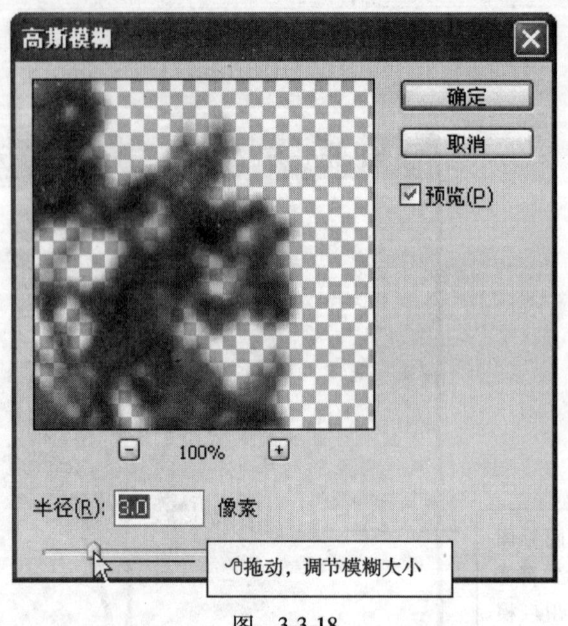

图　3-3-18

2. 人物阴影的制作方法

人物阴影的制作方法与树木阴影的制作方法基本一致，主要区别在步骤（5）的处理方法，树木阴影的制作是直接去除树木色彩将其转化为灰度图像，树冠明暗变化的灰度图恰好表现了斑驳的树荫，而人物的阴影与树木不同，在阴影范围内没有明暗变化。只需制作一个灰度一致的人物阴影既可，如图 3-3-19。

图　3-3-19

(1)～(4)、(6)～(7)参照 1. 树木阴影的制作方法。

(5) 选择人像范围将其填充为黑色。

选择阴影人像范围。单击选择菜单⇨单击载入选区⇨在载入选区对话框中单击确定，如图 3-2-3 操作。或按住 Ctrl 键在图层调板中单击图层缩略图，如图 3-3-20 操作。

将选择范围填充为黑色。单击编辑菜单⇨单击填充，如图 3-3-21 所示操作。

图　3-3-20

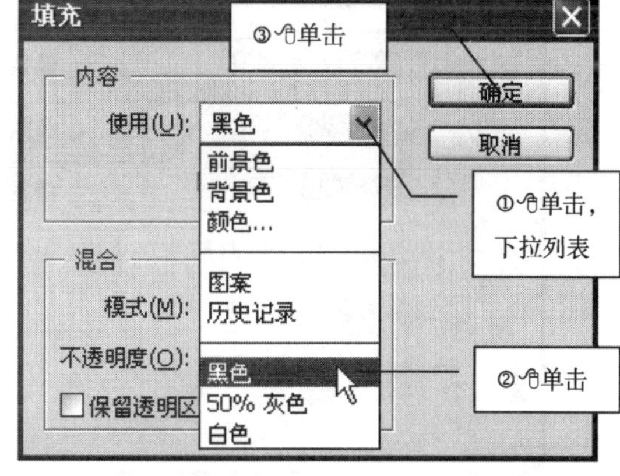

图　3-3-21

3.4　鸟瞰图的背景处理

鸟瞰图的视点比较高，一般背景并不是大面积的天空而是地面景观，如图 3-3-22a、图 3-3-22b 所示。可将设计场地周边的航空图片叠加为背景，如果没有可以模拟设计场地环境的航空图片，也可用渐变色做背景。

a)　　b)

图　3-3-22

3.4.1　航空图片作背景

使用航空图片作背景的操作方法：

(1) 去除渲染图的黑色背景并将其转换成 RGB 工作格式

参照2.1.1的方法，在新建文件时将预设尺寸扩大几倍，如图3-3-23所示操作，为叠加操作预留出足够的空间。

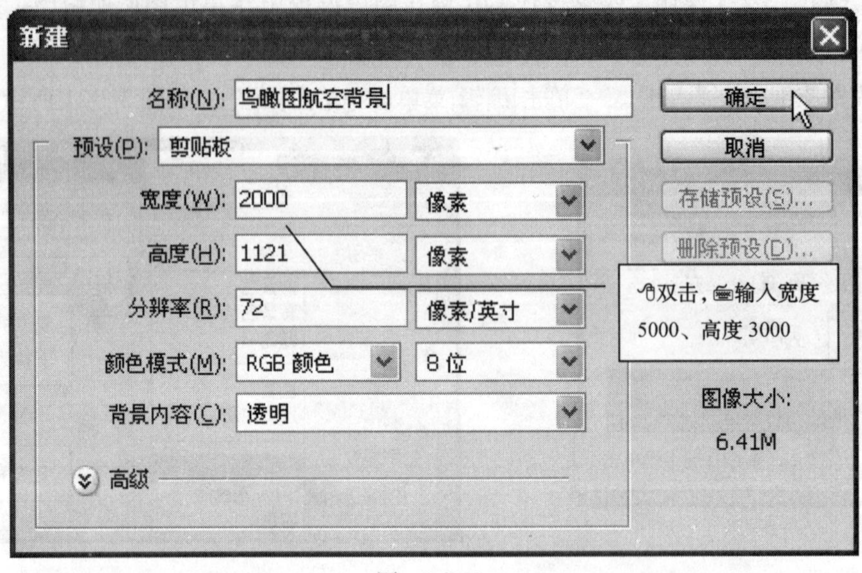

图 3-3-23

（2）将航空图片插入到鸟瞰图中

参照2.2插入背景云图的方法，拖动航空图片插入渲染图像窗口。

（3）旋转渲染图层与航空图环境吻合

切换到渲染图层，单击编辑菜单⇨单击自由变换，或快捷键Ctrl + T启动自由变换，如图3-3-24所示操作。

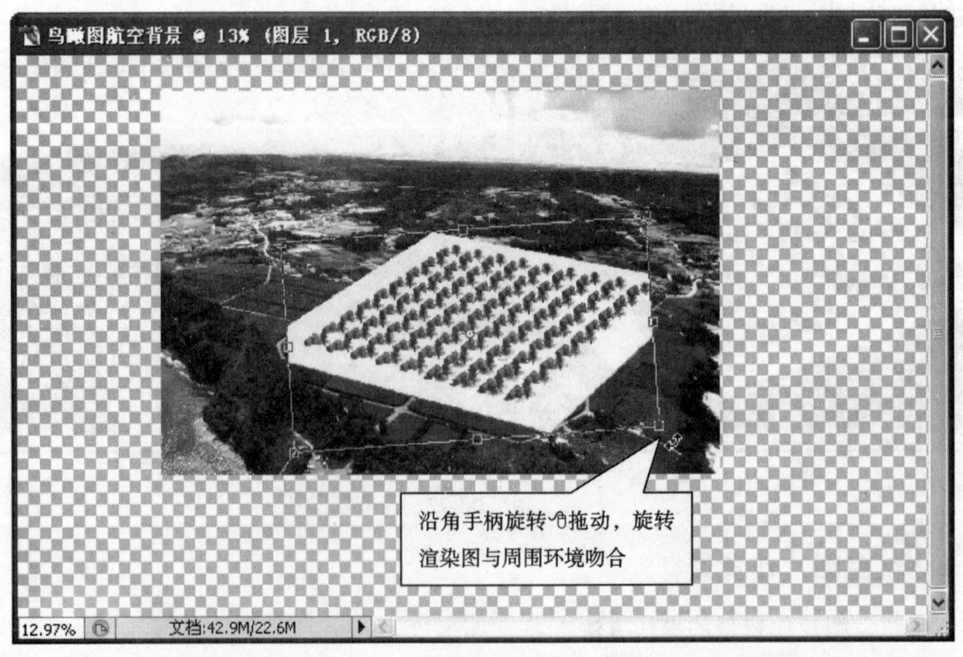

图 3-3-24

（4）降低渲染图层不透明度，自由变换背景图层与设计场地大小位置匹配

切换到背景图层，自由变换，如图 3-3-25 所示操作，移动鼠标到角手柄上⇨按住 Shift 键以保持图像的长宽比例，拖动角手柄改变背景图层大小⇨在图像中拖动，移动背景到合适位置⇨在图像中双击或单击✔提交钮，应用变换操作。

图　3-3-25

（5）移动图层到合适位置，裁剪图像的多余部分

链接前景与背景图层，参见 1.6.3 合并链接图层，拖动图像到合适位置⇨裁剪图像外围的多余部分，参见 2.1.2 ⇨取消链接、将渲染图层的不透明度恢复为 100%，结果如图 3-3-26 所示。

（6）羽化场地边缘，融入航空背景

单击橡皮擦工具，如图 3-3-26 所示操作，选择 300 像素的柔角橡皮檫工具，擦除渲染图像的边缘，使其羽化融入航空背景图中。

3.4.2　渐变色背景

（1）打开渲染图去除黑色背景转换成 RGB 工作格式

在 3ds max 中渲染时不要地面，如图 3-3-28 所示。

（2）创建新图层作背景

创建新图层，在图层调板中将其拖动到底部作背景。

（3）设置渐变前景色

如图 3-3-27 所示操作，将前景色设置为浅绿、浅黄等，模拟地面的颜色。

（4）渐变色背景

如图 3-3-28 所示操作，前景至背景色的线性渐变是默认的渐变方式，步骤②③中的起点和终点可以在图像窗口以外的位置，从前景色至背景色的渐变在两点间完成。渐变色

背景从底部至顶部由浅色变为白色，底部浅色模拟地面，顶部白色模拟天空，给人一种视觉上的光感，前景色一般要与设计场地中的主要景物有一定反差，如图3-3-29。

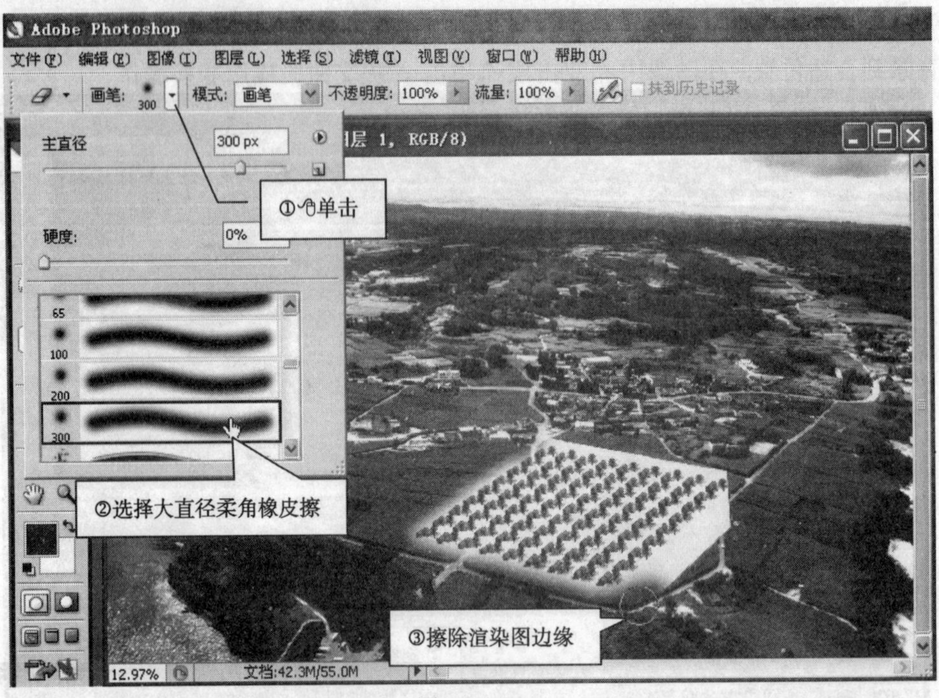

图 3-3-26

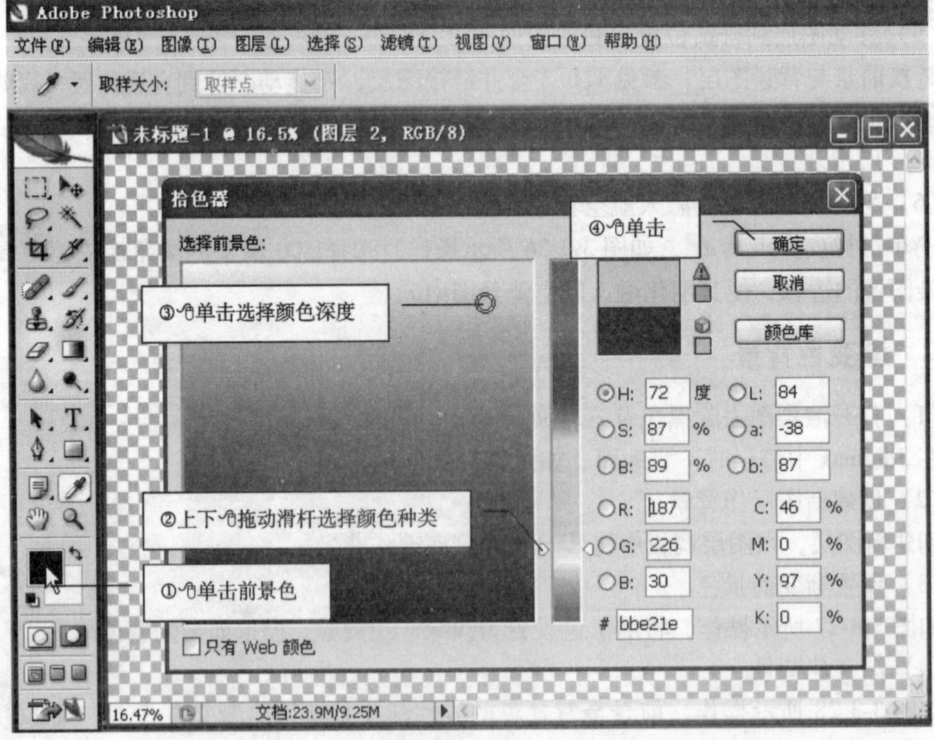

图 3-3-27

模式:
正常
不透明度:
100%
反向
仿色
未标题-1 @ 16.5% (图层 2, RGB/8)
前景至背景色线性
渐变是默认方式
③到合适位置后松开
①单击渐变
②按住左键向上拖动
16.47%
文档:23.9M/9.25M

图　3-3-28

鸟瞰渐变背景.psd @ 16.5% (图层 2, RGB/8)
顶部白色模拟天空，给人一种视觉上的光感
16.47%
文档:23.9M/31.7M

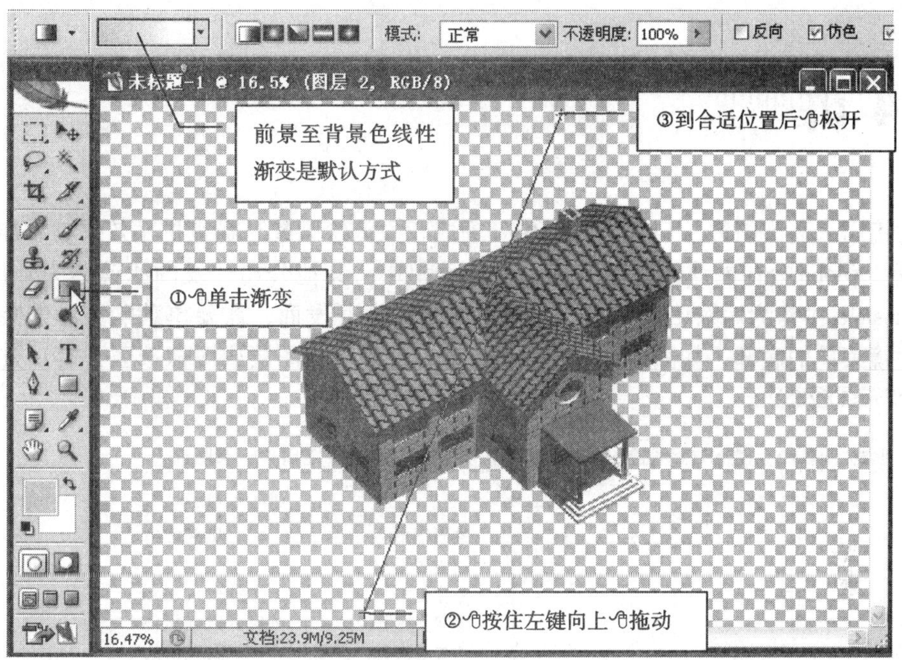

图　3-3-29

第 4 讲

滤镜用来装饰图像外观，如将图像处理成印象派绘画或马赛克拼贴效果、添加光照和扭曲等。Adobe 公司的滤镜分类排列在滤镜菜单中，其他公司开发的滤镜称为外挂滤镜，在 Photoshop 中作为增效工具使用，版权属于第三方开发商，需要单独购买和安装，安装后在滤镜菜单的底部，如图 3-4-1 所示。滤镜应用于当前图层或图像选区，启动方法如图 3-4-1 所示①②③。

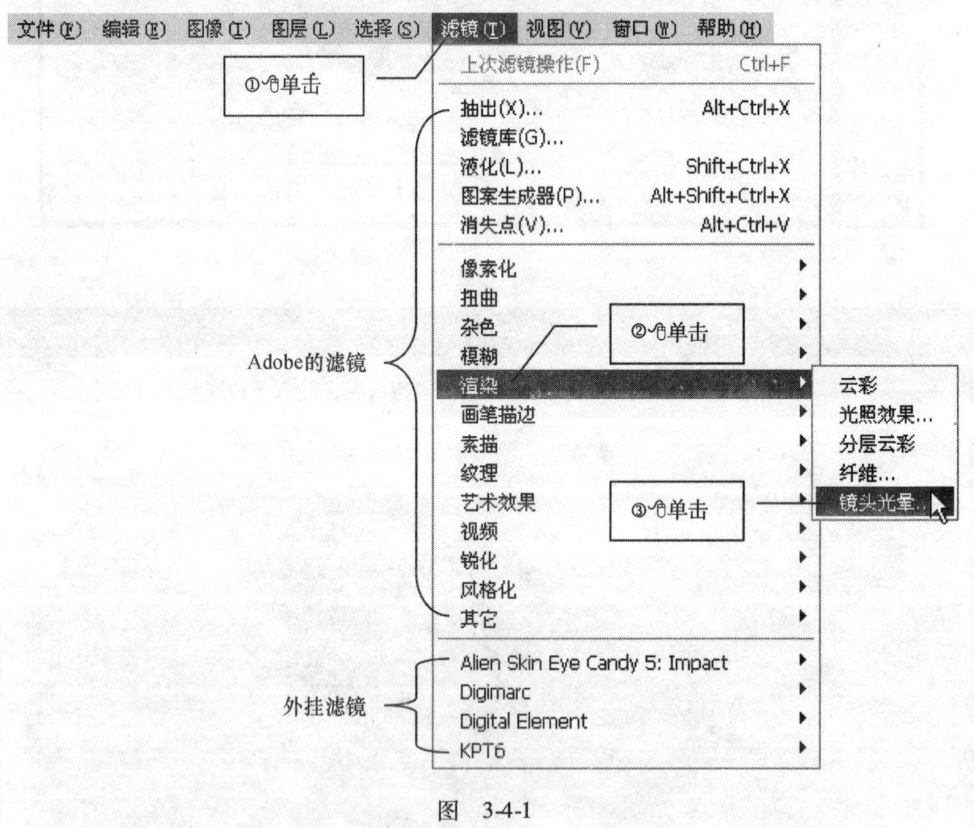

图 3-4-1

4.1 抽出滤镜

抽出滤镜一般用于分离边缘杂乱细腻但与背景有一定反差的对象，如人物肖像的发丝、小动物的绒毛等，用来分离针叶树木、边缘散落水滴比较多的喷泉等，也可以获得比较满意的效果。与 1.7.5 色彩范围选择不同的是，抽出不会镂空对象内部与背景色彩一致的区域。

例 3-4-1 如图 3-4-2 所示，用抽出滤镜从背景中抽出小鸭子，图 3-4-2a 是原始图像，图 3-4-2b 是抽出结果，抽出后图像的背景是透明的，为了便于观察小鸭子的绒毛，衬了一个黑色图层作背景。

a)　　b)

图　3-4-2

①打开图像文件小鸭子.jpg。

②启动抽出滤镜。单击 滤镜 菜单⇨单击 抽出，如图 3-4-1 所示。

③如图 3-4-3 所示操作，用边缘高光器描绘小鸭子富有绒毛的身体边缘，绒毛与背景

图　3-4-3

混杂区域要全部涂抹覆盖。如图 3-4-4 所示操作，用智能高光跟踪描绘界限分明的边缘，描绘的边界要完全闭合。

图 3-4-4

④如图 3-4-5 所示操作①②，填充内部要保留的区域。如图 3-4-5 所示操作③预览，如果对预览结果不满意，可执行操作④返回，如图 3-4-3、图 3-4-4 所示，修改描绘的边界，如果对预览结果满意则执行步骤⑤完成抽出。

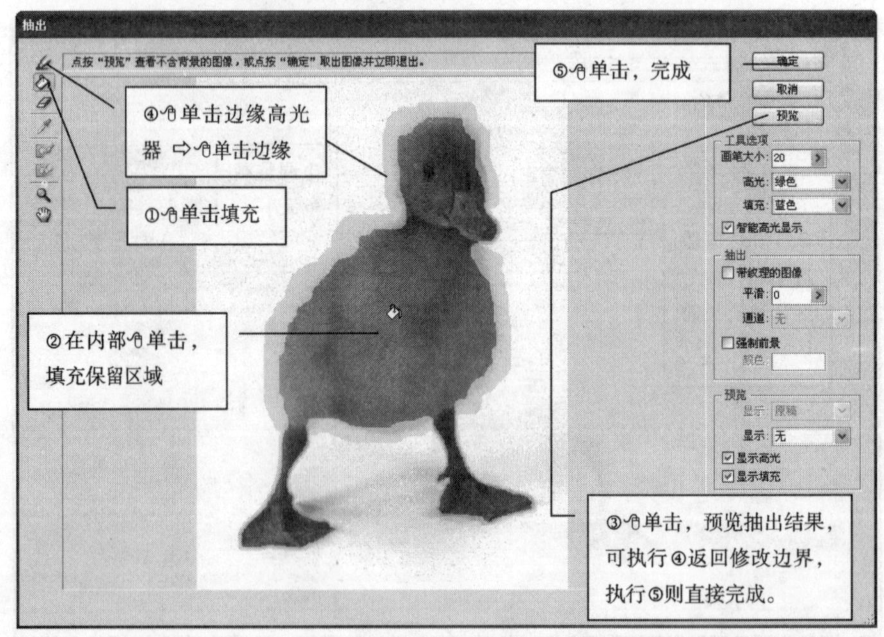

图 3-4-5

从背景中抽出树木、喷泉的方法大致相同，一般喷泉边缘没有很清晰的边界，所以很少使用智能高光工具。只保留内部色彩纯正的区域，其他部分全部用边缘高光器涂抹覆盖即可。

4.2　SunEffects 天空效果滤镜

KPT (Kai's Power Tools) 滤镜是由 Metacreations 公司开发的，较为出名的有 3、5、6、7 几个版本，每个版本中的滤镜并不相同。Corel 公司收购 KPT 滤镜后推出了 5、6、7 三个版本的集成包 Corel KPT Collection，互联网址 http：//www. corel. com/。SunEffects 滤镜在 KPT6 中，可以用来制作效果图的天空背景。

(1) 创建一个新图层，将其填充为白色或其他颜色，如图 3-4-6 所示操作①②③。

(2) 启动 SkyEffects 滤镜，如图 3-4-6 所示操作④⑤⑥。

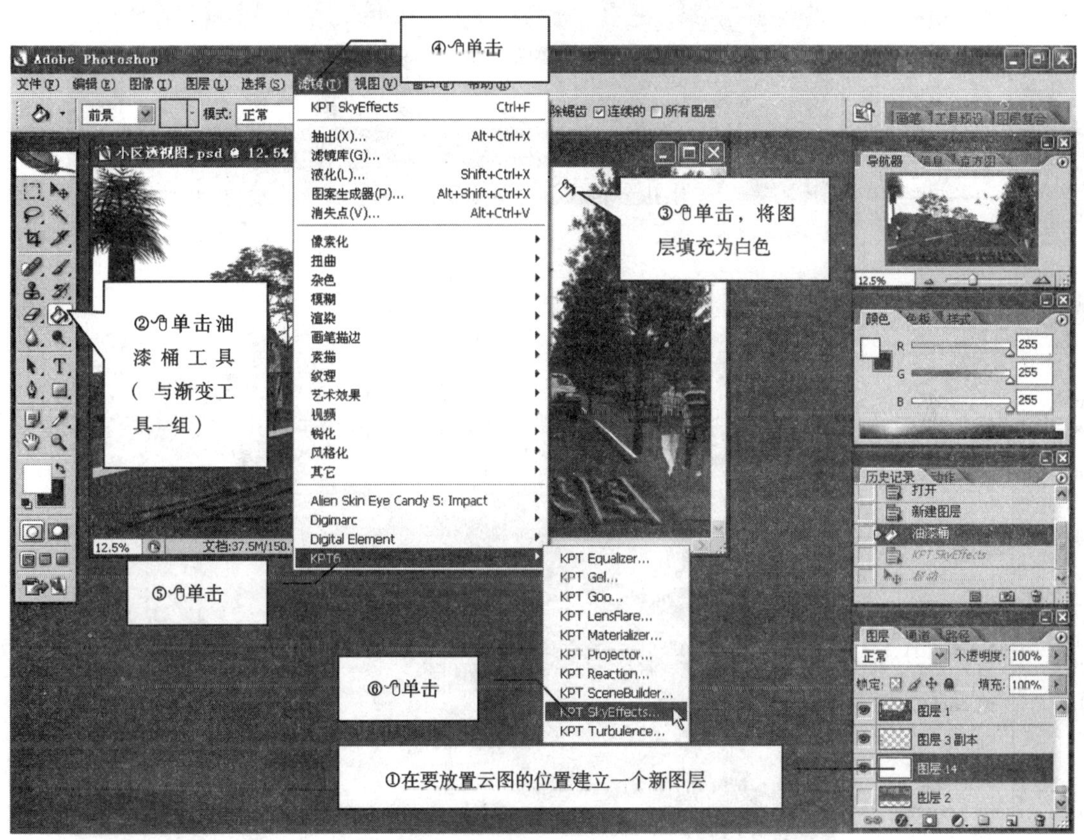

图　3-4-6

(3) 选择天空类型、设置参数

如图 3-4-7、图 3-4-8 所示操作，结果如图 3-4-9 所示。

①单击，弹出图 3-4-8 窗口
虚线框指示当前图像范围
⑤横向拖动可调节地平线的高度
⑥横向拖动可调节视角的大小
⑦单击"眼睛"图标，可打开、关闭图层，单击图层名称切换当前工作图层
⑧左右拖动，调整云图参数
KPT SkyEffects
Preview
Sky
Sky
Ground
0%
Sun
Moon
Layers
Haze
Fog
Cloud Layer 1
Cloud Layer 2
Cloud Layer 3
Cloud Layer 4
Cloud Layer 1
Cloud color
Cancel
OK

图 3-4-7

③单击选择一种预设云图样式
②单击选择白天 Day、夜晚 Night、日出 Sunrise 等预设天空类型
④单击
KPT SkyEffects
Presets
Day
Night
Sunrise
Alien Skies
Special FX
User Presets
Sunrise
Cancel
OK
360
Cloud Layer 4
100%
Haze distance
Displays the Preset Window
Cancel
OK

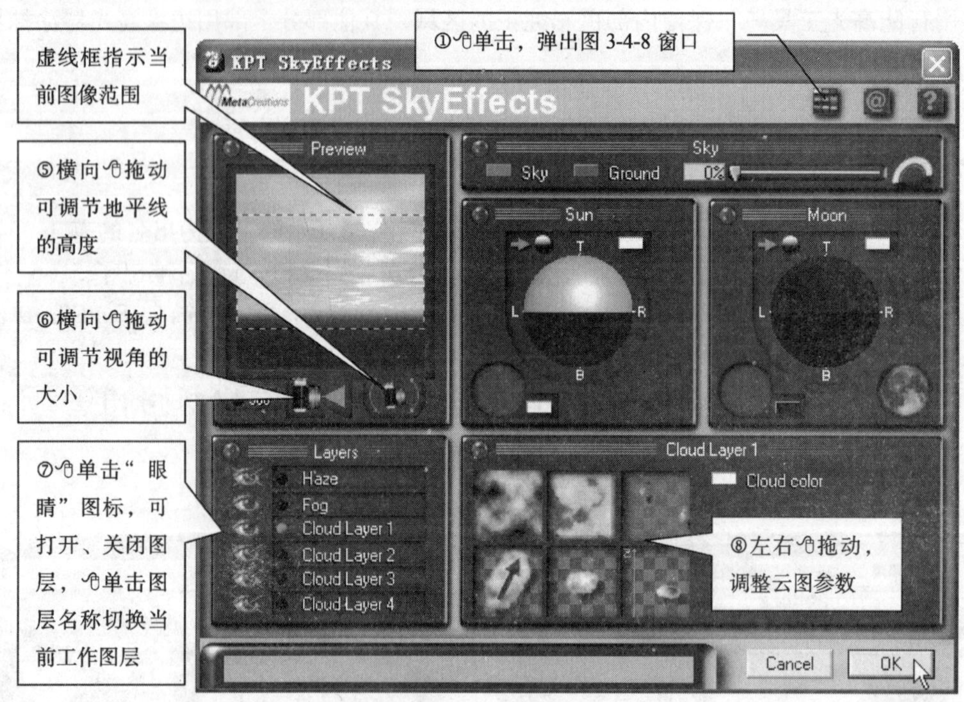

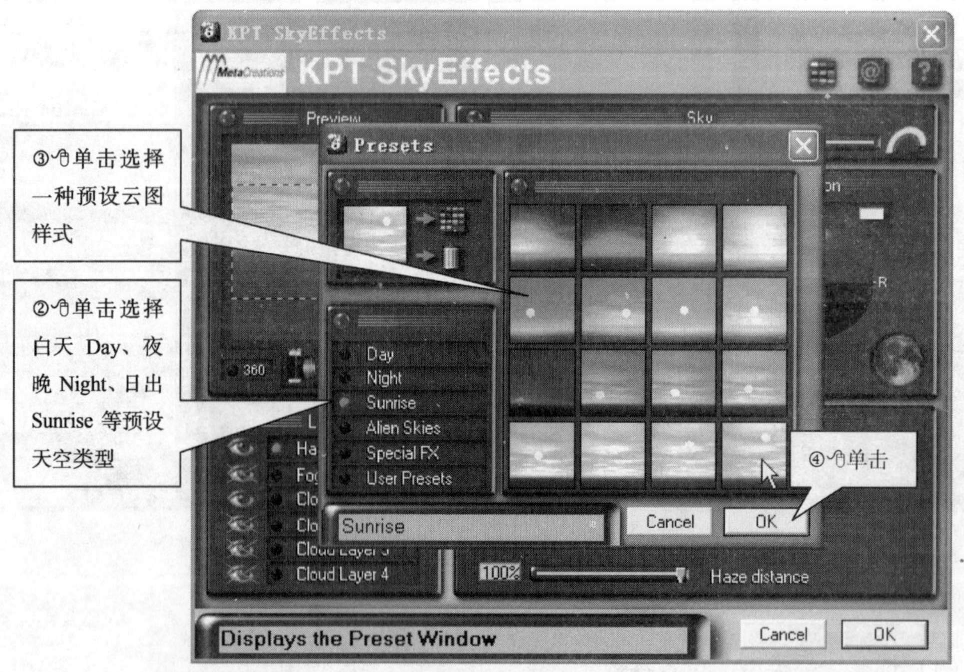

图 3-4-8

图　3-4-9

4.3　Aurora 极光滤镜制作天空和水面

Aurora（极光）滤镜是由 Digital Element 公司推出的，可以制作出逼真的三维自然环境，包括太阳 Sun、云 Clouds、星 Stars、水面 Water Surface、雾 Haze、体积光 Volumetric Light 等自然元素，最新版本 2.1，互联网址 http：//www.digi-element.com/。Aurora 滤镜的工作原理：如图 3-4-10 所示，一幅图由飞鸟、帆船、小岛三个图层组成，如图 3-4-12 所示，从相机视点由近及远的放置飞鸟、帆船、小岛三个图层，上面由天空平面封顶，下面是水平面托底围合成三维空间，相机以及组成三维空间的图层、天空、水面都是可以调整的，图 3-4-11 是 Aurora 滤镜的处理结果。

图　3-4-10

图　3-4-11

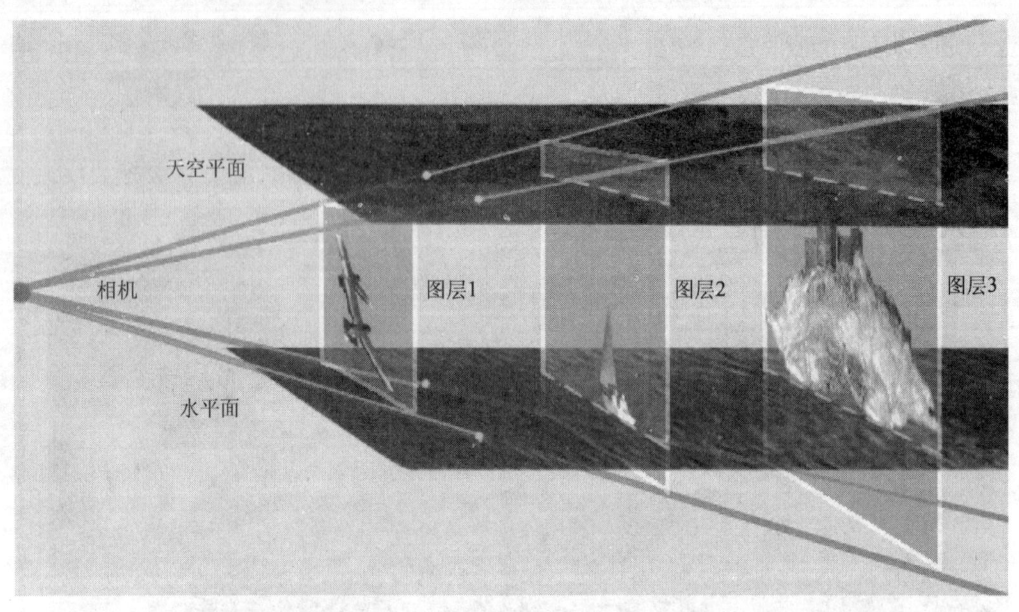

图 3-4-12

例 3-4-2　使用 Aurora 滤镜制作天空和水面，如图 3-4-13 所示。

图 3-4-13

(1) 准备施用滤镜的图层

①关闭 3dsmax 渲染图层以外的图层。

②镂空 3dsmax 渲染图层的天空和水面区域，如图 3-4-14 所示，这个图层作为蒙版图层，用来遮挡 Aurora 生成的水面和天空。

③新建 1 个图层，置于蒙版图层下面，如图 3-4-15 所示，作为 Aurora 的输出图层。

图　3-4-14

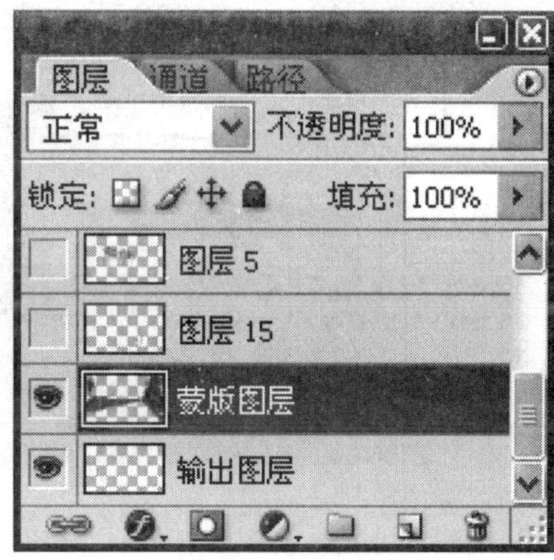

图　3-4-15

（2）启动 Aurora 滤镜

如图 3-4-16 所示操作，一般会弹出提示对话框，如图 3-4-17 所示，大意是：图像的图层设置与存储的不同，效果可能不同，是否要恢复图层深度？

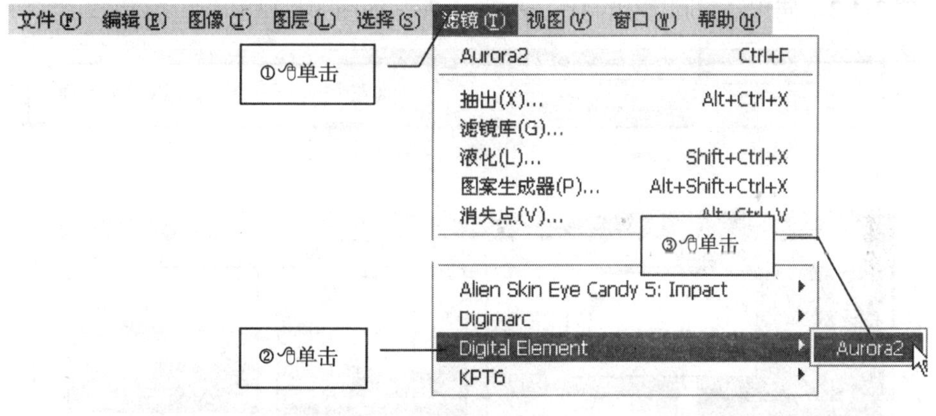

图　3-4-16

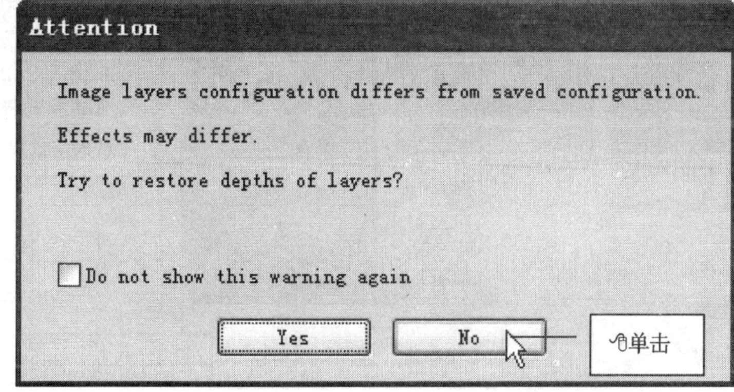

图　3-4-17

(3) 选择一种预设天空

如图 3-4-18、图 3-4-19 所示操作① ~ ⑤。

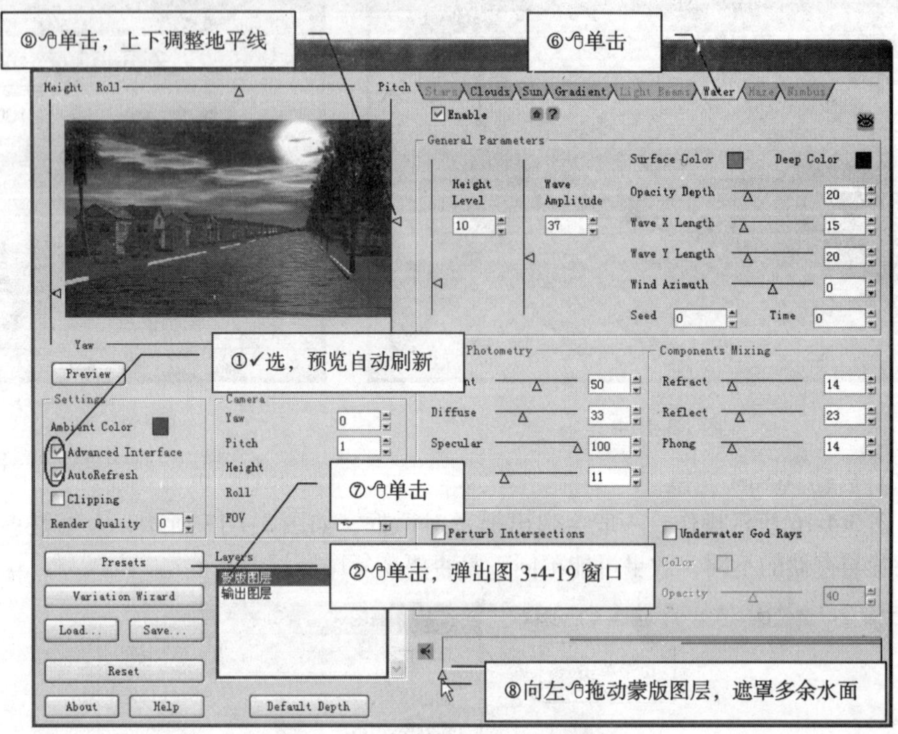

图 3-4-18

图 3-4-19

（4）设置水面的参数、调整地平线、移动蒙版图层

如图 3-4-18 所示操作⑥～⑨。

（5）设置太阳的参数

如图 3-4-20 所示操作。

图　3-4-20

（6）设置云层参数

如图 3-4-21 所示操作。水面 Water、太阳 Sun、云层 Cloud 等参数设置完成后，单击OK，等待滤镜完成处理过程。

（7）打开关闭的景物图层，结果如图 3-4-13 所示。

在参数设置过程中，要随时观察窗口左上角的预览图，以确定合适的参数值。

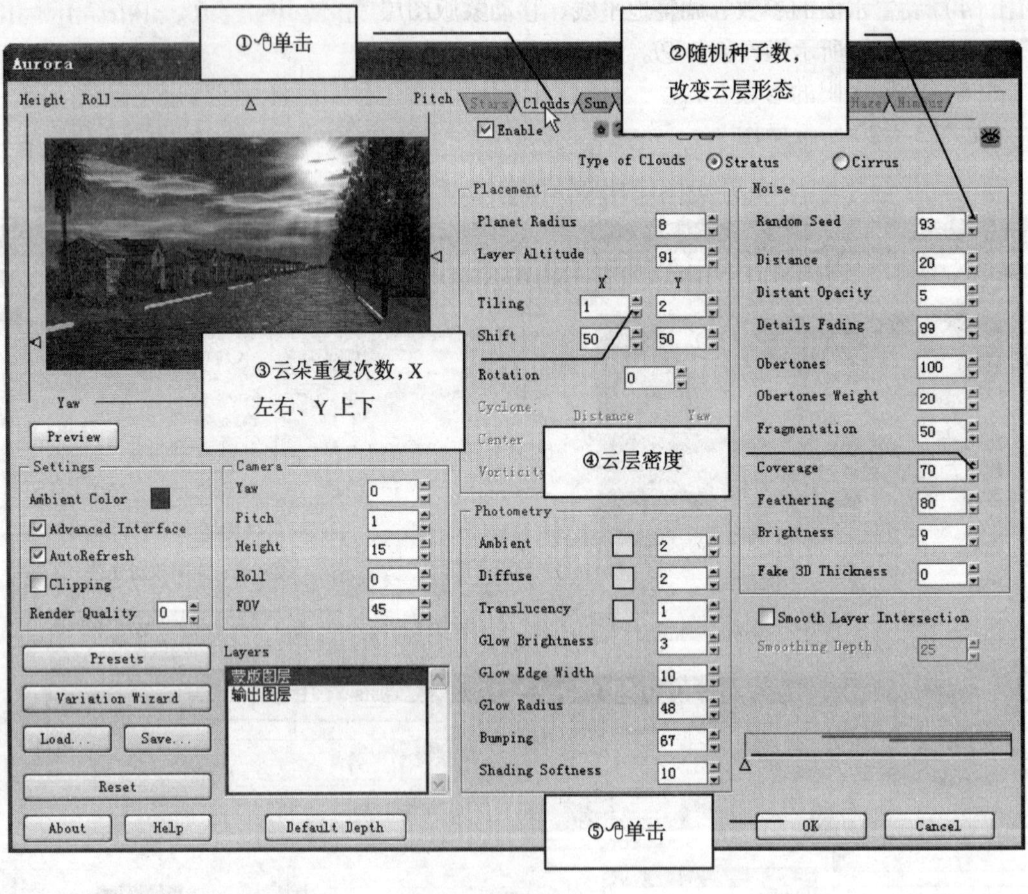

图 3-4-21

4.4 Perspective Shadow 透视阴影滤镜

Eye Candy（媚眼）5 Impact 滤镜是 Alien Skin 公司的产品，Perspective Shadow（透视阴影）是其中的一个滤镜，互联网址 http：//www. alienskin. com/。

（1）打开树木或人物素材文件，去除背景，转换为透明背景的 RGB 工作格式。

（2）扩展画布，移动树木到画布一侧，预留出阴影所需空间。

（3）启动 Perspective Shadow 滤镜

如图 3-4-22 所示操作。

（4）设置 Perspective Shadow 滤镜参数

如图 3-4-23、图 3-4-24 所示操作，结果如图 3-4-25 所示。

透视阴影滤镜自动创建一个新图层 Perspective Shadow 放置生成的阴影，如果对阴影不满意可删除阴影图层后重做。

文件(F)　编辑(E)　图像(I)　图层(L)　选择(S)　滤镜(T)　视图(V)　窗口(W)　帮助(H)
①单击
高斯模糊　Ctrl+F
抽出(X)...　Alt+Ctrl+X
滤镜库(G)...
液化(L)...　Shift+Ctrl+X
图案生成器(P)...　Alt+Shift+Ctrl+X
消失点(V)...　Alt+Ctrl+V
②单击
Alien Skin Eye Candy 5: Impact
Digimarc
Digital Element
KPT6
Backlight...
Bevel...
Brushed Metal...
Chrome...
Extrude...
Glass...
Gradient Glow...
Motion Trail...
③单击
Perspective Shadow...
Super Star...

图　3-4-22

Alien Skin | Eye Candy 5 Impact | Perspective Shadow
Edit Filter View Help
Settings Basic
⑥单击，切换到参数面板，如图 3-4-24 所示
Factory Settings
Factory Default
Cast in Front
Cast on Wall
Drop Shadow, Blurry
Drop Shadow, High
Drop Shadow, Higher
Drop Shadow, Low
Drop Shadow, Lowest
Floating, High
Floating, Low
Long Perspective Shadow, in Back
Long Perspective Shadow, in Front
Reflect Behind
Reflect in Front
Reflect in Front - Faint
Reflect in Front - Sharp
Reflect in Front, Above
Reflect in Front, Above and Close
Reflect in Front, Short
Short Perspective Shadow, in Back
User Settings
Last Used
预设阴影类型列表
③单击
⑧单击
OK
Cancel
Preview Background: None
①单击
②Alt + 单击，显示整幅图像
④拖动顶部中央手柄调整阴影方向和尺寸
⑤在区域内拖动移动阴影位置
Save
Manage
Move the shadow to a new position. Hold down shift to constrain movement.
50.00

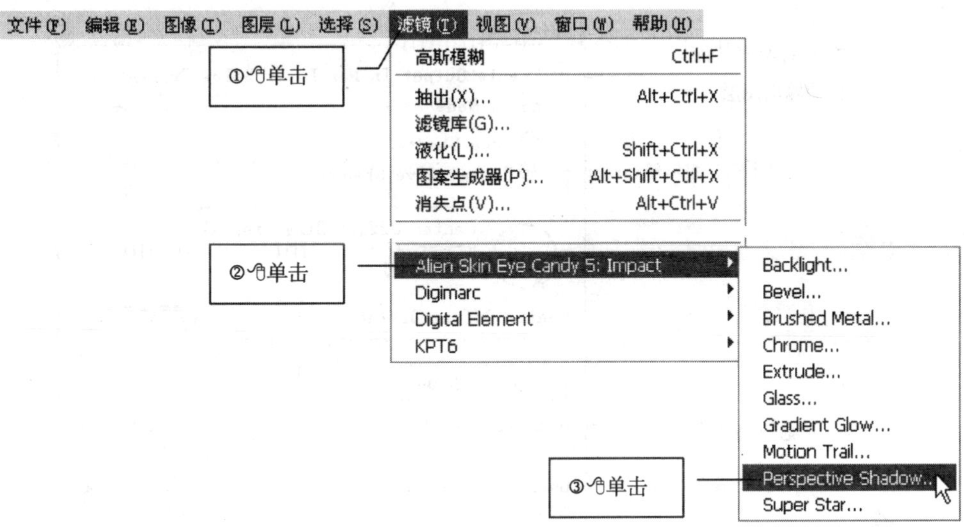

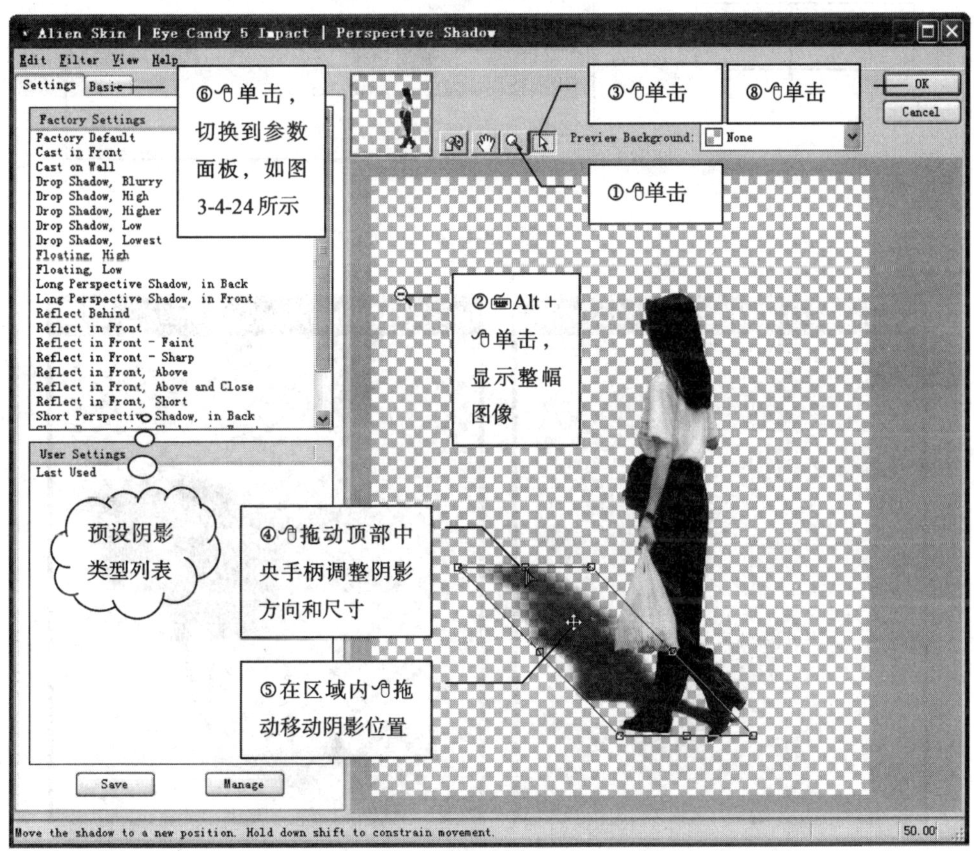

图　3-4-23

在当前图层下面创建输出图层
Settings
Basic
Create Output In New Layer Below Current
Shadow Mode
Drop Shadow
Perspective Shadow
Center Offset Direction (?
241
Center Offset Distance (cm)
13.55
Reset Bounding Box
总不透明度
Overall Opacity
90
总模糊
Overall Blur (cm)
0.40
透视模糊
Perspective Blur (cm)
0.95
淡入
Fade Out
33
⑦拖动调节参数
Shadow Color
Reflect Selection Color
Mask Selection

图 3-4-24

sing53.psd @ 32.1% (Per...
32.15%
3.3树木阴影.psd @ 33.3% (P...
33.33%

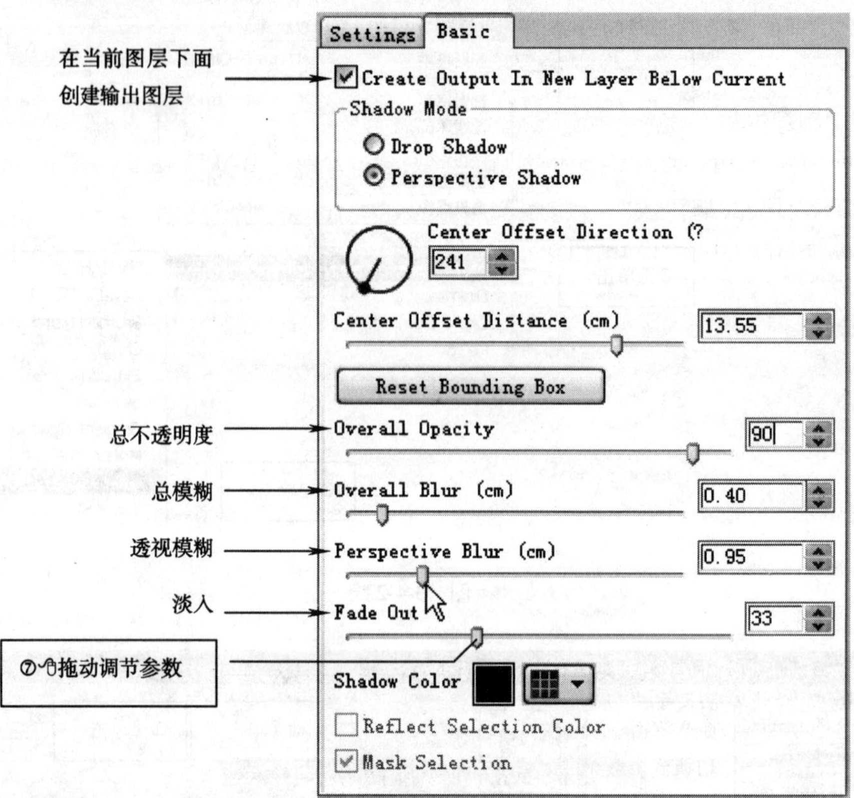

图 3-4-25

4.5　RPC 素材的使用

为了用户能够在 Photoshop 中使用 RPC 素材库，ArchVision 公司提供了接口软件 RPC Plugin for Photoshop，这个插件可以在 ArchVision 公司的互联网站上免费下载，互联网址 http：//www. archvision. com/。

在效果图中插入 RPC 人物等对象的方法：

(1) 打开要添加人物的效果图

(2) 启动 RPC Automate

如图 3-4-26 所示操作。

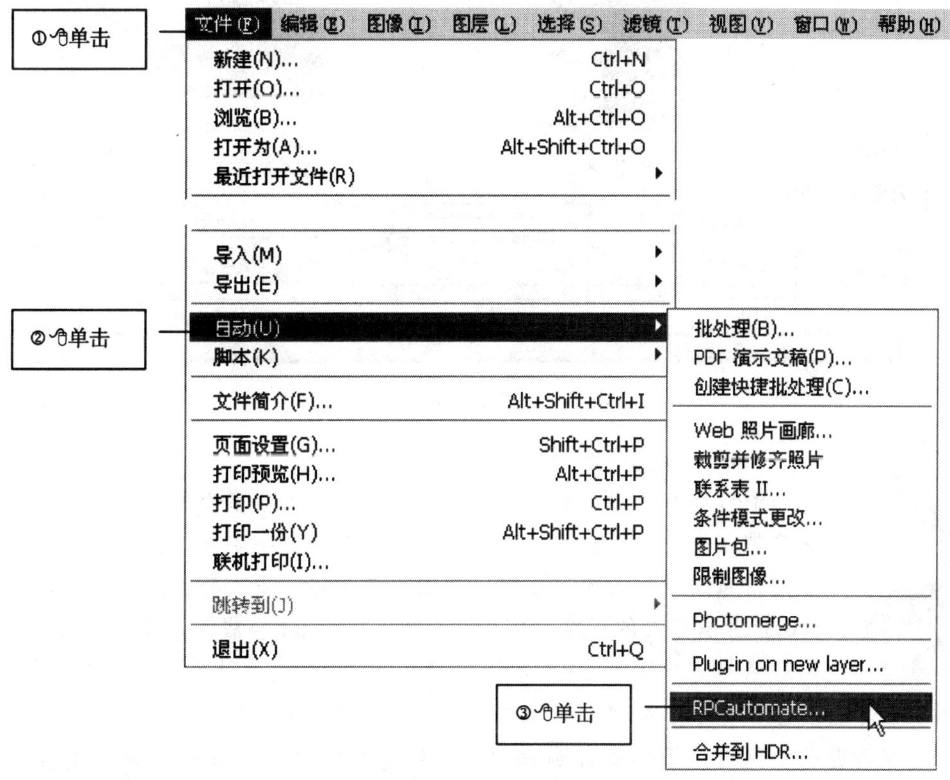

图　3-4-26

(3) 调整人物的朝向、插入到效果图中

如图 3-4-27 所示操作。

(4) 自动创建一个新图层插入 RPC 素材

创建的新图层以 RPC 素材名称命名，插入后的 RPC 与一般的图像没什么不同，可以对其进行移动、自由变换等操作。

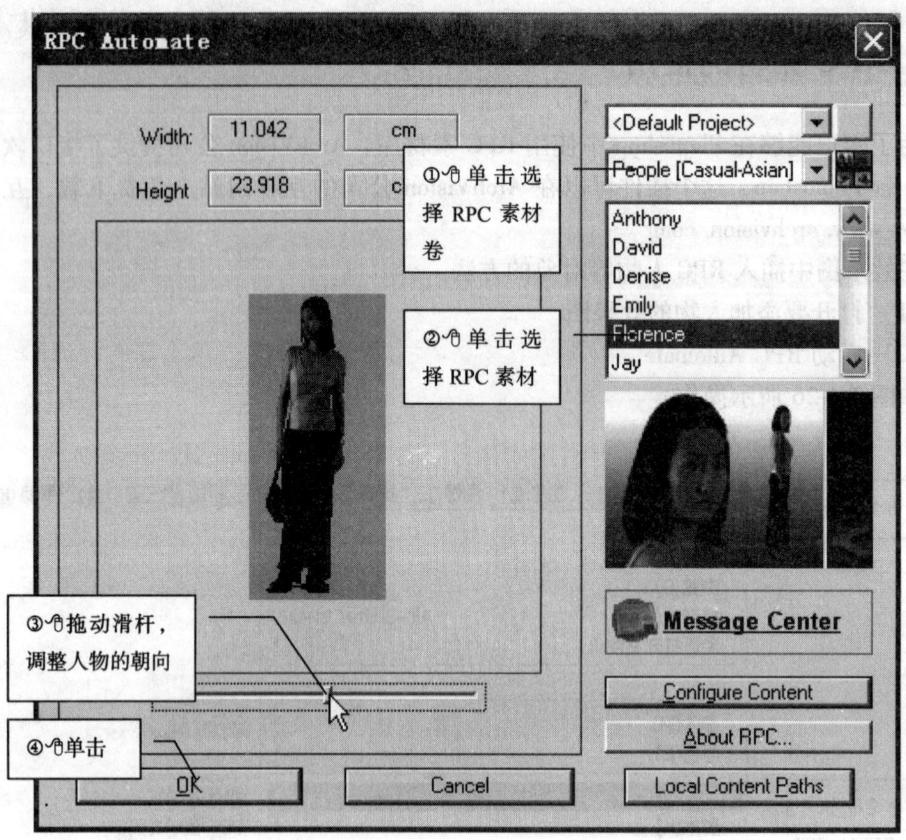

图 3-4-27

RPC人物素材的制作原理

RPC静态素材的制作思路与影片Matrix（黑客帝国）中的经典特技镜头非常相似，是谁借鉴了谁的想法未做考证。一个人物摆好姿式，相机在以人物为圆心的圆周上每隔一度圆心角拍摄一张人物的照片，处理后获得360张透明背景的图像，使用软件RPC Creator合成为一个RPC素材，因此RPC素材体积庞大，一个人物在10M左右，在使用时无论相机在哪个角度，RPC都能找出一张误差在1度范围内的图像，与一般的平面素材库相比优势明显。

RPC素材是为三维动画软件设计制作的，目的是为了减少三维场景的渲染时间，在场景中构建一棵真正的三维树木要几百至几千个面，而RPC则只有一个面。ArchVision公司以卷（Volume）为单位发布RPC素材，每卷属于一类，如：商业人物、亚洲商业人物、运动人物、亚洲休闲人物、欧洲树木、亚洲树木等，最初以静态人物和树木为主，这些2D素材可以在Photoshop中使用，后来又推出了2.5D人物（在场景中行走）、3D汽车、3.5D汽车等多维空间的素材，如3.5D汽车，观察视点可以是空中半球面上的任意一点，它又实时的行驶在三维场景中。

第 5 讲

5.1 扫描仪

扫描仪从应用角度讲可以分为两类，台式扫描仪和工程扫描仪，如图 3-5-1。台式扫描仪的扫描幅面小，一般为 A4、A3，在家庭、办公室、广告公司、印刷企业等应用较为普遍；而工程扫描仪的扫描精度高、幅面大，可达到 A0 以上幅面，由于价格昂贵只能在大型设计院、广告公司可以见到。

图 3-5-1

5.1.1 扫描仪的主要技术指标

1. 感光器件

分为 CCD（Charge Coupled Device）和 CIS（Contact Image Sensor）两种。CIS 扫描头价格便宜，更换方便，但扫描的层次不足，一般用于超薄扫描仪；CCD 扫描速度快，有一定景深，能扫描凹凸不平的实物，为多数扫描仪采用。

2. 分辨率

数值越高，扫描的图像越细腻。有光学分辨率和差值分辨率之分，光学分辨率是通过硬件实现的分辨率，一般可以达到 600 ~ 2400DPI；差值分辨率是在光学分辨率基础上，通过软件差值运算实现的。

3. 色彩位数

数值越高，所表现的色彩种类就越丰富自然。常见的扫描仪色彩位数为 36 位（bit）、42 位、48 位等。

4. 动态范围

也称密度范围，是指扫描仪所能记录原稿的色调范围，数值越高，表现高光和暗调的层次越丰富，专业扫描仪可以达到3.4D。动态范围是由扫描仪整个光学影像系统的技术指标所决定的，高品质的透镜、高精度的模拟/数字转换器、高信噪比的线性CCD组合在一起，才能得到高的动态范围。

5. 传输接口

扫描仪可通过并口、SCSI接口、USB三种接口与计算机连接。USB接口带宽大、速度快、即插即用，被多数的扫描仪采用，USB2.0标准比USB1.0理论速度快40倍。

6. 幅面大小

可整幅一次扫描的最大图纸幅面，A4、A3、A0等。

多数园林设计单位会购买一台A4幅面、USB2.0接口、光学分辨率1200DPI、色彩位数48位的CCD扫描仪，如果这台机器的技术指标中标有动态范围2.8D、3.0D，就要恭喜你了☺，说明它在非专业的扫描仪中是比较高端的。

5.1.2 扫描仪的使用

1. 安装

连接扫描仪与计算机的传输线、电源线⇨接通电源⇨安装驱动程序。

2. 启动 Photoshop

扫描仪生产商一般会提供随机的扫描软件，每个品牌的扫描仪都有所不同，工作中多数情况下在Photoshop中扫描图样并对图像做进一步处理。

3. 放入扫描图样

将要扫描的图纸面朝下扣放在扫描仪的玻璃面上，盖上盖子。

4. 启动 Windows XP 的扫描程序

如图3-5-2所示操作。

5. 预览并设置扫描参数

如图3-5-3、图3-5-4所示操作①～⑤，预览扫描图像，设置扫描分辨率、图样类型和扫描区域。

6. 扫描

如图3-5-3所示操作⑥，结果如图3-5-5a所示，扫描程序窗口自动关闭。

7. 旋转画布

观察图3-5-5a所示图样会发现这是一张横幅图样，为了便于使用需要旋转成纵幅。如图3-5-6所示操作，将扫描的图像逆时针旋转90度，结果如图3-5-5b所示。

重复步骤4～6可以扫描第二幅图样，重复步骤7旋转扫描的图像。

可使用扫描仪随机的扫描软件，每个品牌扫描仪的软件界面和操作方法都有所不同，每换一个品牌都要有个适应过程，但功能普遍超过Windows XP自带的扫描程序。

①单击
文件(F) 编辑(E) 图像(I) 图层(L) 选择(S) 滤镜(T) 视图(V) 窗口(W) 帮助(H)
新建(N)... Ctrl+N
打开(O)... Ctrl+O
浏览(B)... Alt+Ctrl+O
打开为(A)... Alt+Shift+Ctrl+O
最近打开文件(R)
在 ImageReady 中编辑(D) Shift+Ctrl+M
关闭(C) Ctrl+W
关闭全部 Alt+Ctrl+W
关闭并转到 Bridge... Shift+Ctrl+W
存储(S) Ctrl+S
存储为(V)... Shift+Ctrl+S
存储版本(I)...
存储为 Web 所用格式(W)... Alt+Shift+Ctrl+S
恢复(T) F12
置入(L)...
②单击
导入(M)
导出(E)
自动(U)
脚本(K)
文件简介(F)...
页面设置(G)... Shift+Ctrl+P
打印预览(H)... Alt+Ctrl+P
打印(P)... Ctrl+P
打印一份(Y) Alt+Shift+Ctrl+P
联机打印(I)...
跳转到(J)
退出(X) Ctrl+Q
单击，可启动清华紫光的扫描程序
③单击
变量数据组(V)...
注释(A)...
UniScan5.01...
USB PC Camera 301P...
WIA-UniScan e52...
WIA-USB PC Camera 301P...
WIA 支持...
WIA-UniScan e52 中 WIA 是 WindowsXP 自带的扫描程序，UniScan e52是本地计算机上安装的一台扫描仪清华紫光 e52。UniScan5.01是清华紫光提供的扫描程序。USB PC Camera是摄像头。

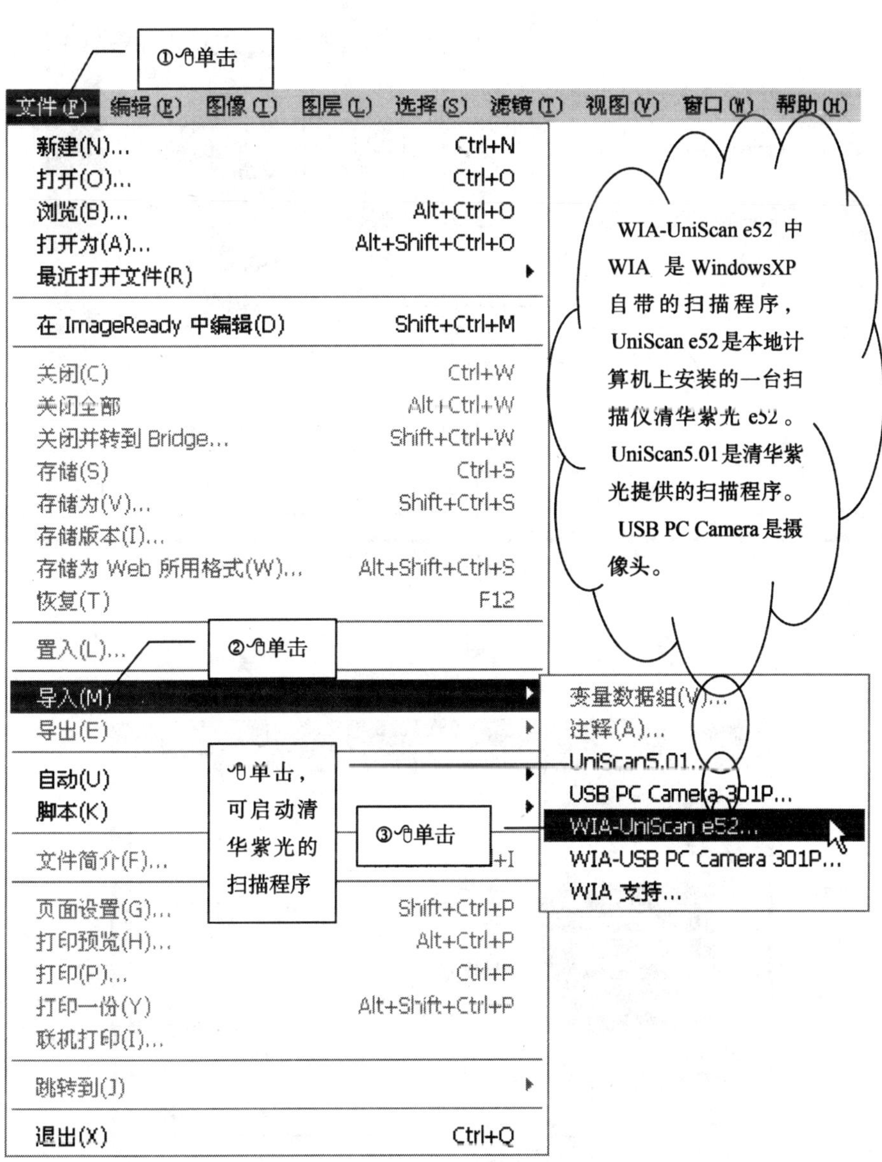

图　3-5-2

用 UniScan e52 扫描
要扫描什么?
为要扫描的照片类型选择下面的一个选项。
彩色照片(O)
灰度照片(G)
黑白照片或文字(B)
自定义设置(C)
您还可:
调整已扫描照片的质量
⑤拖动手柄，设置扫描范围
②单击，打开图 3-5-4
⑥单击
①单击
预览(P)
扫描(S)
取消

图 3-5-3

高级属性
高級属性
外观
亮度(B):
128
对比度(N):
128
分辨率(DPI)(R):
150
照片类型(T):
彩色照片
③输入分辨率
重设(E)
④单击，返回图 3-5-3
确定
取消

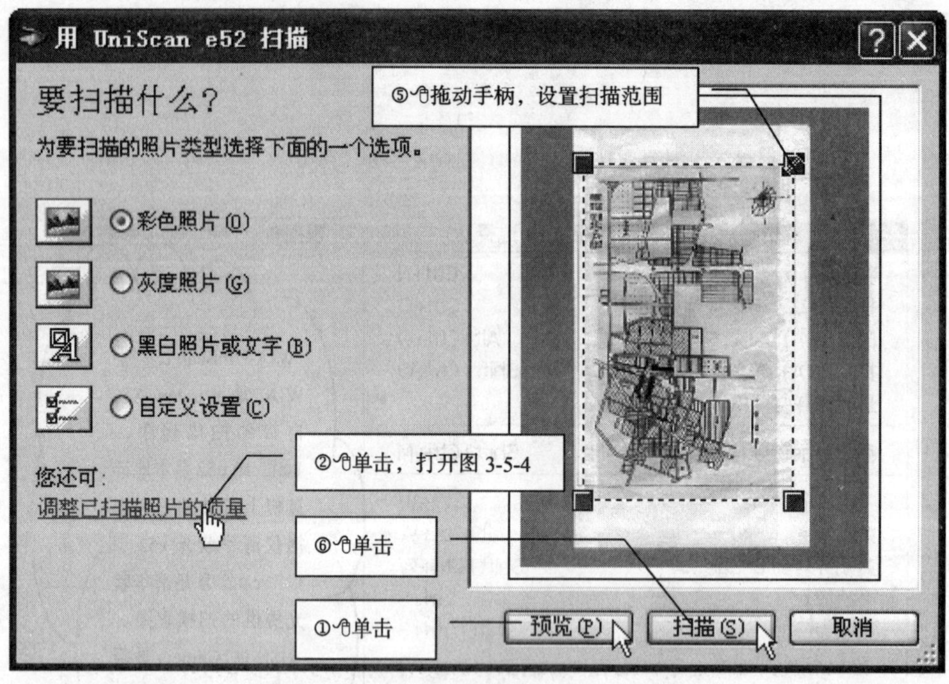

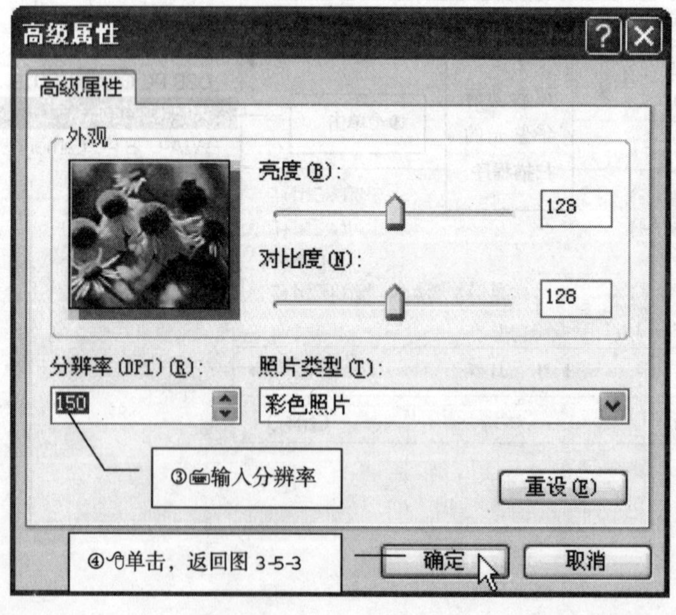

图 3-5-4

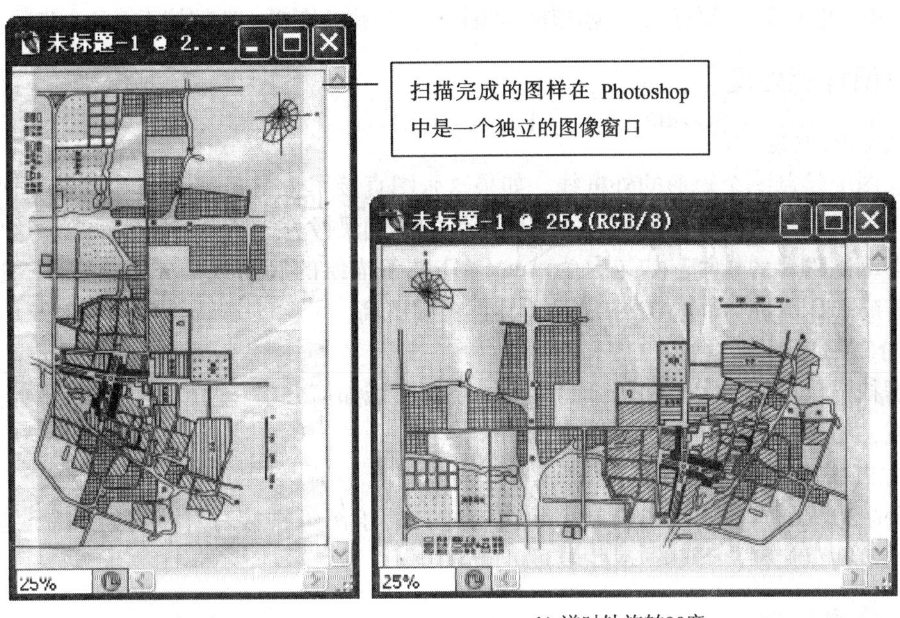

a)　　b) 逆时针旋转90度

图　3-5-5

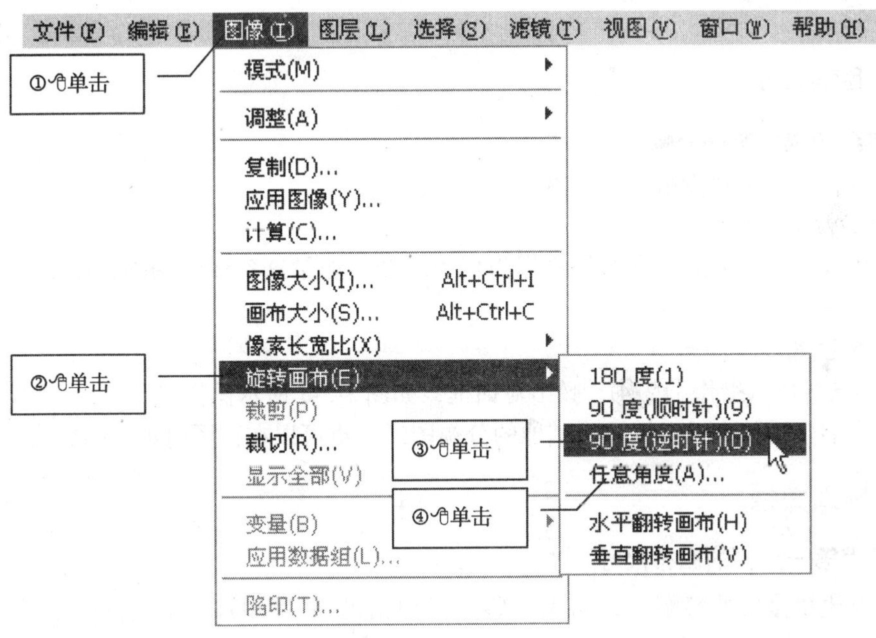

图　3-5-6

5.2　设计底图的扫描

设计师经常会有一张设计场地的现状图，参见 AutoCAD 部分 7.1 图样的矢量化方法，这种底图的扫描一般有图样预处理、分幅扫描、倾斜校正、拼接图幅、比例校正等几个步骤。

5.2.1 图样预处理

1. 绘制图框线

在底图上绘制一个矩形的外框线，如果这张图直接用于在 Photoshop 中绘制平面彩图，要量取外框线长短边的准确尺寸，并按照图纸的比例尺换算成场地的实际距离，这些尺寸将用于图纸比例尺的计算。如果是为 AutoCAD 准备描绘的底图或是矢量化底图，这一步骤可以省略，因为在 AutoCAD 中做尺寸校正精度更高。

2. 分幅扫描规划

根据扫描仪的幅面大小和图纸的尺寸，规划图纸如何分幅，两幅图纸边界要有一定的重叠区域，用于扫描后各幅面的拼接。

3. 绘制拼图的对位标志

在分幅边界的空白区域中绘制“+”标志，用于图纸拼接时对位，如果有明显的可以识别的地物点代替，可以省略此步骤。

5.2.2 分幅扫描

按照分幅规划将图纸逐幅扫描，图像类型设置为真彩色，分辨率控制在 100 ~ 300DPI。

5.2.3 倾斜校正

1. 找到扫描的第一分幅

假设图纸的左上角为第一个分幅。

2. 测量倾斜角度

在图中找一条水平或垂直的长线作为校正基线，测量这条线的倾斜角度，如图 3-5-7 所示操作。

3. 旋转画布

如图 3-5-6 所示操作①②④，弹出对话框，如图 3-5-8 所示操作。

可以参照上面的方法继续校正其他的分幅图纸，也可以在拼图时再逐幅旋转。

5.2.4 拼接图幅

1. 扩大第一分幅的画布尺寸

尺寸要比拼接后的整幅图纸略大一些，单击 图像 菜单⇨单击 画布大小，如图 3-5-9 所示操作。

2. 拖动插入待拼接的图幅

拖动第二幅待拼接的图像到第一分幅的窗口中，系统自动建立一个新图层放置拖入的图像。

3. 降低新插入图层的不透明度

在拼图时可以透过上面的图层看到下面第一分幅的图像。

4. 确定两对坐标点用于对位

观察两个图幅重叠区域的明显地物点，或是在 5.2.1 步骤 3 绘制的对位标志“+”，从中筛选两个易于识别、距离相对较远的点用来对位坐标，如图 3-5-10 所示。

5. 拖动重叠第一对坐标点

单击 ，拖动插入的图层使两个分幅图像的第一个对位点重叠在一起，如图 3-5-10、图 3-5-11 所示。

6. 旋转第二分幅图层重叠第二对位点

以第一个对位坐标点为轴，旋转拼入的第二分幅图层，使第二对位点重叠在一起。单击 编辑 菜单⇨单击 自由变换 ⇨ 如图 3-5-12 所示操作。

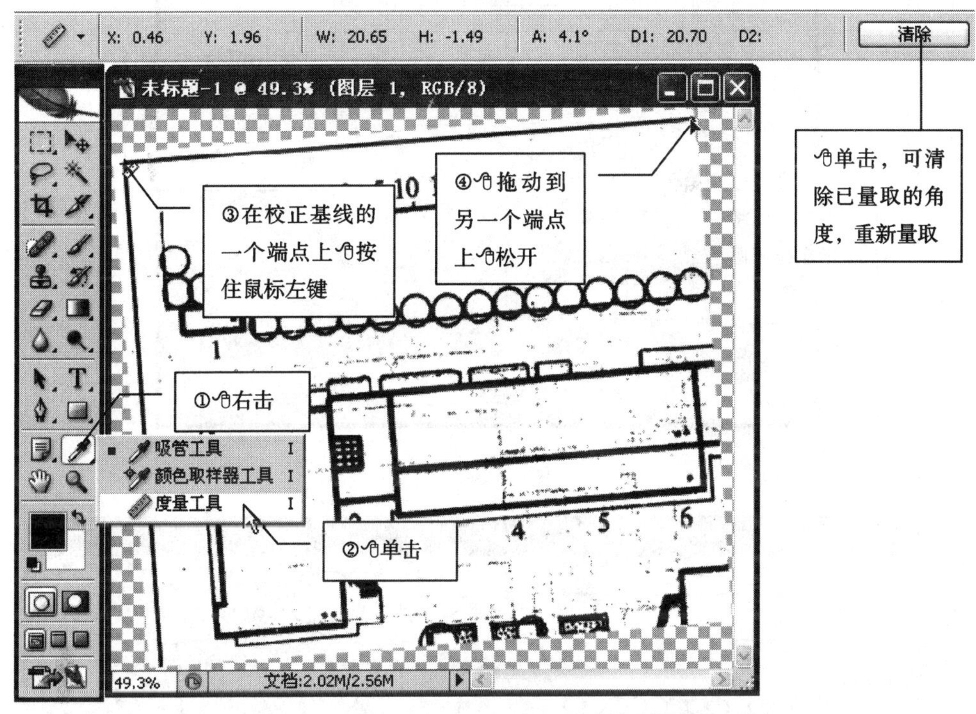

图 3-5-7

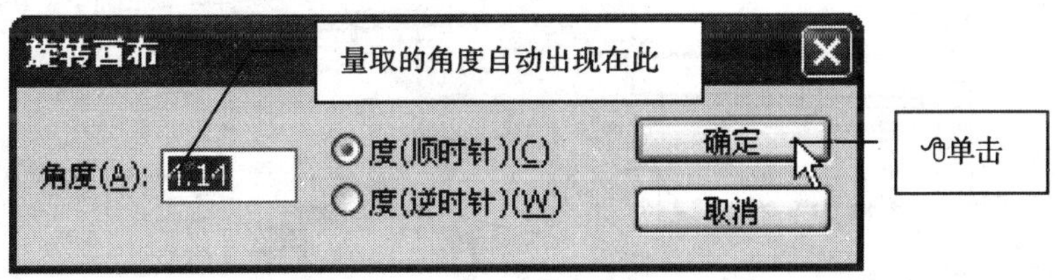

图 3-5-8

7. 恢复拼入图层的不透明度至 100%

8. 将拼入的图层合并到原有图层

参见 1.6.3 合并链接图层。

重复步骤2~8，顺序拼接剩余的分幅图像。

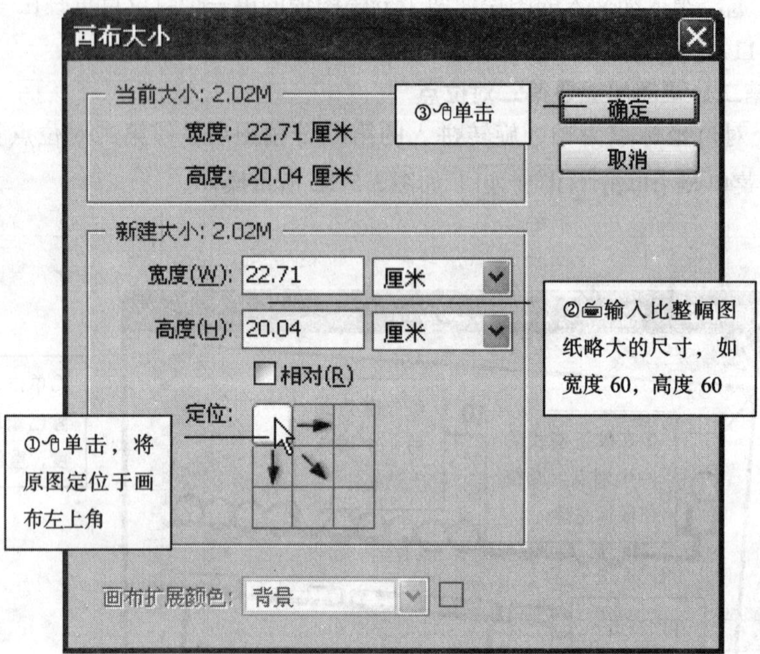

图 3-5-9

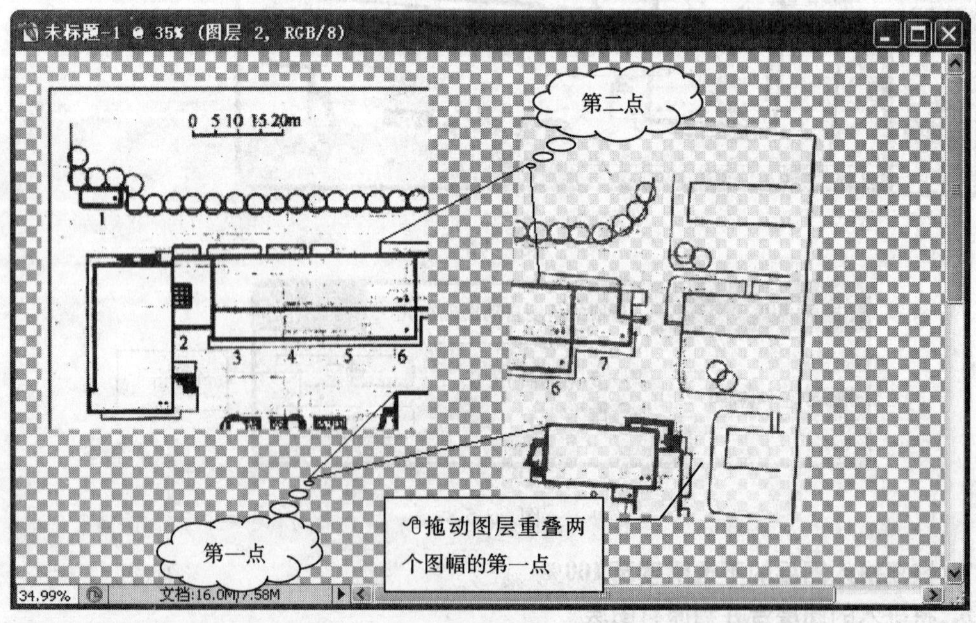

图 3-5-10

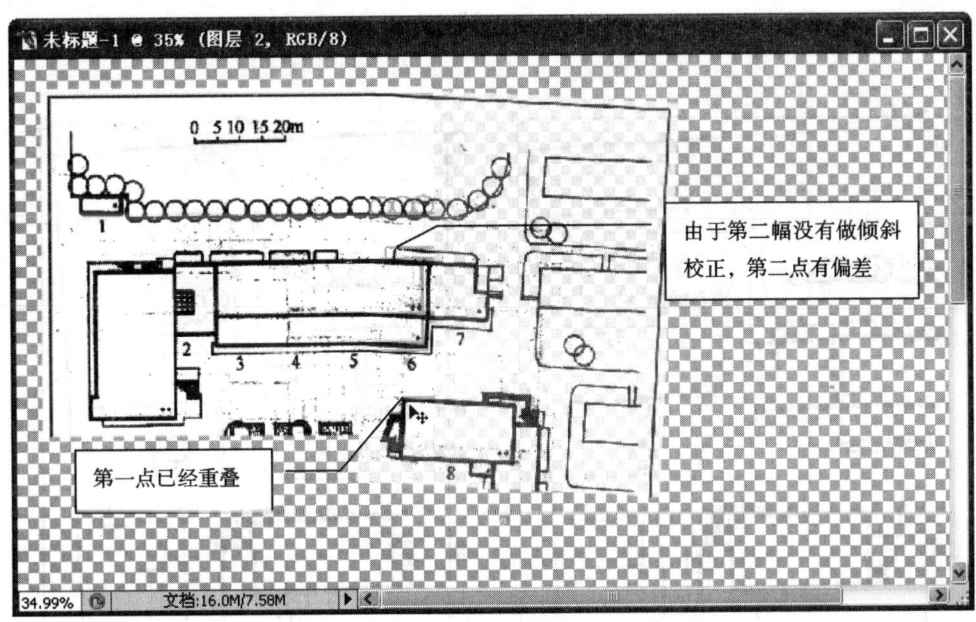

图 3-5-11

如果是为矢量化软件 VPstudio 准备底图，可在 VPstudio 矢量化过程中拼接，易于操作而且精度更高，参见 AutoCAD 部分 7.1.3。

5.2.5 比例校正

如果要在扫描的这张底图上，直接用 Photoshop 做成彩色的平面图，也就是常说的平面效果图，而又要求在这张图上标注比例尺，就需要知道图框在现场的实际尺寸和图纸的打印尺寸。如图 3-5-13 所示，这张图的外框线大约 128m × 118m，假设要打印输出 2 号图纸，图纸幅面 594mm × 420mm，去掉图纸边距可打印的尺寸大约 570mm × 400mm，把 128m × 118m 的设计场地放置到 570mm × 400mm 的图纸打印范围内，这之间的比例就是图纸的比例尺，假设图纸为横幅放置，即 570(横) × 400(竖)，比例尺计算如下：

$$按横(长)边计算\frac{570}{128000} = 1:225 = 0.00445312$$

$$按竖(短)边计算\frac{400}{118000} = 1:295 = 0.00338983$$

取其中较小的一个比例尺，1:295，并将其比例因子（分母）增大靠近到一个国家制图标准中可使用的整数，如：300，那么最终决定这张图纸将以 1:300 的比例尺输出。按 1:300 的比例尺反算图像的竖边长 118m/300 = 39.33cm。

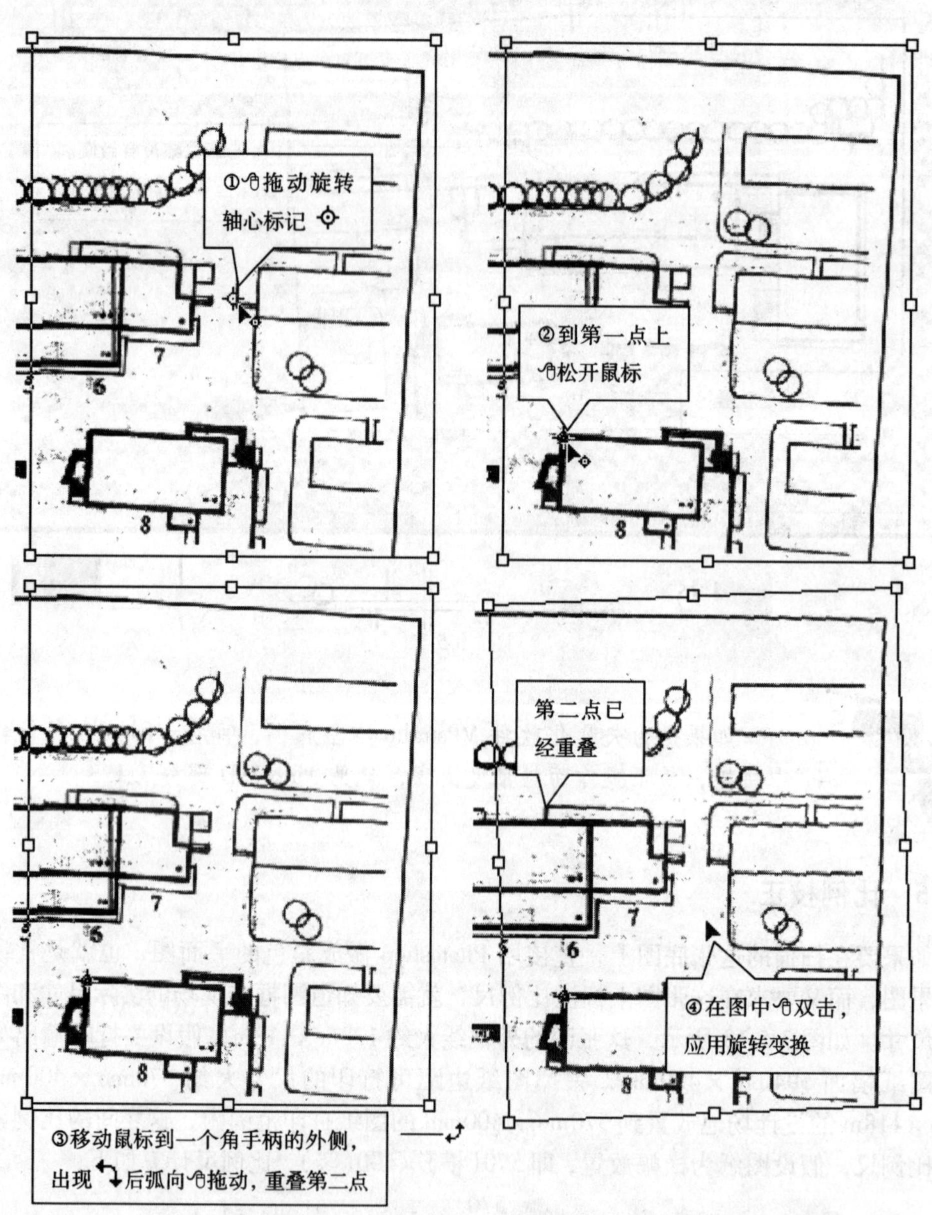
①拖动旋转
轴心标记
7
6
8
②到第一点上
松开鼠标
8
7
6
8
③移动鼠标到一个角手柄的外侧，
出现后弧向拖动，重叠第二点
第二点已
经重叠
7
6
8
④在图中双击，
应用旋转变换

图 3-5-12

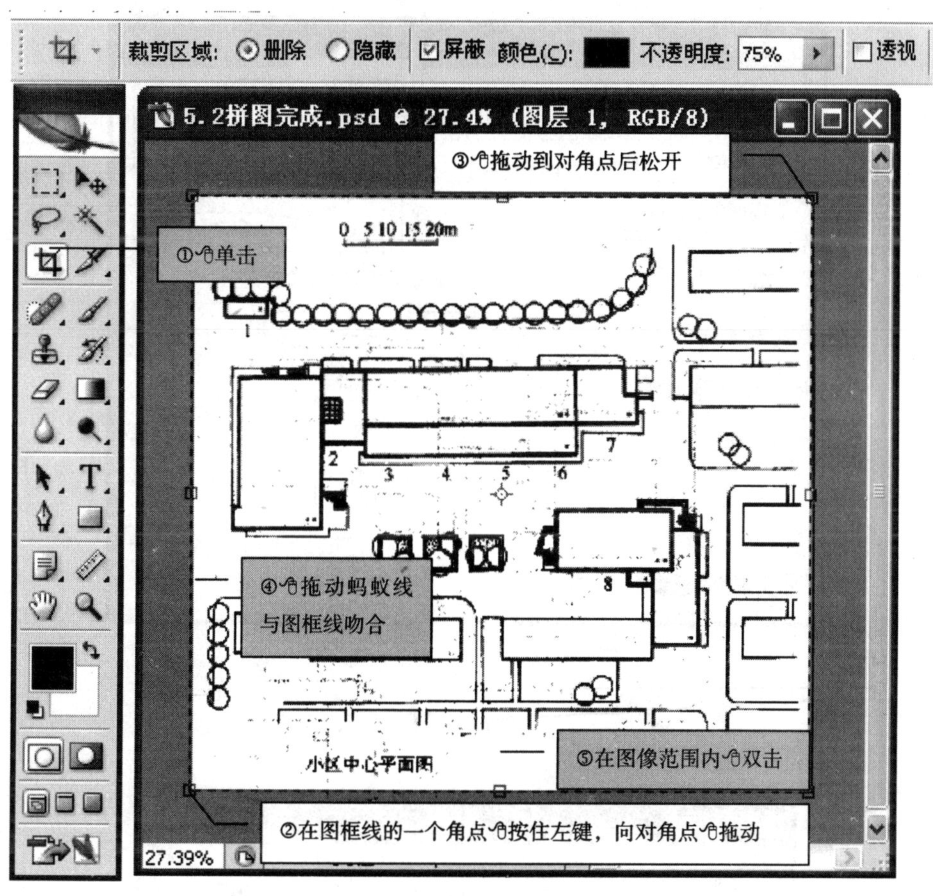

图 3-5-13

1. 沿图框线裁剪图像

关闭屏幕右侧调板，快捷键 Shift + Tab ⇨使图像尽量展开，单击 视图 ⇨单击 按屏幕大小缩放 ⇨如图 3-5-13 所示操作，沿图框线裁剪图像。

2. 设置图像大小

单击 图像 菜单⇨单击 图像大小 ，如图 3-5-14 所示操作。在计算比例尺时最终采用了按竖边计算的结果，所以在步骤②中输入图像的竖边长 39.33cm，如果采用横边长计算的比例尺则要输入反算的横边长。

3. 设置画布大小

根据输出时的可打印范围重新设置画布大小，有利于合理安排布局。单击 图像 菜单⇨单击 画布大小 ，如图 3-5-15 所示操作。单击 视图 菜单⇨单击 按屏幕大小缩放 ，图像如图 3-5-16 所示。

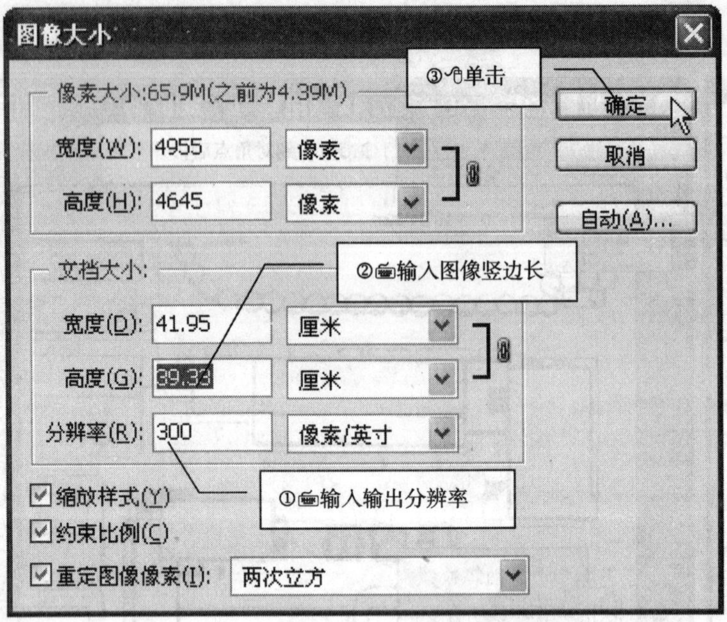

图像大小
③单击
像素大小:65.9M(之前为4.39M)
确定
宽度(W): 4955 像素
取消
高度(H): 4645 像素
自动(A)...
②输入图像竖边长
文档大小:
宽度(D): 41.95 厘米
高度(G): 39.33 厘米
分辨率(R): 300 像素/英寸
①输入输出分辨率
缩放样式(Y)
约束比例(C)
重定图像像素(I): 两次立方

图 3-5-14

画布大小
当前大小: 65.8M
②单击
确定
宽度: 41.95 厘米
取消
高度: 39.33 厘米
新建大小: 91.0M
宽度(W): 57 厘米
高度(H): 40 厘米
①输入图纸
可打印范围
相对(R)
定位:
画布扩展颜色: 背景

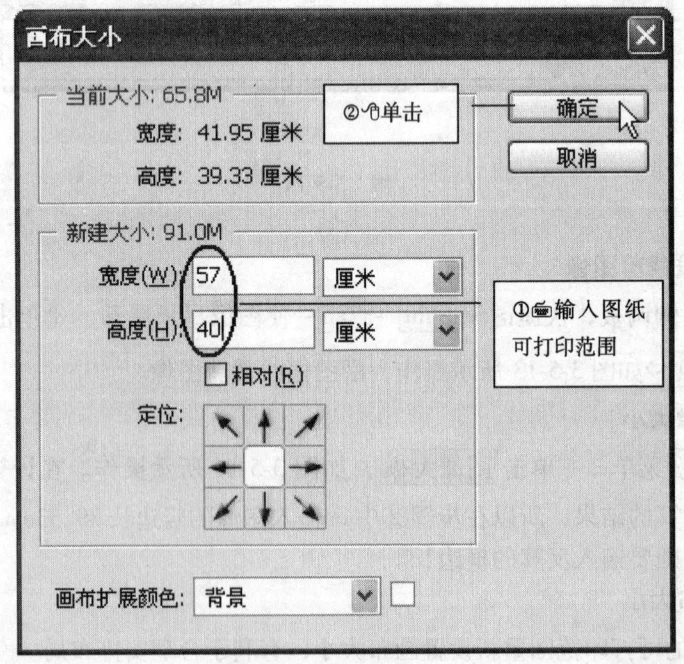

图 3-5-15

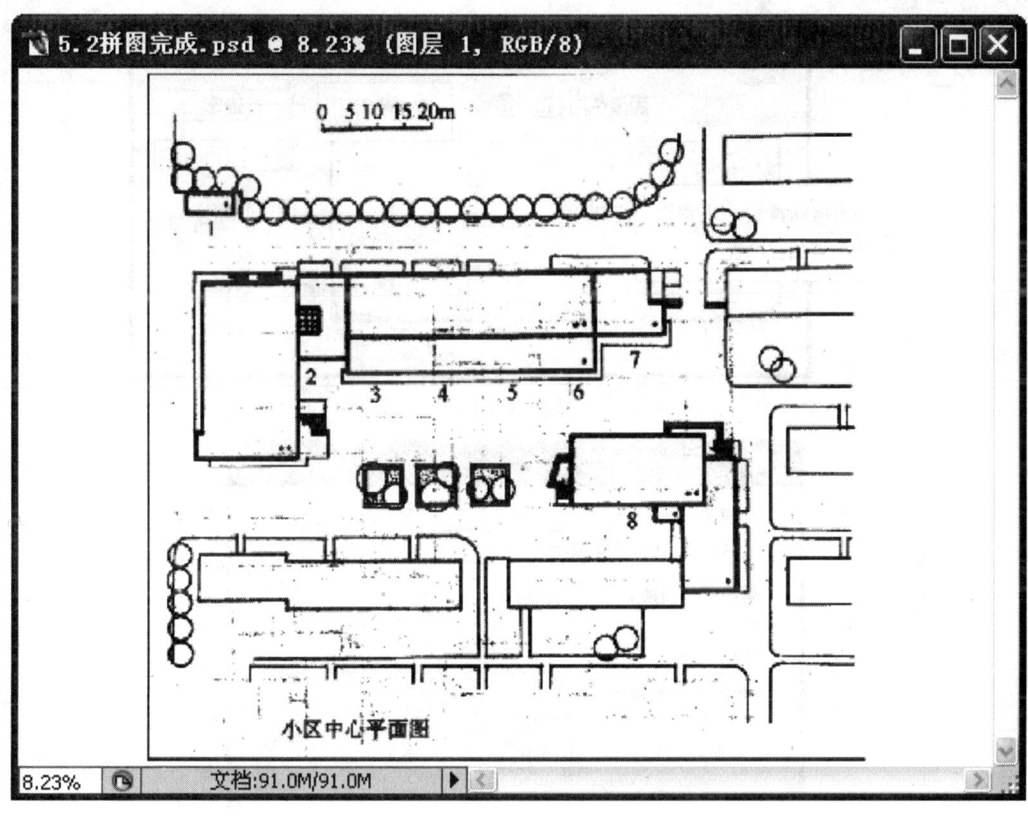

图　3-5-16

5.2.6　存储图像

1. 存储为 PSD 格式

如果扫描的底图在 Photoshop 中使用，可直接存储为 PSD 格式的文件。

2. 存储为 JPG 格式

如果是为 AutoCAD 准备描绘的底图，可在完成 5.2.4 后将其存储为 JPG 格式的文件，方法参见 2.5.5 文件存储，在 AutoCAD 中校正尺寸易于操作而且更为准确。

3. 存储为 TIF 位图格式

如果是为 VPstudio 准备矢量化的底图，可在完成 5.2.2 后分幅存储为 TIF 格式，方法参见 2.5.5 文件存储。拼接图幅、倾斜校正可在 VPstudio 完成。由于 VPstudio 矢量化时只识别 TIF 位图格式，要转换扫描图样的图像模式后再存储，方法如下：

（1）清理扫描图像的杂点

单击 图像 菜单⇨ 调整 ⇨单击 阈值 ，如图 3-5-17 所示操作。

（2）RGB 模式转换为灰度模式

单击 图像 菜单⇨ 模式 ⇨单击 灰度 ⇨单击 确定 。

（3）灰度模式转换为位图模式

单击 图像 菜单⇨ 模式 ⇨单击 位图 ⇨如图 3-5-18 所示操作。

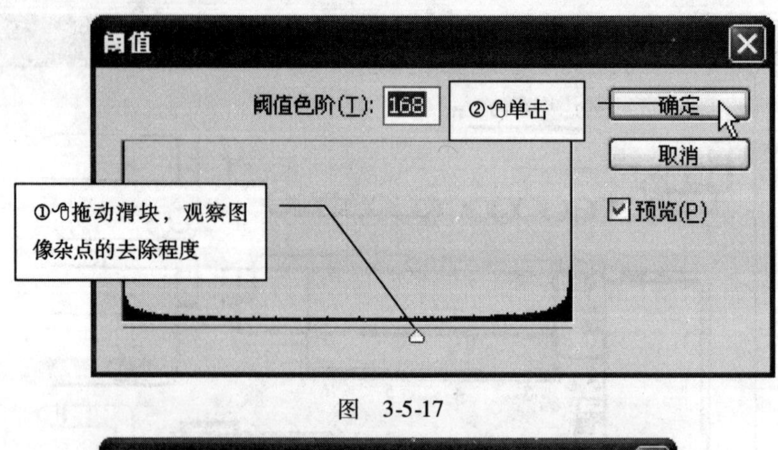

图 3-5-17

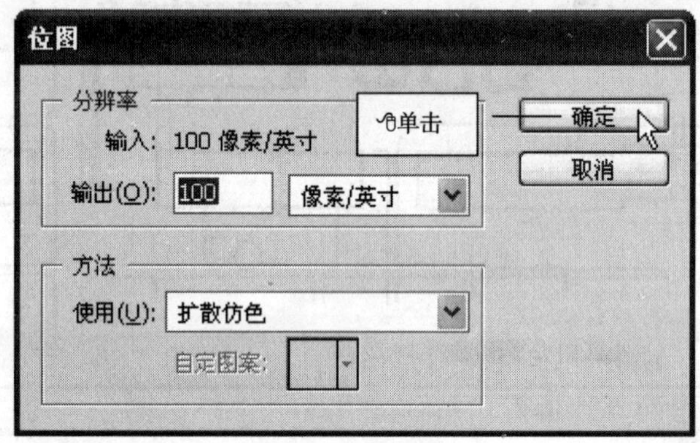

图 3-5-18

5.3 树木素材的收集与加工

在效果图的制作过程中需要大量的素材，如：树木、人物、铺装、墙面等，要不断地积累和丰富才能满足工作的需要，这项工作一般包括收集、加工、存储几个环节。

5.3.1 收集素材

用照相机拍摄自然中的树木、冲印照片、扫描仪输入到计算机并存储为图像文件；或使用数码像机拍摄、存储为图像文件，然后输入到计算机中。收集的素材要有比较高的分辨率，能满足输出图纸时的打印分辨率要求，扫描素材照片或图片的分辨率应控制在300DPI以上，数码像机拍摄也要用较高的分辨率才能满足要求。

5.3.2 钢笔路径去除背景

去除树木周围的背景，将其抠出来，也称为抠像。如果树木与背景的色彩反差比较大，可以使用抽出滤镜将其从背景中抽出，方法参见4.1抽出滤镜，如果背景是一片树林则色彩反差极小，可以描绘路径转换为选区将其抠出。

（1）打开树木图像转换为RGB工作模式

（2）沿树木外轮廓描绘一条闭合路径

用钢笔工具，如图 3-5-19 所示操作。

图　3-5-19

（3）移动路径的锚点或路径段

用直接选择工具，如图 3-5-20 所示操作。

图　3-5-20

(4) 平滑路径

用转换点工具，如图 3-5-21 所示操作。

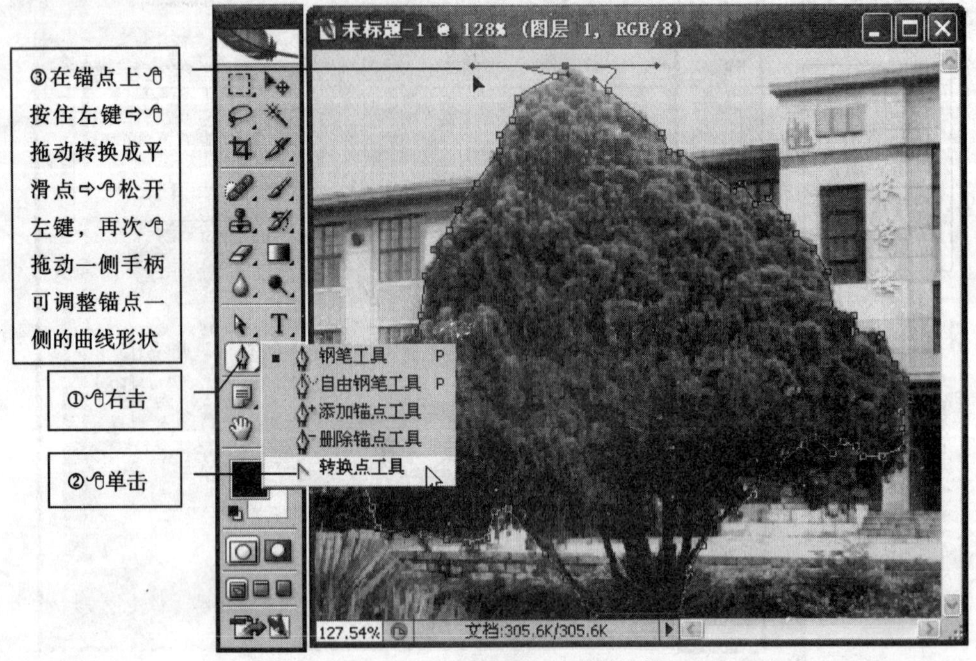

图 3-5-21

(5) 将路径作为选区载入

将闭合路径包围的范围定义为一个选择区域，在屏幕右下角的路径调板中完成，如图 3-5-23 所示操作。

(6) 复制选区到剪切板、新建文件、粘贴入新文件

新建的文件要透明背景，方法参见 2.1.1 中步骤(3)~(5)。

(7) 橡皮擦整修细部

(8) 调节色彩和对比度

用自动色阶、自动对比度，方法参见 2.3.1 步骤 4，结果如图 3-5-22 所示。

5.3.3 存储为 PSD 文件

存储为 PSD 格式文件，可以保持图像的透明背景，在 Photoshop 中使用时可直接拖入到效果图窗口中，而不必像其他类型的文件那样需要先去除背景，方法参见 2.1.4。

5.3.4 存储为 3ds max 配对树木贴图

在 3ds max 中定义树木材质时，需要一对贴图：漫反射颜色贴图和不透明度贴图，参见 3ds max 部分 7.2 贴图法。这对贴图多以 TGA、JPG 格式存储，文件命名时第一张图以 L 字母结尾，第二张图以 O 字母结尾，如：tree05l. tga、tree05o. jpg。

图 3-5-22

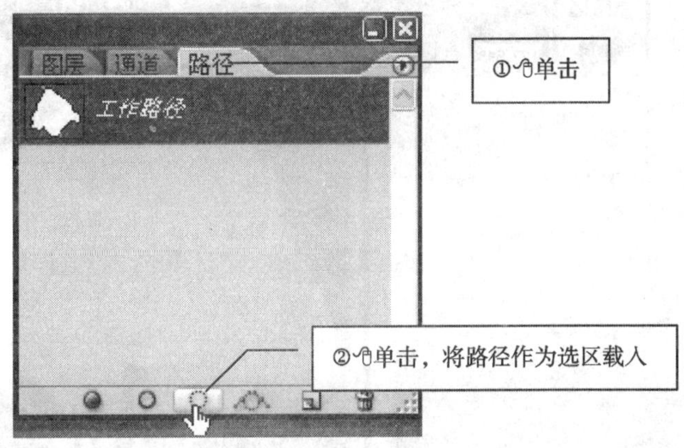

图 3-5-23

(1) 新建一个图层，填充为黑色，作为树木彩图的背景，如图 3-5-25a 所示，图层调板如图 3-5-24 所示①。

(2) 存储为漫反射贴图文件，如：trcc05l. tga。

(3) 新建一个图层，填充为白色，作为树木彩图的前景，图层调板如图 3-5-24②所示。

(4) 创新图层剪贴组

在剪贴组中最下面的图层（或基底图层）充当整个组的蒙版，其图像区域划定了上面图层中图像的显示范围，剪贴组中只能包括连续图层。操作方法如图 3-5-24③所示，结果如图 3-5-25b 所示。

（5）存储为不透明度贴图文件，如：tree05o. jpg。

人物素材的收集加工与树木方法相同，地面铺装、墙面贴图等素材，可在图像裁剪、颜色校正后存储为 tga、jpg 等格式文件。

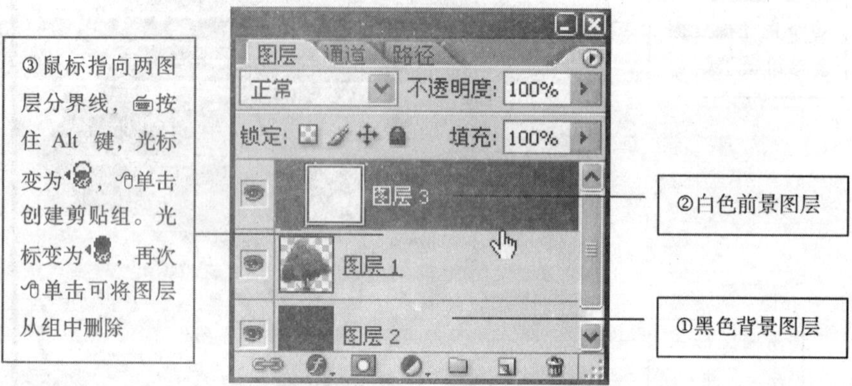

图 3-5-24

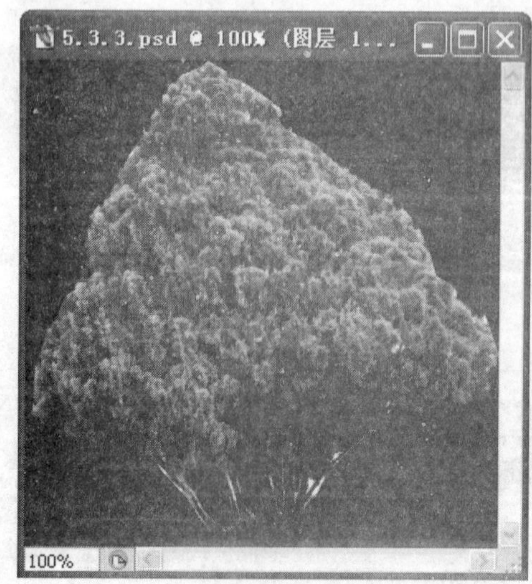

a) 漫反射颜色贴图

b) 不透明度贴图

图 3-5-25

第 6 讲

6.1 AutoCAD 平面图的输入

在 AutoCAD 中可以将图形通过文件打印机输出为 EPS 格式的文件，方法参见 AutoCAD 部分 6.5 向 Photoshop 输出平面图，然后在 Photoshop 中将其打开。

1. 启动 Photoshop 打开 EPS 文件

在 Photoshop 窗口中灰色图像编辑区空白处双击，如图 3-6-1 所示操作。

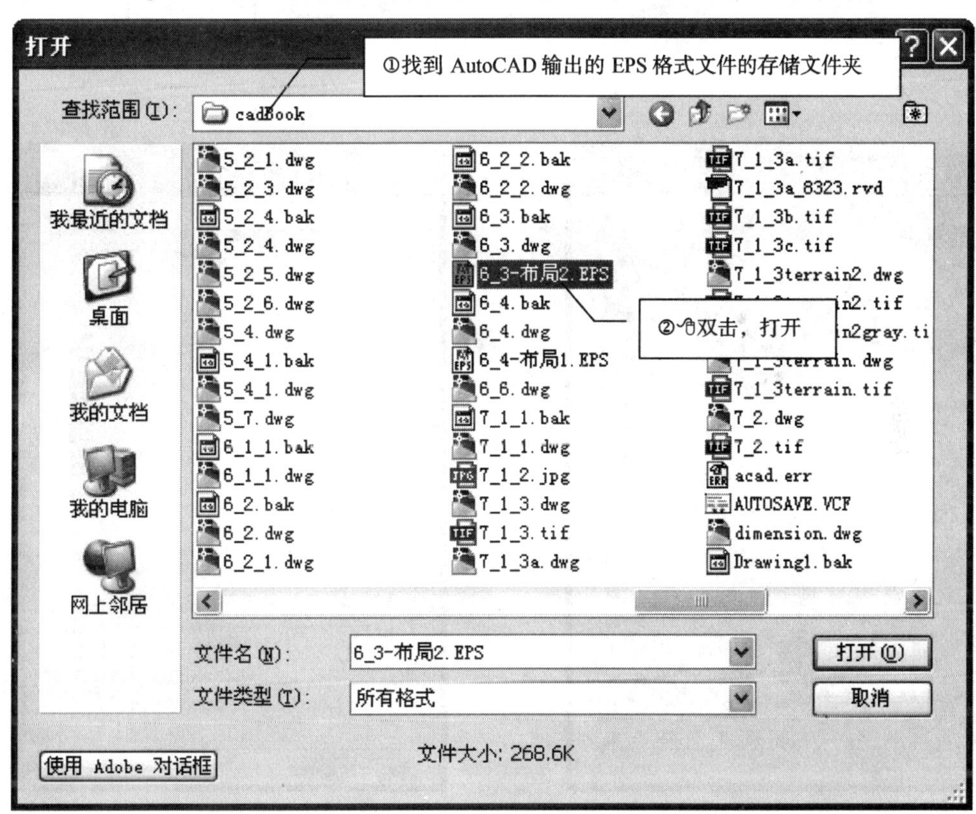

图 3-6-1

2. 设置栅格化参数

EPS 是矢量图形格式文件，在 Photoshop 中打开时会将其转换为图像，这种图形向图像的转换被称为栅格化，如图 3-6-2 所示操作，设置栅格化图像的分辨率和色彩模式。

3. 新建图层填充为白色作为背景

打开的图像背景是透明的，难以观察线条的存在，如图 3-6-3 所示，可新建一个图层并填充为白色作为背景，如图3-6-4所示，在白色背景的衬托下线条非常清晰，由于线条较细，有时看上去像是断线，不必担心。

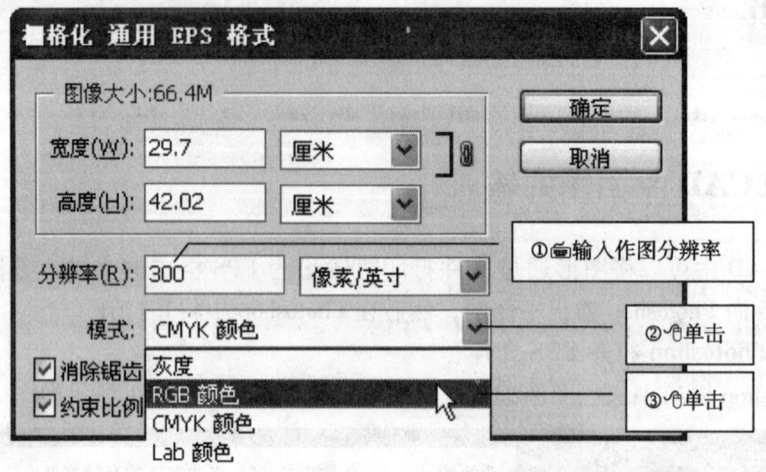

图 3-6-2

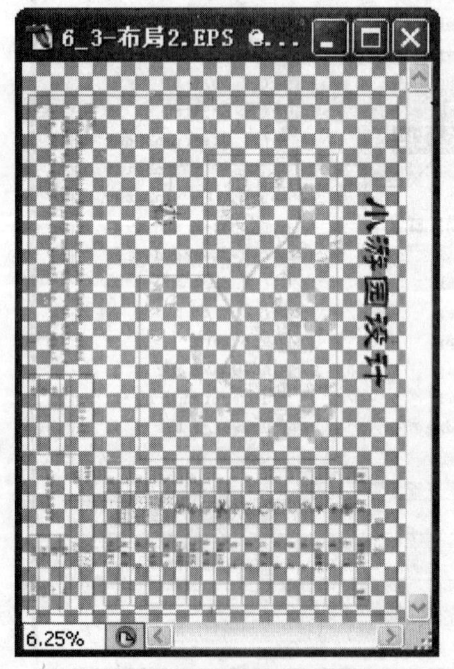

图 3-6-3

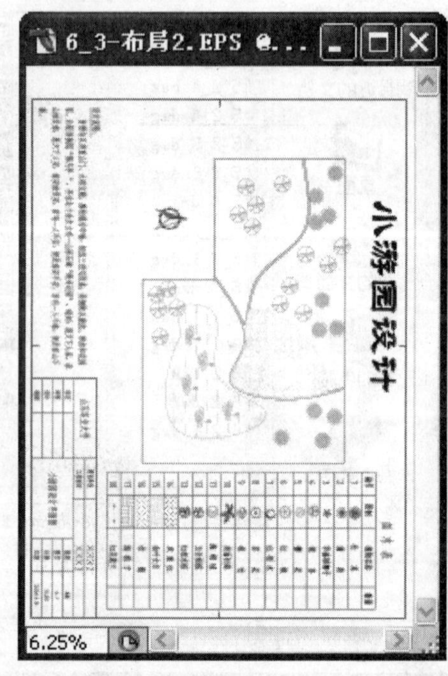

图 3-6-4

6.2 平面方案图的制作

规划阶段一般绘制彩色的平面方案图，将场地中的对象分类绘制在不同的图层上，从地坪开始逐层向上绘制，处于上层的对象自然会覆盖下层的对像，下层对象被覆盖部分不必去镂空，对于大面积的背景对象，如大片的草坪等可以用颜色渐变替代真实的草坪素材。如图 3-6-5 所示，假设场地中的对象从低到高的次序为：水面⇨地面⇨道路⇨草坪⇨铺装⇨树木和亭子，如果以草坪打底，则场地中没有裸露的地面，这一层可以省略。

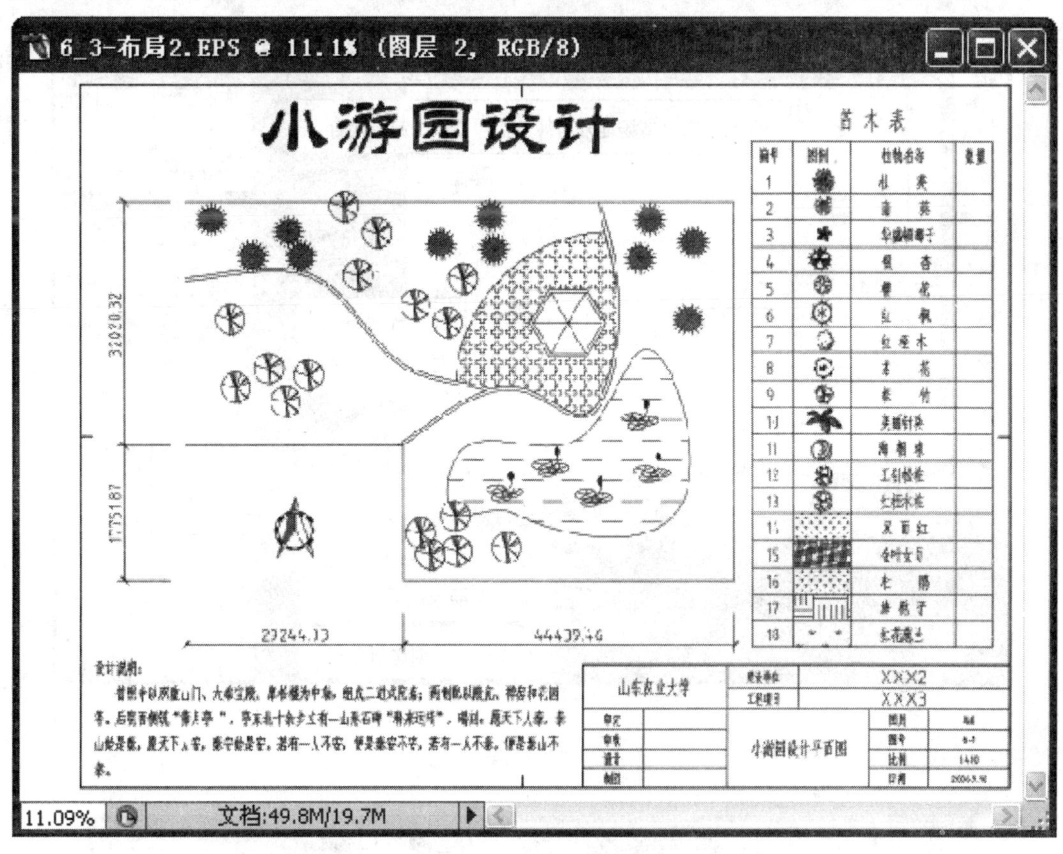

图　3-6-5

6.2.1　创建闭合区域路径

水面、草坪、铺装等对象在场地中都是闭合的区域，如果边界简单可用魔棒工具在范围内单击获得选区，如果边界复杂则先用钢笔工具将这些区域分别描绘成路径，然后将路径作为选区载入，按高度逐层向上填充颜色或图案。

（1）打开底图将其转换为 RGB 工作模式

（2）描绘设计场地范围

如图 3-6-6 所示操作①～⑥，创建设计场地范围路径⇨调整路径锚点的位置⇨命名路径。

（3）描绘水面范围

如图 3-6-6 所示操作⑦，创建一个新路径层⇨参照步骤①～⑥描绘水面范围路径⇨如图 3-6-7 所示操作，平滑水面范围路径⇨命名路径。

（4）描绘其他对象的范围路径

同样的方法描绘草坪、铺装等区域的路径，并分别命名。

Adobe Photoshop
文件(F) 编辑(E) 图像(I) 图层(L) 选择(S) 滤镜(T) 视图(V) 窗口(W) 帮助(H)
"直接选择工具"没有选项。
6_3-布局2.psd @ 11.1% (图层 2, RGB/8)
③顺序单击场地外沿线角点⇨单击起点闭合
路径选择工具 A
直接选择工具 A
④右击，单击
⑤拖动锚点
适当调整位置
②单击
①单击
⑥双击⇨输入路径
名称"场地范围"
⑦单击，创建新路径
导航器 信息 直方图
颜色 色板 样式
历史记录 动作
闭合路径
拖移段
拖移锚点
拖移锚点
拖移锚点
图层 通道 路径
工作路径
11.09%

图 3-6-6

6_3-布局2.psd @ 33.3% (图层 2, RGB/8)
②在锚点上按住左键
⇨拖移锚点，平滑路径
钢笔工具 P
自由钢笔工具 P
添加锚点工具
删除锚点工具
转换点工具
③在手柄端点上按住左键
⇨角拖移，调整单侧路径
①右击，单击
33.29%
文档:49.8M/51.0M

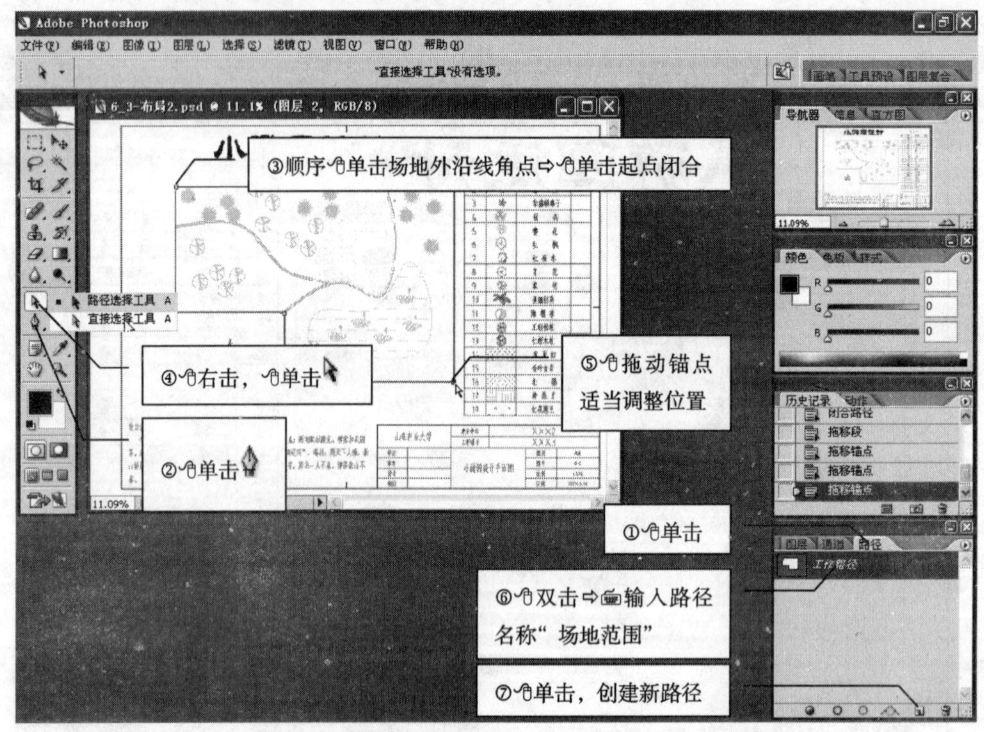

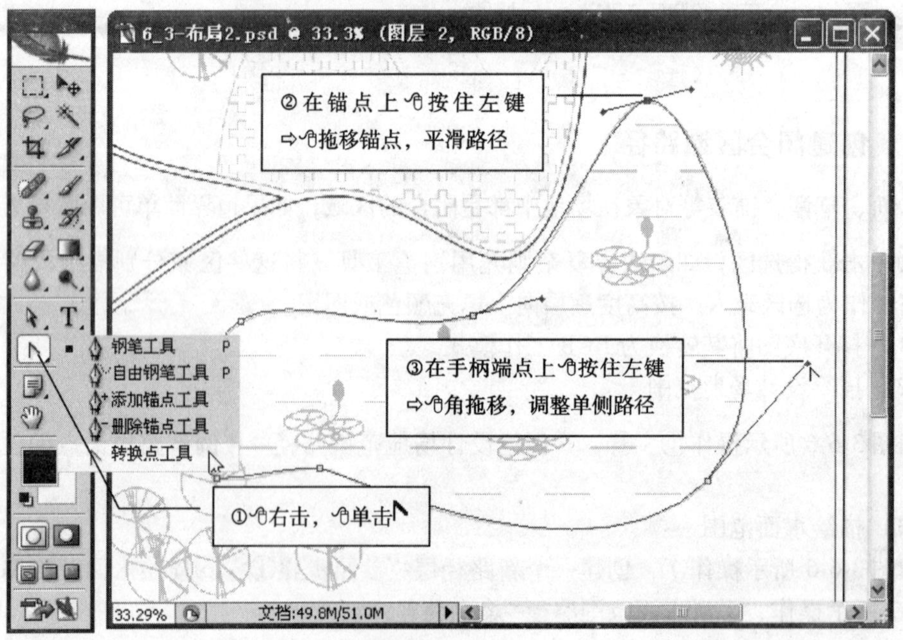

图 3-6-7

6.2.2　水面

1. 插入水面素材图像

打开一个水面素材图像文件，将其拖动到当前平面图中来，放置在白色背景图层与 EPS 底图中间，如果平面底图是一幅扫描的图像，可以将扫描底图置于顶层，将不透明度调低，这样有利于随时观察设计对象的位置和范围。

2. 调整水面素材大小

如果水面素材图像过大可用自由变换将其适当缩小，如果太小则可将其复制几份拼合在一起，为了拼合时看上去无缝过渡，可将相邻的复制图层翻转，方法：单击选择要翻转的图层 ⇨单击编辑菜单⇨变换⇨单击水平翻转或垂直翻转。

3. 合并水面素材图层

按住 Ctrl 键，单击选择要合并的水面素材图层，如图 3-6-8 所示操作，结果如图 3-6-9a 所示。

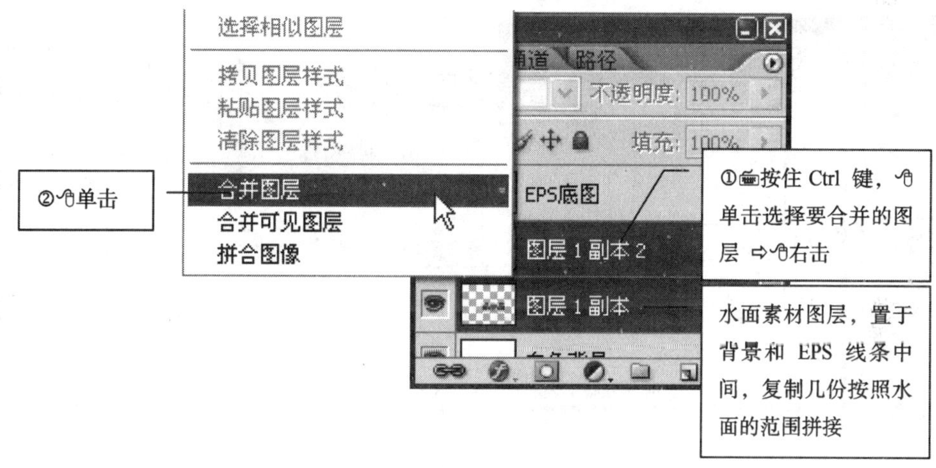

图　3-6-8

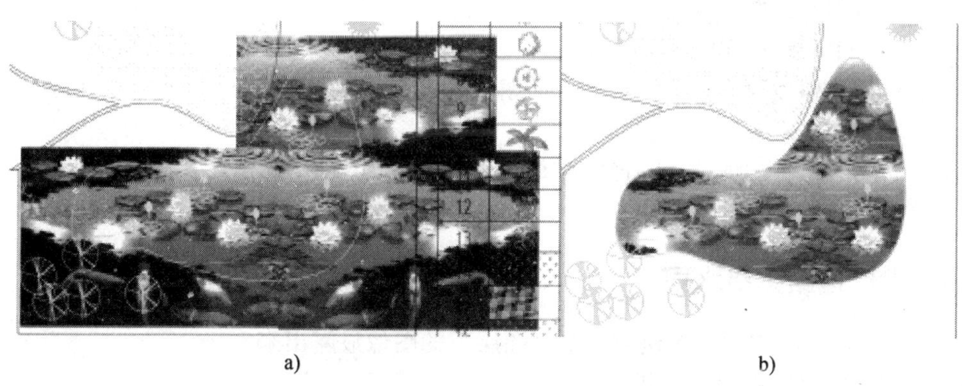

a)　　b)

图　3-6-9

6.2.3 道路

由于假设场地中没有裸露地面，所以在整个设计场地范围内全部铺上道路，草坪层覆盖在道路层上面，未覆盖部分就是道路的区域，将道路和草坪图层中的水面区域镂空后显示出水面，如图 3-6-9b 所示。

（1）定义前景色

如图 3-6-10 所示操作①，定义前景色作为道路填充的颜色。

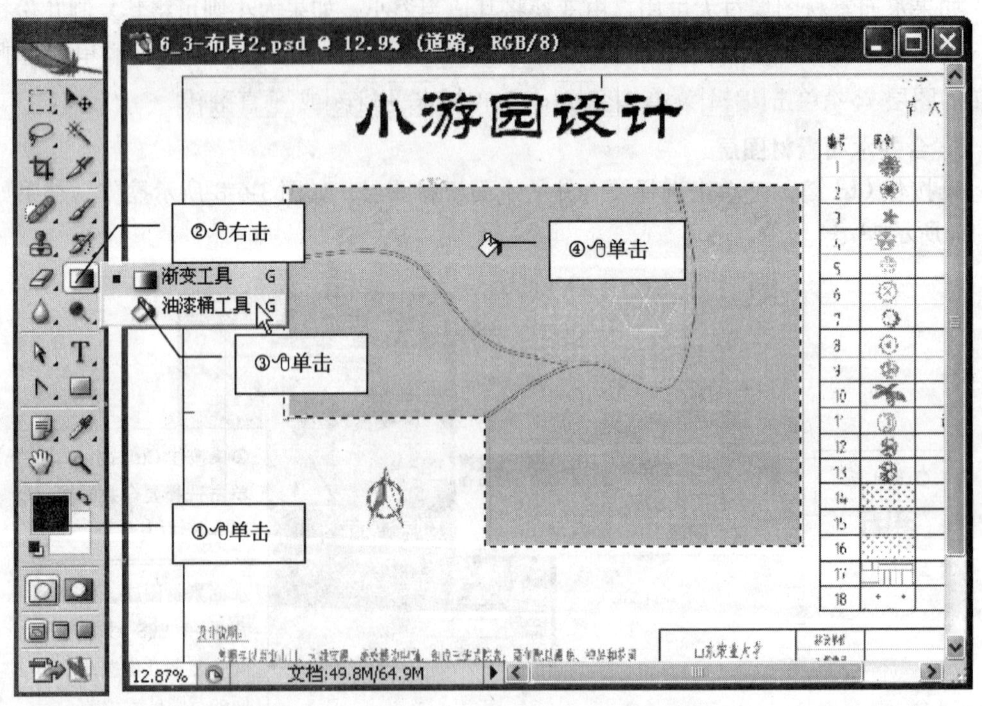

图 3-6-10

（2）将场地范围路径作为选区载入

如图 3-6-11 所示操作。

（3）创建道路图层，并将其置于水面图层之上

如图 3-6-12 所示操作。

（4）将整个设计场地填充为道路颜色

如图 3-6-10 所示操作②③④。

6.2.4 镂空道路露出水面

在道路图层上将水面区域镂空，水面图层上的图像显露出来。

（1）将水面路径作为选区载入

如图 3-6-13 所示操作。

(2) 切换到道路图层

如图 3-6-14 所示操作。

(3) 清除水面区域的道路

单击 编辑 菜单⇨单击 清除 。

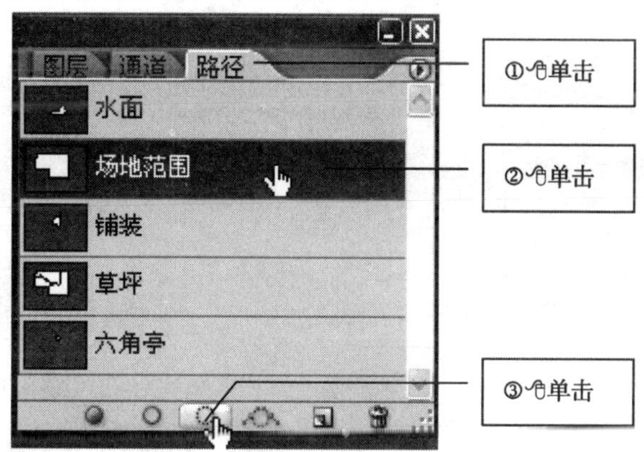

图　3-6-11

图　3-6-12

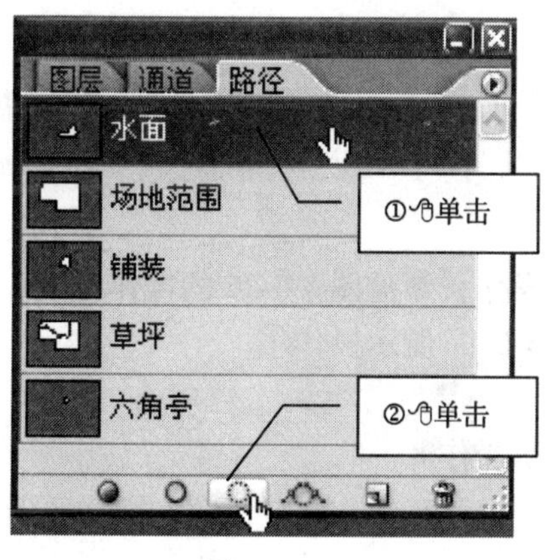

图　3-6-13

图　3-6-14

(4) 加深水面边缘，使其看起来像岸边的阴影

如图 3-6-15 所示操作。

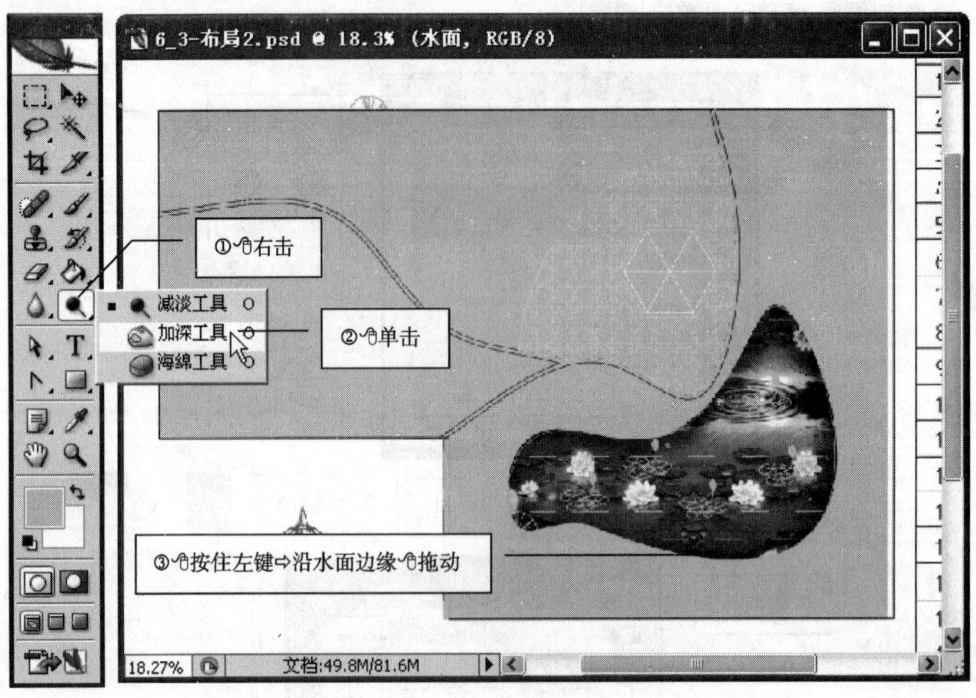

图 3-6-15

6.2.5 草坪

利用仿制图章工具可以将真实的草坪素材涂抹到选择区域，大面积的草坪也可以用浅绿色渐变来模拟。

(1) 将草坪路径作为选区载入

参见图 3-6-11 所示操作。

(2) 在道路图层之上创建草坪图层

参见图 3-6-12 所示操作。

(3) 打开草坪素材图像文件

(4) 使用仿制图章工具

①启动仿制图章并设置参数，如图 3-6-16 所示操作，参见图 3-3-26 的操作方法。

②拾取仿制图章在源图像中的起始位置，如图 3-6-17 所示操作①。

③切换到平面图窗口，如图 3-6-17 所示操作②。

④涂抹蚂蚁线围合的草坪区域，如图 3-6-17 所示操作③。

(5) 镂空草坪露出水面

方法参见 6.2.4 镂空道路露出水面。

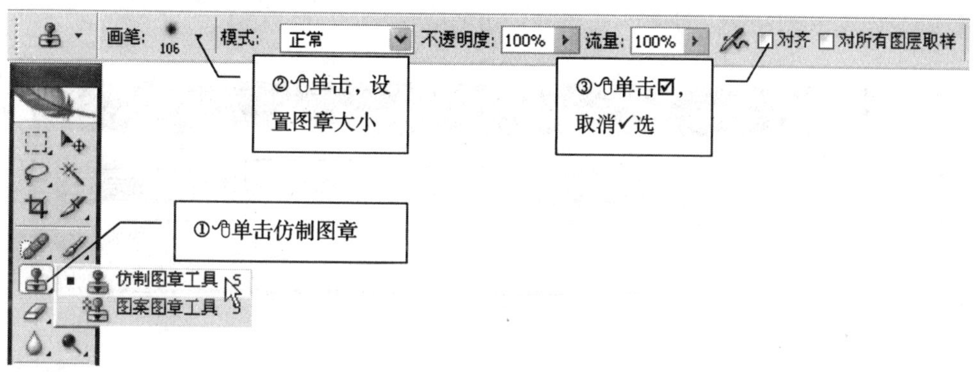

图　3-6-16

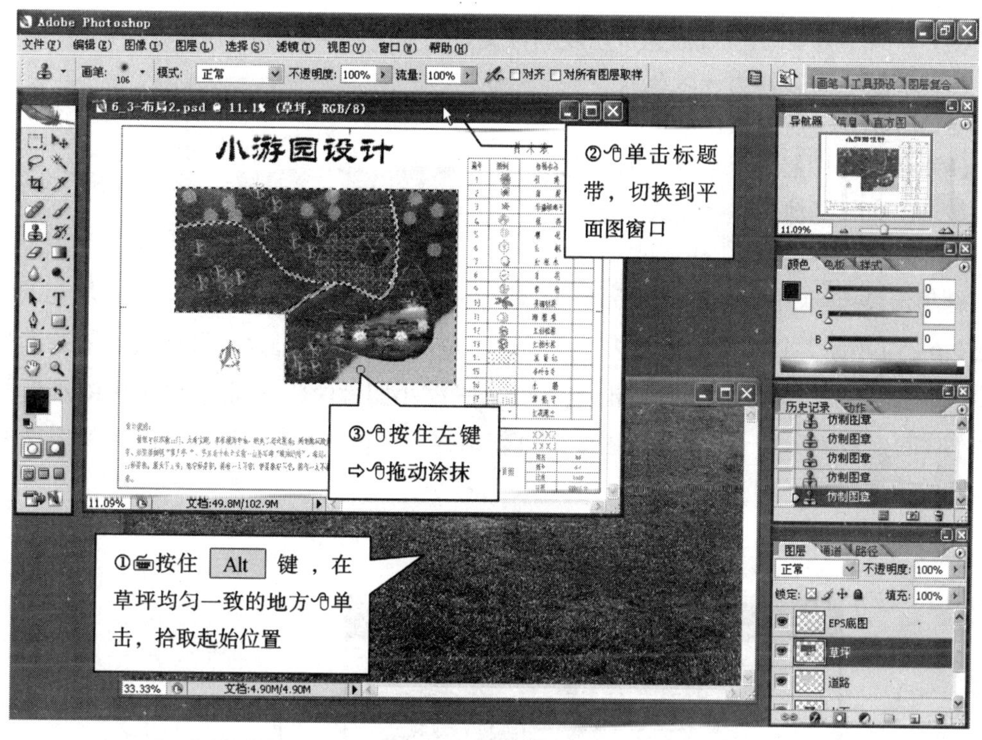

图　3-6-17

6.2.6　铺装

铺装一般由一些图案单元重复排列而来，采用图案填充易于操作，可以选择图像中的一个区域，也可以选择全图将其定义为图案。

（1）打开铺装素材图像文件

（2）选择整幅图像将其定义为图案

单击 选择 菜单⇨单击 全部 ⇨单击 编辑 菜单⇨单击 定义图案 ⇨如图 3-6-18 所示操作。

图 3-6-18

(3) 单击平面图窗口标题带切换到该窗口

(4) 将铺装路径作为选区载入

参见图 3-6-11 所示操作。

(5) 创建新图层置于草坪图层之上

参见图 3-6-12 所示操作。

(6) 图案填充

单击 编辑 菜单⇨单击 填充，如图 3-6-19、图 3-6-20 所示操作。图案填充的结果如图 3-6-21a 所示，如果图案看上去过于稀疏，每块地砖显得过大，可切换到铺装素材图像窗口，单击 编辑 菜单⇨单击 自由变换 ⇨缩小图像⇨矩形选框选择缩小后的素材图像⇨回到步骤（2）重新定义图案，重新填充。如图 3-6-21b 所示，是素材图像缩小至 1/4 的填充效果。

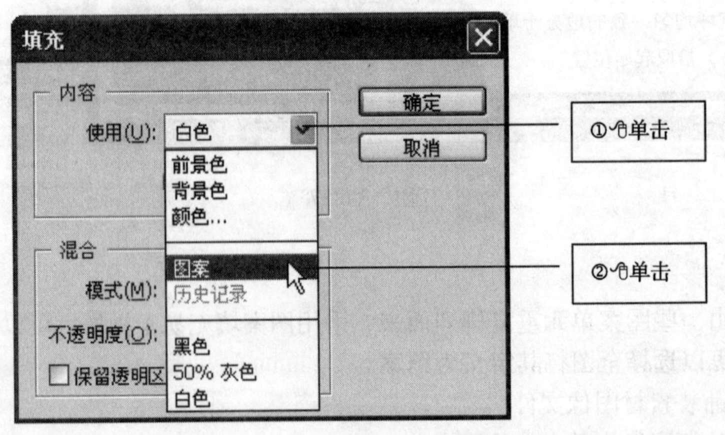

图 3-6-19

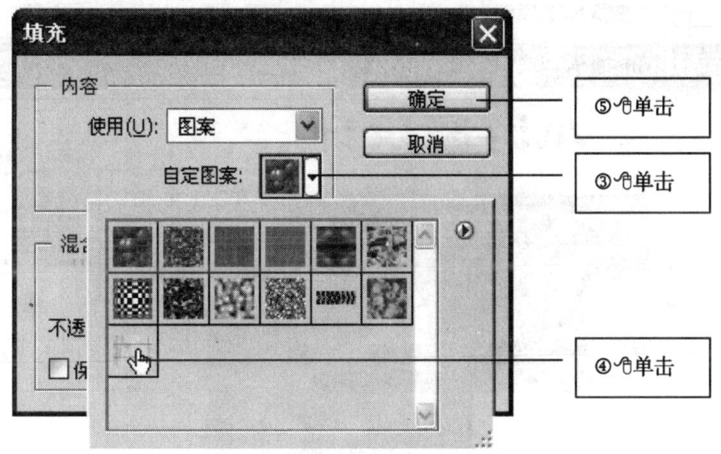

图　3-6-20

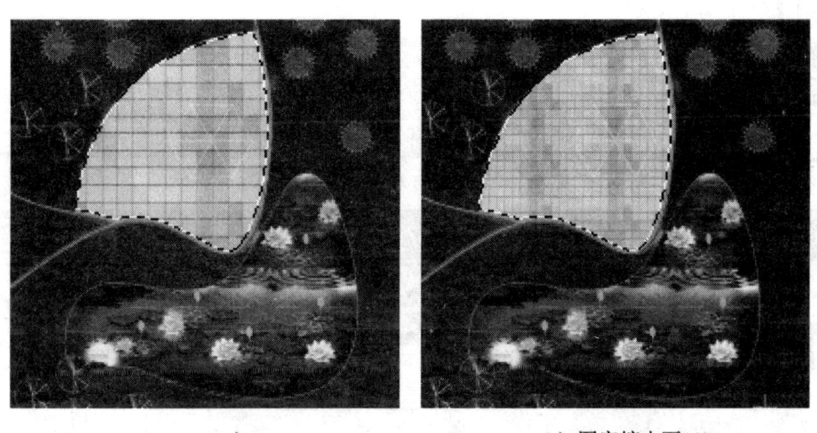

a)　　b) 图案缩小至1/4

图　3-6-21

6.2.7　建筑

在铺装场地上有一个六角亭，亭顶面可以用颜色渐变来模拟，也可以铺上瓦的贴图，如果使用贴图，可先贴 1/6，复制 6 份后分别旋转。

(1) 将六角亭路径作为选区载入

(2) 创建新图层置于铺装图层之上

(3) 渐变色填充选区

如图 3-6-22 所示操作，定义前景色为朱红色，由朱红到白的颜色渐变填充选区，亭顶面右下方白色模拟阳光的照射方向。

(4) 添加图层投影样式模拟阴影

参见 2.4.4 中 2. 设置投影样式的参数，结果如图 3-6-23 所示。

模式: 正常 不透明度: 100% 反向 仿色
6_3-布局2.psd @ 11.1% (亭, RGB/8)
小游园设计
③在左上角按住左键 拖动到右下角松开
②单击，选择渐变工具
①单击，定义前景色
11.09%
文档:49.8M/111.8M

图 3-6-22

6_3-布局2.psd @ 15% (白色背景, RGB/8)
小游园设计
编号
图例
14.96%
文档:49.8M/142.7M

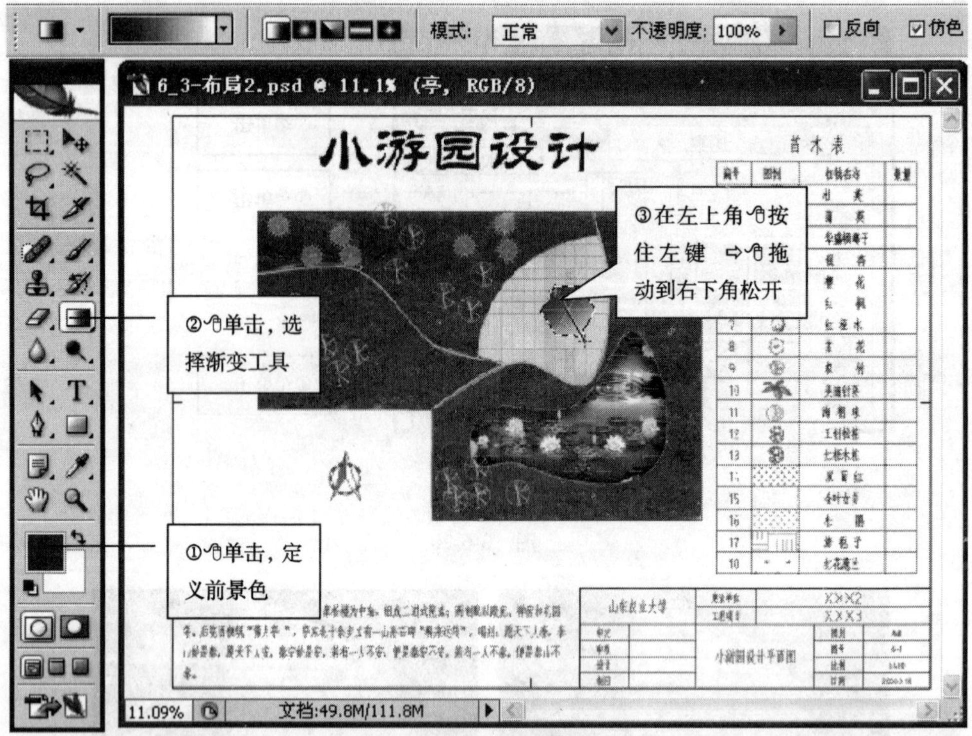

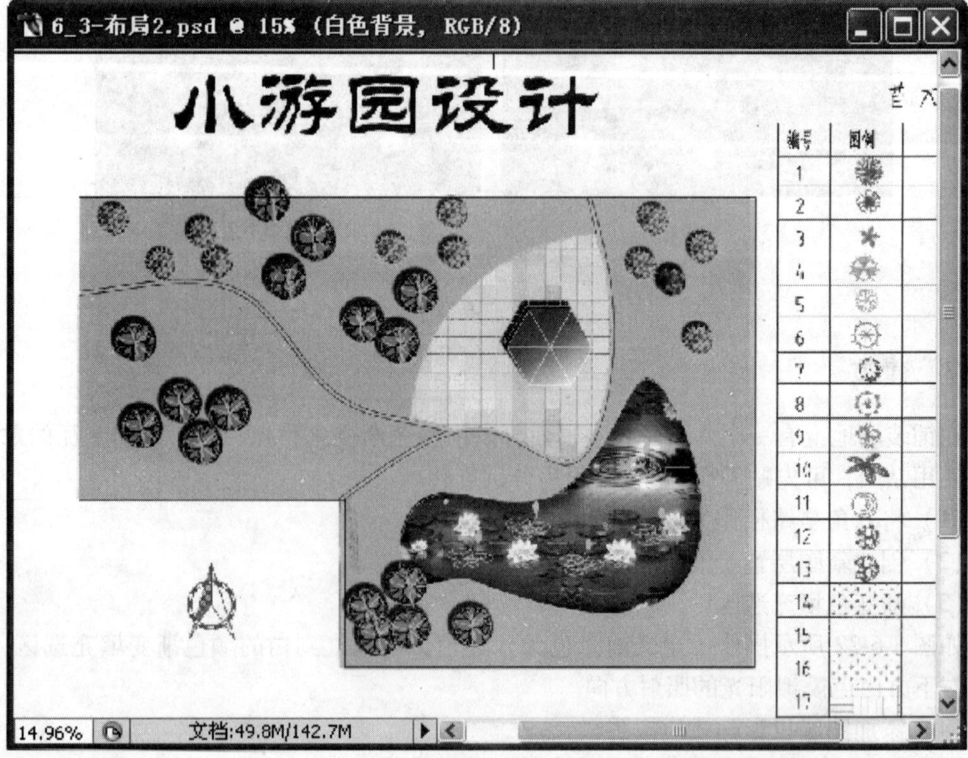

图 3-6-23

6.2.8　树木符号与阴影

平面图中的树木，应该是从空中俯视看到的树木形态，主要有三种表示方法，如图 3-6-24 所示。

（1）真实的树木俯视图片，效果逼真，但数量较少难以获得。

（2）手绘符号，符合行业作图标准和习惯，易于接受。

（3）从树木立面图片中取出的圆形树冠区域，易于识别出树种类别。

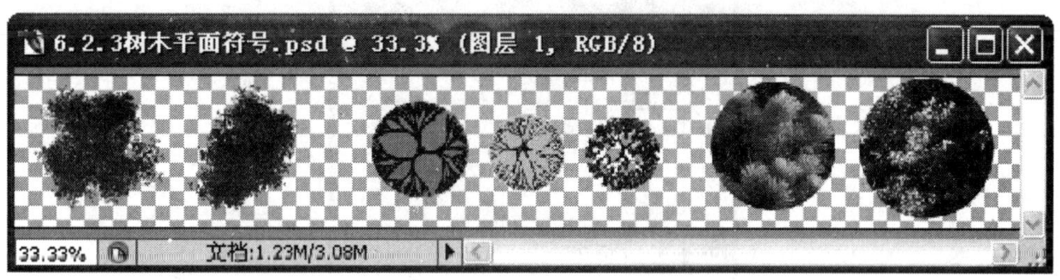

图　3-6-24

添加第 1 种树木符号的方法：

（1）插入 1 个树木符号

单击 ⇨ 拖动树木符号添加到平面图中，Photoshop 自动创建新图层放置插入的树木符号。

（2）复制树木符号

方法 1：单击 ⇨ Alt + 拖动，复制插入的树木符号图层，每个符号会独占一个新图层，调整好每棵树的位置后，将复制的树木符号图层合并为一层。

方法 2：用矩形选框框选树木符号 ⇨ 单击 ⇨ Alt + 拖动，复制包含树木符号的选择区域，这种操作不会自动创建新图层，所复制的符号都在原图层中。

（3）添加图层投影样式，模拟树冠阴影

参见 2.4.4 中步骤 1.2 操作。

重复步骤（1）（2）（3）可插入第 2 种树木符号，表示第 2 个树种，同样的方法插入更多的树木符号表示更多的树种，结果如图 3-6-23 所示，图层调板中的图层和顺序如图 3-6-25 所示。

图像素材的使用让平面图看起来效果更真实一些，作图时要注意图面的布置、运用色彩的数量和饱和度。不要填得满满的让人透不过气来，也不要大红大绿的像个村姑，学过的手工制图规则仍然适用。大面积的草坪、水面可以用颜色来代替，可以降低前景色的不透明度，用画笔多次涂抹来模拟手工图的退润效果，当然如果要做的项目就是铺草坪那就另当别论了☺。

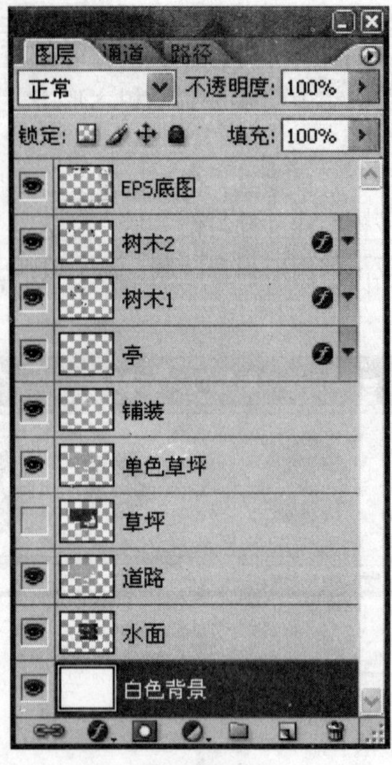

图 3-6-25

6.3 用 Photoshop 绘制三维透视图

多数情况下设计场地中的建筑等三维对象在 3ds max 中制作，但如果受时间限制或是没有必要，也会忽略建筑物而直接使用 Photoshop 来绘制三维透视图，树木、人物等对象是插入看上去三维的素材图片。

（1）打开扫描的平面底图

打开的图像只有一个背景图层，不允许编辑，如图 3-6-26、图 3-6-27 所示操作，将其转化为普通图层⇨最大化图像窗口，便于下一步操作。

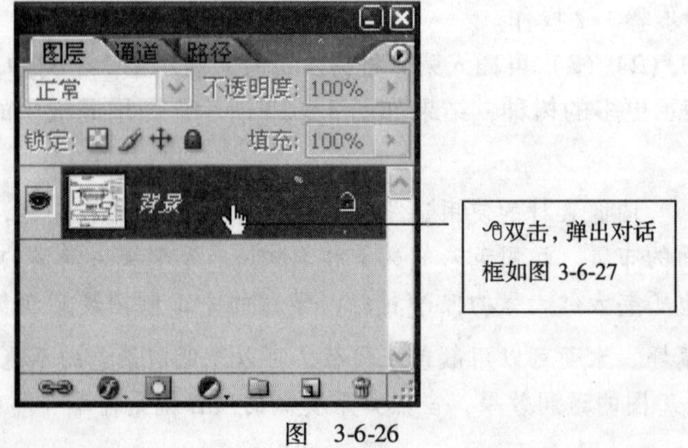

图 3-6-26

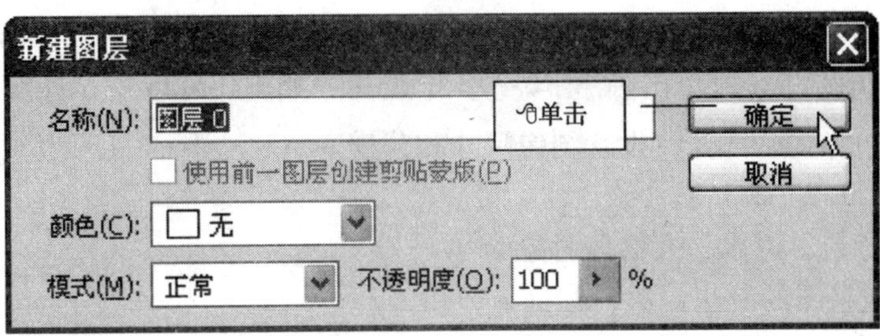

图　3-6-27

(2) 设置观察视线的角度

把平面图看作是一个真实的设计场地，假设视线从东南角向西北方向。单击 图像 菜单⇨ 旋转画布 ⇨单击 任意角度 输入 40，单击 确定，将其顺时针旋转 40°，如图 3-6-28a 所示。

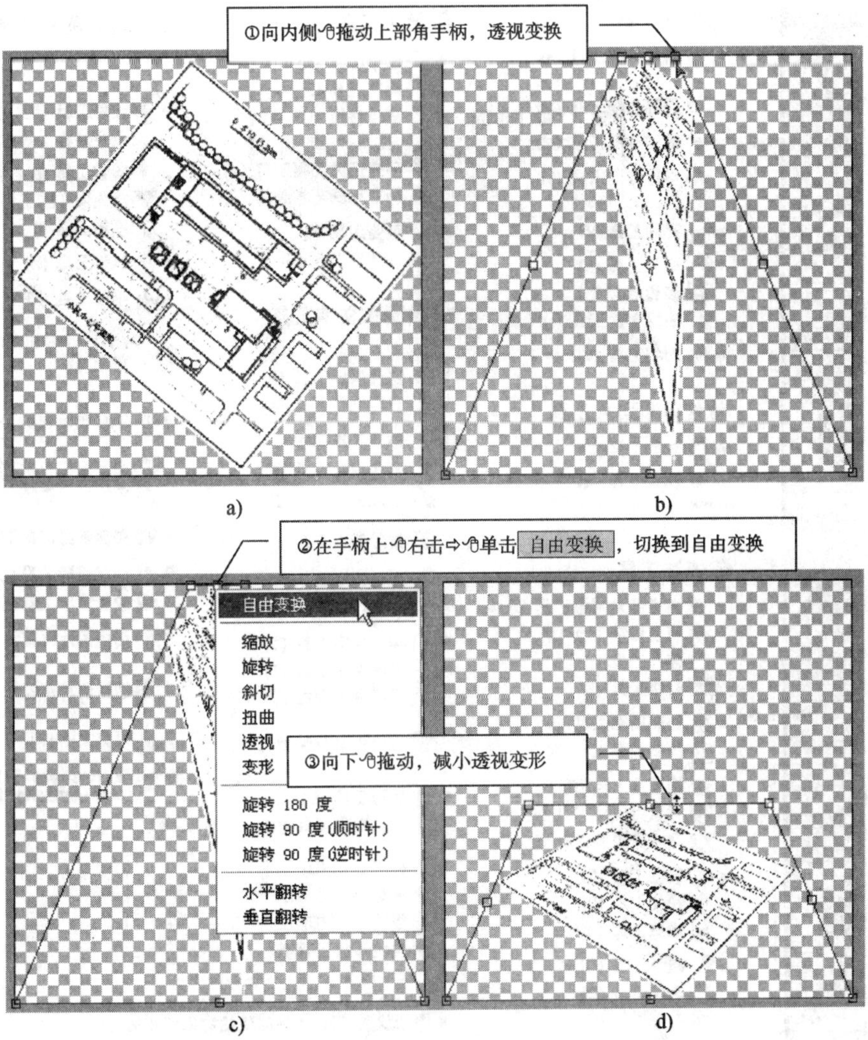

①向内侧拖动上部角手柄，透视变换

a)　　b)

②在手柄上右击⇨单击 自由变换 ，切换到自由变换

自由变换
缩放
旋转
斜切
扭曲
透视
变形
旋转 180 度
旋转 90 度(顺时针)
旋转 90 度(逆时针)
水平翻转
垂直翻转

③向下拖动，减小透视变形

c)　　d)

图　3-6-28

（3）透视变换

单击[编辑]菜单⇨单击[变换]⇨单击[透视]⇨如图 3-6-28 所示操作。

（4）裁剪边缘多余部分，设置图像尺寸和分辨率

方法参见 2. 1. 2、2. 1. 3。

（5）处理背景、树木、人物等对象

参照透视效果图的制作方法，参见 2. 2 和 2. 3。

（6）处理道路、草坪、铺装、建筑等对象

参照平面方案图的制作方法，参见 6. 2。

6. 4　Photoshop 工具概览

详见图 3-6-29。

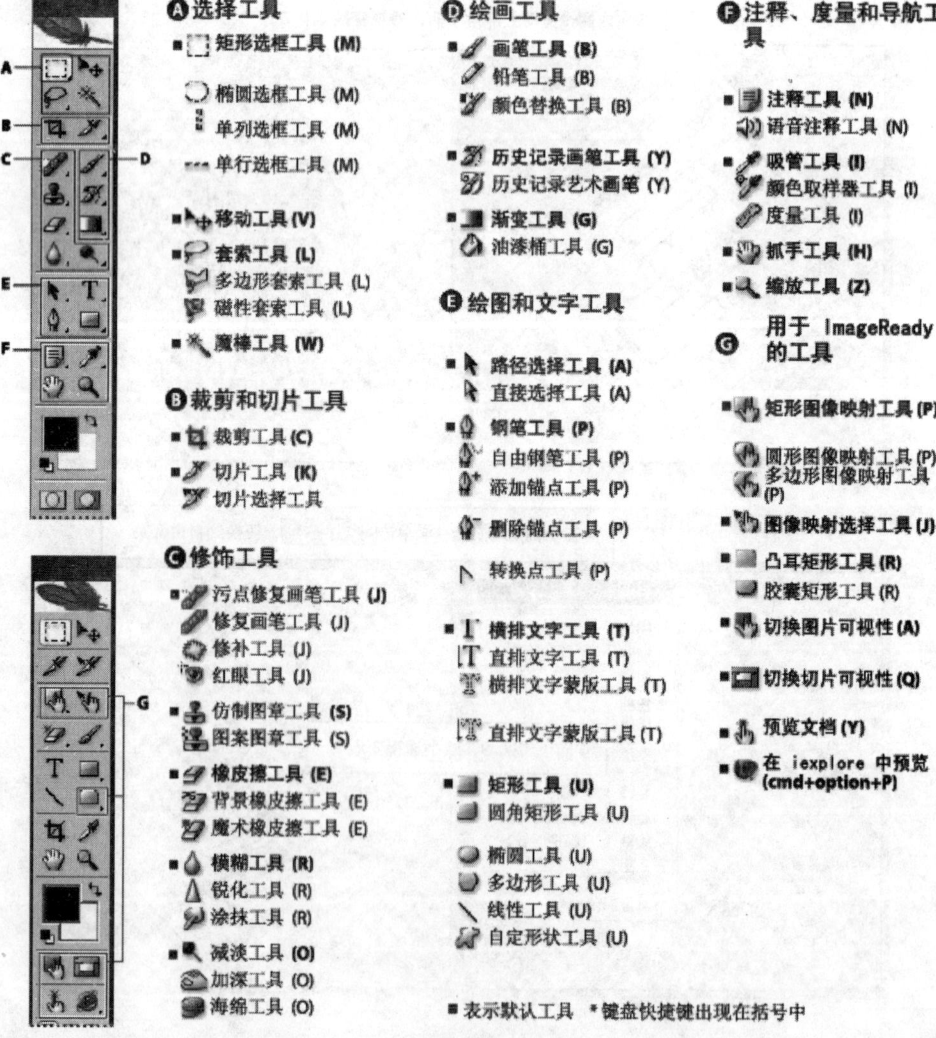

图　3-6-29

附录　常用图纸尺寸表

常用图纸尺寸表

图纸幅面	图纸尺寸/mm	纸边距/mm	图纸尺寸/in	纸边距/in
0 号(A0)	841 × 1189	装订边 25、非装订边 10	34 × 44	装订边 0.98、非装订边 0.39
1 号(A1)	594 × 841	装订边 25、非装订边 10	22 × 34	装订边 0.98、非装订边 0.39
2 号(A2)	420 × 594	装订边 25、非装订边 10	17 × 22	装订边 0.98、非装订边 0.39
3 号(A3)	297 × 420	装订边 25、非装订边 5	11 × 17	装订边 0.98、非装订边 0.19
4 号(A4)	210 × 297	装订边 25、非装订边 5	8.5 × 11	装订边 0.98、非装订边 0.19

说明：国际制纸边距源于 GB/T 50001 房屋建筑制图统一标准，英制纸边距是由国际制数值换算而来的近似值。